U0398606

世界军事电子年度发展报告

2022

中电科发展规划研究院　编

（下册）

国防工業出版社
·北京·

内容简介

本书立足全球视野，通过对世界军事电子领域2022年度发展情况进行详实、深入地梳理分析，展现并剖析了领域最新进展和趋势。本书共含综合、网信体系、电子装备、电子基础、网络安全、前沿技术六个分卷，对涉及的指挥控制、情报侦察、预警探测、通信与网络、定位导航授时、电子对抗、基础元器件、信息安全、人工智能、量子信息科学等关键领域的数十个重要问题、热点事件进行了专题分析，并梳理形成各领域大事记，为了解、把握军事电子各领域的年度发展态势奠定了坚实基础。

本书可供军事电子和网络信息领域科技、战略、情报研究人员，从事领域设计和开发的工程技术人员和相关从业人员，专业院校老师、学生，以及其他对军事电子感兴趣的同仁，参考、学习和使用。

图书在版编目(CIP)数据

世界军事电子年度发展报告.2022/中电科发展规划研究院编.—北京:国防工业出版社,2024.4

ISBN 978-7-118-13258-8

Ⅰ.①世… Ⅱ.①中… Ⅲ.①军事技术—电子技术—研究报告—世界—2022 Ⅳ.①E919

中国国家版本馆CIP数据核字(2024)第064334号

※

国防工业出版社出版发行

(北京市海淀区紫竹院南路23号 邮政编码100048)

北京虎彩文化传播有限公司印刷

新华书店经售

*

开本 787×1092 1/16 **印张** 23¾ **字数** 444千字

2024年4月第1版第1次印刷 **印数** 1—1000册 **定价** 798.00元

(本书如有印装错误，我社负责调换)

国防书店:(010)88540777 书店传真:(010)88540776

发行业务:(010)88540717 发行传真:(010)88540762

前言

2022年,世界局势动荡不安,国际关系风云变幻,大国博弈烈度急剧上升,俄乌冲突等事件加剧了国家间的分裂和对抗,安全环境与战略局势日益复杂。各国民族主义和保护主义进一步抬头,全球科技发展环境遭遇前所未有的破坏。与此同时,随着新概念的提出和新技术的突破,新一轮科技、军事革命持续演进,各主要国家持续增强对军事电子领域的关注,从技术创新、装备更新、材料器件研制、作战应用等多方面入手提升竞争实力,持续推动军事电子领域朝着更加数字化、更强网络化、更具智能化的方向发展。为持续把握世界军事电子领域发展态势,了解领域发展特点、研判未来着力重点,《2022年度世界军事电子年度发展报告》对网信体系、电子装备、电子基础、网络安全、前沿技术五大方向,以及所涉及的指挥控制、情报侦察、预警探测、通信与网络、定位导航授时、电子对抗、电子基础、网络安全、网信前沿技术等各子方向发展情况进行了全面梳理和总结,并对各领域的重要问题、热点事件进行了专题分析,形成综合卷报告一份和分卷报告五份。

本年度发展报告的编制工作在中国电子科技集团有限公司科技部的指导下,由发展规划研究院牵头,电子科学研究院、信息科学研究院(智能科技研究院)、第七研究所、第十研究所、第十一研究所、第十二研究所、第十四研究所、第十五研究所、第十六研究所、第二十研究所、第二十七研究所、第二十九研究所、第三十二研究所、第三十四研究所、第三十六研究所、第三十八研究所、第四十一研究所、第四十三研究所、第五十一研究所、第五十三研究所、第五十四研究所、第五十五研究所、产业基础研究院、中电莱斯信息系统有限公司、网络信息安全有限公司、芯片技术研究院等单位共同完成,并得到集团内外众多专家的大力支持。在此向参与编制工作的各位同事与专家表示诚挚谢意!

受编者水平所限,本书中错误、疏漏在所难免,敬请广大读者谅解并不吝指正。

编　者

2023年7月

目录

综合卷

综合分析

瞄准联合全域作战,加速网络信息能力建设 …… 4

重要专题分析

美国国防部发布联合全域指挥控制战略及实施计划 …… 16
美军数字化转型发展新动向 …… 22
美国《2022 年芯片与科学法》研究与解读 …… 29
美国国防部发布《负责任的人工智能战略和实施路径》 …… 34
美国国防部发布《零信任战略》重塑信息系统安全体系 …… 38
美国陆军发布新版《FM3 -0 作战》条令 …… 43
美智库发布《软件定义战争》聚焦未来作战体系架构设计 …… 51
英国防部发布《国防能力框架》谋划未来十年发展 …… 57
美“特别竞争研究项目”情报专题报告分析思考 …… 61
世界军事电子领域 2022 年度十大进展 …… 66

电子装备卷

综合分析

2022 年电子装备领域发展综述 …… 74
2022 年情报侦察领域发展综述 …… 85

2022 年预警探测领域发展综述 …………………………………………………… 91
2022 年通信网络领域发展综述…………………………………………………… 101
2022 年电子战年度发展综述……………………………………………………… 113
2022 年定位导航授时领域发展综述……………………………………………… 122

重要专题分析

情报侦察领域

ACT－IV 多功能传感器取得重要进展…………………………………………… 132
美太空军研发天基地面动目标指示能力 ………………………………………… 137

预警探测领域

美智库提出 5 层巡航导弹国土防御架构 ………………………………………… 142
下一代“无人僚机”概念剖析及对预警探测系统的启示………………………… 147
美军 2023 财年预警探测前沿项目布局解析 …………………………………… 151
洛克希德·马丁公司 AN/TPY－4 雷达中标 3DELRR 项目 ………………… 158
雷声公司“幽灵眼”MR 雷达项目取得重大进展 ……………………………… 163
美国空军将使用 E－7 替换部分 E－3 预警机事件分析……………………… 167
俄罗斯计划建造“银河“太空监视体系………………………………………… 171
印度研发新型预警机,推动空中预警能力升级 ………………………………… 176
美国陆军综合作战指挥系统完成 IFT－2 巡航导弹拦截试验 ………………… 180
DARPA 推进星载合成孔径雷达技术改进项目 ………………………………… 184
从“匕首”作战应用看高超声速导弹防御………………………………………… 191
低慢小无人机威胁下的野战防空系统发展研究 ………………………………… 195

通信网络领域

洛克希德·马丁公司通过 5G. MIL 解决方案构建跨域高效韧性通信网络 …… 204
美国国家科学基金会启动“韧性智能下一代网络系统”项目………………… 211
美国空军协会米切尔研究所发布《JADC2 骨干:信息时代战争
的卫星通信》研究报告 …………………………………………………………… 218

美军稳步推进受保护战术卫星通信项目 …………………………………… 226
美国机载短波无线电现代化项目完成招标工作 ……………………………… 236
欧洲安全软件定义无线电项目持续发展 …………………………………… 241
美国太空探索技术公司发布“星盾”卫星互联网系统………………………… 247

电子战领域

美军推动高功率微波反无人机技术发展 …………………………………… 254
美国空军“愤怒小猫”电子战吊舱通过作战评估测试………………………… 261
澳大利亚全面提升电子战能力 ……………………………………………… 266
日本大力加强电子战能力建设 ……………………………………………… 273
美国空军打造 EC-37B 新型空中电子攻击平台 ………………………… 279
美军加快 AGM-88G 新型反辐射导弹研制 ……………………………… 286
以色列“天蝎座”电子战系统分析…………………………………………… 292
可携带电子战载荷的“空射效应器”无人机群进行大规模测试…………… 301
美国利用商用卫星提升天基信号情报能力 ……………………………… 306
美国太空军举行“黑色天空”电磁战指挥控制演习………………………… 312
主要国家积极将非合作无源探测系统集成到新一代防空系统 …………… 316
2022 年国外反无人机领域发展综述………………………………………… 321

定位导航授时领域

从美国政府问责局报告看美军可替代导航技术的发展与应用 ……………… 330
美国政府问责局发布《GPS 现代化》报告……………………………………… 341
美军定位导航授时体系对抗技术重要进展及影响 ………………………… 348

大事记 ……………………………………………………………………… 355

网络信息体系卷

综合分析

2022 年网络信息系统发展综述……………………………………………… 392

重要专题分析

美国国防部持续推进联合全域指挥控制能力建设 …… 400
美国空军推进“能力发布”和数字基础设施研发 …… 406
美国国防部《软件现代化战略》解读 …… 412
美军大力推进云环境建设部署 …… 417
美国陆军“造雨者”项目数据编织技术发展动向及启示 …… 422
美太空军“统一数据库”发展动向与影响分析 …… 431
美军无人系统指挥控制能力取得新突破 …… 436
美军大力发展“任务伙伴环境”构建无缝指挥控制网络 …… 440
DARPA“联合全域作战软件”项目研发进入第二阶段 …… 446
美国空军研发基于云的新一代空战指挥控制系统 …… 450
美国空军启动变革空战规划的“今夜就战”项目 …… 456

大事记 …… 461

网络安全卷

综合分析

2022 年网络空间安全动态综述 …… 470

重要专题分析

2022 年全球网络演习解析 …… 480
北约组织“锁盾 2022”网络演习 …… 487
美军加强太空网络安全能力建设主要动向及影响 …… 490
美国公布首批后量子密码标准算法 …… 496
美国家安全局发布网络基础设施安全指南 …… 501
“五眼联盟”国家发布《俄罗斯支持的网络行动和犯罪团体的网络安全威胁》 …… 505
美国陆军新一代密码装备的研发进展 …… 510

美反制僵尸网络项目及其“技术突袭”手段分析 …………………………………… 517

大事记 ……………………………………………………………………………… 523

产业基础卷

综合分析

2022 年半导体发展动态综述……………………………………………………… 534

重要专题分析

欧盟发布《欧洲芯片法案》……………………………………………………………… 540
俄罗斯多措并举降低对西方国家芯片依赖 ……………………………………… 548
英特尔集成光电研究实现重大突破 ……………………………………………… 554
DARPA 极限光学与成像技术取得新突破 ………………………………………… 563
美国 HRL 实验室大格式红外探测器阵列的弯曲技术取得显著进展 ……… 570
欧洲团队推出微型导航级 MEMS 陀螺仪………………………………………… 578
美国超轻自供能环境传感器研制取得进展 ……………………………………… 587
量子级联激光器技术及应用新进展 ……………………………………………… 592
韩国甲醇重整燃料电池创 AIP 潜艇潜航记录…………………………………… 598
首个可重构自组织激光器问世 …………………………………………………… 603
美国 InnoSys 公司推出电真空与固态技术结合的行波管 ……………………… 610

大事记 ……………………………………………………………………………… 619

网络信息前沿技术卷

综合分析

2022 年网络信息前沿技术发展综述……………………………………………… 628

重要专题分析(综合篇)

美国家人工智能研究资源工作组发布中期报告 ………………………………… 638

英国防部发布《国防人工智能战略》…………………………………………………… 644
美研制出全球首个百亿亿级超算系统 …………………………………………………… 648
美国国防部下一代信息通信技术(5G)项目进展 …………………………………… 654
美国国防部创新后5G计划简介 ……………………………………………………… 665
美国陆军大力发展托盘化高能激光武器 ……………………………………………… 673
DARPA为高能激光武器分层防御开发模块化高效激光技术 ……………………… 681
美国海军首次完成激光武器抗击巡航导弹试验 ……………………………………… 688

重要专题分析(量子信息领域)

2022年量子信息技术发展综述……………………………………………………… 694
量子计算方向2022年度进展 ………………………………………………………… 706
量子通信方向2022年度进展 ………………………………………………………… 725
量子精密测量方向2022年度进展 …………………………………………………… 738
量子探测方向2022年度进展 ………………………………………………………… 745
量子器件方向2022年度进展 ………………………………………………………… 750
美国陆军持续开发量子射频传感器…………………………………………………… 760

重要专题分析(人工智能领域)

智能化网络信息体系加速发展,“网络互联”“服务供给”亮点频现 ………… 766
机器人自主性迈上新台阶,全尺寸人形机器人涌现热潮 ………………………… 772
脑机接口持续进展,为人机混合智能发展奠定坚实基础 ………………………… 783
“忠诚僚机”进展与分析……………………………………………………………… 789
智能博弈由游戏AI向作战推演领域应用发展 ……………………………………… 798
DARPA可信赖人工智能项目将提升自主系统态势理解能力 ……………………… 803
OpenAI公司发布基于深度学习的聊天机器人模型ChatGPT ……………………… 808

大事记 ……………………………………………………………………………… 813

网络安全卷

网络安全卷年度发展报告编写组

主　　编：霍家佳

副 主 编：龚汉卿　郝志超　甘植旺　胡华鹏

撰稿人员：（按姓氏笔画排序）

吕　玮　许文琪　陈　倩　周成胜　郝志超

聂春明　龚汉卿　葛悦涛　薛连莉

审稿人员：全寿文　孙宇军　李加祥　夏文成　张　帆

综合分析

2022 年网络空间安全动态综述

2022 年,百年变局和世纪疫情交织叠加,国际环境日趋复杂。伴随着俄乌冲突的持续升级,大规模针对性网络行动增加,网络战延伸至太空领域,全球网络安全态势依旧严峻。为此,世界各国纷纷强化网络空间顶层设计、加速网络空间军事竞争、促进网络安全技术赋能,谋求抢占网络空间战略制高点。

一、全球网络冲突引爆,网络安全形势越发严峻

2022 年,随着俄乌冲突的爆发,全球网络战烈度攀升,多国政府和黑客组织的政治立场严重分化,导致全球网络安全形势每况愈下。同时,勒索软件、数据泄露和安全漏洞等传统网络安全问题也并未有所好转,反而在俄乌冲突的推波助澜下呈现恶化趋势。

(一)俄乌冲突引爆全球网络对抗

2022 年,俄乌冲突引发全球网络对抗高潮,双方在网络对抗中构建了大批前沿阵地,组合运用分布式拒绝服务(DDoS)攻击、数据擦除软件等多种工具及手段,将火力覆盖至敌方网络领域。乌克兰国家特殊通信和信息保护局(SSSCIP)宣称,双方开展的网络战是第一次全面的网络世界大战。

俄乌双方均将关键基础设施作为网络攻击的主要目标。乌克兰方面,政府部门、军事设施、金融机构、公共服务承包商等基础设施多次遭受大规模网络攻击,导致服务瘫痪,面临数据擦除危险;俄罗斯方面,多个黑客组织对俄 100 多个目标进行攻击,涉及政府、媒体、金融、能源及交通运输等行业,大规模 DDoS 攻击已经使俄克里姆林宫、国防部在内的多个核心政府门户关闭。

(二)网络环境恶化勒索软件恣意横行

2022 年,勒索软件活跃程度再度飙升,攻击事件数量同比增长 13%,超过以往 5 年的

总和。勒索软件生态持续升级,勒索即服务(RaaS)越加成熟,定制化工具使用频率明显提升。勒索软件团伙甚至发布漏洞悬赏计划,提升自我安全防御能力。

5月,哥斯达黎加政府因Conti勒索软件进入全国紧急状态,财政部、劳动与社会保障部、国家海关等27个政府系统瘫痪,97%的窃取数据遭泄露;6月,勒索软件团伙LockBit在发布RaaS平台LockBit 3.0的同时,还公布了一项悬赏计划,提供最高100万美元征集网站漏洞、加密工具漏洞、人肉搜索方法及其他建议等,保护自身的网络犯罪活动;11月,勒索软件团伙LockBit公布泰雷兹公司约9.5GB内部数据,涉及高度敏感数据及财务、客户等商业信息。

(三)软件供应链数据泄露事件高发

2022年,数据泄露事件持续高发,针对软件供应链的安全攻击事件呈快速增长态势。据网络安全公司报告显示,2022年针对软件供应商的网络攻击同比增长146%,其中62%的数据泄露归因于供应链安全漏洞,供应链已成为网络罪犯主要的攻击媒介。

3月,微软、英伟达、三星等IT公司先后遭到黑客组织Lapsus $入侵,包括微软Bing源代码、英伟达图形处理器驱动程序源代码、三星Galaxy设备源代码在内的大量内部数据泄露;6月,黑客组织RansomHouse宣称从美国芯片巨头AMD公司窃取了450GB数据,其中包含内部设备列表、弱密码用户凭证、财务数据等;10月,美国土安全部(DHS)宣称有不明黑客入侵一家国防企业,利用开源工具包及定制渗透工具进行长期、持续性访问企业网络,窃取了该企业的敏感数据。

二、完善网络安全布局,谋求网络空间主动

2022年,美英等国纷纷出台安全战略,调整网络空间战略布局,进一步提升太空安全在国家安全中的高度地位,积极应对网络威胁重大挑战。同时,各国聚焦网络作战能力顶层规划,加速网络力量数字化转型,强调零信任、云平台、人工智能等技术运用,以期在网络空间竞争格局中占据主动权。

(一)调整部署网络安全发展路线

面对网络空间新形势和新威胁,美英等国家发布网络空间新战略,明确未来发展方向和道路,调整部署国家网络安全、提高网络国防能力、加强网络外交等方面工作。

美国方面,白宫于10月发布新版《国家安全战略》,重申加强国家数字防御和打击网络犯罪分子的承诺,提出建立快速响应集体能力、扩大执法合作、投资战场先进技术、实施综合威慑等系列措施,进一步巩固美国在网络空间中的主导权和控制权;同月,国防部

发布《2022 年国防战略》,提出运用综合威慑、开展军事活动和建立持久优势推进 4 大防御优先事项,强调作战力量、网络行动、网络技术的建设发展,以降低竞争对手的恶意网络活动,应对竞争挑战并获取军事优势。

英国方面,政府于 2 月发布《2022 年国家网络战略》,明确 5 大优先事项,包括加强网络生态体系、提升网络弹性、领先网络技术、检测干扰和威慑对手,以强化网络空间安全;国防部于 5 月发布《国防网络弹性战略》,明确 2026 年及 2030 年的阶段性防御目标,确立 7 大优先事项及实现途径、指导原则,通过网络防御治理架构、网络弹性运营模型推动任务交付,以巩固其作为民主和负责任的网络大国的权威。

(二)推动网络安全技术和方法创新

面对信息化联合作战的新需求,美军持续更新发布覆盖全面、重点突出的数字化转型相关战略、计划,强调零信任、云平台、人工智能等新兴技术的重要作用,积极推动国防部新一轮信息化变革。

8 月,美国空军发布《首席信息官战略》,指导空军 2023—2028 年的投资领域、时间和重点、明确加速云应用、未来网络安全、数据与人工智能等 6 大工作路线,增加专业人员和技术之间的协调配合;10 月,美国陆军发布《2022 年云计划》,首次纳入零信任架构实施,明确零信任传输、云原生零信任能力、零信任控制的工作路线,并提供了路线图和衡量进展指标,旨在推动陆军数字现代化工作,进一步将关键服务整合到云环境;11 月,美国国防部发布《零信任战略》及能力路线图,设定了由零信任架构的国防部信息系统愿景,阐述了零信任战略目标、实施路径及方法,围绕“保护和捍卫国防部信息系统”的战略目标规划了 7 个零信任支柱、45 项独立能力及 152 项安全活动,以应对快速增长的攻击性网络威胁。

三、完善网络力量建设,适应大国竞争下网络空间作战需求

2022 年,为适应大国竞争需要,世界主要国家不断加快网络作战部队建设步伐。美英日等国家完善网络部队机制和力量建设,新建、扩编、重组网络部队,探索建设复合型网络战单位。同时,美英等国家持续调整改革机构机制,强化科技研发和军事应用,谋求全面提升网络空间作战能力。

(一)持续扩充网络作战力量

面对日益严峻的网络空间威胁及不断增长的作战需求,美日等国家持续扩大网络部队规模,以完善网络空间作战体系,提升网络空间作战能力。

3 月，日本自卫队成立联合网络空间防卫部队，集网络信息安全情报收集共享、网络防护、网络安全训练、调查研究与技术支持于一体，以实时应对网络攻击；5 月，美国太空部队第 6 三角翼部队（Delta 6）增设 4 支专属网络中队，协助 7 支三角翼部队保护所属区域内的任务系统；6 月，美国陆军发言人表示计划到 2030 年时将网络部队的规模扩大一倍，从 3000 人出头增加至 6000 人以上。

（二）推进多域联合作战力量建设

为有效推动联合全域作战概念落地，美军积极打造集网络战、信息战、电子战等多种作战能力于一体的新型作战部队，从而提供动能及非动能选项，在更大的信息环境中发挥作战效能。

3 月，美国空战司令部宣布组建一支信息战训练与研究特遣队，围绕信息环境和电磁频谱作战开展训练与研究活动，改善空军人员的行动能力；5 月，美国海军陆战队建立专注于信息作战和协调改进的信息司令部（MCIC），以优化应对当代威胁能力；9 月，美国陆军启用第 3 支多域特遣部队，具备由情报、信息、网络、电子战和太空营（I2CEWS）提供的非动能攻击能力以及中程打击能力，旨在为印太地区联合部队提供更多作战选择。

（三）设立机构统筹协调资源

为解决体制障碍与新型需求，美军持续进行机构调整，设立机构统筹协调资源，促进快速采购武器装备、集成新兴技术，探索网络作战能力生成的有效模式。

2 月，美国国防部成立数据与人工智能官办公室，旨在采用适当的制度流程实现数据访问和人工智能应用，建立强大的数字基础设施和服务，支持军队和联邦部门人工智能和数字等技术部署；3 月，美国国防部宣布成立 5G 及未来无线网络跨职能小组，负责协调美军与工业界、各机构、国际合作伙伴的合作，并加速采用 5G 及未来无线网络技术，确保美军能在任何地方有效作战；10 月，美国陆军宣布组建零信任项目办公室，统管、整合零信任架构的所有相关项目，并由此确定零信任技术投资的优先顺序。

四、安全技术迭代演进，新兴装备不断涌现

2022 年，美英等国家持续加大新兴技术投资力度，强化零信任、量子、5G 等技术的研发和应用，尤其是美国国防部将零信任部署视为实现网络安全的最高优先事项。同时在俄乌冲突 Viasat 卫星攻击背景下，美欧等国家积极谋划太空发展，强化太空能力建设。

（一）新兴技术催生新质作战能力

1. 零信任安全架构步入大规模落地阶段

美国国防部正在将现有基于边界的安全方式转变为零信任，并致力于 5 年内实施零信任架构，显著抵消网络漏洞和威胁。

1 月，美国防信息系统局（DISA）授予博思艾伦公司“雷霆穹顶（Thunderdome）”项目合同，开发首个零信任安全和网络架构计划原型；6 月，美国通用动力公司宣布首次为 DISA 下属联合服务提供机构（JSP）实现软件定义网络（SDN），使国防部非密网络基础设施现代化，利用自动化能力提升网络可靠性和安全性；10 月，美军运输司令部在机密网络上实施核心零信任安全能力，并达到基线成熟度水平，以提高网络安全态势感知以及检测和减轻对抗活动的能力。

2. 量子技术实用化场景持续拓展

以量子计算、量子通信为代表的量子信息技术（QIS）逐步由试验阶段走向落地应用，并极大推动量子技术在国防军事领域的发展。

5 月，美国佛罗里达大西洋大学与 Qubitekk 公司、L3 哈里斯公司共同研发首个基于无人机的移动量子网络，可快速适应战场变化环境，实现量子安全信息共享；3 月，北约网络安全中心使用 Post – Quantum 公司的专有虚拟专用网络（VPN）成功测试了安全通信流试验，旨在减轻量子计算机破解非对称密码学带来的未来风险；9 月，由 SES 公司为首的联盟将设计开发运行基于 Eagle – 1 卫星的端到端安全量子密钥分发系统，以实现欧洲下一代网络安全的在轨验证和演示。

3. 探索 5G 网络的多领域安全应用

美国国防部持续探索 5G 技术在军事领域的应用，推动将 5G 技术与人工智能、机器学习、零信任等技术理念相结合，为建设快速、安全的军民两用蜂窝网络赋能。

3 月，美国休斯公司将为国防部创建基于卫星支持的 5G 无线网络，使用零信任现代架构的 5G 基础设施为基地带来现代化安全连接；3 月，洛克希德 · 马丁公司和微软公司合作开发军用 5G 技术，为美国军事通信提供支持，推进跨陆、空、海、太空和网络等作战域系统的可靠连接；4 月，诺斯罗普 · 格鲁曼公司和 AT&T 公司将合作开发由 5G 支持的数字作战网络，旨在支持国防部跨军种和跨作战域的关键信息共享，为联合全域指挥控制（JADC2）铺平道路。

（二）网络装备研发步伐进一步加快

1. 加速太空装备建设进程

美英等国家太空建设进入实际阶段，围绕发展弹性太空能力和网络服务，保护商业和政府天基系统及供应链免受网络攻击，积极谋划太空发展，强化太空能力建设。

3月，SpiderOak公司与洛克希德·马丁公司合作开发基于区块链的卫星通信解决方案，验证卫星网络中的代理身份、权限和完整性，通过端到端加密共享监控和资产的访问控制，以更好地执行情报监视侦察任务；7月，诺斯洛普·格鲁曼公司开始测试"太空终端加密单元"的星载加密原型系统，可向美国太空军未来的低地球轨道卫星网状网络提供数据安全保障；10月，美国太空军发布"数字猎犬"招标文件，寻求开发部署网络作战基础设施、整合任务系统和数据流，旨在改进对太空地面系统网络威胁的检测；12月，美国太空探索技术公司公布"星盾"项目，将使用保障性更高的加密功能，可托管加密载荷并安全处理数据，从而满足政府的要求。

2. 催化网络作战装备有效落地

7月，英国Frazer－Nash公司与英国防部合作研发"自主弹性网络防御（ARCD）"项目，将利用人工智能和机器学习技术开发模拟军事环境中针对攻击进行测试和评估的网络防御技术；7月，法国防部批准泰雷兹公司和Atos公司合作开发的大数据人工智能处理平台Artemis的最后阶段，将采用模块化构建多源信息分析平台应用于包括网络安全、情报分析等领域，并计划于2023年交付使用；11月，美国陆军首次装备网络态势理解（Cyber SU）软件初始版本，可将敌我双方的网络和电磁活动信息汇聚到陆军指挥所计算环境（CPCE），能够在战术层面探测和应对网络威胁。

（三）聚焦网络作战能力提升项目

2022年，拜登政府持续将大国竞争视为主要挑战，将国防预算不断推高，重点发展网络作战能力与威胁防护能力，确保网络威慑形成与网络对抗优势。

8月，DARPA正式启动"基于运作知识与运作环境的特征管理"（SMOKE）项目，以提升网络红队的反溯源能力，改善美军的网络安全评估能力；10月，DARPA发布"用于安全测试和学习环境的网络智能体"（CASTLE）项目公告，开发自动化、可重复和可测量的方法加速网络安全评估，旨在训练AI智能体应对高级持续性网络威胁；11月，DAPRA与美国网络司令部合作启动"星座"项目，通过创建由用户指导的渐进迭代通道，加速网络能力的创建、验证、采用和交付到网络司令部软件生态系统中，旨在让新的网络能力更快地交付至网络作战。

五、持续开展网络演习，提升网络攻防能力

2022年，网络空间已经成为美军联合军事演习演练的关键领域，网络空间作战在美

军联合军事行动中的重要性日益提升。美军愈发重视将网络作战能力整合到传统作战部队体制中,并通过实战化演习演练,验证联合网络作战机制和网络攻防装备,磨砺美军网络联合作战能力。

(一)举行网络攻防实战专项演训

美国、北约等国家和地区开展具有较强检验性、对抗性、实战性的网络攻防演训活动,旨在锻炼网络部队作战能力、提升指挥官指挥能力、完善网络空间作战流程。

7月,美国网络司令部举行年度大型演习"网络旗帜22",美英澳日等多国网络部队参与,模拟检测、识别、隔离并对抗入侵威胁,旨在增强作战团队的战备状态和互操作性;7月,美国国民警卫队开展"网络闪电22-3"演习,开展以美国大选安全为主题的进攻行动和对抗效果,旨在通过演习提高参演人员技能并促进联合部队的行动协同;4月,北约合作网络防御卓越中心进行"锁盾2022"网络演习,考验相关国家保护重要服务和关键基础设施的能力,以期改善北约的集体网络防御态势。

(二)军民一体开展联合对抗演练

美国国防部与众多政府机构、私营企业联合开展多次网络演习,聚焦关键基础设施防护、公私机构合作关系、信息共享协调机制,促进国家整体网络安全联防机制。

3月,美国基础设施与网络安全局开展"网络风暴Ⅷ"演习,演习场景模拟工控系统、传统企业系统设置勒索软件、数据泄露威胁,旨在检验国家网络安全计划有效性、促进公私机构的合作关系;6月,美国国民警卫队开展2022年度"网络盾牌"演习,重点应对类似于SolarWinds事件的供应链攻击,以提升政府机构的内部网络防御措施和网络事件响应能力。

(三)谋求验证联合全域新兴技术

美军各军种开展"联合全域指挥控制"(JADC2)演试活动,积极寻求将网络与信息环境中的其他能力进行整合,以测试、评估并完善相关网络装备及技术,通过实战演习提高全军联合作战能力。

6月,美国陆军开展"试验性演示网关演习2022(EDGE 22)"演习,演示创建了统一指挥控制网络,可实现跨网络多级安全,增强态势感知能力,为指挥官和联盟伙伴提供通用作战图访问能力;8月,美国空军第805战斗训练中队在"红旗22-3"演习为跨多个领域的人员演示先进的太空与网络技术,演习方案包括太空域感知管理工具,使用多源跟踪器用于网络指挥与控制项目;10月,美国陆军开展"会聚工程2022"演习,结合商业和军事网络技术改进战术数据结构、空中层级网络和弹性卫星通信技术,最大限度地提高网络可用性和性能。

六、结语

2022年，俄乌冲突“硝烟”弥漫网络空间，这场由局部冲突所演化而来的世界范围内的网络战，必将继续蔓延成为全球各个利益体系之间的持续较量，世界各国必将迎来更加严峻的网络战军备竞赛考验。当前，以国家为打击目标、摧毁国防军工关键基础设施为行动目标的数字时代网络战已经到来，对此我国要与时俱进，用体系化建设的思想将安全体系与数字体系融合、攻防能力与管控能力融合，构建网络安全新格局，全面加强网络安全保障体系和能力建设。

（中国电子科技集团公司第三十研究所　郝志超　龚汉卿）

重要专题分析

2022 年全球网络演习解析

2022 年,全球整体网络安全格局加速演进,俄乌冲突持续;大国博弈、区域网络对抗明显升级,网络安全问题的联动性、跨国性、多样性进一步凸显并呈泛化趋势,网络安全形势更加复杂多变,全球各国及地区面临前所未有的挑战。为提升各国网络作战及备战能力,以美国为首的世界网络强国频繁举行网络演习,深入研练网络攻防作战的力量运用、指挥控制、战术战法、武器技术和协调同步,全面检验和提高各国应对网络安全威胁的整体能力。

一、演习背景

(一)俄乌冲突持续,网络世界暗流汹涌

2022 年,网络空间安全形势愈发复杂化,俄乌冲突事件持续焦灼,俄乌冲突可谓是近几年规模最大、影响最深的国家级网络安全攻防战役的典范,也给全世界网络空间领域敲响了警钟。同时,俄乌冲突极大刺激了大国军备竞赛,正剧烈冲击世界和平发展的大趋势,加剧网络空间安全领域"阵营化"倾向,网络世界暗流汹涌,网络安全形势正变得越来越脆弱和敏感,网络空间已经成为真正具有全局性和全球性对抗的战场。

(二)网络攻击持续,供应链和关键基础设施成为攻击重点

在俄乌冲突升级和西方加大对俄制裁背景下,2022 年全球网络安全领域遭受了勒索软件攻击、重大供应链攻击以及有组织的黑客行动的轮番"轰炸",攻击目标遍及医疗、金融、制造业、电信及交通等重点行业。从俄乌冲突中,双方利用 DDoS 攻击、钓鱼欺诈、漏洞利用、供应链攻击、恶意数据擦除攻击等多种"网络武器" 发起破坏袭击,威胁关系国计民生的供应链和关键基础设施,导致设施破坏、业务中断、通信停服、数据停服的后果。供应链和关键基础设施安全保护成为网络空间安全的重中之重。

(三)各国强化网络安全合作关系,共同进行网络防御

2022年,全球各国加强网络安全防御合作。韩日陆续加入北约合作网络防御卓越中心(CCDCOE),该中心属于国际军事组织,旨在通过培训、研发、演习等方式,加强北约及其成员国、伙伴国之间在网络防御领域的能力合作和情报共享。5月,韩国作为正式会员加入北约合作网络防御卓越中心,并由此成为首个加入该机构的亚洲国家,消息一出引发外界高度关注。11月,日本正式加入北约合作网络防御卓越中心,今后将强化与各国之间的合作关系。

二、演习整体概况

2022年,受俄乌冲突的持续影响,美国、北约、欧洲等国家和地区如火如荼开展网络演习,与往年相比,整体网络演习的频率更高,更加注重国家和区域合作,更加注重针对电网和金融信息系统等关键基础设施的模拟攻击演习,更加注重新技术和新装备的应用。通过开展网络演习,全面提升各国及军队的网络作战能力,确保在真正战场上发挥作用。

(一)美国网络演习公私合作且重在防御,持续维护美国网络空间霸主地位

为了持续维护美国在网络空间的霸主地位,有效应对可能出现的未知复杂网络攻击和网络威胁,加速将成熟网络安全技术成果转化为网络作战能力,全面检验其整体防御和攻击能力,2022年,美国组织各种形式的网络对抗或作战演习演练(表1),检验网络空间协同操作能力和实时应急响应能力,提高美国和盟友间保卫网络和在网络空间共同行动的能力。与之前网络演习相比,演习规模较以前更大,频率更高,演练形式更加多样。

表1　美国2022年主要网络演习概况

名称	时间	参赛组织	演习内容	演习目标
网络风暴演习	2022年春	联邦部门、州和国际组织以及私营部门	检查国家网络安全计划和政策的有效性,探索具有潜在或实际物理影响的网络事件中的角色和责任,加强网络事件期间使用的信息共享和协调机制,促进公共和私人伙伴关系,提高在合作伙伴之间分享相关和及时信息的能力	通过制定政策、流程和程序来识别和响应影响关键基础设施的多部门重大网络事件,从而加强网络安全准备和响应能力

续表

名称	时间	参赛组织	演习内容	演习目标
网络闪电 22－3 演习	3 月	马里兰州空军国民警卫队的第 175 网络空间作战大队和第 175 情报中队，以及马里兰州陆军国民警卫队的第 169 网络保护团队和第 110 信息作战营	演习环境利用美国 ByLightsw 公司 CyberCents 部门的 CATTS 系统创建。演习的场景涉及不良行为者渗透美国总统大选结果网站并篡改选举结果，试图使选举结果无效	针对在虚拟网络上开展防御行动的网络保护团队提供逼真的进攻行动和对抗效果
国家网络演习（NCX）	3 月 31 日至 4 月 2 日	美国家安全局（NSA）	设立模拟网络政策、密码学、软件开发和恶意软件分析方面现实挑战的 4 个演习模块，并设置了有关关键基础设施的虚拟威胁场景	加强 NSA 与美国军校和高级军事学院的关系，通过教育和培训提高 NSA 的战略网络安全能力
网络盾牌演习	6 月 5 日至 17 日	约 800 人，包括国民警卫队网络专家、来自美国海军和美国海岸警卫队的队伍以及来自美国各地的执法、法律、政府和企业合作伙伴	应对“供应链”攻击，类似于影响许多企业，由陆军国民警卫队牵头，空军国民警卫队协助，集中力量在计算机网络内部防御措施和网络事件响应领域发展、训练和演习网络部队。这些网络防御措施可用于防御和保护关键网络基础设施，包括工业、公用事业、学校、医疗保健、食品供应商以及军事网络	以私营部门合作为特色，作为国防部网络攻势的一部分，旨在向国民警卫队士兵传授更多技能
网络扬基演习	6 月 5 日至 18 日	来自美国新英格兰地区所有 6 个州的国民警卫队网络战士，以及来自海军、空军、海岸警卫队和海军陆战队的成员参加了此次演习	演习使用“网络 9 线”工具，允许国民警卫队部队快速与网络司令部精锐网络国家任务部队共享事件情况。网络国家任务部队能够对发现的恶意软件开展分析并向各州提供反馈以帮助应对事件	通过名为“网络 9 线”的威胁共享门户网站，使国民警卫队与美国网络司令部的合作关系更加成熟
网络旗帜 22（CF22）	7 月	美国国防部、美国联邦机构和盟国的超过 275 名网络专业人员	专注于欧洲战区，使用美军正在构建的“持续网络训练环境”（PCTE），在虚构设施中处理遭入侵网络，目标是检测、识别、隔离和对抗其网络上的敌对存在	增强多国参与团队的战备状态和互操作性

续表

名称	时间	参赛组织	演习内容	演习目标
网络旗帜23－1多国战术演习(CF23－1)	10月17日至28日	澳大利亚、法国、日本、新西兰、韩国、新加坡、英国和美国的250多名网络专业人员	首次聚焦亚太战区,各防御性网络团队独立工作,以检测、识别和缓解各自网络上的敌对存在或活动,同时还开展团队协作并使用创造性的解决方案来推进防御措施	通过与参与团队和观察员进行现实的防御性网络空间培训进行协作,从而提高战备状态和互操作性
全球网络空间防御演习	10月3日至14日	美网络司令部	搜索、识别和缓解可能影响网络安全的已知恶意软件和相关变体;改进流程,共享威胁信息,提高打击恶意网络活动的能力	提高其与联合行动伙伴的互操作性,加强国防部信息网络与其他支持系统的弹性,确保在网络领域保持持久优势
融合项目技术演示活动	10月	陆军牵头,其中澳大利亚和英国参与	高度重视数据和集成,在大规模作战行动中取得决定性胜利,只能通过决策主导实现,而其中的关键在于数据	寻求整合人工智能、机器人技术和自主性,以提高战场态势感知能力,将传感器与射击者连接起来并加快决策速度

(二)北约网络演习规模宏大且复杂,旨在增强北约和其盟友的网络防御能力

2022年,北约的网络演习(表2)与往年相比,参加演习的成员国依旧很多,演习规模依旧很大,多国进行合作演练,提升联盟应对危机的能力。例如“锁定盾牌”网络演习,是世界上年度规模最大、最复杂的国际实弹网络防御演习,国家、学术界、国际组织和行业合作伙伴间合作的范围和深度方面也是独一无二。

表2　北约2022年主要网络演习概况

名称	时间	参赛组织	演习内容	演习目标
“锁定盾牌”网络演习	4月19日至22日	北约合作网络防御卓越中心	演习集中在“国家IT系统之间的相互依赖关系”上,年度实时网络防御演习为参演人员提供了一个独特的机会来实践保护国家民用和军用IT系统和关键基础设施	在危机情况下在民间和军事单位以及公共和私营部门间开展合作,有助于各国网络防御者就针对共用技术产品的攻击进行交流

续表

名称	时间	参赛组织	演习内容	演习目标
网络联盟 22	11 月 28 日至 12 月 2 日	来自 32 个国家的约 1000 名网络防御人员以及业界和学术界人员参加了此次演习	评估某款人工智能辅助型工具能否更快、更自动化地检测网络威胁和保护网络;展示"能近乎实时地将机器可读/可用的网络信息用于网络防御"的现有技术;实时收集包括社交媒体消息推送在内的公开信息,再根据这些信息生成仪表板,然后测试此类仪表板是否有助于改善网络行动中的网络空间态势感知水平 3 项试验	增强北约和其盟友的网络防御能力及其他网络行动能力
十字剑网络演习	12 月 5 日	由 CCDCOE 与法国网络司令部、爱沙尼亚国防军、CR14 以及相关私营公司联合组织,汇集了来自 24 个北约和非北约国家	演习使用现实的技术和攻击方法,并在虚构场景的背景下进行演练。演习场景基于当前威胁国家安全的现实事件,侧重于在不断升级的冲突环境中的合作与同步,从而为作战要素的进一步整合做准备	在网络红队、渗透测试、数字取证和态势感知领域提供独特的全方位培训课程,并为在"锁定盾牌"网络防御演习中扮演对手的"红队"成员提供训练机会

(三)欧盟网络演习重在测试各国网络安全事件响应能力,提升联合应对网络安全危机的有效性

2022 年欧盟地区的网络演习(表 3),以"欧盟网络安全演习""第四届 Blue OLEx 演习"为代表。演习重在测试欧盟各国网络安全事件响应能力,提升联合应对网络安全危机的有效性。

表 3 欧盟 2022 年主要网络演习概况

名称	时间	参赛组织	演习内容	演习目标
欧盟网络危机联系团结演习	1 月 14 日至 1 月 20 日	欧盟成员国	演习假设起点是具有"重大动能效应和伤亡"的攻击,欧盟启动其技术、操作和政治网络安全架构,其他成员国也将提供互助	在技术、操作和政治三个层面上测试欧盟应对重网络事件的合作机制,并提高联合应对的有效性

续表

名称	时间	参赛组织	演习内容	演习目标
网络安全演习	7月	欧盟29个国家、欧洲自由贸易区(EFTA)以及欧盟各机构与部门	演习场景涉及对欧洲医疗基础设施的模拟攻击	试各参与方的事件响应能力,以及欧盟各机构与欧洲计算机应急响应小组(CERT-EU)、欧盟网络与信息安全局(ENISA)合作提高态势感知能力的成效
第四届 Blue OLEx 演习	11月7日	欧盟网络和信息安全局(ENISA)和立陶宛国防部网站	侧重于成员国与欧盟机构、团体和机构间的横向互动,并根据即将实施的网络和信息安全系统修订指令(NIS2 指令)进行	为促进制定适用于欧盟 CyCLONe 网络的标准操作程序奠定基础

三、演习整体特点

(一)演习配套设施更加完善先进,全面提升网络协调作战能力

网络演习的开展离不开演习配套设施,网络演习能力的提升与演习配套设施情况息息相关。在2022年的网络演习中,各国网络演习非常重视演习相关的配套设施的完整性,旨在测试网络安全新技术,全面提升网络协调作战能力。

"网络旗帜22"演习继续使用美军正在构建的"持续网络训练环境"(PCTE),演习的虚拟训练环境几乎是先前演习的5倍。在美国海军信息战中心大西洋分部"Cyber ANTX"的海上赛博演习在查尔斯顿国家赛博空间靶场开展,该靶场是美国海军信息战中心大西洋分部最先进的设施,为演习提供了一个极好的环境,可以使用真正的恶意软件来测试新技术,并从多个方面实现对赛博空间防御技术的安全探索。在"网络旗帜23-1"演习中,"联合部队总部-国防部信息网络"和美国国防部测试资源管理中心的国家网络靶场为演习提供了大力支持。同时,今年的"网络闪电"演习专门配置美国ByLightsw公司CyberCents部门的CATTS系统,该系统可以自动攻击网络。

(二)演习设置贴近实战,重点模拟供应链及关键基础设施攻击,提升整体防御能力

2022年在乌克兰遭受大规模网络攻击、俄罗斯和乌克兰再次处于战争的边缘之际,供应链及关键基础设施成为网络安全保护重点。在2022年的全球网络演习中,模拟供应链及关键基础设施攻击成为重点,这些演习对于评估和发展网络安全弹性,提升各国

整体防御能力起到了至关重要的作用。

在2022年度“网络盾牌”演习中,演习的重点是应对“供应链”攻击,类似于影响许多企业和政府网络的SolarWinds攻击。该演习还将社交媒体“噪声”注入场景中,使演习尽可能逼真。在北约合作网络防御卓越中心(CCDCOE)“锁盾”网络演习中,主要实践保护国家民用和军用IT系统和关键基础设施,演习在巨大压力的条件下开展,将对抗一系列复杂的网络攻击,网络防御者将练习防御网络系统和关键基础设施面临的严重网络攻击。Cyber Europe 2022完成了迄今为止全球规模最大的网络危机模拟之一,演习场景重点涉及对欧洲医疗基础设施的模拟攻击。

(三)开展一系列前沿性技术及装备演示测试,为今后网络战奠定基础

2022年,各国网络演习建立模拟实战的战场环境,注重探索网络安全新技术和新装备的应用实践,并加速新技术和装备的应用转化,通过开展一系列网络演习,检验新技术和新装备,为未来网络作战奠定基础。

美国海军9月初举行2022年度“拒止、降级和断连环境网络空间防御(网络)高级海军技术演习”(Cyber ANTX 2022)。该演习旨在确定技术并制定策略,以支持从岸上其他地方支持水上系统的防御性网络行动。该演习主要探索利用岸上团队解决多艘舰船同时发生网络事件响应的技术,重点关注拒止、降级和断连环境中的网络空间防御。美国陆军10月举行2022年度“融合项目”技术演示活动,重点寻求整合人工智能、机器人技术和自主性,以提高战场态势感知能力,将传感器与射击者连接起来并加快决策速度。在2022年“网络联盟”演习中,北约盟军转型司令部与其他北约机构、北约国家、业界和学术界合作开展三项试验,旨在评估人工智能支持的工具是否可以帮助检测网络威胁并以更快、自动化的方式保护网络;展示近实时使用机器可读/可用防御性网络信息的现有技术;实时捕获公开可用信息,包括社交媒体提要,以生成仪表板并测试其对操作级网络空间态势感知的有用性。

四、结语

当前,网络演习是促进网络技术发展的重要途径,全球各国开始加大对网络演习的重视程度,以促进自身网络技术的发展。通过当前大国竞争时代背景下的网络攻防演练,摸索其中的对抗策略和应对规则,最终反向支持其他作战域的常规行动,将成为未来联合作战和全域作战的重大趋势,这也将为未来网络战的技术和战术发展提供相关支撑和借鉴意义,从而促进网络空间合作伙伴关系,提高国际联盟和盟友间保卫网络和在网络空间共同行动的能力。

(中国电子科技集团公司第三十研究所　龚汉卿)

北约组织"锁盾 2022"网络演习

2022 年 4 月 19 日至 22 日，北约合作网络防御卓越中心在爱沙尼亚塔林举行"锁盾 2022"演习。在俄乌冲突引发网络对抗加剧、欧洲局势紧张之际，北约仍集结盟友举办这场"全球规模最大、场景设计最为复杂的国际网络防御实战演习"，相关动向值得关注。

一、演习基本情况

"锁盾"演习是北约合作网络防御卓越中心（CCDCOE）主办的年度旗舰演习，2010 年首次举办，意在**"通过网络防御研究、培训演习活动，为北约及其成员国提供网络防御相关技术、战略、作战与法律等领域独特跨学科知识台"**。2018 年年初，随着北约负责技术与概念的盟军转型司令部对北约合作网络防御卓越中心职能进行强化，将其从"负责联盟内网络防御作战教育培训解决方案协调"的协调部门，升级为"负责北约网络防御作战教育培训"主管部门。自此，北约合作网络防御卓越中心更加重视演习活动。

"锁盾 2022"演习吸引了北约成员国与乌克兰、韩国、日本等盟友共 32 个国家，2000 多名网络安全专家参与，演习规模历年最大。网络安全专家不仅演练保护常规的信息技术、军事系统和关键基础设施，还演练了战略决策、法律和媒体沟通等内容。

二、演习总体设计

"锁盾 2022"的演习设计，是在俄乌局势紧张乃至全面冲突的背景下开展的。该演习通过对大规模网络攻击的全要素模拟和体系化呈现，力求逼真还原国家级网络攻防行动的复杂性。

一是场景设计依托网络攻击真实事件，聚焦关键基础设施网络安全。演习以虚拟的北大西洋岛国"贝里利亚"为背景，设置该国安全局势不断恶化，最终发生大规模协调网络攻击的场景。演习以电力、金融等关键基础设施网络安全为重点，以真实网络安全事件为背景,模拟关键基础设施系统遭受大规模网络攻击的场景,重点演练网络作战人员的防御能力,以及信息共享能力。在场景设计中,演习依托"网络靶场"平台,启用约5500个虚拟化系统模拟一国的信息系统和关键基础设施,并对这些系统安排了大约8000多次针对性网络攻击。根据场景设定,大规模网络攻击对政府和军队的网络、通信、净水系统和电网运行造成严重破坏,最终引发公众骚乱和抗议。演习还首次纳入了中央银行储备管理与金融信息系统遭受攻击的场景。演习场景设计基于大量真实发生的网络攻击事件,注重提高防御团队在真实攻击场景中的防御能力:①保护陌生专业系统的技能;②在时间紧迫的情况下完成高质量态势报告撰写的能力;③在大型复杂环境中探测并缓解各种网络攻击的能力;④良好的团队协作能力。

二是科目设置较全面,涵盖网络事件应急处置全过程。演习旨在提高各国参加演习的各层级网络安全专家(包括安全官员和技术人员)技能,科目设置上较为全面,涵盖网络事件应急处置全程:①信息物理系统实战攻防,这也是网络防御演习的核心内容;②战略与战术决策,主要训练网络安全团队在危急情况下基于有限或过载信息,做出明智决策的能力;③危机状态下的指挥链构建,主要训练网络安全团队在危机状态下,与军地利益相关方快速协作构建顺畅指挥链路,有效应对攻击事件的能力;④训练数字鉴证、法律事务、媒体沟通以及其他信息战活动的能力,这些活动对缓解网络攻击的影响至关重要。

三是组织模式较为完善,采用攻防对抗模式。由于新冠疫情缓和,今年的演习主要在现场进行。演习采取红蓝对抗模式,蓝方包括24支队伍,每队平均50名专家,由北约成员国和其他盟友国家的网络安全专家构成。蓝方扮演国家网络快速反应小组角色,主要负责报告各种网络攻击事件,实施战略战术决策并解决数字鉴证、法律和媒体等方面问题,缓解网络事件影响,确保国家军用和民用信息技术系统和关键基础设施安全。红方扮演网络攻击者角色,由北约信息通信局网络安全中心、盟国和产业界的专家组成,负责针对目标实施高度复杂的网络攻击。

四是演习保障较为强健,吸纳先进科技公司为演习提供有力支持。北约合作网络防御卓越中心主办,北约信息通信局、西门子公司、TalTech公司、澄清安全公司、北极安全公司、CR14基金会等协办,微软、金融服务信息共享与分析中心、太空信息技术公司、飞塔公司为演习提供了支持。CR14基金会管理的"网络靶场"提供了演习的基础设施平台。

三、启示

"锁盾2022"演习在俄乌冲突引发双方网络对抗加剧、世界范围内网络攻击频仍的大背景下举办。从演习场景设计、科目设置、组织保障与举办规模看,"锁盾"正成为北约加强扩展盟友合作、展现盟友团结协作、展示网络战争要素和提高盟友网络攻防能力的重要平台。

一是演习成为北约加强和扩张盟友合作的重要抓手。2018年初,北约盟军转型司令部强化了北约合作网络防御卓越中心职能,将其从"负责北约网络防御作战教育培训解决方案协调部门",升级为"负责北约网络防御作战教育培训主管部门"。此后中心更加重视演习活动,将"锁盾"视为"网络防御学术研究、教育培训和跨学科知识交流"平台,并以"观察员国""贡献参与国"机制吸纳非北约成员参与,助推北约以网络空间为突破口实现扩张。演习参与国从2017年25个增至2022年32个。2022年,在多次参与演习后,乌克兰以"贡献参与国"、韩国以"正式会员国"身份加入中心。同时,韩国还是首个加入北约旗下军事组织的亚洲国家。

二是演习意在展现北约盟友团结以慑止对手网络攻击。在俄乌网络冲突引发外溢担忧之际,在新冠疫情持续不断的情况下,演习仍以现场方式组织实施,俄乌冲突的直接当事方乌克兰也参与演习,意在通过多国、多部门的集体协作,展示北约盟友团结应对大规模有组织网络攻击的能力和意愿,慑止对手发起更大规模网络攻击。非营利组织"网络威胁联盟"总裁兼首席执行官迈克尔·丹尼尔称,"锁盾"演习对北约应对俄罗斯网络威胁十分重要。

三是演习注重体现国家网络战攻防特点与应对流程。演习在俄乌冲突背景下开展,国家层面的全要素网络攻击成为关注重点。演习通过搭建现实场景、纳入前沿技术和模拟大规模网络攻击,致力于完整呈现国家级网络攻防行动的复杂性。其中,场景设计上注重展现一国遭遇全面网络战争的情形;攻防目标上覆盖政府军队网络通信等信息基础设施、供水供电等民生关键基础设施、银行金融等经济社会运行核心职能;科目设置上涵盖国家级网络攻防全流程,除网络实战攻防,还包括战略决策、法律和媒体沟通等内容。

四是演习谋求提升北约盟友网络威胁实战应对能力。"锁盾"集结了北约盟友各国军政产学领域网络安全机构的一流团队,提供了跨国跨机构同行就技战术能力、前沿技术、事件处置最佳实践等进行全方位交流的良好机会,可有效提高相关国家网络安全威胁的实战应对能力。爱沙尼亚国防部网络部门国际政策顾问安内特·鲁玛表示,各国网络防御部门自战争爆发以来一直高度戒备,此次实战演习对提高各国实战能力、更好应对网络威胁意义重大。

(国家工业信息安全发展研究中心　聂春明　许文琪)

美军加强太空网络安全能力建设主要动向及影响

以卫星为主体的太空系统在当今的政治、经济、军事和社会中发挥着越来越重要的作用。在太空系统与网络紧密相连、相互依赖且相互促进的同时，也面临着日益严峻的网络安全威胁。2022 年 2 月，俄乌军事冲突爆发当天，美国卫讯公司 KA－SAT 卫星系统遭网络攻击瘫痪，凸显出太空网络的安全问题。近年来，美国高度重视太空网络安全风险，不断从政策法规、系统架构、力量体系、靶场建设、网络演训和设备开发等角度强化太空网络防御，为应对针对太空系统的网络攻击做好充分准备。

一、美军加强太空网络安全能力建设的主要动向

（一）密集颁布太空政策法规，塑造太空网络空间主导态势

"冷战"结束至今，美国对太空领域的发展十分重视。为促进国家航天能力的发展和壮大，指导太空军民融合、共促共建，美国的太空战略几经调整，经历了从"技术优势地位"到"效用与防御优势"、再到当前"产业、规则与军事"复合推进的演变。近一段时间以来，白宫和太空军等相关部门发布的文件都强调要确保太空系统的网络安全，特别是在 2020 年 4 月，美国政府发布第 5 号太空政策指令（SPD－5）——《太空系统网络安全原则》，确立了 5 项太空网络安全原则，明确了美国土安全部（DHS）及其下辖的网络安全与基础设施安全局（CISA）在增强美国太空网络防御方面的领导地位。

自 2020 年的"太阳风"事件以来，美国对供应链网络安全问题的关注度明显提高。2021 年 12 月，白宫发布《美国太空优先事项框架》，旨在加强"支撑美国关键基础设施的太空系统"的安全性和恢复能力，促进美国政府与商业航天公司的合作，改善太空系统的网络安全水平。2022 年 7 月，国土安全部出台最新版《国土安全部太空政策》，该政策认为美国对手正在试图破坏美国在通信、定位和导航等方面的太空优势，因此国土安全部有责任对美国的政用和商用太空系统进行评估，以保护这些系统及其供应链免受网络及

其他威胁。为此，国土安全部倡导将网络安全原则纳入所有太空系统的设计、开发、获取、部署和运行环节，制定符合SPD－5《太空系统的网络安全原则》的标准、教材和指南，以及就太空网络安全问题与其他政府机构和企业保持密切合作等措施。

(二)推进混合太空架构建设，增强太空网络系统弹性

美军一直以来高度重视利用商业卫星来增强太空系统的网络弹性，美国第一任太空军司令约翰·雷蒙德于2020年提出了“混合太空架构”(HSA)构想，目标是将美国乃至其盟国的各类军用、政用和商用卫星连结成一套庞大的“同心圆”式网络体系，从而将美军太空架构从传统的“大而少、确保零风险”模式转变为“规模化、经济性、不惧打”的模式，以超强的体系韧性来赢得太空优势。除最核心的网络弹性外，混合太空架构还具备可扩展、响应迅速和以信息为中心的特点，更加强调在快速的技术变革和多变的威胁环境中维持关键太空能力。

为了在不同的军用、政用和商用太空系统之间实现高效通信，美军利用软件定义网络(SDN)、云计算等技术来推进混合太空架构建设。2022年7月，美国国防创新小组(DIU)宣布与Anduril、Aalyria Technologies、Atlas Space Operations和Enveil共5家公司签订HSA项目合同，以推动军用、政用和商用卫星之间的数据共享。HSA项目将重点推进以下4项工作：①建立安全的太空版SDN；②融合不同来源的数据；③开发采用人工智能技术的云基分析工具；④制定可变的信任协议。HSA项目的初期目标是使在不同轨道上运行的政用和商用卫星能按需收集图像及其他战术数据，为此开发方将在24个月内演示相应的太空能力。

(三)充实太空网络作战力量，提升网络威胁应对能力

近年来，美国太空军逐步构建多层次的太空管理体系，形成了由太空作战司令部(SpOC)、太空系统司令部(SSC)和太空训练与战备司令部(STARCOM)三大司令部构成的管理体系。这种分工明确的管理体系有助于厘清各方职能，从而更好地应对包括网络攻击在内的各种太空威胁和挑战。与此同时，为适应太空网络安全领域的新需求，美军正加速发展太空网络作战力量，并推动太空网络部队与其他网络部队的协同联动，以此谋求联合全域作战优势。例如，太空作战司令部于2021年4月开始组建太空司令部联合网络中心，以提升与美国网络司令部的能力整合。

目前美军的太空网络力量正不断得到充实，实力日渐壮大。2021年2月，美第6太空德尔塔(Delta 6)部队接收了40名由空军转隶的官兵，主要任务是操作太空军的卫星控制网络，以及保障太空领域的行动、网络和通信。截至2022年，第6太空德尔塔部队建成3支网络防御中队，并正在筹建另外4个中队。这些中队建成后，太空作战司令部下

辖的所有太空联队都将拥有一支专门保障其网络安全的中队。这种各司其职又相互协调的太空管理体系,将有助于整合太空资源,使美军能够更加快速和高效地应对太空网络安全威胁。

(四)积极建设太空网络靶场,搭建网络攻防训练环境

与地面系统相比,太空系统存在通信频率和卫星位置受限、信号功率较低以及数据传输可靠性较差等劣势,因此不宜将地面的网络攻防经验直接挪用到太空系统上。为保障太空系统的网络安全,太空系统司令部已建立了"太空网络测试靶场"(SCTR),该靶场是专门为太空系统量身定制的测试工具,可用于检测太空系统与地面站点的网络安全漏洞,并探索相应的解决方案。

2020 年 5 月,美国防信息安全技术服务提供商 ManTech 公司推出太空网络靶场,通过模拟真实的太空网络环境来寻找太空系统的漏洞、不当配置和软件缺陷。2022 年 10 月,美国空军研究实验室(AFRL)下辖的信息局宣布正在为太空军及其他机构开发一套名为"星际太空网络靶场"(SSCR)的天基网络靶场,不同于以虚拟环境为主的其他网络靶场,SSCR 将采用真实的在轨卫星作为靶场。为此 AFRL 计划于 2024 财年发射 4 颗立方体卫星(CubeSat),这些卫星及其地面配套系统将组成一套真实的卫星运营体系,以便模拟针对卫星和地面系统的网络攻击。预计美国太空系统司令部、太空发展局以及太空军的其他单位也将参与 SSCR 的建设和使用,从而为美国所有涉及太空的单位提供良好的天基网络攻防训练环境。

(五)持续开展系列太空军演,锤炼网络攻防实战能力

为进一步消除网络安全隐患,美国太空军还发起了太空网络模拟攻击邀请赛。美国军方希望通过这种方式找到太空系统的网络漏洞,同时发掘和招募优秀的网络攻防人才。2020 年 5 月,美国空军邀请各路黑客参加"入侵卫星"(Hack - A - Sat)黑客大赛,以寻找军用卫星和地面站点的安全漏洞。2022 年 9 月,太空训练与战备司令部举行首次"黑色天空"(Black Skies)演习,参演方包括太空军、空军和空军国民警卫队辖下的相关单位。此次演习以美国欧洲司令部管辖的太空系统遭遇威胁为背景,由实际作战人员操作真实系统对 29 个模拟太空目标发动电子攻击,以检验太空军对多种联合电子战火力的指挥和控制能力。

目前美军尚无专门的太空网络演习,但太空军的"天空"系列演习已将网络安全列为核心训练内容之一。2022 年 9 月的"黑色天空"演习侧重于太空电子战,拟定于 2023 年举行的"红色天空"(Red Skies)演习将侧重于太空轨道战,拟定于 2024 年举行的"蓝色天空"(Blue Skies)演习则侧重于太空网络战,且届时太空军将为"蓝色天空"演习准备一种

包含敌我太空系统数字模型的典型太空网络作战环境。

（六）开发专用网络安全设备，补齐太空网络安全短板

传统的太空系统相对封闭和独立，较少面临网络安全问题，相应也缺少适合太空自然环境与技术条件的专用网络安全设备。但近年来，太空系统的网络化和商业化步伐明显加快，日常通信、定位和导航越来越依赖太空系统，特别是在“星链”系统介入俄乌冲突后，商用太空系统的军民两用属性愈发显现，暴露在攻击者面前的网络安全漏洞也远多于传统的军用太空系统，这使美军对太空网络安全设备的需求愈发迫切。

诺斯罗普·格鲁曼公司是在这一背景下启动了“太空端加密单元”（Space ECU）的开发工作。2022 年 6 月，诺斯罗普·格鲁曼公司称将于 2023 年春天开始测试太空网络安全模块 Space ECU 的原型设备，以保护卫星免受网络攻击。Space ECU 是一种内置多种算法的加密设备，采用单芯片、可重编程和高通量设计，支持多种波形和数据链之间的安全通信。Space ECU 尤其适用于低地球轨道的太空环境，也可部署在飞机或地面站等其他环境中。Space ECU 吸收了该公司在密码产品和软件定义型无线电产品上的经验教训，或将能有效满足美军对数据传输、网络连通性和加密的需求。Space ECU 预计将于 2024 年交付美国国防部。

二、主要影响

（一）大幅改善太空体系抗毁伤能力

经过深入思考和长期探索，美军已将构建弹性灵活高效的卫星网络作为“在复杂的网络电磁对抗环境下维持太空作战能力”的主要方向，为此大力推进弹性太空体系建设，加强卫星系统的体系化抗毁伤能力。其基本思路是在将原先由单一大型卫星承担的功能分散到多颗卫星乃至地面节点（包括冗余节点）上，然后通过太空网络统一调度和管理。此举将大大增加对手选取太空攻击目标的难度，并减轻单一太空节点受损所产生的后果。为实现这一目标，美国国防高级研究计划（DARPA）早在 2018 年就启动了“黑杰克”（BlackJack）项目，该项目计划建立一个由 20～200 颗小型卫星组成的近地星座，这些卫星配有任务协同系统，并具备在轨计算能力、加密能力和星间网络传输能力，从而使整个星座拥有高度的网络弹性。“黑杰克”项目在某种意义上正是混合太空架构的前身，而此类“以太空网络维系星座整体功能”的设计将大幅改善美军太空体系的抗毁伤能力。

（二）严重加剧全球太空军备竞赛

美军加强其太空网络安全能力看似只是一家之事，实际上却会对全球太空格局产生

重要影响。一旦美国建立起强大的太空系统网络安全能力,便可更加肆无忌惮地开展太空行动,从而对其他国家的太空资产构成更威胁。而为实现与美国之间的力量平衡,他国也将被迫发展太空力量,从而引发太空军备竞赛,导致全球太空安全形势持续恶化。事实上,美国在太空发展网络及其他能力的行为已经拉开了太空军备竞赛的序幕:2021年9月,英国出台《国家太空战略》,旨在制定太空规则和掌握太空话语权,促使英国成为太空领域的领导者;2021年10月,德国宣布成立太空司令部,以保护德国的通信和侦察卫星系统,以及破坏对手的卫星;2022年12月,日本将航空自卫队更名为"航空宇宙自卫队",高调展示了将军事力量延伸到太空的意愿。随着各国太空实力的提升,彼此间的威胁和猜忌将显著增加,阻止全球太空军备竞赛的美好愿景将变得更加遥不可及。

(三)全面推动美国先进技术发展

美军加强太空系统网络安全的计划客观上会推动先进技术的发展,从而提升美国科技实力。2016年8月,美国太空司令部认为在未来10~30年内,美国将在太空与网络空间的交叉领域攻克多项关键技术难题,其中包括人工智能、认知电子战与先进数据技术分析3大类11项核心技术,从而改善美国的整体战场态势感知能力、指挥与控制能力以及作战效能。与此同时,美军也正在研究太空量子通信等新兴技术,以改善GPS的定位、导航与授时能力,解决传统GPS易遭网络攻击的问题。这些举措可能会在太空态势感知、太空通信和太空攻防等方面催生出现颠覆性技术(例如SpaceX公司的"星链"卫星系统就在一定程度上颠覆了原有的太空通信技术架构),从而为美国维持太空和网络等高技术领域的技术优势、建立排斥中俄等战略对手的所谓"民主国家太空科技联盟"奠定基础。

三、几点启示

(一)重视以通用措施保障整体网络安全

太空系统虽有其独特之处,但至少地面的商业用户网络的设计与其他商用网络并无本质区别,而从多起攻击事件来看,商业用户网络正是太空系统中最容易遭到攻击的部分。卫星服务运营商应借助"安全信息与事件管理"(SIEM)等工具重点监控卫星设备的网络出入点是否存在异常流量,例如:是否有工具使用了"文件传输协议"(FTP)等不安全的协议;卫星设备是否在向预定计划之外的网段传输数据;卫星网络中是否存在未经授权的账户;卫星设备之间是否存在未经授权的流量;是否有人尝试以穷举法登录卫星网段。此外,也应酌情采取其他通用的网络安全措施,例如强制要求使用强密码和多重认证等高安全性的账户登录方式，将各类账户的权限限定在最小的必要范围内，撤销已不再需要的信任关系（如已终止合作的卫星客户），对所有通信链路分别单独加密，及时修复各类系统漏洞，并制定网络事件应急响应计划。

（二）突出以混合网络增强太空网络弹性

传统的太空系统通常由少量乃至单独的大型卫星组成，一旦有任何卫星因自然因素或人为因素而失效，整套太空系统就可能立即瘫痪。美军“混合太空架构”（HSA）将美军卫星、盟友卫星和商业卫星结成一体，这意味着即使失去部分卫星，其他卫星也可以顶替其功能，使整套太空系统继续保持运作。目前 HSA 还只是一个远景目标，其发展还面临着许多难关，例如：如何在不同轨道的卫星之间建立可靠的动态通信链路；如何将形形色色的各方数据处理成通用数据格式；如何为各不相同的星间和天地数据链建立统一的信任网络协议。这些细节一旦处理不慎，大量的网络节点可能反而给黑客提供入侵太空系统的渠道。研发混合太空架构的同时，要加强在高可靠动态通信链路、多密级数据传输、可变信任协议等方面的研究，确保太空网络安全。

（三）注重以太空网络靶场提升安全水平

要想检验网络安全，最好的办法就是在尽可能真实的环境下开展网络攻防演练。美国 ManTech 公司 2020 年就推出了一套面向美国军方、情报界和企业界的太空网络靶场，欧洲空间局（ESA）也建立了针对太空系统的网络靶场，该靶场可以模拟相关太空系统和太空任务的网络环境，以训练有关人员如何认识、检测、调查和处理太空网络威胁。网络靶场的建设是一个复杂而庞大的系统工程，不同靶场的体系架构和建设方式也千差万别，其具体设计往往取决于用户的实际需求。应积极推进太空网络靶场建设，针对具体需求进行模拟仿真试验，提升太空网络安全防护能力。

（中国电子科技集团公司第三十研究所　吕　玮）

美国公布首批后量子密码标准算法

为维护国家安全,进一步抢占量子领域全球领导地位,美国于 2016 年开始推动后量子密码(PQC)算法标准化研究。2022 年 7 月 5 日,美国国家标准与技术研究院(NIST)选定 CRYSTALS - Kyber、Falcon、CRYSTALS - Dilithium 等 4 个算法作为其 PQC 标准化算法结果,并宣布 BIKE、Classic McEliece 等 4 个候选算法进入下一轮筛选。这一里程碑事件标志着后量子密码算法标准化工作经过 6 年的发展即将进入最后阶段。

一、背景

(一)量子计算给现有密码体制带来的威胁与日俱增

近年来量子计算取得多项重大突破,IBM、谷歌、微软等多家科技巨头密集推出革命性量子软硬件,种种迹象表明量子计算正逐步迈入规模化应用阶段。随着量子计算技术的发展,相关运算操作有望实现从指数级向多项式级别的转变,现有公钥密码体制(如 RSA、ECC、DH 密钥交换技术)将可能被完全破解,对称密码算法(如 AES、SHA1、SHA2 等)的安全性将被显著降低。网络攻击者可利用量子计算机轻松打破世界上任一数字防御系统、破解公钥密码系统,进而对国家安全造成严重威胁。为应对出现的新型威胁,PQC 应运而生,旨在研究密码算法在量子环境下的安全性。

(二)美国政府积极引导传统密码向后量子密码过渡

为应对量子计算技术发展给国家安全带来的威胁,美国政府先后出台了一系列应对量子技术风险的政策法案,如 2022 年 5 月《推动美国在量子计算领域领导地位同时减少对易受攻击密码系统的风险》安全备忘录、2022 年 4 月《量子计算网络安全准备度法案》、2022 年 1 月《关于改善国家安全、国防部和情报系统的网络安全》备忘录等。相关政策法案要求联邦政府现有信息系统尽快向 PQC 技术迁移,政府和产业界需要优先开发容易升级到 PQC 的应用、硬件和软件。为此,美国国家网络安全卓越中心(NCCoE)于 2021 年 8 月正式启动 PQC 迁移项目,邀请各机构、企业为 PQC 迁移提供安全平台支持和演示;2022 年 7 月,美国网络安全和基础设施安全局(CISA)宣布 PQC 计划,将向后量子加密过渡确定为网络安全愿景的优先事项。

(三)学术界和产业界联合研发测试后量子密码

美国《国家战略计算倡议战略计划》强调通过“政府与工业界、学术界共同建立高性能计算系统的跨机构战略愿景和投资”。美国政府联合学术界、产业界开展 PQC 技术和产品研发,积极进行多场景抗量子密码应用测试,推出相关商业服务和升级产品等。例如,2022 年 7 月,美国后量子安全公司 QuSecure 宣布推出产品 QuProtectTM,基于 Kyber 标准算法建立量子安全通道,实现全时间段保护美国政府空域的加密通信与数据安全;同月,美国 IBM 公司宣布其研发人员已借助 IBM z16 大型机使用 CRYSTALS – Dilithium 算法实施双重签名方案,从而保证关键文档的完整性。

二、美国后量子密码算法标准化工作进展

2016 年 12 月,NIST 正式面向全球征集具备抗击量子计算机攻击能力的新一代 PQC 算法,以期逐渐取代以经典 RSA 为代表的不可抗量子计算机攻击的公钥加密算法,并最终成为标准化加密算法。PQC 算法评估工作分为多轮进行,计划每轮 18 个月左右,预计 2024 年前完成。

PQC 算法筛选只选择了“无状态数字签名”和“非对称加密和密钥封装机制(KEM)”两种密码体制,并将算法安全性、效率和性能、其他因素(如知识产权要求、实施难度)作为评估标准因素。

(一)后量子密码算法标准化工作进程

1. 第一轮评选结果

2017 年 12 月,NIST 公布 PQC 标准协议的第一轮评选结果,期间共收到 82 个基础方案,筛选出 63 个完整方案,其中包括 44 个非对称加密和密钥封装机制方案及 19 个数字签名方案,如表 1 所列。

表 1　NIST 第一轮方案情况表

类型	非对称加密和密钥封装机制/个	数字签名/个	总计
格密码	21	5	26

续表

类型	非对称加密和密钥封装机制/个	数字签名/个	总计
编程密码	16	2	18
多变量密码	2	7	9
哈希密码	0	3	3
其他	5	2	7
总计	44	19	63

2. 第二轮评选结果

2019 年 1 月,NIST 公布 PQC 标准化算法的第二轮评选结果,共计 26 个算法进入下一轮进程,其中包括 17 个非对称加密和密钥封装机制方案(BIKE、Classic McEliece、CRYSTALS – Kyber、FrodoKEM、HQC、LAC、LEDAcrypt、NewHope、NTRU、NTRU Prime、NTS – KEM、ROLLO、Round5、RQC、SABER、SIKE、Three Bears)及 9 个数字签名方案(CRYSTALS – Dilithium、Falcon、GeMSS、LUOV、MQDSS、Picnic、qTESLA、Rainbow、Sphincs +),如表 2 所列。

表 2　NIST 第二轮方案情况表

类型	非对称加密和密钥封装机制/个	数字签名/个	总计
格密码	16	3	19
编程密码	0	0	0
多变量密码	0	4	4
哈希密码	0	1	1
其他	1	1	2
总计	17	9	26

3. 第三轮评选结果

2021 年 1 月,NIST 公布的第三轮评选结果共有 7 个算法入围,其中包括 4 种非对称加密和密钥封装机制算法(Classic McEliece、CRYSTALS – Kyber、NTRU、SABER)及 3 种数字签名算法(CRYSTALS – Dilithium、Falcon、Rainbow),如表 3 所列。此外,NIST 还保留了 8 个备选算法,包括 5 种备选公钥加密和密钥生成算法(BIKE、FrodoKEM、HQC、NTRU Prime、SIKE)和 3 种数字签名算法(GeMSS、Picnic、Sphincs +)。

表 3　NIST 第三轮方案情况表

类型	非对称加密和密钥封装机制/个	数字签名/个	总计
格密码	3	2	5

续表

类型	非对称加密和密钥封装机制/个	数字签名/个	总计
编程密码	1	0	1
多变量密码	0	1	1
哈希密码	0	0	0
其他	0	0	0
总计	4	3	7

2022 年 7 月 5 日，NIST 公布提前选定并将进行标准化的算法，其中包括用于非对称加密和密钥封装机制的 CRYSTALS – Kyber、用于数字签名的 CRYSTALS – Dilithium、Falcon 及 Sphincs +。其中，NIST 推荐 CRYSTALS – Kyber 算法用于保护通过公共网络交换信息的通用加密，推荐其余 3 种算法用于身份认证。以上 4 种算法均在 2024 年之前完成标准化。此外，NIST 推荐将 BIKE、Classic McEliece、HQC、SIKE 算法进入第四轮筛选进程。

（二）入选标准算法的具体情况

1. 非对称加密和密钥封装机制

CRYSTALS – Kyber 是基于格理论的 PQC 算法，其安全性基于模上带错学习（MLWE）问题。在保障安全性的同时兼具加密密钥相对较小、交换数据量小、运行速度快的特点。同时，Kyber 的硬件、软件及混合设置、抗侧信道攻击等性能在同类型算法中位于前列，专利障碍问题较少，在未来具有广阔的使用前景。

2. 数字签名

Crystals – Dilithium 是基于格理论的数字签名方案，其安全性依赖于 MLWE 和模块短整数的强度解决问题（MSIS）。该算法在密钥和签名大小方面具有强大而平衡的性能，并且密钥生成、签名和验证算法的效率在实际验证中表现良好。

Falcon 是一种利用“散列和符号”范式的基于格的签名方案，其安全性依赖于短整数解（SIS）问题在 NTRU 格算法上的难度，以及随机预言模型（ROM）和量子随机预言模型（QROM）中的安全证明递减。该算法提供了最小的带宽，提供非常好的整体性能。

Sphincs + 是一种基于散列的无状态签名方案，其安全性依赖于关于底层散列函数安全性的假设。该算法提供了可靠的安全保证，但会导致性能上的巨大成本。NIST 将该算法视为极其保守的选择，同时也是公布标准化算法中的唯一哈希算法，成为格密码受威胁背景下的备选方案。

表 4 给出了 3 种数字签名方案的优势、劣势和适用场景。

表 4　NIST 标准化算法数字签名方案比较表

数字签名	优势	劣势	适用场景
Crystals - Dilithium	提供安全级别 2、3、5 的保障；密码设计简单，部署更方便	—	适用于大部分应用
Falcon	提供安全级别 1、5 的保障；带宽需求最小，且验签速度很快，签名尺寸相对最小	在受限环境中密钥生成较困难，很难防御单信道攻击	适用于较复杂的实现情况
Sphincs +	提供安全级别 1、3、5 的保障；密钥生成与验证速度远快于签名速度	速度较慢，签名巨大，应用较复杂，易受故障攻击	—

三、作用和影响

(一)格密码将成为后量子密码的主流路线

PQC 算法中，格密码可在安全性、公私钥大小、计算速度方面达到较好的平衡。同时在相同安全强度下，格密码的公私钥大小比其他三种(编程密码、多变量密码、哈希密码)方案更小，计算速度更快且更适用于多应用场景。在 NIST 公布的 4 种标准化算法中就包含 3 个格密码，足见其巨大潜力。美国家安全局指出，基于格的加密方案进行参数化，可保证安全，该密码方案是当前最高效的后量子算法。该机构预计，基于 NIST 筛选的格密码算法将被批准用于各种国家安全系统。

(二)短期内将开发和使用混合密钥协议

目前，NIST 选定的 PQC 标准化算法只包括了公钥加密和数字签名两种常用的密码算法，但这些算法已趋于成熟，优化改进余地较小。短期内，PQC 算法要与传统安全密码技术结合形成一种“混搭”模式，以适用当前的安全需求。亚马逊 AWS 公司首席安全官指出，混合密钥交换方案在实际应用中具有广泛的前景，其中 ECDHE + Kyber 混合方案的性能最佳。

(三)后量子密码标准算法已开启商用化应用

新型密码体系的成熟离不开企业界的长期测试研究与商业应用。西方多家科技巨头既是 PQC 算法的设计者，又是应用落地的催化者。当前，PQC 标准算法已然开启商业化应用，部分企业将 PQC 标准算法集成至公司产品中，进一步提升其安全性能。例如 Cloudflare 公司将 CRYSTALS - Kyber 与其他 PQ 算法集成到其加密数据库 CIRCL；Crypto Quantique 公司推出 CRYSTALS - Kyber 算法的后量子物联网安全平台。

(中国电子科技集团公司第三十研究所　郝志超)

美国家安全局发布网络基础设施安全指南

2022 年 3 月 1 日，美国家安全局（NSA）发布《网络基础设施安全指南》，旨在向所有组织提供最新的网络基础设施应对网络攻击保护措施建议，用于指导网络架构师和管理员设计和配置网络。

一、发布背景

2019 年 NSA 成立了网络安全局，负责预防和消除对美国国家安全系统（NSS）和关键基础设施的威胁，最初的重点是国防工业基地及其服务提供商。随后，网络安全局利用 NSA 丰富的信息保障经验，重新调整了工作重点，以满足当前和未来需求。它将 NSA 网络安全任务的关键部分（如威胁情报、脆弱性分析、密码技术和防御行动）进行了整合，更加公开透明，旨在提高整个政府和行业的网络安全门槛，同时增加美国对手的代价。

美国网络安全局自 2019 年成立以来，已经发布了 50 余份网络安全报告。特别地，网络安全局利用 NSA 卓越的技术能力，针对不断演变的网络安全威胁制定的建议和缓解措施是其中的重要组成部分。《网络基础设施安全指南》正是网络安全局针对国家安全系统、国防部信息系统和国防工业基地的威胁，制定和发布的相关网络安全规范和缓解措施之一。

二、主要内容

指南介绍了总体网络安全和保护单个网络设备的最佳做法，并指导管理员阻止对手利用其网络。该指南是通用的，可以应用于多种类型的网络设备。它提供的建议涵盖网络设计、设备密码和密码管理、远程登录、安全更新、密钥交换算法等。概括起来，有以下主要内容。

(一)采用多层防御架构与设计网络体系

指南认为,实现多层防御的安全网络设计,对于抵御威胁和保护网络中的资源至关重要。无论网络外设还是内部设备,其设计均应该遵循安全最佳实践和典型零信任原则。对此,指南建议:①在网络周边配置和安装安全设备;②将网络中的类似系统逻辑组合在一起,以防止其他类型系统的对抗性横向移动;③取消所有后门网络连接,并在使用多个网络接口连接设备时谨慎使用;④采用严格的外设访问控制策略;⑤实现网络访问控制(NAC)解决方案,以识别和验证连接到网络的唯一设备;⑥限制和加密虚拟专用网(VPN)。

(二)定期进行安全维护

指南认为,过时的硬件和软件可能包含已知的漏洞,并为对手利用网络提供了一种简单的机制。通过定期将硬件和软件升级到供应商支持的更新版本,可以缓解这些漏洞。对此,指南建议:①验证软件和配置的完整性;②维护正确的文件系统和引导管理;③维护软件和操作系统的及时升级更新;④对开发商提供的过时或不受支持的硬件设备应立即升级或更换,以确保网络服务和安全支持的可用性。

(三)加强访问控制

指南认为,集中式认证、授权和审计(AAA)服务器可提高访问控制的一致性,减少配置维护,降低管理成本。对此,指南建议:①实现集中式服务器;②配置集中式的认证、授权和审计(AAA);③运用最小特权原则;④限制身份验证尝试的次数。

(四)创建具有复杂口令的唯一本地账户

指南认为,本地账户对于网络设备的管理至关重要。对此,指南建议:①使用唯一的用户名和账户设置;②更改默认口令;③删除不必要的账户;④采用个人账户;⑤使用最安全的算法存储设备上的所有口令;⑥为所有级别的访问(包括用户访问和特权级别访问)分配唯一和复杂的口令;⑦为每个设备上的每个账户和特权级别分配唯一、复杂和安全口令;⑧根据需要更改口令。

(五)实施远程记录和监控

指南认为,日志记录是记录设备活动和跟踪网络安全事件的重要机制,为管理员提供了检查可疑活动日志和调查事件的能力。对此,指南建议:①启用日志,建立至少两个远程集中日志服务器,以确保设备日志消息的监视、冗余和可用性;②将每个设备上的陷阱和缓冲区日志级别至少设置为系统日志的“信息”级别，以收集所有必要的信息；③每个设备和远程日志服务器至少使用两个可信赖和可靠的时间服务器，以确保信息的准确性和可用性；等等。

（六）实施远程管理和网络业务

指南认为，管理员可通过 SSH、HTTP、SNMP 和 FTP 等各种业务对网络设备实施远程管理，而这些业务也是对手通过利用和获得的特权级别访问进行攻击的目标。为此，指南建议：①使用加密业务保护网络通信，并禁用所有明文管理业务；确保足够的加密强度；②使用最新版本的协议，并适当启用安全设置；③限制对业务的访问；④设置可接受的超时时间；⑤使传输控制协议保持可用状态；⑥禁用出站连接；⑦禁用每个设备上的所有不必要的业务；⑧禁用特定接口上的发现协议；等等。

（七）配置网络应用路由器以对抗恶意滥用

指南认为，如果路由器本身或动态选路协议配置不当，则可能让对手将数据包重定向到不同的目的地，从而使敏感数据被收集、操纵或丢弃，这将违反机密性、完整性或可用性。对此，指南建议：①禁用所有设备上的 IP 源路由；②在外围路由器的外部接口上启用单播反向路径转发（URPF）；③启用路由认证；等等。

（八）正确配置接口端口

指南认为，正确配置的接口端口可以防止对手对网络实施攻击尝试。对此，指南建议：①禁用动态中继；②启用端口安全；③禁用默认 VLAN ；④禁用未使用的端口；⑤禁用端口监视；⑥禁用代理地址解析协议（ARP）；等等。

三、特点分析

（一）与相关技术指南和管理政策保持高度一致性

指南里面涉及的相关内容与 2022 年 CISA 发布的“通过分段分层网络安全”、2019 年 NSA 发布的“分部网络和部署应用程序感知防御”、2021 年 NSA 发布的“选择和强化远程访问 VPN 解决方案”、2020 年 NSA 发布的“配置 IPsec 虚拟专用网络”、2019 年 NSA 发布的“缓解最近 VPN 漏洞”、2021 年政府管理和预算办公室（OMB）发布的“提高联邦政府对网络安全事件的调查和补救能力”等技术指南具有相关继承性；同时，该技术报告遵循了 2021 年拜登政府发布的 14028 号行政命令“改善国家的网络安全”、2021 年 DISA 发布的“国防部零信任参考体系架构”以及 2021 年 NSA 发布的“拥抱零信任安全模式”等相关政策和战略思想。可以看出,NSA 在制定和实施改善国家网络安全的行政命令方面发挥了重要作用。

(二)支持零信任模式

指南同时提到了零信任架构,这是一种假设网络内外都存在威胁并持续验证用户、设备和数据的安全模型。利用零信任原则,系统管理员可以控制用户、进程和设备如何使用数据。这些原则可以防止滥用受损的用户凭据、远程利用或内部威胁,甚至可以减轻供应链攻击的影响。《零信任战略》规定,所有联邦机构都必须采用这种安全模式,并将其放在首位。NSA 表示完全支持零信任安全模式,但随着系统所有者引入新的网络设计以实现更成熟的零信任原则,那么该指南可能需要修改。

(三)指导建议详尽且具有可操作性

指南从多个不同维度对网络架构师和管理员给出指导,每个维度下均有具体的细分建议。指南中的指导建议对于客户评估其网络和即时加固网络设备,无论是从深度和广度上均具有充分性。管理员除了必要的维护功能外,还在防御网络对抗敌对威胁方面发挥着关键作用。遵循这一指导意见将有助于这些网络维护者将网络安全最佳做法付诸行动,降低受到损害的风险,并确保网络更加安全和得到更好的保护。这些建议是 NSA 网络专家对于网络设计配置给出的最佳实践指南,具有很强的可操作性。

四、结语

目前,NSA 已经转型为网络安全界的一个开放型领导机构。2021 年,NSA 发起了多个合作论坛,在非密、秘密、机密和绝密级别与 NSS、关键基础设施和重要资源机构分享威胁、脆弱性和缓解措施。

在 2021 年,针对对手当前使用的战术和技术,NSA 总共发布了 23 份报告,其中有 12 份报告是与一个或多个合作伙伴共同完成的。通过与美国政府和私营部门的合作,NSA 和合作伙伴能够分享更全面的威胁理解和最顶层的防御行动。2022 年,NSA 继续发布报告及技术指南;未来,NSA 将会发布更多的指南、实践与政策,值得持续关注。

(中国电子科技集团公司第三十研究所　陈　倩)

“五眼联盟”国家发布《俄罗斯支持的网络行动和犯罪团体的网络安全威胁》

4月20日，“五眼联盟”（美国、英国、加拿大、澳大利亚、新西兰情报共享联盟）国家网络安全当局发布《俄罗斯支持的网络行动和犯罪团体的网络安全威胁（Russian State - Sponsored and Criminal Cyber Threats to Critical Infrastructures）》的网络安全警告，旨在提醒关键基础设施网络使用者，当心俄罗斯可能支持更多的网络行动，以反击其受到的前所未有的经济制裁，及美国及其盟友对乌克兰提供的物质支持。随着俄乌冲突影响地缘政治稳定，更多网络活动正在进行中。自俄乌冲突以来，“五眼联盟”国家网络安全机构还检测到了俄罗斯政府机构针对IT网络进行的攻击行为。鉴于这种攻击行动，“五眼联盟”国家网络安全机构已敦促关键基础设施网络防御者为潜在的网络威胁做好准备，包括对破坏性的恶意软件、勒索软件、DDoS攻击和网络间谍活动加强防御，努力识别和调查网络活动。

一、发布背景

（一）俄罗斯遭受史上最严重的全方位制裁

虽然俄罗斯自2014年克里米亚危机之后就已经持续遭遇美西方的经济制裁，但此次俄乌战争中，美西方对俄罗斯的制裁规模之大、力度之强都是前所未有的。截至目前，俄罗斯被制裁的实体和个人数量已经远超伊朗、叙利亚、委内瑞拉等国家，成为世界上遭遇制裁最严厉、数量最多的国家。当前美西方对俄罗斯的经济制裁体现在金融、贸易和投资等多个领域。俄罗斯可能会通过支持更多的网络活动，反击其受到的前所未有的经济制裁和美国及其盟友对乌克兰提供的物质支持。

(二)美国及北约盟友深度参与俄乌冲突

俄乌冲突是一场冲击旧秩序的“新战争”,美国和北约凭借其在数字领域的强大优势,以信息通信技术为依托的各种对垒工具在这场冲突中大显身手。除了对俄罗斯采取一系列制裁措施外,从此次俄乌冲突进程来看,美国及其北约盟友不仅不断向乌克兰出口和转运武器装备,而且对乌克兰进行军事人员培训。同时,美国及其北约盟友对乌克兰战场情报体系的支持,在情报搜集、战场态势感知和作战任务分配上,美军及北约军队深度参与了此次俄乌冲突,对俄罗斯来说是雪上加霜。

(三)俄罗斯开展新一轮网络攻击进行反制

俄乌冲突以来,以北约和欧盟为首的西方国家对俄罗斯展开全方位制裁,俄罗斯方面也宣布了一系列反制措施。各种情报显示,俄罗斯政府在不断探索潜在的网络攻击选项,俄罗斯国家支持的网络行动不仅包括 DDoS,也包括更早的针对乌克兰政府和关键基础设施部署的破坏性软件。不仅如此,一些网络犯罪组织近期公开表示支持俄罗斯政府。这些俄罗斯阵营的网络犯罪团体或威胁称要以网络行动回击针对俄罗斯政府或人民的网络攻击,或声称要对那些向乌克兰提供物资支持的国家和组织开展网络行动。还有一些网络犯罪团体有可能为了配合俄罗斯的军事进攻,对乌克兰网站进行了破坏性攻击。

二、主要内容

(一)指出来自俄罗斯的网络安全威胁三大主要来源

“五眼联盟”国家网络安全当局认为,网络安全威胁主要来源于俄罗斯国家支持的网络行动、俄罗斯阵营的网络威胁团体和俄罗斯阵营的网络犯罪团体,并对上述俄罗斯部门的网络行动类型、特点、攻击目标、技术手段、曾经实施过的网络行动进行了列举分析,如表 1 所列。

表 1　网络安全威胁三大主要来源

威胁主要来源	典型代表组织	攻击行为或特点
俄罗斯国家支持的网络行动	俄罗斯联邦安全局(FSB)所属的第 16 中心和第 18 中心;俄罗斯外国情报局(SVR);俄罗斯总参谋部情报总局(GRU,格鲁乌)所属第 85 特种服务中心(GTsSS);俄罗斯总参谋部情报总局特种技术中心(GTsST);俄罗斯国防部所属中央化学与力学研究所(TsNIIKhM)	开发并保持长期持续的网络访问;窃取敏感数据;部署破坏性恶意软件干扰关键工业控制系统和操作技术系统的运行。他们过往曾针对乌克兰政府和关键基础设施组织部署 BlackEnergy 和 NotPetya 这样的破坏性恶意软件,近期又对乌克兰相关组织实施了 DDoS 攻击

续表

威胁主要来源	典型代表组织	攻击行为或特点
俄罗斯阵营的网络威胁团体	PRIMITIVE BEAR 和 VENOMOUS BEARA	PRIMITIVE BEAR 至少从 2013 年就开始针对乌克兰政府、军队和执法机构,利用大规模鱼叉式钓鱼活动来投递定制恶意软件。VENOMOUS BEAR 则历来针对北约国家政府、国防承包商及其他具有情报价值的组织
俄罗斯阵营的网络犯罪团体	The CoomingProject、Killnet 、MUMMY SPIDER、SALTY SPIDER 、SCULLY SPIDER、SMOKEYSPIDER、WIZARD SPIDER、The Xaknet Team	俄乌武装冲突以来,一些网络犯罪组织已独立公开表示支持俄罗斯政府或人民,或威胁以网络行动反击针对俄罗斯的攻击或为乌克兰提供物资支持的行为。俄罗斯阵营的网络犯罪集团主要通过部署勒索软件及实施 DDoS 攻击对关键基础设施组织形成威胁

(二)提出 4 项措施以应对当下网络威胁

为了应对不断增长的网络威胁,"五眼联盟"国家网络安全当局呼吁各组织立即采取 4 项措施,敦促关键基础设施组织立即:①更新软件,包括操作系统、应用程序及固件;②强制执行多重要素认证(MFA),使用高强度密码;③使用远程桌面协议(RDP)和其他潜在风险服务时,密切监控并确保安全;④提升用户防范意识,警惕针对性的社会工程和鱼叉式网络钓鱼活动,通过这些措施提升网络安全防御能力,应对网络安全威胁。

(三)给出其他方面建议以预防和缓解潜在网络威胁

为了进一步预防和缓解来自俄罗斯国家支持的或犯罪分子的网络威胁,"五眼联盟"国家网络安全当局还给出了 4 个方面的具体措施清单,为关键基础设施组织强化网络安全防范给出指引。具体措施包括:①预防网络安全事件;②加强身份识别和访问管理;③强化保护性控制和架构;④完善漏洞和配置管理。

"五眼联盟"国家网络安全当局敦促关键基础设施组织的网络防御者在识别网络活动时谨慎处理。当检测到潜在 APT 或勒索软件时应当以官方推荐的方式应对,并向适当的网络和执法机构报告网络安全事件。网络安全当局强烈反对向犯罪分子支付赎金,因为支付赎金将会鼓励对手发起更多攻击,刺激更多的犯罪分子投放勒索软件及资助非法活动,且赎金并不能保证受害者的文件得以恢复。

三、几点认识

(一)警钟长鸣,保护关键基础设施网络安全迫不及待

当前,俄乌冲突的进程仍不明朗,“五眼联盟”国家网络安全当局在此背景之下,向所属国家关键基础设施组织发出网络安全预警,认为俄罗斯方面将开展更多的网络活动作为反击措施,反映了其对网络安全态势的感知预判。俄乌冲突以来,全球网络安全局势复杂严峻,对各国关键信息基础设施安全防护提出新挑战。多国基础设施和重要信息系统遭受网络攻击,引发全球震荡,对国家安全稳定造成巨大风险。聚焦我国,我们应聚焦提升关键信息基础设施防护体系与能力建设,吸收借鉴美国和西方在该领域积累的经验教训,筑牢网络安全防护屏障。同时,要针对关键信息基础设施安全保护中涉及的技术措施、人员机制、数据安全、风险评估等安全管理举措提出更高要求,并强调通过配套立法进一步完善关键信息基础设施安全保护制度,突出了关键信息基础设施在国家整体网络安全制度体系中的重要地位。

(二)审时度势,认知域正成为未来智能化混合战争主战场

自俄乌冲突爆发,伴随着战场的炮声隆隆,在世界舆论场展开的“认知战”,也硝烟弥漫。可以说,俄乌冲突是俄罗斯对美国、北约和整个西方世界的一场军事大战,但也是整个西方世界对俄罗斯进行的一场规模空前的“认知战”。“五眼联盟”国家网络安全当局在联合公告发布之前,美国总统拜登已敦促当地组织加强网络防御工作,防范俄罗斯可能对美国开展恶意的网络活动。美国政府一直在根据不断变化的情报重申警告,即俄罗斯政府正在探索潜在的网络攻击选项。我们要看到,俄乌冲突绝非单纯的军事斗争,这是在军事、经济、认知三条战线同时进行的立体战争。在这场战争中,信息是武器,而那些创造、处理和散播信息的主体则影响着俄乌冲突的趋势。认知战不再局限于传统战争的实体性威胁,它从以前的混合战争中吸取了一些要素,转向大众媒体、技术进步带来的社会威胁和意识形态威胁,但所拥有的影响范围、作战效果比混合战争更加危险。

(三)找准赛道,密切关注网络安全领域相关技术发展

从攻击手段的视角来看俄乌冲突,大量物联设备不断接入互联网,脆弱性广泛存在,成为 DDoS 攻击的作战资源,DDoS 攻击和破坏性 APT 攻击目前成为国家、政治团体甚至恐怖组织最为直接的常用攻击手段,以配合真正的军事战争行动。从俄乌网络战争趋势中可以判断,军政网络安全,物联网安全,能源、通信、金融、交通关键基础设施安全等,必

将成为国家重点关注领域。密码安全、网络边界防御、APT 威胁对抗、主动防御、数据防护、反钓鱼技术等网络安全技术或将成为未来行业重点发展的技术领域。此外，重保支持、合规检测、渗透测试、技术人才培养等工作领域也是未来的重点发展领域。当前，网络安全企业迎来了发展的巨大机遇，选对赛道是必然的趋势，也是发力业务和产品的攻克方向。

（中国电子科技集团公司第三十研究所　龚汉卿）

美国陆军新一代密码装备的研发进展

2022 年 2 月,通用动力任务系统公司宣布,它已获得美国陆军的合同,以研制中型下一代加密密钥加载设备(NGLD－M)。该合同的初始价值为 2.29 亿美元,履约期为 10 年,美国陆军计划在此期间采购 26.5 万部 NGLD－M 设备。美国陆军一直没有停止其密码装备现代化的步伐,目前正根据国家安全局对密码装备的相关要求,有计划地持续研发、部署、更新其密码装备。

一、美国陆军通信安全现代化对密码装备提出新要求

近年来,随着先进的网络利用技术越来越容易获取,而且成本更低、移动性更强,敌方通过网络作战扩大了其利用网络漏洞的能力,美国陆军的网络和信息系统正在遭受日益严重的攻击。对此,陆军通过通信安全(COMSEC)现代化倡议、信息系统安全计划(ISSP)、密码现代化计划(CMP)等战略文件、条例和项目计划,对密码装备提出了新的要求,以适应新形势下的通信安全需要。

(一)通信安全密码系统能力要求

美国陆军认为,通信安全(COMSEC)是指一种网络安全能力,可确保信息的机密性、完整性、可用性和不可否认性。COMSEC 包括:①密码安全;②传输安全;③发射安全;④物理安全。其中,密码安全要求提供技术上完善的密码系统及其正确使用。陆军 COMSEC 密码系统能力要求包括:①在线网络加密器系列,即加密系统对 IP 网络上的数据和语音通信提供安全保护。②链路/干线加密器系列,即加密系统对点对点宽带数据链路上的数据和语音通信提供安全保护。③安全语音系列,即加密系统对不安全的 IP 和公共交换电话网络上语音和有限数据通信提供安全保护。④加密系统为静态数据提供安全数据加密功能。⑤嵌入式密码现代化计划,即用嵌入式密码能力改造现有系统,以确保它们能够接受和利用现代密钥材料。⑥保密项目商业解决方案(CSfC),即经 NSA

批准可采用商用产品以分层方式共同用于保护信息。

COMSEC 密码系统项目旨在采购、测试和部署 COMSEC 解决方案，以保护陆军的战术和企业网络。陆军 COMSEC 硬件和软件旨在保护敏感的美国通信和数据免受敌方攻击或利用，并利用技术先进的现代设备来取代现有的、遗留的“烟囱”式系统，主要推动因素包括当前新出现的架构、国家安全局规定的密码装备换装日期，以及国防部和陆军的多项政策，例如密码标准化、高级密钥管理和以网络为中心的性能能力。这些驱动力促使陆军能够在和平时期、战争期间和应急行动期间为部队装备关键的加密解决方案和业务。

（二）密码现代化能力要求

密码现代化（CM）是一种防御能力，对陆军作战人员的成功至关重要。它针对当前环境和未来即将出现的威胁提供安全、持久和持续的通信。自 2000 年以来，CM 用现代功能取代了美军及盟军达到有效密码使用生命期的相关设备。最先启动的任务是淘汰 20～30 年以上的老技术，将密码系统从点对点过渡到以网络为中心，并针对对手对抗国防部系统的计算机处理能力的不断提高而采取应对措施。因此需要重新设计或更换大多数野战设备，包括：①依赖密码技术提供保密、完整性和认证服务的所有 C5ISR、IT 和武器系统；②提供信息保障（IA）能力的硬件、软件、算法和加载设备；③链路加密器系列（LEF），第 2 层/第 3 层在线网络加密器（INEs）；④VINSON/ANDVT（高级窄带数字语音终端）密码现代化（VACM）、安全语音、密钥管理、战术电台；等等。

当前，国防部和国家安全局正在筹备密码现代化 2 期项目（CM2）。根据升级版的密码现代化初始能力文件（ICD），美国陆军在 2020 财年第一季度开始着手规划集成新的能力并弥补差距。为此，陆军相关机构与国家安全局、国防部和其他军种一起开发了密码升级或替换战略以满足 CM2 要求，并且根据陆军 COMSEC 现代化实施规划指南（CM IPG）发布了陆军 CM2 升级战略。

二、陆军新一代密码装备项目计划

近年来，美国陆军重点规划的与新一代密码产品相关的项目和计划主要如下。

（一）可重编程单芯片通用加密器

可重编程单芯片通用加密器（RESCUE），是美国陆军装备司令部的通信电子研究、开发和工程中心（CERDEC）正在领导的一项陆军技术项目，旨在开发一种通用的加密器，减少加密引擎核心的数量和种类。该加密器将是一种通用的芯片，是一种新的 KMI 兼容密码引擎，为各种设备提供密码服务。

RESCUE 用于取代陈旧的 KOV－21 卡，KOV－21 卡是美国国家安全局之前生产，用于密钥加载器（SKL），目前由于无法获得部件且不支持网络上空密钥（OTNK），因此其寿命已接近尾声。

作为陆军加密硬件的最终标准，RESCUE 采用现场可编程门阵列（FPGA）来实现，因此开发人员可以定制芯片上的信息以满足特定的加密需求，并且可以按需轻松进行重配置和重编程。RESCUE 等加密引擎核心通过使用公钥基础设施或 PKI 证书安全地处理消息的发送者身份验证、机密性、完整性和不可否认性。

陆军可以在无线电、卫星和计算机等通信设备以及使用或传输加密信息的无人空中和地面系统中使用 RESCUE，还可以使用 RESCUE 对现有系统进行现代化改造或开发新系统，以轻松升级其加密能力。

CERDEC 于 2015 年 8 月将开发合同授予了 Team Engility 公司。RESCUE 的生产合同要求供应商按照规范进行构建，目的是让陆军将其提供给需要或支持存储的通信或计算平台，用于处理、传输或接收加密信息。RESCUE 技术开发于 2018 年完成，后续 RESCUE 技术在 2019 财年继续进行，计划于 2023 财年第四季度完成部署。

（二）下一代加密密钥加载设备（NGLD）

根据通信安全现代化的要求，陆军密钥管理基础设施要允许士兵通过互联网获取加密密钥。作为临时解决方案，陆军从 2005 年开始采用一种手持式非常简单的密钥加载器（SKL），用于在设备之间安全地接收、存储和传输数据。但是，陆军一直迫切需要一种采用现代密码技术的替代产品。2013 年，陆军签署了下一代加载设备（NGLD）系列能力生成文件（CPD），以取代日益老化的 SKL 设备。

NGLD 设备有大型、中型、小型三种型号，目前陆军在研和已部署的是小型（NGLD－S）和中型（NGLD－M）两种型号。

1. 小型下一代加载设备（NGLD－S）

小型下一代加载设备（NGLD－S）计划开发的战术密钥加载器（TKL）是 SKL 的更小、更快的版本，主要用于向美国陆军特种部队提供能力。这些密钥被加载到战术无线电、安全电话、网络加密器和数据存储设备上，并且可以存储多达 40 个战术密钥和 80 个战略密钥。其增强的电池功能可提供 40h 不间断的加密密钥性能，并可在几秒钟内启动和登录，SKL 上执行相同功能则需要几分钟时间。简单性是 TKL 的另一个关键特性，因为一旦设置好设备，用户只需按下一个按钮即可填充密钥槽。此外，使用 TKL 消除了携带额外电缆的需要，因为它的手动端口允许士兵将设备直接夹在无线电上以加载密钥。

2021 年 3 月陆军特种作战部队已完成了 NGLD－S 设备的部署。

2. 中型下一代加载设备(NGLD－M)

当前,美国陆军正在开发中型下一代加载设备(NGLD－M),它将采用现代密码算法,以应对网络和电子战日益扩散所带来的威胁。NGLD－M将是经过NSA 1类认证的坚固耐用型电池供电的手持设备,用于管理和传输密码密钥材料和任务规划数据。它能够存储超过1万个密钥,将把NSA生成的最强大的加密密钥传输到战术、战略和企业网络系统,从非密到绝密级的安全级。

NGLD－M计划取代AN/PYQ－10A和AN/PYQ－10A(C)简单密钥加载器,它不仅包括SKL V3.1的所有功能,而且包括基于RESCUE的概念和功能要求且经过NSA 1认证的升级加密接口。NGLD－M还可以与管理客户端(MGC)、NSA的密钥管理基础设施(KMI)和特定的任务规划管理支持系统(MPMSS)进行对接。NGLD－M能够连接和接收密钥材料、应用程序和其他加密产品,以完成所需的作战任务。密钥分发将通过传统的方式(如直接连接)和通过国防部网络上的密钥分发来实现,允许网络管理员重新配置密码产品,进行远程软件下载和提高操作环境感知。NGLD－M将包含标准接口,包括6引脚音频填充端口、RJ45以太网端口和标准通用串行总线(USB)。NGLD－M将支持各军种的所有指挥梯队、其他政府机构和外国军事合作组织,最大需求是支持不超过26.5万个单位。NGLD系列设备将成为陆军AKMI计划的主要注钥装置和三级组件,这将是一个持久代际弥合解决方案,直到传统的ECU完全现代化。

2020年11月,陆军项目实施办公室战术指挥控制与通信(PEO C3T)机构发布了NGLD－M的提案请求;计划在2021财年第四季度授予最多两份合同;2022年2月,陆军将一份初始价值2.29亿美元的NGLD－M设计和制造合同授予通用动力任务系统,美国陆军计划在10年间采购26.5万件NGLD－M设备。

(三)高级窄带数字语音终端密码现代化项目

高级窄带数字语音终端(VINSON/ANDVT)密码现代化(VACM)项目旨在研究、评估、测试、计划和整合陆军VACM产品。VACM项目是美国国家安全局强制实施项目,旨在取代传统的外部密码设备,如KY－57,KY－99A,KY－58,KY－99,KY－100和CV－3591/KYV－5。为了保证机密通信的保密性、完整性和可用性,其密码模块必须进行互操作性测试,其构造必须确保成功进行野战部署。每次软件发布都将需要进行测试,以确保可比性和互操作性。

陆军在2019和2020财年对VACM设备的全速率产品(KYV－5M)的所有工程更改继续进行测试和评估,以确认陆军网络和战术系统的持续能力和互操作性。

(四)通用高保障互联网协议加密器与高效远程管理互操作管理器

作为陆军密码网络标准化工作的一部分,高效远程管理互操作管理器(CHIMERA)旨在解决陆军无法从一个位置管理整个网络的巨大挑战。

目前,陆军使用三个供应商来提供通用高保障互联网协议加密器(HAIPE)产品。每个供应商的设备都需要自己的工作站和许可证,每年花费陆军数百万美元。过去,每个原始设备制造商都为其 HAIPE 加密器开发了自己的数据管理器,但是无法与其他原始设备制造商的 HAIPE 设备兼容。

CHIMERA 是一种政府开发和拥有的解决方案,正在取代对多个管理器的需求,允许用户在运行最新版本的主机软件时配置、监控、故障排除和清点所有现代 HAIPE 设备。它能够从单一的管理设备和平台上管理多达 15 个 NSA 批准的现代加密设备。

2016 年,CHIMERA 通过陆军相关测试、生产并获得完全批准,可以在陆军企业网络上部署和使用。2017 年,该安全网络数据管理接口进行了可扩展性测试;2018 年 8 月,陆军完成了 CHIMERA 技术解决方案的试点,并验证了从中央位置的单一管理平台提供 HAIPE 设备管理的能力,获准用于野战。

(五)嵌入式密码现代化倡议

嵌入式密码现代化倡议(ECMI)是一项升级活动,它将通过使用现代密码算法和密钥来确保持久的陆军无线电安全。密码现代化计划(CMI)的新项目包含大量具有嵌入式密码的各种系统,包括单信道地面和机载无线电系统(SINCGARS),目前有超过 40 万个系统投入使用。CMI 将升级使用嵌入式加密硬件的设备,使其能够接受和使用现代密钥。密码系统包括对消息进行编码和解码的算法与密码密钥。这些技术结合在一起,可以保护流经陆军战术网络、无线电和任务指挥能力的信息。

陆军在继续推进其战术网络的同时,正在应对这一挑战,方法是降低通信系统的复杂性,并重新调整使网络保持运行和安全的使能硬件、软件、流程和标准。这项工作包括用技术先进的系统替换当前的密码系统,以满足未来的需求。

ECMI 路线构建于 2015 年 7 月,2018 和 2019 财年继续开发、设计、测试评估和认证嵌入在战术无线电中的加密硬件和软件,以确保这些无线电保持安全。2019 财年及以后 ECMI 的研发工作进入最后阶段。2017—2023 财年,该项目研发预计总投入 1.37 亿美元。

三、陆军新一代密码装备研发进展

陆军通过公开招标方式来研制和部署密码装备。陆军主要供货商有通用动力公司、哈里斯公司、ViaSat 公司、TCC 公司等。近年来,陆军新一代密码装备有以下研发进展。

(一)开展最新型 TACLane E 系列网络密码机研制

TACLane 系列是网络密码机的典型代表,它是世界上部署最广泛的 NSA1 类认证加密机系列。近年来,陆军持续对 TACLane 产品组合从技术上进行现代化改造和推进,正在开发创新的加密解决方案,为战术边缘和企业提供更高的安全保障,以抵御当今的高级威胁,并为未来提供保障。

下一代 TACLane 加密器主要代表是 TACLane - Nano(KG - 175N)、TACLane - C175N CHVP、TACLane - FLEX(KG - 175F)等,而 E 系列是陆军最新研制产品,从 2022 年开始,TACLane 产品组合系统扩展了包括新的 E 系列以太网数据加密(EDE)兼容产品。E 系列旨在支持高速第 2 层网络骨干网的低延迟、安全性和性能要求。TACLane - ES10(KG - 185A)是 E 系列产品组合中的第一款产品,支持高达 20 Gb/s 总吞吐量的网络数据速率。作为 TACLane 高保证加密器系列的一部分,新的 E 系列加密器将由 GEM One 加密器管理软件进行管理。

这款最新型的 TACLane E 系列密码机,可以满足对高带宽加密的要求,以保护关键信息的访问、共享和收集,可应用于大数据处理与云应用,替代传统以太网安全规范(ESS)、SONET 和其他链路加密器。

(二)加快 KG - 540 高速数据密码机研制

近年来,陆军对静态数据加密的需求不断增长,关键数据从云中生成并存储在任何地方,包括从云到企业数据中心,再到位于战术边缘的 PC 和移动系统。在确保任务成功方面,必须以最高的保证来保护机密数据。高保证加密始终是保护机密信息和满足联邦网络系统部署要求的最佳方式。

为此,陆军加快推进了静态数据加密装备的研制与应用。新一代静态数据加密器主要代表是 KG - 540A 和 KG - 540B 高速加密器,能用于保护基于无限带宽(InfiniBand)的存储网络上的静态数据(DAR),可以 32Gb/s 的吞吐速度为大数据和视频文件提供低延迟安全性。KG - 540A 专为机载应用而设计,KG - 540B 专为地面应用而设计,经 NSA 认证为保护绝密及以下密级,可用于保护大型图像、数据和视频文件。

(三)开发具有互操作能力的 Sectéra 系列语音加密机

新一代语音加密机的典型代表是 Sectéra 系列产品,主要有 Sectéra vIPer 通用安全电话、Sectéra ISM2 安全模块、Sectéra BDI 终端等。这类产品经过 NSA1 类认证,具有最新的加密现代化能力,特别注重提供安全通信互操作性协议(SCIP)的端到端安全。Sectéra vIPer 是目前唯一一款经过 NSA 认证的安全 VoIP 电话。它符合 ACC 标准，其现代化的加密算法可防御现代和先进的网络威胁；是 STU 和 STE 电话的理想替代品；具有嵌入式安全，无需额外的 Fortezza 卡或 CIK；Sectéra ISM2 已通过 NSA 认证并符合 ACC 标准。

四、结语

随着量子计算、人工智能、大数据分析等新兴技术不断涌现，以及不断向联合作战云环境迁移，美国陆军信息系统网络面临新的持续冲击。同时，密码设备的安全性、背后的算法以及围绕密码设备的保护措施也都会随着时间的推移而受到侵蚀。因此，美军启动了密码现代化第 2 期（CM2）计划，它标志着美军密码现代化开始进入下一个新阶段。根据陆军信息安全系统项目的财年预算报告，密码现代化项目的预算分别是：2020 财年 7.630 百万美元；2021 财年为 7.812 百万美元；2022 财年为 7.900 百万美元；2023 财年为 10.187 百万美元；2024 财年为 8.048 百万美元。

可以预测的是，这个阶段美国陆军的密码现代化将重点围绕量子技术的威胁，为实现量子弹性密码和后量子通信进行详细规划；同时，还将充分考虑美国陆军向联合作战云环境的迁移，以及美国陆军网络向零信任体系架构的发展趋势，以满足 2030 年之前的战斗人员需求。

（中国电子科技集团公司第三十研究所　陈　倩）

美反制僵尸网络项目及其“技术突袭”手段分析

2022 年 4 月，美国防高级研究计划局（DARPA）为期 4 年的利用自主性对抗网络攻击系统（HACCS）项目结束。该项目首次于源头反制对手僵尸网络，或者悄然使对手周密蛰伏部署的网络攻击准备失效，或者将对手僵尸网络占为已有，逆转局势。该项目将向对手形成“技术突袭”，并通过漏洞利用技术或衍生多型网络武器来加码“技术突袭”。

一、项目背景

僵尸网络（Botnet）在全球范围内大量存在并伺机攻击数十年，攻击者通过传播僵尸程序病毒，感染互联网上大量计算机，使得攻击者可控制一群潜伏的联网计算机向对手发起分布式拒绝服务（DDoS）攻击，异地多源头同时发出大流量攻击包，可致网络带宽堵塞，造成目标系统资源耗尽宕机。该攻击是国家、政治团体、恐怖组织首要的网络战“饱和攻击”手段，致使关键网站和公共服务瘫痪，严重影响对手社会秩序，削弱平战时国防能力。

2017 年 5 月，美国时任总统特朗普签署的《关于加强联邦网络和关键基础设施的网络安全总统行政命令》特别提出，僵尸网络是高度优先的国家安全问题，常规手段无法从根本上有效抵御僵尸网络攻击。目前应对僵尸网络主要有两种方法：①事件响应法，其过于耗费资源和时间，无法大规模有效地解决问题；②主动防御法，在行为上不够精确且不可预测，可能导致进程问题或其他附带风险。美国认为此两种方法不足以应对僵尸网络对国家安全的威胁，为此 DARPA 实施 HACCS 项目，从源头反制对手僵尸网络和其他大规模恶意软件攻击，且不影响受感染设备功能和网络功能。

二、项目现状

2018 年 4 月至 2022 年 4 月，美国 DARPA 信息创新办公室（I2O）实施 HACCS 项目，

利用人工智能、可信计算等技术,开发"自主软件智能体",识别、抵消对手僵尸网络和其他大规模恶意软件攻击。

(一)关键技术切块,同步并行攻关

HACCS 项目通过统一框架,重点攻克三项关键技术,4 年期同步并行研发。第一项关键技术是识别表征僵尸网络节点设备信息技术,查找、发现、识别僵尸网络节点及其他受控网络的指挥、控制、攻击等活动的网络流量,突破流量隐蔽性和规避性,识别僵尸网络节点设备的数量、类型、软件版本等信息。第二项关键技术是漏洞利用软件工具技术,充分利用美国国家漏洞库(NVD)、BugTraq 等已知漏洞信息及漏洞测试软件,开发漏洞利用软件工具,将自主代理软件植入到僵尸网络中,并使自主代理软件能够在网络中横向移动和运行。第三项关键技术是自主代理软件技术,通过漏洞利用软件工具,使得研发的自主代理软件可在网络中自主移动,自主遍历至僵尸网络控制的每个设备,获取僵尸网络感染设备的访问权,压制恶意网络流量,同时尽量确保网络和设备正常功能。

(二)年度技术细化,超额资金投入

HACCS 项目涉及 2018—2022 财年的国防预算申请拨付和相关研究内容,总拨付 7207 万美元,每财年研究内容如下。

2018 财年拨付 1073 万美元,主要用于:①初始开发检测和识别僵尸网络节点的指挥、控制、攻击等活动流量算法;②利用已知漏洞信息,设计自主生成漏洞利用软件的架构;③利用机器学习和人工智能技术确保自主代理软件的正确性、安全性和可靠性。

2019 财年拨付 1900 万美元,主要用于:①开发检测隐蔽指挥控制协议算法,强化僵尸网络跟踪能力;②将漏洞发现和漏洞利用生成技术扩展到在实际操作系统上;③测试对抗僵尸网络的自主代理软件,演示僵尸网络特征能力。

2020 财年拨付 1770 万美元,主要用于:①增强僵尸网络跟踪算法,通过表征僵尸网络管理基础设施来检测被感染网络;②扩展漏洞检测发现技术;③评估僵尸网络跟踪算法,检测隐蔽的指挥控制协议,评估自主代理软件行为;④研究将对抗僵尸网络技术集成到现有架构和演习。

2021 财年拨付 1540 万美元,主要用于:①增强僵尸网络跟踪算法,以跟踪检测多类别僵尸网络;②扩展发现技术,以发现更多平台和更多类别软件漏洞;③评估僵尸网络跟踪算法,通过表征僵尸网络管理基础设施来检测被感染网络,并评估综合环境中自主代理软件行为;④评估综合环境中对抗僵尸网络技术。

2022 财年拨付 924 万美元,主要用于:①增强僵尸网络跟踪算法,为跟踪识别全球主要类别的僵尸网络,提供近乎实时的评估;②增强自主检测发现技术,以发现日趋复杂的软件漏洞；③通过表征僵尸网络管理基础设施的特点，评估跟踪检测僵尸网络算法，并评估实际环境中的自主代理软件行为；④在现实环境中评估对抗僵尸网络技术做出最优选择。

DARPA 大力提升 HACCS 项目资金分配，在 4 年项目实施期间，DARPA 共授予 Packet Forensics 公司、乔治亚技术应用研究公司、二六实验室、亚利桑那州立大学等 9 家研究机构总价值 10940 万美元合同开展项目研发，与该项目国防预算拨付总额 7207 万美元严重不符。

（三）递升技术指标，具备实战能力

HACCS 项目实施周期为 2018 年 4 月至 2022 年 4 月，分为三个阶段实施，每个阶段 16 个月，其中：第一阶段制定模型和规范，统一指导各切块技术；第二阶段集成对接各关键技术；第三阶段完成演示系统并参与国防部演习。三个阶段关键技术指标逐渐递升，逐步从技术探索向实战应用转变。

一是识别表征僵尸网络设备信息率渐进提高。其中，三个阶段对全球 IP 地址表征率要求分别为 5%、25%、80%，僵尸网络检测和识别准确率要求分别为 80%、90%、95%。

二是漏洞利用软件工具能力逐渐增长。其中，三个阶段已知安全漏洞利用实例 10 倍率增长要求分别为 10、100、1000 个。

三是自主代理软件能力逐步提升。其中，三个阶段模拟拓扑结构演示横向移动和效果的计算机数 10 倍率提高要求分别为 10、100、1000 台，自主代理软件代码验证率要求分别为 30%、75%、95%。

三、“技术突袭”手段分析

HACCS 项目通过颠覆对手认知范畴的技术和成果，向对手形成“破局利刃”“锁定胜局”的“技术突袭”。

（一）达成“技术突袭”的原因

综合公开媒体、科技期刊、学术会议等，未见任何涉及 HACCS 项目进展、成果、演示的报道和技术论文，虽然基本实现公众公开零曝光率，但一些动向或可佐证其意图实施“技术突袭”。

一是隐蔽实施规避相关指责。DARPA 提出该项目涉及众多物联网设备，被僵尸网络感染后长期处于缄默状态，用户不知设备是否感染，即便知晓已感染也不主动或配合清理。DARPA 称该项目仅探索技术可行性，未经用户同意入侵用户系统带来的隐私与

法律等问题不在项目考虑范围之内。另外,人工智能本身涉及道德、伦理等问题,美国国防部曾因质疑而专门发布《人工智能原则:国防部人工智能应用伦理的若干建议》《国防部采用人工智能的道德原则》。综上,法律、隐私、道德、伦理等多问题共存,该项目在归避相关指责的同时,意图通过隐蔽开展研发实施“技术突袭”。

二是强化人工智能研究与应用。2020 年 7 月,DARPA 表示与国防部联合人工智能中心(JAIC)开展合作,提出以 HACCS 项目为重点,推进人工智能与网络作战融合,综合运用机器学习、人工智能等技术,推进 HACCS 项目的人工智能融合率,强化网络智能作战能力,意图推进反制僵尸网络“技术突袭”。

三是含有保密研发活动。该项目国防预算拨付经费总额 7207 万美元,而 DARPA 共授予 9 家机构总价值 10940 万美元合同,远超国防预算拨付,或因该项目含国防保密经费,支持 3733 万美元的保密研究,相关保密研究内容不向公众透露,由此推动“技术突袭”。

四是已开展大规模秘密测试试验。2021 年 1 月至 9 月,美国国防部 1.75 亿个互联网 IP 地址(量级约为全部互联网 IP 的 4% ~6%)控制权被秘密转移至没有政府项目背景的不知名企业“全球资源系统公司”,后又转回国防部,称用于网络安全试点计划。美联社等机构通过与该项目最大承包商 Packet Forensics 的企业间关系关联判断,此活动或为 HACCS 项目试验,推测或已开展大规模近实战化的网络试验。该大规模长时间的秘密试验也将推进“技术突袭”。

(二)聚焦网络攻防形成“技术突袭”

HACCS 项目从网络攻防两方面推动“技术突袭”生成,并通过项目衍生成果加码“技术突袭”,进而形成网络攻防对抗“技术突袭”非对称优势。

一是生成网络防御“技术突袭”。构建僵尸网络自主防御前置系统,从源头压制对手僵尸网络,推翻对手周密蛰伏部署的网络攻击准备,平时对手或不知晓己方僵尸网络已被遏止,战时对手僵尸网络突然失效不可用,无法适时发起针对性网络攻击,扰乱对手作战规划,使对手措手不及,迅速逆转网络战场态势。以此,美国可生成防御对手僵尸网络发起网络攻击的“技术突袭”。

二是生成网络进攻“技术突袭”。抵消僵尸网络的前提是,获取对手僵尸网络感染设备的访问权,美国可进一步获取其控制权,远程控制已获取访问控制权的僵尸网络,将对手甚至他人僵尸网络占为己有。极限情况下,美国可获取全球僵尸网络的控制权,服务于美国网络攻击,将形成面向对手大规模、大流量、高强度、高烈度的网络攻击。以此,美国可生成利用对手僵尸网络甚至全球僵尸网络发起网络攻击的“技术突袭”。

三是衍生成果加码“技术突袭”。网络安全漏洞是实施网络攻击和网络反制的技术基础，已成为国家重要战略资源和武器。关键技术之一的漏洞利用技术，将强化漏洞利用能力，提升漏洞利用效率效果，除便于植入和移动自主代理软件以对抗僵尸网络用途外，可利用漏洞构建网络武器、训练网络作战、优化网络作战模式，裂变繁衍多型网络武器和多种作战样式，强化网络作战能力，增值增效网络综合实力，加码“技术突袭”，深化向对手“技术突袭”效应效果。

（三）“技术突袭”的作用和影响

HACCS 项目促进美国形成向对手网络“慑战并举”优势，助力美国网络竞争博弈，将对未来网络安全和网络作战产生深远影响。

一是促进美国网络威慑。美国通过自主抵消僵尸网络及大规模恶意软件攻击，渲染网络空间对抗对手威慑能力，彰显强大综合网络实力，促进美国战略能力增值，争取和保持网络对抗中的主动权，夺取优先“制网权”优势，助力美国网络空间竞争博弈，促进形成网络威慑态势。

二是助力美国网络攻防作战。通过项目，美国能提升针对对手僵尸网络防御和利用僵尸网络进攻对手的网络攻防能力，进一步掌握全球主要僵尸网络资源，摸清全球网络地形，将强化网络恶意行为响应，深化网络渗透，优化网络空间作战模式，提升网络攻防综合对抗作战能力。

三是拓展美国情报获取渠道。网络空间是情报获取的重要渠道，情报也成为提升网络安全能力的重要支撑。网络情报窃密虽不是僵尸网络的主要任务，但僵尸网络窃取网络敏感数据的报道也屡见不鲜。前文已述国防预算拨付与支出严重不匹配，美国可通过国防黑色情报预算开展情报活动，利用已掌握的广泛僵尸网络资源获取额外的情报信息，获得有价值的网络空间数据，服务于军事、政治、舆论等美国国家利益行动，实现综合战略制胜目标。

四是赋能美国智能网络作战。人工智能是实现美国“第三次抵消战略”的重要颠覆性技术，是巩固美国领导地位的重要技术筹码。前文已述，DARPA 与 JAIC 以该项目为重点开展合作，推动人工智能与网络作战融合，推进美国网络军事化智能建设，充分利用人工智能技术提升网络空间监测、态势感知、分析、指挥、决策等能力，智能投送、部署和运用网络武器，提高美国智能网络作战能力，提升网络攻防对抗综合实力。

四、结束语

美国一直掌握和垄断着互联网的核心技术、产品和网络协议等关键要素和资源，在网络空间占据明显优势。以僵尸网络为基础的 DDoS 攻击威胁有效性已在网络空间领域得到广泛认可,目标是抵消僵尸网络威胁,进而夺取网络空间绝对优势。这一动向值得高度关注和警惕,其以敌之矛攻敌的思路和方法值得借鉴。网络空间是一个复杂开放的多变空间,不存在永久有效的防御或攻击手段,必须不断提升网络技术发展水平,防范“技术突袭”。

(中国信息通信研究院　葛悦涛　薛连莉　周成胜)

大事记

美国防信息系统局授予博思艾伦公司零信任架构原型合同。1月，美国防信息系统局授予博思艾伦公司“雷霆穹顶（Thunderdome）”项目合同，开发首个零信任安全和网络架构计划原型，整合零信任基本原则，旨在从根本上将以网络为中心的纵深防御安全模型转变为以数据保护为中心的安全模式，并最终通过采用零信任原则为部门提供更安全的运营环境。

英国发布国家网络战略。1月，英国发布《2022年国家网络战略》，以强化英国的网络空间安全、保护和促进网络空间利益。该战略提出了英国未来5年的5项“优先行动”：①加强英国网络生态系统，投资人才和技能，深化政产研间的伙伴关系；②建设有弹性和繁荣的数字英国，降低网络风险，使企业最大限度利用数字技术的经济利益；③在重要网络技术方面处于领先地位，开发框架确保未来技术安全；④提升英国的全球领导地位和影响力，建立更安全、繁荣和开放的国际秩序；⑤检测、干扰和威慑英国的对手，加强英国网络空间安全。

俄乌冲突引爆网络战。2月，俄乌冲突爆发，双方在网络对抗中构建了大批前沿阵地，组合运用DDoS攻击、数据擦除软件等多种攻击手段，将火力覆盖至敌方多个领域。2月24日，覆盖乌克兰地区的美国卫星运营商Viasat遭遇“酸雨（AcidRain）”恶意擦除软件攻击，导致数千名本地用户、数万名欧洲其他地区用户断网。

美太空军寻求工业技术以阻止网络攻击。2月，美太空系统司令部发布信息征询书，寻求阻止网络攻击和在战时保护关键网络的工业技术，以保护天基网络、地面站和基础设施。重点关注太空网络防御、地面站天线、网络作战/架构等领域。

美国海军完成网络战与电子战融合的技术研究。2月，美国海军研究生院在海军研究办公室（ONR）的委托下，完成了一项探索电子战与网络战融合的重大基础研究。该研究为绝密级，确定了一份路线图，以解决美国重获电磁频谱优势在技术及采购面临的挑战。该研究主要集中在技术层面，重点着眼电子战和网络战的融合。该研究认为，解决问题的一个关键是重新调整采购流程，以实现电子战与网络战的融合，而构建通用技术参考架构、形成高集成度和强互操作的能力是良好的开端。

日本发布《网络安全战略》。2 月，日本内阁网络安全中心（NISC）发布了最新《网络安全战略》，该战略从中长期出发，叙述了今后 3 年日本要实施的各项措施的目标和实施方针，并进一步巩固美日同盟。该战略确定了规划和实施有关网络安全措施的基本原则：确保信息的自由传播、法治、开放性、自主性和多方合作。

美国空军组建信息战训练特遣队。3 月，美国空战司令部宣布组建一支信息战训练与研究特遣队，以改善空军人员的行动能力。该特遣队将隶属于驻奥夫特空军基地（Offutt Air Force Base）第 55 联队，并与第 67 网络空间联队共同驻扎在圣安东尼奥联合基地（Joint Base San Antonio）。在美国空军看来，未来大多数作战都将在信息环境下和电磁频谱中开展，因此数字领域的攻防对抗对确保空军战斗力至关重要。为此，该特遣队将围绕信息战开展各项训练与研究活动，以满足空军的战略需求。

美国基础设施与网络安全局举行第 8 次“网络风暴”演习。3 月，美国基础设施与网络安全局（CISA）举办了为期三天的“网络风暴Ⅷ”网络演习，共有来自约 200 家政府机构、私营部门和外国组织的近 2000 人参与了此次演习。“网络风暴Ⅷ”演习的场景既涉及运营，也涉及传统企业系统，并为参演组织设置了勒索软件和数据泄露等威胁。此次演习的具体目标如下：检验国家网络安全计划和政策的有效性；厘清在产生或可能产生物理性影响的网络事件中，各方所应承担的职责；加强网络事件期间的信息共享和协调机制；促进公共机构和私营机构之间的合作关系，提高这些机构及时分享相关信息的能力。

美国陆军举行“网络影响”演习。3 月，美国陆军第 46 特遣部队在纽约州布法罗市举办了“网络影响 2022”演习。此次演习由来自陆军国民警卫队和其他部队的 12 家单位主办，除部队外，参演方还包括国家全域作战中心（NADWC），地方、州和联邦各级的政府和行业领袖，以及加拿大皇家骑警等。此次演习为期 3 天，旨在帮助国土防卫（HD）领域、全面危害领域、民事当局的国防支持（DSCA）领域以及化学、生物、放射性和核（CBRN）领域的合作方加强合作和熟悉网络攻击的影响，从而为灾难响应和后果管理做好准备。

北约举行“锁盾 2022”网络攻防国际演习。4 月，北约合作网络防御卓越中心进行“锁盾 2022”网络演习，该演习是世界上年度规模最大、最复杂的国际实弹网络防御演习，汇集来自北约国家和乌克兰的技术专家，采取红蓝对抗方式考验相关国家保护重要服务和关键基础设施的能力，以期改善北约的集体网络防御态势。

美国务院成立网络空间和数字政策局。4 月，美国国务院宣布成立网络空间与数字政策（CDP）局，领导和协调国务院在网络空间和数字外交方面的工作，并协助保护互联网基础设施的完整性和安全性。CDP 局下设三个政策部门，分别负责国际网络空间安全、国际信息与通信政策以及数字自由事务。

美国空军特种作战司令部在"翡翠勇士"演习中增加防御性网络作战。5 月,美国空军特种作战司令部(AFSOC)将防御性网络作战纳入"翡翠勇士 22.1"(Emerald Warrior 22.1)演习的训练目标,以测试机载网络入侵实时检测系统的效能有效性,以保护武器系统免受网络攻击。此次演习评估和磨砺了 MDT 的任务规划能力、分析能力和技术能力,同时也让情报人员、作战人员、网络用户、飞行员及维修人员亲身感受到了网络威胁对武器系统和机载电子设备的影响。

美国网络司令部推进基于零信任架构的人工智能网络防御技术的发展。6 月,美国网络司令部正在与国防部首席数字和人工智能官办公室(CDAO)、国防创新部(DIU)和国防高级研究计划局(DARPA)密切合作,以扩大人工智能和机器学习的范围,旨在服务 CYBERCOM 的三个目标:①保卫国防部信息网络;②保卫国家和关键基础设施免受网络攻击;③支持联合部队指挥官的作战决策。

美国陆军计划将网络部队的规模扩大一倍。6 月,美国陆军发言人布鲁斯·安德森表示,陆军计划到 2030 年时将网络部队的规模扩大一倍,从 3000 人增加至 6000 人以上。网络部队包含了网络任务部队(CMF)以及连级和排级电子战部队中的网络人员,若再加上陆军预备役和陆军国民警卫队中的网络人员,陆军的网络部队则会进一步增至 7000 余人。随着美军网络电磁活动和能力的增长,陆军的所有战术编队都将逐渐具备网络战和电子战能力。

美军举行"网络美国人"演习。6 月,美军举行了"网络美国人"演习。此次演习以美国东北部的电网和输电系统为场景,参演方包括美国海军陆战队、新英格兰地区各州的国民警卫队、其他美军单位以及企业合作伙伴。演习模拟了 4 种威胁程度各不相同的黑客攻击。此次"网络美国人"演习使预备役人员得以深入了解现役军人如何开展网络安全工作,从而确保了被征召的预备役人员具备足够的经验来应对紧急网络事件。

美太空部队利用"数字猎犬"项目嗅探网络威胁。7 月,美国太空系统司令部开展"数字猎犬"项目,寻求开发部署网络作战基础设施、整合任务系统和数据流,改进信息共享、整合与互操作性,旨在确保美太空军与空军任务系统的网络安全,改进对太空地面系统网络威胁的检测。

美军开发用于保护卫星的太空终端加密单元。7 月,诺斯罗普·格鲁曼公司和 Aeronix 公司将合作开发用于保障美太空军低地球轨道卫星网状网络安全性的星载加密原型系统——太空终端加密单元(ECU),该原型系统由针对太空环境特点设计的硬件单元及配套加密软件构成,计划将于 2024 年交付使用。

美国网络司令部举行年度演习"网络旗帜 22"。7 月,美国网络司令部举行"网络旗帜 22"演习,英澳日等多个盟友国家的网络保护团队均参与了此次演习。演习继续使用持续网络训练环境(PCTE)靶场,模拟虚拟设施中检测、识别、隔离并对抗入侵威胁的能力，旨在增强作战团队的战备状态和互操作性。

美国陆军设立进攻性网络能力办公室。 8月，美国陆军表示将于2023年设立一个新的进攻性网络与太空项目办公室。该办公室名为“网络与太空项目经理”办公室，由上校级官员领导，隶属于“情报、电子战与传感器项目执行”办公室。“电子战与网络（EW&C）项目经理”办公室届时将把进攻性网络项目和能力移交给该办公室，而“国家能力战术运用”办公室也将把高度敏感的太空能力移交给该办公室。之所以要设立该办公室，是因为陆军网络任务部队的能力和项目在不断增长，相关工作的繁重程度已超出了“EW&C项目经理”办公室的处理能力，必须另设平级的办公室来管理陆军的进攻性网络能力。

美国空军发布《首席信息官战略》草案。 8月，美国空军发布《首席信息官战略》草案，概述了2023—2028财年间空军在信息技术领域的优先事项。该战略确立了6大工作方向：①加强云服务使用以快速部署业务和任务功能。②持续增强安全且有弹性的数字环境，保护数据和关键资产。③通过劳动力政策为人才提供支持，确保每个人有贡献机会。④管理IT资产，订立物美价廉的企业级协议。⑤为空军和太空军提供所需网络、设备、数字工具和数据。⑥将自动化、分析工具和人工智能融入系统设计，加快杀伤链准备时间。该战略旨在协调相关工作来满足作战人员需求，将准备时间从数小时缩短至数秒。

欧洲开发Eagle-1量子加密卫星系统。 9月，在欧洲空间局和欧盟委员会的支持下，由SES公司为首的联盟将设计开发、发射运行基于Eagle-1卫星的端到端安全量子密钥分发系统，以实现欧洲下一代网络安全的在轨验证和演示。该项目将为下一代量子通信基础设施提供任务数据，有助于欧盟部署一个主权自主的跨境量子安全通信网络。

美国网络安全与基础设施安全局发布战略规划。 9月，美国网络安全与基础设施安全局（CISA）发布《CISA 2023—2025年战略规划》。该战略规划立足于美国国土安全部（DHS）的《2020—2024财年战略规划》，并阐明了CISA的愿景“保护美国关键基础设施的安全和弹性”。该战略规划的重点是尽量减少针对关键基础设施之系统和网络的渗透、利用或破坏行为所带来的影响。CISA将按照该战略规划来加强网络防御、提高弹性、建立和发展关键伙伴关系以及培养其员工队伍。

美国国防部发布《2022年国防战略》。 10月，美国国防部发布《2022年国防战略》，提出运用综合威慑、开展军事活动和建立持久优势解决4大防御优先事项，强调作战力量、网络行动、网络技术的建设发展，以降低竞争对手的恶意网络活动，应对竞争挑战并获取军事优势。

美国海军部发布《网络空间优势愿景》。 10月，美国海军部发布《网络空间优势愿景》文件，描绘了海军部获取网络空间优势的3S原则，即保护、生存和打击，以指导海军部开展各项日常网络对抗活动以及危机、冲突爆发时的网络空间活动，谋求构建网络空间优势。

美国网络司令部开展全球网络空间防御演习。10 月，美国网络司令部开展新一轮防御性网络空间作战概念演习，展示和提高网络司令部与合作伙伴的互操作能力。通过加强与统一行动合作伙伴信息和情报共享的一致性，美军在应对恶意网络活动时，网络、系统和行动的安全性和稳定性将得以提高。该演习未来将发展为一项长期性的活动，增强国防部信息网络（DoDIN）及其他保障系统的韧性。

美国空军研究实验室开发“网络靶场”演习。11 月，美国空军研究实验室（AFRL）与网络安全研发公司史蒂芬森恒星公司合作，研发基于太空的真实靶场环境，以开展太空军在卫星与地面系统遭受网络攻击下的安全演习。AFRL 计划于 2024 财年将 4 颗立方体卫星发射至低地球轨道，用于“网络靶场”演习。作为项目潜在用户，太空系统司令部、太空发展局及其他太空军组织可能会为项目提供相应资金。

美国国防部发布《零信任战略》。11 月，美国国防部公布《零信任战略》，设定了由零信任网络安全框架保护的国防部信息系统愿景，阐述了零信任战略目标、实施路径及实施方法，介绍了围绕 7 个支柱设定了 45 项独立能力，旨在将防御模式由边界为中心转换为零信任，以应对快速增长的攻击性网络威胁。

美国陆军首次装备网络态势理解软件。11 月，美国陆军向第 3 装甲部队提供网络和电子战环境可视化工具“网络态势理解（Cyber SU）”软件初始版本，该软件可将敌我双方的网络和电磁活动信息汇聚到陆军指挥所计算环境（CPCE），在战术层面探测和应对网络威胁，从而帮助指挥官更好地做出决策。

美国网络司令部和 DARPA 启动“星座”试点计划。11 月，DAPRA 与美国网络司令部合作启动“星座”项目，通过创建由用户指导的渐进迭代通道，加速网络能力的创建、验证、采用和交付到网络司令部软件生态系统中，旨在让新的网络能力更快地交付至网络作战。

美军设立专门针对外国网络部队的情报中心。11 月，美国网络司令部与美国防情报局协商，拟合作成立基础网络情报中心，对敌方陆军、海军和空军进行评估、编目和跟踪，提供对敌军网络能力的分析。新的以网络为中心的情报机构类似于现有的科技情报中心，可补充现有机构不足并提供其所不能提供的情报产品。

美国网络国家任务部队升格为二级联合司令部。12 月，美国网络司令部下属网络国家任务部队（CNMF）改制成为二级联合司令部，这一变化使得 CNMF 正式成为一个永久性军事组织，将推动 CNMF 从各军种吸纳网络作战人员、培训网络部队并改变其所拥有的权限，从而使 CNMF 在数字领域更敏捷、更快速地行动。

美国 SpaceX 公司推出面向国家安全的“星盾”项目。12 月，美国 SpaceX 公司发布专门为政府服务的“星盾”卫星项目，“星盾”卫星将利用“星链”卫星技术和发射能力，为国家安全提供支持和保障。“星链”卫星提供了完善的端到端用户数据加密，而“星盾”将使用保障性更高的加密功能，可托管加密载荷并安全处理数据，从而满足政府的严格要求。

日本新版国家安全战略引入“主动网络防御”原则。12月，日本政府发布新版《国家安全保障战略》，强调日本面临的严峻网络安全形势，提出加强日本网络防御的战略方针，并主动引入“主动网络防御”条款，进一步加强网络安全领域的信息收集和分析能力，建立网络主动防御体系，以提前消除可能对政府和关键基础设施造成国家安全担忧的严重网络攻击的可能性，并防止在此类攻击的情况下造成损害的蔓延。

产业基础卷

产业基础卷年度发展报告
编写组

主　　编： 王龙奇　朱西安　冯进军　崔玉兴　刘浩杰
刘　伟　于海超　陶　伟　张　巍

副 主 编： 耿　林　潘　攀　马　将　刘　凡　傅　巍
魏敬和　韩　冰　白珍胜

撰稿人员： 张冬燕　雷亚贵　寇建勇　李谷雨　闫立华
彭玉婷　王龙奇　焦　从　王天宇(61660 部队)
张玉蕾　王　振　毛海燕　王天宇(电科)
赖　凡　于欣竺　谢家志　刘潇潇　亢春梅
张　洁　杨莲莲　季鹏飞　肖蒙蒙　华松逸
张煜晨

审稿人员： 肖安琪　孙宇军　席　欢　郭　海　纪　军

综合分析

2022年半导体发展动态综述

半导体作为现代信息通信领域发展的动力,已经在几乎所有领域引发了令人惊叹的创新,从根本上改变了世界。2022年是全球半导体产业的调整之年,面临产业周期变化和地缘政治因素调整等多重影响。随着半导体对全球经济的重要性持续增长,以及创新步伐的不断加速,以美国为首的世界主要国家持续加大半导体领域专项投资,提高自身半导体供应链的弹性和自主性。与此同时,半导体也成为中美科技竞争与博弈的核心,制裁与结盟成为新常态;半导体领域的技术进步和工艺改进为后摩尔时代发展创造赶超机遇;新材料与新架构为后摩尔时代的发展带来新的机遇。

一、扶持政策与投资补贴加剧产业竞争

为满足持续上涨的半导体需求,应对全球缺芯现状,各国纷纷出台政策,加大对芯片产业的扶持力度,对半导体行业内技术变革、人才吸纳、产业规模等多个方面产生重大影响。

6月,美国国防部发布《微电子愿景》,提出国防部需获得并维持有保障、长期、可衡量的安全微电子技术,以实现超强匹配性,提高作战能力及人员战备状态。8月9日,美国总统拜登签署《2022年芯片与科学法》,其中第一部分为针对芯片的立法,旨在以法律形式出台系列支持举措,进一步巩固美国的全球半导体主导地位;9月6日,美商务部发布《美国资助芯片战略》,提出落实《2022年芯片与科学法》要求的战略目标、指导原则和具体实施方案。

2月,欧盟委员会发布《欧洲芯片法案》,计划投入430亿美元,旨在整合欧洲半导体研究、设计和测试能力,协调欧盟各国在该领域的投资,打造一个先进的欧洲芯片生态系统,以期在芯片设计、生产、设备、封装测试等方面提高欧洲芯片制造能力,实现2nm及以下的先进芯片制程。3月,22个欧盟成员国签署《欧洲处理器和半导体科技计划联合声明》,提出要在未来2~3年将强化各国处理器和半导体系统价值链,完善处理器和半导

体生态系统，以应对关键技术挑战，为各行业提供最优性能的芯片和嵌入式系统，并逐渐向 2nm 制程发展。

7 月，韩国政府公布《半导体超级强国战略》，以扩大对半导体研发和设备投资的税收优惠，引导企业在 2026 年年底前完成半导体投资 340 万亿韩元（约 2600 亿美元），到 2030 年将实现半导体制造产业链中的原材料、零部件和设备本土化采购由 30% 提高至 50%。

4 月，俄罗斯政府宣布新的半导体计划，预计到 2030 年投资 3.19 万亿卢布（约 384.3 亿美元），用于开发本土半导体生产技术、国内芯片开发、本土人才培养及自制芯片等，短期目标之一是在 2022 年底前使用 90nm 制造工艺提高本地芯片产量，长期目标之一是到 2030 年实现 28nm 芯片工艺制造。

二、技术进步与工艺改进催生创新机遇

后摩尔时代，新理论新技术的涌现将成为半导体产业增长的新动力，性能与功耗的比值将成为评判技术和产品的重要指标。在各国积极推进下，半导体部分关键技术和工艺实现重要突破。

6 月，韩国三星电子公司开始量产 3nm 芯片，成为全球第一家量产 3nm 芯片的代工厂。与 5nm 芯片相比，3nm 芯片的性能提高了 23%，芯片功耗降低了 45%，芯片面积减少了 16%。台积电称其 2nm 制程工艺的研发已取得重大进展，预计在 2023 年年中开始风险试产；美国和日本也表示将于 2025 财年生产 2nm 芯片。2nm 芯片将在量子计算机、数据中心和尖端智能手机等产品的制造中发挥重要作用。

9 月，韩国科学技术研究院（KIST）开发出新型人工突触半导体器件，具有高性能和高可靠性，有望用于制造先进的神经形态半导体芯片，支持高性能的人工智能系统；美国芝加哥大学开发出一种新方法，可将固态量子传感器的灵敏度提升 100 倍，大大提高传感器的灵敏度。

10 月，中国和美国联合研究团队实现亚 0.5nm 电介质与 2D 半导体集成，可用于开发二维晶体管中的超薄高介电常数栅极电介质，帮助实现晶体管的小型化；日本东京工业大学研发出一种新型芯片封装技术，该技术满足宽带芯片间通信和可扩展的芯片集成的要求，可有效降低集成复杂度。

三、全球半导体供应链重塑已见雏形

2022 年，高通胀、新冠疫情、俄乌冲突、地缘政治以及气候灾害等因素，都对全球半导

体供应链产生了巨大挑战,供应链弹性和韧性成为首要考虑因素。自 2021 年起,各国纷纷开展全球半导体供应链布局调整,2022 年已初具雏形。

2 月,中国台湾联华电子公司宣布投资 50 亿美元在新加坡新建一家芯片工厂,预计 2024 年投产。8 月,韩国三星公司新半导体研发中心破土动工,计划投资约 150 亿美元,旨在保持三星公司在芯片技术领域的领先地位。9 月,英特尔公司耗资 200 亿美元的俄亥俄州工厂举行动土仪式。10 月,美光科技公司宣布投资 1000 亿美元在纽约建设工厂,一旦落实,将成为美国最大的半导体制造设施。11 月,日本丰田汽车、索尼、软银、铠侠等 8 家公司合资成立一家名为 Rapidus 的高端芯片公司,将在日本国内生产用于超级计算机和人工智能的下一代半导体芯片;12 月,台积电在美国亚利桑那州 3nm 制程工厂举行迁机仪式,美国总统拜登出席并当场宣布"美国制造业回归"。

四、打压与结盟成为领域新常态

过去几十年,半导体技术在各行业都发挥了重要作用,催生了自动驾驶、人工智能、物联网等一系列变革性技术发展。在未来相当长一段时间里,在工业能力、技术发展和先进应用的牵引下,半导体将在数字化时代的生产结构中占据重要地位,发挥核心驱动作用,对国家安全和经济发展产生巨大影响。因此,半导体技术已成为全球科技战、贸易战的"主战场",半导体领域技术领先地位的争夺会越演越烈。

3 月,美国提出与韩国、中国台湾、日本组成"芯片四方联盟"(Chip4)的构想,以加强芯片产业合作。英特尔、AMD、高通、三星、台积电、Meta 和微软等 IT 行业巨头宣布成立芯粒(Chiplet)互连(UCle)标准联盟,通过开源设计实现芯片互连标准化,从而降低成本。

7 月,美国政府与荷兰 ASML 公司商谈,希望后者禁止向中国出售深紫外(DUV)光刻机(可用于制造 7nm 制程芯片);美国还向日本施压,要求其停止向中国销售光刻设备。7 月底,美国进一步限制中国获得半导体设备,从之前对制造 10nm 制程芯片的设备限制扩大至 14nm。

8 月中旬,美国宣布不得向中国大陆提供用于设计、制造 3nm 或更先进制程芯片的 EDA 工具。

10 月,美国商务部工业和安全局(BIS)发布了一套新的半导体出口限制措施草案,包括 9 项新规则,旨在对先进芯片、高性能计算系统,以及实体清单上某些实体的交易实施出口管制。

五、新材料与新架构成为发展焦点

一是新材料技术产业化推进。1 月,韩国三星电子公司发布世界首款搭载磁阻非易失随机存储器（MRAM）的计算机，该存储器具有高速、耐用、容易量产等优点。3月，日本首次成功实现了氧化镓功率半导体的6inch成膜，从而把成本降到“碳化硅（SiC）功率半导体的1/3”。4月，美国正式启用位于美国纽约州的全球最大唯一的8inch（200mm）碳化硅制造厂，并在德国开始建设全球最大产能的碳化硅工厂；瑞典隆德大学使用激光生成具有独特性质的磁粒子，可为量子计算带来变革。8月，澳大利亚以单晶钛酸锶（STO）膜作为栅极电介质开发出一种微小、透明且灵活的新材料，有助于芯片尺寸进一步微缩；美国得克萨斯大学使用石墨烯开发了用于类脑计算机的突触晶体管。10月，美国东北大学发现了一种新形式的高密度硅，并发明了一种新型可扩展的无催化剂蚀刻技术，能将这种硅制成直径为2～5nm的超窄硅纳米线，具有高压缩结构，尺寸比普通硅小10%～20%，具有4.16eV的超宽禁带宽度，可以在高功率、高温和高频下工作。

二是新型计算架构创新发展。4月，英特尔公司和荷兰研究人员成功在英特尔半导体制造工厂利用全光刻和全工业处理工艺，在硅/二氧化硅界面上生成了量子比特，验证了使用现有制造工艺大规模制造一致且可靠的量子比特的可行性。8月，美国斯坦福大学开发出一种名为NeuRRAM的内存计算芯片，是基于电阻随机存取存储器（RRAM）构建的，具有48个计算核心，支持多种神经网络模型和架构，有助于在低功耗边缘计算设备中实现人工智能负载的高效运行。12月，芬兰阿尔托大学研发出一种由晶体材料制成的新型光学手性逻辑门，运行速度比现有技术快约100万倍。

三是设备和软件不断改进。9月，德国西门子公司开发出一款新软件，可对采用先进封装的芯片设计进行自动化验证，支持对2.5D和3D集成电路设计的全面测试，并使用边界扫描描述语言生成裸片到裸片（die－to－die）互连模式，有望推动先进封装技术的发展。9月，日本佳能公司推出一款半导体光刻设备运行支持系统，能够根据传感器的信息等检测光刻设备的运行状况，并在计算机屏幕上实时显示，可提升生产效率3成以上。

六、结语

半导体技术是当代发展最快的技术之一，是数字时代的基础和核心，大大推动了航空航天技术、传感技术、通信技术、计算技术、网络技术的迅猛发展。先进的半导体技术在军事领域中不断改进，随着材料、架构、工艺等方面技术的发展，半导体产品正在朝着更高功率、更高集成度、更低功耗、更低成本、可定制、可升级等方向发展。

（中电科发展规划研究院　王龙奇　焦　丛）

重要专题分析

欧盟发布《欧洲芯片法案》

2022 年 2 月 8 日,欧盟正式发布《欧洲芯片法案》。该法案旨在增强欧盟在半导体技术和应用方面的竞争力和韧性,帮助欧盟实现数字化和绿色转型。该法案认为,芯片是关键产业价值链的核心战略资产,随着数字化转型的深入,云计算、物联网、超级计算机以及国防等行业正在扩展,对于芯片的需求大幅提升。该法案通过制定"欧洲芯片计划"、建立"芯片基金"等方式,全面提升欧盟在芯片研发、设计、生产、封装等关键环节的能力;同时,法案提出为降低芯片供应短缺风险,欧盟各成员国之间应建立完善的芯片供应链预警机制,并积极联合志同道合的国家,构建半导体伙伴关系。

一、出台背景

以集成电路为代表的半导体技术和产品是多个重要产业链的战略基础,在经济领域、国防领域的重要性与影响力日益凸显,受到越来越多的重视。主要国家和地区都竞相发展这一关键产业,美国、日本、韩国等纷纷出台相关政策以促进本国半导体产业发展。虽然欧洲半导体产业具有较好的技术积累和基础,在设计、制造、设备等领域实力较强,拥有弗劳恩霍夫应用研究促进协会(Fraunhofer)等顶尖的半导体设计研发机构以及阿斯麦尔(ASML)、英飞凌、意法半导体等产业巨头,但整体来看大多专注于汽车电子、工业生产等稳健领域,在存储器、晶圆代工、智能手机芯片等领域发展迟缓。欧洲近年来虽多次尝试提升芯片制造能力,但并未取得明显成效。2021 年欧洲遭遇了十分严重的芯片短缺困难,工业设备、医疗设备、电子消费产品、国防、航空航天等重要领域生产受到重大影响,这使欧盟意识到自身半导体供应链安全的重要性。《欧洲芯片法案》的出台背景主要有以下两点。

(一)全球半导体市场规模大幅增长,但欧洲发展已跟不上世界步伐

近年来数字化发展扩大了各领域对于半导体的需求,全球半导体市场规模出现大幅

增长。在智能化、信息化的推动下,半导体应用场景更加广泛,其重要性也在不断提升。目前,半导体已成为推动量子科学、人工智能等未来颠覆性技术发展的支柱产业。同时,半导体的不断微型化与集成化使其被广泛运用于军事国防领域,对支撑国防安全与夺取未来战场优势具有决定性作用。

欧洲曾在某些半导体细分领域表现抢眼,并曾拥有可观的全球市场份额。据波士顿咨询公司报告,2000 年时,欧洲曾一度占据全球半导体 24% 的产能。但随着产业迁移以及全球其他主要国家对于半导体产业的大力扶持与投资,欧洲的市场份额不断下降,到 2021 年时仅占全球市场份额的 10% 。《欧洲芯片法案》估计,若再不加以有针对性地引导与投资,到 2030 年,欧洲的全球市场份额将下降至 5% 以下。

(二)欧洲芯片供应链自主可控能力不足,先进制程短板明显

虽然欧洲拥有全球顶尖的半导体研究机构,但其半导体产品主要集中于成熟生产节点(22nm 及以上),几乎不具备先进制程(7nm 及以下)的生产能力,如图 1 所示。《欧洲芯片法案》指出,先进制程对于欧洲数字化转型以及人工智能、边缘计算等颠覆性技术发展具有十分重要的影响,若不加强欧洲先进芯片的生产研发能力,欧洲的颠覆性技术发展将受到阻碍,科技安全面临重大威胁。同时,由于推动先进芯片产业化投资巨大,欧洲亟需有效整合各国优势资源,以补足其现有短板。

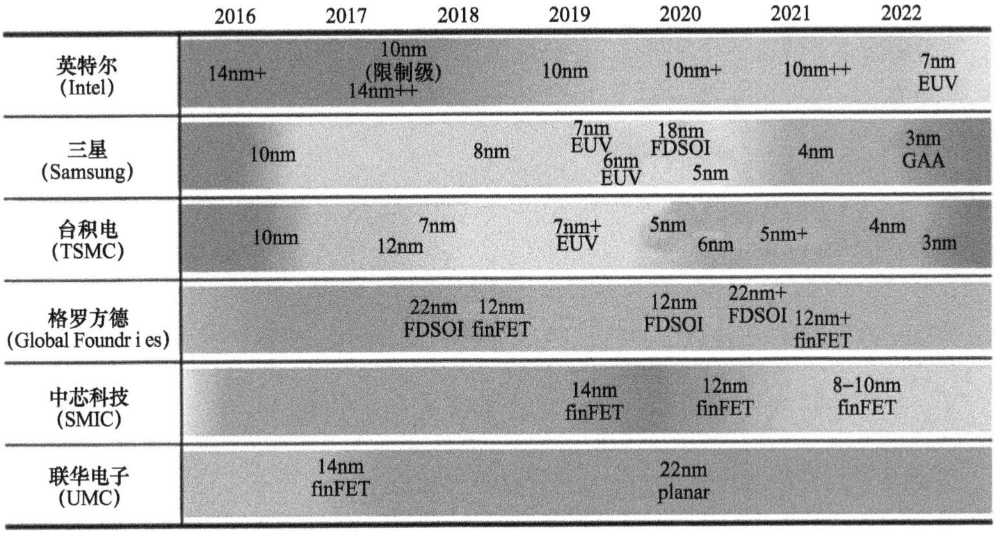

	2016 – 2022
英特尔 (Intel)	14nm+；10nm (限制级) 14nm++；10nm；10nm+；10nm++；7nm EUV
三星 (Samsung)	10nm；8nm；7nm EUV；6nm EUV；18nm FDSOI；5nm；4nm；3nm GAA
台积电 (TSMC)	10nm；12nm；7nm；7nm+ EUV；5nm；6nm；5nm+；4nm；3nm
格罗方德 (Global Foundr i es)	22nm FDSOI；12nm finFET；12nm FDSOI；22nm+ FDSOI；12nm+ finFET
中芯科技 (SMIC)	14nm finFET；12nm finFET；8-10nm finFET
联华电子 (UMC)	14nm finFET；22nm planar

图 1　全球主要先进芯片制程量产技术节点路线图

(图源:IC Insights’ 2021 edition of The McClean Report)

欧洲目前在生产、封装等环节,很大程度上依赖第三国供应商,其本身的芯片制造能力有限。一旦发生供应链中断,汽车、工业等领域的芯片储备将可能在几周内耗尽,迫使

许多欧洲工业放缓或停止生产。《欧洲芯片法案》提到,由于芯片短缺,2021 年欧洲有 1130 万辆汽车无法生产,甚至一些成员国相较 2019 年产量下降 34%,回到 1975 年的水平。

二、战略目标

基于此,欧盟推出了旨在振兴欧洲芯片的《欧洲芯片法案》,总目标是打造一个“最先进的欧洲芯片生态系统”,以确保供应安全。《欧洲芯片法案》要求将欧洲具有的世界一流研发、设计和测试能力联合起来,协调欧盟和成员国在整个价值链的投资,以共同打造一个包括生产在内的最先进的欧洲芯片生态系统,确保欧洲芯片的供应安全,并为欧洲技术创新开辟新的市场。根据欧盟委员会提出的路线图,欧盟希望在未来十年占有世界半导体产量的 20%。

为实现目标,《欧洲芯片法案》从以下 5 个方面做出战略布局:在技术方面,欧洲应加强其自身研究和技术领导力,继续保持投资强度,维持其在设备制造和先进材料方面的领先地位;在供应链方面,欧洲应建立和加强自己的先进芯片生产制造能力,在先进芯片的设计、制造和封装方面进行创新,满足工业和公共部门技术的发展需求;在政策方面,应建立一个完善的政策框架,到 2030 年能大幅提高欧洲地区的生产能力,提升欧洲在全球半导体芯片的市场占比;在人才方面,欧洲应吸引与培养新的人才,培养熟练的劳动力,努力构建完善的人才生态系统;在风险预警方面,欧洲应深入了解全球半导体供应链,监测供应链运行情况,把握未来趋势,使欧盟在国际供应链出现问题时可以及时做出反应。

三、实施计划

《欧洲芯片法案》提出以下实施计划。

(一)通过系列专项计划,强化半导体研究与生产能力

为强化欧洲在半导体制造设备与先进材料的优势地位以及提高其自身在芯片设计、制造和先进封装等环节的能力,《欧洲芯片法案》计划从现在到 2030 年投入共计 110 亿欧元的公共资金实施“欧洲芯片计划”。

为保持和加强欧洲在研究创新以及设备制造方面的领导地位,《欧洲芯片法案》提出:①实施“芯片联合承诺”(Chips JU)的公私合作伙伴资助计划。该计划将联合芯片价值链上的大中小企业以及研究与技术机构,为芯片行业的未来需求提供支持。该计划涉

及的研究工作将集中于2nm及以下芯片制造技术、人工智能领域的颠覆性技术、超低功耗节能处理器、新材料与多种材料的异构三维集成以及RISC-V计算架构等新兴的设计解决方案。②在已有的“欧洲地平线”框架下投入10亿欧元，支持量子芯片的研究，以挖掘其在复杂计算以及超安全通信中的颠覆性潜力。③组织成员国发起致力于解决微电子问题的欧洲共同利益重大项目（IPCEI）以进一步支持半导体工业和研究创新，重点聚焦于人工智能处理器、边缘计算、安全和能源效率等领域的半导体创新。

为加强欧洲在芯片设计、制造和测试领域的能力，《欧洲芯片法案》倡议通过“欧洲芯片计划”在欧洲部署先进的半导体设计工具、下一代芯片原型试验线和半导体技术创新应用的测试设施，并在量子芯片领域形成先进的技术和工程能力。在设计方面，欧盟将通过部署遍布欧洲的虚拟平台，为半导体集成技术构建大规模设计基础设施。平台将集成大量的尖端新技术，使半导体产业具有低能耗、高安全性等特性以及新的系统集成和3D封装能力。欧洲创新型中小企业以及研究技术组织均可使用该平台，并受到明确的知识产权规则保护。在生产、测试与验证方面，欧盟将以现有试点项目为基础，发展基础设施，使新的先进技术达到更高水平并加速技术的产品化与商业化，以满足量子、人工智能等领域的芯片需求。具体开设的试点包括10nm及以下FDSOI工艺、2nm以下前沿节点工艺、3D异构系统集成和先进封装工艺；在芯片认证方面，欧盟将与成员国共同协商，针对具有高社会影响的特定关键产业和技术，制定节能和可信芯片的认证程序，以保证关键应用的质量和安全，并推动对相关芯片的公共采购与国际标准化制定。

（二）聚焦产业关键，提升供应链韧性

为保障芯片供应安全与供应链的复原能力，同时对更广泛的经济产生积极影响，欧盟认为对于先进生产制造设施的投资是十分必要的。但是由于芯片产业具有极高的壁垒与资本密度，相关设施的建立需要公共财政的支持。因此，欧盟委员会将根据《欧盟运作条约（TFEU）》第107条第3款对相关设施补贴，评估通过的设施最多可获得其已证实资金缺口100%的补贴，即确保此类投资顺利实施所需的最低金额。《欧洲芯片法案》指出，符合条件的设施应具有“首创性”，即该设施是在欧盟前所未有的。“首创性”设施具体可以分为两类：①“欧盟开放性芯片代工厂”，它可以将制造能力用于为其他企业代工生产芯片；②“综合生产设施”，主要设计和生产服务于自身市场的关键组件。《欧洲芯片法案》确定的潜在受补贴领域包括前沿节点生产工艺相关设施、碳化硅或氮化镓衬底材料以及具有更高性能与技术工艺的创新型产品。

另外，为支持中小型企业和初创企业发展，欧盟还将设立总投资至少20亿欧元的“芯片基金”。该基金将从两个方面对相关企业进行补助：①欧洲投资银行将设立半导体专项股权混合基金，为在半导体和量子技术领域表现优秀的中小企业提供股权和准股权

融资;②欧洲创新委员会将通过加速器计划,以赠款和股本的形式为具有高风险、高创新能力的中小企业提供市场机会,并帮助其吸引投资者。

(三)提供发展平台,培养吸引相关技术人才

《欧洲芯片法案》提到,芯片行业面对人才的需求持续上涨,如何吸引和留住高技术人才是目前的主要挑战。为此,欧盟将支持针对半导体相关人才的教育、培训、技能开发与再教育项目,推动设立微电子学研究生课程、短期培训课程、就业实习以及先进实验室培训。同时,《欧洲芯片法案》还计划建立整个欧洲的能力中心网络以提供专门的技术和试验平台,帮助企业提高设计与开发能力,并吸引创新技术人才。

《欧洲芯片法案》要求,教育机构与半导体相关企业机构密切合作,增加实习与培训机会,提高学生的实际应用能力;设置芯片领域专门的硕士和博士奖学金,并提高女性的参与度。

(四)面向超前预警与快速响应,设立完善的供应链风险预测机制

由于半导体价值链具有细分市场集中、成本高、供应僵化等特点,使全球供应链具有较高的短缺与中断风险。为降低风险,提升供应链韧性,欧盟将与其成员国一道,进行协调一致的风险评估,以确定预警指标并预测供应链的主要风险。具体措施可以分为超前预警与快速响应两类。

在超前预警部分,欧盟将要求成员国提供国家半导体市场的相关数据,以便进行风险评估,同时欧盟将对与其存在密切关联的半导体相关企业或组织进行针对性调查。通过对相关数据进行分析并与国际合作伙伴进行协商,监测潜在的供应链风险并及时寻找解决办法。一旦出现影响经济和社会关键部门的重大中断,欧盟将启动危机应对机制,以使欧盟可以迅速、有效、一致地做出响应。

在快速响应部分,欧盟将根据具体态势启动危机应对工具箱,工具箱包括强制性信息收集、确定关键部门订单的优先次序、共同采购计划以及出口管制等措施。同时,欧盟计划成立欧洲半导体委员会,以协调各成员国,使其可对芯片短缺问题做出快速反应。

(五)建立合作伙伴关系,加强国际间合作交流

为加强芯片供应安全与生产能力,提高欧盟在全球芯片领域的影响力,《欧洲芯片法案》提出将积极主动地与志同道合的国家建立平衡的半导体伙伴关系,并就共同关心的问题制定合作框架。其加强国际交流合作的主要目的有两个:①确保欧洲产品有一个可靠的全球市场;②确保芯片供应链安全。

具体的合作伙伴关系包括:定期分享相关情报与方法,缓解可能到来的短缺问题;建

立有效的预警机制,加强应对风险能力;交换长期投资战略信息;促进国际标准化建立;协调出口管制;共同培养优秀人才;减少芯片生产对环境的影响等。对此,欧盟将利用现有的或新的论坛,与美国、日本、韩国、新加坡等志同道合的国家以及其邻国一起探讨相关问题,增强半导体供应链的弹性。

通过以上5个方面,欧洲计划全面加强其先进芯片的生产研发能力,完善自身半导体产业链,维护半导体供应链安全。从途径上,《欧洲芯片法案》主要从两个角度推动半导体产业发展与安全。一方面,《欧洲芯片法案》通过各种政策以及经济上的激励,培育本土科研机构与生产企业,维护其现有优势地位,并对半导体产业的未来发展进行布局与技术积累;另一方面,《欧洲芯片法案》提出应加大国际间交流,与盟友保持良好的合作关系,邀请成熟的半导体企业到欧洲投资设厂,争取将已有技术与经验引入欧洲,在短时间内补足其产业短板。此外,欧洲将加大对于半导体供应链安全的维护与掌控,通过多种方式与紧急工具箱保证供应链安全,防止芯片短缺的事情再度发生。

四、影响分析

若《欧洲芯片法案》顺利实施,预计将产生以下影响。

(一)促进欧盟本土先进芯片生产能力发展

《欧洲芯片法案》多次提及对于欧洲本土无法生产先进芯片的担忧,认为缺乏先进制程芯片自主化生产将严重影响欧盟在量子计算、人工智能、边缘计算等颠覆性技术领域的发展。因此,《欧洲芯片法案》中提及的政策计划适用范围明显向前沿芯片、量子领域研发倾斜。同时,欧盟计划多角度、全方位、深度化地推进本土低制程芯片的研究、设计、生产与封装能力。通过补足芯片基础设施短板,结合欧洲本身具有的优秀研发能力,其先进制程芯片生产能力将会得到增强。

(二)促进欧洲半导体供应链安全与稳健性的提升

在《欧洲芯片法案》中,欧盟提出将对“首创性”设施提供最多100%的补贴,相关设施包括芯片代工以及综合性生产设施,若顺利实施将补足其产业结构不足;通过专项计划,广泛布局2nm以下芯片制造以及异构与三维集成等芯片制造、封测领域的先进技术,大幅增强其在生产制造的技术实力。通过对产业结构以及相关技术进行针对性补强,《欧洲芯片法案》顺利实施将大幅增强欧洲半导体供应链的稳健性。此外,《欧洲芯片法案》为维护欧洲在全球半导体供应链的安全与地位,提出一套完善的预警机制,该预警机制兼顾风险的超前预警与快速响应,实行常态化经济指标跟踪与强制性市场政治手段有机结合,若顺利实施将有效保护欧洲芯片供应链安全。

(三)集成优化已有计划使其更符合欧洲发展需求

《欧洲芯片法案》除了提出多项新的激励政策外,还对先前已发布的“欧洲地平线”“数字欧洲计划”等相关科研计划中已有内容进行了引用与补充,充分调动现有政治、经济、科技资源,使《欧洲芯片法案》可以更加顺利地推广应用;同时,已有的相关科研计划并未因《欧洲芯片法案》提出而失效,而是通过与《欧洲芯片法案》进行关联,使其与欧盟半导体发展需求更加匹配。《欧洲芯片法案》的推出将更加完善欧盟半导体领域整体协作能力,可以集中优势力量实现关键技术的跨越性突破。

五、几点认识

《欧洲芯片法案》要求将欧洲世界一流的研究、设计和测试能力联合起来,协调欧盟和成员国在整个价值链的投资,以共同打造一个包括生产在内的最先进的欧洲芯片生态系统。这将确保芯片供应安全,并为开创性的欧洲技术开辟新的市场。该法案充分体现出欧盟对于发展自身半导体产业的决心,通过对《欧洲芯片法案》内容进行进一步分析以及与其他国家相关政策进行关联分析,得到以下认识。

(一)欧盟通过多维度联合完善欧洲芯片产业架构

“联合”是《欧洲芯片法案》的核心倡议,这包括三个维度:①研究方面的联合,通过“芯片联合承诺”的公私合作伙伴资助计划,整合价值链的大中小机构以及研究院所,瞄准现有技术短板与未来颠覆性技术,将欧洲的芯片研究推向一个新的水平;②欧洲产业产能的联合,欧盟将设立芯片供应链预警机制,提高在设计、生产、封装、设备及供应商(如晶圆生产商)的弹性,支持欧洲“大型芯片代工厂”的发展,有效支撑欧洲芯片产业的整体发展;③国际合作与伙伴关系的联合,欧盟欢迎外国投资帮助欧洲提高生产能力,尤其是在高端技术方面,同时通过供应链多样化,减少对单一国家或地区的过度依赖,并通过风险预警机制来保护欧洲的供应安全。

无论对于技术方面的提振还是对于生产制造方面的补足,《欧洲芯片法案》都是从欧洲芯片产业整体的角度出发,而非仅关注某些“明星”企业。无论是“首创性”设施中要求的为其他企业代工以及服务自身市场,还是风险预警中统一汇总欧洲各国市场相关数据,其本质都是对资源加以汇聚,实现产业的整体发展与完善。

(二)欧盟预警机制实施对全球芯片供应链格局产生影响

为提升欧盟半导体供应链的韧性,《欧洲芯片法案》提出一套完善的预警机制,该预警机制兼顾常态化监控与危机应对,若顺利实施将有效保护欧洲芯片供应安全。但同时,预警机制将对与其存在密切关联的半导体企业进行针对性调查,相关企业的核心数据存在泄露隐患,可能损害相关企业的自身利益。而在危机应对方面,欧盟提出的贸易管控、调换半导体生产顺序等强制性措施可能损害其他国家半导体产业的正常发展秩序,将对全球半导体供应链造成严重影响,这将进一步加剧世界各国对于供应链安全的担忧。

(三)技术人才培养与争夺成为全球芯片产业新竞争着力点

《欧洲芯片法案》提到过去20年来电子行业对于人才的需求一直呈增长态势,但是欧洲微电子行业发展面临着严重的劳动力不足与人才短缺,欧盟需要解决的一个重要问题便是如何吸引和留住高技能人才。为此,《欧洲芯片法案》计划通过校企联合、专门为相关专业硕博士设立奖金、建设能力中心网络提供研究机会等方式培养与吸引相关技术人才。

与《欧洲芯片法案》相似,美国于2022年8月9日颁布的《2022年芯片与科学法》也针对本国半导体技术做出系统性布局。虽然两部政策内容均围绕本国或本地区的芯片产业发展,且在部分发展规划上具有相似特征,但其在政策出发点与需求上存在一定区别。《欧洲芯片法案》的出发点主要以问题为导向,其重点解决的是自身半导体产业缺陷问题。同时,《欧洲芯片法案》虽然提出应加强自身半导体制造能力,但是在《欧洲芯片法案》的解释备忘录中,欧盟提到政策最终目的是谋求自身半导体产业的弹性安全而非实现半导体"自给自足",其更多寻求的是一种多点的、可信任的、可替代的供应链依赖关系。

与之相对的,美国《2022年芯片与科学法》更偏向于目标导向,追求的是美国在全球芯片产业以及关联颠覆性产业的优势领导地位,以维护其自身利益与国家安全。例如,在研究创新部分中,美国表示将加大未来5年公共研发的投入,以恢复美国在先进制造、下一代通信、计算机硬件和制药等关键领域的实力,减少长期的供应链脆弱性,重获在高科技领域的优势。同时,美国《2022年芯片与科学法》中对受到补助的企业提出了严苛的附加要求,禁止在获得财政援助后10年内在中国、俄罗斯、伊朗等"相关国家"进行投资。从本质上来讲,《2022年芯片与科学法》的目的是增加美国对于全球半导体芯片供应链的掌控能力,并将其转化为威胁、胁迫、打压其他国家的政治工具。

(中电科芯片技术(集团)有限公司　王天宇　于欣竺　赖　凡)

俄罗斯多措并举降低对西方国家芯片依赖

俄乌冲突爆发后，美国宣布对俄罗斯实施一揽子制裁，禁运了半导体、计算机、电信、信息安全设备、激光器和传感器等技术及产品。随后，欧盟、日本等国家和组织相继跟进了针对俄罗斯的制裁。这使得俄罗斯采购这些国家和地区的芯片受到了限制，俄罗斯本国设计芯片的委外代工也同样受到了限制。为了解决当前所面临的困境，俄罗斯提出制定半导体计划，在未来 8 年内将对半导体产业投入大约 3.19 万亿卢布（约 384.3 亿美元），大力发展本土半导体产业，目标是在 2022 年底国产 90nm 制程芯片，2030 年实现 28nm 制程。该计划的草案于 2022 年 4 月 22 日递交俄罗斯总理批复。2022 年 8 月 30 日，俄罗斯总理米舒斯京表示，在这个长达 8 年的投资计划支持下，俄罗斯半导体产业将获得前所未有的投入。

一、俄罗斯半导体战略发展历程

（一）苏联时期的半导体战略

1947 年，世界上第一个晶体管诞生在美国贝尔实验室，几周后苏联便研发出了第一款晶体管。然而，从晶体管诞生到苏联解体的相当长一段时间内，半导体都没有得到苏联政府的重视。一方面，苏联军方认为美苏随时可能用核武器对轰，而晶体管在核爆产生的电磁脉冲下极为脆弱，因此选择大力发展扎实耐用、抗干扰能力强、可靠性高的真空管，并在军方支持下突破了真空管小型化技术；另一方面，苏联军方放弃使用晶体管的原因中也存在技术因素，苏联早期的硅提纯工艺有所欠缺，只能使用锗作为半导体材料，但是锗又很难在太空的恶劣环境中运行，因此苏联发射的第一颗卫星选择了可靠的小型真空管，此后苏联的武器装备中也多采用真空管技术。

有一段时期，西方一些科学家受马克思主义影响前往苏联，极大地提升了苏联电子产业的追赶速度，产出了诸多集成电路相关成果，但半导体产业的特点是投资额巨大而且迭代速度快，仅靠军事订单难以支撑，苏联的计划经济体制一直面临重军工轻民用的问题，因此很难使半导体产业真正商业化。同时，苏联政府鼓励盗版西方软硬件，逆向工程严重影响了国内相关技术的创新进步，让苏联电子产业停滞不前，加之苏联解体后科研经费严重不足，人才外流严重，因此虽然在计算机发展早期，苏联只落后美国四五年，但因为以上种种原因，苏联几乎完全错过了半导体产业发展的“黄金期”。

（二）俄罗斯时期的半导体战略

苏联解体后，俄罗斯为发展本国的微电子产业，制定了一系列战略规划。2000 年 6 月俄罗斯正式通过了《国家信息安全学说》，提出重点开发的“关键技术”包括高性能计算机技术、智能化技术、信息攻击与防护技术以及相关的软件技术等。

从 2006 年开始，俄罗斯政府开始采取各种举措来振兴电子工业，并相继出台了多项目标计划，推动电子元器件发展，其中包括《2007—2011 年国家技术基础联邦目标计划》《2007—2012 年俄罗斯计划联合体首选方向研究与开发计划》《2008—2015 年电子元器件基础和无线电电子学发展联邦目标计划》《2025 年前俄罗斯电子工业发展战略》等。2020 年 1 月 22 日，俄罗斯政府又发布《俄罗斯联邦 2030 年前电子工业发展战略》，提出到 2030 年，民用电子产品收入占比不低于 87.9%，国产电子产品在国内电子市场收入占比达到 59.1%，电子产品出口额达到 120.2 亿美元。该战略的第一个方向就是促进技术开发，掌握数字芯片、系统软件、电力电子、无线电电子的开发和生产技术，以及微波电子、模拟电子、光电子、光子和微波光子技术等。

二、俄罗斯半导体产业发展历程

（一）苏联时期微电子产业的发展

“冷战”时期，由于和美国展开太空竞赛，苏联军事科技得到了大力发展，尖端科技的大量计算需求带动了微电子产业的发展，其微电子产业水平可从其计算机水平和微处理器水平来体现。

在二十世纪五六十年代，苏联的计算机产业思路是制定自己的技术标准，所以计算机产业体系比较完善，整体技术实力较强。从 1950 年开始，苏联就建造了用于研发弹道导弹与火箭的真空管计算机 MESM；1950—1960 年，MESM 由 5000 个真空管组成的 BESM 系列接替，这也是当时欧洲最快的计算机；1969 年，苏联研发出了被认为是第一台个人电脑的小型计算机 Mir－2。

苏联的 CPU 发展始于 20 世纪 70 年代，于 1973 年推出的第一个 16b 小型机使用的是 4b 的 587 CPU,这是第一款苏维埃 CPU,此后苏联相继推出了采用 Elektronika NC 和 LSI - 11等架构的 CPU;1978 年,研制成功世界上第一个标量 CPU——Elbrus - 1;1990 年,32b 的El - 90微处理器原型成功问世,晶体管数量超过 50 万个;同年,苏联开始进行 El - 91S 微处理器的研制工作。

(二)俄罗斯时期微电子产业的发展

斯大林为了加强各个加盟国的联系,把微电子产业布局按照上下游关系分配到苏联各个加盟国。苏联解体后,微电子工业体系破碎,俄罗斯只继承了一部分的苏联电子遗产,再加上俄罗斯经历了近十年的经济休克时期,经济恢复迟缓,研究经费难以为继。

在芯片制造方面,俄罗斯仅存的两大晶圆厂皆是苏联时期的产物。Mikron 公司是苏联第一个开发和制造大规模数字和模拟集成电路的公司,目前仍承担俄罗斯 50% 以上的芯片出口任务,并为俄罗斯国家支付卡系统生产芯片。该公司的最高工艺水平为 65 nm,源自于从意法半导体公司获取的多次技术转让。Mikron 公司曾在 2015 年实现 65nm 制程量产后,计划新建 12inch 晶圆厂及 28nm 新生产线,但是需要采购的半导体设备遭到了美国的限制。另一家公司 Angstrem 目前也只有一座 8inch 晶圆厂,能提供 90 ~ 250nm 制程工艺,主要提供军用、航天和工业领域产品。目前,俄罗斯 90% 的军用芯片需要进口,而且多数由西方和亚洲半导体企业制造或代工生产。

在芯片设计方面,MCST 公司和 Baikal Electronics 公司是俄罗斯本土最知名的两家厂商。MCST 公司一直致力于 Elbrus 处理器的开发,该处理器也是俄罗斯应用最广泛的国产处理器。2020 年,MCST 公司发布了最新的 16 核、主频 2GHz 的 Elbrus - 16C 处理器,采用台积电 16nm 工艺。Baikal Electronics 公司在被制裁之前,已经完成了 48 核服务器处理器 S1000 的设计,该处理器之前曾采用 MIPS 架构进行设计,近几年来全面转向了 ARM 架构。Baikal Electronics 公司于 2021 年推出 Baikal - M 系列处理器,采用了台积电 28nm 工艺。但无论 Baikal Electronics 公司还是 MCST 公司,原本均选择台积电代工,当前由于俄罗斯被制裁,其只能转向俄罗斯国内生产,但俄罗斯现有的芯片制造能力显然无法达到生产要求。除了俄罗斯本土企业外,原本很多欧美厂商在俄罗斯均有厂商驻点,但俄乌冲突爆发后,这些企业已纷纷停止与俄罗斯的合作。

三、2022 年俄罗斯新半导体计划

由于包括半导体产业在内的外资在俄乌冲突爆发后相继撤出了俄罗斯,熟悉高科技产业的俄罗斯民营企业家在这段时间也大多离开了俄罗斯,依靠民间投资来补缺半导体

制造设备,重启投资半导体产业,几无可能。于是2022年4月,俄罗斯政府制定了新的微电子发展计划的草案,并于4月22日递交给俄罗斯总理批复,现将初步计划解读如下。

(一)制定背景

俄乌冲突爆发以来,在美国的带动下,在全球半导体产业居主导地位的中国台湾地区、韩国以及日本等已按照美国的出口管制清单对俄罗斯实施出口禁令。俄罗斯晶圆制造公司当前最先进的工艺制程是65nm,由于缺乏先进工艺,俄罗斯国内芯片的自给率还不到10%,此次全方位的制裁使得俄罗斯国内大部分的芯片断供,对军用和民用市场造成极大的冲击。此外,台积电为俄罗斯代工了 Baikal 和 Elbrus 两个最重要的处理器。其中 Elbrus 处理器也是俄罗斯国防工业信息安全的关键芯片,所以台积电的断供对俄罗斯芯片制造来说将是“毁灭性”的。为推动俄罗斯半导体产业的发展,在半导体领域取得主动权,俄罗斯提出制定新半导体计划。

(二)主要内容

根据计划,预计到2030年,俄罗斯政府将对本土半导体产业总计投入3.19万亿卢布(约384.3亿美元)。这笔资金将用于开发当地半导体生产技术及国内芯片、建设数据中心基础设施、培养本地人才、自制芯片和解决方案的营销。

在半导体制造方面,俄罗斯计划投资4200亿卢布(约50亿美元),用于新的制造技术及其提升。短期目标是在2022年年底前使用90nm制造工艺提高本土芯片产量;长期目标是到2030年建成使用28nm制造工艺的晶圆厂。

在芯片设计方面,俄罗斯计划通过重新设计以替代国外开发的芯片,并将生产转移到俄罗斯及中国,计划在2024年实现所有领域100%的进口替代,2030年形成俄罗斯自己的技术产品组合,这个项目耗资大约是1.14万亿卢布(约137亿美元)。

在半导体市场方面,投资预算1.28万亿卢布(约154亿美元)用于提高市场需求,计划在2030年将俄罗斯电子产品在家庭中的覆盖率提升到30%,公共采购市场则要达到100%。

在人才培养方面,投资预算3090亿卢布(约37亿美元),计划创建400个电子产品原型,开展2000多个研究项目,同时还要培育1000个以研究中心为基础的项目团队。

(三)最新进展

2022年8月30日,俄罗斯总理米舒斯京表示,微电子是加强俄罗斯技术主权的最重要方向之一,目前俄罗斯需要集中力量发展自己的电子工程、制造技术、辅助设备和元器件领域。他同时表示2022年上半年俄罗斯曾举行过一个战略研讨会,勾勒出了俄罗斯微电子工业的发展前景,并设定了具体的目标和实现步骤,接下来该产业将获得前所未有的资金,同时这也是一个长达 8 年的投资计划。

2022 年 9 月,俄罗斯政府宣布,将斥资 70 亿卢布支持 Mikron 公司,用以提升其 90 ~ 180nm 制程的芯片产能,不过这些资金是以 Mikron 公司生产设备为担保的 10 年期贷款。俄罗斯此次给予 70 亿卢布的资金支持,将局部缓解 Mikron 公司扩产的资金压力。尽管 Mikron公司技术落后,但已是俄罗斯为数不多的民用半导体企业,相较于其他军工复合体企业,Mikron 公司有机会采用成熟工艺制程生产基本半导体芯片,供应俄罗斯国内需求。

四、未来预判

(一)有望实现 65nm 量产,达到 28nm 工艺难度大

在芯片制造方面,俄罗斯目前已具有 90nm 和 65nm 生产能力,并在 2022 年 9 月注资支持 Mikron 公司提升产能,因此短期目标"2022 年底提高 90nm 芯片产能"较易实现。但芯片行业耗资巨大,且须搭建上下游完整的产业链,包括 EDA 设计工具及光刻机等各种设备,俄罗斯政府在半导体制造领域的投资金额(50 亿美元)不足以搭建完整的制造产业链,且因被全面制裁和技术封锁,在 2030 年实现 28nm 芯片生产制造能力的目标难度非常大。

(二)国内民用消费市场薄弱,难以带动芯片设计水平提升

当前俄罗斯政府大力推进半导体国产化,主要原因仍是满足其军事需求,其次才是满足民用消费市场的需求。民用消费市场需求是驱动半导体设计水平提升的主要因素之一。例如近十年来,全球智能手机的出货量从 2011 年的 5.21 亿部上升到 2020 年的 13.31 亿部,2020 年全球前十大芯片设计公司(或从事芯片设计的整机公司)中排第一名的高通公司、第四名的联发科公司、第五名的苹果公司以及 2020 年上半年上榜的海思公司皆为智能手机 SoC 供应商。根据 SIA 的数据,在 2021 年大约 5500 亿美元的全球芯片市场中,俄罗斯占比仅为 0.1% 左右,约为 5 亿美元。可见俄罗斯半导体民用市场非常小,只依靠政府的政策引导与投资,很难带动设计产业的繁荣和发展。即使到 2030 年能实现家庭电子产品 30% 的国产覆盖率以及公共采购市场 100% 的国产覆盖率,俄罗斯依旧很难在 2024 年实现所有领域 100% 的进口替代,以及在 2030 年形成俄罗斯自己的技术产品组合。

(三)人才政策吸引力不足,或无法满足人才缺口

人才是半导体产业发展的第一资源,只有拥有数量充足、高质量的人才,才能推进半

导体产业当下的发展以及赢取产业的未来。随着地缘政治影响持续和逆全球化趋势，各国不得不将半导体人才纳入国家战略范畴，并在全球范围内展开对半导体人才的争夺战。从欧盟到美国，从韩国到印度，各国政府都在加大对其芯片人才的补贴力度，中国各地政府和高校也通过成立“芯片大学”“集成电路学院”，出台激励政策，提高薪资待遇等手段，大力培养和引进半导体人才。俄罗斯当前受战争影响，国内局势不稳，很难吸引国外尖端半导体人才入驻，此外俄罗斯国内半导体人才自身储备不足，37 亿美元的人才投资预算恐难以吸引和培养足够的人才来支撑其“开展 2000 多个研究项目以及培育 1000 个项目团队”的目标。

目前俄罗斯半导体产业生产能力严重不足，不仅无法为国防部生产用于武器装备的芯片，就连中低端的工业用半导体产品，也仅能满足 1/3 的需求。半导体产业基础差、独立性严重缺乏，不仅成为俄罗斯军队在乌克兰战场节节败退的重要原因，还成为俄罗斯国民积极面对制裁的抗压性和经济恢复的自主性的主要短板。

（中国电子科技集团公司第五十八研究所　季鹏飞　肖蒙蒙　华松逸　张煜晨）

英特尔集成光电研究实现重大突破

2022 年 6 月，英特尔研究院基于 300mm 混合硅光子平台，制造出完全集成于硅晶圆上的八波长分布式反馈（DFB）激光器阵列，其输出功率均匀性达到 +/-0.25dB，波长间隔均匀性为 ±6.5%，均优于行业规范。通常，普通半导体激光器波长均匀性较差，阵列在环境温度改变时不能保持通道间距的稳定，要制造具有均匀波长间隔和功率的密集波分复用光源非常困难。英特尔公司采用密集波分复用（DWDM）技术，实现了光源的波长间隔一致性、输出功率均匀性，满足了光互联和密集波分复用通信的需求。此项创新意味着互补金属氧化物半导体晶圆量产制造能力实现了飞跃，可以预计，该项技术将使实现光互连芯粒的大规模制造和部署成为可能，有望推动光电集成技术的新发展。

一、技术背景

随着互联网的不断发展进步，以及物联网、大数据、云计算、机器学习等新兴网络通信需求的不断增长，服务器间数据传输和计算带宽也在不断增长，逐渐逼近性能物理极限的电气互连 I/O（输入/输出）开始遭遇“功耗墙”，即 I/O 功耗会逐渐高于现有的插接电源输出功率，导致电气性能扩展无法满足数据传输带宽需求的增长速度。而随着光电子学技术的不断进步，英特尔公司通过集成光电研究解决了电气 I/O 的限制，实现了光互连领域的关键进展，意味着光学 I/O 已经逐步从技术研究走向实际应用，成为电气 I/O 的可行替代方案。

硅光子技术是其中一项重要的技术。利用硅光子技术在常规的硅衬底上集成光学器件，与 InP 衬底工艺相比成本可降低至 1/10，并可以使用标准 CMOS 工艺设备扩展到 300mm 直径晶圆平台。对于硅光学集成电路（PIC）而言，硅光子技术除了能实现低光损耗平台（比 InP 平台低一个数量级），保证大规模 PIC 中的光信号质量，还能用低损耗的波导实现各种光学器件的互连集成，包括激光器、调制器、光电探测器和其他无源器件，如阵列波导光栅(AWG)、马赫曾德尔干涉仪(MZI)和相位调谐器等。随着高速收发器、激光雷达、光学计算和量子光学等领域对大规模 PIC 的应用需求增长以及集成激光器、放大器等技术的进步,单个硅光学集成电路的器件数量不断增加并保持良好的良率,集成度已超过了其他工艺平台。

近 20 年间,多核通信的互连专用集成电路(ASIC)与光传输链路的互连变得越来越分离,大多数的光端口以独立光子系统的形式插接在主机系统的前面板上,这些可插拔的光链路接口带动了光产业的发展,取得了巨大的商业成功。然而随着光传输链路密度和传输速度成倍增加,这种可插拔连接器的缺点愈加明显。由于 ASIC 的电信号需要从自身封装再经过 PCB 板互连到连接器,功耗和成本难以降低,I/O 传输技术发展已跟不上 ASIC 核心数字逻辑集成度的增长速度。硅光子学和光电共封装(CPO)技术具备解决传统光连接器功耗和成本问题的巨大潜力:可以实现高密度、高集成度的硅光子学,能够大大缩小光学器件的尺寸(在传统连接器中光学器件尺寸往往比核心 ASIC 大一个数量级,因而无法封装在一起),同时在芯片上提供更多的(光学)I/O 和更高的传输速度;基于硅光子学技术制造的光学集成电路(PIC)既可以与常规电子集成电路(EIC)通过光电共封装技术进行组装,又能使光电共封后的器件保留可直接与光纤连接的特性,降低了系统组装的难度和成本。据预测,硅光子技术和光电共封装技术正在快速发展,2022 年在每秒峰值速度、能耗、成本控制方面可全面超越传统光连接器模块,并将在未来十年内有望实现现有连接器数十倍的传输带宽。

二、技术细节

近年来,英特尔公司展示了集成光电技术方向的一系列成果,其硅光子技术可以有效提高数据中心内和跨数据中心间的互联带宽,未来能使 I/O 数量从几百万扩展到几十亿,实现 1000 倍的提升,为下一代光电共封装和光互连器件的量产提供了一条清晰的路径。2020 年 12 月,英特尔公司在其 Labs day 活动中展示了公司在硅光子学上的技术突破,包括多波长激光器、比常见微环调制器小 1000 多倍的微环调制器、全硅光电探测器、集成半导体光放大器等,并将这些关键光学器件在同一个硅光子平台上集成为一片 PIC 芯片,再将该 PIC 与主控驱动 CMOS 集成电路(EIC)芯片进行紧密集成,其展示的原型验证系统如图 1 所示。后续英特尔公司也在继续进行相关技术研究,一些研究成果如下。

(一)多波长激光器

多波长激光器是光学密集波分复用(DWDM)发射器的关键原件,是能够实现高性

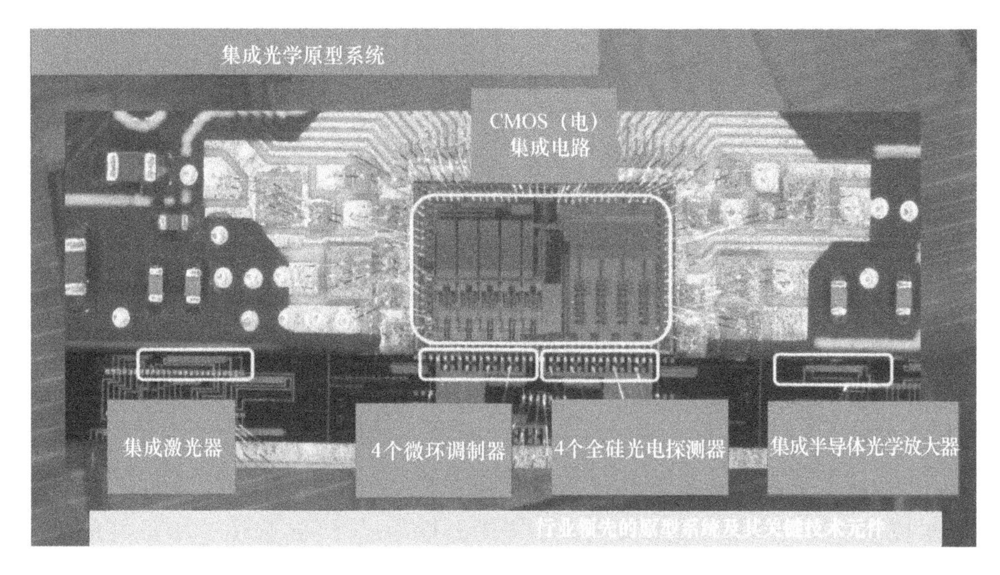

图1　英特尔公司的集成光学验证原型系统

能、效率和带宽扩展的关键所在。以往的技术是采用波长合成器/复用器、量子点法布里－珀罗激光器、频率梳或锁模激光器等方法将多个单波长激光源合成实现为一个多波长激光光源。英特尔公司于2022年报告了其设计的Ⅲ－Ⅴ/Si异质集成单分布反馈(DFB)激光器,器件可以同时产生4个波长的激光,波长间隔为200GHz,不需要额外的波长合成器,缩减了器件所占空间和成本。该器件的波长间隔和波长数量可以通过器件线路设计改变,与以往的多波长激光源相比,可以实现总激光功率的更高效利用。

该多波长激光器基于英特尔公司的硅光子工艺线完成制造。图2为激光器腔体结构设计和显微镜照相,腔体由多节光栅组成,激光器输出4种波长激光,其波长间隔由光栅栅距($\Lambda1 \sim \Lambda5$)决定,4个$\lambda/4$移相器沿激光腔体分布以充分利用Ⅲ－Ⅴ族增益介质并避免模式竞争,产生对应4种波长的激光。激光器在100mA偏置电流下的光谱,波长间隔为200±25GHz,每个波长激光的功率超过8dBm,均匀性为±0.5dB,洛伦兹线宽均低于300kHz。

(二)微环调制器

科研人员利用硅基马赫－曾德尔调制器和四进制脉冲幅度调制(PAM－4)实现了200Gb/s的高速光调制,而由于马赫－曾德尔调制器天然存在带宽和调制效率之间的权衡,利用其实现大于200Gb/s的数据传输速率仍然面临挑战。与马赫－曾德尔调制器相比,硅基微环调制器(Microring Modulator)具有小型化、驱动器配置简单、功耗低、适合密

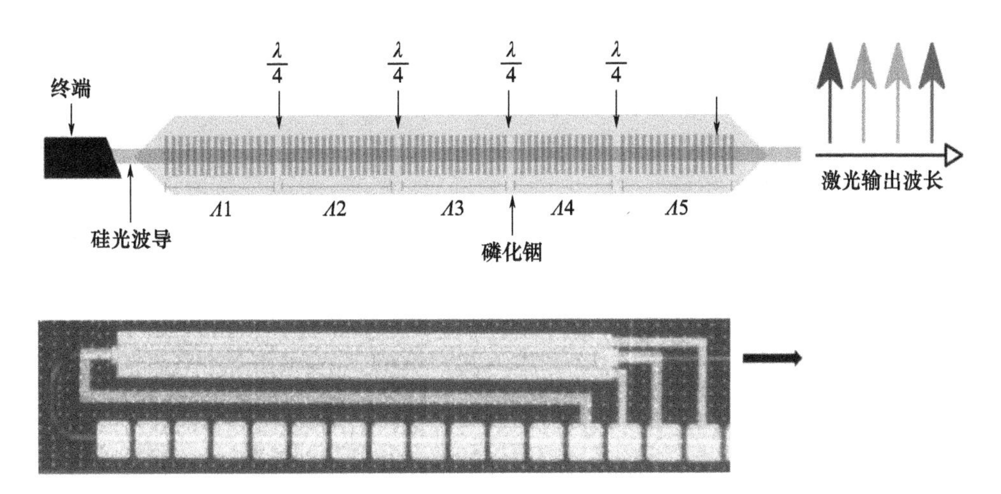

图 2　多波长激光器的结构示意和显微镜照相图

集波分复用(DWDM)应用等独特优势,在体积和功耗受限的条件下共封装光学器件和光学 I/O 具有更大的潜力。

2022 年英特尔公司报告了世界上首个传输速率超过 200Gb/s 的硅光子微环调制器,图 3显示了硅基微环调制器的设计结构示意图,微环由一个高 300nm、宽 500nm、厚 100nm 的肋状硅基光波导组成,与其之前的研究相比,微环调制器的半径从 6μm 减少到 4μm,从而得到了更低的电容和更大的自由光谱范围(Free Spectral Range, FSR),达到 16.3nm,能够容纳 12 个 200GHz 间距的 DWDM 通道。其测试结果表明,其有载品质因数达到 4000,在 0V 和 3V 的反向偏置电压下 PN 结的电光(EO)相位调制效率($V\pi \cdot L$)分别为 0.42 V · cm 和 0.53 V · cm。

图 3　硅基微环调制器结构示意图

该微环调制器的驱动电路是基于28nm CMOS 工艺加工制造,其结构见图4(a),包括主驱动路径和带有集成光电流传感器的辅助驱动路径。主驱动电路的输出是通过片上RC 偏置网络交流耦合到微环调制器,辅助驱动电路输出与微环调制器的阳极和阴极进行直流耦合,其输出摆幅与主驱动路径相匹配,以恢复 RC 偏置器高通角以下的低频增益。辅助驱动路径的使用使偏置器电阻可以减少100 倍以上,解决了大光电流引起的压降问题。如图4(b)所示,主驱动器包括一个伪差分堆叠推挽输出级,提供2.5Vppd 的输出摆幅并满足过电应力要求。使用基于反相器的 Cherry Hooper 结构的放大器作为前驱动以提高带宽,驱动器标称增益为17dB。在微环调制器负载50fF 和(驱动器到调制器间)键合丝电感150pH 条件下,电气3dB 带宽为40GHz,驱动器的增益和带宽可以对应具体的微环调制器器件参数和封装寄生效应进行调节。

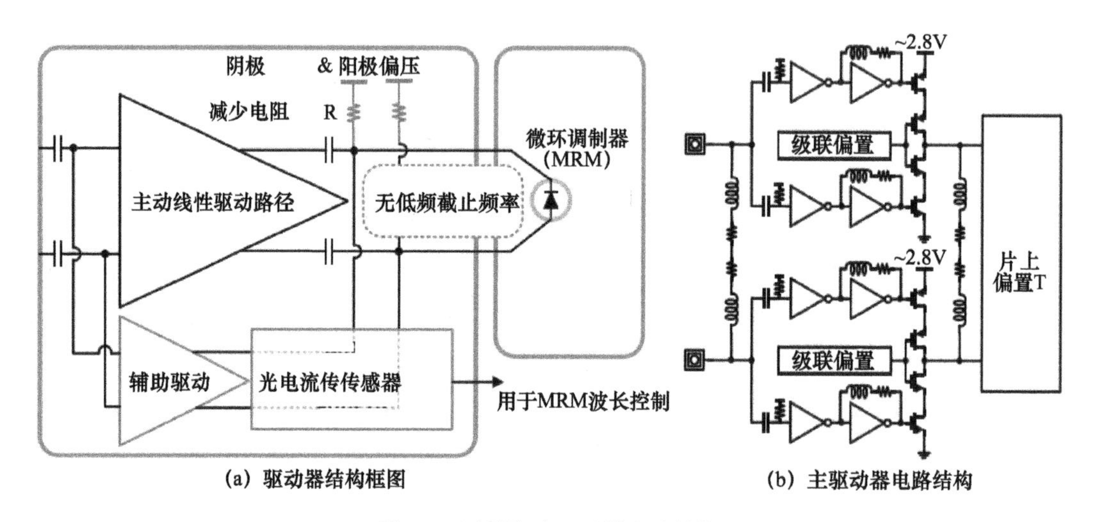

(a) 驱动器结构框图　　(b) 主驱动器电路结构

图4　驱动器与主驱动器电路结构

(三)全硅光电探测器

研究人员利用直波导和环形谐振器结构的硅基波导光电探测器(PD)实现了高速光功率探测,与直波导 PD 相比,基于环形谐振器的硅 PD 器件尺寸更小,具有更低的暗电流和更小的电容,环形腔的光学谐振增强效应使其能实现与尺寸更大的直波导 PD 相当的响应率,从而获得更好的整体信噪比。此外,这种共振型光电探测器对波长敏感,可以同时作为波分复用(WDM)系统中的波长滤波器。之前报道的环形硅 PD 可以达到35~40Gb/s 的数据传输率,响应度 <0.05A/W;2020 年英特尔公司展示了其硅基微环光电探测器(MRPD),传输速率达到112Gb/s(56GBaud PAM4)的,其响应率 >0.23A/W,眼图闭合代价(ECP) <1.0dB,性能较之前研究有显著提升。

该硅基微环光电探测器基于英特尔公司的硅光子工艺完成制造,包括一个半径

10μm 的环形谐振器,环周长的 71% 为 PN 结,其余部分为加热器,用于光电探测器的谐振调谐和控制。对于亚带隙光检测,光电探测器的光电流由双光子吸收(TPA)、表面态吸收(SSA)和高反向偏置电压下硅 PN 结中的光子辅助隧穿(PAT)效应组合产生。使用 1310nm 波长激光,按图 5 中的测试方案测量了该微环光电探测器的特性,利用 67GHz 的矢量网络分析仪(VNA)测量 S_{11} 参数,将测量数据拟合到等效电路模型中提取得到器件电阻 $R=26.3\Omega$ 和电容 $C=41\mathrm{fF}$,即其本征 RC 带宽为 148GHz。

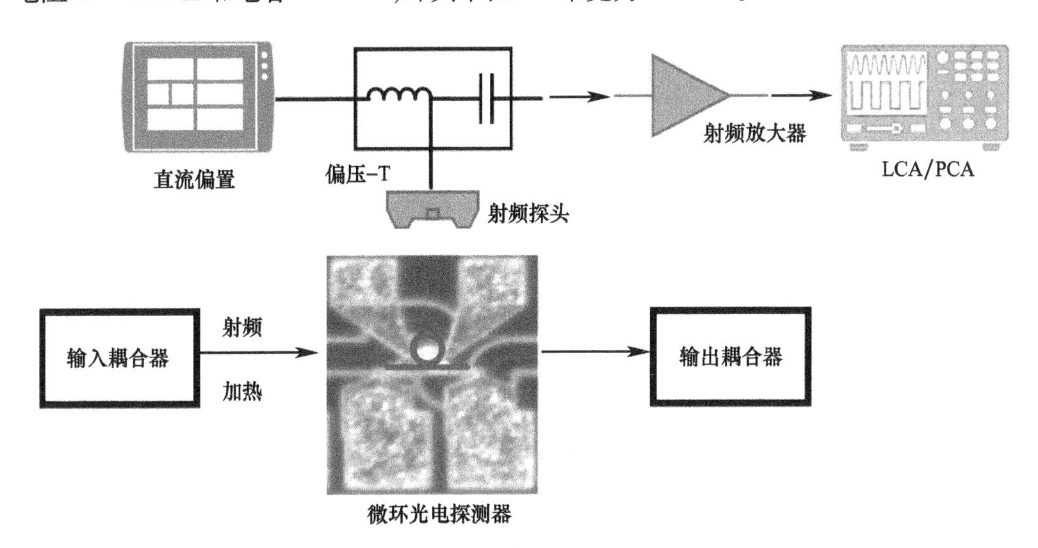

图 5　微环光电探测器直流和高速特性测试方案

随着波长失谐增加,探测器响应度下降但 OE 带宽增加,在较高的反向偏压下,可以使用前馈均衡器来实现更高的数据速率。此外,可以施加更大的反向偏压获得更高的响应度,但代价是其 OE 带宽和信噪比降低。在 5.9V 的反向偏压下,器件响应度为 0.7A/W,暗电流增大至不到 400nA,非均衡的眼图信噪比为 4.4dB,同样增加一个 5 - tap 前馈均衡器后,信噪比为 7.3dB。对于 PAM4 调制信号,实现了 112Gb/s 的开眼图时,TDECQ 为 3.2dB,对应的眼图闭合代价为 1.9dB。

三、当前进展

过去十年间,随着数据传输率从 100Gb/s 增加到每秒太比特级,平均传输能量要求也从每比特数千皮焦下降到每比特 0.25 皮焦以下,光学和电子器件的高效集成对降低系统级功耗显得至关重要,因其能有效降低发射器、调制器以及接收器、光电探测器间的电容,其中一个关键技术是将半导体激光器从分立的组件集成到 PIC 上,使每一片 PIC 可利用的激光源拓展到数千上万个,大大提升波分复用(WDM)的效率和数据传输率。

同时，各种先进封装技术也逐步应用于硅光集成电路，PIC 从电路板外围的可插拔收发器发展到光电共封装器件，以及光/电器件的三维集成。图 6(a)为一个利用 20 个波长段、总数据传输率达到 1Tb/s 的发射器架构，图 6(b)显示了其 PIC 和 EIC（电子集成电路）的三维封装结构和显微图片，其使用铜柱凸点技术进行倒装芯片封装，大大减少信号传输长度和器件电容，铜柱凸点排列间距为 36μm，带宽密度大于 1Tb/s/mm²，环调谐电路使用键合丝连接，未来可替换为嵌入式 PIC 和硅中介层上的控制电路，进一步降低功耗。

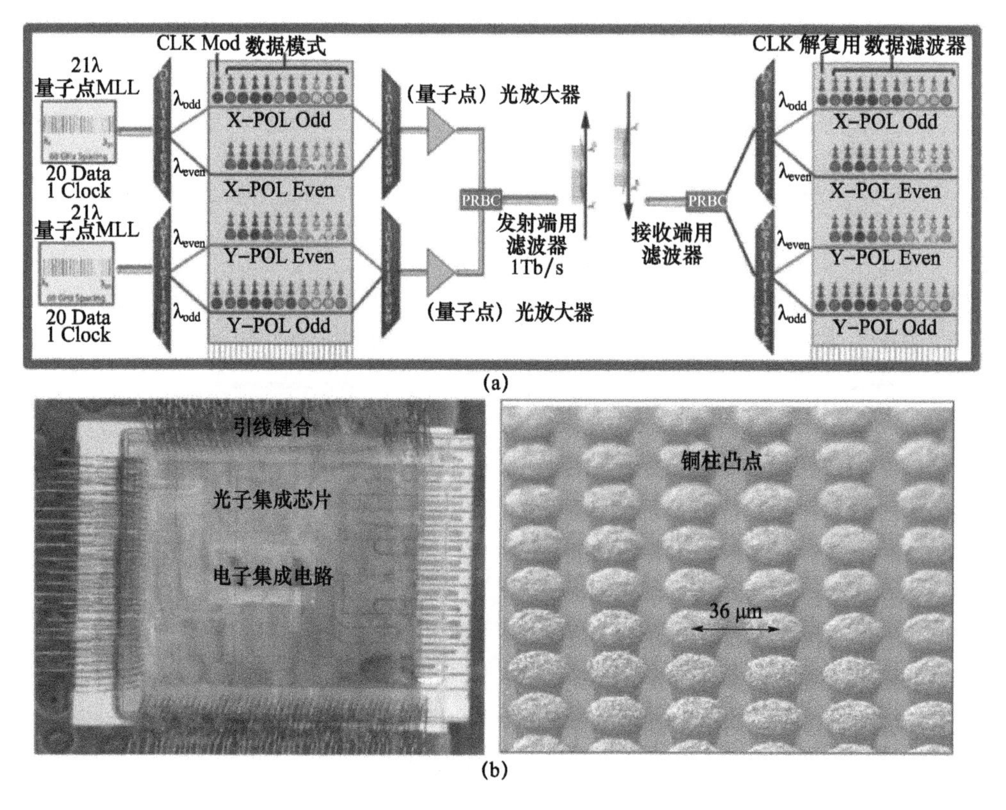

图 6 1Tb/s 传输器架构和实物照片

英特尔公司在 2020 年 3 月利用其异质集成多波长激光器、100Gb/s 硅基微环调制器、微环光电探测器等技术实现了其光电共封装交换机演示方案，达到了 12.8Tb/s 的数据流量，而该演示方案中激光器有一半为未使用的冗余器件，且其微环调制器已经可以工作在 240Gb/s，其技术方案还有很大潜力可以挖掘，满足后续 25.6Tb/s 乃至 51.2Tb/s 交换机流量技术需求。

除了英特尔公司，还有其他公司和研究人员在进行硅光子学和光电共封装技术研究和商用探索。特别值得一提的是，为了统一 Chiplet（芯粒）之间的互连接口标准，2022 年 3 月，Intel、AMD、ARM、高通、三星、台积电、日月光等公司联合推出 UCIe 互连标准，旨在打造开放性的芯粒生态系统。目前为止，已经成功商用的 Die – to – Die 互连接口协议多达十几种，主要分为串行接口协议和并行接口协议。UCIe 支持两种封装形式：标准封装（2D）和先进封装（2.5D）。标准封装主要用于低成本、长距离（10～25mm）互连，Bump 间距要求为100～130μm，互连线在有机衬底上进行布局布线即可实现裸芯片间数据传输。先进封装主要用于高性能、短距离（小于 2mm）互连，以获得更大传输带宽和更低延迟。但其 Bump 间距要求为 25～55μm，一般要通过中阶层或者硅连接桥进行互连，封装成本比较高。未来，UCIe 也将加入对 3D 封装的支持。

美国博通公司目前使用 2.5D 光电封装技术，在集成双极互补金属氧化半导体（BiCMOS）器件的同时，并保证了光电二极管和跨阻放大器间以及驱动器—调制器间的互连具有优秀的信号完整性，电子器件和光学器件堆叠不依赖中间衬底或载体，提高了系统的集成度。该公司正在研发 25.6Tb/s 和 51.2Tb/s 的光电共封装交换机，利用交换机 ASIC SerDes 直接驱动 PIC，消除传统系统对系统级重定时器、高成本 PCBA 材料的依赖。

此外，美国思科公司成为数据通信和电信用硅光子学的又一位重量级参与者，其关键技术包括基于载流子耗尽和 SISCAP（半导体－绝缘体－半导体电容器）相位调制器的 CMOS 光电马赫－曾德尔干涉仪、集成锗光电二极管以及各种的无源光学器件等，能够实现光发射器和接收器电路在单片硅 PIC 上集成，并能基于先进 CMOS 节点开发与 PIC 相匹配的（发射器）驱动器、接收器的跨阻抗放大器（TIA）、ADC/DSP 电路。其混合/异质激光器集成方案和光纤阵列单元对齐/连接技术可以用于大批量生产，且与英特尔公司一样，可插拔光学模块已经大规模应用于各种数据中心互连场景中。加拿大 Ranovus 公司和 AMD 公司近期也展示了基于量子点光频梳光源和微环技术的低功耗模拟驱动 800G CPO 传输原型演示系统，业界多家硅光芯片厂商也在陆续证明 800G/1.6T 单芯片高度集成的可行性。

四、影响和意义

预计未来 2～4 年，大型数据中心将出现实用化光电共封装（CPO）技术产品，不仅将改变光模块产业的竞争格局，也将在数据中心和高性能计算领域掀起新的技术风暴。由于 CPO 技术中构建各模块占用面积过多，传输带宽密度不够，集成封装成本较高，英特尔公司使用先进封装技术将硅光子与 CMOS 芯片紧密集成，极大地缩小了尺寸，实现了更低功耗、更高带宽、更少引脚数，消除了将硅光子集成到计算封装中的主要障碍。

从研究进展来看，未来将面临三大核心技术挑战：①军民两用高集成度/高密度的光、电（驱动）芯片设计技术；②高密度及高带宽的连接器技术；③军用高端芯片的封装和散热技术。总体来讲,此项研究成果开启了更多的可能性,包括更为分散的未来架构,多个功能模块(如计算、内存、加速器和外围设备)将遍布整个网络,并在高速和低延迟链路中通过光学技术和软件互连。此项研究突破为集成光电技术的扩展奠定了基础。

(中电科芯片技术(集团)有限公司　张玉蕾　毛海燕　王　振)

DARPA 极限光学与成像技术取得新突破

2022 年 8 月 30 日，美国防高级研究计划局(DARPA)在科罗拉多州柯林斯堡举行的美国防高级研究计划局前进会议上透露了极限光学与成像(Extreme Optics and Imaging，EXTREME)项目的最新进展，即 10cm 平面超透镜，这是同类产品中的首创。与商用折射透镜相比，DARPA 的超透镜大约薄了 40 倍，轻了 17 倍。这意味着 DARPA 在光学技术方面取得了新的突破，而且这种创纪录的能力已经在美国空军的无人机上进行了测试。

一、项目背景

长期以来，成像系统的开发人员一直受到某些光学设计规则的影响。例如，一个被广泛视为光学设计的原则，是成像系统必须由一系列复杂、精确制造的光学单元线性排列而成。这些规则非常完善且看似不可改变，被视为物理学的虚拟“规律”，这就会造成某些高性能图像设备不可避免地变得大而重。

传统的成像系统通常包含几十个透镜，以结合不同波长的光来创建清晰的图像。大约十年前，科学家们尝试用一层超薄的、可以有效起到透镜作用的细小结构来代替透镜，并将光线引向一个焦点。然而，这些结构需要比它们操作的光的波长小得多，这导致孔径太小，无法用于任何国防或商业应用。

为了突破传统的设计范式，2016 年 8 月，DARPA 启动了 EXTREME 项目(图 1)，旨在通过引入工程光学材料及相关设计工具，研发出新型光学系统，以改善成像系统的性能、功能，并大幅度降低其尺寸和重量。近年来，DARPA 在光学系统设计、材料科学和制造以及多尺度建模和优化领域已经取得了重大技术进步，EXTREME 项目寻求通过融合这些领域的先进技术，实现光学与成像的革命性进步。

EXTREME 项目将演示具有特殊设计表面的光学系统，这种表面能够调控光线，并使光线的传播控制不受限于特殊的几何形状。该项目也将演示一种方糖大小的立体光学元件，这种元件能够同时在可见光和红外波段实现多种功能，如成像、频谱分析、偏振态测量等。

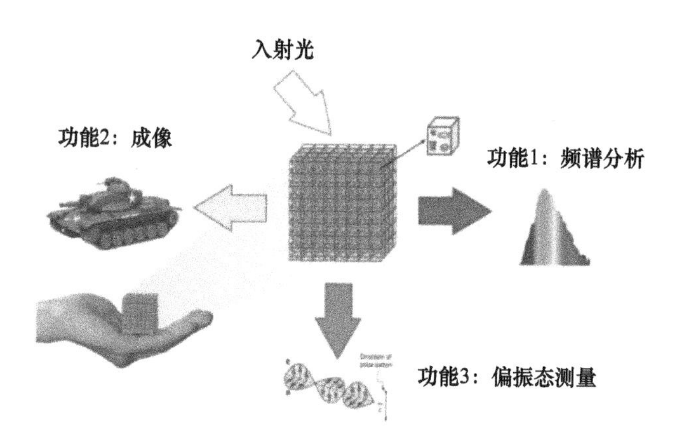

图 1　EXTREME 项目概念

在成像领域,近几十年来,为了解决光学系统高分辨率、高像质与小型化之间的矛盾,光学成像技术保持着快速发展。EXTREME 项目技术成果将实现对传统光学系统尺寸、重量和功率(SWaP)的革命性改进,并且能够在单个透镜中进行多种成像应用,从而提高成像系统的性能。

在频谱分析领域,材料折射率随频率的变化而产生的色差限制了宽带光学器件的性能,而对于频谱分析等应用,较大的色差则有利于在空间上将不同频率进行分离,使得聚焦光斑之间不产生串扰。EXTREME 项目致力于使单个透镜同时具备多项功能,有利于显著提升系统的集成度与功能灵活性,推动在频谱分析领域的广泛应用,促进光谱学的发展。

在偏振态测量领域,精确的测量光波的偏振态在偏振光谱、传感、成像和量子信息探测等方面有着重要的应用价值,但在实际应用中,由于难以获得相位差信息,因此很难实现直接的偏振测量。传统的偏振测量方法往往利用块状且精密的光学元件来改变或分解入射光偏振,通过一系列强度测量来间接测量偏振。EXTREME 项目技术成果将通过优化结构单元效率,进一步增强偏振测量精度,在复杂波前调控、信息保密传输等方面具有重要的应用前景。

二、项目内容

EXTREME 项目的目标是使用工程光学材料或超材料开发新的光学组件、设备、系统、架构和设计工具,以实现新功能或大幅改进传统光学系统的尺寸、重量和功率特性。为了实现这一目标,EXTREME 项目主要侧重于极限光学元件研究与开发,以使系统具有前所未有的新能力。项目研究内容主要分为 4 个部分,前两个部分关注于极限光学元件中光的控制、操纵与传感,后两个部分关注于通过制造和测量技术的改进来为前两个部分的研发提供支撑。其中,光的控制和操纵侧重于不同与传统光学设计定律的波前调制与改变;光传感侧重于与典型焦平面阵列的传统功能显著不同的传感元件,如在功率、尺寸、重量、形状因子、阵列与像素的几何形状等方面;光的制造技术侧重于制造极限光学元件所需的技术概念与通用分析技术;光的测量技术侧重于快速、准确地测量纳米级特征、表面变化所需的理论和技术。

EXTREME 项目将重点开发新型工程光学材料或超材料,这种材料同时具备二维超表面光学、三维立体光学以及全息等性能,对光的操控方式可以超过传统反射和折射规则。目前为止,要使光学超材料从基础研究得到实际应用,还面临着很多关键技术问题亟待解决。主要包括以下几个方面:①低本证损耗材料优选技术;②多尺度建模;③纳米刻蚀工艺技术;④三维超材料的设计和制备技术。

(一)低本证损耗材料优选技术

超材料的损耗问题是超材料谐振响应所固有的本征属性,严重削弱了超材料奇异性能的发挥。在微波段,超材料中金属的厚度远大于电磁波的趋肤深度,表面电流引起的欧姆损耗有限,损耗主要源自介质基板的热损耗;但是到了光频,趋肤深度已经可以和金属厚度相比拟,此时在金属中引起的体电流损耗和等离子谐振损耗就显得十分严重了,它是制约超材料发展的巨大障碍,也是超材料长期存在的挑战性难题。

(二)多尺度建模

EXTREME 项目将寻求解决多尺度建模的难题,主要侧重于与建模、设计和优化工具相关的信息,实现对可设计光学材料孔径从纳米到厘米尺度的设计与优化,以更好地探索极限光学元件的应用空间。这些元件的整体设计或将需要能在从纳米到厘米的多个空间尺度内运行的模拟工具,其最好能够无缝地选择所需的物理理论,如傅里叶分析和光纤追踪等。

(三)纳米刻蚀工艺技术

超材料的人工构造起始于微波频段,但是它们在可见光波段的应用更是显得无比重要,制备和实现光频的负折射率超材料是超材料发展领域最重要也是最终的目标。目前微波段超材料的设计和制备已经非常成熟,而红外和可见光范围内的超材料正是目前发展的重点和难点。其中,双渔网结构就是一种很典型的高频超材料设计,它在红外和长波长可见光范围内的负折射率响应特性已经通过试验数据得到间接的证实。光频超材料的制备方法主要采用刻蚀技术,如电子束刻蚀、聚焦离子束刻蚀、光刻等。目前所制备的超材料负折射率响应已经能够达到可见光谱中的长波长部分(红光到绿光波长范围),短波长如蓝光部分还有待发展,这是由于刻蚀制备法的加工精度还不能达到纳米量级,很难满足更短波长响应的单元结构的尺寸要求。另外,使用刻蚀方法加工大面积的样品,会使加工难度更大和造价更高。因此到目前为止,由于制备技术上的困难,制备的超材料所表现的真正裸眼可视的负折射现象观测试验还未报道过。要进一步发展光频超材料,就需改进制备方法和提高加工精度,或者探求新的制备方法。

(四)三维超材料的设计和制备技术

设计和制备三维(3D)超材料更具有实用价值,并且最好同时具备各向同性的特点。目前制备的超材料主要是二维结构,3D 结构此前也出现过,并且大多都是各向异性的结构,整个结构只对某一个方向的电磁波有负折射率响应。3D 超材料的发展一直比较缓慢,大多采用传统刻蚀方法,这不利于 3D 结构的加工,操作过程复杂,且成本也较高,加工所得的最小精度比二维结构的要大,大概只能达到 1μm 的精度。其中,具有代表性的结构是采用聚焦离子束制备的 3D 双渔网结构,如图 2 所示,刻蚀了 21 层交替出现的银网和氟化镁介质层,相当于 10 个“介质—金属—介质”功能层的渔网结构。所测得的负折射率出现在 1.76μm 的近红外波长,并采用红外相机拍摄了这种试验现象。而试验上制备的可见光波段的 3D 负折射率超材料至今还未报道过。

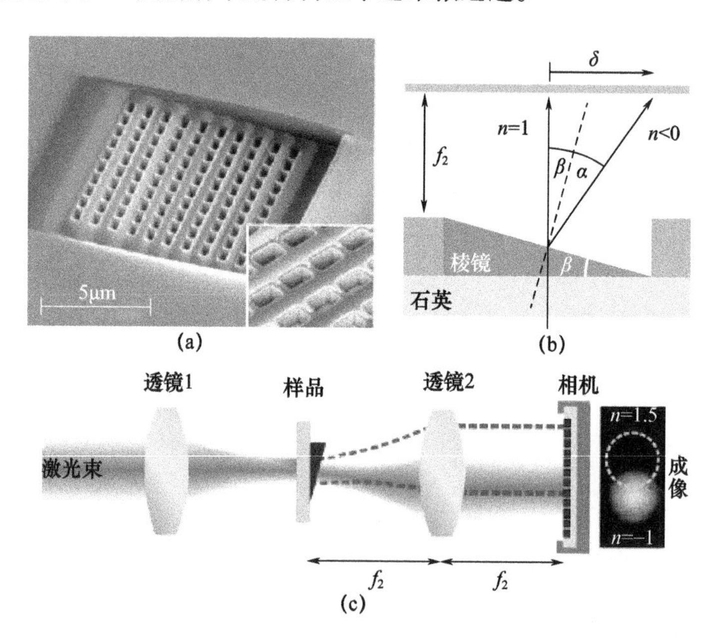

图 2　楔形样品的电镜照片和负折射测试装置

(a)3D 渔网结构的楔形样品电镜图;(b)负折射角的测量原理;(c)负折射测试的试验装置。

三、研究进展

(一)前期研究阶段

2016 年 8 月,DARPA 召开项目提案日,启动 EXTREME 项目。

2016 年 9 月,DARPA 在“联邦商业机会”(FedBizOpps)网站发布了项目的跨部门公告。多个承包商开发了基于厘米级超材料的光学(超光学,metaoptic)和设计工具。

(二)概念转化阶段

DARPA 与美国国家地理空间情报局(NGA)和美国空军研究实验室(AFRL)积极合作,有效实现了从基础研究到实用化下一代技术的快速转化,支撑了美军先进战斗力的快速实现。

2018 年,DARPA 与美国国家地理空间情报局合作,将超光学概念过渡到无人机的光学系统开发。美国国家地理空间情报局超透镜项目资助美国空军研究实验室进行厘米级超光学元件开发和表征、海军研究实验室进行 3D 超材料成像能力开发、桑迪亚国家实验室进行大规模超透镜建模和优化等研究。通过美国国家地理空间情报局的努力,美国空军研究实验室开发了使用 EXTREME 技术来表征新型超材料光学性能的独特能力,并提出了有关如何将它们集成到完整成像系统中的新见解。这项工作还得到了桑迪亚实验室 MIRAGE 工具的支持,这是在 EXTREME 项目和超透镜项目下开发的同类功能中的首创,利用对称性使大规模超透镜设计和优化能够满足性能指标。

2021 年,DARPA 推动 EXTREME 技术成果向美国空军研究实验室“颠覆性能力项目”(SDCP)的转化。美国空军研究实验室与工业界积极合作,以满足空军未来战略的关键需求,重点在集成紧凑型光电/红外(EO/IR)系统(ICES)、XQ－58“女武神”试验型隐形无人作战飞机和空射无人机系统(ALOBO)等“颠覆性能力项目”中应用 EXTREME 技术,如图 3 所示。

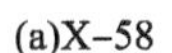

(a)X-58

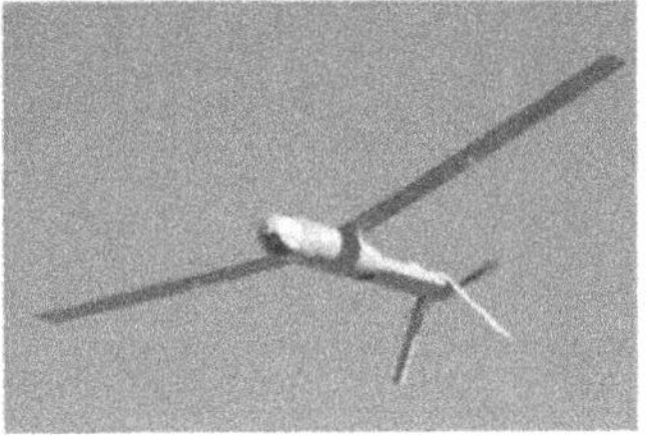

(b)ALOBO项目无人机

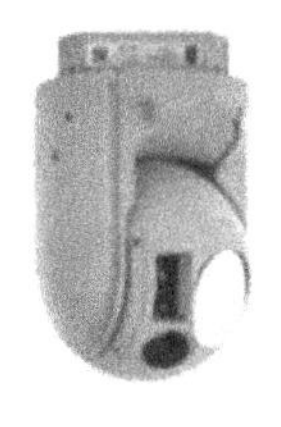

(c)ICES

图 3　典型 SDCP 项目

在 ICES 系统应用中,通过引入 EXTREME 项目技术成果,在低成本平台上安装多功能传感器,如无人机系统。与传统平台相比,这些无人机平台具有更严格的体积限制和重量限制,因此,增加一个新的传感器通常需要移除现有的传感器。但是,用于提升光电/红外能力的紧凑型金属透镜和平面光学器件的引入不需要占用太多空间,有可能实现在一个平台上安装多个传感器,从而提高作战能力。

基于 EXTREME 技术实现 XQ-58 和 ALOBO 两个开发平台上的 EO/IR 系统改进。对于 XQ-58 平台,美国空军研究实验室试图缩小现有传感器的体积,以便配装额外的传感器。对于 ALOBO 平台,美国空军研究实验室试图改进兼容管状发射的万向节系统。DARPA 和美国国家地理空间情报局在光学方面的进展使美国空军研究实验室能够为万向节实现新的作战空间,在保持现有性能的同时将尺寸、重量和功率降低 10 倍,或者在现有尺寸、重量和功率要求下将传感器分辨率提高 4 倍。

2021 年 10 月,DARPA 表示基于 EXTREME 项目开发的新型光学材料能够为美国政府/军方成像系统提供新的能力支撑。DARPA 的 EXTREME 项目展示了更小、更轻、功能更强大的透镜材料,这些正在研发的具有新颖光学特性的材料正在为政府和军事成像系统提供新的功能。EXTREME 项目成功利用工程光学材料/超材料开发了新的光学元件、设备、系统、架构和设计工具等。从工作原理上来看,超材料由远小于工作波长的单元组成,可以更好地控制光线。早期的超材料被用来设计和制造看似不符合反射/折射标准规律的多功能元件,但这种元件的效率和尺寸都受到限制,尺寸仅有不到 1mm,因此无法集成到光学系统中。EXTREME 项目通过提高基于超材料透镜的效率,将其孔径扩大到厘米级,开发减少光学像差影响的方法,探索新的光学系统布局和尺寸、重量和功率之间的平衡,从而实现单透镜多成像应用。

(三)目前进展

2022 年 8 月,DARPA 在光学技术方面取得了新的突破,制造出 10cm 平面超透镜,这是同类产品中的首创,与商用折射透镜相比,DARPA 的超透镜大约薄了 40 倍,轻了 17 倍。EXTREME 项目团队把镜头分成 7 个独特的区域,并创建掩模,然后把它们放在一起,在光刻工艺中制造出来。通过这一过程,可以实现在 10cm 的尺度内聚焦光线。

这种创纪录的能力已经在美国空军的无人机上进行了测试。无人机是一个尺寸、重量和功率受限的设备,任何额外的重量缩减意味着无人机将会获得更多的往返时间,或者可能有更多的空间用于装更多的传感器。因此,将这种超光学整合到无人机上的万向望远镜中,使成像设备更加小型化,具有重要意义。

四、研究意义

EXTREME 项目如果成功，将使国防光学与成像进入一个新时代。该项目实现的光学元件更轻、更小，能使情报、监视和侦察应用设备更加小型化。而器件的多功能化也将在减小尺寸和重量的同时使夜视镜、高光谱成像仪、红外搜索和跟踪系统等成像系统性能不受影响，并应用于单兵便携、机载前视红外与红外搜索跟踪、光电雷达等装备中。

（中国电子科技集团公司第五十三研究所　杨莲莲　张　洁）

美国 HRL 实验室大格式红外探测器阵列的弯曲技术取得显著进展

2022 年 5 月,美国休斯研究实验室(HRL)宣布其大格式铟砷锑(InAsSb)红外探测器阵列的弯曲技术研究取得显著进展。采用弯曲技术制作的曲面红外探测器无需复杂的光学系统,可以消除像差,增大视场,大幅减小光电系统的体积和重量,使光电/红外系统进一步小型化,具有很好的应用前景,促进未来军用光电/红外系统装备的发展。

一、技术背景

许多国防和民用应用需要高分辨率和宽视场(WFOV)成像系统,如监视和天文学,然而目前的光电成像系统多采用平面工艺制造的焦平面阵列(FPA),这种阵列视场窄,虽可通过增加阵列格式以增大视场,但是焦平面依然存在像差问题,使 FPA 照射率降低和分辨率不均匀,图像会失真,降低了图像质量。如果想减小像差,需要大而昂贵且复杂的光学系统进行校正,这又增加了系统的尺寸、重量和成本。此外,采用大而重的透镜校正光学像差的代价是光信号减少和损耗大,这就限制了 FPA 的应用。

曲面探测器阵列类似眼球结构,无像差,不需要光学系统来校正,可很大程度上减小光电系统的体积和重量,改善图像的调制传递函数和对比度,显示众多细节,并且为光学设计者提供了自由度。曲面探测器阵列概念已经在可见光曲面成像系统中得到应用,研究人员已开发出用于可见光相机的曲面阵列。目前,可见光传感器已经实现了更小的曲率,小格式 CMOS 传感器的覆盖立体角为 0.1sr,而大格式 CMOS 和更大格 CCD 传感器的覆盖立体角分别为 0.036sr 和 0.015sr。

红外是军事应用的重要光谱波段,极大提高了军队的夜战能力,也是其他光谱波段有力的补充。红外探测器在可应用于监视、侦察、探测、瞄准等军用光电/红外系统并发挥重要作用。目前,红外成像系统的性能依赖于探测器性能,装备的红外探测器也都是焦平面探测器,即红外焦平面阵列(IRFPA)。曲面探测器阵列概念正逐渐应用于红外探测器阵列,由于可选的红外探测器材料不多,因此研究曲面传感器在红外领域的应用可能会比可见光领域更具有价值。

研究人员已经开展了曲面红外探测器阵列的相关研究工作,取得了一些结果,但近些年进展缓慢。分析原因可能是红外探测器的研究门槛较高,其工艺较可见光成像器件更为复杂,成品率也很低;一些红外探测器由多个半导体层组成,硬而脆,弯曲时容易断裂,工艺上也难以实现较大弯曲的阵列。过去十多年,国外相继报道了一些研究成果,但还只是处于初步阶段,真正实用化还需要解决许多实际问题。

曲面红外探测器是未来红外探测器发展的方向之一,是未来系统小型化的一种重要途径。为此,在2019年8月,美国防高级研究计划局(DARPA)微系统办公室(MTO)推出"曲面红外成像仪焦平面阵列"(FOCII)项目,寻求使目前军用大格式探测器弯曲的技术和方法,把目前曲面可见光探感器所具有的能力延伸到先进的大格式中波红外(MWIR)或长波红外(LWIR)探测器中,从而扩展红外探测器的应用。

HRL实验室在DARPA FOCII项目的资金支持下研究曲面探测器,该项目采用新型锑基红外探测器,主要原因在于:①可得到大面积衬底并且红外材料均匀性好,探测器的制造率高;②它是可替代碲镉汞(HgCdTe)的有前途的探测器。锑基红外探测器中,MWIR InAsSb FPA具有可与传统技术相媲美的暗电流和量子效率,已经实现高工作温度的红外探测器产品。美国HRL实验室研究了大格式InAsSb MWIRFPA的弯曲技术,探测器经凹面弯曲,曲率半径(ROC)为139.2mm,像元覆盖立体角为0.086sr。

二、技术细节

HRL实验室近几年一直在研究曲面红外探测器。在InAsSb红外探测器阵列的弯曲技术研究中,首先模拟弯曲时应力的变化和影响应力的因素,然后试制出弯曲的混成阵列,最后经测试得出结果。

(一)建模

HRL实验室采用的是达索系统公司的Abaqus标准有限元(FE)模拟软件,对壳单元(S4R)芯片进行建模,由有限元模拟得到芯片弯曲产生的应力。通过对芯片施加球面变化的径向位移条件得到球面曲率。HRL实验室选取较大尺寸51mm×44mm×100μm类硅芯片进行模拟,弯曲的ROC为140mm。

芯片上的应力有两个来源:①弯曲应力;②由于弯曲使面积发生改变而导致的薄膜应力。影响应力的因素有:芯片减薄可使弯曲应力最小,由此使张应力也最小,可使芯片弯曲成更小的曲率；芯片格式影响应力，保持芯片对角线尺寸不变条件下，随着纵横比增加，峰值应力减小，即芯片纵横比越大则 ROC 曲率越小；弯曲时产生的应力也将影响芯片的电学性能，模拟结果表明，当 InAsSb 芯片曲率越小则带隙偏移越大，从而使红外响应波段发生偏差越大。

（二）曲面探测器阵列的弯曲

HRL 实验室制作了一个用于弯曲和光电测试的混成阵列。首先，在 3inch 的 GaSb 衬底上生长了截止波长约 4.5μm 的 InAsSb 应变层超晶格探测器，用标准 FPA 工艺制作成 4K×4K 阵列探测器芯片，间距为 10μm，将探测器芯片混成到读出电路芯片上。探测器的 GaSb 衬底也被完全移除，用粘合剂将传感器芯片粘在弯曲的模具上，用气动加压法将薄传感器弯曲成弯曲模具的形状，最终弯曲成凹面。混成阵列照片如图 1 所示。

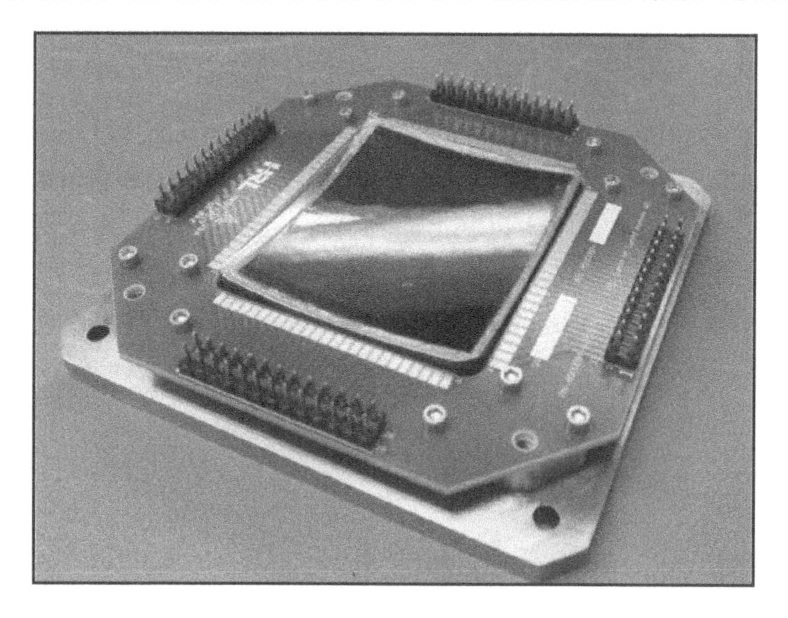

图 1　混成阵列的图片

（三）测试结果

弯曲后的芯片放在低温（120K）测试杜瓦中进行光谱测试，测试了其中一半的二极管阵列上收集的光谱测量值。二极管响应中的法布里－珀罗振荡是薄探测器的典型振荡。整个阵列的截止波长最小与最大值之差为 0.1μm。可能原因包括探测器生长期间的合金变化、测试期间的热波动以及整个阵列的应变分布。120K 时器件的暗电流密度与平面结构器件的测试结果相同，表明性能没有下降。

经测试，10μm 间距 4K×4K MWIR InAsSb 探测器芯片弯曲 ROC 达到 139.2mm；像元覆盖立体角为 0.086sr，这是迄今公开的类似尺寸可见光或红外传感器基于拉伸弯曲球面覆盖立体角得到的结果的两倍多。只有 2017 年弯曲更小格式——1/2.3inch（约 11mm）可见光传感器达到了较大的 0.10sr 像元覆盖立体角，但是其面积只是 InAsSb 传感器芯片面积的百分之几（小于 2%）。大格式 InAsSb 红外探测器取得这样的结果是令人鼓舞的。

三、曲面红外探测器技术的研究进展

国外对曲面红外探测器阵列的研究还处于探索中，并处于领先水平。美国的 HRL 实验室和芝加哥大学、法国原子能委员会下属的信息技术和电子技术实验室（CEA/LETI）等研究机构进行了曲面红外探测器开发工作。

目前，红外探测器阵列采用的弯曲技术有如下方式：①引入机械方法，将传统制备的 IRFPA 放置在具有一定曲率的模具上，加外部机械力使其弯曲成曲面（凹面或凸面）；②利用新型胶体量子点（CQD）材料具有的机械灵活性、柔韧性好的优势，可以在柔性衬底上制备所需曲率的胶体量子点红外探测器阵列；③采用增材技术——三维（3D）打印技术制作曲面红外探测器阵列，这种技术的优点是可以打印任意曲率的曲面探测器阵列。在上述弯曲技术中，机械方法和在柔性聚合物衬底制作弯曲光电探测器是曲面可见光探测器曾经采用过的弯曲技术。

在探测器阵列弯曲中，以下结论有助于更好理解和评价弯曲技术达到的水平：①弯曲小尺寸阵列比弯曲大尺寸阵列更为容易；②弯曲程度决定阵列视场，弯曲程度越小（曲率半径越大）则视场越小，弯曲程度越大（曲率半径越小）则视场越大；③覆盖立体角越大越好。

（一）美国曲面红外探测器技术

1. HRL 实验室

HRL 实验室很早以前在曲面可见光成像传感器技术方面就取得了突破性进展；之后的 2017 年 10 月，HRL 实验室宣布从美国国家情报主任办公室（ODNI）旗下的情报高级研究计划局（IARPA）获得专项资金，研制曲面短波红外（SWIR）和 MWIR 成像传感器，主要研究内容是研究弯曲过程对Ⅲ－Ⅴ族半导体材料的 SWIR/MWIR 成像传感器性能的影响情况。

2020 年，HRL 实验室在 DARPA 的 FOCII 项目下进行两项研究。第一项子研究项目是所谓的“控制大尺寸红外传感器成形的应变工程方法”（SEAMLISS），旨在开发一种工艺和工具集，使任何现有的 MWIR 或 LWIR FPA 能够弯曲到 50°的对向角。如果成功，就能把市场上最高性能和最大格式的 FPA 弯曲成像人类视网膜一样的凹面。开发这种新技术的好处是结构简单、紧凑和高性能的光学设计。在第二项子研究项目中,HRL 实验室旨在设计和制造更小的红外传感器,其曲率更小,接近半球形。HRL 希望采用实验室开创性的 3D 打印技术,结合图案化技术使弯曲半导体传感器芯片达到半球曲率,制作出碗形 FPA。该研究的好处是得到极端半径的红外探测器,实现视场更大的高性能传感器。

前面详细介绍的大格式 InAsSb 红外探测器的弯曲技术采用的是传统的第一种弯曲技术,是完成的 FOCII 项目子研究项目 1 的重要成果,下一步可能继续开展子研究项目 2 的研究,将低温制冷 IRFPA 弯曲到极端 ROC(12.5mm)。

2. 芝加哥大学

目前的红外探测器主要基于半导体体材料或外延材料,如 HgCdTe、锑化铟(InSb)等,红外材料及其衬底都是硬而脆的晶体,机械性差,并不适合进行拉伸或者压缩。而 CQD 材料是一种新型材料,研究历史并不长。近十多年,CQD 红外探测器技术成为研究热点,其优点是可用涂覆、印刷或其他沉积技术生长材料,在柔性或刚性的衬底上能容易地进行生长探测器材料,具有良好的机械灵活性和柔韧性。CQD 薄膜是由配体连接、紧密堆积的纳米晶形成的,因此 CQD 薄膜是柔性的"固体",可以拉伸或压缩,比常规红外探测器更容易制作成曲面形状。

2020 年 3 月,美国芝加哥大学研制出胶体量子点(CQD)曲面 SWIR 探测器,采用的是第二种技术。这种探测器为碲化汞(HgTe)CQD 材料,衬底为柔性的聚酰亚胺。在柔性衬底上制作后,进行弯曲成为曲面 CQD。图 2(a)为弯曲后的 HgTe CQD 光伏探测器结构示意图,图 2(b)为 HgTe CQD 曲面探测器的照片。该探测器成本低,具有宽视场,截止波长约为 2.5μm(SWIR),具有良好的机械柔韧性和弯曲稳定性,在 1000 次弯曲循环后探测率几乎不变。测得的峰值探测率为 $3.3\times10^{10}\text{cm}\cdot\text{Hz}^{1/2}\cdot\text{W}^{-1}$,与商用 SWIR InGaAs 探测器的指标相当。除此之外,其探测器响应快,上升沿和下降沿分别仅为 12±4ns 和 260±10ns,可以潜在地用于光通信和高速成像。不过,文献中未给出相关弯曲 ROC 和像元覆盖立体角等具体指标。

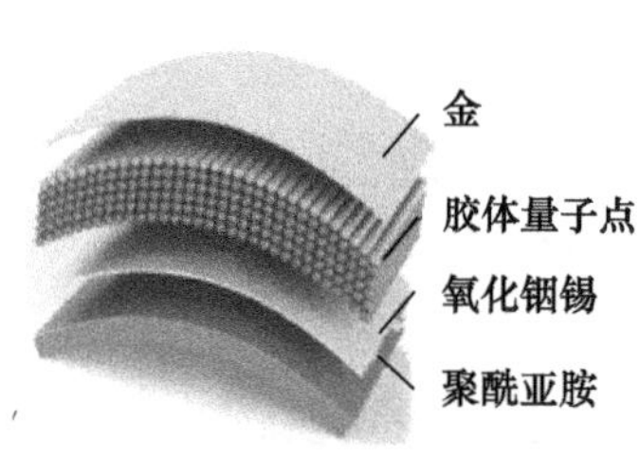

(a) 结构示意图

(b) 曲面探测器的照片

图 2 HgTe CQD 曲面红外探测器

(二)法国曲面红外探测器阵列技术

法国较早开展曲面探测器阵列研究。2012 年,法国 CEA - Leti 研究中心已立项开展曲面型混成红外焦平面探测器技术的研究工作,采用的是第一种弯曲技术。2014 年,研究人员演示了 HgCdTe 曲面红外探测器的成像效果。法国 CEA/Leti 联合法国其他研究机构研究制作了制冷型 HgCdTe 和非制冷微测辐射热计曲面红外探测器阵列。

非制冷 FPA 为 25μm 像元间距 320×256 元非晶硅(α - Si)微测辐射热计,首先将衬底减薄至 50μm,使器件具有机械柔韧性,弯曲后性能不发生改变。FPA 在一个凸形支撑器上受到力而产生弯曲,形成具有一定曲率半径的曲面阵列。然后,采用等离子体去掉牺牲层。弯曲曲率半径为 73mm,整个表面的弯曲偏差小于 5μm,光敏面的最大偏差是 180μm。微测辐射热计阵列弯曲之后的照片如图 3 所示。非晶硅微测辐射热计是在硅晶片上制作,探测器与读出电路之间无材料应力差别或差别很小,读出电路可采用相同的弯曲工艺。

图 3 微测辐射热计阵列弯曲之后的照片

制冷 HgCdTe 探测器和读出电路是两种不同的材料,机械特性不同,因此采用不同的弯曲工艺。为使室温和工作温度之间的热应力最小,支撑器采用膨胀系数可调的陶瓷材料。弯曲后的器件放在真空低温箱中,温度从 300K 降到 80K。CEA/LETI 已经成功地获得了曲面 HgCdTe 红外探测器阵列,其曲率半径为 196mm,在中心的最大曲率偏差为 120μm。

利用平面和曲面红外探测器对同一场景进行探测,曲面 FPA 可以显示众多细节,具有更好的对比度;曲面 256×320 元非制冷微测辐射热计和曲面 256×320 元 MWIR HgCdTe

FPA 的像元覆盖立体角分别为 0.01sr 和 0.002sr,说明 HgCdTe 半导体红外材料更难以弯曲。

之后,法国没有再报道过其曲面探测器后续研究和应用情况。

(三)结论和分析

各研究结果对比如表 1 所列,HRL 实验室的 ROC 与 DARPA FOCII 项目所要求极端 ROC(12.5mm)还差一个数量级,不过覆盖立体角是报道过中最大的,为 0.086sr。由于材料的差异,弯曲难易度有所差异,非制冷非晶硅微测辐射热计相对比较容易弯曲。

表 1 各研究机构研究结果对比

研究机构	HRL 实验室	芝加哥大学	法国 CEA – Leti 研究中心	
			HgCdTe	非晶硅微测辐射热计
阵列格式	4×4K	—	320×256	320×256
响应波段	MWIR	SWIR	—	—
像元间距	10μm	—	—	25μm
弯曲技术	机械方法	柔性衬底	机械方法	机械方法
ROC	139.2mm	—	196mm	73mm
像元覆盖立体角	0.086sr	—	0.002sr	0.01sr
弯曲后性能	—	探测率为 $3.3\times10^{10}\mathrm{cm}\cdot\mathrm{Hz}^{1/2}\cdot\mathrm{W}^{-1}$	—	—

在探测器弯曲技术中,通常首先考虑的是第一种机械弯曲方法,但会造成阵列的拉伸和挤压,产生不利的应力,形成阵列不均匀,并且有些材料确实难以弯曲。第二种方法虽然简单易行,但目前胶体量子点红外探测器技术还不成熟,没有形成产品,并且工作波段集中在 SWIR,探测率只有 $10^{10}\mathrm{cm}\cdot\mathrm{Hz}^{1/2}\cdot\mathrm{W}^{-1}$ 量级,比常规军用红外探测器的低 1~2 个数量级,而且 MWIR 和 LWIR 还在研究中。3D 技术只适合小批量定制产品,无法满足大量军事装备的需要;可以方便用来制作新型红外探测器的原型样机,了解所研究红外探测器的性能指标。第二种和第三种方法的优势是可以获得任意 ROC 的曲面红外探测器,不存在第一种方法所产生的附加应力问题,更容易获得曲面红外探测器,但获得的曲面红外探测器的性能理论上无法与当前的 HgCdTe 红外探测器的性能相比。

2017 年,美国研究人员在研究可见光传感器中发明了一种类似折纸的方法来制作深碗形或圆顶形硅探测器,采用激光切割将柔性硅摆放成圆顶形(用于凸面探测器)或碗形(用于凹面探测器)。这种概念未来也可用于曲面红外探测器的制作。

以上结果为曲面红外探测器技术的进一步研究打开了思路,奠定了基础。未来可以根据实际应用要求,采用不同的弯曲技术制作曲面红外探测器。

四、影响和意义

过去20多年,红外焦平面探测器的研究和应用取得了巨大进步,目前已经能为光电/红外成像系统装备数百万乃至数千万像素红外探测器,极大提高了系统的夜视能力。但是,平面探测器制约着红外成像技术向大视场高分辨探测发展,人们从人眼的视场得到启发,从而引出曲面探测器概念,并进行创新性研究。曲面红外探测器作为一种新兴技术,可以减少红外系统的光学元件,增大视场,降低整个系统结构的光学复杂性,满足未来光电/红外系统小型化的要求,是红外探测器的发展趋势之一,具有先进性和很好的应用前景。不同于CCD和CMOS可见光传感器材料,由于一些高性能红外探测器材料(如HgCdTe),光子型红外探测器材料由多个半导体层组成,弯曲很困难。目前,研究的重点是继续开发曲面红外探测器的新技术,同时在弯曲情况下保持与平面探测器相差无几的性能,或者寻求新的材料系统得到曲面探测器。未来,曲面探测器技术的成功势必会改变未来军用光电/红外系统的发展及应用。

(中国电子科技集团公司第十一研究所　雷亚贵)

欧洲团队推出微型导航级 MEMS 陀螺仪

2022 年 2 月，法国原子能委员会电子与信息技术实验室（CEA – Leti）与意大利米兰理工大学合作，使用纳米电阻传感开发了一种面积 1.3mm^2 的 MEMS 陀螺仪传感器。MEMS 陀螺仪在日常生活中已经无处不在，广泛用于监测和控制设备的位置、方位、方向、角运动和旋转等。随着军用装备、弹药、汽车辅助驾驶系统、自动驾驶系统以及其他自动化功能的不断发展，对导航系统的性能和鲁棒性的需求显著增长，进而对惯性导航系统的小型化和成本控制提出了更高的需求。

为了满足高性能惯性测量单元（IMU）的新需求，陀螺仪作为 IMU 中的核心器件，必须达到导航级性能，而目前最好的商用 MEMS 陀螺仪要达到导航级要求，性能还要提高 1 ~ 2个数量级。

CEA – Leti 与米兰理工大学合作完成的新型 MEMS 陀螺仪实现了远低于 0.1(°)/h 的偏置不稳定性和小于 0.01(°)/$\sqrt{h}$的角随机游走（ARW），用最小尺寸的 MEMS 陀螺仪展示了与最先进技术相匹配的性能，可以在汽车、工业以及航空等恶劣环境下工作。对于某些汽车、工业和军事应用，陀螺仪必须能够在强烈的持续振动环境中检测到 1(°)/h的旋转运动变化（注：地球自转的角速度大约是 15(°)/h）。这一突破性研究成果证实，这种微型的高性能陀螺仪在高频系统振动中也能探测极微小的旋转运动，已经达到导航级精度，对现有装备的性能提升、成本下降以及新型装备的研发都有重大意义。

一、技术背景

陀螺仪是指能够测量运动物体的角度、角速度和角加速度的装置，因此又被称为角速度传感器，用于感测和维持方向。陀螺仪是重要的、基础的惯性器件，主要的陀螺仪分类及特性见表 1。

表1　各类陀螺仪特性比较

类别	精度	价格	体积	其他	目前应用
液浮陀螺	极高,可达0.000015(°)/h	高	较小,分米级别	需要精加工,工艺高,难于量产	很少,小部分军工领域
挠性陀螺	中等,可达0.01～0.001(°)/h	低,一般千元级	小,厘米级别	结构简单,成本低,存在疲劳及稳定性问题,力学误差大,动态范围小	曾广泛用于飞机、导弹等,目前正被光学陀螺取代
静电陀螺	极高,实验室精度可达10^{-11}(°)/h	高	中等	可靠性高、能全姿态测角,但工艺要求高,角度读取复杂	很少,小部分军工领域
激光陀螺	高,可达10^{-4}(°)/h	较低	较小,各种尺寸都有	启动时间非常短,存在闭锁现象	应用于高端军工领域
光纤陀螺	中高,略低于激光陀螺	低于激光陀螺,万元级	小,厘米级别	具有激光陀螺的大多数有点,在长期稳定性、可制造型更具优势,但受温度影响大	广泛应用于航空、航天、航海、武器系统和其他工业领域
MEMS陀螺	低,普遍大于1(°)/h	最低,普遍千元以下,最低数元	极小,毫米级别	可靠性高,适用于量产,但精度提高难度大	最广泛,尤其是消费电子领域、中低端军用民用领域

以MEMS技术为基础的陀螺仪是一种重要的微惯性器件。它以体积小、价格低、功耗小、可靠稳定、可批量生产等优点适用于各种制导航空弹药、微小飞行器、稳定平台、机器人等军事领域,受到了各军事强国的青睐。

在军事应用领域,MEMS陀螺仪主要用于导航制导、姿态测量与稳定以及引信等方面。各国竞相发展的各类远程制导炮弹、灵巧弹药以及各种常规炸弹制导化改造对“惯性导航”系统精度要求不是很高,但要求成本低廉、反应时间短、动态范围宽、体积重量小、环境适应能力强。从实践经验看,低成本微惯性组合导航系统在上述武器装备建设中最具竞争力。微陀螺是微惯性系统的关键部件,有着广阔的军事应用前景。

如果导航路程较短,“惯性导航”系统对陀螺仪的精度要求相应较低。而当仅仅依赖“惯性导航”系统进行远距离导航时,对陀螺仪的精度要求极高。例如潜艇需要在保持与外界无信号交流的情况下进行长时间且远距离的航行,其导航只能依赖于“惯性导航”系统,一丝细微的误差都可能导致航行路线的大幅偏移。武器系统对“惯性导航”系统的精度要求见表2。

表2　军用"惯性导航"系统中各级精度陀螺仪适用范围

漂移率/((°)/h)	适用的导航系统
10～100	短期导航系统:战术导弹、短程火箭、反潜武器等的导航控制
0.1～10	战术级:中远程导弹、飞机等的导航控制
<0.1	战略级:战略导弹、潜艇、宇宙飞船等的导航控制

MEMS 陀螺仪发展于 20 世纪 80 年代,指的是用微机械加工工艺制造的陀螺仪。目前主流是振动式,原理与转子式有所不同,主要利用科里奥利力原理(旋转物体在径向运动时所受到的切向力),通过振动来诱导和探测科里奥利力,从而对角速度进行测量。

基于微电子二维技术发展起来的三维 MEMS 制造技术,使振动陀螺仪的成本、大小、质量和功耗呈数量级降低。MEMS 陀螺仪已用于小型化的惯性导航系统、汽车工业中的稳定系统。进入新世纪,MEMS 陀螺仪进入了消费电子领域,成为智能手机发展的关键技术之一。在信息智能发展的时代,MEMS 陀螺仪在机器人与自动化、汽车稳定/牵引力控制和翻车检测、游戏和移动设备中的手势识别和定位、相机的光学防抖、增强现实和虚拟现实等领域也有广泛的应用。

二、技术突破

导航级的 MEMS 陀螺仪技术应该具有综合的高性能,包括大带宽、大动态范围、环境的鲁棒性和稳定性、成本效益的可扩展制造。提高 MEMS 陀螺仪的工作频率可以使其具有更宽的带宽和更大的动态范围。常规 MEMS 陀螺仪采用电容技术来对转速和驱动进行检测,限制了 MEMS 陀螺仪的工作频率的提升。

CEA－Leti 与米兰理工大学联合研发的导航级 MEMS 陀螺仪是基于 CEA－Leti 的纳米 MEMS(NEMS)技术,使用压阻纳米计进行转速和驱动检测。该设计用超灵敏压阻纳米计取代了常规 MEMS 陀螺仪的电容检测,可显著提高 MEMS 陀螺仪的工作频率,从而提升了带宽和动态范围。

在环境的鲁棒性和稳定性设计上,研发团队确保了 MEMS 陀螺仪谐振频率大于 25 kHz,在承受传统振动环境时性能优于常规 MEMS 陀螺仪,可应对 GPS 中断时的短时导航、室内导航、平台稳定、工业 4.0 机器人、精确运动控制、弹药制导等广泛应用。

研发团队采用了用低成本的性能提升路线,将新型陀螺仪的每轴尺寸控制在不能超过 $2mm^2$,采用了相对标准的 MEMS 工艺技术,并使用晶圆级真空封装,如图 1、图 2、图 3 所示。

图1 MEMS 陀螺仪放大图

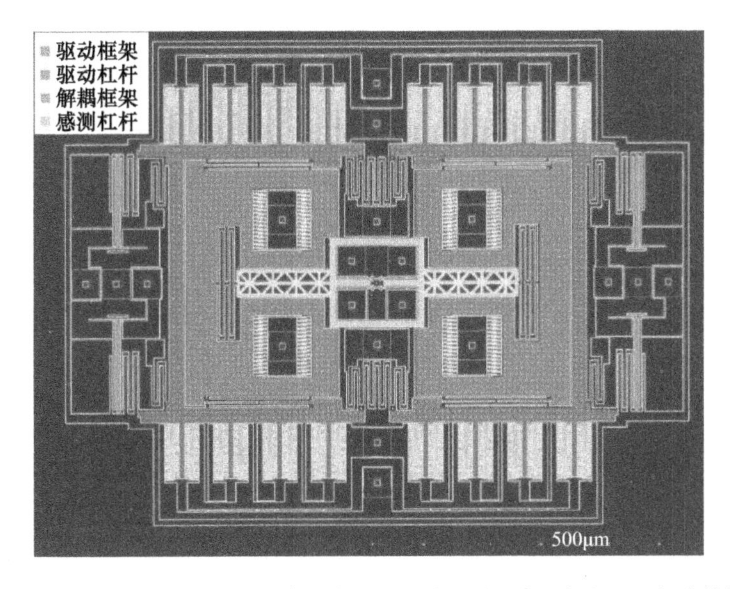

图2 MEMS 陀螺仪俯视图,后期上色突出显示驱动和科里奥利框架以及相应的解耦杠杆

新型 MEMS 陀螺仪的关键创新是通过调整流经 NEMS 压阻纳米计的偏置电流来独立编程比例因子值。研究团队运用典型的电容技术消除了对高电压的要求,这些技术会增加电容耦合而产生不需要的调谐,从而导致由于二阶效应引起不希望的漂移,例如由于电压漂移引起的调谐变化和由于寄生漂移引起的耦合变化。此外,NEMS 压阻纳米计的高灵敏度是通过优化的机电设计和使用几百微安级的高偏置电流来实现的。NEMS 压阻纳米计的设计见图 4。

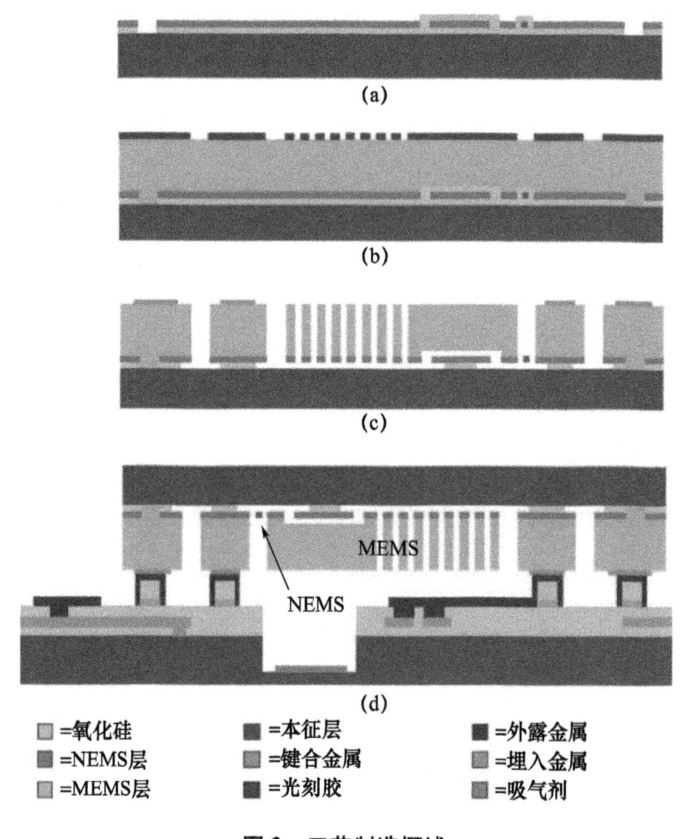

图 3　工艺制造概述

研究人员已经证明,基于 NEMS 的陀螺仪由于其高比例因子、正交补偿、精确的解调相位和最小化的寄生效应,因此可以提供导航级性能,这有助于降低噪声和提高稳定性。

基于 CEA - Leti 在硅纳米测量器件的高灵敏度传感器专业优势,结合米兰理工大学在陀螺仪设计方面的丰富经验,使用新型 MEMS 陀螺仪解决方案在多个测试样本上均达到了 0.004(°)/$\sqrt{h}$(ARW)和 0.02(°)/h 的稳定性,这是业内首次在占位面积仅 1.3 mm^2 的陀螺仪取得的优异表现。

从 SOI 晶片开始,单晶硅 NEMS 层首先被图案化(图 3a)以定义 NEMS 压阻纳米计。所有步骤对于常规 MEMS 工艺是通用的,包括外延生长(图 3b)、离子蚀刻和氧化物释放(图 3c)。微机电系统然后用共晶 AlGe 合金将晶片结合到帽晶片(图 3d)上,其中空腔和吸气器产生最后几百微巴的压力。

研究团队声称新型 MEMS 陀螺仪在整体性能、尺寸和谐振频率方面为同类最佳,这款突破性的、高工作频率器件在噪声、偏置稳定性、量程和带宽方面已经达到了 1.3mm^2 芯片面积下最先进的性能,如表 3 所列。

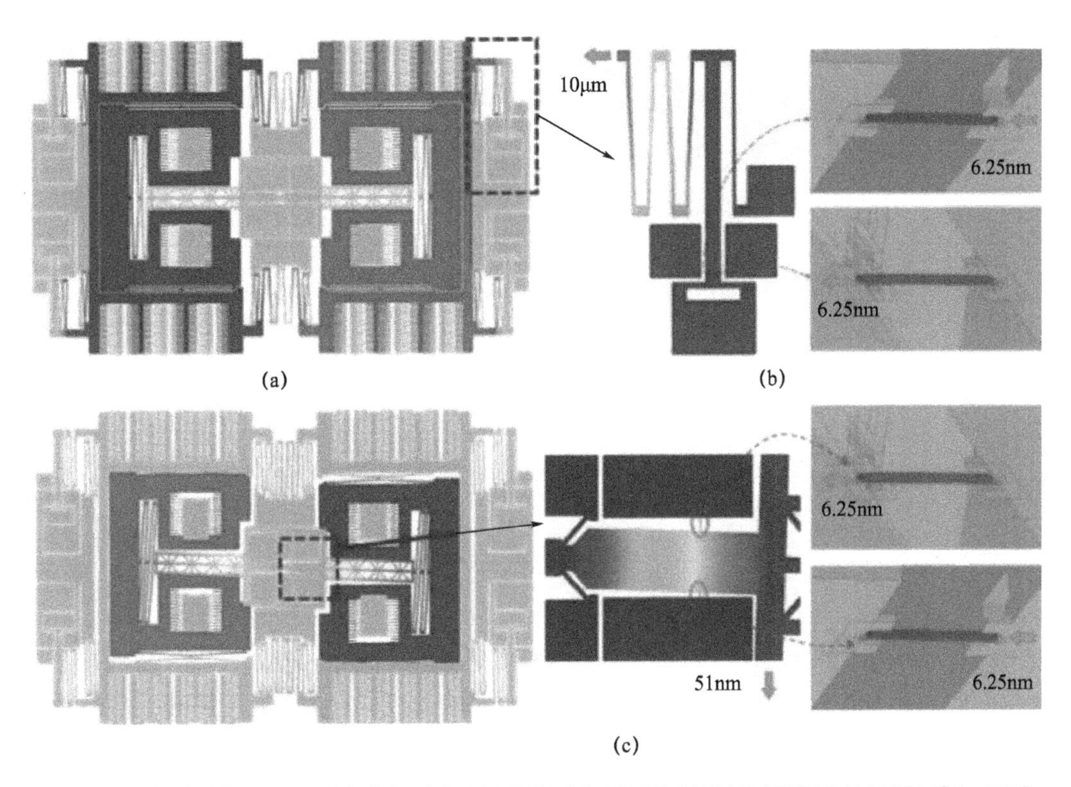

图4　陀螺仪的俯视图(a),后期上色以突出显示驱动和科里奥利框架以及相应的解耦杠杆。通过模态形状和相关的放大 NEMS 压阻纳米计区域(b)和(c)。杠杆因素转换不同的驱动和感测运动幅度进入相同的最大压力表对应于 200MPa 的最大应力

表3　导航级 MEMS 陀螺仪与当前最佳的商用陀螺仪的对比

	角随机游走/((°)$\sqrt{hr}$)	偏置不稳定性/((°)/hr)
导航级性能要求	<0.01	<0.1
最佳的商用陀螺仪	0.15 ↓ ×38 倍	0.3 ↓ ×15 倍
导航级 MEMS 陀螺仪	0.004	0.02

三、相关进展

2021 年,CEA - Leti 与米兰理工大学联合研发的一款工作频率达到 50kHz 的 M&NEMS 陀螺仪(基于 NEMS 传感技术的 MEMS 陀螺仪),主要指标见表4。此前 MEMS 陀螺仪通常在给定的谐振频率下工作,寄生机械振动很少超过 40kHz,还没有一种高性能 MEMS 陀螺仪的谐振频率远大于 20kHz,即高于寄生振动的频带。当谐振频率接近环境振动的频率时,机械干扰会使测量结果失真。此款 M&NEMS 陀螺仪将 MEMS 陀螺仪性能提高两倍以上,甚至超过了汽车、工业和航空等恶劣环境常见的振动频率。

表 4　50kHz M&NEMS 陀螺仪的主要指标

参数	单位	50kHz 陀螺仪
芯片面积	mm^2	1.45
测量范围	(°)/s	±3000
角度随机游走	$(°)/\sqrt{h}$	4.7
零偏稳定性	(°)/h	0.55
随机游走系数	$(°)/\sqrt{h}$	0.036
线性误差	—	满量程的 0.04%

研究团队在上述基础上研发出导航级的 MEMS 陀螺仪,下一阶段将三轴陀螺仪协同集成作为继续研究的方向,使三轴都能提供相同的性能,如图 5 所示。目前,该研究方向的可行性已经被验证。导航级 MEMS 陀螺仪在 CEA - Leti 的硅试验生产线上已经完成制造,可以与高性能三轴 MEMS 加速度计和气压传感器共同集成。由于它与大多数 MEMS 制造工艺兼容,该技术预计能够在两年内进入市场。

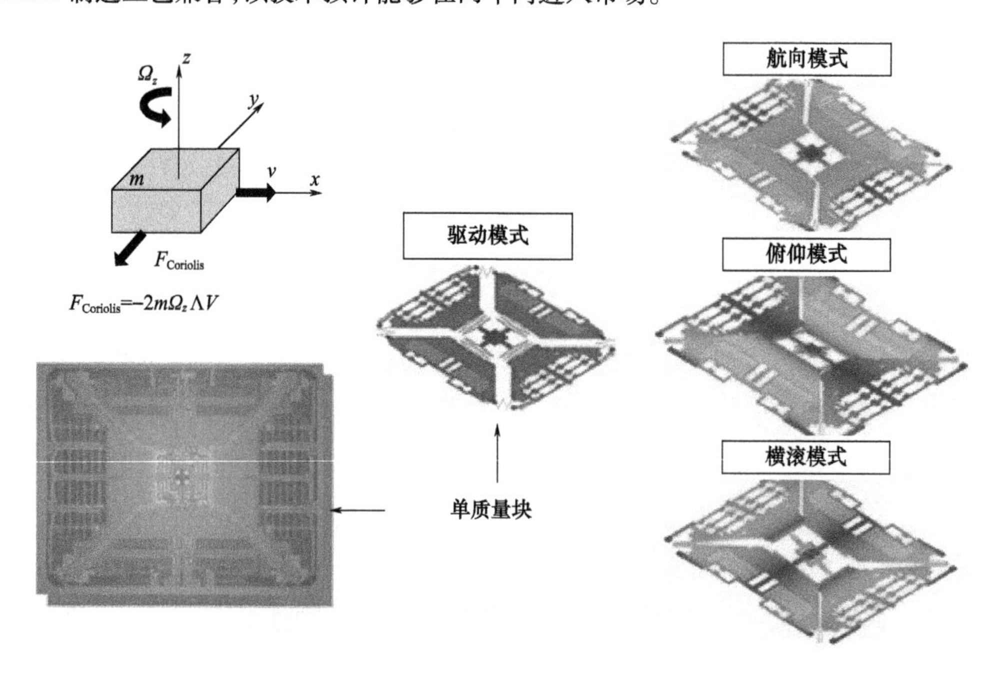

图 5　三轴 MEMS 陀螺仪

四、影响和意义

目前,MEMS 惯性传感器是防空导弹、反坦克导弹、便携式导弹等制导武器系统的必然选择。截至 2020 年,美军 90% 的制导武器将采用 MEMS 惯性传感器。作为 MEMS 惯性传感器的核心器件,MEMS 陀螺仪在战术导弹、中近程制导、飞行控制、灵巧弹药等军用领域,主要用于导航制导、姿态测量与稳定控制等方面。在装备发展中呈现以下几个趋势。

1. 微型化、低功耗

随着军事技术的不断发展,导弹作战能力日益增强,导弹攻防对抗日趋激烈。为应对不断发展的新型导弹威胁,世界军事强国高度重视颠覆性技术发展及作战概念创新,以期获得克敌制胜的作战优势,改变未来导弹攻防作战样式。采用微系统技术研制的 MEMS 陀螺仪有体积小、质量轻、集成化程度高、功耗低等优点,适用于战术导弹的制导系统、光学伺服稳定机构、姿态控制系统等。

2. 高精度

随着现代战争的需要和现代武器装备的发展,采用小型武器进行精确打击代表着未来军事高科技的发展趋势,对制导精度也提出了新的要求,进一步拓展了 MEMS 陀螺仪在战术导弹中的应用领域。

旋转导弹弹体滚动轴向旋转速度高达 9000(°)/s。长期以来,旋转导弹弹旋频率一直无法直接实时测量,主要是无法满足弹体结构尺寸(小体积)和大的测量范围的要求。针对旋转导弹弹旋频率测量的需求,研制一种大量程 MEMS 陀螺仪,可广泛应用于舰载防空导弹、便携式防空导弹、反坦克导弹等旋转导弹中。

当导弹接近目标时,弹体抖动加大,若无角速度传感器构成的阻尼回路将导致脱靶量增加。为解决此问题,对偏航 MEMS 陀螺仪提出了明确需求,用于稳定回路(阻尼回路)的角速度反馈,以增加导弹的等效阻尼系数,输出与弹体偏航轴角速度成比例的正弦波信号。

稳像技术是提升精确制导武器制导精度的一个重要发展方向,采用辅助稳像设备的红外成像导引头是导弹的重要组成部分。MEMS 陀螺仪成为辅助稳像设备的必然选择,也直接影响了稳像的质量。

3. 环境适应性强

环境适应性与武器装备的战术技术性能指标一样,是衡量武器装备设计优劣以及研制质量的重要指标,直接影响到武器装备的实际作战效能。战术导弹作战使用环境复杂,贮存周期长,可靠性要求高,飞行条件下的噪声、振动、过载、温度等环境条件恶劣,要求惯性仪表必须具有很高的性能及较好的长期稳定性。MEMS 陀螺仪环境适应性强、可靠性高的特点能够较好地满足战术导弹对环境适应性的要求。

4. 低成本

高成本一直是制约精确制导弹药大量装备与使用的一个主要因素,MEMS 陀螺仪成本低、易于批量化生产的特点成为降低武器装备成本的首选。

MEMS 陀螺仪具有体积小、功耗低、质量轻、启动快、可靠性高、成本低、动态范围大、易于大批量生产、能承受恶劣环境条件等突出优势,可嵌入电子、信息与智能控制系统中,使得装备体积和成本大幅下降,而总体性能大幅提升。高性能 MEMS 陀螺仪正逐渐替代光纤陀螺仪、激光陀螺仪的部分下游应用,产品微型化更适应行业发展趋势,且国产替代优势明显。随着微电子技术的发展,MEMS 陀螺仪成本也会大幅下降,在民用消费领域也有巨大的应用前景,具备军民融合发展的优势。由此可见,高性能的导航级 MEMS 陀螺仪将是各国 MEMS 陀螺仪研发的热点和重点。

(中电科芯片技术(集团)有限公司　毛海燕)

美国超轻自供能环境传感器研制取得进展

2022年3月,美国华盛顿大学研究团队受蒲公英种子散播方式的启发,成功开发出一款无需电池的微型环境传感器,它可以借助风力飞到很远的地方,在落地后随风或者气流在地面翻动,并像蒲公英那样被风吹走,而且该传感器并不需要电池供能,而是依靠太阳能。由于该传感器装置可广泛应用于监测环境的实时变化,例如地面的温度、湿度等,从而为在广阔区域内放置更多传感器提供了一种独特的新方法。

一、需求背景

未来战争的趋势是数字化、无人化,面对恶劣多变的战场环境,实时或提前知悉战场环境,对分析战势走向极为重要,战场环境监测是研判战局走势的基础数据,然而监测环境要面对的最大实际问题是监测目标区域范围广,如果要实时监测环境的变化,至少需要数百个传感器,快速且大量布设这些传感器无疑是对指挥官和士兵的极大挑战,人力布设传感器不仅耗费人力和成本,更有可能导致暴露目标,甚至威胁士兵生命安全。鉴于此,质量超轻、利于布设且兼具自供能的传感器,对于保障实时获取数据、保障士兵安全都极为重要,如何突破原有布设传感器的思路是亟待解决的问题。

环境传感器是通过感受规定的被测量物,并按照一定的规律转换成可用信号,从而对环境目标进行监测并对环境质量状况进行识别的一种装置,该装置在获取信息上具有结果准确、覆盖面广等优势,从而在日常的大气环境、土壤温度、降雨量等领域发挥着重要的作用。环境传感器按类别主要划分为:土壤温度传感器、空气温湿度传感器、蒸发传感器、雨量传感器、光照传感器、风速风向传感器等,是目前最常用的传感器类别之一,常用于测量不同环境条件下的温度、湿度、气体、降雨量、光照或其他环境因素。近年来局部战争频发,战场环境实时感知、监测、数据传输都是战前准备的必要因素,对环境检测、监测仪器的要求也越来越高,因此环境传感器除了要具备一般检测仪器稳定、快速、准确等性能外,还需要拥有强大的数据存储、分析以及实时上传以共享数据的能力。环境传感器在战场环境监测、战术研判等方面都发挥着越来越重要的作用,而随着环境传感器整体技术的快速发展,也使得监测数据更加全面、精确。在智慧型可持设备和士兵可穿戴装置应用领域中,随着陀螺仪、加速计技术不断发展,专家预言,环境传感器或将是日后 MEMS 传感器新的发展趋势。

二、技术分析

为了实现环境传感器可随风自行布设且能长时间工作,美国华盛顿大学研发的这种新型环境传感器装置质量轻,借助风力即可在广阔的区域内轻松覆盖数千个传感器,无需耗时人工安放,突破了以往布置传感器的方法。与此同时,该传感器还解决了自供能问题,除了首次启动时会消耗能量外,该装置采用太阳能电池板自供电,可长期工作。就目前而言,人工部署这么多传感器将需要几个月甚至更长的时间,可想而知,当在广阔作战区域内短时间布设传感器或需要对区域内长期监测时,无论在部署方式还是部署理念上,该技术的进展都具有重要意义。

1. 研究思路

研究团队依照蒲公英种子在散播飞行中,依靠种子中心的冠毛会减缓降落速度的现象启发,对其进行了二维投影,对该仿生装置的基础结构进行了建模和模仿创建(图 1)。研究人员发现,当增加重量时,该装置的冠毛结构会向内弯曲,因此研究人员增加了一个环状结构,使得该装置更加坚固,并扩大了面积,从而达到帮助减缓其下降速度的目的。

该设计充满挑战,尤其是传感器既要具备电子功能,又必须保证可以像蒲公英那样质量轻盈,以利于在风中传播。为保持传感器各方面性能均衡,该团队尝试了多种设计,以确定最适宜的传感器形状,经过了 75 种不同方案的预研,最终完成了设计成果(图 2)。研究人员表示,为了达到传感器能从各种角度都可被微风携带与保障传感器从抛出后就展开的两大要求,传感器的形状至关重要。实际上,这种设计原理就是仿造蒲公英种子的传播方式,以此实现被带到更远地方的目标。

2. 实现途径

为了保持该装置结构轻便,研究人员选择使用太阳能电池板代替电池供电,尽管这些装置落地时,太阳能电池板在 95% 的时间里都是朝上的,研究人员仍然面临着如何在夜间正常运行的问题,由于日落时电子装置会关闭,即使太阳升起时,这些装置也需要消耗少许能量才能重新启动,因此该研究的主要方向和挑战是针对装置落地时电池板朝向,以及在夜间如何持续运行。

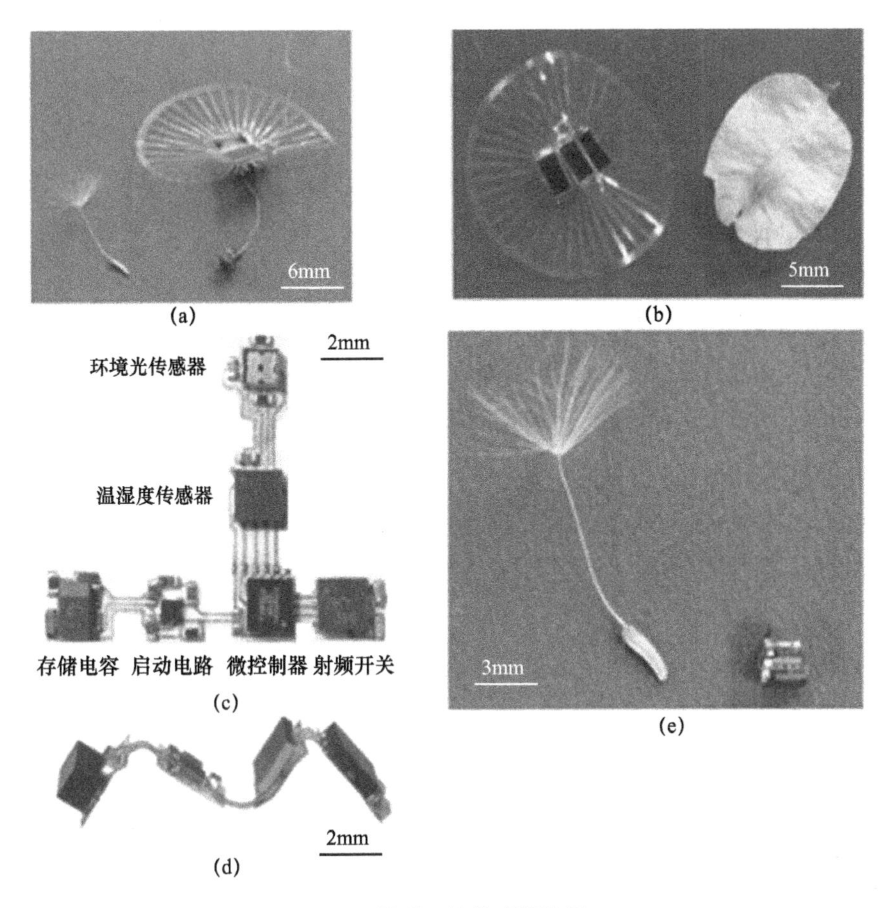

图 1　微型环境传感器装置

图 2　微型环境传感器装置样例

研究人员还表示，该项目的挑战在于装置首次启动时，会在短时间内消耗很多能量，这是由于在执行代码或任务前，传感器自身会先进行自检，以确保各项功能运行正常，这与打开手机或笔记本电脑时的耗电检查是同一原理。为了解决这个问题，研究人员在设计该电子装置时增加了电容器，使其能够储存足够的电量以保持在夜间持续运行。研究人员还利用一个小型电路，检测电子装置中储存了多少能量。随着太阳升起会有更多能量进入装置，当该电路检测到储存能量高于某个阈值时，就会触发系统其他部分启动运行。研究人员做了试验，将装置从无人机上投放，此外还通过调整装置的尺寸，使其着陆时可以实现更好的距离分布，虽然该项目还没有最终完成，但可以想象，一旦问题得到解决，那么在广阔区域里布设传感器的方式将发生革命性的巨变。

3. 主要性能

该装置的质量约为 30mg，为确定这种传感器在风中传播的实际距离，研究人员做了专项测试，将传感器从不同的高度手动或通过无人机扔下，根据研究人员测试，该系统在微风中可“传播”的距离为 50～100m。当该设备经风传播落地后，装置内容纳的 4 个及以上的传感器可与 60m 以内的传感器获取的数据进行实时共享。图 3 展示了该设备在监测到环境的变化数值后，通过反向散射将这些数据用无线的方式传输给人员，数据包括但不限于温度、湿度、压力和光线等。

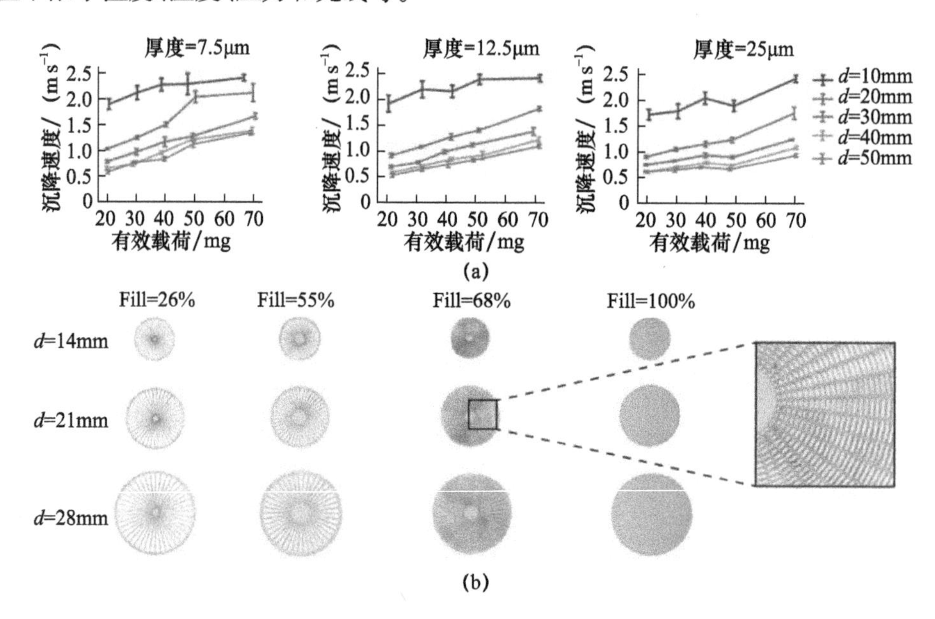

图 3　风力分散机制（来源：Nature）

该装置同时具备低功耗和自供电的优势，除非装置发生故障，否则该设备可以持续运行下去，由此可以推断，一旦该传感器装置布设，那么其工作时长将会无限期延长，被监测区域的数据将持续不断输出。

三、影响和意义

1. 使监测区域更加广阔

传感器的布设是获取信息的重要途径，对于需要布设大量环境传感器的广阔作战区域而言，环境的监测往往是先行数据，是研判战场走势的重要参考，但区域的广阔、复杂以及环境的恶劣使得传感器布设面临很多困难，该传感器的进展有望将以上问题迎刃而解。

2. 缩短布设环境传感器所需时间

战场复杂多变且地域广阔，作战机动性提升将给多变的战局增添更多的变数，因此不仅对于战场的实时监控提出更高的要求，同时也对战争走向产生重大影响，但大片区域的布设和实时监测的难题一直存在，该传感器装置的成功部署顺利解决了实时监测布设的困难，极大缩短了战前或战中的部署时间。

3. 提升目标隐蔽性和士兵的生命安全保障

面对日益紧张的国际局势和持续不断的局部战争，布设监测用传感器带来的挑战越来越大，人力物力的损耗、目标的隐蔽性、士兵的安全都面临极大的考验与危险。该传感器装置的成功研制，无疑为以上问题找到了解决的方法，既能在最短的时间内布设大量传感器，并将数据回传，而且随风布设传感器，能够极大地保护设备安全，更为重要的是替代人工布设，从而提升了士兵的生命安全保障，这对于未来战争的环境监测、士兵生命安全、战局研判都具有重大意义。

4. 快速构建无线传感网络

将这些传感器布设在广阔的战区，它们能够互相响应，长期且持续收集数据并传递信息，隐蔽性强、工作时间长，除了可清晰了解对方的军事力量、人员和物资的流动，还可以对生化攻击、细菌战等起到预警作用，此外对无线数据传输、智能传感网络构建等都具有重要的意义。

（中国电子科技集团公司第四十九研究所　刘潇潇　亢春梅）

量子级联激光器技术及应用新进展

2022年2月，日本浜松光电宣布推出室温工作调谐频率范围为0.42～2THz的量子级联激光器模块（图1）。该模块基于太赫兹波产生原理，通过量子级联方式，实现可调谐太赫兹输出，同时以先进的光学设计技术提升了该量子级联激光器的输出功率。量子级联激光器可直接用于提高半导体材料的质量评估与无损检测精确度，也可作为创新型核心器件应用在未来超高速无线通信中。研制团队在科学期刊《光子学研究》刊登了以上成果，此研究得到了“战略信息和通信研究与发展促进项目”的资助。

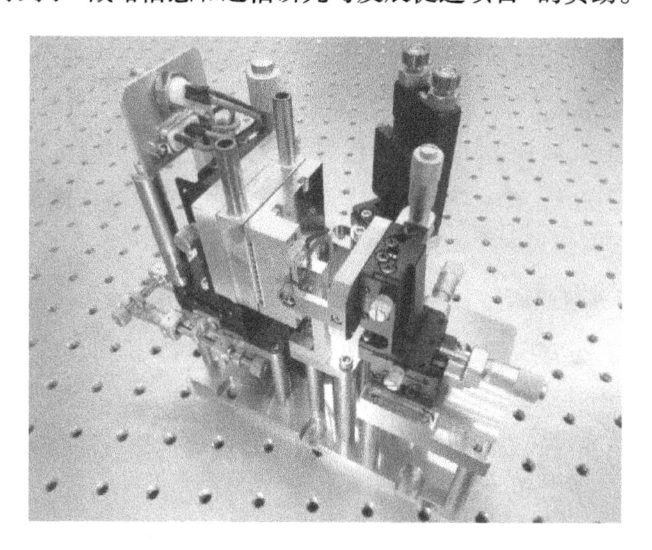

图1　日本浜松光电公司的量子级联激光器模块外观

一、应用方向

作为光电子信息技术的核心器件，传统半导体激光器通过电子和空穴的复合产生激光，其激射波长由材料带隙决定，因此无法实现中远红外（3～14μm）波段的高效发光。

量子级联激光器基于电子在半导体量子阱中导带子带间跃迁和声子辅助共振隧穿原理，是“能带工程”与高精度低维材料外延技术结合的产物，它将半导体激光器的波长范围拓展到中远红外及太赫兹，开创了半导体激光产生的新波段。其在红外对抗、高速通信、隐私通信、战剂探测、太赫兹实时成像等方向均有重要应用。

1. 红外对抗

目前红外制导导弹大部分工作在 3 ~ 5μm 波段，该波段飞机尾喷辐射最强，且处于大气透射窗口，所以大部分导引头设计在这个波段。为了对抗红外制导导弹，中红外波段激光器成为理想光源。量子级联激光器可发射该波段激光，且本身具有超小体积，可极大限度地降低系统的附加重量，逐渐成为现在军事大国的研究热点。近几年 3 ~ 5μm波段的量子级联激光器实现室温连续输出功率 3W 以上，达到了红外对抗部分的应用要求。

2. 高速通信

太赫兹通信技术具有带宽大、天线小、定向性好和安全性高等特点，在通信技术中占有重要地位。传统太赫兹产生方法，尤其在系统链路上整合激光光源仍存在难度。量子级联激光器基于半导体异质结薄层内由量子限制效应激光产生原理，设计实现太赫兹输出，具有功率大、可调谐等特征，该技术的典型应用有战舰装备雷达通信、空天地通信、星间通信、同温层内空空通信、短程安全大气通信等。目前几十毫瓦级 1 ~ 5THz 的高频太赫兹波段量子级联激光器可以作为通信发射源使用。

3. 保密通信

量子级联激光器作为中红外空间光通信的混沌熵源，具备通信的高速性、隐私性等特征，适合保密要求的应用场景。与常规通信相比，3 ~ 5μm、8 ~ 11.5μm 量子级联激光器通信优势有：①在雾霾环境下，以上波长大气的透射率仍然保持较高水平，伴有强烈的黑体热辐射背景，中红外波长意味着隐身性；②科研人员通过对高维混沌信息在混沌载波的隐藏效果以及物理随机比特信息产生原理的研究，将混沌理论与中红外量子级联激光器技术相结合，实现自由空间的保密通信。目前采用红外波长 4μm，混沌带宽 70MHz，实现距离为 1m 的两个量子级联激光器的自由空间通信。

4. 战剂探测

氢氰酸、光气等战争毒气扩散快、传播广、威胁性强，是极为危险的存在，目前的检测方法以化学试剂检测为主。由于很多气体成分的特征峰处于红外波段，随着激光波长向中远红外的波长方向的拓展，越来越多的气体战剂将纳入激光检测范围。相比电化学、色谱等化学检验手段，激光光谱检测具有快速、准确的特征，更加有利于军事行动安全。在激光光源选择上，量子级联激光器谱线更窄，且可以实现中远红外乃至太赫兹波长调谱,有利于获得精细的气体分子光谱结构,主要光谱范围位于 4 ~ 25μm,有精度高、便携性好的优势,有望成为战剂毒气成分分析的有效手段。

5. 太赫兹成像

太赫兹成像是颇具潜力的应用领域,提高电磁波频率意味着缩短波长,进而提升成像的空间分辨率。在穿透性方面,相比借助耦合剂的超声成像,太赫兹成像属于非接触、无损检测。基于量子级联激光器的太赫兹成像系统具有体积小、信噪比高等优势,在安检、生物检测等方面具有较好的应用潜力。目前的太赫兹面阵成像技术中,2 ~ 5THz 频率范围的毫瓦级输出功率的量子级联激光器是首选光源,尤其在实时成像的应用需求中。

二、技术进展

国际上量子级联激光器技术的主要研究机构有美国西北大学、俄罗斯约飞研究所、日本理化学研究所先进光子学中心等,目前处于领先的是美国西北大学等机构。以下分别从芯片技术、光子集成、模块技术三方面研究进展汇总如下。

1. 芯片技术

2020 年,美国西北大学报道量子级联激光器达到了室温条件的输出波长为 3.8 ~ 8.3μm,相应的最大连续波输出功率分别为 1.6 ~ 5.1W(插头效率 4.1% ~ 16.6%);同年,该机构将插头效率提升到 22%,连续波输出功率达到 5.6W。

2020 年,俄罗斯约飞研究所、圣光机大学等机构联合研究了室温下量子阱数对 4.5 ~ 4.6μm 量子级联激光器的输出功率的影响,激光峰值输出功率达到 10W。

2021 年,日本理化学研究所先进光子学中心的量子级联激光器研究团队通过优化功率/台面尺寸的比例因子、控制层厚度和掺杂参数,生长了有源区宽度 14μm、脊宽 600μm、腔长 3mm 的量子级联激光器,实现工作温度为 10K 的 4.2THz 输出,其中 1% 占空比下峰值功率输出达到 1.31W。

2. 光子集成技术

光子集成技术是将各种光电元件集成到单一基板,可大大降低光学系统的体积、重量、功耗等指标,同时也可以提高系统的稳定性和可靠性。目前近红外波段的光子集成芯片已经在光通信系统中得到推广应用,而中远红外的光子量子级联激光器集成研究尚处于持续推进中。在该激光器的光子集成技术领域,美国加州大学、奥地利维也纳技术大学、东京工业大学等研究机构相继开发出基于硅、锗、磷化铟等中远红外集成激光器。表 1 所列为各研究机构近期的主要研制进展。

表1　各主要研究机构的集成化技术进展

所属类型	研究团队	近期进展
硅基集成	美国加州大学 Bowers 团队	2019 年报道利用硅基异质键合集成，并采用阵列波导光栅（AWG）作为合波元件实现了多波长单模激光的单波导输出，异质集成的多波长量子级联激光器阵列
	奥地利维也纳技术大学 Jaidl M 团队	2022 年报道基于硅基技术实现理想的光约束和散热，为未来硅基集成太赫兹器件提供了基础。本研究实现了 3.8THz 输出带宽 70GHz 的频率梳，信噪比高达 40dB
磷化铟基集成	美国德州大学 MikhailBelkin 团队	2019 年报道发射波长为 4.6μm，激光器的阈值电流密度 3.5kA/cm^2，最大峰值输出功率为 280MW，损耗为 2.2dB/cm
	东京工业大学工程学院， Shigeyuki Takagi 团队	2022 年获得了 8.0K/W 的总热阻参数，为集成封装参数提升提供参考
混合外腔集成	比利时根特大学 GuntherRoelkens 团队	2019 年实现了Ⅲ－V/锗混合集成的外腔激光器，波长 5.1μm 调谐宽度 50nm，脉冲模式下激光器阈值 1.6A，最大峰值输出功率为 20mW
	伊朗大不里士大学 Abbasi G 团队	2022 年首次提出了一种光学自锁系统，研究了在该条件下的激光器输出特征，其输出功率提升到 700mW

3. 模块技术

目前，国际上部分知名公司已具备成熟的量子级联激光器系列产品，包括滨松光电、阿尔普斯激光器、Pranalytica 等，以下是主要产品或进展。

日本滨松光电的货架产品有连续 4～10μm、功率 900mW 的量子级联激光器，可调谐的 EC－量子级联激光器，及低成本蝶形封装模块等。该公司利用独创的微机电系统（MEMS）技术和光学封装技术，开发出世界上最小尺寸的波长扫描量子级联激光器模块，波长扫描范围 7～8μm，体积约为传统产品的 1/150，光谱精度达到 15nm，最大输出功率 150mW。本文所报道的 0.42～2THz 的量子级联激光器模块，弥补了 1THz 以下低频空白，0.42THz 是目前室温太赫兹－量子级联激光器的最低工作频率。

瑞士阿尔普斯激光器公司可提供多种波段的量子级联激光器，并提供各种封装和驱动，其中在太赫兹领域提供 1～5THz 范围内的量子级联激光激光器，输出功率指标达到 5mW。

美国 Pranalytica 公司的量子级联激光器的研发工作得到了 DARPA 激光光声光谱计划支持，后又得到 DARPA 高效中波红外激光器计划资助。目前该公司正在着手开发高效率和高功率的下一代量子级联激光器。该公司标品指标涵盖范围 0.75～4W，波长涵盖 4～12μm。此外，该公司也面向客户需求定制高功率、高效率量子级联激光系统。

意大利莱昂纳多集团日光解决方案业务部所开发的无跳变量子级联激光器 CW - MHF - QCL 模块具备很好的稳定性和多功能性，其波长范围在 4 ~ 11μm，调谐范围 30 ~ 100 厘米波数，单向波长精度为 ±0.5 厘米波数，研究人员通过对调谐元件振动模式的深层次分析，保障了激光器在抗声学扰动和振动方面的优越性。

法国 MirSense 公司拥有 10 ~ 17μm 全覆盖的量子级联激光器模块技术，是该波段量子级联激光器的核心供应商。用户可采用该模块，利用激光光谱学原理，进行苯、氰化氢或六氟化铀等各种分子浓度的测量。MirSense 公司凭借此项技术和产品，荣获了 2021 年度棱镜光子学创新奖提名。

三、应用进展

量子级联激光器因具有卓越的中远红外激光光谱的拓展能力，以及功率、尺寸、重量优势，被认为是下一代激光光源的理想选择，在军事、科研等应用中脱颖而出。随着激光器制造工艺成熟度的提升，以及红外对抗、实时成像等应用牵引，该类激光器越来越受到发达国家的重视。

2020 年 9 月，法国成像产业聚集地——格勒诺布尔地区的成像技术公司 TiHive 报道，他们计划于 2020—2021 年期间融资 1000 万美元，并与国际半导体巨头——意法半导体公司开展合作，开发太赫兹成像芯片系统，其中主要包含太赫兹量子级联激光器成像光源的开发应用。

2021 年 4 月，美国陆军授予诺斯罗普・格鲁曼公司 9.59 亿美元，用于采购 596 套红外对抗系统，合同期 5 年。该系统使用量子级联激光器，以保护美国陆军旋转翼飞机和中型固定翼飞机免受红外制导导弹威胁。目前，该红外对抗系统已安装在多种不同型号飞机，包括固定翼飞机、旋翼飞机和倾斜旋翼飞机。

2021 年 5 月，意大利国家研究委员会纳米科学研究所设计了一种基于 0.5 ~ 10THz 量子级联激光器的散射装置，该装置可以同时作为强大的太赫兹源和相位敏感探测器，替代传统意义上的体积庞大的激光源和探测器。对于成像应用来说，这种检测方法可实现快速图像采集。

2021 年 8 月，意大利航空航天和国防巨头莱昂纳多集团宣布研发下一代攻击直升机——AW249 型护航与搜索直升机。该直升机配备红外对抗单元来自意大利电子公司(Elettronica)的基于量子级联激光器定向红外对抗电子战套件，旨在抵御旋转翼和固定翼平台免受红外制导导弹威胁。与传统激光技术相比，量子级联激光器的定向红外对抗电子战套件具有相当大的优势，主要体现在功率指标和多种威胁协同管理上。另外，该机型无需光学装置倍增波长，模块系统排布相对紧凑，重量尺寸比优势更为突出。

AW249 攻击直升机计划于 2024 年 6 月投入应用。目前,该公司已完成原型机的制造,后续将陆续完成地面测试和试飞。意大利国防部计划在 2025—2035 年间购买 45 ~ 48 架 AW249 攻击直升机。

四、未来趋势

量子级联激光器技术具有如下发展趋势:①继续提升单芯片和器件的功率、效率,拓展波长覆盖范围;②加快解决光子集成工艺难题,提升光子集成效果,向晶圆级单片集成目标迈进;③着力攻关模块级功率合成技术和散热技术,提升模块可靠性;④全力加速量子级联激光器产品与应用相结合,推进 5 大应用方向的实用化进程。

量子级联激光器产品具有如下发展趋势:以滨松光电、Pranalytica 为代表的公司相继提升了量子级联激光器器件的各项技术指标,增强了其在红外对抗、高速通信等领域的应用地位。在欧美国家国防部门高度重视及项目牵引下,量子级联激光器产品正加速成熟,影响着该类技术在军用电子领域中的布局。该类激光器作为中远红外波段极具潜力的激光光源,受技术创新驱动,已成为激光器行业的新的增长点,并有望开辟激光应用领域的"新蓝海"。

(中国电科产业基础研究院　闫立华)

韩国甲醇重整燃料电池创 AIP 潜艇潜航记录

2018 年 9 月 14 日，韩国 KSS－Ⅲ级潜艇的首艇“岛山安昌浩”号下水，并于 2022 年 8 月正式入役并担负军事任务。该型潜艇采用了韩国 Bumhan 工业公司自行研发的 150kW 氢能—高分子电解质膜燃料电池的不依赖空气推进装置（AirIndependt Propulsion，AIP）动力系统，是韩国首艘采用自研燃料电池系统的潜艇，可以保证潜艇在水下隐蔽航行 20 天，达到 AIP 潜艇世界顶尖水平。燃料电池 AIP 技术大幅度提升潜艇的水下潜航时间，大大增加了其水下的战略威慑力。

一、项目背景

常规动力潜艇水下续航能力较差、通气管航行暴露率高，大幅降低了隐蔽性能。随着现代反潜力量的不断发展，尤其是声纳、卫星、激光等融合现代最新科技的探测技术不断进步，常规潜艇面临更大的挑战。为了提高常规潜艇的作战效能，长期以来，潜艇设计者一直在探索和研究 AIP 系统，以增大常规潜艇水下续航力，提高潜艇的隐蔽性和安静性。AIP 是指不需要外界空气而仅依靠潜艇储存的能源物质与氧化剂完成能量转换，以保证潜艇动力需求的装置。

韩国“国产攻击型潜艇计划”（KSS 计划）启动于 2004 年，通过潜艇“引进”走向潜艇“自造”，并最终达成潜艇“自研”的目标，建立其海军的攻击潜艇舰队。在相继引进传统柴电型潜艇（209 型）和电电混（铅酸电池＋燃料电池）型潜艇（212 型）之后，韩国海军研发并列装了电电混型潜艇，即“岛山安昌浩”号。新型潜艇最终将由燃料电池 AIP 系统提供其在水下航行时的动力。相比于之前服役的传统柴电潜艇，其水下航行时长由 7 天延长到了现在的 20 天，达到了世界常规潜艇水下潜航时间顶尖水平。

二、基本情况

(一)项目目标

“国产攻击型潜艇计划”旨在建立起一支全区域化、多用途化,具有区域拒止能力的潜艇编队。由于传统柴电潜艇潜航时间较短,通气管状态时暴露率高,所以在第二阶段,将铅酸蓄电池和燃料电池兼具的214型潜艇作为引进目标,其在潜航状态下可以工作3周。在第三阶段,潜艇下潜推进的动力会采用燃料电池和锂离子蓄电池组合推进的方式,并由韩国本国生产。

(二)项目研究内容

1. 燃料电池AIP系统

质子交换膜燃料电池所需的液态氧装在液氧罐内,所用的氢用两台自给自足式重整炉由甲醇制成,并采用金属氢化物储氢。

潜艇的动力舱段属于密闭空间,需要考虑重整过程中CO_2排放对密闭空间造成的影响以及CO_2处理方法。由于重整炉设定的应用场景中并无可移动的艇体,因此重整炉应该相对艇体固定。甲醇、液氧储罐也应该相对艇体固定。该潜艇动力舱段示意图如图1所示。

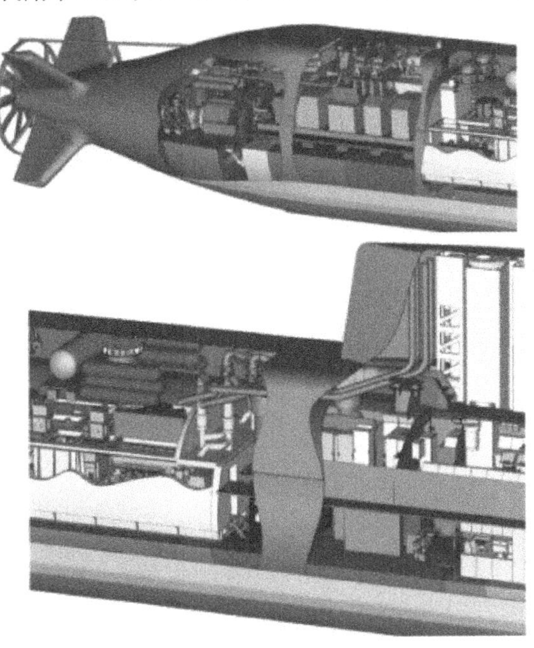

图1 “孙元一”型燃料电池系统

2. 锂离子蓄电池与燃料电池系统、燃气轮机集成

燃料电池 AIP 系统为潜艇水下巡航提供主动力、用锂离子蓄电池提供水下冲刺航速、燃气轮机为水面巡航提供动力。这样燃气轮机、发电机与锂离子蓄电池等容量和功率明显减小。然而,燃料电池系统的功率会加大。因为该系统功率的大小取决于反应剂的数量,即取决于液氧储罐与金属氢化物储罐的大小和数量及其储存空间或位置。锂离子蓄电池和燃料电池系统容量、功率的分配需要核算。

燃气轮机的工作温度大概 400~500℃,燃料电池系统的工作温度大概 300~400℃,锂电池的工作温度相对前两者偏低。锂电池工作时最理想的温度大概 25~40℃,因此锂电池工作时需要快速降温。

3. 燃料端储存方式

早期的"孙元一"型潜艇燃料电池 AIP 系统采用金属氢化物储氢,虽然储氢压力相对较低,但总体重量较大。与此相比,甲醇重整的储氢效率相对较高,体积重量相对较小,相关设备的空间利用率更高,重整温度较低,可实现快速启动。同时,这种方式无需单独的加氢设施,燃料补充更加便捷。因此,"岛山安昌浩"号的燃料电池储氢方式从金属储氢改为燃料重整制氢,随之发生变化的是 AIP 潜艇实现了更长的水下续航力、更灵活的燃料加注方式。

甲醇重整(图 2)制氢技术,是通过甲醇和水的混合物,经催化反应产生含氢气、一氧化碳和二氧化碳的重整气体,在此基础上过滤得到高纯度的氢气,最终再将甲醇和残留的未反应气体充分燃烧。甲醇重整制氢具有反应温度低、氢气易分离等优势。

图 2 "岛山安昌浩"号采用的甲醇重整装置

(三)项目进展情况

韩国海军为应对东亚海上地区的军事压力,启动潜艇引进及制造计划,即“国产攻击型潜艇计划”(KSS 计划)。从第二阶段(KSS - Ⅱ级潜艇)开始,韩国海军开始把燃料电池 AIP 动力系统作为动力加装到潜艇上。KSS 计划第二阶段以长航时为基本要求,参照德国 214 型潜艇为蓝本,开发了“孙元一”级潜艇。这套系统的核心是两组西门子 BZM120 型氢氧质子交换膜燃料电池(表 1),提供 240kW 的输出功率,制储氢系统为金属氢化物储氢,给电池组充电提升潜艇水下持续活动时间,该系统能量的大小取决于燃料储存量,即取决于液氧储罐与金属氢化物储罐的大小、数量及其储存空间。

表 1 “孙元一”级潜艇用氢氧质子交换膜燃料电池参数

技术数据	BZM120 型
输出功率	120kW
输出电压	215V
额定负载下的效率	>53%
20% 负载下的效率	68%
操作温度	70℃
H_2 压力	2.4bar
O_2 压力	2.7bar
尺寸	176cm × 53cm × 50cm
重量	930kg

KSS 计划第三阶段的设计采用氢能—高分子电解质膜燃料电池 AIP 动力系统,全自主研发“岛山安昌浩”号潜艇,标志着韩国潜艇正式进入自造阶段。其燃料电池动力系统采用 4 组韩国 Bumhan 工业公司研发的 150kW 氢能—高分子电解质膜燃料电池 AIP 动力系统,制储氢系统为甲醇重整制氢,可以实现水下隐蔽航行 20 天。

三、几点认识

(一)燃料电池 AIP 技术将成为常规动力潜艇动力发展的必然趋势

自 20 世纪 90 年代以来,热气机、燃料电池、闭式循环汽轮机等形式的 AIP 系统相继研制成功并进入实用性阶段。世界各国海军之所以更加青睐燃料电池 AIP 系统,是因为该系统具有其他 AIP 系统无法比拟的技术优势。

(1)效率高。燃料电池直接将贮存在燃料与氧化剂中的化学能转换为电能,能量转换不受卡诺循环限制,转换效率达 70% 以上,远高于其他内燃机的效率。

(2)无尾流特征。燃料电池 AIP 系统以氢气为燃料,反应产物只有水,该系统是目前唯一不需要考虑废气排放的 AIP 系统。

(3)隐身性好。燃料电池系统本身不存在任何运动部件,因此几乎不产生机械振动与噪声。声特征信号极低,综合隐身性好。在通常作战条件下,几乎无法被探测到。

(4)工作潜深大。燃料电池 AIP 系统不需要排放废气,因而其工作深度不受潜艇潜深影响,装备燃料电池 AIP 系统的常规潜艇潜深可达 500m 以上,而热机 AIP 系统的有效工作深度目前不超过 300m。

(5)电堆模块化设计。燃料电池 AIP 系统中的燃料电池电堆采用模块化设计技术,具有体积小、结构紧凑、安装维护方便等特点。在潜艇内部可进行分布式或集中式布置,并能根据系统功率输出要求、重量分配均衡和空间有效利用原则机动灵活地进行模块化组装。

(二)含碳液体燃料重整是燃料电池 AIP 系统未来的发展方向

含碳液体燃料重整是最新发展起来的制氢技术,其相对于传统的氢气压缩、储存和运输的方法所面临的安全隐患与高昂成本等问题有几个优点:①燃料来源广泛,价格低廉;②甲醇在较低温区(200 ~ 300℃,其他碳氢燃料重整温度约为 750℃)即可进行重整反应且氢气产率高;③甲醇的体积能量密度高(4300Wh/L)等。因此含碳液体燃料重整是传统储氢模式的有效替代者,而柴油、煤油等化石燃料重整是军方亟需的下一代制氢技术。

美军在水下无人装备中列装了使用 JP - 10 航空煤油和军用柴油重整制氢的燃料电池系统,并得到了实际使用 3000h,预计使用 8000h 的结果。法国海军集团的潜艇专用 FC2G - AIP系统取得了模拟作战条件的 18 天水下巡逻的成绩,其采用了柴油重整制氢技术。由此可见,将重整柴油制取的氢气用于潜艇等水下装备是完全可行的。

(中国电子科技集团公司第十八研究所　程彦森　牛勇超)

首个可重构自组织激光器问世

2022年7月,英国伦敦帝国理工学院(UCL)和伦敦大学学院(ICL)的研究人员设计并制造出首个可重构自组织激光器样机。此项工作将有助于开发更好地模拟生物特征的智能光子材料。

一、技术背景

在传统激光形成过程中,无序结构会对激光激射带来负面影响,如输出不稳定、损耗增加、方向性变差等。然而,在一种新的激光产生机制中,利用无序结构的反馈与增益机制,却可以产生随机激射。

早在近60年前,人们就提出了这一理论,并逐步将其实现。1966年,Ambartsumyan等提出利用一个散射表面代替F-P(法布里-珀罗)谐振腔中的一个反射镜,实现无谐振腔反馈的激光辐射,这是非共振反馈激光器的起源。1967年,该团队通过试验进一步对比了这种非共振反馈激光器与传统激光器的辐射特性,发现非共振反馈激光器具有与传统激光器不同的空间相干性、光谱特征和统计特征,且其辐射的中心频率是由有源物质的共振频率决定,而不是由谐振腔的长度决定。1968年,Letokhov从理论上预测了随机激光现象,指出散射体可以为受激辐射提供反馈,完全消除了激光系统对光学谐振腔的需求。直到1994年,Lawandy等在光泵浦掺杂二氧化钛(TiO_2)纳米颗粒的罗丹明640染料溶液时,观察到线宽窄且强度高的辐射峰,在试验上证实了Letokhov的理论预言结果。1995年,Wiersma等将这种基于随机散射的受激辐射光源命名为"随机激光(Random Laser)"。1999年,Cao等首次在半导体氧化锌粉末中观察到线宽为亚纳米的相干随机激光辐射现象,极大地推动了随机激光器的研究进程。自此以后,研究人员多次在随机散射的增益系统中观察到受激辐射现象,随机激光器成为激光领域的一个研究热点。

二、技术内涵

(一)随机激光器的工作原理

传统激光器基本结构分为三部分:提供激励的泵浦源、通过受激辐射放大作用提供增益的工作物质和为激光振荡产生提供正反馈的谐振腔。而与传统激光器不同,随机激光器没有固定的谐振腔,而是靠无序增益介质中的多重散射来增加光放大的有效路径,最终使增益能够补偿损耗,实现激光的产生和输出。图1所示为激光在传统谐振腔和随机系统中的工作原理。

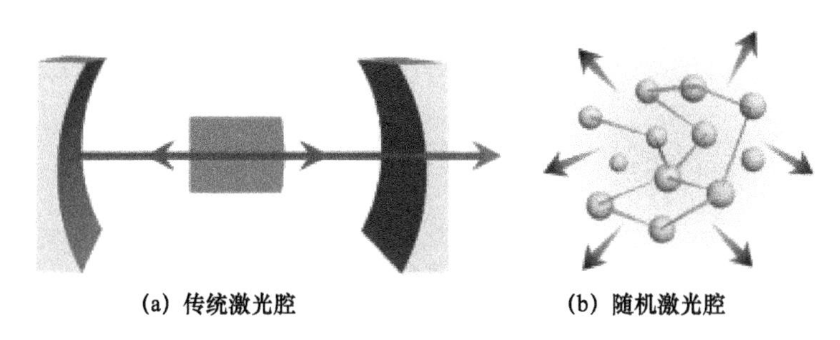

(a) 传统激光腔　　(b) 随机激光腔

图1　激光在传统谐振腔和随机系统中的工作原理

(二)随机激光器的类型

根据不同的反馈类型,随机激光器可分为非相干型和相干型两大类,如图2所示。对于非相干型随机激光器而言(图2a),散射介质仅提供强度反馈,其激射过程表现为增益谱的窄化;而在相干型随机激光器中(图2b),散射介质能够将光子重新散射回初始位置,从而形成闭环反馈,并产生干涉效应,其光谱表现为多尖峰激射,并且尖峰之间存在模式竞争效应,这也是无序系统中的安德森局域化效应在光子学领域的重要体现。

基于随机激光独特的产生机制和丰富的物理内涵,研究人员对随机激光进行了多角度、多领域的深入研究和探索。基于各种载体的随机激光器相继被报道出来,包括混合半导体粉末的染料液体、光子晶体、量子点、生物组织、不规则波导阵列的随机激光器等,工作波段覆盖了从深紫外到可见光再到红外和太赫兹波段。光子局域化效应、波动动力学、副本对称破缺、湍流和自旋玻璃等诸多物理现象均在随机激光中被观测到。研究结果表明,随机激光器在空间相干性控制、无散斑成像以及超分辨光谱测量等领域具有重要的应用价值。

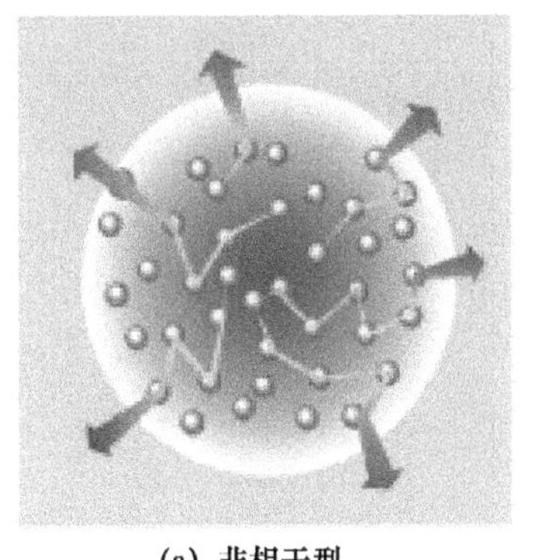

(a) 非相干型

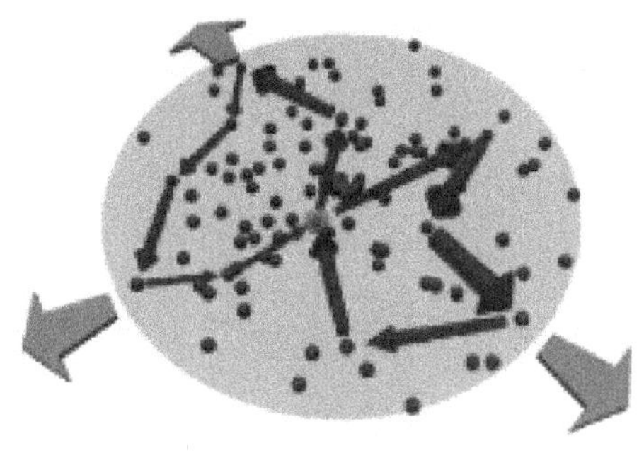

(b) 相干型

图2　不同反馈类型的随机激光产生原理示意图

(三)随机激光器的特点

根据随机激光器工作原理,可以得知它具有以下特点:

(1)随机激光器可以多方位出光,在多个方向都可以观察到受激辐射,并且不同的观察角度会有不同的发射光谱强度和谱线结构。

(2)材料发光区域的分布不均匀,当泵浦光照射增益介质,会产生很多发光区域,在三维空间中随机分布。

(3)受激辐射的特性在时间、空间和光谱图上都存在随机波动。

(4)激光阈值和激发面积相关,当激发面积比临界值小时,再强的泵浦光束也无法产生随机激光。

(5)工作波段范围广,覆盖了从深紫外到可见光,再到红外和太赫兹波段。

三、当前进展

(一)研制思路

随机激光器在设置好后往往处于静态,只能提供一些固定的实际功能的技术瓶颈,英国伦敦帝国理工学院和伦敦大学学院的研究团队希望找到一种方法,使随机激光器更具可编程性和适应性。他们从生命系统中获得了启发,这些系统能够随着条件的变化而动态地自我组装和重新配置(图3)。他们希望可以创造出一种能够融合结构和功能、重新配置自身并像生物材料一样协作的激光器。

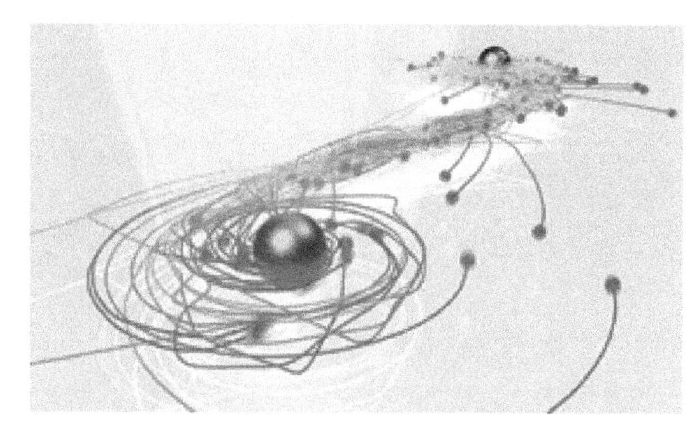

图 3 研究团队设计的随机激光器,Janus 粒子作为自组织激光活动的热点——激光能可控地从一个热点交换到另一个热点

(二)研制途径

为了实现这一目标,该研究团队使用 Janus 粒子(两面神粒子,它是球形微粒,具有不同的物理或化学特性,在粒子的两侧分别呈现),将胶体悬浮微粒可逆地吸引到中心点(图 4)。该团队推断,当用激光泵浦时,设计合理的 Janus 粒子可以作为一种微型加热器,将其他微粒吸入其区域,使其自发组织成随机激光。

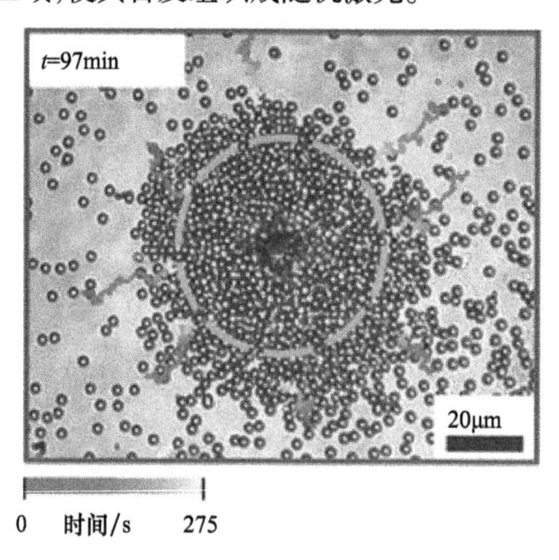

图 4 聚集在 Janus 粒子周围的微粒

(虚线描绘了激光区域,粉/黄线显示了几个微粒的轨迹)

研究团队首先使用悬浮化学法将 Janus 颗粒制成半径 4.22μm 的二氧化硅小球,在一侧涂有 60nm 厚的碳层。然后,研究人员将 Janus 颗粒倒入含有悬浮的较小 TiO_2 微粒的乙醇溶液中,并添加了基于罗丹明的激光染料作为增益介质。

当研究人员用波长为633nm激光持续照射Janus粒子时,Janus粒子正如预期那样吸收了入射光并升温。作为对局部加热的响应,嗜热悬浮的TiO_2微粒涌向Janus粒子热点(图5)。

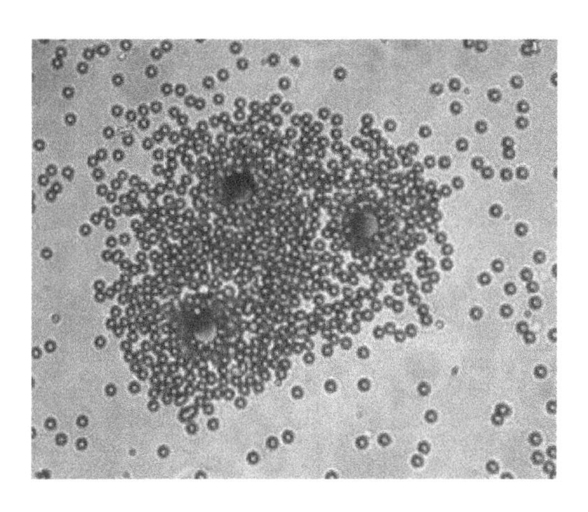

图5　激光微群在Janus粒子群周围形成不同的图案

紧接着,研究人员用第二个波长532nm的脉冲激光泵浦热点区域,并随着Janus粒子周围TiO_2微粒浓度的增加监测该区域的发射光谱。当微粒的密度达到临界阈值时,系统的发射线宽缩小到其初始值的一半——这是随机激光发生的明显迹象。而当照射Janus粒子的连续波点关闭时,Janus粒子迅速冷却,TiO_2粒子消散,随机激射停止。

(三)研制成果

在试验中,英国伦敦帝国理工学院和伦敦大学学院的研究人员设计的可重构自组织激光器由分散在液体中的微粒胶体组成,具有非常高的增益。一旦足够多的微粒聚集在一起,它们就可以利用外部能量受激而产生激光,并在外界条件改变时自主做出响应重新配置(图6)。该激光器在从几个单元吸收光后,从胶体的耗散自组装中自组织,并显示出响应性、可重构性和协作性等动态特征。当胶体簇动态地达到由自组装过程控制的阈值尺寸时,就会出现激光。

(1)多个自组织胶体激光器可以进行"协作"。当两个Janus粒子相隔大约一个泵点的距离,粒子交替加热时,可以使胶体粒子分别聚集并发射激光,激光活性在一个区域和另一个区域之间有效且可控地交换。

(2)通过加热不同的Janus粒子,激光集群可在空间中传输,从而实现该系统的适应性。

(3)Janus粒子可以互相协作,创造出比简单添加两个粒子更有特性的粒子簇,可以改变它们的形状和增强它们的激光功率。

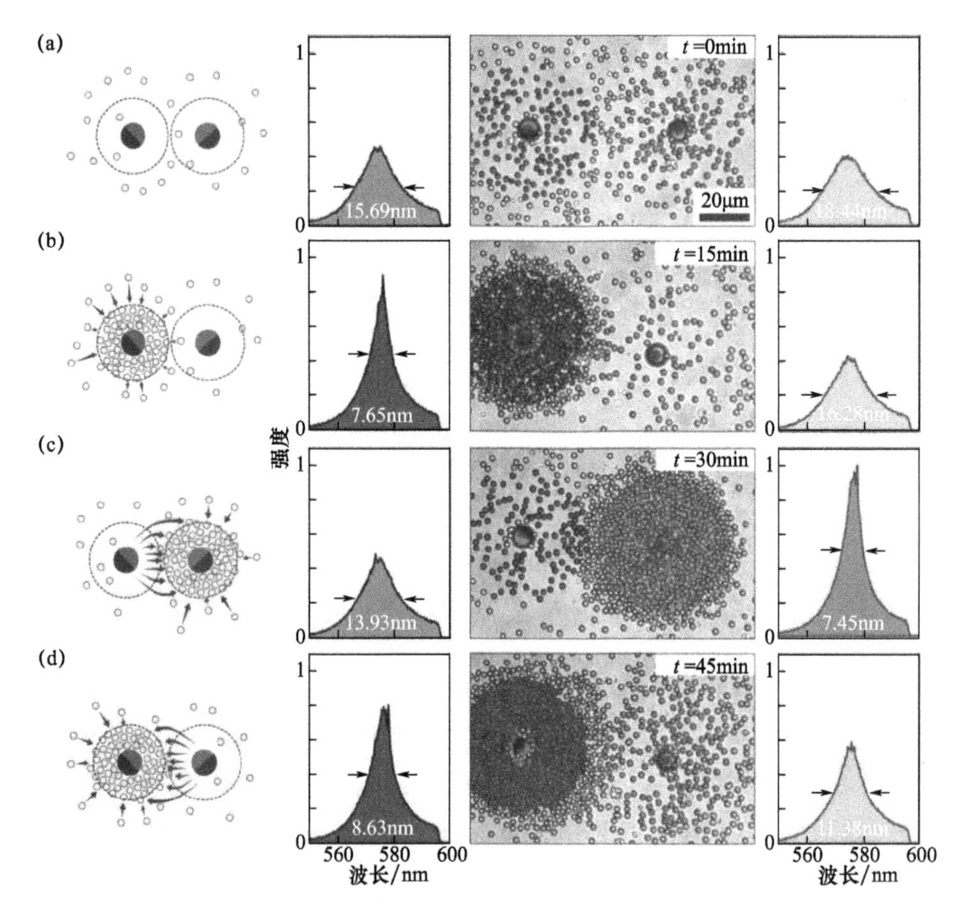

图 6　通过负载转移重新配置随机激光器

虽然与传统的激光器相比,随机激光器具有体积小、结构简单、可集成化程度高等优点,但是它与传统激光器一样,在设置好后往往处于静态,只能提供一些固定的实际功能。而可重构自组织激光器的激光作用可以在制造后控制变化。它能够融合结构和功能,可以重新配置自己,并像生物材料那样合作。目前此激光器已实现重新配置和合作,从而在模拟典型生物材料的结构和功能之间不断发展的关系方面迈出了第一步。

(四)未来改进方向

英国伦敦帝国理工学院和伦敦大学学院团队设计的系统有一个缺陷,即配置速度较慢,重新配置随机激光器需要几分钟时间。但是研究人员强调,未来可以通过使用光场或电场代替热刺激或除热刺激之外的系统来提高速度。下一步,该团队将研究如何改进激光器的自主行为,使其更加接近生物的自主性,助力开发用于传感、计算、光源和其他应用的一类新的活性功能材料。

四、影响和意义

自美国工程师梅曼于1960年成功制造出第一台激光器以来,激光由于强度大、单色性好、方向性强等优点,在工业制造、医疗、通信和国防领域中得到越来越多的应用。

随机激光因其特殊的形成机理和特性,具有制造工艺简单、成本低、易于集成等优点,在生物检测、传感测量和光学成像等方面有着重要的应用潜力。而可重构自组织激光器的问世有助于研制出传感应用、非常规计算、新型光源和显示的坚固、自主与耐用的下一代材料和设备。相信随着可重构自组织激光器技术的进一步发展与成熟,会有很大可能研制出多功能一体化激光器,在一台激光器中实现测距、照明、指示和成像等多种功能,以及多模态时空编码功能,从而在同一设备中可进行通信、驾束制导和多视场激光成像。因此,可重构自组织激光器受到的关注会越来越多,在相关军事领域的应用范围也会逐步发展。

(中国电子科技集团公司第十一研究所　张冬燕)

美国 InnoSys 公司推出电真空与固态技术结合的行波管

2022 年 1 月,美国 InnoSys 公司成功研制了一种基于电真空技术与固态技术结合(SSVD)的 E 波段行波管,并交付用户。该毫米波行波管采用固态半导体的方法设计和制造高频慢波线路,工作频带为 81 ~ 86 GHz,饱和功率约为 100W,具有良好的线性工作特性,可满足无线通信输出的高保真特性。基于固态技术和电真空技术的行波管,可以解决现有行波管的量产问题,在降低成本的同时又提高了效率。

一、技术背景

传统电真空器件主要包括行波管、速调管、磁控管、正交场器件、相对论功率器件等,其相对于固态半导体器件的最大优势是工作在真空环境,这意味着电子运动过程中,不会与半导体晶格发生碰撞并产生热量,工作效率高。虽然如今电真空器件仍然是雷达、通信、电子战等系统的核心元器件,但是面临着大规模制造的技术瓶颈问题,加之固态半导体器件技术的飞速发展,使得电真空器件面临着新的挑战。

自从固态半导体器件诞生以来,有人曾断言固态半导体器件将代替电真空器件,但事实却是电真空器件在毫米波太赫兹频段和高功率场合得到了新的应用和发展。在毫米波段以上,电真空器件输出损耗小,可灵活控制电子的群聚和能量交换,目前仍是实现大功率微波输出的唯一途径。虽然传统真空器件具有高频率、高功率的显著优点,但制作工艺复杂,目前仍需要人工装配,无法大幅降低成本,使得大规模量产艰难。固态半导体器件的体积小,低噪声,半导体工艺一致性好,可以大规模批量制造。为了把两者优点结合起来,屏蔽缺点,相关研究人员迫切想实现两者的结合,随即发明了微波功率模块(MPM),然而该模块只是把两种器件机械地拼凑在一起,仍然没有解决工艺一致性和大规模批量制造的问题。

毫米波太赫兹需求为电真空器件和固态半导体器件的结合提供了机遇。由于微波频段的拥挤，近年来国内外产业界都更加关注毫米波和太赫兹频段的利用与发展。毫米波频段的应用可追朔到20世纪70年代，美国Milstar通信卫星正式使用Ka波段毫米波技术，使毫米波技术应用取得突破。近年来，高速数据通信和5G移动通信的发展，要求更高的工作频率和更宽的频带宽度。促使人们开辟到毫米波太赫兹频段。

太赫兹频段是介于红外线和微波之间的频段。光波产生太赫兹功率源的方法是通过两束不同波长激光源的差频来实现，但是这种方法很难获得大功率输出。而单纯固态半导体器件在E波段(60~90GHz)以上产生功率输出也十分困难，目前唯有电真空器件在太赫兹频段可以获得较大的功率输出。然而，电真空器件的互作用慢波电路的慢波周期与射频波长具有高度相关性，即随着波长变小而变小。在毫米波太赫兹频段，用传统方法制造慢波线路非常困难，而用固态半导体技术制造电真空器件的慢波线路却顺理成章。

二、技术细节

行波管是电真空器件的代表，其结构如图1所示，由电子枪、慢波线路、收集极构成。电子枪产生电子束；电子束在慢波线路中，与微波信号产生相互作用，微波信号功率放大；由收集极收集“互作用结束”的电子，此外还有输入输出系统和磁聚焦系统。行波管由纯手工的电真空技术完成，不能实现大规模制造。其中，慢波线路通常有螺旋线结构、耦合腔结构、梯形线结构。它们一般由金属带绕制或者由不一样的金属片循环叠拼焊接在一起。这种电真空工艺的慢波线路零件，需要逐个制造，且参数一致性差。InnoSys公司2002年提出了利用固态半导体技术制造慢波线路，研制电真空与固态技术结合的行波管。

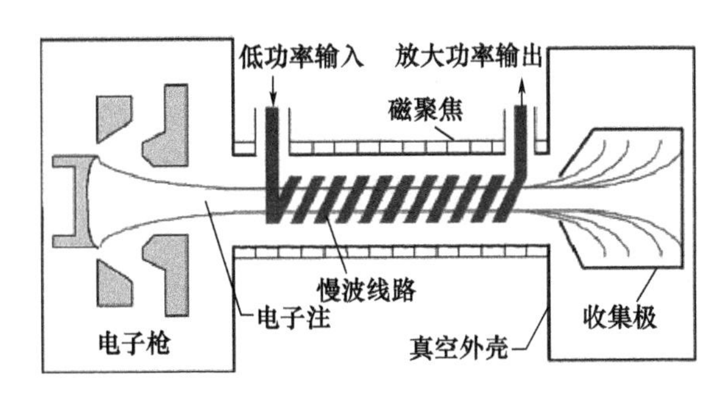

图1　行波管结构原理图

固态半导体技术是指半导体加工的各种技术,包括晶圆生长、薄膜沉积、光刻、蚀刻、掺杂和工艺整合等。微机电系统技术是以微电子、微机械以及材料科学为基础,设计、制造具有特定功能的微型器件。其中,微机电系统技术是固态半导体技术的一个分支,也是半导体技术的重要发展方向。LIGA 是德文 Lithographie、Galvanoformung 和 Abformung 三个词,即光刻、电铸和注塑的缩写。LIGA 工艺是一种基于 X 射线光刻技术的微机电系统加工技术,包括 X 光深度同步辐射光刻、电铸制模和注模复制的三个工艺步骤。该工艺取材广泛、可重复复制。综上所述,LIGA 技术属于固态半导体中微机电系统技术的一个分支。

LIGA 技术是微纳米制造技术中工艺能力很强的加工技术。由于普通 LIGA 技术需要昂贵的 X 射线光源和制作复杂的掩模版,故其工艺成本高,限制了该技术的推广应用。随即出现了一类低成本的光刻光源和掩模制造工艺的加工技术,且制造性能与 LIGA 技术相当,通称为准 LIGA 技术。准 LIGA 技术中,有一种名为 UV - LIGA(紫外光刻和电铸)技术,因其优点诸多,被广泛采用。UV - LIGA 技术的紫外光源来自汞灯,采用简单的掩膜版。该工艺两个主要部分为厚胶的深层 UV 光刻和图形中结构材料的电镀。UV - LIGA 适用的光刻胶主要是 SU - 8 胶。SU - 8 胶是一种负性胶,即曝光时,胶中含有的少量光催化剂发生化学反应,产生一种强酸,能使 SU - 8 胶发生热交联。使用此胶,可以形成图形结构复杂、深宽比大、侧壁陡峭的微结构。

UV - LIGA 已用于毫米波以上波段的电真空器件的慢波电路研制。光刻图案化模用于铜晶圆上的 SU - 8 光刻胶中,形成电路形式。通过在 SU - 8 胶上电铸铜,随后去除 SU - 8胶,留下实心的铜电路。此外,还可使用聚合物细丝的夹杂物来创建准 3D 结构。

在 W 波段电真空器件中,为了创建 2mm 深的慢波电路,使用了 4 层 UV - LIGA 的方法。每层在 SU - 8 胶中单独成形、电铸,研磨至精确厚度。使用多层可控纵横比,从而在每层中产生更清晰的侧壁轮廓。此外,可以通过定位台上的引脚来实现层对层的对准。将聚合物细丝嵌入 SU - 8 中,在电路平面中形成第 3 层,即束通道,如图 2(a)所示。图 2(b)显示了移除 SU - 8 胶和细丝后的全 4 层铜电路。最终,顶部将焊接一个扁平的铜盖,完成电路。

随着工作频率的增加,采用固态方法制造行波管慢波电路的工艺过程也有所不同。美国海军实验室公开报道了 G 频段行波管高频慢波电路的加工过程,采用了双层 UV - LIGA 工艺,如图 3 所示。图 3(a)为 205μm 半周期回路的真空部分建模,其中 EB 代指电子束,尺寸单位为微米;图 3(b) ~ 图 3(g)为双层 UV - LIGA 的微制造工艺,使用光刻胶中的聚合物单丝来保持电子束隧道的尺寸、形状和位置,其中 APR 是活性光刻胶,F 是细丝,BTH 是电子注通道;图 3(h) ~ 图 3(i)为全铜的折叠波导慢波电路的照片,其中将直径为 183μm 的衰减器插入电子注通道;图 3(j)为光掩模的图案;图 3(k)为成型的波导照片。

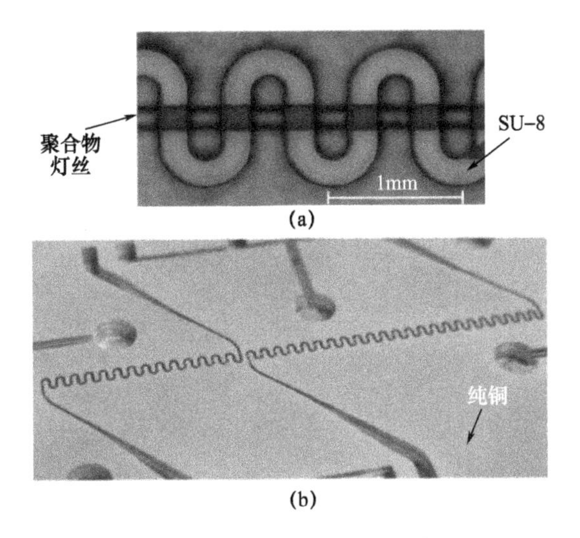

图 2　多层 UV－LIGA 制造

详细制作工艺如下：图 3(b)是将 SU－8 光刻胶施加到铜晶圆上；图 3(c)是在通过光掩模和显影，曝光 365nm UV 的图案后，SU－8 活化的光刻胶形成了所需回路形状的模具；图 3(d)是铜在 SU－8 模具周围进行电铸，并研磨至一定厚度；图 3(e)是聚合物细丝 F 与电路对齐，使之作为光束通道的模具，并施加更多的光刻胶来嵌入细丝，形成电路的第二层，其中细丝对紫外线是透明的，折射率类似 SU－8，因此可以防止紫外线通过之时，产生畸变；图 3(f)是重复图 3(c)和图 3(d)所示的制作步骤；图 3(g)是移除光刻胶和细丝，然后钎焊平盖完成行波管慢波电路。这种双层工艺可为深度超过 500μm 的结构提供优良的公差控制。细丝的直径公差约为 ±1μm。

除上述折叠波导慢波电路可以采用多层 UV－LIGA 方法制备，毫米波太赫兹频段的螺旋线慢波电路也可以使用该技术。采用双硅晶圆为原料，在一块硅晶圆上首先涂覆一层薄薄的金刚石薄膜。将金刚石薄膜进行平版印刷，蚀刻在硅衬底上，在未涂覆的硅晶圆中产生相应的图案。然后对两块硅晶圆进行蚀刻，形成螺旋型外表面的图案。之后在晶圆上选择性地镀黄金，在每个晶圆片上产生半个螺旋形状。金属化的短段横向延伸到螺旋的每一侧，作为键合垫。随之对这两半进行扩散键合，当硅被移除时，一个由金刚石片支撑的螺旋仍然存在。图 4 显示了 94GHz 螺旋线慢波电路的制备。LIGA 蚀刻工艺使得螺旋线横截面基本上是六边形。

传统的固态半导体工艺不断发展，日益精细；电真空器件使用的半导体微加工过程在概念上相当直接，加工尺寸与规格很容易达标，但是与理论结构的微小偏差会导致重大问题。例如，电子注通道在横截面上的偏移会导致器件参数的变化，电子注通道在任何方向上的偏移都会导致增益的降低；如果电子注在图 3 所示的波导方向平面偏移将会在导致双周期出现,在所需的太赫兹放大频带内形成阻带,导致整个器件无功率输出。因此,大规格半导体工艺设备中,减少制造偏差,往往较难做到,因此美国海军实验室曾宣称这是本技术的难点。

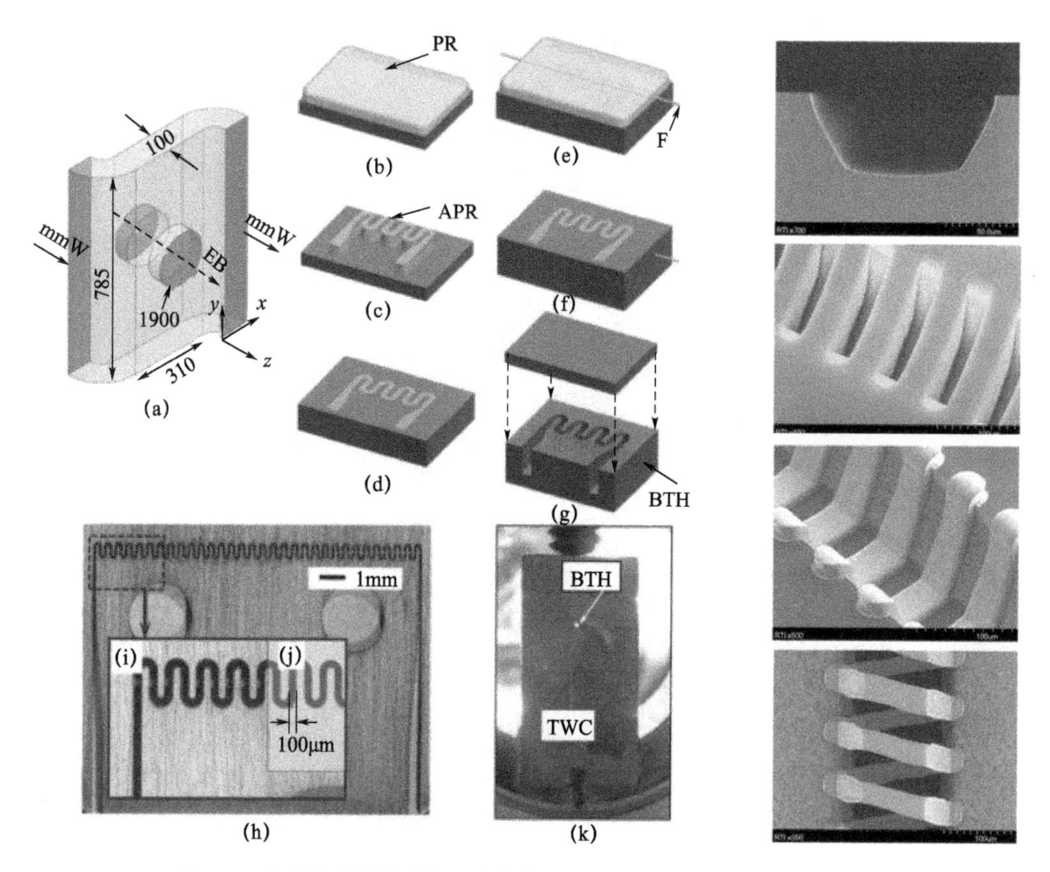

图 3　G 波段行波管的高频慢波电路及其加工过程

图 4　螺旋线 LIGA 蚀刻加工过程

三、技术历史发展

对于 SSVD 技术,美国 InnoSys 公司、美国海军实验室和诺斯罗普·格鲁曼公司做了很好的探索。

2002 年,美国 InnoSys 公司联合犹他大学提出了 SSVD 技术,并于 2008 年获得专利,2009 年获得折叠波导的慢波电路和螺旋线慢波电路的制造方法专利,2010 年注册了商标 SSVD TM。

2014 年,美国海军实验室利用固态半导体工艺研制行波管的慢波线路,表 1 是海军实验室研制的 G 波段行波管参数。

表 1　海军实验室有关 G 波段行波管的参数

参数	数值
频率/GHz	231.5 - 235
电子注电压/kV	20
电子注电压/mA	124
小信号增益/dB	30.6
-1dB 带宽/GHz	4
最大功率输出/W	140
间隙数目	62 + 31

2016 年，诺斯罗普·格鲁曼公司用固态技术加工制造了 G 波段行波管，其中心频率 233GHz。放大器的输出功率在 232.6 ~ 234.6GHz 时超过 79W，在 2.4GHz 瞬时带宽时超过了 50W。在该带宽上，饱和增益约为 23 ~ 24dBm，饱和输出功率需要 26 ~ 27dBm 的输入驱动。图 5 是诺斯罗普·格鲁曼公司研制的 G 波段行波管照片以及采用的高频慢波电路。图 6 是脉冲为 50W 的频率—带宽输出功率曲线，其带宽还可以再扩大。

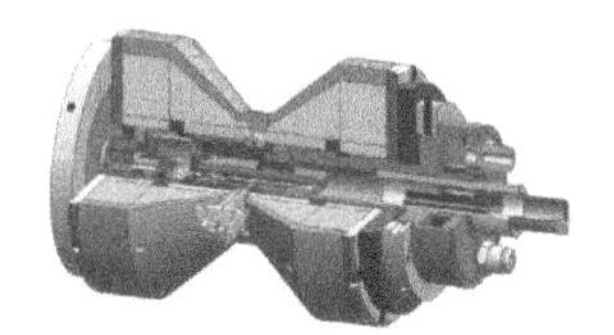

(a) G波段行波管模型

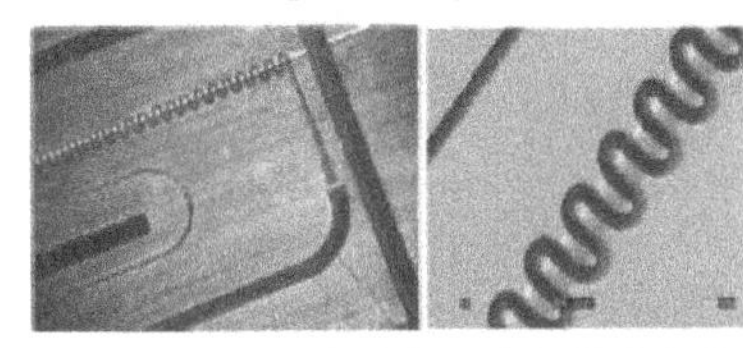

(b) G波段行波管的高频慢波线路

图 5　G 波段行波管模型及高频慢波线路

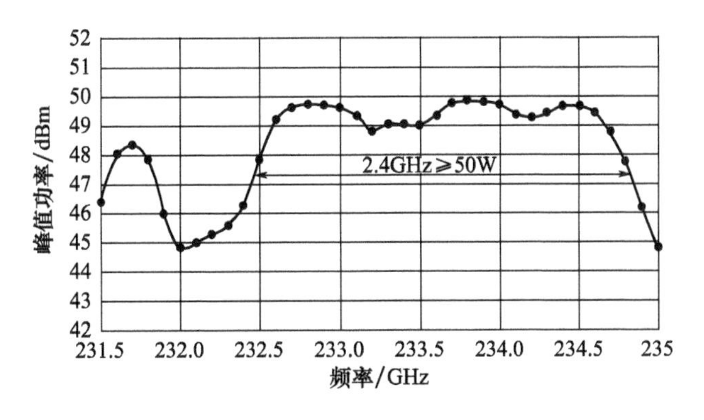

图 6　G 波段行波管的频带—功率曲线

2016 年,Terphysics 公司研制了一个经过半导体工艺光刻、微制造的 94GHz 功率为 25W 的螺旋行波管。行波管最常见的慢波电路是螺旋线(图 7),因为它提供了无与伦比的带宽。然而,传统螺旋线行波管不可能制造 60GHz 以上的射频功率。采用半导体工艺微加工技术,实现的螺旋线可以用到 1THz 频段上。

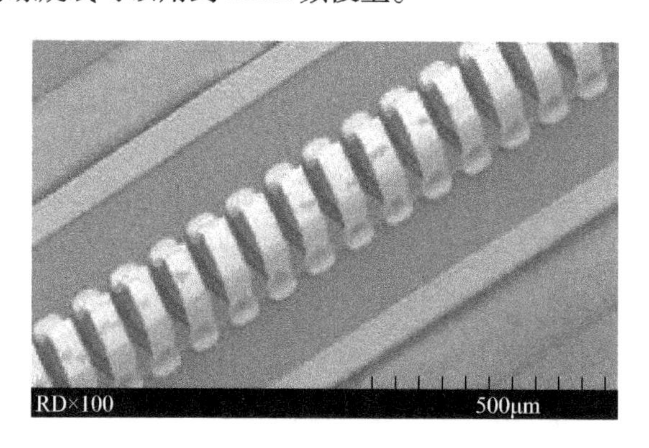

图 7　Teraphysics 公司制造的 94GHz 螺旋线

2017 年,诺斯罗普·格鲁曼公司研制了 1THz 频率的行波管,在 1.03THz 下产生了 29mW 的射频功率,饱和增益为 20dB,带宽为 5GHz。该放大器的最大占空比为 0.3%,脉宽为 30μs。如图 8 所示,在太赫兹频率下,慢波电路采用 OFHC 铜电镀折叠波导(FWG)电路,该电路由绝缘体上硅(SOI)晶圆的 2 级深反应离子蚀刻(一种微电子干法腐蚀工艺)制成。该慢波电路的慢波周期的小于 10μm。这只能通过先进的半导体加工技术实现。

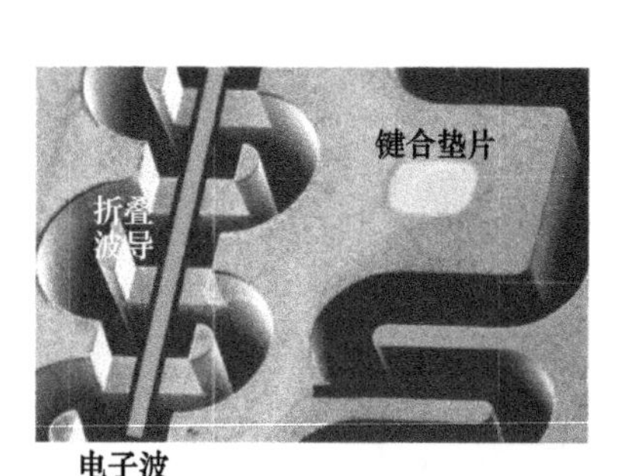

(a) 太赫兹功率放大器微加工慢波电路

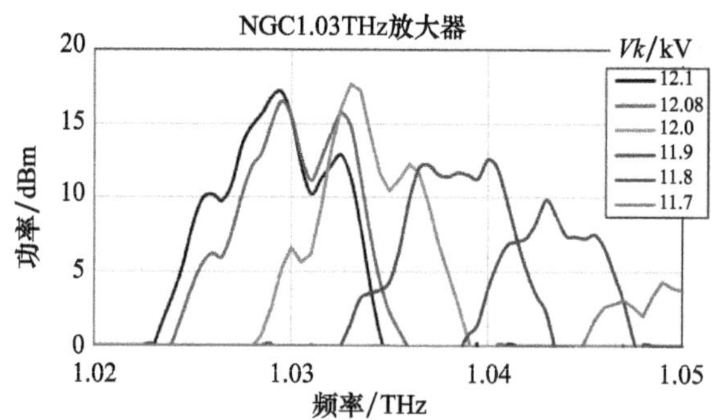

(b) 不同电压下产生的放大器功率频谱

图 8　太赫兹功率放大器

2020 年,InnoSys 公司推出了 81 ~86GHz 的 E 波段功率 90W 的 SSVD 行波管。2022 年,InnoSys 公司研制了 100W 电真空与固态技术结合的 E 波段行波管,并交付 CPI 公司供通信应用。图 9 是其输入输出的功率图,此行波管用于无线通信系统。

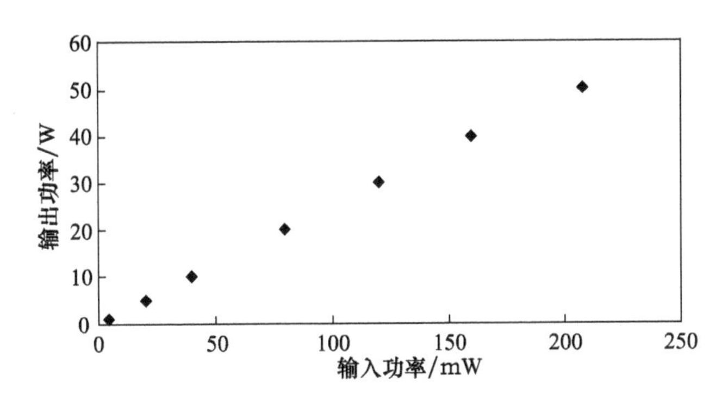

图9 E波段SSVD行波管的输入输出功率图

四、发展前景

固态半导体器件生产的一致性好,可以大规模批量制造;电真空器件功率大、效率高,但是难以大规模批量制造。固态功率器件自诞生以来,迅猛发展,并不断与电真空器件竞争。在20世纪,电真空器件所遇到的挑战主要来自于X波段及其以下频段;进入21世纪以来,固态器件在Ka波段的宽带系统中,也显示了一定的潜力。

为了实现真空微波功率器件的大规模批量制造,许多新技术和新工艺不断尝试和采用,电真空技术与固态技术结合起来,形成SSVD技术。这种结合是电真空与固态技术的结合,不同于以往的微波功率模块(MPM),单纯把电真空器件和固态半导体器件的机械结合;此次的结合是利用固态的工艺技术加工电真空的慢波线路,是技术融合。这种融合特别适用于制造W波段及其以上频率(75GHz以上)的行波管研制。SSVD技术正是发挥了电真空器件在高频段的优势,并将先进的半导体微加工技术引入电真空器件的生产制造工艺中,在高频段乃至太赫兹频段实现大功率和宽频带的微波功率器件的慢波线路制造。

由于InnoSys公司的E波段SSVD行波管的高功率和良好的线性工作特性,因此可应用于实际无线通信系统中,SSVD技术也引起了国内外产业界的关注。这是里程碑式的技术突破,必将在毫米波太赫兹频段应用推广。同时,其他种类的电真空器件的慢波电路等部件也会采用固态半导体工艺技术。此外还可以预测,多种类别太赫兹功率器件研制成功,还将使得太赫兹通信、太赫兹雷达等大规模装备部队,进一步提升国防战力。

(中国电子科技集团公司第十二研究所　寇建勇　李谷雨)

大事记

Lightelligence 公司发布新型光计算芯片。美国 Lightelligence 公司 2022 年初发布了一款集成光电子平台 PACE(光子算法计算引擎)。PACE 的核心是一个光子集成电路(PIC),能快速、高效地执行计算密集型矩阵乘法,这是许多人工智能计算问题的关键瓶颈。PIC 被紧密地封装在一个小的 3D 堆栈中,并带有一个电子集成电路(EIC)来处理其他耗电较少的任务。PACE 能够以比传统高端电子处理器快数百倍的速度解决特定类型的计算问题,清楚地展示了在某些与人工智能相关的问题中光学计算相对于传统计算模式的优势。

耶鲁大学研制出全硅微波光子陷波滤波器。2022 年初,耶鲁大学展示了全硅微波光子陷波滤波器,其光谱分辨率比以前在硅光子学中实现的光谱分辨率高 50 倍。这种增强的性能是通过利用光机械相互作用获得长寿命声子来实现的,这大大延长了硅中可用的相干时间。他们使用基于布里渊的多端口光机系统来演示超窄带(2.7MHz)陷波滤波器,该滤波器在微波光子链路内具有高抑制(57dB)和宽光谱带(6GHz)的频率可调性。他们使用与 CMOS 兼容的制造技术,通过全硅波导系统实现了这一点。

欧盟发布《欧洲芯片法》。欧盟委员会 2 月 8 日消息,欧盟发布《欧洲芯片法案》,旨在聚集全球领先的研究机构和设备制造商,突破先进芯片的设计、制造和封装技术,摆脱半导体供应依赖。法案指出,欧盟将调动超过 430 亿欧元的公共和私人投资应对未来的供应链中断,并实现在 2030 年占据全球半导体生产市场份额 20% 的目标。

日本公司首次实现氧化镓半导体 6inch 成膜。2022 年 3 月 1 日,作为日本新能源与工业技术发展机构(NEDO)战略节能技术创新计划的一部分,Novel Crystal Technology(NCT)公司与大阳日酸公司、东京农工大学合作,首次使用卤化物气相外延法(halide vapor phase epitaxy,HVPE)在 6inch 晶圆上成功外延沉积氧化镓(β - Ga2O3)。以往的技术只能在最大 4inch 晶圆上成膜,NCT 在世界上首次实现 6inch 成膜。

俄罗斯宣布约 3 万亿卢布新半导体计划。据 2022 年 4 月 15 日消息,俄罗斯政府宣布了新的半导体计划,该计划作为俄全新微电子开发计划的初步版本,预计到 2030 年投资3.19万亿卢布(约384.3亿美元)。该资金将用于开发本土半导体生产技术、国内芯片开发、数据中心基础设施、本土人才培养及自制芯片和解决方案的市场推广。

英特尔公司与欧洲在300mm晶圆上制造“硅量子比特”。2022年4月18日,英特尔公司在俄勒冈州希尔斯伯勒的D1工厂与欧洲研究团队Qtech代尔夫特技术大学(TU-DFT)和荷兰应用科学研究组织(TNO)合作制造了“硅量子比特”。这是该工厂首次大规模制造量子比特。英特尔公司称,该公司可以生产超过1万个具有多个硅量子比特的阵列,同时晶圆良率达到95%或更高。量子点位于Si/SiO_2界面,允许良好的隧道势垒控制,这是容错双量子比特门的关键特性。在少电子区使用磁共振的单自旋量子比特操作显示弛豫时间在1T超过1s和相干时间超过3ms。

台积电加入日本“尖端半导体制造技术开发”项目。日经中文网2022年4月20日消息,全球最大半导体代工企业台积电(TSMC)宣布加入日本国家项目“尖端半导体制造计划开发”。该项目于2021年正式启动,致力于开发最先进的元器件技术,攻关纵向堆叠电路技术,旨在“把半导体制造技术留在日本”。该项目以日本产业技术综合研究所为基地,参与机构包括东电电子、佳能、先端系统技术研究组合等,5年经费超760亿日元;台积电在项目中负责与日本共同开发半导体制造中的三维后工序技术。

欧美研究人员使用半导体制造工艺创造量子比特。TechXplore网2022年4月21日消息,英特尔公司和荷兰代尔夫特理工大学研究人员成功在英特尔半导体制造工厂使用先进工艺,在硅/二氧化硅界面上创造了量子比特。这一成果建立在全光刻工艺和全工业处理工艺上,取代了使用电子束刻蚀和传统剥离工艺的制造过程,表明使用现有的制造工艺大规模创造统一且可靠的量子比特是具备可行性的。

意法半导体公司和美国MACOM成功开发射频硅基氮化镓原型芯片。2022年5月,意法半导体公司和美国MACOM公司成功制造出射频硅基氮化镓(RF GaN-on-Si)原型芯片。意法半导体公司制造的射频硅基氮化镓原型晶圆和相关器件已达到成本和性能目标,完全能够与市场上现有的LDMOS和GaN-on-SiC技术展开有效竞争。2022年这些原型即将完成下一个重要阶段—认证测试和量产。

美国高校研究人员开发出太赫兹成像芯片。Techxplore网2022年6月6日消息,美国德克萨斯大学达拉斯分校与俄克拉荷马州立大学研究人员开发出一种太赫兹成像芯片。这种微芯片基于CMOS技术制造,可从不大于一粒沙粒的像素中发射太赫兹频率(约430GHz)的辐射束,使其穿过光线无法穿透的障碍物,并在被物体反射回后产生图像。该芯片可以探测雾、烟、灰尘和雪等环境中的障碍物,并创建图像,在自动驾驶汽车系统及工业领域具有广泛的应用前景。

美国国防部发布《微电子愿景》。2022年6月15日消息,美国国防部发布由国防微电子跨职能小组(DMCFT)制定的《微电子愿景(Microelectronics Vision)》。该愿景核心是:国防部将获得并维持有保障、长期、可衡量的安全微电子技术,以实现超强匹配性,提高作战能力及人员战备状态。为实现该愿景,DMCFT 建议国防部采取以下措施:确保及时获得安全、低成本的微电子技术;确保项目拥有资源并具备相关知识,以利用相关的微电子技术、流程和标准;利用工具、政策等措施来减少或消除维护保障问题;成立专门管理微电子知识和最佳实践的部门;加强微电子技术创新,加速向国防部系统转移;积极参与跨部门合作,为以国家安全为重点的国内微电子能力发展进行战略投资;培养一支具有熟练技能的员工队伍。

英特尔公司 3D 封装技术取得新进展。cnBeta 网 2022 年 6 月 21 日消息,英特尔公司在封装设计中开发了一种嵌入式电感的全集成稳压器(FIVR),用于控制芯片在 3D - TSV 堆叠系统中的功率。FIVR 在基于 22nm 工艺的裸片上实现,采用三种 TSV 友好型电感结构,具有多面积与效率的权衡选项。这些很容易并行地构建模块化设计,可以服务于广泛而不同的 Chiplet。

澳大利亚推出世界首个原子级量子集成电路。2022 年 6 月 23 日,澳大利亚新南威尔士大学初创企业“硅量子计算”公司(SQC)宣布创造出世界上第一个原子级量子集成电路。在制造出用作模拟量子处理器的原子级集成电路后,SQC 团队用这种量子处理器精确地模拟了一个小的有机聚乙炔分子的量子态,从而证明了他们的量子系统建模技术的有效性。通过精确控制原子的量子态,新处理器可模拟分子的结构和特性,有望帮助科学家“解锁”未来的全新材料和催化剂。

韩国三星电子公司开始量产 3nm 芯片。TechWeb 网 2022 年 6 月 30 日消息,韩国三星电子公司开始量产 3nm 芯片,成为全球第一家量产 3nm 芯片的代工厂。与 5nm 芯片相比,3nm 芯片的性能提高了 23%、功耗降低了 45%、芯片面积减少了 16%;2023 年将推出第二代 3nm 芯片,可使功耗降低 50%、性能提升 30%、芯片面积减少 35%。

英特尔公司在集成光电研究方面取得重大进展。2022 年 7 月 4 日,英特尔研究院宣布其集成光电研究取得重大进展,这是提高数据中心内和跨数据中心计算芯片互联带宽的下一个前沿领域。这一最新研究在多波长集成光学领域取得了业界领先的进展,展示了完全集成在硅晶圆上的八波长分布式反馈(DFB)激光器阵列,输出功率均匀性达到 ±0.25dB,波长间隔均匀性到达 ±6.5%,均优于行业规范。这项新的研究表明,均匀密集的波长和良好适配的输出功率是可以同时实现的,最重要的是,能够利用英特尔公司晶圆厂现有的生产和制程控制技术做到这一点。因此,它为下一代光电共封装和光互连器件的量产提供了一条清晰的路径。

美国总统拜登正式签署《2022 年芯片与科学法》。2022 年 8 月 9 日,美国总统拜登正式签署《2022 年芯片与科学法》,其中第一部分为针对芯片的立法,旨在以法律形式出台系列支持举措,进一步巩固美国的全球半导体主导地位。9 月 6 日,美商务部发布《美国资助芯片战略》，旨在提出落实《2022 年芯片与科学法》要求的战略目标、指导原则和具体实施方案。

美国斯坦福大学开发出一种新型内存计算芯片，具有较高能源效率。2022 年 8 月 29 日消息，美国斯坦福大学研究人员开发出一种名为 NeuRRAM 的内存计算芯片，具有较高能源效率。该芯片基于电阻随机存取存储器（RRAM）而构建，具有 48 个计算核心，支持多种神经网络模型和架构，因此被称为 NeuRRAM。该芯片在手写数字识别任务中的准确率达到99%，在图像分类任务中达到 85.7%，在 Google 语音命令识别任务中达到 84.7%，在图像恢复任务中图像重建错误减少了 70%。这些结果与现有的数字芯片相当。

美国哈佛大学研发出新型片上激光频率梳，效率提升 100 倍。据 PHY 网 2022 年 9 月 7 日消息，美国哈佛大学研究人员研发出新型片上激光频率梳，较旧设备效率提高 100 倍、带宽提升 2 倍。研究人员将光电频率梳技术和耦合谐振器结合起来，研发出新型片上激光频率梳，可以在不牺牲带宽的情况下大大提高效率。未来，这种片上激光频率梳有望应用于天文研究、光学计算和光学计量等场景。

韩国研究团队开发出新型人工突触半导体器件，具有高性能和高可靠性。TechXplore 网 2022 年 9 月 20 日报道，韩国科学技术研究院（KIST）研究团队开发出新型人工突触半导体器件，具有高性能和高可靠性。该团队在人工突触中掺入过渡金属钛，以控制活性电极离子的还原概率，并微调了活性电极离子的氧化还原特性，解决了阻碍现有神经形态半导体器件性能的小突触可塑性问题。未来，该人工突触半导体器件有望于用于制造先进的神经形态芯片，以实现高性能的人工智能系统。

美国主导的“芯片四方联盟”首次预备会议召开。2022 年 10 月 1 日消息，由美国联合日本、韩国、中国台湾组建的“芯片四方联盟”（Chip 4）近日举行“美—东亚半导体供应链弹性工作小组”首次预备会议。据悉，中国台湾地区官员表示，此次会议为工作小组筹备会议，会议已达成初步共识，该平台作为美国主导讨论的工作平台，美日韩及中国台湾四方主要商议如何从各自角度来解决半导体供应链遇到的相关问题。

美国宣布新的芯片出口管制措施。美国商务部工业和安全局（BIS）10 月 7 日消息，BIS 发布了新的芯片出口管制措施，进一步限制向中国出售半导体和芯片制造设备。根据 BIS 通告，将禁止企业向中国供应先进的计算芯片制造设备和其他产品，为向中国出口半导体制造“设施”增加了新的许可证要求。中国实体拥有的设施许可证将面临“拒绝推定”，跨国公司将根据具体情况决定。美国供应商若向中国本土芯片制造商出售尖端生产设备，生产 18nm 或以下的 DRAM 芯片、128 层或以上的 NAND 闪存芯片、14nm 或以下的逻辑芯片，必须申请许可证并将受到严格审查。

俄罗斯研究人员开发出一种在钙钛矿太阳能电池中传输电子的新材料。乌拉尔联邦大学网站 10 月 27 日消息，俄罗斯乌拉尔联邦大学（UrFU）和俄罗斯科学院乌拉尔分院的研究人员开发出一种在钙钛矿太阳能电池（PSC）中传输电子的新型材料，该材料将显著降低太阳能电池的生产成本。虽然该材料携带电子的能力比富勒烯略差，但合成简单，且光学、电化学和电子特性很容易改变，为进一步改善钙钛矿太阳能电池性能提供了可能性。

日本东京大学开发出新一代半导体加工技术，可用于先进封装。日经中文网 11 月 16 日消息，日本东京大学研究团队开发出新一代半导体加工技术，可使用激光在半导体封装基板上形成直径 6μm 以下的微细孔洞，而此前该技术的极限约为 40μm。通过该技术在 Fine - Techno 公司生产的绝缘薄膜上形成集成电路布线使用的微细孔洞，可大幅提高封装芯片的集成度，有望应用于芯片的先进封装制造环节。

网络信息前沿技术卷

网络信息前沿技术卷年度发展报告编写组

主　　编： 秦　浩　栾　添　王武军

副 主 编： 张雪松　袁　野　吴云鹏

撰稿人员：（按姓氏笔画排序）

王一星　王　虎　卞颖颖　冯　芒　伍尚慧

芦存博　李明强　李茜楠　肖俊祥　吴永政

余珊珊　汪　士　孟祥瑞　赵盛至　禹化龙

姚雨晴　秦　浩　袁　野　柴继旺　徐兵杰

栾　添　黄　伟　黄小军　崔大健　彭玉婷

董光焰　韩顺利　雷　昕　薛广太

审稿人员： 全寿文　肖晓军　张　帆　孟祥豪　陈鼎鼎

张雪松

综合分析

2022 年网络信息前沿技术发展综述

2022 年,世界局势风云变幻,安全环境动荡不安,俄乌冲突等事件加剧了不同阵营国家的分裂和对抗,各国保护主义进一步抬头,实施了多项打击全球供应链、破坏国际科技合作的政策,科技全球化遭遇了前所未有的冲击和破坏。与此同时,新一轮科技革命持续演进,各国对自主可控的需求持续增加,在前沿技术领域的竞争愈发激烈,纷纷采取增加投资等举措提升领域实力。尤其需要关注的是,美国等主要强国聚焦网络信息领域的多项前沿技术,持续增加投入,出台、更新相关政策文件,深化管理机制调整改革,提升技术研发、试验和转化应用能力,推动领域多个技术取得重要进展。

一、科技进步环境面临挑战,网络信息前沿领域备受关注

2022 年,由于新冠疫情严重、俄乌冲突、各国保守势力上台等诸多不利因素,各国之间多年来形成的国际交流与科技合作机制、全球稳定的供应链体系遭到严重破坏。例如,美国总统拜登 2022 年 8 月签署的《2022 年芯片与科学法》中就要求,“约定从接受联邦财政援助之日起的 10 年内,受美国联邦政府援助的实体不得参与任何使中国或任何其他受关注的外国(包括俄罗斯、伊朗、朝鲜等对美国构成国家安全威胁的国家)半导体制造能力得到实质性扩张的重大交易。”类似举措严重破坏了科技交流、合作以及未来的全球化分工。但总体而言,得益于前瞻性和基础研究等特点,网络信息前沿领域全年受关注度持续攀升。

(一) 大国竞争激烈,国际合作环境遭受破坏

美国不断在科技方面打压中国,对我国科技进步和产业升级施加阻碍。持续增加纳入管制清单的中国企业数量,禁止各国向我国提供高端半导体芯片及相关制造设备、设计软件,遏制中国企业高技术产品出口美国,还积极限制中国企业获得美国投资,封停创新工具使用合作,并阻碍中美人才交流。例如,《2022 年芯片与科学法》除致力于提振美

国的芯片制造业外，还提出构建“排华小圈子”，推动全球半导体行业格局重塑，阻滞中国半导体行业发展，持续拉大与中国的技术代差；美国政府2022年3月提议与韩国、日本以及中国台湾地区建立“芯片四方联盟”（Chip4），将中国大陆排除在全球半导体供应链之外；北约在《北约2022战略概念》文件中表示，中国对北约构成“系统性挑战”，北约应拉拢日韩打造“亚太版北约”，限制中国的产业升级和前沿领域的技术进步。

（二）领域重要性提升，多国政策文件强力推动

美国发布多份政策文件，凸显对网络信息前沿领域的高度关注。2月，美国国防部副部长徐若冰发布备忘录文件，提出美国国防部需要重点关注的14个关键技术领域，其中就包括量子科学、未来一代无线网络技术、可信人工智能与自主性等技术；8月，美国总统拜登签署《2022年芯片与科学法》，明确未来5年将在芯片领域投资542亿美元，并新建20个区域创新中心，推动人工智能、量子计算、机器人技术等关键和基础技术研发创新，进一步增强在人工智能等重点领域的科技实力，以赢得新一轮全球竞赛；10月，美国先后发布新版《国家安全战略》《国防战略》等文件，其中《国家安全战略》指出美国要统筹实施国内国际政策，特别关注微电子、先进计算、生物、清洁能源和先进电信等关键新兴技术，推进军事现代化，强化军事力量。

其他国家或地区方面。欧盟发布《战略指南针》谋求“战略自主”，强调要提升自主研发能力，把投资科技和工业基地作为欧盟安全支柱之一。同时，还以多边机制为抓手，继续加强与联合国、盟友和各类合作组织、地区联盟的合作，进一步密切与挪威、加拿大等盟友伙伴的关系。日本政府修订多份文件谋求发展前沿科技，包括《国家安全保障战略》《防卫计划大纲》《中期防卫力整备计划》3份重要战略文件，突出强调前沿科技的战略引领作用。北约正通过新版“战略概念”启动北扩进程，并强调发展前沿科技，6月，北约马德里峰会通过《北约2022战略概念》，强调科技对国防重要性，提出启动10亿欧元创新基金和北大西洋防务创新加速器，为跨大西洋安全开发新技术。

二、人工智能举足轻重，相关领域全面发展

2022年，世界各国积极开展人工智能领域顶层筹划，继续大幅增加经费投入，扎实推进机构改革和领域不同方向项目及后续应用研究，并不断在作战试验、演习训练等活动中演示验证相关技术水平，全力推动人工智能领域发展进步。

（一）多国发布人工智能政策文件，持续发挥战略牵引作用

美国方面。6月，美国国防部发布《负责任的人工智能战略及实施路径》文件，提出

实现负责任的人工智能的6条基本原则,即负责任的人工智能治理、作战人员信任、AI产品与采办寿命周期、需求验证、负责任的人工智能生态系统和AI队伍,并确立了相关实现路径;7月,美国国防部签署"人工智能战略和实施途径"文件,明确国防部实施人工智能战略的基本原则和主体框架,主要包括理顺"需求端"和优化"研发端"两个方面内容。8月,DARPA发布第三波AIE计划公告,继续通过大规模、多样化的人工智能基础与应用研发项目,引领人工智能研究创新,塑造人工智能技术未来,促使机器成为可信的合作伙伴,解决对国家安全至关重要的问题。10月,美国白宫科学技术政策办公室发布《人工智能权利法案》蓝图文件,提出创建安全有效的系统、算法歧视保护、数据隐私保护、透明性、可问责性等5项原则,以保护美国公众数据不被人工智能算法滥用,提高人工智能被更多领域采用的安全性。

其他国家方面。2月,以色列国防部发布《人工智能推广与应用战略》,该战略将通过一个新的中央人工智能部门来实施,指导以色列军队使用人工智能技术,帮助处理各种传感器生成的大量数据并将其转化为可理解的信息,持续推动数字化转型进程。5月,北约启动"地平线扫描"人工智能战略计划,旨在更好地了解人工智能及其潜在的军事影响,研究人工智能领域的最新技术、未来十年的前景、其与武装部队的相关性、潜在的投资途径,以及激光武器、量子技术和光电3D成像系统,保持北约的军事和技术优势。6月,英国防部在伦敦技术周人工智能峰会上发布《国防人工智能战略》,加速人工智能技术在国防领域的应用并获得战略优势,提出将英国国防部转型为"人工智能战备就绪"组织,加强英国的国防和安全人工智能生态系统建设,以在日益复杂的威胁环境中领先于对手。8月,澳大利亚陆军发布《机器人与自主系统战略2.0》,增强机器人和自主系统的能力,使指挥官能在未来作战环境中获得优势,并从技术、创新体系、自主能力、部队设计、政策制度5个方面提出了实现战略目标的实施路径。

(二)积极开展机制机构改革,创新人工智能管理举措

各人工智能研究强国积极探索人工智能管理机制改革,新设、改设了多个机构,加强人工智能研究与管理。6月,美国国防部首席数字与人工智能官(CDAO)办公室形成完全运行能力,该机构承担了联合人工智能中心、国防数字服务和首席数据官的职能,被认为是五角大楼数据分析和人工智能的监督者和推动者,越来越成为人工智能投资、试验和实施的重点。美国国防部已宣布任命克雷格·马泰尔担任首位全职CDAO,他表示,为培育美国国防部可以部署和依赖的人工智能技术,首先必须奠定"真正的高质量数据"基础。7月,印度空军成立由空军数字化、自动化、人工智能和应用联网部门共同领导的人工智能卓越中心,该中心已上线的大数据分析和人工智能平台,使其具备了高端计算和大数据存储能力,将极大增强印度空军的作战能力。10月,俄罗斯国防部创新发展部在

莫斯科“陆军2022”峰会上宣布，成立人工智能技术发展部门，致力于开发人工智能武器，加强人工智能技术在制造军用和特种武器装备方面的应用，以抢占人工智能军事化应用先机，保持俄罗斯在该领域的技术优势并取得未来战争的制胜权。

（三）各国持续增加经费投入，开展领域新项目研发

2022年，各国持续加大对人工智能领域的投资。美国国防部在2022财年研发、试验与鉴定预算中，为人工智能领域安排8.74亿美元，相比2021财年的8.41亿美元有所增加；4月，DARPA公布的2023财年预算文件显示，其布局的人工智能领域在研项目共18项，预算经费合计3.55亿美元，占DARPA财年总预算的8.77%。其他国家方面，3月，日本政府召开第四次“新资本主义实现会议”，日本首相表示将制定量子、人工智能等尖端基础技术的“国家战略”，从根本上强化研发投资；同月，韩国宣布将向芯片等产业提供预算资金支持，计划未来三年在人工智能、数据等领域投资超过20万亿韩元，并提供研发支持和税收激励，以推动人工智能产业的发展；7月，英国政府在新版《英国数字战略》提出，其公共研发支出到2024/2025年将增加至200亿英镑，且继续加大支持人工智能等关键技术；同月，德国宣布联邦政府及机构所在州为6个人工智能能力中心中的5个中心提供资助，让德国成为更具吸引力的人工智能研发地。

为开发与人类专家一致的决策算法，推进可信人工智能研究，提升人工智能辅助情报分析的能力，多个人工智能研究新项目启动实施。3月，DARPA宣布推出“须臾之间”项目，试图量化在没有商定正确答案的困难领域中算法与可信任的人类决策者的一致性，评估美国国防部的关键任务行动并建立可信的决策算法。6月，DARPA宣布推出“有保证的神经符号学习和推理”项目，试图以新的、混合的（神经符号）人工智能算法的形式来解决诸多挑战，该算法将符号推理与数据驱动的学习深度融合，以创建强大的、有保证的、值得信赖的系统。9月，DARPA发布“环境驱动的概念学习”项目，该项目包括分布式课程学习与人机协作分析两个技术领域，旨在创建能不断从语言和视觉输入中学习的人工智能智能体，从根本上改善机器学习方法目前存在的困境，在对时间敏感、任务关键的国防部分析任务中稳健、可靠地实现对图像、视频和多媒体文件的人机协作分析。

（四）人工智能应用愈发广泛，加速赋能未来作战

2022年，各国纷纷推动人工智能智能应用拓展，并提升应用水平，加速人工智能的实战化使用。7月，印度国防部无人驾驶遥控飞行器计划卓越中心宣布开发出一种基于人工智能技术的软件，能按照时间序列利用卫星图像自动检测印度国防部国防用地的变化情况，如调查未经授权的建筑和侵占等，帮助对位于偏远和荒凉地区的国防用地进行管理。8月，美国空军寿命周期管理中心装备局授予美国Liteye系统公司和Unmanned Experts 公司为期一年的合同,为美国空军建造“自主集群人工智能弹药”,这种弹药将经过人工智能和机器学习训练的算法与“Air Commons - Swarm”能力相结合,为特定任务集提供带有一系列战术、技术和程序的预发射弹药,以帮助指挥官快速实现蜂群部署。9 月,DARPA 表示已完成在加州罗伯茨营集中进行了更困难的越野地形“试验 2”,卡内基梅隆大学、NASA - 喷气推进实验室和华盛顿大学分别为 DARPA 提供的机器人系统开发了自主软件堆栈,将使自主战斗车辆可以满足或超过士兵的驾驶能力。10 月,美国海军第五舰队和英国皇家海军在阿拉伯湾进行“幻影范围”双边演习,探索使用无人驾驶和人工智能系统,加强与有人舰艇和岸上操作员的海上监控能力。11 月,美国陆军将民用自动驾驶技术引入军队,为“机器人战车”计划提供软件支持,实现军用机器人软件开发和运维,且具有动态规划能力以及数据处理、更新能力,以支持军用车辆搜索、摧毁和巡逻等任务。

三、量子信息领域持续发展,多项技术取得突破

2022 年,“诺贝尔”奖首次颁给量子信息领域,使得量子信息技术再次成为全球焦点。总体来看,多国加速布局量子信息领域,促进了量子信息领域的技术突破和产业发展进程。

(一)发布量子信息战略文件,寻求新的经济增长点

美国方面。4 月,美国国家科学和技术委员会发布《将量子传感器付诸实践》,提出通过扩展量子信息科学国家战略概述中的政策主题,将发展量子信息科学上升为国家战略。5 月,美国白宫科技政策办公室发布《量子信息科学和技术劳动力发展国家战略计划》,致力于促进先进技术教育和推广,培养下一代量子信息科学人才。7 月,美国能源部科技信息办公室发布《量子互连路线图》报告,强调了创建量子互连路线图的必要性,认为绘制路线图是促进硬件技术发展的重要步骤,提出了量子计算、量子通信网络和量子传感的未来发展路线图。11 月,美国政府管理和预算办公室发布《向后量子密码学迁移》备忘录,概述了美国联邦机构基于未来量子计算机运行需要,从抵御密码攻击的角度给出了向后量子密码学方法迁移的清单、步骤和模式,以保障联邦机构系统在未来的网络环境中展现强大的安全性、平衡性和灵活性。12 月,美国总统拜登签署《量子计算网络安全准备法案》,鼓励联邦政府机构采用不受量子计算解密保护的技术,促进政府范围内和行业范围内的后量子密码优先发展,推动联邦政府信息系统向抗量子密码技术过度,防止量子计算时代联邦政府信息泄露。

其他国家方面。4 月,日本内阁发布《量子未来社会展望》战略草案,明确指出量子

技术将来会成为国家之间争夺霸权的核心关键技术，强调其在经济安全保障上的重要性，呼吁要拥有先进的量子技术，培养和确保人才的稳定和可持续。11 月，欧盟发布《战略研究和产业议程（SRIA）》报告，明确到 2026 年欧洲将推进部署多个城域量子密钥分发（QKD）网络、具有可信节点的大规模 QKD 网络、实现基于欧洲供应链的 QKD 制造、在电信公司销售 QKD 服务等，逐步实现区域、国家、欧洲范围和基于卫星的量子保密通信网络部署，其长期目标是开发全欧洲范围的量子网络。

（二）产业化进程加快，产业链条逐渐显现

随着量子计算、量子通信和量子精密测量等关键技术在产业领域的不断推进和扩大，相应的商业应用及其与各产业紧密结合的量子科技应用企业也在不断涌现。美国等量子科技先发地区，在具备良好量子科技上游企业的基础上，涌现出一批活跃在量子科技产业链下游的企业，推动量子技术及产品在航空航天、国防科技等领域的落地，量子产业链闭环逐步形成。根据全球产业权威机构 CBlnsight 整理的全球量子科技产业公开数据，2022 年全球相关量子科技重点企业共计 461 家，中国重点量子科技企业数（不包括重点企业投资的子公司）达 65 家，位居全球第 2。全球量子科技产业累计获投资额近 50 亿美元，其中：美国量子科技产业所获投资最高，超过 20 亿美元，全球占比约 40%；中国量子科技产业获得投资约 10 亿美元，排名全球第二。从全球量子科技企业类型来看，主要投资方向仍然集中在量子计算、量子通信和量子精密测量产业链的中游领域。

（三）技术进步明显，科技创新成效显现

2022 年，量子信息技术获得多项突破和发展，具体体现在以下几方面。

一是量子计算方向，多个技术路线稳步推进，比特数目进入百位时代。6 月，加拿大 Xanadu 公司推出北极光可编程光量子计算机，该芯片合成了 216 个压缩态量子比特的量子态，可在 36μs 内完成超级计算机 9000 年才能完成的高斯玻色采样任务（直接模拟），展示了量子计算优越性；11 月，IBM 公司在 2022 年度量子峰会上推出了“鱼鹰”（Osprey）量子芯片，宣称该芯片拥有 433 个量子比特，超过 Eagle（127 量子比特）约 3 倍；9 月，Quantinuum 公司宣布在 System Model H1 - 1 上实现了 8192 的量子体积。

二是量子通信方向，多条技术路径取得重要进展，量子通信网络典型应用正在形成。10 月，中国科学技术大学与中国科学院上海技术物理研究所、中国科学院新疆天文台、中国科学院国家授时中心等单位合作，首次在国际上实现百公里级（相距 113km）的自由空间高精度时间频率传递试验，时间传递稳定度达到飞秒量级，频率传递万秒稳定度优于4×10^{-19}。

三是量子精密测量方向，多国正开展新布局，多项技术取得突破。6 月，德国联邦教

育和研究部公布“量子系统研究计划”项目,布局未来量子传感器领先地位;9 月,加拿大多伦多大学研究团队展示了新型量子雷达成像系统,比单光子源量子雷达成像系统的信噪比高出 43dB,有效实现了光子色散的非局域性抑制。

四、大数据领域治理体系得以建立,使用成效显著提升

2022 年,世界各国积极推动大数据顶层布局,持续从国家、军队等层面出台战略政策文件,并调整相关机构人员配置,强力提升各方对大数据技术的关注。

(一)多项战略计划发布,数据治理体系得到优化

美国强势引领规划发布,制定或推出了多项文件。4 月,拜登政府发布《促进使用公平数据》建议书,展示了美国政府在国内行政数据治理上的新思路,旨在促进美国制定一项可用于增加数据统计公平性和代表美国公众数据多样性的数据治理战略;8 月,美国防信息系统局制定《数据战略实施计划》,提出了数据结构及治理、先进分析、数据文化、知识管理 4 条工作主线,以改进处理和利用数据的方式方法,提高效率并降低成本,成为以数据为中心的组织;10 月,美国陆军发布《陆军数据计划》,提出在全军范围改进数据管理以确保陆军成为数据中心型组织的方法,强调以数据与数据分析推动数字化陆军发展,在正确的时间和地点获得正确的数据,以获得超越对手的优势。

欧盟趋向强硬监管,强调兼顾发展与管理。2 月,欧盟公布《数据法》草案,旨在明确数据共享范围、访问条件,规范和促进欧盟内部的数据共享,解决了导致数据未被充分利用的法律、经济和技术问题,使更多数据可供重复使用。同月,澳大利亚洛伊国际政策研究所发布《大数据与国家安全:澳大利亚决策者指南》报告,指出澳大利亚需要了解和应对大数据相关威胁,并利用大数据等新兴技术以获取战略优势。

美英等国家积极推进管理变革,以实现体系优化。6 月,美国国防部首席数字与人工智能官(CDAO)办公室具备全面运行能力,将统筹国防部数据相关战略与政策制定,并完善所需基础设施;同月,英国国防科技实验室宣布成立国防数据研究中心,将聚焦解决人工智能应用数据准备与使用相关问题,寻求识别和更好应对国防部门在后勤支持、目标跟踪等方面所面临的数据相关挑战。

(二)加紧演示验证,提升数据支撑作战的能力

美国方面。1 月,波音公司联合全域指挥控制实验室成功完成一项基于多个跨域平台融合多源数据以构建通用作战图的虚拟演示;4 月,美太空军宣布,其监视近地球轨道的“太空篱笆”跟踪雷达已能将数据直接传输至军用云平台“统一数据库”;9 月,美国空

军表示其成功演示了"212 工程"的效果——跨域异构系统集成与数据交互;10 月,美国陆军对陆军情报数据平台进行了一次"耐压"测试,下一步工作是整合本地化数据,以便作战旅能访问该平台来获取地理空间或其他信息;同月,美国陆军在"会聚工程 2022"演习中寻求复杂的数据共享能力,以使处于最佳位置的军事资产能够立即采取行动。

其他国家方面。6 月,法国国防部批准其新的大数据和人工智能处理能力进入生产部署阶段,将于 2023 年建立第一个支持联合情报职能的作战平台,为法国提供自主、安全的大数据和人工智能处理平台,处理和分析各军事装备和传感器提供的大量数据。

(三)改进研发研制水平,提升技术指标和装备性能

美国等主要国家正通过相关举措,改进项目和装备研制能力。2 月,雷声技术公司情报与太空业务部发布新版本数据处理程序,用于为美国政府"未来作战弹性地面演进"卫星地面系统处理相关任务数据;6 月,美国陆军指挥所计算环境增量 2 开始进入工程和制造研发阶段,将通过数据编织解释、汇集和分析不同来源的数据,创建"集体"图像,在正确的时间向指挥官交付正确的数据,以简化和加速传感器到射手的杀伤链;7 月,美国防创新单元与两家公司签订合同,通过"全球太空创新项目"构建两个数据可视化与分析平台原型,为太空军及美国合作伙伴与盟友建立太空互操作性;8 月,美国空军选择与科学应用国际公司等 7 家公司签订价值 7.62 亿美元的可见、可访问、可理解、可链接、可信任(VAULT)数据平台合同,合同内容包括开发算法,就数据准备和架构提供建议,以及使用机器学习和人工智能进行数据分析等;8 月,美国海军领导层与全球国防承包商签订合同,要求承包商利用人工智能、机器学习和无人系统快速高效处理,以便作战人员了解作战环境;9 月,美国能源部宣布将在 3 年内为 10 个先进科学数据管理和可视化项目投资 2390 万美元,推进大数据的移动和分析,开发数据管理和可视化工具,以应对科学试验和超级计算产生的海量数据挑战。

五、先进计算领域群雄逐鹿,超算和云计算进步明显

先进计算领域主要包括超算、云计算等,是近年来美国等强国重点关注的领域,已成为能影响战争胜负的重要领域。2022 年,美国等主要国家发布多份政策文件,布局先进计算的发展方向,持续聚焦和关注云计算等的发展情况,以提升战场智能化和信息联通能力。

(一)登顶霸榜,美国再度引领全球超算研发

5 月和 11 月,美国"前沿"超算系统连续两次登顶国际超算组织发布的超算算力五百

强榜单,成为首个经该组织认可的百亿亿次超算系统。“前沿”超算系统由美国克雷公司建造,部署于美国能源部橡树岭国家实验室,浮点运算速度达 1.1×10^{18} 次/s,与此前连续两年占据榜首的日本“富岳”超算系统(运算速度为44.2亿亿次/秒)相比,其算力提高1倍多,且具有每瓦电能运算522.2亿次的高能效。10月,特斯拉公司在第二届 AI Day 上公布其定制 AI 训练专用超级计算平台 Dojo 的最新进展,Dojo ExaPod 集群算力已突破每秒百亿亿次浮点运算,其 FP32 峰值算力达每秒67.8千万亿次,拥有1.3TB 高速 SRAM 和13TB 高带宽 DRAM,该系统可利用海量视频数据进行标注训练,为特斯拉上路车辆庞大的视频处理需求提供支撑。

(二)合力推动,云计算基础设施建设与能力生成并举

1月,美国陆军首席信息官拉吉·艾尔表示,陆军寻求在2022年通过云计算工作进一步适应远征作战,拟在太平洋战区建立首个美国本土外的边缘计算云能力。6月,美国陆军首席信息官拉吉·艾尔表示,陆军正准备实施一项名为 cArmy 的混合云计划,拟将云计算能力扩展至美国本土之外的战区司令部。8月,美国陆军 G-6 副参谋长约翰·莫里森中将把2023财年称为陆军云计算的“行动和加速”年,承诺将在以往工作基础上“更迅速地向云端迁移”。9月,法国重申“国家云战略”并公布相应实施措施,明确指出云服务是法国政治和数字主权以及战略自治的重要支柱,旨在进一步推动法国企业及政府的数字化转型。12月,美国国防部宣布授予亚马逊网络服务、谷歌、微软和甲骨文4家公司“联合作战云能力”(JWCC)合同,合同金额上限为90亿美元,根据计划安排,后续将在非密、秘密和绝密级别启用全域云功能,帮助美军的指挥控制通信侦察系统迭代升级和能力提升。

六、结语

2022年,世界网络信息前沿技术领域发展极具挑战。动荡不安的国际形势,以及美国等施加的单方面制裁,严重阻碍了世界各国在科技发展方面的合作。尽管如此,各国仍对网络信息前沿技术领域给予了足够的重视,认识到该领域引领未来科技变革的重要意义,多措并举确保在人工智能、量子信息、大数据、先进计算等不同领域取得了诸多成果。无论局势如何变化,作为新一轮科技变革、产业变革、军事变革驱动力的网络信息前沿技术领域,都应被继续关注,我们将持续跟进相关发展变化。

(中电科发展规划研究院　秦　浩　彭玉婷
中电科电科院科技集团有限公司　栾　添)

重要专题分析：综合篇

美国家人工智能研究资源工作组发布中期报告

近年来,人工智能技术不断突破,已成为影响国家综合实力、引领国防科技创新变革、颠覆未来作战能力、助力强劲发展的倍增器。人工智能研发进入新时期,要想取得更大进展,需要大量持续增长的数据和计算能力,但高质量数据和计算资源的访问成本制约了众多研究实体的参与,导致研究鸿沟加大。2022 年 5 月 25 日,美国家人工智能研究资源(NAIRR)工作组发布《国家人工智能研究资源工作组中期报告》,就构建、设计、运作和管理国家人工智能资源提出了总体愿景和初步框架,以满足国内研究需求。

一、美成立国家人工智能研究资源工作组

基于《国家人工智能计划法》要求,美国家科学基金会和白宫科技政策办公室于 2021 年 6 月成立 NAIRR 工作组,旨在调查建设 NAIRR 的可行性,向美国总统和国会提供建议,并制定发展路线图和实施计划,全面规划 NAIRR 的建设工作。工作组成员由政府、学术界和私营部门的官员和专家组成,主要围绕 NAIRR 所有权管理、治理模式、所需资源、高质量政府数据集的扩散机遇、安全要求与评估,以及资源保障计划等方面开展工作。按照工作计划,工作组将在完成使命后于 2023 年解散,既不执行其提出的建议,也不参与未来 NAIRR 的管理工作。

二、美国家人工智能研究资源框架

中期报告阐述了基于现有和未来的联邦投资建立 NAIRR 的方法,实现 NAIRR 系统安全和用户访问控制思路,保护隐私、民权和自由的方案,促进多样性和公平性资源获取的措施等内容。同时认为,NAIRR 应通过为学生、研究人员等提供可访问人工智能研究资源的机会,全面支持包括基础研究、应用创新研究、技术转化研究在内的人工智能专业研究,促进公平获取资源,推动美国人工智能创新生态系统健康高效运转。

(一)NAIRR 的总体愿景及架构

人工智能研究资源主要包括数据资源和计算资源。从总体愿景来看,NAIRR 将提供计算资源和高质量数据的访问权限,汇总并提供人工智能相关工具、测试平台、环境及培训资源等方式,协助需求方直接使用尖端计算资源,并可自由访问网络基础设施,从而使美国所有人工智能研究人员均可参与探索推进创新技术和理念,最终实现推动人工智能研发的目的。

从架构来看,NAIRR 是由单一管理实体运行的联邦网络基础设施生态系统,并设有外部咨询机构。管理实体由董事会、行政领导、核心运营人员 3 个模块组成,其中:行政领导和核心运营人员负责 NAIRR 运行、资源分配和访问、用户支持、资源获取和合作关系、门户和其他网络基础设施的管理与协调等工作;董事会负责协助制定 NAIRR 战略和政策并长期监督其运行。外部咨询机构负责对 NAIRR 的运行进行独立咨询、监督和评估,并对 NAIRR 的组成、运行和管理提供专业意见。

(二)NAIRR 的建设目标

从战略目标来看,NAIRR 建设以保护隐私、民权和自由的方式来强化美国人工智能创新生态系统,使推动人工智能研发的网络基础设施民主化。从助力人工智能发展的角度来看,NAIRR 建设为各方提供合适的研究资源,有助于美国打造人工智能创新生态系统,突破相关技术壁垒,探索新的发展方向;还可利用人工智能创新解决美国社会面临的各种挑战。例如,为信息基础设施、数据管理与保密、发展安全和可信人工智能提供研究机会,支撑学生进行人工智能相关的早期试验,进而扩展参与人员的广度和多样性。

从具体目标来看,NAIRR 建设将通过以下 4 个方面措施来促进人工智能研发:①激励创新,支持基础研究和人工智能使能研究中创新方法的研发和转化;②降低人工智能研究人员参与门槛,增加人才多样性;③提升能力,通过提高人工智能资源利用率等方式,来提升研究人员的人工智能技能和知识储备,确保更多美国研究人员能在工作中应用最先进的技术;④提供信息、工具和培训的方式,促进可信赖和负责任人工智能技术的发展和应用。

(三)NAIRR 的建设机制

美政府可通过以下 5 种机制助力 NAIRR 建设工作。

一是投资机制。①美政府应资助多家联邦机构共同支持 NAIRR 建设及管理;②受资助机构代表应与 NAIRR 建设、管理和行政部门协作,提供专业知识并进行监督;③通过 NAIRR 建设提供统一网络基础设施资源。

二是管理机制。①应由独立非政府实体负责 NAIRR 建设的日常运作;②该实体应与资源提供商合作,通过 NAIRR 用户访问门户来提供各类资源;③该实体与私营部门的合作方式应具备灵活性,并适当接受联邦政府监督;④该实体应明确支持人工智能研发相关的多样性、公平性、包容性和可访问性。

三是治理与监督机制。①NAIRR 运营与管理必须遵循正式章程和相关政策,由执行领导团队管理日常运营;②NAIRR 的治理政策和绩效由 NAIRR 理事会监督,并辅以外部咨询、监督和评估机制。

四是资源分配与保障机制。①资源获取应接受研究项目审查、应用政策和用户协议约束,并符合开放共享研究成果的相关要求;②资源分配应简化、便捷且具有包容性;③成本分配应遵循分层模式,部分收费、部分免费;④资源分配框架应设置激励机制;⑤应探索、鼓励建立有助于增加资源价值的数据和元数据贡献机制。

五是评估机制。①基于实践确定最佳评估方法;②定期评估《内部审计规则》效果;③管理实体应采集并记录数据以支持资源评估和共享;④管理实体应为可靠数据收集和评估提供足额预算;⑤建立一个公开、可访问平台,用于跟踪 NAIRR 支持的研究的使用及产出情况;⑥建立评估、调整 NAIRR 战略目标、资源、治理和运营的机制,以满足不断变化的需求。

三、中期报告的初步结论及建议

中期报告从以下 7 个方面阐述了工作组对 NAIRR 各项要素和能力的初步调查情况,并基于现有问题提出了针对性建议。

(一)保障数据的可信、安全和可用

工作组认为,现有数据存在以下不足:①数据资源的质量和安全性有待提高;②不同领域之间的数据标准不同;③数据监管缺失;④数据跨域处理成本较高;⑤数据应用能力不强。

为此,工作组建议:①加强协调由可信数据、计算设备供应商、主机系统组成的网络建设,以建立强大、透明、负责任的数据生态系统;②遵循“5 个安全”框架(安全项目、安全人员、安全数据、安全设置和安全输出);③领导层应定期更新或新制定数据治理架构和政策;④以最佳薪酬留住维护数据管理基础设施的工作人员;⑤围绕可用于人工智能的数据建立价值生态系统,并支持数据搜索和发现;⑥通过数据分层实现数据的分级安全访问,并对政府数据集的特殊应用做好统计、分类和安全管控工作。

(二)以不同方法将政府数据集成到 NAIRR 中

工作组认为,政府数据集存在以下不足:①联邦政府数据难以获取、管理和分发;②联邦政府数据用户面临数据共享方面挑战。

为此,工作组建议:①NAIRR 管理实体应探索通过 NAIRR 提供政府统计数据、行政数据及联邦政府资助研究产生的数据;②NAIRR 管理机构应建立并利用现有的联邦数据共享机制。

(三)放宽计算资源访问权限,消除人工智能研发障碍

工作组认为,人工智能计算亟需大量生产试验计算资源,同时还受到软硬件计算能力和基础设施发展的影响。

为此,工作组建议:①NAIRR 应为所有利益相关者提供内部和商业计算资源的联合访问权限,用于 NAIRR 计算资源的软件应跨越基础功能、人工智能应用、API 和服务访问等"层级",以支持广泛的用户群;②分阶段部署计算资源;③整合内外部的边缘计算资源。

(四)推动人工智能测试平台的研发和应用

工作组认为,测试平台可以加快人工智能研发速度,促进其公平性并激发人工智能研究的广泛参与,且支持人工智能的质量评估。

为此,工作组建议:①NAIRR 建设应促进人工智能测试平台的研发和应用,进行开闭环和模拟测试,并通过竞赛和试验推广其应用;②应尽可能广泛地将测试平台提供给相关群体使用。

(五)构建友好的用户界面

工作组认为,人工智能用户界面存在以下不足:①缺乏以数据为中心的网络基础设施生态系统;②用户界面功能与目标需求存在差距;③研究和教育支持力度不足。

为此,工作组建议:①NAIRR 建设必须提供对综合服务、资源、数据和培训材料的安全且用户友好的访问;②NAIRR 应基于当前最先进的用户门户概念,采用模块化设计和敏捷开发理念,构建人工智能生态系统,并提供多样技术以供选择;③应将各类技术支持和培训材料等集成到 NAIRR 用户门户中。

(六)促进多样化的人工智能教育培育发展模式

工作组认为,人工智能教育培训存在以下不足:①尚未考虑不同用户的个性化培训

和发展需求;②培训内容、教程及相关服务并未完全开展。

为此,工作组建议:①识别、管理和编目适用于不同技能水平的培训材料;②推广更多的教育活动;③提供多级别的用户支持。

(七)解决系统安全、用户访问控制及公民隐私问题

工作组认为,人工智能安全方面现状如下:①公共和私营部门在网络基础设施的安全流程和政策方面积累的工作经验可用于新系统;②不断变化的安全形势带来新的威胁和风险,需调整安全风险防控机制并雇佣培训专业人员,达成系统安全目标;③现有资源和工具缺少隐私、民权和自由的设计;④相关监管过程并未纳入项目管理与运行。

为此,工作组建议:①建立特定的联邦安全标准流程,以及资源和研究的伦理审查流程;②基于零信任架构、“5 个安全”框架和信息分层管理机制,实施系统保护;③建立分层访问模型,以满足不同密级数据所需的不同安全需求;④为 NAIRR 工作人员和用户定期提供持续性培训;⑤聘请专业技术安全专家,长期开展人工智能可信度研究。

四、思考与启示

(一)NAIRR 对人工智能创新生态系统意义重大

从数据资源意义来看,人工智能发展需要海量、完备且高质量的数据,这是训练和改进人工智能算法模型的基础;从计算资源的意义来看,计算能力是人工智能技术实施的关键,算力大小将直接影响算法模型的训练速度。因此,人工智能研究资源是领域创新发展的基础和前提,对人工智能创新生态系统具有重要意义。

(二)加强 NAIRR 建设可消除研究人员访问人工智能网络基础设施的障碍

高质量的数据和计算资源及其高昂的访问成本导致人工智能研究活动主要集中于大型科技公司和资源丰富的高校,严重限制了研究力量的多样化发展,对领域创新生态发展也极为不利。因此,必须破除研究人员访问人工智能研究网络基础设施的障碍,拓展其资源获取范围,为各学科领域的全面发展提供机会,并为开发、设计具有包容性的人工智能生态系统创造条件。

(三)NAIRR 建设是美国推动人工智能领域全面发展的重大改革

NAIRR 具有高透明度、安全、可信、稳健、可访问、可扩展、可持续等特性,将通过整合现有资源和新资源的方式,形成标准统一、治理流程清晰、凝聚力强、易于访问的网络基

础设施;可通过综合访问门户,以直观的界面将用户连接到各种公共和私营部门的数据、计算、测试平台和其他资源中,满足各类研发、教育及培训需求。构建 NAIRR 是美国充分评估当前人工智能发展需求及所面临制约因素而提出的重要举措,最大限度地避免和解决因各部门互不相通、单独行动而导致的资源重复建设、资源壁垒加深进而使研究参与者寥寥等问题,这将对人工智能研究生态系统的重大利好。

五、结语

人工智能技术作为驱动第四次工业革命的重要引擎,深刻影响着经济、产业及相关学科的发展。美国适时成立国家人工智能研究资源工作组,开展调查并提出针对性发展建议,可助力美联邦政府与相关部门、私营机构、学术界和其他利益相关者通力协作,发挥人工智能研究和决策过程的中心枢纽作用,加速推进人工智能研究生态系统的完善和运转,推动相关新兴技术领域发展,巩固提升美国在人工智能领域的全球领导地位。

(中电科发展规划研究院　秦　浩
中国电子科技集团公司第二十研究所　李　川)

英国防部发布《国防人工智能战略》

2022 年 6 月 15 日，英国防部发布《国防人工智能战略》，旨在推动人工智能在国防领域的应用，促进英国防部成为人工智能领域最高效、最可信以及最具影响力的机构。该战略的发布是对英国《国家人工智能战略》的有力补充，明确了国防部发展人工智能技术的景愿及实施方案，以及所期望达到的优势效果，表明英国防部力求在未来的战略博弈和智能化战争中抢占先机。

一、英国防人工智能战略基本情况

英国防部强调，人工智能是实现国防现代化建设必不可少的技术之一，在提升国防能力方面拥有巨大潜力。近年来，英国在多份国家战略中明确了人工智能技术对于国家发展的重要性，并已将人工智能技术发展提升至国家战略层面。

2021 年 3 月 16 日，英国内阁办公室发布《综合评估》，强调英国在人工智能领域的卓越表现是实现国家“到 2030 年成为科技超级大国”目标的关键。2021 年 7 月 30 日，英国防部发布《国防司令部文件》，指出利用人工智能技术解决方案的速度和效率可能对未来冲突产生显著影响。2021 年 9 月 22 日，英国人工智能办公室发布《国家人工智能战略》，旨在加速推进人工智能技术研究发展和应用落地，指出人工智能在改变行业规则、推动经济增长和改善生活等方面具有巨大潜力。2022 年 6 月 15 日，英国防部发布《国防人工智能战略》。2022 年 7 月 4 日，英国防部发布最新版本《综合作战概念》，指出先进技术的快速变革推动了新的作战模式发展，加剧了军事作战的复杂性。

人工智能技术是具有变革性、颠覆性的新技术，给国防领域带来了重大挑战。《国防人工智能战略》的出台将推动英国防部快速理解和适应人工智能技术对国防领域的改变，指导国防部积极参与部队发展和国防转型，明确相关机构职责，为赢得全球人工智能的战略竞争，保持技术优势奠定基础。

二、英国防人工智能战略主要内容

《国防人工智能战略》提出了四大战略目标及实施途径,以及推动人工智能技术发展的预期效果。

(一)提出战略目标及实施途径

战略目标一:使国防部成为"人工智能技术完备"的机构。

实施途径包括:①提升国防部各层级人员对人工智能技术的理解,注重人才培养,加强国防人工智能和自治部门的组织能力,明确人工智能技术需求。②将数据视为关键战略资产,推动数据的安全管理及高效利用,贯彻落实《国防数字战略》《国防数据战略》,使国防部成为数字驱动型机构,发展快速、可扩展和安全的计算能力和先进网络基础设施,实现数据在国防领域的快速流转,以在战场上获取战略优势。

战略目标二:全面加速人工智能技术开发与应用。

实施途径包括:①明确各部门责任,制定总体人工智能技术发展政策,确定关键能力。②短期采用成熟的人工智能技术以实现能力的快速转化,提升国防部业务能力和效率;长期投资研发下一代人工智能技术,应对尖端技术对国防领域的冲击。③加速推进人工智能技术的创新与试验,重视人工智能技术赋能作用,发展有效的人机协作方法,并评估人工智能对系统造成的威胁等。④与盟友和合作伙伴密切合作,共享信息资源、共同开发创新解决方案。

战略目标三:优化国防领域人工智能生态系统。

实施途径包括:①充分利用人工智能技术研发优势及健全的法律体系实现战略目标,政府积极推广技术,公共部门快速部能力,国防部优先采购技术,共同促进生态系统的构建。②将人工智能生态系统视为重要的国家战略资源,建立与学术界、私营部门的可信合作伙伴关系,将商业开发的人工智能技术部署到国防领域。③发布明确的国防能力需求,促进商业界与政府部门开展交流。④采取措施促进中小企业发展,充分利用知识产权促进相关技术发展。

战略目标四:推动全球人工智能发展。

实施途径包括:①按照英国的国家目标和价值观推动人工智能技术的发展,促进安全和负责任的军事人工智能技术发展和应用,建立符合民主价值观的全球规范和标准。②利用人工智能技术促进国家安全与稳定,对人工智能技术的开发及应用采取保护措施,探索将军事风险降至最低的机制。③制定未来人工智能安全政策,寻求与盟友及合作伙伴建立信任关系,减少错误并降低误解和误判的风险。

(二)预期效果

《国防人工智能战略》致力于使英国武装部队实现现代化,并迅速从工业时代的联合部队过渡到敏捷信息时代的综合部队,国防部将受益于人工智能技术带来的工作效率和生产率的提高,并有望取得以下效果:①获得决策优势,通过充分的信息收集、分析、决策制定,以及人工智能技术对威胁的快速响应能力,提高作战敏捷性;②提升效率,通过智能自主能力,提升国防业务的灵活性,提升工作效能;③提高能力,通过开发新的作战方式确保作战优势,提升作战效果;④优化效能,利用人工智能技术减轻作战人员负担,有助于将人力集中于对独创性、情境思维和判断力要求的更高的事务上。

三、思考与启示

(一)人工智能已成为大国博弈的战略制高点

世界主要国家和组织已将人工智能作为发展重点,加速制定战略规划计划,顶层谋划相关技术和产业发展。美国 2019 年出台《国防部人工智能战略》,并成立联合人工智能中心,统筹人工智能技术健康发展;俄罗斯 2019 年出台《俄罗斯 2030 年前国家人工智能发展战略》,明确俄罗斯未来十年人工智能发展的基本原则、优先方向、目标、主要任务和机制举措;法国 2018 年出台《法国人工智能战略》,明确人工智能技术研发方向,挖掘人工智能技术潜力,推动科技、社会和经济共同进步。

英国作为人工智能领域的强国,近年来持续布局推进人工智能技术发展。一是密集发布战略文件,顶层布局人工智能技术发展。例如,英国政府 2021 年密集发布《国防与安全产业战略》《国防数字战略》《国防数据战略》《国家人工智能战略》等战略文件,陆军 2022 年发布《机器人与自主系统战略》,旨在提升基于人工智能技术的快速作战部署、打击或突袭能力。二是成立人工智能相关机构,统筹管理人工智能研发工作。如英国 2021 年成立国防人工智能中心,致力于开发和部署人工智能系统。

(二)人工智能具备在军事领域应用的优势

人工智能技术的军事应用将对未来战争模式产生变革性的影响,其优势已在近年来初步展现出来。美国"行家"项目已用于战场无人机监测视频的实时解析判读,对中东地区无人机拍摄视频中的人员、车辆、建筑的识别率已达 80% 以上,有效提高了情报分析与决策效率;以色列在"城墙卫士"行动中使用人工智能技术辅助无人机蜂群,成功对加沙的哈马斯组织发动空袭和导弹打击,摧毁多个火箭弹发射基地。

英国积极探索人工智能技术的军事应用，并在《国防人工智能战略》中提到了相关技术的研发和应用情况。一是在演习中不断验证人工智能技术的能力。例如北约2021年举行“强大盾牌”演习，英国海军在“龙”号和“兰开斯特”号舰艇上部署人工智能和机器学习应用程序辅助击中来袭导弹。二是设立人工智能研发项目，力求获取技术优势。英国利用学术界、产业界的研发优势，设立了超200个人工智能相关研究项目，涉及自主、蜂群、网络攻防、预测性维护等领域。其中，“Nano无人机”项目可在恶劣环境下自主提供“监视”能力；“自主地面车辆”项目使用机器学习神经网络分析航空和三维图像，对地形的可穿越性进行分析，并自主生成行驶路线。

(三)人工智能伦理和安全问题需被重视

人工智能是“双刃剑”，成熟的人工智能系统一旦失控或被非法人员恶意使用，将严重威胁军事和国家安全。世界各国均重视人工智能技术的安全发展。美国人工智能安全立足国际领导力和国家安全战略，于2020年提出《军队人工智能法案》《国家安全创新途径法案》和《维护美国创新法案》，以提升人工智能在整个国防部的重要性。英国曾发布《机器人技术和人工智能》《人工智能：未来决策的机会与影响》等报告，高度关注人工智能可能带来的伦理道德、监管、个人隐私和就业等问题。围绕人工智能武器，英国政府成立人工智能特别委员会，对统一自主武器的国际概念、控制或监督进行了较多讨论，明确了防范人工智能武器风险的急迫性，以及加强国际合作的必要性。此外，英国《国防人工智能战略》重点提出研发可靠、安全的人工智能技术，积极促进国际交流与合作，提高人工智能系统适应性、稳健性、可靠性、防御性和透明性，制定人工智能军事应用的国际准则，并确保军用人工智能系统合德守规。

(国家工业信息安全发展研究中心　李茜楠)

美研制出全球首个百亿亿级超算系统

2022 年 5 月,美国克雷公司建设的"前沿"(Frontier)超算系统以 110 亿亿次/秒的浮点运算速度获得世界超算 500 强(Top500)榜首,成为全球首个得到公开确认的百亿亿次超算系统。

"前沿"超算系统已于 2022 年部署在美国能源部的橡树岭国家实验室,预计 2023 年正式投入使用,将在材料、空间科学、核物理学、国防等领域的高级仿真与计算任务中发挥重要作用,保持美国在高性能计算与人工智能领域的竞争优势。

一、百亿亿次超算研发背景

(一)探寻后摩尔时代先进计算升级路线,满足大规模科研任务的计算需求

随着集成电路上可容纳的晶体管密度的增长速度放缓,摩尔定律逐渐停滞,阻碍了计算硬件的性能升级,同时,冯·诺依曼架构固有的内存墙问题导致的计算瓶颈也日益凸显。然而,人工智能技术与数字化浪潮的出现导致数据爆炸式增长,高级建模仿真、实时多媒体信息处理等应用的精度与实时性要求也在不断提升,导致高性能计算和智能计算工作负载激增,滞后的算力升级速度与增长的数据密集型计算需求形成了日益尖锐的矛盾。

为了满足应用需求,解决高性能计算发展面临的技术挑战,美国防高级研究计划局(DARPA)在 2007 年春季开始探索百亿亿次计算系统的挑战、技术限制、关键概念与可能的解决方案,并在 2008 年发布报告总结了相关研究结果。针对该报告提出的技术问题,美国能源部在 2012、2013、2016 年相继启动"快进"(FastForward)、"前瞻设计"(DesignForward)、"前路"(PathForward)项目,进行超算硬件技术攻关、互连架构开发、应用性能提升,为后续百亿亿次超算研发提供了关键技术积累。

(二)应对国际超算竞争,维持美国在前沿领域的领先地位

超级计算机是支撑国防、医疗、航天等重大产业前沿技术发展的关键基础设施,其性能升级工作一直受到各国政府高度重视,围绕它展开的国际竞争亦异常激烈。在2008年美国IBM公司开发的"走鹃"(Roadrunner)成为全球首个速度突破每秒千万亿次的计算系统后,中国、日本也在之后的两年内推出各自的首台千万亿次超算,分别获得2010年11月世界超算500强榜单的第一、第四,对美国在超算领域的领先地位形成了挑战。

在主要国家取得千万亿次超算技术突破后,针对百亿亿次超算的新一轮国际角逐亦随之展开。2012年,美国能源部启动"快进"(FastForward)项目。2014年4月,日本政府文部科学省启动百亿亿次超算系统的开发计划。2018年7月至10月,中国的三台百亿亿次超算系统先后交付原型机。2022年6月,欧洲高性能计算联合项目(EuroHPC JU)宣布德国将研发欧洲首台百亿亿次超算系统,预计于2023年上线。

针对激烈的国际竞争态势,美国白宫政府于2015年启动国家战略性计算计划(NSCI),加速百亿亿次超算系统研制。在该计划的驱动下,美国能源部于2016年启动了"百亿亿次计算工程"(ECP),欲在2025年之前完成三台百亿亿次系统的建设与部署,以维持自身在前沿领域的优势。

二、美国"百亿亿次计算工程"规划

美国能源部的"百亿亿次计算工程"计划完成的三台系统分别是"极光"(Aurora)、"前沿"(Frontier)与"酋长岩"(El Captain),均由不同承研方进行建设,计算核心亦采用不同方案,以探索多种技术路线,详细情况如表1所列。

表1 "百亿亿次计算工程"计划在2025年前上线运行的三台百亿亿次超算系统

名称	代号	承研方	计算核心	预计上线时间
极光(Aurora)	ALCF-5	英特尔公司、克雷公司	CPU:英特尔至强可扩展处理器 Sapphire Rapids GPU:Ponte Vecchio	2023年
前沿(Frontier)	OLCF-6	AMD公司、克雷公司	CPU:AMD Trento EPYC CPU 7563 GPU:AMD Radeon Instinct MI250X	已上线运行
酋长岩(El Captain)	ATS-6	AMD公司、克雷公司	CPU:下一代 AMD EPYC CPU GPU:Zen4 架构的 AMD Radeon Instinct GPU	2023

"百亿亿次计算工程"计划将三台超算系统的研发工作划分为三个主要部分:关键硬件技术研发、软件技术研发、应用开发。

(一)关键硬件技术研发

该部分工作包括开发创新内存架构,对超算系统的高速互连、可靠性、能耗等方面进行改进,并寻找在不增加能耗的情况下提升计算能力的方法,以达到百亿亿次超算能力水平。这部分工作主要通过能源部2016年启动的“前路”项目进行。2022年2月,能源部宣布“前路”项目下的硬件研发工作已大致实现目标。5月克雷公司研发的“前沿”超算系统已登顶世界超算五百强(Top 500)榜单,成为首台得到公认的百亿亿次超算系统。

(二)软件技术研发

该部分工作是开发超算的关键软件功能,包括高级数学库和框架、极大规模编程环境、开发工具、数据可视化库等70种软件产品。目前这部分工作尚在进行中,最近一次(2022年6月)能源部发布的能力评估报告中重点描述了极端规模科学软件栈(E4S)的更新与优化进展,该软件将使应用开发人员能顺利开发针对百亿亿次架构的可移植应用程序。

(三)应用开发

该部分工作目前由能源部组织的24个应用团队与6个联合设计中心进行,参与者包括能源部的多个国家实验室。研发人员负责开发在百亿亿次超算系统上运行的化学材料、太空科学、能源、国家安全等领域应用,尤其是用于高能密度物理、高超声速再入空气动力学与武器相关应用试验的多场耦合模拟工具,同时尽量使超算系统在不同应用上取得性能平衡。这部分工作仍在进行中,在2020年10月—11月接受了阶段性评估。

三、“前沿”超算系统的技术特色

“前沿”超算系统不仅在计算速度上取得了世界超算500强榜首,其能效也高达522.2亿次/瓦,在同时发布的节能500强(Green 500)榜单中排名第二(榜首为单中排名第二柜版测试系统),出色地实现了性能与能效的平衡。其具体技术特色如下。

(一)改善处理器微架构与互连技术,提升计算性能

“前沿”超算系统的处理器采用了AMD公司的EPYC Trento CPU 7A53,是AMD第三代EPYC处理器“米兰”的变体。这意味着它大概率采用了Zen3微架构,该架构在Zen2微架构基础上对前端指令、分支预测、执行、读取与存储等方面进行了诸多改进,尤其是改善了内存访问,令处理器内每个芯粒的任一核心都能调用全部的L3级缓存,降低了跨

处理器组的通信延迟，显著提升了处理器执行数据密集型任务的性能。

此外，同一计算节点的处理器与 GPU 之间均采用“间均采理器”(Infinity Fabric)总线互连技术，令节点内的处理器与 GPU 对共享数据具备相同视图，使系统能选择适当的计算单元执行具体任务，从而提升性能。

(二)采用针对智能应用优化的 GPU，提升智能计算能力

“前沿”超算系统采用 Radeon Instinct MI250X GPU 对高度并行的计算进行加速。该 GPU 采用 CDNA2 架构和 6nm 节点技术，同时还具备 128Gb 的 HBM2e 高带宽内存，可快速完成内存与处理之间的数据重排，执行智能运算时的半精度浮点运算峰值性能超过 380TFLOPS，能以几乎同等速度执行单精度浮点运算与双精度浮点运算，混合精度计算速度达 6.88PFLOPS，具有优越的智能计算加速能力。

此外，相比橡树岭国家实验室部署的前超算 500 强榜首“顶峰”(Summit)系统，“前沿”总体上提升了 GPU 的数量占比，每个节点内 1 个处理器配备有 4 个 GPU，从而使系统具备更强大的深度学习能力。

(三)采用芯粒技术与优化拓扑，提升系统能效

“前沿”超算系统的处理器采用芯粒(Chiplet)技术，单个处理器组内链接多片独立的硅晶片，可在性能不变的情况下降低功耗，并减少芯片的制造成本。

此外，“前沿”超算系统采用蜻蜓网络拓扑。在蜻蜓拓扑中，数万节点里的任意两节点均可以在三跳之内通信。同时，“前沿”的部署经过高度优化，使用节能的直连铜缆与有源光缆根据所需距离进行安装，消除了能效较低的通用组件，并采取 100% 液冷散热，这也是系统能效提升的重要因素。

(四)提供统一编程模型，提升可编程性

此前橡树岭国家实验室使用的“顶峰”等超级计算系统均采用英伟达公司的 GPU 进行计算加速，因此使用该公司为旗下产品提供的 CUDA 作为高性能软件计算平台。而“前沿”超算系统首次将 GPU 更换为 AMD 公司产品，因此软件平台亦随之更换为 AMD 公司对标主流 CUDA 平台而推出的编译工具 ROCm™ 5.0。

为保证此前的应用还能在“前沿”超算系统上顺利运行，橡树岭国家实验室提供了可供编写兼容 AMD 与英伟达公司底层硬件的代码的统一编程模型及迁移工具，使用户能够快速进行程序移植，尽可能实现对上一代“顶峰”超算系统应用的向前兼容，提升了系统的可编程性。

四、思考与认识

(一)“前沿”超算系统将满足诸多关键领域的基础科研需求

超级计算一直是支撑航空、医药等重要领域发展的关键基础设施。根据美国能源部官网信息,“前沿”超算系统将满足能源部的先进科学计算需求与美国家核安全管理局的高级仿真和计算项目需求,包括模拟核聚变与核裂变的仿真计算,在不进行核试验的情况下研发评估核武器和装置等,有助于美国保持核威慑能力。

此外,“前沿”超算系统还将用于解决天体物理学、量子动力学、医学等领域的重大问题,在建模分辨率、反应时间等指标上实现数量级提升,加速科技创新,为美国在前沿技术领域的全球领先地位提供支撑。

(二)加强顶层设计与统筹布局,进行中长期规划

截至“前沿”超算系统登顶世界超算 500 强榜单,美国百亿亿次超算研发工作共历时十余年。针对 2008 年 DARPA 发布报告提出的技术挑战,能源部在 2012 年启动“快进”项目进行技术攻关,取得部分成果后启动“百亿亿次计算工程”开始超算后续建设。随着“前沿”超算系统 2022 年 5 月登顶超算榜,能源部随即于一个月后发布公告寻求下一代千亿亿次超算系统技术方案,期望融合新兴技术,2025 年后在 20 ~ 60MW 的功率范围内 64b 浮点运算达到 10 ~ 20EFLOPS 的系统。尽管相关研究的领导方几经变更,但整体工作思路连续,规划全面清晰,具有高度前瞻性。2012 年 AMD 公司和英特尔公司参与“快进”项目进行超算处理器/存储器技术攻关,2019 年继续承担百亿亿次系统计算核心的研发任务,也显示了在较长时间线下美国百亿亿次超算技术路线的连贯与一致。

超级计算具有技术复杂、研发周期长、建设与运维成本巨大等特点,因此应加强顶层设计,进行宏观统筹布局,给予长期的战略引导与资金投入,为超算系统建设提供保障。

(三)超算系统建设应坚持应用驱动,避免算力至上导向

根据橡树岭国家实验室的报告,应用对超算系统浮点计算性能(LINPACK)的利用率一般仅有 1.5% ~3%。为避免系统峰值速度与应用效率之间产生脱节,美国能源部在百亿亿次超算系统研发过程中与数百名不同领域研究者展开合作,成立了 24 个团队分别设计解决特定科学与工程问题的应用,试图令最终的超算系统在不同应用上取得性能平衡,以此作为衡量系统性能的指标之一。

超算系统的峰值性能仅代表其执行线性代数运算的能力,而实际应用则有着神经网络训练等更为复杂的计算需求,因此一个国家的超算性能与技术水平不能仅凭峰值算力判断,而应根据其是否能满足国家的重大科研需求,完成高新技术产业的课题解算任务。尽管围绕百亿亿次超算系统展开的国际竞争极为激烈,但是不能因此令算力至上的观念主导超算研发,应该针对核心重点应用的特定需求,构建百亿亿次超算应用生态,将算力真正转化为创新生产力。

(四)超算系统研发与生态构建应广泛展开业界合作,进行协同设计

在百亿亿次超算系统的研发过程中,美国能源部试图促进特定领域科研工作者、软件研发人员、硬件制造商之间的互动,从而将超算系统用户需求与研发策略进行融合,实现协同设计。与此前的超算系统设计工作相比,此次协同设计规模与深入程度均得到了大幅提升。

在超算研发与生态建设过程中,产业链各环节与不同领域用户往往处于相对孤立的状态。因此,需要借业界协作整合碎片化的研发工作,提升资金投入效率,构建多学科融合的无壁垒生态圈,推动协同创新。

(中国电子科技集团公司第三十二研究所　卞颖颖)

美国国防部下一代信息通信技术(5G)项目进展

美国国防部将5G技术视为一项关键战略技术以及实现联合全域指挥控制(JADC2)的重要技术之一。5G所实现的大容量、低延迟、高速度连接,将提升远程传感器和武器系统等各类军事系统的连网能力,实现实时信息共享;将改善跨军种、跨地域和跨作战域的通信,增强战场态势感知,提升联合全域指挥控制能力;将促进军事训练的发展,增强后勤保障能力。美国国防部2019年启动下一代信息通信技术(5G)研发测试与评估项目,并从2020年开始在相关军事基地开展5G技术的大规模演示试验以及原型系统开发,2022年在智能仓库等方面取得进展。

一、项目概况

下一代信息通信技术(5G)项目是美国国防部的技术优先事项,目前该项目已投入经费10.28亿美元,2023财年的预算申请为2.5亿美元。该项目的目标是:①开发和部署5G网络,对用于本土及本土外作战任务的5G系统和技术进行评估;②识别5G与后5G技术将带来的安全风险,开发、测试和评估技术解决方案,使美军通过零信任网络开展行动。具体开展以下工作:

(1)在选定的基地部署灵活的5G基础设施,实现多种5G应用和网络原型系统。

(2)对基地的5G应用进行评估。

(3)演示通过动态频谱利用技术在竞争环境中运行5G网络,以及通过自动安全技术等对5G网络进行防护和利用。

该项目主要包括军民两用的5G应用和拥挤/竞争环境中的频谱利用两个子项目。

(一)军民两用的5G应用

对直接用于国防领域的民用5G系统与应用以及增强型民用5G系统与应用进行演示验证,评估安全漏洞并形成解决措施。

美国国防部确定的应用范围包括:①任务规划与训练,利用 AR/VR 技术,在真实对抗环境下开展任务规划与训练;②“智慧”维修与供应基地,实现装备自动检修与维护,以及采用无人驾驶叉车等技术的仓库运输;③全球作战资源及补给链管理,利用 5G 企业级解决方案,提供实时、持续的作战资源可视化以及运输轨迹、补给状态等信息,同时降低库存控制成本;④“智慧”后勤基地、港口,利用 5G 技术支持机器对机器通信、云计算与边缘计算以及自主控制,增强基地等的运行能力,最大限度地提高物流吞吐量。具体应用包括 AR/VR 任务规划与训练、智能仓库等,后续增加了前沿作战基地和战术级指挥控制中心的 5G 无线连接、飞机战备能力提升等其他数个应用。

(二)拥挤/竞争环境中的频谱利用

演示试验通过动态频谱利用技术和 5G 网络安全架构,在拥挤/竞争环境中保护和利用 5G 网络。采用动态频谱利用技术,最大限度地提高无线连接的可用性与弹性;利用有线与无线系统的多组网技术,确保安全可靠的通信;采用新型人工智能等技术开展网络监控,通过被动和主动监测来评估安全威胁并确定解决措施。

现阶段主要评估 5G 网络与机载雷达系统之间的相互影响,此外还在开发用于竞争环境的关键技术,包括弹性组网协议、可信边缘设备、认知网关、同态加密和安全 5G 专用集成电路(ASIC)。

美国电报电话(AT&T)、爱立信、诺基亚、联邦无线、通用动力、通用电气、Oceus 网络、Vectrus、德勤等约 100 家公司参与了下一代信息通信技术(5G)项目,负责在相关基地构建本地化、全尺寸的专用 5G 网络原型系统,开发应用系统,并开展 5G 功能集成的测试。相关产品和技术经演示验证成熟后,美国国防部将快速部署并开展后续的采购。

二、项目进展

美国国防部分两批选取了 12 个军事基地开展下一代信息通信技术 (5G)项目的演示试验和原型开发,包括 AR/VR 任务规划与训练、智能仓库、前沿作战基地与战术级指挥控制中心的连通、动态频谱共享、分布式指挥控制等,具体见表 1。

表 1　演示试验及相关基地

演示试验	基地
智能仓库	圣地亚哥海军基地,奥尔巴尼海军陆战队后勤基地
AR/VR 任务规划与训练	刘易斯 - 麦科德联合基地

续表

演示试验	基地
舰船内部及舰船与码头的连通	诺福克海军基地
飞机战备能力提升	珍珠港-希卡姆联合基地
AR医疗保障与训练	圣安东尼奥联合基地
前沿作战基地和战术级指挥控制中心的5G无线连接	胡德堡军事基地、欧文堡国家训练中心、彭德尔顿军营地
分布式指挥控制	内利斯空军基地
动态频谱共享	希尔空军基地,廷克空军基地
双向频谱共享	廷克空军基地
评估国防部的5G核心安全网络	圣安东尼奥联合基地

(一)分布式指挥控制

美军认为,美国空军的空战中心等大型固定式指挥中心承担着作战筹划、通用作战图(COP)生成等核心功能,容易成为对手的重点打击目标,也难以适应大国竞争环境下与均势对手作战的需求,因此将分布式指挥控制列为一个重点发展的能力。5G提供的巨大带宽和超高速数据传输,可将指挥中心的业务分散在多个地理位置,甚至可以在移动中执行相关功能而不受固定位置的限制,从而实现分布式指挥控制和提高抗毁性。

美国空军内利斯空军基地负责开展基于5G的分布式指挥控制的演示试验及原型开发(图1),它也是目前唯一一个专门开展5G作战用例的基地。

演示试验中,空战中心的功能将被分散到多个小型站点,站点之间通过5G网络互联,利用5G提供的大容量、低延迟通信能力,实现分布式和机动式指挥控制。这将改变目前空战中心这类大型固定式指挥所的集中式指挥控制模式,从而实现韧性指挥控制。

分布式指挥控制演示试验将分3个阶段达成建设目标。

第一阶段,实现作战功能的分散化和分布式。利用5G技术及网络,将内利斯空战中心的战役级作战筹划、COP、架次生成等作战功能由空战中心分散部署到其他站点;

第二阶段,提高生存能力。开发相关应用和技术,使装备有5G设备的部队通过5G网络在移动中执行作战功能和行动任务;

第三阶段,实现快速机动杀伤力。开发具有高度敏捷性和机动性的软硬件,实现有效杀伤链。

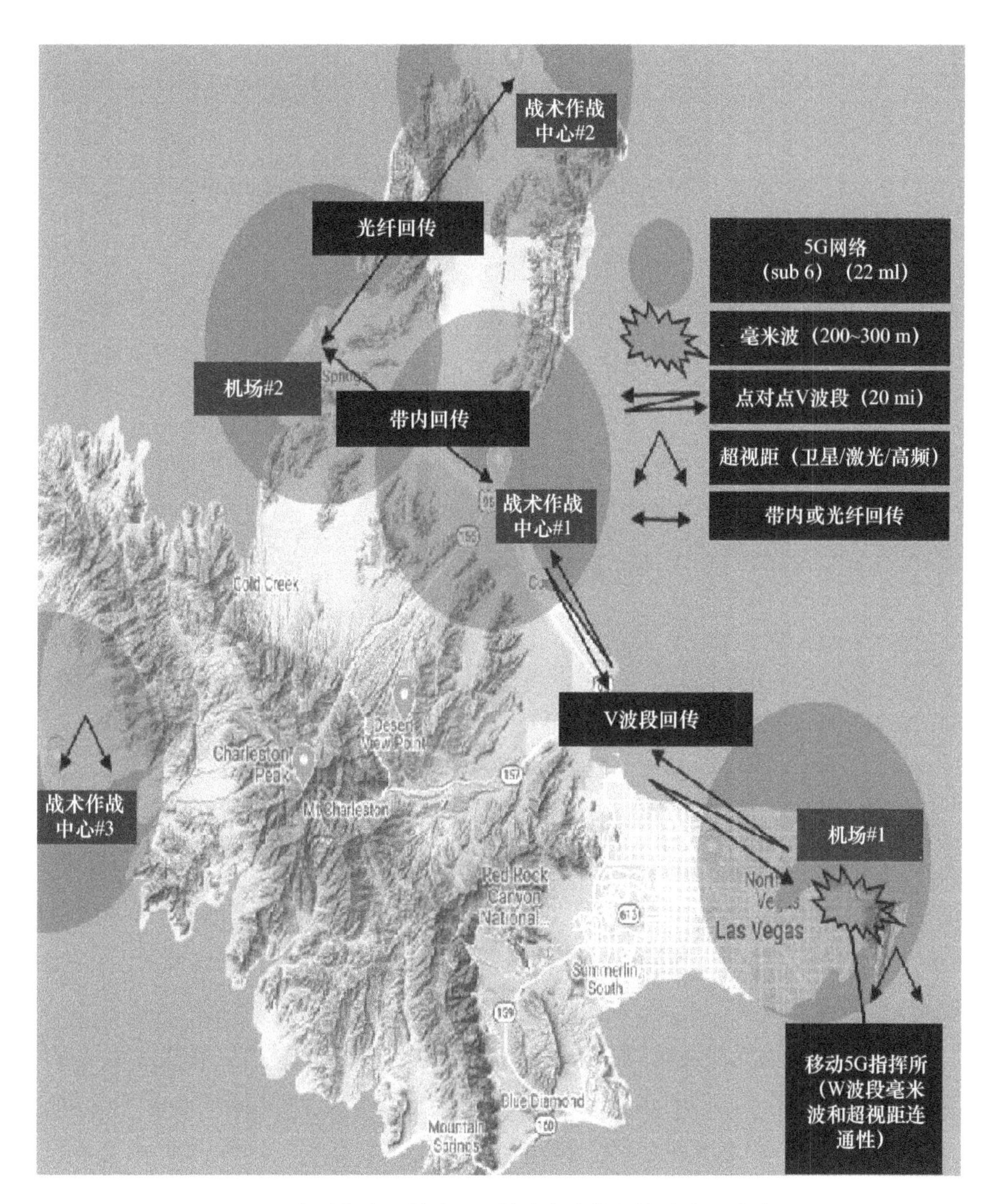

图 1　内利斯空军基地开展的分布式指挥控制演示试验

CP—指挥所;TOC—战术作战中心;OTH—超视距;MMW—毫米波。

内利斯空军基地正在开展以下 3 方面工作。

(1)构建专用 5G 移动网络服务环境。该环境包括一个核心(5G 专用网络)和若干机动式 5G 站点。AT&T 公司负责先部署一个固定式 5G 环境,再过渡到机动式 5G 环境。该 5G 网络将采用可在 1h 内拆装的模块化机动式 5G 基站(图 2)。机动式空战中心的人员将可以在移动中使用 5G 网络进行作战指挥。

图 2　机动式 5G 基站

(2)开发战役级和战术级指挥控制应用/服务:通过开发用于空战中心及联队作战中心的指挥控制应用或对已有应用进行升级,支持分布式作战筹划和任务执行等功能。这些指挥控制应用的架构将支持各种 5G 网络条件,并可集成多种人机交互手段,如音频、手势、AR 设备以及触觉方式,实现多模式指挥控制,提高作战指挥效能。

(3)开展“增强型无线网络”原型设计:包括测试网络切片技术以及软件定义组网能力,支持军用 5G 网络的安全运行以及分布式环境下的作战计划制定等。此外还将测试现有移动网络与下一代移动网络的互操作性。

(二)智能仓库

精准高效的物资保障对于夺取作战优势至关重要。现代化战场的物资保障更加繁琐复杂,动态性、时效性更强,5G 智能仓库项目将把 AR/VR 系统、自主系统和机器视觉等应用于仓库管理,实现仓库管理的数字化、自动化和功能优化,以及后勤系统的一体化、智能化,实现装备物资的可视化,使战场物资配送及保障更加精准高效。

科罗纳多海军基地和奥尔巴尼海军陆战队后勤基地是美国国防部的 5G“智能仓库”试验站点,也是测试、改进和验证新兴的 5G 使能技术创新试验场。

两个基地都将部署一个5G网络原型系统和增强型5G网络原型系统，并演示利用5G技术改进物资与补给的识别、记录、组织、存储、检索和运输，以提高后勤保障的效率和准确性，同时又各有侧重。

美国国防部计划在2023财年完成这两个基地的智能仓库原型开发与演示试验活动，并着手开展技术成果转化，将智能仓库应用交付军种。

1. 科罗纳多海军基地

该基地智能仓库项目的重点是海军岸上仓库与海上部队间的物资转运（图3）。基于5G的应用与技术，通用电气公司负责开发实时资源跟踪、仓库建模和预测分析；Vectrus公司负责开发库存管理、网络安全、机器人物资运输和环境感知；德勤公司负责开发自主移动机器人、无人机、生物识别技术、AR/VR技术和数字库存跟踪技术等。

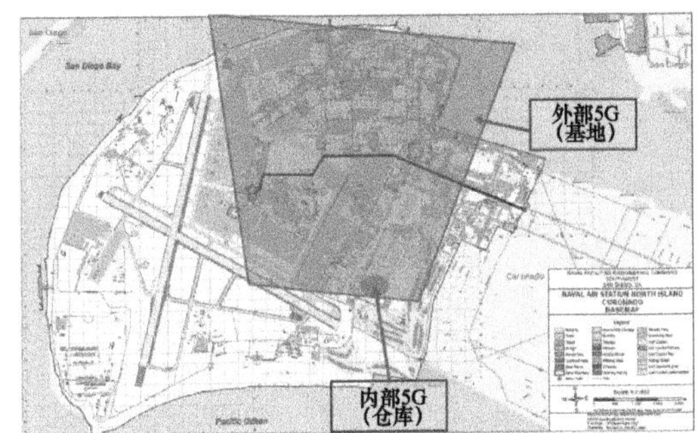

图3　科罗纳多海军基地及其智能仓库项目

该基地的5G网络由AT&T公司部署，采用该公司的5G频谱和专用5G核心与无线接入网络（RAN）。

2022年6月，科罗纳多海军基地开展了“智能仓库”演示试验，重点测试5G无线接入网以及通过大容量、低延迟的5G服务与物联网实现仓库运营的优化。试验中，AT&T公司5G专用网络数据吞吐速度达到3.9Gb/s、延迟小于10ms。演示的原型能力包括：

（1）高清视频监控。利用仓库中接入AT&T 5G专用网络的IP摄像机，提供高清流媒体并直接调用专用网络上的任何摄像机，实现高清视频监控。

（2）人工智能和机器学习从云端扩展到网络边缘。预先经过训练的机器学习模型能够对移动传送带上的差别较小的物品进行实时识别和分类；经过训练的摄像头可以识别不同的物品，并更新数据库中所识别零件的类型和数量。

（3）先进的AR投放/拣选系统。该系统由一个免提移动设备进行操作，提高了物品投放/拣选的准确性、减少了处理时间。美国国防部希望最终将这种方法与物资搬运机器人、智能存储设备和优化算法相结合，从而进一步提高仓库运行效率。

(4)零信任架构网络安全支持。演示了一套采用微分割加密的网络安全工具,该工具支持网络安全架构,确保海军 5G 智能仓库网络的保密性。

2. 奥尔巴尼海军陆战队后勤基地

该基地智能仓库项目的重点是车辆的仓储和维护保障(图 4)。坦克、防地雷反伏击车(MRAP)等军用车辆的管理与民用车辆的管理有着较大差异,其智能仓库建设更为复杂。

图 4　奥尔巴尼海军陆战队后勤基地及其智能仓库项目

KPMG 公司、科学研究公司、通用电气公司负责开发以下基于 5G 的智能仓库应用和技术:仓库设备与资产运输的一体化、自动化和数字化流程;仓储物流、资产与库存跟踪、环境管理以及设施访问控制等的自动化管控;实时资产跟踪、器材建模和预测分析。此外,该基地智能仓库还将利用全息技术对物资进行定位、识别和检索,而不需要移动或打开物资包装。

该后勤基地的 5G 专用网络由联邦无线公司负责部署,使用“公民宽带无线电业务(CBRS)”(3.5~3.7GHz)共享频段和毫米波频段。其端到端网络采用开放 RAN、虚拟无线接入网、虚拟 5G 分组核心和移动边缘计算等开源技术。原型系统采用思科公司的零信任架构,该架构由虚拟 5G 和 4G 分组核心服务器、移动边缘处理以及前向和回传交换基础设施组成。JMA 公司为 4G 和 5G 网络提供一个基于 XRAN(全软件 RAN 平台)的端到端 RAN 平台。其他公司则负责该系统的端对端风险评估和安全评估。

(三)AR/VR 训练

基于 5G 的 AR/VR 技术应用于军事训练,可以构建高精度、高保真的虚拟战场环境,实现异地多用户、多要素、分布式的军事训练,能显著提高训练效果,增强实战对抗条件下的作战能力。

美国国防部在刘易斯－麦科德联合基地开展 AR/VR 训练用例的演示试验,该项目旨在通过支持 5G 技术的 AR/VR 应用(图 5),改进任务规划,提升战备与战术训练能力。刘易斯－麦科德联合基地将部署一个可扩展、弹性、安全的 5G 网络;开发和集成用于分布式地面作战训练的支持 5G 的 AR/VR 硬件和软件;开展实验室环境演示试验以及陆军旅一级的战地演示试验。

图 5　刘易斯－麦科德联合基地 AR/VR 训练项目

刘易斯－麦科德联合基地的 5G 专用网络由 GBL 系统公司和三星公司合作建立,其中:GBL 系统公司负责原型构建与技术集成;三星公司负责提供访问 5G 网络的产品,包括大规模 MIMO 无线电、云原生 5G 独立核心、Galaxy 5G 移动设备,其中 Galaxy 移动设备预计将作为 AR 头显的连接热点。实验室环境的演示试验将使用三星的毫米波和中频段 5G 无线电,战地演示试验将主要采用中频段。

BAH 公司负责交付一个基于该公司"数字士兵"系统的作战训练原型,该原型系统采用开放、安全的架构,利用 AR/VR 技术构建一个真实的虚拟作战环境。AT&T 公司负责开发一个系统,将现有的训练系统接入 5G。奥休斯网络公司将开发一种用于战地训练环境的手持式加固 5G 移动设备(TMD－5G)。AR/VR 训练中,参训者将通过 AR/VR 头显查看所有训练信息,包括物理环境的实时数据(如障碍物或相关武器)、设备的信息,并且多个参训者可以同时与数字环境交互。

美国国防部计划在2023财年完成刘易斯－麦科德联合基地的AR/VR任务训练原型开发与演示试验活动,并着手开展技术成果转化,将智能仓库应用交付军种。

(四)动态频谱共享

美国国防部认为,有效利用电磁频谱是国防部和工业界的一个关键优先事项,通过研发、测试、采购和部署采用新技术的系统,实现更大范围的频谱接入,同时防止对既有系统的有害干扰。

希尔空军基地负责开展动态频谱共享项目的研发和演示试验,目标是实现机载雷达系统(如AWACS等)和5G系统在3.1～3.45 GHz频段的共享或共存。如图6所示,该项目在希尔空军基地设计、构建和部署移动5G网络基础设施及车载基站;开发共享/共存系统(SCS)原型,并评估它们在受控环境下真实的大规模网络中的有效性。

(a)

(b)

图6　希尔空军基地及其动态频谱共享项目

多家公司参与该动态频谱共享项目。诺基亚公司负责部署5G测试平台，该平台采用传统架构和开放式标准架构，包括高功率大规模多天线系统；BAH公司负责开发基于人工智能的频谱感应应用，应用基于R. AI. DIO™信号处理算法，能对干扰做出快速反应；Key Bridge公司负责提供3.1～3.45 GHz频段的现有商业频谱共享解决方案；共享频谱公司负责通过早期雷达探测和5G动态频谱接入(DSA)来实现持续的5G通信；爱立信公司负责提供一种创新解决方案，即利用5G基础设施以及机器学习和5G支持的频谱聚合，提供所需的感知能力。

2021年12月，希尔空军基地完成了专用5G网络的部署，目前正继续评估5G网络与机载雷达系统的相互影响以实现共用或共存。

廷克空军基地是美国国防部的另一个频谱共享的试验站点。这两个基地的项目各有侧重，希尔空军基地的研究重点是竞争环境中的5G和大功率雷达之间的频谱共享，廷克空军基地则关注国防部通信系统和商用5G系统之间的双向频谱共享。

(五)其他演示试验

1. 前沿作战基地和战术作战中心的5G无线连接

美国国防部在三个基地开展该项目的演示试验，测试重点是5G在战术作战中心的快速部署，实现战术边缘的通信优势。

(1)胡德堡军事基地负责演示半自主作战、遥感和防区外能力。

(2)欧文堡国家训练中心负责演示移动中高性能无线连接5G的能力，这种能力将使前沿作战指挥所(FOCP)更为敏捷和分散，从而提升指挥所的抗毁能力。

(3)彭德尔顿军营地负责演示5G技术支持作战行动中心(COC)的快速部署，提高行动速度和部队韧性。海军陆战队将通过彭德尔顿营的远征前方基地作战试验，探索5G在持续ISR、精确远程火力、加油行动等战术场景中的应用。

2. 飞机战备能力提升

海军与空军合作，在珍珠港－希卡姆联合基地演示试验利用5G技术获取飞机维修数据，增强飞机战备能力，包括利用5G技术通过数字化手段跟踪每架飞机的维护状态，甚至预测飞机的维护需求；在航线上安装专用于飞机维修的5G网络，实现机上大量数据的快速下载以及在边缘对数据进行分析，包括利用人工智能现场分析航空发动机数据，使维护人员迅速确定是否发生了故障，提高应变能力；为维护人员提供基于5G的AR/VR能力，例如通过AR/VR 3D模型制作飞机部件而不仅仅是制作静态文档。珍珠港－希卡姆联合基地完全实现5G能力后，预计基地飞机的战备率将提高到80%以上。

3. 舰船内部及舰船与码头的连通

诺福克海军基地负责建设用于船到码头和舰船内部通信的5G网络。

4. AR 医疗保障与训练

圣安东尼奥联合基地负责提供安全、弹性和可靠的 5G 远程医疗保障及训练。

5. 国防部 5G 核心安全网络评估

圣安东尼奥联合基地负责与其他多个远程站点协作,评估 5G 核心组网技术,重点是互操作性、安全性以及 5G 对国防部需求的适用性。

三、结语

美国国防部认为 5G 技术是一项关键的战略技术和变革性技术,将大幅增强美军指挥控制、快速远程火力目标定位以及安全通信的能力,提升美军部队的作战效能和杀伤力。

美国国防部通过下一代信息通信技术(5G)项目,在军事基地开展基于 5G 的分布式指挥控制、AR/VR 任务规划与训练、智能仓库、飞机战备能力提升、前沿作战基地与战术级 C2 中心的 5G 连接等原型系统开发与演示试验,开发测试动态频谱共享技术和能力,并利用 5G 提供的大容量、低延迟高速连接能力,实现边缘计算、人工智能/机器学习、自主机器人等技术有效应用。该项目将促进美国防领域 5G 能力的开发和部署,加速将 5G 的技术优势转化为作战优势。

(中国电子科技集团公司第二十八研究所　冯　芒)

美国国防部创新后 5G 计划简介

2022 年 4 月,美国国防部负责研究与工程的副部长办公室(OUSD R&E)发布了创新后 B5G (IB5G)计划方案征询。IB5G 计划瞄准后 5G 时代各种新颖网络概念和组件的构思、设计、原型和集成,旨在发展新能力,使美军能够主导未来网络战场。

一、计划产生背景

今天,5G 已经展示出强大的商用驱动力。美国国防部希望利用商用 5G 概念和组件作为切入点,发掘更多创新机会,解决美军作战概念方面存在的一些潜在差距。例如,通过 5G/B5G 技术提高指挥控制能力、快速远程火力目标定位能力以及鲁棒安全的通信能力,或者在战术边缘引入更多的态势感知、位置、地点和信息,从而创建真正意义的通用作战图,实现全面的态势感知与可视性。这些能力对于发展联合全域指挥控制(JADC2)至关重要。

基于这一思路,美国国防部提出了 IB5G 计划,希望利用 5G 低延迟(毫秒级)、超高可靠性、独立(SA)网络架构所带来的优势,更好地认识人—机和机—机(M2M)通信的特质并扩展到物联网(IoT),在对抗行动中优化战术网络管理模式,并在此基础上发展更多符合美军网络现代化需求的新能力。

二、计划要点

IB5G 计划主要关注如何将商业 5G 技术的各种新进展和工程解决方案与美军战术网络运行相结合,当前重点是以下两个领域。

(1)B5G 移动分布式 MIMO 网络:主要关注多输入多输出(MIMO)天线系统的适应性与自组织移动网络的运行架构,以及支持端到端韧性网络性能的协议设计。

(2)B5G 综合战术通信网络:主要关注商业和军事 5G 应用中固有的设备到设备

(D2D)或 Sidelink(直通链路)能力,以及未来战术网络系统的更多新架构选项和系统设计,如点对点模式下 5G 网络中的 Direcet(直接)D2D 或 Sidelink、集成接入和回传(IAB),以及软件化和模块化 5G RAN(无线接入网)等。

(一)B5G 移动分布式 MIMO 网络

B5G 移动分布式 MIMO 网络强调两个方面关键内容:①MIMO 天线系统的适应性和自组织移动网络运行架构;②支持端到端韧性网络性能的相关协议设计。

目前,MIMO 扩展(增加天线数量)已成功展示用于地面蜂窝运行,但还存在一些局限性,如需要基础设施(基站),或者需要位于理想位置以便用于温和信道带宽(不大于 100 MHz)和中频段射频——通常称为集中式 MIMO(C - MIMO)。而战术网络往往由部署在各种移动平台上的节点组成,包括徒步士兵(停止或移动中)加上地面装甲车辆和机载资产,以及无人机系统(UAS)或低地球轨道卫星。5G SA 网络具备潜力将此类节点配置为客户端或网络中继,并支持节点之间合作,以实现各种 MIMO 配置。这也引出了分布式 MIMO(D - MIMO)运行概念。

在没有 gNB 或基站基础设施的情况下,5G 用户设备(UE)之间的 Direct D2D 或 Sidelink 通信潜力是基于 5G 的战术网络的一个重要特征。而控制和数据平面分离是 5G 网络设计的一个基本特征,它为通过增强的控制通道实现网络韧性提供了新的可能性。这些特征都可以支持 5G 用于军事(MIL)网络。而这些军事网络则一直在寻求集成一种“分布式 MIMO 运行能力”。其中,后者在本质上具有固有的自组织(Ad hoc)属性。

美国国防部将 IB5G 研究设定在“MIL 网络”的最低两级:班内和班—班,以及班—指挥所(CP)通信,如表 1 所列。表中参数(班半径、班—班距离和班—指挥所距离)为所需的子网规模。这里最关注的是班内、班—班以及班—指挥所的无线网络设计,其中所有链路都假定为无线链路,指挥所所有功能都冗余映射到车辆,从而实现了一种分布式运行。表 1 和表 2 中列出了一些可以考虑用作研究基线的参数。

表 1　基线网络拓扑

班(最多 10 个节点)	移动指挥所(最多 100 个节点)
半径:10 ~ 100m 每节点数据速率:1 ~ 10Mb/s · 班—班距离:1km · 每班都由一辆地面车辆锚定	半径:1km 每节点数据速率:10 ~ 100 Mb/s · 班—指挥所距离:10km

表2 关键目标

关键性能参数	发展目标
工作频段	中频段:L/C/S/K +;高频段:毫米波
运行战术波形数量	多个,包括至少一个5G波形
窃听者距离限制	0.5×相关链路距离
干扰机探测的间隔(standoff)距离	10×相关链路距离
对干扰机的韧性	吞吐量与干扰信号比
增强控制/信令的开销	最小化增强控制/信令所需的时间/频率资源开销

班内、班—班以及班—指挥所的组网方案与设计关键在于如何利用MIMO节点的潜力,实现通信韧性和隐蔽通信。较长距离通信(班—班或班—指挥所)主要利用定向波束(考虑使用中继实现多跳)实现D-MIMO。来自单一源的信息通过相干RF相控阵发送,使用多节点阵列单元集合(图1),旨在实现视距场景中的距离扩展,以及非视距场景中的分集或多路复用增益。

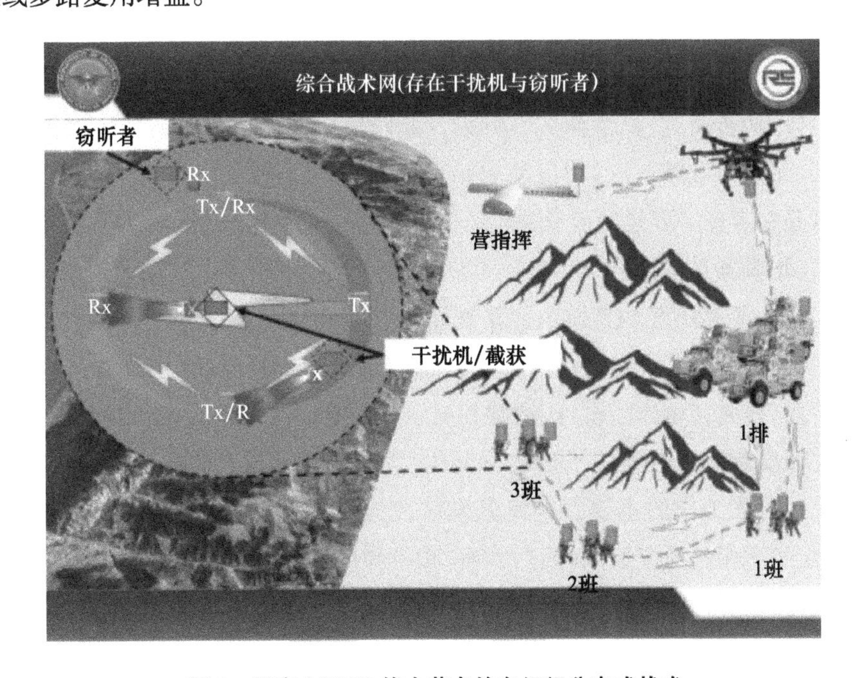

图1 具有MIMO能力节点的自组织分布式战术

利用扩展D-MIMO运行实现班和指挥所之间的连接,有些类似于"无蜂窝(Cell-Free)MIMO"概念。其中一组网络接入点在相同的时间/频率资源上同时服务多个用户,而无需用户和单个网络接入点之间的先验关联。相对于传统小蜂窝(small-cell)方案,无蜂窝MIMO能够显著提高吞吐量。每个用户都由专用网络接入点服务。这里还需要一种实际可行的方式,将信道状态信息用于支持各种优化运行。

表3列出了美国国防部理想研发与原型化目标。

表3　理想研发与原型化目标

主题	目前	目标
1. 为多班行动制定设计原则	仅限于视距单一网络(班)运行	非视距场景中的多个网络,确定性能权衡
2. D－MIMO:探索移动非视距环境中的链路/网络效率 vs 分集/韧性	缺乏在具有节点移动性的竞争/拥挤环境中用于 D－MIMO 运行的扩展理论	开发扩展理论、权衡并量化当前 MIMO 技术的可能限制
3. 支持性能目标的器件/电路/算法创新	基于相控阵架构和节点 SWaP 限制的 MIMO	用于美国国防部的 SDR 实现和相关集成
4. 支持性能目标的新 L1/L2(第1层和第2层)协议创新	尚不存在相关协议	增加了 L1/L2 支持,可有效利用频谱和功率资源,同时最大化 KPI 性能;同步、组网、信道状态信息、随机访问,以及独特 RF 环境问题的缓解方法

美国国防部计划按照3个阶段开发项目原型。

第一阶段,初步研究、概念研究与开发。此阶段主要关注表3所列场景的 B5G 战术组网1/2层(第1层和第2层)协议的初始设计,包括潜在的 D－MIMO 集成。基础模型的一个关键是在考虑必要运行开销的情况下探索 D－MIMO 扩展,特别是如何更好地理解预期收益(增强通信效率)与开销的关系。此外,如何量化节点移动性对分布式运行的影响也是一个重要关注点。其他重要系统运行特征还包括干扰机/干扰源的引入,以及抗干扰/干扰消除的一些设计自由度的分配。

第二阶段,完成初始原型设计、构建和演示。此阶段主要致力于最终设计迭代,在受控环境下完成实验室规模测试平台的原型化、实现以及演示。美国国防部公告显示,第一阶段和第二阶段工作的主要目的是开发解决方案,概述典型场景的完整网络设计方法,以及确定所有相关系统参数(发射功率、频带和信道带宽、信道数量、用户与控制平面分离、接收机灵敏度、波束形成方法等)。

第三阶段,大规模演示和验证。此阶段将在美国国防部或其他联邦测试基础设施进行典型室外环境原型性能演示和评估。

该领域未来研究、开发和拓展方向具体如下。

(1)实现相干 D－MIMO 组网的新颖系统概念。相干分布式波束形成/MIMO 的优势包括增强多用户通信效率——具有空间干扰抑制/抗干扰能力,以及利用 D－MIMO 自然分集能力。运行回退到非相干操作模式也在考虑中。同时,也要认识到所需的额外开销,例如位置/授时和信道/网络状态信息的分发(处理移动性)。

(2)用于波束空间管理的新型定向组网协议。利用毫米波分布式节点(可提供固有的低截获概率/抗干扰特性和鲁棒链路性能)的机会式定向波束形成,同时权衡数据速率和单跳距离。定向协议能够利用不同级别的网络栈分集实现鲁棒的端到端性能。

(3)基于商用现货(COTS)软件定义无线电(SDR)的节点。实现系统概念同时满足期望的SWaP目标、抗干扰/抗截获、传输安全(TRANSEC)特征、多信道发射/接收(Tx/Rx)操作,以及动态信道访问能力。

(4)新颖的3D共形宽带相控阵架构设计。具有理想的SWaP特性,包括通过使用智能表面作为中继来控制(附近)无线电传播环境,以克服物理障碍并扩展网络覆盖范围。

(二)B5G综合战术通信网络

美国国防部表示,B5G综合战术通信网络领域的主要研究内容包括各种新兴5G特点对下一代美国国防部战术网络的影响,以及商用地面5G网络与机载网段的集成,其中特别关注以下几点:

(1) Ad hoc模式(在任何传统gNB提供的网络覆盖范围之外)下5G网络中的Direct D2D或Sidelink。

(2)集成接入和回传(IAB)。

(3)开放式无线接入网(O-RAN)联盟提出的软件化和模块化5G RAN的实现。

上述几种方式的组合方案可望带来更多新颖的架构选项和系统设计机会。例如,终端用户接入可以通过连接地面和机载基础设施的直接商用5G支持设备来实现,或者通过那些具有5G和非5G(专有)无线电接口的设备来实现。这些接口可以通过网关进行通信用于必要的物理层(PHY)联网(Inter-Networking)。

机载节点可以以不同配置实现,或者作为两个地面用户设备节点之间的中继或网桥,或者作为一种移动机载“全系统”gNB,或者某个符合O-RAN联盟的“分离(split)”gNB实现的一部分。这些用于机载网段集成的不同架构选项将推动无线电、媒体访问控制(MAC)和无线电链路控制(RLC)层的创新。利用软件化5G RAN实现还可提供新接口,这对于动态运行至关重要。鉴于5G网络将越来越多地在战术行动中将非人类端点(传感器)与人类用户端点集成,实现符合新水准的自动化和智能将是支持关键性能指标(特别是端到端延迟与可靠性)的基础,这样可以支持关键任务运行或从因干扰造成的服务中断中恢复,参见图2。

此领域的解决方案着眼于联合全域作战的未来战术网络作战概念的基础上,开发新的系统架构和相关系统集成,并对所提出解决方案进行性能权衡,参见表4。

图 2　集成地面和机载 5G 段的战术组网

表 4　主要主题

主题	目前	目标
集成地面/机载段	仅限地面 5G 运行	利用新兴 5G 特性进行联合/一体化行动
韧性和自主运行	预编程,不适应动态操作场景	基于 AI/机器学习方法和灵活协议工程的实时响应

表 5 和表 6 中提供的概念和相关网络拓扑可用作研究基线。

表 5　综合网络拓扑与通信目标

网络作战概念	总目标(所有场景)
[场景 1] 存在多个车辆/节点。通过一个独立机载段将一辆地面车辆与视距外车辆或传感器相互连接。在各种条件下实现车辆之间数据传递,无论有无敌对威胁攻击	设计和评估网络 KPI: (1)网络优化——针对吞吐量/延迟与距离、网络可用性,以及敌对情况下的网络保持性; (2)演示端到端路由确定和相关延迟,可重新配置设计;包括测试期间的多路由可能性
[场景 2] 多个班相隔一定距离。通过一个综合地面/机载网络将一个地面班与一个远程(超视距)地面指挥所互联。将地面部队数据传输到远程指挥所,无论有无敌对威胁攻击	(1)表征稳态下的端到端吞吐量,以及对干扰的韧性; (2)包括机动性的各种条件和空中距离/高度的表征

表6　关键性能参数和设计目标

研发参数	设计研究
场景1的吞吐量/延迟/资源	探索5G Sidelink在地面和空对地链路中的应用:可实现的链路速率与距离、链路速率与资源、抗干扰韧性、波束成形、初始关联/认证
关于多跳路由的吞吐量/延迟/资源权衡(场景2)	使用Sidelink和IAB形成网状网以提高频谱效率;量化端到端吞吐量/延迟和韧性的权衡;用于可信自动化的机器学习方法

该领域研究也将按照3个阶段开展。

第一阶段,初始研究和设计迭代。本阶段主要确定Sidelink的增强功能,以实现地面/机载网络集成,并通过全面网络仿真量化网络性能。

第二阶段,完成初始原型设计、构建和演示。本阶段主要利用5G Open－RAN分离兼容核心构建战术网络实验室原型;综合考虑性能、实施复杂性和网络韧性,为战术网络场景构建一套RT－RIC算法;评估受控实验室环境性能。

第一阶段和第二阶段工作主要围绕综合战术网络运行的设计路线开展,包括地面和机载段。协议栈设计应包括所有相关无线电级参数(频带、信道带宽、发射功率、PHY层波形/调制/编码)的完整描述,并应扩展建议的设计迭代和后续演示如何实现所需的综合战术网络性能。

第三阶段,大规模演示和验证。本阶段将在美国国防部或其他联邦试验基础设施中,在接近作战的情况下进行软件和硬件部署和评估。

该领域未来研究、开发和拓展方向包括:①空—地链路的PHY层;②增强的多普勒和同步挑战、MAC/RLC(无线链路控制)设计;③混合自动重传请求(HARQ)和切换管理;④用于自组织通信的Sidelink D2D模式(无网络覆盖)的成熟化,包括设备发现、对等(P2P)认证和网络形成;⑤使用Sidelink形成网状网,即具有延迟约束的韧性运行(抗干扰和LPI/LPD),以及集成接入与回传(IAB);⑥利用接入流量控制服务(ATSS)在多无线电接入技术(multi－RAT)中集成非5G接口;⑦地面/机载一体化网络体系结构的比较分析;⑧兼容Open－RAN的5G SA网络,支持RAN智能控制器(RIC)算法设计,用于移动性管理和干扰缓解/抗干扰。

三、几点认识

IB5G计划的推出,凸显了美国国防部对利用5G、B5G等先进技术特别是商用技术,提升美军通信能力的迫切愿望,主要有两点认识。

（一）分布式 MIMO 网络为美军战术通信提供了一种新颖的发展思路

分布式 MIMO 组网，不仅可以增强多用户通信效率，提供固有的低截获、抗干扰能力，实现鲁棒的链路性能，还可以通过引入商用 SDR 现货、3D 共形宽带相控阵架构设计以及智能表面技术，实现优化的 SWaP 性能，并扩展网络覆盖范围。

（二）毫米波 5G 为无人机通信回传提供了一种极具潜力的解决方案

无人机通信与毫米波 5G 相结合，具有高带宽、短波长、空间稀疏性、柔性波束形成、高工作海拔、移动性可控等独特优势，可应用于多种场景，为无人机基站的无线回传性能瓶颈提供了一种极具潜力的解决方案。基于毫米波 IAB 架构的 5G 无人机通信，可以有效提供网络重构性，为战场 5G 网络部署提供了一种备选方案。

5G 服务于战术通信的关键在于如何让 5G 兼容现有战术通信。毕竟，要改变那些已经存在了 20 多年的互操作性规范，如 Link 16，是不现实的。关键在于如何整合 5G 信息传输，以增强现有系统。

（中国电子科技集团公司网络通信研究院　黄小军）

美国陆军大力发展托盘化高能激光武器

激光武器作为应对无人机威胁的分层防御的一部分,具有极大的应用潜力。2022 年 4 月 20 日,美国 Blue Halo 公司交付了集成 LOCUST 系统的托盘化高能激光(P – HEL)系统(图 1);4 月 25 日至 29 日,美国陆军在亚利桑那州尤马试验场(YPG)对 P – HEL 系统的这种新兴能力进行了测试。P – HEL 计划是美国陆军快速能力和关键技术办公室(RCCTO)在联合反小型无人机系统办公室(JCO)支持下确立的一个创新项目,旨在开发反无人机(C – sUAS)原型样机以实现分层防御,目前项目正在加速推进中。“托盘化武器”是美国空军 2020 年提出的快速打击概念,例如“速龙”项目用于验证并实现远程巡航导弹从运输机等非传统空中打击平台上大规模投射防区外武器,以提高作战灵活性。托盘化高能激光武器是美“分层防御”战略思想下嵌入“托盘化武器”概念的新装备,将极大地提升高能激光武器在未来多域作战中的防空反导与打击能力。美国陆军将通过原型样机的开发与演示试验来了解其作战效能、对作战的影响,并借此对作战条令进行调整。美国陆军高层称“P – HEL 能力是陆军和联合部队的一个重要里程碑”。

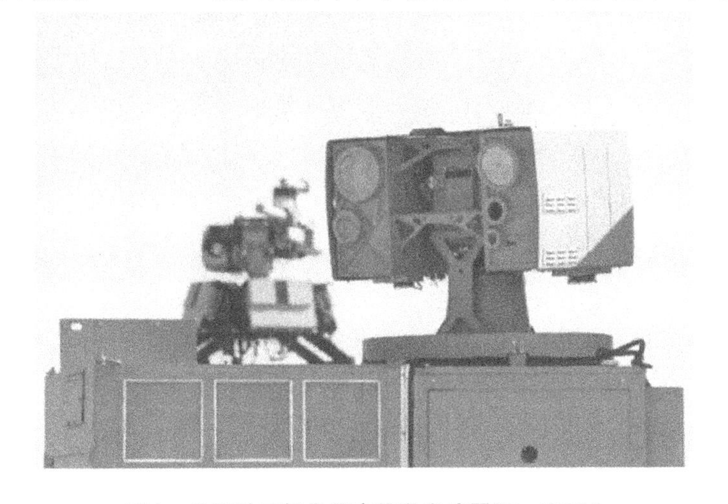

图 1　美国陆军托盘化高能激光武器(P – HEL)

一、背景分析

美国陆军联合反小型无人机系统办公室负责人称，随着无人机系统变得越来越自主，美国军方将依靠动能/定向能武器等选项来打击无人机。陆军正大力投资发展反无人机解决方案，无人机作为相对廉价的武器，在近期战场上表现出惊人的作战能力，已成为现代战争的重要装备。随着先进对手为其无人机增加了更多自主权，这些系统将变得更加难以被击落，因为无人机将更少地依赖通信链路进行导航，这在一定程度上使其免受电子战威胁。虽然目前仍然需要电子战反无人机解决方案，但业界开始更多地倾向于采用包括激光武器在内的定向能武器等解决方案。

（一）美国陆军构建分层防空反导防御体系，激光武器反无人机成为其重要的作战手段

根据美国《国防战略》提出的分层防御体系和美国陆军的现代化战略，美国陆军未来司令部作战能力发展中心（CCDC）制定了一份路线图，旨在为多域作战提供支持并创建分级、分层的防御体系，这一路线图设想了6层"防护罩"，未来将通过这些防空反导保护圈来保护美军及其盟友（图2）。在该分层防空反导概念图中，第1/2/5/6层均涉及反无人机，第2/5层均使用了高能激光武器，由此可见，反无人机是该分层防御体系中极为重要的任务，而高能激光武器将在其中发挥积极的作用。具体而言，第1层是弹道低空无人机交战（BLADE），BLADE与通用遥控操作武器站配合使用，可探测、跟踪、拦截和摧毁各型无人机；第2层是多任务高能激光（MMHEL），MMHEL为支援机动近程防空集成至4辆排级"斯特瑞克"轮式车上，可对来袭导弹和无人机交战并摧毁；第5层是间接火力防护能力增量2，即250～300kW机动式高能激光武器（HEL－TVD），用于反火箭弹、火炮、迫击炮、无人机系统及先进巡航导弹，计划在2024年前部署到1个排；第6层是低成本远程防空系统（LOWER－AD），该层是最大的防护层，可利用低成本远程防空拦截导弹应对亚音速巡航导弹和无人机系统。

（二）依托新兴的"托盘化"武器概念，增强高能激光武器系统的作战效能

随着战争形态的不断升级，美军对火力投射能力提出了新的要求，托盘化弹药概念应运而生。2021年美国空军的"速龙"托盘化弹药项目被列为美国空军9大关键能力之一。托盘化弹药是指在承载于运输机、特种作战飞机等战机货舱的制式或专用托盘上，通过机尾舱门批量投射的对地打击武器。"速龙"项目通过运输机内置托盘投射巡航导弹，可以大幅提升美国空军的远程打击能力。托盘化高能激光武器P－HEL系统应是借

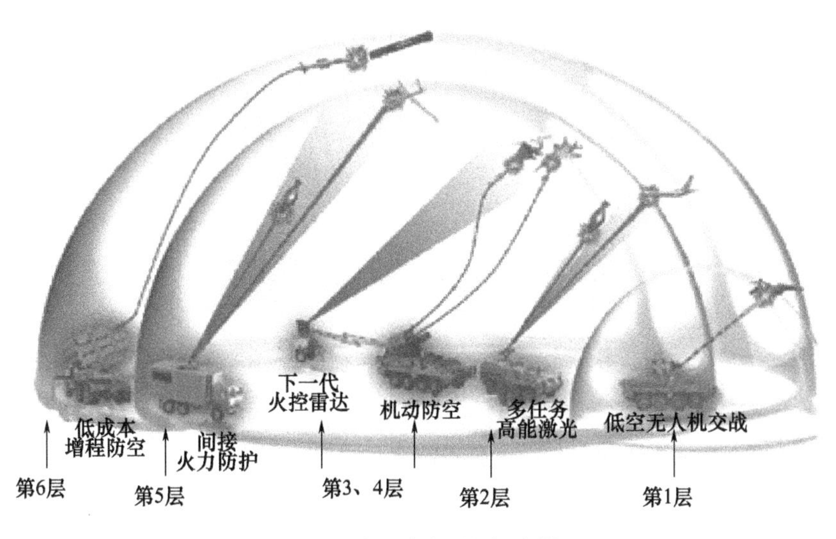

图2 分层防空反导概念图

鉴"速龙"托盘化弹药这种设计理念,拟在增强高能激光武器搭载于各平台的远程打击能力,以期在装备数量和作战效能上得到提升。

二、项目计划及进展

P-HEL是美国陆军快速能力和关键技术办公室(RCCTO)的一个新兴反无人机创新技术项目,鉴于项目的保密性,美方并未公开其立项启动时间,据项目高层人员称:该项目已于2022年春季完成10kW级激光武器的交付,以及与P-HEL系统的集成、演示和培训活动,已部署战区,并正在进行实地作战评估。随后美国陆军着手开发20kW级P-HEL原型武器系统,并拟于2022年9月进行第二次20kW级P-HEL原型样机演示。

项目主承包商SAIC公司负责集成原型C-sUAS 10kW级HEL武器系统。除其他几家公司提供外部传感器、热控制和发电系统外,Blue Halo公司提供10kW级激光武器系统(LOCUST LWS),用于与P-HEL系统整合;Radiance Technologies公司开发20kW级激光系统。P-HEL系统配置有摄像头、无源传感器、3D检测装置、雷达和光学系统,并具备跟踪功能。该系统是使用激光武器攻击无人机或目标的几个原型样机之一,系统依靠高能能量来摧毁目标,而不是使用传统弹药将其从空中击落。从合同授予到尤马试验场的演示,P-HEL原型武器系统的开发只用了仅10个月的时间。在演示前,美国陆军在俄克拉荷马州西尔堡重启了第4-60防空炮兵营的培训计划,在阿拉巴马州亨茨维尔进行了为期两周的系统培训,使炮兵营熟练掌握了运用P-HEL原型武器新系统打击目标的技能。

2022年4月底,美国陆军在亚利桑那州尤马试验场(YPG)对P-HEL系统这种新兴能力进行了测试(图3),测试时确保了激光在60000ft大气层中的传输安全,开展了高功率激光测试所需的传输分析,采用大地测量方式使激光光束在离开空域时衰减最小,并允许激光器根据卫星位置在特定时间窗口发射,使光束在其行进路径上不会击中卫星。P-HEL系统依靠高能激光束来摧毁无人机目标,而非使用传统弹药将其从空中击落。演示中,P-HEL系统与旋转/固定翼无人机交战,应对多个不同飞行场景,共毁伤18个目标。

图3 LOCUST LWS激光武器系统作战场景

三、项目核心及功能

高能激光武器系统(LOCUST LWS)在P-HEL项目计划中发挥着积极重要的作用,由Blue Halo公司研发。Blue Halo公司涉足定向能武器领域已数十年,致力于空中和地面反无人机解决方案以及无人系统研发,在空间技术、定向能、防空反导、C4ISR等多个关键任务领域具有行业领先能力。在反无人机方面,Blue Halo公司开发了多个全集成、技术领先的定向能反无人机系统(c-UAS)平台,其产品涵盖激光武器系统(LOCUST LWS)、目标捕获与跟踪系统(LOCUST TATS)、反无人机系统(Titan™ C-UAS)、外围安全系统(ARGUS)和其他定向能解决方案等。其中,激光武器是Blue Halo公司LOCUST系列产品的重要组成部分,产品涉及机载激光器、机载战术激光器和高能激光机动演示器,全集成LOCUST LWS(激光武器系统)是一套具有分层防御能力的先进系统。因为在

2021年7月定向能机动—近程防空（DE M－SHORAD）系统测试中展示了激光武器实战化应用，所以 Blue Halo 公司被选中，向 P－HEL 项目提供 LOCUST 系统。

(一) LOCUST LWS 具有基于模块化的开放式系统架构

全集成 LOCUST LWS 是一套可提供分层防御能力、电子战防区外能力以及实施硬杀伤、支持拦截的反无人机激光武器系统，具有一个可扩展的高能激光效应器。该系统将精密光学和激光硬件与先进的软件、算法和处理技术相结合，启用和增强定向能“杀伤链”，兼具精密光电/红外、指向、跟踪、识别能力，并可作为强大的情报、监视和侦察（ISR）的数据收集与识别装备。

该系统基于模块化开放系统架构，旨在满足机动性和快速部署的内在需求，可在15min 内由单个用户安装完毕，并从完全“关闭”状态切换到完全运行状态。2022年4月 Blue Halo公司交付的 LOCUST 系统作为一个分系统集成至 P－HEL 反无人机系统中，在4月下旬进行的测试中表现良好（图4），跟踪、瞄准和击毁了多个无人机目标。

图4　LOCUST 作为 P－HEL C－UAS 系统的一个分系统“表现良好”

(二) LOCUST LWS 系统组件和功能

1. 光电跟踪系统

LOCUST LWS 由安装在辅助子系统外壳顶部的万向（gimbaled）光电（EO）跟踪系统组成。EO 有效载荷包括安装在两侧外壳内（sidecar housing）、可在线更换的一对设备,即精跟踪系统(FTS)和捕获跟踪系统(ATS)。其中,ATS 包括支持初始目标探测和跟踪的宽视场变焦相机,以及目标照明激光器(TIL);FTS 包含带有对准子系统的高功率发射镜组、人眼安全激光测距仪、高分辨率/高速精跟相机,以及毁伤目标进行精确投射的高能激光器。

2. 射频监视系统

LOCUST LWS 射频监视和效应器系统安装在与托盘底座相连的伸缩桅杆上,由四频段电子攻击(EA)系统、360°雷达和远程测向仪组成,在非操作运输或存储时需收起桅杆。

3. 人机界面

LOCUST LWS 操作通过人机界面(HMI)由单个操作员进行界面管理,该界面在基于 Windows 的 PC 上运行。HMI 软件支持 LOCUST LWS 系统的外部网络接口,具有接受外部提示消息的功能,以及将 LOCUST LWS 传感器视频、时空位置信息(TSPI)和战术信息分发给高层的能力。

(三)高能激光靶板

Blue Halo 公司的高能激光靶板(表 1)带有集成的光束分析仪,可搭载在 2 个小型无人机系统上,对飞行的典型威胁目标进行激光测量。光束分析仪向操作员提供实时激光光束诊断反馈,以及完整的后处理数据包。

表 1 高能激光靶板参数

功能	规格	单位
峰值光束辐照度	10	kW/cm^2
峰值光束通量	100	kJ/cm^2
辐照度准确度	10	%
有效目标区域	10×10	cm
空间分辨率	2	mm
有效载荷质量	<2	kg
输入功率	4.9A	12VDC
	1.4 A	5 VDC
有效载荷体积	25	cm·L
	23	cm·W
	28	cm·H

四、几点认识

（一）“分层防御”思路与“托盘化武器”概念结合，将极大地提升高能激光武器在未来多域作战中的防空反导能力

LOCUST 激光武器系统是具有分层防御能力的反无人机系统，通过与托盘化高能激光（P－HEL）系统集成，将极大增强整个系统的防空反导能力。托盘化高能激光武器的加入，能够为反无人机分层防御层构筑强大的防御力量，可以预期在未来多域作战的防空反导分层防御中将发挥更重要的作用。

（二）“托盘化武器”概念的深化、落地，为增强高能激光武器的打击能力提供了一条新途径

P－HEL 武器搭载于各种平台，通过投射托盘化激光武器，可增加激光武器的投放量，从而大大地增强其作战效能。P－HEL 项目借鉴了“速龙”托盘化弹药项目的设计理念：P－HEL系统可并入托盘化战斗管理系统中，通过接收来自超视距指挥与控制节点的目标数据后传输至激光武器系统，待搭载平台到达安全距离，装载有弹药的托盘便从平台的后部滑出，如果在空中可利用降落伞降落，稳定后便可以自动朝着数百英里外的目标发射多个激光武器。这种战法可缩短打击距离，能更好地实现精确的目标打击能力，或者将实现像导弹齐射那样的方式，多个光束同时攻击，其强大的战斗力不言而喻。未来 P－HEL 系统将运用于陆基、海基、空基甚至天基等各种平台上，其作战效能必将得到极大地增强，托盘化思路为高能激光武器增强实战化能力提供了一条新途径。

（三）托盘化激光武器借助各种军用平台可实现远距离投送，或将成为未来战场的新利器

托盘化激光武器应可搭载于各种军用平台的专用托盘上，无需对平台做特别的改装就能增强战斗力，由于利用现有资源均可实现，可以节省武器研发时间和成本。因为 P－HEL 系统是模块化结构，可根据需要设计尺寸，运载平台也易于改装。同时配合人工智能技术，可以实施远程精确打击，或将成为未来战场的新利器。

五、结语

P－HEL 是美国陆军正在大力发展的创新性技术项目，鉴于项目的涉密性，公开资料

并未对其如何投放、配装设施等相关内容进行披露,但从目前美军极力打造的“托盘化武器”的战略计划来看,其发展思路应同出一撤。P - HEL 系统是美国陆军“分层反导防御”战略指导下取得的一个重要里程碑,或将改变未来的作战模式。我们应借鉴其先进技术与研发思路,密切关注其发展动向,开展反无人机装备技术研发,力争在未来现代化战争中立于不败之地。

(中国电子科技集团公司第二十七研究所　伍尚慧　马晓钦)

DARPA 为高能激光武器分层防御开发模块化高效激光技术

无人机在近期战场上显示了出色的作战能力,已经成为现代战争的重要作战装备,而激光武器特有的作战机理和毁伤手段是应对无人机威胁的主力。2022 年 1 月 28 日,美国防高级研究计划局(DARPA)微系统技术办公室发布模块化高效激光技术(MELT)项目 5 年计划广泛机构征集公告,寻求定向能领域高能激光(HEL)源的创新技术方案,开发具有出色光束质量的紧凑型、可扩展的主动相干光束合成半导体高能激光源技术。2022 年 10 月,诺斯罗普·格鲁曼公司竞标成功,获得 780 万美元项目合同。模块化高效激光技术项目旨在开发一种由模块化激光碟片(laser tile)构成的可扩展高能激光光源平面阵列,为激光武器反无人机进行分层防御开发新型光源。该项目将利用半导体制造技术、相干光束合成、光子集成以及 3D 集成和封装等技术开发激光模块,作为紧凑型、可拓展模块化激光武器的基础。模块化高效激光技术项目表明,光学相控阵体制正在发生变革,如同微波雷达相控阵发展一样,从无源空馈光学相控阵向有源光学相控阵转变。该项目开发的新型主动相控阵半导体激光技术,把传统的机械扫描变成了电控扫描,能够克服大气湍流影响,进行相位补偿的优势。该技术为构建新一代激光武器系统,实现高能激光武器的分层防御能力开启了一种新途径,这将对未来光电系统带来革命性变化。

一、开发背景

战场上小型、低成本无人机(UAV)数量的激增,需要采用低成本激光武器等定向能武器的分层防御对抗。目前,激光武器系统依靠多台高功率光纤激光器合束输出作为高能激光光源,需要大型复杂光学子系统来获取、调节和发射激光束,使激光武器系统(LWS)无法扩展在整个国家安全任务空间的应用。反无人机和类似应用需要几千瓦到兆瓦级的激光功率,这在目前是不可能实现的。半导体激光光源具有体积小、输入能量低、寿命长、功率可扩展性强且价格低廉的特点,是当前光电子学的核心技术,自诞生之日起,已受到世界各国的高度重视,在民用领域和军事领域的应用非常广泛。虽然在 20 世纪 70 年代就研制出了基于一维光学相控阵的半导体激光装置,但直到 2000 年前后才对其应用展开深入研究,截至目前实用化产品并不多。为了提升功率,及实现相干合束和高精度指向,DARPA 采用了无源相控阵半导体激光技术,但该技术只能在激光器外进行相位调制,在功率、效率、光束控制、相位调制、大气湍流补偿以及成本等方面仍不能满足实战需求。

二、项目计划

2022 年 1 月 DARPA 就模块化高效激光技术项目举行线上提案工作会,介绍了项目相关计划,并召集业内专家就该技术展开深入研讨;同时,为各意向承研公司提供技术实力的展示平台,要求各意向公司针对该项目提出研发思路并进行交流。2022 年 10 月 31 日,诺斯罗普·格鲁曼公司击败其他 8 家竞标公司,赢得价值 780 万美元的模块化高效激光技术(MELT)项目合同,研发一款可拓展的激光武器系统。DARPA 的目标是将模块化高效激光技术模块集成到配备了升级的高能激光技术平面阵列中。诺斯罗普·格鲁曼公司将使用 140 万美元用于该项目的研究、开发和评估,项目周期为 2 年,预计 2024 年 10 月验收。

如图 1 所示,模块化高效激光技术(MELT)项目旨在开发一种用于高能激光光源的紧凑、可扩展、平板式的模块化激光碟片,由这种激光碟片集成的可扩展高能激光光源平面阵列,性能与当前高能激光光源媲美甚至更佳。在各公司提交的众多方案中,最引人关注的方案是:基于半导体激光器的紧凑、可扩展、主动相干光束合成的高能激光源,具有优异光束质量。模块化高效激光技术项目的最终成果是交付一个 3×3 激光碟片平面阵列,并演示其作为高能激光光源的优质光束和功率可扩展优势。

图 1　模块化高效激光技术(MELT)项目示意图

（一）技术要求

模块化高效激光技术项目聚焦半导体激光二极管技术，将开发一种可大规模生产、低 SWaP（体积、重量和功耗）、可扩展的新型高能激光源。设计采用主动相干光束合成技术，而不是光谱或非相干方式，与被动相干光谱和非相干光束合成相比，主动相干光束合成具有前两种不具备的优势，可实现非机械光束控制和大气湍流补偿等，这种主动相干光束阵列技术将多束激光组合在一起，形成更强大的单光束。模块化高效激光技术项目设想的可扩展激光技术构建模块是由多个激光发射器组成的单个碟片，碟片大小由演示方来定。这些碟片为四边可连接型，允许在任何平面配置（例如，$M \times N$）中创建碟片阵列。功率输出/转换、散热、计算、相位测量和控制以及外部连接等多个必要的支持功能均可集成在碟片中，且要求 3×3 平板式阵列机械集成的背板厚度尽可能小。

DARPA 重点关注在功率密度、光束质量和非机械光束控制上满足计划目标。大尺寸碟片可以使用更少的零件，且可覆盖更大范围，但需要以半导体晶圆和微光学器件两类产品能够批量生产为前提。项目不限定每个碟片发射器数量，较小的发射器间距可以通过较大的转向角保持较高的光束质量，但对封装和热管理的要求较高。对演示参与方而言，相较于使用更少数量、处于/接近功率极限的发射器，使用具有更高光束质量和更小间距的低功率发射器，可以提供更好的解决方案。对支持功能的要求是演示参与方在每一块碟片覆盖区利用 3D 打印和封装技术，并开发新的散热方法，防止废热在平面碟片的发射器空隙和封装碟片中扩散。

目前，能够产生优质高功率激光束的激光二极管主要是垂直腔面发射激光器（VCSEL）二极管和边发射激光器二极管，但其单个发射器输出功率仅限于瓦级，且在缩放功率时需保持良好的光束质量，因此高能激光武器要获得高功率，需将大量的单个发射器组合，并进行相干光束合成。为了实现高能激光武器的高功率级别和优质光束，MELT 项目将结合这两种半导体激光器技术的优点，每块 MELT 碟片包含有一个激光发射器的二维阵列，通过对相位进行实时测量和控制实现相干光束合成。为了获得可扩展的输出功率，需要将几块到几百块这样的碟片设置为平板式并在万向节上安装，产生直接可用的输出光束，实现相干光束合成所需的任意相位控制，同时可用于精瞄和波前校正。

（二）项目安排

模块化高效激光技术项目由约翰·霍普金斯大学、美国海军研究办公室（ONR），空军研究实验室（AFRL）和美国陆军组成的政府研发团队，在整个 5 年计划中与参与方共同开发。模块化高效激光技术项目提案截止日期为 2022 年 5 月 2 日，项目评审时间为 2022 年 10 月，计划 5 年内投入经费 6000 万美元。按照计划，项目分为 3 个阶段（图 2）。

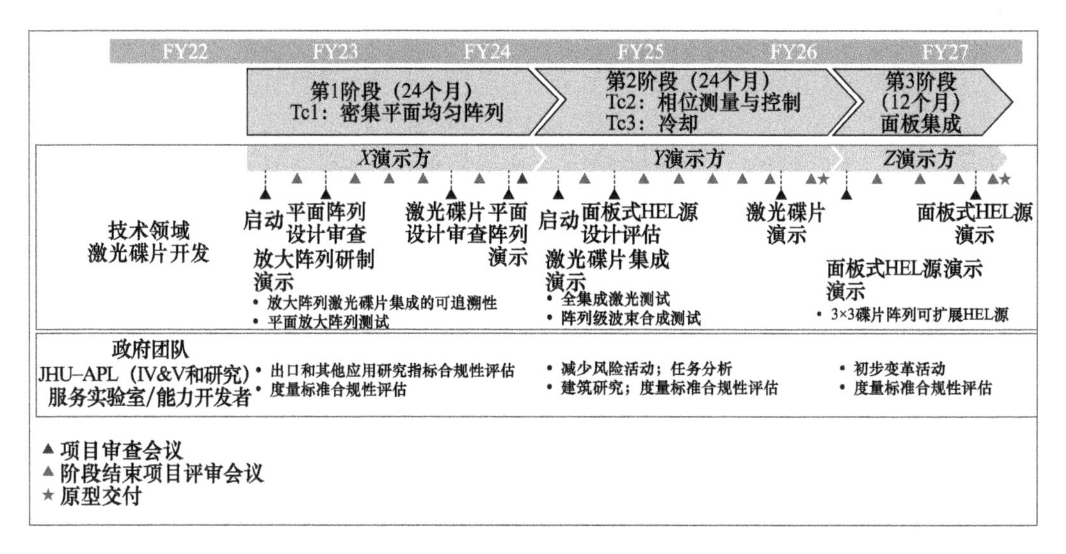

图 2　模块化高效激光技术项目计划时间表

第一阶段（2 年）：基础研发。寻求进行相干光束合成和非机械光束控制的密集平面放大器阵列解决方案。重点开发基础发射器技术、相位测量技术、相位控制架构、紧凑型异构集成方法、可扩展功率分配和冷却解决方案。该阶段的演示适用于发射器的平面阵列，无需演示全尺寸激光碟片阵列功能，但必须显示全集成激光碟片的可实用性，并验证关键指标性能。

第二阶段（2 年）：提供一个全集成紧凑型激光碟片解决方案，其性能与当前的 SoA HEL 光源相当。重点开发带有半导体光放大器阵列、相位测量和控制以及电源和热管理的全 3D 集成激光碟片，并演示测试全集成激光碟片的关键指标。

第三阶段（1 年）：演示验证在平板配置中运行的激光贴片，以展示扩展性高能激光源的可实现性。重点研究在平板配置中运行的激光碟片，完成一个 3 × 3 平面阵列，满足平板式高能激光的特定质量/体积、输出功率、光束质量和指向性指标，并对关键指标进行测试验证。

三、技术挑战

在不降低性能的情况下，要实现这种紧凑型高能激光光源，必须解决三个技术挑战。

（一）实现密集型平面放大器阵列，具有等间距和垂直于二维表面的发射

需要开发新的制造方法，将半导体放大发射器集成到二维平面阵列中。理论计算表明，需要非常高的空间光机对准精度来满足二维平面阵列和相干光束合成。单个发射器

发射的光束质量必须优良，且功率转换效率应与光纤激光器相当，并且在密集二维平面阵列中多个发射器输出必须进行光束合成。MELT 项目要求整个阵列的功率转换效率与最先进（SoA）瓦级单模半导体放大发射器相匹配。

（二）实现平板式高能激光光源可扩展的相位测量架构

（1）测量和控制单个半导体放大器的相位，实现有源相干光束合成。

（2）开发新的相位控制方法，实现在目标闭环带宽下均方根相位误差小于 $\lambda/20$ 的可扩展相位控制体系结构。

（三）消除平板式高能激光源的预期热负荷，实现紧凑的可扩展冷却解决方案

在尺寸和重量没有极大增加的情况下，MELT 阵列孔径冷却需开发新的冷却技术，这些技术将超越目前可与 MELT 碟片集成所使用的高性能数字系统的冷却技术。

四、启示建议

（一）新体制激光技术为实现低成本激光武器系统提供新手段

近年来，美军为加快激光武器实战化进程，主要发展了光纤激光合成技术、液冷晶体薄片激光器技术、二极管泵浦碱蒸气激光器技术和分布式增益激光技术等。2022 年“模块化高效激光技术”项目计划提出的半导体激光器新光源技术是一种新的技术体制，由模块化激光碟片集成高能激光光源平面阵列，更加注重体积紧凑性、功率可扩展性以及集成度和峰值输出功率等。它摆脱了传统的基于泵浦的激光体制，一旦研发成功，可实现基于全集成激光平面阵列的激光武器，为提升系统效率、降低 SWaP 提供了新思路，或将成为低成本激光武器系统分层防御反无人机的新手段。

（二）主动相干光束合成平面阵列获得的优质光源是增强高能激光武器实战能力的有效途径

相干波束合成平面阵列具有独特的优势，即：①无需复杂光学系统即可直接生成和发射激光武器波束；②主动相干光束合成平面阵列具有无限的可扩展性；③能够进行非机械光束控制及光束抖动校正；④能够应用复杂的相位校正来补偿大气干扰。因此，可以通过消除对相关大型子系统的依赖而进行扩展，为激光武器系统获得更好的高能激光武器光源提供了一条有效途径。良好的光源是光束质量的保障，光束质量作为光束特性

中最重要的参数之一,对光束能量分布、聚焦焦点大小、功率密度大小等重要参数有很大影响。对于同样功率的激光束,光束质量越好,聚焦焦点就越小,焦点的功率密度就越大,从而使激光武器的毁伤能力更强,将进一步提升激光武器的实战能力。

(三)基于微透镜阵列和模块化激光碟片通用架构的设计,有助于实现高能激光武器的大规模生产和低成本

项目建议每块碟片采用微透镜阵列或类似结构,微透镜阵列由通光孔径及浮雕深度为微米级的透镜组成。与传统透镜一样,其最小功能单元可以是球面镜、非球面镜、柱镜、棱镜等,同样能在微光学角度实现聚焦、成像、光束变换等功能。因为其单元尺寸小、集成度高,所以能构成许多新型的光学系统,完成传统光学元件无法实现的功能。项目还要求所有碟片结构相同,更利于高能激光武器系统扩大生产、降低成本,并提高产出率。

(四)在突破关键技术的同时,考虑工程化中的可行性

我军发展高能激光武器,可借鉴 DARPA“模块化高效激光技术”项目的发展思路,在重点开发发射器技术、相位感应和相位控制架构、紧凑型异构集成、可扩展功率分配、半导体放大器阵列等关键技术的同时,应考虑工程技术中的可实现性,同步发展冷却技术、电源、热管理和全 3D 集成激光碟片等技术,在功率密度、光束质量和非机械光束控制上满足高能激光系统的实用化要求,开发优于目前高性能数字系统的新型冷却技术。

(五)开展主动相控阵半导体激光技术研究,促进我军激光武器及相关领域的快速发展

主动相控阵半导体激光技术把传统的机械扫描变成了无惯性电控相位扫描,有着广阔的军事应用潜力,可应用于激光雷达、激光通信等领域。我国半导体激光技术发展迅速,已广泛应用于光纤通信、光谱分析、光信息处理、医疗、国防等领域,但主动相控阵半导体激光技术的开发应用还处于探索阶段,我们应密切关注美国主动相控阵半导体激光源领域的技术进展,尤其是该技术在高能激光武器方面的应用情况,尽快推进该技术在我国高能激光武器及相关领域中的研究,以加速我军激光武器的发展和行业的竞争力。

五、结语

随着激光技术的不断发展及应用平台的持续扩大,高能激光武器已成为反无人机及

其蜂群的主力军。2022 年 DARPA 斥资 6000 万美元开发的“模块化高效激光技术”(MELT)项目 5 年计划,彰显了 DARPA 正在为激光武器分层防御发力,项目开发的紧凑型、可扩展的主动相干光束合成半导体激光源将为构建新一代激光武器铺平道路。

(中国电子科技集团公司第二十七研究所　伍尚慧　李晓东　董光焰
中国人民解放军海军装备部装备审价中心　余珊珊)

美国海军首次完成激光武器抗击巡航导弹试验

2022 年 2 月 12 日,美国海军研究办公室在新墨西哥州白沙导弹试验靶场对分层激光防御系统进行了测试,在探测到一个亚声速巡航导弹目标后,使用洛克希德·马丁公司研发的激光武器系统对该目标进行打击并将其摧毁。此次试验是美国海军首次使用激光武器抗击巡航导弹,标志着激光技术武器化取得重大进展。

一、发展背景

(一)美国认为防空反导系统面临着严峻的巡航导弹威胁

巡航导弹比弹道导弹难以预测,能从低空和意想不到的角度突袭,打击也更精确,已成为世界各国竞相拥有的武器之一。2022 年 10 月,美国国防部发布《导弹防御评估报告》,认为世界主要国家持续开发和部署先进的巡航导弹,对美国构成严重威胁。美军一直致力于构建的防御系统旨在保护美国本土免受弹道导弹袭击,但不能保护美国本土、海外基地和海上资产免遭巡航导弹袭击。报告结论部分提出,美国的综合防空反导系统必须是全面的、分层的、机动的,未来的防空和导弹防御系统必须更具灵活性、生存能力和经济可负担性,并强调分散和机动,以削弱对手导弹的威胁。

(二)美国海军防空反导系统面临成本高与供给不足的问题

2021 年 2 月,美国会预算办公室发布《国家巡航导弹防御备选方案》报告。报告认为,利用目前的技术构建的 4 种巡航导弹防御系统耗资巨大。以海军水面舰艇反导为例,造价数千至数十万美元的“廉价”巡航导弹在未来冲突中可能随时击沉造价数亿、数十亿美元的“高端”战舰。目前美国海军的主要防空反导弹药“海麻雀”防空导弹和“标准”系列舰空导弹价格昂贵,例如 RIM - 162 改进型“海麻雀”单价近百万美元,拦截一枚反舰导弹至少要消耗 1 ~2 枚“海麻雀”,“标准”系列导弹价格更高,每枚“标准” - 3IB 型单价达到2050万美元。如果面临对手导弹齐射饱和攻击,不仅拦截所需导弹的费用难以承受,而且舰艇携带导弹数量有限。“密集阵”虽然价格低廉,但是几个点射就可能用完弹药,将会面临弹药用尽的窘境。此外,海军水面舰艇防空还面临高超声速导弹威胁,目前尚无有效应对手段。

(三)高能激光武器是舰艇抗击巡航导弹的有效方案

高能激光武器利用高功率激光束破坏目标表面,使目标表面吸收激光能量后形成应力波,在目标内部产生“层裂”进而丧失作战效能,被认为是可能改变战争游戏规则的新概念武器之一。激光武器具有光速交战、抗电子干扰、使用成本低等诸多优点。据美军核算,激光武器的单次发射成本不到1美元,价格仅为导弹的几十万分之一甚至几千万分之一,且在电力充足情况下可无限次发射,可有效解决目前海军水面舰艇面临的天价弹药和弹药供给问题。激光武器瞄准即命中、发射即交战等特点,以及转火速度快、持续射击能力强、攻击精度高等优势,可作为传统舰载防御武器的有效补充,可协同作战,为舰船提供全方位、多方式、多层次防御手段,大幅提升舰艇防御能力和生存能力。

二、美国海军反巡航导弹高能激光武器系统发展及试验情况

(一)美国海军反巡航导弹高能激光武器系统开发情况

美国海军认识到激光武器在未来防空反导中的广泛应用前景,致力于发展反巡航导弹高能激光武器。2020财年,美国海军启动激光反舰巡航导弹项目(HELCAP),用于评估、开发、试验及演示验证各种激光技术,发射功率将达到300kW,能够跟踪并烧蚀巡航导弹,实现对敌方反舰巡航导弹的有效拦截。该项目为非公开项目。美国海军作战部长迈克尔·吉尔迪2020年11月在访问美国海军水面战中心达尔格伦分部(NSWCDD)时,曝光了该项目光束定向器的工程方法细节。根据开源信息,2020年3月,美国海军研究办公室授予洛克希德·马丁公司一份价值2240万美元合同,用于在濒海战斗舰(LCS)上集成、演示测试和操作分层激光防御(LLD)样机武器系统。主要工作包括:开发样机结构和外壳,以任务模块格式保护分层激光防御系统免受船舶运动和海洋环境的影响;与其他设备进行系统集成和测试;平台集成和系统运行验证测试;系统测试、数据收集、分析支持及操作演示等。该项目计划在2021财年完成样机主要部件的制造和集成,2023财年具备试验验证条件。该项目最终将提供一套灵活的演示样机,包括光束控制试验台、300kW以上的激光源、样机控制系统、辅助电源和冷却系统等关键部分。

(二)美国海军反巡航导弹高能激光武器试验情况

2022 年 2 月,美国海军研究办公室在新墨西哥州白沙导弹试验靶场对分层激光防御系统进行了一系列目标测试,包括固定翼、旋翼无人机和亚音速巡航导弹靶机,分层激光防御系统在探测到一个巡航导弹目标后使用洛克希德·马丁公司研发的激光武器系统对该目标进行打击并将其摧毁。

三、试验情况分析

(一)试验实现了两项关键的里程碑突破

一是完成了高能激光武器反巡航导弹整个作战流程。此次试验演示技术是分层激光防御项目的一部分,不仅是一套激光武器系统样机,而且是一系列技术组合。在试验中,需要及时探测、识别到巡航导弹目标并跟踪,选定巡航导弹上瞄准点位置,始终对准瞄准点位置处发射高能激光束,激光束保持在该位置足够长的照射时间即可摧毁目标。这一系列过程的每一个步骤都是一项重大的技术挑战。从探测、目标识别、跟踪、瞄准位置选择到打击,将传感器探测、使用人工智能技术改善跟踪和瞄准、系统指挥和控制等多种要素融为一体,实现了激光武器系统打击目标的全流程里程碑突破。

二是颠覆了拦截巡航导弹所需激光功率 300kW 以上的假设。由于巡航导弹的侧面比弹头更脆弱(弹头的特殊设计用于承受与空气摩擦产生更高的温度),此次试验的打击部位很可能瞄准导弹的侧面。由于发射功率为 300kW 的激光武器尚处于研制过程中,因此虽然海军研究办公室没有透露此次试验的激光武器发射功率,但是据推测试验中使用的激光功率限于 150kW 内。

(二)激光武器尚存一些缺陷,距实战仍有差距

一是限制激光武器应用的环境问题仍未解决。高能激光束的传输过程对外界环境要求较高,空气中的灰尘、雨、雪、雾霾、盐雾等都会对激光束产生严重影响。实战环境中的传播条件比自然条件要恶劣得多,海上环境船体的晃动对激光系统的稳定性也是一大考验。

二是激光武器维护存在困难。激光武器中光学系统属精密易损装置,作战中难免出现故障或损坏。但是光学系统的更换与维护需要在洁净空间进行,现场维修后还须快速调试校准,战时难以做到。

三是激光器输出能量不足。按照美军的计算,有效拦截巡航导弹对激光器的输出功

率至少要达到300kW，拦截更高速度巡航导弹需要的激光功率更高，而激光器的电光转化效率在短期内难以取得大的突破。为保障激光武器的能量供给，需要配置更大功率的发电装置，这会造成激光武器系统体积和重量过大，对激光武器载具要求更高，也会严重影响其战场机动性能。

(三)激光武器反导能力得到验证，战争游戏规则将发生改变

与传统的防空反导方式相比，激光武器拥有“无限”弹药、使用成本低、电磁环境适应性好、作战隐蔽性强、精准度和威力比导弹好得多、附带损伤低，不仅能够有效减轻后勤保障负担，还将改变后勤保障方式，在未来的防空反导作战中将会成为中坚力量。激光武器的反导能力在此次试验中得到验证，随着技术的进一步发展，发射功率更高、功率体积/重量比更大、打击效率更高的激光器将被开发出来，基于人工智能的更先进的自适应光学系统将走向实际应用，改变“战争规则”的激光武器将由空谈逐渐走向实际作战应用。若激光武器采用大口径光学系统，在保证发射功率的情况下，激光武器甚至可变成进攻性武器，未来的发展潜力不可估量。

激光武器用于防空反导，一定程度上代表了当前的发展方向和趋势，此次试验中美国海军首次成功使用激光武器摧毁巡航导弹目标，标志着激光技术武器化取得重大进展，是海军舰载激光武器取得的阶段性成果。未来，随着舰载激光武器的不断发展和成熟，其作战用途将更加多样化，不再局限于对抗巡航导弹实现平台自卫，还可能成为一种进攻性武器，在视距范围内进行空战，打击敌方飞机、无人机、水面舰艇，击落巡航导弹甚至攻击岸上地面目标。根据美军的估计，到2026年左右，随着更高功率激光器的研制成功，美国海军激光武器将完全具备对付超音速反舰导弹、巡航导弹的能力。在美国海军对外发布的下一代主力驱逐舰DDG(x)设计概念图中，该驱逐舰最终目标是配备三套高能激光武器系统，包括一套位于军舰前部的150kW级激光武器系统和两套位于舰艉的600kW级激光武器系统，将显著提升驱逐舰的分层防御能力。此次试验的成功，将进一步提升美军激光武器反导作战的能力，将对未来海军作战产生重大影响，值得引起关注。

四、结语

激光武器的良好军事应用前景毋庸置疑，但目前的激光武器技术水平与战场实战应用还有差距。这些差距也给我们指明了发展激光武器的技术方向，抓住机遇，迎接挑战，在发展中超越，才能适应并改变未来战场游戏规则。

(中国电子科技集团公司第二十七研究所　禹化龙)

重要专题分析：量子信息领域

2022 年量子信息技术发展综述

一、量子信息科学：再次成为世界关注的焦点

科技是认识和改造世界的主导力量。20 世纪初，量子力学的建立是人类历史上最伟大的科学革命之一，它催生了核武器/核能、激光器、半导体/微电子、互联网等技术革命，促进了物质文明的巨大进步。很多学者认为当前人类社会正在经历第二次量子科技革命，而这次革命的核心要素——量子信息技术，已经成为决定国家和民族命运的战略必争领域。在政府层面，欧美发达国家纷纷启动国家级量子战略行动计划，大幅增加研发投入，同时开展顶层规划以及研究应用布局，力争抢占新兴信息技术制高点。2022 年诺贝尔奖首次颁给量子信息科学，3 位创始科学家获奖，量子信息技术再次成为全世界的焦点。多国将量子信息科技上升到国家发展战略，以量子信息科技为突破口，寻求新的经济增长点，加速量子信息科技产业化进程。

（一）诺贝尔奖首次颁给量子信息科学，3 位创始科学家获奖

2022 年 10 月 4 日，瑞典皇家科学院公布 2022 年诺贝尔物理学奖得主：阿兰·阿斯佩、约翰·克劳泽和安东·塞林格，以表彰他们在“用于纠缠光子的试验，确立对贝尔不等式的违反和开创性的量子信息科学”的卓越成就。这也是诺贝尔奖首次颁发给量子信息科学。3 位获奖者分别利用纠缠的量子态进行了突破性的试验，其中两个粒子即使被分开也表现得像一个整体。他们的成果为基于量子信息的新技术扫清了道路，纠缠的量子态构成了整个量子信息科学大厦的基石。量子纠缠本是一种非常反常识的现象，但是在一代代科学家的努力下，人们不但证实了它的存在，还在利用量子纠缠为人类服务，衍生出量子计算、量子通信、量子精密测量等多个领域。

（二）多国将量子信息科学上升到国家发展战略，寻求新的经济增长点

截至 2022 年底，美国、欧盟、英国、日本、澳大利亚等发达国家均在国家层面重点布

局了国家量子科技行动计划,持续投入巨资建设国家量子科技研发平台,抢占新一代信息技术与产业的战略制高点。在计划实施过程中各国普遍寻求通过提供资金和资源,并通过建立技术平台、支持初创公司、优化量子技术组件供应链等政策措施,为发展量子技术培育本土量子科技生态,更为量子技术的应用创造市场机会。表1列出2022年世界主要强国新发布的量子信息战略计划,从中可以看出各大强国正加速布局量子信息科学领域,促进量子信息产业商业化进程,使之成为新的经济增长点。

表1　2022年部分国家新发布的量子信息战略计划

国家	部门	战略计划	主要内容
美国	美国白宫科技政策办公室(OSTP)	《量子信息科学和技术劳动力发展国家战略计划》	促进先进技术教育和推广,培养下一代量子信息科学人才
美国	国家科学和技术委员会(NSTC)	《将量子传感器付诸实践》	通过扩展量子信息科学国家战略概述中的政策主题,将发展量子信息科学上升为国家战略
美国	众议院	《量子计算网络安全防范法案》	促进政府范围内和行业范围内的后量子密码优先发展,推动联邦政府信息系统向抗量子密码技术过度,防止量子计算时代联邦政府信息泄露
美国	拜登	两项总统行政令	推动美国量子信息技术的发展,并制订应对量子计算机对美国网络安全构成风险的计划
英国	财政大臣 Rishi SunaK	《2022年春季声明》	扩大量子计算等技术领域合规支出,预计2023年4月草案生效
法国	政府	国家量子计算平台	总投资1.7亿欧元建立量子—经典混合计算平台
德国	联邦教育和研究部	“量子系统研究计划”项目	从战略上长期促进量子系统领域的技术转让和生态系统扩展,引入2800万欧元资助
加拿大	联邦政府	组建“国家量子工业部”计划	在6年内投入超过2300万加元对量子传感器、量子计算机等项目进行战略投资
日本	岸田内阁	《量子未来社会展望》	明确指出量子技术将来会成为国家之间争夺霸权的核心关键技术,强调其在经济安全保障上的重要性,呼吁要拥有先进的量子技术,培养和确保人才的稳定和可持续
澳大利亚	政府	《国家量子策略:备忘录》	启动国家量子战略制定工作,提出将投资1.11亿澳元开发量子信息技术
中国	国务院	《“十四五”数字经济发展规划》	瞄准传感器、量子信息、网络通信、集成电路、关键软件、大数据、人工智能、区块链、新材料等战略前瞻性领域,增强关键技术创新能力

续表

国家	部门	战略计划	主要内容
中国	科技部	《"十四五"国家科学技术普及发展规划》	面向关键核心技术攻关,聚焦国家科技发展的重点方向,强化脑科学、量子计算等战略导向基础研究领域的科普,引导科研人员从实践中提炼重大科学问题,为科学家潜心研究创造良好氛围

(三)全球量子信息产业化进程加快,产业链条逐渐显现

随着量子计算、量子通信和量子精密测量等关键技术在产业领域的不断推进和扩大,相应的商业应用和与各产业紧密结合的量子科技应用企业也在不断涌现。纵观全球量子产业,美国等量子科技先发地区,在具备良好量子科技上游企业的基础上,近两年涌现出一批活跃在量子科技产业链下游的企业,推动量子技术及产品在航空航天、生物医药、金融投资、国防科技等领域的落地,量子科技产业链闭环逐步形成。

根据全球产业权威机构CBlnsight整理的全球量子科技产业公开数据,全球相关量子科技重点企业共计461家。2022年我国重点量子科技企业数(不包括重点企业投资的子公司)达到65家(CBlnsight收录41家),超过英国、加拿大等国家,位居全球第2。在全球461家重点企业,累计获投资额近50亿美元,其中:美国量子产业所获投资最高,超过20亿美元,全球占比约40%;中国量子产业获得投资约10亿美元,排名全球第二;加拿大、英国、芬兰、澳大利亚等国排名其后。从全球量子科技企业类型来看,主要投资方向仍然集中在量子计算、量子通信和量子精密测量产业链的中游领域。

二、量子计算:后摩尔时代最具潜力的计算体制之一

量子计算是一种全新的计算范式,作为后摩尔时代最具潜力的计算体制之一,有望为人类提供超乎想象的计算能力,从而为各学科领域乃至我们日常生活带来极其深远的影响。2022年量子领域总体进展喜人,多个技术路线方向实现突破,整体进入量子比特数目百位时代。随着量子计算技术跨学科应用,已逐渐发挥出技术优势。

(一)多个技术路线稳步推进,比特数目进入百位时代

2022年,量子计算继续朝着实用化稳步前进,几条主流的实现量子计算的技术路线在量子比特数量和品质、测控系统、量子软件等诸多核心技术方向,取得相当惊人的研究成果,各主流技术路线量子比特数目先后进入百位时代。

433 量子比特“鱼鹰”超导量子叶算机问世。2022 年 11 月 9 日，在 IBM 年度量子峰会上，IBM 公司推出了“鱼鹰 Osprey”量子芯片，它拥有超过 Eagle（127 量子比特）约 3 倍的 433 量子比特。Osprey 与 Eagle 相比具有两大优势，一个是用柔性带状电缆取代 IBM 公司与之前的量子处理器一起使用的微波电缆的“量子吊灯”，另一个主要优势是新一代的控制电子设备，可以向量子处理器发送和接收微波信号。

216 量子比特“北极光”光量子计算机问世。2022 年 6 月 1 日，加拿大 Xanadu 公司推出了北极光（Borealis）可编程光量子计算机。Borealis 合成了 216 个压缩态量子比特的量子态，可在 36μs 内完成超级计算机 9000 年才能完成的高斯玻色采样任务（直接模拟），展示了量子计算优越性。

硅基量子比特测控创新记录：12min 内测量 1024 量子比特。2022 年 10 月，英国量子计算初创公司 Quantum Motion 宣布实现了对硅基量子比特测量新记录，该记录基于 Quantum Motion 公司的最新 3mm × 3mm 量子芯片 Bloomsbury 上实现。Bloomsbury 包含数千个量子点，单个电子可以一个接一个地加载到其中，作为量子比特，与在绝对零度以上不到 0.1℃ 的温度下运行的控制电子设备集成在一起。该公司展示了如何在 12min 内测量 1024 个面积小于 0.1mm^2 的量子点，此类设备的质量表征方面取得了巨大飞跃。

256 量子比特中性原子量子处理器上线。2022 年 11 月 2 日，亚马逊量子计算服务公司 Amazon Braket 宣布推出 256 量子比特处理器 Aquila，这是 QuEra Computing 公司推出的一种新的中性原子量子处理单元（QPU），最多有 256 量子比特。它将在每周二、三、四提供 10h 的服务。该处理器可以用 AWS Braket SDK 进行编程。

8192 量子体积离子阱量子计算机问世。2022 年 6 月，霍尼韦尔旗下量子计算公司 Quantinuum 宣布对其离子阱量子计算机 System Model H1 - 1 技术进行重大升级，其中包括全连接量子比特的数量从 12 个增加到 20 个，以及增加可并行完成的量子逻辑门运行数量。这些改进大大提高了由霍尼韦尔公司提供支持的 H1 - 1 量子计算机的计算能力。2022 年 9 月，Quantinuum 公司宣布在 System Model H1 - 1 上实现了 8192 量子体积。实现这一最新记录的一个关键是直接实现任意角度的双量子比特门的新能力。对于许多量子电路来说，这种新的双量子比特门允许更有效的电路建设，并导致更高的保真度结果。

（二）量子计算机发展很快，即将进入 NISQ 阶段

2022 年 5 月，IBM 公司宣布更新其大规模实用量子计算的路线图，该路线图详细介绍了新的模块化架构和网络计划，2022—2025 年计划每年推出一款新的量子系统，到 2025 年实现 4000 + 量子比特。可以看出，当前量子计算机的发展已经进入快车道，已经走出原型机、专用机初级阶段，即将进入中等规模时代。

在 2018 年美国国家科学工程和医学院发布的一份重要报告《量子计算的进展和未

来》中,明确提出一个重要观点:鉴于量子计算的现状和最近取得进展的速度,在未来 10 年内制造出能够破解 RSA2048 或类似的基于离散对数的公钥加密系统的量子计算机是可能的事。基于以上的判断,可以将量子计算机发展大致分为三个阶段。

第一阶段:建造量子计算机原型机、量子退火机。原型机的比特数较少,信息功能不强,应用有限,但“五脏俱全”,是地地道道地按照量子力学规律运行的量子处理器。

第二阶段:中等规模含噪量子计算机(NISQ)。NISQ 量子比特数在 50~100 左右,其运算能力超过任何经典的电子计算机,但未采用“纠错容错”技术来确保其量子相干性,因此只能处理在其相干时间内完成的那类问题,故又称为专用量子计算机。应当指出,“量子霸权”实际上是指在某些特定的问题上量子计算机的计算能力超越任何经典计算机。这些特定问题的计算复杂度经过严格的数学论证,在经典计算机上是指数增长或超指数增长,而在量子计算机上是多项式增长,因此体现了量子计算的优越性。

第三阶段:通用量子计算机。这是量子计算机研制的终极目标,用来解决任何可解的问题,可在各个领域获得广泛应用。通用量子计算机的实现必须满足两个基本条件:①量子比特数要达到几万到几百万量级;②采用“纠错容错”技术。

整体来看,2022 年度量子计算领域各技术路线实现快速发展,多个量子计算原型机的比特数目突破 100,中等规模含噪量子计算机(NISQ)阶段。

(三)量子计算跨学科应用,促进新的科学发现

作为具有超强计算能力的未来计算机,量子计算在多种计算场景上能发挥独特的应用,并在多个垂直行业中体现应用的价值。量子计算具有并行数据处理的优越性,适用于优化、仿真、传感测量、密码学、人工智能等多个计算场景,从而能够满足金融、化工、材料、医疗、制药、通信、能源、基础物理和计算机科学等多个不同的垂直行业需要。

(1)**生物制药**。2022 年 10 月 31 日,亚马逊云科技公司宣布推出开源解决方案“量子计算探索之药物发现方案”,帮助客户借助量子计算技术进行药物发现研究,进一步降低量子计算的探索门槛。此解决方案提供了一种混合架构,可以让客户灵活地使用量子计算或经典计算资源或同时使用两者,使用这些资源对相同的问题进行测试,进而评估和比较试验价值,并进行可视化展现。该解决方案还内置了针对某些药物发现问题(如分子展开)的代码,供用户在相关领域快速开启量子计算之旅。

(2)**材料模拟**。2022 年 11 月 10 日,博世公司联手 IBM 公司用量子计算和模拟技术寻找替代稀土金属。该研究合作将使用量子计算来探索哪些不同的材料可以部分或完全取代目前使用的材料,目标是在十年内取得成果。博世公司正在与 IBM 公司分享其在“非常具体的应用领域”模拟材料的经验,它将有助于更深入地了解包括硬件在内的量子计算的功能和适用性。

(3)**医疗保健**。2022 年 11 月 15 日消息,美国克利夫兰医学中心(Cleveland Clinic)和 IBM 公司已开始在美国部署第一台医疗领域量子计算机。这台医疗保健领域的第一台量子计算机预计将于 2023 年初完成,该装置是克利夫兰医学中心 - IBM 发现加速器的一部分。克利夫兰医学中心 - IBM 曾于 2021 年宣布,该加速器旨在利用克利夫兰医学中心的医疗专业知识以及 IBM 公司在技术和量子计算方面的专业知识实现量子计算同医疗领域的融合。量子计算未来在医疗领域的应用主要是服务于大数据下的精准医疗、新药开发以及医疗保健。

三、量子通信:理论上无条件的安全通信方式

量子通信在理论上可以达到信息论安全,可以抵抗未来量子计算机的攻击,引起世界各国的广泛关注。量子通信主要包括量子密钥分发(QKD)、量子隐形传态(QT)、量子安全直接通信(QSDC)等研究方向。其中,QKD 发展最为成熟,正在不断向高实用、高性能方向发展。QSDC 刚走出实验室研究阶段,正逐步开展工程化研究。QT 是构建未来量子信息网络的核心关键技术,目前还处于技术攻关阶段。2022 年度,量子通信热度不减,多条技术路径取得重要进展,产业化程度逐渐加深。

(一)量子通信热度不减,多条技术路径取得重要进展

2022 年,量子通信技术领域持续保持较高研究热度,各个国家/组织不断加大对量子通信的投资力度,从科学研究、产品研发、应用探索和产业培育等方面开展全方位、多层次布局。连续变量 QKD(CV - QKD)、芯片化量子通信、量子子隐形传态等多条技术路径取得重要进展。

CV - QKD 系统安全码率不断提升。2022 年 4 月,葡萄牙圣地亚哥大学的研究人员提出了一种结合了离散变量和连续变量技术的 QKD 方案。基于偏振态进行离散变量调制,应用连续变量方案常用的零差探测方法,实现了 QKD 信号的高速调制和高效传递、探测;同时基于时分复用信号架构,支持接收端实现本地本振和偏振补偿。500MHz 信号频率的试验系统在 40km 光纤上实现了 46.9Mb/s 成码率和 1.5% 误码率。

芯片化量子通信技术再实现突破。2022 年 6 月,中国科学技术大学的研究团队基于硅光、电子学集成工艺实现了 QKD 发送终端的全部编码芯片,包括热声调制(TOM)、载流子耗尽调制(CDM)的移相、调相光学芯片和激光驱动(LDC)、调相驱动(MDC)电子芯片。相关芯片组装成偏振编码 BB84 协议 QKD 试验系统,重复频率为 312.5MHz,误码率低至 0.41%,100km 光纤成码率为 42.7 kb/s(超导探测器)或 10.5kb/s(InGaAs APD 探测器)。

量子子隐形传态技术持续发展。2022 年 6 月,山西大学研究团队在单个 10km 光纤通道上实现了实时确定性量子隐形传态。他们制备了 1550nm 处的 EPR 纠缠,使用 1342nm 激光束实时传输经典信息并充当同步光。通过试验研究了保真度对光纤信道传输距离的依赖性,优化了为操纵 Alice 站点中 EPR 纠缠光束而建立的有损信道的传输效率。确定性量子隐形传态的最大传输距离为 10km,保真度为 0.51 ±0.01,高于经典隐形传态极限 1/2。

新型量子随机数发生器协议被提出。2022 年 7 月,中国科学技术大学研究团队基于平滑熵的不确定关系和量子剩余哈希定理,提出了一种不需要对测量设备进行表征的新型半设备无关量子随机数发生器协议,并证明了该协议在源端不可信和探测端无表征条件下的安全性。研究团队同时使用卤素灯这一日常光源和激光器完成了验证试验,产生的随机数速率超过 1Mb/s,安全性显著优于目前商用随机数发生器。

(二)多国推进量子通信网络建设,典型应用正在形成

2022 年,加拿大、韩国、欧盟等多个国家积极推进量子通信技术研究/产业化发展,量子保密通信网络部署程度不断加深,典型应用正逐步形成。

2022 年 6 月,加拿大非营利组织 Numana 宣布推出一个先进的量子通信基础设施,将作为行业和研究人员的开放式光纤量子通信测试平台。该项目耗资 375 万加元,于 2022 年秋季在舍布鲁克启动。随后计划在蒙特利尔和魁北克市建立网络,以逐步部署连接整个魁北克省的基础设施量子生态系统。

2022 年 6 月,韩国宽带互联网服务运营商 SK 宽带公司已将量子密码通信技术应用于新建立的国家融合网络,作为防止窃听或黑客攻击窃取国家机密和信息的完美防火墙。基于 QKD 的量子密码通信技术应用在覆盖约 800km(497mile)距离的网络中,SK 宽带通过部署大约 30 个中继器实现各部分网络的连接。

2022 年 11 月,欧盟发布《战略研究和产业议程(SRIA)》报告,明确到 2026 年欧洲将推进部署多个城域 QKD 网络、具有可信节点的大规模 QKD 网络、实现基于欧洲供应链的 QKD 制造、在电信公司销售 QKD 服务等,逐步实现区域、国家、欧洲范围和基于卫星的量子保密通信网络部署,其长期目标是开发全欧洲范围的量子网络。

我国方面,2022 年,河南省、湖北省、广东省、海南省海口市、山东省济南市等地部署/建设量子通信网络。河南省在《河南省"十四五"新型基础设施建设规划》中提出要超前部署量子通信网等未来网络,加快推进量子通信网络、卫星地面站建设,打造星地一体量子通信网络全国调度中心。

(三)量子通信工程技术相对成熟,产业市场前景明朗

量子通信较量子计算产化进程较快,下游应用已在多国出现,量子保密通信产业链

基本形态已清晰,未来还将随着技术更迭而动态发展。目前,美国、欧洲、中国等国家已经建立了量子通信网络。其中,中国的量子通信网络基础设施规模最大、传输总距离最长,并且实现了地空连接,网络覆盖面积最大。随着量子通信网络的建设,一些提供组件、核心设备、基础设施建设、通信运维、解决方案等的公司,为量子通信网络建设提供产品和服务,产生了可观的收入,量子通信产业因此逐步商业化。根据 ICV 预测,到 2025 年,全球量子通信市场规模将增长到 153 亿美元,到 2030 年增长到 421 亿美元。

2022 年,在产业市场方面,德国投资公司 CM – Equity 和 Quantum Business Network 宣布设立一亿欧元量子技术基金,用于投资欧洲的量子初创公司,以加速包括量子通信技术在内的量子技术的进步和商业化。南非投资 5400 万兰特启动国家量子技术计划(SA QuTI),该资金将用于人力资本开发、新兴领导者的发展、量子计算机的使用、宣传以及通过初创实体支持量子通信、量子传感和计量部署。英国量子通信卫星通过关键技术审查,计划于 2024 年发射,届时将与英国和新加坡的地面站进行 QKD 测试,该项目被英国政府作为其国家量子技术计划的一部分,已收到商业能源和产业战略部 500 万英镑的投资。波兰成功在波兹南和华沙两座城市之间搭建了一条 380km 长的城际 QKD 链路,该链路作为开发全国范围的量子通信基础设施项目的一部分,由波兹南超级计算与网络中心(PSNC)和瑞士量子安全公司 IDQ 合作搭建,旨在将来为远程医疗、医疗数据传输、数据存储和公共服务等多种应用提供服务。

四、量子精密测量:突破经典系统极限的测量技术

量子精密测量是指利用量子特性获得比经典系统更高性能的测量技术总称。量子精密测量技术操控的对象是微观粒子系统,利用待测物理量与微观粒子系统之间的相互作用实现测量与感知。2022 年,量子精密测量领域各技术方向均取得可喜进展,实用化程度逐渐加深,得到世界范围内广泛关注。

(一)多国布局量子精密测量战略

2022 年,量子精密测量仪器开发和产业化发展进程明显加快,世界各主要科技强国相继推出量子精密测量国家战略,加强政策支持和资金投入,面向实际应用,加快促进量子精密测量器件与传感器研发。

美国发布将量子传感器付诸实践的报告。2022 年 4 月,美国国家科学和技术委员会量子信息科学小组委员会(NSTC – SCQIS)发布《将量子传感器付诸实践的报告》,以美国《量子信息科学国家战略概览》和《国家量子倡议(NQI)》法案为基础,讲述了原子钟、原子干涉仪、光学磁力器、利用量子光学效应的装置和原子电场传感器在内的当前主要应

用的5类量子传感器发展的战略规划,体现出美国在量子测量领域的重视和决心。

德国布局未来量子传感器领先地位。2022年6月21日,德国联邦教育和研究部(BMBF)公布了"量子系统研究计划"项目,该项目计划从战略上长期促进量子系统领域的技术转让和生态系统扩展,在未来十年使德国在量子传感器领域处于欧洲领先地位,目标到2026年在量子传感器技术领域有5种新产品问世,到2032年有超过60家公司参与市场并在出版物方面保持世界领先地位。

中国国务院全面开启量子计量新征程。2022年1月,国务院印发《计量发展规划(2021—2035)》,提出加强计量和前沿技术研究,加强量子计量、量值传递扁平化和计量数字化转型技术研究,重点研究基于量子效应和物理常数的量子计量技术及计量基准、标准装置小型化技术,突破量子传感和芯片级计量标准技术,形成核心器件研制能力,建立国际一流的新一代国家计量基准。

(二)量子精密测量各技术方向取得突破进展

量子精密测量在宏观物理特征的基础之上,结合微观粒子相互关系的量子态特征,利用待测量与微观系统的相互作用,打破经典测量的限制,在测量精度、灵敏度、带宽等指标上实现跨越式提升,涉及时频传递、目标识别、电磁场测量、重力测量等众多技术方向。2022年国内外各高校与科研院所逐渐将目光集中于应用场景明确、发展前景巨大、成果转化显著的技术方向,从而加快量子器件与量子传感器研发,促进量子测量技术应用落地,推动产业化发展。

超长距离时频传递技术。2022年10月5日,中国科学技术大学潘建伟团队与中国科学院上海技术物理研究所、中国科学院新疆天文台、中国科学院国家授时中心等单位合作,通过发展大功率低噪声光梳、高灵敏度高精度线性采样、高稳定高效率光传输等技术,首次在国际上实现百公里级(相距113km)的自由空间高精度时间频率传递试验,时间传递稳定度达到飞秒量级,频率传递万秒稳定度优于4×10^{-19},相关论文发表于国际著名学术期刊《自然》。

微波磁场测量与高分辨成像技术。2022年2月1日,中国科学技术大学杜江峰团队提出并试验实现了在金刚石NV磁显微镜中对肿瘤组织的微米级分辨率磁成像,对肿瘤生物标志物进行磁成像和量化,这种方法为生物组织的微米级分辨率磁共振成像打开了大门,并有可能影响癌症的研究和组织病理学,相关成果发表于《美国科学院院报》。

里德堡原子微波电场测量技术。2022年4月14日,中国科学技术大学郭光灿院士团队史保森、丁冬生课题组利用人工智能的方法实现了基于里德堡原子多频率微波的精密探测。该团队基于室温铷原子体系,利用里德堡原子作为微波天线及调制解调器,通过电磁诱导透明效应成功检测了相位调制的多频微波场,进而将接收到的调制信号通过深度学习神经网络进行分析，实现了多频微波信号的高保真解调，并进一步检验了试验方案针对微波噪声的高鲁棒性，相关成果发表于《自然通讯》。

量子成像雷达技术。2022 年 9 月，加拿大多伦多大学研究团队利用高产率能量—时间纠缠光子对量子光源试验展示了比单光子源量子雷达成像系统的信噪比高出 43dB 的量子雷达成像系统，利用该量子光源所产生纠缠光子对的时域强关联量子特性，有效实现了光子色散的非局域性抑制，从而将信噪比相比于单光子量子雷达成像系统提高了 3 个数量级以上，相关成果发表于《自然通讯》。

（三）量子精密测量应用场景逐渐成熟

量子精密测量相比于经典的方式能够实现对待测物理量更高精度、更高灵敏度的测量。量子精密测量在许多特性方面具备优于经典方法的潜力，如灵敏度、统计不确定性、可追溯性和安全性等，已经激发全新的测量应用场景。目前，世界上 5 个公认的量子精密测量将取代经典测量的应用领域综述如下。

（1）**时间频率测量。**量子时间频率测量利用原子或分子钟能级跃迁频率作为时间标度的测量装置，能够以粒子固有特性作为参考标准，具有超高精度和稳定度，能够实现全球时间测量标度的统一。1948 年，美国国家标准技术研究院（NIST）利用拉比方法做成了吸收型氨分子钟，长期稳定度仅为 10^{-7}，实现了利用能级跃迁频率作为时频同步的想法。1955 年，英国皇家物理实验室研制成功世界上第一台铯原子钟，准确度为 10^{-9}，超出当时经典的时间测量装置，至此揭开了不同体系下实用化原子钟的研究序幕。1967 年的第十三届国际计量大会上，利用原子跃迁频率重新定义了时间单位“秒”，也称原子时秒，具体定义为“位于海平面上的铯（^{133}Cs）原子基态的两个超精细能级之间在零磁场中跃迁振荡 9192631770 周所持续的时间为 1s”，这也开启了时间频率计量的新纪元。

（2）**导航。**量子导航是一种基于量子惯性器件实现导航的量子定位系统，与传统惯性导航系统类似，量子导航靠自身惯性器件实现定位。量子导航系统与传统的惯性导航系统在结构上基本一致，主要由三维原子陀螺仪、三维原子加速度计、原子钟和信号采集及处理单元四部分构成。三维原子陀螺仪和三维原子加速度计分别用来测量运动载体的角速度和线加速度信息，原子钟产生一个稳定的时间信息，经信号采集与处理后获得速度、位置信息。量子定位导航系统既改善了经典惯性导航系统的精度差、体积大的缺点，还能够在复杂环境下工作，不受电磁干扰影响。

（3）**重力测量。**量子重力测量是利用原子物质波干涉实现重力加速度的测量。原子经过磁光阱冷却之后，使原子自由下落或呈喷泉向上抛出，通过在纵向上作用拉曼激光脉冲来实现原子干涉，干涉的相位结果包含重力信息。这种利用量子效应的原子重力仪测量灵敏度已达到地球重力加速度的十亿分之一，测量时间比经典方法缩短百倍以上，且无机械落体器件产生的仪器损耗。

(4)**磁场探测**。弱磁探测是磁场探测的一个重要分支,其作为研究物质、空间磁特性的一种有效手段,在许多应用领域起着决定性作用,受到越来越多研究人员的关注,如地下和水下矿产资源检测、地磁导航、深海潜水艇检测、空间探测以及人体心律检测和心电图绘制等。目前量子磁场探测器件主要有超导量子干涉仪类(SQUID)、碱金属原子传感类以及金刚石氮空位(NV)色心类。

(5)**电场测量**。量子电场测量是基于里德堡原子相干性实现微波电场测量,这种微波电场量子传感器采用了装在玻璃管中的高激发态原子作为天线探针,能够将待测场信息溯源到原子能级常数;核心器件为玻璃制品不会对待测场产生影响,同时具有抗电磁毁伤特性;不需要根据探测频段切换天线,能够实现理论上 0 ~ 1000GHz 宽频带工作范围内的连续测量;探测灵敏度不再受散粒噪声所限制,极限达 $1pV \cdot cm^{-1} \cdot Hz^{-1/2}$。

五、启示:加强顶层谋划,抢占量子科技国际竞争制高点

对于量子科技而言,2022 年是极不平凡的一年,作为新一轮科技革命和产业变革的前沿领域,在量子计算、量子通信、量子精密测量等方向上均取得可喜成果。作为大国科技、国力和军事竞争的战略高地,我国量子科技发展已到了厚积薄发、快速突破的历史阶段。同时,美国等发达国家又在量子科技领域从核心设备到科研人员交流等不同层面对我国实行了封锁和遏制。因此,把量子科技列为优先发展的国家战略,打造量子科技领域国家核心战略科技力量,通过国家意志、凝聚国家力量,发挥市场经济下的新型举国体制,是这场决定国家兴衰的量子信息科技竞争中取胜的重要环节。同时,加快量子科技发展进程也是贯彻落实习总书记“提高量子科技理论研究成果向实用化、工程化转化的速度和效率”重要指示精神,抢占量子科技国际竞争制高点的关键所在。

(一)加强顶层谋划,持续加大量子信息领域关键核心技术攻关

汇集量子技术领域的产学研相关力量,加快制定一部符合中国发展现状和需求的国家层面综合性量子技术发展规划。把量子信息技术作为推动关键核心技术自主创新的重要突破口,加快补齐短板,着力夯实量子科技跃升发展的基础条件,超前布局量子领域的前沿技术,培育挖掘杀手锏技术,不断完善多学科密切交叉和关键技术系统集成。

(二)密切结合需求,牵引国家量子重大工程应用项目研发导向

积极组织相关企业、高校、研究机构,以需求为导向引领技术的研发,聚焦有产业化预期的量子相关技术,广泛挖掘量子科技的应用场景,推动其在大数据搜索、人工智能、

生物制药、金融、医疗及政务等领域的应用，在应用中迭代完善相关的技术，推进产业化能力形成和产业生态建设。引导量子科技产业生态圈重点开展针对性工程化技术攻关，以量子科技工程应用优势为切入点，深化产学研用联合，使量子科技研究成果能切实满足国家、军队实际需求。

（三）汇聚量子人才，加快培育一批量子科技领域科学工程人才

鼓励重点高校开展量子科学相关学科建设，吸引和培养更多量子技术领域的专业人才和后备力量。建立以信任为前提的顶尖科学家负责制，给予充分的人财物自主权和技术路线决定权，鼓励优秀青年人才勇挑重担。构建以目标为导向的专项人才奖励机制，提升创新效率水平。以量子科技攻关中的创新能力、质量和贡献等为考核要点，破除将薪酬待遇与人才"帽子"、职务简单挂钩的做法，完善基于目标导向的奖励分配机制。

（四）持续扩大交流，用好各类型合作平台提升发展战略主动权

进一步鼓励产学研各界代表走出去、引进来，广泛开展技术、产业、安全方面的交流合作，主动参与量子科技领域的国际标准制定。依托产业创新公司，谋划布局一批未来产业，深化军民科技协同创新，加强量子科技领域军民统筹发展。围绕国家产业基础整体生态，重点部署量子技术、产品和产业链，同时研制量子信息相关产品谱系，定义量子信息标准，主导量子信息生态发展，打造成为量子科技总体，用好用活各类型科技合作平台服务量子信息产业生态发展。

（中国电子科技集团公司电子科学研究院　栾　添）

量子计算方向 2022 年度进展

一、本方向年度大事

量子计算是基于量子力学原理的全新计算模型，与传统计算理论不同，它的基本单元是量子比特，利用叠加、干涉和量子纠缠等量子效应进行信息处理，可以极大地提高计算效率。量子计算具有的内在并行性，使其在许多计算问题上可能优于经典计算机，如密码破译、人工智能、化学和制药、量子金融、航空航天等。自量子计算的概念提出以来，人们一直致力于推动量子计算走向实际应用。目前主流的实现量子计算的技术路线有超导量子计算、离子阱量子计算、光量子计算、中性原子量子计算、半导体量子计算和拓扑量子计算等。2022 年，量子计算继续朝着实用化稳步前进，几条主流的实现量子计算的技术路线在量子比特数量和品质、测控系统、量子软件等诸多核心技术方向，取得相当惊人的研究成果。

（一）主流技术路线硕果累累

1. 离子阱方面

2021 年 12 月 30 日，Quantinuum 公司（霍尼韦尔量子计算部门与剑桥量子合并后的公司）宣布，由霍尼韦尔公司提供支持的 System Model H1 -2 量子计算机首次测得 2048 量子体积，再次刷新了该公司此前保持的世界纪录。在测试中，平均单量子比特门保真度为 99.996(2)%，平均双量子比特门保真度为 99.77(9)%，状态制备和测量（SPAM）保真度为 99.61(2)%。研究人员运行 2000 个随机生成的量子体积电路，每个电路运行 5 次，使用标准优化技术，平均每个电路产生 122 个双量子比特门。System Model H1 -2 成功通过了 2048 量子体积的基准测试，在 69.76% 的时间内返回 Heavy Output（输出概率大于概率集合中值的输出），高于 2/3 阈值，置信度为 99.87%。2022 年 4 月，Quantinuum 公司宣布其霍尼韦尔 System Model H1 -2 量子计算系统的性能翻了一番，成为第一台通过4096量子体积的商用量子计算机。在测试中，平均单量子比特门保真度为99.994(3)%，全连接量子比特的平均双量子比特门保真度为99.81(3)%，测量保真度为99.72(5)%。Quantinuum公司运行了200个电路，每个电路执行100次，使用标准的量子体积优化技术，每个电路平均产生152.97个双量子比特门。System Model H1-2成功通过4096量子体积的基准测试，在69.04%的时间内返回Heavy Output，高于2/3阈值，置信度大于99.99%。2022年6月，Quantinuum公司宣布对其离子阱量子计算机System Model H1-1进行重大技术升级，包括将全连接量子比特的数量从12个增加到20个，同时保持其较低的双量子比特门错误(典型性能保真度为99.7%，最高达99.8%)和关键功能，如中间电路测量、量子比特重用、量子条件逻辑和全连接。将门区(Gate Zone)的数量从3个增加到5个，使System Model H1-1能够同时完成更多的量子操作，并允许增加电路执行的并行性。随着量子比特数目增加至20个，理论上最高可实现100万量子体积。2022年9月，Quantinuum公司总裁兼首席运营官Tony Uttley在科罗拉多州举行的IEEE量子周活动上发表主题演讲《量子计算的测量方法》时宣布在System Model H1-1上实现了8192的量子体积。实现这一最新记录的一个关键是直接实现任意角度的双量子比特门的新能力：对于许多量子电路来说，这种新的双量子比特门允许更有效的电路建设，并导致更高的保真度结果。

2022年2月，IonQ公司宣布，最新的量子计算机IonQ Aria已经实现了创纪录的20个量子比特算法，进一步巩固了其作为基于面向标准应用的行业基准的最强大量子计算机的领先地位。IonQ Aria目前以私人测试版的形式提供给客户，有可能在未来几个月内进一步提高性能。拥有超过20量子比特算法，意味着可以执行超过20量子比特且包含400多个纠缠门的量子线路，并且可以在有意义的置信水平下认为结果是正确的。2022年3月，IonQ公司宣布与微软公司签署协议，将IonQ Aria引入Azure Quantum平台。此次合作将把量子系统IonQ Aria添加到云平台中，标志着IonQ Aria进入了商业市场。2022年5月，IonQ公司宣布团队已经完成了IonQ Forte的开发，这是IonQ系列量子计算机的下一代产品。Forte是一个使用IonQ内部离子阱芯片的镱系统，该系统对控制量子比特的激光器采用了新的光束转向技术，使得IonQ公司能够处理更多数量的量子比特，并能提供稳定的光束，IonQ公司相信这些光束能够更精确地处理和编码这些量子比特。预计Forte将在2022年下半年推出特定的开发商、合作伙伴和研究机构，并在2023年推出更广泛的客户接入。

2022年4月，启科量子公司在离子阱量子计算机工程化研发上取得重大技术进展，发布了国内首套具有自主知识产权的ARTIQ架构量子测控系统(QuSoil)。第一批开放市场定制的产品包括逻辑门指令编译模块、FPGA中央处理模块、下位功能组件(数字脉冲I/O模块和数字频率合成模块)。这些模块已经完成与AbaQ(天算一号)百

比特离子阱量子计算机的集成整合,势必将大大加快启科量子分布式离子阱量子计算机的工程化及商业化进程。启科量子公司同时宣布,数字模拟转换模块、模拟数字转换模块、任意波形发生模块、微波信号发生模块、射频功率放大模块、芯片阱接口模块等组件也进入了工程定型阶段,将于年底开放市场定制。2022 年 11 月,启科量子公司正式发布工程化离子阱低温真空系统 < Aba | Qu | Cryovac > ,这是启科量子今年第三次发布其在离子阱量子计算工程化方面的重要进展。本系统是为分布式离子阱量子计算机量身打造的一体化工作环境系统,它整合了超高真空、超低温以及光学平台,具有体积更紧凑、结构更简单、操作更便捷等优势。启科量子公司研发的 < Aba | Qu | Cryovac > 系统,最大特点是将低温、真空、电气、光学四大核心要素进行了有机整合,主要体现在超高真空腔体的模块化设计、超低温制冷系统的倒安装设计和防振减振系统的无悬挂设计三个方面。

2. 超导路线方面

2021 年 12 月,领先的混合量子—经典计算公司 Rigetti Computing 公司宣布推出其下一代 Aspen – M 80 量子比特系统的私人测试版。2022 年 2 月 15 日,Rigetti 公司宣布 Aspen – M 全面上市,同时上线 Rigetti 量子云服务(QCS)和亚马逊 Braket 平台。Rigetti 公司公布了这台机器的几项性能指标,采用了 IBM 公司在 2021 年提出的 CLOPS(每秒电路层操作数)指标。根据 IBM 最初的定义,基于 100 次电路执行进行测试,Rigetti 公司在 40 量子比特Aspen – 11系统上测得 CLOPS 为 844,在 80 量子比特 Aspen – M – 1 系统上测得 CLOPS 为 892。这与 IBM 公司 127 量子比特处理器的 CLOPS850、65 量子比特处理器的 CLOPS1500 和 27 量子比特处理器的 CLOPS2400 没有太大区别。随着电路执行次数增加到 1000 次(与 QCS 用户的典型操作条件一致),在 Aspen – 11 上 CLOPS 为 7512,在 Aspen – M – 1 上 CLOPS 为 8333。Rigetti 公司指出,他们的 CLOPS 并不会因为机器规模增大而降低,在 80 量子比特规模上提供了与 40 量子比特相当或更好的速度。2022 年 5 月,Rigetti Computing 公司更新了技术路线图,具体来说,计划在 2023 年推出其单芯片 84 量子比特量子计算机,在 2023 年晚些时候推出其 336 量子比特多芯片处理器,在 2025 年底推出其 1000 + 量子比特系统,在 2027 年或之后推出其 4000 + 量子比特系统。

2022 年 5 月,IBM 公司宣布更新其实现大规模实用量子计算的路线图,该路线图详细介绍了新的模块化架构和网络计划,2022—2025 年计划每年推出一款新的量子系统,到 2025 年实现 4000 + 量子比特。为了使这些系统具有实用量子计算所需的速度和质量,IBM 计划继续构建一个日益智能化的软件编排层,以高效地分配工作负载并消除基础设施挑战。该路线图的一大亮点是,IBM 公司计划将其沿用多年的固定频率 Transmon 量子比特改为可调谐的架构。虽然固定频率量子比特因其长相干性和抗噪声能力而具有吸引力,但固定频率存在难以扩展的问题。为此,IBM 公司开发了一种可扩展到 1000

量子比特的频率调谐方法。2022 年 5 月 13 日，IBM Quantum 团队在《科学进展》上发表题为《通过 Transmon 量子比特的激光退火实现高性能超导量子处理器》的论文，提出了随机受损量子比特的激光退火（Laser Annealing for Transmon Frequency Allocation，LASIQ）的新方法。他们使用激光退火法将 Transmon 量子比特选择性地调谐为所需的频率模式，在调谐后的 65 量子比特处理器 Hummingbird 中实现了双量子比特门保真度中值 98.7%。基线调谐统计产生 4.7 MHz 的频率等效电阻精度，足以扩展到 1000 量子比特级别以上。研究成果证明了 LASIQ 是一种有效的自检后频率微调技术，适用于基于固定频率的 Transmon 架构的多量子比特处理器。IBM 公司也表示，未来将使用“选择性激光退火技术”（Selective Laser Annealing）作为固定频率架构扩展中的核心。在 2022 年 11 月 9 日 IBM 公司年度量子峰会上，IBM 公司推出了 Osprey 芯片，它拥有超过 Eagle（127 量子比特）约 3 倍的 433 量子比特。IBM 公司表示，在短短一年内将芯片上的量子比特数量增加 3 倍的进展表明，有望在 2023 年交付世界上第一台拥有超过 1000 量子比特的通用量子计算机 Condor。Osprey 与 Eagle 相比具有两大优势，一个是用柔性带状电缆取代 IBM 公司与之前的量子处理器一起使用的微波电缆的“量子吊灯”，另一个主要优势是新一代的控制电子设备，可以向量子处理器发送和接收微波信号。

2022 年 5 月，劳伦斯伯克利国家实验室高级量子试验台（AQT）的研究人员在超导量子信息处理器中首次进行了 3 量子比特高保真 iToffoli 原生门的试验演示。含噪声中等规模（NISQ）的量子处理器通常支持 1 量子比特或 2 量子比特的原生门——这是可以直接由硬件实现的门的类型；更复杂的门操作是通过将它们分解成原生门序列来实现的。AQT 团队的演示为通用量子计算增加了一个新的、强大的 3 量子比特 iToffoli 原生门。此外，该团队还证明了该门的保真度非常高，达到 98.26%。

超导量子比特的可调谐耦合器对于可扩展量子处理器架构中的隔离门操作非常重要。2022 年 8 月，IQM 的研究人员演示了一种基于浮动 Transmon 器件的可调谐量子比特—量子比特耦合器，可将量子比特彼此间隔至少 2mm，同时保持耦合器和量子比特之间超过 50MHz 的耦合。使用他们提出的灵活和可扩展的新架构，演示了一个具有保真度 (99.81 ±0.02)% 的 CZ 门。

2022 年 11 月，由中国科学院物理研究所固态量子信息与计算实验室主任范桁领衔的研究团队开发了一款一维超导量子处理器，名为“庄子”。“庄子”超导量子处理器拥有 43 量子比特，且均排列在正方形芯片的对角线上，也就是所谓的一维布局，对角线两侧包括控制线和谐振器等。

2022 年 11 月，清华大学邓东灵、浙江大学王浩华与合作者展示了一款 121 量子比特超导量子处理器，刷新了国内记录，缩小了与国际领先水平的差距。在保真度方面，单量子比特门保真度中位值为 99.87%，双量子比特 CZ 门的保真度中位值 99.33%。此外，在这项工作中，团队还报告了对具有多达 68 个可编程超导 Transmon 量子比特的非阿贝尔任意子的观察，对拓扑量子计算来说意义重大，因为拓扑量子计算可以通过编织和融合非阿贝尔任意子来实现。

3. 光量子路线方面

2021 年 1 月，图灵量子公司发布了国内首个全系统集成的商用科研级专用光量子计算机 TuringQ Gen 1。这是真实的量子硬件，三维光量子芯片可以实现丰富自由的哈密顿量设计，即带来了各种专用量子算法的实现可能性。从生物医药到金融分析，从微观电子到宏观宇宙模拟，大量难解问题都能映射到光量子芯片上形成可解决方案。图灵量子提供定制化三维光量子芯片设计和制备，实现量子光源系统、光量子计算芯片系统、量子测控操作系统全功能集成，并提供界面友好的教案、实例和量子软件。TuringQ Gen 1 光量子计算机打破了量子领域高门槛、高投入、高研发周期的技术壁垒。

2021 年 3 月，Xanadu 领导的一个国际科研团队在美国物理学会三月会议上展示可扩展、容错光量子计算机的蓝图。这种新架构可能会使基于光子的方法优于其他量子计算模式。报告显示，该框架具有以下优势：集成光子芯片是模块化的，且易于联网，因此该设计具有可扩展性；架构基于模块化、易于联网的集成光子芯片，为可扩展的制造和操作打开了大门，反之又可能让光子学在通往量子计算机的道路上超越其他平台拥有数百万量子比特。研究人员还将讨论拼接组件的改进，以提高创建有用量子计算机的几率。

2022 年 3 月，荷兰光量子计算公司 QuiX Quantum 宣布推出“世界上最大的光量子处理器”，新的 20 量子模式（Qumode）处理器的在规模和质量方面都优于上一代 12 模式处理器。这是一种基于连续变量（CV）模型的处理器，而在超导或离子阱量子计算机中的量子比特是离散变量（DV）。

2022 年 5 月，马克斯·普朗克量子光学研究所的研究人员展示了两个光子之间的 CNOT 门，在后选择处理保真度为 81（2）% 时，平均效率为 41.7（5）%；同时将该方案扩展到具有多个目标量子比特的 CNOT 门，并产生了多达 5 个光子的纠缠态。这一成就有可能推动光量子信息处理，其中几乎所有的先进协议都将从高效率的逻辑门中获益。

2022 年 6 月，多伦多量子计算初创公司 Xanadu 宣布使用他们最新的可编程光量子计算机 Borealis（北极光）完成高斯玻色采样试验，展示了量子计算优越性。该试验类似中国科学技术大学的“九章”和“九章二号”。这一重要成果以《可编程光子处理器的量子计算优越性》为题发表在《自然》杂志上。Borealis 合成了 216 个压缩态量子比特的量子态，纠缠在三维空间中。然后，以超过任何现有经典超级计算机能力的速度从这种状态中生成样本。使用直接模拟，世界上最快的超级计算机需要大约 9000 年才能生成一个这样的样本，而 Borealis 只需要 36μs。这一运行运行时间优势是早期光子演示的 5000 万倍以上。这是第一台提供所有门的完全可编程性以展示量子计算优越性的光量子计算机，也是第一次通过云向公众提供具有量子优越性的机器。用户可以通过 Xanadu Cloud 访问该机器，并很快接入亚马逊 Braket 云服务。

2022 年 8 月，《自然通讯》杂志在线发表了华中科技大学物理学院引力中心李霖教授课题组题为“基于近优里德堡单光子源的高保真光量子逻辑门”的重要研究成果。该论文首次将里德堡单光子源的纯度和全同度同时提升至 99.9% 以上，并利用该单光子源实现了国际上最高保真度的光量子逻辑门。该研究成果有望为光量子信息处理和分布式光量子系统等重要量子应用开辟新的前景。

2022 年 8 月，马克斯·普朗克量子光学研究所的物理学家以一种新方式有效地纠缠了 14 个光子，这为构建新型量子计算机奠定了基础。相关研究成果以《从单个原子高效生成纠缠多光子图态》为题，发表在《自然》杂志上。这 14 个相互连接的光子是迄今为止在实验室里产生的最大数量的纠缠光子。此前记录是 2018 年中国科学技术大学潘建伟团队实现的 12 光子纠缠，同年潘建伟团队利用 6 个光子的 3 个不同自由度实现了 18 量子比特纠缠，这是光量子比特纠缠的世界纪录。

4. 量子计算领域

所有量子体系结构共同面临的一个核心挑战是在扩大系统规模的同时，保持对单个量子比特的高保真控制和低串扰。目前，**中性原子阵列**已经成为一种很有前途的量子体系结构，可以突破目前对系统规模、相干性和高保真态制备和控制的限制。2022 年 3 月，芝加哥大学 Hannes Bernien 团队实现了一种双元素原子阵列，可以单独控制单个铷原子和铯原子。研究人员使用 512 个光镊捕获铷原子和铯原子各 256 个，并观察到两个元素之间的串扰可以忽略不计。由此，中性原子体系实现了创纪录的 512 量子比特。研究成果以“具有连续模式操作的双元二维原子阵列”为题，在线发表在美国物理学会知名期刊《物理评论 X》上。

中性原子体系在量子模拟方面具有优势，但此前被认为不具备编程和通用的能力。而在 2022 年 4 月 20 日，两篇同时发表在《自然》杂志的论文又展示了中性原子量子计算机的通用性和可扩展性。在论文《中性原子量子计算机上的多量子比特纠缠和算法》中，由威斯康星大学麦迪逊分校物理系教授、ColdQuanta 首席量子信息科学家 Mark Saffman 带领的团队成为世界上第一个在可编程门模型中性原子量子计算机上演示量子算法的团队。该计算机的架构基于单个原子的独立寻址，使用紧密聚焦的光束扫描二维量子比特阵列。该团队实现了 6 量子比特的纠缠格林伯格 – 霍恩 – 齐林格（Greenberger – Horne – Zeilinger）态的制备，化学问题的量子相位估计，以及最大割图问题的量子近似优化算法。这些结果突出了中性原子量子比特阵列对于通用可编程量子计算以及量子增强传感的非经典态制备的高度可扩展能力。另一篇论文《自然》是来自哈佛大学 Mikhai Lukin 团队的《基于纠缠原子阵列相干输运的量子处理器》，展示了利用中性原子实现可扩展量子处理器的潜力。该团队展示了一个具有动态、非局部连接的量子处理器,其中纠缠量子比特在单量子比特和双量子比特操作层之间以高度并行的方式在两个空间维度上相干输运。这些结果实现了一个长期目标,提供了一条通往可扩展量子处理的道路,并使从模拟到计量的应用成为可能。

2022 年 7 月,在 arXiv 论文《大型光镊阵列中性原子装载的原位均衡》中,Pasqal 和 Le Laboratoire Charles Fabry、CNRS 实现了在光镊中捕获最多 361 原子(量子比特)的大型组装阵列,证实了扩展中性原子量子比特的能力。在这项工作中,团队报告了一种简单的"原位陷阱装载均衡技术",它基于对阵列中所有捕获单原子荧光痕迹的演变作为整体陷阱功率函数的分析。试验使用一个封闭的、与超高真空兼容的 4K 低温恒温器来实现仪器中的极高真空度,使光镊捕获的^{87}Rb 原子的寿命达到约 6000s。这一设置极大地提高了大型阵列的组装效率,使试验团队能够以前所未有的概率(约 37%)组装超 300 个原子的无缺陷阵列。

2022 年 8 月,由普林斯顿大学、耶鲁大学、威斯康星大学麦迪逊分校等组成联合团队为^{171}Yb 中性原子量子比特提出了 1 量子比特编码和门协议,可以将主要的物理错误(已知位置的错误)转化为"纠删码(Erasure Coding,EC)"容错编码技术。8 月 9 日,相关成果以《里德堡原子阵列中容错量子计算的纠删转换》为题,发表在《自然通讯》期刊上。

5. 半导体路线方面

2022 年 5 月,中国科学技术大学郭光灿院士团队在硅基半导体量子芯片研究中取得重要进展。该团队郭国平教授、李海欧教授等与中国科学院物理研究所张建军研究员、纽约州立大学布法罗分校胡学东教授以及本源量子计算有限公司合作,在硅基锗空穴量子点中实现了自旋轨道耦合强度的高效调控,为该体系实现自旋轨道开关以及提升自旋量子比特的品质提供了重要的指导意义。研究成果以"锗空穴双量子点耦合的门可调谐自旋轨道"为题,于 4 月 27 日在线发表在国际应用物理知名期刊《应用物理评论》上。

2022 年 6 月,来自法国研究机构 CEA - Leti、格勒诺布尔 - 阿尔卑斯大学、CNRS Institut Néel 和 CEA - Irig 的研究人员在 IEEE VLSI 技术与电路研讨会上发表了论文《FD-SOI 量子点阵列集成和表征的特性》,他们分享了一种新的三步表征链,用于在全耗尽型绝缘体上硅材料上制造线性硅量子点阵列。这项新研究支持了硅自旋量子比特强大的性能潜力,并有机会通过利用半导体行业特性良好的工艺和材料来简化它们向制造业的过渡,这是硅自旋量子比特"迈向工业化的有力一步"。

2022 年 8 月,日本理化学研究所的研究人员展示了对三量子比特系统(硅中最大的量子比特系统之一)的完全控制,首次提供了硅量子比特纠错的原型,向实现大规模、实用型量子计算机迈出了重要一步。相关研究以《使用硅自旋量子比特进行量子纠错》为题,发表在《自然》杂志上。

2022年9月，澳大利亚硅量子计算公司的科学家开发了一种新方法，可以使自旋量子比特的关键读出阶段更快、更容易并且更不容易受到干扰。研究成果以《用于鲁棒高保真自旋量子比特读出的斜坡测量技术》为题，发表在《科学进展》上。此次试验中，研究团队提出并展示了一种用于半导体自旋量子比特的读出技术，该技术可以在低场/高温环境中实现高读出保真度，并且对电噪声具有鲁棒性。读出协议是能量选择自旋读出和时间相关自旋读出的组合，并提供了优于ESM和TSM的许多实用优势。

2022年9月，荷兰QuTech量子计算研究中心的研究人员在一个完全可操作的阵列中设计出了创纪录数量的6个硅基自旋量子比特。重要的是，通过新的芯片设计、自动校准程序以及量子比特初始化和读出的新方法，这些量子比特可以实现低错误率的运行：这一进展将有助于实现基于硅的可扩展量子计算机。相关研究以《硅中六量子比特量子处理器的通用控制》为题，发表在《自然》杂志上。

拓扑量子比特，被认为是极具鲁棒性的，并且在很大程度上不受外部退相干源的影响。拓扑量子比特凭借其优异的性质，有助于在开发为通用应用而设计的量子计算机方面取得突破。到目前为止，还没有人成功地在实验室中明确证明这种量子比特。然而，2022年4月，来自德国于利希研究中心（Forschungszentrum Jülich）的科学家现在已经在某种程度上实现了这一点。他们首次成功地将拓扑绝缘体集成到传统超导量子比特中。相关研究内容登上了最新一期《纳米快报（Nano Letters）》的封面。在论文中，研究人员使用超高真空制造技术，用$(Bi_{0.06}Sb_{0.94})_2Te_3$拓扑绝缘体约瑟夫森结实现超导Transmon量子比特。这种新型的混合量子比特为研究人员提供了一个新的试验平台，以测试高灵敏度量子电路中拓扑材料的行为。

马约拉纳零能模是凝聚态物理中的一类拓扑非平庸准粒子激发，且服从非阿贝尔统计规律，被认为是构筑拓扑量子比特的基本单元。近年来，在拓扑非平庸的铁基超导体中寻找马约拉纳零能模已经取得了长足的进展。2022年6月，发表在《自然》杂志上的最新研究——《锂铁砷中有序和可调控的马约拉纳零能模》表明，中国科学院物理研究所北京凝聚态物理国家研究中心的高鸿钧研究团队创造了一种大面积、高度有序和可调控的马约拉纳零能模格点阵列。这项研究可能为更可靠和容错的量子计算机铺平道路，从而促进医学、化学、材料科学和其他领域的发展。

（二）量子配套软件持续迭代

随着量子计算相关理论研究的深入和量子硬件的快速发展，与之相配套的量子软件研发，特别是系统软件以及编译软件的研发也引起了极大的关注。量子软件主要包括量子算法、量子编程语言、量子计算开发工具、量子编译器以及量子操作系统等。

2022年1月23日，在量子计算产业赋能大会上，由本源量子与合肥市大数据公司共同打造的量子计算全球开发者平台正式上线。该平台前身为国内首个以“量子计算”为主要特色的双创平台,目前正式升级为 2.0 版,更新为“量子计算全球开发者平台”,旨在将量子计算全球开发者平台打造成国内首个“经典—量子”协同的量子计算开发和应用示范平台,推进量子计算产业落地。

2022 年 4 月,本源量子正式发布量子芯片设计工业软件 Q - EDA——本源坤元(Origin Unit)。本次发布的本源坤元,改变了 Q - EDA 软件操作方式单一的现状,支持本地和线上两种部署模式,且具备相对 Qiskit - Metal 更贴近用户的图形化交互界面,可以有效避免对代码操作的依赖性问题。未来,本源坤元还将作为操作平台,应用于仿真工具的调度与结果分析。全球用户可通过本源量子云平台访问和使用本源坤元。

2022 年 5 月,加拿大蒙特利尔的软件公司 Nanoacademic Technologies Inc. 向量子学术界发布其创新的自旋量子比特建模工具——QTCAD。该公司表示,这是史上第一个商业化的量子指半导体工艺模拟以及器件模拟工具。量子技术计算机辅助设计(Quantum - Technology Computer - Aided Design, QTCAD)是一个有限元法(Finite - Element Method, FEM)模拟器,用于在生产前预测固态自旋比特器件在亚开尔文(Sub - K)温度下的性能。这一工具大大节省了成本,能够探索半导体的许多设计方案。

2022 年 7 月,英伟达公司发布了一个量子版本的统一计算平台量子优化设备架构(Quantum Optimized Device Architecture, QODA),用于加速人工智能、高性能计算、健康、金融和其他学科的量子研发的突破。英伟达公司实际上将量子计算视为异构高性能计算系统架构的另一个元素,并设想一种将量子协同处理无缝集成到其现有 CUDA 生态系统中的编程模型。QODA 通过创建相干的混合量子 - 经典编程模型,使量子计算更易于访问。QODA 是一个开放、统一的环境,适用于当今一些功能最强大的计算机和量子处理器(QPU),将提高科学生产力,并实现量子研究的更大规模。

2022 年 9 月,由北京中科弧光量子软件技术有限公司与国内多家单位合作建设及运行维护的“弧光量子云平台”1.0 正式上线。弧光量子云平台提供在线量子计算云服务,内置国内团队自主研发的 isQ 开发环境,对接有国内外多个量子芯片指令集,具备超导、离子阱等技术路线的 10 量子比特以上真实芯片运行条件,提供量子线路的可视化展示,且支持量子程序模拟运行。云平台用户可按需选择硬件类型,进行算法验证,并基于量子线路进行算法调整。

从各方面来看,主流量子计算路线在物理量子比特数量和品质、测控系统、量子软件研究等方面均取得相当大的进展,尽管各大技术路线仍面临不少科学和技术难题,但是 2022 年却是量子计算发展快速进步的一年。

(三)各国政府政策支持持续加码

除了各大公司积极投资布局量子计算以外,各国政府与军方对量子计算也投入越来越多的关注与支持。通过战略规划、项目支持、成立量子计算中心、量子联盟等方式，整合量子计算科研机构与工业团队优势资源，多维度布局推动量子计算走向实际应用。

2022 年 3 月，美国参议院多数党领袖 Charles E. Schumer 和美国参议员 Kirsten Gillibrand 宣布，他们已经在刚刚公布的综合立法中为罗马空军研究实验室获得了 2. 93248 亿美元的联邦资金，其中：2500 万美元用于开发先进的量子光子系统，为量子超级计算机开发和制造芯；1000 万美元用于创新促进中心的“量子计算试验台”；20 万美元用于在 SkyDome 测试无人驾驶航空系统。2022 年 4 月，继英国、澳大利亚、芬兰之后，美国和瑞典签署了《量子信息科学技术（QIST）合作联合声明》，使两国能够利用各自在 QIST 中的优势，建立全球市场和供应链、创建相互尊重和包容的科学研究社区，并培养未来一代的技能和潜在人才。2022 年 5 月 4 日，美国总统乔·拜登签署了两项“总统政令”，旨在加快推动美国量子信息科学（QIS）发展，这表明了拜登政府对这项关键的新兴技术的重视和承诺。拜登签署的第一项是《关于加强国家量子计划咨询委员会的行政命令》。根据 2018 年通过的国家量子倡议（NQI）法案，将成立“国家量子计划咨询委员会”——联邦政府在量子信息科技方面的独立专家咨询机构。该委员会成员由来自业界、学界和政府的多达 26 名量子专家组成，直接置于白宫的领导之下，由总统直接任命。拜登还签署了《关于促进美国在量子计算方面的领导地位同时减少对脆弱的密码系统的风险的国家安全备忘录》，具体内容包括：使美国在科技发展特别是 QIS 方面保持全球领先地位；启动联邦政府和私营部门之间的合作；为联邦机构设定更新密码系统的标准；保护美国的技术等。6 月 3 日，美国国家科学基金会（NSF）发布了一份叫做“Dear Colleague Letter”的公告，宣布提供补充资金，以支持使用 IBM Quantum、微软 Quantum 和亚马逊 Braket 提供的量子云资源进行的量子研究。每个资助请求的金额最高可达 50000 美元，用于支付量子模拟器和硬件平台的费用，以及为一名研究生提供为期一年的支持。2022 年 8 月，位于纽约州罗马的美国空军研究实验室信息局发布了《关于量子信息服务项目的广泛机构》招标公告，要求工业界开发新的量子计算算法软件，用于未来指挥、控制、通信和情报系统中的机器自动化和机器学习。具体来说，美国空军研究人员希望工业界提交用于研究、设计、开发、概念测试、试验、集成、评估和技术交付的白皮书，以支持空军的指挥和控制研究，寻求利用量子力学来实现处理器性能的巨大飞跃，以解决特别困难的问题。该项目有 5 个重点领域：量子算法和计算；量子信息处理；基于存储器节点的量子网络；超导混合量子平台；量子信息科学。

2022 年 4 月，北约宣布在丹麦首都哥本哈根建立一个新的量子技术发展中心。该中心将成为哥本哈根大学尼尔斯·玻尔研究所的一部分，并开发和测试新的多用途技术，以促进绿色转型、导航、研究和国防。丹麦技术大学、奥胡斯大学和丹麦国家计量研究所也有望做出贡献。随着北约在丹麦的量子技术中心建成，该组织将加快量子技术在军事上的应用。6 月 30 日,北约宣布启动世界首个“多主权风险投资基金”——北约创新基金(NATO Innovation Fund),旨在投资北约优先发展的军民两用新兴技术。具体来说,该基金将向早期初创企业和其他风险投资基金投资 10 亿欧元,开发北约优先发展的军民两用新兴技术,包括:人工智能、大数据处理、量子技术、生物技术和人类进步、新材料、能源、推进和空间技术。

2022 年 10 月 14 日,欧洲量子互联网联盟启动了为期 7 年的计划:开发一个连接遥远城市的全栈式原型网络,构建“欧洲制造”的量子互联网生态系统。欧洲量子互联网联盟由欧洲该领域的领导者 QuTech、ICFO、因斯布鲁克大学和巴黎量子计算中心于 2017 年成立,是一个成熟的世界领先团队,由 40 个合作伙伴组成,包括整个欧洲的学术机构、电信运营商、系统集成商和量子技术创业公司。他们的共同目标是解决所有挑战,争取在欧洲建立一个世界上首个大规模量子网络原型。

2022 年 1 月,法国武装部部长 Florence Parly,高等教育、研究和创新部部长 Frédérique Vidal 以及数字转型和电子通信国务秘书 Cédric O 宣布推出“国家量子计算平台”。法国国家量子计算平台的初始投资为 7000 万欧元,总目标为 1.7 亿欧元,用于创建将经典系统和量子计算机互连的混合计算平台。这些资源将会提供给汇集了实验室、初创企业和制造商的国际量子社区,旨在帮助生态参与者获得量子计算能力,以便他们能够发现、开发和测试新的用例。该平台由法国国家信息与自动化研究所(INRIA)、法国原子能和替代能源委员会(CEA)和法国国家大型计算中心(GENCI)建立,并与法国国家科学研究中心(CNRS)密切合作,将托管在位于 CEA 的超大型计算中心(TGCC)。

2022 年 3 月,德国联邦教育和研究部宣布了两个量子计算资助项目,合计近 1 亿欧元,分别是:于利希研究中心(Forschungszentrum Jülich)领导的 QSolid(固态量子计算机)项目,5 年合计拨款 7630 万欧元,用于开发下一代超导量子处理器;弗劳恩霍夫应用固体物理研究所(Fraunhofer IAF)领导的 Spinning(基于金刚石的自旋光子量子计算机)项目,3 年合计拨款 1610 万欧元,用于开发一种紧凑、可扩展的量子处理器——基于金刚石自旋量子比特。2022 年 5 月 11 日,德国汉堡启动“量子创新之都”(Quantum Innovation Capital,QUIC)量子计算网络。这是一种类似 IBM Q Network 的量子计算产业联盟。QUIC 是汉堡为科学、商业和政治领域的推动者提供的最新网络平台,重点是培训和发展有才华的专业人员、研发,以及尽早确定业务应用和准备使用成品技术。6 月 21 日,德国联邦教育和研究部(BMBF)发布了《量子系统研究计划》报告。这份报告详细介绍了 BMBF 如何为未来十年光子学和量子技术的成功研究资金创造一个共同的保护伞。作为联邦政府内量子系统研究政策的领导者,BMBF 打算从战略上长期促进这一领域的技术转让和生态系统的扩张。10 月底,德国航空航天中心(Deutsches Zentrum für Luft - und Raumfahrt; DLR)宣布,已经为离子阱技术的开发签订了合同。作为 DLR 量子计算计划的一部分，将在4年内创建量子计算原型机；合同的总金额为2.085亿欧元——这是欧盟政府为研究这项技术所做的最大单笔投资。

2022年4月，澳大利亚政府发布了2021年国家研究基础设施（NRI）路线图，将指导澳大利亚的2022年研究基础设施投资计划，该路线图协商确定了一系列日益突出和具有国家重要性的新兴技术和研究领域。澳大利亚政府将支持建设量子技术基础设施，包括支持量子器件的设计、工程和制造、精密电子、光学、软件开发、材料和计量学。这包括量子传感器的快速原型基础设施、用于测试和测量的低温设备、量子技术组件（如量子计算硬件）的制造设施以及培训和开发工具。8月31日，澳大利亚9个本地和国际参与者聚集在一起组成了"澳大利亚量子联盟"（AQA）。创始成员是本地参与者Quintessence Labs、Q－CTRL、Quantum Brilliance、Silicon Quantum Computing、Nomad Atomics和Diray，以及全球巨头谷歌、微软和Rigetti。AQA代表了澳大利亚量子生态系统发展的一个重要里程碑，并遵循了"澳大利亚战略政策研究所和技术委员会"推动的一年多的讨论。该联盟将位于技术委员会内，旨在通过促进、加强和连接该国的量子生态系统，成为澳大利亚量子产业的"共同声音"。

2022年5月31日，新加坡副总理、经济政策协调部长和国家研究基金会（NRF）主席王瑞杰（Heng Swee Keat）在亚洲科技×新加坡（ATxSG）峰会宣布QEP新增了两个新项目——国家量子计算中心（NQCH）和国家量子无晶圆厂（NQFF）。加上2022年2月宣布的国家量子安全网络（NQSN），新加坡量子工程计划（QEP）已经启动了3个国家平台，以发展该国在量子计算、量子安全通信和量子器件制造方面的能力。QEP开启的3个国家量子平台由新加坡国立大学、南洋理工大学、新加坡科技研究局（A*STAR）和新加坡国家超级计算中心（NSCC）主办，将协调各研究机构的活动、建立公私合作，使新加坡处于量子技术的前沿。

同样，量子计算领域也引起中国政府的高度重视。2022年11月，《国家自然科学基金"十四五"发展规划》正式公布，阐明国家自然科学基金委"十四五"期间的发展方向与相关理念。值得关注的是，本次规划公布的115项"十四五"优先发展领域中涉及量子领域的占了8项，特别值得关注的是量子信息和量子精密测量领域。规划指出要"围绕量子计算、量子通信、量子传感、量子精密测量等重要领域，重点研究量子计算、量子模拟与量子算法，量子通信实用化技术及其科学基础，量子存储和量子中继，量子导航、量子感知和高灵敏探测，高精度光钟、时频传递的新原理与方法，空域—时域精密谱学及量子态动力学测量技术，为量子科技领域提供人才储备和科技支撑。"2022年9月，上海市政府印发《上海打造未来产业创新高地发展壮大未来产业集群行动方案》，指出要"围绕量子计算、量子通信、量子测量，积极培育量子科技产业。攻关量子材料与器件设计、多自由度量子传感、光电声量子器件等技术，在硅光子、光通信器件、光子芯片等器件研发应用上取得突破。推动量子技术在金融、大数据计算、医疗健康、资源环境等领域的应用。”2022年5月30日,为贯彻落实北京市委市政府关于加快建设全球数字经济标杆城市和“两区”建设全产业链开放发展、全环节改革的工作部署要求,北京市经济和信息化局正式发布《北京市数字经济全产业链开放发展行动方案》,再次强调超前布局6G、未来网络、类脑智能、量子计算等未来科技前沿领域。2022年6月6日,深圳市政府发布《关于发展壮大战略性新兴产业集群和培育发展未来产业的意见》,指出深圳将重点发展量子计算、量子通信、量子测量等领域,建设一流研发平台、开源平台和标准化公共服务平台,推动在量子操作系统、量子云计算、含噪声中等规模量子处理器等方面取得突破性进展,致力于建设粤港澳大湾区量子科学中心。

英国、日本、韩国、俄罗斯、意大利、以色列等国家或地区均持续加码量子计算领域,也取得了相当可观的研究成果。

二、关键技术及进展

当前,超导量子计算机方案发展备受关注,其关键技术主要包括量子处理器、微波调控、量子基础软件、量子算法应用、容错纠错以及体系结构构建等技术,这里主要从量子处理器、制冷设备、量子调控技术、量子模拟器、量子纠错等方面阐述2022年的主要关键技术进展。

(一)量子处理器在比特数目和品质等方面持续提升

量子处理器仍然围绕Fluxonium、Transmon、Xmon等常见构型持续开展深入研究,尽管最终选取何种芯片构型仍未有定论,但是如何提升双比特量子门保真度和研制更多有效量子比特数目毫无疑问是各大研究机构共同关注的重点。尽管当前双门保真度高达99.8%,直逼纠错阈值,量子比特数高达433,但都有待进一步提升。

2022年7月,阿里巴巴达摩院在新型比特Fluxonium的单一系统中实现了与主流Transmon量子比特可相匹敌的高精度,相关研究成果发表在全球物理学顶级期刊《物理评论快报》上,并被选为“编辑推荐”。Fluxonium与Transmon在比特构造上有很大不同,Fluxonium比Transmon更能抵御外界电荷噪音的干扰,并且更接近于理想的2能级系统。不过在实践层面,Fluxonium的高操控精度比Transmon更难实现。例如在制备上,一个Transmon比特只需要1~2个约瑟夫森结,而一个Fluxonium比特需要制备近百个乃至更多约瑟夫森结。达摩院此次发表的成果,将两比特门操控精度大幅提升至99.72%,达到全球同类比特最高水平,并在单一系统中鲁棒和高精度地实现了复位、读/写、单比特门等其他容错量子计算所需的基本操作。这些结果显示Fluxonium的理论优势可转化到产业实践，也是达摩院量子实验室在理论、设计、仿真、材料、制备和控制等多个课题上的一次成果集中展示。

2022 年 11 月 9 日在 IBM 公司年度量子峰会上，IBM 公司推出了 Osprey 芯片，它拥有超过 Eagle(127 量子比特)约 3 倍的 433 量子比特。IBM 公司表示，在短短一年内将芯片上的量子比特数量增加 3 倍的进展表明，公司有望在 2023 年交付世界上第一台拥有超过 1000 量子比特的通用量子计算机 Condor。一方面，与 Eagle 一样，Osprey 包括多级布线，为信号路由和设备布局提供了灵活性，同时还加入了集成滤波功能，以减少噪声和提高稳定性。另一方面，Osprey 与 Eagle 相比具有两大优势，一个是用柔性带状电缆取代 IBM 公司与之前的量子处理器一起使用的微波电缆的“量子吊灯”。Osprey 的柔性带状电缆适用于低温环境，且电缆的电阻和热阻经过专门设计，可帮助微波信号流动，同时不会传导过多可能干扰量子比特的热量，促使通往芯片的连接数量增加了 77%，可进一步扩大其量子计算机的规模。另一个主要优势是新一代的控制电子设备，可以向量子处理器发送和接收微波信号。Osprey 的新控制电子设备包括一个低温 CMOS 控制器芯片，该芯片使用 14nm FinFET 技术实现，运行温度约为 4K(-269.15℃)，采用专用集成电路(ASIC)设计，与以前的现场可编程门阵列(FPGA)方法相比，体积和功耗更小。Osprey 将于 2023 年第一季度提供给 IBM Quantum Network 的成员。Osprey 的当前版本 R1 具有许多与前几代相似的量子比特质量指标，T1 相干时间在 70 ~ 100μs 范围内。Osprey 的下一个版本 R2，将在相干时间方面进行多项改进。

(二)新型制冷设备助力量子计算发展

稀释制冷机是为超导量子计算机提供超低温环境不可或缺核心的设备之一，是一种试验性低温设备，使用两种氦同位素(氦 -3 和氦 -4)的混合物，将空间容积冷却到毫开尔文(mK)范围，即绝对零度(-273.15℃)以上千分之几度。为满足数百比特芯片规模的制冷需要，2022 年稀释制冷机制冷功率不断提升、冷盘空间持续扩大。值得一提的是，我国数家研究机构陆续突破 10mK 制冷温度极限，逐步实现制冷设备自主可控。

2022 年 3 月，美国丹佛初创公司 Maybell Quantum 宣布推出为下一代量子计算机提供动力的低温平台——Icebox 稀释制冷机。与传统的低温设备相比，Icebox 稀释制冷机体积更小、操作更简单，重要的是能容纳更多的量子比特。传统的量子低温系统是由占地数百平方英尺的管子和电线组成的，通常需要几个月的时间进行安装。此外，为了增加容量，这些系统通常会变得更大、更复杂。相比之下，Icebox 稀释制冷机将一个房间大小的低温装置浓缩成了一个比厨房冰箱略大的系统，可以在一个下午时间内安装在任何实验室、服务器机房或设备齐全的车库中，且无需升级基础设施。

2021 年，IBM 公布了他们的“黄金眼(Goldeneye)”项目，为量子计算机制造一台前所未有的超大稀释制冷机(俗称冰箱,科学家也称它“大桶”)——包含 1.7m^3 的试验容积,可以将比 3 个家庭厨房冰箱更大的容积冷却到比外太空更冷的温度,而以前的制冷机容积在 0.4 ~0.7m^3 的范围内。2022 年 9 月,IBM 公司宣布成功地将“黄金眼”冷却到工作温度(约 25 mK),并在内部连接了一个量子处理器。“黄金眼”将很快转移到位于纽约的 IBM 量子计算中心,该中心正在探索搭建大型低温系统,以最好地满足未来量子数据中心的冷却需求,服务于正在开发的 IBM System Two 的 Bluefors Kide 平台。

2022 年 4 月,中国科学院上海技术物理研究所红外物理国家重点实验室党海政研究员带领的联合研究团队在 1K 温区(-272.15℃附近)复合制冷机的研制及应用验证方面取得新的重要进展。该团队提出以四级高频脉冲管循环作为前级、JT 循环作为终端的复合制冷循环方案,在 2021 年试验获取 1.52 K(-271.63℃)的基础上,又将制冷温度进一步延伸至 1.36K(-271.79℃),这是迄今为止公开报道的基于多级高频脉冲管耦合 JT 的复合制冷循环实际获取的最低温度,相关工作已于近日在低温制冷领域国际期刊《低温学》上发表。

2022 年,中国电子科技集团公司第十六研究所自主研发的无液氦稀释制冷工程化样机产品突破 10mK(绝对零度以上 0.01℃)极限低温,连续循环工作温度达到 9.3mK,这是继中国科学院物理研究所之后又一家突破 10mK 量级制冷极限的单位,标志着低温制冷领域稀释制冷机产品国产化、工程化应用迈入新阶段。

(三)量子常温测控系统在精度和集成化等方面取得长足进步

量子计算机主要由量子芯片(超导、硅基自旋、离子阱、光量子等)、常温测控系统、量子指令集和量子算法等组成,其中常温测控系统是测量和控制量子比特的核心部件。随着量子计算进入 100 + 量子比特的时代,各家机构在测控系统软硬件等方面持续深入测控技术的研究,且陆续推出了 100 ~1000 量子比特规模的集成化常温测控系统。

2022 年 2 月,美国劳伦斯伯克利国家实验室高级量子试验台(AQT)的 Gang Huang 和 Yilun Xu 研究团队实现了基于 FPGA 的用于超导量子信息处理器的开源控制和测量系统量子位控制(Qubit Control,QubiC)。该系统在室温下调制信号,以操纵和测量冷却到极低温的超导量子比特。他们通过在 AQT 超导量子处理器上执行量子比特芯片表征、门优化和随机基准序列展示了系统功能和性能。通过随机基准测试,单量子比特和双量子比特过程保真度分别测量为 0.9980 ±0.0001 和 0.948 ±0.004。QubiC 具有快速的电路序列加载能力,可以高效地执行随机编译试验,并提高执行更复杂算法的可行性。

2022 年 8 月,国内领先的量子科技公司成都中微达信科技有限公司推出新一代量子计算测控系统 ZW - QCS1000 及其系列选件单元,支持数百量子比特的超导量子计算,且具备良好的可扩展性与软件易用性。ZW - QCS1000 由多个标准 1U 大小的选件单元组成,包括低噪声电压单元、AWG 单元、RF - AWG 单元、量子分析单元、微波源单元、DDS 单元等 9 种选件单元,可以根据多种物理体系量子计算的量子比特数量,提供高性价比、选件化、可灵活配置的室温测控解决方案。

(四)经典超算支撑世界最快量子模拟器

2022 年 3 月,日本富士通公司宣布成功开发了世界上最快的量子计算机模拟器,能够在一个集群系统上处理 36 量子比特的量子电路,该集群系统采用富士通超级计算机 PRIMEHPC FX 700,它配备了与世界上最快的超级计算机"富岳"相同的 A64FX CPU。新开发的量子模拟器可以高速并行执行量子模拟器软件 Qulacs,在 36 量子比特的量子操作中,其性能大约是其他重要量子模拟器的两倍。富士通新型量子模拟器将成为量子计算应用开发的重要桥梁,这些应用预计将在未来几年投入实际使用。基于这一突破,从 2022 年 4 月 1 日起,富士通和富士胶片株式会社开始在材料科学领域联合研究量子计算应用。富士通公司正在加快开发量子计算机,目标是到 2022 年 9 月开发出 40 量子比特的模拟器,并与客户在金融和药物发现等领域进行量子应用的联合研发。

(五)量子计算机促进新的科学发现

2022 年 3 月,清华大学交叉信息研究院段路明研究组在微波量子信息处理领域取得重要进展,首次在试验中借助超导量子电路成功制备了相干态飞行微波光子的多体"薛定谔猫"态,并验证了不同"猫"态之间以及多体"猫"态和超导量子比特之间的量子纠缠,该成果论文《多体量子纠缠的飞行薛定谔猫态》在国际学术期刊《科学进展》发表。这项研究提出了一种高度可扩展的多体"薛定谔猫"态制备方案。基于飞行微波光子的多体"薛定谔猫"态在很多量子技术中有重要的应用,例如基于多体"薛定谔猫"态可以实现容错的超导量子比特远程纠缠,使得基于微波光子的量子网络和模块化量子计算成为可能。此外,利用多体"薛定谔猫"态中的量子纠缠,还可以提高雷达的探测精度,实现抗噪性更高的"量子雷达"。

近年来,物理学家对量子技术和量子多体系统进行了广泛研究。在这一领域引起特别关注的两个失衡动态过程是量子热化和信息扰乱。"热化"是一个量子多体系统实现热平衡的过程,而"信息扰乱"需要将局部信息分散在整个量子多体系统的多体量子纠缠中。2022 年 4 月,中国科学技术大学潘建伟、朱晓波团队在一个超导量子处理器中观察到热化和信息扰乱,他们的研究成果以《超导量子处理器中的热化和信息扰动观察》为题发表在《物理评论快报》上,有望为量子多体系统热力学的新研究铺平道路。

(六)量子纠错取得阶段性成果

量子纠错编码是在许多物理量子比特中编码逻辑量子比特,其中增加物理量子比特的数量,可以增强抑制物理错误的能力。但引入更多的量子比特,也会伴随着错误的增加,出现越纠越错现象,因此只有错误的密度足够低,其逻辑性能才会随着物理量子比特数量增加而提高。2022 年,Google 团队在纠错领域取得突破性进展,首次打破越纠越错门坎。

2022 年 7 月,在《物理评论快报》的一篇论文中,中国科学技术大学潘建伟、朱晓波、彭承志、陆朝阳等首次实现了表面码的重复错误检测和纠正。具体来说,他们通过在祖冲之 2.1 超导量子系统上使用距离为 3 的表面码对逻辑状态进行编码,表明在后处理中应用纠错后,逻辑错误可以减少约 20%。他们还测试了该代码的错误检测性能,并观察到当在任何循环中后选择数据量子比特测量和稳定器测量都没有检测到错误的情况时,逻辑量子比特的寿命比任何组成物理量子比特的寿命都长。这项研究首次证明了使用表面码进行重复量子纠错的可行性,为未来实现更强大的大规模量子纠错提供了指导。

2022 年 7 月,谷歌量子人工智能团队有史以来第一次实现错误率随着比特数增加而降低,首次实现了“越纠越对”。以往的纠错研究随着比特数的增加,错误率会提高,都是“越纠越错”。也就是说,突破了量子纠错的盈亏平衡点,这是量子计算“万里长征”中的重要转折点,为实现通用计算所需的逻辑错误率的指出了全新途径。2022 年 7 月 13 日,一篇由谷歌 158 位科学家联合撰写的论文——《通过扩展表面码逻辑量子比特来抑制量子错误》预印版发表在 *arXiv* 上,该团队通过测量多个不同代码大小的逻辑量子比特的性能变化,证明了超导量子比特系统性能足以克服增加量子比特数量带来的额外错误。

2022 年 9 月,日本冲绳科学技术大学院大学(OIST)的 Jason Twamley 团队提出了一种新的纠错技术——连续量子纠错的基于测量的估计器方案。此前,常见的 QEC 方案通常很慢,而且由于无法实时捕捉和纠正错误,它们还会导致存储在量子比特中的信息迅速丢失。现在,OIST 开发了一种称为连续量子纠错的基于测量的估计器方案(MBE - CQEC),可以快速有效地检测和纠正来自部分有噪声的综合征测量的错误。他们将一台强大的经典计算机作为外部控制器(或估计器),估计量子系统中的错误,完美地滤除噪声,并应用反馈来纠正它们。但是该方案仅针对量子计算两种错误之一的比特翻转起作用,而且理论模型仍然需要在量子计算机上进行试验验证。此外,它还有一个重要的限制,即随着系统中量子比特数量的增加,估计器的实时模拟速度会呈指数级下降。

(七)量子计算威胁加密货币为时尚早

近年来,很多人都在担忧量子计算破解当前加密系统的风险,即使目前采用 256bit 椭圆曲线加密(ECC)的比特币网络也暴露在风险中。英国和荷兰的研究人员在 2022 年 1 月 25 日《AVS Quantum Science》发表的论文表明,在 1h 内破解比特币加密需要一台拥有 3.17 亿量子比特的机器。即使在一天内破解加密,这个数字也只下降到 1300 万量子比特。这种巨大的物理量子比特需求，意味着比特币网络将在多年内（可能超过10年）免受量子计算攻击。

虽然量子威胁看起来还很远，仍需提前做好准备。2022年7月，麻省理工学院Andrey Khesin、Peter Shor，以及哈佛大学的Jonathan Lu提出了一种量子货币的创建方法——它可以完全去中心化，并且无需区块链来记录交易，这将有效解决已有货币难以持续化发展的长期隐患。研究成果的预印版以《来自随机格的可公开验证的量子货币》为题，发表在*arXiv*上。量子货币是一种货币形式，它利用量子力学定律来确保相关货币不能被复制，但同时又可以很容易地被验证。这些特性使它成为理想的交换媒介，就像普通现金一样，并且没有任何伪造的风险。一个量子货币协议必须有有效的可准备的货币状态、有效的公共认证和不可伪造性。量子货币的安全性来自于后量子加密，并且可以抵抗量子计算机的攻击。

三、发展与应用预测

2022年，量子计算行业仍处于快速发展阶段。国外以IBM、Google、IonQ、霍尼韦尔、Rigetti等公司为代表，国内以中国电子科技集团、本源量子、阿里巴巴达摩院、腾讯量子实验室等量子巨头为代表，纷纷投入人力物力开展量子计算领域的科学研究和工程应用推进，量子芯片比特数目快速增长，直逼1000比特规模、超低温环境容量越来越大，量子纠错方案进入实质验证阶段，相应的测控系统及量子软件发展极为迅速，逐步形成了较为完整的技术体系。

以目前发展趋势来看，量子计量正在稳步迈向NISQ阶段，并且在相当长一段时间段内处于NISQ阶段。根据其噪声特征来看，优化相关问题、材料研发、量子模拟、人工智能等噪声不敏感领域，最有可能率先从早期实用量子计算机中获益，并已有多家公司开始布局相关领域。可以看到，各种新的量子纠错方案将陆续得到试验验证，共同推动量子计算向实用化、通用化发展。

四、启示建议

从总体上看，我国通往通用量子计算时代的道路仍然极为坎坷，存在诸多困难与挑战。第一，关键技术仍处于跟跑阶段，与国际水平存在明显差距，引领创新性成果较少，在量子计算机硬件、软件等方面仍然存在重大技术障碍，关键核心器件仍依赖进口。第二，市场尚在培育阶段，商用条件苛刻且成本较高，未来应用场景不够清晰，技术距离应用落地尚有较大距离。第三，与国外企业相比，我国企事业单位参与度较低，在量子计算的技术积累、研发投入方面缺乏长期支持。第四,量子计算科学研究与量子技术攻关分工不明确,资源主要集中于中国科学技术大学、清华大学、浙江大学等高校的科研团队,科研团队科研创新与技术攻关一把抓,企事业单位技术攻关团队获取资金支持困难,关键技术突破缓慢。

面对当前国内外在量子计算领域所处的发展现状与形势,提出以下建议:

(1)进一步加强量子计算前沿科技整体布局,培育一批量子计算领域的联合骨干团队,合理分工,协同攻关,并支持国内相关成员单位跟踪国际先进技术发展动态。

(2)持续对关键核心领域研发支持,采取积极财政政策,合理分配资金支持量子计算领域工程应用和基础科研项目,以工程技术攻关为导向,引导量子基础研究为应用的研究氛围。

(3)积极构建量子计算应用生态体系,发挥中央企业的牵头带动作用,并支持产业上下游企业通过参股合资、长期战略合作等形式,畅通资源和信息对接渠道。

(4)支持中国电子科技集团公司与从事量子计算领域的企业、行业协会、科研机构等深化合作,成立量子计算联盟,共同开展量子计算关键共性技术研究,并指定量子计算机的相关公共基础标准。

量子计算是一项精密且复杂的科学工程,涉及的行业和领域十分广泛,需从全局考虑,发挥体制体系化布局优势。中国电子科技集团公司在超导量子计算领域有着天然的体系化优势,在量子测控平台、量子系统软件、量子芯片设计制造、超低温环境、量子芯片封装、微波关键器件等诸多领域有着丰富的工程技术积累,需把握好时代脉搏,引领量子计算发展。

(中国电子科技集团公司第三十二研究所 吴永政 汪 士)

量子通信方向 2022 年度进展

一、本方向年度大事

(一)诺贝尔奖首次颁给量子信息科学

2022 年 10 月 4 日,瑞典皇家科学院公布 2022 年诺贝尔物理学奖得主:阿兰·阿斯佩、约翰·克劳泽和安东·塞林格,以表彰他们在"用于纠缠光子的试验,确立对贝尔不等式的违反和开创性的量子信息科学"的卓越成就。这也是诺贝尔奖首次颁发给量子信息科学。三位获奖者分别利用纠缠的量子态进行了突破性的试验,其中两个粒子即使被分开也表现得像一个整体。他们的成果为基于量子信息的新技术扫清了道路。

在安东·塞林格获奖所列出的量子通信试验论文中,除一篇研究论文之外,其余四篇试验论文中潘建伟均为第一作者或第二作者。此外,后续还有 3 篇论文是在"墨子号"发射之后,中国科学家做出的相关工作。据了解,安东·塞林格是中国科学院的外籍院士,也是中国科学院院士潘建伟在奥地利留学时期的博士生导师。

(二)我国正式成立量子信息网络产业联盟

2022 年 7 月 27 日,由工业和信息化部指导,中国信息通信研究院主办的量子信息网络产业联盟成立大会在北京举行。该联盟在工业和信息化部指导下,由中国信息通信研究院联合 40 家量子信息领域相关高校、科研机构、企业公司等单位共同发起。会议审议通过了联盟章程、工作组职责、工作组管理办法,选举产生联盟首席理事会成员。下一步,联盟将积极发挥政产学研用桥梁纽带作用,为我国量子信息网络领域规划布局提供支撑建议,加强跨领域与行业交流,推动技术创新与应用探索,开展标准测评研究,培育和构建产业生态,更好地支撑我国经济、科技和社会发展。

(三)世界首颗量子微纳卫星发射升空

2022 年 7 月 27 日,由中国科学院自主研发的一型固体运载火箭“力箭一号”成功首飞,顺利将包括低轨道量子密钥分发试验卫星“济南一号”在内的 6 颗卫星送入预定轨道。据了解,“济南一号”是世界首颗量子微纳卫星,由合肥国家实验室、中国科技大学、中国科学院上海技术物理研究所、中国科学院上海微小卫星创新研究院、济南量子技术研究院等联合研制,也是继“墨子号”量子科学试验卫星升空后,中国发射的第二颗量子通信卫星。

未来两年,“济南一号”将在星地之间完成与量子密钥分发有关的各项试验。如果顺利,它将第一次在世界上实现基于微纳卫星和小型化地面站之间的实时星地量子密钥分发,向构建实用化的量子通信网络迈出重要一步。

(四)我国实现首次免疫侧信道攻击的量子密钥分发试验

2022 年 5 月,中国科技大学、济南量子技术研究院、清华大学、中国科学院上海微系统与信息技术研究所、数据通信科学技术研究所等联合研究团队首次实现了侧信道无关量子密钥分发的试验验证。该试验所用方案可以抵御任何针对现实量子密钥分发(QKD)试验系统探测端和源端出射光子的侧信道攻击,在提升 QKD 现实安全性方面迈出了重要的一步。

研究团队基于侧信道无关的 QKD 协议,利用时频传输等关键技术精确控制两台独立激光器的频率,采用简单的“发送”或“不发送”方式编码光脉冲,并利用相位参考光来估计和补偿光纤的相对相位快速漂移,最终在 50km 光纤中实现了侧信道无关的量子密钥分发。该研究成果表明,利用现有的商用产品和成熟技术,可以在现实 QKD 系统中实现同时免疫任何针对源端出射光子和探测端的侧信道攻击。此外,研究团队也分析了在提高试验系统性能的条件下,该方案可以进行超过 170km 的侧信道无关量子密钥分发。该成果于 5 月 13 日发表在《物理评论快报》上。

(五)各国深化量子通信等产业布局

1. 中国多部委/省市强化量子通信研发和部署

根据《“十四五”规划纲要和 2035 年远景目标纲要》,“十四五”期间,我国量子信息领域的科技攻关任务围绕量子通信、量子计算及量子精密测量三大领域展开。2022 年,北京、上海、广东、河南、安徽、四川等多省市积极推进量子通信技术攻关,强化布局量子通信产业。

北京市在《北京市数字经济促进条例(草案)》中提出,支持建设新一代高速固定带宽和移动通信网络、量子通信等网络基础设施。上海市在《上海市数字经济发展“十四五”规划》中提出，加强网络新型基础设施部署、技术研发和应用创新，打造面向未来的网络生态，强化6G、IPv6、WiFi6、量子通信等前瞻研发和部署，构建数据互联互通的第三代互联网技术应用生态。广州市在《广州市战略性新兴产业发展“十四五”规划》中提出，瞄准量子科技等一批面向未来的前沿产业集中突破，把广州打造成为全球重要的未来产业策源地，具体包括谋划建设量子互联网和量子通信产业园，推动量子科技向商用、民用领域普及应用，努力打造贯穿量子信息上中下游的全产业链条等。深圳市在《深圳市培育发展未来产业行动计划(2022—2025年)》中指出，量子信息技术在10—15年内有望成为深圳战略性新兴产业的中坚力量，是未来产业培育的重点方向。河南省在《设计河南建设中长期规划(2022—2035年)》中提出，布局量子信息产业，积极参与国际、国内量子信息领域标准制定，集中突破量子通信、量子计算、量子精密测量方向核心器件和装置制备关键技术研发与设计，探索研发量子通信应用产品与核心装备，探索开展“量子+安全政务”“量子+移动政务”等融合创新应用试点示范。安徽省在《安徽省“十四五”科技创新规划》中提出，“力争在量子信息等领域取得关键性技术突破”，充分发挥量子通信、量子计算、量子精密测量研发领先优势，支持量子科技产业化发展。成都市在《成都市“十四五”数字经济发展规划》中提出，前瞻布局量子科技等未来赛道，建设量子信息技术国家实验室四川分中心等国家级创新平台，加快接入国家量子保密通信骨干网，开通国家广域量子保密通信骨干网“成渝干线”，开展量子通信应用试点，重点发展量子通信应用方案等，大力发展基于量子保密技术的IDC、量子交换机、网络传输系统集成等产品服务，积极参与国家量子通信技术标准的研制，以超级应用为带动融入量子通信产业链高端。

此外，国家科技部于2022年11月9日发布《“十四五”国家高新技术产业开发区发展规划》，重点提及“围绕量子科技，加大具有科技感、未来感的场景供给”、“面向量子信息等前沿科技和产业变革领域，前瞻部署未来产业”等方面，深化量子产业布局。11月18日，国家自然科学基金委员会正式发布《国家自然科学基金“十四五”发展规划》，阐明“十四五”期间的发展方向与相关理念。发展规划共提出115项优先发展领域版块，其中量子领域占了8项，包括：围绕量子计算、量子通信、量子传感、量子精密测量等重要领域进行相关研究；研究网络安全，涉及新型的量子密码、物联网安全等技术。以上举措进一步彰显了国家对量子通信技术的重视程度。

2. 多国积极推进量子通信技术研究/产业化发展

随着第二次量子革命的到来，量子技术成为世界各国争夺的战略制高点。2022年，欧盟、美国、德国、英国、波兰、卢森堡、丹麦、日本、韩国、南非等多国积极推进量子通信技术研究/产业化发展，同时也开展了更广泛的量子通信技术合作。

欧盟委员会、欧洲议会和欧盟成员国就《2023—2027年欧盟安全连接计划》达成了协议,该计划旨在部署一个欧盟卫星星座 $IRIS^2$(卫星弹性、互联性和安全性基础设施),总投资为24亿欧元,在近地球轨道(LEO)部署卫星星座,包括用于欧洲量子通信基础设施(EuroQCI)安全加密的最新量子通信技术。美国空军研究实验室与量子安全公司Arqit签署合作研发协议,以演示验证从商业平台到国防部基础设施的可行量子加密服务,探索地对空量子通信链路的潜在军事用途。德国图林根州投入1100万欧元,用于开发量子通信网络基础设施。同时,德国投资公司CM-Equity和Quantum Business Network宣布设立一亿欧元量子技术基金,用于投资欧洲的量子初创公司,以加速包括量子通信技术在内的量子技术的进步和商业化。英国量子通信卫星通过关键技术审查,计划于2024年发射,届时将与英国和新加坡的地面站进行QKD测试,该项目被英国政府作为其国家量子技术计划的一部分,已收到商业能源和产业战略部500万英镑的投资。波兰成功在该国的波兹南和华沙两座城市之间搭建了一条380km长的城际QKD链路,该链路作为开发全国范围的量子通信基础设施项目的一部分,由波兹南超级计算和网络中心(PSNC)和瑞士量子安全公司IDQ合作搭建,旨在将来为远程医疗、医疗数据传输、数据存储和公共服务等多种应用提供服务。卢森堡宣布建立卢森堡量子通信基础设施实验室(LUQCIA),旨在于2023年建立一个国家测试平台,推动QKD和量子互联网的研究与应用,这是实现下一代计算与量子互联网应用的重要基础设施。丹麦利用连续变量量子密钥分发(CV-QKD)技术,首次在丹麦丹斯克银行的两台模拟数据中心计算机之间实现安全的对称密钥分发,用以实现数据中心之间的安全通信,这一事件标志着北欧首次在实验室外网络上通过量子密钥进行数据安全传输。日本总务省正与金融、通信企业等协调,共同实施试验,加速推进"量子加密通信"的实用化,其下辖的国家信息和通信技术研究所(NICT)将在东京都内新设立4~5个量子加密通信的试验网点。韩国SK电讯(SKT)完成量子通信加密设备混合密钥组合技术的开发,该技术将传统的基于公钥的加密密钥与QKD产生的量子密钥相结合,用作现有加密设备的密钥。南非投资5400万兰特启动国家量子技术计划(SA QuTI),该资金将用于人力资本开发、新兴领导者的发展、量子计算机的使用、宣传以及通过初创实体支持量子通信、量子传感和计量部署。

此外,量子技术领域的国际合作正在快速开展。加拿大和英国正在开展关于量子卫星的新合作项目,用于为跨大西洋量子通信建立关键的量子卫星链路,目前该项目已获得英国量子通信中心(Quantum Communications Hub)的资助。新加坡与法国签署谅解备忘录,共同致力于研究、开发和演示星地量子通信。美国—爱尔兰研发合作伙伴关系项目Co-QREATE获得300万欧元资助,用以研究构成量子互联网的基础技术。

（六）各国量子通信网络建设取得新进展

1. 中国加速部署/建设量子通信网络

2022 年，河南省、湖北省、广东省、海南省海口市、山东省济南市等地部署/建设量子通信网络。河南省在《河南省“十四五”新型基础设施建设规划》中提出要超前部署量子通信网等未来网络，加快推进量子通信网络、卫星地面站建设，打造星地一体量子通信网络全国调度中心。湖北省在《湖北数字经济强省三年行动计划（2022—2024 年）》中提出实施网络强基行动，加快量子规模部署，推进“武合干线”“京汉干线”“汉广干线”湖北段以及湖北省量子保密通信骨干网建设，争取到 2024 年底基本建成国家级“星地一体”量子通信网络核心枢纽节点。广东省开通粤港澳量子通信骨干网一期工程线路，其总体目标是建成连接广州、佛山、肇庆等地的量子保密通信骨干线路，将应用于金融、政务等行业和部门，提高应用单位信息安全保障水平。海南省海口市正在建设 130km“海文干线”，通过量子卫星将实现与内地量子骨干网互联互通，当前已完成实用化量子卫星地面站部署。山东省济南市电子政务外网认证系统量子通信应用平台投入使用，首次实现了国家、省、市、区、街道 5 级电子政务外网节点与量子通信网络节点跨网对接，以及量子通信技术在电子政务外网认证体系中的应用。

2. 多国加速推进量子通信网络建设

2022 年 6 月，加拿大非营利组织 Numana 宣布推出一个先进的量子通信基础设施，将作为行业和研究人员的开放式光纤量子通信测试平台。该项目耗资 375 万加元，于 2022 年秋季在舍布鲁克启动。随后计划在蒙特利尔和魁北克市建立网络，以逐步部署连接整个魁北克省的基础设施量子生态系统。

2022 年 6 月，韩国宽带互联网服务运营商 SK 宽带已将量子密码通信技术应用于新建立的国家融合网络，作为防止窃听或黑客攻击窃取国家机密和信息的完美防火墙。基于 QKD 的量子密码通信技术应用在覆盖约 800km（497mile）距离的网络中，SK 宽带通过部署大约 30 个中继器实现各部分网络的连接。

2022 年 11 月，欧盟发布《战略研究和产业议程（SRIA）》报告，明确到 2026 年欧洲将推进部署多个城域 QKD 网络、具有可信节点的大规模 QKD 网络、实现基于欧洲供应链的 QKD 制造、在电信公司销售 QKD 服务等，逐步实现区域、国家、欧洲范围和基于卫星的量子保密通信网络部署，其长期目标是开发全欧洲范围的量子网络。

（七）各国推动量子科技向商用/民用领域的普及与应用

1. 中国金融、电信等行业推进量子通信技术的标准化及落地应用

我国探索量子通信技术在金融行业的应用标准。2022 年 2 月，中国人民银行会同国

家市场监督管理总局、中国银行保险监督管理委员会、中国证券监督管理委员会联合印发《金融标准化“十四五”发展规划》。规划明确，要健全金融业网络安全与数据安全标准体系，建立健全金融业关键信息基础设施保护标准体系，支持提升安全防护能力。强调探索量子通信等新技术的应用标准。

我国电信系统多场景开展量子通信落地应用。2022 年 4 月，中国电信集团公司将“量子技术 + 安全邮箱”进行紧密结合，实现“量子密邮”能力，以量子加密技术为核心，升级加密策略，实现邮件传输及使用中的量子加密。2022 年 5 月，中国电信集团公司联合国盾量子公司正式发布基于量子信息技术的 VoLTE 加密纯国产通信产品——天翼量子高清密话。该产品为用户提供“管—端—芯”一体化安全防护，在保障通话高清品质的同时，极大增强通话的安全保密性。同期，中国移动通信集团公司联合信通数智量子科技有限公司发布了其基于 VoLTE 的量子加密通话业务。

2022 年 11 月，科大国盾量子技术股份有限公司与杭州安恒信息技术股份有限公司就共建“智能汽车网络安全联合实验室”签署战略合作协议，双方将携手建立联合实验室，开展量子安全领域的合作，在智能网联车内安全、车联网云端安全、车联网数据安全以及 C－V2X 安全等领域展开深入的技术研究。

2. 英国电信集团联合东芝公司推出伦敦商用 QKD 网络

2022 年，英国电信集团（BT）和日本东芝公司启动了英国首个商用量子安全城域网的试用。该网络基础设施能够连接伦敦的众多客户，帮助他们使用 QKD 技术通过标准光纤链路在多个物理位置之间安全传输重要数据和信息。作为该 QKD 网络的第一个商业客户，安永会计师事务所将在其伦敦的两个主要办事处之间实施量子安全数据传输。该伦敦网络代表着英国政府实现其量子经济战略的关键一步。

3. 德国电网运营商在架空光缆上实现基于 QKD 的数据安全加密传输

2022 年，德国北部最大的电网运营商 Schleswig－Holstein Netz 成功通过 ADVA 光网络公司的量子安全产品，在电力高压架空光缆上利用量子密钥分发（QKD）技术实现数据的安全加密传输，这是使用 QKD 保护公用事业网络的一个关键突破。ADVA 的合作伙伴 ID Quantique 公司提供了相关 QKD 技术。

二、关键技术及进展

量子通信主要包括量子密钥分发（QKD）、量子隐形传态（QT）、量子安全直接通信（QSDC）等研究方向。其中，QKD 发展最为成熟，正在不断向高实用、高性能方向发展。QT 是构建未来“量子互联网”（量子信息网络）的关键核心技术，目前还处于技术攻关阶段。2022 年，量子通信各分支在试验探索、技术研究及标准化等方面取得了多项成果。

（一）新型量子随机数发生器协议被提出，可为高安全、实用化的量子随机数发生器研发提供重要支撑

量子随机数发生器（QRNG）作为量子保密通信系统的核心器件，安全性、实用性一直是其研究发展的主要方向。2022 年 7 月，中国科技大学研究团队基于平滑熵的不确定关系和量子剩余哈希定理，提出了一种不需要对测量设备进行表征的新型半设备无关量子随机数发生器协议，并证明了该协议在源端不可信和探测端无表征条件下的安全性。研究团队同时使用卤素灯这一日常光源和激光器完成了验证试验，产生的随机数速率超过 1Mb/s，与目前商用随机数发生器相当，但安全性显著优于后者。该成果在保证随机数快速生成和系统简洁实用的同时，大幅降低了对设备可信度和刻画表征的要求，其思想和实现方案对突破高性能、高安全量子随机数发生器的研究瓶颈具有重要推动作用。该协议全面地提升了量子随机数发生器的安全性与实用性，为半设备无关量子随机数发生器的实用化奠定了坚实基础。

（二）连续变量量子密钥分发系统安全码率不断提升，为城域/接入网高速量子加密应用奠定技术基础

连续变量量子密钥分发（CV－QKD）通常采用光场正则分量调制，编码二维高斯分布信息，具有兼容传统相干光通信器件/产业链，中短距离安全码率高等潜能。如何提升持续提升 CV－QKD 系统在城域范围内的安全码率以充分体现其优势，是近年来该技术的主要研究焦点。2022 年 4 月，葡萄牙圣地亚哥大学的研究人员提出了一种结合了离散变量和连续变量技术的 QKD 方案。基于偏振态进行离散变量调制，应用连续变量方案常用的零差探测方法，实现了 QKD 信号的高速调制和高效传递与探测，同时基于时分复用信号架构支持接收端实现本地本振和偏振补偿。500MHz 信号频率的试验系统在 40km 光纤上实现了 46.9Mb/s 成码率和 1.5% 误码率。2022 年 6 月，中国电子科技集团公司第三十研究所和北京邮电大学的研究人员设计提出并验证了超高速四态离散调制 LLO－CVQKD 系统。该方案通过优化基于频分与偏振复用的量子密钥光电收发装置和设计自适应的快慢相位噪声补偿方案，实现了超低过噪声的 LLO－CVQKD 系统，同时基于自主设计的高效高吞吐量连续变量量子密钥后处理技术，实现了实际量子密钥生成。在理想探测条件下的半正定评估方法下，LLO－CVQKD 系统试验验证了 233.87Mb/s@5km，133.6Mb/s@10km 和 21.53Mb/s@25km 的安全成码率。2022 年 6 月，中国电子科技集团公司第三十研究所基于 1GBaud 离散高斯 64/256QAM 调制方式，采用全数字信号处理实现量子原始密钥的高精度恢复以及法国 A. Leverrier 团队的安全码率计算理论模型，试验验证了离散调制协议的 LLO－CVQKD 原型系统，安全码率可达 326.7Mb/s@

5km，50.6Mb/s@25km 和 9.2Mb/s@50km。随后，中国电子科技集团公司第三十研究所展示了 1GHz 重频高斯调制无开关协议的 LLO－CVQKD 原型系统，安全码率可达 9.11Mb/s@50km 和 0.38Mb/s@100km。

（三）双场态量子密钥分发技术持续提升，无中继光纤 QKD 安全传输距离增长，为陆基广域量子保密通信网络的部署奠定基础

近年来，双场态量子密钥分发(TF－QKD)因其在传输距离上的巨大潜能，已成为下一代长距离 QKD 技术的主要发展方向之一，受到了业界广泛关注。2022 年 1 月，中国科学技术大学、上海大学、俄罗斯 Scontel 公司等的研究人员提出了改进的四相位调制双场协议，并大幅提升了独立光源的锁相稳频技术、高带宽信道的相位补偿技术、高信噪比的单光子探测信号甄别技术等一系列关键技术，将光纤双场量子密钥分发的安全传输距离一次性拓展至 830km。该成果不仅将安全传输距离世界纪录提升了 200km，而且通过免相位后选择协议的优势，将安全码率提升了一百多倍，标志着向实现百万米量级陆基广域量子保密通信网络迈出了重要的一步。2022 年 4 月，中国科学技术大学、济南量子技术研究院、中国科学院上海微系统与信息技术研究所和清华大学的研究人员联合完成了 658km 光纤的双场 QKD 试验，同时也基于该试验平台的设备和技术试验了一种振动传感方案。其中双场 QKD 试验采用发送—不发送协议，基于超稳光源、偏振补偿、频率补偿等技术，并通过长达 500km 的校准光纤实现远程异地光源相干，基于主动奇偶配对等措施实现 Z 基误码率约 2.12%，最终成码率约 9.22×10^{-10}。2022 年 1 月，加拿大多伦多大学的研究人员提出了一种适合组网的双场 QKD 光路方案，该方案采用了 Sagnac 干涉环自稳定的原理，便于多用户配对构成双场 QKD 光路，也可以适应不同的臂长减差。研究人员基于该方案也实现了光路总衰减 58dB、衰减差 15dB 的原理验证试验。

（四）量子通信技术领域持续保持较高研究热度，多条技术路径/关键技术取得重要进展

除了 CV－QKD、TF－QKD 等研究热点，量子保密通信领域其他技途经或关键技术也受到业界不同程度的关注，取得了多项进展，使得量子通信技术领域整体保持了较高的研究热度。2022 年 1 月，英国约克大学的研究人员提出了一种“启发”式的量子安全通信方案，其核心原理是通过增加调制模式/编码复杂性来提高量子通信在集体攻击下的安全性。研究人员以 CV－QKD 为基础设计了安全通信方案，分析了该策略对近场窃听的影响和量化的安全效率等。2022 年 2 月，清华大学、中国科学院上海微系统与信息技术研究所等单位的研究人员设计了一种频域分束器，并试验演示了频率不一致光源的 MDI－QKD。MDI－QKD 的 Bell 态干涉测量通常要求两侧光源保持极好的波长一致性，既对

反馈系统提出了较高的要求，也不利于光网络交换环境下的部署。研究人员基于相位调制器和干涉光路设计了一个可调的频域分束器，从而可用于不同频率光源的干涉测量。2022 年 3 月，中国电子科技集团公司第三十四研究所、南宁理工大学的研究人员采用独特的物理层/光信号调制方法和对称加密编码（强度调制 Y－00 密码），将 QKD 方案和 20 波 DWDM 传输结合实现了 100km 光纤 10Gb 带宽的物理层加密传输。2022 年 7 月，中国科学技术大学和济南量子技术研究院的研究人员基于理论优化的协议和迄今为止最高的探测效率实现了全光系统的 DI－QKD 试验。理论上通过后选择基矢、添加噪声的方法将探测效率阈值要求降低到 86%，试验上实现了探测效率 87.5% 的预报式纠缠探测，从而对经过 220m 光纤分发的 PPKTP 纠缠源进行了纠缠测量和密钥分发。2022 年 8 月，中国科学技术大学、中国科学院上海技术物理研究所的研究人员利用“天宫 2 号”空间站试验了紧凑载荷、中等倾角轨道的星—地 QKD。更大的轨道倾角实现了卫星多次过境时都可以与地面定点进行 QKD，也证明了构建“量子星座”的可行性。紧凑载荷使用 200mm 口径望远镜、850nm 波长和 50MHz 主频系统，星地 QKD 误码率约 0.85% ~ 2.21%，筛后密钥率约 235kb ~ 1.33Mb。2022 年 10 月，奥地利科学院量子光学与量子信息研究所（IQOQI）维也纳分所的研究人员成功在奥地利到斯洛伐克 248km 的跨国电信光纤中直接分发偏振纠缠的光子对，这是迄今为止基于真实世界光纤的纠缠分发的最长距离。

（五）芯片化量子技术不断发展，可为小型化量子通信设备的研发奠定技术基础

现有量子通信系统大多是基于离散器件搭建而成，普遍存在功耗高、稳定性较差、尺寸大及成本高等问题，不易于其推广应用。而关键模块乃至整机小型化、芯片化是解决上述问题、提升量子保密通信系统实用性的重要途经。2022 年 6 月，中国科学技术大学的研究团队基于硅光、电子学集成工艺实现了 QKD 发送终端的全部编码芯片，包括热声调制（TOM）、载流子耗尽调制（CDM）的移相、调相光学芯片和激光驱动（LDC）、调相驱动（MDC）电子芯片。相关芯片组装成偏振编码 BB84 协议 QKD 试验系统，重复频率为 312.5MHz，误码率低至 0.41%，100km 光纤成码率为 42.7 kb/s（超导探测器）或 10.5kb/s（InGaAs APD 探测器）。2022 年 8 月，南京大学的研究人员基于波长可变的光芯片纠缠源构建了波分复用多终端量子网络。该系统的核心是氮化硅芯片工艺环形振荡器，可以制备覆盖整个 C 波段的窄线宽（约 650MHz）的能量－时间纠缠对。基于该纠缠源构建了 4 节点全联通的纠缠分发网络，纠缠度（CHSH 值）为 0.856，演示了 BBM92 QKD 试验，安全密钥率约 205b/s。2022 年 8 月，德国马克斯·普朗克固体化学物理学研究所、哥廷根大学、瑞士联邦技术研究院的研究人员试验实现了基于自由电子腔的高效电子—光子纠

缠对制备,该装置中每通过一个电子,就有2.5%的概率形成一个电子—光子纠缠对。该装置主要由基于光子芯片的卫星共振腔构成,利用自由电子与真空涨落场的相位匹配相互作用,产生光子与电子能级偏移的纠缠。该装置已用于量子增强成像,未来也可用于量子纠缠效应研究、预报式单电子/光子态制备等。

(六)量子隐形传态技术持续发展,可为未来量子网络的构建提供重要支撑

量子隐形传态允许远程节点之间可靠地传输量子信息,作为量子信息处理的基本单元,在量子通信和量子计算网络中发挥着至关重要的作用。2022年6月,山西大学的研究人员在单个10km光纤通道上实现了实时确定性量子隐形传态。他们制备了1550nm处的EPR纠缠,使用1342nm激光束实时传输经典信息并充当同步光。通过试验研究了保真度对光纤信道传输距离的依赖性,优化了为操纵Alice站点中EPR纠缠光束而建立的有损信道的传输效率。确定性量子隐形传态的最大传输距离为10km,保真度为0.51±0.01,高于经典隐形传态极限1/2。该工作为基于确定性量子隐形传态的光纤信道城域量子网络建立提供了可行的方案。2022年5月,荷兰Delft大学、奥地利Innsbruck大学的研究人员首次在3个金刚石色芯节点间实现了跨节点量子隐形传态。该团队前期曾实现了金刚石节点间的纠缠存储和金刚石内色芯间的纠缠交换(2021年),在本次研究工作中,通过提高纠缠预置效率、联合读出效率和相干时长,进一步实现了跨节点量子隐形传态,效率约每117秒1次,保真度0.702。

(七)量子存储技术不断推进,可为实现量子互联网远景目标添砖加瓦

量子存储是未来拓展量子通信应用、实现量子信息网络的关键技术之一。2022年5月,中国科学技术大学的研究人员基于自主加工的掺铕钇硅酸晶体激光直写波导和相关的调控方案,试验实现了多种量子存储能力,包括:光子偏振态存储,保真度99.4%±0.6%;原子光频梳空间模存储,200模,保真度99.0%±0.6%;自旋波原子光谱梳存储,保真度97%±3%。2022年7月,中国科学技术大学和济南量子技术研究院的研究人员在相距12.5km(光纤距离20.5km)的两个量子存储节点间实现量子纠缠分发。该试验中,一个节点(铷原子)制备原子—光子纠缠,光子下转换至通信波长后通过光纤传输,再经上转换后存入第二节点(场致透明机制),通过光学读出分析,存储的纠缠保真度达到90%。2022年4月,山西大学的研究人员基于无致冷的原子气体实现了连续变量量子存储。该量子存储使用铷原子气体,通过腔增强的场致透明效应,结合时域空域模式匹配、时间反演等措施实现了对光脉冲共轭量(幅度、相位)的量子存储。该存储器的存储效率达67%(含传输损耗),在100℃条件下仍有存储能力,在室温下的相干保持时间为1.2μs。2022年3月,瑞士日内瓦大学、法国蔚蓝海岸大学的研究人员在稀土晶体中实现

20ms 时长的时间位 Qubit 量子存储。研究人员在掺铕钇硅酸晶体中也实现了基于自旋波的 6 个时间模量子存储，基于两个时间位 Qubit 的存储进行相干性保持验证，经 20ms 存储后读出保真度达 85%。

（八）量子保密通信技术标准化工作持续推进，可为量子保密通信技术的落地应用提供标准化支撑

通过制定标准来推动量子科技产业化的进程已为国际共识。目前国内外主流标准化组织均已开展了量子保密通信相关标准化工作，具体包括中国密码行业标准化技术委员会（CSTC）、中国通信标准化协会（CCSA）、国际标准化组织（ISO）、欧洲电信标准化协会（ETSI）、国际电信联盟（ITU）、美国电气工程协会（IEEE）等。

2022 年，工业和信息化部发布实施 YD/T 3907.1—2022《基于 BB84 协议的量子密钥分发（QKD）用关键器件和模块 第 1 部分：光源》，YD/T 3907.2—2022《基于 BB84 协议的量子密钥分发（QKD）用关键器件和模块 第 2 部分：单光子探测器》。其中，YD/T 3907.1—2022 规定了基于 BB84 协议的 QKD 系统用光源组件缩略语、术语和定义、技术要求、测试方法、可靠性试验、检验规则、标志、包装、运输和贮存要求；YD/T 3907.2—2022 规定了基于 BB84 协议的 QKD 系统用雪崩光电二极管单光子探测器技术要求、测试方法、可靠性试验、检验规则、标志、包装、运输和贮存要求。

2022 年 10 月，国际标准化组织 ISO/IEC JTC1/SC27（信息安全、网络安全和隐私保护分技术委员会）工作组会议和全体会议于线上召开。我国代表团推动国际标准提案取得诸多新进展，其中我国主导的 ISO/IEC 23837—1《量子密钥分发的安全要求、测试和评估方法 第 1 部分：要求》、ISO/IEC 23837—2《量子密钥分发的安全要求、测试和评估方法 第 2 部分：测试和评估方法》2 项量子密钥分发技术国际标准提案进入国际标准发布阶段。

三、发展与应用预测

量子通信技术具有重大战略需求和实际应用价值，近年来已成为各主要发达国家战略竞争焦点。各个国家/组织不断加大对量子通信的投资力度，从科学研究、产品研发、应用探索和产业培育等方面开展全方位、多层次布局。2022 年，欧盟、美国、德国、英国、日本、韩国等多个国家或组织持续聚焦量子通信技术研究/产业化发展。我国也从基础理论研究、关键技术突破、应用推广及产业化发展等方面对量子通信技术进行了布局/谋划。与此同时，国内外量子通信相关知识产权布局活跃，标准化制定工作方兴未艾，这些都为量子通信技术的快速发展及落地应用提供了重要支撑。尽管如此，受到研究起步时

间、技术成熟度因素的影响,量子通信领域不同分支的发展和应用现状也各不相同。

以 QKD 为核心的量子保密通信技术是现阶段发展最为成熟、应用最为广泛的量子通信技术分支。经过多年发展,其在传输距离、传输码率、集成化、组网能力、实际安全性等方面取得了长足进步,已初步呈现产业化先兆。国际上传统的科技强国都在积极整合各方面研究力量和资源,力争在 QKD 技术大规模应用方面占据先机。然而,在实际应用中,现有量子保密通信技术仍存在如下实用化技术瓶颈:①实用性不足,体积大、成本高;②性能受限,传输距离和安全成码率不能满足实际应用需求;③应用模式和应用方法较单一,与经典信息安全系统松耦合。为了解决上述问题,国内外研究机构正在开展针对性的攻关,目前公认的主流解决路径包括:通过突破集成光量子技术来实现 QKD 系统的小型化、集成化,以解决实用性不足问题;通过突破高阶离散调制 CV - QKD 技术、高维 QKD 技术来解决 QKD 系统安全成码率受限问题;通过突破 TF - QKD 技术、自由空间 QKD 技术等技术来解决 QKD 无中继长距离传输问题;通过紧密结合现役信息安全系统应用需求及特点来探索研究量子保密通信技术的灵活使用方法和使用模式,以解决松耦合问题。上述研究内容构成了现阶段量子保密通信技术的主要研究体系,是中短期相关技术的重点发展方向。

基于量子隐形传态和量子存储构建量子信息网络(量子互联网)仍是量子通信的远期发展目标,但目前还处于开放探索阶段,距离实际落地应用还有较大距离。而 QSDC 等量子通信研究分支的技术成熟度仍然有待提升,理论及实际安全性、实用性、可测试性等问题还需要进一步深入探索。

此外,由于当前量子保密通设备购置及部署费用依然较高,其主要应用对象仍为金融、能源、政务、国防等关键行业。随着技术的迅速发展以及联通、移动、电信、中兴、华为等主流运营商及通信设备厂商入局,量子通信网络的建设及部署成本有望逐渐下降,量子保密通信有望应用于人们生活的各个方面,特别是移动通信、云安全、大数据安全等方向。

四、启示建议

当今世界正经历百年未有之大变局,不稳定性不确定性明显增强,中美战略博弈持续加剧,发生直接军事冲突甚至局部战争的可能性现实存在,网络空间制信息权的争夺成为强敌对抗的前沿阵地。2022 年,量子计算技术发展迅速,多条技术路线稳步推进,比特数进入百位时代,并正在进入中等规模含噪量子计算机(NISQ,其运算能力超过任何经典的电子计算机)阶段,后续实用化通用量子计算机一旦研制成功,将会对传统密码构成严重威胁,“制量子信息权”的争夺已成为科技领域强敌对抗的巅峰博弈。

2022年10月，习近平主席在中国共产党第二十次全国代表大会作大会报告时明确指出，"一些关键核心技术实现突破，战略性新兴产业发展壮大，载人航天、探月探火、深海深地探测、超级计算机、卫星导航、量子信息、核电技术、新能源技术、大飞机制造、生物医药等取得重大成果，进入创新型国家行列"。国家多部委及省市先后出台多项规划支持量子通信技术发展。科技部也正在推进科技创新2030"量子通信与量子计算"重大专项，量子通信迎来发展先机。量子保密通信技术作为发展最为成熟的量子通信技术，在国防军事领域应用前景广阔。中国电子科技集团公司作为国家信息领域科技创新战略力量以及军工电子主力军，积极发展量子保密通信技术，既是主动参与国际激烈竞争的战略选择，也是服务贡献社会主义现代化科技强国、军事强国建设的重要途经。结合量子通信领域发展现状，建议从以下方面推进电科集团量子通信领域发展。

(1)积极打造中国电子科技集团公司量子通信产业链，发展国产化、高性能光量子核心器件，是我国量子保密通信产业摆脱国外制约、自主发展的关键，也是保障量子通信系统安全性的前提。

(2)瞄准实际应用和国家重大需求，统筹争取各方资源的同时，加大中国电子科技集团公司在量子通信方向的资源投入，抢占量子通信产业化发展先机。

(3)立足自身优势，促进产学研协同发展。以量子通信产业发展和应用需求为导向，与上下游优势企业/机构开展技术合作，积极推动量子保密通信产业发展。

(4)加强量子通信领域的内部人才培养和外部人才引进力度，构建中国电科量子保密通信人才梯队，将中国电科量子保密通信团队打造成为军工量子保密通信国家队。

(中国电子科技集团公司第三十研究所　徐兵杰　黄　伟)

量子精密测量方向 2022 年度进展

一、本方向年度大事

2022 年,量子精密测量仪器开发和产业化发展进程明显加快,世界各主要科技强国相继推出量子精密测量国家战略,加强政策支持和资金投入,面向实际应用,加快促进量子精密测量器件与传感器研发,前瞻布局量子精密测量产业培育,提升国家量子科技技术水平,推动量子技术产业发展。

(一)美国发布将量子传感器付诸实践的报告

2022 年 4 月,美国国家科学和技术委员会量子信息科学小组委员会(NSTC - SCQIS)发布将量子传感器付诸实践的报告,报告以美国《量子信息科学国家战略概览》和《国家量子倡议(NQI)》法案为基础,讲述了原子钟、原子干涉仪、光学磁力器、利用量子光学效应的装置和原子电场传感器在内的当前主要应用的 5 类量子传感器。报告提出未来 1—8 年内,针对量子测量研发、应用领域,加速实现量子传感器所需的关键发展,对于确定的有可行性的量子测量技术,研发界和 SCQIS 机构应与应用方合作推进现场测试演示,以加快技术早期采用和项目落地过渡,并积极与代工厂合作开发、建设研发试验基础设施,为已确定的量子测量技术和组件制定标准,同时提出通过量子技术的发展促进经济发展、安全应用和科学进步的长期目标。该报告增强了美国量子信息科学国家战略,体现出美国在量子测量领域的重视和决心。

(二)英国推进量子技术商业化

2022 年 6 月 15 日,英国研究与创新(UKRI)基金机构公布一项赞助金额 600 万英镑的研究项目,用于推进涵盖量子光子集成电路(PIC)、激光器、单光子雪崩二极管(SPAD)和纠缠光源等研究,该项目共包含了高性能量子光源、里德堡原子低频传感、CompaQT 等在内的16个子项目,用于开发支撑商业量子应用的关键光子组件,推动量子技术在安全通信、新型成像方法、传感和计算方面的应用,目标是通过量子技术为传统行业带来一场根本性的技术革命。该项目将推动英国量子技术的商业化,并解决连通性、精密探测、定位、导航、授时、计算的技术挑战。

(三)德国布局未来量子传感器领先地位

2022年6月21日,德国联邦教育和研究部(BMBF)公布了"量子系统研究计划"项目,该项目计划从战略上长期促进量子系统领域的技术转让和生态系统扩展,在未来10年使德国在量子传感器领域处于欧洲领先地位,到2026年在量子传感器技术领域有5种新产品问世,到2032年有超过60家公司参与市场并在出版物方面保持世界领先地位。2022年8月,BMBF又宣布计划对德国宇航中心(DLR)、博世公司、量子技术初创公司Q. ANT和通快集团合作开展的QYRO项目投入2800万欧元资助,开发基于量子精密测量技术的高精度卫星姿态传感器,以实现对卫星姿态的高精度控制,并计划于2027年发射首颗基于量子传感器进行姿态控制的卫星。

(四)加拿大制定国家量子战略并组建工业联盟

2022年6月20日,加拿大南安大略省联邦经济发展署(FedDev Ontario)宣布,将在6年内投入超过2300万加元对量子传感器、量子计算机等项目进行战略投资,支持量子企业提供量子产品和解决方案,帮助加拿大公司将其量子技术推向市场。2022年10月,加拿大成功组建量子工业部(Quantum Industry Canada,QIC),由24家专门从事量子领域的加拿大硬件和软件公司组成,研究领域覆盖量子传感、量子计算、量子通信等,通过各自在量子技术方面的专业性,实现软硬件结合、方案开发与改进、技术研究与开发,从而推动量子技术创新、人才转化以及商业化进程。

(五)中国全面开启量子计量新征程

2022年1月,中国国务院印发《计量发展规划(2021—2035)》,提出加强计量和前沿技术研究,加强量子计量、量值传递扁平化和计量数字化转型技术研究,重点研究基于量子效应和物理常数的量子计量技术及计量基准、标准装置小型化技术,突破量子传感和芯片级计量标准技术,形成核心器件研制能力,建立国际一流的新一代国家计量基准,攻克一批关键计量测试技术,研制一批具有原创性成果的计量标准装置、仪器仪表和标准物质,建设一批国家计量科技创新基地和先进测量实验室,培养造就一批具有国际影响力的计量科研团队和计量专家队伍,确保国家校准测量能力处于世界先进水平。到2035年,建成以量子计量为核心、科技水平一流、符合时代发展需求和国际化发展潮流的国家现代先进测量体系。

二、关键技术及进展

量子精密测量利用量子能级、量子相干、量子纠缠等量子特性突破传统测量技术的测量极限,在测量精度、灵敏度、带宽等指标上实现跨越式提升。量子精密测量技术涉及目标识别、磁场测量、重力测量等众多领域,近年来,随着科技发展对量子测量仪器的需求,众多高校与科研院所逐渐将目光集中于应用场景明确、发展前景巨大、成果转化显著的技术方向,从而加快量子器件与量子传感器研发进程,促进量子测量技术应用落地,推动产业化发展。本年度国内外科研单位在相关技术领域的进展情况如下。

(一)金刚石 NV 色心微波磁场测量与高分辨成像新进展

金刚石 NV 色心磁场测量技术是利用金刚石晶体中氮空位缺陷在磁场中的量子顺磁共振效应及荧光辐射特性实现精密磁测量的技术,在微波微弱磁场测量与宽场成像中得到广泛研究。由于金刚石 NV 色心稳定的荧光辐射、大表面—体积比和出色的生物兼容性,因此纳米金刚石是生物成像和生物细胞显微镜良好的辐射器。2022 年,金刚石 NV 色心微波磁场测量技术在自旋增强纳米金刚石生物传感器、纳米尺度 pH 感应、纳米尺度温度感应、活体细胞中蛋白分子二维磁共振成像及病毒感染机制研究方面取得了重要的进展。

2022 年 1 月 29 日,中国科学技术大学微观磁共振重点实验室杜江峰、石发展团队与生命科学与医学部魏海明团队合作,在金刚石氮—空位色心量子精密测量技术的生物医学应用方面取得重要进展,首次建立了肿瘤组织免疫磁显微成像技术,实现了组织水平微米分辨率的磁成像,具有高稳定性、低背景和肿瘤标志物绝对定量的优势,同时实现了磁和光的多模态成像。2022 年 5 月,中国科学院上海微系统与信息技术研究所传感技术国家重点实验室采用微纳加工技术,制备了一种基于氮空位(NV)色心的微型光电一体化集成的钻石量子磁传感器。钻石量子磁传感器整体尺寸仅有 20mm × 15mm × 1.5mm,灵敏度达到 $2.03\mathrm{nT/Hz^{1/2}}$,可以对小于 0.5mm 的目标区域进行近距离测量,具有在心磁、脑磁等弱磁信号探测场景的应用潜力,为后续实用化的可穿戴生物磁传感器奠定了研究基础。2022 年 5 月 31 日,苏黎世联邦理工学院在干法稀释制冷机内完成了扫描 NV 磁强计,通过脉冲光学探测磁共振与通过共平面波导传递的高效微波,在 50nm 厚度的铝的微观结构中进行涡旋超导成像,实现了 350mK 的基地温度磁场测量,测量灵敏度约 $3\ \mu\mathrm{T/Hz^{1/2}}$,该成果证明了在亚绝对温度下利用扫描 NV 色心磁强计实现非侵入性磁场成像的可行性。

（二）里德堡原子微波电场测量取得低频测量和高灵敏度新进展

自2008年C. Adams提出利用里德堡原子量子相干效应实现微波电场测量以来，经过十几年的研究发展，该技术取得了巨大的进步，能够实现在吉赫兹高频微波频段、55nV/cm/$Hz^{1/2}$测量灵敏度、0.78nV/cm最小可探测场强的微波电场测量。但是在兆赫兹附近的低频波段，由于低频电场与里德堡原子之间弱的非共振相互作用，受限于光谱测量分辨率，难以测量微弱微波电场。2022年，通过对里德堡电场测量技术的优化与创新，将微波电场的测量频率与灵敏度提升到了一个新的高度，向更宽频段和更高灵敏度进行了拓展。

2022年10月17日，中国科学技术大学史保森、丁冬生团队发展了里德堡原子临界点与微波电场的耦合技术，利用室温铷原子体系，基于多体系统在相变点对微波扰动更加敏感的特点，显著提高了微波电场测量的精度和灵敏度，测量灵敏度达到49nV/cm/$Hz^{1/2}$，很好地证明了该技术在计量方面的潜在应用。同年，该课题组基于斯塔克效应和非共振外差技术，通过引入一个本地振荡电场来放大系统对微弱信号电场的响应，并通过测量探测光的电磁诱导透明光谱得到信号电场的强度，实现了对30MHz微波电场（波长近10m）的高灵敏度测量，最小电场强度为37.3μV/cm，灵敏度为-65dBm/Hz。国防科技大学付云起教授等通过引入频率约11.109GHz的本地共振场耦合里德堡原子能级$70S_{1/2}$～$70P_{3/2}$，实现了频率约500MHz的待测场的高灵敏测量。中国电子科技集团公司第四十一研究所面向场强与功率计量、频谱感知开展了高精度原子气室设计制备与宽带微波耦合等技术研究，支撑实现超宽带电磁波场强测量。

（三）量子光源及其在增强量子雷达探测性能等方面关键技术新进展

量子光源正在朝着高产率、多光子纠缠的方向发展。高产率特性可有效增强量子雷达探测的信噪比等性能指标；多光子纠缠特性可以有效提升量子雷达的探测灵敏度，有助于突破标准量子极限。另外，多光子纠缠量子光源是推进量子精密测量、量子通信、量子计算等量子技术的核心资源之一，2022年突破了多光子纠缠态产率低的难题。

2022年9月，加拿大多伦多大学研究团队利用高产率能量—时间纠缠光子对量子光源试验展示了比单光子源量子雷达成像系统的信噪比高出43dB的量子雷达成像系统，通过利用该量子光源所产生纠缠光子对的时域强关联量子特性，有效实现了光子色散的非局域性抑制，从而将信噪比相比于单光子量子雷达成像系统提高了3个数量级以上，相关成果发表于《自然通讯》。2022年10月，德国帕德博恩大学与乌尔姆大学合作的研究团队通过芯片化手段实现了一个基于主动前馈和多路复用的量子光源产生系统来应对多光子纠缠态产率低的难题，展示了四光子和六光子格林伯格－霍恩－齐林格（Greenberger－Horne－Zeilinger）态的可扩展生成，生成率分别提高了9倍和35倍。2022年底，中国电子科技集团公司第四十一研究所与南京大学南智光电研究院合作开发用于量子雷达等量子技术或装备的高产率纠缠光子对量子光源，预计能够支持高达 10^{11} Hz/mW 的纠缠光子对产生。

（四）基于超导量子体系的微波频段单光子探测取得突破

2022 年在超导量子体系中，基于前期的理论与技术积累，在绝对功率灵敏度、暗计数等方面取得了重大突破，并朝着提升微波单光子探测器能量分辨率、探测效率等方向发展。

2022 年 3 月，法国原子能和替代能源委员会（CEA）量子研究组基于 Transmon 超导量子比特芯片构建了高灵敏度微波单光子探测器，试验展示了绝对功率灵敏度 10^{22} W/$Hz^{1/2}$，该微波单光子探测器的暗计数率低于 100clicks/s，探测效率 40%。中国电子科技集团公司第四十一研究所与苏州量子协同创新中心合作开展微波频段单光子探测研究，所设计微波单光子探测器能量分辨率优于 10^{-23} J，可支持微波光子数可分辨探测研究，为超导量子计算、微波量子态测量以及微波量子技术的高速发展推波助澜。

三、发展与应用预测

量子精密测量在许多特性方面具备优于经典方法的潜力，如灵敏度、统计不确定性、可追溯性、和安全性等，已经激发全新的测量应用场景。目前，世界上 5 个公认的量子精密测量将取代经典测量的应用领域综述如下。

（1）时间频率测量。量子时间频率测量是利用原子或分子钟能级跃迁频率作为时间标度的测量装置，能够以粒子固有特性作为参考标准，具有超高精度和稳定度，能够实现全球时间测量标度的统一。1948 年，美国国家标准技术研究院（NIST）利用拉比方法做成了吸收型氨分子钟，长期稳定度仅为 10^{-7}，实现了利用能级跃迁频率作为时频同步的想法。1955 年，英国皇家物理实验室研制成功世界上第一台铯原子钟，准确度为 10^{-9}，超出当时经典的时间测量装置，至此揭开了不同体系下实用化原子钟的研究序幕。在 1967 年第十三届国际计量大会上，利用原子跃迁频率重新定义了时间单位“秒”，也称原子时秒。原子时秒的具体定义为“位于海平面上的铯（133Cs）原子基态的两个超精细能级之间在零磁场中跃迁振荡 9192631770 周所持续的时间为 1s”，这也开启了时间频率计量的新纪元。

（2）导航。量子导航是一种基于量子惯性器件实现导航的量子定位系统，与传统惯性导航系统类似，量子导航靠自身惯性器件实现定位。量子导航系统与传统的惯性导航系统在结构上基本一致，主要由三维原子陀螺仪、三维原子加速度计、原子钟和信号采集及处理单元四部分构成。三维原子陀螺仪和三维原子加速度计分别用来测量运动载体的角速度和线加速度信息，原子钟用来产生一个稳定的时间信息，经信号采集与处理后即可获得速度、位置信息。量子定位导航系统既改善了经典惯性导航系统的精度差、体积大的缺点，还能够在复杂环境下工作，不受电磁干扰影响。

(3)重力测量。量子重力测量是利用原子物质波干涉实现重力加速度的测量。原子经过磁光阱冷却之后，使原子自由下落或呈喷泉向上抛出，通过在纵向上作用拉曼激光脉冲来实现原子干涉，干涉的相位结果包含重力信息。这种利用量子效应的原子重力仪测量灵敏度已达到地球重力加速度的十亿分之一，测量时间比经典方法缩短百倍以上，且无机械落体器件产生的仪器损耗。

(4)磁场探测。弱磁探测是磁场探测的一个重要分支，是研究物质、空间磁特性的一种有效手段，在许多应用领域起着决定性作用，受到越来越多研究人员的关注，例如，地下和水下矿产资源检测、地磁导航、深海潜水艇检测、空间探测以及人体心律检测和心电图绘制等。目前量子磁场探测器件主要有超导量子干涉仪类(SQUID)、碱金属原子传感类以及金刚石氮空位(NV)色心类。

(5)电场测量。量子电场测量是基于里德堡原子相干性实现微波电场测量。这种微波电场量子传感器采用了装在玻璃管中的高激发态原子作为天线探针，能够将待测场信息溯源到原子能级常数；核心器件为玻璃制品不会对待测场产生影响，同时具有抗电磁毁伤特性；不需要根据探测频段切换天线，能够实现理论上 0 ~ 1000GHz 宽频带工作范围内的连续测量；探测灵敏度不再受散粒噪声所限制，极限达到 $1\text{pV} \cdot \text{cm}^{-1} \cdot \text{Hz}^{-1/2}$。

在典型应用方面，几个重点技术方向的发展与应用预测综述如下。

(1)金刚石 NV 色心磁场测量技术方面，由于测量媒介独有的固体形态，使得量子态的激发与读取更加简单，在工程化应用中占据天然的优势，基于 NV 色心的量子磁力计近年来已经在脑机接口中得到初步应用并达到了非常不错的效果，未来将进一步向精准医疗方向投入应用。根据 2022 年度技术发展向医学领域倾注的趋势来看，接下来将围绕纳米金刚石生物传感器的超高稳定性、极佳生物兼容性和分子级空间分辨率等特性，开展金刚石 NV 色心磁场测量技术在心脑血管检测治疗、智能穿戴监测设备、病毒发病机制研究和干预控制等领域的研究。

(2)里德堡原子电场测量技术方面，自 2021 年美国 DARPA 发布量子传感器研制计划以来，在全球范围内掀起了里德堡原子电场测量研究热潮，引领了里德堡量子传感器研制的技术发展趋势。但是由于技术发展的历史局限性，目前该技术仍处于研发阶段，在测量频率和灵敏度方面距离实际应用仍有较大差距，世界各国均在推动测量指标的提升以期能够更早完成工程样机的研制。2022 年度里德堡原子微波测量技术在兆赫兹测量频段及高灵敏度方面实现了新的突破，在测量指标上向前迈出了巨大的一步，可预见未来 3 ~5 年内,该技术将继续在频率测量范围及灵敏度上继续提升,同时伴随技术突破推进里德堡量子传感器的研制进程,涌现出一批用于微波毫米波测量的里德堡量子传感器,如频谱分析仪、量子接收机、量子电场计等仪器或相关部件,在频谱感知、士兵通信中得以应用。

(3)基于量子光源的量子成像技术方面,量子光源构成了目前具有极大战略意义的量子雷达技术,其抗干扰、反侦察、能够探测隐形单位的优秀特性,被世界多个军事强国列为量子技术战略目标之一。为了获得更好的信噪比、分辨率和传输距离等性能,量子雷达的核心器件量子光源正朝着高产率、多光子纠缠、多波长等方向发展。高产率可以有效提升量子雷达探测的信噪比;多光子可以有效提升量子雷达探测的灵敏度和分辨率;而多波长甚至是微波波长可以有效增加传输距离远、增强抗雨雾干扰能力。上述发展方向将弥补基于量子光源照明的量子雷达的现有缺点,有效推动量子雷达技术的工程化、实用化进程。

(4)微波单光子探测技术方面,它是解决微波量子照明量子雷达、超导量子比特测试读取、微波量子态测量等技术难题的关键,是涉及微波单光子相关量子技术的根本技术支撑。该技术研究目前正处于起步阶段,2022 年度在绝对功率灵敏度、暗计数等方面取得了重要突破,可以有效推动超导量子计算、微波量子雷达等量子技术或设备的研发,下一步将会继续提升绝对功率灵敏度、暗计数性能,并在探测效率、能量分辨率等方面也取得突破,相关技术攻关与设备研发是未来世界各量子强国重点布局的量子技术方向。

四、启示建议

量子精密测量技术是可能引发技术革命和产业革命的潜在颠覆性技术,能够实现远超传统测量技术的精度和灵敏度,世界各国都予以高度关注。随着科技发展和技术进步,利用量子原理、量子效应能够实现越来越多物理量的精密测量,原子钟、重力梯度仪、原子加速度计等技术领域发展较快,目前已有工程化样机产品,在定位导航、航天、国防等领域发挥着重要作用。但是整体而言,量子精密测量技术仍处于发展的初级阶段,如微波单光子探测、里德堡原子电场测量技术等仍是以技术突破为主,提升测量指标,尚不具备实用化仪器样机研制能力,科研工作者还需专注于技术攻关。因此国家及有关部门应充分考虑各技术路径的研发进展,在发展规划制定过程中实施差异化管理,在工程化研发及产业化发展中给予一定的发展时间。

(中国电子科技集团公司第四十一研究所　韩顺利　柴继旺　薛广太)

量子探测方向 2022 年度进展

一、本方向年度大事

2022 年初，NASA 创新先进概念（NIAC）资助了冰冻圈里德堡雷达项目，由喷气推进实验室 Darmindra Arumugam 承接。他提出了一种名为里德堡雷达的高灵敏度、动态可调和超宽带雷达系统的概念，里德堡雷达仪器概念极大地提高了现有雷达研究地球系统动力学和瞬变的能力，通过在一个小的可部署外形中实现覆盖整个“无线电窗口”（0～30 GHz）的基于单探测器的测量。这种根本性的新技术有可能在单一平台上涵盖各种波段和应用的多科学应用，包括行星边界层、地表地形和植被、地表变形和变化等重点领域，以及次表面结构和变化。高灵敏度和极低噪声（最终受限于量子投影噪声）、超宽带（10kHz～1THz）、无线电信号的量子下转换（无天线、RF 前端或混频器）和紧凑的量子里德堡原子探测器（探测体积 <1cm^3）等因素使里德堡雷达比传统雷达有了巨大改进，具有在未来所有雷达任务中产生高影响的潜力。该项目的目标是为立方体卫星（CubeSat）平台开发里德堡雷达仪器概念，作为协调多卫星机会信号概念的一部分，以解决陆地表面水文学科学中的动力学和瞬变问题。这个概念的好处是，它使用从 C 波段到 I 波段的并置检测，动态检索从冠层到深根区的土壤水分含量，它们对冠层含水量、植被含水量以及近地表和深层根区土壤水分等变量敏感。该项目拟开发集成模型来研究里德堡雷达在陆地表面水文学中的性能，并进行多卫星机会信号检测概念验证。此外，还制定了里德堡雷达系统的特定组件级别要求，雷达系统由多个协调立方体卫星组成，其中每个立方体卫星仪器概念架构由一个双偏振光纤耦合激光里德堡探测器节点组成，具有激发、检测和数字系统。该项目主要是针对频段为 137MHz/260MHz/360MHz/1.5GHz/2.3GHz/3.9GHz（I/P/L/S/C 频段）的机会信号，当然也可以调谐到更高的频率以用于其他科学应用。

二、关键技术及进展

自从美国 DARPA 在 2007 年提出“量子传感器”项目开始，量子探测技术就受到了全世界范围内研究人员的关注，各种不同体制的量子雷达被提出，包括接收端增强量子雷达、量子照明雷达等。经过若干年研究，量子照明雷达被认为在突破传统雷达性能极限方面最具潜力的量子探测体制，理论及试验成果不断推陈出新，2022 年也涌现了多项与量子照明雷达有关的试验成果。另外，里德堡原子雷达是两三年来受到重点关注的量子探测新体制，它利用里德堡原子能级实现电磁场高灵敏度探测，具有巨大技术潜力，相关研究是目前量子探测领域的热点方向。2022 年，有多个基于里德堡原子的量子探测硬件及原理验证系统被提出，使得该方向的理论及实用研究跨出了重要一步。

（一）量子照明雷达

量子照明雷达是通过利用纠缠态提升雷达性能。量子照明雷达制备一对纠缠态，将其中一个作为探测信号发射出去，另一个作为驻留信号保留在本地。当目标存在时，反射的信号与驻留信号相匹配，由于纠缠态的强关联特性，可以在强噪声的条件下检测目标。

量子照明的概念由 Seth Lloyd 在 2008 年最先提出，之后立刻引起了巨大反响，多国的研究机构持续跟进研究，在硬件、算法等方面形成了一系列成果。2022 年，量子照明雷达研究的进展主要集中在技术原理的物理实现方面，有多种更深入及细化的量子照明雷达方案被提出，并在实验室环境下实现了原型验证，为量子照明雷达的实际应用奠定了技术基础。

1. 基于量子照明雷达的高精度脉冲压缩测距

美国亚利桑那大学的 Quntao Zhuang 以及麻省理工学院（MIT）的 Jeffrey H. Shapiro 对量子照明雷达的测距精度问题开展了研究。雷达通过测量飞行时间来测量目标的距离，通常雷达发射高时间—带宽积的信号，并使用脉冲压缩技术在峰值功率受限的条件下实现足够的距离精度和距离分辨率。Shapiro 等首次分析了距离精度的量子极限，并指出量子脉冲压缩雷达可以达到这一极限。他们也指出，相比传统雷达，在同样的时间—带宽积以及发射功率下，量子照明雷达距离的均方精度可以提升几十分贝以上。

2. 基于约瑟夫森行波参量放大器的微波量子照明雷达

意大利帕勒莫大学的 P. Livreri 等首次使用约瑟夫森行波参量放大器作为纠缠源，研制了微波量子照明雷达原型方案，他们在试验上证明了约瑟夫森行波参量放大器的性能，通过三波混频可以在 X 波段产生纠缠微波，并且具备实现宽带信号产生的潜力。

3. 收发分置的量子照明雷达

美国亚利桑那大学的 IVAN B. DJORDJEVIC 提出了一种收发分置体制的量子照明雷达，在发射站制备一对纠缠态，其中信号光子被发射站发射出去，而驻留光子被接收站的量子存储器保存，并与接收站的回波信号进行量子关联。IVAN B. DJORDJEVIC 指出，这类收发分置的量子照明雷达相比传统雷达性能大幅提升。

（二）里德堡原子雷达

里德堡原子微波接收技术的基本原理是让电磁场与里德堡原子两个能级之间的跃迁过程发生耦合，在只有耦合激光和探测激光的情况下，装有里德堡原子的蒸汽泡对探测光透明，因此射出的探测光频谱呈现透射峰（电磁诱导透明效应）；若将待探测的微波信号注入里德堡原子蒸汽泡，此时由于原子跃迁路径增加，所有跃迁过程干涉相长，故探测光透射频谱在共振频率处呈现吸收谷，原有的透射峰分裂为两个，两峰间距正比于微波场强（Aulter - Townes，劈裂效应），因此可通过测量透射频谱分裂峰间距来探测未知的微波场强。由于里德堡原子处于外层电子被激发到离原子核非常远的高激发态，其电偶极矩比低激发态大 2 ~ 3 个数量级，故对外界微波电场具有非常高的灵敏度。此外，里德堡原子具有结构稳定、工作波段宽广、可自校准等特点，使其有望成为下一代微波探测和接收体制的基础。

目前，国内外相关研究团队都已经具备较好的里德堡原子系统实现能力。2022 年，里德堡原子雷达的研究进展主要集中在针对各类特定实际应用场景的里德堡原子雷达技术方案及物理实现方面，包括频率梳谱仪、电场精密测量等更具体而明确的需求。相关技术进展也意味着里德堡原子雷达的研究朝着更为贴近应用需求的方向前进。

1. 基于里德堡原子的微波频率梳谱仪

针对里德堡原子微波信号接收技术中瞬时带宽受限于原子系统能级寿命的问题，中国科学技术大学郭光灿院士团队史保森、丁冬生课题组实现了一种基于里德堡原子的微波频率梳谱仪。该研究基于室温铯原子系统，以微波频率梳信号作为本振信号，将里德堡原子微波探测技术实时响应带宽从通常的几兆赫兹提升至 125MHz，且可被进一步扩宽；通过使用不同主量子数的里德堡态，实现了对不同中心频率下具有 1kHz 调制带宽信号的接收。该技术可在更宽广范围内对信号的绝对频率进行测量，提升了里德堡原子微波探测技术在通信和测量领域的实际应用效能。相关成果发表于《应用物理评论》。

2. 基于里德堡原子的多频率微波精密探测

多频率微波在原子中会引起复杂的干涉模式，进而干扰信号的接收与识别。对此，中国科学技术大学史保森、丁冬生课题组借助深度学习技术实现了基于里德堡原子的多频率微波精密探测。该研究使用室温铷原子里德堡态体系对微波信号进行接收与解调,通过电磁诱导透明效应检测得到相位调制的多频微波场,进而使用深度学习神经网络对该调制信号进行分析,从而实现多频微波信号的高保真解调。该技术具有很好的抗噪声性能,可允许一次直接解码20路频分复用信号而无需使用多个带通滤波分路,为量子精密测量与机器学习技术的交叉结合提供了新的研究思路。相关成果发表于《自然通讯》。

3. 基于里德堡原子的低频射频电场精密测量

目前里德堡原子微波探测技术主要工作在吉赫兹频段。由于低频微波电场与里德堡原子之间相互作用属于非共振弱耦合,因而里德堡原子对于兆赫兹附近的低频波段测量灵敏度较低。对此,中国科学技术大学史保森、丁冬生课题组基于非共振外差技术,引入本地振荡电场来放大系统对微弱信号的响应,从而实现了对30MHz低频微波电场的高灵敏度测量。研究团队基于该方案分别实现了对1kHz方波和正弦波振幅调制信号的解调,提取得到的信号保真度达到98%。该研究扩宽了里德堡原子微波探测技术在远程通信、超视距雷达、射频识别等领域的应用前景。相关成果发表于《应用物理评论》。

4. 基于里德堡原子临界增强的高灵敏度微波传感

理论分析表明,强关联系统在临界状态下对外界扰动非常敏感,因而有望被应用于量子精密测量等领域。而由于里德堡原子之间具有强的长程相互作用,故理论上可使用里德堡原子临界状态来进行微波场的精密测量。中国科学技术大学史保森、丁冬生课题组在多体系统相变临界点的制备和调控技术上取得突破,基于室温铷原子体系发展了里德堡原子临界点和微波电场间的耦合技术,实现了 $49nV/cm/Hz^{1/2}$ 的场强灵敏度。该研究为开发基于强相互作用多体系统临界状态的新型量子传感技术开启了大门。相关成果发表于《自然物理学》。

5. 里德堡原子微波接收机噪声研究

2022年9月,SAVaNT项目中来自科罗拉多大学和ColdQuanta公司的研究人员分析比较了里德堡原子微波接收机与使用低噪声前置放大器和混频器的经典雷达的电场探测灵敏度,指出目前室温下的自由空间耦合原子接收机的灵敏度不及传统的室温电子雷达。若为里德堡原子接收机引入共振腔等结构,则可以增强接收机中的电场,进而将探测灵敏度提升到超越经典雷达的水平。该研究成果发表于预印本网站arXiv。

三、发展与应用预测

(一)量子照明雷达研究将更多地向系统方案及物理实现方面发展

目前,量子照明雷达在基本原理方面已经研究得比较全面和深入,研究人员们更加关心如何设计以及实现一个实际的量子照明雷达系统。从2022年的技术进展也可以看出，量子照明雷达的研究更多集中在对量子照明雷达系统进行设计和实现方面。预计未来这一趋势将得到延续和加强，相关研究将以形成一个完善、可用的量子照明雷达为目的，对硬件、软件、算法等方面开展更细化的技术攻关。

(二)里德堡原子雷达研究将以里德堡原子技术为基础，针对不同的应用需求开展具体的系统设计和研制

里德堡原子技术的特点决定了它具备广泛的应用潜力，包括频率选择、电场测量等多个领域。从2022年技术进展可以看出，研究人员已经将工作重心放在针对某一种特定应用场景的特殊化设计，而不是基础原理和共用技术的研究上。预计后续的研究仍会延续这一特点，更多不同类型的里德堡原子雷达将被设计和研制，以解决不同领域的痛点问题。

四、启示建议

(一)支持与量子照明雷达相关的基础器件及算法研究

经过多年研究攻关，量子照明雷达已经进展到系统方案和物理实现阶段，这一阶段比较关键的就是系统构建所需的核心器件及算法，包括量子纠缠源、量子最优检测算法等，建议重点支持相关硬件及算法研究，为量子照明雷达系统实现奠定技术基础。

(二)加强对里德堡原子雷达的应用场景研究

基于对2022年里德堡原子雷达技术进展的综述，以及对后续发展和应用的预测，对里德堡原子雷达技术应用场景的研究将是该技术进一步发展的关键。建议联合国内相关高校、研究所，联合科研界和工业界，更深入地分析里德堡原子雷达技术的优劣势，明确该技术在哪些场景中应用可以获得性能得益，从而针对这些场景，有的放矢地开展具体的里德堡原子雷达系统设计和研制工作。

（中国电子科技集团公司第十四研究所　赵盛至　肖俊祥　王　虎）

量子器件方向 2022 年度进展

一、本方向年度大事

（一）量子计算芯片

Xanadu 芯片实现光量子计算优越性。 美国国家标准与技术研究院（NIST）与加拿大量子技术公司 Xanadu 合作，开发了一种可以执行多算法、可编程、可扩展的光量子计算芯片。研究人员通过 Xanadu 公司研发的光量子计算机 Borealis，仅需 36μs，即可完成超级计算机需耗时超过 9000 年才能完成的一项任务，运行速度加快了 5000 万倍以上，从而再次显示了“量子计算优越性”。该成果于 2022 年 6 月 1 日发表于《自然》。Xanadu 也是继中国科学技术大学团队之后第二个通过高斯玻色采样实现“量子计算优越性”的团队。

硅量子点量子计算芯片突破。 澳大利亚新南威尔士大学量子计算机物理学家团队设计了一个原子尺度的量子处理器，能够模拟小型有机分子的行为，攻克了大约 60 年前理论物理学家理查德费曼提出的挑战。该校初创企业“硅量子计算”公司（SQC）创造出世界上第一个原子级量子集成电路，这一突破将使 SQC 公司可以帮助行业为一系列新产品构建量子模型，如药品、电池材料和催化剂。该成果于 2022 年 6 月 23 日发表于《自然》。

硅量子计算纠错原型建立。 2022 年 8 月，日本 RIKEN 的研究人员通过在基于 3 量子比特的硅量子计算系统中展示纠错，向大规模量子计算迈出了重要一步。该小组实现了这一壮举，展示了对 3 量子比特系统（硅中最大的量子比特系统之一）的完全控制，从而首次提供了硅量子纠错的原型。他们通过实现 3 量子比特 Toffoli 门来实现这一目标。这项工作发表在《自然》杂志上，可以为实用量子计算机的实现铺平道路。

里程碑式的新型超导量子比特 Unimons 达到里程碑。 2022 年 11 月，来自芬兰阿尔托大学、IQM 量子计算机公司和 VTT 技术研究中心的一组科学家发现了一种新的超导量子比特 Unimons，具有高不和谐性、直流电荷噪声完全不敏感、磁噪声低敏感性等特点，以提高量子计算的准确性。该团队以 99.9% 的保真度实现了第一个带有 Unimons 的量子逻辑门。这是构建商用量子计算机的一个重要里程碑。这项研究成果发表在《自然通讯》杂志上。

（二）量子通信器件

室温片上单光子源可用于大规模光量子系统。电子科技大学、南京航空航天大学和南丹麦大学的研究人员以微纳金刚石 NV 色心为量子发射源（QE），在室温条件下实现了轨道角动量（OAM）编码单光子源。QE 自主触发的自旋、轨道角动量叠加态，通过与螺旋光栅的（QE 激发）表面等离子极化耦合，实现了出射方向分离（自旋相关）的 OAM 编码单光子。表征单光子性的二阶关联参数 $g^{(2)}(0) \approx 0.22$。该成果 1 月 12 日发表于《科学进展》。

光网络通信波段的量子点光源研制成功。德国维尔茨堡大学、斯图加特大学和英国圣安德鲁大学的研究人员研制了一个自旋可控的处于通信波段的量子点光源。研究人员在 InGaAs 量子点中，通过磁场提高宿主的自旋能级分裂（可控波长），使用皮秒光脉冲演示了空穴注入、状态制备、读出和完整的相干操控，其中状态制备在 4.5/6ns 内可达 96%/99%，完整过程的重复频率可达 76MHz。该成果 2 月 8 日发表于《自然通讯》。

长持续时间量子存储器突破将推动量子网络发展。瑞士日内瓦大学、法国蔚蓝海岸大学的研究人员在稀土晶体中实现 20ms 时长的时间位量子比特量子存储。稀土晶体量子存储是近期非常热门的方案，基于原子频率梳方案可以实现多模量子存储。研究人员在掺铕钇硅酸晶体中也实现了基于自旋波的 6 个时间模量子存储，基于 2 个时间位量子比特的存储进行相干性保持验证，经 20ms 存储后读出保真度达 85%。该成果 3 月 15 日发表于《自然》杂志合作期刊《量子信息》。

硅基 QKD 编码光电芯片提供系统级 QKD 解决方案。中国科学技术大学的研究团队基于硅光、电子学集成工艺实现了量子密钥分发（QKD）发送终端的全部编码芯片，包括热声调制（TOM）、载流子耗尽调制（CDM）的移相、调相光学芯片和激光驱动（LDC）、调相驱动（MDC）电子芯片。相关芯片组装成偏振编码 BB84 协议 QKD 试验系统，重复频率为 312.5MHz，误码率低至 0.41%，100km 光纤成码率为 42.7 kb/s（超导探测器）或 10.5kb/s（InGaAs APD 探测器）。该成果 6 月 16 日以编辑推荐形式发表于《应用物理评论》。

可用于光网络集成的量子纠缠分发组件完成设计。西班牙光子科学研究所（ICFO）、西班牙 ICREA 研究所、意大利 IFN 研究所、英国赫瑞瓦特大学等单位的研究人员设计了可以与光纤网络集成的纠缠分发组件，包括光纤集成波导的原子频率梳的纠缠存储和基于光纤干涉仪纠缠分析部件。基于光纤集成波导的原子频率梳可以直接利用通信波段单光子实现纠缠存储，其存储时间和效率的综合能力为当前同类方案最高，存储 5μs 时效率 10%，最大效率 20%、最长时间 28μs。该成果 7 月 8 日发表于《科学进展》。

高效制备电子—光子纠缠对可实现混合量子通信。2022 年 8 月，来自哥廷根马克斯普朗克多学科科学研究所(MPI)、哥廷根大学和瑞士洛桑联邦理工学院(EPFL)的国际团队成功地在电子显微镜中耦合了单个自由电子和光子。在哥廷根试验中，来自电子显微镜的光束通过瑞士团队制造的集成光学芯片。该芯片由光纤耦合和环形谐振器组成，该谐振器通过将移动的光子保持在圆形路径上来存储光。研究成果发表在《科学》杂志上。

应用于多终端量子网络的光芯片纠缠源研制成功。南京大学研究人员基于波长可变的光芯片纠缠源构建了波分复用多终端量子网络。该系统的核心是氮化硅芯片工艺环形振荡器，可以制备覆盖整个 C 波段的窄线宽能量—时间纠缠对。研究人员基于该纠缠源构建了 4 节点全联通的纠缠分发网络，纠缠度(CHSH 值)为 0.856；演示了 BBM92 QKD 试验，安全密钥率约 205b/s。该成果 8 月 22 日以编辑推荐形式发表于《应用物理评论》。

高安全性和可靠性的量子通信芯片已成为现实。2022 年 11 月，美国宾夕法尼亚大学工程公司的研究人员创造了一种芯片，其安全性和可靠性超过了现有量子通信硬件。该项技术以量子比特进行通信，可容纳量子信息空间是以前任何片上激光器的两倍，该研究成果发表于《自然》。

(三)量子精密测量器件

首次实现碳化硅集成工艺的电光调制器可用于高速量子通信。悉尼大学、哈佛大学和加州理工大学的研究人员成功研制首个基于碳化硅的 Pockels 调制器。碳化硅材料具有很好的光学和电学特性，正逐渐成为集成光子学的一种新型平台。新设计的电光调制器实现了波导集成、低形成因子和吉赫兹级调制带宽，使用 CMOS 工艺即可加工，没有光折射效应和强光操作稳定的特性使之可实现电光调制的高信噪比。该成果 4 月 5 日发表于《自然通讯》。

高功率集成光路实现掺铒放大器获得突破或有助于远距离量子探测。瑞士洛桑联邦理工学院和耶拿大学的研究人员展示了一种基于光子集成电路的铒放大器，其输出功率达到 145mW，小信号增益超过 30dB，与商用光纤放大器相当，并超越了最先进的Ⅲ-Ⅴ异质集成半导体放大器。他们将离子注入应用于超低损耗氮化硅光子集成电路，能够将孤子微梳输出功率提高 100 倍，满足低噪声光子微波产生和波分复用光通信的功率要求。该成果 6 月 16 日发表于《科学》。

红外雪崩二极管阵面新工艺突破为量子成像提供新的可能。英国谢菲尔德大学的研究人员基于新工艺实现了128pixel的InAs平面雪崩光电二极管线性阵列。该工艺将铍离子以区域选择性的方式注入到外延生长的InAs晶片中。各像素表现出均匀的雪崩增益和响应度。1550nm和2004nm波长处的室温响应度值分别为0.49±0.017A/W和0.89±0.024A/W。在不同温度(从室温到150K)下进行反向暗电流电压和雪崩增益测量时,在200K、-15V反向偏压下,像素表现出22.5±1.18的雪崩增益和0.68±0.48A/cm^2的暗电流密度。该成果6月1日发表于《光学快报》。

首次实现的纠缠光原子钟为量子网络提供精密时间同步。英国牛津大学研究人员首次试验演示了利用纠缠原子实现的高精度光钟网络。该试验实现了2个通过2m光纤连接的$^{88}Sr^{+}$离子之间的纠缠,并发现纠缠使得频率测量的不确定度比标准量子极限(SQL)减小了$1/\sqrt{2}$,达到了海森堡量子极限的预期,从而第一次演示了利用光原子钟的宏观尺度纠缠来提高时间测量精度。研究者声称,原则上他们发展的技术可以将这一网络拓展成为多节点网络,从而进一步减小测量不确定,并可利用参量下转换技术实现更远距离的光钟纠缠。该成果9月7日发表于《自然》。

最好的片上高纯度不可区分单光子源有序阵列为多种量子应用铺平道路。美国南加州大学和IBM研发中心的研究人员实现了高纯度和高度不可区的片上单光子源有序阵列。利用独特的衬底编码尺寸收缩外延生长(SESRE)技术,研究人员在GaAs材料平台中实现了单光子纯度大于99%,双光子干涉对比度大于82%的5×8单光子源阵列。利用SESRE技术生产的单光子源阵列,较容易实现水平发射,更适于片上量子网络。研究者声称,进一步通过低温控制、Purcell增强等技术,有望通过SESRE生产的单光子源阵列的单光子纯度和不可区分性,继续提高到可与目前最好的非片上单光子源相当,从而为实现片上光学量子计算、通信和传感铺平了道路。该成果发表于9月2日的《科学进展》。

超导量子探测的高增益微波单光子三极管取得重要进展。清华大学段路明团队在单光子三极管的研究工作中取得重要进展,首次在试验中利用超导量子电路实现了微波单光子三极管,并实现了增益高达53.4dB和开关比超过20dB,相比之前的器件提高几个量级,相关研究成果于10月15日发表在《自然通讯》。

首次实现多维量子惯性传感器将同时拥有高稳定性与高灵敏度。2022年11月,法国国家科学研究中心(CNRS)研究人员领导的科学家团队开发了第一个多维混合量子惯性传感器。经典的惯性传感器确实符合第一个标准,但它们会随着时间的推移而出错。而量子传感器非常精确和灵敏,但测量会存在死区时间。设备以经典传感器的速度发出稳定信号,但精度提高了50倍,使用量子测量实现的原位实时校准。在没有GPS或卫星信号的情况下,可给客机导航或允许军用车辆保持航线。这项研究成果在《科学进展》上。

二、关键技术及进展

(一)量子计算芯片

1. 超导量子计算是量子计算产业化的重点

2022 年超导量子仍然是产业化程度最高的量子计算路线之一。3 月 24 日,阿里巴巴达摩院宣布量子实验室成功设计制造出两量子比特 fluxonium 量子芯片,达到全球最佳水平。8 月 25 日,百度公司发布 10 量子比特超导量子计算机“乾始”和全平台量子软硬一体化解决方案“量羲”。11 月 11 日,在第十四届中国国际航空航天博览会公众日活动上,中国电子科技集团公司电子科学研究院携 20 比特国产全自主可控超导量子计算机参展。11 月 9 日,IBM 公司制造出了迄今全球最大超导量子计算机“鱼鹰”(Osprey),其拥有 433 量子比特。2022 年,IBM 等国际科技巨头在超导量子领域仍占有先发优势,但是国内量子科技企业也在迎头赶上。

2. 硅量子计算芯片取得突破性进展

半导体/硅量子计算是当前国际上热门、主流的研究方向,其优势在于可以利用传统的微电子工业几十年来积累的大规模集成电路制造经验。硅量子比特比超导量子比特更加稳定,且相干时间更长,但量子纠缠数量较少,需要保持低温。澳大利亚新南威尔士大学于 2022 年 6 月设计了一个原子尺度的量子处理器;日本 RIKEN 公司于 2022 年 8 月提出了 3 量子比特的硅量子计算纠缠系统;荷兰代尔夫特理工大学和 TNO 公司于 2022 年 9 月在一个完全可互操作的阵列中设计了创纪录数量的 6 个硅基自旋量子位。以上三篇研究结果发表均在《自然》杂志上。这些进步将有助于基于硅的可扩展量子计算机的实现。

(二)量子通信器件

1. 小型化、集成化器件是量子通信技术规模应用的研究热点

高性能、集成化的量子设备正是当前的研究重点之一,即量子光源、量子编解码器、单光子探测器、量子随机数产生器等核心器件正在进行研究,其中又以量子光源研究最为深入。2022 年 5 月,《自然》报道了基于充满氢气的空心光子晶体光纤(PCF)的单光子频率上转换的突破,实现了超宽光谱的单光子源。2022 年 10 月,美国能源部橡树岭国家实验室、普渡大学和瑞士洛桑联邦理工学院(EPFL)的研究人员全面表征了一对纠缠光子的 8 级量子点,形成了一个 64 维量子空间,是之前离散频率模式记录的 4 倍。11 月 16

日，西班牙瓦伦西亚大学、德国明斯特大学、奥格斯堡大学、慕尼黑大学等高校的研究人员演示了一个多功能单光子源集成光路，量子点实现波长、自旋可调单光子源，调制频率超过 1GHz，可用于波分复用形态的 QKD 编码。2022 年 12 月，美国洛斯阿拉莫斯国家实验室的研究人员开发了一种应变工程协议，以确定性地创建二维量子光发射器，其工作波长在 O 和 C 电信频段可调，这是研究人员首次展示这种适合用于电信系统的可调光源。以上的 3 个研究成果相继发表在《自然通讯》杂志上。

2. 量子随机数发生器芯片应用于手机和空间通信

2022 年 4 月，韩国通信运营商 SK 电讯联合三星公司发布了新款 5G 智能手机 Galaxy Quantum 3，配备由瑞士量子安全公司 ID Quantique（IDQ）公司设计的量子随机数发生器（QRNG）芯片（2.5mm×2.5mm），可实现可信认证和信息加密，使用户能够以更安全的方式使用应用程序和服务。11 月 10 日，IDQ 公司宣布新推出用于太空的抗辐射量子随机数发生器（QRNG）芯片，经过设计、制造和测试，可承受极端恶劣的太空环境。这一应用标志着量子随机数产生器的技术成熟度进一步提升，已具备进入民用和军用通信领域的能力。

（三）量子精密测量器件

1. 单光子探测技术获得突破

单光子探测技术是量子探测技术的重要内容，也是当下的一个研究热点。2 月，IBM 公司研究人员实现了异质材料（Ⅲ－Ⅴ族与硅基）单片集成工艺，研制了硅基集成 InGaAs/InP 光电二极管。该装置通过波导耦合，可以用作光子器件的光敏探头和光源。作为光敏探头时，1V 偏压的暗电流为 0.048A/cm^2，2V 偏压时响应度达 0.2 A/W，截止频率达到 70GHz；反向偏压时可以用作中心波长 1550nm 的光源。该成果 2 月 17 日发表于《自然通讯》。国内吉林大学、中国科学技术大学和新加坡 Advanced Micro Foundary 公司的研究人员研制了新型锗硅工艺雪崩光电二极管，可以实现室温条件下的 1550nm（近红外）单光子探测。该雪崩光电二极管采用分层吸收电荷复用架构，解决了锗硅材料的能带结构无法在室温条件下吸收 1550nm 波段的问题。该雪崩光电二极管具有较低的盖革模式偏压阈值（－7.42V），在室温（300K）、盖革模式（－9V 偏压）条件下进行 1550nm 单光子（平均光子数为 1 的相干光脉冲）探测时，探测效率约 7.8%，暗计数约 10^{6}click/s。该成果 4 月 27 日发表于《中国光学快报》。

2. 量子材料催生新的量子精密测量应用

量子材料的新发现使得此前被认为是不可能或者未经踏足的研究领域成为新的可能。2022 年 2 月，意大利巴里理工大学首次提出了一种在 InP 平台上设计的反宇称时间对称的量子激光陀螺，在保持高灵敏度的同时提升了系统的稳定性，在相同尺寸上相比传统光纤陀螺灵敏度可提升 7～8 个数量级，该研究成果发表在《光学与激光工程》。2022 年 11 月，悉尼科技大学研究人员利用新型范德华材料制作出量子显微镜原型。它不仅可以在室温下工作，提供温度、电场和磁场信息，还可以无缝集成到纳米级设备中，能承受非常恶劣的环境。未来的主要应用包括高分辨率 MRI（磁共振成像）和 NMR（核磁共振），可用于研究化学反应和识别分子起源，以及在空间、国防和农业的应用，其中遥感和成像是关键，研究成果发表在《自然物理学》。2022 年 11 月，法国滑铁卢大学量子计算研究所（IQC）的研究人员在试验史上首次创造了一种产生具有明确轨道角动量的扭曲中子的装置，以前认为这是不可能的，这一突破性的科学成就为研究人员提供了一条全新的途径来研究下一代量子材料的开发，其应用范围从量子计算到识别和解决基础物理学中的新问题。该研究成果发表在《科学进展》杂志上。

三、发展与应用预测

（一）量子计算芯片：多种技术路径齐头并进，提升量子比特数目仍是发展重点

从硬件实现层面来说，量子比特数量的提升仍然是 2022 年量子计算领域的关注重点，国际领先的量子计算硬件公司已迈入 100＋量子比特门槛，国内领先的量子计算硬件公司也纷纷走上 10～20 量子比特的台阶。同时，量子比特的保真度和纠错能力，也是评价量子计算性能的重要标准。目前，超导和离子阱量子计算机在该指标上暂时领先。此外，2022 年研究者们仍然在基于光量子、硅基和中性原子等其他技术路线的量子计算领域做出了开拓性的贡献，指出它们甚至可能在某些特定的指标上拥有超越超导和离子阱的潜力。目前，量子计算的技术路线仍未最终确定，科技巨头间量子竞争愈发激烈，将推动量子计算技术加速发展。

从软件应用层面来说，目前量子计算软件市场规模较小，各公司研发的产品主要用于科研单位或自身的量子计算机开发中，所进行的小规模试验只能证明其优越性，但离商业化、大规模应用还有较长的路要走。短期内，政府机构、大型银行、大型新药研发等企业作为量子计算的第一潜在用户将会进一步与具有算法开发能力的公司合作，寻求更大规模、更深层次的试验。

另外，立法与标准化可能是未来 5 年量子计算领域的发展重点。未来几年，英国、欧盟等国家和组织有望推动量子科技立法进程。美国相关立法尚在推进中，未来必将持续推进新的量子科技相关立法。其他量子技术发展较快的国家也将随着技术的推广与逐步应用，着手推进量子科技的立法程序。标准制定方面，美国和中国虽然已有量子标准

的发布，但是数量较少，尚未形成体系。标准制定不仅有助于推动整个行业发展，而且有助于量子计算的商业化进程。同时，率先制定行业标准的先行者也将更加具有话语权。因此，随着各项技术的成熟，未来几年，各主要量子科技强国将建立更为完善的量子科技体系。

（二）量子通信器件：QKD 网络部署加速，量子通信标准完善

从各国政府对量子通信的部署可以看出，量子通信是各国重点发展的新一代前瞻性信息技术。2022 年，各国量子通信网络建设投入不断增加，全球政府为量子研究提供资金已达数十亿美元。随着领先的电信公司与学术界、政府以及彼此建立联系，共享研究建立网络和识别机会，人们对量子通信技术的兴趣激增。在量子通信领域，政府及私人投资将继续保持较高的关注度和投资热度。量子通信最显著的优势是其传输的安全性，因此被广泛应用的领域对信息安全要求很高。目前已实现量子通信在军事、国防、政务、金融，互联网云服务、电力等领域的应用。随着 QKD 组网技术成熟，终端设备趋于小型化、移动化，QKD 还可扩展到电信网、企业网、个人与家庭、云存储等应用领域，连接更多的下游应用入口。对于 QKD 应用来说，高性能、集成化的量子设备正是当前的研究重点之一，具体来说就是指量子光源、量子编解码器、单光子探测器、量子随机数产生器等核心器件。小型化、集成化路线已经成为量子通信技术规模应用的国际共识，也是各国抢占量子通信技术制高点、争夺国际话语权的关键。

另外，量子通信标准逐步完善，为行业发展“保驾护航”。近年来，国际标准组织 ITU－T、ISO/IEC JTC1、IETF、ETSI 等都在开展 QKD 的标准化工作。未来，量子互联网将在量子中继的帮助下实现多用户、远距离的量子纠缠共享，进而可以利用量子纠缠来实现 QKD，并实现量子安全应用。在量子中继技术成熟之前，QKD 链路与经典的可信中继技术的结合是目前实现广域可扩展 QKD 光纤网络的唯一可行方案。其中，可信中继的安全性已有相关的安全增强技术及工程要求进行保障，其标准化也是 QKD 网络标准工作中的重要组成部分。中国也在重点推进量子信息等新技术新产业新基建标准制定，预计陆续将有更多量子密钥分发 QKD 相关标准发布。

（三）量子精密测量器件：传统技术的传感器正在过渡为更高精度的量子传感器

目前，美国、中国、英国、德国、法国等国家已在不同程度、不同技术领域提高对量子精密测量领域的重视程度。未来随着技术进步和发展路线清晰，各国将发布单独的计划，更加详细地指出未来战略发展方向。量子精密测量领域的投融资虽不及量子计算和量子通信受更多人关注，但量子精密测量商业化的潜力比量子计算更大，一部分产品和

技术已有原型,并且单光子探测器、小型化时钟等产品具有极为广泛的应用场景,可以赋能多个行业和产品。

一方面,当前手机、汽车、飞机和航天器的经典传感器主要依赖电、磁、压阻或电容效应,虽然很精确,但理论上存在极限,而量子传感器有望向更高灵敏度、准确率和稳定性等方面提升;另一方面,某些应用需要对电磁散射不敏感的传感器。量子传感器不仅可以替代一部分传统传感器市场,还能满足新兴特殊需求。传统技术的传感器正在逐渐过渡到量子传感器,这是必然的发展趋势。目前,部分传感器已经实现“量子化”,例如:在时间测量方面,原子钟已商业化,实现了时间传感器“量子化”;重力测量方面,原子重力仪已经商业化,实现了重力传感器“量子化”。此外,陀螺仪、加速度计和惯性测量单元等量子传感器技术验证已展开,部分产品已有原型。未来,在没有任何外部信号的情况下,惯性传感器在军事和商业领域的导航应用中都将发挥重要作用。

四、政策建议

在未来,量子器件的投入成本会不断提升,而且对量子器件的重视程度也需要逐渐提升。

(1)随着量子信息技术的日益成熟和生产规模的扩大,量子器件的供应链将成为一个越来越重要的政策问题。这些供应链的状态通常是难以评估的,因为最先进的量子信息技术常常并行采用几种非常不同的物理方法,而这些方法使用不同的技术路径,需要非常不同的关键组件和材料。从长远来看,所有这些方法都不太可能保持相关性,同一个量子器件不太可能供应于两种不同方法的系统之中。

量子计算方面是最为典型的一个案例。例如,基于超导的量子计算机需要稀释制冷机以营造超低温工作环境,而基于离子阱的量子计算机并不需要超低温工作环境——它需要的是高度真空环境和高质量的激光。这也就意味着,如果在十几年后,某一种量子计算的物理实现方法成为主流或取得垄断性的地位,那么其他的量子计算方法以及它们使用到的量子器件就不再是量子供应链中的关键环节。对于政策制定者来说,如果某种量子信息技术的开发中途易辙,那么对量子器件供应链上下游都会造成不小的打击。

(2)国际形势与环境是影响量子信息技术走势的重要因素。以量子通信为例,中国在 QKD 网络的早期部署中处于优势地位。然而,美国政府却始终对于 QKD 网络的实用性表示怀疑,他们认为更有用的量子通信网络需要更复杂的技术标准和量子器件的支持。同时,欧洲或者中国在部署 QKD 时获得的经验或许也会有助于它们率先制定下一代量子通信标准,这将直接挑战美国的利益。因此,美国正在开发一种被称为后量子密码学(PQC)的通信标准,这种通信标准的特点在于它允许现有的计算机在软件层面使用抗量子计算的数学算法进行加密，而无须像QKD网络一样部署大量的量子器件。2022年，由美国NIST主导的PQC标准协议已进入最终筛选环节，并由拜登总统颁布的国家行政命令使整个美国政府开始进行PQC技术升级。

虽然PQC的过渡会是一项巨大的工作，可能需要几十年才能完成，但是美国与其部分盟国，如英国和法国，已公开表示它们的国家安全系统只会采用PQC而非QKD系统，并按照PQC来建设下一代全球的量子通信标准。若是如此，中国政府与企业耗费大量人力物力部署的QKD网络和研制的相关量子器件就可能完全失去国际市场，在这种环境下继续坚持QKD网络的建设或许不是一件容易的事情。这对于政策的制定者来说，这就是一场在国家信息安全和全球量子信息技术之间必须做出权衡的博弈。

习近平总书记的重要指示为加快促进我国量子信息领域发展提供了战略指引和根本遵循。落实“十四五”规划中组建量子信息科学国家实验室、实施重大科技项目的布局举措，可进一步加强量子信息技术各领域科研体系化布局和支持投入力度。2022年以来，众多大学增设量子信息科学专业，相关企业推出量子信息教育试验平台等新进展，可对我国量子信息领域后备人才培养起到重要支撑作用。筹备组建量子信息网络产业联盟，汇聚国内量子信息学术界与产业界各方力量，有望在促进技术交流研讨、推动应用场景探索、培育构建产业生态等方面发挥积极作用。我国量子信息技术领域发展总体态势良好，量子器件的发展也从中受益，未来研究与应用发展主要关注点包括：

一是加强学术产业交流，探索分工协同机制。依托联盟和学会等平台，组织开展应用探索、产业需求、供应链建设等方面深入交流，探索科研、工程和产业各领域的分工合作协同机制。

二是开展核心组件攻关，夯实产业发展基础。梳理总结核心器件材料和装备仪表等方面短板需求，有针对性设立产业基础类攻关项目，突破和掌握核心使能技术，为应用探索和产业化发展奠定基础。

三是推动应用产业研究，加强标准测评引导。组织行业共性需求研究，提升支撑保障能力，进一步完善技术标准体系，制定产品技术标准，开展测评测试验证，规范引导应用产业发展。

四是拓展国际合作空间，加强海外人才引进。发挥学术团体和联盟协会等平台机构在国际交流合作中的第三方作用，设路和开展量子信息领域的国际学术、应用、产业和标准类交流合作项目，增强对海外高水平科研和工程人才的吸引和支持力度。

（中国电子科技集团公司第四十四研究所　崔大健）

美国陆军持续开发量子射频传感器

2022年6月消息，美国陆军正在开发“里德堡”量子传感器，并将测试其在宽频段内连续工作的能力。该传感器样机只有鞋盒大小，能够灵敏检测0～20GHz射频频谱范围内的各类信号，有望突破传统电子器件在灵敏度、带宽和频率范围等方面的限制，为美国陆军电子战、通信、导航等领域带来突破创新。下面将研究美国陆军研制量子传感器的发展背景、发展历程，并分析量子传感器在电子战领域的应用前景。

一、发展背景

传统电子学型射频接收机通过电磁场诱导金属中自由电子产生的感应电流，获取电场信息，但由于随机热运动、标准探头校准、被测场被干扰、尺寸限制等因素，传统上基于“电信号检测与测量”的电子战理论与技术体系所能实现的性能正逐步接近或达到物理极限，对射频电场的测量精度和灵敏度已远不能满足当前科技和军事需求的快速发展，因此迫切需要一种全新的测量方法来突破经典测量的限制。

近年来，人们利用里德堡原子极化率大、场电离阀值低、电偶极距大以及能级间隔处于微波频段的特性，发展了一种基于原子能级的电磁场测量的新方法，即基于里德堡原子特性的量子传感器。里德堡原子是一类具有独特量子特性的原子，其原子核外的最外层电子被激发至主量子数很大（通常几十至几百）的高激发态，这样的激发态就称为里德堡态。处于里德堡态的原子的半径显著增大、相邻能级之间的能量间隔显著减小，此时被激发的电子离原子中心很远，原子对它的束缚较弱，外加电场或磁场就更容易影响它。

里德堡量子传感器使用激光束照射里德堡原子蒸气室，在射频场正上方产生里德堡原子，里德堡原子能级在外界电磁场中发生能级分裂现象，利用电磁感应透明（EIT）方法对能级分裂进行检测，进而对信号进行读取，确定原子周围的电场强度。这种基于里德堡原子的量子传感器可以作为射频接收机系统的一部分，取代传统接收机中的天线和前置放大器部分，后面的信号处理阶段可沿用传统电子学型接收机的技术路线。

相比于传统的电子学型接收器，这种量子传感器有以下几个优点：①传统天线通过导体中电荷电流相互作用来检测射频场，其灵敏度受到电子随机热运动产生的热噪声限制，而量子传感器虽然也受到量子噪声限制，但量子噪声可以降到比热噪声更小的数量级；②经典天线的尺寸和形状对其性能有很大影响，而量子传感器没有尺寸限制，单个量子传感器能够检测从赫兹到太赫兹频率范围的电磁波；③传统接收机入射波和天线之间复杂的耦合会产生复杂的方向灵敏度，而量子传感器具有几乎各向同性的方向灵敏度且可以接收高入射功率。

近年来，美国陆军、国防高级研究计划局、国家标准技术研究院（NIST）等机构都在研发量子传感器，并相互合作，其中陆军在研制量子传感器方面不断取得突破，并公布了相应研究成果。

二、发展历程

2018 年，美国陆军研究实验室（ARL）传感器和电子器件部量子技术组的几位博士就在围绕里德堡原子开展新型量子传感器的研究，成功验证了“里德堡”量子传感器在 10kHz～30 MHz 的低频段数据接收，证明了里德堡接收器可以达到理论上允许的最大性能，仅受量子波函数基本坍缩的限制。

2020 年 1 月，在 DARPA 的支持下，美国陆军研究实验室定量分析了 1kHz～1THz 宽频谱和宽振幅范围的振荡电场灵敏度，获得 1kHz～20GHz 频率范围内的数据接收响应曲线，并与传统的无源偶极子耦合接收机进行了灵敏度初步对比。结果显示，这种基于新型量子原理的电磁波接收机原型已具有与传统接收机相当的灵敏度。同时，量子传感器非常小，几乎无法被其他设备探测到。美国陆军研究实验室的里德堡接收机试验装置如图 1 所示，左边部分为量子传感器的量子接收部分，电磁场射频信号被转换成光信号，通过平衡光电探测器进行测量，将光信号再转化为电信号，输入到后续信号处理的流程之中。

2021 年 2 月，美国陆军研究实验室对该接收机进一步优化，在与波导耦合频谱分析仪联用时实现了超越传统偶极子天线的灵敏度和动态范围，并在实验室条件下对 0～20GHz 的现实世界无线电信号进行采样，轻松检测出实验室周边环境中的调幅（AM）、调频（FM）、WiFi、蓝牙等类型的通信信号。该系统的固有灵敏度高达 －120dBm/Hz，具有直流耦合、4MHz 瞬时带宽以及超过 80dB 的线性动态范围。试验通过连接一个低噪声前置放大器，演示了高性能频谱分析，其峰值灵敏度优于 －145dBm/Hz。

2022 年，美国陆军 C^5ISR 中心宣布将继续开发并展示这种量子传感能力，并将主要研究工作集中在信号接收上，该中心还与美国国防部副部长办公室、其他部门的研究实

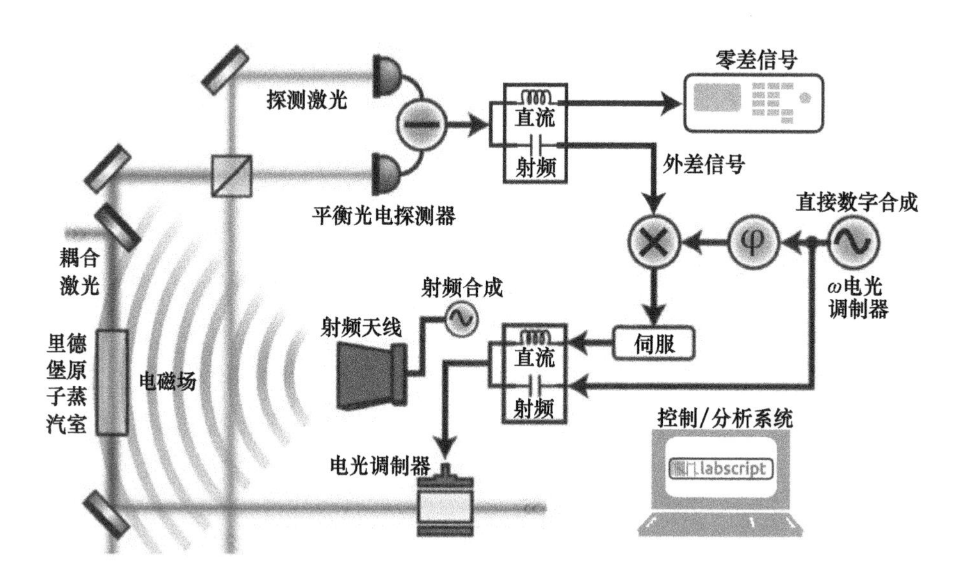

图 1　美国陆军研究实验室用于零差/外差测量的里德堡接收机试验装置示意图

验室以及 DARPA 等机构在量子传感器方面合作,特别是与 DARPA 的“量子孔径”项目合作。

DARPA 于 2021 年下半年启动“量子孔径”项目,预计持续 56 个月。项目目标是演示“将里德堡传感器作为射频接收机系统的一部分”,开发比传统接收机具有更大灵敏度、带宽和动态范围的便携式无线电接收机。该项目主要解决当前里德堡传感器的以下几方面挑战。

(1)在确保干涉性与透射率的情况下,增强灵敏度。当前,在 1 ~ 10GHz 频段内,一个厘米级里德堡传感器的灵敏度可达 -115dBI/Hz(这里的 dBI 不是全向天线增益,0dBI 对应 -10dBm/cm^2),而当前传统天线在该频段内的灵敏度为 -130 ~ -160dBI/Hz,要优于里德堡传感器。尽管理论上来讲,1cm^3 里德堡原子蒸气室的灵敏度可达 -200dBI/Hz,但各种因素导致其灵敏度很难达到该值。该项目的目标是在 100ns 干涉时间、99% 透射率、1cm^3 蒸气室情况下,达到 -165dBI/Hz 灵敏度。

(2)实现接收机信道频率的快速、宽带、连续调谐。里德堡传感器尽管能够感知从赫兹到太赫兹频段的电磁波,但宽带与高灵敏度之间需要均衡考虑。

(3)演示传感器阵列和到达角测向能力。项目目标是构建一个由 100 个阵元构成的阵列,该阵列到达角感知灵敏度能够达到 1°,同时还要将传感器灵敏度(感知灵敏度,非测向灵敏度)或带宽提升 100 倍。

(4)接收任意波形。当前里德堡传感器智能接收特定调制样式的波形,该项目的目标是让传感器能够检测、处理常见的任意波形(如 GPS、数字电视、跳频等),而且还将开发基于里德堡接收机特色的新型波形。

三、应用前景

基于里德堡原子能级参数进行电场测量的方法，是利用原子能级实现自校准，不依赖外界参考，测量参数可以溯源到基本物理常量，并且测量方法对电场无干扰，易于实现微型化和集成化，具有广泛的应用前景。当前，基于里德堡原子的射频检测技术已在天线校准、信号检测、太赫兹感测以及射频频谱中的电子和材料表征等领域得到广泛应用。借助这项技术，有望实现超远距离通信、隐身目标雷达探测、全频段无线电信号检测等传统技术难以实现的任务，而且可以大大降低大型接收系统的复杂性和规模，甚至以单兵手持的尺寸实现。

美国陆军领导人表示，量子传感是陆军感兴趣的一个领域，因为它在战场内外都很有用。为此，陆军科学家正在进行尖端研究，探索量子传感在电子战、潜艇探测、地理定位以及导航和通信等领域的应用。美国陆军已经开始尝试利用电磁波的量子效应特征来侦察射频信号，可突破传统电子支援系统灵敏度低、覆盖频率范围窄等瓶颈，最终实现极高灵敏度（原子能级量级）、极高带宽（太赫兹量级）的无源电子侦察。

在电子侦察领域，量子传感器系统的技术发展给电子侦察带来了新的技术手段，有望实现性能突破。将量子传感器应用于电磁信号接收，取代传统接收机的天线和放大器，并与传统信号接收机信号处理部分兼容，获取电磁场信息，可突破经典系统的部分性能极限。量子传感器尺寸不受电磁波长限制，理论灵敏度极限将比经典系统的热噪声极限低 1 ~ 3 个数量级，同时具备高灵敏度、高动态度、高测量精度、高空间分辨率、低功耗、低雷达反射截面、体积紧凑、无损探测等优势。

量子侦察技术有望使电子侦察系统对信号测量精度和灵敏度大幅提升，解决当前无源侦察准确度较低的问题。未来，在大国竞争背景下，电磁静默战将成为一种典型的作战样式，电磁隐蔽能力将成为提升战场生存能力的重要因素，无源量子侦察将在未来战场目标感知识别定位中发挥更加重要的作用，并使电磁频谱在未来军事博弈中处于更重要的地位。

当前，量子传感技术仍处于从理论研究到工程实现的过渡阶段，仍面临很多技术、应用方面的瓶颈，主要包括原子系统噪声抑制、工作频段快速调节与瞬时带宽扩展、量子光学系统集成化等问题，尚待进一步研究突破。

四、总结

量子传感是一种新兴的颠覆性技术，能够突破传统电子学型接收器的极限，具有广泛的应用潜力。近年来,美国量子传感技术持续取得较大突破,将继续提高传感器的灵敏度以检测更弱的信号,还将扩充探测协议以应对更加复杂的波形。当前国内对量子射频传感技术的研究主要集中在物理原理上,对量子射频传感器的工程化应用研究较少,应密切关注、跟踪美国量子射频传感器开发与应用进展,为我国量子传感技术的开发与应用提供参考。

(中国电子科技集团公司第三十六研究所　王一星)

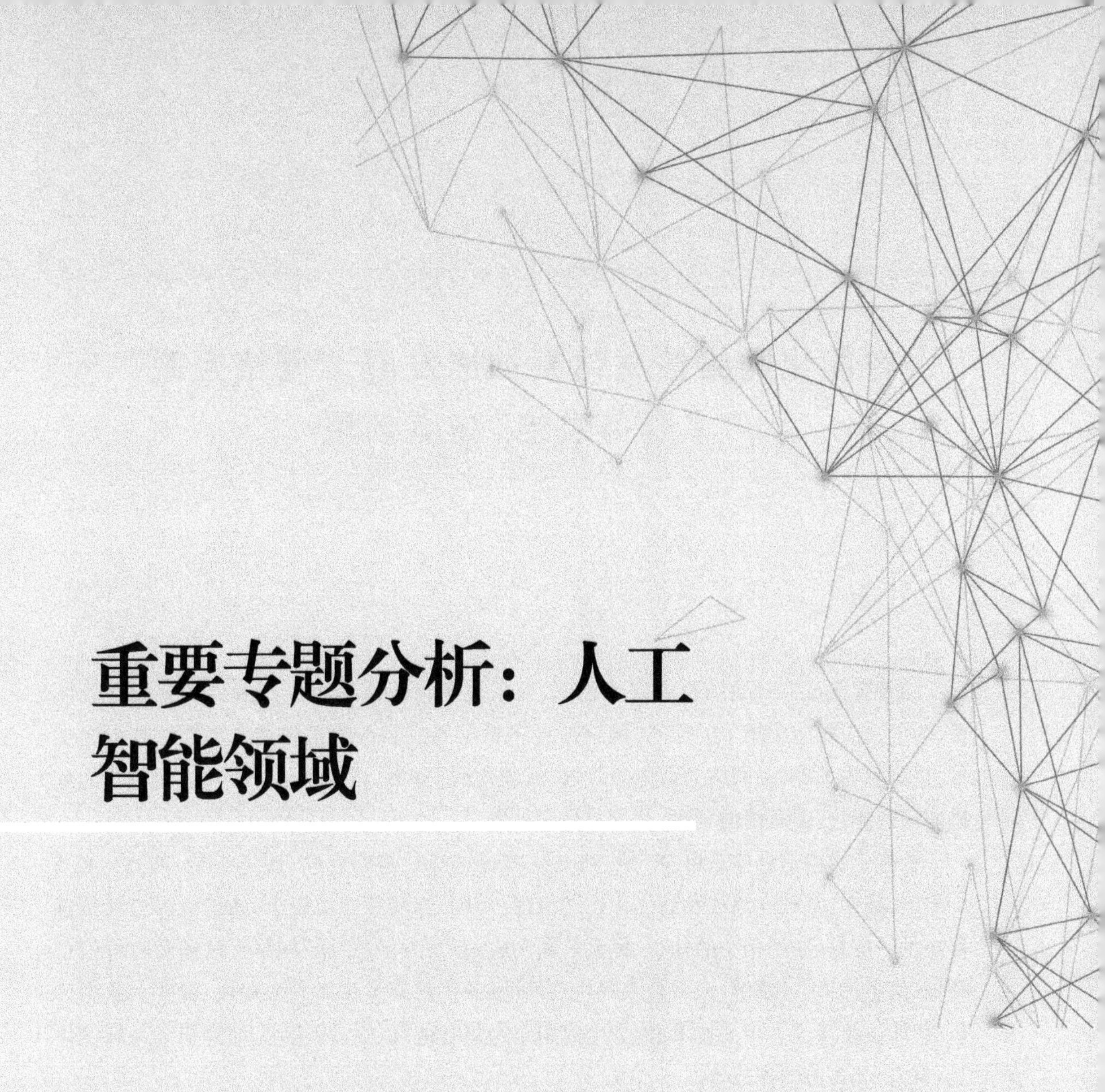

重要专题分析：人工智能领域

智能化网络信息体系加速发展，"网络互联""服务供给"亮点频现

随着智能技术对战场影响逐步加深，未来战场将形成跨多个作战域的智能作战体系，为了适应智能化战争的需求，网络信息体系发展成为以人工智能等颠覆性技术为支撑、以信息为基础、以网络为载体的跨域"智能生成"环境，以数字化、网络化、服务化为基础实现智能化，即所谓的"智能化网络信息体系"。

智能化网络信息体系可分为基础支撑、知识资源、网络互联、服务供给、能力生成5个层级，其中：基础支撑涉及智能化作战机理、规则、标准等底层要求；知识资源包括传感器提供的信息、战场相关的知识、模型等真实或虚拟存在的资源；网络互联涉及跨域信息传输、信息加密、区块链、云平台等网络技术；服务供给涉及战场态势形成、智能大数据分析、智能决策生成等相关技术；能力生成用于构建智能化的作战应用，如智能无人蜂群作战、有人/无人协同作战等。

虽然西方没有明确的智能化网络信息体系概念，但是提出了许多与智能化网络信息系统类似的架构，这些架构中包含了智能化网络信息体系的诸多要素。2022 年，智能化网络信息体系相关要素进展迅猛，尤其是在网络互联、服务供给等层面，美国提出了软件定义的网络化作战架构，构建了包含智能化网络信息体系要素的零信任云平台及智能5G网络、战场物联网项目，实现了人工智能辅助下的战场态势实时生成、跨域数据传输与显示、数据分析与决策。

一、发展背景

国外虽然没有形成智能化网络信息体系的概念，但是诸多作战体系建设布局与智能化网络信息体系高度相关。1997 年美国海军作战部长 J. 约翰逊上将首次提出的网络中心战，包含了信息获取、信息共享、通信网络建设等要素，提出了最早的网络信息系统建设要

求;2017 年美国防高级研究计划局首次提出的马赛克战,则是将人工智能技术引入到网络化作战中,提出构建自适应自修复的碎片化组网作战体系。2021 年美国国防部首次提出的联合全域指挥控制(JADC2),试图构建一种大型的军事物联网,利用自动化、人工智能、预测分析和机器学习迅速对整个战斗空间的大数据信息进行“感知”“理解”和“行动”,使得参战部队能够通过具备自适应能力、抗毁伤能力强的网络环境获得对应当前战场态势的行动方案。

智能化网络信息体系所涉及的技术,包括大数据、云计算、物联网、零信任架构、人工智能等,其中:大数据是智能化网络信息体系的信息资源基础;云计算是智能化网络信息体系实现资源灵活分配、提高计算效率的工具;物联网是网络信息体系连接多域平台的基础;零信任架构是提升网络信息体系安全性的手段;人工智能是提升网络信息体系服务的赋能器。

二、2022 年主要进展

2022 年,美国在智能化网络信息体系取得了一些新进展,呈现一些新特点,主要如下。

(一)网络互联更加注重敏捷抗毁、安全可信、高速高效

1. 体系架构更加突出敏捷抗毁

2022 年 9 月 7 日,美智库战略与国际问题研究中心(CSIS)发布的《软件定义战争:构建适应数字时代转型的国防部架构》报告更加突出了敏捷抗毁特性。该报告首次提出软件定义作战体系架构概念,指出这种以数据为中心、分布协同、柔性灵活、智能自主的架构将成为未来战争的制胜关键。该报告提出了该架构的 9 大设计理念,包括采用大规模架构、消除单点故障、应用虚拟化技术、引入低成本商业硬件与无状态终端、设计量测仪器、重视模拟、试验和验证、引入故障检测技术、构建边缘自主化和自动化处理机制、集成开发环境与部署环境等。软件定义作战架构利用了相对较低成本和复杂度的传感器、多域指挥控制节点、有人/无人系统等,可以根据威胁目标、战场环境和作战需求,以自协调、自适应的方式快速构建作战体系,敏捷抗毁性能大大加强。

2. 引入零信任架构,持续构建更加安全可信的战场云环境

2022 年 5 月,美国空军开展“能力发布 1 号”(机载边缘节点(AEN))、基于云的指挥控制系统(CBC2)的研发工作,8 月在新临时战略草案中定义其未来 6 年的零信任愿景。2022 年 9 月,美国海军部首席信息官(DON CIO)签署了《信息优势的拱顶石设计概念》。2022 年 10 月 11 日,美国陆军公布了《2022 年陆军云计划》,取代了《2020 年陆军云计

划》。美军各个军种均在各自的计划或战略中提出了构建云信息环境与实现零信任的目标。从各个军种的相关计划来看,各军种都在尝试加强与工业界的合作,依托现代技术模式构建云环境、实现零信任,例如:美国海军明确提出采用超融合基础设施(HCI)、软件定义的基础设施(SDI)、软件定义的网络(SDN)、软件定义的广域网(SD - WAN)、混合云、多云、云原生计算(包括部署到战术边缘)、基 5G、无线网络、弹性基础设施以及集成指挥和控制(C2)等多项技术构建满足要求的云环境;利用身份凭证和访问管理(ICAM)手段,包括基于属性的访问控制(ABAC)、黑色或灰色网络结构、多因素认证(MFA)、安全访问服务边缘(SASE)、零信任网络访问(ZTNA)、云原生接入点(CNAP)、安全信息和事件管理(SIEM)、安全协调自动化和响应(SOAR)、网络微分段、数据标记、数据丢失保护(DLP)、数据权限管理(DRM)以及软件材料清单(SBOM)等手段实现零信任。

3. 5G 与人工智能、物联网的融合发展推动网络更加高速高效

美国国防部致力于开发一种高度安全、灵活和智能的网络架构,目标是实现安全及时的通信,以支持作战人员并主导战场。2022 年,美国国防部实现了 5G 通信与各种形式的人工智能分层,有望实现具有情境感知并能不断优化以适应所处环境条件的网络拓扑,其最终结果将通过高效的数据共享和更有效的协作决策、更快的态势感知来提高作战和生存能力。在国防部构建的智能化网络中,5G 可以提供一种无缝连接计算平台、用户设备、传感器等边缘资源的方法,然后人工智能处理生成的数据,使其联结且互操作,其形成的 5G 智能系统可不断感知不断变化的战场态势,智能地将信息转发到需要的地方,使客户和自主系统能够做出快速、准确的决策。2022 年 10 月,美国陆军尝试为美国刘易斯 - 麦科德 5G 联合基地扩展现实项目提供物联网络。这将有助于作战人员快速获得经过可靠处理的相关交战数据,最大限度地实现跨越式机器通信能力,提高士兵在战场内外的效能。美国陆军认为,该项目可使其在面对未来战场冲突时获得作战优势,代表了陆军现代化升级的前沿水平。

综上,美国在之前网络中心战与马赛克战提出的网络化体系的基础上加速发展,将零信任、5G、物联网、人工智能等新兴理念与技术引入到网络互联层,进一步提升了网络互联的抗毁性、安全性与传输性能。

(二)服务供给的实时、综合和智能特征更加明显

以前的服务供给注重体系化发展,要求提供尽可能全面的服务。当服务供给架构基本完善的情况下,就需要提升服务的质量。2022 年,美国的发展重点转移到人工智能辅助下的实时服务,无论是战场态势生成、信息传输还是决策辅助,都在强调依托人工智能增强实时性,尽可能缩短信息处理过程,坚实支撑在作战流程中获取先发优势。

1.“边缘”智能实现的实时供给能力日渐增强

美国实现了利用无人机集群实时绘制战场实景三维地图,并开始开发智能目标识别并实现数据共享。2022 年 8 月,美国防软件公司 Reveal Technology 和军用无人机制造商 lTeal Drones 联手将 Reveal 的“远见(Farsight)”测绘软件和 Teal 的新型 4 架无人机集群结合起来,以实时生成三维战场地图(图 1),助力战场态势实时生成。“远见”软件通过融合最先进的计算机视觉、人工智能和“边缘”计算——在手持设备上进行现场计算,帮助克服这个问题。由于“远见”软件的所有处理都在边缘完成,因此不需要网络连接,从而无需额外的处理能力(如服务器或云设施等)。整个战场态势绘制过程大大加快,可以在全球任何地方创建详细可操作的地图。2022 年 10 月,洛克希德·马丁公司和 IBM 红帽公司共同为美国国防部开发人工智能识别和数据共享技术。美国国防部希望在更大的范围部署部队,并为其配备更小、更便捷的装备。洛克希德·马丁公司开展演示验证,用红帽公司的“设备边缘(Device Edge)”解决方案对飞行中的“跟踪者(Stalker)”无人机软件实施更新,使“跟踪者”无人机可模拟执行监侦任务,并能通过自动识别功能来更准确地识别目标。洛克希德·马丁公司人工智能副总裁贾斯汀泰勒表示,“红帽公司的‘设备边缘’解决方案将使洛克希德·马丁公司彻底改变人工智能处理方式,可满足国防部的任务需求”“小型军事平台处理大量人工智能问题将提升其作战能力,确保军队能够应对不断变化的威胁”。

图 1　实时实景三维地图建模

2. 信息综合方面

美国陆军“技术网关”引入人工智能技术,实现多源信息融合。自 2021 年起,美国陆军和国防工业界开始研究新的“网关”技术,整合、融合和“翻译”来自不兼容输入数据源的信息。2022 年 10 月,美国陆军新的“技术网关”情景已经将陆军以“项目融合”技术为中心的试验设定为"新方向"。有两种人工智能算法将转变为正式研发计划，新的"网关"被添加到 2022 年的年度项目融合试验中，并且是美国陆军对美国国防部全域联合指挥和控制（JADC2）计划的重要改进。

3. 智能辅助方面

美国陆军首次装备了赛博态势理解软件，用于辅助决策生成。2022 年 11 月，美国陆军最近向第三装甲部队提供了赛博和电子战环境可视化工具"赛博态势理解（Cyber SU）"软件初始版本。Cyber SU 可将敌我双方的赛博和电磁活动信息汇聚到美国陆军指挥所计算环境中，在未来联合全域作战环境中为指挥员提供更全面的态势理解能力，帮助他们更快决策并最终完成任务。作为第一支装备 Cyber SU 软件的部队，总部位于德克萨斯州胡德堡的第三装甲部队各分队能够可视化、分析和理解其作战区域内的赛博和电磁活动，并能够在战术层面探测和应对赛博威胁。与专为战略级赛博任务设计的系统不同，Cyber SU 可从多个陆军数据源获取数据，并将这些信息汇聚到指挥所计算环境（CPCE）的任务指挥系统中。CPCE 提供了一个通用作战图，在加入赛博和电磁活动可视化图层后，可为参谋员和指挥官提供赛博和电磁活动感知、任务影响、风险和可视化支持，以帮助战术指挥官在联合全域作战中制定更恰当的决策。Cyber SU 无需部署在单独的硬件上，它和 CPCE 的其他任务指挥软件一样都托管在战术服务器基础设施硬件上，从而减少指挥所内硬件占用空间，提升机动性和作战效率。未来，Cyber SU 将重点关注对敌方赛博和电磁活动的感知，以获得更全面的赛博作战空间态势感知能力。

三、观察与思考

当前，智能化网络信息体系仍处于初级发展阶段，能够提供的服务有限，主要集中在信息传输以及初步的战场态势形成；美国在在网络互联与服务供给层级已经有了多个的发展规划或布局。但也应该看到，虽然美国国防部及各军种开始构建与智能化网络信息体系类似的系统，还没有形成实用化的智能化网络信息体系架构。

从发展趋势来看，基础支撑层将进一步明确底层规则，将智能化作战的要求更加充分地融入到智能化网络信息体系中，使体系设计能更好满足智能作战的需要。知识资源将进一步强化智能感知探测能力，构建形成跨域智能感知认知体系。网络互联围绕智能连接多域用户、智能安全防护：一方面做好基础建设，打造能够快速互联、具有高抗毁性的智能物联网架构，将各个作战域的平台稳定联系起来；另一方面更加注重安全性，构建专用云环境，构建信息验证机制，确保信息传输的安全性。服务供给更加着重高实时性的智能服务，依托人工智能实现战场态势实时更新、多源信息实时融合、人工决策实时辅助等完善的服务内容，为指挥控制、各个作战域平台提供支持。能力生成注重构建具有可行性的作战应用,依据战场态势快速形成作战方案,动态调整作战流程。

从发展建议来看,需要加大对基础支撑与应用生成这两个层级的投入力度:一方面,需要进一步明确智能化作战理念、构建智能化作战规则和相关标准规范,使得智能化网络信息体系其他层级的建设能够与智能化作战的理念更加匹配;另一方面,应加大对应用生成的研究,形成基于智能化网络信息体系的联合作战理念与协同交互机制,促进智能化实战化运用。

(中国电子科技集团公司智能科技研究院　袁　野　芦存博)

机器人自主性迈上新台阶，全尺寸人形机器人涌现热潮

机器人是人工智能技术的实体化展现，是结合了硬件、软件、数据和网络的综合性系统，能够不依靠人力即可实现自主化、智能化地执行任务。机器人以计算机、控制理论、人工智能、神经科学等为基石，面向人类社会各个领域开展课题研究，呈现出以需求为导向、前沿技术为牵引、应用效果为验证的技术发展特点。近年来，机器人已经渗透到工业制造、农业种植、地理测绘、无人驾驶、室内服务等人类社会的众多领域，并逐步发挥重要作用。2022 年，机器人的自主性出现重要进展，中美多家机构集中发布智能人形机器人，复杂环境的装备自主性等研究也在牵引着机器人的发展。

一、发展背景

2000 多年以来，人类对于机器人进行了无数的探索。西方人认为第一个机器人的设想来自于古希腊哲学家亚里士多德："如果每一件工具都能被安排好或是自然而然地做那些适合它们的工作，那就不用再有师徒或者主奴了。"中国人对机器人的设想可能更早，战国时期列御寇编写的《列子·汤问》就记载了一则叫做"偃师献技"的科学幻想寓言。

纵观历史，机器人的发展历史大致可以分为三个阶段 18 世纪 60 年代以前，主要是以文字和绘画形式的设想；18 世纪 60 年代至 20 世纪 70 年代，主要是以机械控制和动力装置为主实现的简单运动或特定任务；自 20 世纪 70 年代以来，人形机器人逐步进入智能时代，尤其是 2000 年前后，各国纷纷布局人形机器人。技术难度最高的当属全尺寸人形机器人，包括日本本田的 ASIMO(2000 年)、美国波士顿动力的 Atlas(2013 年)、日本软银的 Pepper(2015 年)、中国优必选的 WALKER(2018 年)、美国 Agility 的 Digit(2019 年)、英国 Engineered Arts 的 Ameca(2021 年)等。

增强机器人的自主性和智能性，打造智能人形机器人，是机器人未来重要的发展方向。自20世纪80年代起，波士顿动力公司开始进行足式机器人方面的研究，并在21世纪初展示了其在四足机器人、双足机器人方面的研究成果，带动了全球足式机器人快速发展的浪潮。人形机器人也就是双足机器人，研发难度比四足机器人提升了不止一个级别，从双足平衡站立、下肢走跑跳，到上肢执行任务、全身协同动作，每一步都是需要重点突破的关卡。对于全尺寸人形机器人来说，这些技术突破就更为困难。

二、2022年的主要进展

2022年，机器人的发展呈现显著进展，在机器人的自主性、全尺寸人形机器人等方面表现出很多看点。在自主性方面，哥伦比亚大学展示了机器人的自我感知能力，美国国防高级研究计划局推进了野外环境下机器人自主性的试验研究，麻省理工学院提出了一种自我复制的机器人；在全尺寸机器人方面，美国的人类与机器认知研究所(IHMC)、特斯拉公司和小米公司发布的人形机器人都各有亮点。

(一)机器人在自主性方面迈出重要进展

1. 哥伦比亚大学研制能够“自我感知”的机器人

感知能力是机器人实现自主性最首要的能力。机器人首先通过传感器获取自身和周围环境的信息，然后进行后续的计算分析和预测，最后完成决策规划和控制。然而，机器人几乎没有能力区分“自我”和环境，也很少有机器人能够对“自我”状态进行感知。哥伦比亚大学的一项最新研究成果表明，机器人是可以通过自我探索的方式实现自我感知的。这项研究成果在2022年7月13日登上了《科学》子刊《机器人》的封面，论文名为“机器人形态的全身视觉自建模”。

这种机器人在没有人类帮助的情况下，通过视觉手段构建了完整的自身运动学模型(图1)。研究人员将机器人放置在由5个摄像机的观测范围内，从而对机器人的各个关节动作进行捕捉。机器人会尽情摇摆，并通过接入摄像机获取自身的各个关节角度和对应的坐标点数据集。机器人利用多层感知器这种神经网络，得到自身形态和姿态的模型，进而能够利用运动规划躲避障碍物。研究团队开展了试验，机器人建立自身模型后，能够通过运动规划躲避红色方块，并触碰红色小球。这种技能使得机器人能够随时了解自身的状态，甚至当自身存在部分损坏时，可以进行自我检测和补偿。

研究团队通过一种内隐视觉自模型(Implicit Visual Self - model)，利用隐式神经表示(Implicit Neural Representation)来对机器人进行三维建模。为检测该模型在多大程度上学会了预测机械手臂的位置，该团队生成了一幅云状图，来表达“大脑”认为移动中的机

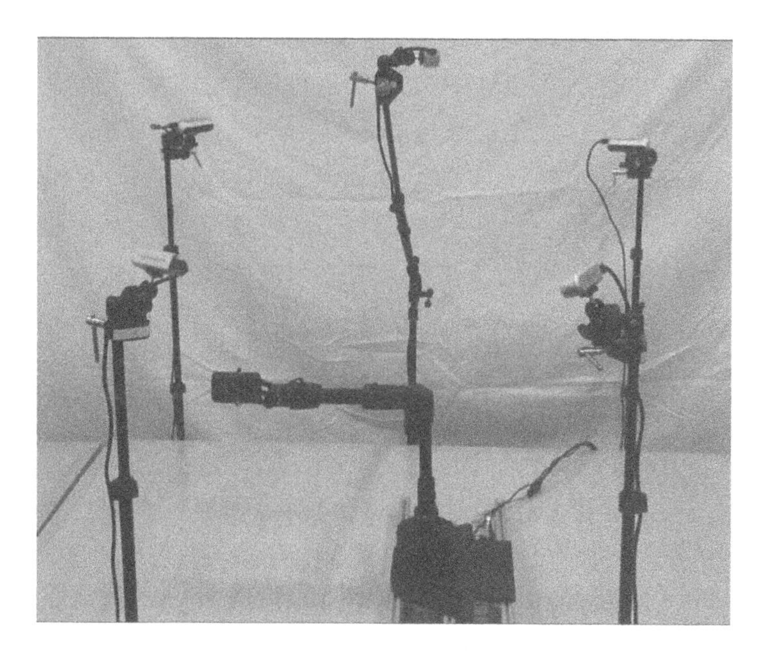

图 1　机器人正在进行自我建模

械手臂应当出现的地方,其位置预测的精确程度达到了 1% 以内。

该视觉建模方法针对运动规划和控制等任务,给机器人提供了一种新方法(A New Opportunity),使其在视觉自我建模方面具有了“三维和运动学意识(3D - Aware and Kinematics - Aware)”。同时,该方法具备向移动(Locomotion)或物体交互等领域应用的潜力。不过,这种方法仅展示出机器人是在固定的环境中、需要借助外界的力量如摄像机来进行建模的。如何让机器人在任意环境下都能够自主地、持续地对自身状态进行建模,仍然是下一步需要突破的方向。

2. DARPA 开展复杂野外环境机器人自主性研究试验

自主运动或自主执行任务是机器人自主性的最直接表现。由于美国在阿富汗战争中深受路边炸弹导致大量伤亡的困扰,要求 DARPA 推进无人驾驶方面的研究。DARPA 在 2004 年、2005 年和 2007 年三次举办与无人驾驶有关的挑战赛,触发并引领了无人驾驶的研究浪潮。受 2011 年福岛核事故带来严重影响的启发,DARPA 又在 2012—2015 年举办了机器人挑战赛,比拼任务自主执行能力。后来,针对未来地下作战场景,DARPA 又于 2018—2021 年举办了地下挑战赛。这些挑战赛大大推进了机器人有关自主性和智能性的前沿研究。然而,应该看到,自主机器人还有非常多的问题尚待解决。在结构良好、道路可预测、障碍物有限且具有规则标志物的环境中,通过快速积累大量数据,训练和改进算法,无人驾驶车辆已经实现较好的自主性;而由于野外环境下地形的复杂性和不可预测性,车辆的自主程度还相对比较低。

2020 年 10 月,DARPA 宣布启动了 RACER 计划。RACER 的项目经理 Stuart Young 表示:“RACER 旨在颠覆性地提升机器人战车的自主性,以便未来部署到陆军、海军陆战队和特种部队。” 图 2 所示为 RACER 项目的测试车辆。

图 2　RACER 项目的测试车辆

2021 年 10 月,该计划筛选出了卡内基梅隆大学、美国宇航局喷气推进实验室和华盛顿大学三支队伍,将基于 DARPA 提供的测试车辆以及超过 100TB 的数据集,开展一系列研究和试验。其中测试车辆上安装有多个激光雷达、立体视觉相机、彩色相机、红外相机、毫米波雷达、事件传感器和惯性测量单元等。这些传感器每小时可以采集 4TB 的数据。

根据车型的不同,RACER 计划开展两个阶段的试验。每个阶段会有一系列的试验,每 6 个月 1 次,每次 10 天。第 1 阶段的路况为越野自然地形,并且分布着各类植被和障碍物。在天气方面,需要应对黎明/黄昏、中度雨/雪、轻雾、中度灰尘、自然阴影、照明变化,甚至夜间条件等多种情况。所有团队将获得的是反映路线边界、路线路标和最终目标的 GPS 坐标列表,不能使用预先的定位信息或先前保存的地图。在定位方面,可以根据需要使用 GPS 尝试定位,但并非始终可用,且精确度仅为 ±10m。在地图方面,可以使用拓扑图,但分辨率只有 1∶50000。在第 1 阶段的试验中,DARPA 希望能够完成大约 5km 的路程,达到 18km/h 的速度,每 2km 只能干预 1 次。

第 1 阶段的第 1 次试验于 2022 年 3 月—4 月间在加利福尼亚州欧文堡国家训练中心的 6 种地形上进行。这些地形提供了许多障碍物(岩石、灌木丛、沟渠等),这些障碍物包括削弱性危险(Debilitating Hazards,能够严重损坏车辆)和非削弱性障碍(Non – Debilitating Impediments,损坏车辆的能力有限)。在这种环境中面临的最大挑战是车辆在更高速度下识别、分类和避开障碍物的能力。这些团队进行了 40 多次自主行驶,每次行驶约 2mile(约 3.2km),并达到了略低于 20mile/h 的速度(约 32km/h)。第 1 阶段的第 1 次试验中,行进速度达到了预期目标,而在无人工干预的行驶里程上并未达到预期目标。

Young 表示,该计划旨在寻求革命性的创新方法,使得无人驾驶车辆在受到传感器性能、机械约束和安全性因素的限制下,还能够以与人类驾驶员相当的速度在野外行驶。目前,第 1 阶段的工作仍然在继续推进,每次试验都会增加新的难度。而 DARPA 希望在第 2 阶段,全程将达到 15~30km 或更长的距离,自主运动的平均速度达到 29km/h,并且每 10km 只能进行 1 次干预。从首次试验发布的视频来看,无人车还远远达不到人类的驾驶水平,为了完成整个项目的目标,各个团队仍然有大量工作要做。

3. 麻省理工学院等研制能够"自我复制"的机器人

机器人能够根据预定的程序,制造组装出人类预先定义的产品,这方面技术已经得到了广泛的应用。然而,几乎没有机器人能够自主地对"自我"进行复制,同时复制出的机器人能够实现相似的功能。2022 年 11 月 22 日,《自然》子刊《通信工程》发表了一篇由麻省理工学院比特与原子研究中心和美国陆军研究实验室联合撰写的论文"自复制分层模块化机器人群",提出了一种机器人的自我复制方法。

这种可重构的模块化机器人系统将建造过程离散化,利用简单原始构建块作为原料,能够进行串行、递归(制造更多的机器人)和分层(制造更大的机器人)装配,如图 3 所示。这种离散化机制简化了机器人群的导航、纠错和协作,从而实现了机器人的自我构建。其特点主要包括以下两个方面。

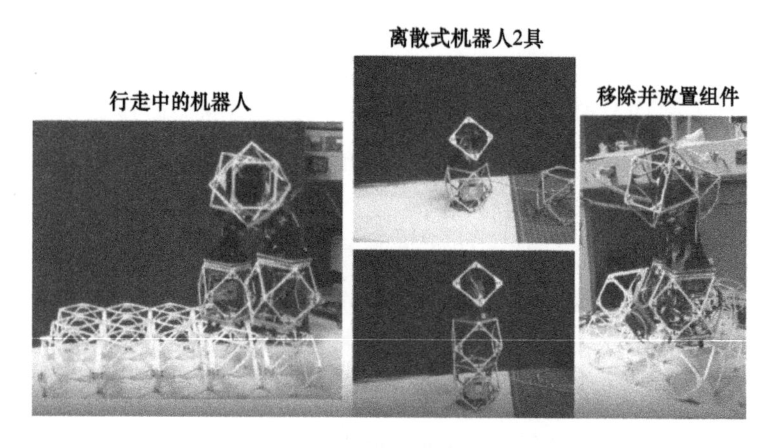

图 3 机器人原型机及实际操作

(1)基本单元。这种机器人之所以能够"复制"自己,从构造上来说,机器人为模块化的形式,其基本单元称为体素(Volume Pixel)。体素的结构参考了晶格,一方面其具有低密度和高刚度,另一方面搭建和拆卸也很方便。与其他研究不同的是,这里所用的体素更加复杂，不仅包括机械结构，还有智能控制系统（包括搭载了基于 ESP32 的微控制器、平行于或垂直于附着面的旋转执行器、7.4V 锂聚合物电池等），使得体素可以传递动力和数据。利用电磁体使得相邻两个模块相互连接，每组面对面的连接可以在 50N 的拉伸力条件下传输 10V 电压和 8A 的电流，避免了采用电线连接对装配和运动的不利影响。

(2)抓取和搭建。为搭建新机器人，抓取动作是不可避免的。研究团队给机器人设计了“手腕伺服驱动关节”“伺服驱动夹持器”等，方便机器人拾取零件以及分层搭建。搭建之前的准备工作有：①机器人根据给定目标形状，通过自适应形状编译器，将输入的几何体离散成有序的分层构建块；②确定最佳组装顺序，避免构建过程中的“死锁”问题；③确定最优群配置，计算出建造所需要的最少时间步情况下的机器人数量，需要考虑最短路径规划，并避免任务分配的冲突。

研究团队在真实环境中搭建了机器人原型机，展示了其在栅格框架上自动行走、放置和去掉体素的能力；同时在仿真环境下，对所提方法的自我复制、分层路径规划以及组装等过程进行了验证。通过这项研究，在机器人能够根据需要构建的几何体，自动设计构建序列，并基于原材料完成构建。这为未来基于多机器人实现复杂装配和建造迈出了重要的关键一步。

（二）多家机构展示人形机器人原型机

1. 人类与机器人认知研究所展示 Nadia 机器人

当前，波士顿动力引领着双足机器人的发展，最受关注的机器人当属其推出的 Atlas 机器人，它在复杂环境中展现出的运动能力令人叹为观止。但少有人知道，在 Atlas 背后为其提供重要运动控制算法的研究机构：人类与机器认知研究所（The Institute for Human & Machine Cognition，IHMC）。这家研究所位于美国佛罗里达州，在人形机器人领域专注于运动控制算法，曾为波士顿动力的 Atlas 机器人和美国航空航天局（NASA）的 Valkyrie 机器人提供控制算法支持，帮助 Atlas 夺得了 2015 年 DARPA 机器人挑战赛的全球第二名。为了突破市场上已有硬件平台的物理性能极限，这家研究所自 2019 年开始决定自主研制机器人硬件本体，并获得了美国海军研究办公室、陆军研究实验室、美国宇航局约翰逊航天中心和坦克汽车研发工程中心等机构的支持。经过三年的迭代，他们在 2022 年 10 月 5 日首次发布视频展示了双足人形机器人原型机 Nadia 的最新进展，如图 4 所示。

Nadia 这个名字源于罗马尼亚著名体操运动员纳迪亚·科默内奇。Nadia 的身高与成年男子相仿，不包括液压泵和电池的体重为 90kg。Nadia 充分利用电动执行器控制精准和液压执行器力量较大的优势，研制了 7 自由度的电动臂、3 自由度的电动骨盆、2 自由度的液压躯干和 5 自由度的液压腿。机器人的大部分外壳采用碳纤维材质，同时采用

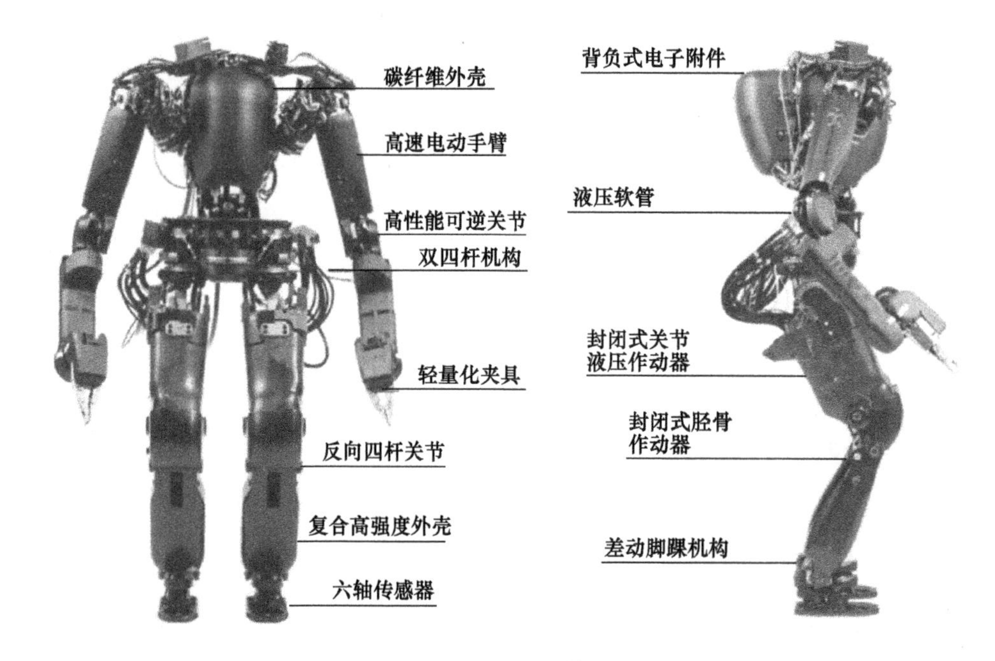

图 4　Nadia 机器人

了穆格公司与意大利技术研究院合作研发的集成智能执行器(Integrated Smart Actuators),这种执行器曾被 IIT 用在 HyQ 四足机器人身上。

相对于 Atlas 等其他人形机器人,Nadia 全身关节有力、活动范围更大、速度更快。具体而言,它具有良好的髋关节横滚、外展和内收控制(Hip Roll、Abduction or Adduction),使得它能够迈出或宽或窄的步伐;具有全脚踝驱动(Full Ankle Actuation),能够进行精确的脚部放置(Foot Placement)。视频显示,Nadia 可完成高抬腿大步跑、复杂地形行走、被棍棒顶撞后保持平衡等操作。由于液压软管的布线等原因,Nadia 机器人某些关节的运动范围受到了限制,整体重量也偏大。

理想情况下,机器人能够自主执行各种复杂任务,同时人类也能够对它们进行有效的控制。但短期内,IHMC 的一位研究科学家 Robert Griffin 认为,如果完全采用完全自主的方式执行任务,可能无法发挥平台的全部性能,而利用虚拟现实的方式进行沉浸式操作,则可以把人类的认知能力与机器人的操作能力得到非常好的结合。未来,Griffin 表示,在技术方面,他们希望 Nadia 最大特点是将来能够完成多触点移动(Multicontact Locomotion);而在应用方面,通过人机协作的方式完成既危险又复杂的工作,如灾难响应、核修复、炸弹处理等(Disaster Response, Nuclear Remediation, Bomb Disposal)。

2. 特斯拉发布双足机器人原型机 Optimus

自马斯克在 2021 年特斯拉 AI 日发布了 Tesla Bot 概念机之后,在 2022 年 9 月 30 日的特斯拉 AI 日上，原型机也首次亮相。现场展示了两版原型机：第一版原型机于 2022 年 2 月研发成功，在现场展示了独立行走等动作；第二版原型机还不能独立行走，但其外观已经接近概念机。图 5 所示为特斯拉双足机器人研制进展情况。

图 5　特斯拉双足机器人

这个双足机器人称为擎天柱（Optimus），身高 173cm，体重 73kg，核心处理器为 1 个特斯拉系统芯片（SoC），具有 28 个结构执行器，配备 2.3kWh 电池组，手部拥有 11 个自由度。现场通过视频进行了展示，在有绳索保护的情况下，能够独立执行简单的任务，包括在办公室浇花、在工厂搬运箱子、捡起金属棒等任务。

擎天柱机器人的特点主要包括以下两个方面：

（1）关节和执行器。擎天柱机器人有 28 个关节，每一个关节里面都有多套执行器。这些执行器仿照人体骨骼的运动轨迹，以实现行走、搬运等操作。在执行器单元的设计方面，单个执行器最大重量均不超过 2.3kg，其中推力最大的线性执行器能够提起一架近 0.5t 的钢琴。针对不同的运动形式，搭配了不同的轴承和结构设计。擎天柱的手拥有 6 个执行器，11 个自由度，能够使用工具，支持自适应手指抓取，尤其是精密小零件，最大可抓起 20lb 的重量。

特斯拉公司展示了擎天柱是如何走路和搬东西的。走路这一过程看似简单，却涉及物理自我感知、高能效步法训练、身体平衡、动作协调等 4 个关键的设计，逐步从实现迈步、骨盆控制、手臂摆动到实现真正的行走。利用运动规划器，输入实际期望的运动路径，生成机器人的实际动作轨迹。对于机器人如何搬东西，则是先让人示范这一动作，通过动作捕捉系统获取人类动作姿态变化，使得机器人能够在数字孪生环境中进行训练。

（2）擎天柱的体系结构是基于特斯拉电动汽车的工程思想和基础架构进行搭建的。

例如,基于特斯拉全自动驾驶(Full Self - Driving,FSD)的计算机模组和方案;面部配备 8 个汽车同款 Autopilot 摄像头,最远监测距离可达 250m;能够识别环境和目标,实现三维路径导航等。

马斯克对这台双足机器人寄予厚望,希望它将来能够在工厂真正地执行任务,成为人们的朋友,甚至成为类似于《星际迷航:下一代》中的机器人 Data。马斯克希望它在未来 3 ~5 年后量产,并且分别用不可思议(Incredible)和令人震惊(Mind - Blowing)展望了 5 年和 10 年以后 Optimus 的技术水平。很多学术界和产业界的专家也表达了对 Optimus 的看法,普遍认为没有看到令人印象深刻的技术特色,但对于短短一年时间的快速进展表示赞赏,并希望看到未来更加出色的工作。

3. 小米发布双足机器人原型机 CyberOne

2022 年 8 月 11 日,在小米秋季新品发布会上,一款全尺寸双足机器人原型机 CyberOne(铁大)登场亮相,并向小米公司创始人雷军献花。这个双足机器人身高 177cm,体重 52kg。这是小米自 2021 年 8 月 10 日发布四足机器人 CyberDog(铁蛋)之后,短短一年的时间再次发布新款足式机器人。

如图 6 所示,这款双足机器人主要有以下三个方面的关键技术。

小米	
名字	CyberOne、铁大
身高	177cm
体重	52kg
自由度	21
关节	16
双手	无十指
速度	3.6km/h
负载	无
面部	无
视觉	Misense视觉空间系统
人工智能	情绪感知:显示模块、听觉传感器、视觉传感器;音频算法:85种环境语义识别,6类45种人类语义情绪识别
成本	60–70万
售价	无
原型机时间	8月11日

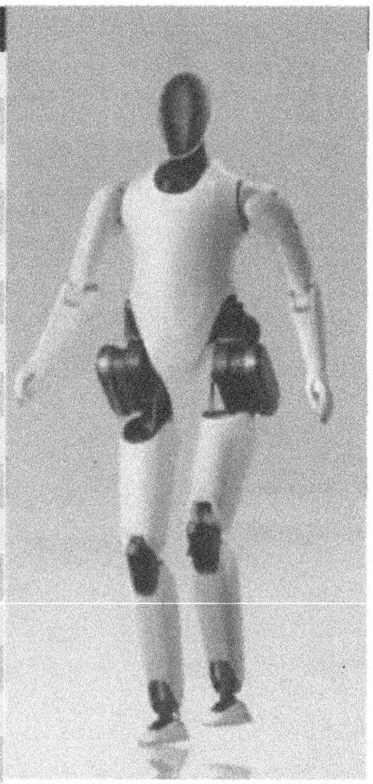

图 6　小米 CyberOne 及关键技术

(1)机械关节模组和全身控制。人形机器人要保持平衡,需要良好的机械设计、关节驱动和控制算法的协同配合。其采用电机驱动,搭配编码器和减速器,即可在较为简单的环境中行走。利用全身控制算法,能够协调全身21个关节的自由度。其中,肩部电机支持三维空间自由度,髋关节所在的核心运动模组瞬时峰值扭矩300N·m,支持其行走速度达到了最快3.6km/h;上肢关节配备了重量仅为500g、额定输出扭矩30N·m的高效电机;单手垂直抓握物体重量为1.5kg。在此基础上,实现了上肢拖动示教学习,能够示教的方式学习新动作。

(2)视觉空间系统。搭载自研Mi-Sense深度视觉模组,通过自研算法对真实世界进行三维重建,在8m内深度信息精度达到1%,同时支持GPS时钟同步。利用CyberFocus万物追焦技术,可智能识别目标进行焦点锁定。如果焦点出镜,则可以在3s内进入视野依然可以继续追踪。

(3)情绪感知与音频算法。脸部为面罩,外层半透明材质,内层为OLED与柔光特效,通过2D弯曲贴合显示模组实时表达机器人情绪。搭载双麦克风识音系统,通过音频算法和自然语言处理算法,可识别6类45种人类语义情绪,识别85种环境语义。结合人物身份识别、手势识别、表情识别算法,能够与人进行交互。

在2022年12月,小米又发布视频展示了"铁大"击打架子鼓的能力。首先通过输入一个MIDI文件,机器人能够将其解析为鼓点,然后生成与音乐同步的全身轨迹序列,最后协调身体运动,由末端执行器对架子鼓进行击打。小米机器人实验室的高级硬件工程师任赜宇表示,在原型机发布后,他们收到了很多大众的反馈,希望看到人形机器人做到人类不容易做到的事情。为此,他们开展了击打架子鼓的研究工作。目前,小米正在研发第二代CyberOne,将进一步提升其视觉、运动和操控等方面的能力。

三、观察与思考

2022年,在前沿技术领域,机器人出现了某种程度的"自我感知"和"自我复制"的操作,这无疑是无人系统自主性的一大进展。机器人不再仅仅获取周围的信息,还能够区分"自我"信息和环境信息;机器人也不再仅仅对工业产品进行生产组装和装配,还可以搭建出新的"自我",并且这个新机器人也能够执行同样的操作。但也要认识到,相对于既复杂又神秘的人类意识来说,这些机器人"意识"只能认为是特定条件下对人类意识的某些形似体现,距离创造出真正跟人类意识神似的机器人"意识"还有相当遥远的距离。

在全尺寸人形机器人方面,IHMC、特斯拉和小米等机构都推出了自研的人形机器人。但是,全球尚无成熟应用的人形机器人,包括一直以来备受关注的日本的ASIMO机器人和美国的Atlas机器人,都受到核心技术不成熟、产品成本高昂且应用场景难以落地等多种原因的困扰,仍然需要在需求挖掘、技术积累和降本增效等方面下功夫。

在装备应用领域,能否在复杂和恶劣的环境中长时间持续稳定工作是需要解决的实际问题,也是艰巨的挑战。美国 DARPA 等机构长期引领相关领域的技术探索。例如,DARPA 针对野外环境下的无人系统自主性试验研究仍然在继续进行中,所给出的课题将吸引国内外研究者持续跟进。研究机构需要根据实际需要,提出非常具有挑战性的需求,首先参考在民用或理想环境下的成功应用的技术积累,然后针对仍然存在的问题跳出已有技术框架,试图填补技术盲区。这种技术路线对于机器人在装备应用领域的发展非常有启发意义。

(中国电子科技集团公司智能科技研究院　孟祥瑞)

脑机接口持续进展,为人机混合智能发展奠定坚实基础

人机混合智能是通过人机融合与协作,提高人与系统的综合性能,使人工智能与人类智能相结合,从而使当前的人工智能技术具有解决更复杂问题的能力。脑机接口是实现人机混合智能的重要途径,通过在人或动物脑(或者脑细胞的培养物)与外部设备间建立的直接连接通路,实现脑与设备的信息交换。近年来,脑机接口在医疗领域进行了大量试验,并逐步向其他领域拓展。2022 年度,脑机接口领域稳步前进,介入式脑机接口的长期安全性首次为临床所证实,非侵入性脑机接口技术在瘫痪者控制轮椅方面的研究探索了人类智能和人工智能的耦合,这为人机混合智能的发展进一步奠定了较为坚实的技术基础。

一、发展背景

1924 年,德国精神科医生汉斯·贝格尔首次记录到脑电波,开启了脑机接口的探索时代。1973 年,美国加州大学教授 Jacques Vidal 提出脑机接口这一概念。1990—2000 年,在美国“人类脑计划”的资金支持下,脑机接口的研究进入了高速发展期。这一时期,出现了许多重要的突破和创新。例如:无创式脑机接口系统,负责视觉诱发电位、运动想象等功能;侵入式脑机接口系统,负责皮层微电极阵列植入、神经元活动记录等功能。2000 年以后,随着计算机性能、信号处理算法、神经科学知识、生物材料等方面的进步,以及商业公司和社会组织等各方面力量的加入,脑机接口技术进入第三阶段。

脑机接口主要由大脑、脑信号采集、脑信号预处理、信号解析、控制接口、外部控制设备和神经反馈组成,形成了一个闭环。脑机接口利用神经活动作为控制信号,实现人脑与外界的直接通信。由于神经活动的本质是电信号的产生与传递,因此目前的主

流方式是基于电信号的检测与刺激展开研究。脑机接口与大脑的交互有三种范式,具体如下:

(1)读取信号。读取大脑的电信号或者血氧信号来检测神经活动。主要应用于运动辅助和对外交流(如意念控制机械臂,意念打字),以及疾病诊断。其技术难点是获取信号的安全性和精度问题。

(2)写入大脑。通过电、磁、超声等作用方式,将能量或信号输入大脑,可以起到兴奋、抑制或调节神经信号的效果,从而改善脑部功能。主要应用于疾病治疗,如经颅磁刺激治疗自闭症。其技术难点是脑功能研究,包括神经信息和脑功能之间的关系,以及需要探明刺激哪一片脑区可以收获最佳治疗效果等。

(3)双向交互。融合了前两种交互的范式,实现记录与实施刺激的协同。双向的脑机接口比单向的效果更加优化,可以更好地还原真实神经通路的交互模式。双向交互要确保实时的反馈和智能调控,实现起来难度较大,但也更具价值。

脑机接口受到各国政府大力支持。美国继人类基因组计划、曼哈顿工程以及阿波罗计划之后,将人类脑计划列入另一项宏大的技术工程,并在 2021 年 10 月将脑机接口技术纳入出口管制项目。中国也将脑机接口和脑科学列为 7 项“卡脖子”技术之一,写入“十四五”规划。脑机接口已经成为资本追捧和科技巨头争抢的风口,不仅仅是马斯克的 Neuralink 公司,华为、谷歌、Meta 等海内外大型科技公司均在这一领域有所布局。

二、2022 年的主要进展

2022 年度,脑机接口技术在人体上成功试验,并证实了侵入式长期安全性,同时在功能方面,通过长期植入的脑机接口控制电子设备。另外,通过非侵入式脑机接口,证实了用户和脑机接口算法的相互学习对成功实现交互功能同样重要,可以看作人类智能与人工智能结合的结果,从而为人机混合智能的发展提供了依据。

(一)临床证实介入式脑机接口长期安全性——Synchron 公司在美国开展首个人体试验,成功将其设备植入患者体内

Synchron 脑机接口公司开发了名为 Stentrode(图 1)的设备来帮助严重瘫痪的病人,目标是让患者能够通过血管内的脑部植入物控制数字设备。Synchron 公司的 Stentrode 不需要在颅骨上打孔,而是通过颈静脉被微创植入大脑运动皮层。Synchron 公司自研的 BrainOS 操作系统将解码传感器读取到的信号,再将其转化为通用信号,用户只用眼球和想法就能控制电子设备。

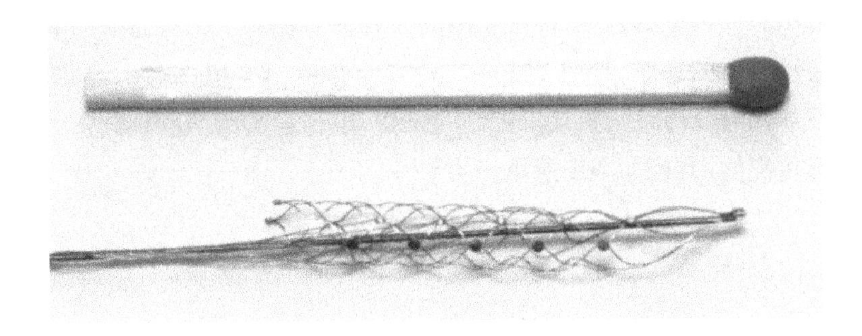

图 1　Stentrode

2022 年 5 月,Synchron 公司宣布开始在美国进行名为 COMMAND 研究的首次人体临床试验,首位 COMMAND 患者在纽约西奈山医院参加了临床试验。2022 年 7 月,医生将一个由电线和电极组成的 1.5inch 长的植入物插入一名肌萎缩性侧索硬化症(ALS)患者的脑部血管。该公司的研究人员研究了患者的大脑解剖结构,并在植入设备之前测量不同的预期运动如何影响他们的大脑信号。他们利用能获取的所有信息来改进解码器,通过解码器翻译患者的运动意图,从而有效地使用神经信号将患者的运动意图数字化。Synchron 公司通过新的算法将神经信号转化为患者可以通过思维控制的可控数字输出。接受植入的患者获得了通过大脑信号控制数字设备的能力,并且在手术后没有发生严重的不良反应。

(二)人工智能与人类智能相结合——非侵入性脑机接口技术助力瘫痪者控制轮椅

脑机接口技术是人与机器的互动,但大多数研究将注意力集中在人类身上,而忽视了机器组件,仅仅将机器降级为执行用户命令的简单设备。随着人工智能的发展,机器组件拥有更强的"智能",如何耦合人类智能和人工智能,成为实现人机高效交互的关键。

2022 年 11 月,细胞出版社(Cell Press)旗下期刊 iScience 刊发题为"学习控制严重四肢瘫痪患者的 BMI 驱动轮椅"的最新研究成果,研究人员证明,在经过长时间的训练后,四肢瘫痪的使用者可以在自然、杂乱的环境中操作思维控制轮椅。研究团队招募了三名四肢瘫痪的人进行研究,参与者通过思考移动身体部位来控制轮椅的方向。研究中发现,三名参与者的 BMI 解码准确率(设备的反应是否与参与者的想法一致)表现差异明显,有两名参与者训练后准确率明显提升,另一名参与者仅仅在最初有所提高,之后趋于稳定。

两名参与者的准确率提高与特征辨别能力的改善相关,特征辨别能力是算法区分不同行动方式对应的大脑活动模式的能力。当他们提高精神控制设备的准确性时,其脑电波模式也发生了明显的变化,这意味着在长期训练过程中,他们的大脑发生了皮质重组,巩固了调节大脑不同部分的技能,以生成不同大脑活动模式。另一位参与者在后续训练过程中没有主动学习的意愿,导致其表现也不能尽如人意。以上结果说明,仅仅依靠机器学习不足以成功操纵通过脑机接口控制的设备,参与者大脑活动模式的改变对脑机接口的表现具有更高的影响,如图 2 所示。

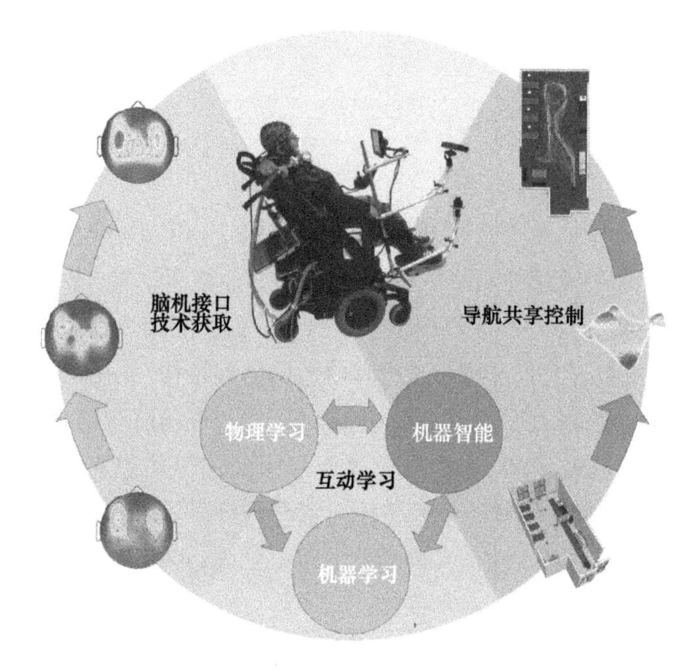

图 2 研究模式

三、未来发展展望

对于侵入式脑机接口,目前存在 2 个难点:①植入物缺少足够的信号通道。1962 年,人类有 3 个通道可以获取深部脑信号,到 2021 年马斯克开辟了 1000 个通道,摩尔定律是每 18 个月 CPU 速度提升一倍,但在脑机接口领域,每 70 个月才提升一倍,提升速度并不快,从而造成神经信号采集的效率并不高。②侵入式存在创伤,难以实际应用。例如马斯克采用的柔性电极方案,对患者伤害虽然小,但是要把柔性电极插入大脑依然要做开颅手术。

对于非侵入式脑机接口,现阶段存在两个难点:①头戴设备舒适度和信号质量及稳定性信号采集问题;②非侵入是一种集合的信号采集方式,会面临整个大脑实时信号的变化,需要对实时信号的变化做判断。

针对脑机接口现阶段存在的问题,采集技术、刺激技术、范式编码技术和解码算法技术等呈现如下发展趋势:

(1)随着微纳加工技术和材料技术的不断革新进步,脑机侵入技术不断革新,植入电极朝向柔性化、小型化、高通量、多功能和集成化方向发展。非植入式技术受益于机器学习、深度学习等算法的广泛普及,信号解析能力不断提升,抗扰降噪性能不断加强,凝胶等新材料的应用也使得脑信号采集设备更具舒适度,近红外等光学检测手段也为脑信号检测提供了新的解决思路。

(2)以脑深部电极刺激为代表的神经调控刺激技术,通过基于特异性生物标志物监测等手段实现闭环自适应控制,并结合机器学习和深度学习等手段实现动态精准刺激。植入式视觉调控技术相关研究正从浅层视网膜刺激向视觉重建效果更好的脑皮层刺激深入。

(3)在脑机接口系统中,用范式来表征对预定义的大脑意图的编码方案。范式技术的产生是因为大脑的各种思维与响应活动千变万化,因此很难直接从中准确解码特定类型的活动。范式编码技术在发展过程中日益重视纳入用户感受,朝向更加友好和高效的方向发展演进。新的范式不断出现,带来更加丰富的探索实践。例如,视觉诱发电位刺激范式的界面布局更加优化,提高用户的舒适度,同时引入人脸图像刺激及融合音视频等物理刺激手段,有效提升了使用者的脑机接口性能表现;稳态视觉诱发电位范式通过降低亮度、减少刺激面积等方式避免使用者的视觉疲劳,并通过对频率、时间、空间的混合编码优化,实现脑机接口系统性能的提升;运动相关皮层电位范式和运动想象范式通过主动式的运动意图诱发人脑响应信号,从而使脑机接口系统的使用状态更加真实自然。

(4)解码技术用于了解采集记录的信号含义。依托分解算法、机器学习、深度学习、黎曼几何等方法,解码精度和效率不断提升,同时为脑机接口系统解决跨用户和跨时间的可变性难题,提供了新的解决思路。

四、观察与思考

在应用方面,脑机接口的产业应用实践将具有显著的社会效益,特别是神经疾病群体(渐冻症、癫痫、帕金森等)生活质量改善起到显著推动作用,推动医疗、康养产业数字化和智能化;脑机接口技术将推动人体增强和替代技术发展,对人类生活和社会活动产生颠覆性影响。

在军事应用方面,通过脑机接口技术,人类的思想可以直接传导到人工智能软件或机器人上,从传感器和机器传回的信息也将直接传到人类大脑。最终,人类和机器可以进行认知上的无缝协作,实现人机混合智能。未来军事应用的潜在场景和效果包括:

（1）提升人机协作的效能。以往的人机界面，需要通过屏幕、文本或其他形式进行间接的交流，而脑机接口技术能够实现人机之间的直接互动，提高人机交互和协作的效率。

（2）提升通信的安全性以及决策的效率。脑机接口技术有望实现作战人员之间大脑直接的信息传输，从而越过基于数学知识的加解密环节，实现更高层级的保密通信。

（3）提升作战准备阶段和战斗中的认知能力。运用脑机接口技术可以增强军人在任务分配和大量信息存储领域的记忆力，通过电刺激或化学刺激，增强军人的认知能力，改善对作战任务的记忆或实现对大量信息的快速记忆。

（4）提升作战人员态势感知和数据处理能力。脑机接口技术有望增强人的视觉、听觉等能力，更迅速地做出决策，增强人与人工智能、自主武器系统的连通性，实现对无人机蜂群等更多数量和类型的机器人的实时控制。

（中国电子科技集团公司智能科技研究院　孟繁乐）

“忠诚僚机”进展与分析

“忠诚僚机”是指能够与传统有人战机编组执行任务的无人机。“忠诚僚机”不需要有人机进行精密指令操作，而是接入有人机数据链，由有人机飞行员对“忠诚僚机”下达作战指令，再通过人工智能系统决定执行指令的具体方式。“忠诚僚机”属于有人机/无人机智能协同作战范畴，是其重要的表现形式，是有人机/无人机智能协同作战的代表性发展方向。“忠诚僚机”涉及技术门类众多，主要包括动力、自适应与分布式任务规划、传感器融合、作战识别、任务优化与分发、自适应通信、驾驶员侧界面与工作量管理、人—机任务报告等技术。2022 年，西方主要国家进展显著，美国“忠诚僚机”进入工程研制阶段，“无人机航空母舰”初现雏形。

一、发展背景

近年来，随着各国新一代隐身战机的不断增多，各国对于隐身战机之间的空战模式展开了大量的研究工作。研究结果表明，隐身战机空战，由于双方都具有较强的隐身性，仅凭机载雷达在超视距空战中很难探测到对方。由于隐身战机的隐身性能，协助隐身战机作战的预警机的探测距离也大为缩短，同时预警机自身也时刻处于危险之中，成为隐身战机的优先目标，基本上等到预警机能探测到隐身战机的时候，预警机自身也进入了隐身战机携带的远程空空导弹的攻击范围，所以预警机在隐身战机空战中的作用被大幅削弱，需要更为廉价可靠的前置传感器代替昂贵的预警机来协助隐身战机及时发现目标。此外，有人战机成本节节攀升，尤其是四代隐形战机，其制造和使用成本达到了让超级大国也难以承受的地步，需要较为廉价的下位替代品执行部分任务；有人隐形战机弹仓容量不足导致武器携带量不足、持续打击能力差，需要与之配合的武器发射平台提高持续打击能力。综上，无人僚机开始萌芽并发展。

美国是最先提出“忠诚僚机”概念的国家。2015 年 7 月，美国空军研究实验室计划在 2020—2022 财年进行无人机项目的演示验证，展示无人机僚机如何在高对抗环境中与有人机协同作战。该实验室发布信息征询书指出,若一组无人机参与作战,它们之间必须相互协同。作战时,它们可以发挥武器载机的作用,由有人机提供目标信息;当有人机实施攻击时,它们则充当诱饵欺骗敌方防空系统。此外,它们还可作为数据节点,整合任务中收集到的情报。这份需求信息还要求无人驾驶的僚机还应携带更多数量的机载武器,可以充当第五代战斗机的一个飞行弹药库,按照飞行员的态势判断和下达的指令,随时攻击空中和地面目标。该征询书被认为是无人僚机的最早雏形。

2016 年 3 月,美国国防部副部长罗伯特·沃克首次提到了被称为为"忠诚僚机(Loyal Wingman)"概念,提到用有人战机改无人战机(UCAV),通过为 F-16 战斗机设计和研制一种人工智能模块,确保美国空军在未来战争中实现无人驾驶的 F-16 战斗机与最新装备的 F-35A 战斗机之间的高低搭配,从而有效地摧毁空中和地面的目标。同年美军人工智能空战系统 Alpha AI 在模拟空战中战胜了退役飞行员,说明在仿真层面,智能学习模型已经达到或接近实战水平,证明了无人机空战的可行性,也为"忠诚僚机"计划奠定了软件基础。

2017 年 4 月,洛克希德臭鼬工厂通过改造一架 F-16 战斗机,完成了美国空军研究实验室支持的一系列"突袭者(Have Raider)"技术测试,验证了经过优化的自主飞行算法的有效性。在飞行验证期间,模拟 UCAV 的 F-16 试验机在空对地打击任务中能够快速、自主地应对不可预见的障碍和威胁,同时仍然完成了预定的模拟任务。该僚机自主地与一架长机编队飞行,执行了地面攻击任务,在任务完成后重新与长机自主汇合。

由于基于有人战机改造的无人机成本较高,美国各企业放弃了基于有人战斗机改造为无人机的思路,转向投资研制低成本可消耗性的无人机平台。2017 年美国空军实验室发布了"天空博格人(Skyborg)"项目,旨在开发一种新型的喷气动力无人机,这种无人机作为"忠诚僚机"需要足够智能,仅需要载人飞行器驾驶员很少的干预和控制,就可以与载人飞行器协同飞行。"天空博格人"在模块化的无人机中使用人工智能技术,并具备快速更新、可消耗、自主性、开放架构等特征。该项目于 2019 年被纳入美国空军研究实验室高优先级的"先锋"(Vanguards)研究计划,演示了协同作战飞机的可行性,有多款无人机参与了该项目的研究工作,包括克拉托斯公司的 XQ-58"女武神"与 UTAP-22"灰鲭鲨",通用原子公司的 MQ-20"复仇者"等。

美军公开在研的"忠诚僚机"代表性项目包括美国空军研究实验室联合克瑞托斯公司开发的 XQ-58A(图 1)、UTAP-22(图 2),以及波音公司的"空中力量组合系统(Airpower Teaming System,ATS,图 3)"。XQ-58A 项目(原编号为 XQ-222)源于美国空军"低成本可消耗打击验证机(Low Cost Attritable Strike Demostrator,LCASD)"计划,2018 年改名为 XQ-58A。2019 年 3 月,XQ-58A 无人机原型机在亚利桑那州尤马试验场完成首飞。UTAP-22 基于克雷多斯的 BQM-167A 无人机进行改进,2015 年 12 月在美国海军在加利福尼亚州中国湖的测试场上的一次群飞行演示中首次出场,2017 年 5 月被克拉托斯正式命名为“灰鲭鲨”,是一种比 XQ - 58 更加低成本的无人僚机。

图 1　XQ - 58A

图 2　UTAP - 22

图 3　ATS 计划

2019 年 2 月,波音公司在澳大利亚阿瓦隆航空展上首次展示了 ATS 飞行器模型。参展信息显示,该项目发展的装备旨在作为第四代和第五代战斗机的无人僚机。2020 年 5 月,波音公司向澳大利亚皇家空军展示了第一架“忠诚僚机”无人机原型机。2021 年 2 月,澳大利亚波音公司与澳大利亚皇家空军(RAAF)合作,成功完成了“忠诚僚机”无人机系统(UAS)的首次试飞。这架无人僚机是澳大利亚 50 多年来设计和制造的第一架军用飞机,旨在利用人工智能提供载人机—无人机协同作战能力,以支持空军行动。

俄罗斯方面的“忠诚僚机”有两条发展路线:传统低成本的轻型“雷霆(Grom)”无人机和具备较强空战能力的“猎人(Okhotnik)”无人机。前者潜在目标为米格-29、米格-35 战斗机的忠诚僚机,如图 4 所示;后者潜在目标为苏-57 战斗机的忠诚僚机,如图 5 所示。

图 4 “雷霆”无人机

图 5 S-70“猎人”重型无人机

2020 年 9 月,“雷霆”无人机模型在“陆军-2020”国际军事技术论坛上首次亮相。该无人机与有人机一起在攻击梯队中充当僚机。它能够携带空地导弹,用于摧毁防空系统,以及水面舰艇和沿海设施。除了自身的作战能力,“雷霆”无人机还能够控制 10 架“闪电(Molniya)”战斗无人机。克朗施塔特公司(Kronstadt)称,“闪电”无人机可与“雷霆”控制无人机通信,实现无人机之间的不间断数据交换,可更改集群中每架无人机的任务,允许无人机在不与有人机持续通信的情况下完成小组内的任务。2022 年 8 月,在“军队-2022”国际军事技术论坛上,克朗施塔特公司宣布已根据相关的俄罗斯国家合同开始对“雷霆”无人机进行初步设计。

俄罗斯的“猎人”无人机发展较为迅速。2019 年 8 月,“猎人”重型攻击无人机进行了首次飞行。“猎人”作为苏-57 的“空中弹药架”,可以携带各种武器,以解决苏-57 内部载弹量有限的问题。2021 年 6 月,有消息称苏-57 的一名飞行员能够同时协调4架最新的“猎人”。俄罗斯国防部希望将“猎人”无人机与苏-57飞行中队合并，建立一个有人—无人驾驶飞机联队(MUM/T)。该计划的目标是在有人和无人机之间建立数据链,使苏-57飞行员能够向武装无人机分配任务,从而进一步证明S-70“猎人”无人机能够充当苏-57的“忠诚僚机”角色。2022年5月,“猎人”无人机在试飞过程中发射了空地导弹。

欧洲方面,法国、德国和西班牙联合开发的欧洲未来空中作战系统(FCAS)新型战斗机项目于2017年启动。FCAS明确提出无人僚机需求,其配套的项目名为“远程载机(Remote Carrier)”计划,该计划以空客公司、MBDA欧洲导弹集团和西班牙SATNUS产业联盟为主要研发方。“远程载机”将涵盖从几百千克的小型多用途无人机到几吨重的先进僚机在内的多种机型。其中:前者将能作为FCAS的直接攻击弹药和空射型诱饵;后者则具备情报、监视、侦察(ISR)、目标捕获、电子战乃至直接参与空空作战的能力。法国还试图将2012年启动的“神经元”无人机改造为无人僚机,并在2020年2月进行了“神经元”无人机与5架“阵风”战斗机以及1架预警机进行战术配合作战的测试。法国国防部称,此次测试的目的是研究在实战环境下使用隐身无人机作战的能力,也包括研究应对敌方隐身无人机的能力。测试的结果将用于FCAS项目。

二、2022年主要进展

2022年,“忠诚僚机”进展显著,主要包括:美国“忠诚僚机”进入工程研制阶段,相关技术接近成熟;将无人机蜂群计划引入到“忠诚僚机”中,“空中航空母舰”初现雏形;“忠诚僚机”纳入了智能弹药蜂群计划。

(一)美国“忠诚僚机”进入工程研制阶段,相关技术接近成熟

2021年12月,美国国防部表示将在2023财年预算中编入两种无人作战飞机的研制计划,一种是作为B-21隐身轰炸机的无人僚机,另一种则是“下一代空中优势”(NGAD)战斗机的忠诚僚机,成本最多为各自长机的一半。

2022年5月,美国国防部表示,NGAD计划中的“忠诚僚机”——合作式作战飞机(CCA)会跳过技术成熟与风险降低(TMRR)阶段,直接进入工程研制(EMD)阶段。CCA将以“天空博格人”项目、国防高级研究计划局(DARPA)的“空战进化”(ACE)智能算法项目和波音公司MQ-28A无人机项目为基础,加快研制进度。CCA预计可携带传感器、通信系统、武器、对抗系统和其他任务系统,有能力执行“全套战术行为”。以此推测,NGAD的“忠诚僚机”将是一架无人战斗机。

2022年8月,美国空军一名高级项目执行官称,“天空博格人”项目已接近完成,这标

志着无人僚机的相关技术已经接近成熟。该项目的软件系统已安装在不同的无人机上进行了多次试飞,其"自主核心系统"(ACS)完成了一系列安全系统操作所必需的基本运行功能,并验证了低成本可消耗性无人机军事应用的可行性。其软件系统的范围从简单算法到空域内飞行和控制,再到可以完成某些任务的更复杂的人工智能算法,未来将装备在多种无人机上,使得无人机与其他有人战斗机、轰炸机等协同作战。该项目的完成对于无人僚机的发展具有极大的推动作用,进一步加快了无人僚机的发展。

2022 年 11 月,美国空军负责科学、技术和工程的助理部长表示,"天空博格人"项目将会在 2023 年融入 CCA 项目中,并正式纳入采办序列,成为美国空军未来作战系统的重要组成部分。同月,五角大楼宣布,美国空军将在 2024 财年预算中对 CCA 项目进行重点投资。美国空军认为,"合作式作战飞机"技术已足够成熟,在军种内部协调良好,可以积极推进并在几年内形成战斗力。

(二)无人机蜂群引入"忠诚僚机""空中航空母舰"初现雏形

洛克希德·马丁公司提出了未来的"忠诚僚机"将会以高低搭配无人机蜂群的形式登场,并有配套的空中投送体系的设想,而德国比美国更早一步开展了"空中航空母舰"验证工作。

2022 年 7 月,洛克希德·马丁公司副总裁兼臭鼬工厂总经理约翰·克拉克详细解读了对未来战术空战的设想,即"有人—无人分布式组队"概念的细节,包括"分布式"的无人机层级,从低成本的消耗型到精致昂贵的隐身型,以便在未来几十年内与有人驾驶飞机协作。这一设想的核心是由不同的无人驾驶飞机组成的多层"分布式组队"与有人驾驶飞机协同工作,这为"忠诚僚机"提供了更有能力的设计方案。洛克希德·马丁公司还发布了 4 种不同类型的无人平台用于实现"分布式"的无人机层级,从较低端的"消耗性"设计到更"高性能"的设计应有尽有,这些无人平台的作用是以互补的方式与现有和未来的有人驾驶作战飞机协同行动。

2022 年 9 月,约翰·克拉克表示,新概念无人机很快将进行初步飞行测试,如果后续试验得以成功,用于投送无人机的"空中航空母舰"将会成为现实。如图 6 所示,在未来战场上,一架充当"空中航空母舰"的 C-130 可空投装满小型一次性无人机的货盘,这些无人机脱离后立即开始飞向 F-35 编队。当 F-35 飞行员飞向敌方地对空导弹基地时,他们会向自己控制的无人机发出相关命令,根据无人机收集的战场数据,飞行员会收到可能威胁告警,并使用其他无人机在前方侦察到的信息提出替代路线建议。

美军披露的 CCA 计划细节则为洛克希德·马丁公司的构想提供了佐证。2022 年 9 月,美国空军披露 CCA 计划的新细节,描述了一个包含无人机蜂群的作战概念——5 架或更多的无人机能够用传统弹药攻击空中或地面目标、发动电子战攻击、充当传感器或通信中继节点或仅仅充当诱饵,所有这些任务都与一架有人驾驶飞机协同完成。有人机将不同的有限任务集分配给一个较大蜂群中的不同无人机,甚至是一个完全联网的蜂群。这有可能极大地提高行动的灵活性和成功执行任务的可能性。

在"空中航空母舰"的试验验证方面,德国走在了美国前面。作为 FCAS 计划的开发支柱,空客公司推出了"远程航空母舰"概念,用运输机作为载体在空中发射无人机。2022 年 12 月,德国空军一架 A400M 运输机首次进行了空投无人机试验。A400M 通过弹射器投放了数架由空客公司研制的 Do - DT25 靶机,该靶机在弹射出机舱后立即在空中启动发动机继续飞行,随后运输机上的靶机操作员将 Do - DT25 控制权转交给地面控制端,在经过测试后靶机降落到地面。未来 A400M 还将拓展空中回收无人机的功能,进一步完善"空中航空母舰"的功能。

图 6 C - 130 投放的无人机作为 F - 35 和未来 NGAD 的"忠诚僚机"

(三)"忠诚僚机"纳入智能弹药蜂群计划

无人僚机配套的弹药走向蜂群化的道路。2022 年 9 月,美国空军全寿命周期管理中心(AFLCMC)军备局与 Liteye Systems 公司和 Unmanned Experts 公司签订了 Web Weasels(简称 WW)自主集群人工智能弹药研制合同。WW 项目旨在将人工智能和机器学习训练的算法引入到弹药中,通过编制"剧本"的方式为集群弹药在发射前提供一系列指令,以便完成特定任务。集群智能弹药拥有边缘 AI 硬件、固件和通信架构,使其能够进行协同战场环境评估、群间协商作战方案、基于感知调整作战预案。WW 项目的研发由三个团队负责,一个团队负责构建和训练 AI/ML 算法,一个团队专注于边缘 AI 与自适应自主算法,一个团队负责测试 HIS 协同。智能弹药的部分试验将通过小型无人机组成的蜂群进行模拟试验，目前已经实现了 55 架无人机的集群模拟试验，后续还将进行更大规模的试验。

2022 年 11 月，美国空军负责科学、技术和工程的助理部长表示，“金帐汗国”项目将在 2023 年融入 CCA 项目中，成为美国空军未来作战系统的组成部分。“金帐汗国”项目于 2019 年 3 月提出，是由美国空军研究实验室主导研发的新型自主协同攻击弹药项目，旨在将传统的精确制导炸弹或其他类型的可发射式机载制导武器与人工智能和“蜂群”网络自主协同作战技术相融合，以实现这些机载制导武器在发射后的飞行航线自主规划和对目标的自主协同攻击，提高机载精确制导武器的网络化、自主化和协同化能力，增强它们在未来作战中的使用灵活性和作战效能。“金帐汗国”项目共开发两种武器系统：CSDB－1 小直径炸弹和协同式微型空中发射诱饵弹(CMALD)。其中，CSDB－1 小直径炸弹是在 GBU－39 小型制导炸弹基础上发展而来，在 GBU－39 炸弹原有制导系统的基础上加装新数据链和处理器等，具备通信和自主评估目标等能力，能够依托战场网络数据进行集群化的精确打击。

三、观察与思考

采用智能算法能够提高无人机的自主和协同能力，以创新理念细化无人机担任的战场角色，并通过智能算法与作战概念深度融合也能够促进作战运用领域的连锁反应，在未来作战中能够制造一定的局部优势。

从“忠诚僚机”的发展情况来看，“忠诚僚机”的发展经历了大致三个阶段，从基于有人战机改装的高成本无人机，发展到低成本可消耗的轻型无人机，最终发展到不同型号共存、性能高低搭配的无人机作战集群，并逐步向着体系化的方向发展。“忠诚僚机”当前也面临着几个重要的问题：

一是高性能与低成本之间的矛盾。“忠诚僚机”的一项重要指标是能够在空战中与有人隐身战机对抗，这就对无人机的性能提出了较高的要求，包括但不限于飞行速度、机动性、机载传感器探测能力等，而这些要求导致了无人机的成本节节攀升，尤其是高性能传感器的成本极其高昂，导致高性能空战无人机的制造成本与有人战机相近，难以实现作为空战“诱饵”的作用。

二是智能技术能否达到“忠诚僚机”指标的要求。“忠诚僚机”需要在很短的反应时间内判断并执行飞行员对无人机下达的简单指令，“忠诚僚机”作战体系往往以无人机蜂群作战的形式完成指令。这就对无人机的机载智能系统提出了很高的能力要求，涉及人机协作、协同感知、集群自主智能、智能任务分配与优化等多项前沿智能技术。目前人工智能的表现能否支撑无人僚机蜂群的实战要求，这个问题并没有明确的答案。

未来,“忠诚僚机”将向有人/无人协同的空中作战体系,向高低搭配的体系化无人机蜂群发展,向高度智能化的无人作战系统进化,并具备更为灵活的部署方式,通过多种陆基、海基、空基平台投送各类无人僚机。

(中国电子科技集团公司智能科技研究院 袁 野)

智能博弈由游戏 AI 向作战推演领域应用发展

以 2016 年 AlphaGo 的成功研发为起点，智能博弈领域逐渐成为当前 AI 研究的热点之一。随着智能博弈在围棋、DOTA2、星际争霸等领域取得突破，不断发展的游戏 AI 技术为智能作战推演的发展提供了可行思路。

2022 年，智能博弈在游戏 AI 领域持续发力，同时国内外众多学者在智能博弈领域进行了一系列的研究，尝试将该技术应用到作战推演领域，建立了具有自主产权的博弈平台。智能博弈的技术层面也不断突破，不再局限于传统的行为决策树、专家知识库等，开始引用深度强化学习技术、遗传模糊算法等 AI 技术，并取得了一系列关键技术的突破。

一、发展背景

近代智能博弈的研究始于 20 世纪 50 年代，香农曾提出基于计算机编程实现象棋博弈，从此博弈对抗随着计算机软硬件的发展，智能化水平不断提升。2016 年，DeepMind 基于深度强化学习和蒙特卡洛树搜索开发的智能围棋博弈程序 AlphaGo 以 4：1 的分数战胜了人类顶级围棋选手李世石，这标志着人工智能在博弈对抗领域进入了一个崭新的阶段。同年，在美国空军研究实验室开展的无人机模拟对抗试验中，由辛辛那提大学设计的“阿尔法”（Alpha）智能空战系统击败了资深的美军上校飞行员。2017 年，DeepMind 提出 AlphaZero 可以从零开始自学围棋，并击败了 AlphaGo。在非完全信息游戏 AI 发展中，阿尔伯塔大学和卡内基梅隆大学先后开发了智能德州扑克博弈程序 DeepStack 和 Libratus，在人机对抗中击败了职业玩家。随后，智能博弈的研究趋势开始形成“高质量对抗数据引导 + 分布式强化学习训练”的模式（如麻将 AI Suphx，星际争霸 AI AlphaStar），并逐渐摆脱先验知识，直接完成“端到端”的学习（如捉迷藏 AI、斗地主 AI DouZero）。2021 年 DARPA 举办的 Alpha DogFight 挑战赛推动了无人系统博弈对抗能力的提升。同时，DARPA 开始布局通用 AI 的探索性项目，推动智能博弈向强人工智能迈进。

二、2022 年的主要进展

2022 年 DeepMind 基于深度强化学习技术开发了针对西洋陆军棋的游戏 AI,此技术为解决不完全信息长期规划层面的问题提供了新的技术途径。同时,DeepMind 团队开发了核聚变深度强化学习系统,为智能博弈的应用拓展了新的领域。国内围绕兵棋推演举办了智能博弈挑战赛,推动了智能博弈在军事对抗领域的发展。整体上说,智能博弈技术的应用领域在不断拓展,技术方法更加追求交叉结合,这为智能博弈技术解决真实世界的决策问题提供了有利支撑。

(一)DeepMind 推出 DeepNash 攻克西洋陆军棋游戏

2022 年 12 月 1 日,英国 DeepMind 公司在《科学》发表论文,介绍了其开发的 AI 智能体 DeepNash。该智能体在战略游戏“西洋陆军棋”中战胜了人类专家,这个游戏需要在不完善的信息面前进行长期战略思考。

西洋陆军棋(Stratego)已经成为 AI 研究的下一批前沿领域之一。该游戏面临以下两个挑战。

(1)Stratego 的博弈树具有 10535 个可能状态,这要多于已经得到充分研究的不完美信息游戏无限制德州扑克(10164 个可能状态)和围棋游戏(10360 个可能状态)。

(2)在 Stratego 的给定环境中行动需要在游戏开始时为每个玩家推理超过 1066 个可能的出牌方案,而德州扑克只有 103 对可能的出牌方案。

DeepNash 由三个组件组成:①核心训练组件 R – NaD;②微调学习策略,以减少模型采取极不可能动作的残差概率;③测试时进行后处理,以过滤掉低概率动作并纠错。DeepNash 的网络由 1 个带有残差块和跳跃连接的 U – Net 主干,以及 4 个 DeepNash 头构成。第 1 个 DeepNash 头将价值函数输出为标量,而其余 3 个 DeepNash 头通过在部署和游戏期间输出其动作的概率分布来编码智能体策略。

DeepNash 采用端到端的学习策略运行 Stratego,并在游戏开始时将棋子战术性地放在棋盘上。在 game – play 阶段,研究者使用集成深度 RL 和博弈论方法。智能体旨在通过自我博弈来学习一个近似的纳什均衡。

该研究采用无需搜索的正交路径,并提出了一种新方法,即自我博弈中的无模型(Model – Free)强化学习与博弈论算法的正则化纳什动力学(RNaD)相结合。其中,无模型部分意味着该研究没有建立一个明确的对手模型来跟踪对手可能出现的状态;博弈论部分是在强化学习方法的基础上,引导智能体学习行为朝着纳什均衡的方向发展。这种组合方法的主要优点是不需要从公共状态中显式地模拟私有状态。另外一个复杂的挑战是如何将这种无模型的强化学习方法与 R - NaD 相结合,使西洋陆军棋中的自我博弈与人类专家玩家相竞争,这是迄今为止尚未实现的。

在应用上,尽管 DeepNash 是为 Stratego 而开发的,但它的实际用途远不止在游戏领域,未来将会用在与人们生活相关的各个领域,如交通或者市场预测。

(二)深度强化学习首次应用于控制核聚变反应

2022 年 2 月 17 日,DeepMind 宣布,与瑞士洛桑联邦理工学院(EPFL)合作研究出第一个可以在托卡马克(Tokamak)装置内保持核聚变等离子体稳定的深度强化学习系统,为推进核聚变研究开辟了新途径。该研究成果已发表在《自然》杂志。

托卡马克是一种用于容纳核聚变反应的环形容器,其内部呈现出一种特殊的混乱状态。氢原子在极高的温度下被挤压在一起,产生比太阳表面还热的、旋转的、翻滚的等离子体。找到控制和限制等离子体的方法是释放核聚变潜力的关键,而后者被认为是未来几十年清洁能源的源泉。

DeepMind 提出的模型架构具有三个阶段:第一阶段,设计者为试验指定目标,可能伴随着随时间变化的控制目标;第二阶段,深度 RL 算法与托卡马克模拟器交互,以找到接近最优的控制策略来满足指定目标;第三阶段,以神经网络表示的控制策略直接在托卡马克硬件上实时运行(零样本)。

在第一阶段,试验目标由一组目标指定,这些目标包含不同的期望特性。特性范围包括位置和等离子体电流的基本稳定,以及多个时变目标的复杂组合。这些目标被组合成一个奖励函数,在每个时间步骤中为状态分配一个标量质量度量。该奖励函数还设置了惩罚控制策略,让其不会达到终端状态。最为重要的是,精心设计的奖励函数将被最低限度地指定,从而为学习算法提供最大的灵活性以达到预期的结果。

在第二阶段,高性能 RL 算法通过与环境交互来收集数据并找到控制策略。该研究使用的模拟器具有足够的物理保真度来描述等离子体形状和电流的演变,同时保持足够低的计算成本来学习。具体来说,该研究基于自由边界等离子体演化(Free - Boundary Plasma - Evolution)模型,对在极向场线圈电压影响下等离子体状态的演化进行建模。

RL 算法使用收集到的模拟器数据来找到关于指定奖励函数的最优策略。由于演化等离子体状态的计算要求,模拟器的数据速率明显低于典型 RL 环境的数据速率。该研究通过最大后验策略优化(MPO)来克服数据不足问题。MPO 支持跨分布式并行流的数据收集,并以高效的方式进行学习。

在第三阶段,控制策略与相关的试验控制目标绑定到一个可执行文件中,使用量身定制的编译器(10kHz 实时控制),最大限度地减少依赖性并消除不必要的计算。这个可执行文件是由托卡马克配置变量(TCV)控制框架加载的。每个试验都从标准的等离子体体形成程序(Plasma – Formation Procedures)开始,其中传统控制器维持等离子体的位置和总电流。在预定时间里,控制切换到控制策略,然后启动 19 个 TCV 控制线圈,将等离子体形状和电流转换为所需的目标。训练完成后将不会进一步调整网络权值,换句话说,从模拟到硬件实现了零样本迁移。

总而言之,随着聚变反应堆变得越来越大,与 DeepMind 展开合作或许是不可避免的。尽管物理学家已经很好地掌握了如何通过传统方法控制小型托卡马克中的等离子体,但基于数据驱动的新方法控制更大规模的核聚变反应将会遇到更多的挑战,未来该领域的技术将沿着缓慢而稳定的方向发展。

(三)兵棋推演持续为智能博弈发展提供广阔的“演兵场”

未来联合作战中陆、海、空、天、网、电等多种力量将协同作战,有人装备、无人平台、智能系统大量使用,全域多维战场作战效果互为前提、相互支撑,对兵力火力的编配使用至关重要。运用兵棋推演演练多种力量排兵布阵,可以在不动用实兵实装的前提下,对不同作战流程下的基准兵力编组、战略预备队的力量组合和运用时机等进行反复推演论证,从而形成较为成熟的用兵战法模式,实现战场科学高效指挥,使兵力运用更科学。

2022 年 11 月,“墨子杯”2022 第六届全国兵棋推演大赛总决赛暨第四届全国智能博弈高峰论坛在安徽省黄山市屯溪区成功举办。本届大赛中,选手们在综合使用传统的飞机、舰艇、导弹等联合作战要素的基础上,引入了无人作战武器、电磁脉冲武器、激光武器、微波武器等新装备,探索新型武器装备作战运用规律,创新了联合作战战术战法,在更加贴近战争实际的推演场景中锻炼指挥谋略能力。

2022 年 6 月,美国海军研究院发表《人工智能赋能的实时兵棋推演系统在海军战术行动中的应用》论文,研究了如何利用人工智能和博弈论来开发实时兵棋推演系统。该论文主要目标是开发并生成兵棋推演实时人工智能辅助决策(WRAID)能力,以彻底改变海军战术决策系统。研究团队制定了一系列子目标:①确定 WRAID 系统的边界、输入、输出和外部关系;②了解 AI 方法如何启用 WRAID 功能;③了解未来 WRAID 系统的人机团队方面,包括人机信任、人工智能可解释性以及人类与机器的认知技能;④确定和开发军事作战方案,以支持 WRAID 系统的分析,满足作战人员的决策需求;⑤研究与使用支持战争决策的自动化、人工智能、WRAID 系统相关的伦理问题。该论文提出在开发 WRAID 的过程中可能面临的主要问题是数据挑战、程序限制和当前系统工程的局限性。数据挑战方面,主要是指获得足够的数据集的能力,这些数据集代表了训练 ML 算法所需的真实世界的战术行动和兵棋推演分析;程序限制挑战方面,包括国防部实施网络安全、机密数据、数据库访问和信息分配协议的能力;系统工程局限性方面,主要是指需要新的方法来设计安全和可靠的人工智能系统,需要相关建模方法来处理不可预见的故障模式,并在系统生命周期的早期确定根本原因。

2022 年 12 月,雷声公司获参与美国空军研究实验室的“今夜作战”计划,旨在保障指挥官在复杂空袭场景中快速确定实现目标的最佳方法,为此雷声公司开发了一款协作性兵棋推演系统,以 9 倍于现有方法的速度评估和优化空袭选项。该系统使用协作性推演和分层技术,将选项和参数构建到主场景中,帮助操作员直观识别最有可能实现指挥官意图的选项。这种具有自动探索和人工智能辅助的协作技术将把计划时间从平均 36h 缩短到 4h。此外,通过对可能性进行分层,系统可以识别“灰色”空间,如不利天气、通信中断或意外情况等。

三、观察与思考

当前智能博弈的研究思路主要以深度强化学习为基础,但绝不仅仅是深度强化学习技术,各种传统的智能算法和新的机器学习算法都可以作为智能博弈领域补充完善的技术力量。2022 年智能博弈在国内外游戏 AI、兵棋推演、核聚变等领域继续发力,虽然现有技术实现程度相比于实际应用还有较大差距,但是智能博弈这一研究方向无疑是未来智能决策研究发展的必由之路,相信最终会在各个相关领域得以实现。

从民用市场应用来看,跨媒体感知智能领域的市场前景光明,作为一种崭新的机器学习方法,同时具有感知能力和决策能力。它是深度学习与强化学习的结合,二者的结合涵盖众多算法、规则、框架,并广泛应用于机器人、无人机、无人车、无人艇、自动驾驶、能源分配、编队控制、航迹规划、路由规划等众多领域,具有极高的研究与应用价值。

从军事应用前景来看,智能博弈应用于军事领域的指挥控制、自组织编队等方面仍有不小的挑战,亟需解决战场环境不透明、局面状态高复杂、对抗目标非零和等挑战。

(中国电子科技集团公司智能科技研究院　李明强)

DARPA 可信赖人工智能项目将提升自主系统态势理解能力

2022 年 6 月 3 日,美国防高级研究计划局宣布推出最新的人工智能(AI)项目——"有保证的神经符号学习和推理(ANSR)",试图以新的、混合的(神经符号)AI 算法的形式来解决诸多挑战,该算法将符号推理与数据驱动的学习深度融合,以创建强大的、有保证的并值得信赖的系统。该项目将应用到无人系统的情报、监视、侦察(ISR)领域,通过利用混合人工智能技术,将数据驱动人工智能技术的高效性与符号推理人工智能技术的可解释性结合起来,让无人系统能够做出真正的态势理解,使其做出的态势分析和敌我识别决策具备可信赖性。传统的无人系统在执行侦察任务时需要作战人员浏览回传的视频和数据等信息,并由人分析后给无人系统下命令执行特定任务。ANSR 项目将为无人系统开发完全自主的态势理解能力,将大幅降低作战人员操纵无人系统所需的时间,加快战场杀伤链的运行速度。

一、项目背景

目前,美军正在将自主系统用于各种作战任务,包括情报、监视和侦察(ISR)、后勤、规划、指挥和控制等,这些自主系统可为美军提供以下优势:①改进的作战节奏和任务速度;②降低作战人员在自主系统操作和监督方面的认知需求;③增加防区外作战人员的安全性。

(一)采用数据驱动机器学习算法的自主系统存在的问题

有些自主系统采用了数据驱动的机器学习算法,这些算法需要大量数据,能够生成较好结果,但是还存在透明性、可解释性和鲁棒性方面的问题。此外,训练机器学习算法需要大量数据和计算资源,但是自主系统通常难以访问具有大型计算资源和数据库的云环境,并且自主系统所做的决策需要可解释性和透明性,以便获取作战人员的信任。目前的数据驱动机器学习算法难以融合背景知识,并且在训练每个数据集时都将其视作独立、不相关的输入,但是现实世界中的观察都是关联的,且存在底层因果关系。

(二)采用知识表征和符号推理算法的自主系统存在的问题

有些自主系统采用了知识表征和符号推理算法,这些算法以基于状态的规则、有限逻辑算法和以微分方程表示的动态环境与目标为基础,具有以下优势:它们使用丰富的抽象方法,这些抽象方法以域理论和相关形式为基础,并得到高级工具和方法(Statecharts、Stateflow、Simulink 等)的支持;它们可以是模块化和可组合的,可通过软件工程方法实现算法重用和精确、自动化分析;它们可以通过正式规定和验证技术支持的方式进行分析和保证,这些技术已在强化任务和安全关键系统免受网络攻击方面得到验证。然而,这些方法在实际自主应用中也有局限性,它们在处理现实世界的不确定性时表现不佳,当出现超出逻辑算法和规则集以外的情况时,这些方法难以处理。

(三)采用机器学习+推理算法为自主系统带来的优势

ANSR 项目寻求采用新型混合人工智能算法,这种算法可融合符号推理算法和数据驱动机器学习算法的优点,最终可形成鲁棒的、有保证的可信赖系统。ANSR 所要开发的混合人工智能算法将在机器学习的训练和推理过程中融入符号表示,从而将神经网络中的模糊数据表示转换为以特定领域符号为基础的符号表示,这种符号表示包括先验知识、特定规则和限制条件等。

二、项目目标和内容

(一)项目目标

ANSR 项目所开发的混合人工智能算法所需的训练数据较少,将为自主系统提供新型任务能力,自主系统不仅可在密集的城市地区独立执行 ISR 任务,生成通用作战图,而且还可携带任务载荷以缩短传感器到射手的时间,但是任务载荷的使用需要得到人的批准。

(二)项目内容

DARPA 设想修改训练和推理过程,将符号和神经表征进行迭代推理和表示,以利用各种表征的好处并减少表征的限制。修改后的训练过程将产生基于域特定符号的表示,本质上是神经网络隐式数据表示的符号等价物。符号表示可以明确地包括先验知识和特定领域的规则与约束,并能够根据规范和保证参数的构造进行验证。

最近的一些研究成果展示了混合人工智能算法较好的应用前景。例如,一项研究构建了一种混合强化学习架构的原型,该架构通过数据驱动学习获取一组符号策略。一种方法是使用符号策略,采用可解释和可验证的小程序形式,继承了两种人工智能算法的优势:一种方法是在已知环境中学习性能较好的策略,并且可在未知环境中安全地应用;另一种方法使用符号推理技术,可修复神经网络对物体姿势估计时的错误,并且在几种情况下实现了更高的准确度(比基线高 30% ~40%)。

ANSR 项目设想了一种新的表示学习和推理方式,以引领混合人工智能。神经网络学习算法本质上是通过梯度下降来优化目标函数,并使用训练数据获得最优函数。这种算法虽然非常适合基础训练数据,但算法背后的因果关系或基础机制仍不清楚。在缺乏关于底层机制的各种知识的情况下,推理任务仍然受训练数据分布的约束,并且无法泛化到超出训练数据之外的任务。

为增加推理机制,神经网络学习训练过程可考虑领域知识,并尝试根据领域原语来学习数据的表征。修改后的训练过程需要将数据驱动的训练与重现数据的特定领域原语结合起来,将符号表征与神经表征结合,用于重新评估目标函数。

三、项目开发的相关技术

ANSR 项目的发展将在以下总结的 4 个技术领域(TA)中进行协调。

技术领域一(TA1):算法和架构

TA1 的目标是开发新的人工智能算法和架构,将符号推理与数据驱动的机器学习深度集成。TA1 将探索和评估一系列适用于不同任务的可能算法和架构模式。

技术领域二(TA2):规范和保证

TA2 的目标是开发保证框架和方法,以获取和整合正确性证据,并量化特定任务的风险。TA2 将将混合神经符号表征抽象为形式上可分析的表征,并根据一组任务相关规范对其进行分析。TA2 还将探索估计和量化特定任务风险的技术。

技术领域三(TA3):平台和能力演示

TA3 的目标是开发用例和架构,用于混合 AI 算法的工程任务相关应用,适用于演示和评估稳健的、有保证的性能。具体而言,ANSR 项目通过执行独立的 ISR 任务来进行演示验证,以开发高度动态密集城市环境的通用作战图(COP)。

技术领域四(TA4):可靠性分析和评估

TA4 的目标是:①开发具有对抗性 AI 的可靠性测试工具;②评估各个技术领域的技

术及其在系统中的构成。TA4 充当红队，通过对抗性评估来调查保证声明的有效性。同时，细化提议的计划指标，并定义衡量系统可信度的特征。此外 TA4 通过采用混杂扰动并量化系统性能损失的对抗性评估来评价稳健性、普适性和保证声明。

四、项目成果度量标准

该项目将使用基线和与特定任务相关的度量技术，对混合人工智能系统进行评判，并通过对抗评估来测试系统的鲁棒性、普适性和确定性。项目成果度量标准表 1 所列。

表 1　项目成果度量标准

测试类别	效能度量	阶段 1	阶段 2	阶段 3
任务能力（TA3 + TA4）	COP 完整性/%	75	85	95
	COP 精确度、实体描述/%	60	75	90
	COP 生成时间或减少的工作量	—	0. 5x	0. 1x
算法性能（TA1）	政府团队基线中的精确度（使用多个数据集进行感知、计划、控制）/%	75	90	95
	训练效率增加——时间、训练数据	2x	5x	10x
鲁棒性 & 普适性（TA1）	语义扰动——场景中符号或关系的变化	10% 的符号或相关性变化	10% 的符号或实体动态变化	10% 的符号或动态变化
	性能降级（精确度小于最先进算法的百分数）/%	10	5	5
可保证性（TA2 + TA1）	有保证的区域比例——描述保障手段的可测量性和适用性/%	60	80	99
	可保证性检测——使用对抗性测试（100s）评估可保证性声明	—	10s	1s

五、项目未来应用价值

目前，ISR 任务通常由前线士兵或有人遥控的无人机执行，这些无人机通常只是为士兵提供视频反馈，士兵需要对视频反馈进行处理和分析，以区分敌人和非作战人员，理解敌方活动，分析战场环境以指挥无人机继续开展重点侦察。这些具备挑战性的活动为作战人员增加了较高的认知负担。这些自主系统所使用的先进机器学习算法需要大量的背景知识、交互式推理、严谨分析来获取有保证的结果，以确保任务成果。

通过使用ANSR项目开发的技术，无人自主系统在作战人员指定的区域内可自行开展态势理解，能够自主导航并识别潜在威胁，可生成综合、及时和准确的通用作战图，并提供有关各方、作战环境、威胁和安全走廊等方面的态势感知能力。由于使用了符号推理技术，无人自主系统所做的决策具备较强的可解释性，能大幅降低士兵的认知负担，从而加速战场杀伤链的执行。

（中国电子科技集团公司第二十七研究所　禹化龙）

OpenAI 公司发布基于深度学习的聊天机器人模型 ChatGPT

2022 年 11 月 30 日,OpenAI 公司上线了基于深度学习的聊天机器人模型 ChatGPT,其在使用过程中展现了高度智能化,在科技、教育、娱乐、新闻、制造、艺术等行业和领域引发强烈关注,两个月后用户数量达到 1 亿。瑞士银行在分析报告中表示,ChatGPT 是互联网发展 20 年来增长速度最快的消费类应用程序。据悉,ChatGPT 还具有巨大的军事应用潜力,美国防信息系统局(DISA)已将该软件列入观察名单。

一、ChatGPT 的基本情况

ChatGPT 是基于自然语言处理(NLP)和人工智能领域的最新进展开发的一种预训练的语言大模型(Generative Pre - trained Transformer),其底层技术是基于转换器(Transformer)的语言模型(OpenAI 公司开发的 InstructGPT 模型),将自然语言处理和机器学习结合起来,可在对话中根据上下文形成更自然、更多样化的类人文本响应,大幅提高了内容生产自动化的程度。

ChatGPT 的主要目标是为用户的问题提供准确、相关和有用的答案,进行自然而连贯的对话,并协助生成用于各种目的的文本。ChatGPT 使用深度学习技术来理解输入的上下文和含义,并生成类似人类的响应,可以回答问题、总结文本、在语言之间进行翻译、生成创意写作等,在寻找答案、解决问题的效率上已超越了当前大部分主流搜索引擎,将改变获取信息、输出内容的方式,引发深刻变革。

二、ChatGPT 的演进历程

2017 年,谷歌大脑团队(Google Brain)在神经信息处理系统大会发表了论文《Attention is all you need》,首次提出了基于自我注意力机制(Self-Attention)的转换器模型,并首次将其用于理解人类的语言,即自然语言处理。转换器模型在翻译准确度、英语成分句法分析等各项评分上都达到了业内第一,成为当时最先进的大型语言模型(Large Language Model, LLM),并深刻地影响了之后几年人工智能领域的发展轨迹。

2018年,OpenAI公司推出了具有1.17亿个参数的GPT-1模型。GPT-1模型基于转换器结构,其关键特征是半监督学习,即:首先用无监督学习的预训练,从大量未标注数据中增强AI系统的语言能力;然后进行有监督的微调,与大型数据集集成来提高系统性能。GPT-1模型大幅减少了对资源和数据的需求,但存在数据局限性和泛化能力不足的问题。

2019年,OpenAI公司推出了GPT-2模型。该模型架构与GPT-1原理相同,主要区别是GPT-2的规模更大(10倍),可以说是加强版的GPT-1。相比于GPT-1,GPT-2在生成语言的流畅度和连贯性得到了非常大的提升,甚至可以生成几乎与真实文章难以区分的文本。

2020年,OpenAI公司推出了GPT-3模型。与GPT-2相比,GPT-3的模型参数量是GPT-2的117倍,并在性能上取得了跨越式进步:用户可以仅提供小样本的提示语或者完全不提供提示而直接询问,就能获得符合要求的高质量答案;GPT-3不需要微调,它可以识别到数据中隐藏的含义,并运用此前训练获得的知识来执行任务。但GPT-3并不具备如今的ChatGPT所拥有的多轮对话能力。

2022年,OpenAI公司推出了InstructGPT模型,能够使用来自人类反馈的强化学习方案(RLHF),在参数减少的情况下通过对大语言模型的微调来实现优于GPT-3的功能。ChatGPT就是在InstructGPT模型的基础上增加了对话属性而形成的新应用。

三、ChatGPT的军事应用

ChatGPT具有广泛的军事应用前景,在支持舆论战和认知战、情报分析、无人系统交互、战场环境支援、侦察监视、模拟实战训练等方面将发挥强有力的支撑作用。

(一)舆论战与认知战

利用ChatGPT强大的自然语言和代码生成能力,能够用来快速制作、生成网络钓鱼电子邮件和恶意的代码来提升网络攻防的强度和密度,也可以模仿人类针对各种主题产生有逻辑的、连贯的、差异化的内容来影响舆情舆论。相关考虑如下。

(1)社交媒体监控:可以训练ChatGPT来监控社交媒体平台并提取有关舆论、情绪和热门话题的信息。例如,可以训练ChatGPT来监控社交媒体提及特定政治领导人或事件的内容,并生成相关报告。

(2)宣传生成:可以训练 ChatGPT 生成与特定议程或消息一致的文本,如新闻文章、社交媒体帖子或演讲。例如,可以训练 ChatGPT 生成与特定政治领导人或政策相关的文章或帖子,并在社交媒体平台上宣传。

(3)网络攻击:ChatGPT 可用于自动生成网络钓鱼电子邮件、恶意链接或其他形式的网络攻击。例如,可以训练 ChatGPT 生成看似来源合法(如银行或政府机构)的电子邮件,并诱骗收件人提供敏感信息。

(4)深度伪造生成:可以训练 ChatGPT 生成足以扰乱受众视听的虚假音视频或图片,假冒政治人物、军事领导人、公众人物或者具体的攻击对象,传播虚假信息。例如,可以按照攻击者意图,用 ChatGPT 为某位政治人物创建一段虚构但又极其逼真的场景视频,并将其分发到社交媒体平台上对其形成舆论压力。

(二)情报分析

利用 ChatGPT 强大的自然语言生成和理解能力,可以通过深度学习和数据挖掘等手段,对大量数据进行分析和处理,获得更加准确的、客观的、有价值的情报。相关考虑如下。

(1)文本摘要:可以训练 ChatGPT 分析大量相关文本数据,例如与某事件相关的新闻文章、社交媒体帖子或政府文件,并简洁连贯地对其要点进行汇总。

(2)命名实体识别:可以训练 ChatGPT 来分析文本数据并识别人员、组织和位置等实体,以更详细地了解数据并确定关键参与者和位置。

(3)情绪分析:可以训练 ChatGPT 来分析文本数据并识别其中表达的情绪,以识别数据中的积极、消极或中立情绪,并帮助了解人们对特定主题的感受。

(4)语言翻译:可以训练 ChatGPT 将文本数据从一种语言翻译成另一种语言,以分析不同语言的文本数据并提高对全球事件的理解。

(5)预测分析:可以训练 ChatGPT 来分析文本数据并对未来事件进行预测,以识别潜在的威胁和机会,并为决策提供信息。

(三)无人系统

由于 ChatGPT 既能理解人类语言,又能理解机器语言,是一种理想的人机交互接口工具,因此,可以利用 ChatGPT 与无人作战平台进行精准对接,融合“信息侦察处理—信息传输—决策与指挥控制—精确打击—毁伤评估”等各功能,实现“侦察、打击、评估”一体化作战。相关考虑如下。

(1)语音识别:ChatGPT 可以在大型语音数据集上进行训练,识别和理解语音命令,以控制军用机器人和无人机,允许它们响应语音命令。

(2)自然语言理解:可以训练 ChatGPT 理解自然语言命令和查询并做出相应的响应,以训练军用机器人和无人机响应语音命令或执行某些任务,如导航、跟踪和监视。

(3)预测性维护:可以训练 ChatGPT 来分析来自军用机器人和无人机的传感器数据,预测何时需要维护,以提高军用机器人的效率,降低设备故障的风险。

(4)态势感知:可以训练 ChatGPT 分析传感器数据、监控录像等信息,提供态势感知,以提高军用机器人和无人机的决策能力。

(5)自主决策:ChatGPT 可用于处理和分析来自各种来源的数据,例如传感器数据,并做出有关自主武器动作的决策。例如,可以根据一组规则决定是否与目标交战。

(四)战场环境支援

利用 ChatGPT 的深度学习和自然语言处理能力,可从大量的地理信息和气象数据中提取有用信息,进行地形建模和天气预测,同时利用 ChatGPT 学习语言的语义和语法规则,更好地理解地理和气象数据信息,从而提高天气预测的准确性,满足用户对战场环境信息的需求。相关考虑如下。

(1)天气预报:可以训练 ChatGPT 来分析天气数据并提供特定位置的预报。这些信息可用于规划军事行动或保护部队免受恶劣天气条件的影响。

(2)提取地形信息:可以训练 ChatGPT 分析卫星图像或其他类型的数据,以提取高程、坡度和坡向等信息,可用于创建详细的地形图或识别崎岖困难地形的区域。

(3)识别特征:可以训练 ChatGPT 分析图像和其他数据,以识别道路、建筑物和水体等特征,可用于创建详细的地图或识别潜在的障碍物或阻塞点。

(4)分析植被:可以训练 ChatGPT 来分析图像和其他数据,以识别不同类型的植被,确定可用于掩护或隐藏的茂密植被区域,或确定可用于观察或监视的稀疏植被区域。

(5)分析历史数据:可以训练 ChatGPT 来分析历史数据,例如历史地图、照片和其他类型的信息,可用于查明地形随时间的变化,或查明历史数据中可能有助于规划军事行动的模式或趋势。

(五)侦察监视

传统的图像识别模型通常需要先对图像进行特征提取,再在离线环境下进行训练和推理,但是这种方式存在模型复杂度高、训练时间长等问题。ChatGPT 作为一种基于转换器的模型,不仅可以处理自然语言,还可以通过自注意力机制来处理图像,从各个方面对侦察监视能力进行提升。相关考虑如下。

(1)图像和视频分析:可以训练 ChatGPT 分析图像和视频,以检测和识别物体、人物或其他感兴趣的特征。例如,ChatGPT 可用于自动检测和跟踪监控录像中的人员或车辆。

(2)人脸识别:可以训练 ChatGPT 来检测和识别图像和视频中的人脸,以识别监控录像中的个人或将其与已知个人的数据库进行匹配。

(3)图像字幕:可以训练 ChatGPT 为图像生成字幕,这可用于描述潜在目标的特征。例如,可以训练 ChatGPT 为坦克图像生成标题,描述它们的大小、形状、颜色和位置等特征。

(4)预测分析:可以训练 ChatGPT 来分析历史数据和其他信息,以识别模式或趋势,预测潜在目标的位置或行为。例如,ChatGPT 可以根据历史传感器数据和其他信息进行训练,以识别敌方车辆的运动模式,预测其未来的运动并相应地进行计划。

(5)汇总分析:可以训练 ChatGPT 来汇总大量传感器数据、监控录像和其他信息,以提取关键信息并减少手动查看数据所需的时间和精力。例如,可以训练 ChatGPT 来汇总大量传感器数据,识别有关潜在目标的关键信息,并减少手动查看数据所需的时间。

(六)实战训练模拟

可以利用 ChatGPT 学习历史数据和规律,生成多样的模拟作战情景和策略,为指战员提供多种可能的方案和评估指标,帮助指战员制定更加科学和有效的作战策略,并通过 ChatGPT 反馈强化学习机制,根据用户的反馈和评估结果来不断优化模拟的情景和策略,从而提高模拟的精度和可靠性。相关考虑如下。

(1)场景生成:可以训练 ChatGPT 生成用于训练演习的逼真场景,例如模拟战斗或灾难响应场景,可为军事人员创造更真实和多样化的训练体验。

(2)自然语言处理:ChatGPT 可用于理解自然语言输入并将其转换为 VR/AR 系统的命令,以控制虚拟角色的操作或操纵虚拟环境。

(3)对话生成:ChatGPT 可用于在训练模拟中为虚拟角色生成逼真的对话,以创建更具吸引力和逼真的训练体验。

(4)决策:ChatGPT 可用于处理和分析来自 VR/AR 系统的数据,做出有关模拟环境中虚拟角色动作的决策,以创建更具挑战性和动态性的训练体验。

(5)虚拟助手:ChatGPT 可以用作 VR/AR 训练模拟中军事人员的虚拟助手,实时提供指导和回答问题。

(中国电子科技集团有限公司科技部　雷　昕)

大事记

人工智能领域

以色列发布武装部队人工智能战略。 2022 年 2 月，以色列发布了一项人工智能战略，旨在指导以色列国防军所有分支机构和司令部使用人工智能，以推进以色列国防军的数字化转型。该战略阐述了多种场景，这些场景涉及使用来自各种平台的传感器，收集有关潜在威胁的数据，并将该信息发送到可以响应的系统。从空中、地面或海上收集的数据可以汇集在一起并与人工智能融合，为武装部队创建一个通用的作战图景。

美国国防部成立首席数字与人工智能官办公室。 2022 年 2 月，国防部常务副部长凯瑟琳·希克斯签署备忘录，国防部首席信息官约翰·谢尔曼担任首席数字与人工智能官办公室（CDAO）代理负责人，这是成为数字人工智能机构的一个关键里程碑。2022 年 6 月，CDAO 任命了一批职位领导人，负责该办公室的采办、企业平台和业务优化、算法战、数字服务等工作，此举标志着该办公室全面投入运营。该办公室的成立，旨在为数据分析和人工智能能力的发展与规模化应用奠定坚实基础，包括提供必要的人员、平台和流程，为领导人和作战人员提供敏捷的解决方案，促进数据与人工智能解决方案的发展，解决紧急危机和新出现的挑战。该办公室预计 10 月将实现人员和资源的全面行政调整。

美国家人工智能研究资源工作组发布中期报告。 2022 年 5 月，美国家人工智能研究资源工作组发布《设想建立国家人工智能研究资源（NAIRR）：初步发现与建议》，概述美国人工智能研发框架，提出应实现研究数据获取的公平性，增强美国从事人工智能前沿研究的能力。报告提出：在保护隐私、公民权利和公民自由的前提下，加强美国人工智能创新生态系统，并使其民主化；刺激创新，增加人才多样性，开发可信的人工智能。报告建议：建立联邦网络基础设施生态系统，允许研究人员访问各种计算资源和数据集；NAIRR 作为人工智能试验台和测试数据集的中心，将对现有的测试和基准资源进行分类，并提供访问；使用零信任标准化架构保护数据库；关注有道德和负责任的人工智能实践等。

北约启动“地平线扫描”人工智能战略计划以确保技术优势。2022 年 5 月，北约科学技术组织和北约通信和信息局发起了名为“地平线扫描”的人工智能战略计划，旨在更好地了解人工智能及其潜在的军事影响。这一战略计划标志着一项北约主导的多国活动的开始，以支持北约应对人工智能的潜在军事影响，并保持北约的军事和技术优势。

兰德公司发布《利用机器学习进行作战评估》报告。2022 年 5 月，兰德公司发布《利用机器学习进行作战评估》报告，描述了利用机器学习支持军事行动评估的“监督机器学习(SML)”方法，展示了如何利用机器学习从情报报告、作战报告以及传统和社交媒体中的非结构化文本中快速、系统地提取与评估相关的见解。该方法首先通过手工分析非结构化文本的子集，然后应用机器学习算法模拟评估小组对剩余数据的分析方法，使评估小组能够向指挥官提供关于战役的近实时的客观见解。报告建议在演习中验证 SML 方法，探讨如何利用无监督的机器学习为作战评估提供信息，以及如何改进历史情报和作战报告的归档、发现与提取流程。

DARPA 启动“可靠神经符号学习和推理”项目。2022 年 6 月，DARPA 启动了“可靠神经符号学习和推理”项目，旨在通过混合人工智能技术在军事场景中的评估，提高自主作战平台的透明度、互操作性和灵活性。本项目通过开发新的混合(神经符号)人工智能算法，结合符号推理与数据驱动学习，最终将构建“鲁棒、可靠、可信”的技术解决方案。本项目的实施途径包括：①通过研究不同的混合体系结构，与传统知识相结合，并利用机器学习技术获得新的统计和符号知识；②通过相关军事用例评估混合人工智能技术的演示，其中可靠性和自主性是关键任务。

DARPA“机器常识”项目取得进展。2022 年 6 月，DARPA“机器常识”(MCS)项目研究人员演示对机器人系统性能的一系列改进，包括：利用快速运动适应算法，使四足机器人快速适应不断变化的地形；双足机器人学习如何在只有本体感觉反馈的情况下携带动态载荷；利用主动抓取学习算法，将多指机器人灵活抓取物体的成功率提高至 93%；利用双曲线学习等计算工具，从大量视频中学习人类行为的判断模式，并预测未来 30s 内的人类行为；构建可扩展、机器编写的符号化知识库，提高计算模型的质量。MCS 项目旨在构建认知领域的计算模型，以部署更强大的机器人系统。

DARPA 启动“赋能信心”项目推进“第三波”人工智能探索计划。2022 年 6 月，DARPA 正为“赋能信心”(EC)计划征询提案，寻求简化机器学习算法的创意，解决机器学习算法结果的不确定性，使人工智能可以完全融入统计处理链中。该计划将为 DARPA “第三波”人工智能探索(AIE)计划提供新思路，加速使用机器学习算法解决数据处理领域挑战，提高 AIE 计划计算输出结果的准确性并降低不确定性，研究规则与统计学习理论对人工智能技术的限制，推动开创性的人工智能研究与快速原型开发，为美国国防部国家安全计划提供人工智能创新技术。

英国防部发布《国防人工智能战略》。2022 年 6 月,英国防部在伦敦科技周人工智能峰会上发布了《国防人工智能战略》及其相关政策,旨在“雄心勃勃、安全和负责任地”使用人工智能,支持创建新的国防人工智能中心,以提供前沿技术枢纽,支撑英军使用和创新相关技术。该战略及相关政策概述了以下内容:①在国防中使用人工智能的新伦理原则;②人工智能在国防部加强安全和现代化的地位和应用;③考虑通过人工智能研究、开发和试验,通过新概念和尖端技术彻底改变武装技术能力,并有效、高效、可信地向战场交付最新装备。

美国国防部发布《负责任的人工智能战略和实施路径》。2022 年 6 月,美国国防部副部长凯瑟琳·希克斯签署了《负责任的人工智能战略和实施路径》,标志着实行两年多的人工智能伦理原则由理论走向了实施过程。本文件基于 2020 年 2 月国防部确定的规范人工智能技术使用的一系列伦理原则,以及 2021 年 5 月国防部确定的人工智能治理、作战人员信任、人工智能产品和采购生命周期、需求验证、负责任的人工智能生态系统和人工智能队伍等 6 项基本原则,增加了新的明确目标,以更深入地表明各项基本原则的预期结果,并通过提供一个框架,阐述国防部合法、合规和负责任地使用人工智能的方式和途径,并建立一个值得信赖的生态系统,不仅增强军事能力,而且与终端用户、战斗人员、美国人民和国际合作伙伴建立信任,以确保美国在该领域的竞争优势。

英国成立国防人工智能研究中心。2022 年 7 月,英国防科学技术实验室与英国家数据科学和人工智能研究院艾伦·图灵研究所联合成立国防人工智能研究中心,以支持英国防部发布的《国防人工智能战略》,推动人工智能技术的发展。该中心关注的领域包括:①“低短时”学习能力,无需大量数据即可训练机器学习的能力;②人工智能在兵棋推演中的应用;③人工智能模型的局限性;④管理多个传感器的能力;⑤以人为本的人工智能;⑥负责任的人工智能等。

俄罗斯成立专门开发人工智能武器的机构。8 月,在莫斯科举行的“陆军 2022”论坛上,俄国防部创新发展总局局长亚历山大·奥萨德丘克表示,针对美国国防部新成立的首席数字与人工智能办公室,俄军已成立人工智能技术发展部门,致力于开发人工智能武器,加强人工智能技术在制造军用和特种装备武器模型方面的应用。俄罗斯副总理德米特里·切尔尼申科表示,俄罗斯将于 9 月启动人工智能国家中心,该中心将专注于从商业、科学、政府等各领域搜索与分析人工智能,促进不同机构间人工智能项目的扩展。

TurbineOne 公司与 Doodle 实验室合作提供通信对抗环境下的人工智能/机器学习技术。9 月,在对手 GPS 干扰和通信干扰技术的影响下,美军部署在战术边缘的人工智能(AI)和机器学习(ML)应用正面临新的网络安全挑战。TurbineOne 公司与 Doodle 实验室建立了新的战略合作伙伴关系,在美国国防部新的零信任架构(ZTA)范围内运作,为前线作战人员带来新的能力。Doodle 实验室是支持专用无线网状网络的先进无线宽带解决方案的设计者和制造商，该公司的智能无线电平台采用 Mesh Rider 技术，提供鲁棒的移动 Adhoc 网络（MANET），可部署在最恶劣和最敏感的作战环境中。TurbineOne 公司是首批致力于国防部零信任架构计划的公司之一，其前沿感知系统将在 Doodle 实验室的高性能网状路由器基础上添加计算资源协调和机器学习平台，以便作战人员在没有互联网连接时可使用人工智能和计算机视觉来完成关键任务，例如，寻找危险的人员或目标，在正确的时间向正确的人发送警报，并增强态势感知。

美国政府发布《人工智能权利法案蓝图》文件。2022 年 10 月，美国政府科技政策办公室发布《人工智能权利法案蓝图》文件，旨在帮助指导人工智能和自动化系统的设计、开发和部署，从而保护美国公众的权利。该蓝图文件提出了安全有效的系统、算法歧视保护、数据隐私、注意说明以及人类选择、考虑和备选方案等 5 项常识性核心保护措施，通过与美国公众、利益相关者和政府机构广泛协商制定具体实施步骤，同时将相关关键保护措施融入政策、实践或技术设计中，确保人工智能和自动化系统为美国人民服务。该报告提出的相关实践是可实现的，将解决算法歧视和自动化系统服务缺失的问题，支持为美国人民促进公平和经济机会的基本政策，并填补相关法律空白。

美国海军研究办公室发布“人工智能科学——海军领域的基础和应用研究”公告。2022 年 10 月，美国海军研究办公室（ONR）发布“人工智能科学——海军领域的基础和应用研究”广泛机构公告，以推进人工智能在海军的应用。该项工作将包括基础研究和应用研究，共有三项主题：主题一是受人类启发的智能体视觉—语言交互计算模型（基础研究），旨在开发一个有原则的计算框架和架构用于视觉—语言交互，以人类表现为基础，能进行强大的组合，使智能体能够以透明的方式学习和推理具有高度复杂性的现实世界交互，使人机协作执行具有挑战性的任务的多模式对话；主题二是以任务为中心的人工智能（基础与应用研究），旨在调查和开发技术，以支持动态的、不确定的且需要跨领域协调的任务规划和执行活动，寻求能够提供应用程序或基础知识的解决方案，这些应用程序或基础知识能够生成和评估行动方案、跨任务领域的学习转移、对抗以任务为中心的人工智能和交互式机器学习应用程序；主题三是协作人工智能，旨在创建能够与人类合作实现共同目标的协作代理，并在现实世界环境中的资源和时间限制下支持数据密集型任务。

DARPA 使用人工智能创建现实环境和训练网络特工以应对高级持续网络威胁。2022 年 10 月，美国防高级研究计划局公布了“安全测试和学习环境的网络代理”（CASTLE）项目，旨在通过自动化、可重复和可测量的方法，加快网络安全评估技术的发展，解决网络攻击面、计算机漏洞扫描以及烦琐的安全程序对于关键计算资产可能造成的影响。该项目将开发一个工具包来改进网络测试和评估。该工具包可以模拟现实的网络环境，并训练 AI 代理抵御高级持续性网络威胁（APT）。研究团队将使用名为“强化学习”的机器学习自动化方法,减少网络漏洞扫描过程。此外,该项目还将创建开源软件,帮助网络防御者预测攻击者可能利用的漏洞。CASTLE 软件创建的数据集将促进对防御性方法的开放、评估,并持续到项目生命周期之后。

洛克希德·马丁公司与 IBM 红帽团队加速美国国防部人工智能开发。2022 年 10 月,洛克希德·马丁公司在通过使用红帽设备 Edge 更新 Stalker 无人机系统软件后,宣布与红帽团队加强合作,计划为派遣到更远距离的部队配备更小、更轻便的装备,共同解决美国国防部面临的人工智能和数据共享挑战。在飞行演示中,红帽团队在模拟情报、监视和侦察任务期间进行的修订使无人机能够通过自动识别更准确地识别目标。红帽设备边缘将使洛克希德·马丁公司彻底改变人工智能处理方式,应对国防部最具挑战性的任务。国防部对战场内外人工智能和机器学习十分感兴趣,急需采用这项技术在数字竞争的世界中保持军事优势。国防部在人工智能(包括自主性)方面的支出快速增长,超过 600 个人工智能项目正在进行中,大部分都属于研发项目,重点是识别目标、向指挥官提供建议以及提高无人系统的自主性。

美国国防部开发新的人工智能研发枢纽,聚焦共享数据和先进模型。2022 年 11 月,美国国防部负责研究和工程的副部长办公室正在开发一种新的云通用基础设施,旨在使军事实验室和研发单位之间并不共享的数据,能在符合国防部安全协议的共享建模和仿真环境中进行合作。这项名为“人工智能枢纽”的基础设施工程,以增强协作能力为目标,将国防部的作战团队和研发团队紧密链接,无缝共享数据,基于通用模型库进行试验,使国防部机构的相关人工智能研究组合相互联系并促进重复利用。根据需要,目前主要建立了三个人工智能枢纽:①图像处理枢纽,负责研究光电/红外、激光雷达类的图像信息;②信号处理枢纽,负责研究声纳、射频和相关技术;③建模推理枢纽,负责研究提取图像处理和信号处理的特征信息进行合成。最终三个枢纽将整合到一个统一的测试环境中,完成通用测试评估工作。后续将与军方的尖端技术人员聚集在一起,面对人工智能获取、组织和共享数据障碍的相关需求进行优化,并考虑纳入商业云,为多军种行动方案提供通用作战态势图,以支持联合全域指挥控制的互操作性。

美国陆军将启动“关键”(Linchpin)项目。2022 年 11 月,美国陆军情报、电子战和传感器项目执行办公室国防情报负责人劳伦斯·米森在圣安东尼奥举行的美国军用通信与电子协会年度阿拉莫分会上表示,美国陆军将启动一项“关键”(Linchpin)项目,将人工智能和机器学习(AL/ML)引入传感器环境,为作战人员提供态势感知、目标瞄准和情报监视与侦察环境的 AI/ML 解决方案。同时,该机构还在寻求其他行业解决方案,为陆军集成传感器架构、改进型威胁检测系统(ITDS)、高效射频监测和开发系统(HERMES)的现代化工作提供支持。在集成传感器架构上,陆军希望能够“动态地定位传感器位置”,并能从不同地点访问传感器数据,以提高态势感知能力。在改进型威胁检测系统方面，该机构正在探索直升机和其他机型的先进预警能力，能够对不断涌现的新威胁进行实时分类。在高效射频监测和开发系统上，开发利用信号情报，或空中层面的信号情报传感器。预计该机构将在2023财年第1、第2和第3季度发出多份不确定交付/不确定数量合同和一份美国联邦总务署（GSA）合同。

HII公司支持美国空军人工智能/机器学习和网络现代化优先事项。2022年11月，HII公司获得美国空军价值7000万美元合同，为空军研究实验室（AFRL）提供技术分析，并提出改进建议。美国空军将利用HII的研究和分析支持国防部人工智能/机器学习和网络现代化优先事项。HII团队了解空军面临的挑战，并拥有成熟的技术和预判，有助于促进其IT体系的协调一致。HII团队将支持空军研究实验室的IT体系现代化和数字化转型工作，提供战略规划，能力定义，系统工程，数据分析和可视化，建模、仿真和分析，云技术和跨域解决方案。自2017年以来，HII一直支持美国空军现代化计划，并与多家公司和科研机构合作。此次合同是依据美国国防部信息分析中心（DOD IAC）的多次授予合同（MAC）工具授予的。

DARPA发布“人工智能增援”公告。2022年11月，美国防高级研究计划局（DARPA）发布了“人工智能增援”（AIR）项目公告，旨在投入7000万美元向业界寻求开发新的人工智能能力，使美国无人机在动态竞争的空战环境中具备强大的作战优势，并通过构建开发和测试设备，迅速成熟并持续发展自主空战能力。本项目为期4年将分为两个阶段，共分为两个技术领域进行实施：①先进的建模与仿真（M&S）方法开发，旨在创建快速准确的模型，并通过更多的数据自动改进以消除不确定性；②多主体人工智能决策训练，旨在开发人工智能驱动算法，基于不确定、动态和复杂的作战环境中进行实时分布式自主战术决策。按照计划，该项技术将首先在F－16战斗机试验床上进行演示，后续将加入无人机平台进行“人在回路”的演示。

Vision4ce公司推出基于AI技术的视频处理及目标捕获功能。2022年11月，Vision4ce公司为其CHARM视频目标跟踪硬件产品平台发布了新一代跟踪功能，将机器学习和人工智能整合到跟踪器的视频处理过程中，可帮助产品自动捕获目标，提高该平台在复杂场景中的性能。此次软件升级确保了对单架无人机、无人机群和自主水面舰艇等小型敏捷目标的可靠瞄准，使得目标变模糊或改变感知角度等情况下操作员也无需进行干预，这种能力也可扩展到拥挤地面场景中的车辆和人，以及处于云杂波中的飞机。利用基于AI的方法，CHARM 100和CHARM 100 NX平台的这一新功能能在复杂场景中保持轨迹跟踪，具备自动目标重新捕获能力，减轻了操作员的负担，并简化了目标捕获过程，增强了对目标快速变化的适应性，相比以往更具弹性，在目标具有挑战性的情况下也能保持稳健的跟踪。

云计算领域

美国陆军首席信息官披露2022年度云计算发展计划。2022年1月,陆军首席信息官拉吉·艾尔表示,美国陆军本财年的首要任务是提升新型云和数据能力以形成战术优势。具体任务包括:①在今年开展的演习中整合更多云能力和容量;②使军队具备远征作战能力;③迁移相应战术能力到云端,减轻战术编队负担,并使其具备更大灵活性;④在印太地区开展并实施境外云服务。具体措施是将云集成到作战试验中,并在太平洋战区建立边缘计算云。

美国陆军首要关注将云计算与数据能力带到战术边缘。2022年1月,美国陆军首席信息官拉吉·艾尔表示,陆军寻求在2022年通过云计算工作使陆军更适应远征作战,计划在太平洋战区建立首个美国本土外的边缘计算云能力。通过指挥所计算环境,美国陆军将目前的任务系统与程序整合至单一用户界面,最终实现在单一共享操作界面中显示多个级别的大量数据。目前陆军指挥、控制、通信与战术项目执行办公室已和首席信息官、第18空降军等合作,将部分能力迁移至云中,减轻战术编队的负担,提升了作战灵活性。

美国陆军将在印太地区部署首套混合云系统。2022年1月,美国陆军正在印太地区建立首套混合云战术系统,项目目前处于初级阶段。该系统将成为陆军首个使用本地数据中心和商业云服务建立在美国本土外的混合云系统。新的混合云计算能力将提高陆军指挥控制系统存储和处理数据的能力,为美国陆军正在进行的现代化升级改造提供所需的数据资源。美国陆军发言人布鲁斯·安德森称,陆军正在分析信息交互、系统和服务要求,以确定混合云系统部署的最佳位置,并表示美国陆军计划在2023财年之前进行一系列演习、试验和基本应用分析,以实现太平洋地区的云计算能力。

美国国防部发布《软件现代化战略》。2022年2月,美国国防部副部长凯瑟琳·希克斯签署《软件现代化战略》,提出了"以相应速度实现软件弹性交付"的愿景,以及5项原则及3大目标,认为未来作战依靠的将是"灵活性",软件能力将是美国国防部投入的重点。该战略于2021年11月制定,是国防部《数字现代化战略》的子战略,战略立足于国防部2018年发布的《云战略》,并将在演化后替代云战略。

美国陆军希望利用云技术提高数据传输的弹性与灵活性。2022年4月,美国陆军首席信息官拉吉·艾尔表示,为应对试图拒止数据的复杂对手,陆军希望使数据传输更具弹性。艾尔认为,陆军"多云"战略的关键支柱之一,是让云能力进入战术边缘,只有解决数据传输问题,才能实现对云技术的使用;陆军有必要与卫星供应商、云服务供应商合作,利用低地球轨道和中地球轨道卫星的通信能力建立更有弹性的数据传输架构,从而提升美军的机动能力与远征能力;美国陆军的战略优势是通过“多云”间的链接,尽可能快速地将数据传送至战术边缘,以辅助作战人员决策。

亚马逊公司与美国能源部劳伦斯利弗莫尔国家实验室建立超级计算机云技术合作伙伴关系。2022 年 5 月,亚马逊网络服务(AWS)正与劳伦斯利弗莫尔国家实验室(LLNL)合作,共同努力确定高性能计算中心利用云技术的最佳方法,其目标是生产一个可在云和本地超级计算机环境中运行的标准化软件堆栈。为此,劳伦斯利弗莫尔国家实验室与 AWS 合作开发了用于超级计算机的 Spack 开源软件包管理框架,双方将根据谅解备忘录对混合部署的云爆发和数据暂存及迁移模型进行研究。劳伦斯利弗莫尔国家实验室正在为云环境开发更多软件,并希望与主流软件开发保持一致,利用该生态系统并轻松部署。

美国陆军将云计算扩展至战区司令部。2022 年 6 月,美国陆军首席信息官拉吉·艾尔近日表示,美国陆军正准备实施一项名为 cArmy 的混合云计划,将云计算能力扩展至美国本土之外的战区司令部。该计划是美国陆军“混合云战略”的一部分,首先从美军在韩国的军队设施和装备开始扩展云能力,随后扩展至欧洲司令部和中央司令部;重点从满足区域需求(如亚太地区的需求),转向满足战术边缘云计算需求,使较低梯队能够综合使用数据,将数据和决策传递至单兵。除了混合云战略,陆军还着眼于采用混合卫星通信架构,使数据在多轨道卫星通信网络和地面无线系统之间传输。

美国国防部寻求变革性边缘计算与雾计算技术。2022 年 8 月,美国国防部发布《雾与边缘计算需求声明》,寻求边缘计算解决方案与雾计算技术。边缘计算支持在数据源附近进行实时传感器数据处理,并能够从抓取的数据中生成见解;雾计算则在数据和云之间进行数据过滤或管理,以增加机载数据分析,降低通信延迟和成本,提高态势感知,实现自适应决策,支持美国空军“联合全域指挥控制”概念。2022 年秋季,国防部研究与工程能力原型办公室和空军研究实验室转型能力办公室,将联合举办有关“雾与边缘计算”的虚拟会议,重点关注:①感知/适应任务与环境的解决方案;②对某些数据提供自动解释;③用于数据收集/处理的节能计算与架构等。

美国国防部将授出 90 亿美元“联合作战云能力”合同。2022 年 12 月,美国国防部预计授出“联合作战云能力”(JWCC)合同,用于采购数十亿美元的商业计算服务。JWCC 被视为美国国防部失败的“联合企业防御基础设施”(JEDI)的延续,合同价值 90 亿美元,旨在将偏远的战场边缘与总部连接起来,同时消除密级和其他敏感问题。美国国防部试图通过 JWCC 项目来实现更有效地信息处理,并将信息传递给陆、空、海、太空和网络空间各作战域作战部队,以支持“联合全域指挥控制”(JADC2)概念。复杂的 JADC2 概念完全依赖于在所有三个安全级别(最高机密、机密、非机密)上运行的企业云能力,JWCC 企业云是 JADC2 的基本支柱。JWCC 计划包括一个为期三年的基础和一年的选择权。

美国国防信息系统局批准谷歌公司托管敏感国防部云数据。2022 年 12 月，谷歌云获得美国国防信息系统局（DISA）颁发的“影响级别 5”（IL5）安全授权，可获准托管部分军方敏感（但不是绝密）的数据，包括被确定为国家安全系统相关的工作。该授权是“对物理、逻辑和加密隔离控制进行严格评估”的结果，将为作战人员提供一种安全、可靠的云托管能力，以存储和处理关键任务信息。美国国防部依靠“影响级别”分类系统对数据进行分类并安全地授权基于云的托管环境。“影响级别 5”是存储和处理受控非机密信息（CUI）以及被视为关键任务和国家安全系统信息而构建的环境的最高级别授权。美国防信息系统局的授权确认以下谷歌服务：BigQuery、云硬件安全模块、云密钥管理服务、谷歌云存储、谷歌计算引擎、永久磁盘、身份和访问管理以及虚拟私有云。

大数据领域

澳大利亚智库发布《大数据与国家安全》报告。2022 年 2 月，澳大利亚洛伊国际政策研究所（Lowy Institute）发布的《大数据与国家安全：澳大利亚决策者指南》报告指出，大数据推动经济社会创新发展，同时也加剧国家安全威胁。当前正值维护地区安全的关键时刻，澳大利亚需要了解和应对大数据相关威胁，并且利用大数据等新兴技术，以获取战略优势。

欧盟出台《数据法》草案。2022 年 2 月，欧盟公布《数据法》草案，旨在明确数据共享范围、访问条件，规范和促进欧盟内部的数据共享。法案适用于数字服务和连接产品（如物联网）的供应商及欧盟用户，为用户访问数据、公共机构使用数据、平台数据限制、国际数据传输、云转换和互操作性等提供了统一的法律框架。例如，法案规定企业应当允许连接设备的用户访问他们生成的数据；企业应当在紧急情况下向公共部门提供数据；不允许平台企业签订禁止与小企业共享数据的不平等合同；阻止非欧盟政府访问数据；强制企业允许用户在云提供商之间免费传输数据。欧盟委员会表示，《数据法》解决了导致数据未被充分利用的法律、经济和技术问题，使更多数据可供重复使用，预计到 2028 年将创造 2700 亿欧元的额外 GDP。

白宫发布最新数据治理战略建议。2022 年 4 月，拜登政府发布《促进使用公平数据》的建议书，该建议书是拜登 2021 年 1 月 20 日签署的“通过联邦政府促进种族平等和对服务欠佳社区的支持”第 13985 号行政命令的后续成果。由此前成立的“公平数据工作组”在调研美国数据收集政策、数据监管和数据应用设施情况的基础上撰写而成，其目的在于促进美国制定一项可用于增加公平统计和代表美国公众数据多样性的数据治理战略。

美“太空篱笆”雷达实现数据直连军用云平台。2022 年 4 月，美太空军宣布其监视近地轨道的“太空篱笆”跟踪雷达已能将数据直接传输至军用云平台“统一数据库”。美国太空系统司令部经过测试已成功建立了可将“太空篱笆”雷达系统的观测数据直接输入到“统一数据库”中的永久性能力，成为首部集成到“统一数据库”中的军用太空监视网络传感器。“统一数据库”由 Bluestaq 公司运营，该公司与商业数据供应商合作，确保其数据格式符合“统一数据库”云平台的要求。

美国国防创新单元推出数据可视化工具增强太空态势感知。2022 年 7 月，美国防创新单元与两家公司签订合同，通过“全球太空创新项目”（GSIP）构建两个数据可视化与分析平台原型，为太空军及美国合作伙伴与盟友建立太空互操作性。GSIP 的首要目标是利用人工智能/机器学习来收集、分析和可视化来自商业界、政府以及地面和天基传感器的全球网络数据，帮助国防部提高军方老旧太空跟踪系统的精度。国防创新单元正与联合任务部队—太空防御商业作战单位合作，在“冲刺先进概念训练”中演示上述能力，以加快其部署，使美国保持技术优势。

美国情报界首席数据官阐述三大数据优先事项。2022 年 7 月，美国情报界首席数据官洛里·韦德表示，数据是情报界的重要资产，实现数据优势应重点关注 3 大优先事项：①实现大规模、快速的数据互操作性。与工业界和学术界合作，推动数据服务的广泛采用；继续研究机器分析技术，成为以数据为中心的生态系统的支柱。②制定数据管理规划。该规划应涵盖数据采集到数据获取的整个过程，包括采集数据的原因分析、数据使用者、数据使用方式等。③改进情报人员的数据获取技巧和情报敏锐性。情报人员应了解如何处理数据，并在不断变化的环境下确保获得最新数据。

法国防部批准 Artemis 大数据处理平台的最后阶段。2022 年 7 月，法国防部批准了泰勒斯和阿托斯合资的 Athea 公司的 Artemis. IA 项目的最后阶段合同，将于 2023 年交付一种新的大数据和人工智能处理能力。该项目旨在开发用于处理和大规模利用多源信息与人工智能架构，自 2017 年开始进入演示阶段，其目标是为法国提供一个独立的、安全的大数据和人工智能处理平台，可利用和分析来自军事设备与其他传感器的海量数据。新合同将由法国数字防务局管理，合同要求部署一个初始操作平台，制定连续的标准，并提供 3 年内的培训和维护支持。

美国陆军整合数据分析与作战管理计划。2022 年 7 月，美国陆军主要信息系统与网络技术部门正在整合 Vantage 数据分析可视化平台与指挥所计算环境（CPCE）系统，以帮助陆军加速开发数据架构。Vantage 是一种基于商业技术、云托管的“软件即服务”企业数据分析平台，可访问陆军数据库，支持高级数据分析、元数据管理等功能。CPCE 是一种指挥软件套件，旨在为陆军指挥官提供战术级别及以上的通用作战图。二者的整合将帮助陆军开发应用于战略/战术层面的“功能性数据结构”，也表明商业数据共享应用程序可成功应用于军事领域。

英国 BAE 系统公司发布《在高信任度领域释放数字优势》报告。2022 年 8 月，英国

BAE 系统数字智能公司发布《在高信任度领域释放数字优势》报告，提出拥有数字优势对于政府、航空航天、国防这 3 个高信任度领域至关重要。报告针对目前推进数字优势存在的障碍，提出如下解决方案：①促进更大规模的跨部门协作；②更智能地使用数据；③扩大科学、技术、工程和数学教育（STEM）人才库并使其多样化；④实施明确定义的数字战略。

美国陆军发布《陆军数据计划》。2022 年 10 月，美国陆军首席信息官办公室发布《陆军数据计划（ADP）》。该计划强调以数据与数据分析推动数字化陆军发展，在正确的时间和地点获得正确的数据，促进各梯队迅速做出决策，以获得超越对手的优势。该计划包括 4 个方面内容：①数据 7 大原则，即以可见、可接入、可理解、能链接、可信、互操作性且安全的数据建立信息共享决策优势；②支持"2030 年陆军"建设的 11 项长期战略目标，以多域作战基本原则为标准提出目标要求，包括支持各梯队多域作战应用的可操作数据驱动决策、缩短软件部署和决策分析时间等；③为实现战略目标制定的 2022—2023 财年的工作方向，涉及少数作战单位的演习；④针对 2022—2023 财年的工作方向制定的 8 项战略工作，包括相关决策活动、数据管理和工程、灵活的作战和系统体系架构、统一网络、人才建设、数据驱动型决策支持等。

区块链领域

洛克希德·马丁公司使用网络安全软件保护卫星网络。2022 年 3 月，SpiderOak 任务系统公司与洛克希德·马丁公司签订一份网络安全软件合同，允许洛克希德·马丁公司使用该公司的"轨道安全"软件，用于低地球轨道的太空业务，合同具体金额未透露。SpiderOak 任务系统公司的网络安全技术使用"零信任架构"，网络用户需要特殊密钥对加密数据访问。此外，该软件使用区块链进行数据交易，使分布式账本的每次修改均带有时间和签名记录，确保可追溯性。分布式账本平台可作为区块链和加密软件开发工具包提供应用。卫星网络开发人员可以将软件嵌入应用层，并以最小功率提供应用，使其适用于小型卫星，进而增加其网络安全性。

洛克希德·马丁公司计划在太空演示分布式数据存储。2022 年 5 月，洛克希德·马丁公司正在与 Filecoin 基金会合作，计划在太空开展"星际文件系统"区块链网络演示验证。"星际文件系统"是一个存储信息的开源网络，用户可以共享这些信息。该项目通过开发不必完全依赖基于地面通信和数据存储的技术，降低数据往返地球和太空的次数，并利用分散存储模型使空间中的数据传输和通信更加高效。洛克希德·马丁公司和 Filecoin 基金会将致力于确定承载"星际文件系统"有效载荷的航天器平台，该载荷将向地球和其他航天器传递数据。

美国 Chain 公司宣布最新链云产品。 2022 年 6 月，美国 Chain 公司宣布其最新的云区块链基础设施产品——“链云”(Chain Cloud)，该产品现已向全球开发人员提供测试版本。“链云”是简化开发人员对区块链基础设施访问的关键，是一种分布式的基础设施协议，专为开发人员按需访问区块链网络而设计。“链云”支持 18 个区块链网络，旨在让开发人员访问世界上最流行的公共网络，如 Ethereum、Solana、BNB Chain 等。“链云”协议的更新可以无缝进行，不会中断“链云”支持的应用程序，因此开发人员可以将时间集中在构建应用程序和扩展上，而无需进行繁重的后端更新。“链云”的分布式架构使开发人员能够放心地工作，因为在数据中心停机的情况下，有多个区域可以支持他们的应用程序。

美国国防部发布《2022 年国防战略》。 2022 年 10 月，美国国防部发布了长达 80 页的非机密版本《2022 年国防战略》。该战略认为，中国是美国最重要的战略竞争对手，俄罗斯是能够对美国进行网络和导弹攻击的“严重威胁”。美国国防部正在应对俄罗斯威胁升级俄乌冲突、中国重申威胁武力统一台湾、中俄两国日益结盟以及朝鲜和伊朗日益增加的核问题。该战略的核心是“综合威慑”，即协调整个美国政府的军事、外交和经济手段，以阻止对手采取侵略行动；同时也强调建立国际联盟的能力并使对手的行动复杂化的“运动”。该战略指出来自太空武器、战术核武器以及人工智能和其他新兴技术的新应用的新威胁，呼吁进行“正确的技术投资”。除了对定向能和高超音速武器的投资外，该战略表示要利用市场力量，推动军方使用的能力商业化，如人工智能、自主技术和可再生能源。

美国国防创新单元为基于区块链的数据保护技术开发计划发布提案。 2022 年 10 月，美国国防创新单元(DIU)发布提案，为基于区块链的数据保护技术开发计划寻求建议，要求供应商提出商业技术，在 Web3 或区块链平台上集成组件，确保联合数据系统中数据的安全性。拟议的系统应允许跨域或分类、分级别共享、使用抗量子密码学、支持使用通用访问卡、作为本地平台运行、与托管服务产品集成，并具有跨域分布式学习功能。该平台应部署在现有的硬件系统上，并计划支持基于角色的访问控制，使用商用硬件、加密和密码数据结构集成，以及实体相关的应用系统等。

其他技术领域

白宫公布新版《关键与新兴技术清单》。 2022 年 2 月，白宫公布新版《关键与新兴技术清单》。新版清单以特朗普政府 2020 年 10 月发布的《关键与新兴技术国家战略》为基础，增加高超声速、定向能、可再生能源发电与储存、核能和金融 5 项技术领域，删除先进常规武器技术、农业技术、化生放核减缓技术、分布式账本技术。具体技术领域包括先进计算、先进工程材料、先进燃气轮机、先进制造、先进网络传感与签名管理、先进核能、人工智能、自主系统与机器人、生物、通信与网络、定向能、金融、人机接口、高超声速、网络传感与感知、量子信息、可再生能源发电与存储、半导体与微电子、太空技术与系统。

美研究团队开发出小型化高分辨太赫兹成像设备。2022 年 2 月,麻省理工学院太赫兹集成电子团队已开发出一种小型化、高分辨率的实时成像设备,能以极高精度实现太赫兹电磁能量束电子控制和聚焦。该设备虽然在体积上不到其他雷达系统的 1%,但是比其他雷达系统更为强健。这种极为精确的电控太赫兹天线阵列由于内含大量天线,因而被称为"反射阵列"。该设备生成场景的 3D 深度图像,与激光雷达产生的图像类似,并且可在雨、雾或雪等环境下有效工作。此外,该小型反射阵列还能够生成雷达图像,其角度分辨率是美国科德角大型雷达的两倍,从而率先成为达到军用级分辨率的商用智能设备。

日本发布《2022 先进数字技术制度政策动向报告》。2022 年 2 月,日本信息处理推进机构(IPA)发布《2022 先进数字技术制度政策动向调查报告》,全面调查了全球数字技术研发与实践的制度政策,总结了日本、中国等国家和地区关于数字技术的制度和政策动向,并选择 AI、IoT、量子计算机及区块链相关技术,对以上国家和地区的制度及政策动向进行了深入挖掘。

俄罗斯发布《俄罗斯和国外高新技术发展白皮书》。2022 年 2 月,俄罗斯经济发展部发布《俄罗斯和国外高新技术发展白皮书》。白皮书根据俄罗斯政府第一副总理安德烈·别洛乌索夫指示,由经济发展部与国立高等经济大学、国家技术创意中心、权威部委、头部企业联合拟定,研究了世界人工智能、物联网、5G 网络、量子计算、量子通信、分布式账本技术、电能传输与分布式智慧能源系统技术、电能储存系统制造技术、新材料和新物质技术、未来航天系统共 10 个领域的现状和发展趋势,分析了俄罗斯在上述领域与领先国家存在的差距、具备的优势和不足以及未来面临的风险。鉴于涉及国家机密,俄罗斯政府为大型企业确定的 16 个发展方向中的某些方向,例如新一代微电子与电子元件制造、量子传感器等,未被纳入白皮书。

美国国防部成立 5G 及未来无线网络跨职能小组。2022 年 3 月,美国国防部宣布成立 5G 及未来无线网络跨职能小组(CFT)。CFT 将加速采用 5G 及未来无线网络技术,确保美军能在任何地方有效作战;履行国防部在 5G 及未来无线网络技术领域的政策、指导、研发、采办职责;巩固美国国防部的外部关系,协调与工业界、各机构、国际合作伙伴的合作,确保互操作性。CFT 主席由美国国防部研究与工程副部长徐若冰担任,成员来自国防部长办公室、联合参谋部、各军种和作战司令部。

洛克希德·马丁公司和微软公司合作开发军用 5G 技术。2022 年 3 月,洛克希德·马丁公司和微软公司合作开发军用 5G 技术,以推进美国国防部跨作战域系统的可靠连接。此次合作重点是洛克希德·马丁公司的混合基站、多网络网关和一体式蜂窝塔，以及 Microsoft Azure 的云服务。两家公司将测试如何使用微软公司的 5G 和 Azure 服务，为洛克希德·马丁公司的混合基站有效地扩展和管理联合全域作战防御应用的 5G 网络技术。

美国陆军安全监视系统将应用超材料电子扫描阵列技术提升探测能力。2022 年 3 月，美国陆军安全监视系统计划采用 Echodyne 公司开发的超材料电子扫描阵列（MESA）技术来提升自身安全态势感知能力。MESA 雷达没有配置传统的移相器，而是使用超材料来操控电磁波，降低制造成本与设备体积。通过综合应用 MESA 雷达系统与其他传感器，美国陆军安全监视系统探测范围大幅提升，可高效获取接近己方的人员、车辆、船只及无人机威胁 4D 数据，能对潜在的地面和空中威胁实现有效预警。

美国空军天波技术实验室正式启用。2022 年 4 月，美国空军研究实验室航天器管理局正式启用了天波技术实验室，旨在探索研究无线电波在大气传播时的扰动特性，开发、原型设计、测试和部署近地空间环境的无线电波和光学诊断，以增强空域感知能力。研究内容涉及监测和预测空间环境的相关技术，以及对空气和空间系统的影响。该实验室位于柯特兰空军基地的一个偏远地区，占地 $3500ft^2$、耗资 350 万美元，包括实验室、行政办公室、车间区、保障区和两个外部设备测试平台，为传感器提供了没有射频干扰的室外测试场所。

美国空军将数字孪生技术用于“陆基战略威慑”项目。2022 年 4 月，美国空军“陆基战略威慑”项目负责人在太空研讨会上表示，空军已在该项目概念设计、工程与原型制造的全寿命周期内采用数字孪生技术，以加速项目的现代化进程。数字孪生技术使用真实部件或系统的软件模型，指导设计者制定原型计划，可帮助计算武器系统投入使用后的燃料消耗、维护周期等数据。美国空军首席技术与创新官丽莎·科斯塔称，“为努力实现数字军种愿景，空军专注于在整个生态系统中使用数字工程与数字孪生，除用于采办外，还研究如何将数字工程与数字孪生嵌入培训、理论及兵力设计中”。

美国国防部与业界合作推进基于 5G 的数字作战网络。2022 年 4 月，诺斯罗普·格鲁曼公司和美国电话电报公司（AT&T）达成协议，将合作推进由美国国防部主导的基于 5G 的“数字作战网络”。根据该协议，两家公司将联手开发一个经济、高效、可扩展的开放架构解决方案，帮助国防部连接和获取分布于全域、全地区和部队的传感器、武器和数据。上述开放架构将采用 AT&T 公司研制的 5G 网络原型设备，以及诺斯罗普·格鲁曼公司的高科技系统，并通过后续原型研制、演示和评估进行整合，最终将支持国防部实现联合全域指挥控制（JADC2）的愿景。

美国国防部成立新兴政策能力办公室。2022 年 5 月，美国国防部成立新兴政策能力办公室，旨在制定与人工智能、高超声速等新兴能力有关研究和采办的政策，并通过“加速采用新兴能力的方式”,将新兴能力整合到部门战略、规划指导和预算流程中。该办公室将由负责战略、计划和能力的国防部副部长直接领导,具备履行以下职能:①加速技术开发以及新能力的战术和作战应用,并超前政策进行部署;②关注新技术与现有能力结合对战略平衡的影响,以及可能引发的伦理问题;③制定有关的审查政策和流程,并就其他新兴能力的政策向国防部副部长提供建议。

用于超快信号处理的激光脉冲可使计算机速度提高一百万倍。2022 年 5 月,德国弗里德里希·亚历山大·厄兰根－纽伦堡大学的研究人员和美国罗切斯特大学的一个团队研究展示了如何通过使用激光脉冲超快信号处理技术将计算机速度提高到一百万倍。该团队研究人员通过基本理论及其与试验的联系,发现了实电荷和虚电荷的作用,解释了基础研究如何推动新技术发展,并为创建超快逻辑门提供了思路。尽管该技术仍需要很长时间后才能应用于计算机芯片,但其证明了光波电子技术的可行性。

英国开展“科学技术组合”计划应对未来新兴军事技术发展。2022 年 6 月,英国防部宣布将在未来 4 年投资 25 亿美元开展“科学技术组合”计划,旨在支持未来军事能力发展,主要包括开发高超声速武器演示系统、新的空间能力、扩大对人工智能、先进材料和核潜艇系统的研究。英国防科学与技术实验室公布了其支出计划,包括 25 个项目的优先事项清单,其重点将放在关键能力挑战、高风险的新兴技术和鲜为人知的下一代技术研究上。

美国国防部演示 5G 智能仓库技术方案。2022 年 6 月,美国电话电报(AT&T)公司宣布,已参与美国海军与国防部最新的 5G 技术解决方案演示,支持建立 5G“智能仓库”。演示在圣地亚哥的科罗纳多海军基地进行,侧重于 5G 无线接入网络及其通过增加数据吞吐量、物联网支持和低延迟对仓库运营的优化。展示的原型包括:启用 5G 增强/虚拟现实功能支持军事训练与行动;5G 高清视频监控;在 5G 云环境中使用人工智能与机器学习;支持通过免提移动设备操作的先进投放/拣选技术;零信任架构网络安全支持。AT&T 公司的 5G 网络为国防部提供了扩展 5G 智能仓库解决方案的能力,未来还将为智能仓库基础设施提供高速、低延迟的 5G 服务,支持国防部利用 5G 实现智能操作、大幅提高资产可见度的目标。

DARPA 启动“μ 介子科学与安全计划”。2022 年 7 月,美国防高级研究计划局启动“μ 介子科学与安全计划”(MuS2),旨在创造一种具备深穿透力的亚原子粒子源,即“μ 介子”。该项目旨在开发可扩展的实用工艺,通过在离子体加速、目标设计和紧凑型激光驱动器技术方面的创新,形成能够产生超过 100GeV 的 μ 介子的条件。该项目为期 4 年,分两个阶段:第一阶段为期 24 个月,将进行初步建模和比例研究,并利用试验来验证模型;第二阶段为期 24 个月,将开发 100GeV 或更大的可扩展加速器,并为实际应用生产相关数量的 μ 介子。

麻省理工大学利用3D打印技术制作首款卫星传感器。2022年7月,麻省理工研究人员宣布,利用3D打印技术制作了首款等离子体传感器——延迟电位分析仪(RPA),主要用于确定大气化学成分和离子能量分布。使用3D打印和激光切割技术制造的等离子传感器,具有成本低、生产周期短和功率低等特点。研究人员使用玻璃陶瓷材料开发RPA,比传统传感器材料(如硅和薄膜涂层)更耐用,可承受航天器在近地球轨道上遇到的大范围温度波动;还引入"大桶聚合"工艺,将传感器反复浸入一桶液体材料中,一次构建一层3D结构,每层只有100μm厚,可以创造出光滑、无孔、复杂的陶瓷形状。未来,研究人员将在"大桶聚合"工艺中减少层的厚度,创建更精确的复杂硬件,并使用人工智能技术优化传感器设计,以满足在特定情况下的使用。此种3D打印技术有望应用于核聚变能源或高超声速飞行器。

美国能源部资助10个高性能计算项目以提高能源效率和材料性能。2022年7月,美国能源部宣布,在"能源创新高性能计算"(HPC4EI)计划下支持10个高性能计算项目,用于推进先进制造和清洁能源技术发展,通过先进的建模、仿真和数据分析技术,提高能源制造效率,并探索应用于清洁能源的新材料。10个项目分别是:①低成本、高效固体氧化物电解槽制造的快速红外烧结高性能计算建模;②工业燃气轮机低成本碳捕获技术计算模型;③集成宏观—微观—纳米多尺度建模框架;④采用高性能计算优化工艺参数以控制风机主轴轴承无缝感应淬火材料演变;⑤用于再生铅熔炉工艺优化的高性能计算;⑥基于3D设备级连续介质模型的可扩展AEM电解槽制氢效率和寿命优化;⑦利用计算流体力学和机器学习优化混合设备;⑧能源转换用高效氢燃料燃气轮机的材料可靠性量化;⑨高韧性、低导热性氢燃气轮机热障材料;⑩基于碳纳米刺的光电化学二氧化碳转化。

美国国防部"创新后5G"计划启动三个项目。2022年8月,美国国防部"创新后5G"计划启动了3个项目,继续推进国防部与工业界、学术界在5G及下一代无线通信技术方面的合作,支撑未来的作战人员所需的高性能、安全和弹性网络。三个项目包括:①开放6G项目,旨在进行基于开放无线接入网络的6G系统研究,预计投入177万美元;②频谱交互安全和可扩展项目,旨在研制用于接收、调度和分配频谱资源的网络服务设备,预计投入164万美元;③大规模多入多出项目,旨在提高无线战术通信的弹性和容量,预计投入369万美元。

BAE系统公司开发下一代雷达和通信系统应用的突破性技术。2022年8月,BAE系统公司在DARPA授予的1750万美元"基于光子振荡器生成低噪声射频"项目合同下,研发光子学和数字电子学结合的突破性技术,以实现低噪声、紧凑型和频率灵活性的新一代机载传感和通信能力。该项研究结合了数字电子效率和灵活性,以及光子学的带宽和稳定性,在体积缩小的前提下提供精确的微波源。这种突破性的关键任务技术将大幅降低振荡器模块尺寸、重量、功耗和成本,可应用于微小型平台。

DARPA 开发“持久光学无线能量中继器”构建未来韧性多径无源能源网络。2022 年 10 月,美国防高级研究计划局(DARPA)宣布正在利用无线能量传输技术,开发动态、自适应、光速级的无线能量网。这个名为“持久光学无线能量中继器”(POWER)的项目,将针对军用平台能源传输使用的问题,使源于地面的激光通过各级中继实现高空、远距传输,以构建未来韧性多径无源能量网络。该项目具备以下特点:①将平台转变为传输管道而不是容器,优化小型平台的承载和持久能力;②在多跳网络中解决能量损失,在中继点上最大限度地提高光能质量,并有选择地进行能量传导。后续该项目还将进行飞行测试,以验证相关功能。该项目所构建的无线能量网被认为是军用平台能源传输的革命。

美国会研究服务局向国会呈交《新兴军事技术:国会的背景和问题》报告。2022 年 11 月,美国会研究服务局向国会呈交《新兴军事技术:国会的背景和问题》报告。报告认为,美军长期以来一直依靠技术优势来确保其在冲突中的主导地位,并为美国国家安全提供保障。近年来,新兴军事技术迅速发展和扩散,已威胁到美军事优势。国防部已采取多项举措来遏制这一趋势,包括发布第三次抵消战略、建立国防创新组织等。报告概述了美国、中国和俄罗斯的人工智能、自主致命武器、高超音速武器、定向能武器、生物技术以及量子技术等新兴军事技术的发展情况,讨论了国际机构监测或规范这些技术的相关举措。报告向国会概述了相关问题,这些问题包括新兴技术的资金水平和稳定性、管理结构、聘用技术工人的挑战、快速发展和双重用途技术的收购过程、保护新兴技术免遭盗窃和征用,以及新兴技术的治理和监管。这些问题可能对国会授权、拨款、监督和条约制定产生影响。

美国政府推动后量子密码学迁移。2022 年 11 月,美国政府管理和预算办公室(OMB)发布了一份关于后量子密码学迁移的备忘录,概述了基于未来量子计算机运行需要,联邦机构向后量子密码学迁移的必要性。该文件基于美国总统拜登早前发布的“加强美国网络防御态势”的行政令,提出了以下要求:①联邦机构清点当前加密的软硬件系统、高价值资产以及需要特殊网络安全协议的重要系统;②管理和预算办公室汇编高风险信息资产和系统的摘要;③管理和预算办公室从标准到实施角度确定相关系统后量子密码学迁移的预算、规划和执行方案。联邦机构将于 2023 年 5 月 4 日前完成管理和预算办公室的要求,后续工作在数年内全部完成。备忘录发布一年后,美国网络安全和基础设施安全局(CISA)将与国家标准与技术研究院(NIST)、国家安全局(NSA)合作发布新的迁移战略。此外,管理和预算办公室强调,在进行系统清点时需要和软件供应商合作,以在其网络中充分测试后量子密码技术。该备忘录对保护政府的敏感数据,防止量子计算机未来可能的危害,保障美国在量子计算领域的领导地位,具有指导意义。

欧洲卓越人工智能实验室开发出首款混合多维量子惯性传感器。2022 年 11 月，欧洲卓越人工智能实验室（EXAIL）展示了其在 iXAtom 联合实验室与波尔多的 LP2N lab1 研究团队共同开发的三轴量子惯性传感器。该传感器能够在三个维度和任何方向内持续跟踪并测量加速度，这是利用量子优势开发无漂移惯性导航系统迈出的重要一步。通过将这两种技术相结合，利用学术界和工业合作伙伴各自的专业知识，iXAtom 联合团队开发了第一款混合多维量子惯性传感器。该传感器使用经典传感器的速率（带宽）提供连续信号，将精度提高了 50 倍。它是第一个不需要根据预定义的测量方向进行精确对准的量子传感器。

美国网络司令部和 DARPA 合作将网络创新技术快速转化为作战应用。2022 年 11 月，美网络司令部和国防高级研究计划局（DARPA）签订了一份谅解备忘录，旨在通过建立特殊的通道，推进网络创新技术向作战应用转化。当前美网络司令部面临的作战能力和基础设施建设问题主要如下：①正在建设的联合网络作战架构（JCWA），需要进行大量任务执行和分析工作；②到 2024 年网络司令部将具备独立采购能力，需要对所需资源的规划、预算和执行进行直接控制和管理。因此网络司令部需要加强与 DARPA、国防创新部门和军种实验室等的合作，以推进关注的创新技术在达到一定的成熟度水平后能够尽快实现作战应用。该谅解备忘录明确了双方希望有一个正式的架构和通道，快速培育原型系统和创新技术，目前双方合作的两个抓手如下：①艾克（ike）计划，可基于联合网络指挥控制能力实现网络通信，有效改进任务规划以及对网络部队的指挥控制，但目前该架构尚不成熟，因为网络环境的极端复杂性需要先行转化；②星座（Constellation）计划，这是两个机构建立的特殊通道，其特点是周期长，灵活，多途径和计划共同推进，具备较强的环境适应性。通过给网络司令部关注的项目和技术注入额外研究经费，使其通过强化研究，形成快速原型系统，并在多种级别的环境中进行测试，快速转化为网络通信环境中可用的系统，以真正适应网络作战的需要。

美国总统拜登签署《量子计算网络安全法案》。2022 年 12 月，拜登总统署《量子计算网络安全准备法案》，鼓励联邦政府采用不受量子计算解密保护的技术。新法案要求管理和预算办公室（OMB）优先考虑联邦机构采购和迁移到具有后量子密码学的 IT 系统，还要求白宫在美国国家标准与技术研究院发布后量子密码学标准一年后，为联邦机构制定评估关键系统的指南。该法案规定 OMB 应向国会提交一份年度报告，其中包括如何解决整个政府的后量子密码学风险的战略。在 11 月 18 日的一份备忘录中，白宫要求联邦机构在 2023 年 5 月 4 日之前提供一份资产清单，其中包含可以被量子计算机破解的加密系统。与此同时，国家安全局在 9 月发布了《商业国家安全算法套件 2.0》指南，其中规定了国家安全系统的所有者和运营商到 2035 年开始使用后量子算法的要求。指南建议供应商开始为新技术要求做准备，但承认一些抗量子算法尚未获准使用。

美国国防高级研究计划局授予罗彻斯特大学量子计算项目合同。2022 年 12 月,美国防高级研究计划局授予罗切斯特大学一份价值 160 万美元的项目合同,用于"量子启发的经典计算"(QuICC)项目。项目目标是交付系统样机,可将中等规模问题的计算效率提高至少 50 倍,并给出将任务规模问题的效率提高至少 500 倍的可行性。该项目的里程碑将推动量子启发求解器技术逐步向任务相关问题和规模扩展。QuICC 项目在整个实施期间会支出 5800 万美元,可能会签订更多合同。

美国国会 1.7 万亿美元综合支出法案使"加速新兴国防技术"成为国家优先事项。2022 年 12 月,美国会公布了约 1.7 万亿美元的 2023 年综合支出法案,根据顶线摘要,该支出计划包括国防部历史上最高的研发预算,支持美国最重要的国家安全优先事项,包括与中国和俄罗斯的战略竞争,以及高超音速武器、人工智能、5G 和量子计算等颠覆性技术。综合支出法案将分配超过 30 亿美元的投资来改造国防部退化的基础设施。综合一揽子计划将提供大约 45 亿美元,以推进军方高超音速武器及相关技术的开发和部署。该法案将向国防部提供 11 亿美元,用于使美国新兴技术的关键测试和评估基础设施现代化,国防部的一些相关项目将从该一揽子计划中获得更多资金,包括全域自主建模和仿真、反无人机和无人机群打击、人工智能中心及其定向能机载高功率试验台。综合支出法案还将为国防部提供额外资金,以在太空和网络空间两个最新的作战域实现改进和创新。此外,综合支出法案将提供 4.304 亿美元用于各种网络和人工智能计划,以及额外的 22 亿美元用于太空采购、运营和维护以及研究和发展倡议。该综合一揽子计划还为首席数字和人工智能办公室(CDAO)领导的机密军事情报计划拨款超过 7000 万美元。CDAO 还将获得超过 2.78 亿美元,用于履行其不断调整变化的职责,并最终帮助庞大的部门扩展人工智能。

美国国防部设立战略资本办公室。2022 年 12 月,美国国防部成立新的国防部组织——战略资本办公室(OSC),专注于推动私营资本用于技术开发,帮助军队以更快的速度部署创新能力。OSC 将在政策、采购和研究方面开展工作,把关键技术公司与资本联系起来,以扩充这些公司的资金池,帮助实现其规模化生产,从而在以科学和技术为重点的组织(如国防高级研究计划局)和以商业为导向的组织(如国防创新单元)之间扩大投资。OSC 正在调查贷款和贷款担保等非收购工具的使用情况。许多联邦机构通过贷款、贷款担保、发展基金和其他工具参与资本市场,这些投资对于帮助关键技术公司的早期发展至关重要。OSC 希望使用可信度高的信贷计划,对供应链进行战略投资,支持关键技术公司的生产。OSC 将设立由国防部副部长徐若冰(Heidi Shyu)领导的咨询委员会,其余人员将在 90 天内配备并开始运作。

世界军事电子年度发展报告

2022

中电科发展规划研究院　编

（上册）

国防工业出版社

·北京·

内 容 简 介

本书立足全球视野，通过对世界军事电子领域2022年度发展情况进行详实、深入地梳理分析，展现并剖析了领域最新进展和趋势。本书共含综合、网信体系、电子装备、电子基础、网络安全、前沿技术六个分卷，对涉及的指挥控制、情报侦察、预警探测、通信与网络、定位导航授时、电子对抗、基础元器件、信息安全、人工智能、量子信息科学等关键领域的数十个重要问题、热点事件进行了专题分析，并梳理形成各领域大事记，为了解、把握军事电子各领域的年度发展态势奠定了坚实基础。

本书可供军事电子和网络信息领域科技、战略、情报研究人员，从事领域设计和开发的工程技术人员和相关从业人员，专业院校老师、学生，以及其他对军事电子感兴趣的同仁，参考、学习和使用。

图书在版编目(CIP)数据

世界军事电子年度发展报告. 2022/中电科发展规划研究院编. —北京:国防工业出版社,2024.4

ISBN 978-7-118-13258-8

Ⅰ. ①世…　Ⅱ. ①中…　Ⅲ. ①军事技术—电子技术—研究报告—世界—2022　Ⅳ. ①E919

中国国家版本馆CIP数据核字(2024)第064334号

※

国防工业出版社出版发行

(北京市海淀区紫竹院南路23号　邮政编码100048)

北京虎彩文化传播有限公司印刷

新华书店经售

*

开本 787×1092　1/16　**印张** 30　**字数** 569千字

2024年4月第1版第1次印刷　**印数** 1—1000册　**定价** 798.00元

国防书店:(010)88540777　　书店传真:(010)88540776

发行业务:(010)88540717　　发行传真:(010)88540762

前言

2022 年，世界局势动荡不安，国际关系风云变幻，大国博弈烈度急剧上升，俄乌冲突等事件加剧了国家间的分裂和对抗，安全环境与战略局势日益复杂。各国民族主义和保护主义进一步抬头，全球科技发展环境遭遇前所未有的破坏。与此同时，随着新概念的提出和新技术的突破，新一轮科技、军事革命持续演进，各主要国家持续增强对军事电子领域的关注，从技术创新、装备更新、材料器件研制、作战应用等多方面入手提升竞争实力，持续推动军事电子领域朝着更加数字化、更强网络化、更具智能化的方向发展。为持续把握世界军事电子领域发展态势，了解领域发展特点、研判未来着力重点，《2022 年度世界军事电子年度发展报告》对网信体系、电子装备、电子基础、网络安全、前沿技术五大方向，以及所涉及的指挥控制、情报侦察、预警探测、通信与网络、定位导航授时、电子对抗、电子基础、网络安全、网信前沿技术等各子方向发展情况进行了全面梳理和总结，并对各领域的重要问题、热点事件进行了专题分析，形成综合卷报告一份和分卷报告五份。

本年度发展报告的编制工作在中国电子科技集团有限公司科技部的指导下，由发展规划研究院牵头，电子科学研究院、信息科学研究院（智能科技研究院）、第七研究所、第十研究所、第十一研究所、第十二研究所、第十四研究所、第十五研究所、第十六研究所、第二十研究所、第二十七研究所、第二十九研究所、第三十二研究所、第三十四研究所、第三十六研究所、第三十八研究所、第四十一研究所、第四十三研究所、第五十一研究所、第五十三研究所、第五十四研究所、第五十五研究所、产业基础研究院、中电莱斯信息系统有限公司、网络信息安全有限公司、芯片技术研究院等单位共同完成，并得到集团内外众多专家的大力支持。在此向参与编制工作的各位同事与专家表示诚挚谢意！

受编者水平所限，本书中错误、疏漏在所难免，敬请广大读者谅解并不吝指正。

编　者

2023 年 7 月

目录

综合卷

综合分析

瞄准联合全域作战,加速网络信息能力建设 …… 4

重要专题分析

美国国防部发布联合全域指挥控制战略及实施计划 …… 16
美军数字化转型发展新动向 …… 22
美国《2022 年芯片与科学法》研究与解读 …… 29
美国国防部发布《负责任的人工智能战略和实施路径》 …… 34
美国国防部发布《零信任战略》重塑信息系统安全体系 …… 38
美国陆军发布新版《FM3 -0 作战》条令 …… 43
美智库发布《软件定义战争》聚焦未来作战体系架构设计 …… 51
英国防部发布《国防能力框架》谋划未来十年发展 …… 57
美“特别竞争研究项目”情报专题报告分析思考 …… 61
世界军事电子领域 2022 年度十大进展 …… 66

电子装备卷

综合分析

2022 年电子装备领域发展综述 …… 74
2022 年情报侦察领域发展综述 …… 85

2022 年预警探测领域发展综述 …………………………………………………… 91
2022 年通信网络领域发展综述……………………………………………………… 101
2022 年电子战年度发展综述………………………………………………………… 113
2022 年定位导航授时领域发展综述………………………………………………… 122

重要专题分析

情报侦察领域

ACT－IV 多功能传感器取得重要进展……………………………………………… 132
美太空军研发天基地面动目标指示能力 …………………………………………… 137

预警探测领域

美智库提出 5 层巡航导弹国土防御架构 …………………………………………… 142
下一代“无人僚机”概念剖析及对预警探测系统的启示…………………………… 147
美军 2023 财年预警探测前沿项目布局解析 ……………………………………… 151
洛克希德·马丁公司 AN/TPY－4 雷达中标 3DELRR 项目 ……………………… 158
雷声公司“幽灵眼”MR 雷达项目取得重大进展 …………………………………… 163
美国空军将使用 E－7 替换部分 E－3 预警机事件分析…………………………… 167
俄罗斯计划建造“银河“太空监视体系……………………………………………… 171
印度研发新型预警机,推动空中预警能力升级 …………………………………… 176
美国陆军综合作战指挥系统完成 IFT－2 巡航导弹拦截试验 …………………… 180
DARPA 推进星载合成孔径雷达技术改进项目 …………………………………… 184
从“匕首”作战应用看高超声速导弹防御…………………………………………… 191
低慢小无人机威胁下的野战防空系统发展研究 …………………………………… 195

通信网络领域

洛克希德·马丁公司通过 5G. MIL 解决方案构建跨域高效韧性通信网络 …… 204
美国国家科学基金会启动“韧性智能下一代网络系统”项目……………………… 211
美国空军协会米切尔研究所发布《JADC2 骨干:信息时代战争
的卫星通信》研究报告 ……………………………………………………………… 218

美军稳步推进受保护战术卫星通信项目 …………………………………… 226
美国机载短波无线电现代化项目完成招标工作 ……………………………… 236
欧洲安全软件定义无线电项目持续发展 ……………………………………… 241
美国太空探索技术公司发布“星盾”卫星互联网系统……………………………… 247

电子战领域

美军推动高功率微波反无人机技术发展 ……………………………………… 254
美国空军“愤怒小猫”电子战吊舱通过作战评估测试……………………………… 261
澳大利亚全面提升电子战能力 ……………………………………………… 266
日本大力加强电子战能力建设 ……………………………………………… 273
美国空军打造 EC－37B 新型空中电子攻击平台 ……………………………… 279
美军加快 AGM－88G 新型反辐射导弹研制 ………………………………… 286
以色列“天蝎座”电子战系统分析…………………………………………… 292
可携带电子战载荷的“空射效应器”无人机群进行大规模测试……………………… 301
美国利用商用卫星提升天基信号情报能力 ………………………………… 306
美国太空军举行“黑色天空”电磁战指挥控制演习……………………………… 312
主要国家积极将非合作无源探测系统集成到新一代防空系统 ………………… 316
2022 年国外反无人机领域发展综述………………………………………… 321

定位导航授时领域

从美国政府问责局报告看美军可替代导航技术的发展与应用 ………………… 330
美国政府问责局发布《GPS 现代化》报告…………………………………… 341
美军定位导航授时体系对抗技术重要进展及影响 …………………………… 348

大事记 …………………………………………………………………… 355

网络信息体系卷

综合分析

2022 年网络信息系统发展综述………………………………………………… 392

重要专题分析

美国国防部持续推进联合全域指挥控制能力建设 …………………………… 400
美国空军推进"能力发布"和数字基础设施研发 …………………………… 406
美国国防部《软件现代化战略》解读 …………………………………… 412
美军大力推进云环境建设部署……………………………………………… 417
美国陆军"造雨者"项目数据编织技术发展动向及启示 …………………… 422
美太空军"统一数据库"发展动向与影响分析 ……………………………… 431
美军无人系统指挥控制能力取得新突破……………………………………… 436
美军大力发展"任务伙伴环境"构建无缝指挥控制网络 …………………… 440
DARPA"联合全域作战软件"项目研发进入第二阶段 ……………………… 446
美国空军研发基于云的新一代空战指挥控制系统 ………………………… 450
美国空军启动变革空战规划的"今夜就战"项目 …………………………… 456

大事记 ……………………………………………………………………… 461

网络安全卷

综合分析

2022 年网络空间安全动态综述……………………………………………… 470

重要专题分析

2022 年全球网络演习解析…………………………………………………… 480
北约组织"锁盾 2022"网络演习 ……………………………………………… 487
美军加强太空网络安全能力建设主要动向及影响 ………………………… 490
美国公布首批后量子密码标准算法 ………………………………………… 496
美国家安全局发布网络基础设施安全指南 ………………………………… 501
"五眼联盟"国家发布《俄罗斯支持的网络行动和犯罪团体的
网络安全威胁》 ………………………………………………………… 505
美国陆军新一代密码装备的研发进展 ……………………………………… 510

美反制僵尸网络项目及其“技术突袭”手段分析 …… 517

大事记 …… 523

产业基础卷

综合分析

2022 年半导体发展动态综述 …… 534

重要专题分析

欧盟发布《欧洲芯片法案》 …… 540
俄罗斯多措并举降低对西方国家芯片依赖 …… 548
英特尔集成光电研究实现重大突破 …… 554
DARPA 极限光学与成像技术取得新突破 …… 563
美国 HRL 实验室大格式红外探测器阵列的弯曲技术取得显著进展 …… 570
欧洲团队推出微型导航级 MEMS 陀螺仪 …… 578
美国超轻自供能环境传感器研制取得进展 …… 587
量子级联激光器技术及应用新进展 …… 592
韩国甲醇重整燃料电池创 AIP 潜艇潜航记录 …… 598
首个可重构自组织激光器问世 …… 603
美国 InnoSys 公司推出电真空与固态技术结合的行波管 …… 610

大事记 …… 619

网络信息前沿技术卷

综合分析

2022 年网络信息前沿技术发展综述 …… 628

重要专题分析(综合篇)

美国家人工智能研究资源工作组发布中期报告 …… 638

英国防部发布《国防人工智能战略》…… 644
美研制出全球首个百亿亿级超算系统 …… 648
美国国防部下一代信息通信技术(5G)项目进展 …… 654
美国国防部创新后5G计划简介 …… 665
美国陆军大力发展托盘化高能激光武器 …… 673
DARPA为高能激光武器分层防御开发模块化高效激光技术 …… 681
美国海军首次完成激光武器抗击巡航导弹试验 …… 688

重要专题分析(量子信息领域)

2022年量子信息技术发展综述 …… 694
量子计算方向2022年度进展 …… 706
量子通信方向2022年度进展 …… 725
量子精密测量方向2022年度进展 …… 738
量子探测方向2022年度进展 …… 745
量子器件方向2022年度进展 …… 750
美国陆军持续开发量子射频传感器 …… 760

重要专题分析(人工智能领域)

智能化网络信息体系加速发展,“网络互联”“服务供给”亮点频现 …… 766
机器人自主性迈上新台阶,全尺寸人形机器人涌现热潮 …… 772
脑机接口持续进展,为人机混合智能发展奠定坚实基础 …… 783
“忠诚僚机”进展与分析 …… 789
智能博弈由游戏AI向作战推演领域应用发展 …… 798
DARPA可信赖人工智能项目将提升自主系统态势理解能力 …… 803
OpenAI公司发布基于深度学习的聊天机器人模型ChatGPT …… 808

大事记 …… 813

综合卷

综合卷年度发展报告编写组

主　　编： 彭玉婷

副 主 编： 方　芳　王龙奇　秦　浩　李祯静　李　硕　焦　丛　闫继伟　刘翔舸　丁一鸣

撰稿人员：（按姓氏笔画排序）

王龙奇　方　芳　朱　虹　李　川　李晓文　李祯静　李皓昱　李　琨　吴　技　张春磊　郝志超　秦　浩　彭玉婷　焦　丛

审稿人员： 肖晓军　陈鼎鼎　张　帆　吕德宏

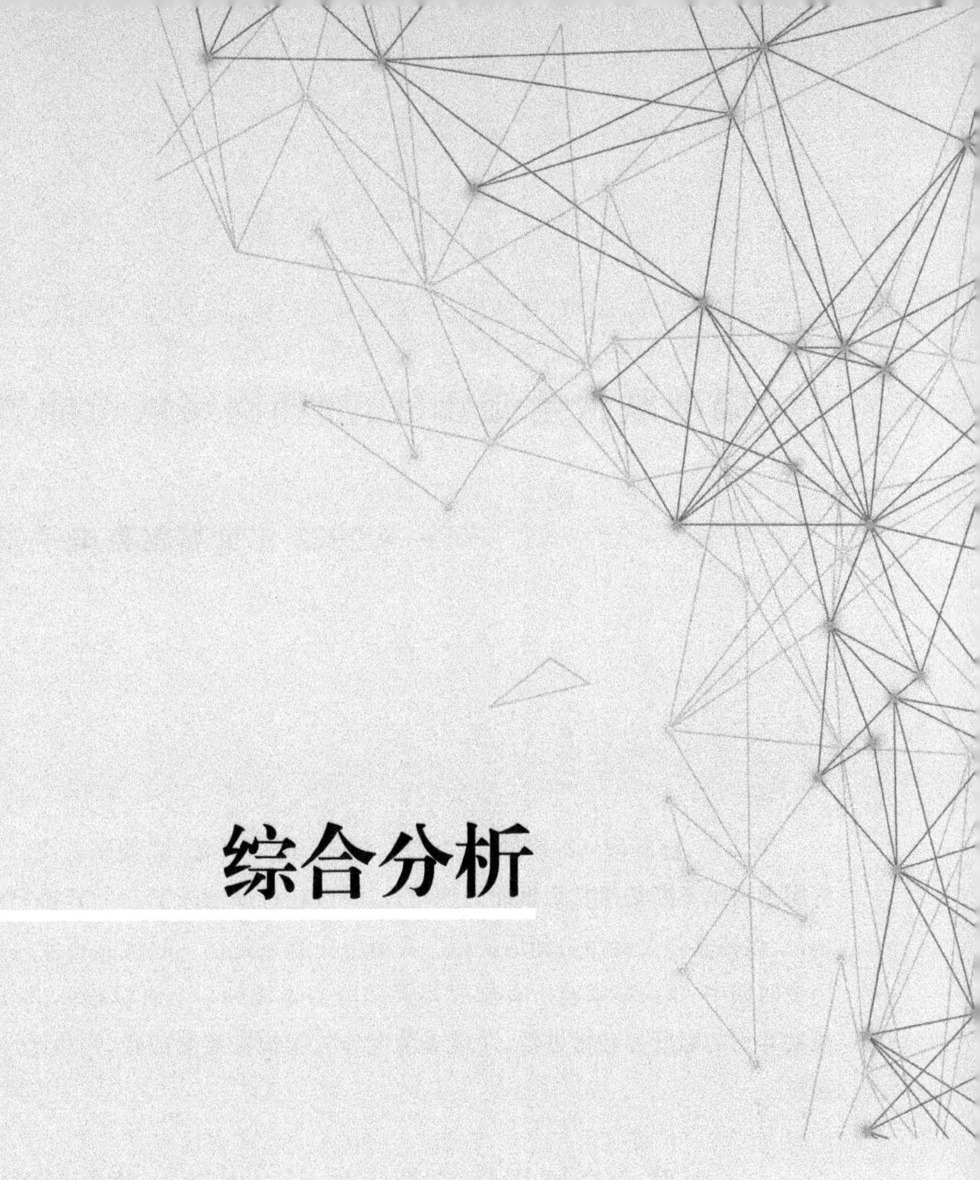

综合分析

瞄准联合全域作战，加速网络信息能力建设

——2022年世界军事电子领域发展综述

2022年，随着俄乌冲突的持续演进，世界局势风雷激荡，波谲云诡。以美国为首的世界军事强国不断加速其军事能力建设，以继续在逐渐清晰的新世界格局中居于更加有利地位，保持其强大威慑力和话语权。军事电子领域是信息时代向智能时代转化这一伟大历史时期中，唯一能够将所有作战要素和能力集成为一个有机整体，形成和催生全域新质战斗力的赋能器和推进器，业已成为世界各国辅佐政治博弈，明争暗斗、相互角力的主战场。

一、以联合全域指挥控制为牵引，推动全球新质网络信息体系建设

军事指挥控制能力最能反映网络信息体系发展成就。2022年，为灵活有效应对全球挑战，美国及其盟友加速发展联合全域指挥控制能力，持续推进全球网络信息系统装备的现代化转型，不断提高跨域、跨国联合以及智能协同作战能力。

（一）密集发布战略文件加强重点基础领域顶层谋划

美国国防部、各军种自2月开始相继出台《软件现代化战略》《联合全域指挥控制战略》摘要及实施计划、《数据战略实施计划》《信息优势拱顶石设计概念》《数据计划》《云计划2022》等战略规划和计划，规范和加速联合全域指挥控制能力的发展。**北约**于6月发布了《2022年北约战略概念》，英国于7月发布了《国防能力框架》，为发展新一代兼具鲁棒性和韧性的一体化指挥能力提供支持。

（二）持续深化联合全域指挥控制能力开发

美国空军于3月提出“先进作战管理系统”的建设原则和采办计划，9月成立“先进作战管理系统数字基础设施联盟”，10月启动“转换模型－作战管理”项目。美国海军于4月为“对位压制工程”申请1.95亿美元经费，围绕网络、分析工具、基础设施、数据架构4个重点领域为联合全域作战赋能，并计划在2023年将新型作战架构部署到首个航空母舰打击群。美国陆军于10—11月通过“会聚工程”演习，评估了下一代传感器和通信网关、智能目标配对、数据编织等近300项新技术，以及“一体化作战指挥系统”（IBCS）与飞行中导弹进行通信的能力，并检验了与其他军种系统进行整合的能力。

此外，在坚持自身能力发展的同时，美军还特别重视与盟国军队的跨国协同。11月，与英国防部签署“全联网指挥控制通信”（FNC3）合作意向，旨在创建可扩展到所有盟友的“任务伙伴环境”（MPE），确保与盟国的互操作性和信息共享，实现多国指挥控制系统的无缝协同。美国陆军“会聚工程”演习期间，英、澳等国家军队受邀参加。

（三）加速推动新一代作战指挥系统战斗力转化形成

在国防部层面，6—8月，美国防高级研究计划局（DARPA）用于联合全域作战中各军种信息交互和共享的“缝纫针”（STITCHES）项目，完成3次跨平台链接与数据交互技术验证，可行性和技术水平进一步增强。12月，美国国防部授出“联合作战云能力”（JWCC）合同，跨所有安全等级（绝密、机密、非机密）、覆盖战略到战术边缘、全球可用的云服务能力建设开始起步。

在军种层面，4—7月，美太空军“统一数据库”（UDL）和陆军“指挥所计算环境”（CPCE）增量2系统的数据共享与融合研究取得阶段性成果。其中，“指挥所计算环境”于7月在美国陆军第101空中突击师第3旅战斗队的指挥所演习中得到检验，态势感知和指挥决策能力显著提升。8月，美国空军首个最小可行能力版本的“全域作战套件”在空军欧洲司令部空战中心有效支持了北约对乌克兰支援行动。11月，美国陆军“一体化作战指挥系统”完成初始作战试验鉴定，进入全速生产状态，并已具备全球部署的先决条件；“战术数据编织”（TDF）技术已具备融合陆、海、空、天、网和盟军数据的能力，可帮助美军有效感知战场态势，实现情报、数据和信息共享，加速杀伤链闭合。

二、聚焦支撑联合全域作战，加速发展新兴电子装备与技术

现代军事体系中，军事电子装备的技战术水平在一定程度上决定着一个国家的军事能力。2022年，以美国为首的世界军事强国聚焦全维支撑联合全域作战，强力推进电子

装备研发和能力建设,成效显著。

(一)通信网络领域聚焦跨域动态高速连接与共享,不断提高强对抗环境下的安全性、韧性和灵活性

一是探寻5G技术的军事应用。美军高度关注5G技术在军事领域的应用。4月,美国国防部发布“创新后5G”(IB5G)计划,旨在利用5G技术主导未来网络战场。美国陆军“战略和频谱任务先进韧性可信系统”(S2MARTS)项目和海军“智能仓库”两个军用5G试验均获阶段性成果。

二是提升空基和天基通信技术与能力。美国陆军于2月对增程版MQ-1C“灰鹰”无人机与地球静止轨道Ku/Ka波段卫星和中地球轨道Ka波段卫星的高带宽数据传输能力进行验证。美国空军于1月发布了旨在提供高对抗环境下更有效和安全的远程无线电通信能力的“机载短波无线电现代化”(AHFRM)计划,6月演示了通过铱星系统把B-52机队整合至联合全域指挥控制系统中的能力,同时授出一份对空激光通信吊舱合同,以期实现军用飞机与地球同步轨道卫星之间的高速数据通信。美太空军于4月宣布延长MUOS窄带卫星通信系统寿命到2039年的计划。此外,俄罗斯3月发射“子午线-M”军事通信卫星,可为俄罗斯“北海航线”区域内的海船和侦察机提供与海岸和地面站之间的通信能力。

三是发展新型网络通信技术。4月,DARPA的“黑杰克”项目成功完成星间激光通信演示,2颗“曼德拉(Mandrake)2号”小卫星成功建立光学链路,在114km距离上传输了280Gb以上的数据。5月,美国陆军推出“能力集25”(CS 25)及以后的空中层网络架构设计,以进一步提升其在典型非视距战术环境下的高速韧性通信能力。6月,美国国家科学基金会启动“韧性智能下一代网络系统”(RINGS)项目,将对下一代无线和移动通信、组网、传感和计算系统以及全球服务产生重大影响。9月,欧洲开发出首个基于Eagle-1卫星的端到端天基量子密钥分发系统,欧盟(EU)自主跨境量子安全通信网络计划稳步推进。

四是商用系统军用转型加速。12月,受俄乌冲突中“星链”(Starlink)系统作用影响,美国国防部宣布与太空探索技术(SpaceX)公司合作开发“星盾”(Starshield)系统,执行安全通信、对地观测和载荷托管任务。欧盟计划投资24亿欧元打造$IRIS^2$新型主权卫星星座,以减少欧洲对非欧商业卫星通信系统的依赖。

(二)预警探测领域聚焦应对新型威胁,加速推进装备升级与技术革新

一是加速新装备研发、生产与入役。1月,俄罗斯在伏尔加和乌拉尔地区部署一批“天空-T”雷达系统,进一步增强俄罗斯中部军区的防空能力。3月,美国空军三维远征远程雷达(3DELRR)项目进入落地阶段,AN/TPY-4成为唯一指定装备,美国土防空雷

达换装步入正轨。4月,美国空军确定使用性能更优的E-7“楔尾”预警机替代E-3“哨兵”预警机。6月,诺斯罗普·格鲁曼公司推出AN/TPY-5(V)1先进数字化远程雷达;10月,雷声公司开始为美国海军下一代战舰全速生产SPY-6(V)舰载防空反导雷达,生产数量预计31套。11月,俄罗斯宣布将加快研发与部署新型“银河”(Milky Way)监视系统,以强化空天军情报能力。12月,美国空军宣布计划2025年开始在美国本土部署4部HLD-OTHR国土防御雷达,全方位提升对远程低空目标(特别是巡航导弹)和水面目标的超视距探测能力。雷声公司的首部三阵面有源低层防空反导雷达(LTAMDS)和美导弹防御局(MDA)的“宙斯盾关岛”系统研制均取得显著进展,进一步助力美军防空反导能力大幅提升。

二是反无探测装备取得较快发展。德国莱茵金属意大利公司的软件定义模块化雷达Oerlikon、英国布莱特监视系统公司的A422可部署型雷达系统、以色列埃尔比特公司的多任务战术雷达DAiR、美国陆军的TPQ-53多任务雷达分别于2月、4月、6月和10月取得显著进展。

三是瞄准强对抗、新威胁进行技术开发。2月、4月、5月,诺斯罗普·格鲁曼公司、BAE系统公司、洛克希德·马丁公司分别对其开发的“深空先进雷达能力”(DARC)、多目标跟踪雷达(iMOTR)样机、认知雷达进行相关测试和验证。8月,美桑迪亚国家实验室启动“多任务射频架构”(MMRFA)项目,开发可灵活实现探测、通信、导航、电子战等功能任意组合的软件定义多功能一体化系统。10月,DARPA启动“超线性处理”(BLiP)项目,以突破同孔径雷达性能提升瓶颈。11月,美林肯实验室利用雷达与射电望远镜对地球同步轨道(GEO)卫星进行了双/多基地分布式协同探测试验,以改善对GEO目标的太空态势感知能力。

四是推动防空反导体系重塑。7月,美智库国际战略研究中心(CSIS)发布《将北美作为一个整体:一体化、分阶段、经济可承受的国土防空反巡方法》报告,提议美国应建设5层架构反导防御体系。10月,美拜登政府发布新版《导弹防御评估》报告,强调应关注以无人机为代表的新兴威胁,构建由导弹防御与核力量相辅相成的、可对抗先进威胁的综合型威慑防御体系。

五是关注地月空间利用。4月,美太空军成立专注于地月空间态势感知的第19太空防御中队。11月,美国空军研究实验室(AFRL)授出建造一艘试验型地月空间监测航天器的合同。12月,美国国防部国防创新单元(DIU)发布在地月空间部署与运行载荷的征询书。

(三)情报侦察领域聚焦多维、多域与持久,多源数据融合与情报共享能力不断增强

一是发展跨域情报融合能力。1月,波音公司JADC2实验室利用数据编织平台,完

成了基于多个跨域平台融合多源数据以构建通用作战图的虚拟演示。9 月,DARPA“基于快速事件的神经形态相机和电子”(FENCE)项目和“环境驱动的概念学习”(ECOLE)项目取得关键进展,美国国防部和情报界对海量多源数据进行可靠、稳健、自动融合、分析的需求有望得到满足。10 月,美国陆军通过“会聚工程 2022”演习,不仅验证了“造雨者”项目的战术数据编织能力,还测试了“战术情报瞄准接入节点”(TITAN)系统的空间链路。12 月,日本从诺斯罗普·格鲁曼公司订购的新型 RQ－4B“全球鹰”完成首飞,3 架 RQ－4B 全部基于 Block 30 配置,不仅能为日本提供所需情报监视侦察信息,还可进一步提升美日两国情报侦察的互操作性。12 月,诺斯罗普·格鲁曼公司成功研制“商用时间尺度阵列集成和验证”(ACT－IV)多功能传感器,集成了感知、影响/干扰、网络攻击和通信 4 种关键任务能力,可快速闭合观察—判断—决策—行动(OODA)环,缩短杀伤链时间。2 月,美国国防部发布《竞争时代国防部技术愿景》,提出“集成传感与网络”技术概念,寻求具有网络战、电子战、雷达和通信等多种能力的新型传感器,以赋能联合全域作战。该传感器是目前最贴近这一需求的产品,可通过软件定义实现通信、干扰、感知和网络攻击功能,代表着下一代传感技术的发展方向,有助于在未来战争中构筑跨代技术优势。

二是创新情报侦察装备。9 月,DARPA 宣布开展“光机热成像”(OpTIm)项目,旨在开发具有量子级性能的新型、紧凑室温红外传感器,彻底改善战场监视、夜视以及地面和太空成像能力。12 月,美国空军授出 3.34 亿美元“混乱”(Mayhem)项目合同,开发一种具有跨代优势、比 AGM－183A 高超声速导弹更有效的吸气式高超声速攻击－侦察机。此外,美军还开展了一系列利用商业卫星提升战场态势感知能力的项目。

三是完善组织机构谋求内外合作。6 月,美太空军组建第 18 太空联队(Space Delta 18)和国家太空情报中心(NSIC),专职为美国情报界提供高质量太空情报。11 月,美日“共同情报分析机构”(BIAC)成立,这是美日两国首个专门用于共享、分析和处理两国舰船、MQ－9 等无人机装备情报信息的机构。

(四)定位导航领域聚焦弹性导航和可替代能力发展,持续推进现代化改进

一是持续推进 GPS 现代化进程。1 月,美太空军授出 22 颗 GPS ⅢF 卫星生产合同。5 月,第 5 颗 GPS Ⅲ卫星具备初始运行能力。11 月,GPS 新一代地面运行控制系统(OCX)Block 1 和 Block 2 完成出厂集成,即将交付使用,可对所有在轨卫星和包括现代化 M 码在内的所有信号进行管理。另外,美国空军的“导航技术卫星”－3(NTS－3)于 3 月在白沙导弹靶场进行了性能验证,已进入空间段、地面段、用户段综合测试阶段。同月,空客(Airbus)公司成功完成第二代“伽利略”(Galileo)系统概念初步设计评审,将进入设备和模块级验证、验收和鉴定阶段,有效载荷相关验证工作已全面展开。4 月,Galileo 系

统第27和28颗卫星成功完成在轨测试,并于8月投入使用。11月,欧洲空间局(ESA)部长级理事会正式通过基于低轨道导航卫星的定位导航授时(PNT)服务在轨演示计划,旨在发展全新的多层卫星导航体系,提升Galileo系统能力。

二是发展可替代PNT装备。10月,美国陆军开始接收下一代单兵可信PNT系统(DAPS);11月,在完成第1代车载可信PNT系统(MAPS)部队部署目标的同时,美国陆军授出第2代MAPS系统生产合同,提高了其在GPS被限制使用或拒止条件下的抗干扰和防欺骗能力。11月,美太空发展局发布国防太空体系架构"传输层"2期(T2TL)PNT服务有效载荷信息申请,发展基于低轨星座的PNT服务体系。此外,DARPA还于1月发布了"强健光钟网络"计划(ROCkN),推动小型移动式高精度光钟走出实验室,且授时精度和时间保持性能均优于GPS原子钟,以满足现代武器装备对授时精度的需求。

三是完善飞行器进近着舰/陆系统。10月,美国海军用替代机型完成MQ－25"黄貂鱼"舰载无人机的"航空母舰无人机航空演示",测试了联合精密进近着舰系统(JPALS)的性能。7月,美国空军接收了首批新型远征联合精密进近着陆系统(eJPALS),帮助空军在恶劣环境中迅速建立空军基地,满足固定翼飞机、旋转翼飞机和无人机精确着陆需求,支持空军的敏捷作战部署(ACE)概念。

(五)电子对抗在俄乌冲突中持续进行,全球电子战装备与技术强劲发展

一是俄乌冲突中电磁交锋激烈。2月24日,俄罗斯宣布对乌克兰展开"特别军事行动"后,俄罗斯、乌克兰及美国等西方国家在电磁空间进行了激烈交锋。俄军综合运用大量电子战装备,对乌军进行了反无人机链路和导航干扰、通信干扰、GPS干扰、雷达反辐射攻击等电子战行动。乌军则依靠西方国家强大的电子侦察能力和情报支援,及其援助的反辐射导弹、反无人机电子战装备等武器装备,与俄军展开了持续、有效的抗衡。双方电子战力量的博弈对抗贯穿冲突全程,对冲突各阶段的作战进程和行动走势产生了重要影响。

二是多方向进行技术突破。2月,美国Epirus公司推出可应对无人机蜂群威胁的"列奥尼达斯"(Leonidas)高功率微波吊舱,将搭载平台扩展到无人机。4月,美国陆军进行了交互式"空射效应"(ALE)电子战无人机蜂群能力演示,30架ALTIUS－600和"郊狼"(Coyote)联网组成的无人机蜂群进行了电子感知、电子攻击和反无人机电子战行动。美军"高功率联合电磁非动能攻击武器"(HiJENKS)经过2022年夏为期2个月的最终测试,进入军种应用研究阶段。9月,美太空训练与战备司令部在首次举行的"黑色天空2022"(Black Skies 2022)太空电子战演习中,成功对租用的一颗商业卫星进行了模拟电子攻击。

三是战技术水平持续提高。3 月,德军宣布研发欧版“咆哮者(Growler)”电子战飞机——“台风”电子侦察机。7 月,美 F-15E 首次安装“鹰爪”电子战系统(EPAWSS),据称加装“鹰爪”系统的 F-15 电子战能力可超越 F-35,日本航空自卫队因而向美国请求为其 F-15J 加装 EPAWSS 系统,且该请求已获批。9 月,美国海军发布“电磁机动战模块化套件”(EMWMS)合同,为具有开放甲板的两栖战舰和非战斗后勤船只开发集装箱式电子战装备。同月,土耳其宣布成功开发出世界上首艘具有电子战功能的无人艇——“枪鱼斯达(Marlin SIDA)”,可在水面、水下遂行电子战任务。

三、对抗环境下全球网络安全领域竞争性发展态势加剧

网络空间是现代战争的一个具有战略意义的作战域。2022 年,面对百年未有之变局和俄乌冲突的持续升级,网络安全领域极不太平,竞争性发展态势加剧明显。为应对大国竞争,美日等国家不断加快网络作战部队建设步伐,强化科技研发和军事应用,谋求全面提升网络空间作战能力。

(一)网络安全形势持续恶化

一是俄乌网络对抗激烈。俄乌冲突中,分布式拒绝服务(DDoS)攻击、病毒攻击、数据窃取等事件频发,俄乌政府部门、军事设施、金融机构、公共服务等基础设施均未能幸免。乌克兰国家特殊通信和信息保护局(SSSCIP)甚至宣称,俄乌双方开展的网络战是第一次全面的网络世界大战。

二是病毒攻击再度活跃。据统计,2022 年遭受勒索软件攻击的事件数量超过以往 5 年的总和,众多被入侵用户遭遇勒索,计算机和系统数据被锁定、窃取。5 月,哥斯达黎加政府因勒索病毒影响宣布进入紧急状态,财政部、劳动与社会保障部、国家海关等 27 个政府系统瘫痪。

三是软件供应链数据堪忧。据网络安全公司报告显示,2022 年针对软件供应商的网络攻击同比增长 146%,其中 62% 的数据泄露归因于供应链安全漏洞,微软、英伟达、三星等 IT 公司先后遭到黑客有组织入侵,大量数据和源代码泄露。

(二)美继续谋求新形势下的网络空间主导权和控制权

一是加强战略引领。5 月,美国国防部发布《国防网络弹性战略》,该战略在美国新版《国家安全战略》和《国防战略》指导下,强调了网络行动、网络技术在降低竞争对手恶意网络活动、应对竞争挑战和获取军事优势中的重要作用,肯定了巩固美国网络空间主导权和控制权的战略意图。

二是实施网络安全架构变革。零信任是一个新的网络安全概念,强调“永不信任,始终验证”,在2010年被正式提出后,2022年在美国国防部进入大规模落地阶段。1月,美国防信息系统局授出“雷霆穹顶”(Thunderdome)项目合同,旨在开发首个整合了零信任基本原则的安全网络架构原型。10月,美国陆军发布《2022年云计划》,明确提出了采用零信任架构和实现零信任传输、云原生零信任能力、零信任控制的工作路线。同月,美军运输司令部在机密网络上实施核心零信任安全能力建设,并达到基线成熟度水平。11月,美国国防部发布《国防部零信任战略》,用愿景、目标、方法和能力等规范国防部零信任网络安全能力建设。

(三)扩充网络作战力量应对大国竞争

一是扩充网络作战部队。3月,日本自卫队成立联合网络空间防卫部队,提升实时应对网络攻击能力。5月,美国太空部队第6德尔塔部队增设4支专属网络中队,主要用于保护所属区域内任务系统的网络安全。6月,美国陆军计划到2030年将网络部队规模扩大1倍,人员增至6000人以上。

二是探索能力生成模式。12月,美网络司令部下属网络国家任务部队升级改制为二级联合司令部,成为一个永久性军事组织。网络国家任务部队于2014年正式启动组建,负责美军在网络空间全方位的信息攻防作战。自2018年正式具备全面作战能力以来,网络国家任务部队已执行近40次“前出狩猎”行动以及数千次远程网络行动,多次成功参与或应对美国面临的网络安全危机。

三是加快新能力开发。6月,美国陆军批准“网络态势理解”(Cyber SU)增量1的部署计划,9月完成第三装甲军团的初始版本安装,从网络状态、持续评估和军事决策等方面为陆军提供支持。7月,美太空军启动“数字猎犬”和星载加密原型系统——太空终端加密单元(ECU)研发,从数据整合、信息共享、互操作性以及卫星网络安全等方面提高其任务系统的网络安全能力。11月,DAPRA与网络司令部合作启动“星座”项目,旨在创建以用户为导向的软件生态系统,加速新兴网络能力向作战能力的转化。

(四)持续运用演习检验和提升网络攻防能力

利用对抗性和实战性较强的网络攻防演习,检验、提升网络部队作战能力,一直是以美国为首的西方国家提高网络空间安全防护、攻击和互操作能力以及发展相关技术的主要做法。2022年,西方国家多次开展网络空间演习演练,主要包括北约的“锁盾2022”网络演习,以及美军的“试验性验证网关演习2022”(EDGE 22)、“网络旗帜22”演习、“红旗22-3”演习、“网络盾牌”演习和“网络闪电22-3”演习等。值得注意的是,美盟加强协同和互操作的目的非常明显。

四、电子基础相关方向在对抗思想影响下艰难发展

电子基础领域是军事电子发展的动力源泉。2022 年,受“冷战”思维和“零和”竞争思想持续影响,电子基础相关方向发展虽然面临挑战,但是依然不乏亮点。

(一)半导体产业竞争加速,供应链重塑已现雏形

为满足持续上涨的半导体需求,以美国为首的西方国家纷纷出台政策,加大对半导体产业扶持力度,对半导体技术变革、人才吸纳、产业规模等多方面产生重大影响。6 月,美国国防部发布《微电子愿景》,提出国防部需获得并维持有保障的、长期的、可衡量的安全微电子技术,以提高作战能力及人员战备状态;8 月,总统拜登签署《2022 年芯片与科学法》,旨在以法律形式出台系列支持举措,进一步巩固美国的全球半导体主导地位,遏制中国半导体技术发展;9 月,美商务部发布《美国资助芯片战略》,提出了落实《2022 年芯片与科学法》要求的战略目标、指导原则和具体实施方案。2 月,欧盟委员会(EC)发布《欧洲芯片法案》,计划投入 430 亿美元,整合多方资源提高欧洲芯片制造能力;3 月,22 个欧盟成员国签署《欧洲处理器和半导体科技计划联合声明》,提出将在未来 2 ~ 3 年强化欧盟半导体价值链,建设完善半导体生态,以应对关键技术挑战。7 月,韩国发布《半导体超级强国战略》,通过扩大对半导体研发和设备投资的税收优惠范围,提高半导体制造产业链中原材料、零部件和设备的本土化采购率。4 月,俄罗斯宣布新的半导体计划,预计到 2030 年投资 3.19 万亿卢布(约 384.3 亿美元)发展本土半导体产业。

(二)芯片相关法案和联盟的垄断排他性愈加明显

欧盟 2 月发布《欧洲芯片法案》,美国 3 月提议与韩国、日本和中国台湾成立“芯片四方联盟”(Chip 4 Alliance),总统拜登 8 月签署《2022 年芯片与科学法》,以及美商务部 9 月发布《美国资助芯片战略》等芯片相关法案和联盟,均具有明显的垄断性和排他性,特别是美国的相关法案和做法,胁迫全球半导体制造能力向美国集聚,对他国进行技术封锁和制裁,具有典型的霸权思维,将对全球电子信息产业发展产生极为恶劣且重大的影响。

(三)电子基础相关技术发展仍然成绩不俗

一是电子基础相关关键技术和工艺实现重要突破。6 月,韩国三星电子公司开始量产 3nm 芯片,成为全球第一家量产 3nm 芯片的代工厂。6 月,台积电称其 2nm 制程工艺的研发已取得重大进展,预计在 2024 年开始风险试产。同月,美国和日本也表示将于

2025 财年生产 2nm 芯片,2nm 芯片将在量子计算机、数据中心和高端智能手机等产品的制造中发挥重要作用。

二是新材料技术向产业化推进。 1 月,韩国三星电子公司发布世界首款搭载磁阻非易失随机存储器(MRAM)的计算机,具有高速、耐用、易量产等优点。3 月,日本首次成功实现了氧化镓功率半导体的 6in① 成膜,有助于削减生产成本到碳化硅功率半导体的 1/3。4 月,美国正式启用位于美国纽约州的全球唯一的 8 英寸碳化硅制造厂,并在德国建设全球产能最大的碳化硅工厂。

三是新型计算架构创新发展。 4 月,英特尔公司和荷兰研究人员成功利用全光刻和全工业处理工艺,在硅/二氧化硅界面上成功生成量子比特,验证了使用现有制造工艺大规模制造统一且可靠的量子比特的可行性。8 月,美国斯坦福大学成功研发 NeuRRAM 内存计算芯片,可支持多种神经网络模型和架构,有助于在低功耗边缘计算中实现智能高效运行。

五、网络信息前沿技术多个方向取得突破性进展

以量子技术、人工智能和超级计算等为代表的网络信息前沿技术是推动整个军事电子领域基础建设、装备研发、能力形成、水平提高和体系演进不断发展的强力催化剂,2022 年在多个方向取得突破性进展。

(一) 量子技术在多个方向进展显著

一是量子技术科研人员首获诺奖。 法国科学家阿兰·阿斯佩、美国科学家约翰·克劳泽和奥地利科学家安东·塞林格因在“用于纠缠光子的试验,确立对贝尔不等式的违反和开创性的量子信息科学”研究方面的卓越成就,成为 2022 年诺贝尔物理学奖得主。

二是美国、英国、日本、澳大利亚等发达国家和欧盟纷纷发布战略或计划。 例如美国白宫的《量子信息科学和技术劳动力发展国家战略计划》、国家科学和技术委员会的《将量子传感器付诸实践》、众议院的《量子计算网络安全防范法案》、能源部的《量子互连路线图》,英国的《2022 年春季声明》,法国的“国家量子计算平台”计划,德国的“量子系统研究”计划,加拿大的“国家量子工业部”计划,日本的《量子未来社会展望》,澳大利亚的《国家量子策略:备忘录》等。这些战略计划均对量子科技行动计划、持续投资等进行了重点布局,谋求抢占新一代信息技术与产业的战略制高点。

三是在量子领域实现多面突破。 量子计算已整体进入量子比特百位时代,并在跨学

① 1 英寸 =0.0254 米

科应用方面逐渐发挥出技术优势。例如 216 量子比特“北极光”光量子计算机、433 量子比特“鱼鹰”超导量子计算机相继问世;亚马逊公司开始提供 256 量子比特中性原子量子处理器计算服务。同时,量子通信、量子测量在理论和技术上都有进一步发展。2 月,印度国防研究与开发组织(DRDO)和印度理工学院的科学家首次成功进行量子密钥分发演示,距离超过 100km。6 月,美国陆军 C5ISR 中心的“里德堡”量子传感器和麻省理工学院的量子混合器技术取得突破,为量子技术在军事电子领域的发展提供强大动力。

(二)人工智能技术发展和应用不断深入

一是人工智能技术发展多路并进。 5 月,谷歌公司发布名为“通路语言模型”(PaLM)的人工智能语言训练模型,在自然语言理解、语言生成与推理和代码编写方面的能力获得大幅提升。7 月,美国加州大学旧金山分校科研团队使用一个称为“神经假体”的脑机接口设备,首次帮助一位瘫痪超过 15 年的失语男子恢复“交流”能力。9 月,英国初创公司发布一款名为“稳定扩散”(StableDiffusion)的文本到图像 AI 模型,可根据文本提示生成分辨率为 512 ×512pixel 和 768 ×768pixel 的逼真图像。此外,文本到视频的 AI 技术也获得一定发展,谷歌、Meta 等公司均有相关产品演示。

二是人工智能军事应用不断深入。 一方面,美国国防部首席数字与人工智能官办公室(CDAO)实现全面运行能力,将在数据管理、人工智能发展和应用以及建立强大数字基础设施和服务等方面,为美国国防部和联邦政府提供支持;另一方面,美英两国国防部相继发布《负责任的人工智能战略和实施路径》和《国防人工智能战略》文件,全面推进人工智能技术在军事领域的深化应用。

(三)美国超算领域取得突破进展

5 月和 11 月,美国“前沿”超算系统连续两次登顶全球超算五百强榜单,成为首个国际超算组织认可的百亿亿次超算系统。该系统由美国克雷公司建造,现部署于美国能源部橡树岭国家实验室,浮点运算速度达 110 亿亿次/秒,与此前连续两年占据榜首的日本“富岳”超算系统相比,算力提高了 1 倍多,且具有每瓦电能运算 522.2 亿次的高能效。美国“前沿”超算系统计划于 2023 年正式投入使用,将大幅提升仿真建模精度和计算速度,在推动材料科学、生命科学、核物理学等领域发展方面发挥重要作用。

(中电科发展规划研究院　彭玉婷　焦　丛　方　芳　李祯静　王龙奇　秦　浩)

重要专题分析

美国国防部发布联合全域指挥控制战略及实施计划

2022 年 3 月 15 日，美国国防部发布《联合全域指挥控制战略摘要》非密版本（图 1），并签署秘密级《联合全域指挥控制战略实施计划》。《联合全域指挥控制战略摘要》阐明了联合全域指挥控制（JADC2）在决策周期三大环节——“感知”“理解”和“行动”中的实现方法，提出了组织和指导交付 JADC2 能力的 5 条工作路线，以及实施 JADC2 应遵循的总体原则。《联合全域指挥控制战略实施计划》为涉密文件，未对外公布内容，从美国防务媒体的介绍来看，实施计划聚焦 JADC2 如何实现数据管理和数据共享，明确了国防部在 JADC2 方面将优先交付的成果。

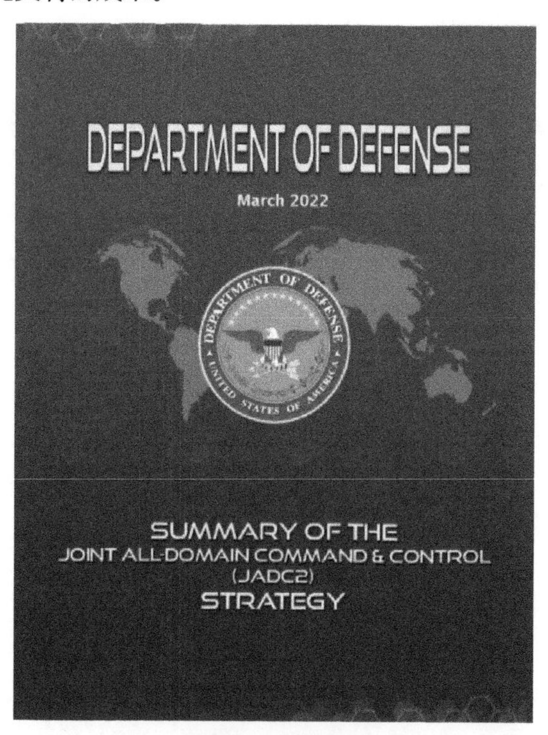

图 1 《联合全域指挥控制战略摘要》非密版本

一、《联合全域指挥控制战略摘要》简介

JADC2 战略认为，联合全域指挥控制是一种方法，而不是一种装备或系统，它为塑造未来的联合部队指挥控制能力提供了一种一致的方法，支撑美军在战争的各层级、各阶段，并跨各作战域，实现与合作伙伴协同感知、理解和行动的能力，以所需的速度获取信息优势。

（一）实现途径聚焦压缩决策周期，加速杀伤链闭合

JADC2 战略从决策周期的三大环节——“感知”“理解”和“行动”出发，阐述了 JADC2 的实现方法。在“感知”环节，JADC2 将使用联合数据架构的各种情报传感和信息共享网络，感知并集成来自各作战域的信息，支持联合部队和任务伙伴共享创新数据，使联合部队指挥官能够获得信息优势。在“理解”环节，JADC2 将利用人工智能和机器学习工具，直接从传感基础设施中提取、融合和处理大量数据和信息。在“行动”环节，JADC2 将使用决策支持工具以及韧性可靠的通信系统，确保快速、准确和安全地生成与传递决策信息，支持“任务式指挥”方式的实现。

（二）工作路线强调以建立数据体系为核心，以发展人工智能辅助决策工具和指挥控制通信网络为支撑

JADC2 战略提出围绕 5 条工作路线来组织和指导 JADC2 能力交付：①建立 JADC2 数据体系；②建立 JADC2 人力体系；③建立 JADC2 技术体系；④将核指挥控制与通信（NC3）与 JADC2 相结合；⑤推动任务伙伴信息共享现代化。除第四条工作路线因密级较高外，JADC2 战略对每条工作路线都给出了简要解释。

1. JADC2 数据体系的关键是数据标准化

把建立 JADC2 数据体系作为 5 条工作路线之首。依据美国国防部 2020 年 9 月发布的《美国国防部数据战略》，JADC2 战略重申了数据是一种战略资产的定位，并阐述了实现数据标准化的方法。

由于美国国防部系统的多样性，加上支持决策的资产和作战系统隶属于不同军种或作战域，国防部和情报界难以协调情报收集并综合分析不同的数据集，无法实现适应战场动态环境所需的态势感知和战场空间理解共享，导致指挥官无法全面了解所有可用的作战资源。因此，“建立 JADC2 数据体系”这条工作路线将重点放在数据标准化上，以方便、安全地利用和交换数据。该路线提出的标准化目标，如建立元数据标记标准基线、采用标准化的数据接口等，旨在将数据标准化应用于数据生命周期的起点上，以便在任何

需要的地方实施开放数据架构的行业标准。

2. JADC2 人力体系的核心是用人工智能/机器学习工具改进决策

“建立 JADC2 人力体系”工作路线的核心是使用人工智能/机器学习工具来改变各级人力驱动的决策流程,使预先授权、基于事件授权等指挥控制流程成为可能,从而加速从战略节点到战术边缘的决策过程。此外,培训精通全域作战的指挥官,开发新的作战概念、条令并开展培训,以更好地利用智能化工具。

3. JADC2 技术体系聚焦开发高度安全的指挥控制通信网络

“建立 JADC2 技术体系”工作路线的重点是构建网络空间增强的先进技术,它将显著提高指挥官“组织、理解、计划、指导和监控所有领域的联合部队和任务伙伴行动的能力,以及在电磁频谱降级和竞争环境下的行动能力”。该工作路线的关键是开发用于传输数据的高度安全的指挥控制通信网络,目前主要由太空发展局负责。主要进展包括国防部与太空发展局正在联合推进的全网络化指挥控制与通信(FNC3)计划,目标是提升国防部网络容量、灵活性和互操作性。此外,太空发展局还准备建立近地球轨道通信/数据中继卫星的“网状网络”,链接所有国防部指挥控制网络,为 JADC2 提供低延迟和抗干扰通信。

4. 利用 JADC2 为 NC3 提供全球数据共享

出于保密原因,JADC2 战略未对此条路线进行说明。美军早期的 NC3 系统与全球互联网隔离,虽然最大程度地确保了网络安全,但是也导致了数据共享困难、决策效率低等问题。根据《核事务手册 2020》,“NC3 现代化工作涉及将系统迁移至互联网”,以更好地保障总统与核部队的互联互通,同时通过提前规划网络防御措施来应对网络风险,以确保 NC3 的可靠性、有效性与弹性。鉴于 JADC2 的全域作战能力能够为 NC3 系统提供全球数据共享,自 2020 年以来,美参某长联席会议、战略司令部一直努力促进 NC3 系统与 JADC2 协同作战能力的发展,NC3 将最终与 JADC2 系统结合在一起。

5. 通过任务伙伴环境与伙伴达成共同理解和协同行动

美军认为未来作战行动几乎都是以联盟形式开展的,因此,美军高层一直强调将盟友和伙伴更好地融入美国的作战能力。美军在任务伙伴信息共享方面已经取得很大进展,2021 年 12 月,美印太司令部宣布,将于 2022 年夏季交付初始版本的任务伙伴环境(MPE),允许美军仅用一部设备就能访问涉密网络和非密网络,提高与盟军和联军的信息共享效率。美国陆军未来司令部正在把 MPE 引入“会聚工程”试验,使合作伙伴能够在试验中实现协同作战。2022 年 3 月,美国空军确定了先进作战管理系统(ABMS)新的发展规划,计划通过三种方式提升作战效能,除分布式作战管理和敏捷作战运用外,还有一种重要方式就是使任务伙伴环境可操作化。

(三)指导原则兼顾能力发展与组织管理

JADC2 战略提供了 6 条指导原则:①全局性设计和大规模信息共享。目标是通过体系层面的设计和运作来保障全面和持续的信息共享。②安全。联合部队的指挥控制必须采用分层网络防御,阻止对手的恶意活动。③数据和互操作性标准驱动。联合部队的数据结构必须包括有效、可演进、广泛适用的通用数据标准和架构,具有标准化的关键接口和服务,以便在合作伙伴和作战用途多样化的环境中访问、管理、处理和共享数据。④在降级和竞争环境中保持韧性。联合部队必须能够在传感和通信严重破坏或完全失效、对手意图难以确定等情况下,在最低限度的指挥官指导下进行作战。⑤确保 JADC2 能力开发的一致性。美国国防部必须改进指挥控制能力的开发和实施过程来促进跨域解决方案的实施,JADC2 跨职能团队是实现这一目标的重要机构。⑥快速交付 JADC2 能力。

前 4 条指导原则是对 JADC2 本身能力发展提出的要求。JADC2 瞄准的是大国竞争,因此强调在"全球环境"和"竞争环境"下达成规模性、安全性、互操作性和韧性。后两条原则致力于解决 JADC2 管理方面的两个主要问题:①国防部层面缺乏对 JADC2 工作的统筹管理,尚未建立协调各军种 JADC2 工作的有效机制;②JADC2 能力开发与采办流程敏捷性不足。

二、《联合全域指挥控制战略实施计划》简介

因计划内容至今未发布,仅能从美国媒体及美军高级军官介绍中总结其大概内容。

(一)聚焦数据共享,明确 JADC2 优先发展事项,提出预算指导

JADC2 实施计划聚焦 JADC2 数据管理和数据共享,实现 OODA 环的高效自动化,从而赢得战争的胜利。JADC2 实施计划分析了 JADC2 系统的能力差距,明确了国防部需要完成的优先事项及所需资金。

美国国防部副部长及副部长管理行动小组(DMAG)的代表直接参与了 JADC2 实施计划的制定。由于副部长管理行动小组是协调五角大楼资金决策的关键机构,因此,JADC2 实施计划还列出了相关预算指导。

(二)明确 JADC2 的第一批成果是 7 个"最小可行产品"

JADC2 实施计划明确国防部在 JADC2 方面首先要交付的成果是一组 7 个"最小可行产品"(MVP):①云能力;②开发、安全与运营(DevSecOps)软件开发环境;③零信任网络

安全架构;④网络数据传输层;⑤国防高级研究计划局(DARPA)的"突击破坏者 2"项目(Assault Breaker Ⅱ);⑥任务伙伴环境;⑦身份、凭据和访问管理(ICAM)标准。其中,2022 年将加快推进两个"最小可行产品"项目,分别是创建一个 DevSecOps 平台,以及确定如何创建一个实时任务伙伴环境,以实现与盟友之间最大程度的数据共享。

三、影响分析

JADC2 战略、JADC2 实施计划与国防部 2021 年全球态势评估等基础性文件共同构建了一个 JADC2 框架,为交付指挥控制能力提供了国防部范围内适用的整体方法。由于 JADC2 战略早在 2021 年 5 月就已经由美国国防部长签发,近一年之后才公开发布摘要非密版本,因此在这段时间里,战略对 JADC2 发展的指导与影响已逐步显现。

(一)有效统领 JADC2 与其他指挥控制现代化工作

JADC2 战略与实施计划把美军所有 JADC2 工作统一起来,包括先进作战管理系统、会聚工程、对位压制工程等,使正在实施的、事关任务伙伴环境成败的零信任、身份管理、云服务、DevSecOps 等项目能够快速顺利推进。此外,这些战略与实施计划还将确保 JADC2 工作与其他指挥控制现代化工作的一致性,如国防部数字现代化、指挥控制与通信现代化等,确保国防部机构在处理现代化任务时能够共振同鸣。

(二)助推数字基础设施和多云环境发展

JADC2 战略发布以来,美军大力发展数字基础设施,转变其核心技术平台 ABMS 发展路径,重点发展安全处理、连通性、数据管理、应用、传感器集成、效果集成这 6 种能力。其中,安全处理、连通性和数据管理是核心数字基础设施和未来投资的重点,确保联合部队互联互通的能力,并支持实现从战术级到战略级的决策优势。此外,美国国防部于 2021 年 7 月取消"联合企业防御基础设施"(JEDI)项目,启动了新的多云计划——联合作战云能力(JWCC),支持 JADC2 及人工智能和数据加速计划等对云计算环境的更高要求。2022 年 2 月美国国防部发布的《软件现代化战略》也将"加速国防部企业云环境"列为三大长期目标之首。

(三)推动先进指挥控制通信网络和人工智能辅助决策系统发展

先进指挥控制通信网络和人工智能辅助决策系统是 JADC2 战略工作路线的重要支撑。美国太空发展局 2022 年 3 月正式宣布将开发 126 颗新型通信卫星,以构建 JADC2 的骨干——国防太空架构(NDSA)的传输层。人工智能、自动化及云计算在指挥控制领域的应用也有加快趋势,美国空军启动研制“今夜就战”智能规划系统、海军开始测试并改进智能化态势感知和预测工具——虚拟预测网、空军正式启用“凯塞尔航线全域作战套件”(KRADOS),实现了在云端快速规划行动并生成空中任务指令。一系列相关举措表明,美军正在努力实现人工智能在指挥控制领域中的应用突破。

(中国电子科技集团公司第二十八研究所　李晓文)

美军数字化转型发展新动向

数字化转型是利用云计算、大数据、人工智能等数字化技术和能力来驱动组织业务模式创新和生态系统重构,其核心是数字化技术应用和业务模式重塑。为在数字时代继续保持国防系统能力优势,赢得大国竞争,美军加速推动国防系统数字化转型。继 2019 年发布《数字现代化战略》后,2022 年美国国防部又相继发布《软件现代化战略》《数据战略实施计划》等文件,组建首席数字与人工智能官办公室、5G 及未来无线网络跨职能小组等机构,各军种亦通过顶层战略、基层变革、数字生态环境建设、融合应用创新技术等举措,全面推动美军从掌握信息优势转向掌控数据驱动的决策优势。

一、发布顶层战略规划,指导美军数字化转型推进方向

战略规划是美军实施战略领导管理、把握军队建设方向的办法和工具,对美军具有头等重要的意义。2022 年,美国国防部及各军种相继发布了《软件现代化战略》《2022 年陆军云计划》《海军信息优势的拱顶石设计概念》《空军首席信息官战略》等一系列顶层战略规划文件,旨在明确美国国防部及各军种的数字化转型愿景,为各级组织机构的数字化转型工作提供总体框架。

(一)美国国防部发布《软件现代化战略》,助力实现弹性软件功能交付

2022 年 2 月,美国国防部副部长凯瑟琳·希克斯签署批准了《软件现代化战略》,强调技术与软件交付是国防部竞争优势的关键所在,而云服务和数据是软件现代化的基础。为实现软件现代化的战略愿景,国防部将加快企业云环境建设,建立软件工厂生态系统,并改革流程以实现弹性和速度。

该战略将对美国国防部云环境、软件工厂、软件相关流程等方面产生重要牵引作用。首先,云处理方式将逐步向平台即服务(PaaS)和软件即服务(SaaS)的交付模式转变;其次,相对较小的创新中心将整合到一个连贯的"生态系统"中,以实现跨军种代码

共享；再次，从业务运营、采购、网络生存能力和测试等领域实现流程改革，促进新技术利用。

（二）美国国防部发布《数据战略实施计划》，改善美军数据、信息技术和网络能力

2022年8月，美国防信息系统局首席数据官办公室发布《数据战略实施计划》，旨在树立将数据视为战略资产的文化理念，通过开发、利用、提升数据价值赋能军队的数字化转型，掌控信息域，打赢数字化战争。该实施计划作为《国防部数据战略》的直接响应，旨在为整个国防信息系统局提供总体指导。

该实施计划把以数据为中心的具体任务作为基础，结合国防信息系统局首席数据官办公室近期及远期愿景，形成了四大努力方向，即数据架构和治理、高级分析流程、数据驱动文化和知识管理，旨在增强国防部机构作战能力，并形成以数据为中心的文化。

（三）美国陆军发布《陆军数据计划》，以数据与数据分析推动数字化陆军发展

2022年10月，美国陆军首席信息官办公室发布《陆军数据计划》。该计划强调以数据与数据分析推动数字化陆军发展，在正确的时间、正确的地点获得正确的数据，促进各级指挥官迅速做出决策，以获得超越对手的优势。

该计划包括4个方面内容：①确立数据七大原则，基于可见、可接入、可理解、能链接、可信、互操作性且安全的数据，建立信息共享决策优势；②支持“2030年陆军”建设11项长期战略目标，以多域作战基本原则和实施为标准提出目标要求，包括支持各级部队多域作战应用的可操作数据驱动决策、缩短软件部署和决策分析的时间等；③为实现战略目标制定2022—2023财年工作方向，涉及少数作战单位演习；④针对2022—2023财年工作方向制定8项战略工作，包括相关决策活动、数据管理和工程、灵活的作战和系统体系架构、统一网络、人才建设、数据驱动型决策支持等。

（四）美国陆军发布《2022年陆军云计划》，提出将关键服务整合到企业云环境

2022年10月，美国陆军发布《2022年陆军云计划》，用于取代《2020年陆军云计划》，推动陆军实现数字现代化目标，提出将关键服务整合到整个企业云环境。

该计划提出7个战略目标：扩展云；实施零信任架构；实现安全、快速的软件开发；加速数据驱动的决策；加强云操作；发展云劳动力；实现成本透明度和问责制。该计划还列出实施目标路线图和衡量其进展的相关指标，帮助陆军实现保持相对于均势对手

的数字优势的目标。开发和利用云是陆军实现现代化的基础,陆军必须利用云智能和云原生数字技术实现"2030 年陆军"可持续发展的战略目标,以保持信息优势并提供决策优势。

(五)美国海军发布《信息优势的拱顶石设计概念》,指导海军及海军陆战队数字现代化发展方向

2022 年 9 月,美国海军部首席信息官签署《信息优势的拱顶石设计概念》,为美国海军和海军陆战队提供指导,以快速响应数字现代化要求。

早在 2020 年 2 月,美国海军部长签署《信息优势愿景》,确定信息优势为海军核心战略优先事项,并宣布"信息就是战斗力"。《信息优势的拱顶石设计概念》为在整个海军部信息环境中实现《信息优势愿景》中所描述的信息优势,提供了战略性技术指导。该文件将信息环境建设发展愿景凝练为"实现任意信息在任意两点间的安全传递";提出美国海军部信息环境数字化转型应紧密围绕用户需求,重点关注"用户体验"和"弹性运作",使用户、主管部门及 IT 企业能够实时了解海军部信息环境转型工作的进展。

(六)美国空军发布首份《首席信息官战略》,全面推进零信任架构实施

2022 年 8 月,美国空军发布首份《首席信息官战略》草案,指导空军 2023—2028 财年的投资领域、时间和重点。该战略的主要目标是创建一个安全的战略环境,增强系统、专业人员和技术之间的协调性,为创建安全、数字化和以数据为中心的空天力量打好基础。根据该战略,美国空军未来 5 年内将致力于实现零信任架构。

《首席信息官战略》明确了 6 大工作路线:①加速云应用:构建全球分布式云计算,实现从企业到边缘的业务和任务能力的快速部署。②提升网络安全:创建并持续增强一个安全且具有弹性的数字环境,保护数据和关键资产免受对手攻击。③建立人才管理战略:使美国空军部员工能够应对未来的数字挑战。④IT 投资组合管理:为作战人员成功完成任务所需的能力提供有效投入。⑤卓越的核心 IT 和任务支持服务:飞行员可以依靠其网络、设备以及所需的数字工具和数据,以 99.99% 以上的一致性成功完成任务。⑥数据与人工智能:飞行员和决策者能够轻松获取所需数据,以便做出决定和采取行动。

二、调整组织机构,全面提升数字化转型的敏捷性

数字化转型往往会给现有的组织架构带来压力,特别是规模较大的传统组织,因为这些组织的管理架构和决策过程往往都非常复杂,缺乏数字化转型所需的敏捷性。为

此，美军2022年相继成立了国防部首席数字与人工智能官办公室、5G及未来无线网络跨职能小组等独立的“数字创新部门”来负责开发和实施创新，以从整体上提升数字化转型的敏捷性。

（一）美国国防部成立首席数字与人工智能官办公室，为数据分析和人工智能技术发展及应用奠定基础

2022年2月，美国国防部常务副部长凯瑟琳·希克斯签署备忘录，宣布成立首席数字与人工智能官办公室（CDAO），旨在为数据分析和人工智能能力的发展与规模化应用奠定坚实基础，包括提供必要的人员、平台和流程，为指挥官和作战人员提供敏捷的解决方案，促进数字与人工智能解决方案的发展，解决紧急危机和新出现的挑战。随后，首席数字与人工智能官办公室将国防部先进数据分析平台办公室、首席数据官办公室、国防数字服务局以及联合人工智能中心等组织的功能完全整合，重新建立了新的领导层，并于6月1日实现全面运行能力。首任首席数字与人工智能官由原网约车初创企业Lyft公司机器学习负责人克雷格·马泰尔担任，其他领导层职位还包括首席运营官、首席技术官，以及采办，政策、战略与管理，企业平台与商业优化，算法战等部门负责人。

（二）美国国防部成立5G及未来无线网络跨职能小组，指导推动5G及未来无线网络技术实际应用

2022年3月，美国国防部宣布成立5G及未来无线网络跨职能小组（CFT）。该跨职能小组将加速采用5G及未来无线网络技术，确保美军能在任何地方实施有效作战；履行国防部在5G与未来无线网络技术领域的政策、指导、研发、采办职责；巩固美国国防部的外部关系，协调与工业界、各机构、国际合作伙伴的合作关系，确保互操作性。CFT主席由美国国防部研究与工程副部长徐若冰担任，成员包括来自国防部长办公室、参某长联席会议、各军种和作战司令部的高级官员。

三、布局重点项目推广数字化技术应用，推进数字基础设施建设

数字化技术是数字化转型的支点，美军各级机构的业务优化升级和创新转型都需要借助数字化技术才能实现。2022年，美军通过大力推进cArmy混合云环境、部署5G军用专用网络、新建空军软件工厂、重启联合云计算能力项目等方式，进一步加大数字化技术在信息基础设施中的应用力度。

(一)开发、支持和发展混合云环境,将数据和决策传递至单兵

新时期的陆战场趋于数字化,作战人员需要能随时处理各种数据,以确保任务成功。美国陆军正在经历一场如何采购、建设并向作战人员交付技术能力的重大转变。这些计划的关键是一个名为 cArmy 的云基础设施,它可以提供通信、工具和传感器数据,向指挥官提供一个清晰的数字战场图像,支撑其更快做出关键决策。云技术可以提供更加便捷的数据服务,帮助美国陆军保持战场技术优势。

cArmy 是美国陆军"混合云战略"的一部分,首先从美军在韩国的军队设施和装备开始扩展云能力,随后扩展至欧洲司令部和中央司令部;重点从满足区域需求(如亚太地区的需求),转向满足战术边缘云计算需求,使较低层级部队能够综合使用数据,将数据和决策传递至单兵。除了"混合云战略",陆军还采用混合卫星通信架构,使数据在多轨道卫星通信网络和地面无线系统之间有效传输。2022 年 5 月,美国陆军企业信息系统项目执行办公室(PEO EIS)的采办、后勤和技术企业系统与服务产品部,在陆军其他几个机构的配合下,将陆军装备司令部的 45 个应用程序从国防信息系统局的"军事云 2.0"(milCloud Ⓡ 2.0)迁移到 cArmy 上,标志着美国陆军数字化转型又向前推进了一步。

(二)部署 5G 军用专用网络,进一步推进 5G 军事应用落地

2022 年 3 月,美国休斯网络系统公司宣布其获得美国国防部一份 1800 万美元的合同,将在华盛顿州惠德比岛海军航空站部署一张独立的 5G 专用网络。这是美国军方在 5G 领域的又一重要里程碑,也是 5G 专用网络在军事领域的典型实践。休斯网络系统公司为海军航空站打造的 5G 网络有三大特点。

一是与卫星通信形成空天地一体服务。5G 专用网络项目除了地面网络基础设施外,也将实现空天地一体化服务,满足海军航空站对通信的需求。

二是使用地方运营商 Dish 无线的频谱资源。5G 专用网络项目并未使用军方的无线电频谱,而是利用 Dish 无线公司提供的频谱资源,该公司是唯一能够提供低频带、中频带和毫米波频谱组合的运营商。

三是采用开源无线接入网(Open Ran)标准。5G 专用网络项目采用 Open Ran 标准构建,相关配套设施部署已于 2021 年 9 月先期启动,该系统采用零信任架构,并满足美国国家安全局保密商用解决方案的要求,因此在基础设施选择中采用了 Open Ran 方式。后续,休斯网络系统公司还将基于人工智能和机器学习等技术实现网络支撑效能的持续增强和优化。

(三)积极推进软件工厂建设,全面落实《2030 年空军科技战略》

建立软件工厂是美国空军部推进数字转型和落实《2030 年空军科技战略》的一项具

体举措。2022 年 1 月，美国空军研究实验室宣布，空军首席软件官将“第 18 号机库”（Hangar 18）指定为美国空军部的又一家软件工厂。至此，美国空军已建立了 17 家软件工厂，其中首家是“凯塞尔航线”。

“第 18 号机库”软件工厂由美国空军部、美国空军技术学院和美国空军研究实验室联合建设，位于美国俄亥俄州莱特—帕特森基地。除了软件开发和交付功能，“第 18 号机库”还可利用空军技术学院的教学和培训能力，防止重复的软件开发和冗余投入。作为一处联络枢纽，该软件工厂还可作为美国空军部的数字采办、数字工程和数字转型的联络沟通中心。

（四）重启云计算能力开发项目，建立从总部延伸至战术边缘的信息共享渠道

2021 年 7 月，美国国防部宣布启动“联合作战云能力”（JWCC）项目，用以取代 2019 年由微软公司中标的“联合企业防御基础设施”（JEDI）项目。“联合作战云能力”项目将为美军构建一个无交付期限且不限结构和数量的企业级云环境。

2022 年 11 月，美国国防部表示“联合作战云能力”合同价值高达 90 亿美元，旨在实现更有效的信息处理，将美军最偏远的战场边缘与最远的总部连接起来，并将信息传递给陆、海、空、太空和网络空间各作战域的部队，同时消除保密等级和其他敏感问题。

四、开展数字化领域创新技术孵化，助力实现战场技术优势

新一轮科技革命将为科技创新提供资源和平台基础，不仅会促进数字技术的飞跃式发展，还将推动数字技术与其他技术交叉融合发展。2022 年，美军通过与大学和地方企业开展深度合作、举办创新技术融合应用演习等方式，进一步加快创新技术融入作战使用的进程。

（一）与大学和地方企业开展深度合作，为数字化领域民用技术的军事化应用提供桥梁

2022 年 8 月 2 日至 4 日，美国空军部数字转型办公室与代顿大学研究所、辛克莱社区学院和几家代顿地区企业合作，共同举办了数字转型峰会。峰会进行了数字孪生、数字设计和数字工程领域的产品推介和演示，开展了政府采购愿景、设备制造商观点等小组讨论。峰会旨在协调代顿地区以及相关方，支持空军部的数字转型工作。

峰会传递出美国空军正在寻找“数字优先”方法来建立、维护和保障军事装备与系统。“数字优先”意味着利用模型、开放式架构、数据和现代化工具来构建综合考虑装备

生命周期(设计、开发、采办、维修、保障和后勤)的网络－物理系统。美国空军认为,使用现代化工具和模型还不足以实现数字化转型,必须改变思维模式和系统工程方法。空军部数字转型办公室将转型视为数字时代的“业务重构”。

(二)举办创新技术融合应用演习,推进数字化部队建设与发展

2022 年 11 月 23 日开始,美国海军在中东举行为期三周的“数字地平线”演习,演习重点是测试人工智能技术以及 15 款不同的无人系统的运用,推动美国海军部整合新的无人驾驶技术,同时在 2023 年夏末建立世界上第一支无人驾驶水面舰队。此次演习由美国第五舰队第 59 特遣队主办,该特遣队的任务是测试海军无人系统的作战运用。参加这次演习的部分系统包括 Aerovel 公司的 Flexrotor 无人机、Shield AI 公司的 V－BAT 无人机、埃尔比特系统公司的 Seagull 无人艇、MARATC 公司的 T－38 Devil Ray 无人艇和 Saildrone 公司的Explorer 无人艇。

除了提供无人系统,参加演习的几家公司还将整合人工智能和数据分析系统。美国海军部声明:“埃森哲联邦服务公司和大熊人工智能公司还将在演习期间运用数据集成和人工智能系统,Silvus 技术公司将提供视距无线电通信,Ocius 公司的无人水面艇将从澳大利亚西部海岸参加演习。”

五、结语

美军对信息环境的理解,已从脆弱的以网络为中心的信息环境,发展为灵活的以数据为中心的信息环境。在推进数字化转型的过程中,美军坚持以数据为中心的原则,并高度重视数据的建设、管理和应用。近年来,美军积极开展数据建设规划,已形成自上而下的数据战略体系,包括数字现代化战略、数据战略以及各领域和军兵种的数据战略,以战略为牵引、应用为导向及创新为动力,指导数字建设标准化管理、网络化共享和智能化应用,以期抢占数据利用制高点,获取军事优势。

(中国电子科技集团公司第二十八研究所　李皓昱)

美国《2022年芯片与科学法》研究与解读

2022年8月9日，美国总统拜登正式签署《2022年芯片与科学法》，以法律形式出台系列支持举措，进一步巩固美国的全球半导体主导地位；9月6日，美商务部发布《美国资助芯片战略》，提出落实《2022年芯片与科学法》要求的战略目标、指导原则和具体实施方案。《2022年芯片与科学法》是美国对华科技战略竞争的重大升级，是美国针对半导体这一战略性科技领域，以"全政府、全盟国"方式实施对华竞争的重要标志，是美国企图再造军事霸权、扭转中美两国军事实力加速接近趋势的重大举措，值得我高度关注。

一、出台背景

（一）美国国防部高度重视半导体技术，将其视为掌控世界经济与军事霸权的核心支撑

半导体技术是先进技术的"大脑"，在数字化时代的生产结构中占据重要地位，对国家安全和经济发展影响巨大。据统计，2021年全球芯片市场约为5500亿美元，2030年预计将超1万亿美元。同时，半导体器件正在从过去的单一器件，转变成集信息获取、处理等多功能一体的"超级"器件，在促进装备小型化、集成化的同时，具备在装备端智能处理海量数据的能力，已成为武器装备建设与国防安全的重要基础。美国一直将微电子作为国防领域发展重点，在2020年更是将其调整至国防部现代化优先事项的首位。2022年6月，美国国防部发布的《微电子愿景》认为，"半导体无处不在，对国家安全和经济安全至关重要""美国的军事优势依赖于半导体来创造和维持"。半导体对美国掌控世界经济和军事霸权具有重要作用。

（二）美国半导体本土先进制造优势下降，迫切需要半导体制造业回流

半导体技术最早发轫于美国，美国主导全球半导体技术与产业已逾30年，但随着其

他国家/地区投资的飞速增长，其技术发展与产能增长速度逐步逼近并超越美国，在一定程度上削弱了美国在半导体领域的全球主导地位。虽然美国在半导体设计领域仍处于全球领先地位，但在半导体制造领域，美国只占全球半导体制造总量的 12.5%，80% 以上的半导体制造集中在亚洲，如今美国约 90% 的高端芯片是在美国境外国家或地区制造。据预测，到 2030 年，美国的晶圆（制作半导体的硅晶片）产能全球占比将下降至 10%，而亚洲国家和地区的晶圆产能占比将达 83%。为确保制造能力优势和经济利益，美国迫切需要半导体制造业回流至本土。

（三）军用高端芯片依赖海外代工，供应链安全成为关注焦点

近年来，美国军用高端半导体器件一直依赖海外制造，如 FPGA（现场可编程门阵列，是一种可提供强大算力和灵活性的高端芯片）由我国台湾台积电公司生产，且美国现在几乎完全依靠亚洲芯片制造商来生产 7nm 及以下芯片。美国认为这种依赖国外的产品供应极不安全，迫切需要重塑可控的半导体供应链。2022 年 9 月，美国“特别竞争研究项目组”在发布的《对国家竞争力的十年中期挑战》报告中称：“当前五角大楼需要的芯片中有 98% 在中国阴影的笼罩下生产和组装”。同时，新冠疫情、俄乌冲突等事件也加剧了对全球半导体供应链的冲击，半导体供应链安全已成为美国关注的重中之重。

二、主要内容

出台《2022 年芯片与科学法》，旨在落实《2021 财年国防授权法》中关于鼓励发展美国半导体制造能力和设立“无线供应链创新基金”的要求，通过提供 542 亿美元拨款，加强对美国半导体行业的财政补贴与税收减免，引导全球半导体制造能力向美国聚集，增强美国半导体供应链安全。

一是拨款 500 亿美元设立“美国芯片基金”，包括商务部制造激励资金 390 亿美元和商务部研发资金 110 亿美元。其中，商务部制造激励资金主要用于建设、扩大和升级美国国内半导体制造、组装、测试、先进封装的设施和设备；商务部研发资金主要用于成立半导体技术中心，实施先进封装技术计划、微电子技术研究计划以及成立美国制造研究机构等。

二是拨款 20 亿美元设立“美国芯片国防基金”，用于国防部建立微电子共享网络，将实验室成果转化为军事和其他应用。

三是拨款 2 亿美元设立“美国劳动力和教育基金”，用以促进半导体劳动力的增长。

四是拨款 5 亿美元设立“美国芯片国际科技安全和创新基金”，与美国国际开发署、进出口银行等合作，支持安全可信的电信技术、半导体和其他新兴技术的开发和利用。

五是为“无线供应链创新基金”拨款 15 亿美元，资助美国移动宽带市场创新，推动基于开放架构的 5G 技术发展。

《2022 年芯片与科学法》要求获得财政补贴和税收减免的企业，在 10 年内不得在中国、俄罗斯、朝鲜、伊朗等国家扩大先进半导体制造产能，同时需向美商务部汇报其与相关国家开展交易的情况。如果美商务部确定交易违反协议，该企业须采取补救措施，否则美商务部可以收回全部投资援助。此外，为落实《2022 年芯片与科学法》要求，美商务部在《美国资助芯片战略》中明确提出，将在国家标准技术研究院设立“芯片计划”办公室和“芯片研发”办公室，负责跨部门、跨国家的组织协调与机制创新，对美国芯片产业进行高度集中化管理。

三、影响分析

《2022 年芯片与科学法》的签署和实施将在一定程度上刺激美国先进半导体生产，增强先进制造能力，保证其半导体供应链的完整和安全，同时也将对我国半导体技术研发和生产制造能力进行持续打压，迟滞我国技术和产业发展。

（一）以增强供应链安全为借口，填补美国先进半导体制造能力缺口

《2022 年芯片与科学法》提出的对美本土先进半导体制造企业提供巨额补贴、在美建厂税收减免等激励政策，将吸引全球更先进的技术、更多资金和优秀人才进入美国，强化其先进半导体生产制造能力，推动实现“在美投资、在美研发、在美制造”。英特尔公司、美光科技公司已先后投入巨资在美建立芯片工厂，高通公司承诺在 2028 年前投资 74 亿美元采购美国本土制造的先进芯片。这些举措将进一步带动美先进半导体制造业发展，填补制造能力缺口，有效保障供应链安全可靠。

（二）重塑全球半导体产业格局，帮助美国赢得新一轮全球竞赛

美国通过《2022 年芯片与科学法》不仅对本土半导体企业进行大力投资，更是吸引国际半导体巨头来美国建厂，并规定接受资金支持的企业未来十年内不得在中国及其他受关注国家进行重大交易，排华遏华意图明显，这必将引发全球半导体产业格局重塑。国际半导体企业扩张及发展将更多考虑地缘政治因素，其次才是市场、效率和成本，半导体产业将从全球化、合作化、分工化的市场竞争模式，转向由美国主导的两极化竞争模式。

（三）阻滞我国半导体行业发展，扩大中美两国技术代差

美国通过发布禁令、设置条例等对我国半导体领域实施技术封锁和禁运，超前布局

研发计划,扩大与我国之间的技术代差。2022 年 3 月,美国提出“芯片四方联盟”构想,成立由美国、日本、韩国、中国台湾组成的芯片联盟,高筑半导体技术发展壁垒。**在资源获取方面**,美国通过《2022 年芯片与科学法》吸引国际企业赴美国投资,将极大分散这些企业对华投资力度,影响我国获取国际资源的能力;**在产业链布局方面**,目前我国在全球半导体产业链中占据重要地位,《2022 年芯片与科学法》将推动国际企业把我国作为芯片终端消费市场,拉低中国在半导体产业链中的地位;**在技术研发方面**,我国半导体产业由于缺少 EDA 软件、光刻机等关键软硬件,难以开展先进半导体的设计和制造;**在科技交流方面**,美国对我国赴美留学、学术交流的限制,使我国先进技术获取成本增高,若长此以往,必会加大我国与国际主流体系“脱钩”的风险。

四、思考建议

《2022 年芯片与科学法》的签署及其倡导的“芯片四方联盟”的组建,将对我国半导体技术和产业形成新的重大挑战。我国应发挥新型举国体制优势,坚定信心,积极应对新挑战,抢抓后摩尔时代(制程工艺进入 10nm 以下)机遇,推动我国半导体技术和产业跨越发展。

(一)发挥新型举国体制优势,营造自主创新良好生态

半导体产业竞争已呈现出国家属性。从《2022 年芯片与科学法》可以看出,一贯注重市场竞争的美国,也在采用举国体制推动半导体产业发展。我国更应发挥新型举国体制优势,积极推进半导体产业快速发展。一是加强战略布局,科学制定发展战略,统筹军地优势力量,整合军地相关资源,成体系推进我国半导体技术发展。二是发挥体制优势,基于自主可控开展整机设计,推动芯片技术持续改进和螺旋式发展,带动工艺制造升级;确立“自主优先、国产优先”的导向,形成“以用促研”的正向循环,积极推进国产芯片应用。三是出台配套政策支持,在土地、税收、人才、融资等方面制定相关配套政策,给予半导体企业相关支持,构建良好发展生态。

(二)瞄准制胜未来智能化战争,加强后摩尔时代技术布局

芯片是未来智能化战争中先进武器装备的核心。在摩尔时代,中美两国在芯片设计制造方面至少有三代以上的技术差距,且在光刻机、EDA 软件、材料等方面受到极大限制,难以实现赶超。但在后摩尔时代,半导体技术还处于起步阶段,全球尚未形成技术和产业垄断,我国与美国技术差距仅有 5 年左右。因此,集中发力后摩尔时代半导体技术,在碳基电子、模拟计算、异质异构集成等领域积极布局,为我国半导体技术实现局部赶

超、加速智能化装备发展、打赢未来智能化战争奠定基础。

(三)探索替代技术,另辟蹊径实现赶超

在当前受美技术封锁和打压遏制的情况下,我国自主研制与国际先进水平相当的软件和设备较为困难,亟须另辟蹊径,实现半导体技术的局部赶超。**一是**探索发展光刻机替代技术,如电子束光刻、定向自组装光刻、压印微影技术等,从一定程度上绕过光刻机对我国半导体产业发展的"全锁定"。**二是**借鉴砷化镓、氮化镓等化合物半导体技术经验,发展低成本、高可靠新型器件,如近零功耗传感器、芯片卫星、智能器件、芯片化装备等,支撑我国新型武器装备研制,助力对美形成军事制衡。

(四)加强全球合作,利用供应链建立规则

当前形式下,寻求半导体产业链全链条自主可控几无可能,只有加强国际合作,利用供应链建立产业和技术规则,才能有效打破美国对我国单向"脱钩"态势。一是有效利用中国市场优势,积极吸引国际巨头、细分领域龙头来中国建线,将中国市场、中国标准发展成国际市场、国际标准,让中国成为半导体全球供应链不可或缺的一环。二是把成熟半导体制造技术发挥到极致,做到全球领先,实现与其他国家的"制衡威慑",为后续先进工艺攻关做好准备。

(中电科发展规划研究院　王龙奇　彭玉婷　焦　丛)

美国国防部发布《负责任的人工智能战略和实施路径》

2022 年 6 月 21 日，美国国防部发布《负责任的人工智能战略和实施路径》报告。该报告由美国国防部负责任的人工智能工作委员会编写，阐述了以合法合规和负责任的方式使用人工智能的方法和举措，为美国国防部提供了践行人工智能伦理原则、促进负责任的人工智能发展，确保作战敏捷性、维持能力部署速度、提供扩展性并确定资源分配优先次序的指导方法，是美军加速人工智能发展进程、企图引领世界军事智能发展的关键一步。

一、发布背景

近年来，美国国防部对人工智能的认识不断加深，并试图通过负责任的态度来引领人工智能在军事领域的发展。众所周知，美国国防部是世界上第一个发布人工智能应用可能造成意外结果和人工智能伦理原则的军事机构，并在过去几年不断迭代其人工智能政策与战略规划，进一步完善人工智能伦理框架，并将其充分体现在国防部人工智能伦理原则之中。

2018 年 1 月，美国国防部发布的《国防战略》提出，要严密定义军事冲突中人工智能技术的需求和可用性。2019 年 10 月，美国防创新委员会发布的《人工智能原则：美国国防部对人工智能使用的伦理建议》提出了“负责任的、公平的、可追溯的、可靠的、可控的”5 大伦理原则。2020 年 2 月，美国国防部发布的《人工智能伦理原则备忘录》规范了人工智能技术使用的一系列伦理原则。2021 年 5 月，美国国防部发布的《负责任的人工智能》备忘录重申了其对人工智能伦理原则的承诺，明确了负责任的人工智能的根本性宗旨，并指导制定了《国防部负责任的人工智能战略与实施途径》。从上述政策演进历程可知，美国国防部发布《负责任的人工智能战略与实施途径》文件，是有其认识和历史基础的，一方面凸显了美国国防部对人工智能军事应用价值的肯定,另一方面反映了美国国防部希望借助负责任态度引领人工智能军事应用发展的意图。

二、主要内容

下面对美国国防部提出的负责任的人工智能战略以及实施方法与途径进行概要梳理。

(一)负责任的人工智能战略

1. 美国国防部人工智能伦理原则

美国国防部已经认识到必须应对不断发展的人工智能军事应用带来的潜在意外后果,并基于人工智能的特点完善了人工智能伦理框架,为符合伦理的行为提供可持续应用的基础,以确保国防部能负责任地使用人工智能。美国国防部提出的人工智能伦理原则主要包括:①负责任,即保持适当级别的判断和关注水平,对人工智能功能的开发、部署和使用负责;②公平,即采取审慎措施,最大程度减少人工智能能力方面的意外偏差;③可追溯,即开发和部署相关能力,使相关人员对适用于人工智能的技术、开发过程和操作方法有适当的了解,包括透明和可量化的方法、数据源、设计过程和文档;④可靠,即明确功能定义和用途,并在整个生命周期内测试和保证其安全性、保障性和有效性;⑤可控,即设计和建构人工智能功能以实现预期目的,同时能够检测和避免意外后果,并分离或停用已部署系统的意外行为。

2. 负责任的人工智能内涵及目标

负责任的人工智能是一种设计、开发、部署和使用人工智能能力的动态方法,也是美国国防部在开展人工智能产品设计、开发、部署和使用过程中必须采取的方法。负责任的人工智能通过实施国防部人工智能伦理原则来提高人工智能的可信度,强调在构建有效、韧性、完善、可靠和可解释的人工智能过程中技术成熟的必要性,同时结合人工智能多学科在伦理、责任和风险方面的价值,以满足要求的速度来开发人工智能。

负责任的人工智能不是一个静止状态,而是以持续监管为中心,覆盖人才队伍、文化、组织和治理等多项指标,这些指标将贯穿美国国防部人工智能从原型开发到生产、使用的各个阶段,并根据变化适时调整;负责任的人工智能的有效应用,需要一种良性的组织文化,这种文化应该使项目经理能够将其视为人工智能开发中不可或缺的、迭代的和使能的一部分;采用负责任的人工智能后,国防部能够确保人工智能更安全、更有效地实施,避免人工智能在战争中的不道德或不负责地使用,促使开发人员和用户保持对人工智能的信任,并反过来推动新技术的快速应用,提升美军战斗力。

(二)负责任的人工智能实施方法与途径

1. 实施方法

美国国防部将通过以下 4 种方法实施负责任的人工智能。

一是通过负责任的人工智能政策与指导实施集中协调、分散执行。通过国防部负责任的人工智能政策和指南在整个国防部集中协调;同时,国防部各组成单元必须根据其现有的工作流程、结构和程序,开展负责任的人工智能整体优化。

二是采用综合风险管理方法。基于现有的风险管理规范采用的人工智能开发方法,在遵守国防部安全、可靠性和伦理标准的同时,为灵活利用各种前沿技术创造可能,具体包括连续识别、评估和缓解整个产品寿命周期以及部署后的风险。

三是聚焦资源分配。国防部各组成单元要落实负责任的人工智能活动所需的资源和人力,采用一种平衡的方案,确保在短期内能产生作用,从长远看又能实现构想。

四是根据研究成果持续迭代。应持续提供资源,确保国防部能够推动负责任的人工智能的有效落实,并随着研究和技术进步以及国防部组织结构变化和其他开发成果的出现,不断更新方案。

2. 实施途径

实施途径主要包括以下 6 个方面。

一是人工智能治理,即需要确保美国国防部可以通过有效的治理架构与规程监督人工智能项目,并明确阐述负责任的人工智能的指导方针、政策以及激励措施,以加快负责任的人工智能的应用。

二是作战人员信任,即通过提供教育和培训,建立集成实时监控的试验、鉴定、验证和确认(TEVV)架构确保作战人员信任,整合实时监测、算法效果和用户反馈,确保建立值得信赖的人工智能能力。

三是人工智能产品和采办生命周期,即开发工具、政策、流程、系统和指南,通过系统工程和风险管理方法,在整个采办周期内要求人工智能企业同步落实负责任的人工智能政策。

四是需求验证,即将负责任的人工智能纳入所有适用的人工智能需求,包括联合需求监督委员会制定和批准的联合性能要求。

五是负责任的人工智能生态系统,即在全球建立一个美国主导的、强大的、负责任的人工智能生态系统,以改善政府间、学术界、行业和利益相关者的合作,包括与盟友和联盟伙伴,并推动基于共同价值观的全球规范。

六是人工智能队伍建设,即建立、培训、装备和保留一支为负责任的人工智能做好准备的人才队伍,以确保强有力的人才规划、招聘和教育、培训建设措施。

三、几点认识

（一）文件是美国国防部对规范使用人工智能的总结归纳

该文件是美国近年来对人工智能如何符合规范使用等一系列问题的思考和归纳。文件提出的负责任使用人工智能的目标与举措，说明美国国防部已开始筹划将成熟的人工智能技术纳入国防和军事应用领域，后续或将开展更大规模的应用，助力美国国防部实现其人工智能目标。可信的、负责任的人工智能将进一步促进人工智能在美国国防部的内部应用，推动人工智能人才培养和关键机构设施构建，设计人工智能人才培养的教学和培训办法，协调人工智能活动，并针对关键机构设施进行有效和规模构建，为后续人工智能技术的发展实施提供基础保障。

（二）推进负责任的人工智能发展将成为美国国防部人工智能研发应用转型的核心工作

美国国防部致力于通过实施综合威慑来保护美国人民，并在需要时打赢任何战争，其未来的安全和繁荣取决于战斗人员是否具备有效和负责任地使用人工智能的能力。负责任的人工智能将成为美国国防部人工智能技术转型的核心组成部分，促进美国国防部在军事领域更合乎伦理、更安全地使用人工智能，提升人工智能技术应用的安全性和合规性，推动人工智能验证、确认、测试和评估进程，保障复杂系统应用的合理和可靠，满足未来复杂巨系统和体系交互数据铰链的算法可靠性和架构稳定性。

（三）美国在人工智能领域的全球影响力和话语权将得到提升

发展负责任的人工智能将助力美国国防部扩展其在人工智能领域的全球影响力和话语权，帮助美国构建全球领先的人工智能生态体系，加强其与工业界、学术界、全球盟友和伙伴的合作。负责任的人工智能还将帮助美国将其伦理原则融入利益相关方的军事应用中，设定有利于自身的人工智能应用规范，持续对各方的人工智能发展与应用施加影响，降低自身在体系对抗等方面的潜在风险。

（中电科发展规划研究院　秦　浩
中国电子科技集团公司第二十研究所　李　川）

美国国防部发布《零信任战略》重塑信息系统安全体系

2022 年 11 月 22 日，美国国防部正式发布《零信任战略》，描绘了基于零信任[①]安全架构的国防部信息系统蓝图，阐述了零信任的战略目标与实施方法，提出了围绕零信任 7 大支柱设定的 45 项能力。《零信任战略》的出台反映了美国网络防御理念的重大变化，标志着美国国防部全面推进网络防御方式由"以边界为重心"向"永不信任、始终验证"转变的开始。

一、发布背景

《零信任战略》是美国国防部应对网络安全风险、提升网络防御能力、重塑信息系统安全体系的指导性文件。

（一）《零信任战略》发布于美国亟须提升网络防御能力的关键时期

拜登总统上台以来，SolarWinds 供应链攻击、微软 Exchange 漏洞、美国科罗尼尔公司输油管道等事件的发生，使美军意识到网络空间领域面临的严峻安全挑战，也暴露出相关机构在网络防御方面的薄弱点。同时，为落实联合全域作战、联合全域指挥控制等先进理念思想，美军正在构建覆盖范围广、外部接口多、授权用户众、远程可访问的网络信息环境，网络安全风险加剧的问题亟须解决，迫切需要更加可靠、自适应、弹性和灵活的网络防御能力。《零信任战略》正是基于网络攻击风险加剧、网络防御能力出现漏洞之

① 根据美国国家安全局的定义，零信任是指一种安全模型、一套系统设计原则以及基于承认传统网络边界内外都存在威胁的协调网络安全和系统的管理策略。零信任作为应对日益严峻网络形势下的安全理念，因其"永不信任，始终验证"的核心思想，在 2010 年被正式提出后得到了美国政府、互联网行业和学术界的广泛关注和研究。

时，为加速推进零信任的全面实施、有效提升美军网络防御能力而发布的指导性文件。

（二）《零信任战略》的出台是基于零信任试点工作的基础

2019年美国开始将零信任安全提升到了国家级网络安全战略的高度，从国家、国防部、军种多个层面推动零信任落地与发展。美国国防部早在2019年7月的《数字现代化战略》中就将零信任安全列为优先发展技术，并自2020年起联合多家国防承包商开展零信任试点工作。将零信任技术融入到国防体系的“雷霆穹顶”项目，是国防信息系统局、国家安全局、网络司令部和国防部首席信息官合作研究的一个具体成果。美政府和国防部前期政策文件的实施效果、试点工作的经验教训，坚定了国防部实施零信任战略的决心。《零信任战略》正是美国国防部在这些试点工作的基础上，联合国家安全局、国防信息系统局、网络司令部等机构历时一年完成的成果。

（三）《零信任战略》是美军实现数字化安全转型的“助推器”

为实现信息化联合作战的战略目标，美军已陆续发布了10余份数字化转型战略文件，谋求建立一支数字使能、数据驱动的现代化军队。面对未来数字化愿景与当前网络脆弱性之间的差距，以上战略都对零信任给予厚望，并将其作为美国国防部实现网络安全的首要优先事项。例如，美国国防部《数字现代化战略》将零信任安全纳入未来有望提高效率和安全性的代表性技术；美国陆军《数字化转型战略》建议通过定义信息技术和运营技术资产的零信任原则，提升网络安全态势。美军希望通过《零信任战略》实施全国防部范围内的零信任安全架构，从而能够抵挡日益复杂的网络威胁，进一步加速美军数字化转型。

二、主要内容

《零信任战略》主体分为7个章节，阐述了实现零信任的战略愿景、指导原则、战略目标、能力、发展计划、实施方法等，旨在为国防部推进零信任理念落地提供总体思路。

（一）战略愿景

《零信任战略》提出，美国国防部将通过全面实施零信任网络安全架构，打造一个可扩展、弹性、可审计和可防御的信息环境，以确保国防部数据、应用程序、资产和服务（DAAS）的安全性。

《零信任战略》将零信任分为2个级别。

一是目标级零信任，是指在面对已知威胁时确保和保护国防部DAAS所需最低零信任能力成果和活动集,是国防部所有人员必须达到的最小零信任能力值,要求于 2027 财年全面实现。

二是高级零信任,是指在目标级零信任实现后,根据最新网络威胁态势及安全现状,指导向高级零信任水平演进,以提供最高级别的保护。

(二)战略目标

为实现零信任愿景,《零信任战略》提出 4 项战略目标。

一是推行零信任文化,要求国防部所有人员都理解、了解零信任,并接受零信任相关培训,支持将零信任技术集成到国防信息环境中。

二是保护和捍卫国防部信息系统,要求国防部各机构都将零信任架构应用于所有信息系统,使国防部信息系统得到快速有效的保护和防御,以增强互操作性、提高作战能力,实现国家层面到作战人员的指挥、控制和通信安全。

三是加速技术发展,要求国防部零信任技术的部署速度要超过行业发展速度,在不断变化的威胁环境中始终保持领先地位。

四是确保零信任实现,要求在国防部及其相关机构中同步保障零信任实施所需的流程、政策和资金,从而实现零信任的无缝、协调实施。

以上战略目标需相互协同,满足零信任所需的文化、技术和环境要求。

(三)能力支柱

《零信任战略》规划了 7 个零信任能力支柱(用户、设备、应用程序和工作负载、数据、网络环境、自动化编排、可见性分析)及 45 项零信任能力,描绘了国防部未来十年实现各项能力的路线图,为国防部实现零信任提供基础和方向。其核心是支柱内所有能力必须以集成的方式协同工作,以有效保障数据支柱的安全。根据零信任能力路线图,国防部各机构须在 2027 年全部达到最基本的目标级零信任水平,后续将根据最新网络威胁态势及安全现状,指导向高级零信任水平演进,以提供最高级别的保护。

(四)实施方法

一是关于管理。该战略由国防部首席信息官委员会负责管理,网络司令部下辖的联合作战司令部 - 国防部信息网络(JFHQ - DoDIN)负责监督,零信任投资组合管理办公室负责统筹整体执行,包括战略指导、资源协调、推进部署和持续监测。

二是关于资源。国防部首席信息官将通过零信任投资组合管理办公室,利用年度能力规划指南来指导零信任资源优先事项,以及在每个财年及年度计划目标备忘录周期内,解决国防部各机构资源短缺问题,并通过国防部资源配置流程向国会提交资金申请。

三是关于采办。国防部首席信息官负责协调企业级采办过程中应用程序、资产和服务等鉴别与确定工作；各机构负责管理和监督适合自身任务的技术开发、采办和产品支持，同时确保其战略与企业级战略保持一致。

四是关于衡量方法。零信任战略明确由零信任投资组合管理办公室制定、部署一种基于衡量指标的实施方法，采用定性和定量的综合指标来衡量国防部在实现战略目标方面的进展。零信任战略还为每个目标的绩效考核设立具体、可衡量、可实现、相关和有时间限制的原则，以指导所有实践者执行零信任战略。

三、分析思考

美政府与国防部纷纷推出实施方案落实零信任理念，并统筹协调所有相关机构共同推进，是美国基于对网络威胁的高度敏感和近年来一系列政府网络安全事件所做的重要选择。面对当前快速发展的网络威胁和攻击，我军应密切关注美军相关发展动向，研究借鉴并思考筹划与我军实际相结合的零信任实施方法。

（一）零信任成为美军缓解当前网络威胁、谋求未来信息优势的重要保障

美国国防部认为，日益加剧的网络攻击风险，已严重威胁其网络空间安全、公共安全与隐私安全，为其军事优势带来巨大挑战，亟须在网络安全范式上做出重大转变。美国国防部已将零信任视作提升联邦政府和军事网络整体安全性、解决联合全域指挥控制数据安全问题的关键技术手段。采用零信任架构思想，解决身份与访问安全问题，有助于实现作战人员以所需的速度安全访问可用和可信数据，确保国防部机构和商业机构、军种组织和盟军可以安全地共享信息，同时减少所需的维护和持续的基础设施支出。作为新兴网络安全范式，其将网络防御从基于状态与边界转向聚焦用户与资源，在对抗手段多样的攻击者及内部威胁时，能够有效改变传统网络攻防“易攻难守”的不对等态势，有效解决当前国防部信息系统“数据孤岛”问题。

（二）成立统筹协调机构是全面实施零信任的必要途径

《零信任战略》强调，实施零信任不仅是解决技术问题，更需要改变所有国防部信息系统用户的思维方式，统筹解决国防部各机构条令、组织、训练、物资、领导和教育、人员、设施和政策的相关问题。为协调国防部各项零信任工作，美国国防部于2022年1月设立了由首席信息官管辖的国防部零信任投资组合管理办公室，并在《零信任战略》中进一步明确了国防部零信任工作的管理、监督和执行机构，加速国防部零信任落地。

放眼我军,零信任仍是一个新兴事物,若要践行零信任理念还需从实际出发进行考虑,统筹协调服务资源和业务资源,从战略层面提出构建我军复杂网络环境中安全架构的新理念、新思路和新方法,成立责权明确的统筹协调机构不失为一个可以借鉴的做法。

(三)与产业界协力前行是推动零信任成熟应用的可行路径

2022 年 8 月,美国国防部零信任投资组合管理办公室主任表示,没有一家供应商可以提供零信任所需的全部活动,所有供应商必须共同努力。美国产业界自 2010 年开始零信任能力建设,为国家、国防部及军种层面零信任方案标准的推出奠定了基础。

目前,国内关于零信任的应用落地还处于初级阶段,虽然针对不同行业网络应用和安全管理需求提出了一些具有代表性的应用,但零信任策略尚未标准化。为避免网络信任基础服务不统一、跨域互信互认难的问题,应适时推动我军零信任标准落地,走产、学、研、用共创统建的生态之路,既有助于提升零信任的互联互通互操作性,也能在统一的框架下围绕不同应用场景打造自身优势,推出更多独具特色的零信任产品和方案,进而推动零信任模式蓬勃发展。

(四)零信任与传统防护理念的结合,是提升网络防护适应性、灵活性的关键

《零信任战略》提出,网络威胁的快速发展使得传统的基于身份验证和授权的边界防护模式不能有效阻止当前和未来的网络攻击,迫切需要更具适应性、灵活性和敏捷性的网络防御能力。但是,零信任理念的出现,并不意味着完全摒弃已有的安全技术另起炉灶,传统网络中的安全技术(如身份认证、访问控制等)依然可用,只是将认证与控制的范围从广泛的网络边界转移到单个或小组资源,基于身份认证和授权,重新构建访问控制的信任基础,确保身份可信、设备可信、应用可信和链路可信。因此,一种可取的方法是将零信任与传统边界安全进行融合,同时强调这种融合不是简单的功能整合,而是用系统思维和安全防护理念构建整体的安全架构,实现传统安全与零信任安全的协调和互动,为可能出现的不同类型安全威胁提供统一的、自适应的防御能力。

(中国电子科技集团公司第三十研究所　郝志超
中电科发展规划研究院　李祯静)

美国陆军发布新版《FM3 -0 作战》条令

2022 年 10 月,美国陆军司令部发布新版《FM3 -0 作战》条令,正式将多域作战纳入陆军作战规程,标志着多域作战从概念转入具体的、可执行的实战应用阶段。多域作战概念是美国陆军作战概念变革性演进的一个重大转折点。新版条令立足于新兴威胁变化和军事战略调整,面向大规模作战行动战略目标,结合纳卡冲突和俄乌冲突观察,确定了美国陆军当前和未来的作战任务和性质,规定了各种战斗力运用的具体原则和行动方法,是指导美国陆军未来开展作战行动和训练的重要准则,将对其当前和未来军事作战产生重要影响。

一、发布背景

(一)新的国际环境和战略调整催生了多域作战理念和模式

在"大国竞争"战略背景下,美军面临的新兴威胁和挑战日益加剧。美军认为,俄罗斯和中国是其最大威胁,朝鲜、伊朗和暴力极端分子的威胁仍然存在,新冠疫情和自然灾害构成挑战。在多重威胁和挑战下,美军战略重点从反恐行动转向大规模作战行动。在此背景下,陆军推出多域作战转型概念,旨在通过迅速和持续地整合不同作战域能力,在竞争、危机和冲突阶段遏制和防止潜在对手可能的敌对行动,以确保在未来不确定性高技术冲突环境下保持制胜对手的军事优势。

(二)当前美国陆军正处于作战样式重大变革的转折点

每隔数年,美国陆军都会经历一次作战样式的重大演变。1973 年的阿以战争促成了空地一体战,当前新的冲突,包括纳卡冲突和俄乌冲突,促使美军加速向新的作战样式转变。在原有的空地战、全谱作战和统一地面战基础上,美国陆军将作战概念扩展到了海洋、太空和网络空间域。新的作战概念带来任务、性质、人员建制、战力运用和训练等诸多方面的巨大变化，需要将多域作战从概念固化为指导行动的准则和规范，用于指导作战行动，应对当前和未来的挑战。

（三）多域作战理论和实践的持续发展为转化应用创造条件

自 2016 年以来，美国陆军不断对多域作战这一概念进行拓展、更新和完善，发布了一系列战略文件，包括《多域作战：21 世纪合成兵种的发展（2025—2040）》《美国陆军多域作战 2028》《扩展战场：多域作战的重要基础》《陆军多域转型——做好战备赢得竞争与冲突》《军事竞争中的陆军》等。推动多域作战理论体系日臻完善。同时，通过大力发展多域特遣部队、加强会聚工程演习验证、对俄乌冲突持续观察等，美国陆军积累了大量的实践经验。经过一个认识、实践、再认识、再实践的循环往复过程，多域作战概念转化为实战条令的时机已经成熟。

二、主要内容

较之于 2017 年版本，新版条令可谓完全重写，内容上有很大变化。新版条令针对当前和未来大国竞争战略环境，提出了多域作战在各个层级上的简要定义、原则和实施要求，详述了在竞争、危机和武装冲突各阶段对手可能采取的手段、美军的相对优势以及陆军如何运用战斗力支持联合部队行动，强调了利用陆、海、空、天、网络等多个域的作战能力，从物理、信息和认知 3 个维度创造互补和强化效果，构建出一个新的多域作战环境模型，以更好地从时间、空间和任务目标方面组织作战力量，为均势对手制造多重困境，同时还提出了海洋环境中使用陆地力量的独特考虑，以及大规模作战行动战斗领导的独特需求和要求。现将其主要内容分陈如下。

（一）面临的威胁、挑战及应对原则

1. 主要威胁和挑战

当前美军面临多重威胁，包括大国竞争均势对手带来的全球性威胁和某些国家极端分子带来的区域性威胁。均势对手带来的战术、作战和战略上的挑战可能对美国及其盟友构成生存威胁。

一是威胁形式多样化。某些对手通过针对其他方的恶意活动和武装冲突，间接地达成对抗美国的目的，包括颠覆性的政治和法律战略，建立实体存在支持资源主张、强制经济行为、支持代理力量和传播虚假信息等；某些对手直接发起武装冲突，包括制造突发事件和进行大规模作战行动。

二是威胁程度日益加剧。全球性和区域性对手利用一切国家力量挑战美国的利益

和联合部队。均势对手使用传感器网络和远程集中火力来扩大战场,利用电磁信号和其他探测方法造成地面部队高风险,削弱联合部队的常规威慑能力,通过各种对峙方法试图对抗美国的太空、空中和海上优势,使陆军地面部队的引入变得困难,造成陆军部队难以从驻地部署到海外前沿战术集结区,增加联合部队及其伙伴国的成本,使美军联合部队在国内及其海外基地都处于危险之中。

这些威胁带来了严峻的挑战:①增加了美军联合部队的风险,削弱了其常规威慑能力,提高了可能的军事力量应对门槛;②加剧了与盟军联合作战的难度,包括获取并保持盟国或伙伴国的支持,保持连续的情报搜集,整合和同步各大型战区所有层级的情报等。

2. 基本应对原则

美国陆军战备重点是大规模作战行动,陆军部队将通过同步运用指挥控制、运动机动、情报、火力、维护和防护等作战功能,产生和整合多域战斗力,发挥陆军梯队的基本职能,创造和利用相对优势,支持统一和联合行动来应对威胁。

一是致命性武力是美国陆军达成目标并支持其他国家权力机构实现目标的核心,这需要通过编队机动到相对优势位置来实现。

二是针对均势对手,创造和利用相对优势尤其重要。相对优势是指在任何域中相对于对手或敌人的有利位置或条件,可提供达成目标或渐近目标的机会。

三是情报是决定采用何种挫败机制的基本驱动因素。要创造和利用相对优势,必须知己知彼,因此需要及时、准确、相关和预测性的情报,以了解威胁的特征、能力、目标和行动过程,同时结合机动和目标指示方法来挫败敌方的编队和系统。目标指示通常为信息收集、火力和其他关键能力设定优先级,以瓦解敌方的网络和系统,这是整合联合作战能力、形成战场纵深和保护友军编队的一个关键途径。

(二)多域作战的定义、组成、基本原则和要务

1. 多域作战的定义

多域作战是指陆军代表联合部队指挥官,运用陆军和联合部队的联合武装能力,以创造和利用相对优势,从而达成目标,挫败敌军,并巩固战果。运用陆军和联合部队的联合武装能力是指利用各作战域的所有可用作战力量,以最小的成本完成任务。多域作战的宗旨是利用联合部队和陆军的各项能力,实现跨层级整合和联合武装同步。

2. 多域作战环境组成

多域作战环境(图 1)包括陆、海、空、天与网络空间 5 个域,涉及物理、信息与认知 3 个维度,其中太空和网络空间是两大关键要素。多域作战要求陆军部队整合陆、海、空、天和网络空间能力,通过地面部队机动,在竞争、危机和冲突整个过程中创造物理、信息

和认知优势。在物理维度运用武力,在信息维度施加影响,在认知维度迫使敌方做出反应,从而创造相对优势并加以利用,使敌方陷入多重困境。

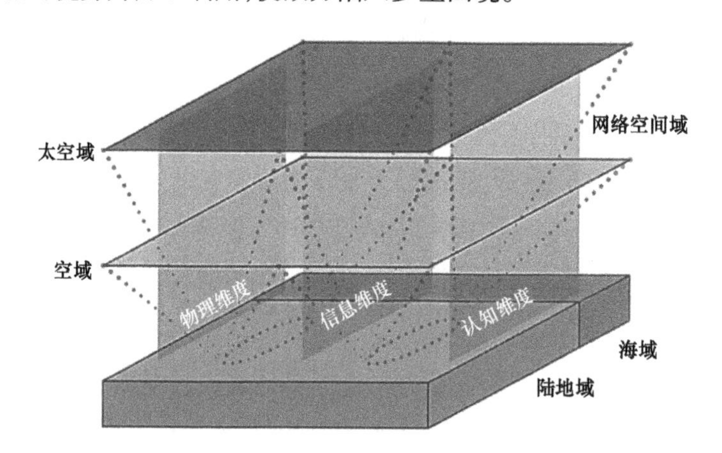

图 1　多域作战环境的 5 个域和 3 个维度

3. 多域作战的基本原则

多域作战是基于敏捷、融合、持久、纵深原则。美国陆军部队以联合武装的方式运用多域作战能力,通过多域作战产生互补和加强效应,同时保留战斗力为联合部队提供选择。敏捷是比敌方更快地移动和调遣部队,通常通过创造和利用信息优势来获得。融合是整合、同步、实现集成的过程,创造可利用的机会,使行动自由和任务完成。持久是消耗对方攻击,压制战斗。纵深是将战斗力应用于整个敌方编队和作战环境,确保连续的作战目标并巩固联合部队的成果。

4. 多域作战的要务

多域作战的要务是了解作战环境和陆军部队可能遇到的最强威胁特征,以可接受的成本挫败敌军并实现目标,包括:知己知彼,了解作战环境;考虑被敌军不间断探测和各种形式的对敌接触;在寻求决策优势的过程中,创造和利用相对的物理、信息和认知优势;尽可能与最小作战单元进行初始接触;为敌方制造多重困境;预测、计划和执行过渡;指定、衡量和维持主要工作;不断巩固战果;理解和管理行动对作战单元和士兵的效应。

(三)战略环境以及各阶段的任务、方法和战斗力运用

图 2 给出了美国陆军面临的战略环境和军事行动类别。

1. 陆军战略环境

美国陆军战略环境主要包括三种情况:武装冲突门槛下的竞争、危机和武装冲突。多域作战贯穿竞争及后续的危机、武装冲突等所有阶段。在竞争阶段,陆军为转入武装冲突积累优势并展示战备,同时也为防止危机或冲突创造必要条件的时间和空间。在危

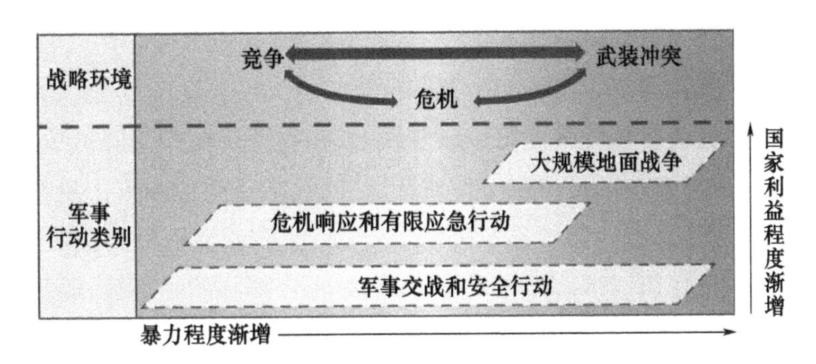

图2　陆军战略环境和行动类别

机期间,陆军部队通过开展行动和地面存在,帮助联合部队保持行动自由和相对优势地位。在武装冲突期间,陆军部队通过前沿部署,为联合部队提供陆地力量,保卫关键地形或基础设施,帮助联合部队获得主动,巩固战果,实现可持续的政治成果。

2. 竞争阶段的任务、方法和战斗力运用

竞争阶段的主要任务是威慑对手的恶意行动,并为危机和武装冲突期间使用陆军战斗力创造必要的条件,塑造与盟国和伙伴国的作战环境。

竞争阶段的主要方法是对战略环境、对手的对抗方法和目标有广泛的了解,通过各作战梯队战斗力运用,在战略、作战和战术层面寻求相对优势,以帮助联合部队和跨机构合作伙伴实现其目标;同时应不断巩固战果,以维持有利于美国战略利益的作战环境,向危机和武装冲突阶段过渡。

竞争阶段的首要任务是为大规模作战行动做准备,包括:布置战区;建立联盟和伙伴能力;提高联合作战和多国行动的互操作性;保护前沿部队;准备向作战计划过渡并执行该计划;训练和培养特定战区的作战指挥官。

3. 危机阶段的任务、方法和战斗力运用

危机阶段的主要任务是通过战区陆军、军、师和旅等各作战梯队战斗力运用,实现战备部队快速响应,为联合部队指挥官提供灵活的威慑和响应方案选择,遏制进一步威胁,支持统一行动。

危机响应行动具有高度的波动性和不确定性特点,且持续时间不可预测,需要美国陆军具备灵活性和敏捷性能力,预测作战环境的变化,迅速适应新的态势,为联合部队提供可靠、有效的选择,将战术行动与实现目标关联起来。

危机响应行动安全对于这一阶段的成功至关重要,展示兵力投射能力是这一阶段常规威慑的一个基本要素。危机通常会产生两种结果:①降级回归竞争,此时美军处于更大的相对优势地位,将继续保持威慑;②升级至武装冲突,此时要求尽早理解作战计划或可能的作战概念,前沿部队重新部署到战斗位置或战术集结区,采取保护措施,做好准备向武装冲突过渡。

4. 武装冲突阶段的任务、方法和战斗力运用

武装冲突阶段的主要任务是使用致命性武力,在物理层面产生降低敌方作战能力的直接效应,同时将杀伤力效用延伸至信息和认知层面,结合其他国家力量的工具,瓦解敌人的行为、决策和战斗意志。美国陆军部队以支援、使能或咨询的角色执行大规模作战行动,创造物理、信息和认知维度的相对优势,作为联合部队的一部分,通过多域联合、多国能力的整合和同步,实施防御作战和进攻行动。

武装冲突阶段的主要方法包括:建立陆地指挥控制;使用陆基系统对抗空中和海上导弹威胁;实施要地防护和控制;挫败敌方反介入/区域拒止;实施并维持大规模作战行动;巩固战果。

武装冲突阶段的战斗力运用主要包括:较高战术层级(师级及以上)指挥官利用摧毁、扰乱、孤立、瓦解等挫败机制,从多个域选择最有利的方式对抗敌军;通过侦察行动、安全行动、部队调遣、就地换防、穿越阵线、反(敌方)机动、机动等方式支持作战行动。挫败敌军之后,陆军将转入冲突后的竞争和维稳行动。

(四)独特作战环境条件下的作战应用

1. 在独特的海上环境条件下作战应用

海上作战环境的独特性增加了联合作战协同性和同步性要求,为通常在陆战环境中作战和训练的陆军梯队带来挑战,因此有独特的考虑因素、作战规划和行动方法。

一是海上环境作战规划应考虑海洋作战环境的独特物理特征、多军兵种独特的联合方式,以及敌方行动过程等因素,同时还应考虑,处于敌方火力范围内的前沿陆军部队需要显著增强对抗敌方弹道导弹、飞机、海上火力和网络攻击的生存能力。美国陆军行动框架要求考虑海域的影响以及与海上力量的整合,对纵深作战、近距离作战和后方作战的构成要素及彼此之间的关系应有不同的认识。

二是在以海洋为主的联合行动中,美国陆军部队的作战任务主要是通过建立指挥和控制、要地防护和控制来支持联合部队计划,包括实施防空反导(含反无人机系统)、濒海防御、区域安全(基地和基地集群防御)、核生化防御、爆炸物处置支援、工程支援等任务,直接支持战区的联合海上行动。其中,控制关键陆地对于维持和保护联合作战至关重要,任何可以被友军或敌军占领以获得相对优势的陆地都可能成为关键地形。

三是针对敌方的反介入和区域拒止,美国陆军部队主要发挥防空反导和火力支援两大重要作用,支持联合行动,挫败敌方的一体化防空、火力打击综合体、监视侦察以及综合指挥控制网络,以确保在联合作战中取得成功,使地面部队、海军和空军能够顺利介入各个作战区域。

2. 在大规模作战条件下指挥官和领导者的作用

指挥官在作战中的主要职责是制定有效的战术，并领导和指挥部队执行这些战术，其作用是在作战中执行上级的意图，同时对其下级实施指挥和控制。在大规模作战行动中，战斗领导力的基本原则如下。

一是指挥官通过提供领导、授权、分配资源和作出决策来运用指挥艺术。指挥官根据其经验、专业知识、直觉和自我意识的判断做出决策。判断力是唯一最重要领导力属性，用于选择关键时间和地点采取行动、分配任务、确定优先顺序、管理风险和分配资源。

二是指挥艺术主要体现在指挥官的战场存在、指挥官意图、主动性、接受风险以创造和利用机会，以及在通信降级或拒止期间的指挥控制等方面。美国的均势对手已通过电磁频谱战的通信对抗手段，使友军指挥控制能力降级。在此情况下，陆军部队应通过电磁防护措施减少脆弱性，同时通过任务指挥和训练来应对通信降级。

三是在作战过程中，指挥官的作用是理解作战环境、形成可视化方案，描述方案、指示行动，指挥行动和态势评估。其目的是整合联合部队和盟军部队，促进下属主动行动，并确保将授权和风险承担下放到相应层级。在此过程中，需要指挥官能够预见到变化并迅速调整编队、部署或活动，同时通过发展指挥经验、增强共同理解、有效及时沟通、促进团队合作等方式为适应变化创造条件。

三、几点认识

（一）新版条令标志着美国陆军多域作战从概念正式转入实战应用，将对其今后几十年的作战方式产生革命性影响

新版条令表明，美国陆军正式将多域作战纳入陆军作战规程，将在美国陆军的理论体系构建、军队建设管理规范、作战演习训练和实战过程中发挥重要指导作用，同时将推动美国陆军部队在多个作战域的建制能力持续发展，促进新质战斗力生成和发挥作用，加速装备现代化转型进程。随着新版条令的出台，美国陆军另外368份条例出版物也将在未来几年陆续更新，成为指导美国陆军作战和训练的重要准则，推动美国陆军作战理论发展演进，引领陆军在2030年成为一支完全现代化的部队。

（二）新版条令重视多域能力融合，强调在太空和网络空间域能力拓展，聚焦从“信息维度”创造和利用相对优势

新版条令强调，美国陆军作为联合部队的组成部分，必须利用多域的作战能力组合来创造、积累和利用相对优势，与联合部队更加无缝和有效的整合，压制敌方有效应对的

能力,达到武力倍增的效果。这就要求美国陆军从传统上侧重于陆地域、空域和海域的作战能力整合,进一步扩展到太空和网络空间能力的整合和同步。同时,要求充分利用“信息维度”影响,重视在夺取信息优势基础上,塑造战略态势,构设多域作战环境,创造和利用协同效应,使敌方陷入多重困境。可以预见,整合太空、网络空间作战能力,加强信息优势能力建设,是美国陆军未来一个发展趋势。

(三)新版条令揭示情报和电磁频谱作战对于陆军多域作战的重要价值,凸显出美国陆军对情报和电磁频谱作战的高度重视

2021 年美国陆军发布了《美国陆军未来司令部情报概念 2028》和《陆军未来司令部作战概念 2028:网络空间与电磁作战》白皮书,对多域作战中的情报和电磁频谱作战做了详细、深入阐述。新版条令重申,情报是指挥官采取有效行动的前提,电磁频谱是保护友方、获取信息优势、支持决策的重要手段,在探测敌军能力中起着关键作用。通过情报、监视和侦察提供作战环境的准确描述,支持理解行动方案,确保选择最可行、最合适和最可接受的行动方案;通过情报支援和利用阻止敌人达成目标,必要时渗透和瓦解敌人的反介入/区域拒止系统,利用由此产生的机动自由来实现战略目标。电磁频谱作战跨所有作战域,不仅海域、陆地域、空域的作战能力取决于通信和武器装备的电磁频谱支持能力,而且太空域和网络空间域的作战能力也与电磁频谱作战密切相关。从美国陆军新版条令及其系列文件可以看出,情报和电磁频谱作战是获取信息和决策优势的重要手段,将在大国竞争中发挥至关重要的作用。

(四)新版条令围绕应对大国竞争可能出现的大规模军事冲突,总体上着眼于当前装备的迅速转化和部署应用,且指向亚太地区意图明显

新版条令植根于战争的原则,强化进攻的心态,并有意识地努力使其适用于当前状况。它用传统的术语定义了多域作战,总的基调不是着眼于未来几年内可以使用那些当前尚未实现的技术,而是基于使用现有装备和战备状态的陆军,这表明其多域作战转型是针对当前在短期内可迅速应用的方案。此外,新版条令首次用一整章的篇幅来介绍陆军在太平洋等海上战区的重要作用,重点描述了陆军如何通过支持海、空军的海上纵深作战来挫败敌人的反介入/区域拒止能力,并提供了详细的亚太海域作战场景,包括岛基防空反导、登岛强行进入行动等,其针对色彩浓厚,应引起重视。

(中国电子科技集团公司第十研究所　李　琨)

美智库发布《软件定义战争》聚焦未来作战体系架构设计

2022 年 9 月 7 日，美国战略与国际问题研究中心（CSIS）发布《软件定义战争：构建国防部向数字时代转型的架构》报告，提出软件定义作战体系架构概念及 9 大设计理念，认为这种以数据为中心、分布协同、柔性灵活、智能自主的架构将成为未来战争制胜的关键。虽然该概念由智库提出，但从报告所引用事例和相关论述可以看出，美军正在着力打造软件定义的下一代作战体系架构，以构建分布式、自适应、智能化的杀伤网，值得高度关注。

一、软件定义作战体系架构发展背景

报告认为，美军为了在未来战争中保持主导优势地位，必须转向一种新的体系架构，具备如下特性：①提供更快的决策和执行速度；②能快速更新和优化系统，灵活按需扩展，并动态适应不断变化的环境；③降低建立和部署系统的成本；④提升交付新功能的成本效益和速度。美国军方、企业界、智库机构等都在研究探索这种体系架构，例如国会参议院军事委员会前幕僚长克里斯汀·布罗斯（Christian Brose）在其著作《杀伤链》中提出，国防部应建设一个由大型自主网络和不同武器系统组合构成的“军事物联网”。

报告指出，**打造这种体系架构的关键在于软件**。运用软件定义技术和理念，可让传统上功能相对固化、升级不够灵活、应用相对集中的信息系统向着“需求可定义、硬件可重组、软件可重配、功能可重构”方向转型，对塑造未来智能化时代的装备形态与战争模式具有重要作用。

二、软件定义作战体系架构特点

近年来，美军已对软件定义架构开展了一系列研究，例如基于软件定义理论及技术提出的未来卫星通信体系架构。总体而言,这种架构具备以下 4 个特点。

(一)"软":贯穿"软件定义一切"理念

"软件定义一切"是软件定义作战体系架构最核心的特点,它充分利用了各种软件定义理念,包括"通用硬件平台 + 可重构软件功能"的软件定义装备理念、"通用数据资源 + 基于软件的网络控制"的软件定义网络理念等。在这种架构中,端到端的软件架构连接所有输入(相关传感器)和输出(武器)系统,这些系统被集成到一个基于几大核心平台上的单一架构之内,可有效简化杀伤链以及预测性情报系统、后勤系统、目标瞄准系统、火力系统的作用流程。这些大型网络系统(包括自治系统和人工控制系统)的核心都是同时具备互联网规模和高可用度的复杂软件,将所有要素集成在一起,甚至集成国防部开发生产环境,以更快地开发、部署和维护相关代码。

(二)"云":运用云计算与虚拟化技术

"云化/虚拟化"是软件定义作战体系架构的主要特点。其中,"云化"主要用于赋能作战体系架构中的基础设施,以实现"云 + 端"的"战争即服务"模式与能力。为实现"云化"目标,软件定义作战体系架构需要构建标准化的接口(API、REST)、数据交换格式(JSON、XML)、存储与表示模型(时间序列数据库、事件/管线管理系统)、应用程序包(容器)以及运行时架构(微服务)。"虚拟化"与"软件化"密切相关,主要体现在"基于应用程序界面(API)的武器系统访问"能力和"设置端点硬件同时运行多个软件堆栈"能力。

(三)"智":采用分层人工智能

"智"是软件定义作战体系架构的重要特点,主要表现在以下三个方面。

一是运用云计算和深度学习技术实现"自主"服务与管理能力。该架构通过云计算服务,实现从"基于规则/模型的模式"向"基于深度学习的自主模式"转型,大幅提升服务的针对性、实时性、自主性,同时大幅降低人工成本。

二是运用软件定义网络、虚拟化技术和深度学习技术实现智能组网与管控。该架构首先通过软件定义网络将数据面和控制面分离,然后利用虚拟化技术分别将这两个面软件化,最后采用深度学习技术实现代码生成与优化、网络协议设计与优化、网络整体管控与优化等。

三是运用软件定义理念,实现服务代码层面的"大一统"。该架构从系统功能维度横向打通作战功能异构带来的"烟囱"现象,实现应用程序和端点装备的软件化、统一化、标准化、智能化,完成从功能"集成"向"融合"转型。

（四）“体系博弈”：重在提升体系对抗能力

“体系博弈”是软件定义作战体系架构最为重要的一个特点，对作战体系具有重塑作用。

一是解聚。该架构可以将大型多功能系统分解为相互独立的较小单元，进而围绕这些小单元创建结构化接口和应用程序接口。

二是聚合。解聚后的体系要素能够以一种灵活、智能的方式实现按需的功能及能力聚合。这种“松散耦合、高度聚焦”的架构可以随着时间推移而扩展演进，以便将更多要素引入并集成到系统中，而不是尝试一次性升级或变革作战体系的每个部分，使作战体系具有可扩展性、韧性。

三、软件定义作战体系架构设计理念

基于以上特点，报告提出，美国国防部在设计、开发软件定义作战体系架构时应遵循以下 9 大核心理念。

一是体系架构可扩展，可通过迅速插入新要素、替换老旧或失效要素的方式，拓展体系规模或维系架构完整性。

二是构建“马赛克战”式作战体系，通过将传统大型多功能作战平台的功能分解为多个最小化作战单元，柔性重组作战功能，以提升作战体系的整体效能。

三是网络功能虚拟化，通过将软件控制功能与硬件承载平台解耦，在异构环境下对各种资源进行全局统一管理和动态配置优化，以实现灵活高效的资源分配与协同。

四是采用“低成本硬件 + 可升级软件”的装备开发模式，以实现系统功能可重构并降低成本。

五是确保终端状态可追踪，通过将传感器嵌入到可能与远程控制和编排相关的各个终端，确保传感器融入整个体系、可追踪、可调配。

六是注重仿真测试与认证，通过“数字孪生”“真实—虚拟—构建”（LVC）等实现贴近实战复杂性的仿真测试与认证，加强虚实系统间的数据交互。

七是设置故障冗余度，应允许体系中存在缺陷、故障、不可预测性，并对其进行测试和仿真模拟，以改善架构弹性和抗脆弱性。

八是边缘系统自主化，使边缘系统具备适当自主性，减少人为干预和集中控制。

九是开发运用一体化，将开发与运用反馈过程紧密结合，在运用中不断完善、优化、升级软件产品。

四、美军构建软件定义作战体系架构举措

尽管软件定义作战体系架构是由智库首次提出，但美军近年在作战体系设计、网络架构建设、智能装备发展等方面的举措都体现了该架构的特点。

(一)以“马赛克战”为代表，大力推进柔性灵活、弹性抗毁的作战体系建设

软件定义作战体系架构具有分布式、可扩展、自适应等特点，可将传统大型、复杂、高价值作战平台的功能分解到大量小型、简单、低成本的节点上，通过作战单元最小化、作战功能柔性组合，来提高作战体系的整体效能。这种架构不存在类似航空母舰简称(航母)的“关键脆弱点”问题，即一旦航空母舰被摧毁，整个航空母舰战斗群就随之失效，无法继续实现航空母舰作战体系的设计目的。该架构具有高度弹性和故障冗余度，即便节点出现故障，也只需用一个相同功能的节点替换即可，如果需要新的功能，可以通过将新的节点迅速集成至体系中来实现相应功能的升级。

美军正在发展的“马赛克战”是这种体系架构的典型代表，其利用相对较低成本及复杂的传感器、多域指挥控制节点、有人/无人系统等，根据威胁目标、战场环境和作战需求，以自协调、自适应的方式快速构建作战体系，完成作战任务。自 2017 年提出以来，“马赛克战”在体系设计、指挥控制与作战管理系统、通信组网、智能化武器平台以及基础支撑技术方面取得了一系列进展，布局的“体系综合技术与试验”“拒止环境协同作战”“进攻型蜂群战术”等项目近年来陆续完成演示验证，2022 年正重点推进“任务综合网络控制”“天基自适应通信节点”等项目。

(二)以软件为中心，研发智能自主系统装备

报告倡导采用“低成本硬件 + 可升级软件”的装备发展模式，即实现底层硬件资源与上层应用软件之间的解耦，将硬件资源抽象为虚拟资源，通过软件进行统一管控、按需分配，使系统功能不受硬件资源约束，实现按需、灵活、高效、多样化服务。采用这种模式，系统装备能大幅降低成本，便于功能重构和升级迭代，提升智能化水平，可更好地融入作战体系发挥效能。

近年来，美军将软件定义理念运用到通信、网络、雷达、电子战、导航等多个领域。例如，在软件定义卫星方面，美国防高级研究计划局正在发展“黑杰克”低轨卫星星座，其卫星平台通过软件定义方式切换搭载的光学、射频载荷的功能模块，可支持导弹预警、导航定位、战术通信等任务；在软件定义电子战方面，美军正在研发的“下一代干扰机”吊舱、“怪兽”电子战项目等均采用了软件定义理念，即系统大部分功能建立于开放式体系架构

标准之上,可快速开发和部署相关技术,并基于人工智能技术提升系统应对各种威胁的反应速度和灵活性。

(三)加快云环境建设、发展边缘智能,构建"云－端协同"的网络架构

报告指出,通过将亚马逊云服务和微软 Azure 云平台等商用大规模计算系统和平台应用于作战,可把成千上万的硬件集成到单一的软件定义系统中。同时,报告还强调了边缘智能的重要性。边缘智能是指在终端对数据进行智能处理,实现在网络边缘进行快速、高效、可靠的计算和决策,以解决数据传输成本高、延迟大、安全隐私性不强等问题,为云计算减轻负担,使数据处理更加高效。

云环境建设是美军数字化转型的重点工程,同时也是实现联合信息环境、联合全域指挥控制等关键能力的基础。2021 年,美国国防部启动"联合作战云能力"计划,以替代此前拟进行的"联合企业防御基础设施"单一云计划。新计划为多云、多承包商方案,旨在融合各家优势,优化云服务质量,支持实现所有作战域传感器和信息的连接与共享,提升联合全域作战效能。在边缘智能方面,美军近年研发了"智能雾"战术边缘指挥控制、卫星数据在轨处理等技术,不断提升边缘数据处理能力和决策支撑能力。

五、几点认识

(一)软件赋能作战体系,提升体系对抗能力

通过软件定义作战体系架构,实现美军各种作战力量、作战单元和系统资源的高效协同、一体联动,是美军体系化作战的基石。一方面,该架构可通过软件快速统筹调度各种资源,实时进行"动态"组合与分配,从预先设置的固定杀伤链转变为基于战场态势的自适应杀伤网,在大幅提升己方任务效能的同时,降低对手的对抗效能。另一方面,采用"小型、低成本、结构简单"的武器装备平台替代"大型、昂贵、功能复杂"的系统,使美军不再需要进行大周期式的装备升级迭代,而是采用小周期模式快速迭代,更适合新技术、新设备的快速插入,使整个作战体系始终处于动态发展的状态,保持体系能力的先进性。

(二)深化软件定义理念,加速形成智能化作战能力

智能化战争的核心是人工智能算法层面的博弈,而人工智能算法调度、利用的核心资源就是软件定义的各种功能。目前在智能化方面取得重大进展的电子信息项目,大多采用软件定义技术或理念进行开发,如美军具备智能化能力的认知雷达、国防高级研究

计划局的典型认知电子战项目“自适应电子战行为学习”等。软件定义作战体系架构则在更大范围、更高层级上推行了软件定义理念,充分发挥人工智能的高速、高效、精准、自主等优势,加速形成智能化作战能力。

(中电科发展规划研究院　方　芳
中国电子科技集团公司第三十六研究所　张春磊
中国电子科技集团公司第二十研究所　李　川)

英国防部发布《国防能力框架》谋划未来十年发展

为指导未来十年国防能力发展,2022 年 7 月,英国防部发布《国防能力框架》,提出了 9 项国防能力发展指导原则,并针对所面临的挑战确定了 2021—2031 年 5 大优先发展事项,要求集政府和工业界之力攻克关键领域,使英国能够有效应对当前及未来威胁。

一、发布背景

近年来,英国防部陆续发布了多份战略规划,从 2019 年 9 月发布的《国防技术框架》,到 2021 年 3 月发布的《竞争时代的英国》,再到此次发布的《国防能力框架》,从不同维度指引英国国防能力的长期发展。其中,《竞争时代的英国》阐述了不断变化的战略环境及未来战场形势,重新规划了 2021—2030 年实现英军全面转型的战略框架和国防战略方针。《国防能力框架》和《国防技术框架》各有侧重,前者针对长期的能力挑战提出解决方案,后者聚焦于具体技术,两者目的都是推动国防前沿科技创新,以获取作战和战略优势。

二、框架核心内容

《国防能力框架》向工业界提出了一项长期发展计划,将影响英国未来大部分军事能力的发展,尤其是那些包含新技术和复杂系统的军事能力。该框架主要阐述了 9 项能力发展指导原则,包括:①建立可信威慑力量;②发展多域和集成能力;③关注战备可用性和可部署性;④重视创新与试验;⑤以人为本;⑥加强联盟关系;⑦制定平衡且可负担的国防计划;⑧减缓和适应气候变化的影响;⑨国防工业对长期能力优势的重要性。此外,还提出了需重点发展的 5 大优先发展能力,包括:情报、监视与侦察(ISR);多域指挥控制、通信与计算;确保并维持优势;不对称和硬实力;进入和机动自由。

(一)9 项能力发展指导原则

1. 建立可信威慑力量

威慑力是英国国防的基石,也是能力需求的关键驱动因素。海上持续威慑(CASD)以及拥有在所有领域有效和灵活的常规力量将继续发挥至关重要的威慑作用。

2. 发展多域和集成能力

为了保持作战优势,国防部需要整合陆、海、空、天、网络 5 个领域,以及英国政府、关键盟友和合作伙伴的活动。跨域系统采用通用数据标准、可互操作的网络系统和开放架构是多域集成的关键推动力。

3. 关注战备可用性和可部署性

从有限的资源中获得最大的产出并确保武装部队能够超越和战胜敌人是未来成功的关键。为此,必须提高平台可用性和部队准备情况,利用数据和技术制定先进、有保障、环境可持续和高成本效益的物流和工程解决方案。

4. 重视创新和试验

创新和试验有助于更好地了解机遇与风险,并从作战人员那里获得反馈,从而加快开发路径,更早地做出正确的决策并更快地推动创新。

5. 以人为本

为了在信息时代开展业务并及时利用先进技术,需要确保拥有一支多元化、包容性和专业技能的人才队伍,并制定相关政策以最大限度地提高人才质量,调动其积极性。人机协作和人工智能的使用将使人们向价值链上游移动。

6. 加强联盟关系

联盟关系是交付国防成果和能力发展的基本要素。未来的能力发展将探索早期阶段与其他国家合作的机会,增强交互性,建立并加强联盟关系。

7. 制定平衡且可负担的国防计划

继续推动物有所值的采办,并支持将技术引入作战。

8. 减缓和适应气候变化的影响

以不断变化的环境和安全环境为依据,规划和确保未来的能力决策。

9. 国防工业对长期能力优势的重要性

未来亟须寻求业界的支持与参与,挖掘投资和合作潜力,更好地发展英国武装部队以及盟国和合作伙伴需要的威慑、防御能力。

（二）5 大优先发展能力

针对目前面临的挑战，该文件要求英国政府和工业界集中投资发展影响未来军事能力的优先领域，重点发展情报、监视与侦察（ISR），以及多域指挥控制、通信与计算等能力，以应对长期的能力挑战。鉴于威胁在不断发展和变化，这些能力要求可能会随着时间的推移而改变。

1. 情报、监视与侦察

英国防部认为，信息将是未来战争的核心，而 ISR 能力是获取和理解信息的基础。随着对手发展先进的网络传感器技术、被动探测系统、量子传感、反 ISR 技术以及定位、导航与授时（PNT）能力，英国的 ISR 能力正在被对手超越和限制，例如对手的反介入/区域拒止（A2/AD）能力。英军未来战场可能遭受的挑战进一步增加，因此英国应重点发展信息处理、利用与传播，开源情报（OSINT），天基 ISR，下一代自主系统，海上机载侦察与指挥，机载情报、监视、目标搜索与侦察（ISTAR）等能力，力求到 2030 年建设一个现代化的、弹性的和自适应的 ISR 系统。该系统将能够收集所有领域的信息，使国防部在理解层面保持优势。

2. 多域指挥控制、通信与计算

报告认为，英国的通信、网络、信息系统和平台面临的威胁不断增加，危及了安全、远程、弹性和互操作能力，而这是实现全球多域集成和协调影响所必需的。为了领先于不断演变的威胁，国防部必须开发更具弹性、自主和互操作的指挥、控制通信和计算机（C4）系统，以便在竞争和降级环境中开展行动。为此，需要重点发展多域指挥控制、国防数字骨干现代化、集成作战环境、安全卫星通信、人工智能等能力，并与全球盟友和合作伙伴协调影响。

3. 确保并维持优势

报告认为，信息的普及和技术变革的速度正在改变战争形态，常规战争门槛以下的恶意活动正在增加，对手正在改变他们的战术，寻求不战而胜。同理，英军应通过采用和集成新技术，提供支持这些识别和破坏的恶意活动，重点发展保护关键国家基础设施、特种作战、反潜战、网络与电磁环境等能力。

4. 不对称和硬实力

报告认为，在硬实力发展方面，高超声速导弹和滑翔飞行器等武器装备对英国及其盟友构成了重大挑战。为此，英国仍然需要投资发展对称的硬实力，以确保对手没有明显的技术优势，并将未来的投资重点放在那些能够以新颖和可负担得起的方式对潜在对手提供优势和威慑作用的领域，如定向能武器、超声速和高超声速武器、未来陆地作战系统、海上杀伤能力、未来空中作战系统以及改变游戏规则的技术。

5. 进入和机动自由

报告认为,面对日益严峻的电磁环境和性能更致命、技术更先进的威胁,为了在所有领域实现进入和机动自由以保持作战优势,英国须重点发展弹道导弹防御,反无人机系统,陆基防空,反化学、生物、放射和核武器,空中加油等能力。

三、几点认识

(一)英军将长期发展优势作为应对大国竞争的关键

英国将中俄视为强硬的竞争对手,并随着俄乌冲突的爆发,认为俄罗斯已对欧洲安全构成了最大的军事和地缘政治威胁。英国认为,中俄等大国在一系列新能力上的投资,包括高超声速导弹和滑翔飞行器、太空和反太空能力、人工智能、自主和网络,及其海上、陆地和空中能力,对英国及盟友构成了重大挑战。为了应对这些挑战,英国认为需要规划国防能力的长期发展,在竞争加剧的背景下,充分利用工业和国防领域的最佳优势,集中力量发展核心能力,并通过自身努力提供能力优势和作战优势。

(二)英军将多域作战能力看作未来国防能力的发展重点

报告指出,为了保持作战优势,英军需要整合所有 5 个作战域、以及政府与关键盟友和合作伙伴的活动,以应对当前面临的挑战和问题。报告还强调,多域信息集成能力是成功的关键。为此,英军将多域情报、监视与侦察以及多域指挥控制、通信与计算机列为优先发展事项的前两位。同时,英国防部还将探索先进技术,以提供全频谱、多域的指挥、控制、通信、计算机、情报、监视和侦察(C^4ISR),加速发展这些先进技术并将其集成到作战中。此外,英国国防部将国防和工业资源集中在这些挑战上,可为英国提供发展技术和能力的机会,这将在未来的军事冲突中为英军提供相应的优势。

(三)英国国防部将人工智能赋能技术作为未来十年的重要研究内容

英国国防部已计划于2023 年实现英国国防人工智能中心(DAIC)的全面运行,DAIC将与国防装备与保障局下属的未来能力小组合作,整合和测试作战空间人工智能、自主和人机编队的解决方案。预计在未来十年内,人工智能赋能技术将实现飞跃式发展,并越来越多地应用到军事活动中,为未来军事作战赋能。

(中国电子科技集团公司第二十八研究所　朱　虹)

美“特别竞争研究项目”情报专题报告分析思考

2022年10月，美国“特别竞争研究项目”情报小组发布中期报告《数据驱动竞争时代的情报》，详细阐述了美国应对情报领域未来十年中期挑战的战略构想和政策措施，提出采取数字化转型、强化开源情报、构建技术经济情报能力、对抗“影响力行动”等举措，加速推进美国情报领域变革，支撑对华实施更为精准、更有预见性的全面战略竞争。

一、发布背景

2022年9月，美国大财阀洛克菲勒家族召集的“特别竞争研究项目”发布《国家竞争力十年中期挑战》总报告，提出以技术为中心的国家战略。该项目分为技术平台、经济、社会、对外政策、国防和情报6个专题小组，分别探索应对各个领域十年中期挑战的方法。《数据驱动竞争时代的情报》报告是“特别竞争研究项目”情报小组的中期报告。

指导和参与《数据驱动竞争时代的情报》研究撰写的有美国会众议院军事委员会前主席、情报委员会资深议员威廉·沙恩贝里三世，“特别竞争研究项目”首席执行官、前人工智能国家安全委员会执行主任伊利·巴依拉克塔里，“特别竞争研究项目”情报总监、前中情局高级官员彼得·马蒂斯等，具有很强的官方背景、情报背景、技术背景以及对华情报工作背景。该专题报告以赢得对华竞争为目标，按照技术为情报赋能、情报为决策和行动赋能的基本思路，提出适应技术革命和大国战略竞争时代的美国家情报战略构想，提出了设立“国家技术经济情报中心”“数字化试验和转型机构”，开展技术－经济净评估等具有高度实战性和前瞻性的政策措施，在本质上就是吹响了美国实施新时代情报革命的战略号角，值得高度重视。

二、主要内容

报告主体分为导论和6个章节。导论阐述了在大国竞争背景下，美国情报界为更快获得新的情报洞察力以赢得对华竞争所面临的诸多挑战;6 个章节分别阐述了其应对这些挑战的实施举措。

(一)对华情报竞争的优势与任务

报告认为,美国社会和政治的固有特点使得美国已成为世界首屈一指的情报强国。同时,情报界还受益于其他不对称优势:①具有良好的人才与技术基础;②开放性强并广受国民认可;③强调客观性与真实性;④独立分析并具有国家使命感;⑤受益于盟国和合作伙伴的全球情报网。这些因素助力美国情报界拥有并不断追求和利用新兴技术,使其相对于竞争对手的情报系统而言更具优势。

报告指出,美国对华竞争已跨越党派界限成为国家共识,对华竞争中的情报失误会导致无法承受的严重后果,而最大风险将来自于在技术经济竞争中失利。为确保赢得竞争,美国情报界必须做出合理变革,改善传统治理模式并采取积极行动:①跟踪中国在技术经济竞争中的意图和活动,了解其动机,从而支持美国战略制定与执行;②应实时识别杠杆和影响点,使美在对华竞争中执行合理政策;③持续关注中国政治局势,使美领导层能够选择最佳时机,针对性采取行动影响中国政府决策;④在技术和经济领域助力美国政策行动取得最佳效果。

(二)促进情报界数字化转型的 7 种方法

报告提出,为满足技术经济竞争中日益扩大和多样化的情报需求,情报界需开展数字化转型,通过扩大对人工智能和其他新兴技术的使用,更好地将大量数据转化为丰富情报,使美国政策制定者更有效地采取行动。报告建议:①从领导层面推动改革,支持在整个情报界中大规模采用新兴技术,并尽可能确保新晋升的领导层有人工智能领域的相关经验;②正确整合情报界人员、流程和技术元素,提高灵活性和效率;③召集情报界利益相关者建立数字转型下可承担的风险标准;④重新审视现有安全流程,扫清人才引进障碍,并关注反情报风险最小化;⑤采取更灵活的人才招聘与留用方式,与私营部门开展人才交流;⑥在符合情报委员会使命的基础上,向其他的大型、复杂的组织学习,并将这些经验应用到专门的任务中;⑦创建一个国家情报总监发起的数字化试验和转型小组,以运行试点项目,解决数字化转型的关键问题。

(三)利用开源情报提升洞察力的 6 种方式

报告认为,在技术经济竞争中,开源情报最有可能透露对手政策转变的早期迹象,且充分利用开源情报,可使秘密情报收集工作能够聚焦于最重要的目标展开。报告提出了 6 种开源情报的利用方式来提升情报界的洞察力,具体为:①强调公共信息和商业信息的收集和处理是扩大美国政府开源工作的核心;②为开源信息的收集、获取、处理和分析创建一个新的、资源充足的实体机构,并分析了相应方案的优缺点;③使新实体成为情报委员会、美国政府和外部参与者之间开源数据和分析的门户;④利用开源的成功,突出整个情报界扩展人工智能的最佳“用例”,这些“用例”所展示的共同成功经验将指导未来情报界项目;⑤运行一系列试点项目,来建立用人工智能工具开发开源信息的能力;⑥发布精选的开源产品,从而在政府和非政府专家间良性循环专业知识。

(四)获取和掌握技术经济情报的6种能力建设路径

报告认为,美国情报界正在向“经济安全就是国家安全”这一政策靠拢。为应对中国的全方位挑战,美国情报界需要创建新的能力以支持美国的技术-经济战略。报告提出了6种能力建设路径,具体为:①利用私营部门提升对对手经济、金融和技术能力的了解,并将其与情报界信息结合,创造一个更加全面的“全源”情报;②建立国家技术-经济情报中心,负责获取、掌握和分发经济、金融和技术情报,并给出相应方案的优缺点;③设计新的技术-经济分析师职业通道,改进人才留用和薪酬制度;④扩充现有部门的内部情报小组人员,以增强其技术-经济能力;⑤形成进行技术-经济净评估的官方(权威)、能力和激励措施;⑥优先收集对手军民两用的科学和技术研究信息。

(五)增强对抗对手“影响力行动”能力的6种手段

报告认为,技术进步和新媒体平台的出现,增强了对手实施“影响力行动”的规模和范围,已对美国国家安全构成特别严重的威胁,美国政府需要采取措施进行反击和破坏,以保护美国公民免受对手“影响力行动”的影响。报告提出6种增强对抗能力的手段,具体为:①与联合跨机构特遣部队和作战中心共同运营“国外恶意信息影响应对中心”,动员私营公司与政府协作,共享威胁信息;②通过早期公开披露,先发制人对抗国外敌对“影响力行动”;③警惕以美国社会凝聚力为攻击目标的国外虚假信息运作,谨防可能产生的战略性后果;④发动公众力量建立公众公告栏,张贴对手散布的虚假叙述和主题;⑤指定专门机构,专门跟踪和对抗对手针对美国高级领导人的诽谤或暗杀行动;⑥迅速吸纳应用检索增强转换数据库、大型语言模型等新兴技术,消除或缓解对手“影响力行动”的影响。

三、认识思考

《数据驱动竞争时代的情报》报告是“特别竞争研究项目”十年“技术胜华”思想在情报领域的贯彻和拓展,确立了实施情报革命的战略构想,提出凝聚了美国战略界、情报界共识的系列改革建议,是对新时代"情报胜华"的全面筹划。

一是面向大国竞争的全球情报能力建设将成为美国赢得对华竞争的关键。报告认为,在新的国际安全和技术发展背景下,美国情报界面临越来越多的新威胁和新挑战,推动变革刻不容缓。报告特别强调,中国对美国的经济-技术突袭不是传统意义上的带着硝烟的技术突袭,而是在中国政府主导下的全面夺取世界经济技术主导权的战争。报告提出美国必须掌握对华情报的战略主动权,要形成对华情报新代差,防范中国的技术-经济突袭,加强情报的战略性和可预见性,全面支撑对华战略竞争。事实上,为继续保持其全球情报绝对优势,美国近年来持续在战略规划、机构建设、资金投入、国际合作等方面进行全方位布局。可以判断,未来5~10年,美国面向大国竞争的全球情报能力将产生质的提升,这必然会加深和拓展对我国技术经济与关键目标的全方位情报威胁。我国应提早认清严峻形势,超前谋划情报能力提升和反情报能力建设。

二是数字化转型将成为美国推动情报体系变革的核心抓手。报告认为,商业企业在人工智能及其他新兴技术利用上已经领先政府,美国应紧抓人工智能和数字时代的机遇推进情报转型,以满足中美技术经济竞争中日益扩大和多样化的情报需求。报告建议,全情报领域联动,自上而下推动情报体系数字化转型,扩大人工智能和其他新兴技术利用,将大量数据高效转化为丰富情报;强调人、技术、流程三结合,将开展公私协作、鼓励试验试点作为实施数字化转型的关键。鉴此,我国应加快引进商业成熟的人工智能技术应对情报业务数字化转型挑战,通过有安全保障的军工集团或研究机构试点建设人工智能赋能的开源情报技术中心,积累人工智能变革情报体系的经验,同时支撑技术经济竞争中的现实情报需求。

三是开源情报洞察将成为中美竞争决策的战略推动力。报告认为,开源情报体量大、可用性强、价值巨大,尤其在技术经济竞争中,通过公开和商业途径获取的信息最有可能透露对手政策转变的早期迹象。报告从推动情报界内部情报变革、建立专职开源情报机构,实现人工智能赋能的开源情报能力等方面提出建议,旨在全方位提升有效影响决策的开源情报洞察力。相比而言,我国当前对开源情报的认知尚不到位,对开源情报行动的筹划尚不协调,对开源情报的价值挖掘尚不充分。鉴于此,我国应考虑制定国家开源情报战略,加强开源情报机构建设,整合先进开源技术和力量,以便有效利用开源信息,使开源情报真正成为有效决策的战略推动者。

四是技术-经济情报将成为影响中美竞争全局的关键因素。"特别竞争研究项目"总报告特别强调,开源技术经济情报将成为支撑美国对华开展科技竞争的关键。报告提出应窥视中国经济全貌,掌握中国的工业和技术优先事项与目标,洞悉中国的新兴技术与投资平台。报告建议通过加强公私协作、建立国家技术-经济情报中心等举措,增强情报界技术经济情报能力。在此形势下,我国应加强技术经济领域开源信息与数据的监管，提高对外国开源情报搜集活动的防范意识，加强甄别警示并采取更积极的反情报安全措施，防止对手获得有效情报。

五是虚假信息认知对抗将成为中美战略竞争的重要战场。报告认为，技术进步使得虚假信息制造的速度、范围、数量和精确性都大大增强，这些虚假信息、错误信息和恶意信息将对国家安全形成严重威胁。俄乌冲突中虚假信息肆虐，也充分展示了认知对抗在传统冲突模式下“四两拨千斤”的重要作用。近年来，美军相继开展了多个智能化相关项目提升对虚假信息的识别和分析能力，未来美国将借情报能力对我国发起大规模虚假信息认知进攻，我国情报斗争、政治斗争将面临更加严峻的形势。为此，必须正确认识虚假信息可能带来的威胁与挑战，警惕其正在成为潜在的国家安全弱点。我国亟须成立专业机构来维护信息安全，组织专业团队研究利用或对抗虚假信息的策略，完善网络信息分享体制，发展智能检测技术自动识别和评估可疑虚假信息，在经济－技术战场上打赢对美战略博弈的认知战和决策战。

（中电科发展规划研究院　彭玉婷

中国电子科技集团公司第十研究所　吴　技）

世界军事电子领域 2022 年度十大进展

2022 年，随着俄乌冲突的持续演进，世界局势风雷激荡，波谲云诡。作为现代战争中，唯一能够将所有作战要素和能力集成为一个有机整体，形成和催生新质战斗力的赋能器和推进器的电子信息网络技术与装备，受到世界各国，特别是以美国为首的世界军事强国的高度重视，其重大进展和对现代战争的变革性影响对我们思考、研究、设计和谋求打赢未来战争提供了诸多借鉴与启示。

一、美军联合全域指挥控制建设与运用全面推进

3 月，美国防部公开《联合全域指挥控制战略》摘要和实施计划，美军联合全域指挥控制从概念和技术探索转入实际运用。9 月，美空军选择诺格、雷声等五家公司组建“先进作战管理系统数字基础设施联盟”，成立指挥、控制、通信和作战管理综合计划办公室，加快推进“先进作战管理系统”开发部署。10 月，美国陆军通过“会聚工程 - 2022”演习，试验评估了近 300 项涉及多域融合、跨域协同的新能力和新技术。美海军围绕“对位压制工程”在网络、基础设施、数据等重点领域为联合全域作战赋能。12 月，美国国防部授出“联合作战云能力”合同，正式启动国防部多云架构信息基础设施建设，为国防部提供跨所有安全等级、覆盖战略到战术、全球可用的云服务，显著提升美军联合全域作战效能。

二、SpaceX 借俄乌冲突实现“星链”系统的由商到军演进

2022 年，俄乌冲突爆发后，SpaceX 公司将其原本商用的“星链”低轨宽带互联网卫星系统成功投入军事应用。乌军在指控通信系统遭到严重破坏后，依赖“星链”系统不仅实现了指挥链的畅通，还建立起了指挥中心与察打一体无人机之间的高效链路，为乌军形成并快速闭合新型杀伤网、成功扭转战局提供了重要支持。有鉴于此，美国国防部于 12

月授出与 SpaceX 公司共同开发“星盾”互联网星座的合同，使其可以以国防部正式承包商的身份，聚焦美国国家安全，为美军开发更先进灵活的地面动目标侦察、全球通信保障和与军星安全互操作等能力。

三、俄乌冲突中多方展开激烈电磁交锋

2 月，俄乌冲突爆发后，俄罗斯与乌克兰及其背后的西方国家在电磁空间中进行了持续且激烈的交锋。俄罗斯运用大量电子战装备，对乌方进行了包括反无人机和通信干扰、GPS 对抗、反辐射攻击、电子自卫等在内的众多电子战行动，取得一定战果，但效果不佳。乌克兰利用北约为其提供的大量电子战装备以及电子侦察与情报支援能力，瞄准俄军机动型指挥目标电磁防护不力等缺陷，狙杀多名俄军高级将领。

四、美军持续优化数据管理能力

6 月，美国防部首席数字与人工智能官办公室具备全面运行能力。该办公室的重要职责之一是统筹国防部数据相关战略与政策制定，完善所需基础设施，提升整个国防生态系统数据管理和利用效率。8 月和 10 月，美国国防信息系统局《数据战略实施计划》和陆军《数据计划》相继出台，美军依据《国防部数据战略》提出的目标、愿景进行数据体系化管理的能力得到进一步提升。

五、美国防部发布《软件现代化战略》

2 月，美国防部发布《软件现代化战略》，提出“以相应速度实现软件韧性交付”的愿景，确定了在量子、5G、区块链等领域实现软件交付现代化所必须的技术赋能因素，以及建设云环境、构建软件工厂生态系统和通过流程转型推进韧性和速度等 3 个远期目标。当前，美军软件工厂生态规模已达 29 家，空军“凯赛尔航线”软件工厂于 8 月开发出的首个最小可行能力版本的“全域作战套件”，已在俄乌冲突中对北约盟国的支援行动提供了重要支持。

六、诺·格公司成功展示新型多功能融合传感能力

12 月，诺·格公司成功展示了一种新的多功能融合传感能力，其研制的“商用时间尺度阵列集成和验证”多功能传感器集成了感知、影响/干扰、网络攻击和通信四种关键任

务能力,可快速闭合 OODA 环,缩短杀伤链时间。2 月,美国国防部曾在《竞争时代国防部技术愿景》中提出"集成传感与网络"技术概念,寻求同时拥有网络战、电子战、雷达和通信等多种能力的新型传感器,以赋能联合全域作战。该传感器是目前最贴近这一需求的产品,可通过软件定义实现通信、干扰、感知和网络攻击功能,代表着下一代传感技术的主流发展方向,有助于在未来战争中构筑跨代技术优势。

七、美军新型高功率微波武器已进入军种应用研究阶段

7 月,美空海两军联合研发的"高功率联合电磁非动能打击武器"(HiJENKS)完成最终能力评估,已进入军种应用研究阶段。美军曾在 20 世纪 90 年代提出研究"反电子高功率微波先进导弹"(CHAMP),通过高功率微波攻击对手纵深指控中心、防空系统等高价值电子设备。HiJENKS 是在 CHAMP 基础之上的深化研究,研究周期 5 年,计划通过改善设备尺寸、重量和通用性来解决 CHAMP 的实战应用问题。此次评估为推动该武器在各军种的后续应用奠定坚实基础。

八、美国防部零信任安全架构步入大规模落地阶段

2022 年,美国国防部加速推进基于边界的网络安全方式向零信任转变,并计划 5 年内完成零信任架构实施,显著抵消网络漏洞和威胁。1 月,美国国防信息系统局授出"雷霆穹顶"项目合同,用于开发首个零信任安全和网络架构计划原型。10 月,美军运输司令部在机密网络上实施核心零信任安全能力。11 月,美国国防部公布《零信任战略》,明确了零信任网络安全框架的系统愿景、战略目标、能力、实施路径及方法,以应对快速增长的攻击性网络威胁。

九、美国总统拜登签署《2022 年芯片与科学法》,巩固全球主导地位

8 月,美国总统拜登签署《2022 年芯片与科学法》,旨在提振美国半导体产业,同时确保美国当前和未来在人工智能、能源、材料等科技产业中的领导地位。其第一部分为针对芯片的立法,意图通过 542 亿美元拨款,加强对美国半导体行业的财政补贴与税收减免,引导全球半导体制造能力向美集聚,增强半导体供应链安全,同时要求获得财政补贴和税收减免的企业,在 10 年内不得在中国、俄罗斯、朝鲜、伊朗等国家扩大先进半导体制造产能。该法案的出台是美国对华科技战略竞争的重大升级,将推动全球半导体行业格

局重塑,阻滞我国半导体行业发展;持续扩大与我国技术代差,助其赢得新一轮全球竞赛。

十、美公布全球首个百亿亿级超算系统

5 月和 11 月,美国“前沿”超算系统连续两次登顶全球超算五百强榜单,成为首个国际超算组织认可的百亿亿次超算系统。该系统由美国克雷公司建造,现部署于美国能源部橡树岭国家实验室,浮点运算速度达 110 亿亿次/秒,与此前连续两年占据榜首的日本“富岳”超算系统相比,算力提高 1 倍多,具有每瓦电能运算 522.2 亿次的高能效。美国“前沿”超算系统计划于 2023 年正式投入使用,将大幅提升仿真建模精度和计算速度,在推动材料科学、生命科学、核物理学等领域发展方面发挥重要作用。

电子装备卷

电子装备卷年度发展报告编写组

主　　编： 李　硕　吴　技　邓大松　王　煜　朱　松　张春磊　韩　劼

副 主 编： 李祯静　郭敏洁　陈祖香　苏纪娟　唐　宁　于晓华　王一星　陈柱文　魏艳艳　怀俊彦　朱朕宾

撰稿人员： （按姓氏笔画排序）

于晓华　王　虎　王一星　王　冠　王晓东　王惠倩　方辉云　邓大松　吕立可　朱　松　刘　菁　刘　硕　杜雪薇　李　川　李　荷　李　硕　李　铮　杨　曼　吴永亮　吴　燕　张利珍　张　昊　张晓芸　张　蕾　陈柱文　陈祖香　陈爱林　祝清松　费华莲　秦　平　唐　宁　曹宇音　韩长喜　舒百川　雷　昕　魏艳艳

审稿人员： 全寿文　赵　静　李加祥

综合分析

2022年电子装备领域发展综述

在现代军事体系中，以情报侦察、预警探测、通信网络、电子战和PNT为主要内容的电子装备的地位和作用不断提升，其能力强弱和技战术水平的高低在很大程度上决定了一个国家的实际军事能力。2022年，在俄乌冲突、大国博弈的背景下，为应对强对抗环境以及均势对手带来的威胁，以美国为首的世界军事大国持续加强电子装备领域研究发展和能力建设，旨在为联合全域作战提供全维度支撑。

一、情报监视侦察体系持续向多维、多域、持久发展

2022年，以美国为首的军事强国面向未来的联合全域指挥控制，加速情报监视侦察装备迭代革新，积极研发新质传感能力，加强跨域、跨军种、跨系统以及跨国的数据和情报共享，为联合全域作战奠定决策优势。

（一）发展集成传感、跨域情报融合能力

2月，美国国防部发布《竞争时代国防部技术愿景》，提出"集成传感与网络"技术领域，强调应着力探索同时拥有网络空间、电子战、雷达和通信等多种能力的新型传感器，为强对抗环境中的联合部队提供优势。

12月，诺斯罗普·格鲁曼公司展示了一种新的多功能融合传感能力，该"一体化"传感器集成了感知、影响/干扰、战场网络攻击和通信4种关键任务能力；桑迪亚国家实验室开发全新数字雷达架构，允许传感器执行电子战、通信、情报等任务。

美国陆军"地面层系统"进展突出，旅战斗队地面层系统（TLS－BCT）于7月开始原型开发，"旅以上梯队地面层系统"（TLS－EAB）8月正式启动，将为情报监视侦察、电子战与网络空间情报融合奠定技术基础。

（二）加速空间监视能力建设，强化太空军情报能力

新设空间侦察机构。美太空军第2支队组建2个新的太空监视中队，利用陆基光电

深空监视系统开展传统的太空行动;组建第 18 支队及配套的国家太空情报中心,强化太空情报能力。

加速空间监视装备建设。2 月,诺斯罗普·格鲁曼公司为美太空军开发测试并交付“深空先进雷达能力”(DARC)。4 月,美太空军宣布其统一数据库(UDL)可直接从“太空篱笆”雷达获取监测信息,首次接入军用太空监视网络传感器数据。10 月,俄罗斯国防部宣布加快研发与部署新型“银河”(Milky Way)监视系统。

探索商业天基情报支持能力。8 月,美国空军与国家侦察局(NRO)达成“非正式协议”,合作研发天基情报监视侦察技术,美国空军考虑在商业卫星上部署情报监视侦察载荷,美国家侦察局则继续利用“政府 + 商业”多元化架构。12 月,太空探索技术公司正式推出“星盾”(Starshield)卫星项目,通过接力侦察的方式实现对地面动目标的实时跟踪。3 月,Spire Global 公司的立方体卫星集群可根据目标射频发射检测和地理定位目标,为美太空军收集用于探测 GPS 干扰的数据。

(三)同步发展有人 – 无人侦察装备,赋能联合全域作战

提升有人侦察系统的侦察能力。“军团”红外搜索与跟踪(IRST)吊舱首次完成多平台红外搜索和跟踪测试,已形成初始作战能力;SNC 公司为美国陆军开发名为 RAPCON – X 的新型高空情报监视侦察平台;L3 哈里斯公司和雷声公司为高精度探测和开发系统(HADES)开发传感器。

推出新型无人平台及高性能侦察载荷。美国“灰鹰”25M、RQ – 28A、“敏捷发射、战术集成的无人系统”(ALTIUS)等无人机平台取得突出进展;多功能电子战空中大型吊舱(MFEW – AL)创建给定区域电磁频谱图像的能力得到演示;海军接收美国国防部“幽灵舰队”计划的 4 艘无人水面舰艇(USV)。英国于 11 月加速多用途海洋监视船计划。韩国海军同月推出“海洋幽灵”作战概念。

加速有人 – 无人、无人 – 无人协同作战。6—8 月,美国海军 4 艘无人水面舰艇在 2022“环太平洋”军演中成功展示有人 – 无人联合作战战术,实现有人平台战术性使用无人水面艇传感数据的目标。12 月,通用原子航空系统公司新型空射无人机“小鹰”(Eaglet)成功从 MQ – 1C“灰鹰”无人机上发射并完成首飞,有望加速无人 – 无人编组协同,提升大型无人机传感器的探测范围。5 月,MQ – 25 无人加油机在虚拟演习中展示了侦察能力,并将关注的目标轨迹发送给相距 300mile 的 P – 8 侦察机。

(四)重视前沿技术在情报领域的应用,推动情报监视侦察革命性发展

量子传感等新型传感技术突破巨大。6 月,美国陆军 C5ISR 中心的“里德堡”量子传感器在试验中证实能够在宽频率范围内连续工作;同月,麻省理工学院推出量子混合器

(Quantum Mixer),可使量子传感器检测任何频率的电磁信号,且不损失其测量纳米级特征的能力;9 月,DARPA 启动"光机热成像"项目,开发具有量子级性能的新型、紧凑型室温红外传感器,将彻底改变战场监视态势。

数据融合信号处理进展较为突出。1 月,波音公司 JADC2 实验室利用数据编织平台,将"波浪滑翔器"的实时传感器数据与统一数据库的自动识别系统船舶数据相融合,完成基于多个跨域平台融合多源数据以构建通用作战图的虚拟演示;9 月,DARPA"基于快速事件的神经形态相机和电子"(FENCE)项目进入第二阶段,探索新型、非线性和迭代信号处理技术,推进大规模交叉关联工作,使用混合架构改善 SAR 系统的数字信号处理能力;同月,DARPA 启动"环境驱动的概念学习"(ECOLE)项目,创建可从语言和视觉输入中持续学习的人工智能,以实现图像、视频和多媒体的人机协作。

二、预警探测领域发展新系统、新技术应对新威胁

2022 年,在俄乌冲突、大国博弈等驱动下,世界各军事强国继续为应对弹道导弹、高超声速武器、隐身飞机和无人机等威胁,继续探索新型预警探测手段,研究新技术,开发新装备,推进重大装备的试验和部署。

(一)面对复杂作战威胁,加快提升综合防空预警能力

积极研发新型预警雷达装备。4 月,BAE 系统公司成功测试了其多目标跟踪雷达(iMOTR)样机的探测距离、可运输性、精度和信标跟踪等相关性能参数。5 月,德国亨索尔特公司推出将其 TRML-4D 有源雷达与 Twinvis 无源雷达相结合的 TwinSens 有源/无源雷达协同方案。6 月,诺斯罗普·格鲁曼公司推出 AN/TPY-5(V)1 先进数字化远程雷达。10 月,雷声公司新型"幽灵眼"MR 雷达取得了先进实时目标搜索与跟踪、传感器多任务能力演示验证等多个重大进展。

部署新装备和升级现役系统。1 月,俄军在伏尔加和乌拉尔地区部署一批"天空-T"雷达系统,进一步增强俄罗斯中部军区的防空能力。3 月,洛克希德·马丁公司 TPY-4 雷达中标美国空军三坐标远征远程雷达(3DELRR)项目。7 月,澳大利亚 CEA 技术公司获得为澳大利亚国防军未来联合空战管理系统建造 4 部新型 AESA 防空雷达的合同。11 月,挪威国防物资局选定洛克希德·马丁公司 TPY-4 雷达来取代该国老式的军用对空监视雷达。

发展反无人机探测新能力。2 月,德国莱茵金属意大利公司推出一款能执行反无人机和其他防空任务的软件定义模块化雷达 Oerlikon。4 月,英国布莱特监视系统公司宣布推出 A422 可部署型雷达系统,可用于无人机探测和广域周界监视。6 月,以色列埃尔比

特公司推出一款旨在改善边境安全、防止敌方无人机袭击的多任务战术雷达 DAiR。10月,美国陆军成功验证了 TPQ-53 多任务雷达反无人机能力。

(二)发布新战略,采购新装备,开展协同试验,提升反导实战能力

发布导弹防御评估报告。10月,美国拜登政府发布新版《导弹防御评估》报告,强调应关注以无人机为代表的新兴威胁,构建由导弹防御与核力量相辅相成的综合威慑框架,重点加强印太地区反导能力建设,强化一体化防空反导探测器网络及指挥控制系统,以提升对先进威胁的探测跟踪能力。

提出中低轨天基导弹预警方案。9月,美国太空发展局宣布未来的导弹预警/跟踪任务将不再依靠大型昂贵的高轨卫星,而依靠太空发展局正在开发的由数百颗低轨导弹预警/跟踪卫星组成的大型星座,以及目前正在规划的4颗中轨导弹预警/跟踪卫星,下一代"过顶持续红外系统"(OPIR)将成为最后发展的高轨预警卫星。

采购新一代海基、陆基骨干反导雷达。雷声公司获得 AN/SPY-6 雷达的全速率生产合同,涉及 AN/SPY-6(V)1~(V)4 共4种型号,将分别安装在31艘"阿利·伯克"Flight Ⅲ驱逐舰、航空母舰、两栖舰和"阿利·伯克"Flight ⅡA 型驱逐舰上,首部雷达将于2024年服役。7月,美导弹防御局要求"洛克希德·马丁"公司启动"宙斯盾关岛"系统的研制工作,该系统采用最新的基线10版本软件和 AN/SPY-7 数字阵雷达,并配装42套 SM-3 和 SM-6 机动式导弹发射器,可使关岛获得相当于2.5艘"宙斯盾"驱逐舰的防御能力,覆盖范围更广。

(三)积极探索新手段,构建反近空间预警探测体系

启动天基高超探测和拦截项目。美太空军表示将开发"弹性导弹预警/导弹跟踪中地球轨道"新型中轨星座,通过其地面系统与下一代"过顶持续红外系统"(OPIR)集成,将提升对高超声速目标的探测和精确跟踪能力,以较低的延迟实现反近空间近空间杀伤链的闭合。欧洲防务基金批准1亿欧元论证欧洲高超声速拦截系统(EU HYDEF)项目,旨在部署一个天基预警网络和拦截系统,能够探测、跟踪和拦截多种威胁,包括马赫数 > 5Ma、高度在100km以内目标的高超声速导弹。

宽视场卫星和 S-500 系统将服役。美太空军"宽视场"(WFOV)导弹预警试验星成功发射,旨在解决高超声速导弹的探测跟踪问题,以及 OPIR 预警卫星的技术问题。俄罗斯 S-500 系统进入批量生产阶段,该系统不仅具备传统反导能力还具备反临能力。美国陆军与雷声公司签订为期3年、价值1.22亿美元的合同,对低层防空反导传感器(LTAMDS)进行技术升级,以应对高超声速武器等高速、高机动威胁。

（四）重视太空监视装备规划建设，开始关注地月空间

持续提升太空态势感知能力。1 月，美太空军再发两颗地球同步轨道太空态势感知项目（GSSAP）卫星，完成了初步的 6 星组网计划。4 月，英国防部发布市场信息征询书，寻求既能监视太空又能承担传统地基防空任务的多模雷达。6 月，美国国防部赋予美国海军协助美太空军执行太空态势感知任务，利用近 30 艘配备 SPY－1 雷达的“宙斯盾”舰，协助太空军填补太空监视网络的空白。9 月，从美国白沙导弹靶场迁至澳大利亚哈罗德·E. 霍尔特海军通信站的太空监视望远镜（SST）达到初始作战能力。

开始关注地月空间监视。2 月，诺斯罗普·格鲁曼公司获得美太空军太空系统司令部“深空先进雷达能力”（DARC）雷达开发合同，在 2025 年 9 月前在印太地区完成首座 DARC 雷达站的建设。4 月，美太空军成立第 19 太空防御中队，该中队将专注于地月空间态势感知，建设相关传感器和系统。11 月，先进太空公司获得美国空军研究实验室建造一艘试验型地月空间监测航天器的合同。12 月，美国国防部国防创新单元发布了在地月空间部署与运行载荷的征询书。

三、通信网络领域围绕联合作战推进装备技术的研发部署

2022 年，为支持联合全域作战，外军围绕陆、海、空、天、网络、电磁域内作战要素的动态无缝连接和信息共享这一核心要务，继续推进通信装备与技术的研发部署，重点是提高对抗环境下通信网络的安全性、韧性和灵活性。

（一）各国着力推进天基传输骨干体系建设

军用卫星通信体系继续完善。宽带全球通信卫星 WGS－11＋开始建造，波音公司披露了在 WGS－11＋卫星生产过程中集成的多种最新技术。11 月，波音公司成功演示了受保护战术卫星通信（PTS）有效载荷抗干扰攻击的能力。美太空军计划延长窄带系统（MUOS）寿命，并申请在 2023 财年投资建造和发射另外两颗新卫星，将该星座的在轨寿命至少延长到 2034 年，将其支持地面段延长到 2039 年。

俄、印、欧等国家地区军用卫星通信再添新星。3 月，俄罗斯发射“子午线－M”军事通信卫星，为俄罗斯“北海航线”区域内的海船和侦察机提供与海岸和地面站之间的通信。同月，印度陆军获批采购专用军事通信卫星 GSAT－7B。欧洲开始筹划发展自己的主权宽带卫星星座 IRIS2，该星座是一种多轨道的韧性、互联和安全的天基基础设施，将为政府用户提供安全卫星连接，支持对经济、环境、安全和国防至关重要的应用。

（二）美国陆军战术网络迭代推进，研发部署先进机载装备

能力集21即将部署完毕，能力集23开始部署。截至10月，能力集21（CS21）通信升级和组网增强初始包的部署已接近完成，并准备从2022年秋天开始部署下一个迭代——能力集23（CS23）。能力集21侧重于步兵旅，而能力集23则侧重于斯特瑞克旅。美国陆军官员认为，能力集23将奠定联合全域指挥控制的基础，使美国国防部推动的无缝通信和数据共享成为现实。

增强空中平台卫星通信能力。2月，美国陆军宣布和通用原子航空系统公司联合演示了增程版MQ－1C“灰鹰”无人机与地球静止轨道Ku/Ka波段卫星和中地球轨道Ka波段卫星保持链路，并支持高带宽数据速率的能力。6月，IRIS与铱星系统进行了首次空中演示，美国空军全球打击司令部通过通信系统把B－52机队整合至更大的联合全域指挥控制系统中。美国空军技术创新中心授予美国Space Micro公司合同，开发一种部署在军用飞机或无人机上的空中对太空激光通信吊舱，可在军用飞机与地球同步轨道卫星之间进行高速数据通信。

研发不依赖卫星的安全远程有保证通信手段。美国空军开展机载高频无线电现代化（AHFRM）计划，对传统机载高频无线电系统进行改造，使其具备有保证的、可抗干扰的无线电通信能力，以适应近对等对抗环境。

（三）军用5G试验继续推进并获阶段性成果，创新后5G研发增强战术网络服务

美国国防部“创新后5G（IB5G）”计划。4月，美国国防部发布“创新后B5G（IB5G）计划”方案征询，瞄准后5G时代新颖网络概念和组件，重点关注如何将商业5G技术集成到战术网络运行中，使美军能够主导未来网络战场。

洛克希德·马丁公司5G.MIL解决方案构建跨域高效韧性通信网络。8月，洛克希德·马丁公司与美国电报电话公司（AT&T）利用5G网络进行了“黑鹰”直升机数据传输测试，使用一个专有AT&T蜂窝网络安全下载并共享了黑鹰直升机的飞行数据，所需时间只是传统方式的一小部分。10月，洛克希德·马丁公司与Verizon公司合作，演示了从支持5G的无人机上捕获并安全、高速传输实时ISR数据的技术。

多个5G研发项目陆续启动。美国陆军启动“战略和频谱任务先进韧性可信系统（S2MARTS）”项目，寻找一个可与陆军战术平台、无人机系统和其他应用集成的5G网络原型，为其指挥所生存能力和车辆移动性试验评估提供支持。美国国防部与休斯网络系统公司合作，在美国华盛顿州惠德贝岛海军基地创建一个GEO/LEO卫星支持的5G无线网络，为遍布美国全国各地的基地带来现代化高速连接。美国国防部与诺斯罗普·格鲁

曼公司和 AT&T 公司合作,意图建立一个 5G 赋能的"数字化作战网络",连接来自所有域、地形和部队的分布式传感器、射手及数据。

5G 智能仓库技术试验取得初步成果。 AT&T 美国海军科罗纳多基地完成了智能仓库 5G 网络试验台能力演示,使用 AT&T 的 5G 频谱和专用 5G 核心和无线电接入网(RAN),演示了大于 4Gb/s 的数据吞吐速度,延迟低于 10ms。

(四)各国积极开展激光通信、量子通信与网络等技术研发测试

星间、空对空激光通信测试取得成功。 4 月,DARPA"黑杰克"项目的两颗小卫星"曼德拉 2 号"在近 40min 的试验中成功建立光学链路,在 114km 距离内传输了 280Gb 以上的数据,验证了利用商业卫星平台和激光终端建立网状网络的可行性。10 月,美国通用原子航空系统公司成功完成了激光机载通信终端之间的空对空激光通信链路演示验证,测试团队以 1.0Gb/s 的速度保持链路畅通并交换数据,包括实时导航、视频和语音数据等。

量子安全通信/网络技术不断取得进展。 美国佛罗里达大西洋大学的专家与 Qubitekk 公司和 L3 哈里斯公司一起研发美国首个基于无人机的移动量子网络。蓝熊系统研究公司与量子加密技术开发商 Arqit 量子公司成功演示了一种用于安全数据传输的量子安全通信信道。印度国防研究与开发组织和印度理工学院的科学家首次成功演示了在北方邦的 Prayagraj 和 Vindhyachal 之间的量子密钥分发,距离超过 100km。20 家欧洲公司组成的联盟设计、开发、发射和运行基于 EAGLE－1 卫星的端到端天基安全量子密钥分发系统。

四、电子战领域呈现强劲发展态势,进入高速发展阶段

纵观 2022 年外军电子战的发展,大国对抗依然是其中最显著的特点。全球电子战继续呈现强劲的发展态势,在战略、编制、技术、装备、训练、实战等各个方面展示出众多新的发展动向,进入一个新的高速发展阶段。

(一)多国面向电磁频谱作战需求与样式,进行力量调整与变革

美军细化空军第 350 频谱战联队任务。 6 月,美国空军第 350 频谱战联队成立一周年,联队将采用更全面综合的方法来重塑电磁频谱能力,其使命任务是负责提供电磁战系统、电磁战重编程、仿真建模与评估等电磁频谱能力。美国空军第 412 测试联队下属的第 412 电子战大队重启了第 445 测试中队,其主要任务是构建联合仿真环境,为作战人员的研发测试、作战测试、高级训练和战术开发提供最先进的建模和仿真环境。

日本重组电子战部队。日本防卫省对电子战部队进行了改编重组,成立了三支电子战部队并扩充了现有两支部队的兵力,还与美军进行了多次联合电子战演习。建立和强化的电子战部队驻地均位于日本西部区域,主要针对朝鲜半岛和我国东海方向,规划中的电子战部队部署位置则更加前出。

(二)认知电子战、高功率微波等新型技术加速进入应用阶段

认知电子战应用加快向装备转化。4月,美国空军"愤怒小猫"战斗吊舱进行了为期两周的飞行测试,结果显示"愤怒小猫"吊舱功能强大,可大幅提升未来美军电子战能力的更新和应变速度。5月,美国空军研究实验室传感器分部发布了"怪兽"电子战项目广泛机构公告,旨在研发新型认知电子战技术,提高运输机、轰炸机、加油机、预警机等大飞机在高端对抗前沿地带的生存力。

高功率微波技术广泛应用于反无人机。6月,美国空军研究实验室和美国海军研究办公室透露,即将完成为期5年的高功率微波武器研究项目"高功率联合电磁非动能攻击武器",可利用微波技术瘫痪敌方的电子系统。美国空军与陆军合作的"托尔"高功率微波反无人机系统已完成海外作战评估,获得了很好的用户反馈。美国空军在"托尔"项目的基础上,开始研制下一代高功率微波武器"雷声之锤"。美国伊庇鲁斯公司推出了"列奥尼达斯"系列的第二款产品——"列奥尼达斯"吊舱,加快建造该公司的高功率微波武器体系。

(三)重点项目加快研制,多国推出新型电子战装备

多款新型电子战飞机首次亮相。美国空军EC-37B电子战飞机首次亮相,正式启动了首架飞机的交付测试。美国陆军表示正在积极推进下一代空中情报监视侦察飞机的开发,目前是利用"阿尔忒弥斯"和"阿瑞斯"两款飞机作为试验样机,将"高精度探测与开发"系统集成在机上进行测试。澳大利亚皇家空军MC-55A"游隼"电子侦察飞机首次亮相,该机配备情报监视侦察与电子战任务系统,将用于执行电子战、信号情报和情报监视侦察任务。

多个机载电子战装备项目取得重大进展。美国空军开展了E-3G空中电子战重编程试验,机载协同电子战综合重编程计划取得重大进展。美国陆军在"利刃2022""会聚工程2022"演习中对无人机电子战、蜂群电子战进行验证,蜂群电子战技术日趋成熟。多个国家为运输机升级导弹告警、红外对抗系统,为直升机升级电子防御系统,提升平台的战场生存能力。

舰载电子战装备应用更为全面。美国海军加大了定向能武器研发力度,持续推进舰载高功率微波武器和激光武器研究,继续推进轻量型"水面电子战改进项目"的研发。加

拿大海军将装备"下一代达盖"诱饵弹发射系统，澳大利亚海军"猎人"级护卫舰计划装备电子战系统，德国和挪威潜艇将装备 RESM/CESM 系统。

多款电子战战车得到运用。美国陆军"电子战规划与管理工具""地面层系统"等重点项目正在稳步推进，荷兰和德国陆军将装备"拳击手"新型电子战车，澳大利亚陆军升级"丛林霸主"电子战车能力。以色列多次展示了包括"天蝎座 - G"地面电子战系统在内的新型"天蝎座"系列产品，该产品已获得出口合同，标志着其已走向国际。

太空成为电磁频谱竞争的新高地。美太空军举行"黑色天空 2022"电子战演习，演练对卫星进行干扰。美国空军与海军联合开展"太空猫"电子战行动，旨在促成电磁攻击中队之间的合作。俄罗斯首颗"芍药 - NKS"电子侦察卫星进入战备状态，并成功发射了第 5 颗"莲花"电子侦察卫星。法国在年底发射 3 颗海事信号情报卫星，专门为政府和私营用户提供海事信号情报。英国发射"琥珀 - Ⅰ"ESM 卫星，主要对舰船射频信号进行定位和解调。

五、卫星导航系统的弹性能力及可替代技术成为关注重点

2022 年，大国竞争更加激烈，为应对强对抗作战环境以及均势对手带来的威胁，以美国为首的世界军事大国以提升对抗环境下的弹性 PNT 能力作为发展目标。

(一)卫星导航系统部署日趋完善

加速新一代 GPS 卫星部署。5 月，美国空军第 5 颗 GPS Ⅲ卫星宣布具备初始运行能力。1 月，美太空军与洛克希德公司签订了 22 颗 GPS ⅢF 卫星生产合同，GPS ⅢF 卫星较之 GPS Ⅲ卫星更为先进，具备新的区域军事保护能力。

美国空军"导航技术卫星" - 3(NTS - 3)计划取得实质性进展。空间段上，完成了 NTS - 3 试验星主要软硬件组件的关键测试，包括天线阵列以及卫星平台和有效载荷的指挥控制系统。地面段上，完成了地面段任务操作中心的硬件采购，将用于地面系统和卫星之间的功能演示。用户段上，完成了 4 部试验用地面接收机(计划为 6 部)研制，并于 3 月在白沙导弹靶场举行的海军 NAVFEST 演习中进行了性能验证。

俄罗斯全球卫星导航系统(GLONASS)升级换代。俄罗斯成功发射了 3 颗 GLONASS 导航卫星，包括 7 月和 10 月发射的第 4 颗和第 5 颗 GLONASS - K 卫星，以及 11 月发射的最后一颗 GLONASS - M 卫星。同时，推进 GLONASS - K2 卫星研制，计划于 2030 年完成至少 12 颗卫星的部署，届时星载原子钟稳定性达 5×10^{-15}，系统空间信号精度将达 0.2 ~ 0.3m。

推进第二代 Galileo 系统发展。4 月，于 2021 年 12 月发射的第 27 和 28 颗 Galileo 卫

星成功完成了系统/运行在轨测试审查,并于8月投入使用。3月,空客公司成功完成第二代Galileo(G2G)系统概念初步设计评审,初步设计和客户系统要求已通过全面审查,将进入设备和模块级的验证、验收和鉴定阶段,有效载荷相关验证已全面展开。

(二)加大可替代PNT装备技术的研发力度

美太空发展局寻求发展基于低轨星的PNT技术。11月,美太空发展局发布国防太空体系架构“传输层”2期PNT服务有效载荷信息申请,寻求将低成本L频段PNT有效载荷应用于数百颗LEO卫星。该PNT有效载荷包括在轨可重编程PNT信号发生器、中型高功率放大器(HPA)和固定宽波束天线。

DARPA启动以军事应用为核心的小型化时钟研发项目。1月,DARPA发布“强健光钟网络”计划(ROCkN),设计一种SWaP的移动式光学原子钟,使高精度光钟应用走出实验室,这种光钟将比现有微波原子钟的精度提高100倍,大幅降低了授时误差,纳秒授时精度的保持时间将从数小时提高到一个月。5月,DARPA微系统技术办公室发布广泛机构公告,寻求开发GPS拒止条件下的超小型、低功耗、可部署应用的战术级时钟,在-40℃~85℃条件下保持一周的微秒授时精度,以解决地下、水下,或是因信号干扰而使GPS性能降级或不可用的问题。

多国开展视觉导航技术在无人机的应用研究。6月,以色列阿思欧科技公司推出“导航卫士”无人机载先进导航系统,采用无漂移核心技术,运用机载光学摄像机拍摄地形图像将其像素与机载地图数据库存储的地图网格进行比较、关联、匹配,实现低延迟、精确定位。9月,西班牙无人机导航公司为北约Ⅰ类和Ⅱ类无人机系统制造商和终端用户推出一款新型视觉导航系统,将“视觉里程表”技术和基于“模式识别”方法与其他机载传感器相结合,高精度地计算无人机对地的绝对位置、方向和相对运动,确保无人机在长时间内不会丢失位置精度。

(三)美军稳步推进装备技术部署及战场应用演练

加快M码与武器系统的集成。4月,GPS源公司向美国陆军作战能力开发司令部下属的航空与导弹中心和导弹与太空执行项目办公室交付了可信PNT系统,该系统集成了军用GPS用户设备(MGUE)接收机板卡,是首个使用MGUE硬件以及M码的部署系统,将为“爱国者”导弹雷达、发射器和指挥控制系统提供精确的GPS信号,使其免受电子战攻击。8月,美国空军授予洛克希德·马丁公司GPS M码与多型地面攻击和反舰导弹的集成与支持合同,包括联合空地防区外导弹(JASSM)、增程型JASSM导弹(JASSM-ER)以及远程反舰导弹(LRASM)。

推进多导航源的部署。10月,TRX系统公司向美国陆军交付首批第1代单兵可信

PNT 系统(DAPS),该装备可与“奈特勇士”集成,取代了国防先进 GPS 接收机和“奈特勇士”GPS 接收机。11 月,美国陆军授出第 2 代车载可信 PNT 系统(MAPS)生产合同,使用 M 码 GPS 接收机和其他可替代 PNT 源,具备增强型抗干扰和防欺骗能力。

美国空军接收新系统、推进装备升级。7 月,美国空军接收了雷声公司研发的首批新型远征联合精密进近和着陆系统(eJPALS),可帮助美国空军在恶劣环境中迅速建立空军基地,完成固定翼飞机、旋转翼飞机和无人机的精确着陆。9 月,美国空军授予 BAE 系统公司数字式 GPS 抗干扰接收机(DIGAR)升级合同,为 F-15E 战斗机提供对抗环境下的 GPS 抗干扰和欺骗能力。

多型装备完成战场应用演练。10 月,美国海军 MQ-25“黄貂鱼”舰载无人机测试小组使用了一架替代机型完成了联合精密进近和着舰系统(JPALS)测试,测试小组完成了 13 次飞行进近操作,并使用了与母舰和 MQ-25 复飞时使用的相同软硬件为 MQ-25 收集关键数据。4 月,霍尼韦尔公司在军用飞机上成功演示了视觉、天文和磁异常三种可替代导航技术,验证了平台在 GPS 信号被阻断、中断或不可用时具备的无缝导航能力。

(中电科发展规划研究院　李　硕)

2022 年情报侦察领域发展综述

拥有、利用和控制有价值的情报一直是战争制胜的重要因素,未来仍将是决定战争胜负的关键。2022 年,军事强国聚力情报侦察领域,创新作战理念,迭代情报监视侦察装备,寻求技术创新。“集成传感与网络”“数据驱动竞争时代的情报”等新名词不断涌现,大国角力愈加突出,各军事强国持续推动构建覆盖全球主要地区的多维、多域、持久的情报监视侦察体系,并持续推动高新技术的发展。

一、战略引领、机构创新,夯实情报体系数字基础

数据已成为一种战略资源,其重要性继续凸显。为加快向“以数据为中心”转变,抢占数据、情报高地优势,美国一方面持续发布战略规划,强调关注数据“治理、共享、互操作、分析、利用”等流程,将推动相关机构研发创新;另一方面,大幅革新组织机构,推动人工智能、数据分析方面的发展。

美军筹划创建“三位一体”(Influence Triad)战略威慑布局,融合基于太空、网络探测和特种作战部队的情报。《数据驱动竞争时代的情报》详细阐述了美国应对情报领域未来十年中期挑战的解决方案和实施举措,建议通过加速数字化转型、重视开源情报、强化技术经济情报、对抗对手“影响力行动”等举措,大幅提升数据驱动竞争时代以中国为主要目标的情报能力,维持并巩固其全球情报霸权。美国情报界、国防信息系统局建议从数据架构、互操作性、治理及先进分析等入手,增强数据集成与利用。美国陆军《数据计划》强调改善数据管理、治理与分析。

美军积极推进情报机构创新,努力重构情报体系。美国国防部首席数字与人工智能办公室(CDAO)形成全面作战能力,开始影响美军在人工智能、数据分析方面的战略及数据共享实践。美国陆军新成立网络军事情报小组,汇集多源情报、非情报和网络行动数据支持决策。

二、提出“集成传感与网络”新概念，突破常规军事传感范式

2022年，美《竞争时代国防部技术愿景》提出“集成传感与网络”技术领域，探索同时拥有网络空间、电子战、雷达和通信等多种能力的新型传感器，为强对抗环境中的联合部队提供优势。该技术领域与定向能系统、高超音速技术并列为3项国防技术，可见其重要性。在2022年发布的《国防战略》重申，应正确投资“集成传感与网络”技术领域，以技术优势牵引军事优势。

具体到装备研发领域，诺斯罗普·格鲁曼公司正在利用“商用时间尺度阵列集成与验证”(ACT-IV)的通用数字构件建立基于宽带多功能构建块的产品线，并于12月成功展示了一种新的多功能融合传感能力，该“一体化”传感器集成了感知、影响/干扰、注入和通信4种关键任务能力，为新一代数字可重编程多功能射频系统奠定基础；美桑迪亚国家实验室开发全新数字雷达架构，允许传感器执行电子战、通信、情报等任务；美国陆军融合信号情报、电子战和网络空间功能的“地面层系统”(TLS)快速发展，旅战斗队地面层系统(TLS-BCT)开始原型开发，“旅以上梯队地面层系统”(TLS-EAB)正式启动，为情报监视侦察、通信、电子战与网络空间融合奠定技术基础。

三、聚焦联合全域指挥控制感知能力，发展多域情报监视侦察装备

感知是联合全域指挥控制的3项关键能力之一，各军事强国在2022年加快发展多域感知能力，旨在使战场指挥官及时掌握战场上各作战域的情报信息，为未来的联合全域指挥控制奠定关键情报基础。

(一)探索商业天基情报支持能力，加速军事装备迭代更新

新型商用卫星迅猛发展，各军事强国加快将其纳入空间情报体系，构建“混合太空情报监视侦察架构”。《竞争时代国防部技术愿景》指出太空领域应利用活跃的商业活动，依托商业企业尖端技术，加速军事装备迭代。美国空军与国家侦察局计划合作研发天基情报监视侦察技术，美国空军考虑在商业卫星上部署情报监视侦察载荷，美国家侦察局将继续利用“政府+商业”多元化架构来满足美军天基情报监视侦察需求。

具体到装备技术，美国加速对商业卫星数据及新兴技术的利用，商业卫星公司进展显著，部分商企已与美军合作。在射频传感与分析层面，鹰眼360公司将为美国空军研究实验室提供射频分析研发；Spire Global公司的立方体卫星集群可根据射频发射检测和

定位目标物体，正在为美太空军收集用于探测GPS干扰的数据；Kleos太空公司与美国海军开展联合数据试验，提供射频传感数据。在合成孔径雷达卫星（SAR）成像层面，卡佩拉公司推出三款采用数据融合、人工智能技术实现重复监测任务自主化的SAR星座；行星实验室公司公布下一代卫星星座鹈鹕（Pelican），可快速捕捉地面事件变化，分辨率高于0.3m。在商业图像采购层面，美国家侦察局通过电光商业层计划（EOCL）向BlackSky公司、Maxar公司、Planet公司授出该机构最大金额的商业图像采购合同。在战术应用层面，美太空军计划在商业卫星上搭载“战术情报监视侦察”载荷，快速获取更新的战场情报数据；黑色天空公司正在规划第三代遥感成像卫星，开发用于战术应用的响应式天基情报监视侦察能力。

（二）加速空间监视能力建设，强化太空军作战情报支撑能力

2022年是美太空军大幅革新空间情报监视侦察机构的关键年。第2德尔塔部队组建2个新的太空监视中队，利用陆基光电深空监视系统开展传统的太空行动；新组建第18太空联队及国家太空情报中心，强化基础性太空情报的交付能力；太空作战司令部规划增加3个新的情报中队。

此外，美军持续发展卫星星座，提升高超声速武器的探测跟踪能力。导弹防御局计划在2023年发射两个高超声速和弹道跟踪空间传感器（HBTSS）原型；诺斯罗普·格鲁曼公司选择Leidos公司为低地球轨道导弹跟踪卫星星座提供红外传感器有效载荷。

（三）大力发展无人侦察装备，为有人－无人协同侦察模式奠定基础

各军事强国大力研发无人侦察装备，并逐步提升有人侦察装备性能，在有人－无人协同侦察方面也取得重要进展，为未来的有人－无人协同侦察模式奠定基础。

有人侦察系统性能不断提升。“军团”红外搜索与跟踪（IRST）吊舱首次完成多平台红外搜索和跟踪测试，已形成初始作战能力。3月，美国陆军从内华达山脉公司（SNC）接收了第10架全面集成King Air 350任务增强包的侦察机，增强了“增强型中空侦察和监视系统”（EMARSS）侦察机队能力。此外，SNC为美国陆军开发名为RAPCON－X的新型高空情报监视侦察平台。L3哈里斯公司和雷声公司为高精度探测与开发系统（HADES）开发传感器。

无人侦察系统发展迅速。无人侦察系统已成为当前和未来战场获取情报监视侦察数据的主力军。2022年，无人侦察装备主要在以下4个方面取得了较大进展。在无人侦察机方面，“灰鹰”25M、RQ－28A、“敏捷发射、战术集成的无人系统”（ALTIUS）等无人机平台取得了显著进展，同时情报监视侦察载荷有系列进展，例如多功能电子战空中大型吊舱（MFEW－AL）创建给定区域电磁频谱图像的能力得到演示、通用原子航空系统公司

推出“鹰眼”雷达、MS－110 机载侦察吊舱首飞等。在无人侦察车方面，美国陆军寻求下一代轻型电动侦察车；美国海军陆战队测试和评估两种先进侦察车原型。在海上无人侦察方面，美国海军接收美国国防部幽灵舰队计划的 4 艘无人水面舰艇(USV)，并计划建造中型无人水下航行器(MUUV)；英国加速多用途海洋监视船计划，韩国海军推出“海洋幽灵”作战概念，日本计划在“西南诸岛”部署无人潜航器和无人水面艇。在高空侦察气球方面，美国陆军 6 月发布“高空气球无线电检测及测距与电子情报系统”项目，寻求综合高空气球系统，该系统聚焦无线电检测及测距与电子情报任务，可提供持续监视能力，增强联合作战部队作战态势理解；SNC 公司于 9 月 15—25 日演示一种可快速部署的高空气球，该系统可执行执行通信中继和全天候的情报监视侦察任务。

有人－无人协同侦察取得新突破。美国海军 4 艘 USV 在 2022“环太平洋”军演中成功展示有人－无人联合作战战术，实现有人平台战术性使用无人水面艇传感数据的目标。5 月，MQ－25 无人加油机在虚拟演习中展示了侦察能力，并将关注目标发送给相距 300mile 的 P－8 巡逻机。

四、推动情报监视侦察高新技术领域的革命性发展

2022 年，以 DARPA 为代表的研发机构积极探索新兴技术，在量子传感、电磁频谱监测、可重构处理器、图像/信号处理、跨域数据融合等领域取得了突破性进展，将对情报侦察领域产生深远影响。

(一)态势感知与传感方面，量子传感等新技术不断创新

量子传感领域取得突破性进展。陆军指挥、控制、通信、计算机、网络、情报、监视和侦察中心(C^5ISR)中心的“里德堡”量子传感器已在试验中证实能够在宽频率范围内连续工作。麻省理工学院于 6 月推出量子混合器(quantum mixer)，可使量子传感器检测任何频率的电磁信号。

人工智能赋能新型传感趋势明显。BAE 系统公司正在开发人工智能/机器学习、射频频谱信号识别技术、融合算法，为美情报高级研究计划局(IARPA)、美国空军研究实验室提升频谱域态势感知和对关键目标的探测、跟踪、识别和意图理解能力。6 月，美国国防部首席数字与人工智能办公室和美国空军完成智能传感器无人系统与人工智能自主能力的全频谱开发测试，智能传感器系统首次被整合至无人机并完成飞行任务。

着重发展电磁频谱监测与管理能力。美国空军空战司令部已具备使用无线电频谱监测系统(RFSMS)跟踪无线电和飞机通信等电磁辐射源的能力，该能力正在部署中。DARPA 计划通过“宽带传感器系统的处理器重构”(PROWESS)项目开发可实时重配的

高吞吐量、流数据处理器，检测和表征新的射频信号。美国海军研究办公室正在开发“电磁机动战模块套件”（EMWMS）频谱战系统，采用先进传感器、数字信号处理来监测电磁频谱。美国防信息系统局（DISA）推进电磁作战管理系统（EMBM）研发，将确保各军种在同一个通用框架中共享频谱、作战管理规划及全部信息。

（二）数据存储与检索方面，人工智能赋能效应凸显

Systemati 公司推出人工智能赋能的 SitaWare Insight 数据分析软件，使情报专家在“军用版商业搜索引擎”中轻松存储、检索和分析数据。雷声公司情报与太空分部开发面向多功能和有效检索的跨语言端到端系统（CLEVER），可从大量外语文本中检索并提取与任务相关的信息，增强检索。Black Cape 公司推动“平台无关性数据存储基础设施”（PADSI）项目提供基于通用数据标准进行情报分析的平台无关性数据存储能力。

（三）数据融合与处理方面，推动图像/信号处理领域研发实践，在跨域数据融合应用上取得重要进展

研发图像处理新型处理架构和技术。美国宾夕法尼亚大学开发出分类效率为 20 亿张图像/s 的超高速光子深度神经网络。IARPA 启动“先进图像智能逻辑计算环境”（AGILE）项目，设计新型计算架构来提升数据分析。美国陆军 C^5ISR 中心正在研发新型光学与图像处理技术。

系列信号处理项目取得重要进展。DARPA 推出“超越线性处理”（BLiP）项目，探索新型、非线性和迭代信号处理技术以提高雷达性能；研发“大规模交叉关联工作”技术，使用混合架构改善 SAR 系统的数字信号处理能力；“基于快速事件的神经形态相机和电子”（FENCE）项目进入第二阶段，将催化新的数字信号处理算法。

在演示验证中演示跨域数据融合能力。波音公司 JADC2 实验室利用数据编织平台，将“波浪滑翔器”的实时传感器数据与统一数据库（UDL）的自动识别系统船舶数据相融合，完成基于多个跨域平台融合多源数据以构建通用作战图的虚拟演示。诺斯罗普·格鲁曼公司 2 个半自主移动“战术情报目标瞄准接入点”（TITAN）原型系统已于 11 月交付美国陆军，并在“会聚工程 2022”中展示了对海量数据的多源情报信息融合处理能力。

（四）数据共享方面，数据编织技术逐渐走向成熟

洛克希德·马丁公司和 IBM 公司红帽团队正共同为美国国防部开发人工智能和数据共享技术。在 10—11 月的“会聚工程 2022”演习中，“造雨者”项目具备交付战术数据编织的能力，其中数据编织是一个联合数据环境，将促进各军种和作战梯队之间无缝地共享信息。

五、利用开源情报，扩大与联盟伙伴共享情报的合作

开源情报将为情报决策注入新的活力。俄乌冲突中,商业卫星图像、社交媒体数据开辟了透析军事行动的战场视图,跟踪军事基础设施,揭露错误信息的全新渠道。此外,美国开源情报基金会正式成立并发布了首份开源情报(OSINT)定义的文件,将推动开源情报的快速发展。

美国积极与盟国达成合作协议并对外输出装备技术,提升情报监视侦察数据共享水平。在政策机制层面,美日澳印四国启动基于卫星的海上监视倡议,将促进印太地区近实时的情报共享;日本《防卫白皮书 2022》指明将与美国共同增强空间态势感知,促进与美法澳的合作及信息共享。在装备层面,美日两国情报共享将通过装备输出得到促进,日本接收首架 RQ-4B“全球鹰”无人机并完成了首飞,同时部署了 MQ-9“死神”无人机。在机构层面,美日两国于11月成立首个用于共享、共同分析和处理两国舰船、MQ-9等无人机系列资产收集信息的机构“共同情报分析机构”(BIAC)。

(中国电子科技集团公司第十研究所　陈爱林)

2022 年预警探测领域发展综述

2022 年,在俄乌冲突、大国博弈等驱动下,世界各军事强国为应对弹道导弹、高超声速武器、隐身飞机和无人机等威胁,继续探索新型预警探测手段,研究新技术,开发新装备,推进重大装备的试验和部署。

一、在防空预警探测领域,面对复杂作战威胁,加快提升综合作战能力

防空预警雷达主要用于探测与监视空中目标,掌握目标的实时情报信息,从而引导战斗机截击目标并为防空武器系统提供目标指示。随着战场环境日益复杂,在各类新兴威胁不断涌现,挑战现有防空作战体系的同时,防空监视雷达也在不断进行革新和突破,综合作战能力不断提升。

(一)针对日趋复杂的作战环境,积极研发新型预警雷达装备

为有效应对电磁干扰、超低空突防、隐身目标等复杂作战环境,世界主要国家正在研发或规划新型防空预警雷达装备,通过发展新体制、新技术来满足当前及未来的防空需求,支撑战场体系化作战。

2 月,美国海军研究局授予萨博公司一份全数字雷达技术先进技术原型合同,要求萨博公司在相关海上对抗性环境下验证全数字雷达的设计及其性能,并为美国开展原型验证和评估。

4 月,BAE 系统公司成功测试多目标跟踪雷达(iMOTR)原型,通过采集受测飞行器的时空位置信息数据验证了 iMOTR 的探测距离、可运输性、精度和信标跟踪等相关性能参数。这款高性能多任务雷达采用了美国防高级研究计划局(DARPA)开发的相控阵技术,能以较低的成本为美国军方及其盟友提供低空飞行器、掠海武器和水面艇筏等多种目标的雷达数据。

5月,亨索尔特公司推出TRML-4D有源雷达与Twinvis无源雷达相结合的TwinSens有源与无源雷达协同方案。与传统独立传感器相比,有源与无源雷达协同工作,在有效提升态势感知能力的同时,可强化整体抗干扰性能,加上无源雷达的反隐身能力,可大幅提升战场整体作战效能。

6月,诺斯罗普·格鲁曼公司向市场上推出的AN/TPY-5(V)1先进数字化远程雷达。该型雷达采用数字有源电扫阵列(AESA)体系架构,具有更优的监视能力和强健的多功能,先进的电子防护功能加上高机动性将确保当前复杂战场上的高生存能力,先进的软件定义架构允许快速更新以应对新兴威胁,可在数小时甚至数分钟内通过软件完成更新。

7月,以色列航宇工业(IAI)公司推出了专用于近海巡逻舰(OPV)和其他小型舰艇的STAR-X 3D多任务舰载雷达。该型雷达基于IAI公司下属艾尔塔公司先进的AESA技术,采用模块化和全数字软件架构,可同时执行对空对海监视,主要关注专属经济区(EZZ)及以外海域的监视任务,是一种极具成本效益的舰载雷达方案。

10月,雷声公司新型"幽灵眼"MR雷达已取得先进实时目标搜索与跟踪、传感器多任务能力演示验证等多个重大进展。该型雷达利用了雷声公司正为美国陆军制造的低层防空反导传感器(LTAMDS)的相关技术,并将用于升级美国和挪威联合研制的国家先进防空系统(NASAMS)。

(二)通过部署新装备和升级现役系统,加快提升防空预警作战能力

世界主要国家越来越重视防空预警能力升级,通过维护、更新、换装防空预警雷达,不断提高本国防空预警能力,保障未来防空作战的重任。

1月,俄罗斯中部军区在伏尔加和乌拉尔地区部署了一批先进的"天空-T"雷达系统。该型雷达是"天空-U"雷达的重大改进型,作战特性大幅提升,能更快地定位600km范围内的目标,并以极高的精度跟踪这些目标。这批雷达入役后将进一步增强俄罗斯中部军区的防空能力。

3月,洛克希德·马丁公司TPY-4雷达中标美国空军三坐标远征远程雷达(3DELRR)项目,洛克希德·马丁公司获得了一份价值7500万美元生产两部雷达的初始合同。3DELRR雷达将取代现役的TPS-75对空搜索雷达,美国空军计划采购35部新型雷达系统作为其未来的远程主战雷达。

5月,韩国国防采办项目管理局宣布,为取代韩国军方老式的进口雷达装备,将建造一部国产远程防空雷达原型。韩国LIG Nex1公司已完成了这一新系统的详细设计,预计于2025年完成系统开发工作。首批新型雷达计划从2027年起投入作战部署,以探测、监视、识别逼近和进入韩国防空识别区的飞机。

7月,澳大利亚CEA技术公司获得澳大利亚国防部一份合同,为澳大利亚国防军未来联合空战管理系统建造4部新型AESA防空雷达。与澳大利亚现役系统相比,这种新型传感器将以更远的作用距离和更高的精度来探测飞机和导弹威胁,并实时获取关键信息,提供更多的告警、决策和响应时间,可增强澳大利亚国防军及盟友的态势感知和互操作能力。

10月,日本三菱电机公司完成了菲律宾空军的对空监视雷达系统项目,相关系统将于2022年底或之后交付。三菱电机公司2020年8月与菲律宾政府签署合同,提供由3部固定式远程对空监视雷达和1部机动式对空监视雷达组成的一整套对空监视雷达系统。日本航空自卫队已启动了对菲律宾空军人员进行操作与维护培训的工作。

11月,挪威国防物资局选定洛克希德·马丁公司TPY-4雷达来取代该国老式的军用对空监视雷达。挪威将采购8部TPY-4雷达,并可视情选择是否再追加采购3部。其中,3部雷达将安装在现有站点,取代现役系统;其他5部雷达将安装新的地点。所有雷达预计将于2030年完成交付。

(三)重点针对新兴无人机威胁,发展反无人机探测新能力

随着无人机威胁在全球扩散并不断演进,投资开发反无人机雷达技术已成为世界主要国家重点关注方向。

2月,莱茵金属意大利公司推出了一款能执行反无人机和其他防空任务的全新AESA雷达Oerlikon,并向意大利军方演示了这种软件定义的模块化雷达。Oerlikon雷达自适应全数字波束形成技术,能自动探测、分类和跟踪各种空中威胁,即使是在恶劣的环境和干扰条件下,也能同时跟踪与分类威胁。

4月,英国布莱特监视系统公司推出A422可快速部署型雷达系统,这是一款用于无人机探测和广域周界监视的陆基军用雷达,可快速部署在偏远和难以进入的地区。A422雷达提供了一种灵活、可快速部署的地面监视解决方案,适于在拥挤的城市环境中探测小型无人机。该型雷达携带便利,可先通过汽车运输至有利位置,再在合适地点快速有效地部署,全天时秘密执行任务。据称在俄乌战场上,乌军已接收了这款雷达来应对俄军的无人机威胁。

6月,以色列防务企业埃尔比特公司推出了一款旨在改善边境安全、防止敌方无人机袭击的多任务战术雷达。该型雷达采用了复杂的算法、多部数字接收机和人工智能技术,可同时探测和跟踪数千个不同大小和不同速度的目标。同月,意大利莱昂纳多公司在巴黎举行的欧洲防务展上推出了一款新型软件定义雷达——战术多任务雷达(TMMR)。这款有源相控阵雷达可探测、分类、跟踪各种空中和地面平台,尤其是超小型高机动目标。

10 月,美国陆军成功验证了 TPQ－53 多任务雷达反无人机能力。此次在亚利桑那州尤马开展的验证活动中,TPQ－53 作为“郊狼”Block 2 反无人机系统的主火控源,与前沿区域防空指挥与控制(FAAD C2)系统进行集成,可提供跟踪数据并启动了反无人机系统。

二、在反导预警探测领域,发布新战略,采购新装备,开展协同试验,提升反导实战能力

目前,新型弹道导弹相继进入试验和服役阶段,新威胁对反导预警体系和装备提出更高要求。美国发布导弹防御评估报告,发展新型预警探测方案;美英两国提出中低轨天基导弹预警方案,采购新一代海基、陆基骨干反导雷达,提升反导预警探测能力;美国陆军和导弹防御局推进综合战斗指挥系统开发与试验,开展“萨德”与“爱国者”系统的互操作试验,深化反导系统协同作战能力。

(一)发布导弹防御评估报告,提出助推段反导和本土反巡方案,为反导能力建设指引方向

6 月,美国战略与国际问题研究中心(CSIS)发布《助推段导弹防御》报告,评估了通过地基、空基和天基实施助推段拦截的可行性与问题。报告认为,天基系统是美国对俄罗斯等大国实施洲际导弹助推段拦截的唯一选择,但随着反卫星手段逐渐成熟,天基平台的生存能力将成为主要问题。

7 月,CSIS 发布《将北美作为一个整体:一体化、分阶段、经济可承受的国土防空反导方法》报告,提出了 5 层巡航导弹防御架构:第 1 层是全球威胁感知,通过光学侦察卫星和 SAR 成像卫星侦察对手的军事行动,并在攻击即将发生时进行预警;第 2 层是远程预警线,通过超视距雷达,可对接近北美的空中和海上威胁进行全方位探测;第 3 层是北美内部广域监视,整合空管、气象等现有传感器,保持对潜在威胁的感知;第 4 层是主动区域防御圈,每个防御圈包括 19 部联网传感器塔、1 部“宙斯盾”火控雷达和多部拦截器,负责要地防御;第 5 层是具有机动性和灵活性的传感器,如 E－7 和浮空器,在北美前出部署。

10 月,美国拜登政府发布新版《导弹防御评估》报告,强调应关注以无人机为代表的新兴威胁,构建由导弹防御与核力量相辅相成的综合威慑框架,重点加强印太地区反导能力建设,强化一体化防空反导探测器网络及指挥控制系统,以提升对先进威胁的探测跟踪能力。

(二)提出中低轨天基导弹预警方案,采购新一代海基、陆基骨干反导雷达,全面提升反导预警探测能力

4月,五角大楼授予雷声公司AN/SPY-6雷达的全速率生产合同,合同为期5年,总金额高达32亿美元,该合同涉及AN/SPY-6(V)1~(V)4共4种型号,将分别安装在31艘“阿利·伯克”Flight Ⅲ驱逐舰、航空母舰、两栖舰和“阿利·伯克”Flight ⅡA型驱逐舰上,首部雷达将于2024年服役。

3月,英国向美国采购1部弹道导弹防御雷达(BMDR)和2套指挥控制作战管理与通信(C2BMC)系统。其中,BMDR将基于洛克希德·马丁公司的远程识别雷达(LRDR)和本土防御雷达(HDR)技术,工作在S波段,采用开放式架构和氮化镓组件。服役后,该雷达将通过C2BMC系统实现与其他反导节点的协同作战,增强英国应对导弹威胁的能力,提升整个北约的安全环境。

7月,美国导弹防御局授予洛克希德·马丁公司合同,要求其启动“宙斯盾关岛”(Aegis Guam)系统的研制工作。该系统采用最新的基线10版本软件和AN/SPY-7数字阵雷达,并配装42套SM-3和SM-6机动式导弹发射器,可使关岛获得相当于2.5艘“宙斯盾”驱逐舰的防御能力,覆盖范围更广,作战能力更强。“宙斯盾关岛”系统还将与关岛现有的THAAD系统和舰载“宙斯盾”系统进行深度交联,与低层防空反导传感器(LTAMDS)雷达、新型陆基战斧巡航导弹等新型攻防系统进行整合,能有效拦截近中远程弹道导弹以及部分洲际导弹,提供360°广域持续防空反导能力。

9月,美太空发展局宣布今后的导弹预警和跟踪任务将不会依靠大型昂贵的高轨卫星,而会选择中低轨卫星,下一代“过顶持续红外系统”(OPIR)将成为最后发展的高轨预警卫星,共5颗卫星,计划于2029年之前完成部署。根据美国军方计划,未来导弹预警和跟踪任务,将依靠太空发展局正在开发的由数百颗低轨导弹预警/跟踪卫星组成的大型星座,以及目前正在规划的四颗中轨导弹预警/跟踪卫星。

(三)推进综合战斗指挥系统开发与试验,开展“萨德”与“爱国者”系统的互操作试验,深化反导系统协同作战能力

1月,美国陆军在新墨西哥州白沙靶场,基于综合战斗指挥系统(IBCS)开展防空反导协同作战试验,成功拦截三个威胁目标。首次试验中,IBCS通过联合战术地面站传递的天基传感器数据,在地基传感器探测到目标前,对该目标进行跟踪拦截,展示了多传感器协同探测能力。第二次试验中,IBCS验证了在电子干扰环境下对两个巡航导弹目标的拦截能力。在传感器和拦截器都因受到电子攻击而能力降级的情况下,IBCS通过融合多元化传感器数据,保证了“对目标的持续跟踪监视”,发射拦截弹摧毁威胁目标。

11 月,在“会聚工程 -2022”演习中,美军将 IBCS 与“爱国者”PAC -3 拦截弹的上行链路集成,使其可与飞行中的拦截弹通信,提供目指引导,改变了拦截弹对“爱国者”雷达的通信依赖,提高了传感器和武器系统部署的灵活性。美导弹防御局(MDA)和陆军在白沙靶场成功开展了“萨德”与“爱国者”系统的互操作试验。试验中,针对模拟来袭目标,使用“萨德”系统的火控通信单元提供的信息,发射了一枚“爱国者 -3”拦截弹,并依靠“萨德”系统 AN/TPY -2 雷达进行制导,“爱国者 -3”到达指定拦截点后按程序自毁。本次试验证明“爱国者 -3”拦截弹及其发射装置可以直接整合进“萨德”反导系统中。

三、在反近空间预警探测领域,积极探索新手段,构建反近空间预警探测体系

俄乌战场上,俄罗斯多次使用“匕首”高超声速导弹打击乌克兰军事目标,这是人类历史上高超声速武器首次投入实战运用,意味着高超攻防时代即将来临。为了应对高超威胁,美军提出天基高超预警构想,启动天基高超探测和拦截项目,着力打造天基反近空间能力;俄军 S -500 系统和美军宽视场卫星即将服役,兼备一体化反导反近空间功能,反高超能力有待检验;日本提出无人机高超滑翔弹探测跟踪方案,英国打造新型反高超天线,开辟了反高超预警探测技术新路线。

(一)提出天基高超预警构想,启动天基高超探测和拦截项目,着力打造天基反近空间能力

2 月,美国国际问题研究中心(CSIS)发布《复杂防空:对抗高超声速导弹威胁》报告,将高超声速防御定义为一种复杂防空作战,提出集成化、分层化、体系化防御手段。在预警探测方面,CSIS 指出:①具有弹性和持久性的太空传感器层是实现高超防御的核心因素;②地基雷达的前置部署将会提高高超声速威胁的作战成本,迫使其进行早期机动;③在太空传感器层部署前,应考虑其他高架分布式传感器,以增加预警时间。米切尔航空航天研究所发布《在轨警戒:强化天基导弹预警与跟踪能力的必要性》研究报告,指出必须构建一个更具生存能力的多轨道传感器架构,应对高超声速武器及其他机动式非弹道导弹的齐射威胁:①应采用多层卫星架构,将低地球轨道、中地球轨道、地球同步轨道以及极地轨道上的新老预警卫星进行整合,实现对来袭威胁的全程跟踪;②美国国防部应在低地球轨道和中地球轨道部署“诱饵”卫星,以增加中俄实施反太空作战的难度;③升级中地球轨道和地球同步轨道导弹预警和跟踪卫星推进系统,以增强卫星机动和变轨能力。

3 月,美太空军发布 2023 年财年预算,重点开发“弹性导弹预警/导弹跟踪中地球轨

道(MEO)”新型中地球轨道星座,以探测和跟踪高超声速导弹。新型卫星星座建成后,将通过其地面系统与下一代“过顶持续红外系统”(OPIR)集成,提升对高超声速目标的探测和精确跟踪能力,以较低的延迟实现反近空间杀伤链的闭合。

8月,欧洲防务基金批准1亿欧元论证欧洲高超声速拦截系统(EU HYDEF)项目,该项目是“天基战区监视及时预警和拦截计划”(TWISTER)的一部分,旨在部署一个天基预警网络和拦截系统,能够探测、跟踪和拦截多种威胁,包括中程机动弹道导弹、高超声速巡航导弹、高超声速滑翔飞行器和下一代战斗机等目标。

(二)S-500系统和宽视场卫星即将服役,兼备一体化反导反近空间功能,反高超能力有待检验

5月,俄罗斯宣布S-500系统进入批量生产阶段,该系统不仅具备传统反导能力还具备反近空间能力,俄罗斯国防部称S-500雷达探测距离可达3000km,可同时拦截10枚助推滑翔高超声速导弹,以及速度5km/s的高超声速巡航导弹,对高超声速导弹和飞机拦截距离超过500km。

7月,美太空军“宽视场”(WFOV)导弹预警试验星成功发射,该卫星由美太空军、千禧年太空系统公司和L3哈里斯技术公司合作研制,质量约1000kg,尺寸约为SBIRS预警卫星的1/4,采用4K×4K大面阵凝视传感器,视场角为6°,旨在解决探测、跟踪高超声速导弹的问题,以及OPIR预警卫星的技术问题。

10月,美国陆军与雷声公司签订为期3年、价值1.22亿美元的合同,对低层防空反导传感器(LTAMDS)进行技术升级,使其具备应对高超声速武器等高速、高机动威胁。

(三)提出无人机高超滑翔弹探测跟踪方案,打造新型反高超天线,开辟反高超预警探测技术新路线

5月,日本防卫省宣布将研究使用无人机对高超声速滑翔飞行器进行探测和跟踪的可行性,以应对日本周边快速发展的高超声速武器威胁。该无人机将以机载小型红外传感器监视低空目标,并向地面发送目标数据。日本计划尽快在日本海和东海等区域试飞数十架固定翼长航时无人机,以探究试验可行性。

6月,英国BAE系统公司在第18届欧洲雷达会议上提出了未来海上防空AESA天线设想,该天线采用双面旋转阵列、数字阵、高选择性频率通道分离等措施,可应对未来海上作战面临的反舰弹道导弹和高超声速导弹威胁,以有效完成低层末段防御任务。

四、在太空监视领域,重视装备规划建设,开始关注地月空间

太空目标监视雷达系统的主要任务是对重要太空目标进行精确探测和跟踪,确定可

能对航天系统构成威胁的航天系统的任务、尺寸、形状和轨道参数等重要目标特性;对目标特性数据进行归类和分发,为航天活动、太空资产安全和太空攻防作战中起着基础性和关键性作用。

(一)加强装备规划建设,继续提升太空态势感知能力

全球多个国家正通过规划建设与部署新装备、升级现役装备等方式来提升天域感知能力,应对逐渐紧迫的太空安全挑战。

1 月,美太空军再发两颗地球同步轨道太空态势感知项目(GSSAP)卫星,即 GSSAP-5 和 GSSAP-6,从而完成了初步的 6 星组网计划。GSSAP 卫星可从太空中采集轨道上其他目标的太空态势感知数据,与地面太空态势感知系统相比,不仅不会受到天气或大气条件的干扰,而且还能执行交会和近旁操作,加强关注目标监视,从而提升美军的天域感知能力。

4 月,英国防部发布市场信息征询书,寻求既能监视太空又能承担传统地基防空任务的多模雷达(MMR)。所提供的信息需深入了解未来 5 年的可用技术和方案,包括人工智能或机器学习等创新方法,从而实现以一种综合 MMR,提供太空态势感知能力,并执行传统地基防任务。

6 月,美国国防部计划赋予美国海军驱逐舰除弹道导弹防御外的第二项任务,即协助美太空军执行太空态势感知任务,利用配备 SPY-1 雷达的“宙斯盾”舰协助太空军填补太空监视网络的空白。该项目涉及升级“宙斯盾”软件系统,导弹防御局和美国海军计划在 2024 年前部署 29 艘配备该软件系统的战舰。

9 月,从美国白沙导弹靶场迁移至澳大利亚哈罗德·E·霍尔特海军通信站的太空监视望远镜(SST)达到初始作战能力。SST 是一部地基广域搜索军用望远镜,可探测和跟踪深空微弱天体,有助于潜在碰撞的预测与规避,及小行星的探测与监视。作为美太空军太空监视网络的重要组成部分,SST 在澳大利亚战略位置提供了独特的天域感知覆盖。

11 月,西班牙英德拉公司与印度 Centum 电子公司签署了一份谅解备忘录,双方将联合参与竞标印度太空研究组织(ISRO)的太空目标观测与跟踪雷达,通过建造一部近地轨道目标探测雷达来保护印度的太空资产。两家企业将结合各自的能力,通过战略合作伙伴的关系,从而满足印度政府的“印度制造”战略。

(二)积极引入商业技术与能力,开拓太空监视新途径

随着商业活动在太空领域的比重不断增加,全球多个国家正通过积极引入商业技术、采购商用服务等方式,开拓太空监视的新途径。

2月，丹麦科技大学和丹麦太空创新者公司与法国泰勒斯公司联合开发可监视和识别各种军事威胁的新技术。这项人工智能驱动的技术将设计用于处理卫星和陆基传感器的海量数据流，从而为太空数据和情报用于军事用途奠定基础。该项目由欧洲国防基金资助，称为太空全球识别与告警创新与互操作技术（INTEGRAL），是欧盟太空态势感知预警——太空指挥与控制（SSAEW SC^2）计划的一部分。

5月，日本航空自卫队授予美国低轨实验室公司一份太空态势感知合同，以访问该公司全球相控阵雷达网络所采集的数据，并根据这些实时数据进行太空域跟踪、监测，以及碰撞规避培训。低轨实验室公司已在美国阿拉斯加州、得克萨斯州，以及新西兰和哥斯达黎加建立了太空监视雷达站，目前正在澳大利亚和亚速尔群岛兴建雷达站。

8月，加拿大北极星地球与太空公司宣布计划发射30颗监测近地球轨道的卫星，以几乎不间断的方式覆盖太空运行系统，从而形成一种超越目前大多数国家的作战能力。该公司一直密切关注美国和其他军方客户，并积极参加美太空军的先进概念训练战备演习。该公司计划在近地球轨道上部署天基传感器，将30颗卫星置于至少10个轨道面上，从而创建一个可对各种绕地卫星成像的网络。

12月，美国国防部和太空商务办公室选定6家商业公司开发跟踪中地球轨道与地球同步轨道目标的太空交通数据平台原型，以展示商业技术在太空交通管理中的应用，探索如何利用商业太空态势感知服务来增强或替代政府的商业与民用太空交通协调服务。

（三）建设深空探测能力，推动开发地月空间

随着世界各国寻求获取月球资源并划定管辖权，地球轨道以外的外层空间（xGEO）即地月空间的活动逐渐增加，可能会使这一空间成为一个高竞争性领域。由于现役太空监视传感器对地球同步轨道以外空间的探测能力不足，地月空间的大多数活动基本上都没有受到监控，为此美国军方准备扩大其监视能力，加强关注地月空间。

2月，诺斯罗普・格鲁曼公司获得美太空军太空系统司令部深空先进雷达能力（DARC）雷达开发合同，在2025年9月前在印太地区完成首座DARC雷达站的建设，从而增强美国军方的太空监视网络探测能力。DARC项目最终将分别在印度－太平洋、欧洲和美国部署3座站点。

4月，美太空军成立第19太空防御中队，该中队将专注于地月空间态势感知，建设相关传感器和系统，以减少对现有资源的占用，防止干扰其他任务的执行，从而提高太空安全，加强防御能力。

11月，先进太空公司获得美国空军研究实验室建造一艘试验型地月空间监测航天器的合同。该试验项目就是之前的地月空间高速巡逻系统（CHPS），现已被重新命名为“甲骨文”。美国空军研究试验室预计将于2025年完成“甲骨文”航天器。

12 月,美国国防部国防创新单元发布了在地月空间部署与运行载荷的征询书。该项目计划使试验卫星在一个或多个地月拉格朗日点上运行,并为卫星装备一整套载荷,执行可见光与红外成像、星载图像处理、高脉冲推进、太空辐射监测和通信等多项任务。该机构寻求在合同授出后 12 ~ 18 个月内获得系统原型。

(中国电子科技集团公司第十四研究所　王　虎
中国电子科技集团公司第三十八研究所　吴永亮)

2022 年通信网络领域发展综述

2022 年，外军围绕陆、海、空、天、网络、电磁域内各作战要素的动态无缝连接和信息共享这一核心要务，继续推进通信装备与技术的研发部署，提高对抗环境下通信网络的安全性、韧性和灵活性。其中，在太空域，能够提供所有传感器数据传输的全球通信链路，对于实现联合全域指挥控制至关重要，是外军近年来通信装备与技术研发的重点领域；在陆地域，随着美军“能力集”的迭代推进，先进的战术网络工具已开始逐步装备部队并带来能力提升，而鉴于相应技术已较为成熟，在作战演示中开始更加注重能力整合；在空中域，通过现有装备的升级改造、扩大部署以及新型装备的研发，外军正在构建能够支持竞争环境中指挥控制和持续保障的空中通信网络。随着 5G 军事应用试验的逐步开展，5G 技术参与军事作战的范围不断扩大，对作战的支持更为深入、直接，工业界积极与军方合作，不断推出创新性技术和解决方案，并在大量原型试验的基础上加快与军用系统的集成。激光通信、量子安全通信等前沿技术领域不断取得新进展，正逐步从技术试验测试阶段迈向实际应用。

一、天基传输骨干作用日益凸显，各国着力推进相关体系建设

联合全域指挥控制(JADC2)愿景的实现，需要从任意传感器和任意域收集信息，跨越广阔地理距离快速传输大量数据，以支持动态战斗管理和指挥官决策。这一愿景只能通过天基能力来实现。只有在太空域，才能以 JADC2 架构所需的速度、规模和范围传输信息。如果想要在对等冲突中获胜，必须优先考虑建立鲁棒的太空传输层。为此，天基传输层的建设完善成为外军近年来极为重视的工作。

(一)军用卫星通信体系继续完善并获能力提升

美军当前军用卫星通信体系由宽带、受保护和窄带三类卫星通信系统组成。2022 年，这三类系统各有新发展。

1. 宽带系统:宽带全球通信卫星 WGS－11＋开始建造

WGS 系统是美军新一代宽带大容量卫星通信系统,当前星座由 10 颗卫星组成,是美军全球通信系统骨干。鉴于美军高速可靠卫星通信需求的快速增长,美国国会于 2018 年在 WGS 系统 10 颗卫星之外增购了一颗新卫星——WGS－11＋,预计它也是该系统的最后一颗卫星。

波音公司和美太空军于 2021 年底正式启动了 WGS－11＋的生产阶段。2022 年,波音公司披露了在 WGS－11＋卫星生产过程中集成的多种最新技术,包括:利用 3D 打印技术,为 WGS－11＋生产 1000 多个零件;WGS－11＋采用新型相控阵天线,可同时生成数百个电子控制波束,不仅可实现现有 WGS 卫星作战效能的两倍,而且每个单独波束都是可成形的,能针对任何作战进行独特定制,从而增强了任务的灵活性和响应能力;WGS－11＋独有的通过双极化实现的更窄波束,不仅提高了抗干扰能力,而且实现了更高的频率复用。

WGS－11＋卫星计划 2024 年交付,加入当前由 10 颗 WGS 卫星组成的星座后,将为美军作战人员提供极高的韧性、效能和吞吐量,帮助美军获取战场竞争优势。

2. 受保护系统:受保护战术卫星通信成功演示空间段和地面段能力

在受保护系统方面,下一代受保护战术卫星(PTS)通信系统研发工作取得阶段性成果。

在空间部分,波音公司于 2022 年 11 月宣布成功演示了受保护战术卫星通信有效载荷抗干扰攻击的能力,该有效载荷是美军计划于 2024 年发射的受保护战术卫星通信原型(PTS－P)的重要部分。演示中,波音公司模拟了对手试图阻塞用户通信的行为。在每一次模拟中,该原型都自动缓解了高动态干扰尝试,并保持了连接,展现了抗干扰能力的重大进步。

在地面部分,波音公司亦成功演示了受保护抗干扰战术卫星通信(PATS)项目中开发的地面抗干扰能力。这项能力被称为受保护战术企业服务(PTES),提供地基受保护战术波形(PTW)处理,通过 WGS 卫星(最终利用商业卫星)实现受保护战术通信。

3. 窄带系统:将投入巨资延长“移动用户目标系统”窄带卫星通信系统寿命

移动用户目标系统(MUOS)是美军目前主要的窄带卫星通信系统,5 颗卫星中的最后一颗于 2016 年发射,寿命期为 13～15 年。考虑到商业 UHF 系统不足以满足军方特有需求,美太空军目前计划延长 MUOS 寿命,并申请在 2023 财年投资建造和发射另外两颗新卫星,将该星座的在轨寿命至少延长到 2034 年,将其支持地面段延长到 2039 年。现有的每颗 MUOS 卫星携带 2 个有效载荷,一个用于维持 UHF 服务,另一个用于提供新的宽带码分多址(WCDMA)能力。而新卫星将不会携带传统 UHF 有效载荷,但可能会具备增强能力。

在延长 MUOS 寿命的同时,美太空军亦开始进行备选方案分析,探索更长期的窄带通信方案。

(二)商业系统实战应用引发广泛关注,混合太空架构深化军商融合

1."星链"系统在俄乌冲突中发挥重要作用

2022 年,SpaceX 的"星链"低轨宽带互联网星座的军事应用引发广泛关注。虽然属于商用系统,但自俄乌冲突爆发后,"星链"系统充分参与作战并发挥重要作用,为乌克兰政府、国防和关键基础设施部门提供了冗余网络支持。在乌军传统指挥控制通信系统遭到俄军摧毁后,"星链"系统提供的超视距通信手段为乌军保持指挥链的畅通提供了重要保障。"星链"还传输了大量无人机、卫星等侦察资产获得的态势感知信息,为乌军打击俄军目标提供了重要支持。特别是在建立指挥中心与察打一体无人机之间的数据传输链路方面,"星链"表现出色,"无人机 + 卫星通信"成为完成察打一体任务的最佳组合。为了对抗"星链",俄军采取了电子战软杀伤结合火力硬摧毁的综合手段,以抵消"星链"威胁。

低轨卫星星座对信号干扰具有较强的韧性,还提供了支持战术任务所需的低延迟。目前,"星链"是唯一一个在对抗环境中使用过的商业低轨宽带互联网卫星系统,其表现引发了各国和各界的广泛关注与研究。虽然存在一定不足,例如在俄方电子战攻击下,发生过一定范围和时间的服务中断,但其总体表现还是比较成功的。鉴于此,美军将加深与 SpaceX 的合作,进一步探索商业低轨宽带互联网星座的作战应用。而其他行业竞争者亦会更积极参与军方的合作,例如:英国 OneWeb 公司正在加快部署其低轨星座;英国 Inmarsat 公司计划于 2026 年建立新的低地球轨道网络;美国卫星天线制造商 Kymeta 瞄准军方对跟踪移动卫星的低剖面电子控制天线的需求,专注于研发能够跟踪多轨道卫星的天线。预计行业内对低延迟卫星宽带服务的军方客户和投资的争夺将更加激烈。

2. 美军混合太空体系架构建设迈出第一步

混合太空体系架构是美太空军太空作战部长杰伊·雷蒙德于 2020 年提出的概念,该架构由多个轨道上的军用和商用卫星组成,旨在提供一种基础的受保护网络集成能力,即防黑客(或接近防黑客)的"太空互联网"。美太空军太空作战分析中心(SWAC)、国防部国防创新单元(DIU)、空军研究实验室(AFRL)和太空发展局(SDA)正在合作进行这项工作,它将成为美军实现未来跨全域以信息为中心的高速联合全域指挥控制的关键。在该架构中,商业通信星座将作为传输层,将卫星数据快速传输给政府用户。

2022 年,混合太空体系架构的研发工作已迈出了第一步。SWAC 在为该概念开发总体空间数据传输"力量设计"方面取得了进展。与此同时,DIU 与 AFRL 正在设计将不同卫星通信网络拼接在一起的方案。SDA 已经开始在低地球轨道发射一系列称为"传输

层”的小卫星,以实现高速低延迟数据通信。

(三)俄、印军用卫星通信再添新星,欧洲将开发主权宽带卫星星座

除美国外,俄罗斯、印度、欧洲等军用卫星通信领域 2022 年亦有新进展。

俄罗斯于 3 月 22 日发射了一颗名为“子午线 - M”的军事通信卫星。“子午线”系列卫星为俄罗斯“北海航线”区域内的海船和侦察机提供与海岸和地面站之间的通信,扩展了西伯利亚和远东北部地区卫星通信站的能力。

印度陆军于 3 月获批采购一颗专用军事通信卫星 GSAT - 7B。这颗卫星属于 GSAT - 7 系列通信卫星,其中的 GSAT - 7 和 GSAT - 7A 是印度武装部队目前仅有的两颗专用卫星。GSAT - 7B 发射后将提高印度武装部队的通信能力。

随着美国“星链”和英国 OneWeb 等巨型宽带互联网星座的快速发展,欧洲目前也开始筹划发展自己的主权宽带卫星星座,希望“减少欧洲对开发中的非欧商业计划的依赖”。新的卫星星座名为“韧性、互连、安全卫星基础设施”($IRIS^2$)。该星座的目标是为政府用户提供安全卫星连接,支持对经济、环境、安全和国防至关重要的应用,并进一步开发包括通信盲区在内的全球高速宽带服务。$IRIS^2$ 不仅依靠量子等颠覆性技术,确保在全球范围内提供可靠、安全和划算的卫星通信服务,而且还将鼓励创新和颠覆性技术的应用,特别是利用“新太空”生态系统。这项欧盟协议现在需要得到欧洲议会和理事会的正式批准。欧盟委员会正在准备该项目的招标规范,目标是在 2024 年提供初步服务,到 2027 年实现全面运营能力。

二、战术网络迭代推进,为联合全域指挥控制奠定基础

美国陆军正以“能力集”方式迭代推进网络现代化进程,从 2021 年开始,每两年为一个周期,通过 4 个能力集来部署现代化网络工具,向部队逐步交付和增加新能力,目标是在 2028 年达到满足多域作战需求的未来网络状态。2022 年,4 个能力集正在并行发展。美国陆军密集开展各项技术测试,验证能力集装备实战效果,同时部署工作进展顺利并即将进入下一阶段。

(一)能力集 21 即将部署完毕,能力集 23 开始部署

能力集 21 是美国陆军系列能力集的第一个,主要由新型数据电台、“任务指挥”软硬件以及更具远征性的卫星通信终端与相关硬件构成,重点关注小型部队的战术网络优化问题,其主要任务是向步兵旅战斗队部署初步综合战术网(ITN),为增强型远征通信营提供更小、更轻、更快、更灵活的通信装备,并升级现有卫星通信终端以增强卫星通信韧性。

2022年,美国陆军能力集21部署工作进展顺利。截至10月,能力集21通信升级和组网增强初始包的部署已接近完成,下一个迭代——能力集23开始进入部署阶段。能力集23旨在通过尺寸、重量、网络安全、带宽和5G等先进蜂窝技术改进,使战场通信更加简单可靠。能力集21侧重于步兵旅,而能力集23则侧重于斯特瑞克旅。美国陆军官员认为,能力集23将开始实现联合全域指挥控制所需的基础能力,使美国国防部推动的无缝通信和数据共享成为现实。

(二)技术演示验证装备能力效果,测试重点转向能力整合

在网络现代化过程中,美国陆军一直很重视通过各类演示测试检验装备实战效果,搜集大量反馈信息,为装备的未来设计和改进提供一手参考数据。2022年,美国陆军先后完成了网络装备能力集23技术测试和能力集25试点测试,获取了有关装备支持作战效能的有价值信息。

2022年初完成的能力集23技术测试表明,这一版本的综合战术网(ITN)套件,包括无线电、安卓应用程序和任务指挥应用程序等,增强了美国陆军斯特瑞克部队的机动能力。能力集25也在2022年初完成了一项旨在提高卫星、无线电通信和数据能力的技术试点,重点测试了高机动装甲编队在战场上保持态势感知的能力。测试结果表明,对卫星通信设备和网状视距设备的组合使用,为美国陆军部队提供了更强的态势感知能力,在装甲部队处于"快停"状态时更容易安装和撤收,并且易使用。虽然为每辆装甲车配备网状视距功能和卫星通信链路是理想选择,但也是最昂贵的选择。美国陆军需要在成本与效能之间寻找更合适的平衡。

随着能力集的迭代推进,美国陆军开展演示测试的规模和任务复杂度也不断增强。考虑到俄乌冲突等正在开展的军事行动,技术演示亦将随着作战部队的需求而调整。与此同时,美国陆军已取得足够进展,开始看到通过网络现代化获得的不同技术如何协同工作。随着能力集23的逐步推进,技术已足够成熟,美国陆军准备开始将这些能力整合到一起。随着进一步测试带来更多的数据,集成过程将进一步加快,下一个迭代能力集25的设计工作亦将逐步展开。

三、研发部署先进机载装备,构建对抗环境下韧性、多路径空中网络

面对日益复杂、对抗激烈的作战环境和均势对手的威胁,外军采取多种手段加强空中层网络建设,寻求空中层网络的物理/逻辑多样性和冗余性。在为多款空中作战平台加装超视距通信装备的同时,外军亦大力加强卫星通信拒止环境下可用通信系统的研发

和部署,力图构建韧性、多路径的空中通信网络。

(一)寻求支持竞争环境中指挥控制和持续保障的通信能力

2022 年 2 月,美国空军发布“竞争环境中优化的韧性基础、持续保障和通信”作战要务(OI)信息征询(RFI),重点关注指挥控制与持续保障。从公告的内容可以看出,美军支持指挥控制的通信能力需要具备的性能特点,主要包括:①物理/逻辑多样性和冗余性,防止某一路径被干扰或摧毁时产生单点故障;②远征通信和生存能力,要求装备易携带,便于构建,并适应不同气候条件。

RFI 主要内容包括:①新型超视距连接的路径和资产,支持远征部队、前沿基地部队和主要作战基地和节点之间通信,而不使用卫星、固定翼飞机或地面连接;②鲁棒、高可靠通信,可通过低带宽技术在竞争环境下传递数据和语音;③小体积、高带宽能力,允许短时连接,支持边缘计算解决方案;④支持军事、政府或商业等各种连接的天线/接收机能力,可利用不同无线电频率(卫星、蜂窝、高频、微波等)以及光学选项;⑤移动、加固和可扩展技术,支持可变数量用户的灵活、便捷动态迁移。

由此可见,具备韧性、灵活性、远征性和可扩展性,可为部队在高对抗环境中提供持续保障的通信网络,是美国空军当前关注的主要方向。

(二)部署 Link 16 装备并不断增强其性能

2022 年,美军继续为多款平台采购安装 Link 16 设备或对 Link 16 进行能力增强,主要包括:为美国海军陆战队 UH - 1Y“毒液”和 AH - 1Z“蝰蛇”直升机订购 Link 16B 套件;为海军 15 架舰载 E - 2D“先进鹰眼”预警机安装和验证 Link 16 加密现代化和混合超视距能力;美国海军订购 Link 16 多功能信息分发系统小体积终端(MIDS - LVT),增强与法国、德国、意大利和西班牙等盟国之间的安全信息交换。

Link 16 作为美军及其盟国应用范围最广、性能最为强大的安全、高速、抗干扰数据链之一,是实现跨域跨平台数据共享交换的首选装备。Link 16 装备范围仍会继续扩大,其性能也将不断改进,从而在多域信息交换中承担更多更重要的任务。

(三)增强空中平台卫星通信能力

为使空中平台有效协助地面部队执行通信中继和武器投送任务,外军不断增强空中平台的卫星通信能力,实现其通信容量的提升和作战范围的扩展。

2022 年 2 月,美国陆军宣布和通用原子航空系统公司联合演示了增程版 MQ - 1C“灰鹰”无人机与地球静止轨道(GEO)Ku/Ka 波段卫星和中地球轨道(MEO)Ka 波段卫星保持链路并支持高带宽数据速率的能力。此次试验表明,增程版 MQ - 1C“灰鹰”无人机能够在多个卫星星座间进行动态链路切换，可极大提高数据中继传输的灵活性和韧性，进一步确保作战人员及时有效获取数据。

美国空军为B－52轰炸机装备新的超视距通信系统(IRIS)。2022年6月，IRIS与铱星系统进行了首次空中演示。IRIS具有话音数据传输能力(包括实时图像和视频形式)，能为空军作战中心提供指挥控制信息传输。IRIS将放弃使用铱星系统过时的2.4kb/s带宽容量，可大幅提高其L波段速度达到704kb/s，并通过铱星“下一代”低轨道卫星星座实现全球运行。美国空军全球打击司令部将通过通信系统把B－52机队整合至更大的联合全域指挥控制系统中。

此外，美国空军还在研发军用飞机与卫星间的激光通信技术，提高数据传输带宽和安全性。2022年，美国空军技术创新中心(AFWERX)授予美国Space Micro公司一份合同，开发一种部署在军用飞机或无人机上的空中对太空激光通信吊舱，不仅可在军用飞机与地球同步轨道卫星之间进行高速数据通信，使飞机能够接收数据并向世界各地的其他军事用户发送数据，而且还使飞机能够在敏感作战行动中安全通信且不暴露其位置。

(四)研发不依赖卫星的安全远程有保证通信手段

为适应均势对抗环境的作战需求，鉴于卫星通信有可能面临的威胁，美军亦高度重视发展不依赖于卫星的远程安全通信保障手段。

美国空军开展了机载高频无线电现代化(AHFRM)计划，并于2022年1月完成了项目竞标。该计划旨在对传统机载HF无线电系统进行改造，使其具备有保证的、可抗干扰的无线电通信能力，以适应近对等对抗环境。这种无线电能力的现代化将加强美国空军、海军、海军陆战队和海岸警卫队飞机的安全远程无线电通信能力，以提高其作战效能。

新的无线电系统是一种软件定义无线电，灵活且易升级，例如添加新波形、改变无线电的话音或数据传输方式。在保持超视距通信的同时，为对抗潜在的威胁干扰，新的无线电系统将具备可扩展性、模块化、大容量和抗干扰能力，满足美国空军未来作战和现代化的需求。

此次接受现代化升级的无线电系统有大约2500个，涉及美国空军的HC－130J、KC－135、C－130H、C－130J、C－17、C－5、B－1、B－52和E4－B，海军的E6－B，海军陆战队的KC－130J，海岸警卫队的C－130和C－130J飞机。

四、军用5G试验继续推进并获阶段性成果，创新B5G研发增强战术网络服务

5G技术通过增强移动宽带服务，指数级提升了传统网络性能，各国军方亦认识到5G

技术对增强军事指挥控制和鲁棒安全通信的重要战略意义,因此正在联合产业界对5G技术的军事应用开展积极探索和实践。

(一)美国国防部军用5G技术试验取得初步成果,多个新研发项目陆续启动

目前,美国国防部正处于5G技术应用测试和试验的初期阶段,已选定多个军事设施开展一系列5G技术试验演示。这是世界上规模最大的军民两用5G技术测试。美国国防部希望借此能保持尖端5G技术测试和试验的优势,加强美军的作战能力以及美国在这一关键领域的竞争力。

2022年,智能仓库等方面的相关技术试验取得初步成果。其中美国电报电话公司(AT&T)在圣地亚哥的美国国防部海军科罗纳多基地完成了智能仓库5G网络试验台能力演示。该5G网络解决方案使用了AT&T的5G频谱、专用5G核心网络和无线电接入网(RAN),演示了大于4Gb/s的数据吞吐速度,延迟低于10ms。该项目的目标是开发一个基于5G的智能仓库,重点是岸上设施和海军单位之间的转运,以提高海军后勤行动的效率和准确性。美国国防部期望高效、安全地连接智能仓库应用基础设施,为自主移动机器人、摄像机、物联网(IoT)和各种增强/虚拟现实(AR/VR)系统提供高速、低延迟的5G连接。

美军还与产业界多家公司合作启动了多个5G研发项目。美国陆军正在通过“战略和频谱任务先进韧性可信系统(S2MARTS)”项目,寻找一个可与陆军战术平台、无人机系统和其他应用集成的5G网络原型,为其指挥所生存能力和车辆移动性试验评估提供支持;美国国防部与休斯网络系统公司合作,在美国华盛顿州惠德贝岛海军基地创建一个GEO/LEO卫星支持的5G无线网络,为遍布美国各地的基地带来现代化高速连接;美国国防部与诺斯罗普·格鲁曼公司和AT&T合作,旨在建立一个5G赋能的“数字化作战网络”,连接来自所有域、地形和部队的分布式传感器、射手及数据,帮助美军实现联合全域指挥控制愿景。

这些5G研发项目表明,美军方和产业界对5G军事应用的探索已不再局限于后勤支持、仿真训练,而是逐步发展为直接支持作战。随着相关项目陆续取得成果,成功演示验证的5G技术和产品将实现快速部署,与军用系统集成,并通过美国国防部相关机构进行后续采购、运营和支持。

(二)欧洲积极开展军用5G试验,推进5G军事应用全面评估

除了美国在军事基地部署或测试5G之外,北约也在拉脱维亚部署了欧洲首个5G军用测试站点。2022年北约不断扩大其拉脱维亚军用测试平台规模,并开展了世界首次

5G作战试验,测试军事领域的增强现实解决方案。

作为5G作战试验的一部分,虚拟现实、增强现实和5G被用于优化技术人员学习技术知识和技能的方式,如军用车辆的远程驾驶,并从数百公里外获得援助。演示参与者还见证了虚拟联合作战中心的试点运行——在不同的通信网络和虚拟现实中的使用。

在北约成员国中,挪威对5G及相关军事应用技术持续开展研究,并通过5G军用试点项目与产业界合作探索5G和其他高性能民用无线技术支持军事应用的潜力,探索5G技术能在国防领域为挪威国防部带来的机遇,重点关注网络切片、边缘计算和5G专用网络。

(三)洛克希德·马丁公司5G.MIL解决方案构建跨域高效韧性通信网络

5G.MIL是洛克希德·马丁公司首席执行官吉姆·泰克莱特自2020年上任以来推出并重点开发的概念,旨在构建一种鲁棒的、5G赋能的异构"网络之网络",集成军用战术、战略与企业网络,并充分利用商用5G技术,将其与现有军用网络相集成。5G.MIL将推进5G网络、下一代(NextG)网络和美国国防部作战网络之间的互操作性,实现跨全域的高效韧性通信。

自2021年开始,洛克希德·马丁公司就通过"九头蛇"(Hydra)、HiveStar等一系列演示测试,验证了5G.MIL中一些关键技术的可行性和效果。2022年,5G.MIL项目又联合多家合作伙伴进行了演示测试,取得了不错的成果。

8月,洛克希德·马丁公司与AT&T利用5G网络进行了"黑鹰"直升机数据传输测试。他们在测试中使用一个专有AT&T蜂窝网络安全下载并共享了黑鹰直升机的飞行数据,所需时间只是传统方式的一小部分,显示了5G技术对军队的效用。

10月,洛克希德·马丁公司与威瑞森(Verizon)公司合作,演示了从支持5G的无人机上捕获并安全、高速传输实时ISR数据的技术。其中,Verizon公司的低延迟、高吞吐量、高可靠性5G网络使ISR数据得以被实时传输和处理,洛克希德·马丁公司的5G.MIL网络则使数据能够安全传输到其他位置,供相关人员查看ISR数据和通用作战图。ISR数据可以在5G专用网络和公共网络之间安全、无缝传输,这一能力至关重要。

2022年,洛克希德·马丁公司还与微软、英特尔等多家公司达成协议,将这些公司的先进技术集成到5G.MIL解决方案中。例如,洛克希德·马丁公司正与微软公司合作,利用本公司的混合基站和微软的5G核心,构成混合连接网络Azure云服务,以弥补当前美国国防部通信中的某些差距,并利用微软的Azure云服务在边缘实现安全通信并运行关键任务应用;与英特尔公司合作,将英特尔公司的5G解决方案集成到5G.MIL中,并利用英特尔公司先进的处理器技术以及网络和边缘方面的创新,将云能力引入战术需求领域,实现跨全域的数据驱动型决策。

（四）美国国防部“创新后 5G”计划聚焦 5G 与战术网络集成

2022 年 4 月，美国国防部发布“创新后 5G（IB5G）计划”方案征询。IB5G 计划瞄准后 5G 时代新颖网络概念和组件，重点关注如何将商业 5G 技术集成到战术网络运行中，使美军能够主导未来网络战场。

IB5G 计划当前聚焦两个领域：①B5G 移动分布式多输入多输出（MIMO）网络，关注 MIMO 天线系统的适应性与自组织移动网络的运行架构，以及支持端到端韧性网络性能的协议设计；②B5G 综合战术通信网络，关注商业和军事 5G 应用中固有的设备到设备（D2D）或直通链路（Sidelink）能力，为未来战术网络系统提供更多新架构选项和系统设计，如点对点模式下 5G 网络中的 Direct D2D 或 Sidelink、集成接入和回传（IAB），以及软件化和模块化 5G RAN 等。

美军已在 2021、2022 财年规划多项 IB5G 工作，包括射频和大规模 MIMO 技术、基于新型机器学习概念的频谱重用/网络资源利用、在竞争/拥挤场景中使用多自由度的高度动态频谱共享、鲁棒可重构且安全的软件定义网络，以及面向超可靠、低延迟应用的边缘计算等。美国国防部将把 IB5G 计划作为创建下一代无线蜂窝网络和军事应用安全的技术基础，助力美国重获新兴无线技术标准的领导地位，包括 6G 乃至更高标准。

五、各国积极开展激光通信、量子通信与网络等技术研发测试

（一）星间、空对空激光通信测试取得成功

激光通信是美国构建未来国防太空架构传输骨干的关键技术之一。2022 年，美国太空发展局、美国防高级研究计划局（DARPA）联合产业界开展了一系列激光通信测试，并取得一定进展。此外，无人机激光通信技术亦有所突破。

1. DARPA“黑杰克”项目成功完成星间激光通信演示

2022 年 4 月，DARPA“黑杰克”项目的两颗小卫星“曼德拉 2 号”于近 40min 的试验中成功建立光学链路，在 114km 距离内传输了 280Gb 以上的数据。该演示试验的成功意义重大，验证了利用商业卫星平台和激光终端建立网状网络的可行性。该项目未来还将进行天地激光通信演示。

星间光链路是美国太空发展局 7 层“国防太空架构”中传输层的关键推动力，而传输层则是美军“联合全域指挥控制”网络的骨干传输网络。美太空发展局表示，将于 2024 年发射具备激光通信能力的传输层 1 期卫星，可在卫星与卫星之间、卫星与地面间、卫星与机载平台间通信。

在星间激光通信测试取得初步成果后，美国太空发展局将尝试进行空间对空激光通信。8 月，该机构向产业界寻求提案，进行传输层卫星和移动飞机之间的激光交联现场演示。测试必须包括成功演示指向、获取和跟踪，以及获取和保持稳定的链路，以传输高达 1Gb/s 测试数据的能力。试验考虑分阶段进行，例如从空间 - 地面、空间 - 移动地面车辆再到空间 - 机载平台。空中和空间之间的光通信是一项艰巨的技术挑战，因为在保持与移动飞机链接的同时，很难进行指向和导航，并且还需要纠正干扰激光的大气湍流。

2. 通用原子航空系统公司完成空对空激光通信演示验证

在空对空激光通信方面，美国通用原子航空系统公司（GA - ASI）于 2022 年 10 月宣布成功完成了激光机载通信（LAC）终端之间的空对空激光通信链路演示验证，该终端集成在两架“空中国王”（King Air）飞机上。测试团队以 1.0Gb/s 的速度保持链路畅通并交换数据，包括实时导航、视频和语音数据等。这种激光通信技术将使通用原子航空系统公司生产的无人机能够为陆基、海基和空基用户提供超视距通信能力，也可用于未来的空对天通信。此外，通用原子航空系统公司的所有无人机均可通过吊舱方式来增加这种激光通信能力，包括 MQ - 9B、MQ - 9A 和 MQ - 1C 等。

（二）量子安全通信/网络技术不断取得进展

1. 基于无人机的量子安全通信成功演示

受美国国防部长办公室委托，美国佛罗里达大西洋大学（FAU）的专家正在与 Qubitekk 公司和 L3 哈里斯公司一起研发美国首个基于无人机的移动量子网络，该网络包括一个地面站、无人机、激光器和光纤，可共享量子安全信息。该网络可在建筑物周围、恶劣天气和地形环境下无缝机动，并快速适应战场等不断变化的环境。

该研发团队正在与美国空军合作，未来有可能通过更大的空中平台以及其他地面和海上平台扩大规模。美国空军研究实验室表示，在这个项目中，量子通信和无人机的结合代表了美国空军为作战人员创造可现场使用的量子系统的重要进展。此外，便携式量子通信无人机系统在对抗环境中的安全通信潜力代表了美国空军未来重要的通信能力。

另外，蓝熊系统研究公司与量子加密技术开发商 Arqit 量子公司成功演示了一种用于安全数据传输的量子安全通信信道。该解决方案基于 Arqit 的量子云技术，并托管在蓝熊公司的智能连接设备上，构成一个“群间”自治大脑，可以让多个无人系统协作执行多域任务。这是首次使用用于小型无人机、启用旋转对称密钥的 C^4ISR 量子安全通信的轻量级软件协议。蓝熊公司使用其 ATAK 托管的 Centurion 任务系统对无人机的指挥控制进行监视，并采用了由 Arqit 对称密钥协议平台保护的任务和目标数据的完全对称加密。在任务过程中，利用 Arqit 的量子安全通信隧道对潜在目标的图像数据进行加密和安全中继传输，通过对端点的主动授权和对称密钥的频繁旋转，实现了数据的完全保密。

2. 印度演示量子密钥分发技术

印度近年来在量子密钥分发技术方面不断取得新进展。2022 年 2 月，印度国防研究与开发组织（DRDO）和印度理工学院（ⅡT）的科学家首次成功演示了在北方邦的普拉亚格拉杰（Prayagraj）和宾迪亚恰（Vindhyachal）之间的量子密钥分发，距离超过 100km。所测量的性能参数符合国际标准，密钥筛选频率高达 10kHz。通过这一成功演示，展示了印度自主安全密钥传递技术。这项技术将使印度安全机构能够规划采用本土技术骨干的量子通信网络。

3. 欧洲开发首个主权端到端天基量子密钥分发系统

在欧洲空间局和欧盟委员会的支持下，由 SES 公司领导的 20 家欧洲公司组成的联盟将设计、开发、发射和运行基于 EAGLE－1 卫星的端到端天基安全量子密钥分发系统。

利用 EAGLE－1 系统，欧洲空间局和欧盟成员国将演示和验证从近地轨道到地面量子密钥分发技术的第一步。EAGLE－1 项目将为下一代量子通信基础设施提供有价值的任务数据，有助于欧盟部署一个主权自主的跨境量子安全通信网络。

EAGLE－1 卫星将于 2024 年发射，随后将在欧盟委员会的支持下完成为期三年的在轨任务。在这一运行阶段，该卫星将使欧盟各国政府和机构以及关键业务部门能够尽早使用远程量子密钥分发技术，助力实现超安全数据传输的欧盟星座。

为了实现 EAGLE－1 的超安全密钥交换系统，该联盟将开发量子密钥分发有效载荷、地面光学站、可扩展量子运行网络和密钥管理系统，与国家量子通信基础设施接口。

（中国电子科技集团公司网络通信研究院　唐　宁）

2022 年电子战年度发展综述

2022 年，世界形势风云激荡，国际格局日趋复杂。俄乌冲突成为本年度最大的地缘政治事件，对全球秩序、国际安全格局、世界政治版图产生划时代的影响。纵观 2022 年外军电子战的发展，大国对抗是其中显著的特点。全球电子战呈现强劲的发展态势，在战略、编制、技术、装备、训练、实战等各个方面展示出众多新的发展动向，进入新的发展阶段。

一、俄乌冲突影响深远，电磁频谱成为大国竞争与对抗的焦点

2022 年 2 月 24 日，俄罗斯宣布对乌克兰东部开展“特别军事行动”。这场冲突是西方国家对俄罗斯发动的一场混合型全面战争，是美国策划、乌克兰实施、北约参与的对俄罗斯的围攻。俄罗斯与乌克兰及其背后以美国为首的西方势力在电磁频谱中进行了激烈的交锋。

（一）俄罗斯电子战力量强大，但表现不及预期

俄罗斯的电子战能力和战术应用被认为处于世界领先地位，但在此次大规模军事行动中，并没有展示出外界所认为的实力，表现不及预期。俄军在冲突中的不利局势，与电磁频谱作战应用不力密切相关。

冲突爆发前，俄军以军事演习为名从多个军区抽调了电子战部队集中到乌克兰周边地区，利用“克拉苏哈”“里尔－3”“鲍里索格列布斯克－2”“居民”等电子战系统对乌克兰实施了大规模的 GPS 干扰以及信息战、心理战。冲突初期，俄军只是有针对性地或者在局部行动中运用了电子战，俄军空中电子战能力不足，地面电子战装备机动能力强但“动中扰”能力不足，加上战术不当、部队协同不力、后期保障不足，其电子战能力未得到充分运用。

随着冲突的进行，俄军开始重视电子战力量的运用，取得了一定的效果，主要表现

在:①对乌克兰实施防空压制与摧毁。俄空天军多次发射 Kh－31P 反辐射导弹对乌克兰地面雷达进行打击,摧毁了乌克兰部分防空雷达。俄陆军多次出动米－8 MTPR 电子战直升机对乌克兰雷达实施了干扰。②利用机载电子战实施自卫。俄战机在作战过程中,通过“维捷布斯克”系统和“希比内”吊舱实施电子自卫,固定翼战机和直升机都投放了大量曳光弹以对抗乌便携式防空导弹的攻击。③对乌克兰无人机实施电子干扰。俄军在冲突中逐渐增加部署了“斯洛克－M1”、“帕兰丁”、REX－1 等多型电子战系统,对乌克兰无人机的卫星导航、遥控遥测数据链路实施综合干扰。④利用弹载诱饵协助导弹突防。俄军在发射“伊斯坎德尔－M”导弹时,通过其弹载诱饵对乌克兰防空雷达实施欺骗,破坏雷达对导弹的探测、跟踪和识别,协助导弹突防。

(二)乌克兰电子战力量薄弱,难以取得电磁优势

乌克兰具备一定的电子战实力,曾研制“铠甲”等先进电子战系统,但总体而言,其电子战装备和部队规模不足以应对俄罗斯这样的对手以及如此规模的作战行动。同时,乌军使用的电子战装备多为老式俄制装备,对俄罗斯的抗干扰能力不足,仅能通过一些战术应用并寄希望从北约获得先进装备部分弥补其在电磁频谱上的劣势。整体而言,从冲突开始,乌克兰的国力和军事实力已决定了其很难取得电磁优势。

(三)北约提供大量情报支援,“星链”、AGM－88 等关键装备直接参战

在俄乌冲突中,电磁空间战场的参与方是俄罗斯、乌克兰和北约三方,其中北约无疑是其中实力最强、获益最大的一方。

以美国为首的北约国家展示出强大的电子侦察能力,实现了对俄罗斯兵力部署以及战场态势的全面把握,向乌克兰提供了大量情报支援,并通过提供 AGM－88 反辐射导弹以及反无人机装备等先进电子战装备,直接参与到俄乌双方的电磁作战中。此外,美国向乌克兰提供的“星链”服务成为本次冲突中最引人关注的应用之一,不仅展示了“星链”巨大的军事用途和创新战法,而且美国在俄罗斯试图对“星链”实施干扰后,迅速进行了升级,恢复了“星链”正常运行,实现了一次抗干扰的实战演练,为提升“星链”系统的抗干扰能力奠定了基础。

二、战略规划上,美国深化电磁频谱优势战略,强调电磁频谱优势是大国竞争的基础

2022 年,美国在最新发布的《国防战略》中继续强调了重返大国竞争的重要性,认为俄罗斯、中国等国家正在努力实现军事现代化以对抗美国的军事优势。同时,美国国会

授权的国防战略委员会表示,美国正在失去电磁频谱优势,影响了美国军事行动能力,建议增加电磁频谱相关经费,并开发新概念、新技术,以重获军事优势。

美国国防部于2020年10月发布《电磁频谱优势战略》,为美国各军种电磁频谱领域的发展确定了目标和发展方向。随后,美国国防部正式发布《电磁频谱优势战略实施方案》,内容全面、实施性强,特别是在电磁频谱作战监管机构以及加快电磁战与频谱管理整合上提出了具体措施。2022年,美国国防部加大落实电磁频谱优势战略的实施力度,积极推进各军种基于共同架构进行电子战能力开发,以促进军种间共建共享。

2022年,美国国防部、智库、协会等机构的高层领导多次探讨了美军如何实现电磁频谱优势。其中,美国"老乌鸦"协会召开电磁战能力差距与使能技术会议,研讨了电磁战与电磁频谱作战在联合全域指挥控制、联合远程火力、信息优势等方面的重要作用,以及如何利用人工智能和机器学习等创新技术推进协同、灵活的解决方案,以解决联合作战中持续存在的能力差距;"老乌鸦"协会2022年会研讨了从俄乌冲突到太平洋地区日益紧张的局势,认为电磁频谱作战在未来所有冲突中都将是复杂且重要的,是今后5年提升美军机动能力的一个关键方向。

三、机构力量上,多国面向电磁频谱作战需求与样式,进行力量调整与变革

2022年,世界主要国家对电子战管理机构及作战部队进行了一系列调整和变革,以更好地贴合未来作战需求,适应作战样式的转变。

(一)美军推进电磁频谱力量建设,细化空军第350频谱战联队任务

美军通过《电磁频谱优势战略实施方案》确定了国防部电磁频谱优势的监管负责人,并成立了新的领导机构,明确了其职责范围。方案明确指出,美军电磁频谱优势的监管职责将由参联会副主席移交给国防部首席信息官。国防部首席信息官担任国防部长在频谱相关事项的首席顾问,制定电磁频谱管理政策,并监督电磁频谱优势战略的实施。

2022年6月,美国空军第350频谱战联队成立一周年。成立该联队,是美国空军在电子战和电磁频谱能力衰退多年后所做出的重大举措。第350频谱战联队在周年庆上表示,美国空军在过去几十年里忽视了电磁频谱的发展,因此联队能够从零开始,采用更全面综合的方法来重建电磁频谱作战能力。第350频谱战联队的使命任务是负责提供电磁战系统、电磁战重编程、仿真建模与评估等电磁频谱能力。

此外,美国空军第412测试联队下属的第412电子战大队重启了第445测试中队。

第445测试中队的主要任务是构建联合仿真环境,为第五代战机和下一代研发测试、作战测试、高级训练和战术开发提供最先进的建模和仿真环境。

(二)日本重组电子战部队,多次开展联合电子战演习

2022年,日本防卫省对电子战部队进行了改编重组,成立了三支电子战部队并扩充了现有两支部队的兵力,同时与美军进行了多次联合电子战演习。

日本自卫队陆上总队管辖电子战部队,分为电子战作战总部及附属部队、第101电子战大队以及重组的第301电子战中队。日本自卫队计划取消北部方面军的第1电子战部队,并将其改编为第302电子战中队。第101电子战大队管辖朝霞、留萌、相浦、知念、高田和米子驻地,第301电子战中队管辖健军、奄美、那霸和川内几处驻地。同时,日本自卫队在位于东京的朝霞营成立了地面电子战作战总部,指挥国内其他电子战部队。此外,日本自卫队计划2023年在长崎的津岛和冲绳的与那国岛建立电子战部队。

值得注意的是,与那国岛与中国台湾距离仅110km左右。此前日本在琉球群岛的宫古岛、与那国岛和喜界岛已有完备的信号情报站,并部署了4处反舰导弹基地,还计划在距离台湾省300km的石垣岛部署中程反舰防空导弹群。值得注意的是,2022年建立和强化的电子战部队驻地均位于日本西部区域,主要针对朝鲜半岛和我国东海方向,而规划中的电子战部队部署位置则更加前出。

四、技术研发上,认知电子战加速进入应用阶段,高功率微波等新型技术加快发展

2022年,电子战技术发展取得了一系列突破。认知电子战、人工智能/机器学习、量子技术等颠覆性技术正在推动电子战装备性能的跨越式提升。

(一)认知电子战应用加快向装备转化,"愤怒小猫"等项目取得重大进展

2022年,美军继续深化认知电子战的发展,加快认知技术在各型系统中的应用。美国国防部表示,未来的电磁战需要基于软件驱动、人工智能和机器学习,才能快速灵活地应对各种威胁。

4月,美国空军"愤怒小猫"战斗吊舱进行了为期两周的飞行测试。测试中,对战斗吊舱进行了30次飞行评估,结果显示,该吊舱功能强大,可大幅提升未来美军电子战能力的更新和应变速度。因此,美国空军称考虑将"愤怒小猫"用于电子攻击,并表示该吊舱将重塑电子战的未来。

5月,美国空军研究实验室传感器分部发布了"怪兽"电子战项目广泛机构公告。

“怪兽”电子战项目旨在研发新型认知电子战技术，提高运输机、轰炸机、加油机、预警机等大飞机在高端对抗前沿地带的生存力，从而实现作战力量和作战方式的变革，确保美国及其盟国未来在电磁频谱所有领域中占据主导地位。

(二)高功率微波技术广泛应用于反无人机，多国加大技术投入与转化

高功率微波武器作为“改变游戏规则”的颠覆性系统，一直受到世界主要国家的高度重视，是电子战领域新的研发重点。

2022 年，美国国防部通过加大高功率微波武器在反无人机领域的投入、开展反小型无人机演示活动以及采办相关装备，在反无人机系统的研发和采办方面持续发力。美国海军加大对高功率微波技术的重视程度，成立了专门的研究部门，并与美国空军研究实验室在反无人机方面开展合作。美国空军与陆军合作的“托尔”高功率微波反无人机系统已完成作战评估，获得良好反馈。同时，在“托尔”项目的基础上，美国空军开始研制下一代高功率微波武器“雷声之锤”。美国伊庇鲁斯公司推出了“列奥尼达斯”高功率微波吊舱，该吊舱可搭载于无人机等多种平台，应对无人机蜂群威胁。

此外，美国空军和海军还在联合测试新型高功率微波技术。6 月，美国空军研究实验室和美国海军研究办公室透露，即将完成为期 5 年的高功率微波武器研究项目“高功率联合电磁非动能攻击武器”(HiJENKS)的测试工作。HiJENKS 在“反电子高功率微波先进导弹项目”(CHAMP)基础上研制，利用高功率微波技术攻击敌方的电子系统，一旦完成技术测试，就将开展面向各军种的具体应用研究。

五、装备发展上，重点项目加快研制，多国推出新型电子战装备

2022 年，全球电子战继续呈现强劲的发展态势，美国等多个国家和地区继续加大对电子战装备的投入，在电子战飞机、机载/舰载/地面/太空电子战装备等各领域均有重大进展。

(一)电子战飞机蓬勃发展，多款新型电子战飞机首次亮相

电子战飞机是电磁频谱作战体系中的重要平台。美军拥有全球数量最多、类型最齐全的电子战飞机，现役的电子战飞机主要包括 EA－18G“咆哮者”、EC－130H“罗盘呼叫”、RC－135V/W“铆钉”、RC－12“护栏”等型号。2022 年，美国空军的 EC－37B“罗盘呼叫”新型电子战飞机首次亮相，正式启动了首架飞机的交付测试，空军计划共采购 14 架该型飞机。美国海军在预算中提出撤销 EA－18G 远征中队编制的计划，但遭到国会

否决。美国陆军表示正在积极推进下一代空中情报监视侦察飞机的开发，目前是利用“阿尔忒弥斯”和“阿瑞斯”两款飞机作为试验样机，将“高精度探测与利用”系统集成在机上进行测试。

2022 年，澳大利亚皇家空军 MC－55A“游隼”电子侦察飞机首次亮相。MC－55A 机上配备情报监视侦察与电子战任务系统，将用于执行电子战、信号情报和情报监视侦察任务。德国国防部宣布，将开发“欧洲战斗机 EK”电子战飞机来提供空中电子攻击能力，预计部署 15 架，于 2028 年实现初始作战能力。10 月，意大利国防部宣布计划采购美国的 EC－37B 新型电子战飞机。

(二)机载电子战装备持续升级，多个项目取得重大进展

机载电子战装备对于平台和作战编队的生存能力至关重要，世界各国历来都高度重视机载电子战装备的升级和开发。2022 年，机载电子战发展呈现出三大态势：①认知电子战技术在机载电子战装备中得到初步运用，未来机载电子战装备的智能化程度将会越来越高；②无人机电子战、蜂群电子战快速发展，正成为未来空中电子战的“生力军”；③俄乌冲突中便携式防空系统对低空飞行的战斗机和直升机构成严重威胁，牵引机载电子自卫技术向前发展。

2022 年，美国空军开展了 E－3G 空中电子战重编程试验，机载协同电子战综合项目取得重大进展。美国空军 F－15E 战机上首次安装了“鹰爪”无源/有源告警与生存能力系统(EPAWSS)，将为战机供先进的态势感知和自卫能力。日本已正式获授权采购“鹰爪”系统，对其 F－15J 战机进行升级。美国海军接收了首套“下一代干扰机—中波段”量产型吊舱，该吊舱能够拒止、破坏和降级敌方通信与防空系统，为 EA－18G 先进电子战飞机提供电磁频谱优势。美国海军还加快推进 AGM－88G 增程型先进反辐射导弹的研制，完成了三次作战试验鉴定。此外，多个国家为运输机升级导弹告警系统、红外对抗系统，为直升机升级电子防御系统，提升平台的战场生存能力。

(三)舰载电子战装备有序发展，应用更为全面

现代海战场上，舰载电子战系统已成为现代海上作战系统的重要组成部分，是衡量海军作战能力强弱的重要标志。目前，世界各国海军都为其海上舰队配备了能够近实时探测、识别和对抗雷达等威胁的电子战系统。

2022 年，舰载电子战系统的性能不断提升，手段日益多样。为应对新型反舰导弹、无人化集群作战等威胁，美国海军加大了定向能武器研发力度，持续推进舰载高功率微波武器和激光武器研究。为提升小型舰艇生存力，美国海军继续推进轻量型“水面电子战改进项目”的研发。同时，美国海军还在推进新项目的研制，海军研究实验室发布了“电

磁机动战模块化套件”（EMWMS）合同，EMWMS 将以集装箱、转运箱为平台，应用于具有开放甲板的两栖战舰和非战斗后勤船只，为其提供电子攻击和情报搜集能力。其他国家在海上电子战研究和部署方面的工作也在持续推进。例如，土耳其成功开发了全球首艘具有电子战功能的无人艇“枪鱼斯达”；加拿大海军将装备“下一代达盖”诱饵弹发射系统；澳大利亚海军“猎人”级护卫舰计划装备电子战系统；德国和挪威潜艇将装备 RESM/CESM 系统。

（四）地面电子战装备稳步发展，多款电子战战车投入运用

2022 年，地面电子战装备的发展主要表现在以下几方面：①随着无人机应用的激增，各国加快发展用于对抗无人机的地面电子战装备。②多国持续发展反无线电对抗简易爆炸装置（RCIED）。③地面电子战装备向着多功能一体化方向发展，同时将电磁战、网络战等非动能能力与火炮等动能能力相结合，引导精确火力打击，形成完整杀伤链，以充分发挥作战效能。

2022 年，美国陆军“电子战规划与管理工具”进入全面部署阶段，“地面层系统”（TLS）项目稳步推进，TLS 是美国陆军首个地基信号情报、电子战与网络能力综合系统。荷兰和德国陆军将装备“拳击手”新型电子战车，澳大利亚陆军升级“丛林霸主”电子战车能力，这些战车兼具电子支援和电子攻击能力，能提高在复杂电磁环境中的作战能力。以色列多次展示了包括“天蝎座 - G”地面电子战系统在内的新型“天蝎座”系列产品，“天蝎座”能够同时应对不同方向、不同频率的多个威胁目标。2022 年，美英等国家继续发展 RCIED 对抗装备，并推出了一些新型单兵便携式电子战装备。

（五）太空电子战装备发展提速，太空成为电磁频谱竞争的新高地

太空是新的战略高地与要地，太空中的电磁频谱竞争尤为激烈。2022 年 4 月，美国安全世界基金会发布《全球太空对抗能力：开源评估》报告，汇集世界主要国家太空对抗能力的相关信息，对美国、俄罗斯、日本等 11 个国家当前和近期的太空对抗能力及潜在军事效用进行了评估。报告指出：①美国已确立关于太空对抗能力的理论和政策，并组建了太空司令部以及太空军；在全球部署太空对抗电子战系统，可提供对地球静止轨道通信卫星的上行干扰能力；拥有世界上最强大的太空态势感知能力。②俄罗斯重组军事航天部队，整合了太空、防空和导弹防御能力；注重将电子战融入军事行动，拥有多种可在局部地区干扰 GPS 接收机的系统；拥有复杂的太空态势感知能力，正在积极开发访问全球太空态势感知传感器的数据。③法国明确关注进攻性和防御性太空对抗能力，其太空防御战略重点关注法国太空资产周围的态势感知能力提升；将军事卫星的控制权从法国航天局重新分配给了军方。④澳大利亚成立了军事太空组织，正在为军事太空优先事

项建立政策框架,协调建立太空态势感知能力的资源,同时为国防部审查电子战能力。⑤伊朗的太空计划处于起步阶段,包括建造和发射小型卫星;电子战能力能够持续干扰商用卫星信号。⑥日本正在积极探索进攻性太空对抗能力;发展更强大的太空态势感知能力;建设第二支太空作战部队,利用电磁波识别对其卫星的威胁。⑦朝鲜可在有限的地理区域内干扰民用 GPS 信号。

2022 年,美国、俄罗斯、法国等国家在太空电子战方面都有新进展。美国方面,美国空军与海军联合开展"太空猫"电子战行动,旨在促成电磁攻击中队之间的合作;美国 Spire 全球公司、鹰眼 360 公司使用卫星搜集、分析射频数据和 GPS 干扰数据。其他国家方面,澳大利亚政府宣布新成立的太空司令部正式运作,这是继美国成立太空军两年后,世界上第二个国家正式宣布建设独立太空军;俄罗斯首颗"芍药 - NKS"电子侦察卫星进入战备状态,并成功发射了第 5 颗"莲花"电子侦察卫星;法国在年底发射 3 颗海事信号情报卫星,专门为政府和私营用户提供海事信号情报;英国发射"琥珀 - Ⅰ"电子侦察卫星,主要对舰船射频信号进行定位和解调。

六、演习训练上,美盟国家以大国对抗为背景加大电子战应用程度

在大国对抗背景下,美国及其盟国加大了电子战演习训练的频度和力度,在演习中模拟真实作战场景,演练新型技战术,验证和促进电子战装备技术的发展。

2022 年,美国空军、海军、陆军、太空军等军种举行了多项电子战相关演习训练。其中,美国空军开展了"红旗 2022""黑旗 2022""蓝旗 2022"军演,EA - 18G 电子战飞机、携带"鹰爪"的 F - 15E 和 F - 15EX 战斗机参演;美国陆军开展了"融合项目 2022""利刃 2022"等演习,评估陆军的多域作战概念和国防部的联合全域指挥控制作战概念,并演练了无人机电子战和蜂群电子战;美国海军开展了"环太平洋 2022"联合军演,其中加拿大海军开展了"水面舷外无源诱饵"的电子战战术演练;美太空军首次开展了"黑色天空"电子战实战演习,旨在对卫星进行干扰,演练联合电子战指挥控制。此外,在美国空军的年度"太空旗帜 2022"演习中,加拿大、澳大利亚和英国首次参演,重点是关注欧洲场景,演练电子战技术、轨道战技术、太空领域态势感知技术;在澳大利亚的"漆黑 2022"演习中,澳大利亚皇家空军的 7 架 EA - 18G 飞机携带 AN/ALQ - 99 吊舱、反辐射导弹,演练了电子战技战术。

七、结束语

2022 年是极为不平凡的一年,俄乌冲突成为进入 21 世纪最大的地缘政治事件,注定

会载入人类历史史册。展望未来,全球范围内的局部冲突与争端可能会不断出现,电磁频谱依然是大国博弈的重要战场,涌现出更多的颠覆性技术和装备,并成为未来军事斗争的制胜力量。

(中国电子科技集团公司第二十九研究所 杨 曼 朱 松)

2022 年定位导航授时领域发展综述

2022 年，大国竞争更加激烈，为应对强对抗环境以及均势对手带来的威胁，以美国为首的世界军事大国以提升对抗环境下的弹性定位导航授时（PNT）能力作为发展目标。在卫星导航系统和先进技术发展方面，美国、俄罗斯和欧洲持续推进卫星导航系统的升级换代和卫星导航新技术的验证，筹划部署多轨道混合卫星导航星座增强架构，以提升系统的完好性、安全性和顽存性；加大卫星导航拒止环境下的其他可替代 PNT 装备技术发展力度，为卫星导航提供补充备份。在装备部署运用方面，加快技术向装备的转化应用与演练，以提高装备战时的顽存性和实战能力。

一、卫星导航系统部署及新技术发展日趋完善

2022 年，美国、俄罗斯和欧洲通过部署新卫星、研究卫星导航新技术、筹划高中低轨混合卫星导航星座，加速提升卫星导航系统的弹性能力。

（一）美国 GPS

截至 2022 年 11 月，GPS 共有 37 颗在轨卫星，其中 31 颗卫星在轨服务，系统空间信号精度约 0.49m。

1. 加速新一代 GPS 卫星部署

美国新一代 GPS 卫星包括 10 颗 GPS Ⅲ卫星和 22 颗 GPS ⅢF 卫星，将实现星座长期自主运行，降低对地面运行控制系统的依赖；大幅提升点波束功率增强能力，在全球指定战区的功率增强可达 20dB；发展信号可重构技术，调整或改变 GPS 导航信号参数以应对干扰。2022 年 5 月，美国空军第 5 颗 GPS Ⅲ卫星宣布具备初始运行能力。2022 年 1 月，美太空军与洛克希德公司签订了 22 颗 GPS ⅢF 卫星生产合同。GPS ⅢF 卫星较之 GPS Ⅲ卫星更为先进，具备新的区域军事保护能力，可向指定区域发送可信的 M 码信号，区域军事保护的抗干扰能力也有大幅提升。

2. GPS 下一代运行控制系统取得重大进展

美下一代运行控制系统(OCX)Block 1 和 Block 2 是美国 GPS 现代化计划支持建设的新一代地面运行控制系统。2022 年 11 月,OCX Block 1 和 Block 2 完成出厂集成,通过出厂鉴定和试运行即可交付使用。OCX 系统不仅能够控制管理所有的在轨卫星和包括现代化 M 码在内的所有信号,而且能够提升 GPS 的指挥控制能力、网络安全能力和抗干扰能力,并支持全球 M 码信号覆盖。

3. 推进导航新技术的验证

2022 年,美国空军"导航技术卫星" -3(NTS -3)计划取得了实质性的进展,为试验星发射及在轨技术验证奠定了基础。NTS -3 试验星将于 2023 年发射,可用于验证弹性天基 PNT 新概念以及新型时频技术、在轨可编程数字波形生成器、高增益天线、先进的 L 频段放大器、软件定义接收机等新技术,验证后的新技术将在 GPS ⅢF 卫星上实施。空间段上,完成了 NTS -3 试验星主要软硬件组件的关键测试,包括天线阵列以及卫星平台和有效载荷的指挥控制系统;地面段上,完成了地面段任务操作中心的硬件采购,将用于地面系统和卫星之间的功能演示;用户段上,完成了 4 部试验用地面接收机(计划为 6 部)研制,并于 3 月在白沙导弹靶场举行的海军 NAVFEST 演习中进行了性能验证。

(二)俄罗斯 GLONASS

截至 2022 年 11 月,GLONASS 共有 26 颗在轨卫星,其中 22 颗在轨服务,系统空间信号精度约 1.3m。此外,据俄罗斯航天局 GLONASS 应用分部负责人在 2022 年 10 月召开的"第 16 届 GNSS 国际委员会"所做报告显示,俄罗斯将构建高轨 GLONASS 混合星座和研制小型 GLONASS 卫星,以提升复杂环境下系统的稳健性和弹性。

1. 加速卫星升级换代

2022 年,俄罗斯成功发射了三颗 GLONASS 导航卫星,包括 7 月和 10 月发射的第四颗和第五颗 GLONASS - K 卫星,以及 11 月发射的最后一颗 GLONASS - M 卫星。GLONASS - K 卫星是俄罗斯第三代导航卫星,未来将逐步取代 GLONASS - M 系列卫星。同时,推进 GLONASS - K2 卫星研制,计划于 2030 年完成至少 12 颗卫星的部署。星载原子钟稳定性达 5×10^{-15},系统空间信号精度将达 0.2 ~0.3m。

2. 构建高轨 GLONASS 混合星座

俄罗斯计划增加 6 颗倾斜地球同步轨道(IGSO)的 GLONASS 卫星,东半球服务性能提高 25%,并在服务区增加精密单点定位(PPP)高精度服务能力。目前俄罗斯正在进行初步设计评审,首颗高轨 GLONASS 卫星计划于 2026 年发射,2030 年完成星座整体部署,预计系统空间信号精度约 0.4m。同时,计划于 2030 年前在 167°E、16°W 和 95°E 增加 3 颗

LUCH-5M GEO 卫星,实现双频多星座(DFMC)区域增强,并增加精密单点定位服务能力。

3. 研制小型 GLONASS 卫星

俄罗斯研制小型 GLONASS 卫星,可用 Soyuz 2.1 运载火箭同时发射 3 颗 GLONASS 小型卫星进行星座快速部署,星载原子钟稳定性约为 5×10^{-15},装有无线电星间链路,可以广播所有的 GLONASS 码分多址(CDMA)信号。

(三)欧洲 Galileo 卫星

截至 2022 年 9 月,Galileo 系统共有 28 颗在轨卫星,其中 24 颗在轨服务,系统空间信号精度约 0.22m。

1. 加快第一代卫星部署,推进第二代 Galileo 系统发展

2022 年 4 月,于 2021 年 12 月发射的第 27 和 28 颗 Galileo 卫星成功完成了系统/运行在轨测试审查,并于 8 月投入使用。该卫星将为公开服务用户带来三项关键能力改进:更快的导航数据采集;挑战环境下的鲁棒性;对于只能粗略估计 1~2s 授时的用户,可以直接从导航电文信息中获取数据。

2022 年 3 月,空客公司成功完成第二代 Galileo(G2G)系统概念初步设计评审(PDR)。初步设计和客户系统要求已通过全面审查,进入设备和模块级的验证、验收和鉴定阶段,有效载荷相关验证已全面展开。预计该系统将于 2024 年推出,2028 年实现初始运行能力,2031 年达到完全运行能力。

2. 筹划低轨星座在轨验证,提升系统服务精度

2022 年 11 月,欧洲空间局部长级理事会会议正式通过基于低轨道导航卫星的 PNT 服务(LEO-PNT)在轨演示计划,旨在发展一种全新的多层卫星导航体系。LEO-PNT 由高度在 2000km 以下的 LEO 卫星信号补充 MEO 卫星信号,进一步提升 Galileo 系统能力。该计划初期目标是建设至少由 6 颗 LEO 导航卫星组成的迷你型星座,测试卫星的能力和关键技术,并演示可供后续星座使用的信号和频段。这种 LEO-PNT 卫星将具有更高的信号强度、室内覆盖能力和抗干扰能力。LEO-PNT 概念的核心要素研究于 2016 年启动,预计于 2026 年进行演示。

二、加大可替代 PNT 装备技术的研发力度

卫星导航拒止环境下的 PNT 技术的重要性与日俱增,外军尤其是美国积极布局发力,部分关键技术取得了突破性进展,同时启动了多项前沿装备技术研发项目,积极拓展 PNT 在智能弹药、水下、地下和无人等卫星导航使用受限环境下的应用能力。

(一)美 DARPA 精确、鲁棒性的惯性制导弹药项目取得实质性进展

2022 年,在精确、鲁棒性的惯性制导弹药项目(PRIGM)下,基于光子集成的“先进微惯性传感器”(AIMS)技术取得了实质性进展。据 2022 财年美国高级研究计划局(DARPA)预算显示,军种实验室正在推进导航级惯性测量单元原型的过渡。这种导航级惯性测量单元将推动具有高动态范围、高带宽、高精度和高抗冲击能力的低尺寸、重量和功耗(SWaP)的惯性传感器在智能弹药的应用,有效提升弹药武器的打击能力。

(二)美太空发展局寻求发展基于低轨星的 PNT 技术

2022 年 11 月,美国太空发展局发布国防太空体系架构“传输层”2 期 PNT 服务有效载荷信息申请,寻求将低成本 L 频段 PNT 有效载荷应用于数百颗 LEO 卫星。该 PNT 有效载荷包括在轨可重编程 PNT 信号发生器、中型高功率放大器(HPA)和固定宽波束天线。美国国防部和美军各作战司令部已确认将这种 LEO 星座作为传输 PNT 服务的潜在来源,可补充增强 GPS,并在极端情况下作为 GPS 的备份,为导航战弹性规划和行动提供先进能力。

(三)美 DARPA 启动以军事应用为核心的小型化时钟研发项目

2022 年 1 月,美国 DARPA 发布了“强健光钟网络”(ROCkN)计划。该计划将设计一种 SWaP 的移动式光学原子钟,使高精度光钟应用走出实验室,且授时精度和时间保持性能均优于 GPS 原子钟,满足导弹、传感器、飞机、舰艇和火炮等装备对原子钟纳秒级授时精度的应用需求。研制成功后,这种光钟将比现有微波原子钟的精度提高 100 倍,大幅降低了授时误差,纳秒授时精度的保持时间将从数小时提高到一个月。2022 年 5 月 17 日,美国 DARPA 微系统技术办公室发布广泛机构公告,寻求开发 GPS 拒止条件下的超小型、低功耗、可部署应用的战术级时钟,在 -40℃ ~85℃条件下保持一周的微秒授时精度,以解决地下、水下或是因信号干扰而使 GPS 性能降级或不可用的问题。

(四)多国开展视觉导航技术在无人机的应用研究

2022 年 6 月,以色列阿思欧科技公司推出“导航卫士”无人机载先进导航系统。该系统采用无漂移核心技术,运用机载光学摄像机拍摄地形图像,通过先进机器视觉算法处理实时的光学图像视频信息,并将其像素与机载地图数据库存储的地图网格进行比较、关联、匹配,实现低延迟、精确定位。该系统推出了完全版、核心版与迷你版三种型号,可满足大中型固定翼无人机与中小型无人机对体积、工作时间以及性能的不同需求。2022 年 9 月,西班牙无人机导航公司为北约 Ⅰ/Ⅱ 类无人机系统的制造商和终端用户推出一

款新型视觉导航系统。该系统将“视觉里程表”技术和基于“模式识别”方法与其他机载传感器相结合,高精度地计算无人机对地的绝对位置、方向和相对运动,确保无人机在长时间内不会丢失位置精度。

三、美国推进装备技术部署

面向对抗环境下的联合作战的应用需求,美国加快新技术向装备的转化应用。

(一)美军加快 M 码与武器系统的集成

2022 年 4 月,GPS 源公司向美国陆军作战能力开发司令部下属的航空与导弹中心和导弹与太空执行项目办公室交付了可信 PNT 系统。该系统集成了军用 GPS 用户设备(MGUE)接收机板卡,是首个使用 MGUE 硬件以及 M 码的部署系统,将为“爱国者”导弹雷达、发射器和指挥控制系统提供精确的 GPS 信号,使其免受电子战攻击。2022 年 8 月,美国空军授予洛克希德·马丁公司 3200 万美元的 GPS M 码与多型地面攻击和反舰导弹的集成与支持合同,包括联合空地防区外导弹(JASSM)、增程型 JASSM 导弹(JASSM - ER)以及远程反舰导弹(LRASM)。

(二)美国空军开展抗干扰接收机的升级工作

2022 年 9 月,美国空军授予 BAE 系统公司数字式 GPS 抗干扰接收机(DIGAR)升级合同,为 F - 15E 战斗机提供对抗环境下的 GPS 抗干扰和欺骗能力。DIGAR 使用先进的天线设备、高性能信号处理和 16 个同时可控波束的数字波束形成技术,具备更优的 GPS 信号接收和出色的抗干扰能力。

(三)美军推进多导航源的部署

多导航源融合应用是美国国防部 PNT 体系的重要组成部分,代表了美军 PNT 装备的一个发展方向。2022 年 10 月,TRX 系统公司向陆军交付首批第 1 代单兵可信 PNT 系统(DAPS)。DAPS 装备可与“奈特勇士”(Nett Warrior)集成,取代了国防先进 GPS 接收机和“奈特勇士”GPS 接收机。2022 年 11 月,美国陆军授出第 2 代车载可信 PNT 系统(MAPS)生产合同。第 2 代 MAPS 装备将使用 M 码 GPS 接收机和其他可替代 PNT 源,具备增强型抗干扰和防欺骗能力。未来将通过小批量试生产,优先部署到部分部队。

(四)美国空军接收首批新型远征联合精密进近着陆系统

2022 年 7 月,美国空军接收了雷声公司研发的首批新型远征联合精密进近着陆系统

(eJPALS)。该系统可以帮助美国空军在恶劣环境中迅速建立空军基地,完成固定翼飞机、旋转翼飞机和无人机的精确着陆。eJPALS 是传统 JAPLS 的小型化通用版本,可由 C－130 搭载运输,两名人员在 90min 内完成安装,可同时处理 20n mile 半径范围内严苛机场环境下 50 架左右飞机的多个着陆点进近,保持飞机与着陆系统加密抗干扰连续通信。eJPALS 满足了在未来战争中作战部队与主要对手在对抗环境下的作战需求,支持空军的敏捷作战部署(ACE)概念。

四、美国加强战场应用演练

美军非常重视装备的实战能力,通过演训不断检验新技术的实用性和新装备的有效性。

(一)美国海军联合精密进近和着舰系统完成无人机模拟验证

2022 年 10 月,美国海军 MQ－25“黄貂鱼”舰载无人机测试小组在进行“航空母舰无人机航空演示”飞行甲板评估过程中,使用了一架替代机型完成了联合精密进近和着舰系统(JPALS)测试。试验中,测试小组完成了 13 次飞行进近操作,并使用与航空母舰和 MQ－25 复飞时使用的相同软硬件,为 MQ－25 收集关键数据。MQ－25 将是第一架使用 JPALS 在航空母舰上实现全自动着舰的无人机。

(二)美霍尼韦尔公司完成典型环境下的可替代技术验证

2022 年 4 月,霍尼韦尔公司在军用飞机上成功演示了视觉、天文和磁异常三种可替代导航技术,验证了平台在 GPS 信号被阻断、中断或不可用时具备的无缝导航能力。在视觉辅助导航技术方面,使用了一个实时摄像头,并与地图进行比较,为平台提供了 GPS 拒止或干扰情况下类似 GPS 的精度;在天文辅助导航技术方面,使用星体跟踪器观测恒星和常驻空间物体(RSO),为平台提供了 GPS 拒止或欺骗环境下类似 GPS 的精度,是首次在机载平台上演示基于常驻空间物体的导航解决方案;在磁异常辅助导航技术方面,利用传感器测量地球磁场强度,并将这些数据与已知地磁图进行比较,以准确确定飞机相对于地球的位置,是首次在机载平台上完成的实时磁异常辅助导航技术验证,可替代导航系统原型样机,预计 2023 年完成首次交付。

五、两点认识

(一)建立和增强弹性能力成为各国卫星导航发展的重点

2022 年,世界主要卫星导航系统以建立和增强弹性能力为目标。其实施手段大致有两种:①以提升强对抗军用服务能力为重点,发展先进卫星导航技术。美国新一代 GPS 卫星将大幅提升点波束功率增强能力,并具备多区域精准指向和灵活对抗能力;俄罗斯新一代 GLONASS 卫星,整星功率提高近 3 倍;欧盟新一代 Galileo 卫星将实现信号灵活可编程,并重点提升抗干扰、安全认证和防欺骗能力。②以补充现有卫星导航系统能力为目标,发展混合轨道 PNT 架构。俄罗斯 GLONASS 正在发展 MEO、GEO 和 IGEO 混合体系和星间链路;欧洲启动发展 LEO 与 MEO 多层星座体系架构。我们可以借鉴其在卫星导航发展方面的有益经验和尝试,结合我国卫星导航系统的中高轨卫星配置开展针对性的研究工作,确保我卫星导航系统的发展始终走在正确、安全的轨道上。

(二)注重卫星导航拒止环境下的可替代 PNT 技术的研发与验证

卫星导航拒止环境下的可替代 PNT 技术作为卫星导航的补充备份,将提升对抗环境下综合 PNT 服务保障能力。美国在这一技术领域发展较为成熟,部分技术已取得了实质性进展。2021 年 6 月,美国国防部正式批准了可替代 PNT 工作实施计划,目前正在有序推进 11 项可替代 PNT 项目工作。同时,美国根据现有和未来的平台及作战需求,正在对可替代 PNT 前沿技术进行评估。对此,我们应保持清醒认识,借鉴美国在可替代 PNT 技术发展的相关经验,不断丰富、发展和提高我国 PNT 装备的技术、手段和能力。

(中国电子科技集团公司第二十研究所　魏艳艳)

重要专题分析

情报侦察领域

ACT－IV 多功能传感器取得重要进展

2022 年 12 月 6 日，美国诺斯罗普·格鲁曼公司在马里兰州帕图森特河军事基地成功演示一种新型多功能传感器，在一个传感器中集成感知、干扰、网络攻击和通信四种关键任务能力，加速了“观察、判断、决策和行动”（OODA）环，缩短了杀伤链时间。这是目前为止最接近美国国防部“集成传感与网络”技术方向的原型系统（该方向是 2022 年美国《竞争时代国防部技术愿景》确立的 3 个国防专用技术领域之一），代表着下一代传感技术主流，将为美军带来非对称技术优势。

一、概述

多功能传感器摒弃传统烟囱式和单一功能的发展理念，共用射频硬件资源，具备执行多种功能的能力。

（一）多功能传感器概念

多功能传感器是一种综合集成系统，将通信、雷达、电子战和情报监视侦察（ISR）多种射频功能整合到一个传感器中，实现多种作战应用。诺斯罗普·格鲁曼公司的多功能传感器是一种可扩展、可定制核心模块的有源相控阵射频系统，可将通信、雷达、电子战和感知多种射频功能整合到一个传感器中，减少对孔径数量和尺寸、重量以及功率的需求。这类传感器可以在一个系统中同时实现被动功能和主动功能，与手机的不同应用程序相似，利用开放系统架构和软件定义技术，能够在不同模式下同时执行雷达、通信、电子干扰和网络攻击等操作，提供多任务能力，为使用者提供更加完整、准确的战场态势感知能力。

（二）多功能传感器的优点

多功能传感器采用模块化、标准化的设计方法，把子系统的各种功能重新划分、组合,可实时完成各种作战任务,全方位提高传感器的工作效率。主要优势体现在:①基于开放式架构设计,可快速添加新的或改进的功能来提高传感器性能,避免了重新设计,将传感器使用寿命从十几年延长到几十年,为作战人员持续提供行业一流能力;②采用通用构件块和软件容器化设计,提高了组件的质量和可靠性,可实现快速、低成本的生产,有助于降低武器装备的成本和复杂性;③架构易扩展且可重构,可以根据需求灵活部署在大型和小型自主平台上,使未来作战人员快速适应新的威胁、控制电磁频谱并连接到战术网络,支持分布式作战;④与多个功能独立平台相比,一个系统同时执行多种功能,可以提升隐身效果。

(三)多功能传感器应用前景

多功能传感器为美国国防部及各军种相关研究项目奠定了基础,将加速下一代多功能数字相控阵系统的发展和应用。一方面,多功能传感器适用于陆、海、空、天多种平台,包括小型无人机、空军协同作战飞机、下一代空中优势系列平台等,可为单个平台提供一体化作战优势;另一方面,在威胁环境中分散使用2个、3个或多个多功能传感器,为多域环境中的指挥控制提供前所未有的态势感知,特别适合用于支持未来的联合全域指挥控制和多域作战,可以连接全部5个作战域。在多个频率上运行的多功能传感器为指挥官提供一组更高置信度的可行动数据,可以改善目标瞄准和OODA环,实现精确火力打击。

二、ACT-IV项目发展现状

诺斯罗普·格鲁曼公司演示的新型多功能传感器是DARPA商业时标阵列集成与验证(ACT-IV)项目的主要成果,是DARPA商业时标阵列(ACT)项目的延续,产品已初具雏形,即将转入实战应用。

(一)项目背景

为保持技术优势,美国国防部长期致力于开发支持在电磁频谱中可重构、可编程和可软件定义功能的下一代传感系统。在先进共用孔径、先进多功能射频系统、先进多功能射频概念、多功能电子战、综合化顶层架构、电磁频谱指挥与控制等项目推动下,宽带可重构硬件技术取得重要进展,使多功能传感成为可能。

同时,作战环境变化需要缩短定制阵列孔径的研发周期,降低研发成本。未来战场瞬息变换,在强对抗环境中,需要具有特定射频特征的定制阵列孔径来支持特定任务需求。传统定制孔径专用性强、耗时长,严重影响新一代阵列的模块化和作战相关性,需要改变这一现状。

此外,ACT 项目即将结束,美国国防部希望继续开展研究。ACT 项目成果得到认可,DARPA 希望建造具有 ACT 通用模块的先进传感器系统,并寻求先进制造方法,减少非重复性工程成本,实现硬件资产可重构、可编程和软件定义功能。

(二)项目进展

ACT－IV 项目由 DARPA 发起,诺斯罗普·格鲁曼公司承研,阶段成果已转入空军研究实验室,研发历程和试验验证情况如下。

2017 年 6 月,DARPA 微系统技术办公室在 ACT 项目基础上启动了 ACT－IV 项目,建造具有 ACT 通用模块的先进传感器系统。

2020 年 11 月,诺斯罗普·格鲁曼公司成功演示符合开放任务系统标准的宽带有源电扫阵列传感器。

2021 年 6 月,诺斯罗普·格鲁曼公司成功完成新型 Terracotta 超宽带全数字传感器的飞行演示,该传感器具备同时执行有源和无源射频功能的能力。

2021 年 8 月,DARPA 宣布将 ACT－IV 项目下开发的首个多功能传感器移交给空军研究实验室进行后续研究和试验。

2022 年 5 月,诺斯罗普·格鲁曼公司披露正在使用 ACT－IV 的通用数字构件建立全频谱产品线,支持陆地、海上和空中各种平台。

2022 年 12 月,诺斯罗普·格鲁曼公司成功演示多功能传感器如何集成传感和网络攻击技术,并将第三方硬件和软件集成到一个开放架构、平台无关的系统中,通过标准的开放系统网关(OSG),与多个平台和指挥节点有效地共享和接收作战数据。

未来,美国国防部将使用多功能传感器测试和试验雷达、通信、传感和电子战的新模式,其软件、算法和功能还将过渡到下一代多功能射频系统,支持先进的国防发展计划和未来的开放架构环境。

(三)相关技术

ACT－IV 项目研发的多功能传感器,以开放式体系架构为基础,利用数字化环境在硬件端实现模块化和通用化,辅以人工智能和软件定义技术在后端实现多功能应用。使能技术主要包括以下几个方面。

开放式体系架构是基础。采用模块化设计和非专用标准,在硬件前端实现组件的标准化、通用化,以“能力开发工具包”的形式使用第三方组件来增强多功能传感器,不受供应商限制。提升传感器系统复用、快速集成、系统重构、快速交付等能力,实现与其他传感器的互联互通互操作。

数字环境是关键。诺斯罗普·格鲁曼公司的“数字影子”测试平台(也称为数字孪生)使多功能传感器可以在更短时间内完成大量模拟飞行测试,进行快速迭代和评估。根据用户分享的真实信息和数据,准确地模拟和分析电磁频谱中大量复杂的场景。

通用数字构件是核心。这种数字互联的构件是一种先进的硅半导体模块,在此基础上可扩展规模、快速升级和广泛部署,替代了传统单片阵列系统。通过控制大量独立的数字发射/接收通道,使天线孔径功能在有源电子扫描相控阵列雷达、电子战侦察接收机、数据链和信号情报接收机之间瞬间转换,进而减少传感器的孔径和功率,实现单个硬件执行雷达、信号情报、通信、网络攻击等多种功能。

三、几点认识

(一)技术走向成熟,装备化指日可待

ACT－IV 取得重要进展表明,多功能传感技术已经成熟,即将走向装备应用,这是美国多年持续投入研发的必然结果。美国一直在专注提升电子信息系统硬件性能,也非常重视能够降低研发成本的方法和技术,近年来密集启动了多个关联项目。早在 2013 年,DARPA 就启动了"商业时标阵列"项目(DARPA－BAA－13－26),研发通用构件为各种网络信息应用提供可扩展和可定制的功能,以此缩短用于通信、信号情报、雷达和电子战的射频微波阵列开发、部署与升级时间,降低硬件研发成本。在该项目即将结束之际,DARPA 在 2018 年启动了 ACT－IV 项目,开发通用孔径技术,利用不到一年的时间就实现了研究目标,转入空军推进应用。2019 年,DARPA 又启动了"阵元级紧凑型射频前端滤波器"(COFFEE)项目,开发用于下一代宽带阵列的可复用新型谐振器和可集成微波滤波器,解决宽带接收动态范围有限、易受干扰的问题。这些项目均围绕下一代宽带阵列技术展开,研发速度空前,共同特点是通过在硬件端实现组件的标准化、通用化,提升传感器系统复用、快速集成、系统重构、快速交付等能力,规模化装备后将带来无与伦比的感知优势。

(二)提供决策优势,支撑多域作战

作为美国国防部未来数十年最重要的作战概念,"多域作战"需要发展速度更快的杀伤网,需要新一代传感器的支撑。ACT－IV 是首个基于数字有源相控阵的多功能系统之一,具备较强的灵活性,可作为一种货架解决方案向军事人员提供快速部署新能力,使未来作战人员能够控制电磁频谱,并连接战术网络来支持分布式作战,快速应对多域作战的新威胁。具体来说,以 ACT－IV 为典型代表的多功能传感器,能够从多个方面为多域作战带来电磁频谱优势,主要体现在:①传感器瞬时带宽越来越宽,能实现更强的感知能

力,进而控制更大范围的电磁频谱;②传感器数字化硬件前端可以以机器速度实时调整信号,不仅使发射信号更难被探测,也能及时调整孔径更好地应对外部威胁;③与多个功能独立平台相比,一个系统同时执行雷达、信号情报和通信等功能,具有尺寸、重量和功率优势,还可以为多域作战指挥官提供多维度的感知和防御能力。总的来说,多功能传感器能够基于通用硬件和软件化的多功能能力,利用自适应方法以前所未有的方式应对不断变化的多域作战环境,改善 OODA 循环,为多域作战提供决策优势。

(三)将从技术角度促进情报监视侦察与网络空间域融合

2022 年 2 月,“集成传感与网络”一词首次出现在美国国防部 14 个关键技术领域清单中。广义来看,这将是美国情报监视侦察技术领域与网络空间技术领域融合后即将出现的一个技术领域。早在 2020 年,美国国防部《电磁频谱优势战略》明确提出要促进情报监视侦察与网络电磁空间融合,美国空军率先将负责网络作战的第 24 航空队和负责情报监视侦察作战的第 25 航空队整合为第 16 航空队,并将情报监视侦察飞行计划和网络战飞行计划进行整合,以建立未来十年技术发展路线图;美国国防部研究与工程副部长办公室增设集成传感与网络分部(OUSD R&E(IS&C)),为技术融合奠定了组织基础。作为典型项目,ACT - IV 成功提供了情报监视侦察与网络空间领域融合的技术路径,模糊了功能域界限,代表跨域融合的一个新技术方向,项目目标是在整个电磁频谱中使用综合集成能力,降低对手拒止作战能力,并提高态势感知的可靠性和及时性。在情报监视侦察与网络空间的综合集成与作战应用上,美国已走在世界所有国家的前面,将在未来战争中构建起跨代技术优势。

(中国电子科技集团公司第十研究所　陈祖香)

美太空军研发天基地面动目标指示能力

2022 年 9 月，美太空作战部长雷蒙德将军在美国空军协会年会上表示，作为取代老化的联合监视目标攻击雷达系统（JSTARS）机群的“多域”方法的一部分，美太空军太空作战分析中心（SWAC）已完成了为期一年的备选方案分析，以获取从太空跟踪移动目标的天基动目标指示（GMTI）能力。美太空军已计划于 2024 财年为天基 GMTI 项目申请经费，天基 GMTI 雷达卫星项目将填补 JSTARS 退役留下的情报、监视与侦察（ISR）缺口，并大幅提升美军的实时 ISR 能力。

一、项目背景

GMTI 技术自问世以来在军用领域和民用领域都发挥了不可替代的作用，尤其是在军事侦察和战场态势感知方面，搭载在高空运动平台（飞机、浮空器、卫星等）上的 GMTI 雷达可以有效克服地球曲率的限制，在广泛的战区内不受任何天气条件的影响增大探测范围，近实时提供敌方各种陆地和海上运动目标的位置信息，并对目标进行分类和识别。

20 世纪 80 年代“冷战”末期，为应对苏联部署在前线的钢铁洪流，美军启动了搭载 GMTI 雷达的大型对地监视飞机研制项目，由此诞生了 E－8 联合监视目标攻击雷达系统（JSTARS）飞机。该型飞机基于波音 707 机体，搭载了具备 GMTI 模式的 AN/APY－7 无源相控阵雷达，目前仍是美军执行 GMTI 任务的主力装备。E－8 自 1991 年首次亮相海湾战争以来，在美军发动或参与的几乎所有局部冲突中都能见到其身影，为美军提供了近实时战场 ISR 能力，有力地保障了美军的作战指挥及精确火力打击任务。

由于美国空军多年来一直担心该型飞机及操控人员在飞越战区时会受到敌方防空导弹的攻击，加上波音 707 机体服役 30 余年逐渐老化，以及有源相控阵成为雷达主流技术，更换 JSTARS 飞机保持 GMTI 能力优势已是美军亟须解决的问题之一。为此，美国空军相继启动了 E－10 和 JSTARS 重构（JSTARS Recap）项目，寻求开发新机型来取代 JSTARS 飞机，但这些项目均因种种原因而被美军放弃。截止 2022 年 12 月，美军 16 架

E－8 飞机中已有 6 架退役,整个 E－8 机群预计将于 2023 年 10 月前完成退役。

正是在这一背景下,为保持未来 GMTI 作战能力优势,美军提出了发展天基 GMTI 来取代 JSTARS 飞机的计划。未来天基 GMTI 星座完成部署后,将通过分布式部署小卫星的方式赋能实现太空领域“马赛克战”概念,支持美军形成全天时、全天候天基动目标的全球探测能力,为美军实时掌握关键战场信息提供有力保障。

二、项目进展

对美军而言,天基 GMTI 并非是一种新概念。早在 1998 年,美国空军、DARPA 和国家侦察局就启动了探索高分辨率天基 GMTI 的“发现者Ⅱ”项目,该项目在 2000 年被国会取消。2004 年,美国空军授予洛克希德·马丁公司一份天基雷达合同,涉及开发相关 GMTI 能力,但 2008 年美国国防部又以成本过高为由终止了该项目。

在经过约 10 年的空白期后,美国空军快速能力办公室于 2018 年秘密启动了 GMTI 雷达卫星研究项目,旨在通过由小型 GMTI 雷达卫星组成的星座来跟踪地面运动目标,以填补 JSTARS 飞机退役后产生的能力空白。这种天基 GMTI 系统将在一定程度上取代 JSTARS,克服当前空中平台的航程限制,在不依靠机载资产的情况下,完成对抗环境下的快速目标定位任务。

随着 2019 年 12 月美太空军正式成立,该项目被移交给了美太空军。2021 年 5 月 12 日,约翰·雷蒙德将军在参加 2022 财年国防计划会议时,首次公开了此前高度保密的 GMTI 雷达卫星项目,从而引发了各界的广泛关注。2022 年 1 月 18 日,约翰·雷蒙德将军在米切尔航空航天研究所航天力量论坛上称,美太空军会根据 GMTI 项目的备选方案分析结果来确定项目最优方案,并计划在 2024 财年为天基 GMTI 项目申请经费。该军种目前正与情报界和美国国防部成本核算和项目评价办公室联合推进这项工作。美太空军于 2021 年组建的太空作战分析中心负责开展 GMTI 分析,已于 2022 年 9 月完成了项目备选方案分析。相关分析将为美国国防部 2024 财年的 GMTI 预算提供支撑信息。截至目前,项目的卫星星座数量及部署计划、时间进度安排、资金拨款等细节仍然保密。

三、项目面临的挑战

虽然美太空军已正式将发展天基 GMTI 项目提上日程,但在相关技术、经费,以及未来职责划分方面还面临着诸多挑战。

(一)技术攻关

天基 GMTI 系统较空基系统作用距离更远,需要更大功率的发射系统。天基系统想要获得与空基系统同等分辨率,就必须具备更大尺寸的天线,这对美太空军的小卫星平台方案来说难度更大,应考虑采用创新型材料和设计方案。同时,与空基系统相比,火箭发射活动和太空环境对系统形成的要求也更为苛刻。这些限制条件对天基 GMTI 项目而言都是短时间内难以克服的挑战。美军之前的项目夭折,技术难度过大也是原因之一。为此,美太空军希望加强商业能力的利用,推动商业航天企业更多地参与其中,以此来降低技术开发风险。

(二)经费预算

成本过高一直是天基 GMTI 项目发展面临的挑战之一,也是前期项目下马的主要原因。根据美国会预算办公室 2007 年的一份报告估计,天基 GMTI 雷达系统的成本从近 260 亿美元到 940 亿美元以上不等,这也造成有关项目曾一度成为美国国防部有史以来最昂贵的系统,美太空军同样面临着这一问题。根据《2022 财年国防授权法案》附加的一份联合解释性声明,美国会希望限制国防部在 GMTI 项目上的支出,直至国防部逐项完成对所有已确定和规划的 GMTI 项目的评审。

(三)职责划分

传统上,天基情报收集和图像处理一直是美国家侦察局和国家地理空间情报局的职权范围。随着战术级情报、监视与侦察(ISR)需求的日益增长,美太空军希望以天基 GMTI 的方式介入这一领域,从而将与美国空军和情报界产生业务冲突。美太空军和空军部高层已明确表示,美太空军将在向战场指挥官提供战术 ISR 方面发挥重要作用,同时将战略 ISR 采集任务移交给国家侦察局。如何具体划分 GMTI 相关职责权限,使美太空军的这一项目获得美国其他军种和情报界的支持,或将成为美国国防部内部亟待探讨的议题之一。

四、几点认识

随着 JSTARS 飞机逐步退役,美军将出现重大 GMTI 能力空白,加紧研发天基 GMTI 等替代方案已迫在眉睫,天基 GMTI 未来不仅将扩大美太空军的作战领域,还将大幅提升美军战场 ISR 能力。

(一)扩大美太空军作战领域

在天基 GMTI 系统服役后,美太空军的主要作战领域将得到进一步的扩大,从通信、反导、太空监视等领域扩展到传统上由其他军种和国防情报机构负责的 ISR 领域,职责范围也将从当前以战略支援保障为主,向支持战术级火力打击方向发展。在美军大力发展"联合全域作战"概念的背景下,美太空军可借助该项目加强军种间的联合作战能力,推动美军深入探索全域一体化作战方式。

(二)提升美军战场 ISR 能力

与现役以 JSTARS 为主的空基 GMTI 系统相比,完成全球组网覆盖后的天基 GMTI 系统,由于具备更好的强对抗环境生存力和更大的覆盖范围,且可不受限制地从他国上空过境,因而能全天时、全天候探测地球上任何地点的运动目标,支持美军快速获取全球范围内他国军事部署活动情况,掌握关键战场因素信息,真正实现"先敌感知、先敌决策、先敌行动",从而大幅提升美军的战场 ISR 能力,进而为美军的作战机动能力和精确火力打击能力提供有力保障。

(中国电子科技集团公司第三十八研究所　吴永亮)

预警探测领域

美智库提出5层巡航导弹国土防御架构

2022年7月14日，美智库战略与国际问题研究中心（CSIS）发布《将北美作为一个整体：一体化、分阶段、经济可承受的国土防空反导方法》报告，指出美国国土防御主要集中在远程弹道导弹上，而忽视了巡航导弹威胁，导致探测、跟踪、识别或拦截巡航导弹方面的能力非常有限，为应对不断加剧的复杂空中攻击形式，防空反导需要新的方法、概念、能力和新的防御设计。报告基于7个防御设计原则，提出了分3个阶段实施的5层巡航导弹国土防御架构。

一、报告背景

长期以来，美国防空和反导的部署存在割裂，巡航导弹防御聚焦于区域和部队层面，将国土防御排除在外。随着战略环境的变化以及空中和导弹威胁的日益广泛和多样化，尤其是对陆攻击巡航导弹、精确制导巡航导弹等进攻性导弹已经变得很普遍，对美国国土安全造成了严重威胁，以前这种区分国土和区域防御的做法越来越不合时宜，在某种意义上忽略了北美也是一个区域的事实。巡航导弹国土防御几乎完全缺乏，这就形成了一个威慑问题。

美国已开始重视巡航导弹国土防御。美国国防部2023财年预算表明，美国的导弹防御重点已经从传统的洲际弹道导弹扩展到了巡航导弹和高超声速导弹，其中：2.78亿美元用于建设新型超视距雷达，以增强对国土巡航导弹袭击的探测能力；10亿美元用于增强关岛的导弹防御能力，作为美国巡航导弹国土防御架构的概念验证或试验台。美国导弹防御局和美国北方司令部正在联合测试美国巡航导弹国土防御能力，并计划在2023财年进行能力演示验证。

2021年2月，美国国会预算办公室（CBO）发布了《国家巡航导弹防御：问题和备选方案》报告，评估了美国的巡航导弹国土防御系统方案。CBO提出的一些假设需要相对较高的采购和维护成本，报告认为实现巡航导弹国土防御能力将是“可行但昂贵的”。

二、报告主要内容

CSIS报告在CBO报告基础上进一步识别了制约因素，基于优先防御、多任务应用、关注整个攻击生命周期、深度防御、平衡持久性和灵活性、不抛弃任何装备、可负担得起等7项指导原则，设计出了更有效和可负担起的5层巡航导弹国土防御架构，并建议通过3个阶段分步开展建设工作。

（一）5层防御架构

第1层是全球威胁感知，基于情报提供对对手行为模式的理解，并在攻击即将发生时进行预警；第2层是21世纪远程早期预警（DEW）线，聚焦远程预警，对接近北美的空中和海上威胁进行360°超视距探测；第3层是广域监视（WAS），侧重于北美内部，整合现有传感器能力，保持对潜在威胁的感知；第4层是优先区域防御（PAD），负责要地防御，对聚集关键资产的少数地区提供加权防御覆盖；第5层是基于风险的机动性防御，引入具有机动性和灵活性传感器，北美前出部署或覆盖北美其他地区。最后，通过联合指挥控制将这些要素和层次结合起来。

1. 全球威胁感知

第1层结合来自全球各种情报、监视和侦察的指示和告警，将这些数据和信息进行整合，更全面地了解对手行为模式和军事意图，以更好地分析和预测针对北美的潜在威胁，并积极阻止攻击的发生。例如通过光电和雷达感知（包括商业卫星星座）收集情报，侦察对手在前线部署的加油机，增加指挥中心的规划活动，强化自身防御等军事活动。

2. 21世纪远程早期预警（DEW）线

第2层代表了已演变成北方预警系统（NWS）的多层远程早期预警线的新形式，由超视距雷达（OTHR）组成。OTHR的工作原理是利用电离层的反射特性，将远程雷达波束在大气层和地球的曲率上进行反射。OTHR目前无法辨别密集编队，不支持作战识别且不提供火控数据，但是OTHR可实现远程探测，能提供攻击方向、范围、预计到达时间和突袭规模，在3000km的距离上探测空中威胁可以增加数小时的预警时间，从而支持交战或通过其他手段进行正面识别。

3. 广域监视（WAS）

由于OTHR只适用于远程覆盖，受限于约1000km的最小探测距离，因此为了监测近程威胁，有必要建立一层持久的WAS。WAS可能无法提供高质量的跟踪、作战识别，但有助于保持对威胁的监视。在不专门建造传感器网络的情况下,可以利用现有的军民两用传感器来创建WAS层。候选传感器包括空管雷达(美国联邦航空管理局运营)、系留浮空器雷达系统(美国海关和边境保护局运营)、多普勒天气雷达(由美国国家海洋和大气管理局运行,160部)、被动传感器(利用电磁信号、声学传感器)。

4. 优先区域防御(PAD)

在前3层探测和跟踪的支持下,优先区域防御是该设计中主动防御的核心。每个PAD包括19座联网的传感器塔和多部中远程地对空拦截器。传感器塔以重叠的方式部署,传感器之间的距离约为60km,总覆盖半径约为250km,配备光电和红外传感器,其中:18座传感器塔配备单体旋转电扫相控阵雷达,探测和跟踪范围约为75km;1座传感器塔配备“宙斯盾”火控雷达。拦截器可发射中程和远程拦截弹,其中:4个可移动拦截器,可发射48枚中程拦截弹;1个Mk 41垂直发射系统(VLS),可发射6枚射程约160km的远程“宙斯盾”拦截弹。未来,PAD还将升级防御到PAD+,传感器塔的数量增加到25个,拦截器增加配备多任务增程拦截弹的Mk 41 VLS,并在华盛顿地区部署一套浮空器。此外,每个PAD+配备至少一部高功率微波系统。

5. 基于风险的机动性防御

防御设计的最后一层,应用了平衡原则,以灵活的移动平台来补充PAD的各种固定和半固定资产,如E-7“楔尾”预警机和战斗机。E-7虽然不能覆盖所有进入北美的途径,但可以提供关键的、偶发的前线机载预警和指挥控制,特别是为北极上空防御较弱的地区提供支持。F-35的传感器将有助于跟踪导弹威胁,即使在武器交战范围之外,也可以通过多功能先进数据链共享信息。

(二)3个实施阶段

CSIS报告提出的分层防御架构以分阶段和适应性的方式实施,优先考虑近期需求,并在一段时间内分摊成本,计划从2024财年开始分3个阶段进行,如表1所列。第1个阶段优先考虑来自北部的攻击和在华盛顿地区建立更强大的主动防御,随后的阶段将扩大传感器的覆盖范围和防御区域的数量。到第2个阶段结束时,将拥有5个PAD(95个传感器塔、280枚拦截弹)、8部OTHR。第3个阶段增加很多新能力,实现国土防空反导架构,包括360°全方位的广泛预警能力、具有在武器释放前威慑和击败发射平台的能力、针对多轮导弹攻击的交战能力等。该架构保持适应性,可集成定向能、天基和其他形式的先进传感器,并可将能力扩展到其他任务,如反无人机(C-UAS)和高超声速防御。

表1　分阶段实施计划

阶段	建设内容
1	4部OTHR(3部部署在北部边境,1部部署在阿拉斯加);1个PAD;WAS整合现有传感器
2	增加4部OTHR(沿海地区);增加4个PAD
3	增加2部OTHR(南向OTHR阵列完成360°覆盖);PAD升级为PAD+;华盛顿地区增加1个浮空器;增加基于风险的机动性防御(E-7、战斗机)
未来	整合各种天基传感能力;扩展到多威胁防御能力(反无人机、高超声速防御)

三、几点认识

随着美国加强巡航导弹国土防御,CSIS报告针对美国现有巡航导弹防御存在的不足和短板,提出了更有效、经济可承受的5层巡航导弹国土防御架构,为美军分阶段和适应性建设巡航导弹分层防御架构提供了借鉴。

(一)美国现有巡航导弹防御存在覆盖缺口

美国巡航导弹国土防御能力有限,“冷战”和反恐时期遗留的装备不足以支撑巡航导弹防御,而且功能已陈旧,还需要进行必要的现代化升级。现有的巡航导弹防御能力主要依靠北方预警系统、华盛顿地区的国家先进地空导弹系统和战斗机,及其他未能整合的现有传感器,尤其是非美国国防部的传感器。北方预警系统由美国和加拿大共同运行,整合了加拿大北部、阿拉斯加及沿海的近远程雷达来探测中高空威胁,但是无法对低空和低可观测性威胁进行有效探测,缺少专门针对低空巡航导弹威胁的防御措施。美国现有的巡航导弹防御能力与CSIS报告所设计的防御架构还有很大差距,如需要新建10部OTHR等。

(二)美国加强巡航导弹国土防御

正如在俄乌冲突和最近的几次冲突中所看到的,精确制导的巡航导弹已经成为一种首选武器,能够造成战略影响。俄罗斯研制的新一代巡航导弹能够低空飞行,具有超过2500km的射程,从北美预警区域之外发射也足以到达许多北美目标。为应对这一新现实,美国导弹防御局从2022财年开始增加了巡航导弹防御试验预算。2022年7月,美国国防部授权美国空军负责巡航导弹国土防御能力的采办,美国导弹防御局已于8月将新建立的巡航导弹国土防御组合移交至美国空军。美国国防部2022年10月发布的《导弹防御评估》报告再次强调了巡航导弹的威胁，这表明美国已开始采取整体思路，加快构建巡航导弹国土防御能力。

(三)成本效益是巡航导弹国土防御设计的关键因素

可负担性是 CSIS 报告中巡航导弹国土防御架构设计的原则之一，关键的是在考虑其他原则时，最终都要满足成本要求，即巡航导弹国土防御需要一个具有成本效益的方法。CSIS 报告估算出 5 层巡航导弹国土防御架构 20 年建设总成本为 326.6 亿美元，包括 148.7 亿美元的采购费用和 177.9 亿美元的维护费用。美国国会预算办公室 2021 年分析的 5 种美国巡航导弹国土防御系统方案，提出 20 年建设总成本从 770 亿美元到 4660 亿美元不等。相比较而言，CSIS 提出的巡航导弹国土防御架构具有一定的成本效益。

(中国电子科技集团公司第三十八研究所　祝清松)

下一代“无人僚机”概念剖析及对预警探测系统的启示

2022年7月，美国洛克希德·马丁公司发布“有人－无人分布式编组”下一代“无人僚机”概念，颠覆了传统采用单一平台的“忠诚僚机”模式，利用多型无人机组成“系统簇”，构建新质有人－无人分布式协同空战系统，应对高度竞争、动态化的战场环境，依托“群体涌现、高低搭配、认知解放”多元化能力在“无人僚机”这一新兴领域实现非对称优势。

一、概念介绍

洛克希德·马丁“有人－无人分布式编组”下一代“无人僚机”打破传统样式，以多款不同功能的无人机构成空战有机组成单元，能够根据战场任务需求实现空战力量的“高端定制”。

在概念视频中，洛克希德·马丁展示了作为未来有人机的4种备选“无人僚机”。

一是低端小型空射无人机“普通多任务卡车”（CMMT），通过战斗机、运输机发射，突前部署作为“消耗性”诱饵、电子战平台，以迷惑和蒙蔽敌防空系统，甚至对目标发动自杀式打击。

二是具备一定隐身性的“战术消耗性战斗飞行器”（TE－CAV），作为廉价“可消耗”无人战斗机，可突进高对抗区域发射机载武器，执行制空、对地打击等作战任务。

三是中端无人信息节点，尺寸较大，注重战场续航能力，可根据战场需求配置雷达、通信等模块化载荷，承担预警探测或通信中继等多元化任务，为有人－无人编队提供信息支援。

四是高端隐形“下一代无人驾驶航空系统”（NGUAS），源自RQ－170“哨兵”隐身侦察机，具备长续航、高生存特点，可在敌防空区域边缘执行情报、监视与侦察（ISR）任务，通过作战网络实现编队数据共享。

二、能力特征

洛克希德·马丁提出的下一代“无人僚机”概念具备三大能力特征。

1. 系统簇、多功能

传统“忠诚僚机”概念旨在将有人机与自主作战无人机集成,僚机机型单一,注重无人机作为“多面手”的全能性,导致整体成本高昂,陷入了“以平台为中心”的传统装备研发模式,分布式作战属性相对较弱。

洛克希德·马丁“有人-无人分布式编组”概念打破了“忠诚僚机”聚焦单一平台的桎梏,利用多种高低搭配、功能简单多元的无人“系统簇”,构建灵活、可定制、经济的新质有人-无人空战生态,高度契合美国空军“集中式指挥、分布式控制、分散式执行”的“以任务为中心”作战理念,很可能成为“下一代空中主宰”(NGAD)无人僚机的重要选项。

2. 低成本、可消耗

大国竞争背景下,先进武器装备广泛应用,战场花费触目惊心,控制己方作战成本,在消耗战中将敌方“拖垮耗尽”,已成为获取战争整体优势的重要途径。

从“系统簇”构成看,有人-无人分布式编组概念具备典型的“高低搭配、按需使用”特点,广泛采用CMMT、TE-CAV等结构简单、成本低、可消耗的低端无人平台,构建更具性价比的作战组合,做到“成本可消耗、战时易补充”。

3. 高自主、易协同

传统“忠诚僚机”与有人机的协同样式为“附属式”协同,对飞行员指挥控制依赖程度较高。考虑到战机高度复杂且功能多元,飞行员应对现有空战任务的工作量已相当沉重,难以再有精力去指挥控制无人僚机。

对此,洛克希德·马丁公司提出了“分离式”协同样式,通过人工智能技术,提升无人机自主程度,降低协同作战中“人在回路”的干预,减小飞行员指挥控制负担,提升编队作战效率。

三、情报发现

作战层面,“群体涌现、高低搭配、认知解放”是洛克希德·马丁公司在“无人僚机”这一新兴领域实现非对称优势的关键抓手。洛克希德·马丁公司新质“无人僚机”概念可能对装备发展产生巨大影响,打造多元化无人系统混合编组,利用“群体涌现”效应,实现体系能力指数提升;“高低搭配”系统簇模式可降低空战体系成本,打赢大国竞争的“消耗战”;新型僚机高自主能力将飞行员从繁重的认知负担中解放,从而有更多精力和时间发挥主观能动性,这也是“战争的决定因素是人”理念在有人－无人协同领域的直接体现。

企业层面,军工企业主动提出新概念、新生态牵引用户顶层装备需求,是打破常规、走出舒适区、掌握市场主动权的新路径。波音公司、诺斯罗普·格鲁曼公司、通用原子航空系统公司、Kratos 公司在无人机领域异军突起、屡获大单,依靠“女武神”、“忠诚僚机”、MQ－20 等项目,成功占据了无人机新兴市场的绝大份额,试图撼动洛克希德·马丁公司依托 F－22、F－35 等产品确立的军机“霸主”地位。对此,洛克希德·马丁公司主动走出舒适区,充分研究马赛克战争、分布式空战等新兴概念,结合无人系统在纳卡冲突、俄乌冲突等实战中的表现,率先提出下一代“无人僚机”概念,打造未来空战生态,牵引部队顶层需求。

技术层面,洛克希德·马丁公司利用已有项目实现技术迁移,加快项目研制进度,但仍存在飞行员负担、战场突发响应不佳的限制。从作战概念内容看,洛克希德·马丁公司将其参与的 SoSITE 项目思想充分融入到有人－无人协同作战生态中,加快研发进度和技术成熟度,快速推动能力落地;当前人工智能技术总体存在局限性,飞行员仍要负责部分无人机指挥控制工作,离全智能化空战还有相当的距离;基于预测任务配置的无人“系统簇”,面临“计划外”突发任务的瞬时响应也是需要解决的难题,尚未达到马赛克战概念下“杀伤链快速重组,体系动态重构”的理想状态。

四、对预警探测领域的启示

展望未来,下一代“无人僚机”系统簇催生的新质战场生态很可能将逐步成为未来空中作战体系的主流,需要一系列技术群提供能力支撑。在预警探测领域,可考虑在以下方面提前布局,未雨绸缪,积极探索。

1. 动态适应建链

针对新质体系下大量异构有－无人平台通信、侦察、打击等任务能力的跨域协同需求,应采用“马赛克战”思想,开发半自主化战场感知链的自适应构建能力,利用自主能力和人机交互界面,辅助作战人员快速识别、利用可用的探测资源,实现动态自组织感知任务执行,对目标形成完整、交叠、冗余、互补的弹性全覆盖。这个思路在美“自适应跨域杀伤网”(ACK)中得到了充分体现。

2. 数据多源融合

未来有人－无人空战体系中很可能将配置雷达、光电等多源同构/异构传感器,实现组网协同探测。应布局多源融合技术,力争实现电磁域装备的分布式信号级协同,并基于专门的多源数据融合流程、算法和系统,完成战场态势感知数据大融合,构建完善的战场态势图,实现数据的全面、高效利用,以支撑战场决策。

3. 智能自主感知

智能自主技术将赋能适应高对抗、高复杂的战场环境,并有效降低有人机飞行员对探测数据的认知负担,被认为是传感器技术的主流发展方向。具备认知自主能力的雷达系统,可利用"感知—学习—适应"(SLA)方法实时智能调节发射波形,在发射、接收、认知间形成闭环,持续对环境、阵地和电磁信号进行持续认知,实现可靠探测。

4. 开放敏捷迭代

在无人僚机中广泛应用开放式架构、敏捷开发,是未来实现研发加速、战场兼容的关键。另一方面,可在不同作战场景下为无人机系统更换不同的载荷,实现"灵活定义、按需更换",类似于波音"忠诚僚机"的"换头"技术,可根据战场需求执行监视、侦察、电子战、通信、火力打击等任务;另一方面,利用最新技术成果对各功能模块进行高效升级,快速集成到集群编队中,进而推动空战体系实现"能力进化",使得战力处于不断迭代更新的理想状态,有效应对层出不穷的新威胁。

(中国电子科技集团公司第十四研究所　张　昊)

美军 2023 财年预警探测前沿项目布局解析

2022 年 3 月 28 日，拜登政府向国会提交 2023 财年国防预算申请，总计 7730 亿美元，较 2022 财年增长 2.7%，在预警探测体系、预警探测系统、预警探测技术等方面加大投入，加强预警探测前沿项目布局，大幅提升预警探测能力水平。

一、总体情况

（一）军种分配

2023 财年国防预算申请资金中，空军预算 2341 亿美元，占比 30.3%；海军 2309 亿美元，占比 29.9%；陆军 1773 亿美元，占比 22.9%；国防部 1307 亿美元，占比 16.9%。

（二）重点方向

1. 核威慑

将“三位一体”核威慑与核打击现代化作为最高优先事项，申请 344 亿美元，主要用于：①建造“哥伦比亚”级弹道导弹核潜艇（63 亿美元）；②建造 B－21 战略轰炸机（50 亿美元）；③开发 GBSD 下一代洲际弹道导弹（36 亿美元）和 LRSO 下一代核巡航导弹（能够穿透一体化复合先进防空系统，在 GPS 不能使用的环境下工作）。

2. 导弹防御

导弹防御预算 247 亿美元，重点开发 GMD 系统下一代拦截弹，将 THAAD 集成到陆军 IBCS，并为关岛防御投入 8.9 亿美元。

3. 太空系统

为 OPIR 反导预警卫星投入 47 亿美元，采用 3 GEO＋2 HEO 体制，其中：3 颗 GEO 卫星计划分别于2025年、2027年和2028年发射;2颗HEO卫星计划分别于2028年和2030年发射。

(三)投入思路

2023财年国防投入思路主要体现在以下三个方面。

1. 将中国作为战略竞争对手

与将俄罗斯作为对美国最急迫的威胁不同,美国将中国定义为关键战略竞争对手与均势挑战者,以长线思维综合布局应对策略。2023年太平洋威慑计划(PDI)计划投入61亿美元,比2022年增加10亿美元,开发综合火力、新型反导预警与跟踪系统、关岛防御系统等,加强对华攻防能力。

2. 在尖端技术研发上大力投入

2023财年研发经费(RDT&E)预算1301亿美元,较2022财年获批额度增加9.5%,创历史新高,重点投向基础科学(165亿美元)、人工智能、军用5G、微电子(33亿美元)、高超声速、定向能、防空反导、太空等领域。

3. 大幅推进武器装备现代化

采购F-35战斗机、"伯克"级驱逐舰、"星座"级护卫舰、THAAD系统等,大力投入研发NGAD下一代战斗机、B-21下一代战略轰炸机、OPIR天基预警系统、国防太空架构中低轨预警系统等。加速退役无法满足大国竞争时代的装备,包括F-22战斗机33架、E-3预警机15架、"提康德罗加"巡洋舰5艘。

二、预警探测重点前沿研发项目

(一)DARPA

1. 作战体系领域

自适应跨域杀伤网(ACK):开发快速识别和决策选择技术,使不同机构的军事决策官根据需要调度战场跨陆、海、空、天、水下和网络的全域传感器、射手等作战资源,从而使作战单元形成自适应杀伤网,将战场资源的分配决策时间压缩到分钟级。2022通过测试台验证了算法的跨域推理能力,2023年将在不同军种进行实际验证。

先进地面技术概念:2023年新启动项目。通过开发新技术、新作战概念,克服兵力介入和兵力投送相关的关键挑战,包括针对不同环境的态势感知技术、用于有人/无人地面部队大规模集成的人工智能和自主技术、地对地精确火力增程技术、地面机动系统、城市作战先进军事机器人系统等。

体系增强的小型单元(SESU):开发基于体系架构的自适应杀伤网能力,使美国空军小型作战单位在体系的赋能下,在面对更多的同等对手时占据优势。2022 年完成 SESU 系统在 A2AD 环境中对抗的总体效能评估,2023 年移交给陆军进行作战试验。

全源交战作战与瞄准(ASCOT):连接所有可用的传感器,通过数据融合和协同作战,保持稳健的战场态势感知。2022 年完成载荷和先进瞄准架构的开发,进行飞行试验。2023 年计划进行系统集成和数据分析,创建实时海战场态势感知图。

突袭破坏者Ⅱ(ABⅡ):基于 CDMaST 项目,试图改变当前对特定军种或平台中心部队的依赖,从特定的杀伤链转变成高度自适应和基于能力的部队。2022 年建成杀伤网架构,2023 年计划进行大规模建模仿真研究。

2. 先进作战系统与装备领域

“小精灵”(Gremlin):开发为分布式作战赋能的主平台和无人机技术。2022 年进行无人机回收试验,完成 ISR 有效载荷集成和自主飞行能力验证。2023 年该项目无预算申请,表明项目结束。

“黑杰克”(Blackjack):验证低轨商用小卫星星座通信、ISR 等能力。2022 年完成卫星组装、集成与测试,2023 年计划完成卫星发射和在轨工作验证。

军事战术手段(MTM):开发传感器及其利用技术,进行广域搜索,探测高价值目标,指示交战系统完成作战效能链的闭合。2022 年完成算法与传感器的集成,开展试验验证。2023 年计划进行传感器性能试验。

Shosty 项目:开发增强高频天波超视距雷达的技术,包括描述分布式雷达传输信道以及测量表面后向散射的技术。2022 年完成多站多基地雷达性能验证。2023 年无预算,项目结束。

3. 关键使能技术与基础技术领域

“小提琴手”(Fiddler):2023 年新启动项目。针对目标样本不足的问题,通过训练 AI 算法合成人工 SAR 图像,应用合成的人工 SAR 图像训练自动目标识别(ATR)算法,改进识别性能。Fiddler 项目计划以任意视角、频率和极化方式合成人工 SAR 图像,从而使军方能够在目标样本不足的条件下,快速开发能够有效识别目标的 SAR ATR 算法。2023 年计划创建基线版 Fiddler 图像生成软件。

动目标识别(MTR):自动目标识别(ATR)项目的延续。开发 SAR 检测、跟踪、成像以及识别地面移动目标的技术。MTR 相对传统 SAR 目标识别算法的重要改进是不受目标运动的影响,可对移动目标进行识别,而且能够对航迹中断的移动目标重新截获和重新识别,不受覆盖空隙或航迹中断的影响,从而保持对地面移动高价值目标的持续监视和识别。2022 年 MTR 项目将开发 MTR 算法,进行数据采集,2023 年将启动移动目标图像的 ATR 算法开发。该项目将从 2022 年的算法原型开发阶段过渡到 2023 年软件成熟和实施评估阶段。

波形敏捷射频定向能(WARDEN):通过复杂波形技术,包括频率、幅度和脉宽调制的组合,显著改进对复杂目标壳体的电子耦合效能,增强对内部电子部件和电路的干扰和破坏,从而增强高功率微波系统的杀伤距离和杀伤概率。2022 年进行宽带放大器设计,2023 年计划完成宽带放大器设计,启动制造、采购和实验室准备,开发敏捷波形技术。

分布式雷达图像编队技术(DRIFT):采集编队飞行的商业卫星簇 SAR 数据,通过处理形成新能力,从而将商用卫星发挥军事用途。2022 年完成商业卫星编队数据采集概念设计,2023 年计划创建 DRIFT 算法,并进行在轨试验。

量子孔径(QA):开发基于量子接收传感器的新型便携式无线电接收机和孔径系统。2022 年完成量子孔径接收机灵敏度和频率调谐的验证,完成量子接收机模型和军事应用研究。2023 年计划开发多单元阵列量子孔径传感器架构,验证量子孔径新波形。

毫米波数字阵(MIDAS):开发通用毫米波相控阵瓦片,采用单元级数字波束形成体制,工作频率 18 ~ 50GHz。2022 年制造 256 单元数字相控阵,验证其在通信或遥感中的应用。2023 年无预算,项目结束。

光子生成射频低噪声(GRYPHON):开发具有极低噪声的紧凑微波和毫米波信号源,例如晶体振荡器,用于机载、弹载等尺寸受限的雷达系统。2022 年开发光学综合理论模型、完成芯片级功能的初步验证,制造芯片级光部件。2023 年计划进行部件集成,在固定频率进行微波生成。

单元级紧凑前端滤波器(COFFEE):开发紧凑、高频段射频滤波技术,实现干扰抑制、高效频谱管理,增强美国未来军用微波和毫米波雷达系统的弹性。2022 年设计制造高频振荡器,2023 年计划验证高频振荡器性能。

(二)导弹防御局

2023 年预算投入 96 亿美元。

C2BMC 系统:支持 AN/TPY - 2 雷达实施太空感知;开发“宙斯盾”远程交战(EoR)算法,将反导覆盖范围提高到单个系统的 7 倍;部署 C2BMC 8.2 - 5 版本,将 LRDR 和天基持续红外架构(BOA)7.0 集成至 GMD 系统,以探测和跟踪高超声速威胁;集成美国陆军 IAMD 系统和天基杀伤评估(SKA)传感器。

探测感知系统:LRDR 雷达 2022 年已完成初始部署,计划 2023 年集成至反导系统,形成反导作战能力;“高超声速及弹道导弹跟踪太空传感器”(HBTSS)首颗卫星计划 2023 年第二季度发射,并进行在轨测试。

"宙斯盾"作战系统:陆基"宙斯盾"计划2023年完成波兰基地建设,对罗马尼亚基地进行抗高空电磁脉冲加固。海基"宙斯盾"计划为SPY-1雷达更换数字低噪声放大器,提升雷达灵敏度,扩展探测距离。开发反高超滑翔段拦截弹(GPI)技术,基于现有"宙斯盾"武器系统,形成反高超分层防御架构。

(三)陆军

多域感知系统(MDSS):2022年启动,目标是为实施多域作战(MDO)提供先进的空中态势感知能力,重点开发高精度检测和处理系统(HADES)。HADES通过全球部署的固定翼喷气式飞机实施SAR、电子情报、通信情报,发现、定位、跟踪、识别、瞄准敌方地面目标,为远程精确打击提供信息保障。2022年完成增程型SAR/MTI原型开发,2023年计划购买试验设备,全部项目计划2027年完成。

基础分布式雷达(FDR):新启动项目。基础分布式雷达为分布式、不依赖GPS和具有自主工作能力的多功能雷达开发数字信号处理技术。2023年计划研究复杂环境中新型分布式雷达概念和多功能射频信号处理算法。

未来防空导弹使能技术:为未来先进防空导弹设计开发低成本关键部件,包括导弹导引头、制导控制系统等。2022年进行未来防空导弹导引头低SWaP-C设计,2023年计划开发硬件、软件和算法,设计能够支持广泛任务、导弹尺寸的AESA雷达导引头。

宽带可选传输雷达(WiSPR):开发一种车载反装甲炮弹探测雷达,工作频率60GHz,可进行车辆间通信,并可产生高功率微波效应,具有低截获概率特征。2022年制造雷达孔径,并将孔径集成到地面战车。2023年将对雷达孔径进行试验,并根据试验结果进行设计优化。

(四)海军

AMDR雷达:2023年,SPY-6(V)1计划与"宙斯盾"基线10和"宙斯盾""虚拟试验环境"(VTE)进行集成;SPY-6(V)2和SPY-6(V)3(EASR)计划与SSDS基线12进行集成;SPY-6(V)4继续进行集成研究,优化雷达功率设计。

只接收合作雷达(RoCR):未来海军水面战先进技术项目。开发SPY-6雷达只接收模式,改进在辐射控制(静默)期间的态势感知能力,并通过先进波形改进雷达性能。2023年将完成RoCR软件测试,验证只接收功能,并进行雷达通信功能试验。

"先进分布式雷达"(ADR):对部署于多艘舰艇的SPY-6雷达进行协同,支持分布式海上作战(DMO)。ADR将"只接收合作雷达"(RoCR)和"网络化协作雷达"(NCR)能力向实战转化,提高防空反导一体化系统雷达探测性能。2023年ADR将开始与作战系统集成。

(五)空军

先进作战管理系统(ABMS):连接美国空军和太空军的传感器、武器和其他系统,形成战场数据网络,赋能未来作战。2022 年完成无线电、态势感知等的开发。2023 年继续进行数据云研究,进行能力释放 1 号(机载边缘节点)试验。2027 年完成数字基础设施建设和能力释放试验。

低地球轨道(LEO)弹性导弹预警跟踪系统:美太空发展局正在开发的下一代太空能力系统 NDSA 的一部分。通过在低地球轨道部署 135 颗卫星,为联合作战提供所需信息,包括导弹跟踪、全球监视、超视距瞄准、天域感知等。该项目作为 SDA 的重点项目,未来几年持续投入,其中:2023 年预算 5 亿美元;2024—2027 年预算在 7 亿 ~9 亿美元。2023 年计划完成跟踪层卫星关键设计评审,开始进行卫星集成。

中地球轨道(MEO)弹性导弹预警跟踪系统:由美国太空采购委员会负责,根据美国太空战分析中心(SWAC)2021 年进行的兵力设计,为完成对新型微弱和机动威胁的早期预警和持续跟踪,需要部署 135 颗 LEO 和 16 颗 MEO 卫星组成的星座。2023 年 MEO 预算 1.4 亿美元,用于系统及载荷关键设计评审,进行卫星设计和生产。2027 年完成 LEO 卫星和 MEO 卫星发射。

深空先进雷达概念(DARC):1 号站点预计 2025 年建设完成,为后续站点的建设奠定基础,将显著提升美国高轨感知能力。2022 年授出 1 号站点设计开发和建造合同,进行硬件采购、软件开发与集成、设计评审等。2023 年将完成设计评审,开展 1 号站点基础设施建设。

三坐标远征远程雷达(3DELRR):2022 年预算停拨后,2023 年恢复拨款,数额约为 2021 年的一半。2022 年 3 月,美国空军宣布洛克希德·马丁公司成为 3DELRR 雷达的总承包商,AN/TPY-4 雷达成为唯一指定的雷达。2023 年将进行系统增强研究,进行批产系统验证与集成,预计 2025 年形成能力。

战术多任务超视距雷达(TACMOR):计划部署于帕劳共和国,用于填补太平洋关键区域的监视空白。2022 年将进行全尺寸 TACMOR 分系统的生产、测试和工厂验收,2023 年将进行总装集成,预计 2024 年形成初始作战能力。

“无源射频感知”:2022 年预算首次提出,目标是开发能够通过无源手段完成传统雷达感知模式的射频系统,具有目标检测、定位、电子支援、信号情报等功能,搭载于小型可消耗无人机平台,改进空军先进作战管理系统(ABMS)射频态势感知能力。2022 年开发低 SWaP 和低成本的定位技术,开发定位/跟踪、信号形式分析处理技术,与可消耗无人机集成,并将双/多基地雷达杂波模型集成到高保真雷达系统模型,进行复杂环境条件下先进无源雷达性能评估。2023 年将使用多架无人机进行分布式定位演示验证。

"分布式射频感知":为分布式多通道射频系统开发创新性目标检测、跟踪和描述(成像/识别)算法。2022 年开发用于 GMTI 的多基地发射波形和接收处理链路,为分布式系统开发杂波抑制技术,检测拒止环境中的慢速目标,开发多基地 SAR 算法,支持战术级自动作战识别。2023 年开发分布式 3D 成像算法,探索多域或跨域应用。

三、情报发现

2023 年美国国防预算将中国作为关键战略竞争对手与均势挑战者,以长线思维进行战略谋划,布局前沿项目,为打赢下一场全域化、高对抗、无人化、智能化战争积极筹备。预警探测方面,美军正从作战体系、作战装备和前沿技术上布局发力。

作战体系上,美军以联合全域作战概念为牵引,构建陆海空天全域、网络化、动态适应的预警探测体系,提升全域态势感知能力。DARPA 针对体系技术,布局了"自适应跨域杀伤网""先进地面技术概念""体系增强的小型单元""全源交战作战与瞄准""突袭破坏者Ⅱ"等项目;MDA 针对反导应用,布局了反导反近空间预警探测体系;陆军针对对地打击,布局了"多域感知系统";空军针对空战场协同,布局了"先进作战管理系统"。

作战系统上,DARPA 布局了"小精灵""黑杰克",探索集群探测。MDA 开发"宙斯盾"远程交战,将反导覆盖范围提高到单个系统的 7 倍,推进 LRDR、HBTSS 部署。陆军布局"未来防空导弹使能技术",开发低 SWaP – C 的 AESA 雷达导引头;开发"宽带可选传输雷达",实现雷达通信高功率微波一体化。海军布局"只接收合作雷达""先进分布式雷达",加强雷达协同探测。空军布局低轨弹性导弹预警跟踪系统、中轨弹性导弹预警跟踪系统、战术多任务超视距雷达(TACMOR)等,实现超远程探测。

前沿技术上,美军布局"小提琴手""动目标识别""分布式射频感知"等项目,提升地面时敏目标分类识别能力;布局"无源射频感知"项目,提升小型可消耗无人机无源感知能力;布局"波形敏捷射频定向能"项目,提升探测攻击一体能力;布局"毫米波数字阵""光子生成射频低噪声""单元级紧凑前端滤波器"等项目,提升预警探测系统硬件性能。

(中国电子科技集团公司第十四研究所　韩长喜　邓大松　王　虎　张　昊)

洛克希德·马丁公司 AN/TPY-4 雷达中标 3DELRR 项目

2022 年 3 月,美国空军宣布洛克希德·马丁公司成为三维远征远程雷达(3DELRR)项目的总承包商,旗下的 AN/TPY-4 雷达成为唯一指定雷达。3DELRR 被誉为世界上第一部软件化雷达,代表了防空雷达发展方向。该雷达将取代美国北方预警系统(NWS)即将退役的 AN/TPS-77 雷达,成为国土防空骨干装备。3DELRR 项目提出至今,历时 15 年,3 次竞标,两度被中止,项目进度严重滞后,TPY-4 雷达中标表明 3DELRR 的竞标工作落下帷幕,美国国土防空雷达换装进程步入正轨。

一、项目招标过程

美国空军于 2007 年提出新一代远程防空雷达概念,并于 2009 年正式启动 3DELRR 项目,其发展历经 4 个阶段。

一轮竞标(2009—2014)。制定 3DELRR 的概念内涵和功能需求,验证关键技术,并在实验室内验证基础部件/原理样机。洛克希德·马丁公司的 L 波段雷达、雷声公司的 C 波段雷达和诺斯罗普·格鲁曼公司的 S 波段雷达入围,最终雷声公司 C 波段雷达中标。

二轮竞标(2014—2017)。洛克希德·马丁公司和诺斯罗普·格鲁曼公司提出抗议,并导致了长达 3 年的项目复查和重新竞标。2017 年 5 月,美国空军宣布雷声公司再次赢得竞标,授予其工程制造与开发(EMD)合同。

研制受阻(2017—2020)。雷声公司制造了原型样机,通过模拟环境试验,但未能在作战环境下演示所有关键技术。美国国防部还发现雷声公司擅自改变 3DELRR 设计方案,减少 T/R 组件数量,没有制定出良好的软件集成和测试指标,软件重用率和商用现货利用率也与原计划不符。鉴于雷声无法满足设计要求,美国空军 2020 年 1 月宣布中止其 3DELRR 合同。

三轮竞标(2020—2022)。美国空军2020年5月宣布洛克希德·马丁公司、诺斯罗普·格鲁曼公司和澳大利亚CEA公司入围3DELRR后续竞标商,每家公司开发、演示名为SpeedDealer快速样机项目。经多轮飞行演示试验,洛克希德·马丁公司AN/TPY-4雷达最终胜出。洛克希德·马丁公司将在未来几年内交付35套TPY-4雷达,总价值超13亿美元。

二、AN/TPY-4雷达性能特点

AN/TPY-4雷达集成了全数字阵技术、软件化架构、氮化镓放大器、高密度天线电子器件、基于图形处理单元的数据处理等多项关键技术,代表了洛克希德·马丁公司防空雷达研制能力的最高水平。表1例出了AN/TPY-4雷达的性能指标。

表1 AN/TPY-4的性能指标

频率	L波段(1215~1400MHz)	
工作模式	旋转360°(6r/min)	凝视±45°
探测距离	555km	1000km
高度覆盖	30.5km	
搜索仰角	-6°~38°	
跟踪仰角	-6°~90°	
T/R组件	1000个	
运输能力	固定式、机动式两种型号,可通过C-130、C-17、卡车、铁路、直升机运输	

(1)第一款软件化雷达。TPY-4是美国“雷达开发系统架构”(ROSA)相关标准及设计原则的示范推广项目,基于单元级全数字阵列和超过1000个氮化镓T/R组件,保证了波形设计、资源分配的灵活性;采用开放式架构、模块化设计和统一接口,实现了软硬件分离,仅通过更改软件(无需大的架构重设、硬件替换)即可实现功能转换和升级,具有极强灵活性,称为世界上第一款软件化雷达。

(2)多种功能于一身。TPY-4拥有对空警戒、导弹搜索跟踪、小型无人机跟踪、对海监视、卫星跟踪5种任务类型。平时,该雷达可同时执行5种或其中几种类型任务,检测到目标后,操作员可以按下按钮快速切换任务,聚焦资源精跟目标。

(3)网络中心化特征。作为美国空军下一代雷达,TPY-4可接入美国陆军、海军陆战队和海军的各指挥控制节点,共享目标数据,提供广域、准确、实时的空中态势图像,支持防空作战和反导作战,为战场指挥官提供最大的决策支持,具备先进的网络中心特征。

(4)高机动与高可靠性。TPY-4基于洛克希德·马丁公司成熟的商用技术,具有高的作战可用性和可靠性;作为一款远征型雷达,兼顾高可运输性、可维护性和可持续使用能力。

三、对比分析

作为美国下一代国土防空预警的核心装备,TPY-4 的对标装备是雷声公司 C 波段 3DELRR 雷达和洛克希德·马丁公司 TPS-77 雷达,TPY-4 比后两者有更大优势。

(一) AN/TPY-4 对比雷声 C 波段雷达:关键能力全面领先

相比于雷声公司 C 波段的 3DELRR 雷达,洛克希德·马丁公司 L 波段的 TPY-4 除了跟踪精度和分辨率略低、造价较高之外,其他方面都要优于前者。

(1)更多的任务模式。相比于雷声 C 波段雷达的防空、反战术导弹、反无人机等常规用途外,TPY-4 雷达还拥有低空补盲、对海监视和太空目标监视模式,任务类型更广泛。

(2)更广的角度覆盖。TPY-4 雷达波束的最低俯角为-6°,可以满足低空下慢动目标的探测需求;跟踪模式下最大仰角可达 90°,不存在天顶盲区,便于执行天顶导弹跟踪任务,更可以兼顾低轨卫星监视和跟踪需求。

(3)更强的目标检测能力。TPY-4 具有更强的去杂波能力,可以强力过滤地杂波、水杂波、鸟群等干扰回波信号,从中检测出小型、隐秘的威胁目标。

(4)更高的可用性和可靠性。虽然雷声公司表示其 C 波段雷达也采用数字化、软件化、网络化、先进氮化镓组件等相同技术,但未能在作战环境下演示所有关键能力。2020 年 9 月,洛克希德·马丁公司的 TPY-4 经过多轮外场飞行演示,满足美国空军所有任务需求,具备高成熟度和可用性,成为最终赢家。

(二) TPY-4 对比 TPS-77 雷达:存在跨代优势

除了可用性更高、售价更低优势外,TPS-77 全面落后于 TPY-4 雷达。

(1)跨代优势。TPY-4 是世界上第一款真正意义上的软件化雷达,尽管洛克希德·马丁公司多次对 TPS-77 换代升级,但其最新型号是一维有源相控阵,仅能进行俯仰扫描,与 TPY-4 至少存在两代差距。TPY-4 采用了目前已知的最先进的雷达技术,探测威力性、功能多样性、软硬件先进性、升级灵活性、网络安全性等方面全面领先于 TPS-77。

(2)型谱精简。目前的北方预警系统共有 47 部雷达,包括 11 部 TPS-77 和 36 部 FPS-124。其中,前者为主力雷达,最大探测距离 470km;后者为补盲雷达,探测距离仅为 150km。美国空军采购的 35 部 TPY-4 雷达服役后,可以"一部抵俩",改变北方预警系统的装备组成。

四、情报发现

(一)凸显“能力需求为大”的竞标思想,恶意低价竞标不可取

以能力需求为导向开发雷达装备,高投入带来高收益。长久以来,洛克希德·马丁公司都将3DELRR项目为重点竞标项目,针对美国空军提出的能力需求展开针对性的设计和开发工作,并耗费1亿美元巨资对3DELRR进行样机研制和试验。经过一系列的演示验证后,洛克希德·马丁公司的TPY-4雷达满足了美国空军所有需求,成为最后唯一赢家,为洛克希德·马丁公司带来超13亿美元(35套TPY-4)的回报。

合理权衡成本等因素,恶意低价竞标不可取。3DELRR是美军最命运多舛的项目,发展历程一波三折,最关键的原因是雷声公司2014年的低价竞标。根据美国空军2014年发布的合同公告,雷声公司C波段3DELRR雷达单价仅为2400万美元,洛克希德·马丁公司TPY-4雷达单价为3750万美元,前者仅为后者的64%,洛克希德·马丁公司曾于当年提出抗议,认为雷声公司是恶意低价竞标。虽然后来雷声公司获得了项目合同,但2400万单价已经不足以支撑性能需求,雷声公司私自改变雷达设计方案,降低了性能指标,这也最终导致自己出局,并严重损害了雷声公司的声誉。

(二)坐实“按期形成战斗力”的要求标准,严格核验新装备的可用性和成熟度

装备延期会导致战备能力亏损,严重拖期会导致技术先进性退化。3DELRR项目原计划2017年交付,2019年实现初始作战能力(IOC),目前推迟为2024年交付6套,2026年完全交付,这使得老旧的北方预警系统不堪重负,其持续值班能力遭受考验。另外,严重拖期的新雷达型号也会存在技术先进性退化的风险,对于研制周期超过20年、长期拖延交付的装备,列装服役时其技术已经落后,甚至存在代差。

以可交付为第一要务,按期形成战斗力。为了保证雷达装备按时交付,需要严格执行技术开发、装备研制、装备试验等各个环节的风险管控,严格核查技术的可用性和成熟度。相比于不可控的高风险先进技术,优先选择成熟的低风险技术,保障雷达装备按期按时交付。在3DELRR项目第三轮竞标中,美国空军就是改用“中间层”快速采办策略,基于现有成熟的商业技术快速形成样机。

(三)树立“以打赢实战为宗旨”的发展思路,聚焦雷达面临的新威胁和新环境

雷达装备建设要以打赢实战为目标。雷达装备建设要面向国防和军队重大需求,瞄

准“能打仗、打胜仗”最高目标，开展顶层布局与体系设计。在资源分配上，需要统筹创新资源，凝聚核心力量，将预算和资源用在重点型号上；在雷达装备验收上，以外场试验为评价标准，开展多轮装备实战比武，杜绝“中看不中用”的花架子雷达装备。

雷达的功能需求要以威胁为导向。目前，战场环境日益复杂，无人机蜂群、高超声速武器、空天武器等新型威胁不断涌现，雷达的功能需求也要与时俱进。对比 3DELRR 项目早期发布的任务需求可以发现，目前的 TPY－4 雷达的功能模式由原先的 3 种扩展为 5 种，探测目标类型也扩充到海面舰艇、无人集群、卫星和航天器，考虑到 TPY－4 雷达易扩展升级，可以满足美国空军未来 30～50 年的使用需求。

（四）顺应“软件化和智能化”的发展潮流，推动雷达装备跨越式发展

雷达已经从数字化步入软件化发展新阶段。TPY－4 雷达竞标成功，标志着软件化雷达时代的到来，将对今后雷达装备研制模式、使用方式和保障模式产生颠覆性影响。在研制模式上，雷达将从“以硬件为核心，面向专用功能”转变为“以软件为核心，面向实际需求”；在使用方式上，选择不同的软件构件可实现雷达任务模式和功能的切换，便于可重构多功能与探干侦通一体化；在后期保障上，雷达可以在不改变底层硬件的条件下通过软件升级实现系统扩展、更新和升级。

发展软件化智能雷达是一项战略性“重大工程”。软件化和智能化是雷达技术的革命，软件化为智能化提供基础和“载体”，便于人工智能技术的普及和应用，促进智能雷达更快、更高方向发展。智能化是实现软件化的动力和“大脑”，牵引、加快软件化雷达向具有智能感知自主决策能力的软件智能化雷达发展。

（中国电子科技集团公司第十四研究所　王　虎）

雷声公司“幽灵眼”MR 雷达项目取得重大进展

2022 年 10 月，美国雷声公司表示，“幽灵眼”MR 雷达自 2021 年 10 月在美国陆军协会年会上首次亮相以来，已取得了从先进实时目标搜索与跟踪，到为期一周的传感器多任务能力演示验证等多个重大进展。“幽灵眼”MR 是一款先进的中程防空反导雷达，可探测、跟踪和识别巡航导弹、无人机、固定翼飞机、直升机等各种威胁，并计划用于升级美国和挪威联合研发的国家先进地空导弹系统（NASAMS）。“幽灵眼”MR 雷达入役后将对整个美国乃至北约的地基防空作战体系产生重大的影响。

一、项目背景

2005 年美国引进国家先进地空导弹系统作为其首都地区乃至白宫防空的核心系统之一，除美国外，还有 11 个国家先后采购该防空系统用于本国重要目标区域防空任务。国家先进地空导弹系统由雷声公司 X 波段无源相控阵“哨兵”雷达、AIM－120 先进中程空空导弹（AMRAAM）和康斯伯格防务公司的火控系统组成，是 AMRAAM 的首次陆基应用。作为一款二十世纪八九十年代开发的防空系统，NASAMS 在雷达、导弹、火控等方面的能力已无法完全满足应对无人机、先进巡航导弹等众多新兴威胁的作战要求，迫切需要开展能力升级。雷声公司启动了 NASAMS 升级工作，计划利用雷声公司在传感器和导弹技术上的优势，研制“幽灵眼”MR 雷达，将其作为升级 NASAMS 活动的一部分，取代“哨兵”雷达。

自 2021 年中期完成软硬件设计和开发以来，“幽灵眼”MR（图 1）项目团队已构建了一个完整的系统原型，利用外场测试设施将搜索/跟踪功能与硬件相集成，成功跟踪了机会目标。通过软硬件仿真以及实时跟踪结果，项目团队已开始验证系统性能及其全部能力。雷声公司还准备向更多潜在客户展示“幽灵眼”MR，并与美国政府合作在 2023 年进行多任务试验。项目团队近期将进行更多的软硬件测试，并利用靶标来验证系统的火力控制精度。

二、“幽灵眼”MR 雷达系统的主要特点

作为一款先进的新型有源电扫阵列（AESA）雷达，“幽灵眼”MR 雷达具有以下特点。

图1　展出的“幽灵眼”MR 雷达

（一）360°覆盖和氮化镓有源电扫阵列

“幽灵眼”MR 雷达基本上利用了与 LTAMDS 相同的技术。LTAMDS 系统采用了在同一平台上安装一大两小共 3 部天线阵列的方式来实现 360°覆盖，而“幽灵眼”MR 的天线阵列实际上采用的是 LTAMDS 的一部侧后面板小阵列，通过天线旋转的方式来提供 360°覆盖，故“幽灵眼”MR 继承并采用了 LTAMDS 的氮化镓有源电扫阵列技术，并且与 LTAMDS 的探测距离大致相当。新型 AESA 技术提升了雷达的探测、瞄准和跟踪能力，而氮化镓技术则进一步增强了雷达信号，可提高雷达的探测距离、分辨率和目标容量。

（二）开放式架构和软件定义孔径

与 LTAMDS 一样，“幽灵眼”MR 的开放式架构和软件定义孔径技术允许进行技术调整升级，大幅提高了雷达阵列的能力和灵活性，可通过安全的软硬件升级方式直接在战场上增加和扩展雷达的能力，并在提升雷达系统多任务能力和作战可用性的同时，简化雷达系统运行与维护工作，从而使雷达系统能通过快速升级以应对中程防空作战中不断增多的新兴威胁。

（三）高自动化水平和互操作性

与现役雷达相比，“幽灵眼”MR 具有更高的自动化水平，可进一步增强系统的架设、运行与维护能力，其基于人工智能的健康预测能力可实现高效的系统运行与维护。互操作性将是“幽灵眼”MR 另一个重要优势，即通过连入一体化防空反导网络与其他系统通信的方式，增强整个作战体系的灵活性。在“幽灵眼”MR 雷达已获批将成为 NASAMS 火力指挥控制回路组成部分的背景下，这对于 NASAMS 的未来升级至关重要。NASAMS 应满足北约所有的互操作性需求，与北约网络中的其他武器系统进行实时通信。

（四）与 LTAMDS 的通用性

作为雷声公司“幽灵眼”系列雷达中的最新产品，这款中程传感器大量利用了 LTAMDS 的通用性技术，由于天线等主要子系统基本相同，不仅大幅减少了雷达设计工作量，缩短了开发周期，而且随着未来美国军方乃至国外客户不断扩大两型雷达的采购数量，还会形成规模效应，从而降低雷达单装的生产和后勤维护成本，为用户带来更高的经济成本效益。

三、几点认识

作为“幽灵眼”系列雷达的最新款雷达，由于技术先进，性能优异，“幽灵眼”MR 不仅会提升美国及北约防空系统的能力，而且随着美国的示范效应，还将会进一步推动美国盟友防空装备体系建设。

（一）增强 NASAMS 作战能力

与采用无源相控阵技术的老式“哨兵”雷达相比，拥有全新氮化镓有源电扫阵列设计的“幽灵眼”MR 雷达探测距离更远，探测高度更高，与 NASAMS 集成后将扩大该防空系统的防御范围和高度，显著提高其整体作战效能，将作战空间范围扩展到 AMRAAM - ER 的整个运动包络，抵御无人机、直升机、喷气战斗机、巡航导弹等威胁的混合袭击，从而使 NASAMS 的能力上升一个新台阶。另外，新型系统的高自动化水平、开放式架构，以及作战与维护简便等一系列新特性，也将进一步增强 NASAMS 的整体战场作战能力。

（二）巩固升级美国和北约防空作战体系

NASAMS 是以美国为首的北约国家装备的一种较为常见的防空系统。对于美军来说，NASAMS 已成为美国华盛顿特区的主要地基防空力量，填补了“霍克”中程防空系统退役后，美军现役近程“复仇者”以及临时机动近程防空（IM－SHORAD）系统与远程的“爱国者”防空系统之间的射程空白。对于国土面积不大的其他北约国家而言，NASAMS亦是各国的主力地基防空装备，承担起了重要的国土防空任务。“幽灵眼”MR雷达未来入役后将充分支持最新AMRAAM－ER导弹的性能，完全发挥出该型导弹及其他新型导弹的威力，从而扩大防空作战覆盖范围。另外，由于NASAMS的北约系统属性，“幽灵眼”MR将不仅仅只与NASAMS系统相连，未来还能通过北约综合作战指挥系统将数据传送给北约网络内的其他防空装备，如“爱国者”系统等，从而进一步巩固升级美国和北约各国的国土防空作战体系。

（三）推动美国盟友防空装备系统建设

除美国外，挪威、荷兰、西班牙、立陶宛、匈牙利等北约国家，“奥库斯”（AUKUS）联盟中的澳大利亚，以及阿曼、科威特、卡塔尔等中东国家，均采购了NASAMS，而这些国家未来都是NASAMS的潜在升级客户。2022年10月，14个欧洲北约成员国和即将加入北约的芬兰共同签署了加强欧洲陆基防空能力的“欧洲天空之盾倡议”，旨在通过众多北约国家共同分担的方式，以规模经济降低防空装备和导弹的成本，从而加强北约更广泛的综合防空反导能力。挪威参与研制的NASAMS便是候选系统之一，该倡议为进一步发展NASAMS铺平了道路，可能会推进对NASAMS的大规模采购。“幽灵眼”MR雷达由于是NASAMS升级的重要组成部分，从而将会推动美国众多盟友未来的防空装备系统建设。

（中国电子科技集团公司第三十八研究所　吴永亮）

美国空军将使用 E-7 替换部分 E-3 预警机事件分析

2022 年 5 月，美国空军决定用波音公司生产的 E-7“楔尾”预警机取代一部分 E-3“哨兵”预警机。E-7 预警机是唯一能够在 E-3 预警机的替代时间框架内，满足美国国防部战术战斗管理、指挥和控制以及移动目标指示能力要求的平台。美国空军计划在 2023 财年授予合同，包括最初的 2.27 亿美元研究、开发、测试和评估资金，用于支持采购一架快速原型机，于 2027 财年交付。可以看出，美军短时间内将使用 E-7 这种较为成熟装备实现能力的快速更新升级，以应对近期威胁，展现了“务实有效”的特征。

一、美空中预警能力现状

美国空军实力雄厚，但该军种目前预警机主要机型仍为 20 世纪 70 年代至 90 年代开始服役的 E-3 系列，目前共装备 31 架。美国空军通过多种现代化措施对其早期装备的 E-3A/B 第二代预警机系统进行升级，先后推出了 E-3C 和 E-3G 两款机型，在数据处理、作战管理决策、信息分发等方面进行全面提升，增加了网络化作战能力，初步具备了第三代预警机特征。但随着未来空战烈度逐步增强，采用波音 707 大型机身的 E-3 系列预警机的战场生存性、经济适用性正遭受着越来越多的质疑，因此，美国空军近年来对于未来空中预警装备发展方向进行了越来越多的思考。

从近期看，以 E-7 新型号进行替代是一个更具可行性的方案。从远期看，以先进作战管理系统（ABMS）为代表的联合全域预警探测能力将是未来的重点方向。

二、近期发展方向：采用 E-7 装备替代

2021 年以来，美国空军参谋长、空战司令部司令、美驻欧空军司令等高级将领在多个

场合发表公开声明,呼吁空军应采购 E-7“楔尾”预警机替换其老旧的 E-3 机队。“楔尾”是美国第一部装备有源相控阵雷达的预警机,采用的雷达系统是诺斯罗普·格鲁曼公司研制的 L 波段多功能电扫相控阵(MESA)雷达。表 1 展示了 MESA 雷达与 E-3 装备的 AN/APY-1/2 雷达技术指标对比情况。

表 1 MESA 雷达与 E-3 装备的 AN/APY-1/2 雷达技术指标对比

	MESA	AN/APY-1/2
雷达体制	有源相控阵	无源相控阵
工作频率	L 波段	S 波段
尺寸	长 9.8m,高 2.7m	直径 8m,高 1.3m
探测距离	370km	667km(大型目标);445km(中型目标);324km(小型目标)
覆盖范围	360°(平衡木雷达,水平方向 240°,前后方向各 60°)	360°
目标容量	同时跟踪 3000 个目标	同时处理 600 个目标

该雷达探测精确度高,能够在 10s 内实现 360°方位覆盖,全天候海上或空中探测距离超过 360km,可同时跟踪 3000 个目标,并且能够同时跟踪海上目标和空中目标。该系统具有可变的跟踪更新率和专门的跟踪模式,因此操作员在跟踪敌我双方的飞机时,还可以同时扫描作战区域。

作为美国空军关键备选方案,在满足美军空中预警需求的基础上,“楔尾”具备以下核心优势。

一是“楔尾”预警机是一种成熟装备,整体风险可控,稳定性高,配件生产线完备,有助于快速投入现役,是空军短时间内批量替换 E-3 预警机的重要选项。在 2022 年 6 月和 9 月的美澳联合演习中,“楔尾”预警机充分发挥其态势感知和指挥决策能力,有效协调了美澳第四代、第五代战斗机的作战行动,显著提升作战资产战场效能,证明了该装备的可用性。

二是雷达性能更具优势。采用有源相控阵体制的 MESA 相对于 APY-1/2 有着诸多优点:MESA 采用 L 波段,具备天然的反隐身能力;MESA 采用有源相控阵技术,可同时处理的目标数量可达 3000 个,是 APY-1/2 的 5 倍;MESA 雷达质量仅 2.2t,远低于 APY-1/2(3.6t)的质量,具备更好的平台适装性。

三是具备高效费比优势。在装备采办成本方面,“楔尾”预警机拥有大量的国外订单(已服役澳大利亚、土耳其、韩国等多个国家,英国也宣布将购买 5 架 E-7 来替换其 E-3 飞机),大批量生产有助于进一步分摊降低飞机成本;在维护成本方面,相对于 E-3 早已停产的波音 707 载机，波音 737 采用了当前最为流行的商用客机设计，机身较小，总重仅为波音 707 的一半，更省油，运行和维护成本更低。值得注意的是，“楔尾”的波音 737 载机，与美军 P－8 巡逻机和 C－40 货运机载机相同，这有助于提升美军后勤补给的通用性，具备更好的战场适用性。

三、远期发展方向：以 ABMS 为代表的联合全域预警探测体系

美军认为，E－3、E－8 等传统大型作战飞机已难以满足未来强对抗环境下的作战需求，正寻求构建分布式作战系统簇，通过韧性网络获取并融合陆、海、空、天/有人－无人等各类传感器数据，构建更高层次的全域协同空中预警体系，为联合作战部队提供满足未来作战需求的空中预警能力。

针对上述目标，美国空军 2016 年提出先进作战管理系统（ABMS）概念，2019 年正式将 ABMS 作为未来空中预警指挥控制的首选解决方案。ABMS 将无人机、预警机、F－35 等 ISR/指挥控制/打击平台连接成“簇”，利用多平台形成的侦察指挥网络替代 E－8/E－3 的“点”侦察指挥系统，形成统一战场图景，支撑联合全域作战（JADO）。

ABMS 项目将分三个研发阶段：第一阶段（2018—2023 年），全面整合现有传感器，提升作战管理、通信网络能力，利用现有装备能力达到预期效果；第二阶段（2024—2029 年），利用新兴传感器及软件技术，提升体系能力；第三阶段（2030—2035 年），建立初版 ABMS 网络，实现初始作战能力，2040 年建立更完整体系网络。

值得注意的是，美国空军米切尔研究所认为，在 ABMS 背景下，由“人”操控的空基传感器指挥控制平台仍然是不可或缺的重要选项，尤其在高度复杂、动态化任务中，预警机作战管理人员在战场判断、决策方面仍将起到关键作用。考虑到以 E－3 为代表的传统预警机的战场生存性问题，米切尔研究所在其 2021 年报告中提出了一种超声速、模块化预警机概念，并指出这种超声速空战管理飞机正由多家公司设计中，可搭载任务系统和作战管理人员，执行空战预警任务。

根据米切尔研究所定义，未来新型超声速预警机将具备两大特征。

一是高速特征。超声速特性意味着战场快速部署能力，能够迅速覆盖广阔的作战区域范围，这将减少预警机往返基地的时间，从而延长处于战斗位置的时间。这同时也意味着预警机可以部署在敌方远程火力外的空军基地中，提升这一关键作战资产的战场生存性。这种高速化设计，很可能将作为美国未来穿透型 ISR 装备的关键技术储备，以满足空军“2030 未来空中优势”战略提出的“穿透性制空”作战需求。

二是开放式、模块化设计。新型预警机应采用开放式任务架构，可进行模块化任务有效载荷配置，应具备根据特定的作战目标快速转换传感器、处理器以及其他任务系统

的能力,从而有效提升技术敏捷性和复杂战场适应性。

从战场效能看,米切尔研究所认为,将超声速空战管理飞机作为空军 ABMS 的构成部分将有助于填补其信息、连通性和指挥控制能力的不足。它将在 ABMS 架构中提供一定程度的冗余能力,通过作战管理人员进一步保障指挥控制能力,在战场空间的关键区域进行战场操作。这种作战范围进一步拓展的作战管理飞机对 F-22、F-35 和 B-21 等五代机在战场信息方面提供了有力补充。

四、结语

综合研判,美军空中预警能力发展具备极高的"脚踏实地"特质:在近期使用较为成熟装备实现能力的快速更新升级;而在远期则试图采用新质概念和思想,试图对潜在对手实现压倒性优势。其未来发展值得我们持续关注。

(中国电子科技集团公司第十四研究所 张 昊)

俄罗斯计划建造“银河“太空监视体系

2022 年 12 月,俄罗斯宣布将加紧开发和部署名为“银河”(MilkyWay)的新型太空监视体系,该体系由雷达、光学望远镜和太空监视卫星三部分组成,总投资超过 20 亿美元。这是俄罗斯在太空态势感知领域的重大战略举措,可以大幅弥补俄罗斯太空监视装备“质差量少”的短板,对于俄罗斯来说具有重要意义。首先,它将显著提升俄罗斯太空态势感知能力,使得俄方能够在任何情况下都对太空环境保持全面的了解和掌控;其次,这一体系将为俄罗斯提供强大的航天测量能力,为各类航天器的研发、测试和运行提供精确的数据支持;再次,通过这一体系,俄罗斯将能够更好地应对来自太空的威胁,如敌方卫星的攻击或太空垃圾的威胁,从而确保国家安全。

一、项目背景

北约卫星实战显威力,对俄罗斯国防安全和军事行动造成现实危害。历次局部战争表明,太空已成为影响战争胜负的高边疆、制高点,谁控制了太空,谁就把握了战争主动权。自俄乌冲突开始以来,北约的天基卫星发挥了重大的支撑作用,一方面北约卫星采用图像智能识别技术,可在任何天气条件下实时跟踪俄罗斯地面部队行动,为乌军提供军力部署和作战方案建议;另一方面,星链为通信失能的乌克兰提供互联网服务,为乌无人机等作战装备提供高效通信连接和情报支援,协助摧毁了俄罗斯大量装甲车辆和武器装备,对俄罗斯军事行动造成巨大危害。未来,美国通过开发和部署新一代太空体系架构和“星盾”等军用低轨巨型星座,打造具备“弹性、敏捷性和灵活性”的一体化新型战略威慑体系,对俄罗斯国土安全和太空安全造成重大威胁。

太空碎片日益增长,对俄罗斯太空资产和航天活动造成潜在威胁。随着科技的进步,近地空间的火箭残骸和飞行器碎片越来越多,根据美国国防情报局(DIA)发布 2022 年版《太空安全挑战》报告,目前直径 10cm 以上的太空碎片约 2 万个,直径 1cm 以上的太空碎片约 30 万个,2030 年后,随着太空活动大幅增加,卫星碰撞、电池爆炸、反卫星测试等将导致太空碎片急剧扩大。这些碎片以 28000km/h 高速飞行,对给俄罗斯太空资产和航天活动造成严重威胁。

俄罗斯太空监视装备性能差、数量少,无法胜任新时期太空态势感知需求。目前,俄罗斯太空监视系统可分为专用系统和兼用系统两大类,如图 1 所示。其中,专用系统仅有 3 个,包括位于北高加索地区的树冠(Krona,图 2)系统、位于远东地区的树冠 – N(Krona – N)系统和位于塔吉克斯坦境内的窗口(Okno)光学观测站,这些装备均是苏联时期产品,技术落后,设备老化,性能下降严重,难以满足全天候、全覆盖监视需求;兼用系统有 9 个,主要是位于莫斯科附近的“顿河 – 2N”雷达以及分布在俄罗斯国土外围的沃罗涅日雷达,这些雷达虽然是采用固态有源相控阵技术的新一代雷达,探测、粗跟踪、目标分类能力有着明显提升,但主要用于远程导弹预警,太空监视仅作为次要功能。从类型上看,俄罗斯的太空目标监视系统全部为陆基装备,类型单一,俄罗斯近年来部署的综合太空系统(EKS)卫星仅具备导弹预警功能,不具备天基太空态势感知能力。

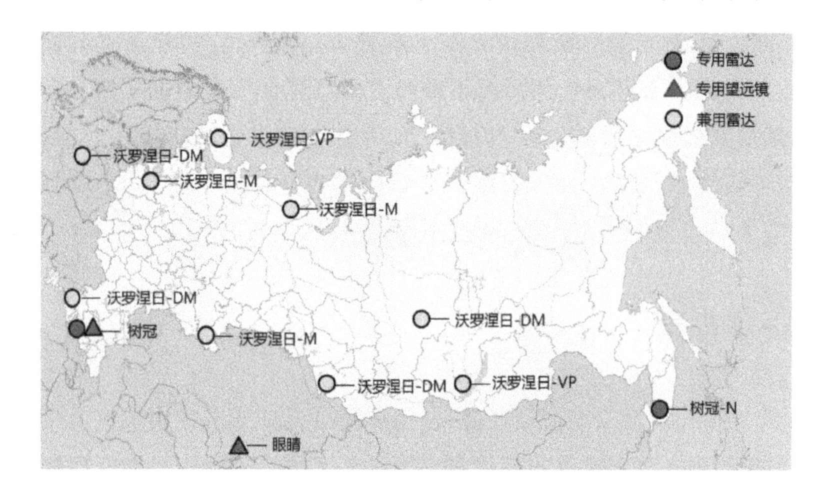

图 1　俄罗斯太空态势感知装备部署现状

图 2　树冠雷达和窗口观测站

二、体系介绍

根据俄罗斯报道,“银河”太空监视体系包括陆基雷达、陆基光学望远镜和天基卫星3个组成部分。第一批雷达和光学望远镜装备共计12部,部署在俄罗斯境内,计划2025年前服役;第二批装备将在2025年后服役,将在全球分散部署。天基太空监视卫星(图3)共4颗,其中2颗用于监视近地空间的卫星、航天器和太空碎片,另外2颗用于监视深空目标,首颗卫星计划2027年服役。

图3 “银河”太空监视卫星示意图

在探测威力上,俄方宣称俄罗斯现役太空监视系统仅能观测近地轨道15~20cm的物体,“银河”太空监视系统却能够探测轨道高度2500km、直径5~7cm的目标,或轨道高度2500~45000km、直径10~15cm的目标,或者45000km以上0.5~1m的目标,实现对低轨、中轨和高轨/同步轨道目标的立体探测能力,推动俄罗斯的太空监视能力得到跨越式提升。

三、几点认识

(一)“银河”实现了多个“首次”,具备里程碑意义

“银河”是俄罗斯在太空态势感知建设领域的重大举措,实现多个“首次”,具有里程碑意义。第一,首次提出建设大规模、专用型太空监视系统,改变俄罗斯自“冷战”以来“导弹预警为重、太空监视为轻”的传统格局;第二,首次将天基太空态势感知卫星提上日程,弥补俄罗斯长期以来缺少天基太空监视装备的短板;第三,首次大幅度提升探测精度和灵敏度,将最小探测目标尺寸提升了一个数量级;第四,“银河”陆基装备完成全球分散

部署后,首次将探测范围转移到赤道地区甚至南半球区域,改变之前仅能观测北半球高纬度地区的局限性。

(二)“银河”以望远镜为主、雷达为辅,全覆盖、全天候能力不足

虽然俄罗斯尚未公开“银河”传感器系统的具体数量,但考虑到“银河”总耗资 20 亿美元,平均单个装备耗资不到 1 亿美元,由于陆基雷达造价偏高(美太空篱笆雷达耗资达 15 亿美元),造价低的光学望远镜成为更具成本效益的选项。因此,俄罗斯将大概率会发展以“望远镜为骨干、天基卫星为支撑、陆基雷达为辅助”的三位一体太空监视体系格局,实现从低轨到高轨/同步轨道的立体化探测能力。

尽管如此,光学望远镜相比陆基雷达仍存在巨大缺陷。第一,光学望远镜视场角过小,同一时间仅能精密跟踪一个目标,天域覆盖能力远逊于雷达;第二,光学望远镜是无源系统,仅能得到太空目标的角度信息,无法获知距离信息;第三,光学望远镜一般只能在夜间工作,观测时间窗口较短,且容易受到天气条件影响,不具备全天时、全天候能力。

(三)“银河”面临现实困难,能否正常落地尚存疑问

“银河”是俄罗斯在太空态势感知领域的重要宣言,表明俄罗斯将加快建设太空目标监视装备建设,打造多维一体的太空监视力量,但“银河”能否正常推进和落地仍有待检验。

一方面,俄罗斯近年来本国经济情况低迷,军费投入一再下滑,并且在俄乌冲突中消耗了巨大的国力、军力和财力,防务预算面临巨大困境,在这种情况下,俄罗斯在 3 年内完成“银河”12 部装备的开发建设存在很大困难。另一方面,俄罗斯国防开发项目长期存在“雷声大、雨点小”情况,甚至不排除放“烟雾弹”的可能性。实际上,俄罗斯已经多次宣称要建设新型太空目标监视系统。例如:2014 年,俄罗斯表示将于 2018 年前在阿尔泰地区和普利莫斯基地区部署 10 多个先进的太空监视站,扩大受监控轨道的范围,将最小目标探测能力提升 2 ~3 倍;2016 年,俄罗斯宣称将在 2020 年前建立 10 多个新的激光光学和无线电复合体,用于探测和识别太空物体。但是,上述计划都没有任何推进和落实的动向。

四、发展建议

(一)建立立足军情、面向作战发展原则

在发展太空态势感知系统时,需要确立“立足国情、面向作战应用”的发展原则。第

一，需要贯彻“积极防御、攻防兼备”思想，充分考虑本国的经济技术条件和军队的现有装备基础，弥补不足、整合资源，构建规模适度、平战一体、精干高效的太空态势感知系统。第二，围绕太空攻防、防空反导和战略反击多样化作战的应用需求，通过顶层设计合理确定满足太空态势感知体系的系统结构、工作模式、信息流程、交互关系，统筹安排建模仿真、综合集成、靶场试验、实装演练等多种途径，按照边建边用、建用结合、逐步优化的体系建设思路，研制、试验、部署和使用相结合，尽早发挥太空态势感知装备的建设效益。

（二）构建“专用 + 兼用”、多维一体的太空态势感知体系

2020 年版美军《JP3 – 14 太空作战》条令明确将太空态势感知列为十大太空作战能力之首，在太空攻防、反导反近空间作战中具有重要意义。在建设太空态势感知体系时，一方面要将太空态势感知和反导预警列为同等重要的地位，加强建设专用型太空监视雷达和太空监视望远镜的开发和建设，全面提升太空态势感知能力；另一方面，要以提高对太空目标的整体监视效能为目标，整合远程预警相控阵雷达、海基测控船等兼用型装备以及科研望远镜等可用型装备，构建天地一体化、信息融合共享的太空态势感知体系。

（三）开展广域监视、高分成像和综合识别专项技术攻关

广域监视、高分成像和综合识别是太空态势感知领域的关键技术，是表征一个国家太空监视能力的重要指标。在广域监视方面，需要在对厘米级太空目标进行目标特性研究和监测管理需求研究的基础上，提出能够有效监测管理数量多达数十万的厘米级太空碎片的策略和整体解决方案，研究厘米级太空目标广域监视技术，研制系统样机，开展演示验证。在高分成像方面，需要开展太空目标厘米级高分辨成像技术攻关，获取目标高清图像，利用目标的精细化特征判别其属性。在综合识别方面，需要研究多源异构信息获取、多源信息融合技术，以获取目标的多维特征，提升太空目标异常行为的意图判别和太空事件的实时感知能力。

（中国电子科技集团公司第十四研究所　王　虎）

印度研发新型预警机,推动空中预警能力升级

2022 年 10 月,印度国防研究与发展组织(DRDO)在印度国际防务展上展出了为印度空军开发的先进机载预警与控制(AEW&C)系统模型,即 DRDO 下属机载系统中心(CABS)开发的“内特拉”Mk2 预警机模型。该型预警机将从印度航空公司采购的二手空客 A321 双引擎客机改装而成,与印度空军现役国产 EMB-145“内特拉”预警机相比,新系统将具有更优的探测与跟踪性能,可进一步扩充印度空军预警机机群的作战实力。印度加快自研预警机,不仅将增强印度的国防工业能力,而且将大幅提升其未来空战指挥能力,进而改变南亚次大陆的军事力量格局,这一动向值得关注。

一、项目背景

印度空军目前现役有 5 架预警机,包括 3 架 A-50EI“费尔康”预警机和 2 架印度自研的 EMB-145“内特拉”预警机。

A-50EI“费尔康”预警机是基于俄罗斯伊留申公司的伊尔-76 大型运输机,配备了以色列艾尔塔公司研制的 L 波段 EL/M-2075 有源电扫阵列(AESA)雷达。该型雷达采用 3 部相控阵天线阵列,以三角形结构排列的形式安装在机背上固定式圆形天线罩内,提供方位 360°覆盖,雷达最大探测距离 380~400km,据称能同时跟踪 60~100 个目标。3 架 A-50EI 预警机已分别于 2009 年 5 月、2010 年 3 月和 2011 年 3 月交付印度空军。

EMB-145“内特拉”预警机是以巴西航空工业公司 EMB-145 型飞机为载机,机背上安装有印度自研的 S 波段“平衡木”雷达天线,两部辐射平面阵列以背靠背组装的形式安装在机身顶部,提供飞机两侧的 120°覆盖,雷达探测距离为 250~375km。2 架“内特拉”预警机分别于 2017 年 2 月和 2019 年 9 月交付印度空军。此外还有 1 架“内特拉”预警机一直被 DRDO 作为印度 AEW&C 项目的试验装备。

与之相比,与印度冲突不断的邻国巴基斯坦目前拥有 10 架预警机,数量是印度的 2

倍,包括4架ZDK－03预警机和6架“爱立眼”预警机(共采购7架“爱立眼”预警机,1架飞机在恐怖袭击中被毁)。在2019年的印巴空战中,巴基斯坦空军凭借预警机数量上的优势,随时掌握战场空情,为击落印度战机提供了有利的信息保障。

印度空军深知预警机数量不足的劣势,无法实现7×24h的空中监视已成为其一项重大能力短板。为此,印度空军曾多次尝试采购更多的大型预警机,但未获得实质性进展,例如希望再采购2架“费尔康”预警机,但始终未获得印度内阁安全委员会的批准;在空客A330宽体客机上安装印度国产AESA雷达的项目也由于资金和风险问题被叫停。为加快扩大预警机机群规模,印度空军不得不采取折中方案,转为采购风险更小、成本更低的国产中型预警机,从而启动了“内特拉”Mk2预警机项目。

这一耗资1090亿卢比(13.1亿美元)项目已分别于2020年12月和2021年9月获得印度国防部和印度内阁安全委员会的批准,具体由DRDO的机载系统中心负责实施研发。从印度航空公司采购6架二手A321客机的工作已完成,空客公司将参与对6架A321的改装。“内特拉”Mk2雷达天线等重要组件的制造工作也已启动。DRDO预计将于2028年完成新预警机项目的设计与开发工作,6架新预警机将于2030年年底前交付印度空军。在2021年2月的印度航展和2022年10的印度国际防务展上,DRDO展出了这一新型预警机的模型,如图1所示。

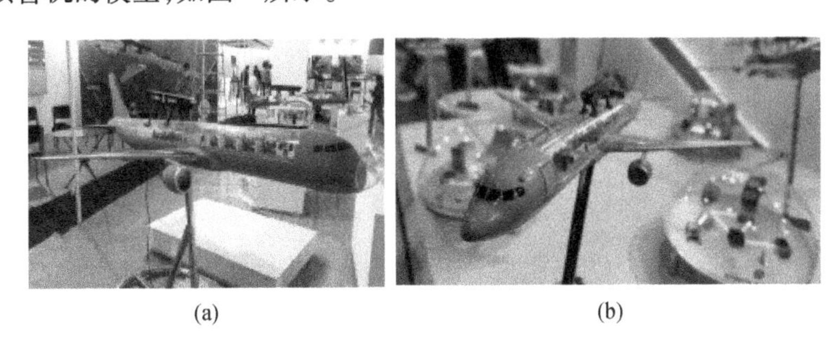

(a) (b)

图1　DRDO展出的“内特拉”Mk2预警机模型

二、“内特拉”Mk2预警机的主要特点

相比于前一代印度国产“内特拉”预警机,“内特拉”Mk2预警机雷达系统和载机机体本身的性能均实现显著提升,具有以下主要特点。

(一)覆盖范围更广

与前一代“内特拉”预警机只能提供240°方位覆盖相比,“内特拉”Mk2预警机的覆盖范围预计将达到270°～300°,这归因于除机背上方可提供240°覆盖的“平衡木”主天线外,其机首还将加装一部用于补盲的 AESA 雷达天线(如图 1(a)机首所示),从而扩大了方位覆盖范围。

(二)探测性能更优

由于"内特拉"Mk2 预警机的"平衡木"天线规模尺寸比前一代预警机更大,加上采用最新型氮化镓(GaN)技术,从而可提供更远的探测距离,以及更优的跟踪性能和冷却能力。这款新型预警机探测距离预计将超过 500km,并能探测无人机和隐身战斗机等低可观测性目标,在能力上将大幅领先印度前一代国产预警机。

(三)任务多样化

印度计划将"内特拉"Mk2 预警机用作海上巡逻机,为此还将在机首下方部位安装一部 DRDO 开发的对海监视合成孔径雷达(SAR)作为辅助传感器。这部雷达能形成高分辨率图像,执行对水面舰船和沿海地区的监视任务。此外,飞机还将装备光电/红外传感器、宽带全球卫星通信、通信支援措施系统和增强型敌我识别系统等各种航电设备(图 2)。先进的多传感器数据融合能力将有助于该型预警机识别、分类和评估敌方目标。

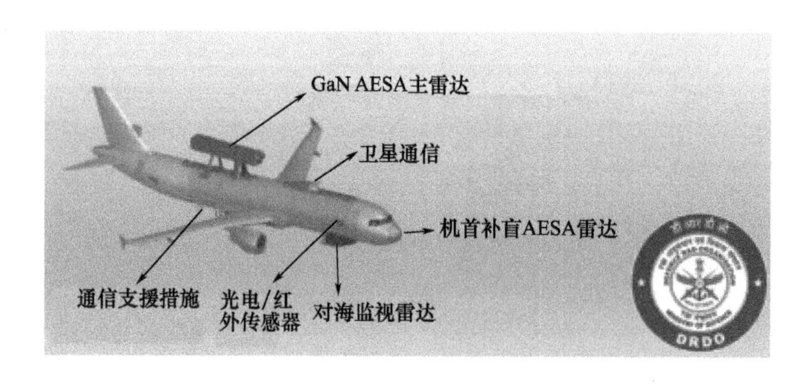

图 2 "内特拉"Mk2 预警机主要航电子系统分布图

(四)载机能力更强

与前一代 EMB-145 载机相比,A321 的机身长度、宽度和翼展的尺寸更大,因而机体本身的能力也更强。据报道,"内特拉"Mk2 预警机内部将设立 12 个工作站,而现役的"内特拉"预警机仅配备 5 个工作站。功率更高的发动机可满足更大规模的主雷达及众多航电系统的电力需求。此外,飞机的飞行续航时间也更长,将达到 7h 以上,飞行高度达 36000ft。

三、几点认识

“内特拉”Mk2 预警机是印度继国产 EMB－145“内特拉”预警机后自主研发的又一款预警机，未来入役后将对印度机载预警指挥、机载侦察监视乃至整个国防工业自主研发能力都将产生重要影响。

（一）提升印度空中预警指挥能力

6 架新型“内特拉”Mk2 预警机入役后将使印度空军预警机机群规模在数量上翻一翻，达到 10 架以上，超越其邻国巴基斯坦，进而在未来发生边境冲突时，可在数量上保证“一架预警机执行任务、一架在途中、一架在地面进行维护”的作战理论，充分发挥预警机的空战指挥能力。此外，作为一款中型预警机，“内特拉”Mk2 预警机入役后，将改变印度空军预警机机群的现状，从原先只能实现大型 A－50EI 和小型“内特拉”预警机搭配工作的方式，转变为大、中、小型预警机混搭，使印度空军可根据作战场景灵活地选择预警机，进而提高整个预警机机群的作战效率。

（二）补充印度海上侦察监视能力

印度是一个海洋大国，拥有漫长的海岸线、众多的领海岛屿和面积广阔的专属经济区。为加强海上监视能力，印度海军已先后分 3 批向美国采购了 18 架先进的 P－8I 海上侦察机，其中 12 架飞机现已交付。将对海监视作为“内特拉”Mk2 预警机的一项次要任务，进一步突显了印度希望加强海上监视能力的愿望。未来在沿海方向，印度空军“内特拉”Mk2 预警机可作为海军 P－8I 侦察机的有力补充，加强对海上尤其是沿海地区的监视能力，进一步释放 P－8I 机群执行远程海上作战任务的能力。

（三）增强印度国防工业自主研发能力

为增强武器装备自主研发能力，贯彻“印度制造”和“印度自力更生”计划，印度国防部自 2020 年 8 月以来发布了一系列武器禁止进口清单，涉及近程海上侦察机、预警机等各种装备。研制“内特拉”Mk2 预警机正是印度高度重视武器装备国产化能力的重要体现。该型预警机的核心机载预警雷达和对海监视雷达等航电设备均由 DRDO 研发，相关成果将进一步增强印度国防工业自主研发能力，为印度后续研发国产大型预警机和国产海上侦察机积累宝贵经验。

（中国电子科技集团公司第三十八研究所　吴永亮）

美国陆军综合作战指挥系统完成 IFT－2 巡航导弹拦截试验

2022 年 11 月，美国陆军第 43 防空炮兵团在白沙靶场完成综合作战指挥系统（IBCS）的 IFT－2 巡航导弹拦截试验。此次试验首次将生成的火控数据绕过“爱国者”雷达直接上传至 PAC－3 MSE 拦截弹，标志着 IBCS 向作战要素的完全解耦又迈出了重要一步。

一、事件简述

IBCS 是美国陆军一体化防空反导（AIAMD）体系的核心组成部分，基于“系统解耦、要素重组”的思路，将多域异构传感器和武器系统的统一调度、统一管理，通过“要素分散、力量聚合”的作战要素“即插即打”，重塑“传感器到射手”。

自 2015 年开展首次拦截试验以来，IBCS 已完成十余次试验，从小批量投产进入到大规模投产阶段，预计列装 160 多套。

此次试验中，IBCS 将生成的火控数据通过 RIG－360 远程拦截制导通信设备，绕过“爱国者”雷达直接上传至 PAC－3 MSE 拦截弹，解决了 IBCS 对“爱国者”雷达提供的拦截弹上行通信链路的依赖性。

此次试验首次实现“爱国者”雷达与拦截弹的通信脱钩，标志着 IBCS 向作战要素的完全解耦又迈出了坚实的一步。

二、能力变革

作为美国陆军一体化防空反导体系的核心组成部分，IBCS 灵活接入陆、海、空、天多域装备，完成作战要素“即插即打”，实现“作战应用－作战资源解耦”“力量编组—装备建制解耦”“作战任务－装备属性解耦”的三解耦，在应用形态、装备形态、技术形态上均实现了多重变革,为一体化防空反导建设指出了方向。

(一)应用形态上,实现"要素重组,攻防一体"

从"单域集成"转向"多域集成":通过在外部传感器端、武器端加装 A – Kit 组件,与 IBCS 的 B – Kit 组件适配,整合美军陆域的各类防空平台,并与海域、空域各型防空资源建立火控级信息铰链,实现各类外部装备的动态组网、即插即用,构建分布式、大混合、高动态、强弹性的防空反导作战体系。已基本实现现役陆基防空反导资源的集成工作,正在扩展 LTAMDS、IFPC、M – SHORD 等新研陆基装备范畴,并验证与空军 F – 35 战斗机、U – 2 侦察机,海军 E – 2D 预警机、CEC 和 NIFC – CA 编队一体化防空系统的集成,跨域探测信息全局共享融合,形成态势一张图,为空 – 地 – 海多域火控级信息的体系大闭环创造了条件。

从"单元级集成"转向"要素级集成":对内,A – Kit 组件部分实现雷达 – 拦截弹的武器系统内部解耦。对外,B – Kit 组件重塑了作战要素的交联关系。基于 A – Kit 组件和 B – Kit 组件的适配机制,打破传统旅/营/连等建制,实现装备编组 – 装备建制解耦,进一步弱化作战装备的组织编制约束,推进体系集成粒度向要素级深化,构建最优杀伤链。

从"防空集成"转向"四维集成":基于多平台、多体制、多频段、多手段全域协同,打破传统空域边界、战略/战役/战术边界,实施多维能力统筹,从"防空集成"转向反导/防空/反无人机/反火炮一体的"四维集成",适应复杂作战环境需求,实现能力建设统筹。

从"单一防御"转向"攻防兼备":基于 IBCS 的开放式架构,灵活接入各类防御装备、精确打击装备,如借助 F – 35 对地跟踪瞄准信息引导陆军"先进野战炮兵战术数据系统"(AFATDS)对地精确打击,拓展传统能力集边界,推动防空反导向"空地一体、攻防兼备"的能力转型,实现任务 – 属性解耦。

(二)装备形态上,实现"型谱统一,多层贯穿"

为实现多域装备的协同增益,IBCS 基于"型谱统一、多层适配"原则,通过交战中心(EOC)的统型,取代现役营、连、排级的多型作战管理装备,各层级、各型号作战要素置于统一的模式或约束之下,实现"任意传感器—交战中心—最佳射手"的火控级信息自由闭环。

目前,营级单位装备 2 套交战中心,连、排级各装备 1 套,取代了原营信息协调中心(ICC)、营战术控制站(TCS)、连交战控制站(ECS)、连指挥所(BCP)等多型装备,满足多层级作战对任务能力的不同需求。

(三)技术形态上,实现"开放桥接,多域互融"

为实现多域装备动态入网,IBCS 基于"开放桥接、多域互融"思路,在体系架构上采用模块化开放式系统架构方法(MOSA),基于符合 CIXS 标准的标准化接口和规范协议,采用企业集成总线(EIB),构建"即插即战"(Plug & Fight)的防空反导体系。

开放扩展:以开放式体系架构设计为基础,如 IBCS 的 EIB 综合总线设计以及基于 CIXS 统一标准的交战中心、B - Kit 组件等,为各类要素的自由接入、即插即战创造条件,从而拓展 AIAMD 体系规模。

桥接互联:在外部要素互联方面,AIAMD 采用多型适配、分级扩展的本地外挂接口,实现多类型互联方式,实现"一点捕获、全网皆知"。在军种内部要素互联时,可采用直接互联方式,支持雷达、拦截弹直连一体化火控网络;也可通过交战中心桥接方式,通过 ALTMED/NIPR/SIPR 等接口接入其他资源。在军种外部资源连接时,可通过 Link 16、GIG 等接收或共享信息,支撑大体系作战;也可将 F - 35、CEC 等跨域火控级信息桥接至 IFCN,直接支持 IBCS 交战决策与火力控制。这种直连、桥接的互联方式,不仅提升了体系配置的灵活度,而且扩展了体系作战容量和对抗能力。

多域融合:IBCS 可基于 MPQ - 65 雷达制导、"哨兵"防空雷达的主动探测信息,以及 F - 35 战斗机 AAQ - 37 分布式光电瞄准系统的被动探测信息,执行多传感器实时分布式融合,生成高精度的单一空中态势图(SIAP)及更高质量的火控级信息的能力。通过多次的有限用户试验(LUT)、士兵检验试验(SCOE),验证了这种多域融合对"爱国者"系统超视距、超低空拦截交战能力的提升能力。

三、几点启示

美国陆军 IBCS 的应用特征、技术特征、装备形态等对雷达组网系统的横向能力拓展、纵向信火一体具有很好的参考借鉴。

(一)横向拓展,多域扩能

IBCS 的初衷是整合美国陆军地面防空反导资源,构建一体化防空反导网络。随着联合全域作战理念的推进,IBCS 逐步从单一陆域向陆、海、空、天拓展,以"要素解耦、动态重组"为思路,基于不断拓展的入网资源,重建"跨域多维、应用一体"的自适应防空反导探测网,达到"一点捕获,全网皆知",满足不断提升的体系作战灵活性和复杂多元威胁的应对需求。

建议从联合防空反导作战角度出发,仿效 IBCS 成功经验,增加卫通、长波通信等接口,以直连或桥接方式,横向拓展组网资源,接入陆军、空军、海军探测数据,开展全军多源信息融合,构建自适应防空反导探测栅格。

（二）纵向深耦，信火一体

随着防空反导面临的对抗模式从单一武器对抗向复杂多元武器对抗的体系对抗模式转变，IBCS 通过各类作战要素的逐步解耦，已完成现役“爱国者”“萨德”“复仇者”“哨兵”等 4 型装备的改造集成，基于任务需求动态重组作战要素，形成要素解耦、信火一体的自适应防空反导作战能力。

建议基于分布式体系架构的开放优势，实现：①信火互联，即雷达情报信息与武器系统的信火交联；②控制下沉，即雷达的预警指挥能力下沉到武器配套的目指雷达、制导雷达，实现防空反导雷达资源的统一指挥；③按需重组，即基于防空反导资源的统一调度，按需配置探测资源、制导资源，提高反隐身、反低空、反集群、抗干扰、抗摧毁能力。

（三）统型贯穿，深化协同

IBCS 的核心组成是交战中心，通过单一型号、多重软硬配置的方式实现旅、营、连、排等多层级指挥组织的统型贯穿，以统一的系统架构、处理逻辑、约束边界，实现各层级、各型号作战要素的按需高效协同。

建议学习 IBCS 的统型经验，基于上扩下增，实现旅－营－连的贯穿统型。

（中国电子科技集团公司第十四研究所　邓大松）

DARPA 推进星载合成孔径雷达技术改进项目

2022 年 2 月和 3 月，DARPA 分别发布了“小提琴手”(Fiddler)自动目标识别、分布式雷达成像技术(DRIFT)、大规模交叉相关(MAX)等三个项目的广泛机构公告(BAA)，拟重点实现星载合成孔径雷达(SAR)技术改进，即自动目标识别、分布式雷达成像、数字信号处理。合成孔径雷达的全天候、全天时及能穿透一些地物的成像特点，与光学遥感器相比具备较大的优越性，已被广泛应用于军事和民用领域。随着这些技术改进项目的不断推进，有望突破传统星载合成孔径雷达技术在自动目标识别、分布式雷达成像、数字信号处理等方面的瓶颈，在星载合成孔径雷达的科技、设备与系统等方面实现创新性发展。

一、“小提琴手”自动目标识别

(一)项目背景

近年来，对机器学习技术特别是卷积神经网络的应用展示了合成孔径雷达图像海上目标探测方面的极大进步，但效果仍然不好。机器学习需要对大量的范例图像进行训练，从而识别未来合成孔径雷达图像中的目标。然而，当训练数据中没有目标当前所处状态的图像时，传统的目标分类方法通常会失效。对于静止的目标而言，如许多陆地上的高关注度目标，合成孔径雷达系统可随时间的推移获得大量训练数据集，以涵盖各种可能的成像变化情况。但海洋环境具有更多挑战，因为大多数高关注度的目标及背景一直在运动，高效合成孔径雷达目标探测实现的难度大大增加。

(二)项目简介

2022 年 3 月，DARPA 战略技术办公室启动了“小提琴手”项目，该项目的目标是改进合成孔径雷达图像的自动目标识别(ATR)能力。其具体实施方案是：开发一种软件，能够对极少的真实图像案例进行学习，从而产生同一目标的新的几何形状及配置的合成孔径雷达合成图像训练案例,用于快速训练合成孔径雷达目标探测方法。

此外,该项目执行者还将开发 ATR 算法,分别使用合成训练数据和原始数据进行训练,比较这两种情况下合成孔径雷达性能的差异,演示合成图像生成的有效性,从而增加正确识别的概率。

(三)项目进度安排

此项工作将分 3 个阶段进行:第 1 阶段为基本阶段,第 2 和第 3 阶段为独立定价的可选阶段。各阶段安排如下。

第 1 阶段为期 15 个月,项目执行者将开发一个能够对目标的少量 SAR 图像集进行训练,并以任何视角创建同一目标的 SAR 图像的软件。

第 2 阶段为期 12 个月,项目执行者将开发一个能够对目标的少量 SAR 图像集进行训练,获取有限的 RF 特征,并以任何视角及任何 RF 特征创建同一目标的 SAR 图像的软件。

第 3 阶段为期 12 个月,项目执行者将通过增加更多复杂性、减少实施时间等措施,使目标分类方法更加成熟。

(四)性能指标

“小提琴手”项目的主要性能度量标准是合成图像生成模块从稀有样本的数据集中重新生成各种数据集的有效性——标准化正确识别概率(PID),以及从案例中学习一个新目标并产生新图像所花费的时间如表 1 所列。

表 1　主要性能度量标准

度量标准	第 1 阶段	第 2 阶段	第 3 阶段
标准化正确识别概率(PID)(由政府团队评估)	>80%	>90%	>95%
学习一种新目标模型所需要的时间	48h	12h	1h
产生新图像的时间	<10s	<1s	<0.1s

次要性能度量标准是(与利用原始数据进行训练相比)利用合成训练数据集训练时 ATR 性能的改进情况(或下降情况),如表 2 所列。

表 2　次要性能度量标准

度量标准	备注
与原始数据相比,利用合成数据进行 ATR 训练时,性能提升的百分比	该度量标准取决于数据和场景,一般情况下越高越好
满足表 1 中主要的标准化 PID 性能指标所需数据的百分比	该度量标准取决于数据和场景,一般情况下越低越好

二、分布式雷达成像技术

(一)项目背景与目标

DARPA 认为,商业界引领实现的小型合成孔径雷达卫星相关进展,可支持基于合成孔径雷达新概念的相关试验。2022 年初,DARPA 战略技术办公室(STO)启动“分布式雷达成像技术”(DRIFT)项目,该项目是“马赛克战”最终愿景的重要组成部分,旨在寻求获得以编队飞行的合成孔径雷达卫星(至少两颗)的数据,从而演示验证针对所获数据的新型处理算法。

(二)技术领域

DRIFT 项目包含两个技术领域(TA)。TA1 将开发小型合成孔径雷达卫星编队飞行与数据联合收集的方法,包括机动策略、任务分配算法、收集同步单基地与双基地数据的方式。从 TA1 输出的在轨数据将是代偿性相位历史数据(CPHD)格式的雷达数据。TA2 则开发处理来自 TA1 的 CPHD 数据的算法。DARPA 试图分别获取数据与算法,将 CPHD 作为不受传感器类型限制的标准,从而实现互操作性。

(三)进度安排

1. TA1——编队飞行与数据收集

DRIFT TA1 将分 3 个阶段实施,分别是第 1A 阶段、第 1B 阶段和第 2 阶段。第 1A 与第 1B 阶段致力于为在轨数据收集做准备的工程活动。第 2 阶段则以在轨数据收集为主。

2. TA2——算法

TA2 与 TA1 的工作同步开展,也分 3 个阶段进行。

TA2 第 1 阶段为基本工作,为期 12 个月,具体内容包括:开发用于处理多卫星雷达数据的算法与软件;产生模拟雷达数据,并利用该数据测试其算法与软件,以评估该方案 TA2 第 1 阶段指标的完成情况。在此期间,TA1 的项目执行者将为收集在轨数据做准备。

TA2 第 2 阶段为选择阶段,为期 12 个月,预计在此期间 TA1 的项目执行者能够进行在轨数据收集行动,将数据提供给 TA2 项目执行者用来测试并演示其算法。TA2 项目执行者将对数据进行处理,并评估其对第 2 阶段指标的完成情况。

TA2 第 3 阶段为期 12 个月,TA2 的项目执行者将优化其算法与软件。

三、大规模交叉相关

(一)项目背景

相关器是扩频通信、被动相干定位(PCL)以及合成孔径雷达等关键的国防应用中采用的重要信号处理组件。当前的相关器采用现场可编程门阵列(FPGA)和通用图像处理单元(GPGPU)实现,FPGA 和 GPGPU 均需要数千瓦功率及支持低频率、低带宽应用的计算机装备,这就对有功率限制的平台及需要高频率、大带宽、高动态范围解决方案的应用带来挑战。

(二)项目描述

2022 年 2 月,DARPA 微系统技术办公室(MTO)启动了大规模交叉相关(MAX)项目,该项目寻求利用新型信号处理架构优势,开发一种可扩展的大带宽相关器,实现高动态范围的相关器功能性能的突破。新型信号处理被定义为任一方法,并非是纯数字处理的,如模拟信号处理(ASP)、多维计算或混合方案,从而同时实现数字相关器最先进的动态范围,以及模拟电路器件的功效。

(三)项目目标

MAX 项目旨在实现比目前最先进(SoA)的数字信号处理系统高 100 倍的功率与信息处理密度。具体目标如下:

(1)硬件动态范围为 72dB 时,功效为 100TOPs/W。

(2)系统总动态范围为 120dB(例如,硬件动态范围为 72dB,信号处理增益动态范围为 48dB)。

MAX 项目将在大规模模拟相关器架构下实现上述目标,且具有下列额外限制:

(1)采样率为 5GSps。

(2)功率不大于 10W。

(3)尺寸不大于 1.7ft ×1.7ft ×0.25ft。

(四)技术领域及进度安排

如图 1 所示,MAX 项目为期 48 个月,将分 3 个阶段进行,寻求两个技术领域(TA)的提案。

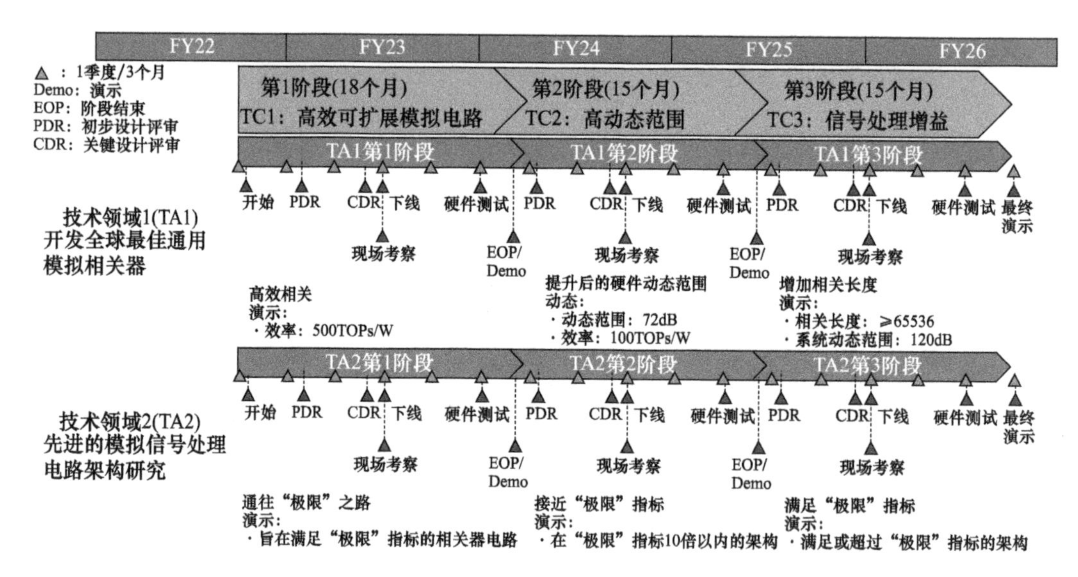

图1　MAX项目进度安排及重要节点

1. TA1——全球最佳通用模拟相关器

TA1 将开发全球最佳的通用模拟相关器。表 3 规定了其所有的性能指标与需求。

表 3　TA1——全球最佳模拟通用相关器:项目指标与目标

TA1 指标	基本指标	第 1 阶段	第 2 阶段	第 3 阶段
主要结果	—	高效可扩展模拟电路	高动态范围	信号处理增益
效率/(TOPs/W)	<5	500	100	100
硬件动态范围/dB	48	48	72	72
相关长度(采样)	16	16	16	65,536
总动态范围/dB	60	60	84	120
注:1. 采样率 = 5GSps。 2. 功率≤10W。 3. 尺寸≤1.7ft×1.7ft×0.25ft。 4. 运行温度:-55°C~125°C(军事标准)。 5. 电源变量:+/-10%				

2. TA2——先进的模拟信号处理电路与架构研究

TA2 将包括 3 个阶段的研究,旨在通过试验验证一种新方案——能够实现比 TA1 结束时的项目目标高 10 倍的性能。表 4 规定了 TA2 的基本指标与“极限”指标。

表4 TA2——先进的模拟信号处理电路及架构研究：基本指标与“极限”指标

TA2 指标	基本指标	MAX TA1 目标	“极限”指标
效率/(TOPs/W)	<5	500	1000
硬件动态范围/dB	48	72	92
相关长度(采样)	16	65536	≥523288

注：1. 采样率为5GSps。
2. 功率不大于10W。
3. 尺寸不大于1.7ft×1.7ft×0.25ft。
4. 运行温度：室温(20°C～30°C)。
5. 电源变量：标准电源规格

四、几点认识

(一)DARPA星载合成孔径雷达技术改进项目启动背景

不同于传统的光电系统，合成孔径雷达传感器依赖于雷达，能够在夜间及全天候条件下对地球成像，这种能力对于跟踪地面上的部队移动和变化很有用。因此，美国政府和工业界正在不断增加卫星成像特别是合成孔径雷达技术领域的投资。DARPA在俄乌冲突爆发初期就曾连续发布3个星载合成孔径雷达技术改进项目，表明俄乌冲突对先进的星载合成孔径雷达技术有强烈需求。

(二)星载合成孔径雷达技术发展现状

十几年来，星载合成孔径雷达在系统体制、成像理论、系统性能、应用领域等方面均取得了巨大发展。合成孔径雷达图像的几何分辨率从初期的百米级提升至亚米级；从早期单一的工作模式发展到现在的多模式；从固定波束扫描角(条带模式)发展到波束扫描(聚束模式、滑动聚束模式)，再发展到二维波束扫描模式(Sentinel的TOPS模式、TecSAR的马赛克模式等)；从传统单通道接收到新体制下多通道接收，同时实现高分辨率与宽测绘带；从单一频段、单一极化方式发展到多频多极化；从单星观测发展到多星编队或多星组网协同观测，实现多基地成像与快速重访。

(三)DARPA星载合成孔径雷达改进技术预期实现的能力提升

近年来，星载合成孔径雷达的大量研究表明，随着技术的不断进步，未来星载合成孔径雷达将在体制、概念、技术、模式等方面取得突破，朝着高几何分辨率、高分辨率宽测绘带成像、高精度高分辨率三维成像、全息成像、多维度成像、轻小型化、高时间分辨率、多基地、智能化等方面发展。DARPA 的星载合成孔径雷达技术改进项目也顺应这些趋势发展,不断突破传统星载合成孔径雷达技术瓶颈,实现创新性提升。

1. 提升“高分”宽幅成像、高精度干涉测量等能力

分布式雷达成像技术(DRIFT)项目扩展了小型合成孔径雷达商业卫星的军事应用,能够应对分布式星基雷达数据收集、卫星编队飞行、双基合成孔径雷达、卫星集群指挥与控制等领域的技术挑战,未来有望实现“一星发射、多星接收”的分布式多基合成孔径雷达系统,从而在“高分”宽幅成像、高精度干涉测量和动目标监测等方面实现比单颗星载合成孔径雷达更为优越的性能。同时,通过合适的分布式编队设计,能够极大地降低区域重访周期,提升目标探测效率。

2. 实现被动感知、实时合成孔径雷达成像、抗干扰通信应用

大规模交叉相关(MAX)项目寻求通过利用近年来模拟相关器设计的先进技术及其他革新技术,在先进的互补金属氧化物半导体(CMOS)工艺节点实现相关性的颠覆式飞跃,从而实现模拟计算长期未实现的优势,如被动感知、实时合成孔径雷达成像、抗干扰通信应用等,有望彻底改变军用与商用感知、成像及通信系统的类型,实现能力的提升。

3. 提升自动目标识别的智能化水平

目标识别通常需要大量的训练数据,来训练机器学习分类算法。然而,由于动态作战环境的不确定性,获取训练数据不仅耗时长、成本高,甚至难以实现,这就给自动目标识别技术的发展带来了挑战。“小提琴手”项目以机器学习和计算机视觉方法为技术途径,只需开发先进软件,就能生成动态环境下的大量训练数据,从而解决自动目标识别的关键问题,提升智能目标识别水平。

(中国电子科技集团公司第二十研究所　王惠倩)

从“匕首”作战应用看高超声速导弹防御

2022年3月18日，在俄乌冲突中，俄罗斯使用一枚“匕首”高超声速导弹摧毁乌克兰弗兰科夫斯克州存放弹道导弹和航空弹药的地下武器库；3月19日再次用“匕首”摧毁了尼古拉耶夫州的大型燃料库。俄罗斯使用“匕首”打击乌克兰军事目标，是俄罗斯首次在战场使用高超声速导弹，也是人类历史上首次将高超声速武器投入实战，标志着临近空间高超声速攻防时代正式开启。

一、“匕首”高超声速导弹作战样式

“匕首”高超声速导弹由“伊斯坎德尔－M”弹道导弹改进而成，是俄罗斯研制的高超声速空射战术助推滑翔型导弹，代号Kh－47M2，2017年服役。全长约7.7m，弹径约1m米，锥形弹头长约3.4m，尾部加装长约0.9m的整流罩，中间弹体长约3.4m，采用惯性+GLONASS+毫米波雷达导引头，打击精度优于20m，可携带核弹头或常规弹头。

“匕首”高超声速导弹作战特点包括远程跨域飞行、穿透突防、机动时敏目标迅捷打击、混合编组饱和攻击。可由米格－31或图－160轰战机搭载，攻击半径2000～3000km，打击范围覆盖乌克兰全境，投放速度2Ma以上，空中投放后导弹发动机点火，最大飞行速度10Ma。飞行高度跨越航空域和临近空间域。“匕首”可对一体化防空反导系统严密设防的高价值目标，实施空域穿透，可在飞行过程中横向机动，速度+机动能够穿透探测雷达的波束和距离与速度波门，极大压缩防空系统的探测距离和反应时间。“匕首”在空天预警侦察手段的支援下，对机动时敏目标发起突然打击，实施定点清除和斩首行动，10Ma飞行速度下1000km距离飞行时间不足5min，达到“一箭穿心”的效果。“匕首”可以单独使用，也可以和无人飞行器编组行动，实现协同增效，战力倍增。

二、“匕首”高超声速导弹作战流程研判

冲突中，“匕首”由部署于俄罗斯加里宁格勒的米格－31战斗机升空发射，摧毁了乌

克兰目标。根据“匕首”基本特点和常规作战流程,对“匕首”此次作战过程判断为发射准备、发射突防、侵彻打击 3 个阶段。

发射准备阶段包括目标定位、任务规划、信息装订等操作。目标定位由高空侦察机、侦察卫星、无人机等对目标区域进行成像和信号侦听,经地面指挥控制中心分析研判,确定目标位置、属性、运动、价值等。确定打击目标后,指挥中心进行任务规划,确定打击任务所需的弹量、弹型,规划导弹飞行航线,制定攻击策略,向作战部队下达任务数据包。作战部队向高超声速巡航导弹输入任务数据,包括导弹飞行路径、目标区地形、目标特性、目标位置等数据。

发射突防阶段由部署于加里宁格勒空军基地的米格 -31 飞机搭载升空,到达高度 20000m、速度 2Ma 后,“匕首”与载机分离,自由下落过程中先抛掉导弹尾部的整流罩,然后火箭发动机点火,俯冲拉起,根据预先规划的航线,持续低高度飞行,进行横向机动。

侵彻打击阶段是“匕首”到达乌克兰弗兰科夫斯克州目标区域后,启动导引头,对目标区域进行成像,判读系统自动将目标区域实时感知信息与装订信息进行比较,进行目标确认。利用弹体尾部的控制舵实施机动,选取打击角度,进行灌顶式侵彻打击。最后启用侦察手段对目标物理及功能毁伤情况进行评估,判断是否需要进行二次打击。

三、建设高超声速防御体系,打造高超防御盾牌

在高超声速防御体系建设上,美国采取改进和新研相结合的思路,以现有弹道导弹防御体系为基础,积极发展“高超声速及弹道导弹跟踪太空传感器”(HBTSS)等新手段,最终形成对高超声速导弹和弹道导弹的一体化防御能力。

导弹防御局从体系架构、预警探测、指挥控制、拦截弹等推动高超声速防御能力发展。预警探测以现有地基反导雷达、空基无人机、天基预警卫星为基础,研发新型天基传感器,发展应对高超声速威胁的预警探测与跟踪能力。主要包括改进 AN/TPY -2 雷达、“宙斯盾”雷达、远程识别雷达(LRDR)、SPY -6 雷达等,使其具备对高超声速威胁的探测跟踪能力。美国正在改进 THAAD 系统的 AN/TPY -2 雷达,使其具备更强的高超声速导弹探测能力;2022 年,美国陆军计划为海基“宙斯盾”SPY -1 雷达更换数字低噪声放大器,提升雷达灵敏度,扩展探测距离;LRDR 雷达已于 2021 年部署于阿拉斯加,获得初始作战能力,预计 2023 年获得完全作战能力,该雷达重点对来袭目标群进行分类识别。

新研 HBTSS、下一代跟踪层天基低轨预警卫星,形成对高超声速导弹的全程跟踪能力,与“天基红外系统”(SBIRS)、下一代“过顶持续红外系统”(OPIR)共同形成高超声速飞行全段探测能力。SBIRS 和 OPIR 工作于高轨,用于发现助推段飞行的高超声速导弹;HBTSS 和跟踪层卫星工作于低轨,用于跟踪中段和末段飞行的高超声速导弹。HBTSS 由

导弹防御局管理,跟踪层卫星由太空军管理,美国国防部曾建议将 HBTSS 项目由导弹防御局转交给太空发展局,但被国会拒绝。

拦截器方面,正在研发“标准-3”导弹改进型“标准-3 霍克”“萨德”导弹改进型“女武神-高超声速防御末段拦截弹”“爱国者-3”MSE 导弹改进型“标枪—高超声速防御武器系统”以及高能微波“非动力学高超声速防御概念”,试图建设远程、中程、近程相衔接,动能定向能一体化,反导反临空间一体化的防御能力。

俄罗斯在高超声速防御上采取先易后难、先系统后体系的发展思路,优先发展末段拦截能力。将 S-400、S-350 防空系统进行梯次配置,并将“铠甲”-SM 弹炮合一防空系统并入 S-500 系统,部署电磁频谱对抗装置干扰高超声速制导系统,实现多层多手段防御。预警探测方面,部署“耶尼塞”有源无源一体化雷达、共振-N 雷达、59N6-TE 移动三坐标雷达、“集装箱”超视距探测雷达等,升级沃罗涅日反导雷达、天空 M 雷达。

四、对策建议

面对国外高超声速打击能力的快速发展,我国应加强反高超声速体系建设。应以防空反导反临空间一体化为基本思路,以近期迅速形成初步反高超声速武器的能力、中远期全面形成反高超声速武器的能力、目标,依托现有防空反导体系,优化资源配置,加快重点反近空间型号论证,加强颠覆性前瞻性技术应用,建设我国高超声速防御和预警体系。

近期(2025 年前):改进骨干防空反导装备,初步形成末段反高超声速武器的能力。面对美日印等国家高超声速武器快速发展,应以尽快形成反高超声速武器的能力为思路,通过提升已部署骨干防空反导装备,快速形成对抗高超声速武器的基础能力。针对高超声速导弹飞行高度低、预警时间短的问题,通过前置部署,推远探测距离;针对高超声速导弹机动飞行跟踪难的问题,更改雷达软件和跟踪算法,增强跟踪稳定性;针对高超声速导弹来袭方位广和隐身问题,通过雷达组网和接力协同,实现全方位覆盖。

中期(2026—2030 年):新研反高超声速武器的预警探测与拦截系统,形成远程滑翔段防御能力。高超声速导弹滑翔段飞行时间长,是实施高超声速防御的重点阶段,地海基雷达受地球曲率的限制,难以实现对临近空间高超声速武器滑翔飞行段的发现和持续覆盖,因此需要天基平台和升空平台。其中,预警卫星居高临下,在覆盖范围、发现距离上具有无可比拟的优势,因此天基反临空间受到美国的重点关注,正在加紧研制 HBTSS 等天基预警系统;空基预警探测系统,如无人预警机、预警飞艇等,也可有效推远反临空间探测距离,日本等国家已开展无人预警机反临空间论证。

远期(2031—2035 年):开发新质系统与技术,建成多手段全方位一体化反高超声速武器体系。高超声速武器发射平台有陆基、海基、潜基、空基,射程覆盖洲际、远程、中程、近程,飞行方式有滑翔型和巡航型,飞行速度范围 5 ~ 20Ma,杀伤机制有常规弹药和核弹,协同机制与弹道导弹、巡航导弹、无人机联合突防攻击,实施电子干扰和诱骗。要有效应对上述威胁,需要建设全域、全频、全平台、多层次、一体化防御体系,加强人工智能、作战云、认知干扰、网络协同、无人自主、定向能毁伤等前瞻技术和新质装备应用,实现对高超声速武器威胁的全面覆盖、早期预警、全程跟踪、精确识别、有效毁伤和效能评估,支撑对高超声速导弹主动段、滑翔段、末段的防御拦截。

(中国电子科技集团公司第十四研究所　韩长喜　邓大松　张利珍　张　蕾)

低慢小无人机威胁下的野战防空系统发展研究

一、引言

野战防空是部队在野战和机动状态下实施的防空作战，具有装备机动性强、部署展开快、行进间拦截等特点，以近程防空为主，对付的目标多为武装直升机、巡航导弹等。近年来，低慢小无人机迅速发展，逐渐成为野战防空的重要目标。2018 年 1 月叙利亚反政府武装使用 13 架无人机群袭击俄罗斯驻叙利亚空军和海军军事基地；2019 年 9 月也门胡赛武装使用 18 架无人机和 7 枚巡航导弹打击沙特布盖格炼油厂，造成大规模减产；2022 年 12 月朝鲜无人机入侵韩国总统府；2022 年俄乌冲突中，双方都广泛使用低慢小无人机实施侦察打击。未来，随着无人自主、智能化技术的发展，低慢小无人机对野战防空的威胁将越来越严重，而且即使及时发现，由于拦截成本可能远大于无人机成本，野战防空做出是否拦截的决策也会面临困难。因此必须针对低慢小无人机的具体特点，采取专门的应对手段，才能扭转野战防空面对无人机威胁时的不利局面。

二、野战防空系统应对低慢小无人机的难点

低慢小无人机防御难点主要在发现预警、跟踪识别、处置应对等方面。

一是发现预警难。由于低慢小无人机飞行速度慢，常规雷达通常会把低慢小无人机视为杂波过滤掉，不在屏幕显示出来。飞行高度低会造成雷达视线被地形、建筑物遮蔽，加上无人机通常用低反射率的材料制造，导致雷达探测难度显著增加。例如在朝鲜无人机入侵事件中，韩国虽然部署了陆基 TPS－117、绿松，舰载 SPY－1 等雷达，但这些雷达主要用于探测中高空目标，对于低慢小无人机探测效能大打折扣。韩国从 2014 年开始从以色列引进 RPS－42 雷达，但由于只部署了 10 套，难以对无人机入侵航线做到完整覆盖。又如俄乌冲突中，乌军使用美制“弹簧刀”无人机侦察并打击俄军地面部队，该型无

人机长 60cm,翼展 60cm,总重 2.5kg,信号特征非常低,给俄军造成重大杀伤。

二是跟踪识别难。 在发现目标的基础上,还需要确定目标的类型甚至型号。由于雷达探测低慢小无人机信噪比低、带宽小、分辨率低,识别算法也没有针对无人机飞行特点进行专门设计,导致识别能力有限。即使发现有威胁来袭,也不知道是无人机还是自然空情,这对后续威胁评估、优先级排序和威胁处置都带来诸多问题。在朝鲜无人机入侵事件中,韩国由于过度担心朝鲜无人机入侵,经常把其他目标当成无人机。例如 2022 年 12 月 27 日,韩军捕获到不明航迹,持续跟踪 3h 后推测是朝鲜无人机,于是向当地居民发布了无人机入侵通知,但是战斗机最终目视确认是鸟群。在俄乌冲突中,由于俄防空雷达对无人机识别能力有限,最后主要依靠听觉来识别来袭威胁的类型。

三是处置应对难。 对低慢小无人机实施有效拦截,首先需要精确、连续、实时的信息保障,若跟踪航迹不连续,精度不足,则难以保障武器实施拦截;其次,需要专门的手段,武器装备在射击斜率、制导方式等有较大不同;再次,需要弹药、干扰、定向能等多样化手段,这不仅有利于成功实施拦截作战,还能避免陷入成本困境。例如在朝鲜无人机入侵事件中,韩国对朝鲜无人机拦截凸显其方法落后、手段单一、效能欠佳等问题,调动的防空导弹、战斗机、直升机都属于传统手段,而没有针对朝鲜无人机抗干扰能力不足等特点采取电子干扰、网络攻击等措施,更没有使用高功率微波、高能激光等低成本手段。与之对比的是,在俄乌冲突中,俄军利用“铠甲-S1”“道尔-M”等硬拦截手段,以及电子战软拦截手段,取得了较好效果。

三、国外反低慢小无人机野战防空系统发展重点

低慢小无人机威胁和防御问题已经引起国外高度重视,美国、俄罗斯、以色列等国家都在加强反低慢小无人机野战防空系统建设。

(一)强化预警探测系统发现跟踪识别性能

为解决低慢小无人机探测问题,美国为机动式近程防空(M-SHORAD)系统、“机动低空慢速小型无人机综合防御系统”(M-LIDS)、“持久盾牌”开发了雷达、光电等多型预警探测装备,提升对低慢小无人机的发现跟踪识别能力。

美国陆军正在研制的 M-SHORAD 系统,传感器采用多任务半球雷达(MHR)、MX-GCS 光电/红外系统、敌我识别系统等。MHR 由以色列拉达(RADA)公司生产,分为 RPS-40、RPS-42 和 RPS-44 三个型号,其中 M-SHORAD 采用的 RPS-42 雷达为 S 波段四面阵有源相控阵雷达,最大探测距离 30km,俯仰覆盖范围 -10°~70°,速度覆盖范围 2.57~411m/s,对小型无人机类低慢小目标具有较好探测能力。MX-GCS 光电/红外

系统由高分辨率昼间摄像机、中波热像仪和人眼安全激光测距仪组成，对目标最远作用距离6km，与RPS－42雷达配合使用，对RPS－42指示的低慢小无人机实施截获、跟踪和识别。

美国陆军专用反无人机系统M－LIDS探测系统采用一体化传感器套件，以增强低慢小无人机的发现、跟踪和瞄准能力，包括KuRFS精确瞄准雷达(图1)、Ku－720机动感知雷达、光电红外照相机、侧向传感器、AN/TPQ－50多任务雷达。KuRFS雷达采用有源相控阵体制，工作于Ku波段，波段宽度窄分辨率高，有利于跟踪识别小型无人机；系统包含多个有源相控阵天线，通过灵活控制波束指向，实现全方位覆盖；部署方式灵活，可地面部署，也可搭载于车辆，部署时间30min。Ku－720雷达是KuRFS的缩放版，具有更小的尺寸和重量，成本更低。不同雷达和光电探测信息经指挥控制系统融合，进行目标属性判断和威胁等级评估，生成拦截方案，支持30mm火炮和“郊狼”(Coyote)小型无人机“杀手”拦截敌方无人机。美国陆军已经对M－LIDS系统进行采购，并经过广泛测试，2022年部署于科威特比林营地。

图1　集成于M－LIDS的KuRFS雷达系统

美国陆军正在研制的“持久盾牌”系统采用AN/MPQ－64 A4“哨兵”雷达作为主要感知装备。该雷达由洛克希德·马丁公司联合美国陆军研制，用于取代AN/MPQ－64 A3雷达，采用数字有源相控阵体制，氮化镓收发通道，实现了从地面到天顶的无盲区覆盖；利用洛克希德·马丁公司开发的优化算法，可提供火控质量级威胁数据；具有较强的极端温度、严重杂波地形、密集电磁频谱等复杂环境适应能力；采用系统开放式系统架构和软件定义设计，有利于快速进行升级改进；自动化程度高，操作维护简单，只需要2名操作员就能完成作战任务。

(二)大力开发高能激光高功率微波等新质拦截系统

为解决常规弹药应对低慢小无人机效能不足、费用高昂、持续性不足等问题，美俄等国家正在大力开发高能激光、高功率微波等新质拦截系统。

1. 高能激光系统

美国陆军当前重点研制"定向能机动近程防空"(DE M - SHORAD)激光武器系统和"高能激光非直接火力防护能力"(IFPC - HEL)激光武器系统。DE M - SHORAD 系统配备 50kW 激光器,主要用于拦截第 1 至第 3 等级无人机、旋翼机,以及火箭弹、火炮和破击炮弹,在白沙导弹靶场实弹测试中多次成功拦截火箭弹、炮弹、迫击炮和无人机等目标,2022 年 9 月开始服役,美国陆军计划在 2023 年组建一支由 4 辆激光型 DE M - SHORAD 装备组成的陆军部队。IFPC - HEL 系统搭载于"瓦尔基里"底盘,采用 300kW 级激光器,主要用于应对第 1 至第 3 等级无人机、火箭弹、火炮、迫击炮、旋翼飞机和固定翼飞机,以及巡航导弹,可接入前沿防空指挥与控制(FAAD C2)系统,计划 2024 年部署。

俄罗斯高能激光反无人机技术发展成熟,并投入实战应用。俄罗斯 2022 年 5 月宣布"寻衅者 - 16"高能激光武器已在俄乌冲突中投入实用,以应对来自乌方严重的无人机威胁。"寻衅者 - 16"是在"佩列斯韦特"反卫激光武器系统的基础上升级而来,搭载于车载机动平台,安装在集装箱内,打击范围方位 360°,可在 5s 内烧毁 5km 距离内的无人机,对于远距离威胁则用于损坏其光学设备。实际使用效果尚未见报道。

以色列"铁束"激光武器系统 2022 年部署于以色列南部地区。该系统由空情指示雷达、指挥室和激光器组成,最大拦截距离 7km,拦截成功率 90%。鉴于试验效果良好,以色列国防部于 2022 年已批准开始批量装备"铁束"激光武器系统。以色列计划将"铁穹"和"铁束"进行集成,联合应用。以色列国家安全研究所于 2022 年发布《未来战场上的高能激光应用》报告,提出以色列国防军应将高能激光武器系统用于优化以色列"铁穹"系统,以更好地完善以色列防空体系。

2. 高功率微波系统

美国陆军当前重点研制的高功率微波武器系统包括"定向能机动近程防空"(DEM - SHORAD)微波武器系统和"高功率微波非直接火力防护能力"(IFPC - HPM)微波武器系统。DEM - SHORAD 高功率微波武器系统可能采用伊庇鲁斯公司研制的"列奥尼达斯"高功率微波武器(图 2),该系统采用"斯崔克"装甲车底盘,在底盘上安装有高功率微波天线,主要用于应对无人机蜂群。系统工作于低频段,发射功率 270MW,作用距离 300m,在 2021 年 2 月的外场演示中,该系统成功击落 66 架无人机组成的集群。IFPC - HPM 专门用于对抗第 1 和第 2 等级无人机。美国陆军正与美国空军研究实验室联合开发战术高功率作战响应器(THOR),计划 2024 年开展外场试验,2026 年后计划部署于空军基地,拦截蜂群无人机。

图2 “列奥尼达斯”车载高功率微波武器

俄罗斯高功率微波武器发展多年,基本具备应用条件。苏联从20世纪50年代就开始研究电磁脉冲技术,70年代利用高功率微波武器样机使1km内的山羊瞬间死亡,2km外的山羊顷刻瘫倒在地丧失活动能力。2001年俄罗斯展示“背包-E”(Ranets-E)和“水珠-E”(Rosa-E)两种高能微波系统,其中Ranets-E功率500MW,工作在厘米波段,工作脉宽10~20ns,覆盖范围60°,可使10km内的制导武器失效,具有反无人机的潜力,但由于系统庞大等原因,尚未实际应用。

此外,俄罗斯还发展了多种型号的电子干扰系统,可切断无人机导航和控制信号,典型电子干扰系统有“克拉苏哈”“莫斯吉特”、R-330M1P“居民”等。“克拉苏哈”电子战系统成功击落叙利亚反政府武装发射的无人机集群。2018年1月6日,“伊斯兰国”极端组织(ISIS)利用13架自制的固定翼无人机,采用低空突防,突袭俄罗斯驻叙利亚赫梅米姆空军基地和塔尔图斯海军基地,“克拉苏哈”电子战系统迫降6架,“铠甲-S”防空系统击落7架,成为世界首个无人集群对抗案例,展示了软硬结合形成显著的反无人机作战效果。

(三)开发一体化指挥控制系统提升野战防空系统协同作战能力

美国陆军将野战防空作为防空反导体系的一部分,大力开发通用型“一体化防空反导作战指挥系统”(IBCS),试图将传感器、射手和指挥控制快速汇聚到一个综合火力控制网络上,形成敏捷作战能力。具体到反低慢小无人机,通过IBCS可得到更多的探测感知信息支持,可以更早发现目标,更精确地实施跟踪和识别,更好地进行武器分配。

2021年,IBCS在试验中集成多型传感器,验证了将跨军种传感器数据融合形成一体化空天态势的能力,为未来实现联合全域指挥控制打下基础。2023年4月,美国国防部批准诺斯罗普·格鲁曼公司开始全速生产IBCS系统。

四、发展建议

(一)针对低慢小无人机发现预警和分类识别难题,通过先进技术集成,形成探测跟踪识别协同联动的低慢小无人机探测能力

针对低慢小无人机探测感知难题,国外主要采用雷达光电一体化探测、分布式网络化协同探测、智能化探测等手段,提升低慢小无人机发现跟踪识别能力。

一是根据雷达和光电探测的特点,将雷达与光电探测系统集成,既发挥雷达探测距离远、覆盖范围大、全天时全天候工作的优势,同时又利用光电系统角度精度和分辨力高,以及跟踪低速无人机的特长,实现对低慢小目标的远程发现、连续跟踪、精准识别,美军M-LIDS系统就是雷达光电集成的典型系统。

二是针对低慢小无人机飞行高度低、受遮挡和受干扰的问题,构建陆海空广域分布的网络化协同探测体系,实现低慢小无人机全域无盲区态势感知。例如M-LIDS系统接入IBCS后,将共享MPQ-64、MPQ-65、LTAMDS、四面多任务半球雷达(MHR)、TPQ-36/37、KuRFS等雷达,以及MX-GCS等光电/红外传感器等探测数据,显著提升探测能力。

三是针对低慢小无人机探测受杂波干扰、信噪比低、识别困难等问题,采用深度学习和反馈闭合处理机制,进行模型匹配和资源调度优化,增强复杂环境下微弱目标探测能力。

(二)针对低慢小无人机处置应对难题,发展新质拦截手段,以低成本赢得野战防空消耗战

野战防空作战是典型的消耗性作战,一架低慢小无人机通常低于2万美元,甚至低于1万美元,为经得住战争消耗,必须能够经济有效地处置无人机。俄罗斯战略和技术研究中心指出“数百、数千架极为廉价但很危险的无人机来袭时,最重要的不是火力输出,而是对其杀伤的成本。”

针对低慢小无人机低成本处置问题,需要改变单一动能拦截范式,综合利用电子干扰、高功率微波、高能激光、无人机反无人等新质手段,实现高效拦截和低成本拦截。德国莱茵金属公司估计,战术激光武器每次发射的成本只需1美元。以色列2022年4月宣布成功使用“铁束”激光武器击落来袭无人机、火箭弹和迫击炮弹,每次发射的成本为3.5

美元。美国陆军 2021 年 7 月使用"郊狼"无人机进行反无人机蜂群试验，一架"郊狼"无人机搭载高功率微波武器，成功击落 10 架集群无人机，而"郊狼"无人机成本约 1.5 万美元，且可重复使用。

除了拦截，探测手段也需要实现新质化。开放式相控阵系统是降低成本的有效途径。开放式相控阵系统将开放式系统技术与相控阵技术相结合，遵循"硬件积木化、资源虚拟化、功能软件化"理念，采用系统开放、软硬解耦、标准化设计，可将规范化组件组合成不同规模的阵面，实现不同的性能；通过资源虚拟化设计，实现空时频极化波形能量计算处理等资源的敏捷调度，显著提升对复杂环境的适应能力。由于模块化组件可以大规模批量生产，软件也可从不同渠道采购，并借助规模优势带来的成本优势，降低野战防空系统的成本。

（三）针对防空体系集成不足问题，一体化考虑，构建远中近高中低快中慢全谱系威胁防御体系

低慢小无人机防御作为空天威胁防御的一部分，最终将纳入远中近、高中低、快中慢全的威胁防御体系，无缝连接战场资源，实现战场态势一张图、作战指挥一盘棋、拦截打击一张网。具体来说，低慢小无人机防御将集成至反隐身、反导、反近空间体系，实现分层分级防御。

目前美国陆军正在打造陆军综合防空反导系统，将不同防空单位的防空武器和对空传感器联网，将陆军现役和未来防空反导系统融为一体，包括 THAAD、"爱国者"、M－SHORAD 等，形成包含末段高空反导、末段低空反导、远中近防空一体结合的防空反导体系。

一体化的另一个考虑是同一型号装备在不同军种间的兼容，更好地开展联合作战。美国国防部联合出版物 3－31"联合地面作战"中，将"联合地面部队"定义为"陆军、海军陆战队和特种部队"，特别是陆军和海军陆战队经常组成一体化特种部队并肩作战，因此要求 SHORAD 系统在 3 个军兵种间的平台、C4ISR 和作战条令等方面能够兼容。

（中国电子科技集团公司第十四研究所　韩长喜）

通信网络领域

洛克希德·马丁公司通过5G.MIL解决方案构建跨域高效韧性通信网络

2022年,洛克希德·马丁公司分别与微软、英特尔、威瑞森(Verizon)等公司达成协议,将这些公司在各自领域的先进技术集成到该公司的5G.MIL解决方案中,并开展了多项技术演示测试。5G.MIL旨在为美国国防部系统提供超安全可靠连接,将多个高科技作战平台整合成一个跨全域的紧密网络。5G.MIL将推进5G网络、下一代(NextG)网络和美国国防部作战网络之间的互操作性,实现跨全域高效韧性通信。

一、背景

5G移动通信由于具备大带宽、高可靠、低时延以及大连接密度等优势,目前已经被公认为是一种会影响国家经济、社会甚至人们生活方式的具备战略意义的技术。随着全球范围5G商用的不断加速,5G技术势必也会渗透到军事信息通信网络领域,进而引起指挥控制、情报监视侦察、无人系统控制等领域的变革。5G的巨大军事应用潜力已经引起各国的高度重视,并已从多个层面积极开展相关探索研究。

美军近年来一直致力于将5G技术整合到其军事网络中。其中洛克希德·马丁公司正在开展一项工作,对标准5G技术进行增强,用以连接各军种部署的多种平台和网络。这项工作称为5G.MIL。该计划旨在构建一种鲁棒的、5G赋能的异构"网络之网络",集成军用战术、战略与企业网络,将所有军种传感器和射手连接在一起,跨越当前的"烟囱式"系统交换数据。洛克希德·马丁公司对5G.MIL的愿景,就是采用商用5G技术,并找出其与现有军事网络集成的关键,实现分层保护,提升军事网络的韧性和安全性。

二、5G.MIL概况

5G.MIL方案的实施是通过吸纳相关技术,开展一系列技术演示验证,推进5G技术在军事未来的应用,提升军事网络的韧性和安全性。洛克希德·马丁公司的5G. MIL方案包含两个互补的要素。

5G. MIL方案的第一个要素是基于5G技术快速、自组织建立的安全本地网络。目标是使部队能够从战区中的任何平台获取传感器数据,并且这些数据可以被任何射手访问,无论平台和射手采用何种网络连接方式。

飞机、舰船、卫星、坦克,甚至士兵个人都可以通过特殊改造的5G基站将其传感器连接到安全5G网络。与商用5G基站一样,这些混合基站可以处理商用5G和4G LTE蜂窝业务。他们还可以通过军事战术链路和通信系统共享数据。无论哪种情况,这些战场连接都将采用安全网状网形式。在这种类型的网络中,智能化节点能够彼此直接连接,以自组织和自配置方式构成网络,然后共同管理数据流。

混合基站内部有一系列称为战术网关的系统,使基站能够采用不同的军事通信协议运行。这些网关由基于军方规定的开放式体系结构标准的硬件和软件组成,这些标准使平台(如某家承包商制造的战斗机)能够与另一家供应商制造的导弹连进行通信。

5G. MIL方案的第二个要素是将这些本地网状网络连接到全球互联网中。本地网络和更广泛的互联网之间的这种连接称为回传。这种连接可以存在于地面或太空中的民用和军用卫星之间。最终的全球回传网络由民用基础设施、军事资产或两者混合组成,实际上是创建一个软件定义的虚拟全球国防网络。

软件定义目前实现起来比较困难,但至关重要,因为它能实现网络的在线自动重构,提供处理战争紧急情况所需的灵活性。在某一时刻,在某个区域可能需要巨大的视频带宽;在下一时刻,可能又需要传递大量瞄准数据。或者,不同的数据流可能需要不同级别的加密。可自动重配置的软件定义网络是实现这一切的关键。

这种网络的军事优势在于,网络上运行的软件可以使用来自世界任何地方的数据进行精确定位、敌我识别及瞄准敌方部队。在战场上,任何拥有智能手机的授权用户无论身处何处,都可以在Web浏览器上通过该网络的数据纵览整个战场。

三、演示测试情况

目前,5G. MIL项目的进展主要由一系列技术演示测试推动。

(一)“九头蛇”(Hydra)和HiveStar项目

2021年早些时候,洛克希德·马丁公司通过“九头蛇”(Hydra)和HiveStar两个项目展示了该计划一些关键部分的可行性。Hydra项目在互操作性方面取得了令人满意的成果,而 HiveStar 项目则证明在一个没有现有基础设施的地区,可以像战场上所要求的那样快速构建一个高移动性且功能强大的 5G 网络。

1. Hydra 项目

2021 年 3 月,洛克希德·马丁公司的 Hydra 项目演示了 F-22 和 F-35 隐形战斗机与一架 U-2 侦察机在飞行中的双向通信,以及随后与地面火炮系统的通信。

这项试验采用任务特有通信协议的系统连接起来。这三种飞机都是由洛克希德·马丁公司制造,但其不同的生产年代和战场用途导致它们采用了不同的定制通信链路,而这些链路本身互不兼容。Hydra 项目使平台能够通过开放系统网关(OSG)直接通信,由网关在平台自身通信链路和其他武器系统之间转换数据。

飞行测试利用 U-2 上的开放系统网关有效载荷,通过本地飞行中数据链(IFDL)和多功能高级数据链(MADL)将 F-22 战机信息成功连接到 5 架 F-35 战机上,实现所有机载系统之间以及与地面节点共享数据,而目标航迹也通过 U-2 传输到战斗机航空电子设备和飞行员显示器中。

F-35 传感器数据首次通过机载网关利用战术目标瞄准网络技术(TTNT)数据链传输到地面系统。这些数据被发送到美国陆军综合作战指挥系统(IBCS)机载传感器自适应套件(A-Kit),再由 A-Kit 将数据传输到德克萨斯州布利斯堡的综合战场控制系统(IBCS)战术集成实验室(TSIL)。综合战场控制系统使用 F-35 传感器数据进行了模拟陆军射击练习。

Hydra 项目演示的成果具有很好的应用前景,但侦察机和战斗机只占未来作战空间节点的一小部分。洛克希德·马丁公司将继续推进 Hydra 项目,在网络架构中引入其他平台。将分布式网关方法扩展到所有平台,这样无需利用新的通用无线电替换现有平台无线电即可确保关键数据的传输,从而使网络能够抵御单个节点的丢失。

2. HiveStar 项目

HiveStar 项目利用多个麦片盒大小的基站来组成一个功能齐全的 5G 网络。这些基站可以安装在中型多旋翼飞机上,并在战区周围飞行——这是一个真正的“飞行中”网络。

2021 年 HiveStar 团队进行了一系列试验,最新一次是与美国陆军地面车辆系统中心进行的联合演示。其目标是支持真实的陆军需求,即使用自主车辆在战区运送补给。

演示试验一开始设置了一个 5G 基站,并建立了该基站与智能手机的连接。基站硬件(gNodeB)采用了由蒙特利尔 Octasic 公司提供的 OctNode2。该基站重约 800g,尺寸约 $(24 \times 15 \times 5)\mathrm{cm}^3$。然后,该团队在没有现有基础设施的地区对这一紧凑型系统进行了测试,在一架 DJI Matrice 600 Pro 六轴飞行器上安装了 gNodeB 和一台 S 波段战术无线电设备。在飞行测试中,该系统在这座空中流动基站和地面平板电脑之间建立了 5G 连接。

接下来,HiveStar 项目团队将一组基站无线连接在一起,形成一个可执行任务的飞行流动异构 5G 军事网络,利用洛克希德·马丁公司的 HiveStar 软件来管理网络覆盖,并在网络节点之间分配任务。期间,HiveStar 团队先后进行了两次测试任务。

(1)"提示"(tip and cue)任务。

第一次试验任务是使用多个传感器系统定位和拍摄目标,这项任务被称为"提示"。在战区,这样的任务会由配备强大处理能力的较大型无人机执行。在试验中,HiveStar 团队仍然使用 gNodeB 和 S 波段无线电设备,但略有不同的是,所有 5G 网络都需要一个名为 5G 核心服务的软件套件负责执行用户身份验证和基站切换管理等基本功能。本次试验中,这些核心功能在地面服务器上运行。网络由主飞行器上的 gNodeB 组成,它使用 5G 与地面通信,并依赖于地面计算机上的核心服务。

主飞行器使用 S 波段无线电链路与多架摄像飞行器和一架搜索飞行器进行通信,其中搜索飞行器装有软件定义无线电设备,可检测目标频率中的射频脉冲。该团队采用 HiveStar 软件通过 5G 平板电脑管理网络的通信和计算。团队为一辆约 1m 长的遥控玩具吉普车配备了一个软件定义无线电发射器作为搜索目标。

团队在 5G 平板计算机上输入命令启动任务。主飞行器充当到异构 5G 和 S 波段网络其余部分的路由器。任务启动消息通过 S 波段无线电连接分发给其他合作飞行器。一旦这些摄像平台收到消息,其机载 HiveStar 任务软件就会协作在团队中自主分配任务,执行搜索操作,即多架飞行器升空搜寻目标射频发射器。

一旦探测飞行器定位到目标吉普车的无线电信号,摄像飞行器就会迅速飞向该地区并拍摄吉普车的图像,然后通过 5G gNodeB 将这些图像以及精确经纬度信息发送到平板计算机。至此,"提示"任务完成。

(2)升空测试任务

接下来,HiveStar 团队尝试令整个 5G 系统升空,使其得以摆脱对地面特定位置的依赖。为此,必须将 5G 核心服务放在配备 gNodeB 的主飞行器上。他们与合作伙伴公司合作,将核心服务软件加载到一部单板计算机上,与 gNodeB 放置在一起。对于携带这一装备的主飞行器,他们选择了鲁棒的工业级四轴飞行器 Freefly Alta X,并为其配备了 Nvidia 板、天线、滤波器和 S 波段无线电。

飞行网络被用来演示主从式自主车辆的移动性。车队配置情况如下:团队成员驾驶一辆主车,最多有 8 辆自动驾驶汽车(从车),使用从主车传输给它们的路线信息跟随行动。团队利用升级的 5G 有效载荷和构成 S 波段网状网络的一系列辅助飞行器建立了一个异构(5G 和 S 波段)网络,将车队与几千米外的第二个相同车队连接起来,后者也由基于飞行器的 5G 和 S 波段基站提供服务。

发起任务后,Freefly Alta X 在主车上方约 100m 的高度飞行,并通过 5G 链路与主车相连。HiveStar 项目的任务控制器软件指导辅助多旋翼飞行器发射,组成和维护网状网络。车队在周长约 10km 的测试靶场内开始巡回移动。在此期间,通过 5G 连接到主车的飞行器向车队中的其他车辆发射中继位置和其他遥测信息,同时在空中跟随车队以大约 50km/h 的速度飞行。该中继机通过基于分布式多旋翼飞行器的 S 波段网状网络将来自主车的数据共享给跟随车辆以及第二车队。

该团队还模拟了由于干扰或故障导致其中一条数据链路(5G 或 S 波段)丢失的情况。如果 5G 链路被切断,系统会立即切换到 S 频段以保持连接,反之亦然。这种能力在战区非常重要,因为战区会持续面临干扰威胁。

(二)最新进展

2022 年,洛克希德·马丁公司又与多家公司合作开展了 5G. MIL 相关测试。

1. 5G 无人机增强情报传输

5 月和 9 月,洛克希德·马丁公司与威瑞森公司合作,采用支持 5G 的无人机捕获并安全传输了来自飞机的高速实时情报、监视、侦察(ISR)数据,用以对军事目标进行地理定位。此次测试展示了洛克希德·马丁公司毫米波 5G 网络的能力,证明 5G. MIL 网络能够从飞机上传输移动数据。

演示中,4 架 5G 旋翼无人机连接到威瑞森公司的 2 个现场专用网络节点,协同执行 ISR 任务;无人机捕获的数据在 5G 专用网络和代理公共网络之间无缝安全传输;无人机成功定位正在发射低功率射频信号的目标。

此次演示验证可为美国国防部提供两项关键技术:①利用 5G 毫米波链路传输实时 ISR 射频和流媒体视频数据。该技术能支持在战术边缘执行先进信号处理算法,提升战场态势感知与指挥控制能力。②对用于通信、传感或干扰的射频信号进行无源探测和定位。该技术可使美国国防部能够在军事环境中探测和瞄准敌方资产。

此次演示验证表明,通过使用安全、开放的标准将先进商业 5G 能力与军事能力相结合,能够为军事决策者提供及时准确的信息,支持美国国防部实现综合威慑愿景。

2. 5G 网络加速黑鹰直升机数据传输

8 月,洛克希德·马丁公司与 AT&T 公司合作进行了利用 5G 网络加速黑鹰直升机数据传输的测试。他们在测试中安全下载并共享了黑鹰直升机的飞行数据,所需时间只是正常情况下的一小部分,显示了 5G 无线技术对军队的效用。

测试期间,首先使用一个专有 AT&T 蜂窝网络将数据从 UH－60M 黑鹰直升机的飞行器综合健康管理系统(IVHMS)传送到 5G. MIL 网络,然后将信息转发至洛克希德·马丁公司在康涅狄格州的西科斯基总部,最后再转发到科罗拉多州的一个 5G 测试场。

根据洛克希德·马丁公司的说法,黑鹰直升机机组人员取下数据盒式磁带、将其送往需要的地点并提取关键信息的过程,通常需要30min。而同样的过程在此次测试中只用了不到5min。

四、未来发展

虽然5G.MIL目前的测试结果令人满意,但这只是初步成果,在洛克希德·马丁公司的设想变为现实之前,还必须解决许多难题。其中最主要的问题是将基于5G的网络覆盖范围扩大到洲或洲际范围,提高其安全性,并加强对多种连接的管理。商业领域有可能为解决这些挑战提供重要创意。

例如,卫星星座可以提供一定程度的全球覆盖,还可通过互联网提供云计算服务,以及为实现网状组网和分布式计算提供可能。尽管目前5G标准不包括天基5G接入,但3GPP的第17版标准将从本质上支持5G生态系统的非地面联网能力。因此,洛克希德·马丁公司正在与其商业伙伴合作,整合其3GPP合规能力,实现从太空直接到设备的5G连接。与此同时,洛克希德·马丁还在使用HiveStar/多旋翼机平台作为替代品来测试和演示其天基5G概念。

安全性方面也有许多难题需要解决。网络攻击者势必会利用5G体系结构的软件定义组网和网络虚拟化能力中的一切漏洞进行攻击。由于销售商及其供应商数量庞大,难以对其进行全面调查。因此,要应对此类攻击,必须能够使用一切销售商的产品,而不是像过去那样依赖于有限的、经过专有(且不兼容)安全修改的预批解决方案库。

5G波形本身也会造成一个严重问题。由于要建立最牢固的连接,它被设计为很容易被接收到。这在以隐蔽性为宗旨的军事作战中是不可行的。通过对标准5G波形及其在gNodeB中的处理方式进行修改,可以使传输难以被敌方探测。

此外,最大的挑战是如何编排一个基于商业和军事混合基础设施构建的全球网络。要想成功实现这一点,需要与商业移动网络运营商合作,开发出更好的方法来验证用户连接、控制网络容量和共享射频频谱。为了让软件应用程序能够利用5G的低延迟特性,还必须找到新的创新性方法来管理分布式云计算资源。

五、结语

5G技术的出现被视为军事技术的转折点。随着人工智能、无人驾驶系统、定向能武器和其他技术变得更廉价和更广泛可用,威胁的数量和多样性都将激增。相对于平台和动能武器的物理能力等较传统因素,通信和指挥控制只会变得更加重要。美国国防部曾经强调:“成功不再属于首个开发新技术的国家,而是属于更好地整合新技术并调整其作战方式的国家。”

除了美国在积极探索5G军事应用,北约于2020年在拉脱维亚公开了其第一个5G军事试验场,挪威也在探索利用商业5G基础设施中专用于支持军事任务的软件定义网络。围绕5G、6G的未来商用通信技术和国防部门发展的融合,将带来强大而意想不到的应用。

(中国电子科技集团公司网络通信研究院　唐　宁)

美国国家科学基金会启动“韧性智能下一代网络系统”项目

2022年6月27日，美国国家科学基金会正式启动“韧性智能下一代网络系统”（RINGS）项目，旨在联合政府、学术界和工业界的合作伙伴，加速研究，推动创新，并提高美国在下一代（NextG）网络和计算技术方面的竞争力。负责研究和工程的美国国防部副部长办公室旗下的“创新B5G（IB5G）”计划就是其中的一个重点项目。

一、背景

下一代网络系统（例如，6G蜂窝、未来版WiFi、卫星网络）预计将连接数十亿异构物联网（IoT）设备以及数十亿人，实现机器对机器通信，在边缘和云端按需提供低延迟计算和存储资源。通过智能和自主能力组合，网络系统有可能支持多个应用领域的各种关键和个性化服务，包括教育、交通、公共卫生和安全以及国防。经济将变得越来越依赖于网络系统的高可用性、安全性和可靠性。网络服务的任何故障、篡改或降级都可能具有很强的破坏性。因此，下一代网络系统必须具备高韧性、可靠性和可用性，具备高性能和服务保障。所有功能都应该能够随着网络和服务复杂性的提高而扩展。

当前的网络系统设计工具和技术还不能全面、综合地解决网络韧性问题，安全漏洞的存在、更新不稳定和系统配置错误等因素会对网络造成不可预测的影响，虽然这些影响在当前网络中是可以容忍的，但在支持“基本和关键服务”的下一代网络系统中却是无法接受的。此外，多个竞争利益方可能在同一网络基础设施上运行，而底层硬件和软件可能是不可信的。因此，美国国家科学基金会、负责研究和工程的美国国防部副部长办公室、美国国家标准和技术研究所联合多家工业合作伙伴，共同开发RINGS项目以应对上述挑战。RINGS项目旨在支持研究韧性智能下一代网络系统，增强其安全性和可靠性，推进提高性能的基础技术，以支持未来20年网络的通信和计算需求。

二、挑战及对策

下一代网络系统将支持分布式“用户—边缘—云”统一体环境下动态变化的数据处理、分发和存储需求。下一代网络系统有望提供个性化组合服务,实现实时计算/学习能力,并促进大规模内容分发,为先进无线连接和移动支持实现的高性能基础技术提供支撑。其特点是使用微服务架构动态组合异构组件、系统和结构。

在确保先进性能的同时提供韧性保证,是网络系统研究中有待进一步探索的课题。挑战是众所周知的,包括地理分散、分布式攻击、多模式故障、子系统间不可预见的依赖性导致连锁故障等。例如,基础系统组件,如发射塔、天线、光缆、计算、存储设备、软件系统和服务,在极端天气下容易发生故障。预计下一代网络系统将非常复杂,包括许多不同组件,如物联网设备、用户单元、回传数据以及边缘和云服务器。这些设备有限/多样的能力及其各自的管理模式使得部署复杂的安全功能变得更加困难。系统的某些部分可能将不受保护,极易发生故障和受到攻击。随着越来越多由软件来完成传统上由硬件完成的功能,可能会引入新的故障模式。网络对人工智能技术的日益依赖可能会暴露更多的攻击漏洞。鉴于网络系统的规模和破坏性事件的影响,总是依靠“人在回路”的控制系统快速恢复网络系统是不可能的。在这种情况下,异构的动态环境中提供韧性通信和计算服务是一个巨大挑战。

下一代网络系统应该是安全和智能的,并支持自主决策。人工智能/机器学习工具和技术的最新发展很有可能实现零接触“自我管理”移动宽带网络,其中包括高度的运行灵活性。自主能力将使网络系统能够在故障或攻击出现时,通过重新编程和/或重新配置来应对性能问题和新出现的威胁。自主能力还可能在硬件、软件或网络运营商不可信的情况下启用网络中的零信任系统模型,以支持强大的安全属性。

三、研究方向

RINGS 项目从不同的角度设计下一代网络系统,将韧性作为首要考虑因素,同时追求卓越的性能。该项目对当前美国国家科学基金会的相关研究进行补充,支持各种新兴主题理论和实践的基础研究,包括人工智能/机器学习、边缘计算、无线电通信、创新发射/接收技术以及有效频谱利用。该项目旨在提高跨组网协议和计算堆栈所有层的韧性以及吞吐量、延迟性能和连接密度。

RINGS 项目鼓励跨层协作或团队合作,项目涉及韧性网络系统(A 组)和使能技术(B 组)两组研究方向。该项目有一项基本要求,即 B 组中的技术进步必须促进 A 组中相应韧性属性的进步。

（一）韧性网络系统（A 组）

该项目的主题是网络韧性及相关服务和计算架构。可以从多个方面实现韧性，确保网络系统免受内外部攻击，并通过高度灵活、动态自适应或其他方式快速处理大量不同程度的破坏。RINGS 项目寻求确保韧性网络系统具有以下一个或多个属性：

（1）对攻击、故障和服务中断的抵抗力强、容忍度高，可快速识别根本原因。

（2）当资源可用性受到破坏性事件影响时，服务可平稳降级，并具有快速适应性。

（3）遍布于分布式、异构和分散资源的计算能力韧性。

韧性网络系统（A 组）包括以下研究方向。

1. 全栈安全性

网络系统的首要目标是提供端到端安全，没有端到端安全，网络应用就无法以可靠和可预测的方式运行。下一代网络系统将用于实现和支持基本和/或关键服务。此类服务的任何中断都可能导致非常严重的社会后果。因此，与当前系统相比，下一代网络系统的一个重要目标是实现攻击途径的大幅减少。该研究方向将推进一种“设计安全”方法，使网络设计师和系统架构师能够在设计的最初阶段消除各类威胁并满足安全需求。“设计安全”方法可以与“白板方法”结合使用，以确保系统架构师不会受到现有系统兼容性要求的限制。这方面的研究课题包括但不限于：

（1）组合安全和可编程安全。

（2）零信任安全，包括网络系统不可信组件的设计、运行和管理。

（3）协议和堆栈实现的正式验证工具。

（4）嵌入式设备安全和网络验证架构。

（5）利用无线信道和设备属性保护设备和网络。

（6）联合和异构网络的多面信任和可配置内在安全。

（7）新的认证、授权、委托和加密机制，包括对量子算法攻击的韧性机制。

（8）终端设备经过无线接入网（RAN）到移动核心网（Mobile Core）再到服务的端到端安全切片。

2. 网络智能/自适应

该研究方向专注于设计鲁棒且快速自适应的下一代架构、协议和网络系统管理，这些架构、协议和网络系统管理融合了跨网络系统功能、组件和服务的智能和敏捷性。这方面的研究课题包括但不限于：

（1）多智能体智能（分布式学习、推理和多智能体联合），以及跨网络交互式机器学习，包括 RAN 和终端设备。

(2)隐私保护机器学习与分布式学习和组网联合设计。

(3)按需配置和编排的动态组合网络和服务。

(4)通过智能网络取证快速识别和了解破坏性事件。

(5)自适应边缘网络,可在极端破坏性事件中保持关键服务支持。

3. 自主能力

该研究方向关注网络在高功能级的工作能力,即使在破坏性事件中也无需人工干预。这方面的研究课题包括但不限于:

(1)采用数据驱动通信方法和网络系统设计的零接触自主网络。

(2)异构移动边缘云系统的无缝(安全)编排。

(3)安全、可预测的网络人工智能,公平、透明、可解释、鲁棒,且对攻击有韧性。

(4)快速、自主适应以重建或重新配置网络功能,应对破坏性事件。

(5)攻击检测后的实时恢复,以满足联网系统所需的关键功能和安全性。

(二)使能技术(B组)

网络系统将继续建立在跨越电路、设备、天线、信号处理算法、电磁频谱、网络协议、计算设备和无线链路、边缘、核心和云存储的使能组件和技术之上。预计将出现一系列丰富的网络服务,寻求在网络各个组成子系统之间实现更大的协同作用。这些新进展将极大增强网络系统在吞吐量、延迟、连接密度、应用支持和服务可组合性方面的性能。使能技术(B组)包括以下研究方向。

1. 射频和混合信号电路、天线和组件

为了实现下一代网络系统的韧性计算、通信和组网运行,需要在硬件和芯片方面进行根本性创新。这种创新有望支持从兆赫兹到太赫兹的许多新兴应用。Sub-6 GHz 和 6~10GHz 的现有应用和即将到来的应用需要创新,通过动态重新配置,以及全双工、低功耗、宽带和低噪声系数模式、毫米波及以上频率等其他模式的组合实现多种功能,通过创新显著提高效率,提供减少路径损耗、信号阻塞和以最低功耗进行波束跟踪的方法。这种创新对于大容量城市应用以及服务不足地区的高成本效益宽带服务都是必要的。这方面的研究课题包括但不限于:

(1)宽调谐射频前端。

(2)高功效新型射频电路和电子器件,尤其适用于毫米波及以上频率。

(3)边缘设备和物联网设备的电路和组件韧性。

(4)大规模 MIMO 系统。

(5)波束形成和多功能天线。

(6)先进的双工电路和技术。

(7)高效处理射频信号的新型软件架构。

2. 新型频谱管理技术

下一代网络系统将支持多频段通信,这些通信具有不同的信道传播特性和/或不断发展的频谱使用限制,这些限制可能是解决这些新应用和系统中出现的问题所需的技术或政策创新、波形设计创新、信源和信道编码、信号处理、先进天线技术、高效频谱感知和协商协议造成的。这方面的研究课题包括但不限于:

(1)新波形、编码和信号处理方法设计。

(2)智能表面的大规模信号处理和控制。

(3)新型多波段/多无线电网络设计,利用不同的传播和许可/共享/免许可频谱方法。

(4)短时间内可持续的先进频谱感知、协调和适应。

(5)异构网络的边缘到云频谱管理系统。

(6)频谱感知系统可满足极端性能要求(例如,制造环境中严格的延迟、可靠性和定位精度)。

3. 可扩展的设备—边缘—云统一体

新兴的边缘计算资源有望为异构移动、物联网和其他迁移平台提供低延迟和无处不在的计算能力。同时,边缘资源在众多不同受限终端设备和更大规模的云资源之间提供了一个中间层。如何驾驭设备—边缘—云统一体是一个丰富的研究领域,尤其是在考虑韧性、隐私以及共享和异构资源的多租户时。随着下一代网络系统向以软件和服务为中心的架构转变,网络边缘在实现网络架构和内容分发服务创新方面发挥着重要作用。这个统一体还能实现性能、编排和自动化尺度,在确保韧性方面发挥着重要作用。这方面的研究课题包括但不限于:

(1)支持在终端设备上使用高能效异构可编程加速器的软件架构。

(2)支持边缘到云解聚/虚拟化的软件架构。

(3)加速器和硬件架构与软件协同工作,以满足性能和韧性要求。

(4)设备—边缘—云统一体的网络和服务互操作性/分布/联合。

(5)可更好地理解数据和计算布局以及设备—边缘—云统一体中层间移动的系统,以支持韧性运行。

(6)数据隐私和安全,以及设备—边缘—云统一体的受控数据共享和数据隔离。

(7)利用接入网络多样性(例如,地面、空中和卫星通信),实现无处不在和连续连接的多维组网系统。

(8)超越回传—接入蜂窝范式的动态拓扑,可增大容量、覆盖范围和可靠性。

(9)软件定义端到端架构,支持超越传统网络设计假设的动态服务组合。

(10)适应性强、动态可编程的网络系统,可使用带内网络遥测技术并自行重新编程,以实现所需韧性。

4. 融合数字/物理/虚拟世界

下一代网络系统有望实现大规模先进应用,包括增强/虚拟/扩展现实(AR/VR/XR)、自动驾驶、大规模交互式实时应用、先进工业/制造和科学用户应用以及远程医疗。需要开发能够支持这些应用无缝部署并满足其严格/独特需求的新型综合技术,支持将人类增强技术提升到新水平所需的沉浸式交互,开发无处不在的低功耗传感,以维持长时间实时操作。尽管这些技术在不断进步,但所需的数据量以及处理和内容分发的延迟需求仍是面临的挑战。这方面的研究课题包括但不限于:

(1)描述先进通信和传感技术的优势(例如,多模态传感、雷达和通信联合架构、低延迟高可靠通信)。

(2)提供人工智能计算和分析服务以支持先进应用的网络。

(3)多智能体控制系统的分布式授权、隐私和溯源机制。

(4)无处不在的低功率传感和人工智能辅助网络驱动的协作控制应用优化。

(5)考虑到底层通信和计算框架的限制(包括适当指标的定义),了解为用户提供所需体验质量的时间和计算问题。

(6)将信息价值、计算复杂性和学习效率概念相结合的基本指标,推动计算—通信的综合设计。

(7)可促进多个分散设备整体运行的本地组网,如显示器、音频设备、计算机、织物传感器等。

四、结束语

RINGS项目将促进新兴的下一代无线/移动通信、组网、传感和计算系统以及全球服务产生重大影响领域的研究,其目标是大幅提高网络化系统的韧性及其他性能指标。现代通信设备、系统和网络被期望支持广泛的关键和基本服务,包括计算、协调和智能决策。此类系统的韧性(包含安全性、自适应性和自主性),将是未来下一代网络系统的关键驱动因素。设计和运行中的韧性可确保强大的网络和计算能力,即使在极端作战场景下,也能展现出性能和服务平稳降级与快速适应能力。RINGS项目寻求创新,以增强下一代通信、组网、计算系统的韧性和性能。

美国国防部对先进无线技术非常关注,并寻求将这些技术集成到军事网络概念的发展中。RINGS项目将从多方面探索与美国国防部密切相关的无线网络系统,包括用于客户端设备安全运行的增强软硬件特征、边缘网络单元、影响RAN的新兴网络架构以及支撑未来敏捷B5G军事网络的网络核心。RINGS项目将促进美国政府、学术界和工业界合作伙伴合作,通过提供新的解决方案概念,解决关键的行动优先事项和通信挑战,支持当前和未来作战人员的下一代网络技术。

(中国电子科技集团公司网络通信研究院　李　荷)

美国空军协会米切尔研究所发布《JADC2骨干:信息时代战争的卫星通信》研究报告

2021 年 12 月,美国空军协会米切尔研究所发布了《联合全域指挥控制(JADC2)骨干:信息时代战争的卫星通信》研究报告。该报告将为美国太空军未来卫星通信部队设计规划和投资的发展提供参考,使卫星通信成为将美国国防部所有网络和各军种主导的 JADC2 计划维系在一起的骨干,从而实现全域作战。

一、背景

捍卫美国国家安全利益取决于其作战人员收集、处理和共享信息,以及以比对手更快做出更好决策的能力。实现决策优势需要安全通信网络,能够可靠促进信息交换,实现共享态势感知、更快更明智的指挥决策,以及整合分布在广阔的印太地区和其他战区的部队。然而,美国国防部卫星通信正处于十字路口。当前的系统和架构根本不是为信息时代全域作战所需的速度、规模和复杂性而设计的,也没有足够的韧性抵御现代太空威胁。与此同时,将卫星通信的责任整合到新的太空军之下,为美国国防部卫星通信规划新道路提供了一次极其难得的机遇,确保美军能够获得决策优势,并在作战中保持足够的、可保障的连接能力。

在此背景下,美国空军协会米切尔研究所发布了《JADC2 骨干:信息时代战争的卫星通信》研究报告,提出了关键举措建议,以助力美军利用卫星通信取得信息时代战争的胜利。报告指出,利用成熟技术,包括激光通信和新太空架构设计,美国太空军可以确保卫星通信成为美国国防部网络和 JADC2 计划的骨干,以实现决定性的全域作战。

二、主要内容

《JADC2 骨干:信息时代战争的卫星通信》报告首先分析了“冷战”以来美国国防部

卫星通信的发展，然后阐述了信息化战争时代卫星通信的新需求，最后提出了美军利用卫星通信助力信息时代战争获胜的关键举措建议。

（一）“冷战”以来美国国防部卫星通信的发展

尽管天基连接在美国军力投送能力中发挥着至关重要的作用，但目前美军大多数卫星通信系统都是由需求驱动的，其设计可以追溯到“冷战”时期。那时，太空通常被视为良性环境，效率和能力增强需求要优先于韧性需求，系统设计只为满足特定需求，很少考虑企业范围体系。然而，这种良性且无对抗的太空环境已经成为历史。鉴于天基连接对所有商业和政府实体的重要性日益增加，以及对太空能力构成的威胁日益严峻，美国既有系统并不适合当前战略环境。

当前，美国大多数军事通信卫星都位于地球静止轨道，这是一种特殊形式的地球同步轨道，围绕地球赤道，以固定视角朝向地球。在无对抗性太空环境中，将通信卫星置于地球静止轨道效率极高，并提供高度灵活性，可为在广泛分散和不可预测地点作战的部队提供持续信息访问能力。

基于太空环境将保持相对良性的假设，并考虑到高发射成本，随着时间的推移，美国国防部通信卫星的尺寸、容量和复杂性都趋向增加，这使得其开发、建造更加昂贵、耗时。因此，美国今天的核心军事卫星通信仅包括36颗卫星。依靠如此少的节点创建一个网络，仅失去其中几个平台，就可能导致系统严重故障。

历史上，遍布不同作战司令部、各军种、美国国防部机构和采购组织的许多权威机构，负责采购和运营各种卫星通信系统及服务。这些机构倾向于专注解决自身特定需求，几乎不考虑企业级需求。因此，当前的卫星通信由高度定制的能力组成，互操作性和操作灵活性有限。它们的集成进一步受到供应商专有权益以及太空领域项目信息和任务数据定级过高的限制。

为了帮助打破这些“烟囱”，并提供更一致的愿景和方法，大部分卫星通信现在已并入美国太空军（USSF）。2018年，美国国防部首次将商业卫星采购从美国国防信息系统局（DISA）移交给前美国空军太空司令部，该司令部随后重组为美国太空军。美国海军于2019年5月将窄带卫星通信监管权移交给美国空军，美国空军随后将其移交给美国太空军。2021年，美国海军宣布计划将其剩余13颗卫星的运营移交给美国太空军。

（二）卫星通信新需求

美、俄等大国的军事战略和原则都强调信息环境日益重要，并达成了以下共识，即能够收集、处理、共享和保护其信息，且比对手更快做出更好决策的一方，将享有潜在的决定性作战优势。美军依靠卫星通信支持其大部分超视距通信，但当前系统很难满足其新兴作战概念的要求,并且越来越容易受到对手反太空能力的攻击。

联合全域指挥控制(JADC2)是一种新的军事决策方法,它利用人工智能、云计算和边缘处理等新兴技术,促进战场指挥官和部队之间近实时跨域数据访问、分析和共享。天基通信是美国国防部 JADC2 计划的核心,作为骨干连接美国国防部所有网络,并整合各军种主导的 JADC2 计划。JADC2 的一个核心原则是,任何传感器都能够以与军种、域和路径无关的方式动态连接到最佳可用射手,从而迅速闭合大规模杀伤链。利用太空进行数据中继和通信,将成为 JADC2 的使能器。虽然像 JADC2 这样的概念可以提供显著作战优势,但它们也提出了新的通信需求。具体来说,增加带宽、降低延迟以及提高跨网络互操作性,对满足美国国防部未来需求至关重要。

(1)**带宽**。可用带宽向军事规划者提出了持续挑战,因为无论是从总数据速率还是从最终用户数量来看,可用军事系统容量始终无法满足不断增长的卫星通信需求,美国国防部越来越依赖商业卫星通信服务。

跨域远程整合和协调作战行动,需要作战部队与其战术边缘网络和更广泛的美国国防部信息网(DODIN)保持连接,至少是断续连接,主要使用卫星通信。因此,用户终端不仅部署到指挥中心,而且越来越多地部署在较低层梯队,为作战部队提供关键信息访问能力。除了用户越来越多,部队也越来越多地使用需要更高数据速率的应用程序和技术,如高清图像和视频、无人系统远程驾驶、云存储和人工智能。这些因素都推动了带宽需求的增长。

(2)**延迟**。当前卫星通信系统的一个常见问题是,将信号向上传输到地球同步轨道,然后再向下送回预期接收方,从而导致延迟。对于地球同步轨道卫星,往返传输时间最多大约是 0.25s。其他形式的延迟会进一步加剧延迟至数秒。

可以采取一些步骤减少延迟,但要克服光速的物理限制是不可能的。因此,对于需要“实时”数据的应用和决策,减少卫星通信延迟的唯一方法是缩小传输所需物理距离,这就需要利用地球同步轨道以外的轨道。虽然不是所有通信都需要如此低的延迟,但对于许多应用(如拦截来袭导弹)来说,数秒钟就能决定任务成败。

(3)**互操作性**。对 JADC2 来说,与增加带宽和降低延迟同样重要的是,需要更多的信息和网络互操作性,使不同系统能够有效交互。提高互操作性是美国国防部长期面临的问题,美国国防部运行许多不同的通信系统和支持 60 多种不同波形但并不兼容的数据通信协议。美国国防部卫星通信也面临同样的挑战。今天的卫星通信系统由为特定用例开发的专有“烟囱”式系统组成,不允许用户从一个网络自由漫游到另一个网络,不能跨多个不同系统共享或融合数据。

尽管增加使用开放标准将提高互操作性,但是任务要求的固有差异、在军事行动现场升级大量旧系统带来的风险以及所涉及的组织数量表明,美国国防部内部为推动标准、网络和波形通用性所做的努力不太可能完全成功。因此,对美军来说,更有希望的做法是用其专门的互操作性来补充其开放标准开发工作。

(三) 卫星通信助力战争获胜的关键举措

美国太空军的建立以及太空域权力和责任的潜在整合,为美国国防部卫星通信规划新的前进道路提供了难得的机会。未来卫星通信的一个主要目标应该是扩展容量,提供降低延迟的选项,并提高互操作性。一旦实现,最终的卫星通信架构将促进全球应用和信息的安全传输,成为连接美国国防部所有网络的骨干,并整合各军种主导的 JADC2 计划。另一个主要目标应该是提升架构韧性和敏捷性,以应对新兴威胁,这将有助于以更高效率成功完成任务,缩短能力下降时间,并使其能够应用于更广泛的场景中。

要实现上述目标,需要美太空军利用成熟和新兴的太空技术以及新颖的系统架构。迄今为止,这些技术和架构主要由商业部门驱动。这就需要改变卫星通信系统架构基本组成部分的三个段,以及用于生产和部署这些能力的制造、组装和测试方法。

1. 轨道段

商业部门推动的卫星小型化和发射成本的降低,大大提高了低轨星座满足卫星通信需求的成本效益。在美国国防部内,目前低轨卫星通信工作由美国国防高级研究计划局(DARPA)和太空发展局(SDA)领导。由 DARPA 牵头与美国空军研究实验室(AFRL)和太空系统司令部合作的"黑杰克"联合项目,寻求"验证低轨全球高速网络的关键单元"。SDA 正在开发其至少 300 颗卫星的传输层,作为其更大的"国防太空架构"的通信骨干。与此同时,以 SpaceX、亚马逊、OneWeb 和 Telesat 为首的一系列商业公司正在规划和部署大型低轨小卫星星座,以提供商业宽带卫星互联网服务。

使用低轨卫星最有前景的一个方面是降低延迟。仅基于光速的物理限制,信号到达地球同步轨道卫星再返回地球的往返传输时间约为 250ms,而低轨卫星的往返传输时间在 10ms 量级。然而除信号传播时间外,还存在其他形式的网络延迟。实际上,地球同步轨道系统的往返路径延迟在 600ms 左右。美国国防部正在寻求延迟时间不超过 50ms 的低轨卫星通信服务。低轨星座对延迟的改善为"将远程收集的传感器数据实时传送给射手"提供了可能性。这对于实现时敏目标瞄准等对美国国防部联合作战概念至关重要的任务十分关键。

低轨卫星的一个传统缺点是,覆盖范围相对较小,并且相对于地球表面不断运动,因此需要由数十颗甚至数百颗卫星组成的大型星座来提供连续覆盖。然而,随着卫星建造和发射入轨成本的下降,可以利用多种倾角轨道组合经济地部署足够多的卫星,提供全球覆盖,并将星座的大部分容量集中在用户需求最大的区域。

就带宽而言,由于低轨星座内卫星数量多,网络总容量往往要大得多。此外,低轨卫星离地球更近,意味着往返信号强度更大,需要的功率更小。因此,天线和功率放大器可能也小得多。美国国防部强调分布性、机动性和保持较小占地面积以降低易受攻击的新兴作战概念,对此来说低轨卫星通信提供了显著优势,可以补充传统地球同步轨道卫星已经提供的能力。

低轨星座中卫星数量多也可显著提高美国国防部远程通信的韧性,特别是对抗动能攻击的能力。与地球同步轨道星座相比,低轨星座损失相同数量节点所导致的总容量下降要小得多。损失几颗地球同步轨道卫星,将导致灾难性系统故障,而扩散型低轨星座的降级将更加平稳。

除了更强的内在韧性外,相较于大型地球同步轨道卫星,低轨卫星还可以更低成本、更快速重建。低轨卫星设计成本更低,更容易建造,使用寿命更短,这意味着常规补充是这种星座运行的固有特点。如果发生冲突,生产线上的卫星可提供现成的战时储备,可提供重建能力以满足作战需求。地球同步轨道卫星不可能拥有类似重建能力。

美国国防部可以通过与盟国或商业提供商合作,进一步拓展和扩大其强大的超越现有星座的卫星通信能力,同时保留相当的先进性,以抵御网络和电子攻击。合作伙伴可以将美国政府通信有效载荷搭载在其卫星平台上,这种托管有效载荷能够将能力更快部署到轨道上,同时通过与承载卫星所有者分担集成、发射和运行费用来降低美国国防部的成本。将托管有效载荷纳入美国国防部卫星通信架构,也将增强威慑力。例如,挪威就将美太空军的“增强型极地系统(EPS)资产重组”通信有效载荷搭载在“空间挪威北极卫星宽带任务系统”上。

最后,美国国防部应该在部署时更好地利用新的商业低地球轨道、中地球轨道和地球同步轨道星座。美国空军研究实验室已经试验了将商业天基互联网网络与飞机和地面站进行整合,通过其“全球闪电”计划提供高带宽通信和数据共享能力。**将军事和商业卫星通信网络整合到混合架构中,将为作战人员提供大得多的容量、灵活性和韧性。**在混合架构方法下,作战人员可以根据新兴威胁和任务需求的不断变化,在跨越多种轨道体制以及采用各种频段、波形和安全级的不同卫星网络间漫游。用户可以同时利用多个网络,数据在多个网络间跳跃传输,直至到达预期接收机。这为敌方识别目标卫星带来了困难,也为己方指挥官增强通信带来了更多选项。这种混合架构也有助于防止系统性故障。

2. 链路段

实现卫星通信星座全部潜力的关键是利用天基光通信。卫星目前依赖射频通信,射频通信性能几乎没有显著提高的空间,而且越来越容易受到干扰和拒止。相比之下,光通信在数据速率性能上提供了至少一个数量级的提升。它们还可实现更紧凑的外形、更低的功耗、更高的安全性。扩散型卫星对物理形式的反太空攻击具有更大韧性,而使用光通信将它们连接起来,可以抵御干扰机等更普遍的电子反太空武器,并加强通信以抵御网络攻击。

光通信一个很好的初步应用是卫星交链,可以连接相同或相邻轨道平面上的卫星,跨轨道体制连接,并最终支持地月空间通信。卫星交链,也称星间链路,使卫星能够直接在彼此之间传递数据,而不必通过地面站路由通信。利用真空的太空,星间光链路(OISL)数据速率可以达到每秒数十吉比特量级。星间光链路性能的显著提高对于克服传统射频交链的局限性至关重要。

星间光链路对低轨星座特别重要,因为它们是克服低轨卫星两个基本限制的基础,这两个限制是覆盖范围有限和相对于地球表面的持续运动。使用星间链路在卫星之间直接传递数据,监测和控制星座所需地面基础设施的数量可以大大减少。

使用星间光链路,可以大大减少延迟,并有助于将收集的传感器数据近实时传送给作战人员。这种方式还让卫星星座可绕过处于不安全位置的地面网络,从而降低被干扰、探测和网络攻击的风险。通过给每颗卫星配备多个光通信终端(OCT,通常是3~5个),它们可以与多颗相邻卫星通信,从而形成"网状"网络,提供多样化连接路径来路由数据和信息。将这种网状结构与每颗卫星上的自主任务管理系统相结合来引导数据传输,是在太空中创建自愈网络的基础。

商业和政府星座之间的光交链,将显著增加太空网状网络的密度、冗余度和容量,这对于增强JADC2至关重要。为了连接分散的异构星座,DARPA"天基自适应通信节点"(Space-BACN)项目正在寻求开发一种可重构的多协议光通信终端,该终端由模块化光学孔径和可支持多种光学波形的可重构调制解调器组成。

配备光通信系统的卫星不仅可以在太空中相互通信,还可以与地面用户(包括水下船只)通信。尽管由于大气扰动,这种下行链路可能无法实现与星间链路相同的数据速率,但它们将为作战部队提供低探测概率/低截获概率(LPD/LPI)的跨域高带宽通信。此外,这种通信非常难干扰,与传统射频通信相比,所需功率也要低得多。实际上,这意味着即使在对抗环境中,作战部队也能拥有可保障的连接能力,进而使他们能够比当前系统更快共享更多信息。

3. 地面段

要实现太空领域的进步,就需要对支持该领域的地面基础设施进行相应的投资。这就需要更灵活、更强大的天线,而利用相控阵天线替代现有抛物面天线,对地面控制站和用户终端来说都是一个巨大飞跃。相控阵天线使用计算机控制的天线阵列,采用电子控制方式,可同时跟踪和连接不同轨道、不同频率的多颗卫星。最近对相控阵天线的测试,已经证明它们能够与美太空军的"卫星控制网络"集成,并跨不同轨道体制建立连接。

美国国防部还应部署可在政府、商业和国际卫星网络之间漫游的灵活终端。跨多个轨道和频段的不同网络,以及利用不同的美国国防部标准、行业标准和专有商业波形,对于目前正在部署的多样化和不断扩展的卫星通信选项集至关重要。美国国防部已经开展了很多开拓性项目,开发和演示这种能力,例如灵活调制解调器接口(FMI)项目用于解决具备多种调制解调器的美国国防部终端的设计、集成、运行和管理问题。

终端灵活性应该与企业管理和控制能力相结合。该系统可以监测电磁频谱环境,并根据任务需求、威胁考虑及态势感知,选择最佳可用网络。这种灵活的路径多样性将提供更有效的带宽分配,以及对干扰或中断的更高韧性。

创建这样一个动态地面架构,必须采用开放的、可互操作的数字中频行业标准,取代模拟中频接口。采用数字中频标准为实施网络设计和使用的最佳实践铺平了道路,这些实践已经成为现代电信和云相关服务的基础,包括网络功能虚拟化(NFV)和软件定义网络(SDN)。采用这些最佳实践,可帮助美国国防部从封闭的专有硬件转向基于标准的虚拟化软件地面基础设施,这些软件基础设施具有必要的灵活性、敏捷性和韧性,可支持美国国防部不断发展的作战概念。此外,这将有助于完全实现轨道和链路段现代化的潜力。

三、几点认识

(1)**有保障的卫星通信,使作战部队能够超视距共享信息,并实时指挥控制全球分布式作战行动**。美军利用商业部门成熟和新兴的太空技术以及新颖的系统架构,开发更有效、更具韧性的卫星通信解决方案,以满足美国国防部 JADC2 未来通信需求。这从俄乌冲突中名声大噪的“星链”卫星星座中便可窥见一斑。“星链”是美国太空探索技术公司开发的低轨互联网卫星星座,在俄乌冲突中经过了实战检验,成为乌军重要的通信手段,在战时提供了持续、稳定的网络通信服务。通过“星链”,乌军实现目标情报数据的实时或近实时传递,保障了地面打击力量的作战决策与指挥控制。

(2)**利用中低轨道扩散型小卫星,可降低延迟、增大容量,增强对抗反太空攻击的韧性**。为了进一步扩展美国国防部所拥有的星座容量,美军还将扩大其与盟国或商业提供商的合作,在其卫星平台上托管政府通信有效载荷,实现作战能力快速部署。未来,美军还会将军事和商业卫星通信网络整合到混合架构中,为作战人员提供大得多的容量、灵活性和韧性。以“星链”为例,“星链”具有去中心化优势,即使部分节点受到打击,星座功能也不会瘫痪,因而具备极强生存能力。乌军的指挥体系在俄军大规模打击下,仍然可以正常运转,就是“星链”的贡献。此外,“星链”系统服务已拓宽到卫星成像、遥感探测等领域,且第二代“星链”卫星未来可容纳更多有效载荷,其 335 ~614km 近地球轨道遥感载荷及星间激光链路能够实现对地面目标的高分辨率(亚米级)侦察和全球近实时监视能力。未来,“星链”卫星可通过灵活搭载多种类型载荷的方式,极大增强美军侦察遥感、通信中继、导航定位、指挥协同等多方面作战能力。

(3) **星间光链路支持卫星组网,可提供有保障的高带宽天基通信**。天基光通信是形成太空网状网的关键。这对于提供多样化的连接路径,以全域作战所需的速度、规模和安全级别通过太空路由信息至关重要。早期的“星链”卫星无法直接相互通信,自 2021 年 9 月 14 日第一批改进后的卫星发射入轨,后续发射的“星链”卫星均加装激光星间链路组件,从而实现“星链”卫星之间的信息传输和交换。如此一来,大大减少了“星链”对地球站的依赖,彻底解放了“星链”的信号覆盖能力,提升了“星链”的低延迟服务保障能力。

(中国电子科技集团公司网络通信研究院　李　荷)

美军稳步推进受保护战术卫星通信项目

2022 年 3 月 16 日,波音公司宣布为美国太空军开发的卫星通信有效载荷已通过关键设计审查。波音公司和诺斯罗普·格鲁曼公司在 2020 年分别获得价值 1.91 亿美元和 2.53 亿美元的合同,为受保护战术卫星通信(PTS)项目设计有效载荷。该项目通过关键设计审查后,意味着项目进入样机研制和测试阶段。波音公司表示,卫星平台的集成和测试工作将于 2023 年开始,并预计将在 2024 年发射有效载荷样机,用于在轨演示。

一、项目来源

(一)前期准备

2011 年,美国空军先进概念师部(SMC/MCX)开展了为期 90 天的军用通信体系结构研究,其中,航空航天公司是该研究的技术引领者和主要贡献者,并引入一种概念将战略和战术任务分离开来。2011—2012 年,航空航天公司为军用通信用户提供了 80 余份技术报告。美国空军太空和导弹系统中心和美国国会都接受了该研究结果。

基于该研究结果,美国空军制定了"军用卫星通信空间现代化初步投资计划",并在 2012 年 10 月开始开展为期 2 年的受保护军用卫星通信研究工作,即"经济可承受的降低风险设计"。该研究和相关软硬件论证内容主要包括开发受保护战术波形(PTW)和受保护战术服务系统概念。该研究同时还对太空通信体系结构、任务管理子系统功能、网络互操作网关设计、信息保证和经济可承受的终端设计进行了评估。在此后几年时间里,美军主要开展受保护战术波形的研发工作,作为受保护战术服务项目的前期准备。

(二)立项

随着对手电子战能力的发展和提升,美军认为在未来几年内电子战武器数量和类型将大幅增加,美军太空系统在全球范围内面临着遭受电子攻击的威胁,专用军事卫星通信是干扰的重要目标。为了应对这一潜在的严重威胁,美国空军将受保护战术卫星通信列入2018财年预算中,作为受保护战术服务的唯一子项目。

受保护战术卫星通信项目旨在解决《联合太空通信层初始能力文件》(JSCL ICD)、《受保护卫星通信服务备选方案分析》(PSCS AoA)等文件中确定的受保护战术军事卫星通信能力差距。受保护战术卫星通信将在良好的竞争环境中,为全球作战人员提供超视距、抗干扰、低截获概率的通信服务。受保护战术卫星通信的核心是更具弹性的受保护战术波形,它能减轻"反介入/区域拒止"环境下对手电子干扰造成的影响。受保护战术波形是由美国空军牵头(美国空军太空和导弹系统中心具体负责)、多家公司参与的一个项目,其技术基础是美国空军先进极高频卫星扩展数据速率(XDR)波形,目标是以低成本实现安全的军用和商用卫星通信能力。受保护战术波形通过卫星、频谱和波形分集提高卫星通信弹性,以此提供通信路径分集。

受保护战术卫星通信项目的配套项目还包括受保护战术服务现场演示(PTSFD)、受保护战术企业服务(PTES)、太空作战架构(SWC)和企业地面服务(EGS)等。受保护战术服务现场演示项目正在开发PTW调制解调器,可升级替换当前已部署的终端,为PTW的普及奠定基础。同时,受保护战术企业服务正在开发一种任务管理、密钥管理和中枢系统,利用宽带全球卫星通信(WGS)系统实现PTW,并扩展到商业卫星通信系统。受保护战术卫星通信项目在利用PTES项目开发成果的基础上,还将使用与太空作战架构和企业地面服务一致的接口,从而增强任务保证、弹性和互操作性。

受保护战术卫星通信项目关键要素的关系如图1所示。

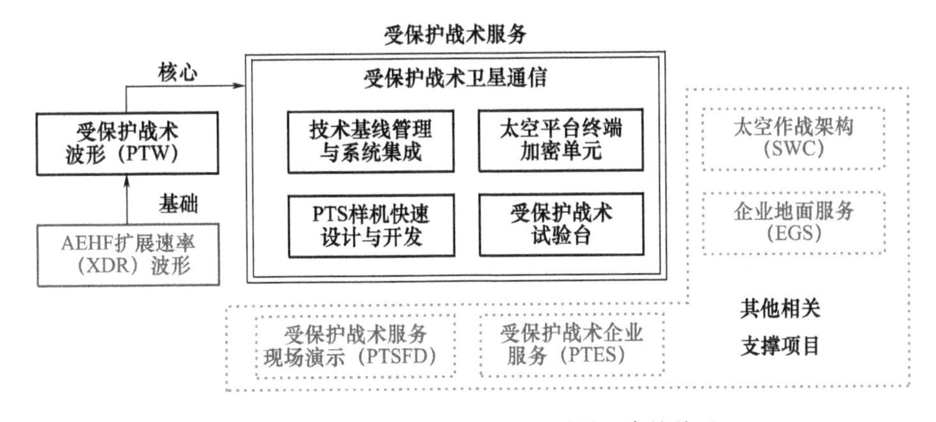

图1 受保护战术卫星通信项目关键要素的关系

美国太空军成立后,受保护战术卫星通信项目在2021财年由空军迁移到太空军。美国太空军根据《2016财政年度国防授权法》《快速样机采购中层》授权和第815部分、其他交易授权(OTA),为战术战斗机实现负担得起的、快速的作战能力。该策略采用螺旋式有效载荷开发模式,逐步部署作战环境中所需的样机。这些螺旋式有效载荷样机演示了具有模块化和可扩展有效载荷的新型抗干扰技术,以满足受保护战术通信的军事需求。

二、前期项目推进

2020 年 2 月 12 日,美国太空军授予诺斯罗普·格鲁曼公司一份价值 2.536 亿美元的合同,用于开发受保护战术卫星通信有效载荷,为在战场上依赖卫星通信的战士提供更高级别的保护。2020 年 12 月,诺斯罗普·格鲁曼公司完成了受保护战术卫星通信样机(PTS - P)的初步设计同行评审。该公司还展示了其原型与政府受保护战术卫星通信测试终端的互操作性,并成功验证了其设计的先进抗干扰性能。2021 年 4 月 22 日,诺斯罗普·格鲁曼公司称太空与导弹系统中心(SMC)已选择该公司继续进行受保护战术卫星通信样机开发工作,2021 年 10 月完成了受保护战术卫星通信样机的关键设计审查。

2020 年 3 月 10 日,美国太空军太空和导弹系统中心授予洛克希德·马丁公司一份价值 2.4 亿美元的合同,为其受保护战术卫星通信系统样机开发有效载荷。2020 年 3 月 23 日,洛克希德·马丁公司选择 SEAKR 公司加入其团队,通过 SEAKR 公司 Wolverine RF 处理平台中采用的先进射频处理技术,帮助开发受保护战术卫星通信样机有效载荷。

2020 年 3 月 27 日,美国太空军分别授予 L3 哈里斯和雷声公司各 5 亿美元合同,开发并生产新型调制解调器,用于受保护卫星通信项目。此次合同签订比计划提前了 120 多天,合同类型为不定期交付/不确定数量合同,是美国空军和陆军抗干扰调制解调器(A3M)计划的一部分。A3M 计划由美国陆军战术级指挥、控制和通信项目执行办公室(PEO C3T)和太空军太空与导弹系统中心领导,直接支持受保护战术卫星通信,是增强联合战术作战人员在对抗环境中抗干扰和通信能力的关键。新调制解调器能够处理为作战人员提供抗干扰通信能力的新型 PTW。

2020 年 2 月 28 日,美国太空军太空与导弹系统中心授予波音公司 1.91 亿美元的合同,用于开发受保护战术卫星通信样机的有效载荷。2022 年 3 月 16 日,波音公司为美国太空军开发的卫星通信有效载荷已通过关键设计审查。2022 年 11 月,波音公司演示了为美国太空军开发的卫星通信有效载荷,成功展示了该有效载荷抗干扰攻击的能力。此次抗干扰测试是实现受保护战术卫星通信样机的关键一步。美国太空军将在轨测试受保护战术卫星通信样机的有效载荷,以评估其是否能够在美军网络成为电子和网络攻击目标的潜在战争场景中提供安全通信。表 1 给出了近年来受保护战术卫星通信项目合同授予和进展情况。

表1　近年受保护战术卫星通信项目合同授予和进展情况

时间	授予承包商					内容
	诺斯罗普·格鲁曼	洛克希德·马丁	L3	雷声	波音	
2020.02.12	△					授予2.536亿美元开发PTS－P有效载荷
2020.02.28					△	授予1.91亿美元开发PTS－P有效载荷
2020.03.10		△				授予2.4亿美元开发PTS－P有效载荷
2020.03.27			△	△		各授予5亿美元开发新型调制解调器
2020.12	△					完成PTS－P初步设计同行评审
2021.10	△					完成PTS－P关键设计审查
2022.03					△	完成PTS－P关键设计审查
2022.11					△	展示天基智能天线技术

三、当前研究内容

根据美国太空军2023财年预算文件，受保护战术卫星通信项目内容包括技术基线管理和系统集成、太空平台终端加密单元、受保护战术卫星通信样机快速设计和开发，以及受保护战术试验台。

（一）技术基线管理和系统集成

技术基线管理和系统集成的研究内容主要包括：通过采购、设计、测试和集成关键样机和接口来执行政府系统集成功能，为样机系统提供成熟的技术基线和接口需求；对受保护战术卫星通信空间、地面和网关段进行工程和系统级集成规划；支持、设置和开展受保护战术卫星通信子系统、空间段、地面段、网关段和用户终端样机系统的集成测试；管理受保护战术卫星通信开放系统架构，改进接口需求，并通过集成系统性能演示验证运行概念。

（二）太空平台终端加密单元

太空平台终端加密单元的研究内容主要包括：开发一个用于集成受保护战术卫星通信有效载荷的太空平台终端加密单元，该单元是单一的、经过美国国家安全局验证并适用于太空运行环境；在样机快速设计和开发之前启动工程和设计工作，以减轻受保护战术卫星通信有效载荷的关键路径风险;进行需求审查、功能和设计审查、受保护战术卫星通信接口开发、接口控制文档协调,以及与受保护战术卫星通信供应商的有效载荷集成。

(三)受保护战术卫星通信样机快速设计和开发

样机快速设计和开发的研究内容主要包括:快速开发受保护战术卫星通信空间段、地面段、网关段和关键系统组件的样机;开发、演示、测试和评估受保护战术卫星通信硬件和软件系统;设计和开发模块化、可扩展的有效载荷,以支持托管或"自由飞行器"配置;演示样机有效载荷的在轨性能;在用户参与下评估受保护战术卫星通信运行概念,并启用潜在的冗余运行能力;验证用户需求;继续开展样机研制和减少风险的工作。

(四)受保护战术试验台

受保护战术试验台的研究内容主要包括:降低受保护战术卫星通信项目风险;对受保护抗干扰战术卫星通信(PATS)系统的空间有效载荷、终端和网络部分的关键技术要素开展试验。它实现了与工业和联邦资助研发中心(FFRDC)合作伙伴的系统集成能力,用于互操作性测试和开展试验,使 PATS 运行趋于成熟,重点是受保护战术波形。

四、系统构建

(一)空间段

如表2 所列,目前空间段主要有4 类主要的军用卫星通信系统体系结构:星型纯转发器(PT)、星型解跳/再跳频转发器(DRT)、部分处理(PP)系统和完全处理(FP)系统。这些卫星系统体系结构都存在正反两个方面。例如,传统的星型纯转发器系统是简单的"弯管"载荷——将上行链路载频转换到下行链路载频,只进行信息传输而不提供星上处理。

表2　4 类主要的军用卫星通信系统体系架构

星型纯转发器(PT)	星型解跳/再跳频转发器(DRT)
• 所有用户上行链路信道都被发送到一个地面网络中心。 • 所有用户下行链路信道都从一个地面网络中心进行接收。 • 总带宽受网络中心带宽分配的限制。 • 网络中心使用万向支架抛物面天线	• 在星上对用户信号进行解跳和重跳。 • 地面处理中心用作其他功能。 • 网络中心使用万向支架抛物面天线
• 部分处理(电路交换)(PP)	**• 完全处理(电路交换)(FP)**
• 在星上对用户信号进行解调、交换和二次调制	• 在星上对用户信号进行解交织、解码、编码和交织。 • 进行完全处理和第二层交换

航空航天公司已开发了针对4类载荷的政府参考体系结构(GRA),以及受保护战术服务系统概念(图2),提出了多种场景(战场、分发、干扰和移动)来评估多种系统设计,制定了广泛机构公告(BAA)研究需求;分别针对良好和竞争场景,提供政府参考体系能力分析,以进行系统权衡,为空间承包商提供技术指导,并审查承包商的载荷设计和性能分析。

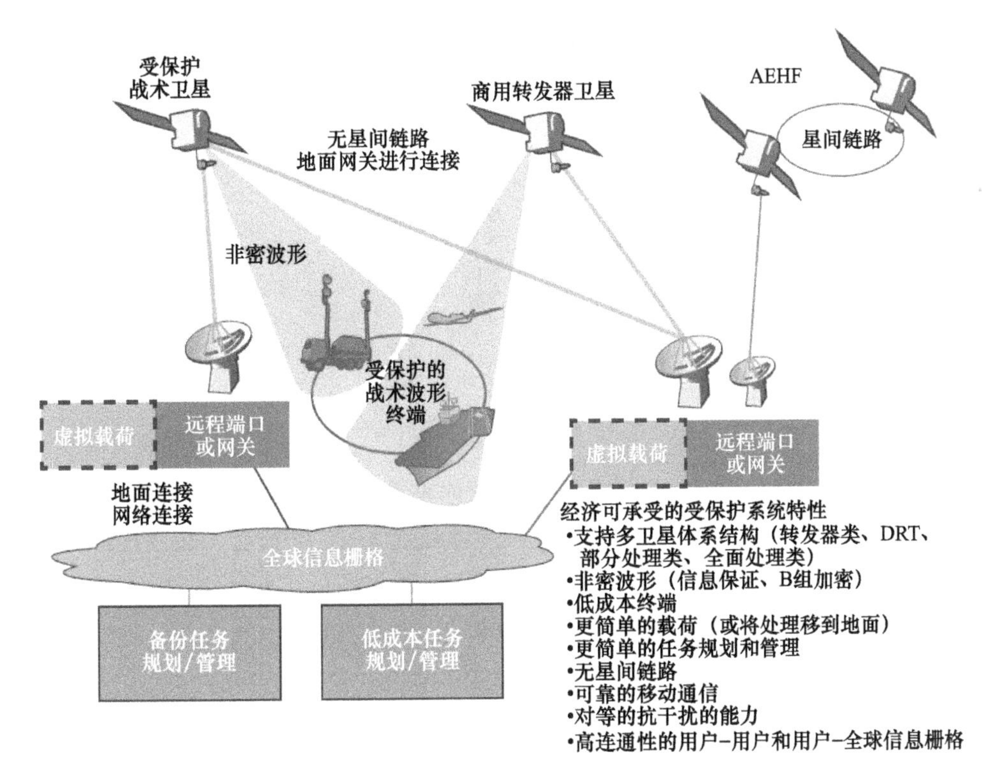

图2　受保护战术服务系统概念图

1. 星型纯转发器体系架构

在星型纯转发器体系架构(图3)中,卫星无法执行信道化和信息路由,为了弥补这一缺陷,需要在双跳传输模式中使用地面网络中心,以执行路由、信道化、解调等多种虚拟的载荷功能。通常情况下,一个商用星型纯转发器的系统并不提供抗干扰能力。但是,可以用具备抗干扰功能的受保护战术波形调制解调器来替代这种传统非跳频调制解调器。因此,终端就能具备应对移动或便携式干扰机的抗干扰能力。

2. 星型解跳/再跳频转发器(DRT)体系架构

在星型解跳/再跳频转发器体系结构(图4)中,上行链路跳频被解跳并滤波为想要的信号带宽,这一带宽要比跳频带宽窄得多,然后再对下行链路频率进行重新跳频。这一滤波工作有两个目的:①需要传输的信号与上行链路受干扰部分(仅限于转发器带宽

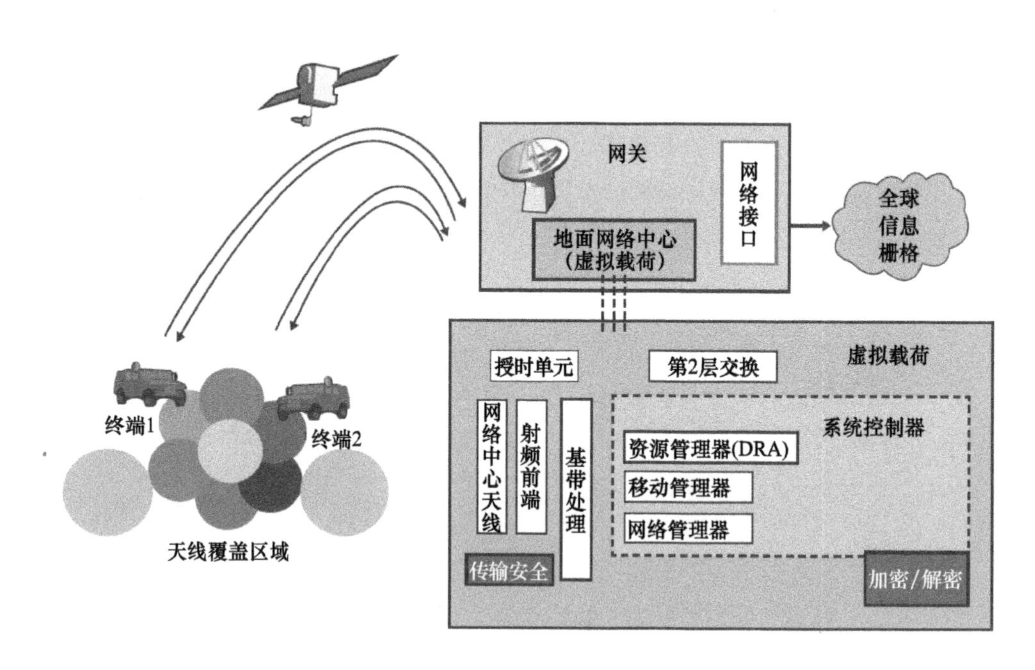

图3　星型纯转发器体系结构

内),将一起通过下行链路转发出去;②滤波操作在放大之前提供了噪声抑制。星型解跳/再跳频转发器体系结构与星型纯转发器体系结构相似,要求有一个地面网络中心。相比星型纯转发器体系结构,星型解跳/再跳频转发器载荷的主要优势在于,不用多个地面网络中心就能提升抗干扰能力和频谱利用率。

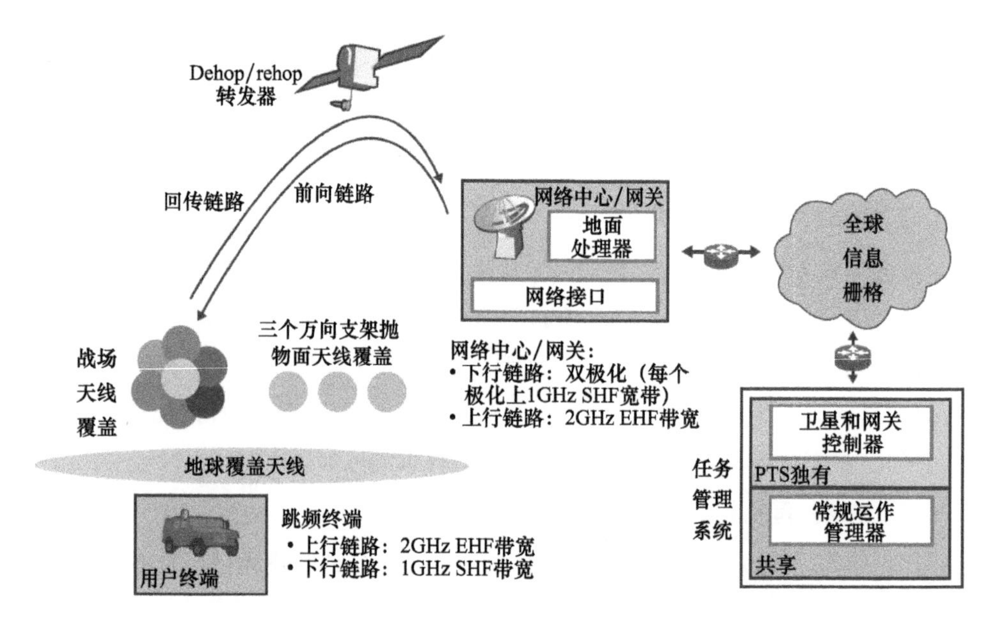

图4　星型解跳/再跳频转发器体系结构示例

3. 完全处理(FP)体系架构

完全处理体系结构中,由于上行链路和下行链路的前向纠错和调制方式不同,因此需要实现自适应动态资源功率和带宽分配。这是一种单跳体系结构,由于系统控制器在星上,因此不需要使用地面网络中心。这一体系结构类型要求载荷在星上具备复杂的数据处理能力,对上行链路进行彻底的处理。因此,它能消除所有转发器上行链路因干扰造成的"功率抢夺"效应。此外,相比传统不具备星型体系结构的卫星转发器,完全处理载荷方法提升了卫星容量,同时提供用户终端之间真正的全网状单跳多播连接。相比基于星型体系结构的转发器,完全处理载荷方法具备更强的弹性、连通性和抗干扰能力。

4. 部分处理(PP)体系架构

部分处理体系结构的复杂性介于单跳完全处理载荷和双跳转发器载荷之间。在部分处理载荷中,上行链路信号被解跳和解调,但并不进行前向纠错。信号被解码、二次调制,并重新跳频进行下行链路传输。完全处理和部分处理载荷之间的成本差异不可忽略,但部分处理载荷无法提供扩展的网络弹性和完全处理体系结构的性能。

(二)地面段和网关

网关必须能在受保护战术军用卫星通信用户和其他网络之间提供安全和可靠的连接,包括国防信息系统网(DODIN)以及与先进极高频用户的连接和服务、与陆军战术级作战人员信息网(WIN－T)和海军自动数字网络系统(ADNS)等其他战术服务网络的互连。

因此,网关接口必须与现有系统的运行要求和多种信息保障手段相匹配。网关需要与管理系统相连接,并针对其自身的运作进行适当的信息保障控制。

(三)用户终端

受保护战术波形在当前成熟的受保护波形和现有商业标准的基础上进行设计,因此允许空间段和终端设备承包商在第一阶段合同生效后的10个月内生产具备受保护战术波形功能的调制解调器模型(brass board)。波音公司已通过ViaSat公司的Ka频段转发器卫星及WGS卫星使用受保护战术波形调制解调器论证了多种信道功能。另外,L3通信西部公司已通过Galaxy 18卫星成功论证了受保护战术波形调制解调器的关键特性。雷声公司则通过WGS卫星使用海军终端论证了受保护战术波形调制解调器。

五、影响分析

纵观整个受保护战术卫星通信项目的进程,它在卫星通信架构和技术方面取得了新的突破,并且通过转变研发策略和采购方式提升了美军应对新威胁的能力,为我国卫星装备的研发和采购提供了新思路。与此同时,受保护战术卫星通信项目提升了军用和商用卫星通信的利用率、增强了卫星通信抗干扰能力以及降低了卫星通信的经济成本。以上几个方面将提高我国应对太空威胁和大国竞争的经济成本。

(一)采用独立的新波形,增强通信卫星的利用效率

受保护战术波形在技术上是通过卫星、频谱和波形分集提高卫星通信弹性,以此提供通信路径分集。因此,新波形具有独立体系结构特性,并具备对弯管式军用(如 WGS)和商用(如 Intelsat、Viasat)通信卫星的适用性。这表明,现有非受保护终端通过采用受保护战术波形调制解调器,替换原来的调制解调器,就能在不更换卫星的条件下,使用受保护战术波形,从而获得一定程度的防护能力。

美军对卫星通信在安全性和可用性方面的需求不断提升,而数量有限的受保护卫星(先进极高频卫星和增强型极地系统)无法满足这一需求。受保护战术卫星通信项目有效缓解了这一情况,利用新的通信架构和技术,使原本不具有很强抗干扰能力的弯管式军用和商用卫星能够参与到军事卫星通信任务中,改善卫星通信的弹性和连通性,为美军提供了额外的卫星通信服务。这为我国提高商用卫星利用率提供了新的思路。

(二)采用以载荷为中心研发策略,实现更快速和敏捷的研发和采购效率

受保护战术卫星通信在发展过程中的一大亮点是以载荷为中心的研发策略。近几年来,随着军事电子技术和装备的快速发展,世界主要国家的反太空能力正在不断增强。面对这一情况,美国太空系统司令部通过企业方式组织和实施资产采购,最大限度地发挥创新和弹性,利用国际、商业和任务合作伙伴关系,并根据非密和加密综合企业空间架构来管理方案和项目的优先级,由此实现以快速和敏捷的资产采购来应对新威胁。

美国太空系统司令部扩大适当的采购权限和合同机制,从而战略性地执行试验、样机研制、减少风险和其他工作,以开发新能力或重新整合现有能力。这种以载荷为中心的研发策略和企业方式的采购,能提高研发效率,缩短采购周期,对我国未来装备发展具有有益的参考价值。

(三)增强美军战术级卫星通信能力,增加我国应对大国竞争的经济成本

受保护战术卫星通信项目在不需要发射新卫星的情况下,就能使卫星通信用户获得更强的抗干扰能力,从而提供战术级卫星通信服务。这一成果带来的直接优势体现

在军事通信和经济方面,提升其大国竞争实力。特别是当前美国“星链”卫星星座已初具规模,未来很有可能采用受保护战术波形的通信载荷。为应对未来可能发生的冲突,我国需要投入更多的经费和时间成本,研究美军具备全球覆盖战术级卫星通信的手段。

(中国电子科技集团公司第三十六研究所　曹宇音)

美国机载短波无线电现代化项目完成招标工作

2022 年 1 月 11 日,美国佐治亚州罗宾斯空军基地空军生命周期管理中心的电子战和航空电子项目办公室,完成机载短波无线电现代化项目(AHFRM)招标工作,对现有的大约 2500 台无线电设备进行现代化改造(从替换 ARC－190 开始),涉及的机型包括空军的 HC－130J、KC－135、C－130H、C－130J、C－17、C－5、B－1、B－52、E4－B,海军的 E6－B,海军陆战队的 KC－130J,以及海岸警卫队的 C－130 和 C－130J,其中 KC－135 平台上的无线电设备现代化数量最多。该项目的竞标在 2022 年 1 月完成,BAE 系统公司最终被选为供应商,计划于 2027 年前为国防部飞机生产和安装 2000 台无线电设备,其余 500 台无线电设备将基于联邦采购法规在后续几年内安装。

虽然当前卫星通信领域发展迅速,但容易受到破坏和干扰。同时,相比于其他频段的通信,短波通信更加安全,因此仍然在美军的通信系统中占据重要的地位。在过去十几年中,美国国防部武器系统高度依赖短波无线电进行超视距通信,随着战场上对数据的需求越来越大,短波通信技术也有了新的突破。此次美国空军对机载波段无线电设备的现代化升级将对未来战场通信产生新的影响。

一、美国机载短波无线电设备现状

美国在机载短波通信系统上的研制部署一直居世界前列。其最具代表性的机载短波无线电设备主要包括 ARC－190、ARC－220、ARC－217,还有 ARC－200、ARC－165、ARC－174 等。这些短波无线电设备的工作频段从部分覆盖到全频段覆盖,通信效果较好,增强了自适应功能和抗干扰能力。

(一) ARC－190

ARC－190 由美国罗克韦尔·柯林斯公司制造,是美国空军的主要机载高频通信系统。该系统采用全固态、模块化结构,具有机内自检能力,能迅速隔离和更换故障组件;

以数据方式工作时,能与移频键控和多音频调制解调器一同工作。该无线电设备搭载平台包括 KC－135 系列、C－130 系列、C－17、C－5、B－1、B－52、E4－B 等。表 1 给出了 ARC－190 的基本参数。

表 1　ARC－190 的基本参数

工作方式	数据报文、话音
工作频率	2～30MHz
调制方式	上边带、下边带、等值调幅和连续波
信道数	280000 条(可预置其中任意 30 条信道)
发射功率	400W(峰值),200W(平均)
抗干扰措施	调频,功率可调,过载保护

(二) ARC－220

ARC－220 由美国罗克韦尔·柯林斯公司制造,为美国陆军直升机提供全数字处理的无线电设备,与上一代设备相比,部件数量减少了 50%,具有简单、可靠、通信距离远的特点和超低空通信的能力。VRC－100 是 ARC－220 的地面和车载版本。目前 ARC－220 已经生产四代产品:ARC－220(V)1、ARC－220(V)2、ARC－220(V)3 和 ARC－220(V)4。其中后两个版本提供了安全的自动位置报告和带有 ARQ 协议的安全二进制消息传递功能。该设备搭载在美国 MH－47G 特种作战直升机和 AH－64D“阿帕奇”攻击直升机上。表 2 给出了 ARC－220 的基本参数。

表 2　ARC－220 的基本参数

工作方式	单工或半双工话音、数据
工作频率	2～30MHz

续表

调制方式	上边带、下边带、连续波和等效调幅
信道数	280000 条(可预置其中任意 99 条信道)
发射功率	10、50、175W(峰值),10、50、100W(平均)
抗干扰措施	跳频(28 万个可编程频率点)

(三) ARC-217(V)

ARC-217(V)是第一种可满足从直升机到高性能战斗机通信要求的高频收发机,采用模块化设计、光纤连接、微处理器、微芯片组件、数字频率综合、数字式天线耦合器等先进技术。可选择嵌入式或外部自动链路设备和反干扰措施。ARC-217(V)已作为标准高频空中系统安装于美军 60 余种旋翼飞机和固定翼飞机,其中包括 U-2R/S 与 UH-60M/V。表 3 给出了 ARC-217(V)的基本参数。

表 3　ARC-217(V)的基本参数

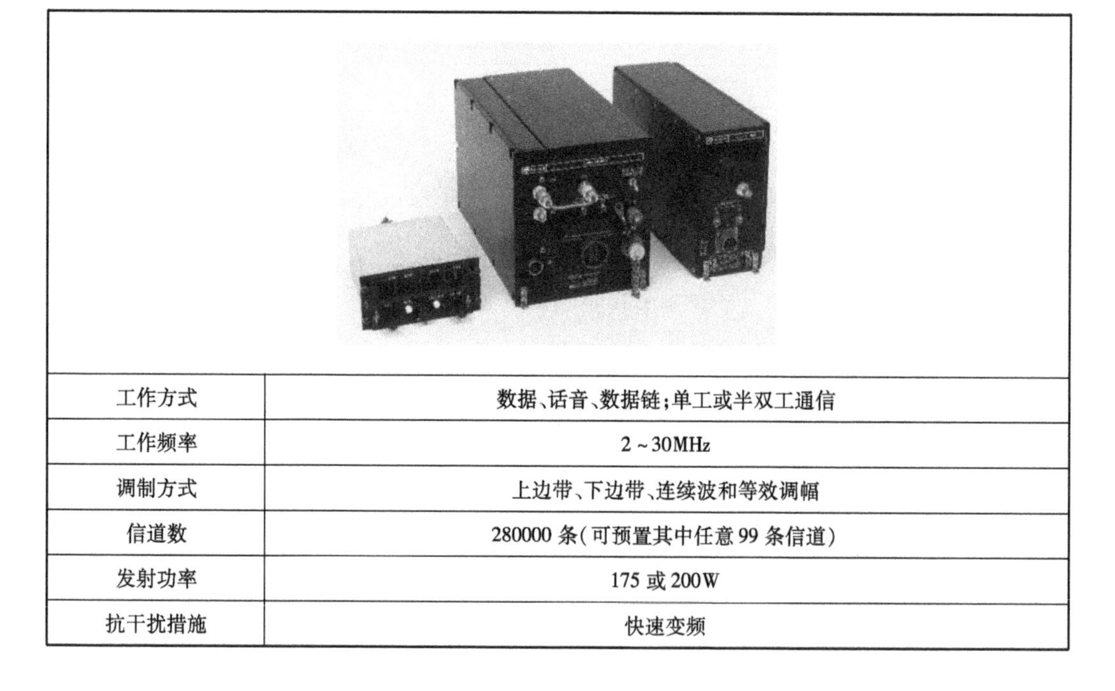

工作方式	数据、话音、数据链;单工或半双工通信
工作频率	2~30MHz
调制方式	上边带、下边带、连续波和等效调幅
信道数	280000 条(可预置其中任意 99 条信道)
发射功率	175 或 200W
抗干扰措施	快速变频

(四) 其他短波无线电设备

除了上述几种典型短波无线电设备外,还有搭载在反潜机的 ARC-153、装备在远程海上巡逻机上的 ARC-161,装备在 E-3A 预警机上的 ARC-165 和 ARC-174 以及 ARC-200 等。

二、项目概况

2018 年 3 月，美国佐治亚州罗宾斯空军基地发布名为“ARC－190 短波无线电设备更新或替换”信息征询书（RFI），旨在开展市场调研，明确相关市场信息，以替换多架飞机上的 ARC－190 短波无线电设备。ARC－190 是空军的主要机载无线电设备，早在 1984 年就有资料称 ARC－190 已投入全面生产，距今已有 30 多年，目前仍在服役，期间虽然有过更新，但是在很多性能上已经难以满足当前作战人员的需求。信息征询书指出，ARC－190 将于 2019 年停产，预计 2024 年以后系统效用将开始减弱。美国空军希望业界能设计和演示一种能替代 ARC－190 的宽带短波无线电设备（WBHFR）原型，在兼容当前 ARC－190 平台的同时能向后兼容，支持后续能力的开发。

美国空军在信息征询书中表示，希望厂商提交拟议的宽带短波无线电设备能力和相关具体值，并在 12 个月内将这些能力在原型机中体现。宽带高频无线电设备能力主要包括：文件传输速度、数据链消息传递能力、移动状态下的视频能力、Web 应用程序功能、加密能力与方式、抗干扰能力、独立于 GPS 的定时精度、自动自适应数据链管理能力等。此外，美国空军还要求厂商提交技术选项、增量式开发原型演示、成本与时间需求、模块化开放式系统体系结构、飞机一体化探讨、相关技术与经验等内容，方便后续的竞标活动。

2022 年美国佐治亚州罗宾斯空军基地发布的机载短波无线电现代化项目显然是信息征询书发布后的竞标项目。BAE 系统公司被选为供应商后，官方并未透露更多信息，但在招聘网站上出现名为“MXF－504 短波软件定义无线电（美国空军 AHFRM）首席工程师与架构师”的职务。MXF 系列为 BAE 系统公司的星火产品，但官网并没有列出编号“MXF－504”的产品，可能是为 AHFRM 项目研制的，用于取代 ARC－190 的产品型号。

简而言之，机载短波无线电现代化项目是美国空军在调研市场情况后，根据厂商可以实现的能力指标进行的一次大规模短波无线电设备迭代。虽然军方没有给出硬性指标，但是提出了重点能力发展方向。

三、项目展望

随着美军备战方向转向大国冲突，在卫星可能受限、战况激烈的作战环境下，作战部队更需要先进、安全的超视距通信，因此对通信设备的抗干扰能力、综合通信能力、模块化开放体系结构以及数据传输能力提出了新的需求，许多现役的通信设备已经难以满足作战需求，需要开展现代化工作。依据最新机载短波无线电现代化项目内容，美国机载

短波无线设备朝着以下几个方向发展:

(1)朝着抗干扰方向发展。采用自适应和跳频技术,降低被检测和截获的概率。在AHFRM 项目相关信息征询书中,美国空军明确列出 WBHFR 的“加密”“抗干扰”“低截获/低检测概率调制”以及“电子对抗”能力,并且提到“独立于 GPS 的定时精度”,可见稳定性和安全性仍然是通信系统发展的重点方向。

(2)朝着数字传输方向发展。利用数字技术,采取更高效的传输方式,提高无线电设备数据传输能力。美国空军在调研市场情况时,希望厂商提供“文件传输速度”以及“数据链消息传递能力”,可见高速传输能力无疑是掌控战场实时信息的关键。

(3)朝着综合方向发展。在联合作战背景下,单平台无线电设备发挥的通信能力有很大局限性。能传输飞行航线、位置状况、导弹威胁等各种数据信息的综合一体化通信将是机载短波无线电设备的发展趋势。WBHFR 不但需要话音功能,还需要实现文件传输、电子邮件、移动视频等多种功能。

总体上看,美国军队将在 2030 年以前拥有大批抗干扰能力强、传输速度快、多功能化的短波无线电设备。同时,在模块化开放体系结构下,后续的能力部署和开发速度也会急剧增加。

(中国电子科技集团公司第三十六研究所　吕立可)

欧洲安全软件定义无线电项目持续发展

欧洲安全软件定义无线电(ESSOR)项目由欧洲防务局于2009年启动,重点是开发军用软件定义无线电架构和符合该架构的通用高数据速率基础波形,以移植到各种异构国家软件定义无线电平台上,从而在全球范围内实现联合军用无线电通信的互操作性。该项目持续向前发展,2022年2月,德国亨索尔特公司获得一份价值数百万欧元的合同,该合同基于ESSOR项目,旨在开发新硬件和加密技术概念,为欧洲下一代战术数据链奠定基础。2022年6月,A4ESSOR SAS(ESSOR的联盟企业)使用ESSOR高数据速率波形成功进行了互操作性认证测试。ESSOR项目的新发展为开发军事无线电通用技术及支持波形部署应用又迈进了重要一步。

一、项目开发背景

(一)通信波形不统一

欧盟军队在联合作战方面高度依赖陆、海、空、天领域信息优势,随着战场环境的不断数字化,欧盟成员国需要在连通性方面建立新范式,包括:扩大地面、空中等领域及时共享关键信息;加强信息安全;提高数据速率和连通能力。目前,欧洲通信波形技术通常是由无线电制造商专门开发的,欧盟军队的数字无线电技术通常只使用某种特定的数字波形。由于欧洲各国军队都使用不同的接收机和波形,这意味着法国军队无法通过接收机与意大利或德国的响应部队通信。ESSOR项目旨在为所有伙伴国家的不同接收机开发统一使用的波形。

(二)系统终端面临挑战

在当前和未来很长时间,Link16终端仍是战斗机等平台的主要互操作通信系统。美国正在发展Link16标准和新能力,欧洲Link16终端能力与美国还存在一定的差距,其技术还受制于美国,无法完全实现自主。目前,新一代 Link16 终端仅由美国企业开发,且只能在美国严格的监管采购程序下采购。欧洲工业制造的 Link16 终端的尺寸、重量和功率还不能满足平台要求,并且不支持大量的数据交换。因此,发展多功能信息分发系统(MIDS)终端是确保欧盟成员国作战和技术的自主性、发展信息领域能力的优先事项。ESSOR 项目旨在提高欧洲工业的竞争力,以便能够在 2025—2030 年间研制出可互操作的设备,并在 2030—2035 年间增强功能。

二、项目发展历程

欧洲安全软件定义无线电项目是以联合战术无线电系统(JPEO JTRS)项目开发的软件通信架构为基础,发展军用高数据速率波形,并验证和证实该波形的可移植性和平台的可重构性。2009 年,芬兰、法国、意大利、波兰、西班牙和瑞典联合发起 ESSOR 项目,并由欧洲联合军备组织(OCCAR)管理,A4ESSOR SAS 作为主承包商。项目第一阶段已于 2015 年结束,除了欧洲高数据速率波形成果外,A4ESSOR 联盟还成功在 6 个欧洲平台上移植和验证了相关技术架构。

受项目第一阶段成功的鼓舞,芬兰、法国、意大利、波兰和西班牙决定利用运营能力 1(OC1)合同继续发展 ESSOR 高速无线电波形。2017 年 11 月,欧洲联合军备组织授予 A4ESSOR SAS 一份价值 5000 万欧元的 ESSOR 运营能力 1 合同,该合同被视为“建立新一代可互操作的欧洲软件定义无线电能力的第一步”,旨在增强为国际联合作战设计的 ESSOR 高数据速率波形的作战能力,目前运营能力 1 阶段仍在进行中。

2019 年 3 月,ESSOR 参与国发布 ESSOR 架构,以构建可互操作的软件定义无线电应用程序模块。2019 年 12 月 18 日,高数据速率波形完成关键设计审查,以确保软件设计解决方案满足规范要求。

2020 年 2 月 17 日,芬兰比特姆公司签订 160 万欧元的订单,继续致力于将 ESSOR 项目的运营能力 1 宽带波形移植到芬兰国防军的比特姆加固软件无线电台(Bittium Tough SDR)中。比特姆加固软件无线电产品可以灵活使用最佳性能的波形,包括比特姆 TAC WIN 波形、ESSOR 高速度速率波形和比特姆窄带波形,以提高兼容性,实现不同层级和任务的作战。

2021 年 5 月,A4ESSOR 联盟宣布,其高数据速率基础波形在历经两年半的开发工作后,通过正式验收,该波形根据运营能力 1 合同进行开发。

2021 年 10 月 27 日,欧洲联合军备组织分别与 A4ESSOR SAS 和 EUROMIDS SAS 代表签署了两份新合同,EUROMIDS SAS 由法国泰雷兹、意大利芬梅卡尼卡、德国空客防务与航天以及西班牙英德拉 4 家欧洲国防工业公司组成,是欧洲多功能信息分发系统—小尺寸终端(MIDS-LVT)的唯一生产线。第一份合同是ESSOR新能力(ENC),将通过为地面、航空和卫星应用设计新的通信波形,以及建立负责优化整个ESSOR生态系统的托管机构,来加强ESSOR参与国之间的互操作性。第二份合同是欧洲安全软件定义无线电多功能信息分发系统(ESSOR MIDS),该合同将依赖ESSOR集成产品联合战术数据链设计创新系统。

2022年2月14日,据德国欧洲科技网站报道,作为A4ESSOR工业合作伙伴之一的德国亨索尔特公司获得一份价值数百万欧元的合同,用于开发独立的下一代战术数据链,作为欧洲安全软件定义无线电多功能信息分发系统项目的一部分。

2022年6月,A4ESSOR联盟使用新的高数据速率波形成功进行了互操作性认证测试,测试展示了高数据速率波形的优异性能,包括移动自组织网络(MANET)、数据传输、安全性、一键通、无线电静默模式和频谱共享功能。测试表明新的高数据速率波形可以促进欧洲陆军之间进行安全有效的联合行动。

三、项目内容

(一)ESSOR架构组成及特点

ESSOR架构由核心框架、通用处理器和数字信号处理器以及现场可编程门阵列操作环境、无线电设备、无线电服务、无线电安全服务组成。核心框架是实现联合战术无线电系统软件通信架构接口的实体,ESSOR架构与这些接口兼容,并对接口进行了一些小的改进、增强和扩展;通用处理器和数字信号处理器以及现场可编程门阵列操作环境是与执行环境(代码加载和执行)和通用处理器、数字信号处理器、现场可编程门阵列相连的实体;无线电设备提供软件定义无线电硬件模块实体,无线电设备向应用编程接口等其他软件定义无线电组件提供高级软件接口;无线电服务提供对波形应用有用的软件功能实体;无线电安全服务提供安全功能实体。图1显示了包含ESSOR架构的软件定义无线电的组成架构,其中软件定义无线电平台通过应用程序接口为波形赋能。

ESSOR架构主要特点是:①灵活性,ESSOR架构能够适用于各种硬件架构;②可扩展性,ESSOR架构具有选择应用程序接口和特性的能力,以适应各种战术平台;③无线电波形可移植性,ESSOR架构具有将无线电波形应用程序从一个ESSOR兼容平台移植到另一个平台的能力。

(二)ESSOR关键波形及数据链

ESSOR项目主要发展窄带无线电波形、特高频卫星通信波形和3D无线电波形及联

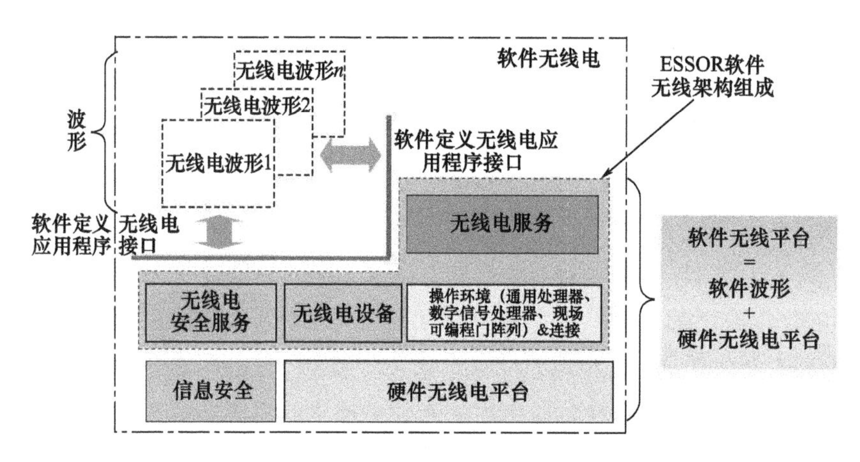

图1　ESSOR 软件定义无线电组成及架构

合先进数据链(JADL),目前已开发出高数据速率波形并经过了验证。另外,欧洲还将建立监管中心,以确保任何无线电波形都必须遵循 ESSOR 项目定义的规则,保证软件定义无线电波形的可持续性和长期可用性,并以合适方式将软件定义无线电波形移植到战术无线电平台中去。

1. 高数据速率波形

在 ESSOR 运营能力 1 开发阶段,旨在开发高数据速率波形,以满足联合作战在高数据速率和高连通性方面新的要求。该阶段开发的高数据速率波形旨在为旅、营和更低级别的作战单元和战术单元提供指挥和 IP 连接,其配置灵活,对严苛场景的适应性强,能为士兵提供多功能和强大的移动自组织网络。

高数据速率波形工作频段为 225 ~ 400MHz,信道带宽为 1.25MHz,数据处理速率高达 1Mb/s,单个 ESSOR 网络最多可容纳 200 个节点,每个节点充当发射机、接收机或中继器,并且可以与 IP 网络互连。该波形支持全双工数据和互联网协议语音(VoIP)通信,提供本地和远程管理能力,支持 IPv4 和 IPv6 服务,提供信息保证服务,可以利用快速跳频进行安全传输,能够在全球导航卫星信号严重退化和拒止的环境中工作。图 2 中,高数据速率波形网络节点充当原始发射机、目标接收机和中继节点,可以通过联网功能连接到外部 IP 网络。

2. 窄带无线电波形

现代战场需要组合使用宽带波形和窄带波形。ESSOR 高数据速率波形正在为高层组织解决宽带需求问题,但仍然需要在士兵级别上实现远程弹性通信。窄带波形通过在不同制造商的无线电设备上部署该标准波形,从而提高联盟作战能力。窄带波形将符合美国和北约相关标准,具备自我防护能力,预计将在 2024 年底之前交付窄带波形的技术规范。

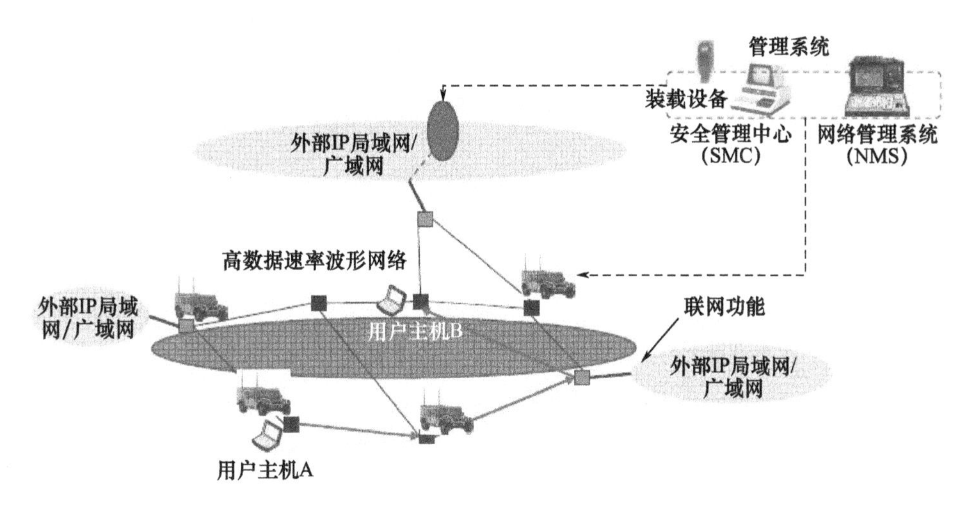

图2　高数据速率波形网络系统

3. 卫星特高频波形

ESSOR 卫星特高频波形旨在开发 STANAG 4681 基本波形,专门为欧洲的保密卫星通信定义,也可用于其他语音系统和数据通信安全模式。卫星通信特高频波形是一种超视距的敏捷卫星通信解决方案,不包含基础设施或专用调制解调器,可利用软件定义无线电战术平台的完整波形和少量卫星资源来提供广泛覆盖。

4. 3D 波形

目前,在空对空和空对地互操作通信方面,还没有形成通用的标准化解决方案。ESSOR 3D 波形用于高机动平台之间的高吞吐量数据交换、联网和语音通信。该波形工作频段限定在225～400MHz,符合美国和北约相关标准,遵循 ESSOR 架构和方法,具备自适应性、多路传输语音和数据、低延迟和高吞吐量、抗干扰、自组网和自愈等能力。

5. 联合先进数据链

项目通过建立联合先进数据链,以适用于 ESSOR 和软件通信架构平台的下一代欧盟多功能信息分发系统(EU－MIDS)终端。这一过程主要开发扩展 Link16 和先进机内数据链(欧盟宽带航空网络的欧盟无线体域网(EU－WBAN)),并建立适应各种防御平台的通用硬件终端系列。扩展 Link16 将符合 ESSOR 架构,具备多层次安全处理能力,并在尺寸、重量和功率(SWaP)方面兼容传统 LinkI6 系统以及目标平台。先进机内数据链将符合 ESSOR 架构,具备多层次安全处理能力,在非竞争性环境中具有极高的数据速率网络波形,实现联合网络作战概念要求的性能、频率兼容性、互操作性和硬件。此外,扩展 Link16 模块和先进机内数据链模块将形成集成终端,实现数据相互转发。

四、项目影响分析

(一)强化通信终端能力

ESSOR 项目旨在为欧盟和北约建立通用高数据速率波形,目前该波形已在欧洲多国地面无线电台中进行了成功测试。该项目将通过发展联合先进数据链来进一步发展航空领域新一代欧盟多功能信息分发系统终端来实现各领域融合。欧盟新一代多功能信息分发系统终端将进行自主技术研发,通过建立符合 ESSOR 软件定义无线电架构、可扩展的 Link16 和飞行数据链,并开发包含可扩展的 Link16 和飞行数据链的多功能信息分发系统集成终端,从而提高欧盟军队的作战能力。

(二)助力实现联合作战

ESSOR 项目正在为欧洲国家研发互操作波形,未来将使陆基武装部队能够以一体化的方式实现联合作战。目前,高数据速率波形成功的互操作性测试表明,来自不同国家的不同供应商的不同软件定义无线电是可以实现互操作的。同时北约有望采用高数据速率波形作为互操作性标准。ESSOR 项目将提供一个安全的军事通信系统,改善欧盟成员国武装部队在各种平台上的语音和数据通信。一旦 ESSOR 部署到军队,通过确保所有欧盟成员国完全可以访问、共享和使用军用无线电,从而大大提高联合作战的效能。

(中国电子科技集团公司第三十六研究所　方辉云)

美国太空探索技术公司发布“星盾”卫星互联网系统

2022 年 12 月 2 日，美国太空探索技术公司（SpaceX）通过官网宣布将为政府、国防部门和情报部门开发“星盾”（Starshield）卫星互联网系统。“星盾”将利用“星链”（Starlink）卫星的技术和发射能力，为政府、国防部门和情报部门客户提供太空与地面服务，包括地球观测、安全通信和有效载荷托管等。“星盾”计划的发布标志着“星链”系统军事化发展迈出关键一步。

一、有关背景

（一）发展低轨军事卫星是美军早已开展的做法

美国在轨的军事通信卫星中，绝大多数都是在地球同步轨道运行的 5t 以上的大型卫星，其系统脆弱性随着各国反卫星技术的发展而日益突出。近年来，随着可重复发射、先进制造等技术的发展，航天发射运输成本不断降低，低轨宽带通信卫星技术逐渐成熟，美军越来越重视低轨卫星互联网星座的建设和运用，早在几年前就开始相关研发活动，希望借此实现对单颗昂贵地球同步轨道卫星的替代或备份。

“黑杰克”项目是美国国防高级研究计划局（DARPA）2018 年设立的研发项目，旨在利用现代商业卫星技术构建起一个小型、安全以及低成本、短周期的低轨军事卫星星座，达到与目前在地球同步轨道运行的军事通信卫星相似的能力。“黑杰克”项目将采用开放式的架构标准和系统控制，可轻松插入第三方软硬件，包括天基有效载荷和托管应用、通信设备以及地面用户设备和软件，目标是要将具有军用特色的有效载荷装到商业卫星平台上。

“国防太空架构”（NDSA）是美国太空发展局（SDA）的项目，目前正在进行的传输层 0 期建设共涉及 28 颗低轨卫星（包括 20 颗通信卫星和 8 颗导弹预警卫星），预计在 2023 年初通过 SpaceX 公司猎鹰 9 型运载火箭发射。后续计划在 2027 年前完成传输层 1 期

(126 颗卫星)和传输层 2 期(216 颗卫星)的发射任务,实现全球范围内不间断、低延迟的数据传输与通信,进一步增强美国太空军的全球军事通信能力。

(二)受“星链”在俄乌冲突中重要作用影响

俄乌冲突爆发以来,SpaceX 公司先后向乌军提供了 2 万多套“星链”终端。乌军及政府关键部门借助这些设备,在大量通信枢纽被摧毁的情况下,仍然可以通过“星链”系统维持其军事及社会运作。特别是在军事领域,乌军通过“星链”系统,实现了目标情报数据的实时或近实时传递,保障了火炮等地面打击力量的作战决策及指挥与控制,实现对俄军目标的迅速、准确的发现与精确打击,在一定程度上迟滞了俄军的军事行动。这在事实上加速了美军与 SpaceX 公司合作开发“星盾”的进程。

(三)符合美军整合商业卫星服务能力的需求

2022 年 4 月 6 日,美国太空司令部推出了《太空司令部商业整合战略》。美国太空司令部设想了三种“方式”来实施该战略:一是重点为特定系统设置要求,并加快在指挥和控制作战管理、信息技术、空间控制系统和卫星通信(卫星通信终端)等方面的采办速度;二是重点通过租赁或长期合同获得服务,用于太空态势感知、卫星通信带宽、遥感和防御性太空控制;三是尽快建立与商业卫星行业的常态合作,引入专业知识,加强与商业卫星行业的关系,不仅限于单纯的交易方式。根据该战略,美太空司令部正在考虑利用成熟且先进的商业卫星,发展其太空域感知、指挥和控制、大数据管理、建模和模拟、空间控制以及通信卫星和终端等领域的能力,“星盾”计划正合其意。

二、“星盾”系统概述

(一)系统定位

根据 SpaceX 公司的介绍,“星盾”将利用“星链”的技术和发射能力支撑国家安全工作。不同之处在于,“星链”属于商业领域,“星盾”则属于军事领域。按照计划,“星盾”有 3 个初始应用:①对地观测。SpaceX 公司将提供搭载有效传感载荷的卫星,进行对地观测并将处理后的数据直接提供给用户。②卫星通信。SpaceX 公司将提供“端到端”的通信能力,包括连接卫星网络所需的用户终端,可为政府和国防客户提供安全的全球加密通信。③托管载荷。SpaceX 公司通过定制的卫星平台为政府客户提供托管载荷服务。

(二)系统特点

根据 SpaceX 公司的介绍,“星盾”系统具有以下特点:

一是安全性和抗干扰能力。"星链"已经提供了优秀的端到端用户数据加密能力，"星盾"将使用额外的高可靠加密算法来托管机密有效载荷并安全地处理重要数据。

二是模块化设计。"星盾"旨在满足不同的任务要求，能够集成各种有效载荷，为用户提供多种功能选择。

三是互操作性。"星链"具有最大规模的星间激光通信系统，可以集成到合作伙伴卫星上，也能方便地整合到"星盾"网络中。

四是快速开发和部署。凭借 SpaceX 公司的快速迭代能力，以及该公司在开发端到端系统(从运载火箭到用户终端)方面的全栈开发能力，SpaceX 公司能够以前所未有的速度进行大规模星座开发和部署。

五是弹性和扩展能力。"星盾"星座的近地轨道架构提供了固有的弹性和与卫星的持续链接，SpaceX 公司经过验证的快速发射能力能够快速而经济地补充卫星。

(三)"星盾"商标申请中的相关描述

2022 年 10 月 26 日，SpaceX 公司提交了"星盾"的新商标申请，其中包含以下商品和服务描述。

(1)使用卫星星座的全球定位系统；互联网服务器；电信硬件；能够将气象学、气候学、地理学、地形学、海洋学以及动物迁徙领域的信息传输到电信网络和导航设备的计算机软件；无线连接到全球通信网络的计算机软件；全球定位卫星接收器；卫星接收器、卫星接收器模块、电子信号发射器、多路复用器、解码盒、数据处理器、集成电路；用于上述产品、卫星终端和卫星地面站的计算机操作硬件和软件。

(2)互联网服务提供商(ISP)服务；卫星电信服务，即通过卫星传输无线互联网络信息号；向第三方用户提供卫星通信基础设施的访问权；电信服务，即通过计算机和卫星网络传输数字、光、音频、数据、信息和图像信号；收集和传输通过卫星和航天器获得的实时数据和图像；卫星通信和传输服务；无线宽带通信服务；通过卫星传输数据、语音和视频；交互式卫星通信服务；通过电子传输传递信息；提供与互联网的电信连接；电信网关服务；提供高速无线互联网接入；提供对互联网、全球计算机网络和电子通信网络的多用户访问；提供对全球计算机信息网络的访问；提供一个专门介绍卫星电信服务领域信息的网站。

(3)通过电信网络和卫星辅助导航设备提供气象学、气候学、地理学、地形学、海洋学以及人类和动物迁徙领域的信息；通过无线和卫星网络提供全球定位和地理位置信息，不包括美国政府的全球定位系统(GPS)；提供一个网站，展示通过卫星获得的地理数据和图像。

(4)电子数据和文件的云存储服务；云计算服务；云计算以收集、跟踪、监测和分析通过卫星获得的气象学、气候学、地理学、地形学、海洋学、人类和动物迁徙领域的数据为特色;通过卫星同步实现多种通信模式;开发数据处理、数据存储、数据捕获、数据收集、数据仓库、数据管理、数据挖掘、数据库分析和安全数据共享结合使用的软件;卫星通信技术服务;卫星通信领域的电信网络、软件和仪器的设计、开发和维护;提供计算机在线绘图服务;卫星通信领域的技术研发;卫星通信领域的工程服务;科学研究;科技服务;利用卫星和传感器对环境和大气条件进行电子监测;遥感服务;搜索和检索网络上与卫星数据、记录和测量有关的资源;通过全球信息网络提供有关卫星互联网服务的信息。

三、几点认识

从"星链"和"星盾"的发展脉络来看,"星盾"是基于"星链"卫星及相关设施,着眼政府和军方需求开发出的专用产品与服务,是"星链"服务功能的拓展。

(一)对地观测方面:对对手导弹及核力量突防造成巨大影响

"星盾"卫星可通过搭载先进的传感器,利用轨道低、重访周期短、星间互连互通的特点,帮助美军实现近乎全天候、高精度、不间断的侦察和监视,进而利用大数据分析来辨别目标,识别大中型武器系统,有助于强化美军"非对称"侦察监视技术优势,为美国军方提供从弹道导弹到高超音速导弹的探测任务,并且还可以在其射程内提供跟踪能力,确保美国军方发射拦截弹对其进行有效拦截,成为新一代可拦截高超音速武器的导弹防御系统,将极大抵消对手导弹及核力量的突防能力。

(二)卫星通信方面:使美军获得更加可靠的无盲区通信能力

"星链"计划将发射覆盖全球的互联网卫星,可使美国构建全球无盲区波束覆盖,将进一步增强美军通信能力。目前"星链"系统是军民两用的,只有客户端通信级别与带宽的高低,尽管有技术手段将这些数据隔离,但最终都会受到星链通信负载的影响。而通过"星盾"系统,美军可在专用网络中独享专用带宽、加密设备、保密线路等军用属性的网络服务,并且在必要时可以占用民用线路,扩展其带宽与应对灾难性备份等能力,充分利用"星链"系统服务的可靠性与便捷性,扩大部署面。

(三)载荷托管方面:使美军获得可定制、多样化太空作战能力

"星盾"系统将提供通用化的低轨卫星平台和通用化电源、数据加密手段,同时依托SpaceX公司强大的卫星生产和部署能力,以模块化载荷的形式向美政府和军方提供可定制的多样化服务。

(1)导弹预警与拦截。“星盾”系统可通过搭载探测/杀伤载荷,在导弹发射升空的阶段进行预警和拦截,大幅度提高反导效率。通过导弹预警卫星群与美国部署在东亚的“萨德”系统、陆基“宙斯盾”系统等有效链接,将获取的导弹发射信息及时传输至美军和盟友的拦截系统,可有效提高成功拦截导弹的概率。

(2)无人作战平台控制。“星盾”卫星可以向无人机、无人战车、机器人等提供超视距通信服务,通过搭载的远程控制设备对其进行控制,使无人作战的突发性和操控人员的安全性大幅度提升,进一步强化美军“非接触”作战的优势。

(3)导航增强。将“星盾”卫星同 GPS 信号相结合,就可以将“星链”网打造成低轨卫星定位和导航增强系统。同时,由于“星盾”低轨卫星还具有成本低、抗干扰、信号强、精度高等特点,可经济、有效地弥补 GPS 的不足。

(中国电子科技集团有限公司科技部　雷　昕)

电子战领域

美军推动高功率微波反无人机技术发展

近年来,美军积极研发各种反无人机解决方案,推动高功率微波反无人机技术的发展。2022 年 1 月,美国海军成立专门的高功率微波反无人机研究部门,并与美国空军研究实验室在反无人机领域开展合作。5 月,美国空军的“托尔”高功率微波反无人机系统完成海外作战评估。

一、发展现状

作为研究高功率微波技术起步最早的国家,美国近年来正稳步推进其在反无人机领域的应用,相关技术不断突破,新型装备不断涌现,部分装备正加速向实战转化。

技术层面,当前非核技术的高功率微波源的脉冲能量为 10 ~ 100J,即峰值功率 1GW 左右的辐射脉宽可以为 1ms,但峰值功率 10GW 的辐射脉宽仅为 100ns。另外,美国伊庇鲁斯(Epirus)公司采用数字波束形成、软件定义、氮化镓固态功率放大器等新技术,研制了“列奥尼达斯”(Leonidas)系列高功率微波系统,在输出功率、工作效率及能源管理方面取得重大突破。据悉,该系统中的氮化镓固态功放单元的输出功率达到 8kW,脉冲重复频率达到 1kHz,对消费级无人机的毁伤距离约 300m。

装备层面,美国典型的高功率微波反无人机系统有“相位器”(Phaser)和“战术高功率作战响应器”(THOR,简称“托尔”),这两型系统目前均完成了海外作战评估,正加速向实战转化。美军和工业部门也在加快研制新型高功率微波反无人机系统,根据不同的任务需求,从陆基向机载、舰载、车载等多种平台拓展。

应用层面,美军针对无人机对抗场景开展了大量演示试验,征集了新兴高功率微波反无人机技术,将进一步推动高功率微波系统的迭代发展,加快建成美军反无人机分层防御体系。

二、发展举措

当前，美国各军种都在积极开展高功率微波反无人机技术和装备研究。美国空军正与陆军联合推进第一代高功率微波系统“托尔”的实战化应用，并在该项目的基础上进行迭代研究。美国海军也加大了对高功率微波技术的重视，在2022年1月成立了专门的研究部门，并与美国空军研究实验室在反无人机等课题方面开展合作。各工业部门也在持续发力，加快研制新型高功率微波反无人机系统。

（一）迭代发展高功率微波反无人机系统

2022年5月，美国空军的“托尔”高功率微波反无人机系统（图1）完成长达一年的海外作战评估。现场评估结果显示，该系统的可靠性达到了90%。安全部队建议扩大系统的射程，将功率提升50%，并提高其可用性。“托尔”原型样机在回到科特兰空军基地之后，团队对其进行了拆卸和检测，随后将其重组并完成了基线测试。

图1　“托尔”高功率微波系统

“托尔”系统由美国空军研究实验室、BAE系统公司、雷多斯公司以及Verus研究公司联合开发，历时18个月，耗资约1500万美元。该系统由发电机供电，利用短脉冲高功率微波使无人机失效，整套系统安装在6m长的方舱中，可依托C－130军用运输机进行全球部署，并在两三个小时内完成架设。系统的控制可在一台笔记本电脑上完成，操作员通过手持遥控器可以将天线转向任何方向，提供360°的防御。

在“托尔”项目的基础上，美国空军开始研制下一代高功率微波武器——“雷声之锤”(Mjolnir)。2022 年 2 月,美国空军研究实验室授予雷多斯公司一份 2690 万美元的合同,用于研制“雷声之锤”的原型样机。与“托尔”系统相比,“雷声之锤”将具备更高的性能、可靠性和可制造性,更能适应作战环境。“雷声之锤”项目于 2021 年 7 月启动,从属于“定向能技术试验研究”(DETER)项目。美国空军研究实验室、美国国防部联合小型反无人机办公室(JCO)以及陆军快速能力与关键技术办公室(RCCTO)就该项目进行合作,具体由空军研究实验室定向能局高功率电磁分部管理。其原型样机定于 2023 年交付。

(二)多平台建设新型高功率微波系统

近年来,工业部门根据不同的任务需求,研制出应用于无人机、舰船、装甲战车等平台的新型高功率微波反无人机系统。

2021 年 3 月,美国洛克希德·马丁公司推出“莫菲斯”(MORFIUS)高功率微波反无人机系统(图 2)。该系统以 ALTIUS－600 小型无人机为平台,搭载了一个小型化的高功率微波载荷和导引头,通过抵近对方无人机群,近距离发射吉瓦级的高功率微波让敌方无人机失效。洛克希德·马丁公司称,自 2018 年以来,“莫菲斯”已完成了超过 15 次的测试活动,还将进行更多的测试并展示端到端功能。

图 2 “莫菲斯”无人机载高功率微波系统

美国伊庇鲁斯公司从 2020 开始连续推出“列奥尼达斯”系列高功率微波反无人机系统,按照部署平台的不同,分为地基型、车载型、无人机载和舰载型。

2020 年,美国伊庇鲁斯公司推出“列奥尼达斯”地基型高功率微波反无人机系统(图 3)。该系统采用数字波束形成、软件定义、氮化镓固态放大器等新技术,具有波束捷变、反应速度快、抗饱和攻击、多目标面杀伤、体积小和重量轻等特点。2021 年 2 月,伊庇鲁斯公司向美国国防部和情报部门客户演示了该系统反无人机蜂群的能力，成功击落所有 66 架无人机目标。

图 3 “列奥尼达斯”地基高功率微波反无人机系统

2022 年 2 月，伊庇鲁斯公司推出“列奥尼达斯”吊舱高功率微波反无人机系统（图 4）。该吊舱是一款模块化、固态、多脉冲高功率微波系统，可搭载于无人机等多种平台，对无人机蜂群实现抵近式攻击。“列奥尼达斯”吊舱可以与地基型协同工作，以实现更大的功率和作战范围，并创建一个反无人机分层防御区域。两款系统拥有互操作性和可扩展性，能够与其他搭配系统兼容，从而有助于形成综合的反无人机杀伤链。

图 4 “列奥尼达斯”吊舱高功率微波反无人机系统

2022 年 10 月，伊庇鲁斯公司和通用动力地面系统公司联合推出搭载于“斯瑞克”轮式装甲车上的“列奥尼达斯”高功率微波反无人机系统（图 5）。该系统的原型样机在美国陆军协会2022年年会上亮相,并在一次演示活动中成功使单架无人机和无人机群失效。两家公司计划向美国陆军推广这一产品,增强美国陆军的机动“近程防空”(SHORAD)能力。

图5 集成在“斯瑞克”装甲车上的“列奥尼达斯”高功率反无人机系统

如图6所示,伊庇鲁斯公司还向美国海军提出了“列奥尼达斯”舰载型高功率微波反无人机系统的概念设计。

图6 “列奥尼达斯”舰载型高功率微波反无人机系统概念设计

(三)频繁开展高功率微波反无人机演示试验

美国国防部在2020年成立了联合反小型无人机办公室(JCO),负责制定相关条令,明确需求,发展装备和开展训练。从2021年开始,JCO每年举行两次反小型无人机演示活动,通过演示试验面向工业部门征集新兴的反无人机技术。2021 年的两次演示活动关注低附带效应拦截器和低成本的地基和手持系统等技术领域。

2022 年 4 月,JCO 举办了第三次反小型无人机演示活动,重点关注高功率微波武器对抗Ⅰ~Ⅲ类无人机的效能,即击中目标的距离以及阻止或击落目标所需的时间。在演示活动的第一周,测试人员提供了一个模拟的前沿作战基地场景,使用了真实的目标无人机威胁,让参试系统对来袭的无人机威胁进行防御。参试的伊庇鲁斯公司、雷声技术公司和莱昂纳多 DRS 公司展示了各自的高功率微波系统,均取得了良好的效果。

2019 年 10—11 月,在美国陆军组织的机动与火力集成演示作战试验中,美国空军进行了定向能武器反蜂群无人机的系列试验,帮助空军确定保护空军基地免受蜂群无人机袭击的具体方案。有 5 种定向能系统参加了此次试验,其中包括美国空军研究实验室的“托尔”高功率微波系统。2021 年 2 月,美国陆军快速能力与关键技术办公室在美国新墨西哥州科特兰空军基地观看了“托尔”系统的演示。

三、未来发展

(一)高功率微波技术进入多重体制并行发展阶段

传统的高功率微波源在输出峰值功率、脉冲宽度、能量转换效率方面仍然有巨大发展潜力。美国空军研究实验室定向能局和 DARPA 正持续推动高功率微波相关的基础研究工作,以解决面临的关键技术问题。

同时,以伊庇鲁斯公司“列奥尼达斯”系列产品为代表的大功率氮化镓固态功放技术近年得到快速发展,其在抗饱和攻击、多目标面杀伤、反应速度、体积重量和功耗方面具有很大优势,未来可能成为重要的技术突破途径。

(二)高功率微波反无人机系统的搭载平台呈现多元发展

通过美国近年来高功率微波反无人机系统的研制路径可以发现,其搭载平台正在从以地基为主逐渐向机载、舰载、车载等多元发展。这些部署平台对应的任务需求不同,发展方向也不一样。

地基高功率微波系统在体积、重量和功耗方面不存在太多限制,因此可以发展对无人机蜂群的远距离拦截,用于基地、关键基础设施附近等固定位置的防护。车载平台的机动性更强,更适用于区域防护、随队防护等任务。而在无人机等机载平台搭载高功率微波系统,可对无人机蜂群进行抵近式攻击,实现从防御向主动进攻的转变,但这对于系统的体积、重量和功耗有较为严格的限制,相关技术问题亟待解决。

(三)高功率微波技术在反无人机方面注重体系化运用

随着无人机的发展,对抗无人机的难度也在不断增长。由于对无人机单一途径的探测存在不足,并且仅依靠单一技术手段难以对无人机造成有效杀伤,未来反无人机作战必然采取软杀伤和硬摧毁相结合的方式。

高功率微波技术在无人机及无人机蜂群对抗方面具有独特的技术优势,可以实现远扰近毁的作战效果。美国正大力发展高功率微波武器,未来将与电子干扰、高能激光、雷达和动能打击等其他反无人机手段协同,构成覆盖高中低、远中近的无人机分层防御体系。

随着无人机蜂群作战概念的不断发展,未来战场上我国也会面临大规模无人机蜂群抵近威胁。因此,建议加快推进高功率微波技术和装备的研制,加速形成相关作战能力并融入现代化防空作战体系,成为无人机蜂群体系化对抗中的重要作战力量。

(中国电子科技集团公司第二十九研究所　杜雪薇)

美国空军“愤怒小猫”电子战吊舱通过作战评估测试

2022 年 8 月,美国空军宣布,“愤怒小猫”(Angry Kitten)电子战吊舱已通过一系列作战评估测试(图 1),标志着该吊舱将成为美国空军的实战化电子战装备。“愤怒小猫”电子战吊舱由美国乔治亚理工学院开发,其作战评估属于美国空军研究实验室“应用使能快速重编程电子战/电磁系统”(AERRES)试验的一部分,旨在为美国空军提供应用使能的电子战/电磁系统解决方案。“愤怒小猫”电子战吊舱通过人工智能和机器学习算法的开放式架构,大幅提升美国空军的电子战更新能力和应变速度,进一步推进美军电子战的智能化发展。美国空军未来将会对“愤怒小猫”吊舱进行更多测试,对该吊舱的作战评估结果将有助于美军空战司令部做出未来部署决策。

图 1 “愤怒小猫”暗室测试图

一、项目背景

随着美国将中国和俄罗斯作为战略竞争对手,大国对抗越演越烈,电磁频谱优势成为双方争夺的焦点。随着电磁频谱技术的发展,战场射频系统更加灵活复杂,以“自适应雷达对抗”为代表的认知电子战技术相继出现,美军试图通过研制新一代认知电子战系统,将认知概念引入电子战装备,提高电子战作战效能,为未来智能化电子战发展寻找路径。

认知电子战使用人工智能技术针对作战环境开展学习,通过组合各种传感器和机器学习工具包来进行感知、表征并利用电磁频谱,可实时感知战场频谱环境,根据探测到的频谱有针对性地改变载波频率、调制技术和发射功率等参数信息。使用认知电子战工具,作战人员能够更快、更准地探测到电磁频谱威胁、定位威胁,并采取有效的对抗手段,进而高效完成作战任务。美军一方面积极开展认知电子战相关理论和技术研究,另一方面加速将这些理论和技术转化应用到电子战装备中。

二、项目简介

“愤怒小猫”电子战吊舱是一种电子攻击吊舱,采用基于机器学习算法和复杂硬件的认知电子战技术,能为机载威胁响应系统提供更高水平的电子攻击能力。

“愤怒小猫”吊舱的研发始于 2012 年,最初由乔治亚理工学院自筹经费成立了“愤怒小猫”项目研究小组,旨在开发机器学习算法,以支撑下一代干扰系统持续的干扰效果评估和决策调整能力。该项目采用商用电子设备、自制的硬件系统、最新的机器学习软件和一个特殊的测试台来对电子战技术的自适应能力进行评估。乔治亚理工学院的研究小组采用认知电子战方法来实现对威胁的自适应响应,从而提供更高水平的电子攻击能力。在测试过程中,“愤怒小猫”系统会从众多方案中选取最佳的干扰方案,并能够实时评估干扰方案的有效性,然后及时作出调整。

2015 年,乔治亚理工学院传感器和电磁应用实验室高级研究工程师罗杰·迪克森指出,“愤怒小猫”采用的认知技术非常重要。美国陆军、海军,尤其是美国空军大力资助“愤怒小猫”的能力开发,旨在提升其电子战能力并装备战斗机。

自 2016 年起,美国空军将“愤怒小猫”电子战吊舱装备其“侵略者”中队进行了各种测试和训练,该吊舱被描述为一种用于空战训练的电子战信号模拟系统,主要通过复制电子攻击来提供干扰训练。从“愤怒小猫”中获取的经验极大地影响了美国空军电子战的发展方向。

2021 年,美国空军研究实验室战略发展规划和试验办公室资助乔治亚理工学院联合开发“愤怒小猫”吊舱的更新版本。“愤怒小猫”吊舱的一个应用是它可以模仿敌方雷达,美国空军为其假想敌中队配备了该吊舱,假想敌空军在军演中扮演“红军”,从而与美军扮演的“蓝军”开展真实对抗。美国空军也考虑为一线作战部队部署该系统,以解决电子战吊舱部署不足的问题。

2021 年 8 月,美国空军在“北方闪电”演习中对“愤怒小猫”吊舱进行了作战评估。

此次演习中，美国空军评估了该吊舱的协同作战能力，确认了将“愤怒小猫”吊舱从训练吊舱转变成战斗吊舱所需的改进事项，空战司令部建议将至少4个吊舱改为战斗吊舱，以协助战斗机飞行员作战。

2021年10月18日至11月5日，美国空军第53联队在埃格林空军基地的微波暗室对挂载“愤怒小猫”电子战吊舱的F-16战机进行了测试。此次测试目标是检验吊舱与F-16战机火控雷达的协同工作能力。

三、2022年度最新进展

2022年4月，美国空军对新型“愤怒小猫”战斗吊舱执行了为期两周的作战评估，在加利福尼亚州中国湖试验基地完成了最终测试，飞行总架次为30次。此次作战评估旨在确定“愤怒小猫”战斗吊舱的效能和适用性。

作战评估期间，“愤怒小猫”每晚会根据当日飞行中遇到的威胁对任务数据文件进行更新，以提高对新威胁的对抗效能，并在第二天的飞行测试中对升级效果进行验证。“愤怒小猫”吊舱软件采用开放式架构，能根据威胁性能在飞行过程中进行快速升级，美国空军希望在未来更多地使用该架构。

“愤怒小猫”战斗吊舱的数据文件使用开源编程语言，程序员能够设计有效的干扰技术，对抗带有已知射频信号数据的威胁。这意味着电子攻击系统可以快速升级或加载新软件，从而战胜复杂且不断变化的威胁辐射源。“愤怒小猫”吊舱软件归政府所有，因此各机构都可以快速开发和部署软件升级。美国空军第36电子战中队、乔治亚理工学院、美国空军国民警卫队空军预备役司令部测试中心、美国空军空战中心等多个组织机构都对最新的干扰技术进行了编程，历时数月对各种电子攻击技术进行了评估，以提高其精度和效率。此次试验旨在演示如何利用这一新架构实现吊舱快速重编程以应对新的射频威胁。现代战场上，由于软件定义威胁雷达的部署日益增多，因此，吊舱根据射频波形或模式特征实现快速升级，以确保电子攻击有效性的能力越发重要。

此次测试结果很成功，未来美国空军还会将该技术应用到更多的测试中，“愤怒小猫”战斗吊舱的效能还将进一步验证。

四、影响分析

（一）“愤怒小猫”将进一步提升美军战场电子战能力，丰富美军电子战武器库

“愤怒小猫”电子战吊舱采用了与美军传统电子战吊舱截然不同的设计模式，通过机

器学习的方式不断适应新的战场电磁环境，能够在作战过程中根据敌方目标的技术特点，自适应地选择电子干扰和作战方案，未来一旦实战部署，将显著提高美军战斗机等平台的战场电子战能力。

随着电子战威胁环境的不断变化，为了在复杂电磁环境中更快速智能地应对不断出现的威胁，美国空军寻求加强战斗机电子战系统的智能化升级。“愤怒小猫”电子战吊舱具备自适应的数字技术，可以遂行认知电子战等新质作战任务，未来投入实战后，可以为美军电子战行动提供更多的武器选项，增强其行动灵活性和战术选择性。

(二)“愤怒小猫”体现未来美国空军机载电子战能力发展趋势

面对日益激烈的大国竞争局势，各国将智能化技术视作可改变未来战场“游戏规则”的颠覆性技术。在日益拥塞和对抗的射频环境中，对敌方辐射源的定位、识别、干扰和欺骗变得越来越困难。在主导电磁频谱的竞争中，电子战能力将进一步加强智能化发展，持续转型升级。当前电子战的智能化发展重点是将机器学习应用于电子战，发展认知电子战技术。

基于机器学习算法和复杂硬件的认知电子战将会为威胁响应系统提供更高水平的电子攻击和电子防护能力，能为美军作战飞机提供更强的安全防护。美国空军在提升作战飞机的态势感知能力、作战效能和生存能力方面，开始广泛应用认知电子战技术，寻求加强作战飞机电子战系统的智能化升级。“愤怒小猫”电子战吊舱作为一款认知电子对抗系统，可快速搜集并分析电磁频谱信号，通过人工智能学习，自主生成最佳作战方案。近年来，“愤怒小猫”相继在美国空军多种测试训练中进行了作战评估，并装备 F-16 战斗机进行了协同测试，验证了“愤怒小猫”具备显著提高美军战斗机的战场适应性和应变能力，顺应了未来美军机载电子战能力的发展趋势。未来，美国空军可能会在无人机等更多平台上测试“愤怒小猫”，推动认知电子战技术的部署和运用。

(三)“愤怒小猫”表明美国空军在升级软件支持的电子战能力方面取得重要进展

未来战场上，作战飞机的态势感知能力、作战效能和生存能力仍需持续提升。作战飞机的电子战能力需要实现快速的软件升级，才能根据战场态势和作战需要，对平台资源进行迅速重新规划，从而提升战斗力。

由于现代战场上，新型自适应雷达的部署日益增多，单纯依赖战斗机内的干扰预置数据库已无法满足作战需求。因此，机载电子战吊舱根据射频波形或模式特征实现快速升级，以确保电子攻击有效性的能力越发重要。2021 年 7 月，美国空军对一架飞行中的 F-16 战斗机装备的 AN/ALQ-213“电子战管理系统”软件执行了远程升级测试，这是对机载电子战系统进行的首次飞行中在线升级。2022 年 4 月,“愤怒小猫”战斗吊舱的任务数据文件使用开源编程语言,能够根据威胁性能在飞行过程中进行快速升级或加载新软件,从而战胜复杂且不断变化的威胁辐射源,标志美国空军在升级电子战软件能力方面取得了重要进展。美国空军希望在未来能更多地使用软件开放式架构,提升在面对新威胁时的快速反应能力,更好地应对敌方战机和先进防空反导系统,提高作战飞机生存率。

(中国电子科技集团公司第二十九研究所　李　铮　王晓东)

澳大利亚全面提升电子战能力

2022年,澳大利亚继续调整本国军事战略,强化与美国、日本、印度等国家的军事关系,并通过对外采购、联合研制、自主研发等方式快速弥补并全面提升电子战装备能力,以增强对周边地区的军事影响力。

一、2022年澳大利亚电子战发展动向

2022年,澳大利亚电子战发展迅速,陆海空天网等领域中的电子战能力发展迅猛,其中MC-55A"游隼"新型电子战飞机首次亮相,"下一代干扰机"等多个重点项目取得重大进展,EA-18G"咆哮者"电子战飞机参加了多国联合空中演习。

(一)开展EA-18G电子战飞机专项训练

2022年3月,澳大利亚皇家空军与美国海军在美军帕图森河海航站围绕EA-18G"咆哮者"AN/ALQ-249"下一代干扰机—中波段"(NGJ-MB)吊舱开展了为期6周的联合专项训练,见图1。这是澳大利亚空军首次参与NGJ训练,美国海军空中电子攻击系统项目办公室此前已开展过NGJ相关的后勤训练。在训练中,澳美双方对吊舱的传动装置和天线阵等60项部件进行安装与拆卸。参训人员参照技术手册逐项验证规程,并向吊舱保障团队提供反馈。8月,澳大利亚与雷声澳大利亚公司签订一项5年期合同,为澳大利亚空军提供EA-18G"咆哮者"和F/A-18F"超级大黄蜂"电子攻击空战训练支持。

(二)公开MC-55A新型电子战飞机

2022年5月,澳大利亚空军首次发布了MC-55A"游隼"(Peregrine)新型电子战飞机的照片,见图2。MC-55A飞机是在"湾流G550"喷气式公务机的基础上改装而来,机上配备情报监视侦察与电子战(AISREW)任务系统,机身布满天线,腹部有一个大型"船形"天线罩。绿色的机身外壳表明该飞机还未完成涂装,成品飞机将与大部分军用飞机

图1 美澳两国合作对 NGJ－MB 吊舱进行维保工作

一样呈银灰色。飞机尾翼上的数字 N540GA 表明它当前属于美国俄亥俄州莱特帕特森空军基地，该基地的第 645 航空系统大队通常负责管理 MC－55A 等特种作战飞机的对外军售项目。

图2 未正式涂装的 MC－55A“游隼”电子战飞机

MC－55A 电子战飞机项目于 2017 年开始，当时澳大利亚向美国购买了 5 架飞机及其配套装备，合同价值约为 13 亿美元。MC－55A 的滞空时间为 15h、巡航速度为 965km/h，最大飞行高度为 15544m，能对约 400km 范围内的目标进行信号情报侦收和通信情报截获，并可能进行电子攻击任务。MC－55A 将纳入澳大利亚国防部联合作战网，连接包括 F－35A“联合攻击战斗机”、E－7A“楔尾”预警机、EA－18G“咆哮者”电子战飞机、水面战斗舰、两栖攻击舰和地面装备等澳大利亚主要武器平台，以实现联合作战能力。

(三)提升“丛林霸主”电子战车能力

2022 年 7 月,澳大利亚选定雷声澳大利亚公司对陆军现有的“丛林霸主”(Bushmaster)防护型机动车(PMV)进行电子战升级,见图 3。该合同价值 5100 万美元,属于“地面 555 阶段 6”计划的第 2 部分,将对现有的“丛林霸主”PMV 进行改进,并安装新型电子战系统。相关工作将在 2025 年底前完成。此次合同建立在“地面 555 阶段 6”计划第 1 部分的基础之上,该部分包括在“地面 500 阶段 1”的基础上又采购了 6 套电子战系统,还包括为澳大利亚陆军的第 72 电子战中队建造新的设施,该中队位于昆士兰州图文巴北部的婆罗洲兵营。

图 3 “丛林霸主”电子战车

“丛林霸主”将采用切姆林公司的“决心 3”(Resolve 3)电子战系统,能够进行精确测向和定位。该系统能够让操作员通过一个 40MHz 的拦截带宽和任务信息系统访问远程无线电、手持式无线电和 WiFi 波段。此次升级能增强威慑、打击和拒止敌方威胁和攻击的能力。“丛林霸主”在为澳大利亚陆军带来电子战能力的同时,还能够与澳大利亚空军、海军和“五眼联盟”其他成员国采购的电子战系统进行互操作。

(四)采购美国 AGM-88E2 反辐射导弹

2022 年 8 月,澳大利亚获美国国务院批准,将采购 AGM-88E2“先进反辐射导弹”(AARGM)及相关部件,见图 4。此次采购清单上包括 15 套 AGM-88E2 AARGM 制导系统、15 套 AARGM 控制系统、15 套“高速反辐射导弹”(HARM)火箭发动机、15 枚 HARM 弹头和 15 套 HARM 控制系统,此外还包括 AGM-88E2 AARGM 齐套战术导弹、AGM-88E2 AARGM 系留空中训练弹、HARM G 码齐套战术导弹、HARM G 码系留空中训练弹、M 码 GPS 接收机、包装箱、支持和测试设备、EA-18G 测试支持服务、备件和维修部件、软件、美国政府和承包商工程支持以及后勤保障的其他相关要素。此次军售估计总价值为9400万美元。

图4 AGM-88E2"先进反辐射导弹"

(五)参加"漆黑"空战演习

2022年9月,澳大利亚空军第六中队7架EA-18G电子战飞机参加了年度"漆黑"(Pitch Dark)空战演习,见图5。

图5 EA-18G参加"漆黑"军演

"漆黑"是两年一度多国参与的空战演习,训练专用空中电子战平台的能力。此次"漆黑"演习共有11国参与,40余架飞机执行了昼间任务,20架飞机执行了夜间任务。不过,由于此次演习不涉密,澳大利亚空军并未完整编入演习作战序列,也没有完全使用电子战能力。澳大利亚空军第六中队承担了为"楔尾"预警机和KC-30A多功能加油机提供保障的任务。澳大利亚空军参演的 EA－18G 挂载了两枚油箱、一部 AN/ALQ－99 战术干扰吊舱以及用系留式训练弹代替的 AIM－9X 和虚设的 AGM－88 HARM 高速反辐射导弹。第六中队参加了昼夜任务,按演习指挥部要求与红蓝双方空中部队协作。

二、澳大利亚电子战能力提升分析

当前,澳大利亚正在从战略规划、组织机构、技术装备、演习应用等多个维度全面提升电子战综合能力。

(一)战略规划上,紧跟美国强化“印太战略”

在 2017 年美国的《国家安全战略》报告中,美国正式用“印太战略”取代了之前的“亚太再平衡战略”,该战略进一步凸显了美澳同盟在印太地区的作用,澳大利亚是美国最重要的战略盟友之一。

在此背景下,近年来,澳大利亚持续调整本国军事战略,提升自身国防力量建设、强化与美日印等国的军事关系,对周边地区安全形势产生影响。2017 年,澳大利亚国防部阐述了对电子战的认识,认为电磁频谱是一个作战域,在该域中应当具备对现实或潜在对手的完全机动作战能力。如果不掌控电磁频谱,无论是在当前还是在未来的冲突中,澳大利亚国防军将很难获胜。抓住和保持电子战场,是任何军事行动取得成功的关键。2020 年 3 月,澳大利亚国防部长透露,未来 10 年将前所未有地投入 200 亿美元来提升澳国防军的电子战能力。

(二)组织机构上,扩充电磁频谱作战机构与部队力量

为加强电磁频谱作战力量的建设,澳大利亚国防军近年来一直致力于构建和发展电子战机构与部队。

2008 年,澳大利亚成立了联合电子战作战支持部队(JEWOSU),以提供最先进的电子战作战支持能力。2020 年 3 月,澳大利亚国防部透露将设立一个国家电子战中心,该中心由澳大利亚国防部和弗林德斯大学联合设立,将利用培训工作和科研项目来发展并支撑澳大利亚国防部队电子战相关能力。2020 年 8 月,澳大利亚国防部向议会委员会阐述了 MC－55A“游隼”电子战飞机的作战概念,包括在爱丁堡设一个主要作战基地,在汤斯维尔、达尔文和科科斯群岛设三个前沿作战基地。2022 年 3 月 22 日,澳大利亚政府宣布新成立的太空司令部正式运行,这是继美国成立太空军两年后,世界上第二个国家正式宣布建设独立太空军。澳大利亚太空军旨在协调建立太空态势感知资源,以及建立太空电子战能力。

(三)技术装备上,打造陆海空天网全域电子战能力

澳大利亚研制、购买并列装了多型电子战平台及装备,包括太空的"小型化轨道电子战传感系统"(MOESS);空中的 EA-18G、MC-55A 电子电子战飞机、AARGM 及其他机载电子战装备;地面的"丛林霸主"专用电子战战车;海上的"纳尔卡"诱饵等。

太空方面,澳大利亚"小型化轨道电子战传感系统"计划打造一个有 20 颗"立方体"卫星构成的星座,通过搭载各种传感器和监视设备来探测射频信号,以获得舰船和飞机的活动轨迹。该项目计划 2022 年底或 2023 年初至少发射 2 颗 SP2"立方体"卫星,并测试这些卫星的相互通信与协同能力。2021 年 7 月,澳国防部已启动"国防计划 9358"。该计划旨在探索地基太空电子战能力,探测并阻止试图干扰或攻击澳大利亚使用太空域的行为,帮助澳大利亚在自由使用太空域过程中应对新兴太空威胁。

空中方面,澳大利亚目前已经装备了 EA-18G 电子战飞机、P-8A"波塞冬"反潜巡逻机、MQ-4C"海神之子"和 MQ-9"死神"等无人机,以及本身就具备电子侦察和攻击功能的 F/A-18"超级大黄蜂"战机和 F-35A。未来还将列装可加载专用电子战套件的"忠诚僚机"无人作战飞行器,这款无人作战飞机目前正处于研发阶段,将作为僚机配合有人驾驶飞机执行情报监视侦察和攻击、护航等任务。澳大利亚是继美国后世界上第二个拥有 EA-18G 先进电子战飞机的国家,一共采购了 12 架飞机。澳大利亚空军正在致力于成为一支具备强大电磁态势感知能力的空中作战力量。

陆基方面,澳大利亚致力于提高陆军在复杂电磁环境中的作战能力,以"丛林霸主"为主的地面电子战装备将提高监视和控制电磁环境的能力,具备电子支援和电子攻击能力,还将具备专业的指挥控制能力,以更好地协调战场电子战效果。此外,随着无人机的威胁日益激增,澳大利亚还开发了多种地基和便携式反无人机系统,利用电子战手段来对抗无人机威胁。

海上方面,澳大利亚致力提升舰船的电子战能力,所有舰船都装备有电子防御系统。澳大利亚和美国联合研制了"纳尔卡"诱饵,该诱饵普遍装备于澳大利亚的海上舰船上,能够诱骗雷达寻的反舰导弹。

(四)装备运用上,配合美国频繁展示军事实力

近年来,南海问题在美国的推波助澜下逐渐升温,成为印太地区的安全热点。澳大利亚的 P-8 反潜机和美国的 RC-135V/W"联合铆钉"侦察机长年在南海活动,这些飞机平台一直在窥探我国在南海的军力部署及行动情况。

实战运用方面,在 2022 年爆发的俄乌冲突中,澳大利亚向乌克兰援助了包括电子战反无人机枪在内的军事装备。乌克兰透露,俄罗斯利用无人机来进行定位、引导炮火、跟

踪部队机动和干扰通信等,澳大利亚提供的轻量级 DroneGun MKⅢ反无人机能够有效保护乌军不受俄军攻击。

三、结语

澳大利亚近年来电子战的发展值得高度关注,一方面是澳大利亚自身电子战体系及能力发展非常迅速,另一方面其追随美国"印太战略"下,对我国家安全构成一定威胁。

澳大利亚发展了多型电子战装备,在电磁频谱作战领域的优势不容小觑。同时,美国不断加强在西太平洋方向上的军力部署,拉拢澳大利亚使之成为其在印太地区的前进"堡垒"。我国应密切关注澳大利亚、美国及其盟国的电子战能力发展,提前制定反制措施,以在未来电磁空间的角逐中占据优势地位。

(中国电子科技集团公司第二十九研究所　杨　曼　朱　松)

日本大力加强电子战能力建设

2022年,日本的军事崛起逐年提速并取得突破,日本的国防战略、防卫大纲和中期防御计划大力推动了军事能力发展,从顶层战略、防务预算、部队建设、装备采办和军事演习等角度全面建设军事力量,谋求从"专守防卫"角色转向进攻性军事强国。日本防卫省对《国家安全保障战略》《防卫计划大纲》《中期防卫量整备计划》3份安保政策文件进行了修订,将规划10年内防御力量水平的《防卫计划大纲》变更为《国家防卫战略》,将确定5年内武器装备力量水平的《中期防卫力量整备计划》更名为《防卫力量整备计划》,由此确立了发展进攻性军事能力的法律依据,突出要发展电磁频谱、空间与网络空间领域能力。在电子战领域,日本防卫省不断扩大电子战相关预算,推动防区外电子战飞机和电子战训练平台与设施的研制与升级,改制扩编电子战部队,增加电子战专项训练演习。

一、经费投入

日本防务费用继续保持连续增长势头,2022财年防务预算创下新高。2022财年防务预算为5.87万亿日元,达到了"十连增"的最高值,预算包括2021年年末国会通过的补充预算和2022财年预算。例如计入冲绳问题特别行动委员会(SACO)、驻日美军整编、公务用机和国家防灾减灾费用,总预算则高达6.17万亿日元。2022财年预算相比2021财年的5.73万亿日元,达到了7.8%的增幅。2022财年防务预算已经占GDP比重1.09%,防卫省计划在2027财年将军事预算比重提高至GDP的2%。

日本防卫省在预算法案中将涉及电子战、网络空间和太空的跨域作战能力列为高优先级事项,明确提出要强化电子战能力。在预算中,防卫省从装备采办、部队建设、技术开发、情报收集和训练演习5个方面着力提升自卫队能力,划拨了大量资金给予支持。装备上,防卫省继续购买F-35A/B型战斗机,加快形成五代机作战能力;研制防区外电子战飞机,并升级UP-3D电子战训练机和F-15J战斗机,确保现有机群的电子战能力;

改制电子战部队,加强集中领导,并扩充兵力;推进高功率微波、激光和电子战评估,强化电子战领域的预研能力。在激进增长的军事预算支持下,防卫省主要从部队建设和装备采办两条路线加强日本电子战能力建设。

二、部队建设

2022 年 3 月,日本防卫省对电子战部队进行了改编重组。日本自卫队陆上总队管辖电子战部队,分为电子战作战总部及附属部队、第 101 电子战大队以及重组的第 301 电子战中队。自卫队计划取消北部方面军的第 1 电子战部队,并改编为第 302 电子战中队。第 101 电子战大队负责朝霞、留萌、相浦、知念、高田和米子驻地,第 301 电子战中队管辖健军、奄美、那霸和川内几处驻地。

同月,日本自卫队在位于东京的朝霞营成立了地面电子战部队总部,指挥日本国内电子战部队。朝霞营是日本陆上自卫队于 2018 年成立的联合司令部。此前陆上自卫队电子战力量较弱,并隶属不同地区的军级单位。日本于 2018 年进行军队改革,设立了统辖各军区的指挥机关"陆上总队"及其联合司令部,可以直接指挥电子战、特殊作战、中央情报和通信等多支部队。电子战部队从此前战区所属分队升格为指挥机关"陆上总队"的直属部队。从近期部队发展看,日本电子战部队指挥层级得到了提升,建制更加健全,规模更加庞大。

日本陆上自卫队 2022 年在高田、米子和川内营新建了 3 支电子战部队,并强化了健军和相浦两地的电子战人员、装备与设施(图 1)。陆上自卫队计划在长崎的津岛和冲绳的与那国岛建立电子战部队。值得注意的是,与那国岛与我国台湾地区距离仅 110km 左右,此前日本在琉球群岛的宫古岛、与那国岛和喜界岛已有完备的信号与电子情报站及海底监视系统,并部署了 4 处反舰导弹基地,还计划在距离我国台湾地区 300km 的石垣岛部署中程反舰防空导弹群。2022 年建立和强化的电子战部队驻地均位于日本西部区域,主要针对朝鲜半岛和我国东海方向,规划中的电子战部队部署位置则更加前出。

三、装备采办

据日本防卫省发布的《防卫白皮书 2022》,现行防卫大纲要构建"多域联合防御力量",强化电子战、网络空间和太空能力,并与传统作战域实现融合,达到跨域作战能力。其中,《防卫白皮书 2022》提出要强化应对"灰色地带"事件的能力,加强周边情报监视侦察能力,强化通信与情报收集分析能力,增强雷达与通信抗干扰能力,提高频谱管理与利

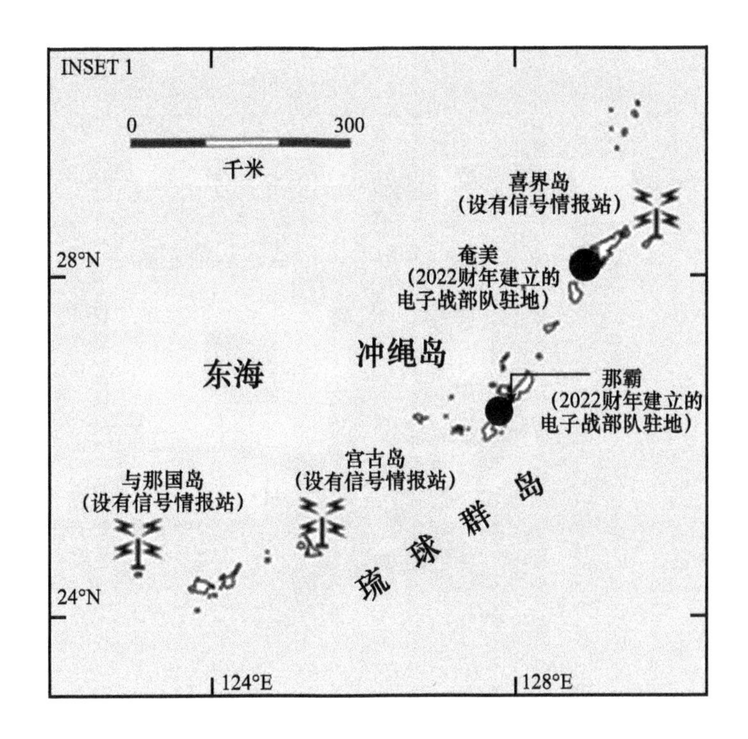

图1　冲绳岛附近的电子战部队部署

用能力。《防卫白皮书2022》提出要大幅强化电子战能力,如雷达干扰、防区外电子战、电子防护、电子情报收集与分析以及高功率微波技术。2022年,日本防卫省对机载电子战能力进行了多项改进升级工作,并购买了地面电子战系统。

2022年3月,日本防卫省重启了F-15“日本超级截击机”(JSI)配置的升级工作。F-15 JSI配置包括AN/ALQ-239数字式电子战系统(DEWS)和APG-82(V)1有源相控阵雷达等核心装备。由于改造过程中出现大量成本与技术困难,日本防卫省于2021年叫停该计划。2022年重启计划后,共有66架F-15J进入升级序列(图2)。机载电子战系统也由最初规划的AN/ALQ-239变更为与美军同步升级的AN/ALQ-250“鹰爪”有源/无源告警与生存能力电子战系统。

AN/ALQ-250电子战系统是美国空军最新装备F-15E和F-15EX的电子战系统,能完全集成雷达告警、地理定位、态势感知和自卫能力,能在信号密集的环境中探测和挫败地面与空中威胁。AN/ALQ-250已与APG-82(V)1和APG-63(V)雷达集成适配。美军于2021年在“北方利刃”军演中使用ALQ-250完成了多项预定任务,挂载AN/ALQ-250的F-15与F-35战斗机实现了四代机与五代机之间的互操作能力,F-35可以在雷达不开机的情况下控制F-15执行任务。

日本目前有167架F-15J/DJ,剩余99架将悉数退役,防卫省计划购买105架F-

图 2　日本航空自卫队的 F－15J 战斗机

35A 和 42 架 F－35B 战斗机，以补足机群空缺。未来日本将形成 F－15JSI 和 F－35 的四代机与五代机组合。2022 年，日本购买了 8 架 F－35A 和 4 架 F－35B。目前，日本航空自卫队已拥有 17 架 F－35，隶属三泽空军基地的第 301 和第 302 战术战斗机中队。

2022 年，日本继续推进防区外干扰机研制和情报飞机改进升级工作。日本防卫省采办、技术与后勤局(ATLA)于 2021 年授予川崎重工开发防区外干扰机的合同，2022 年 5 月确定防区外干扰机的载机机型为川崎 C－2 运输机。防区外干扰机将配备信号情报与电子攻击装备，形成防区外有效实施通信干扰的能力，支持自卫队开展行动。日本防卫省 2022 年对 UP－3D 电子战能力和机体进行了改进，购买了 RC－2 情报飞机的机载电子系统，并启动了 EP－3 传感器系统研制工作。RC－2 是日本以 C－2 运输机研制的电子情报飞机，装备了 ALR－X 电子情报系统，包括接收设备、处理设备、显示设备以及多部接收天线。ALR－X 系统灵敏度高，能够远程搜集电磁信号，接收频率范围较宽，采用新型软件后能够搜集所有类型的数字调制信号。RC－2 将替换日本现役 YS－11EB 电子情报飞机。

日本防卫省继续购买自研“网络电子战系统”(NEWS)(图 3)。NEWS 电子战系统由日本采办、技术和后勤局(ATLA)研制，包括指挥车、1 式、2 式、3 式和 4 式四种型号，其中 4 式分为 A/B 两型。该系统能对 VHF、UHF、SHF 和 EHF 波段进行信号监视和干扰。各型系统配置了不同天线，丰田 73 式卡车为载车。2 式、3 式和 4 式电子战系统参加了“富士火力”军演。1 式系统已经部署至北海道地区和西部地区健军营的电子战部队。

图3 日本陆上自卫队的NEWS电子战系统

四、军事演习

2022年,日本积极组织自卫队跨军种演习和与美国海军的电子战专项演习。海上自卫队自2021年出动“爱宕”级驱逐舰与美国海军EA－18G电子战中队举行了联合电子战演习后,宣布会继续深化与美国海军进行联合训练的力度,强化威胁和反应能力。2022年3月,日本海上自卫队与美军在太平洋海域进行电子战演习,其中:日本海上自卫队第81航空联队出动了P－3C巡逻机、OP－3C情报飞机以及UP－3D电子战训练机(图4);美国海军出动了EA－18G电子战飞机。

图4 日本航空自卫队的UP－3D电子战训练机

2022 年 8 月,日本陆上自卫队与美军在鹿儿岛县奄美大岛进行了联合演习。陆上自卫队与美军以偏远岛屿防御为场景进行了电子战专项训练。

五、发展特点

(1)部队发展上,日本防卫省改组电子战部队,形成统一集中指挥机关直管电子战部队。自卫队积极与美军开展电子战演习,不断提升与美军的互操作能力,从指挥控制、部队建制和作战能力全面提升电子战部队能力。从近期来看,日本电子战部队指挥层级得到提升,建制更加完善,规模更加庞大。日本加强以冲绳为核心的电子战部队建设,结合已经建成的信号情报设施和反舰导弹群,构建第一岛链中反舰防御、电子战和情报监视侦察一体的前出据点。

(2)装备建设上,日本防卫省推行现有主力机型的电子系统升级改造工作,积极购买 F-35 战斗机,形成高低搭配的空中作战配置,同时对现有电子战训练机和信号情报飞机进行升级,整体提升了机载电子战和情报监视侦察能力。结合不断提前的防区外反舰导弹集成时间节点,日本正在加速提升防区外电子战和硬摧毁能力。

(3)发展路线上,日本以国家安全保障战略和国家防卫战略为指南,以防卫力量整备计划为路线图,以不断增长的预算为支撑,通过兵力结构建设与装备采办不断强化电子战能力。

(中国电子科技集团公司第二十九研究所　舒百川)

美国空军打造 EC－37B 新型空中电子攻击平台

2022 年 8 月，一架未经涂装的 EC－37B 首次飞抵美国亚利桑那州戴维斯－蒙森空军基地，由运营 EC－130H 的第 55 电子作战大队（ECG）进行了评审；10 月，BAE 系统公司宣布完成“罗盘呼叫”基线－3 关键部件的交付。从载机平台的改装完成情况以及关键电子设备的交付状态可以看出，第一架 EC－37B 预期最快将于 2023 年交付美国空军。新的载机平台和升级的“罗盘呼叫”系统将为 EC－37B 带来全新的空中电子攻击能力。

一、EC－37B 项目背景

美国空军新一代电子战飞机 EC－37B（图 1）源自美国空军的“EC－X”项目计划，该计划旨在为美国空军开发一种新型电子战飞机，以取代美国空军现役的“罗盘呼叫”电子战飞机 EC－130H。

图 1　EC－37B 渲染图

EC－130H（图 2）基于洛克希德·马丁公司 C－130 运输机的电子战飞机，其机载电子战系统称为“罗盘呼叫”系统。EC－130H 利用其进攻性电子攻击能力，破坏敌方指挥控制通信系统并限制其协调行动，为美军及其盟军的空中、地面和特种作战部队提供有力支持。EC－130H 电子战飞机不仅能够执行对军用、民用通信的电子攻击任务，还能干扰简易爆炸装置。

EC－130H 电子战飞机于 1981 年首飞，1982 年开始交付使用，并于 1983 年达到初始作战能力。美国空军共有 14 架 EC－130H(10 架 EC－130H 用于作战行动、1 架飞机用于测试、3 架飞机备用)，由美国空军位于亚利桑那州的戴维斯－蒙森空军基地的第 55 电子作战大队运营。从服役至今，EC－130H 电子战机参加过美国空军在科索沃、海地、巴拿马、利比亚、伊拉克、塞尔维亚和阿富汗的各项军事行动，在实战中展示了强大的电子战能力。

图 2　EC－130H 电子战飞机

EC－130H 作为一款服役超过 40 年的电子战飞机，由于服役时间长、承担的作战任务重，EC－130 的机体老化严重，这成为 EC－130H 面临的最大问题。美国空军需要定期对 EC－130H 的机身结构进行检查，投入了大量的人力和物力。老旧的机身架构在整合先进电子技术方面也有诸多不便。此外，其电子战功能都是基于硬件进行开发设计的，没有采用开放式架构设计理念，因此能力升级改进空间有限，虽然经历了“基线 1”“基线 2”在内的多次技术升级，但总体技术性能趋于落后。

为此，美国空军从 2014 年起提出将逐步退役 EC－130H 电子战飞机，并于 2015 年 10 月开始征集替换方案。2016 年初，美国空军在确认了方案可行性后，于同年 8 月把新一代电子战飞机的总体研发和管理工作合同授予了 L3 哈里斯公司。2017 年，“EC－X”项目计划正式公开，湾流 G550 共形预警机正式确定为美国空军新一代电子战机的机体平台。按照美国空军规划，在2018—2022财年期间，美国空军将退役7架EC－130H电子战飞机，然后在2023财年末和2024财年初各退役一架。第一架EC－130H（序列号73－01587）于2020年1月15日正式退役。根据2022年7月《空军》杂志统计数据，美国空军目前已经退役5架EC－130H。

二、EC－37B研发及采购情况

总体上说，EC－37B的研制工作主要包括载机平台的改装以及各类电子设备的移植和升级改造。从目前公开的信息来看，载机平台已达到交付状态，BAE系统公司也于2022年10月交付了“罗盘呼叫”系统关键部件，预计承包商最早将于2023年交付第一架EC－37B。EC－37B的研发历程见表1。

表1　EC－37B研发历程

时间	事件
2017年	4月，L3哈里斯公司作为主要承包商获得独家采购合同，负责“罗盘呼叫”任务系统的移植集成。 9月，BAE系统公司获得EC－37B机载任务设备的研发生产与集成合同；同年完成“罗盘呼叫”武器系统的初步设计审查
2018年	7月，BAE系统公司称已经开始“罗盘呼叫”电子战系统的移植工作
2020年	10—11月，BAE系统公司为EC－37B开发的“小型自适应电子资源库”（SABER）技术在EC－130H上成功进行了飞行测试
2021年	10月，美国空军宣布其采购的第一架EC－37B完成首飞
2022年	4月，美国空军提交了2023财年预算草案，预计花费9.79亿美元，用于改装4架湾流G550飞机，并采购备用发动机、改装套件和相关组件。 5月，BAE系统公司对SABER技术进行测试，基于SABER技术，成功对“罗盘呼叫”电子战系统进行了3个第三方应用软件的飞行测试。 6月，美国众议院军事委员会通过了2023财年国防授权法案，其中增加了8.837亿美元的经费，用于采购4架EC－37B。 8月，一架未涂装的EC－37B访问了亚利桑那州戴维斯蒙森空军基地，与第55电子战大队进行了交流。 9月，BAE系统公司宣布已经完成“罗盘呼叫”基线3硬件组件的最终交付工作
2023年	预期交付首架EC－37B

截至2023财年，EC－37B飞机采购数量达到10架，详细采购计划见表2。前5架飞机将配备“罗盘呼叫”基线－3升级版任务设备。第6架以及后续的EC－37B将配备“罗盘呼叫”基线－4设备。基线－4将采用开放系统架构，允许新的电子战有效载荷在需要时插入飞机，并将引入一种新的低波段干扰机。首架EC－37B预计在2023年达到初始

作战能力。美国空军计划从2026财年起,5架配备基线-3的EC-37B也将升级到“基线-4”。

表2 EC-37B详细采购计划情况

采购时间	数量	配置	预计部署时间	达到初始作战能力
2017财年	1	“基线-3”升级版	2023年	2023年
2018财年	1	“基线-3”升级版	2023年	2023年
2019财年	2	“基线-3”升级版	2023年	/
2020财年	1	“基线-3”升级版	2023年	/
2021财年	1	“基线-4”	2026年	/
2023财年	4	“基线-4”	/	/

三、EC-37B能力分析

EC-37B的通信情报设备和干扰设备主要继承于EC-130H,大多采用原有任务系统设备,但通过采用模块化开放系统架构对其进行了升级改造,采用全新的“小型自适应电子资源库”(SABER)技术对“罗盘呼叫”系统进行升级,使得原有基于硬件的电磁频谱作战能力转变为基于软件的作战能力,有助于电子战系统新能力的快速部署及升级。此外,新的载机平台在飞行速度、飞行高度及飞行距离性能方面的提升,也为EC-37B带来新质能力。

(一)电子战能力

根据BAE系统公司宣布的“跨飞机移植计划”,EC-37B的核心电子战系统“罗盘呼叫”发展自EC-130H电子战飞机使用的电子战系统。美国空军并没有为EC-37B开发新的通信情报和通信干扰设备,而是将EC-130H上现有的“专用辐射源阵列”(SPEAR)、“战术无线电截获与对抗措施子系统”(TRACS-C)和NOVA系统移植到EC-37B上。其中,SPEAR由BAE系统公司研制,通过4个可操纵的独立干扰波束,能够同时干扰多个辐射源,其频率覆盖范围为30MHz~3GHz,用于对抗军用、民用通信;TRACS-C用于对抗军事超高频/甚高频网络;NOVA系统能够干扰IED设备,或者发射射频信号预先引爆它们,避免它们对己方部队造成威胁。由于适装性、载重、空间等条件的约束,部分载荷可能会进行小型化升级,借助新的器件及集成技术,小型化后的载荷可能具有更强的能力。

同时,美国空军预算文件明确指出,将基于升级后的平台,对基线-3的"主要任务设备"进行升级。"罗盘呼叫"系统的软件化改造是EC-37B的重大能力提升点。新的"罗盘呼叫"系统将采用BAE系统公司开发的SABER技术。SABER采用基于开放式系统架构的软件无线电技术,通过软件更新就能快速集成新的功能,支持新的干扰波形和新技术的快速插入,为"罗盘呼叫"系统提供全新的基于软件的电磁频谱战能力。SABER产生的新波形经由SPEAR、TRACS-C和NOVA系统发射,以应对不断演进的各类新型威胁目标,更好地适应复杂的战场电磁环境。SABER的软件无线电可以根据不同的任务需求进行重新配置,以减少所需要的设备和数量,这样就能在减轻重量的同时具备更大的灵活性,无需增加或更换硬件就能提供新的能力,能够对更复杂的任务提供支持。

(二)平台特点

EC-37B使用的湾流G550共形机载预警机平台较之C-130在飞行速度、飞行高度、飞行距离等方面有明显的提升,参数对比见表3。G550飞行速度是C-130的两倍,飞行高度扩展为原来的2倍,最大航程扩展为原来的3倍,达到12500km。上述增量提升了EC-37B的作用距离、作战范围、响应速度,使它能够更好地执行作战战术,并具备更强的战场生存能力。同时,EC-37B电子战飞机在机身两侧具有大面积的天线安装结构和整流罩(图3),能够支持更多先进机载电子装备的安装和应用。EC-37B电子战飞机上装备的巨大的有源电扫阵列(AESA)以及多个小阵列,将会提供强大的探测能力。

表3 EC-37B和EC-130H载机对比

	EC-37B	EC-130H
载机类型	G550	C-130
机身翼展/m	28.5	39.7
机身长度/m	29.38	29.3
机身高度/m	7.87	11.4
自重/t	21.9	45.8
最大起飞重量/t	41.05	70.3
飞行速度/Ma	0.8	0.39
最大航程/km	12500	3693
最大飞行高度/m	15544	7620
发动机	BR710C4-11涡扇发动机	Allison T56-A-15涡桨发动机

图 3　未涂装的 EC－37B 电子战飞机

(三)能力增量

EC－37B 将通过防区外干扰对敌方指挥控制通信、雷达和导航系统实施干扰,限制敌方在战场上的协调能力。此外,“罗盘呼叫”系统的辅助情报搜集功能可以进行辐射源的发现、跟踪和定位。较之 EC－130H,EC－37B 的能力提升主要体现在以下几个方面。

1. 飞机生存能力提高

与传统的 EC－130H 相比,G550 平台在飞行速度、续航能力、防区外距离等方面有明显的提升,显著增强了飞机的生存能力。

2. 扩展防区外干扰距离

G550 平台的实用升限提升到 C－130 的 2 倍,实用升限的提升意味着在其他条件相同的情况下进一步增加干扰距离,使其能够更远距离作战。

3. 增强灵活部署和快速响应能力

G550 的最大航程是 C－130 的 3 倍多,速度提升到原来的 2 倍,飞行性能的提升增强了 EC－37B 的灵活部署、快速响应能力,从而能更好地支持美军的“敏捷作战”等新型作战概念。

4. 开放式架构支持新技术、新能力的快速插入

EC－37B 的新型电子战系统采用开放式架构,可根据需要及时升级和修改应用程序,实现新技术、新能力的插入。

5. 基于软件的电磁频谱作战能力更好地应对新型威胁

用于“罗盘呼叫”基线－3 版本的 SABER 系统,是基于软件无线电技术,在不重新配置硬件的情况下，通过软件更新实现系统升级，同时能够整合第三方应用程序，使美国空军能够更加快速、主动地应对新兴威胁。

6. 使用成本低，更加易于维护

与 EC－130H 相比，EC－37B 飞机的重量和运营成本分别降低了 50%，这将大大降低飞机的油料费用与维护成本。作为广泛使用的商务机，湾流 G550 更容易维护，较之 EC－130H 大量的仓库维护时间，EC－37B 将具备在战场上进行主要维护的能力。

四、几点认识

对 EC－37B 的发展历程及能力特点进行分析，得出以下几点认识。

(1)EC－37B 不是 EC－130 的能力延长线。EC－37B 是美军为应对大国高端对抗、适应新作战环境打造的新一代防区外电子战飞机。美军认为其潜在对手纷纷通过开发新武器、新技术来提升其防空区域，EC－130H 设计的"防区外"干扰距离已经进入了敌方的"防区内"，因此容易遭受火力打击。通过提升实用升限、扩展干扰距离，可以从更远的距离上对敌方构建的"反进入/区域拒止"体系和相应装备进行强电子干扰与压制，不仅能提高 EC－37B 电子战飞机在战时自身的生存能力，还能够支撑其他美军装备更好地渗透、瓦解敌方的"反介入/区域拒止"体系。

(2)EC－37B 任务系统的升级反映了美军装备架构开放式、硬件模块化、功能软件化的发展趋势。虽然 EC－37B 继承了不少 EC－130 现有的设备，但美国空军借此次载机替换的机会，对其关键电子战载荷进行了重大升级。其中，由 BAE 系统公司开发的用于"罗盘呼叫"基线－3 版本的 SABER 系统，采用开放式系统架构，大幅降低其尺寸与重量，提升载荷的可重构能力和新技术的快速插入能力。功能软件化使得新装备在形成作战能力的同时，能够持续迭代，不断生成适应强对抗战场的作战力量。

(3)EC－37B 的亮相表明美国空军已经开始构建新一代空中电子战体系。对于即将交付的 EC－37B 等各类新型电子战装备，不仅要关注单装的能力提升，更要结合美军新型作战概念，积极主动分析新装备在未来作战中的用法和战法，分析其对整体作战效能的提升点，找准体系作战中的薄弱环节，实现体系破击。

（中国电子科技集团公司第二十九研究所　张晓芸）

美军加快 AGM－88G 新型反辐射导弹研制

2022 年，美国海军加快推进 AGM－88G 增程型先进反辐射导弹（AARGM－ER）的研制，完成了 3 次作战试验鉴定，验证了该导弹对威胁辐射源的探测、识别、打击和打击评估能力。作为美军当前唯一在研的防区外反辐射打击武器，AGM－88G 将对美军的对敌防空压制/摧毁能力和以 AGM－88G 为原型发展的防区内打击武器装备体系产生深远影响。

一、AGM－88G 简介

AGM－88G 增程型先进反辐射导弹是美国海军应对反介入/区域拒止环境中先进威胁的重要手段之一，由美国海军直接攻击与时敏攻击项目办公室（PMA－242）负责管理，属于美国海军和空军联合研制的 AGM－88 高速反辐射导弹（HARM）家族。

AGM－88 是由德州仪器公司（现雷声公司）于 1981 年研制的反辐射导弹，迄今为止一共发展了 7 种型号。

（1）AGM－88A 为基线型。

（2）AGM－88B 增加了电可擦除只读存储器（EEPROM），可在目标辐射源关机的情况下实施打击。

（3）AGM－88C 升级了制导系统，提高了在密集电磁环境中的作战能力，具备干扰寻的功能和 4 种工作模式。F－16CJ/CM“野鼬鼠”机群使用 AN/ASQ－213 吊舱配合 AGM－88C 实施对敌防空压制/对敌防空摧毁任务。

（4）AGM－88D 提高了导弹杀伤精度，增强了 GPS 和惯性导航能力。从该型号开始，美国空军与海军出于不同需求，分别对 AGM－88 进行了后续改进。

（5）AGM－88F 是美国空军高速反辐射导弹的型号，升级了 GPS 和惯性导航能力，并适配了 F－16C/D Block50/52 战斗机。

（6）AGM－88E 被称为先进反辐射导弹。美国海军放弃美国空军对 AGM－88 的升级计划，将资金用于开发 AGM－88E（图 1），自此诞生了先进反辐射导弹（AARGM）。

AGM－88E 沿用 AGM－88B/C 型的弹体，改进了导引头的控制段，增加了“快弩”（Quick Bolt）技术，采用 GPS/INS 组合导航和主动雷达末制导＋双向数据链的复合制导方式，配备一个 WAU－7/B 高爆战斗部。AGM－88E 适用于美国海军 F/A－18 系列、EA－18G、F－35C，海军陆战队的 F－35B，空军 F－16C/D/CJ/CM 和 F－35A 型飞机，但 F－35 只适用于机身外挂架。截止 2022 年，美国海军共装备了 1366 枚 AGM－88E 导弹，该项目预计交付 1803 枚导弹。目前，美国海军对 AGM－88E 的更新停留在对当前综合防空系统的电子情报数据库的研发工作上，没有后续计划。

图 1　EA－18G 挂载 AGM－88E AARGM 导弹

（7）AGM－88G（图 2）是以 AGM－88E 为基础的增程型导弹。美国海军正在加紧推进 AGM－88G 的试验鉴定工作，于 2016 年开始了升级工作，要求提高航程和对抗新型威胁的生存能力及作战效能，具备雷达视距外的攻击能力，确保海军能在濒海水域反介入/区域拒止环境中实施作战、控制和对抗。2021 年 7 月，AGM－88G 进行了首次研发测试飞行。海军测试与鉴定机关同意测试结果，批准进行里程碑评审工作。2021 年 9 月，项目通过里程碑 C 评审，进入小批量生产阶段，9 月开始第一批生产，12 月开始第二批生产。小批量生产阶段将生产 312 枚导弹，达到全速生产状态后总计生产 2080 枚导弹。

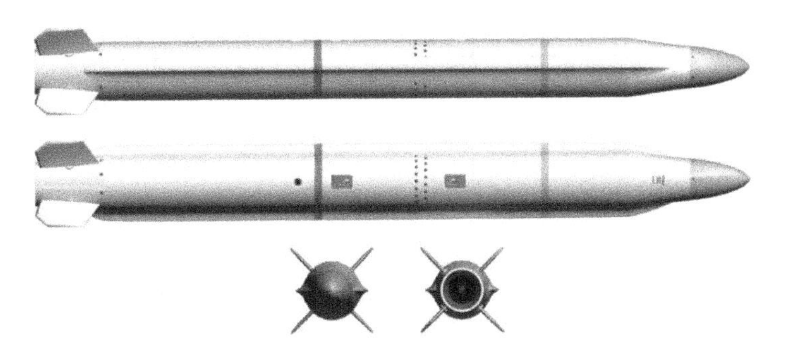

图 2　AGM－88G 弹体三视图

AGM－88G 在美国海军采办在册项目中,在研发线属于 PE 0205601N 反辐射导弹改进项目,在采购线属于 2327 号先进反辐射导弹项目,见表 1。

表 1　AGM－88G 采办情况　　单位:美元

AGM－88G	2021 财年	2022 财年	2023 财年	2024 财年	2025 财年	2026 财年	2027 财年
研发	1.26 亿	1.23 亿	8261 万	4100 万	6800 万	6100 万	6000 万
采购	4400 万	1.09 亿	1.31 亿	1.79 亿	2.39 亿	2.78 亿	2.81 亿

从 2021 财年 AGM－88G 进入里程碑 C 阶段开始,研发与采购费用处于此消彼长的状态。研发费用逐年递减,采购费用逐年增长,项目研发状态进入收尾阶段,呈现小批量生产—作战试验—全速生产—能力生成的趋势。目前项目已经进入了小批量生产状态,为了减少全速生产状态的风险,小批量生产阶段从总产量的 10% 上调至 15%。目前,美国海军在逼真的作战环境中测试 AGM－88G 导弹性能,首先上舰进行使用和维保培训,然后在模仿电磁频谱作战环境中测试对抗威胁的能力,最后适配舰队的作战战术。该导弹通过作战测试与鉴定后,预计于 2023 年第三季度达到初始作战能力。

二、AGM－88G 试验过程

2021 年 7 月,美国海军对 AGM－88G 进行了首次研发测试飞行,并针对首次试射暴露的问题改进了导弹的导航、制导和飞控软件,达到了预期测试目标,测试弹不仅完成了全射程飞行而且命中了辐射源。诺斯罗普·格鲁曼公司并未披露此次试射的发射高度和飞行距离等信息。导弹在发射后飞行了一段距离才开始上仰机动,延长了与发射平台航线的交叉距离,消除了飞行隐患。

2022 年 1 月,美国海军在穆古角进行了 AGM－88G 的第二次作战鉴定(图 3)。海军以 F/A－18F 为平台测试了 AGM－88G 在远距离探测、识别、定位和攻击地面防空系统雷达目标的性能。

2022 年 7 月,美国海军在穆古角完成了第三次作战鉴定。美国海军 VX－31 测试中队以 F/A－18F 为平台测试了 AGM－88G 辐射源搜索系统的性能。测试弹成功对地面防空系统的雷达目标实施了远距离探测、识别、定位和攻击,再次顺利完成导弹应用试验。

2022 年 11 月,美国海军在穆古角完成了 AGM－88G 第四次作战鉴定(图 4),首次对机动目标实施了打击。美国海军以 F/A－18F 为平台,验证了 AGM－88G 对海上机动辐射源目标实施探测、识别、定位和远距离攻击的能力。

图3 F/A-18F 在第二轮试验中发射了一枚 AGM-88G 导弹

图4 F/A-18F 在第四轮试验中发射了一枚 AGM-88G 导弹

三、AGM-88G 能力分析

与 AGM-88 其他型号相比，AGM-88G 在射程、精度和通配性方面有较大的提升。

(1) AGM-88G 射程更远。AGM-88E 射程为 111km，而 AGM-88G 的射程至少将达到 225km。AGM-88G 的推进系统配备了新型二级固体火箭发动机，弹体直径从 254mm 增至 300mm，并采用了新型尾翼控制系统，拆除了 AGM-88E 弹体中部的控制翼,增加了提升航程和飞行稳定性的边条,提高了飞行速度并降低了雷达反射截面积。

(2)AGM-88G 打击精度更高。AGM-88G 制导采用了 GPS/INS 组合导航和主动雷达末制导+双向数据链的复合制导方式。该导弹的数字反辐射导引头增加了视场和探测距离,GPS 与惯性导航确定打击区和回避区,减少误伤和附带损伤;毫米波导引头在末段对目标进行鉴别,实现精确打击。AGM-88G 配备了“快弩”(Quick Bolt)技术,将多个导引头的导航与目标瞄准数据融合为完整数据再馈入导弹,实现了两个关键能力:①卫星能在导弹发射前通过下行链路将情报信息直接传输至导引头;②导弹命中前将信息传回卫星用于打击评估。

(3)AGM-88G 通配性更强。当前适用 AGM-88E/G 导弹的发射架型号有 LAU-118、BRU-68A 和 LAU-147 三种,可挂载 AGM-88G 的平台有 F-16C/D/CJ/CM、F/A-18C/D/E/F、EA-18G 和 F-35A/B/C。AGM-88G 弹体经过外形改进后,可容纳进 F-35 的内置弹仓。当前美军 F-35A/C 两型主战五代机能通过内置弹仓与外挂两种形式挂载 AGM-88G,提升了作战灵活性。

四、AGM-88G 影响分析

AGM-88G 在美军的对敌防空压制/摧毁作战用途和“分布式杀伤”及“穿透型制空”等作战构想中将发挥关键使能器的作用。

(一)美军反辐射武器将成为对多种辐射目标的打击武器

经过两代导弹的发展,AGM-88 打击目标从对单一辐射源扩展到对陆地与海上的多种机动辐射源目标,发展方向从抗关机转向多平台发射和多目标打击能力。AGM-88G 极大拓展了攻击距离,能自主探测识别威胁,实施精确打击和战斗毁伤评估,解决了反辐射武器在实战中对辐射源威胁等级鉴别能力差、作战飞行包线单一和杀伤精度不够高等问题。美国海军基本实现了在反介入/区域拒止环境内实施防区内外精确对敌防空摧毁和对时敏目标及新质威胁打击的能力。美国空军在研制防区内打击武器时以 AGM-88G 为原型,加强武器系统数据的模块化、可重用和一致性,并加快关键技术攻关,提升技战术指标。

(二)多用途反辐射导弹将拓展“分布式杀伤”的作战前沿

AGM-88G 已经适配了多型飞机的挂载方式,既能通过“武库机”实施常规攻击,也能通过具备隐身性能的五代机内置弹仓携带。传统空中力量在远程打击中能利用类似 E-2D 的远程传感器平台提供的目标数据协同攻击,实现探测资源和火力资源的优势组合。五代机也能利用自身优势通过隐身突防对敌防空系统或高价值目标实施精确打击，形成清晰的战斗毁伤评估，实现对时敏目标或高威胁目标的快速定位与火控杀伤。

（三）加装 AGM－88G 后将进一步强化穿透型制空能力

F－35 具备极高的隐身性能，美国空军计划利用该机的隐身能力穿透敌防空网络，对敌纵深要害目标实施打击。高隐身能力结合增程型先进反辐射导弹，将进一步提升美国空军的突防能力、打击距离、打击精度和平台生存能力，强化突防平台的打击与目标指示能力，既能通过自身高速与隐身性能进入敌领空，也能结合电子战平台、穿透型情报侦察监视平台和“武库机”突破防线，形成打击优势、速度优势和决策优势。

（中国电子科技集团公司第二十九研究所　舒百川　朱　松）

以色列“天蝎座”电子战系统分析

2021年11月11日，以色列航空航天工业公司（IAI）首次推出“天蝎座”新型电子战系统，宣称该系统是世界上首个能够同时瞄准多个威胁、跨频率并在不同方向上工作的系统，实现了电子战性能上的突破，能提供新一代的电子战能力。

一、概述

2022年6月，IAI公司获得合同，为亚洲某国空军提供“天蝎座－SP”机载自卫干扰吊舱，标志着“天蝎座”系列产品已经走向国际市场。“天蝎座”利用有源电扫阵列（AESA）的多波束能力，能扫描周边整个空域，同时探测数十乃至上百个目标，并且能够向每个目标发射针对性的窄干扰波束，有效扰乱雷达、导航和通信系统的运行。“天蝎座”在技术上的突破主要是其远超传统电子战系统的、前所未有的接收灵敏度和有效辐射功率（ERP），从而能够远距离同时探测不同类型的多个威胁，并通过定制的响应应对每种威胁。

二、“天蝎座”电子战系统分析

“天蝎座”是IAI公司电子战产品系列，包括ELL－8256SB“天蝎座－G”地面电子战系统、ELL－8256SB“天蝎座－N”舰载电子战系统、ELL－8251SB“天蝎座－SJ”防区外干扰机、“天蝎座－SP”机载自卫干扰吊舱和ELL－8257SB“天蝎座－T”多威胁电子战模拟器。

“天蝎座”系统各组成型号的出现接近于“批处理”模式，即在很短时间内先后推出5种型号，用这些不同的型号来满足不同军兵种、不同作战空间、不同作战平台的需求。

“天蝎座”系统的组成包括：覆盖宽频的收发器；处理和控制所有电子支援措施（ESM）及电子对抗措施（ECM）操作的控制单元；进行任务规划、维护、训练、分析和汇报的操作员控制台。

(一)“天蝎座 - G”地面电子战系统

“天蝎座 - G”(图 1)是一种安装在全地形车上的地基远程射频电子支援和电子对抗系统,能够有效地截获、分析、定位、跟踪和干扰各种机载和地基系统,包括火控雷达、搜索雷达、预警雷达、合成孔径雷达、通信辐射源和其他传感器。

图 1 “天蝎座 - G”地面电子战系统

“天蝎座 - G”基于先进的创新技术,采用 AESA 和氮化镓(GaN)固态放大器,能进行高灵敏度接收、高功率发射和同时多个窄波束工作,在其频率覆盖范围内能对广域地区的多个辐射源实施干扰。该系统能够探测、误导和削弱敌方雷达,甚至能够通过敌方雷达的旁瓣对其进行干扰,系统的干扰效果得到了大幅提升。人工智能技术和数字化设备的使用,使“天蝎座 - G”能对不同目标进行长时间探测、跟踪,显示电子战斗序列,进而通过自动运行或操作员控制,有针对性地对目标实施精确干扰。

“天蝎座 - G”的数字多波束形成技术为该系统带来了前所未有的灵敏度以及应对多个威胁的能力。由于采用了模块化设计,“天蝎座 - G”能针对不同的情况以不同尺寸、重量和复杂程度安装在不同平台上,实现机动部署。多个“天蝎座 - G”系统还可以组网使用,以覆盖更大、更复杂的区域,形成对己方目标的电子防护,同时干扰、破坏敌方的感知、通信、制导系统。

IAI 公司认为,“天蝎座 - G”是该系列中“最具突破性的应用”,因为它能够防御“一个地区、一个战场”的全方位现代威胁,包括巡航导弹和小尺寸攻击型无人机。

“天蝎座 - G”地面电子战系统的主要特点包括:

(1)通过数字多波束接收和发射实现威胁的空间分离。

(2)超高灵敏度和有效辐射功率。

(3)实时创建电子战斗序列(EOB)。

(4)基于数字射频存储器(DRFM)的多种先进干扰技术。

(5)能够跟踪并截获低截获概率雷达。

(6)模块化架构,易于维护。

(二)“天蝎座 - N”舰载电子战系统

“天蝎座 - N”(图 2)是舰载电子战系统,具有先进的电子支援和电子对抗能力,能独立运行或与其他舰载电子战系统联网运行。该系统包括 4 个安装在中央桅杆上的宽带共形收发天线阵列,并针对海上作战进行了优化,能保护己方军舰免受敌方舰载系统、反舰导弹、无人机和有人机所搭载的电磁感知手段的威胁。

图 2 “天蝎座 - N”舰载电子战系统

先进的多波束技术和电源管理技术使“天蝎座－N”能够有效对抗所有类型的雷达和射频导引头，在舰船周围形成半球形防护。氮化镓固态放大器的应用使“天蝎座－N”能够更好地感知、获取敌方电磁装置的运行信息，甚至能跟踪和截获低截获概率雷达，为在更远距离上干扰目标提供信息支持。“天蝎座－N”能完全兼容硬杀伤系统，其先进能力可以大大减轻硬杀伤系统的负担。

“天蝎座－N”舰载电子战系统的主要特点包括：

(1)超高灵敏度和有效辐射功率。

(2)实时创建电子战斗序列。

(3)多波束、多种干扰技术。

(4)基于 DRFM 的先进干扰技术。

(5)能够跟踪并截获低截获概率雷达。

(6)对舰船雷达截面积(RCS)的影响最小。

(7)模块化架构，易于维护。

(8)具有实时训练模式。

(三)“天蝎座－SP”机载自卫干扰吊舱

“天蝎座－SP”(图 3)机载自卫干扰吊舱具有极高的灵敏度和有效辐射功率，能够实现对先进威胁目标(如低截获概率雷达)的高灵敏度探测及有效干扰。该吊舱采用 DRFM 和一系列复杂的电子对抗技术，能够应对所有类型的空空和地空威胁，在密集的雷达制导武器环境中为平台提供防护。

“天蝎座－SP”(图 4)基于 IAI 公司的 ELL－8222 吊舱结构，外形紧凑、重量轻且符合空气动力学设计，外观与空空导弹类似，可安装在战斗机和其他飞机的翼下挂点上。在当前极具挑战的威胁环境中，该吊舱可以显著提高飞机的生存能力和任务成功率，是当前最有效的机载自卫系统。

“天蝎座－SP”的主要特点包括：

(1)频率覆盖范围宽。

(2)极高的探测灵敏度、有效辐射功率和高截获概率，包括通过辐射源的旁瓣进行干扰。

(3)多波束、多种干扰技术。

(4)通过相控阵控制的独立的定向发射实现同时多目标干扰。

(5)采用 DRFM 实现先进的干扰技术。

(6)同时、自动响应多个方向的多个辐射源。

(7)具有在密集辐射环境中的空间和频率选择能力，以实现有效作战。

图 3 “天蝎座 – SP”机载自卫干扰吊舱

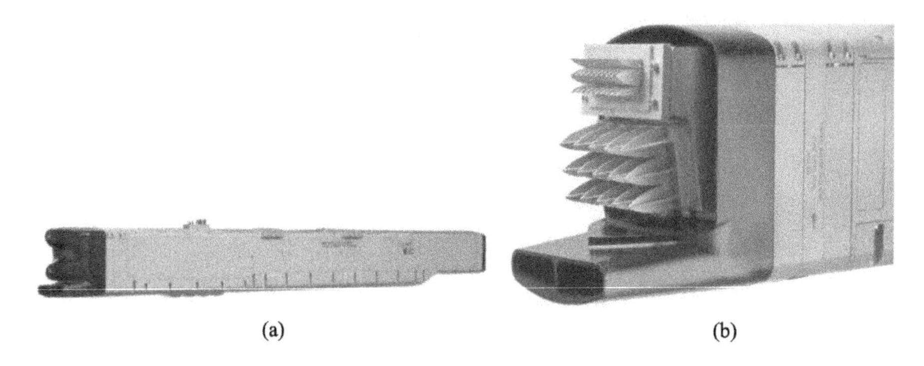

(a) (b)

图 4 “天蝎座 – SP”吊舱(a)和“天蝎座 – SP”的 AESA 收发器(b)

(8)对威胁准确快速地测向。

(四)“天蝎座 – SJ”防区外干扰机

“天蝎座 – SJ”(图 5)防区外干扰机可安装在战斗机和任务飞机上,也可以安装在军用运输机上,遂行护航和干扰任务。在战斗机和任务飞机上,“天蝎座 - SJ”作为吊舱安装,而在军用运输机上则安装在内部或作为吊舱安装。该系统基于先进的 AESA 技术,可实现高灵敏度目标探测和精确聚焦的定向多波束高功率发射。

图 5 “天蝎座 - SJ”防区外干扰机

“天蝎座 - SJ”侧重提供防区外干扰,干扰距离相较“天蝎座 - SP”更大。该干扰机可在密集的雷达制导武器环境中工作,针对各种类型的空空和地空威胁为己方作战飞机提供防护,可根据任务进行自适应重编程。

“天蝎座 - SJ”的主要特点包括:

(1)频率覆盖范围 1 ~ 18GHz。

(2)多波束、多种干扰技术。

(3)通过相控阵控制的独立的定向发射实现同时多目标干扰。

(4)敏捷的时间/频率选择性。

(5)极高的射频灵敏度和有效辐射功率。

(6)对威胁准确快速地测向。

(7)360°空间收发覆盖。

(五)“天蝎座 - T”多威胁电子战模拟器

“天蝎座 - T”(图 6)多威胁电子战模拟器是一款多威胁电子战模拟器,旨在为空勤人员和电子战操作员提供一个信号密集、多威胁的真实训练环境,支持机组人员训练和系统测试与评估。"天蝎座 - T"是"天蝎座"系列电子战系统的创新,不仅避免了直接用电子战飞机训练形成资源浪费,而且可避免因为训练导致电子战系统作战特性、电磁频谱特征等信息泄露。"天蝎座 - T"可用于"天蝎座"电子战系统所有型号的模拟训练,能生成多种不同的防空威胁来挑战不同的战机,以获得丰富的训练经验,而以往任何一个系统都很难甚至不可能实现这些功能。

图6 "天蝎座 - T"多威胁电子战模拟器

"天蝎座 - T"能够产生多样化、高效的训练场景,包括为第四代和第五代战斗机的训练提供极具挑战的训练场景。系统可模拟包括现代远程威胁在内的多种辐射源,使用可编程和可更新的威胁数据库,能够涵盖当前和未来的各种威胁,包括地空导弹、雷达和通信数据链等。

"天蝎座 - T"的核心组件是采用 AESA 和氮化镓技术的射频模拟器。凭借 AESA 的多波束能力,该系统能够同时与多架受训飞机交战。对于所模拟的每个威胁,该系统可模拟对威胁的完整交战周期(搜索—截获—跟踪—发射)。"天蝎座 - T"能够更新威胁数据库,支持使用多个模拟光束模拟敌方地空导弹和射频系统,生成的威胁数量可达两位数甚至三位数。"天蝎座 - T"可以与其他模拟器或指挥控制中心同步,还具有任务完成情况汇报功能以用于分析与改进。

“天蝎座－T”易于安装在小型卡车和服务车辆上，使其几乎可以在任何位置运行。此外，它可以很容易地运送或携带到国外进行国际联合训练演习。2021 年 10 月，IAI 公司应以色列空军的邀请，成功部署了“天蝎座－T”系统，参与了以色列空军两年一度的“蓝旗 21”演习。来自英国、德国、意大利、希腊、美国、印度的空军参加了这次演习，四代机和五代机均在演习中亮相。演习期间，“天蝎座－T”模拟了先进的防空系统。这是“天蝎座－T”首次参与对抗先进防空威胁的实战训练。

“天蝎座－T”的主要特点包括：

(1)先进的 AESA 多波束收发器。

(2)用不同的模拟威胁同时与多个受训对象交战。

(3)覆盖传统与现代威胁的宽频范围。

(4)可编程和可更新的威胁数据库。

(5)智能的规划、作战与汇报工具。

(6)实时训练反馈，以获得最佳训练效果。

(7)高机动性。

三、“天蝎座”电子战系统的技术优势

“天蝎座”电子战系统最新迭代基于 AESA 技术，可利用其各方面优势，提供 IAI 公司所宣称的海陆空作战的新型软杀伤能力。该系统能够对多个目标同时进行高度精确的电子攻击，并充当辅助传感器甚至是通信节点，即实现雷达、通信、电子战一体化。AESA 技术的应用，使得“天蝎座”电子战系统很容易扩展，一旦战争规模扩大，就可以在更大的范围内提供一个圆形电子防御穹顶，通过该系统能探测到空中几十甚至上百个目标的情况，而且还能够向每一个目标发送专用的窄干扰波束。

“天蝎座”电子战系统(以下简称“天蝎座”系统)具有以下技术优势。

(一)使用 AESA/氮化镓/人工智能等先进技术

“天蝎座”系统基于 IAI 公司的子公司埃尔塔公司的 AESA 技术。AESA 采用一系列宽带固态收发机，可显著提高接收机灵敏度和有效辐射功率，远远超过传统电子战解决方案。此外，AESA 技术通过窄多波束操作进行接收和传输，使系统能够同时探测和瞄准多个威胁。

“天蝎座”系统还采用了最新的氮化镓技术，与上一代砷化镓晶体管相比，能提供更高的功率密度和效率，从而最大限度地提高功率并降低能耗。

“天蝎座”系统采用了人工智能/自适应机器学习(AI/AML)等先进技术,支持重编程,以适应任务需要。该系统的威胁库和干扰技术库更新操作简单,可以使用菜单驱动的 PC 应用程序添加新的威胁和干扰技术。该系统的干扰机由预编程的任务定义文件(MDF)驱动,可以自动运行或在操作员直接控制下运行。

(二)可同时应对多个方向的不同目标

以往的一些电子战系统只能干扰一定频段和方向角度的目标,而“天蝎座”系统可以同时对周边作战空间进行全方位扫描,寻找和定位目标,进而聚焦电磁波束,对导弹、低截获概率雷达和通信链路等多个敌方目标进行干扰,具有“批处理”对抗、干扰敌方多种不同目标的特点。

这主要归功于“天蝎座”系统引入的 AESA 技术。与 AESA 雷达的原理类似,融入 AESA 技术的电子战系统可使用一个天线阵列同时向多个方向发送波束。尤其是第二代 AESA 的发射/接收模块开始采用氮化镓器件,这类器件功率密度和带宽容量更大。因此,使用氮化镓器件的 AESA 不仅扫描性能更加优异,在探测距离和峰值输出功率方面也更加突出。凭借此类技术上的突破,“天蝎座”系统探测的距离更远、目标更多,且可同时探测多种类型的多个威胁,通过定制响应,向不同目标精确发送专用的窄干扰波束。

四、结语

从 IAI 公司对各型“天蝎座”系统的描述可以看出,该系列电子战系统的核心是利用 AESA 的优势,构建了由天线阵列、射频前端、采样、处理、应用组成的新型电子战架构,实现高灵敏度侦收和精准干扰,同时具备多目标能力,是一种极具前途的电子战系统架构。

基于 AESA 的电子战架构并不是 IAI 公司首创,也不是首次应用于武器装备。可以认为“天蝎座”电子战系统在电子战技术方面有重大发展或突破,但是否引发电子战技术的“革命”还有待进一步观察。

(中国电子科技集团公司第二十九研究所　秦　平)

可携带电子战载荷的"空射效应器"无人机群进行大规模测试

2022 年 4 月 25 日至 5 月 12 日，美国陆军在犹他州盐湖城附近开展"试验演示网关演习"（EDGE 22），测试了交互式"空射效应器"无人机群，这是截至目前规模最大的一次相关试验。在此次演习中，美国陆军用 UH－60"黑鹰"、MQ－1C"灰鹰"以及地面车辆平台模拟陆军未来攻击侦察机（FARA），从平台上共发射 4 批，每批 7 架，共计 28 架"阿尔提乌斯"－600（ALTIUS 600）无人机，分别执行侦察、压制、打击和评估任务，完成搜寻并摧毁假想敌军阵地。

一、项目情况

在未来多域作战环境中，对手国家的 C^4ISR 系统更加先进，网络化机动防空系统射程进一步扩大，中远程火力系统将拒止美方在战区内的自由机动。为了扩大感知范围，增强作战能力，确保战场机动自由，美国提出打造未来垂直起降生态体系，通过生产一批低成本消耗型无人机，以协同的方式增强部队装备的生存力、威胁识别、目标瞄准和杀伤力。为此，美国陆军于 2020 年提出部署多种不同规模和任务配置的分层"空射效应器"（Air－Launched Effects，ALE），通过搭载载荷，在更大范围内提供分布式传感、电子攻击和动能攻击能力，以较低成本代价带来显著的战场效益。交互式无人机群的开发和应用会改变未来作战方式，甚至成为取胜的关键。

（一）基础概念

"空射效应器"是空射无人机系统的总称，由飞行器、有效载荷、任务系统以及相关支持设备组成（图 1）。该系统可由美国陆军先进的未来攻击侦察机和突击运输直升机从空中发射，与其他有人和无人平台协同工作，探测、识别、定位和报告（DILR）敌方防空系统中的威胁,并实施致命和非致命打击。“空射效应器”能携带光电载荷、电子战载荷、通信设备甚至战斗部,可以执行侦察、假信号欺骗、诱饵欺骗、摧毁敌方目标以及反无人机等任务。机群中的无人机有各自的任务划分,每架无人机不必执行所有任务。例如,携带配有红外传感器的电子战载荷的蜂群无人机可以在目标区域检测信号辐射,确定辐射源位置,并通过网络将信息反馈给指挥所和载人机;携带干扰设备的蜂群无人机具备中断对手感知或通信的能力;携带弹头的蜂群无人机能直接作为自杀式无人机来打击目标。

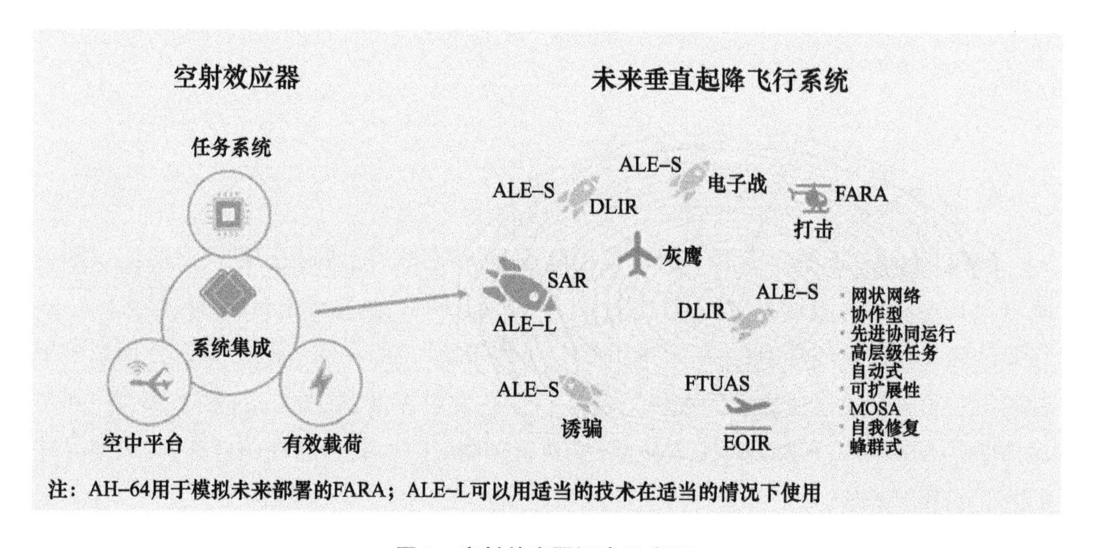

图1　空射效应器概念示意图

(二)项目规格需求

根据美国陆军2022财年预算报告,“空射效应器”包含在“未来战术无人机飞行系统”(FTUAS)项目中,计划于2023财年年底发布征求意见书(RFP),预计在2022—2024财年期间完成系统集成,并于2026年完成项目的工程与制造开发。2020年美国陆军发布的信息征集书(RFI)对“空射效应器”提出具体要求(参数见表1)。

表1　美国陆军信息征集书所列空射效应器需求表

两类无人机规格		
类型	大型	小型
重量/kg	<102(目标值<79.4)	<45.3(目标值<22.6)
飞行速度/(km/h)	≥130	≥55.6
航程/km	350(目标值650)	100(目标值150)
续航时间/h	0.5(目标值1)	0.5(目标值1)
冲刺速度/(km/h)	至少648.2(目标值1111.2)	至少222.2(目标值380)

续表

传感器、效应器和使能器(enabler)		
传感器和效应器	空射效应器(大型/小型)	
	光电/红外	射频
DILR 无源	√	√
DILR 有源		√
诱饵		√
破坏		√
使能器		
基于决策的算法	√	
指挥控制、通信	√	
平台主要动力	√	
网络防护	√	

(三)研发进展

美国陆军已向10家公司授出总价值2975万美元的合同,为预计在2030年左右投入使用的"未来垂直升力"计划(FVL)提供"空射效应器"的成熟技术,涉及飞行器、任务系统以及有效载荷等项目。其中,飞行器合同授予阿莱恩特公司、艾里尔埃公司与雷声公司;任务系统合同授予L3哈里斯公司、柯林斯航空航天公司和极光飞行科学公司;有效载荷合同授予莱昂纳多公司、阿莱恩特公司、雷声公司和技术服务公司。

二、试验情况

2020年至2022年期间,美国陆军与相关厂商已经开展过多次"空射效应器"试验,解决了抵御气流、空中回收、生存力以及载荷能力扩展等诸多问题。美国陆军于2021财年进行空射大型无人机在GPS干扰的环境下进行自主侦察、监视、瞄准和攻击的技术演示验证,2022财年进行在复杂环境空射无人机承担诱饵和电子战任务的技术验证,并在2023财年进行空射无人机突破集成防空系统的技术演示。

(一)整体试验进展

2020年8月,"项目融合"演习的重点是互操作性与空中回收内容。艾里尔埃公司的"阿尔提乌斯"-600"空射效应器"完成与其他无人机通信,并为其他无人机提供目标获取信息方面的演示。美国陆军从UH-60和陆基平台上发射了6架"阿尔提乌斯"

-600,随后又在“灰鹰”上空射了两架。“空射效应器”不但能执行监视、侦察及目标获取任务,还能将组网距离延伸至 61.9km 外。通常情况下,抵近着陆的无人机会损坏搭载的昂贵载荷,但此次演习中,美国陆军使用了飞行发射及回收系统(FLARES)来回收“阿尔提乌斯”系统。飞行发射及回收系统采用四旋翼无人机,线缆一端连接无人机,一端连接地面站。在回收过程中,利用“阿尔提乌斯”无人机上的翼钩,挂住四旋翼无人机悬挂的线缆,然后滑动降落到地面,将受损的可能性降至最低。试验演习的顺利开展,标志着美国陆军具备了从离地 33m 高度(100ft)快速发射和回收该无人机的能力。

2021 年 10 月,在“项目融合”测试中,该团队展示了用于 AH-64“阿帕奇”攻击直升机的空中发射。空射效应器从筒体地面发射,展开翅膀,实现稳定飞行,实现了所有测试目标,包括低空发射、机翼和飞行表面部署以及稳定的飞行控制。

“2022 年试验演习网关演习”(EDGE 22)是迄今为止关于“空射效应器”集群测试规模最大的一次。未来垂直起降机现代化工作负责人表示,无人机群演示概念将逐渐偏离模拟昆虫行为,转向狼群行动。狼群行动的特点是狩猎,每只狼都有各自的分工,其职责是分级的,如果一只狼倒下,另一只狼就会补上。“空射效应器”遵循狼群的特点,无人机具备分层能力可以协助指挥官实时决策,同时确保士兵远离危险。当前“空射效应器”的试验工作需要了解的问题包括:如果有无人机脱离机群(损耗或失控),如何用另外的无人机填补空缺;美国陆军一次性需要多少架“空射效应器”;“空射效应器”需要与哪些系统配合;作战人员如何决定目标、何时采取行动以及如何协调等等。

(二)最新试验内容

“2022 年试验演示网关演习”由美国陆军未来司令部举办,旨在评估新战术、新技术和互操作架构,为多域作战和联合全域指挥控制提供支撑能力。参与本次演习的除了美国本土的陆军部 ISR 特战队、项目执行办公室以及 DARPA 等组织机构外,还邀请了意大利、德国、加拿大、澳大利亚、法国、英国和荷兰等国家,共计超 23 个国防部组织和 7 个国际盟友。为期 19 天的演习涉及互操作性、网络、电子战、多智能传感器交互式无人机集群等领域。“空射效应器”无人机集群是此次演习的重要内容之一。

未来攻击侦察机尚在研制中,因此“空射效应器”相关试验使用 UH-60“黑鹰”、MQ-1C“灰鹰” 以及地面车辆模拟陆军未来攻击侦察机发射“空射效应器”。参与测试的“空射效应器”无人机产品包括艾里尔埃公司制造的“阿尔提乌斯”-600 以及“土狼”Block 3 空射变体。

“空射效应器”试验内容包括机密行动与非密行动。非密行动包括自主检测与识别、在拒止环境中通信导航、基于算法和模式的协同作战与协同搜索、提供致命目标和完整作战损害评估以及电子战能力。在测试中,第 82 空降师的士兵分 4 批发射无人机群,每批包含至少7架无人机，只需一名地面操作员来执行集群的任务。这些无人机可以携带不同的有效载荷按需执行任务：第一批无人机群为侦察无人机群，在空中执行侦察任务，探测潜在威胁并回传报告；第二批无人机群用于压制敌方跟踪与检测能力；第三批无人机群携带动能有效载荷，能通过远程射击清除目标设施或设备；第四批无人机群负责战损评估。通过"空射效应器"试验，完成目标搜索、摧毁与评估任务。

三、项目影响分析

"空射效应器"系统项目完成后，可能改变美国当前作战方式，增加无人机群的功能性，还能提升陆军未来攻击侦察机的战斗力和生存力，从而有效打开敌方防空体系缺口。

一是增强无人机群系统自身的多功能性和弹性。在最新的演示试验中，无人机群的运行模式概念将从蜂群转向狼群。在蜂群阶段，无人机群的运行强调的是多智能体的高效协同，通过算法更高效完成某一任务，其优势在于一次性投放数量与行动路径；而在狼群阶段中，则更加强调无人机群的分层分级的多功能职责，能为多个服务对象工作，其优势在于分级分工弹性与功能性。不过，相比于前者，新的无人机群运行概念进一步增加了任务实现的复杂度。

二是增强未来攻击侦察机体系的战斗力和生存力。在生存力上，美国陆军可以在实战条件下凭借低成本"空射效应器"的快速发射和回收能力，对复杂区域和危险目标进行抵近侦察，从而避免高价值侦察机的损毁和伤亡，扩大体系态势感知范围，确保在敌方侦察系统发现美军高价值平台之前，首先锁定敌方的高价值目标，从而提高直升机等高价值装备的战场生存能力。在战斗力上，"空射效应器"作为"未来攻击侦察机生态系统"的重要组成部分，凭借搭载的光电载荷、电子战载荷、通信设备甚至战斗部，可以执行侦察、假信号欺骗、诱饵欺骗、摧毁敌方目标以及反无人机等多种任务，形成直升机与无人机编组协同实战能力，为直升机的超视距作战提供必要的条件。

三是有效对抗敌方反介入/区域拒止防空能力。搭载探测、识别、定位和报告载荷的"空射效应器"凭借机载射频、光电/红外传感，初步形成战场态势感知信息；搭载电子战载荷的"空射效应器"能对敌方防空系统实施干扰，使其偏离火力打击位置；搭载动能打击载荷的"空射效应器"能发动自杀式攻击，摧毁敌方部分防空设施。通过无人机之间不同载荷的协同作战，"空射效应器"能协助实现穿透、分解和利用对手的反介入/区域拒止防空能力，如综合防空系统、综合火力群、监视和目标系统以及指挥控制通信系统等。

（中国电子科技集团公司第三十六研究所　吕立可）

美国利用商用卫星提升天基信号情报能力

2022 年 1 月消息，美国空军研究实验室授予鹰眼 360 公司一份价值 1550 万美元的合同，用于购买射频分析研发服务，帮助其测试和评估空军的太空情报监视侦察混合架构。近些年来，随着低轨卫星技术的不断发展及发射成本不断下降，越来越多商业公司开始涉足电磁频谱监测领域。同时在大数据、人工智能等新技术的推动下，商用卫星可在一定程度上与军用信号情报卫星形成能力互补。在这样的背景下，美军敏锐把握新发展趋势，开始试探与商业公司合作，进一步提升其天基信号情报能力。

一、美军信号情报卫星现状

美国在天基信号侦察领域毫无疑问是最强的，自 1962 年 5 月发射世界上第一颗电子侦察卫星以来，美国的信号情报卫星已从 20 世纪 60 年代的第一代卫星发展到第五代卫星。目前，美国主要使用第四代电子侦察卫星和第五代电子侦察卫星，包括“水星”“门特（又称“猎户座”）”“号角”“入侵者”“徘徊者”等电子侦察卫星。下面简单介绍其中几种电子侦察卫星。

（一）“水星”电子侦察卫星

“水星”是美国新一代地球同步轨道电子情报/信号情报卫星，该系列卫星拥有一个直径约 100m 的可展开式圆形天线，不仅能侦收各类通信信号，还可以收集导弹试验的遥测、遥控信号，以及雷达信号等非通信电子信号。

2014 年 4 月 10 日，美国空军发射了一颗“水星”F/O 1 卫星，外界推测此卫星为“水星”系列的后续卫星，也可能是新的地球同步电子情报/信号情报卫星系列，专门用于截获通信传输。至此，美国共有 4 颗在轨的“水星”系列电子侦察卫星。

（二）“门特”电子侦察卫星

“门特”是由美国国家侦察局和中央情报局开发的地球静止轨道电子侦察卫星，用于替代旧的“大酒瓶/猎户座”卫星。由于静止轨道电子侦察卫星有较多的优势，例如卫星轨道越高，地面覆盖面就越宽，时效性也越好，因此美国很重视发展这类卫星。美国于1998年5月8日发射了一颗国家侦察局“门特”的电子侦察卫星，成功定点在西太平洋上空。“门特”电子侦察卫星主要的用户是中央情报局，用于侦收印度、巴基斯坦、中国、朝鲜、韩国、日本等国家及中东地区的信号情报，并作为成像侦察手段的补充。

2016年6月11日，一颗隶属于美国国家侦察局的侦察卫星发射升空。根据火箭配置、发射场地、发射时间窗口、上升路径以及美国国家侦察局当前的任务，推定此次发射的是美国“门特”系列信号情报卫星系列中的第7颗。

（三）“入侵者”卫星电子侦察卫星

“入侵者”是美国新一代大型同步轨道电子侦察卫星，是美国“一体化顶层信号侦察体系”的组成部分，该体系旨在提高电子侦察质量，降低系统成本。由于美国对该型卫星采取严格的保密措施，因此很难获得有关“入侵者”卫星的确切资料。外界推测认为，“入侵者”卫星汇集了“大酒瓶”“水星”“号角”等卫星的功能，是目前最先进的电子侦察卫星。该卫星具有变轨能力，可替代当今静止轨道和大椭圆轨道的电子侦察卫星，在统一各轨道系统的同时，还集通信情报和电子情报侦察于一身。目前“入侵者”系列在轨运行的卫星共有3组，12颗卫星，采用一主三副四星长基线时差定位体制，定位精度可达2km（圆概率误差）。

二、美军可利用的商用信号情报卫星

随着低轨卫星及信号情报载荷技术的快速发展，北约国家有越来越多的防务公司或初创公司开始涉足天基射频监测领域，其中有的公司已经与美军签订合作协议，有的公司还在不断与美军接触，希望能与美军开展合作。在这些进入卫星信号情报领域的公司中，有的公司是充分利用自身在信号情报领域的经验积累，拓宽业务范围，如英国的水平线航空航天技术公司；有的公司是充分利用软件无线电、大数据、人工智能等新兴技术，通过收集、分析大量的射频数据，形成全球范围的射频活动态势，如鹰眼360公司、克勒斯太空公司、无形实验室公司等。

（一）鹰眼360公司

鹰眼360（Hawkeye 360）是第一家进入天基射频监测市场的公司，也是少数已将立方体卫星发送至轨道的公司之一。2018年3月，鹰眼360公司利用SpaceX公司的“猎鹰9号”火箭将3颗卫星发射到97°、590km的低地球轨道上。这3颗卫星以15kg的NEMO

微型卫星总线为基础平台,在太空形成 2 颗在前、1 颗在后的星座,通过 1 颗卫星前后穿梭的方式来获得辐射源的 3D 视图,并对辐射源进行精确的地理定位,同时使用机器学习和其他工具对收集到的数据进行处理和分析。

2021 年 2 月,鹰眼 360 公司将 3 颗频谱监测卫星发射升空,此次发射的卫星能力更强,数据处理速度也更快,地理定位精度也有提升,同时使用了软件无线电技术,可同时侦收各种频率的信号。2021 年 6 月,鹰眼 360 公司再次将 3 颗卫星送入低轨轨道。至此,鹰眼 360 公司拥有 9 颗频谱监测卫星。

随着其星座的不断扩大,鹰眼 360 公司可对多种射频信号进行识别和精确定位,包括 VHF 频段的海上无线电、UHF 频段的对讲机通信、V 和 S 频段海上雷达系统、自动识别系统(AIS)信标、L 频段卫星设备和应急信标等。目前鹰眼 360 公司已推出 RFGeo、区域态势订阅、SEAker 三种订阅服务,为各种类型的公司提供定制化服务。2022 年 3 月,鹰眼 360 公司发布报告,称其在乌克兰附近检测到持续且不断增加的 GPS 干扰信号。

(二)克勒斯太空公司

克勒斯(Kleos)太空公司成立于 2017 年,主要为海上市场提供天基射频数据服务。该公司的理念是提供全球隐蔽海上活动情况,提升政府及商业实体在没有自动识别系统信号、图像不清晰或船只不在巡逻范围等情况下的情报能力。该公司提出射频侦察数据即服务的经营理念,主要通过收集海上的辐射源信息,并将其出售给国防组织和机构,以及包括那些从事搜救行动的机构和商业客户。

2020 年 5 月,克勒斯太空公司在美国空军研究实验室的微卫星军事应用项目安排(MSMU PA)下,获得犹他州立大学太空动力学实验室一份合同,将向微卫星军事应用项目的成员提供射频辐射源数据,相关的成员包括澳大利亚、加拿大、德国、意大利、荷兰、新西兰、挪威、英国和美国的国防和情报组织。2020 年 12 月智利空军与克勒斯太空公司签署合同,对其服务进行试用评估,并利用后者的数据帮助其监测领海内外的海上活动。巴西国家石油公司与克勒斯太空公司签署试用演示合同,它希望利用该公司的辐射源数据,并与其他天基传感器数据相结合,以识别污染和其他环境犯罪活动。英国情报管理支持服务有限公司也与克勒斯太空公司签署合同,以便向其采购天基侦察任务数据,并将天基数据与分析服务一起出售给政府和行业客户。

2020 年 11 月,克勒斯太空公司利用印度太空研究组织的极地卫星运载火箭发射了首批 4 颗射频侦察卫星,这些卫星以钻石队形部署在 37°的倾斜轨道上,可覆盖霍尔木兹海峡、南海、非洲、日本南海和帝汶海等区域。这些卫星利用软件定义无线电的基础,利用到达时差手段对 VHF 频段的信号进行地理定位,且监测能力最终可涵盖卫星电话。截至 2022 年 4 月,克勒斯太空公司已经将 3 个星座共 12 颗射频信号侦察卫星送入轨道,并计划在2022年内将第4个星座送入轨道，最终将打造由20颗卫星组成的卫星群。

（三）无形实验室公司

无形实验室（Unseenlabs）公司成立于2015年，目前已研制并发射了3颗侦察卫星，主要通过射频辐射源对海上船只进行跟踪（但并没有透露其监测哪些类型的信号），并将收集到的射频信号数据以服务的方式出售给各类客户。此外，无形实验室公司的接收机还对信号进行辐射源个体识别，从而使其能够对某一区域内的特定船只进行跟踪。

2019年8月，无形实验室公司利用火箭实验室的电子运载火箭发射了首颗卫星，这是一颗6U的立方体卫星，由GomSpace公司研制，部署在540km、45°轨道上。随后2颗卫星于2020年11月发射，部署在500km、97°的轨道，以进一步提高覆盖范围。2022年5月，无形实验室公司再次利用电子运载火箭将3颗新研制的卫星发射送入520km的轨道上。

（四）水平线航空航天技术公司

近些年，此前主要从事卫星通信监控的水平线航空航天技术公司也开始涉足立方体信号情报卫星领域。该公司启动一个名为“琥珀”（AMBER）星座的立方体卫星项目，旨在为海上态势感知提供信号情报即服务（SAAS）。该卫星的有效载荷集成了“飞鱼”信号情报系统的多种接收机，对全球船舶的射频辐射源进行定位和跟踪，主要包括S/X频段舰载雷达、自动识别系统、L频段卫星通信等，同时还能对图莱亚、IsatPhone Pro等卫星通信信号进行解调，获取信号情报，如波形和其他特征等。这些卫星全球覆盖区域的每天重访次数为4～7次，而计划中的第二代卫星将重访时间缩短到1.5～2h，整个星座的重访时间可减少到1h以内。2020年11月，水平线航空航天技术公司宣布已将首批“琥珀”6U立方体卫星的有效载荷运往克莱德太空公司进行测试与集成，原计划2022年8月将首批“琥珀”卫星送入轨道，但直到2023年1月9日才发射升空。

三、商用卫星对美国天基侦察能力影响分析

以SpaceX为代表的新兴航天公司使卫星（尤其是低轨卫星）发射难度及成本都大幅下降，软件无线电、人工智能等技术的发展成熟也大幅降低小卫星的研发门槛，低轨卫星巨大的市场潜力吸引大批资本涌入，给美军天基信号侦察带来更多活力。

（一）高低搭配，弥补空白

传统上，电子侦察卫星属于“高大上”资产。“高”主要表现为轨道高、成本高。以美

国为例,其绝大部分电子侦察卫星都部署在地球同步轨道或大椭圆轨道,且这些卫星研发制造成本高,发射运作成本高。"大"主要表现为卫星尺寸、重量都很大。例如,美国的"水星"电子侦察卫星的质量为 4 ~ 5t,圆形天线展开后直径可达 100m。与之相反,商用电子侦察卫星目前基本都是低轨小卫星,通常在 400 ~ 500km 的轨道高度,尺寸也多集中在 3U 以下,使得卫星的发射成本大幅降低。同时商用小卫星更多采用商用现货产品,从而显著降低研发及生产成本。

此外,低地球轨道卫星在电子侦察领域也有独特优势。由于距离辐射源更近,因此低地球轨道电子侦察卫星的接收灵敏度要求没有高地球轨道卫星严苛,同时由于其相对地球表面运动,因此理论上可通过运算实现单星定位。目前商用电子侦察卫星多用 3 或 4 颗卫星组成的小星座,以实现更好的侦察效果。利用大数据及人工智能技术,可以形成全球范围的电磁频谱态势感知能力。美国通过充分利用商用电子侦察卫星的能力,从而实现高地球轨道卫星与低地球轨道卫星搭配,高价值卫星与低成本卫星服务配合,丰富其情报产品手段。同时由于军用电子侦察卫星研发周期长,且在设计之初就有非常明确的作战目标,因此对新兴的电磁目标(尤其是商用电磁目标)存在能力短板及空白,而商用电子侦察卫星则能在较大程度上弥补这种空白。

(二)机动灵活,快速响应

商用电子侦察卫星的研发、发射都非常灵活,可以针对新出现的情况及时做出调整,例如在研发过程中根据需要添加新的硬件或能力,或针对紧急情况临时调整发射计划,提前将卫星送入轨道并进行侦察,或利用在轨机动能力,调整重点关注区域,从而实现对突发事件所在地区进行侦察,这种灵活性是传统电子侦察卫星难以实现的。此外由于商用电子侦察卫星大多采用软件无线电,因此在能力升级和调整方面也具有很大的灵活性,可以通过修改软件的方式来改变卫星的任务和能力,这是传统电子侦察卫星所不具备的,因为后者的能力与硬件是紧耦合状态,卫星在发射后就很难修改了。通过与商业公司合作,美军可以充分利用商用电子侦察卫星的灵活性,从而更加快速地响应作战需求,为实现电磁频谱主宰优势创造条件。

(三)投石问路,创新探索

美国军方通过与商业公司合作,探索低轨信号情报卫星发展的新方式,例如早在 2019 年,美国国家侦察局就授予鹰眼 360 一份研究合同,其目的是将商用射频调查、订购、编目和数据产品集成到国家侦察局的情报架构中。美国空军此次与鹰眼 360 公司的合作,也是为了探索其未来太空情报监视侦察的混合架构。2022 年 12 月,SpaceX 公司推出"星盾"计划,该计划是"星链"系统的升级版,主要为美军及美国情报部门设计,该计划将利用卫星数量优势,进一步拓展其业务范围。由此可见,未来商业公司在美军天基侦察领域将发挥重要作用,但由于商业公司在天基信号情报领域是新生物种,因此如何有效地将商业公司的能力整合到美军现有的产品体系、侦察信号如何共享及融合、合作的方式及流程等都需要不断探索和创新。

四、启示建议

(一)布局技术,夯实基础

低地球轨道(以下简称低轨)电子侦察卫星通过不断重访,可实现全球范围的电磁频谱感知,且通过与其他侦察手段相结合,可形成更全面、更多维度的情报产品。由于低轨电子侦察卫星更多关注民用、商用电磁目标,同时兼顾部分典型军用电磁目标,因此其产生的信号数据将变得非常庞大。因此要想更好地利用低轨电子侦察卫星的数据,需要提前对关键技术展开攻关,例如,射频信号统一表征技术、信号数据库存储及利用技术、信号大数据处理技术、人工智能技术等,为后续我国发展相关项目及能力奠定技术基础。

(二)加大投入,跟进项目

面对国外蓬勃发展的低轨电子侦察卫星,我国应加大人力、物力、财力的投入力度,开展相应的低轨电子侦察卫星研究项目。这些项目可重点关注典型的商用电磁目标,如国际海事卫星、铱星、自动识别系统、应急信号等,有效地补充和完善传统的高轨电子侦察卫星的能力,其发展及应用潜力都非常大。此外,基于软件无线电技术及开放体系架构的卫星,有望实现通信、电子侦察、遥感探测、天基雷达成像等能力,可以根据实际需要在不同区域上空动态重构卫星的功能,从而实现一星多能的效果。

(三)电磁安全,迫不容缓

随着低轨电子侦察卫星的不断增多,我国军用、民用及商用电磁活动更加清晰地暴露在美国的监视范围。通过大数据融合分析及人工智能学习等技术,可以掌握我军部队调动及演训情况、我国经济活动情况、海上活动规律等敏感甚至涉密信息,给我国防安全构成重大挑战。因此我国需从国家层面研究解决电磁安全问题,例如,研究并制定相应的规章制度,以便指导和规范电磁频谱的使用;同时采取必要的电磁防护措施,如屏蔽、静默、有意干扰等,防止国外低轨电子侦察卫星将我国电磁活动一览无余。

(中国电子科技集团公司第三十六研究所　陈柱文)

美国太空军举行“黑色天空”电磁战指挥控制演习

2022年9月19—23日,美国太空训练与战备司令部举办首次“黑色天空22”(BLACK SKIES 22)电磁战指挥控制实兵模拟演习。此次演习是美国太空军(以下简称美太空军)“天空”系列的首场演习,旨在演练联合电磁战指挥控制,成功对一颗租用的商业卫星实施实战模拟电磁干扰。

一、演习概况

“黑色天空”演习的主要目的是使新成立的美太空军演练和掌握卫星干扰类作战科目相关专业技能。美太空军“天空”系列演习参考了美国空军“旗帜”系列演习,但更聚焦于太空军自身的作战样式,其演练层级集中在联合太空作战中心和国家太空防御中心等中层架构,参演人员以太空军和负责太空事务的美国空军国民警卫队人员为主。美太空军后续还将推出“红色天空”轨道战实兵演习(2023年)和“蓝色天空”网络战实兵演习(2024年)。此外,美太空军还计划在2023年进行一次军种级“黑色天空”演习。

本次“黑色天空”演习由美太空军第1德尔塔部队第392战斗训练中队主导,第11德尔塔部队第25太空靶场中队以及太空作战司令部、空中国民警卫队和空军后备队的多个战斗中队参与,参演士兵50余名。演习区域横跨加利福尼亚州和科罗拉多州,并上延至海平面以上35000km(同步轨道卫星高度)的空间范围。

二、演习内容

此次演习着重演练了美军联合电磁战指挥控制,并对联合电磁战中的多种战术行动以及指挥控制关系进行了细化,同时将租用的商业卫星作为目标,在模拟实战的情况下,通过“反通信系统”(CCS)对其实施干扰。

(一)联合电磁战指挥控制

此次演习场景由第392战斗训练中队通过仿真技术构建,聚焦美国欧洲司令部责任区域内的危机,涉及太空、空中、地面特种部队的联合作战以及影响多个作战域的网络行动。此次演习围绕美军联合电磁战指挥控制作战流程,基于已有系统、流程、规则等,形成简单的“观察—调整—决策—行动”(OODA)闭环,演练了电磁战指挥控制、规划执行的过程,细化了联合电磁战中的多种战术行动以及指挥控制关系。

(二)通信卫星干扰行动

此次演习使用太空部队的电磁战基础设施,对从一家私营公司租用的商业卫星实施干扰。美太空军目前拥有的通信卫星干扰装备只有“反通信系统”,由美太空军第3德尔塔部队管控。“反通信系统”的第一代产品于2004年交付,此次使用的是2020年3月接收的新型产品——CSS Block 10.2。美太空军宣称,该系统已具备初始作战能力,是“首套进攻性武器系统”,可执行多种定制化任务,工作频段为C、X、Ku频段。根据美太空军预算文件,“反通信系统”可提供一种适用于所有冲突环节的远征式、可部署、可逆的进攻性太空控制能力。“远征式、可部署”表明“反通信系统”是一种便于运输的电磁战系统,可与载车平台松耦合,搭载于拖车上;“可逆”在电磁战领域通常是指具备电磁干扰、电磁欺骗类软杀伤能力,可通过可逆方式拒止对手的卫星通信。

三、演习特点

此次演习在参演机构方面跨越多个部队,涵盖太空军训练、电磁战、指挥控制人员以及部分空军和联合太空中心人员;在演习形式方面是一场利用了仿真技术的“虚实结合”型演习,涵盖“真实型”“虚拟型”和“构造型”训练。

(一)跨越多个部队开展联合电磁战演习

“黑色天空”演习建立了跨越多个部队的联合团队,涉及太空军训练、电磁战、指挥控制人员,负责太空事务的空军国民警卫队、空军后备队人员,以及联合太空中心的空军、陆军、海军和盟军人员,是一次联合电磁战演习。参演机构包括太空军第1德尔塔部队第392战斗训练中队、第11德尔塔部队第25太空靶场中队、第3德尔塔部队第4和第16电磁战中队、第5德尔塔部队,佛罗里达州空中国民警卫队第114太空控制中队,加利福尼亚州空中国民警卫队第216太空控制中队,空军后备队第380太空控制中队,以及美国太空司令部联合太空作战中心。

太空军第1和第11德尔塔部队隶属于太空训练和战备司令部,主要负责太空专业人员的培训与教育。其中,第1德尔塔部队位于加利福尼亚州范登堡太空部队基地,主要提供初始技能培训、专业作战人员后续培训以及高级培训活动和课程;第11德尔塔部队暂时设在科罗拉多州的施里弗太空部队基地,主要负责模拟敌对力量,并通过提供真实、虚拟和构造型的靶场和战场复现能力,为部队提供演习和训练环境。

太空军第3和第5太空德尔塔部队隶属于太空作战司令部,前者负责电磁战,后者负责指挥控制。其中,第3太空德尔塔部队位于彼得森太空部队基地,主要负责为美国、盟军和联合部队提供电磁战专业人员;第5德尔塔部队位于范登堡太空部队基地,主要负责对太空部队进行作战级指挥控制。

(二)利用仿真技术开展“虚实结合”演习

美军《电磁频谱优势战略》提出,美军应为测试、训练和分析打造现代化的“真实、虚拟、构造”(LVC)电磁频谱基础设施。此次演习涉及实际人员操作真实系统的“真实型”训练活动,即利用真实的电磁干扰装备,通过真实的指挥控制系统,干扰真实的通信卫星;也涉及实际人员操作模拟系统的“虚拟型”训练和模拟人员操作模拟系统的“构造型”训练。

除了使用真实卫星,演习场景还呈现了美军驻欧洲部队面临的空中联合作战、地面特种作战以及影响各个作战域的网络空间作战等场景,所有这些场景由第392战斗训练中队和第25太空靶场中队花费9个月时间,通过“构造型”仿真实现。这些靶场环境复现了以上战场条件,使士兵有机会演练和改进其作战战术、战法和程序。在演习中,士兵使用真实和虚拟仿真分析电磁效应,规划和执行集成行动,练习进攻性和防御性电磁战行动,完善多种战术,演练指挥控制关系。

四、几点认识

此次演习从内容上看,美军正积极探索联合电磁战指挥控制,而未来联合电磁战指挥控制将依托美军开发的联合电磁战斗管理系统;从方式上看,LVC训练将是美军电磁战演习的重要方式,能够解决当前电磁战演习面临的主要问题。

(一)美军正在积极探索联合电磁战指挥控制

此次演习演练了美军联合电磁战的指挥控制,旨在使指挥官熟悉太空电磁战的作战节奏。实际上,为应对复杂电磁环境,美国国防部和各军种正在开发电磁战斗管理系统,为电磁频谱作战指挥官提供态势感知、决策支持和指挥控制能力,并将电磁战、频谱管理、信号情报等活动统一考虑,实施电磁频谱作战指挥控制。美国国防部和各军种最终将实现电磁战斗管理系统之间的互操作,互相提供对方需要的态势感知、作战方案等信息。美太空军尚未开发适用于自身的电磁战斗管理系统。考虑到太空军归口管理通信、导航、监视、预警等卫星,同时还要在地面对卫星、导弹等目标进行侦察监视与干扰,有着不同于其他军种的电磁频谱需求,因此也需要符合自身需求的电磁战斗管理系统,统筹通信、情报、频谱管理、电磁战、指挥控制等活动。

在联合作战中,一方面,太空军需要将电磁攻击能力与全域火力进行集成和同步,与空军"罗盘呼叫"等电磁战能力合作,联合制定战斗计划,接受联合部队指挥官的统一指挥,而联合部队指挥官负责对各军种电磁频谱作战活动进行协调、优先级排序、集成、同步、指导和去冲突;另一方面,联合部队需要太空军电磁频谱作战能力的支持以实现联合全域指挥控制,太空军则需要通过机制和系统,将获取到的电磁频谱信息传递给联合部队电磁频谱作战单元,供联合部队指挥官分析决策,而以上活动都将依托联合电磁战斗管理能力。

(二)LVC 训练是美军电磁战演习的重要方式

近年来,美军愈发重视电磁战演习,但当前电磁战演习往往受到多方面限制,导致距离实战化还有一定距离。当前电磁战演习主要面临以下问题:①频率管制、战术受限、安全考虑等己方限制,使美军强大的电磁战装备和能力无法正常使用,例如,限制宽频段大功率干扰,防止对己方设备产生较大影响;②效能评估难,电磁战人员难以实时评估具体的作战效果,也无法理解作用过程,需要事后进行分析研判,这使电磁战演习双方对抗具有盲目性;③各军种电磁战力量分散,缺乏电磁战斗管理系统,使联合电磁战演习更加困难。此外,电磁战演习还面临着成本高昂等问题。

LVC 演习涉及真实人员操作真实系统、真实人员操作模拟系统、模拟人员操作模拟系统三种形式,可以解决以上大部分问题:①在虚拟战场针对模拟目标不用谨慎考虑己方限制,可以发挥电磁战系统的所有性能,甚至构造出超过现实能力的系统来演练战术,例如,进一步提升干扰功率、完善系统兼容性;②敌方系统构建简单,不需要真实建造敌方系统,极大丰富了对抗目标,演习中能够灵活切换目标系统;③反馈及时且可以反复训练,直到受训人员理解相关机制,具有训练数据记录功能,支持任务后再现训练情况;④受训人员不再受限于所属机构,能根据任务自组织。此外,虚拟与构造系统还可以大幅降低成本,定制化训练场景,解决其他问题。因此,LVC 训练是美军未来电磁战演习的重要方式。

(中国电子科技集团公司第三十六研究所　王一星)

主要国家积极将非合作无源探测系统集成到新一代防空系统

2022年世界主要国家积极将非合作无源探测系统集团到新一代综合防空系统，提高防空系统的电磁频谱作战能力。德国亨索尔特公司将“特因维斯”(Twinvis)非合作无源探测系统作为可选组件集成到迪尔公司IRIS－T系列防空系统中。瑞士在其“空中2030”防空现代化项目中测试了非合作无源探测系统。美军第三代“沉默哨兵”系统通过其在研的一体化防空反导作战指挥系统(IBCS)，实现和“萨德”反导系统等系统的互联。北约集成军用可部署多波段非合作无源探测系统与有源雷达等系统试验，不断提升防空反导能力。

一、研发背景

现代战争中，地面防空系统，特别是其目标指示和制导雷达系统，依靠自身定向辐射电磁波实现目标的探测、定位和跟踪，往往是被优先打击的对象。通过将无源探测系统集成到新一代防空系统，可实现“静默”工作，减少甚至无需雷达开机，即可对入侵的敌方作战飞机等空中目标进行探测和跟踪，为武器系统提供目标指示和制导信息，直接引导武器进行打击，可以提供有效的防空打击能力。

有源雷达与无源探测系统融合(或集成)的历史起源20世纪70年代。多假设跟踪(MHT)技术常被用于处理杂波环境下的多目标情况。最初，为得到更优的对空监视空情图，将有源雷达、电子支援措施系统(ESM)和红外传感器的数据进行融合。随着越来越复杂系统的逐步开发，有源雷达、敌我识别(IFF)或ESM等系统的数据已能被结合起来。进入21世纪，越来越强的计算能力推动了非合作无源探测系统的快速发展。

非合作无源探测系统，也称无源雷达或无源相干定位(PCL)系统，是利用第三方发射的电磁信号(主要有雷达信号、调频/调幅/数字音频广播信号、模拟/数字电视信号、GSM/CDMA移动通信信号、全球定位系统等卫星信号及手机基站信号等)探测、跟踪目标的特殊双/多基地雷达系统，接收来自照射源的直达波和经目标反射后的回波，测得目标回波的多普勒频率、到达时差和到达角等信息，经处理后来实现目标的探测、跟踪和定位。

非合作无源探测系统具有反隐身、抗干扰、抗超低空突防以及抗反辐射武器的特性，越来越受各国重视。近年来，随着宽带数字化技术和算法的不断成熟及硬件水平的大幅度提高，在外辐射源稀少且信号微弱的地区，非合作无源探测系统也能对信号进行截获，进而对目标进行探测、跟踪和定位。非合作无源探测系统发展迅速，各国积极推进非合作无源探测系统在新一代防空系统中的应用。

由于非合作无源探测系统存在高虚警率、可能的虚假目标、到达角（DOA）估计差（与典型的对空监视雷达相比），融合非合作无源探测系统和有源雷达数据会引起高计算量，因此，21 世纪才首次尝试此类融合。2009 年起北约传感器与电子技术（SET）研究任务组（RTG）从北约 SET - 152/RTG“可部署多波段无源雷达（非合作无源探测系统）/有源雷达”（DMPAR）起（2009—2012 年）就已开展了大量的工作，DMPAR 概念的重点目标是集成工作在不同频段上的非合作无源探测系统和有源雷达的数据。2019 年 9 月北约 SET - 258/RTG“军事场景中 DMPAR 部署与评估”（2018—2022 年）在波兰举行了一场名为“地基、空基、海基有源/无源雷达试验”（APART - GAS）的试验活动，将从军用网络所收集的有源雷达和非合作无源探测系统的点迹在线进行了融合。该试验让武装部队在非合作无源探测系统和有源雷达的实际合作方面获得了重要经验。从 2019 年 9 月起，APART - GAS 试验活动就成为北约科学与技术组织的一项长期持续的工作，用以实现一种集成有源军用雷达、现役非合作无源探测系统、非合作无源探测系统样机及无源辐射源跟踪系统（PET，一种电子支援措施系统）的优化方法。2022 年 3 月北约科学与技术组织展示了在军事场景中可部署的 DMPAR 系统。

二、非合作无源探测系统集成应用情况

随着非合作无源探测系统的快速发展，世界各国积极推进非合作无源探测系统在新一代防空系统中的应用。

（一）德国将“特因维斯”系统集成到 IRIS - T 系列防空系统

2022 年 2 月，德国亨索尔特公司将“特因维斯”非合作无源探测系统作为可选组件集成到德国迪尔防务公司 IRIS - T 系列防空系统中。埃及是首批运用该技术的用户之一，其采购的 16 套 IRIS - T 系统就包括“特因维斯”系统。瑞士被认为是另一个潜在客户，该国在其“空中 2030”防空现代化项目中测试了非合作无源探测系统。2022 年 6 月，德国空军也有意采购“特因维斯”系统。亨索尔特公司曾在 2018 年柏林航展期间利用“特因维斯”系统捕捉

到了两架到访的美国 F-35 隐身飞机。“特因维斯”系统具有 360°全方位覆盖和三维跟踪功能,能同时利用调频、数字音频广播(DAB)和数字电视广播(DVB-T)信号,实时融合 25 台不同频段发射机信号。该系统对客机大小空中目标的探测距离为 250~300km,从天线到跟踪的延迟时间小于 1.5s,跟踪更新率为 0.5s。随着天线技术的快速发展,“特因维斯”系统天线尺寸越来越小、部署起来更加方便,无源感知的应用领域也不断扩大。

过去非合作无源探测技术在欠发达地区和偏远地区无法发挥作用,因为这些地区的外辐射源太少且信号比较弱,近年来亨索尔特公司通过算法升级改进了相关技术,使“特因维斯”系统能截获非常微弱的信号,并对目标进行定位。使用有源雷达容易暴露防御方的位置和作战能力,而利用无源探测系统则能够有效减少或不使用有源雷达。另外,“特因维斯”系统与带有智能导引头(提供目标终端制导)的导弹一起使用,能提供的制导能力足以使导弹在导引距离内发挥作用。亨索尔特公司宣称,“特因维斯”系统是地面防空作战中不可或缺的重要组成部分。

2022 年 5 月,俄乌冲突中,德国亨索尔特公司将“特因维斯”系统与 TRML-4D 防空系统的有源雷达结合,形成独特的双传感器(TwinSens)解决方案,通过在这两个系统之间交换传感器数据,大大提高了陆基防空系统态势感知能力。

(二)美国准备将“沉默哨兵”系统集成到 IBCS 系统

美国陆军正在研制一体化防空反导作战指挥系统(IBCS),并于 2022 年 3 月在新墨西哥州白沙靶场完成两次初始作战试验,成功拦截 3 个威胁目标。IBCS 采用开放式架构,使其能够快速集成各种可用的新技术。美军正在研制的第三代“沉默哨兵”非合作无源探测系统和“萨德”反导系统等武器系统可通过 IBCS 系统实现互联互通互操作。

“沉默哨兵”系统是美国用 15 年时间于 1998 年研制成功的第一个真正意义上的非合作无源探测系统。该系统以商业调频电台和电视信号作为外辐射源,接收站由相控阵天线、大动态范围的数字接收机、每秒十亿次浮点运算的高性能并行处理器和三维战术显示器组成,通过测量目标的到达角、多普勒频移和目标信号与直达波信号到达接收站的时间差,利用无源相干定位(PCL)技术来对目标进行定位与跟踪。“沉默哨兵”系统的信号源数据库存贮了全球 5.5 万个商用电台、电视台的位置与频率信息,因此该系统可在世界大多数区域使用。目前,“沉默哨兵”系统已发展到第三代,能够覆盖 360°空域,可处理 8 个照射源发射的信号,具有固定站式和快速部署式,也可安装到飞机和舰船上。新一代系统能同时跟踪 200 多个目标,并鉴别出间隔 15m 的 2 个目标。美国空军的 B-2 战略隐身轰炸机在 250km 外就曾被“沉默哨兵”系统擒获。

(三)北约集成军用可部署多波段 DMPAR 提升防空能力

2022 年 3 月,北约传感器与电子技术(SET)研究任务组成功完成了一项活动,帮助军事组织优化可部署多波段 DMPAR 系统的使用。DMPAR 系统可用于检测和跟踪空中目标。一套 DMPAR 系统包括几个合作的传感器站点和模式，由照射发射机和通信基础设施提供支持。与许多当前的雷达系统不同，DMPAR 可以利用许多不同频段有源雷达和非合作无源探测系统等合作工作，不仅可以显著扩展探测范围，“填补”传统的有源雷达的空白，而且能够探测低空和低雷达截面目标——包括在针对隐形目标的行动中，可大大提升防空系统侦察、干扰和打击目标的能力。

（四）波兰联合开发无源定位系统提升防空反导能力

2022 年波兰 PIT－RADWAR 公司正在与 AMT 技术公司和华沙理工大学（WUT）一起联合开发无源定位系统（PLS），该系统由无源相干定位（PCL，也称为非合作无源探测系统）子系统和无源辐射源跟踪（PET，一种电子支援措施）子系统组成，计划采用 20MHz～18GHz 频段，融合 PET 和 PCL 探测，并执行信号情报和分类，为防空反导系统提供先进的 PLS 系统，提升战场生存能力和作战效能。PLS 系统与有源雷达结合，将提供连续的空域监视和识别，可大大提高防空系统作战能力和生存力。

（五）意大利研制软件定义多波段非合作无源探测系统提升防空能力

意大利莱昂纳多公司从 2006 年开始研发“奥罗斯”（AULOS）非合作无源探测系统，研发工作从单频二维传感器开始，发展到基于软件的多频三维系统，能探测从大型客机到小型商用无人机的目标。目前“奥罗斯”系统已研制完毕，并安装在罗马附近一个军用机场，用于测试反无人机效果，以优化设计。

2022 年，意大利雷达与监视系统国家实验室研制的“软件定义多波段外辐射源无源探测系统”（SMARP）演示样机，是一种基于软件定义解决方案、面向海岸监视应用的多波段非合作无源探测系统。它利用地面数字电视广播和通用移动通信系统（UMTS）的标准信号，演示了在几个领域取得的进展，包括：采用双极化接收的多波段（UHF 波段和 S 波段）接收阵天线、基于商用解决方案的软件定义多波段灵活接收机、数字阵列处理技术、基于商用现货多核处理器架构的先进雷达信号处理算法等。

三、几点认识

新一代隐身作战飞机投入使用，再加上无人机以及其他低空小型目标不断增多，迫切需要能够补充传统雷达的技术空白，而非合作无源探测系统正是填补传统监视雷达空白的一个很好的解决方案。随着宽带数字化技术和算法的不断成熟及硬件水平的大幅度提高，非合作无源探测系统呈现出快速发展的势头，将在各国防空系统建设中发挥更重要的作用。

(一)非合作无源探测系统与有源雷达集成将大幅提高防空系统综合性能

大多数隐身飞机已经针对工作在较高频段的火控雷达进行了优化,可对抗“单基地”雷达,能最大限度地减少其前扇区的信号反射。这时采用有源低频段雷达,再结合非合作无源探测系统,将是对抗隐身飞机等空中隐身目标的一种理想组合。

同时,当外界电磁辐射设备关机或无法利用时,非合作无源探测系统无法单独对目标进行探测定位,可考虑将非合作无源探测系统与有源雷达相集成,利用非合作无源探测系统接收己方有源雷达的直射信号与目标反射信号对目标进行探测,这样既提高了非合作无源探测系统的利用率,又增强了有源雷达的隐蔽性和生存能力,将大大提高防空系统的信息对抗能力。

(二)低成本认知多波段非合作无源探测系统实现成为可能

依靠外辐射源的非合作无源探测系统从最早可利用的电视信号、调频信号到现在的移动通信信号、卫星信号及手机基站信号,可供选择利用的外辐射源种类日渐增多,在全球大部分地区都可以可靠地为空域提供多基地和多频段照射。同时,随着越来越强大的微处理器出现,可以实时处理多个非合作辐射源的信号数据。随着开放式架构、先进算法和软件定义认知技术的快速发展,使用开放式架构的软件定义低成本多波段非合作无源探测系统开始出现。意大利雷达与监视系统国家实验室已经在开发软件定义多波段阵列非合作无源探测系统演示验证机。

(三)无源有源探测系统集成还有很大的增长空间

在许多应用中,与纯同类传感器装置相比,不同类型传感器数据融合对改进结果显示出了很大潜力,波兰开发的无源定位系统和北约 APART - GAS 测试活动期间收集的数据确认了这种潜力。波兰无源定位系统集成了非合作无源探测系统和电子支援系统,可探测在 200km 半径内的大部分目标,未来非合作无源探测系统不仅会考虑新型机会照射源,如卫星照射源或 5G,还会考虑有源雷达作为潜在的目标照射源。北约 APART - GAS 测试活动中,各参与方的多波段有源雷达和无源探测传感器联合起来,对一个直径超过 500km 区域内的目标飞机进行了监视,明显改善了态势感知能力。尽管目前已取得了积极的结果,但还有很大的增长空间。综合来看,为了优化传感器间资源分配,深度集成这两种传感器技术是未来防空系统追寻的目标。

(中国电子科技集团公司第五十一研究所　于晓华　王　冠　费华莲)

2022 年国外反无人机领域发展综述

随着无人机技术的快速发展以及无人机系统在全球范围内的应用不断增长。无人机所带来的威胁也受到世界各国的关注，以美国和北约为首的军事强国及组织皆在大力研发反无人机装备和技术。在 2023 财年国防预算中，美国国防部计划支出至少 6.68 亿美元用于反无人机技术研发，7800 万美元用于系统采购。2022 年 9 月美国国防部成立了一个反无人机卓越中心，并与美国陆军作战能力发展司令部等国防机构签订合同，将在未来 4 ~ 5 年内开发、评估和改进反无人机技术。此外，其他国家也纷纷推出基于人工智能、云计算、“软杀伤”等技术的反无人机系统。

一、发布多份报告及举措聚焦提升反无人机能力发展

（一）GAO 发布反无人机技术报告指明后续应用的机遇与挑战

2022 年 3 月 15 日，美国国会政府问责局（GAO）发布《科技聚焦——反无人机技术》报告，阐述了无人机可能带来的安全和安保风险，研究了反无人机系统的工作原理、技术成熟度以及使用这些技术带来的一些机遇、挑战和政策问题。

随着无人机数量的增加，无人机将成为新的安全威胁。目前，反无人机通常由探测和干扰/击败两个主要步骤完成。最常见的探测技术包括射频和雷达系统；干扰是通过干扰信号，干扰或中断无人机与操作员之间的通信链路，从而使无人机失效；击败是使用动能或非动能方法，压制或摧毁无人机。美国国防部从 2014 年开始就在海外使用反无人机技术。为了确保关键基础设施的安全免受无人机威胁，将给反无人机技术及反无人机态势感知技术带来机遇。无人机对军用飞机和商用飞机的正常运行造成的干扰，对国土安全的重要性也有所提高，这将给反无人机技术带来机会，并对反无人机态势感知技术的需求有所增加。但是，反无人机系统的打击或干扰的有效距离有限，并可能干扰附近的通信，这是反无人机技术需要解决的问题。

(二)白宫发布反无人机国家行动计划规范反无人机能力发展

2022 年 4 月,美国白宫发布了首个解决无人机对国土安全威胁问题的总体政府计划——《美国反无人机国家行动计划》,确保美国全国合法地使用无人机系统,同时保护空域、通信无线电频谱、个人隐私及权利。

该计划提出 8 项建议:与国会合作制定法案,扩大和重新授权国土安全部、国防部、国务院、司法部、中央情报局和美国国家航空航天局的反无人机系统权利;制定由联邦安全和监管机构批准的美国政府授权探测设备清单,以避免对空域或通信频谱造成意外干扰的风险;建立监督和授权机制,支持关键基础设施所有者和运营商购买反无人机系统设备;建立国家反无人机系统培训中心,促进跨部门的培训与合作;建立联邦无人机系统事件跟踪数据库,协助各机构更好地了解国内威胁;协调整个联邦政府对无人机系统探测和缓解技术的研究、开发、试验和评估;与国会合作颁布法案,为合法和非法使用无人机制定明确标准;加强反无人机系统技术的国际合作。

(三)CRS 发布《国防部反无人机系统》更新版报告为反无人机系统未来发展指明方向

2022 年 5 月 31 日,美国国会研究服务局(CRS)发布了《国防部反无人机系统》新版报告。报告简要介绍了美国国防部面临的无人机威胁和反无人机投资计划,概述了反无人机技术及方法,介绍了美国海军、陆军、空军、海军陆战队及国防部和其他机构反无人机武器的最新研究进展,并给出了国会面临的潜在问题。国防部在 2023 财年计划支出至少 6.68 亿美元用于反无人机技术研发,投入 7800 万美元用于系统采购。

目前,美国空军正在进行定向能反无人机测试工作,典型的装备有车载高能激光武器系统(HELWS)。美国海军相继开发了定向能激光武器(LaWS)、干扰无人机传感器的光学眩光器(ODIN)、"太阳神"激光武器(HELIOS)。这些定向能武器已部署在"庞塞"号和"普雷布尔号"舰上。美国海军陆战队开发海上防空综合系统(MADIS)和紧凑型激光武器系统(CLaWS)来应对无人机。美国国防部联合其他国防机构进行了"黑镖"演习,在演习中测试了反无人机能力,并计划到 2024 财年在俄克拉荷马州锡尔堡建立一个联合 C-UAS 学院,用于各军种同步进行反无人机战术训练。美国国防高级研究计划局(DARPA)为反蜂群人工智能项目提供项目资金。

(四)美国成立反无人机卓越中心提升反无人机技术应用

2022 年 9 月,根据《国防授权法案》,俄克拉荷马州立大学的俄克拉荷马航空航天研究与教育研究所与国防部合作建立了一个反无人机卓越中心,并与美国陆军作战能力发展司令部等国防机构签订合同,将在未来 4 ~ 5 年内开发、评估和改进技术,以识别、跟踪和减轻无人机对基础设施和其他对国土安全至关重要的场所构成的威胁。同时,负责培训现有和潜在的专业人员,以了解和部署反无人机技术和技巧。

二、研发/改进反无人机系统提升对抗无人机能力

(一)干扰手段反无人机系统

2022 年 2 月,美国创力企业向美军交付了 1000 套“无人机克星”(Dronebuster)的第三代反无人机系统。该系统是一种紧凑、轻便的手持反无人机系统干扰器。通过其射频干扰器,可以干扰压制全球定位系统/全球导航卫星系统信号,扰乱无人机的指令路线,迫使无人机悬停或返回出发地,也可使无人机失去空中通信和导航控制,最终导致坠落。该反无人机系统配备射频功率计和分析仪,即使在能见度低的情况下也能对抗无人机,允许操作员检测从无人机传输的消息类型,包括命令和控制(C2)、视频馈送和遥测数据。

第三代反无人机系统支持视距操作,其网络体系(SNA)可以超出视距操作。续航时间为 3h(持续干扰模式)和 10h 以上(射频探测模式)。有效作用距离是 750 ~ 1000m。

(二)综合手段反无人机系统

2022 年 8 月,英国空军第 2 部保护联队的炮兵开始接受 ORCUS 反无人机系统的操作训练。ORCUS 反无人机系统是一个模块化和可扩展的系统,旨在干扰无人机的无线电信号,可部署用于探测、跟踪、识别和击落敌方无人机,为英国军事基地和装备提供保护。该系统已成功部署在军用和民用机场,并对非法入侵的无人机进行侦察和击落。

ORCUS 反无人机系统由莱昂纳多公司研发,配备了“守护者”(Guardian)系统可提供远程“电子狙击步枪”干扰效果。与“天龙”(SKYPERION)系统(用于无人机检测、跟踪和识别的无源射频检测传感器系统)结合,ORCUS 可识别和定位无人机及其控制器发出的数据信号,并提供对无人机的早期准确检测和跟踪。该系统能够跟踪多架无人机,可全天时全天候提供 360°全方位覆盖。

2020 年 9 月,莱昂纳多公司成功测试了 ORCUS 系统的集成检测、跟踪、识别和击落技术,并向英国空军交付了第一套 ORCUS 反无人机系统,实现了初始作战能力(IOC)。2021 年 8 月,英国空军完成了 ORCUS 系统的反无人机技术测试和评估,内容包括先进雷达、光电和射频传感器以及电子攻击措施等。2021 年 9 月,莱昂纳多公司将美国空军研究实验室的 NINJA 技术集成到 ORCUS 反无人机系统中。NINJA 技术能达到近程类似的“外科手术网络”效果,可以控制或禁用敌方无人机,使无人机到达安全位置。

(三)舰到岸可互操作的反无人机系统

2022 年 11 月,美国 CACI 国际公司推出 Sky Tracker 反无人机系统(图 1),旨在提供多域、可互操作的反无人机系统传感器和解决方案,以应对港口以及海面和水下的海上威胁。

图 1　Sky Tracker 反无人机系统示意图

Sky Tracker 反无人机系统套件包括模块化的开发系统 CORIAN、BEAM 和 Falcon,可在舰船和海岸进行互操作。CORIAN - FS(固定站点)在港口、前沿位置和其他重要基础设施等地点提供固定设施保护。CORIAN - FS 使用中和技术来确保对周围无线电频谱和现有通信几乎没有附带损害。

M - BEAM 模块是模块化、小尺寸、轻重量的电子攻击系统的最新迭代,能够击败复杂的无人机系统。这种安装、拆卸或模块化技术是一种小型远程电子攻击系统。M - BEAM 具有直观的图形用户界面,可对环境进行测量,使部队能够对抗数字或模拟信号,并可自主操作,针对敌方威胁进行分布式攻击,从而实现快速响应的部队防护能力。

Falcon 是一系列反无人机和电子战(EW)工具,能提供实时告警和自动报告,是海上反无人机解决方案的基石。Falcon 增强了高级别 UAS 威胁组织的作战意识。Falcon 的功能是模块化的,可以集成到多个平台和系统中。

在港口场景中,CORIAN 可以启动对单个无人机的检测、识别和跟踪操作,同时与 BEAM 单元进行互操作,以确定无人机的方向和身份。在海上,BEAM 和 Falcon 可以协同执行针对无人机威胁的探测、识别和跟踪行动,BEAM 操作员进行链路干扰并为无人机创建安全着陆区。

(四)基于云的反无人机系统

2022 年 11 月,SkySafe 公司发布公告指出,开发的基于云的反无人机技术目前正在加拿大用于探测无人机飞行。SkySafe 公司的云技术为客户提供了一种能探测、跟踪和分析空域内无人机的解决方案。自 2015 年以来,SkySafe 公司一直在为国内外军事和公共安全客户测试和部署反无人机能力,通过应用先进射频技术、逆向工程和深度威胁分析,实现全面防御无人机威胁。SkySafe 公司正在将无人机探测转向基于云的 SaaS 模式,该技术可以利用 SkySafe 公司在所在范围内的传感器网络来探测无人机活动,并将政府未经授权的无人机与白名单中的无人机区分开来。基础设施管理人员可以登录基于云的应用程序,来探测、识别、跟踪和分析其空域内的无人机。除了无人机操作员的位置,还可以看到无人机的实时和历史数据。如果有可疑无人机进入领空,管理人员将收到警报。

三、加大测试和演习提升反无人机能力的作战应用

(一)北约测试"SAPINT"系统的多传感器自主处理与融合技术

2022 年 1 月,北约已成功完成由英国防科技实验室(DSTL)开发 SAPIENT 系统的多传感器自主处理与融合测试。SAPIENT 系统旨在实现多传感器融合(关联、跟踪)和传感器管理,它采用开放式体系架构,可通过系统内各个自主传感器在无人操作的情况下进行本地自主决策,并将决策结果输出至基于人工智能技术的中心枢纽进行融合。其开放式架构允许 AI 算法在一组传感器上协同工作并形成标准协议,AI 算法能够驻留在自主传感器(ASM)(边缘计算 AI)上,也能驻留在决策模块(DMM)上。该架构具备组件模块化(即插即用)的特点,如图 2 所示。

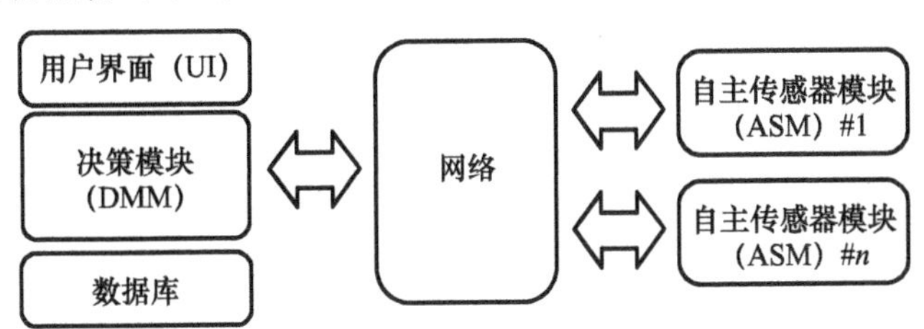

图 2　SAPIENT 架构

(二)西班牙陆军进行"荷鲁斯之盾"反无人机系统操作演习

2022 年 3 月,泰勒斯公司在西班牙塞戈维亚举行了"荷鲁斯之盾"(Horus – Shield)反无人机系统的操作演示。该演示受到西班牙陆军的重视,将该演示作为其"力量 2035/试验旅 2035"(Fuerza 2035/BRIEX 2035)计划的一部分,使西班牙军队适应 2035 年的作战环境。"荷鲁斯之盾"是一种通用的反无人机系统,能够保护设施免受未授权无人机的影响国,如图 3 所示。

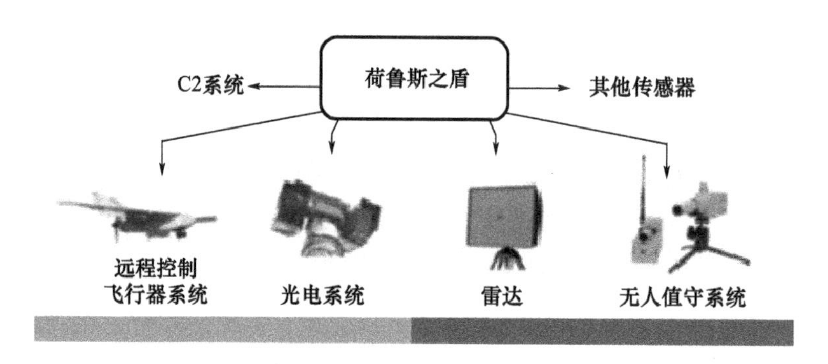

图3 “荷鲁斯之盾”反无人机系统

在此次演示中,“荷鲁斯之盾”反无人机系统通过雷达和测向仪对距离超过2km的无人机进行了探测和分类识别,并通过光电跟踪和频率干扰使无人机失效。该系统可在一块显示屏上向用户提供大量信息,并具有集成来自不同生产商传感器的能力。基于其出色的集成能力,“荷鲁斯之盾”反无人机系统可与陆军的指挥和控制系统BMS－ET和PROMETEO进行互操作。

(三)北约在“白狐”演习中进行反无人机演示

2022年3月,北约在意大利举行了“白狐”演习,意大利电子战产品生产商Eletronnica公司展示了其ADRIAN反无人机系统的移动版“雪豹”(Snow Leopard)。在演习期间,在意大利陆军Bv206S7履带式全地形车上安装了“雪豹”。ADRIAN反无人机系统旨在探测、拦截和压制各种战斗场景以及城市密集环境中的“低小慢”(LSS)无人机。该系统使用雷达、光电、声学传感器和电子支持措施(ESM)的组合,通过其雷达信号和发动机的噪音以及使用无人机的无线电传输来视觉检测无人机。当确定了无人机的地理位置后,可提供实时威胁分析,并使用电子对抗措施对无人机进行软杀伤,以破坏其无线电控制和欺骗全球导航卫星系统(GNSS),迫使无人机降落在安全区域或返回起点。

(四)印度陆军进行EnforceAir反无人机系统试验

2022年8月,印度陆军对以色列D－Fence公司研发的EnforceAir反无人机系统进行试验。EnforceAir反无人机系统是一种先进的自主系统,可以自动和被动地检测、定位和识别非授权无人机,通过控制这些无人机使其降落到安全区域。该系统采用先进的基于无线电频率的反无人机技术,可自动或被动地持续扫描和检测无人机使用的特有通信信号。一旦检测到,该系统就会进行识别,并解码遥测信号以提取具有GPS精度的无人机位置和实时起飞位置。

(五)北约举行2022年反无人机系统技术互操作性演习(TIE22)

2022年9月13日至23日,北约通信和信息局(NCI)与荷兰国防部举办了2022年北约反无人机系统技术互操作性演习(TIE22)。一直以来,NCI都在测试和开发反无人机技术,以保护联盟的领空免受未经授权的无人机的攻击。NCI正在开发利用机器学习和人工智能技术检测未经授权进入联盟领空无人机的方法。北约反无人机系统2022技术互操作性演习是一次现场测试活动,用于确保来自不同北约国家的商业系统能够协同工作,对抗无人机构成的威胁。30余家企业参与了此次演习,并部署了传感器、反无人机的"效应器"、指挥和控制系统以及用作"威胁"的无人机。在演习中,吸取2021年演习的经验教训,对利用电磁波识别无人机系统的高级识别工具ARTEMIS进行改进,并部署为应对不断变化需求的创新工具DrolDs无人机识别系统,通过机器学习技术自动检测和识别无人机。通过在此次演习中测试的新创新,无人机应与现有的防空系统相结合,确保北约的领空安全。

四、结语

2022年无人机及无人机蜂群在军用和民用方面的威胁,使世界各国继续高度重视无人机反制能力的提升和应用。美国在发展其反无人机能力时,不仅注重技战术发展,还高度注重顶层设计,通过不断更新战略方案,建立相关责任单位,管理相应经费开支,明确未来的发展方向与重点,在反无人机领域保持全球领先水平。为应对新的作战需求,各军工企业大力研发基于人工智能、机器学习、云技术等先进技术的反无人机系统。未来,如何利用开放式架构将反无人机技术与防御体系相集成,如何满足新作战样式的需求,仍将是世界各国面临的挑战。

(中国电子科技集团公司第二十研究所　刘　菁)

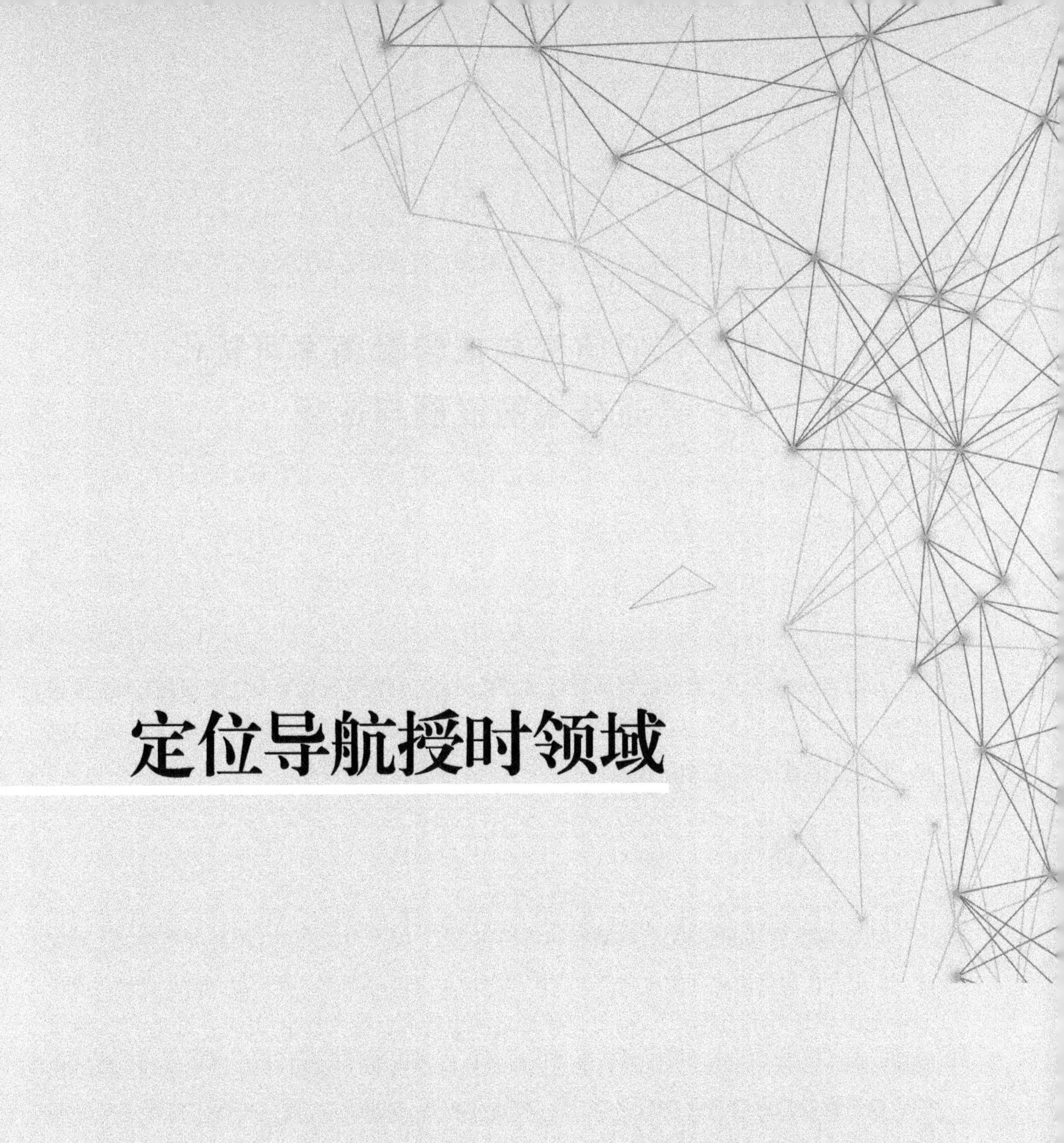

定位导航授时领域

从美国政府问责局报告看美军可替代导航技术的发展与应用

2022 年 8 月 5 日，美国政府问责局发布公开版《GPS 可替代导航技术报告》。该报告阐述了 GPS 面临的 5 类威胁，通过梳理国防部可替代定位导航与授时（PNT）相关项目进展、采办及部署计划，总结了美军可替代 PNT 技术的发展与应用。

一、概述

针对 GPS 面临的威胁，美国政府问责局在 2021 年 5 月发布的《国防导航能力》报告中，提出推进 GPS 拒止环境下可替代 PNT 装备技术的发展，对 GPS 进行补充备份。最终目标是在 GPS 可用的情况下，每个 PNT 源之间也能进行精度校检，并可在某个 PNT 源质量降级时综合使用其他 PNT 源的信息，为平台提供各种方式组合的 PNT 系统，满足在 GPS 被干扰等威胁环境下的任务需求。2021 年 6 月，国防部批准了由 PNT 监督委员会制定的可替代 PNT 工作实施计划。

2022 年 8 月，受参议院军事委员会委托，美国政府问责局对国防部可替代 PNT 相关工作进行审查后形成了《GPS 可替代导航技术报告》，主要内容包括：①确定了 GPS 面临的 5 类威胁，包括干扰、欺骗、敌对方有针对性采取的网络攻击、电磁欺骗以及对卫星或卫星基础设施直接实施动能和非动能攻击。②为了应对 GPS 面临的威胁，国防部提出发展可替代 PNT 技术，旨在对 GPS 能力进行补充备份。部分可替代 PNT 项目已进入国防部采办流程。③项目发展方面存在的问题。由于大部分项目业务用例文档不完整，增加了项目的不确定性和风险，美国政府问责局建议项目承办机构补充完善业务用例文档。此外，美国政府问责局在审查中还发现，国防部对可替代 PNT 技术的重视程度不够，建议国防部制定相关的战略目标和指标，监督可替代 PNT 工作的进展情况。

二、可替代PNT技术存在的问题

2021—2022年,美国政府问责局连续两年发布有关可替代导航技术的审查报告。可以看出,美国已经对GPS面临的威胁深感忧虑,并已着手发展可替代PNT技术作为GPS能力的补充备份,但其发展过程中也存在许多问题。首先,虽然启动了11项可替代PNT研制项目,但大多数项目都没有制定完整的业务用例文档,这将增加项目研制风险;其次,PNT监督委员会关注重点放在GPS上,并没有制定可替代PNT技术发展的战略目标和指标来衡量和监督其进展情况。

(一)项目缺乏完整的业务用例文档

业务用例分析文档包括需求、采办策略、技术风险评估、进度风险评估和独立成本估算5项要素,完整的业务用例将为决策者提供采办所需的决策依据,监督采办工作进展,并降低项目的不确定性和风险。而国防部的11项可替代PNT项目中,除“导航技术卫星”-3(NTS-3)、可替代导航(ALTNAV)和可信的精确武器和弹药(APWM)这3个早期的可替代PNT原型项目因历史原因没有业务用例文档以外,其余8个项目中目前只有空军的“弹性嵌入式GPS/INS”(R-EGI)项目建立了完整的业务用例分析文档,海军多个项目的业务用例文档不完整,陆军的“车载可信的PNT系统”(MAPS)和“单兵可信的PNT系统”(DAPS)项目业务用例文档还在起草中,国防部“关键时间分发”项目的业务用例文档目前仅完成了技术风险评估。如表1所列为可替代PNT项目业务用例文档状态。

表1 可替代PNT项目业务用例文档状态

军种	项目名称	需求文件	采办策略	技术风险评估	进度风险评估	独立成本评估
海军	自动天文导航系统(ACNS)	●	●	○	○	●
海军	PNT升级到协同作战能力(CEC)	●	●	●	○	●
海军	AN/WSN-12惯性导航系统	●	●	◐	◐	●
海军	PNT升级到GPS定位导航授时服务(GPNTS)	◐	●	●	●	●
空军	弹性嵌入式GPS/INS(R-EGI)	●	●	●	●	●
空军	导航技术卫星-3(NTS-3)	因历史原因无业务用例文档				
陆军	单兵可信的PNT系统(DAPS)	◐	◐	◐	◐	◐
陆军	车载可信的PNT系统(MAPS)	◐	◐	◐	◐	◐

续表

军种	项目名称	需求文件	采办策略	技术风险评估	进度风险评估	独立成本评估
陆军	可替代导航(ALTNAV)	因历史原因无业务用例文档				
陆军	可信的精确武器和弹药(APWM)	因历史原因无业务用例文档				
国防部	关键时间分发	○	○	●	○	○

●完成业务案例要素 ◐正在起草业务案例要素 ○没有业务案例要素

(二)可替代 PNT 相关工作没有得到充分重视

2021 年 6 月,可替代 PNT 工作实施计划获得批准。虽然该计划包括了可替代 PNT 能力的需求、系统优先级、服务计划和协作等要求,但没有制定战略目标或指标来衡量可替代 PNT 工作的进展,包括:没有制定可替代 PNT 采用何种方式实现国防部推行的强大、弹性和综合的 PNT 能力,以及在 GPS 降级或失效时提供可靠的 PNT 服务等战略目标;没有制定跟踪可替代 PNT 发展的主进度计划。

三、可替代定位导航与授时技术的发展与应用

从报告可以看出,在技术发展层面,美国国防部寻求发展以鲁棒性、弹性和集成能力为核心的可替代 PNT 源,对 GPS 的能力进行补充备份;在应用层面,设计采用 M 码 GPS 接收机和可替代 PNT 源的多手段集成融合方案,实现 PNT 装备的弹性能力;在多源融合层面,规范模块化开放系统架构的建设,实现不同可替代 PNT 源的即插即用;在装备部署层面,根据不同的作战需求,采用三种采办路径加快装备的部署应用;在管理层面,设立专门的组织管理机构,统筹管理 GPS 与可替代 PNT 技术的发展。

(一)发展以鲁棒性、弹性和集成能力为核心的可替代 PNT 源

报告指出,美国国防部的可替代 PNT 源具备 3 个特点:①鲁棒性,在平台使用的 GPS 信息的受到威胁时,具有鲁棒性的 PNT 技术能够持续提供 PNT 信息;②具备弹性,具有抵御、恢复或适应威胁的能力;③集成能力,采用模块化开放式系统方法设计,系统组件在整个系统生命周期内按任务要求选配,满足国防部模块化应用需求。

美国国防部探索研究了满足上述 3 个特点的相对 PNT 源和绝对 PNT 源融合应用两种可替代方案,如表 2 所列。例如时钟和惯性传感器等相对 PNT 源,可在一段时间内保持准确的 PNT 信息,但传感器误差会随着时间累积而增加,导致提供的 PNT 数据不准确,需要通过 GPS 这种绝对 PNT 源重置地球地理参考位置和美国海军天文台时间基准。GPS 可用时,可以给相对 PNT 源提供这种能力,且精度优于 10m。GPS 不可用或是仅能间断使用时,需要结合天文导航、磁导航、陆基导航系统、低轨星导航等绝对 PNT 源缓解误差,直至 GPS 恢复使用。

表2 国防部的可替代 PNT 方案和技术实例

	手段	潜在技术	能力	局限性
相对 PNT	惯性传感器	机械:例如微电子机械系统	新材料可提高性能并降低成本	性能受机械噪声限制
		非机械:例如热束原子	性能可超越光纤陀螺	高精度传感器校准对生产具有挑战性;具有环境敏感性
	时钟	芯片级原子钟	小体积、低功耗	昂贵以及精度有限——正在努力改善算法和制造工艺
		高精度原子和光钟	潜在的 GPS 级授时能力	生产有难度;尺寸及功耗需求过大
绝对 PNT	环境地图	天文导航(恒星和卫星)	全天候覆盖精度达 50m	对恒星和卫星的观测受天气限制(如云层遮盖)
		地磁导航	100m 精度	需要磁地图;受系统平台电磁噪声影响
		地面图像分析(地标和地形)	10m 精度	受天气限制(如云层遮盖)对图像中地标的需求
	射频,包括机会信号	陆基:如甚低频	500m 精度——可应用于海上	网络有限;需要电商层修正
		天基:如近地轨道卫星	与 GPS 互补的射频波段与更强的信号	精度可能低于 GPS;实现全球覆盖需要大量卫星

(二)发展 M 码 GPS 接收机与可替代 PNT 源的多源融合导航用户终端

现阶段,各种武器平台都装备了各型功能不一的 PNT 接收机,在升级能力和增加新的 PNT 源方面都面临着巨大挑战,无法满足未来威胁环境下的弹性 PNT 需求。从长远的装备应用考虑,美国国防部推出了 M 码 GPS 接收机和可替代 PNT 源的多源融合应用策略。在关键接口上采用模块化设计和开放标准,可以轻松接入不同供应商提供的可替代 PNT 源,无需重新设计整个系统。

根据不同军种在各种对抗场景的使用需求,美国国防部推出多源 PNT 接收机设计方案。该型接收机包含多个具有不同 PNT 功能的接收机卡,可以根据任务需求灵活配置。除了自身功能外,还可以接收平台其他传感器信息。图 1 示出了多源 PNT 用户终端的集成概念。

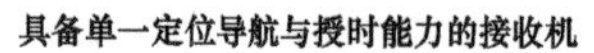

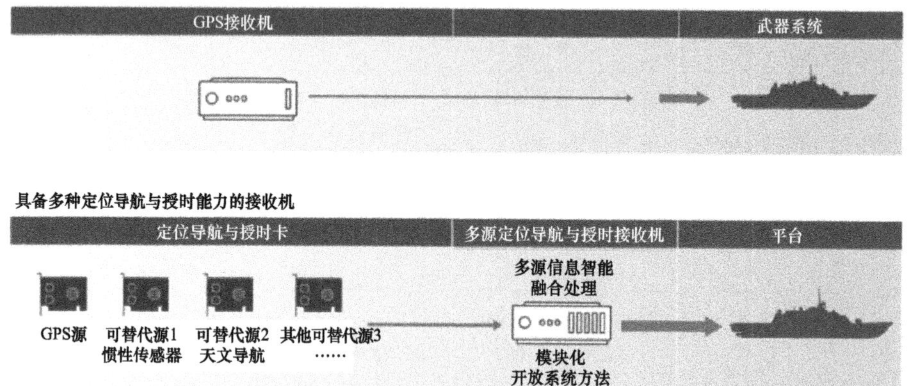

图 1　传统 GPS 接收机与多源融合用户终端示意图

基于这种发展思路,美军推出了空军"弹性嵌入式 GPS/INS"(R-EGI)、海军"基于 GPS 的定位导航与授时系统"(GPNTS)、陆军"车载可信 PNT 系统"(MAPS)和"单兵可信 PNT 系统"(DAPS)4 型多源 PNT 用户终端研制项目。4 型终端均采用统一的全源定位导航框架,集成 M 码 GPS 接收机、惯性传感器、授时以及其他天基可替代射频源等多源 PNT 数据,实现能力互补,如图 2 所示。

军种	多源 PNT 用户终端	2017—2025 资金 投入(美元:百万)	平台或 终端用户	PNT 能力	初始作战能力 时间框架(财年)	采办策略
陆军	单兵可信的 PNT 系统 (DAPS)	160	地面作战人员	• GPS M 码 • 惯性传感器 • 时钟 • 天基 PNT 源接收机(可替代手段)	2024	重大能力 采办
陆军	车载可信的 PNT 系统 (MAPS)	480	作战车	• GPS M 码 • 惯性传感器 • 时钟 • 天基 PNT 源接收机(可替代手段)	2024	重大能力 采办
海军	GPS 定位导航 与授时服务 (GPNTS)升级	18	水面舰艇	• GPS M 码 • 时钟 • 基于卫星的时间信息接收机 • 自动天文导航	2022	重大能力 采办
空军	弹性-嵌入式 GPS/INS 系统 (R-EGI)	317	空中平台,初期部署在 F-16 上	• GPS M 码 • 惯性传感器 • 未来可替代 PNT 能力	空军还未制定 初始作战能力日期	中间层 采办

图 2　基于模块化开放系统架构(MOSA)的多源 PNT 接收机部署平台

1. 空军“弹性嵌入式 GPS/INS”

该型装备具备紧耦合嵌入式 GPS 和 INS 的性能，将集成 M 码 GPS 接收机、时钟、惯性传感器和未来可替代定位导航与授时源。该型装备既能与先进数字抗干扰天线和 M 码接收机等天基定位导航与授时能力集成，后续还能与美国空军“导航技术卫星”-3（NTS-3）项目在研的未来天基导航能力集成，确保美军及其联盟伙伴国的全球自由机动能力。

目前，美国空军正在推进“弹性嵌入式 GPS/INS”原型导航系统的研制工作，并计划 2024 年进入飞行测试阶段。未来计划装备于 B-1B、KC-130J、F/A-18E/F、F-15、F-22、E-2D 等空中平台。

2. 海军“基于 GPS 的定位导航与授时服务”

该型装备集成了 M 码 GPS 接收机、天文导航系统、惯性传感器和时钟，配备有先进的数字天线产品（ADAP）和面向未来的多平台抗干扰天线，可为作战系统、指挥控制、通信、导航和其他系统提供可信的 PNT 数据，并为网络环境提供关键的时间同步。该型装备既可以兼容目前的 PNT 系统，也具备未来平台兼容能力，包括使用选择可用性防欺骗模块和 M 码信号等。

据 2022 年美国政府问责局发布的《GPS 现代化》报告称，该型装备目前正在阿利·伯克级驱逐舰（DDG 51）上进行测试（测试使用的是选择可用性防欺骗模块）。后续将按海军要求在两艘濒海战斗舰（LCS）上进行平台集成，验证通用可信的 PNT 能力和导航战合规性能力。同时该型装备正在进行相关升级，包括使用天文导航系统和协同作战能力传感器网的数据。根据规划，该型装备计划在 2022 年形成初始作战能力，并逐步在驱逐舰、巡洋舰、航空母舰、两栖艇等 131 艘海军水面舰艇上部署，取代现役舰载导航传感器接口（NAVSSI）系统和多个舰载 GPS 接收机。

3. 陆军“车载可信 PNT 系统”

该型装备集成了 M 码 GPS 接收机、惯性传感器、时钟及其他可替代定位导航与授时源，为陆军在 GPS 使用受到限制或是拒止环境下的机动、打击、通信以及态势感知提供可信的 PNT 服务保障。

截至目前，该型装备已发展了 2 代产品。第 1 代装备配备了新的软硬件，采用芯片级原子钟、GPS 选择可用性防欺骗模块和抗干扰天线，并于 2019 年 9 月首装于美军驻德国的“斯特瑞克”轻型装甲车，取代了多个车载国防增强 GPS 接收机。据美国陆军阿伯丁试验场 2022 年 3 月官网报道，美国陆军已完成了 1000 套第 1 代装备部署。

第 2 代装备生产合同于 2022 年 9 月授出，配备了 NavHub™-100 导航系统和多传感器天线系统（MSAS-100），如图 3 所示。相较于第 1 代装备，其主要的技术优势包括:①使用具有先进抗干扰和防欺骗能力的 GPS M 码;②采用“导航融合”技术融合处理多个传感器数据;③采用模块化开放系统方法,支持新传感器和能力的即插即用。根据规划,该型装备计划在 2024 年形成初始作战能,并在美国陆军 M1“艾布拉姆斯”坦克、M2“布拉德利”战车、联合轻型战车、“斯特瑞克”轻型装甲车等车载平台上部署应用。

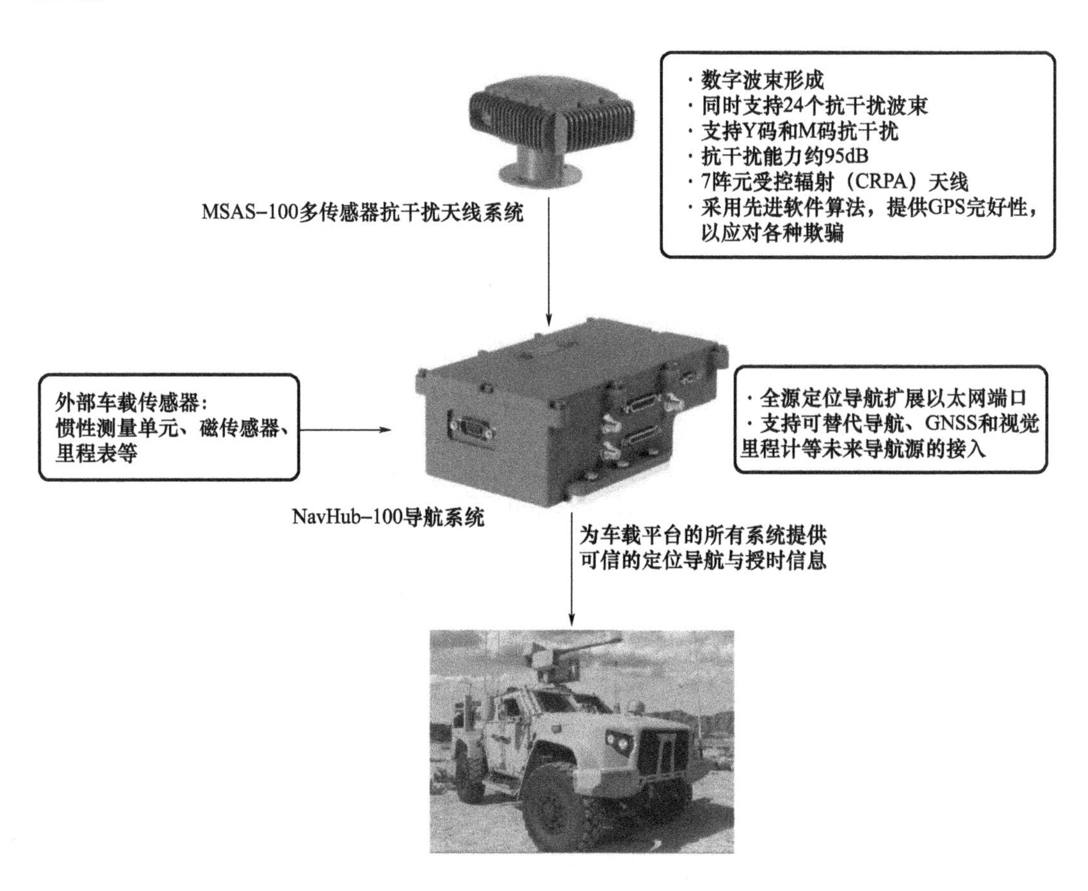

图 3　第 2 代“可信的车载定位导航与授时系统”应用图

4. 陆军“单兵可信 PNT 系统”

该型装备采用优化的小型化设计,集成了惯性传感器、时钟、M 码和天基可替代导航源,可为作战人员提供各种威胁环境下的可信 PNT 信息。该装备可以为“奈特勇士”系统和综合视觉增强系统(IVAS)等单兵装备提供关键的授时和位置数据,以实现有效的目标交战、网内数据共享和任务指挥功能。

目前,第 1 代装备已研发完成,包括集成“奈特勇士”,取代了“国防先进 GPS 接收机”和“奈特勇士”GPS 接收机,如图 4 所示。根据规划,该型装备计划在 2024 年形成初始作战能力。

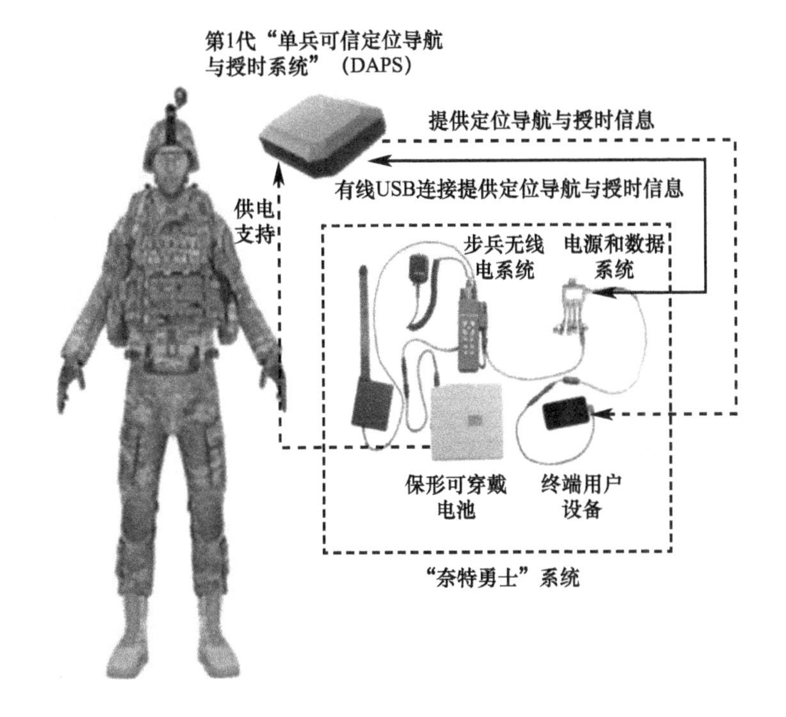

图 4　第 1 代“单兵可信 PNT 系统”(DAPS)与“奈特勇士”集成应用图

(三)规范模块化开放系统架构的建设

上述 4 型装备均采用模块化开放系统架构(MOSA)设计。为了推动实施模块化开放系统架构,美国国防部和军方正在制定参考体系架构相关指南。陆军和海军已完成了各自的 PNT 模块化开放系统架构设计,空军正在自行设计。为了实现各军种参考体系架构通用要素标准化,陆军代表国防部负责研究和工程的副部长办公室牵头起草国防部层面的基于模块化开放系统的 PNT 参考体系架构,避免未来各军种在应用时发生冲突。国防部层面的模块化开放系统架构草案已于 2021 年 10 月发布。

(四)采用 3 种采办路径推进可替代 PNT 的装备部署

现阶段,美国国防部共有 11 项可替代 PNT 项目,其中有 7 个项目进入了国防部采办流程,如表 3 所列。根据装备能力的特征及其风险,国防部对可替代 PNT 项目采用 3 种项目采办路径:①紧急能力采办路径,满足紧急作战需求,在不到两年的时间内投入使用;②中间层采办路径,为计划 2 ~ 5 年内完成的项目提供简化的采办流程;③重大能力采办路径,装备经过技术成熟度和风险降低、工程与制造开发以及生产与部署几个阶段后,进入部署阶段。

表3　国防部可替代 PNT 项目采办状态

序号	军种	项目名称	状态
1	陆军	单兵可信的 PNT 系统(DAPS)	紧急能力采办。计划 2022 年进入重大能力采办
2	陆军	车载可信的 PNT 系统(MAPS)	紧急能力采办。计划 2023 年进入重大能力采办
3	陆军	可替代导航(ALTNAV)	未进入国防采办
4	陆军	可信的精确武器和弹药(APWM)	未进入国防采办
5	海军	GPS 定位导航与授时服务(GPNTS)升级	重大能力采办
6	海军	自动天文导航系统(ACNS)	重大能力采办
7	海军	PNT 升级到协同作战能力(CEC)	重大能力采办
8	海军	AN/WSN-12 惯性导航系统	重大能力采办
9	空军	弹性-嵌入式 GPS/INS 系统(R-EGI)	中间层采办
10	空军	导航技术卫星-3(NTS-3)	未进入国防采办
11	国防部	关键时间传播	未进入国防采办

陆军车载 A-PNT 系统(MAPS)和单兵 A-PNT 系统(DAPS)的快速原型开发项目采用紧急能力采办路径,计划分别在 2022 财年和 2023 财年过渡到重大能力采办路径。而陆军的“可替代导航”(ALTNAV)和“可信的精确武器和弹药”(APWM)项目、空军的 NTS-3 项目和国防部“关键时间传播”项目因技术未达到成熟度,尚未进入国防采办系统。

(五)基于国防部综合 PNT 体系的组织管理机构监督可替代 PNT 发展的相关工作

作为国防部综合 PNT 体系的重要组成部分,可替代 PNT 工作的发展也纳入国防部的监督管理范围内。2016 年,美国国防部成立由高层和各军种成员代表组成的 PNT 监督委员会,形成主席—监督委员会—执行管理委员会—工作组 4 级领导监督管理制,负责监督包括 GPS 和可替代 PNT 在内的国防部层面的整个 PNT 体系的发展,如图 5 所示。负责采办和保障的国防部副部长与参某长联席会议副主席共同担任主席,国防部首席信息官担任 PNT 执行管理委员会主席,并针对不同 PNT 工作设立 6 个工作组,涉及 14 个国防机构和 9 个军方部门。主要职能是负责监督国防部 PNT 体系发展,包括监督性能评估、确定和缓解 GPS 欺骗等漏洞、体系开发、实施可替代 PNT 方案、资源优选,以及为规划制定、方案、预算编制和实施提供支持等。

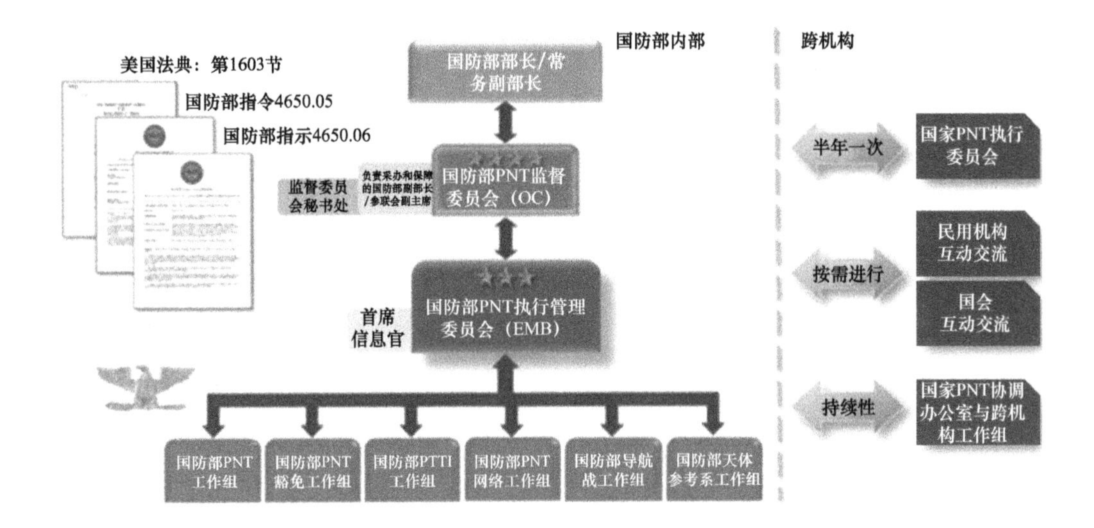

图5 国防部 PNT 体系监督管理结构

四、启示

美军在顶层指导、标准规范和技术发展方面的做法值得借鉴。

（一）国防部统筹管理多源 PNT 技术的发展，各军种进行装备验证部署

GPS 及可替代 PNT 源的军用能力均由美国国防部统筹管理，从顶层牵引各装备技术的发展。例如，国防部成立专门机构负责管理和监督 GPS 及可替代 PNT 技术的发展，形成跨机构、跨军种的良性闭环推进机制；各军种依据平台任务需求进行装备技术的验证和部署。

（二）规范各军种的模块化开放系统架构建设

美国积极推进模块化开放系统架构建设，其发展思路是：①先期由各军种制定各自的体系架构，满足近期的平台装备技术验证和部署需求；②从长期应用考虑，制定国防部层面的体系架构，规范建立各军种统一的体系架构，从而降低成本、缩短进度、快速部署新技术以及增强互操作性。

（三）评估各种可替代 PNT 技术，确定优先发展目标

可替代 PNT 源是多源融合的基础。合理选用可替代 PNT 源，对 GPS 能力进行补充

备份，这对于实现弹性 PNT 服务保障能力至关重要。美国在这方面的发展思路是，根据现有和未来的平台及作战需求，对众多的可替代 PNT 技术进行评估，并确定可替代 PNT 技术的优先发展顺序。

（中国电子科技集团公司第二十研究所　魏艳艳）

美国政府问责局发布《GPS 现代化》报告

美国空军于 2005 年发射了第一颗军用 M 码信号 GPS 卫星，但由于用户设备开发的延迟，还需要数年时间才能实现 M 码的广泛作战使用。因此，美国国防部目前采取的策略是，先在包括飞机、舰船和战车在内的主要武器系统中对 M 码设备进行运行测试，再选定可先行集成 M 码的武器系统进行优先部署。2022 年 5 月 9 日，美国政府问责局(GAO)发布了《GPS 现代化——及时部署军事用户设备需要完整准确的信息和详细测试计划》的调查报告，阐明由于 M 码用户设备开发延迟等原因导致 M 码能力优先级部署进展受到阻碍，并向美国国防部及各军种提出了 7 项建议，以确保能按计划为作战人员提供关键能力。

下面主要从 4 个部分对该报告进行介绍，并对美军推动 M 能力部署的关键点及 M 码能力的军事意义进行了分析。内容主要包括：①美国国防部优先部署 M 码能力的武器平台类型确定情况；②GPS 现代化现状；③M 码卡开发延迟对用户设备关键组件的采购、相应装备测试及部署计划所产生的连带影响；④美国政府问责局的相关建议措施。

一、部署 M 码的武器系统优先级确定情况

2014 年，美国战略司令部根据国防部的作战场景想定，首次开发了一份 M 码优先集成武器系统的涉密清单，计划对关键武器系统优先完成 M 码集成。2022 年 1 月，PNT 监督委员会根据各军种及战斗指挥部所提供的信息对该清单进行了更新。据美国政府问责局调查报告显示，该武器系统清单(图 1)由三部分组成：①飞机、舰船和战车等多种用于“军用 GPS 用户设备”增量 1 设备运行测试的主要武器系统。②从近 700 种武器系统中选出的、可优先集成 M 码能力的约 50 种优先级武器系统，主要为弹药和航电系统，其中海军占比最大，陆军其次。③后续实现 M 码能力大规模部署的剩余 650 种武器系统。

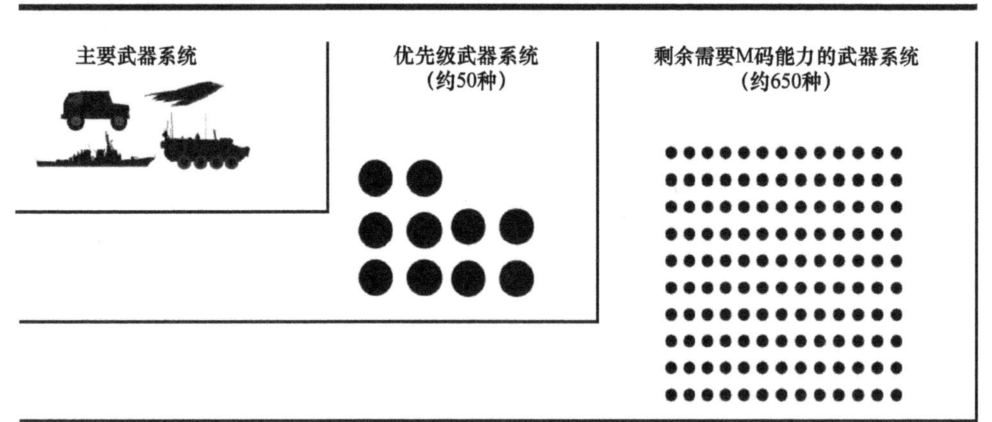

图 1　M 码能力优先部署武器系统分类

基于具体的作战场景需求以及所涉及武器系统的预期寿命,在 2030 年左右不会使用到的武器系统不会出现在 50 种优先级武器系统之列。而随着"军用 GPS 用户设备"增量 1 开发的延迟,这 50 种系统中的一些也将会在 M 码设备正式可用之前达到使用寿命。因此,PNT 监督委员会指定由美国太空司令部牵头,以后每两年对清单进行一次更新。各军种需负责提供最新变动信息,包括确定哪些单元将最先部署到 GPS 信号可能被欺骗干扰的地区,哪些系统需要 M 码来对抗威胁,并需要将武器系统按 M 码集成所需的优先目标进行分级。

二、GPS 系统 M 码能力部署现状

自 2000 年以来,美国空军和太空军为 GPS 系统的现代化工程投入数十亿美元,以提供新的信号、增强网络安全并应对各种威胁。

(一)空间段将满足 M 码全面操作能力最低需求

M 码集成工作的空间段,计划用 GPSⅢ及 GPSⅢF 卫星补充并最终取代目前的卫星星座。2021 年 6 月,太空军发射了第 5 颗 GPSⅢ卫星,也是 GPS 星座内的第 24 颗 M 码卫星。完成延长测试并投入使用后,空间段将满足 M 码信号全面操作能力的最低需求。美太空军还于 2021 年接收了来自主承包商洛克希德·马丁公司的另外 3 颗 GPSⅢ卫星,将于 2023—2025 年间发射。

但后续 GPSⅢF 卫星在任务数据单元开发上的技术挑战有可能造成交付延迟。研究

团队必须对其中一个关键子组件的集成电路进行重新设计以解决该单元的技术问题。因此,该项目6个任务数据单元的交付时间平均延迟了11个月。项目组正在通过重组测试计划来解决首颗GPSⅢF交付的潜在进度延误问题,并计划于2026年2月交付。

(二)地面段即将提供M码全面广播能力

M码集成工作的地面段计划用"GPS下一代操作控制系统"(OCX)取代目前的"地面操作控制段(OCS)"。"GPS下一代操作控制系统"Block0已于2017年10月建成,提供支持GPSⅢ卫星初始测试的发射和检验系统,以及现代网络安全能力。Block1和Block2交付日期为2022年10月,并预计于2023年4月开始运行,为前几代卫星和GPSⅢ卫星提供指挥控制,并将提供完全的M码广播能力。"GPS下一代操作控制系统"Block3F将对系统进行升级,使其具有控制和使用GPSⅢF空间段及军用GPS用户设备增量2的能力。2021年4月,美太空军授予雷声公司"GPS下一代操作控制系统"Block 3F的开发合同。

自2020年1月以来,"GPS下一代操作控制系统"项目在其原始服务器上完成了任务软件合格性测试,并将该软件集成至新的服务器硬件,但该项目还是出现了进度延迟和成本超支问题,将系统的交付时间从2021年6月推迟至2022年10月,成本超支总计至少3.79亿美元。该项目的延迟可能会影响GPS ⅢF卫星的发射与测试。

(三)用户段设备开发因技术原因持续延迟

为了使作战人员能够利用M码信号,各军种需通过具有M码能力的用户设备对现有武器系统进行升级。

GPS用户设备由3个关键部件组成:专用集成电路芯片、使用芯片的接收机卡和使用接收机卡的接收机。GPS接收机卡主承包商通过专用集成电路(ASIC)将芯片集成到卡片中,即可将M码和其他GPS信号转换为PNT信息,使用户设备能够解码和处理GPS信号。各军种再将其专用M码卡集成至接收机,并提供与主武器系统的接口,从而使PNT信息可显示给用户,如图2所示。

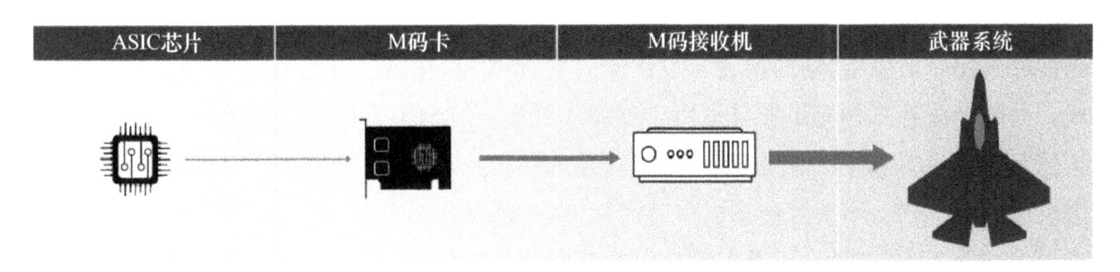

图2　GPS用户设备集成样例

1.“军用 GPS 用户设备”增量 1 项目 M 码卡因技术问题开发延迟

“军用 GPS 用户设备”增量 1 项目于 2017 年启动。目前 3 家承包商 L3 哈里斯公司、雷声公司和 BAE 系统公司正在开发基于“军用 GPS 用户设备”增量 1 项目的 M 码卡,分别为用于战斗车辆等武器系统的地面卡,以及用于飞机/舰船的航空/海用卡。L3 哈里斯公司负责地面卡开发,已在斯特瑞克及联合轻型战术车辆(JLTV)上进行测试。BAE 系统公司和雷声公司负责地面卡及航空/海用卡开发,并在 B-2 轰炸机和阿利伯克级驱逐舰(DDG 51)上进行测试。

截止 2021 年 9 月,美国海军陆战队完成了 L3 哈里斯公司“军用 GPS 用户设备”增量 1 项目地面卡在联合轻型战术车辆上的现场用户评估,其余几型 M 码卡皆因软硬件等技术问题未能按期完成测试,导致成本激增。2021 年 11 月,航空/海用卡完成了 84% 的技术验证,负责该卡的雷声公司交付了更新后的软件,但由于技术原因,该卡的最终测试将比预期延迟 3 年多,目前预计将于 2025 年 2 月完成。其中主要问题包括在 B-2 及阿利伯克级驱逐舰上测试时发现 GPS 接收机无法解码来自 M 码卡的授时信号。

2.“军用 GPS 用户设备”增量 2 项目芯片设计面临热功耗问题

2018 年 11 月,美国空军批准了“军用 GPS 用户设备”增量 2 项目的采办策略。工作内容包括开发更先进的下一代 ASIC 芯片以搭配更紧凑的 M 码卡,以及开发可用于各军种的现代化手持 GPS 接收机。2021 年,“军用 GPS 用户设备”增量 2 项目完成了下一代 ASIC 芯片的初步设计评审。但该项目承包商目前都处于解决热功耗问题的技术攻关阶段,而热功耗问题在项目启动之前便是一个已知的难点。增量 2 项目还在 2021 年完成了对整体 M 码卡的系统要求和功能评审,并致力于在 2022 年中完成 M 码卡的初步设计评审。

三、M 码卡开发延迟所导致的连锁反应

(一)导致各军种无法确定 ASIC 芯片的采购量

“军用 GPS 用户设备”增量 1 项目的关键是 ASIC 芯片。在增量 1 项目下开发的 M 码卡及其相应衍生卡,均需要为其设计专门的 ASIC 芯片,且目前还没有任何成品可以替代。为了确保各军种有足够且适用于增量 1 项目的 ASIC 芯片,满足美国国防部到 2028 年的 M 码设备集成和部署需求,国防部后勤署(DLA)从各军种获得了 ASIC 芯片的估计需求量,并于 2021 年 5 月授予雷声公司和 BAE 系统公司合同,从格罗方德公司批量订购了 100 万枚 ASIC 芯片。但是“军用 GPS 用户设备”增量 1 项目 M 码卡开发延迟,导致了 ASIC 芯片采购量支持各军种的不确定性,拖缓了各军种的 M 码集成计划,限制了其在批

量采购前预估需求量的能力。例如,在提交批量采购芯片的估计数量之前,武器系统 M 码接收机的数量也将无法确定。因此,即使大批量采购也可能出现不满足预期需求的情况。

(二)迫使陆军选择使用衍生 M 码卡的接收机

如前所述,“军用 GPS 用户设备”增量 1 项目的 3 家供应商在生产主 M 码卡的同时也在生产其相应的衍生卡,这些衍生卡预计将与其母卡使用相同的 ASIC 芯片。

2021 年 1 月,美国陆军官员表示,由于增量 1 项目地面卡的开发延迟,陆军将为其地面车辆采购不使用增量 1 项目地面卡的主 M 码接收机。陆军选择了柯林斯航空公司的“车载可靠 PNT 系统”(MAPS),该系统为多 PNT 接收机,将使用 BAE 系统公司增量 1 项目 M 码卡的衍生卡。2021 年 9 月,陆军成功完成了“车载可靠 PNT 系统”的作战测试,计划在 2022 年初步确定其接收机的生产,并将持续部署数年。海军陆战队表示也正在考虑使用“车载可靠 PNT 系统”。陆军还选择了系统集成解决方案公司和 TRX 系统公司提供的“单兵可靠 PNT 系统”(DAPS)以支持应急能力需求。两个版本的单兵可靠 PNT 系统都使用了与车载可靠 PNT 系统相同的 BAE 衍生卡。

与此同时,陆军还选择使用衍生 M 码卡为弹药和发射器提供 M 码能力。2021 年 1 月,陆军在其精确制导套件(PGK)中使用了 L3 哈里斯公司的衍生卡,并预计将在 2022 末完成 M 码精确制导套件的开发测试。

(三)阻碍各军种航空/海用接收机发展

截止 2021 年 7 月,由于增量 1 项目航空/海用卡开发的延误,导致美国空军小型机载 M 码 GPS 接收机 2000 - 现代化(MAGR - 2K - M)项目落后于原计划将近 4 年。此外,空军嵌入式 GPS 惯性导航系统现代化项目(EGI - M)、弹性嵌入式 GPS 惯性导航系统项目(R - EGI)及陆军嵌入式 GPS/惯性导航系统项目(EAGLE - M)均受到延迟影响。

海军用于水面舰艇的主要 M 码接收机——“基于 GPS 的 PNT 服务”(GPNTS)也将使用增量 1 项目航空/海用 M 码卡。该接收机已经开发完成并部署于阿利伯克级驱逐舰,由于 M 码卡技术尚不成熟,接收机当前在使用非 M 码 GPS 卡,海军计划在项目完成作战测试后,用航空/海用 M 码卡替换现有卡。M 码卡的开发延迟导致 M 码海上作战能力在未来几年内将不会完全可用。

(四)部分造成国防部 GPS 现代化数据库信息不完整

美国国防部首席信息官办公室(CIO)于 2015 年建立了一个 PNT 数据库,以便 PNT 监督委员会跟踪 M 码卡的开发和集成进度。该数据库提供了使用 GPS 的系统清单及 M

码卡过渡计划。其中,国防部首席信息官办公室负责维护 PNT 数据库,军方负责提供准确数据,各军种办公室负责数据输入。

美国政府问责局在进行 PNT 数据库审查时发现,优先级武器系统等用于跟踪 M 码现代化的信息并不完整,信息质量也存在问题。例如,数据库中使用 GPS 接收机的类型和数量、按财年提出的预算需求、采购与集成和部署的预计日期等许多字段为空。截至 2021 年 12 月,几乎所有优先级武器系统都存在空白预算信息,其中:40% 没有所需接收机类型的信息;25% 没有集成日期。

国防部首席信息官办公室及军方表示,数据库中数据不完整的主要原因有:①MGUE 增量 1 项目的延迟,以及航空/海用 M 码卡研制工作的拖延,使各军种部门无法确定部署日程和预算信息。②PNT 信息数据库缺乏正式和全面的数据验证,国防部首席信息官办公室官员表示在进行审查时,负责提交这些数据的办公室并未通过正式数据验证流程来审计数据的准确性。不完整和不准确的数据阻碍了国防部对这些 PNT 现代化工作进展的跟踪,也将无法确定部署 M 码武器系统的时间框架。

(五)影响 M 码设备测试、部署计划的制定与实施

在国防部的要求下,各军种作战测试机构将对所有项目进行实战测试,以支持开发、部署决策和作战人员对能力与限制的理解。由于增量 1 项目 M 码卡的开发延迟,海军在阿利伯克级驱逐舰上对“基于 GPS 的 PNT 服务”项目接收机的操作测试计划也没有完全制定出来,因为航空系统对各种接收机的需求在很大程度上仍未确定。

目前,各军种基于未来作战场景制定了在优先级武器系统上安装和部署 M 码接收机的计划,但与操作测试计划一样,其成熟度在很大程度上也与所使用 M 码卡的类型相关。其中,部署 M 码地面系统的计划成熟度最高,“军用 GPS 用户设备”增量 1 项目地面卡的作战测试已准备就绪。由于增量 1 项目航空/海用卡开发的延迟,海上和航空系统的计划并不明确。考虑到阿利伯克级驱逐舰作战测试对其他水面舰艇的预期适用性,美军对海上系统的规划最为深入,而航空/海用卡的技术挑战导致航空系统集成计划的成熟度较低。

四、两点认识

(一)通过技术攻关与管理流程改善推动 M 码能力部署进程

从当前 M 码能力发展滞后于计划的主要原因来看,在技术攻关上,应解决包括增量 1 项目 M 码卡解码,及增量 2 项目 ASIC 芯片热功耗在内的关键技术难点。在管理流程

上，应首先确保在 GPS 数据库中维护足以支持预算规划和部署 M 码优先级武器系统的信息、制定正式数据验证流程，并提前确定详尽的优先级武器系统作战测试计划，以确保 M 码卡一旦可用便可实施测试。通过这些措施，可尽快确定 ASIC 芯片的需求量，并推动相关设备测试和部署计划的有序实施，也有助于国防部对 M 码卡部署的跟踪与决策，使各军种能够及时部署设备以满足未来作战场景需求。

(二)M 码能力是美军实现联合全域作战的关键支撑

由于作为 M 码应用核心的军用 GPS 用户设备还处于技术攻关与研发测试中，美军尚未实现 M 码初步操作能力。但军事专用 M 码信号高带宽高信号功率所带来的强抗干扰性，先进加密技术带来的信息传输安全性，及其用户设备对美海、陆、空和海军陆战队各作战平台的全面覆盖性，使其一旦正式投入使用，将作为未来军用 GPS 基础设施的核心，极大提高 GPS 系统的作战能力与弹性，可为美军未来联合全域作战愿景提供独有的定位、导航与授时能力支持。

(中国电子科技集团公司第二十研究所　刘　硕)

美军定位导航授时体系对抗技术重要进展及影响

2021 年 10 月—2022 年 6 月，美军和工业界通过多次演习和试验，验证了 GPS 抗干扰抗欺骗技术，检验了视觉导航、天文导航、地磁导航等多源导航技术的可用性，为以建立更加安全、可靠的导航服务基础设施为目标的定位导航授时（PNT）韧性体系对抗技术提供了重要支撑，其取得的一系列重要突破和动向值得深刻关注。

一、技术概述

PNT 体系对抗技术源自于电子战领域的体系攻防技术。由于 GPS 系统采用无线电信号体制和定位测距方式实现导航定位，战时极易受到敌方的干扰与攻击，在电子战体系攻防思想的基础上，1997 年美国提出了"导航战"概念，并将其定义为"阻止敌方使用卫星导航信息，保证已方和盟友部队可以有效地利用卫星导航信息；同时不影响战区以外区域和平利用卫星导航信息。"随着相关条例、标准在美国国防部和各军兵种采用，导航战的理念逐渐与 PNT 军事层面的体系对抗趋于一致。

美军导航战理念的核心在于对导航资源的争夺，由于其卫星导航系统在全球的持续领先性，因此其更关注于对自身导航系统的增强，持续的、耗资数十亿美元的 GPS 现代化工程作为最重要的抓手，旨在提升 GPS 系统的功能和整体性能，以阻止以俄罗斯为代表的竞争对手的干扰、欺骗、反卫星攻击等 PNT 体系对抗活动。

近年来美军加紧开展研发验证的 PNT 体系对抗技术，涉及 3 个方向：①针对自身防护的抗干扰抗欺骗技术；②针对自身信息获取的可替代导航技术；③针对自身体系架构的安全设计技术。下面所述的 3 种技术是这 3 个方向的具体体现。PNT 体系对抗技术适应于全球导航卫星系统（GNSS）各种运行环境，用于抵御蓄意攻击、事故或自然灾害带来的威胁，同时能够针对对手态势，争夺或破坏其导航源，以达到体系对抗效果。

二、重要进展

（一）抗干扰抗欺骗技术试验验证了快速欺骗检测技术和集成应用

2021 年 10 月，美国陆军开展了 PNT 评估（PNTAX）演习（图 1）。演习主要通过集成地面、空中、太空或网络领域的 PNT 技术，针对“反介入/区域拒止”场景以及 GPS 受到的威胁进行了 PNT 服务介入作战规程的演练，并通过自适应算法处理技术协同共用多 PNT 源，有效增强了 PNT 体系对抗中的抗干扰和抗欺骗能力。演习中，美军通过大量使用集成 M 码接收机的车载导航系统，首次系统验证了诺斯罗普·格鲁曼公司开发的一种基于人工智能（AI）和机器学习（ML）的 GPS 威胁检测软件，有效验证了如下技术或活动：①干扰源的实时检测、地理定位和特征描述规程；②GPS 接收机欺骗、干扰和攻击的实时快速检测技术；③利用 GPS 接收机或传感器集成支撑态势感知；④有选择地拒止敌方并保护中立方和盟军使用 PNT 信息。通过多项干扰源检测、快速定位和检测等技术，该演习从针对自身防护的角度进行了体系性应用和验证。

图 1　PNTAX 21 演习

2022 年 3 月，比利时塞彭特里奥公司设计了名为“AIM +”的解决方案，是一套由相互连接的抗干扰和抗欺骗技术组件组成、可应对各种环境的 GPS/GNSS 干扰的强大防御系统，主要采取对干扰的韧性恢复能力与抗欺骗措施相结合的方式，确保自主系统的安全，改善 GNSS 基础设施的安全性，并通过扩大 PNT 的可用性来提高效率。相关产品目前已通过装备测试验证，后续将在美国陆军可靠的定位导航授时（APNT）项目和试验中进行深入验证。

2022 年 5 月，美国五月花通信公司多平台抗干扰 GPS 导航天线（MAGNA）的两型产品（MAGNA - F 和 MAGNA - I）通过了美国联邦航空管理局（FAA）的 TSO - C190 认证。据五月花通信公司报道，MAGNA 是业界首个被批准用于军用和商用航空的抗干扰系统，该系统可在 GPS 中断和受干扰的情况下,通过自有抗干扰抗欺骗软件集成化架构,实现精密通信授时和空地之间实时导航数据传输,目前已在多个飞机平台上进行了广泛的集成、测试,并在导航战(NAVWAR)环境中进行了飞行试验。

(二)可替代导航技术试验验证了多种 PNT 可替代技术的可用性和集成能力

2021 年 11 月 1 日—10 日,美国空军研究实验室研制的可替代 PNT"敏捷吊舱"原型系统由 T-38C 训练机挂载,完成 8 架次飞行试验。试验中,操作员根据任务需要选择使用多种导航源,包括高清摄像机、光电与红外装置、雷达以及其他具有 PNT 能力的装置,并接收地面、海上远程可替代 PNT 数据,验证了可替代导航技术能在 GPS 对抗环境下提供可靠导航。

2022 年 4 月,霍尼韦尔公司利用 E170 客机和 AW139 直升机,成功验证了 GPS 对抗环境下的视觉导航、天文导航和地磁导航等可替代导航技术,主要包括:①基于视觉辅助导航技术,使用摄像头实时馈送图像信息并与地图比较,为平台提供高精度的绝对位置,较 2021 年测得的精度提高 67%;②基于天文辅助导航技术,利用星体跟踪设备观测星体和常驻空间物体,定位精度 25m,较 2021 年测得的精度提高 38%;③基于磁异常辅助导航技术,通过测量地球磁场强度并与磁图比较,准确识别移动平台位置,这是世界上首次进行的外场磁异常辅助导航试验。

两次试验结果表明,视觉导航、天文导航、地磁导航等作为可替代导航技术,能够在 GPS 受干扰或拒止环境下提供可靠可信 PNT 服务(图 2)。

图 2　霍尼韦尔公司成功演示 GPS 拒止环境中的可替代导航能力

(三)抗毁体系架构安全设计规范制定明确了 PNT 韧性架构设计方法

2022 年 5 月和 6 月,美国国土安全部接连发布《韧性定位导航授时合规性框架(2.0

版)》和《韧性定位导航授时参考架构》,提出在导航接收机设计中考虑网络安全和抗电磁干扰性能,指导后续的 PNT 体系对抗能力设计。两份文件将零信任架构等现代网络安全原则与 PNT 抗毁概念和技术相结合,通过分层分级防护技术和措施,提高可靠性和安全性。主要内容如下:

一是设定韧性体系 3 个核心功能,包括预防、响应和恢复。预防是指防止由于威胁或是故障引起的 PNT 源的非典型误差和降级。响应是指检测包括报告、缓解和控制等非典型误差或异常。恢复是指从非典型误差恢复到正常工作状态,并达到定义的性能。

二是设定韧性系统 7 个设计理念,包括:假定攻击并阻断外部输入;纵深防御;最大限度减少攻击机会;管理从边缘到核心以及 PNT 源之间的互信;保护 PNT 源;使用广泛适用的威胁缓解措施;在需要时恢复。

三是给出标准 PNT 用户设备示例。通过 PNT 源控制器、韧性管理器和 PNT 解合成代理给出 PNT 设备接收机的设计实例,如图 3 所示。

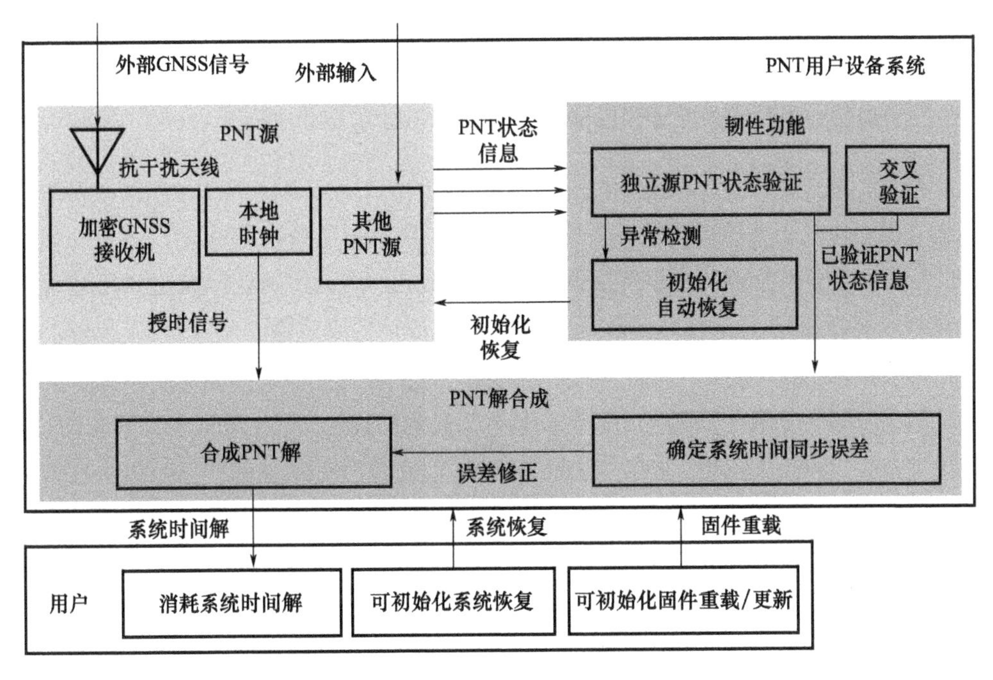

图 3　标准韧性 PNT 用户设备概念示意图

三、主要影响

(一)遏制了竞争对手通过干扰或欺骗技术争夺 PNT 源

抗干扰抗欺骗技术是战场双方进行体系对抗时首先使用的基础支撑性技术。从近期美军主要PNT设备设计和试验的情况来看,美军已将抗干扰抗欺骗技术视作应对竞争环境和复杂电磁干扰环境所必须解决的关键技术。由于卫星导航系统和信号自身的局限性,美国需要不断解决其卫星导航系统遭受干扰和欺骗的风险,并在平台装备的研制和试验中进行深入贯彻,这样才能有效遏制竞争对手的干扰,保障自身作战平台获取可靠的PNT服务。从试验验证来看,美军可通过抗干扰抗欺骗技术巩固自身的PNT优势,加强自身防护,对竞争对手的干扰源进行反制,使竞争对手施加的干扰、欺骗失效,或增加其干扰难度。

(二)丰富了美军在作战环境下获取多源PNT服务的方式

美军着眼于竞争环境和GPS拒止环境下使军用平台可获取类似GPS的PNT服务,以支撑其在一系列军事行动中获取优势,为此,美军近年频繁地对可替代导航源进行试验验证。从竞争对手的角度来看,可替代导航技术将加剧对其干扰和欺骗的难度,并且在战场空间短时间内无法找到应对措施。可替代导航技术的发展,为战场上的美军提供了种类更多的可信PNT源,这对完善美军PNT体系的作战应用具有现实意义,也将有助于美军导航战条例的修订和优化。

(三)铺垫了美军韧性PNT体系从概念走向实用的路径

在现代作战体系中,PNT源及设备的可靠性和可信性更多地体现在为作战网络的服务效果上。面对作战服务的特殊要求以及战场态势的实时变化,要求PNT系统具备在作战平台承受威胁和破坏时能够从中恢复的能力,对这种能力的度量则是设计韧性PNT系统的一个关键组成部分,需要定量评估各种韧性PNT系统设计的有效性,并进行相互比较。没有哪一个系统能够100%地应对所有不利事件,因此韧性是一个程度问题。美国国土安全部发布的“韧性PNT合规性框架”给出了4个不同级别的韧性能力,同时在其发布的“韧性PNT参考架构”中给出了韧性PNT用户设备的示例,这两份文件相当于韧性PNT技术标准的一个初级版本,使美军韧性PNT体系的构建从概念向实用化迈出了第一步。

四、启示思考

(一)优化体系对抗环境下的抗干扰抗欺骗技术

GNSS信号由于其内在固有的脆弱性,导致其越来越容易受到信号欺骗技术的影响,使得其不能提供准确、可信的PNT服务。GNSS欺骗和干扰将是阻碍其提供可靠PNT服务的直接原因。可以看出,美军和相关军用装备厂商已经通过改善接收机的软硬件设计、算法的多样性以及多源接收处理等手段实现更强的可靠性,未来这也将是一个长期且不断优化的过程,其中最主要的是将PNT的抗干扰和抗欺骗放到体系对抗的角度,结合电磁频谱规划和网络安全规划,研制安全可靠的抗干扰抗欺骗设备,设定合理可靠的抗干扰抗欺骗策略,以适应当前体系对抗的要求。

(二)发展基于统一全源导航框架的可替代导航技术

美国国防部为达成作战目标而遵循全源 PNT 架构,可以使一系列替代或补充的 PNT 技术在特定的场景发挥作用,并有效保障 GPS 拒止环境中 PNT 服务的可用性和完好性;同时通过设定和完善统一的全源导航架构,可在其应用规程和使用效果上有效补充 GPS 信号在受到干扰时相关服务的可靠性。未来将在此框架基础上考虑纳入更多的导航源,以更多的组合导航方式提供多种自适应可切换的 PNT 服务,提高系统稳定性。

(三)实施有效保障 PNT 服务的分级分层防护理念

为保护以卫星导航系统为核心的现行 PNT 体系,需要考虑如何应对对抗条件下的干扰和欺骗引发的安全性下降等具体问题。美军通过在未来实施混淆特征以迷惑攻击者、限制外部输入降低攻击机会、验证可信外部输入、隔离组件以保护其免受外部影响、缓解威胁影响、设定差异技术减少共模故障以及设定安全时恢复机制等多层次、全方位、多举措的韧性防御体系,为可信 PNT 服务的持续输出提供支撑。

(四)制定适于联合全域作战的 PNT 体系对抗策略和规程

从美国国防部以及各军事部门的相关战略和条例来看,联合全域作战框架实质上就是在体系对抗场景下进行的多域多层的全方位军事能力的比拼,其中太空战、电磁战和网络战等新兴作战方式更是将 PNT 体系对抗技术纳入其作战条例中。从近些年美国陆军的 PNT 评估可以看出,导航对抗技术在未来全域作战的体系对抗中的分量将越来越重,细化和优化相关作战规程和装备应用,制定和完善融入 PNT 设备与应用的作战流程,应用不断发展的 PNT 作战技术将是未来美军所需要着重考虑的。

(中国电子科技集团公司第二十研究所　李　川　吴　燕)

大事记

美国空军开发无人机抗干扰技术。1 月，美国空军为 MQ－9“死神”无人机开发了一种“死神防御电子支援系统”(RDESS)，也称为“加固型目标瞄准吊舱”。该系统已在阿拉斯加举行的“北方利刃”演习中得到了验证，是一种经过测试的抗干扰和反欺骗应用，可为无人机提供探测并发现威胁的能力，提高“死神”等无人机的生存力。

诺斯罗普・格鲁曼公司将为美国海军陆战队战斗直升机提供网络数据链。1 月，美国海军航空系统司令部授予诺斯罗普・格鲁曼公司一份价值 2430 万美元的合同，要求为海军陆战队 UH－1Y“毒液”和 AH－1Z“蝰蛇”直升机提供 25 套 Link 16B 套件量产型、3 套 Link 16B 套件备件和 2 套 Link 16B 套件飞行训练装置，旨在为直升机提供额外的传感器网络能力。根据合同要求，该公司将于 2024 年 6 月前完成直升机的网络升级工作。

莱昂纳多公司将为欧洲“台风”战斗机的电子扫描雷达开发宽带功能。1 月，莱昂纳多公司与亨索尔特公司签订了价值超过 2.6 亿欧元的合同，帮助开发欧洲“台风”战斗机的通用雷达系统 Mk1(ECRS Mk1)。该型雷达引入了数字多通道接收器和新的宽带发射接收模块，莱昂纳多公司负责开发新的宽带功能，提高雷达探测范围和精度。莱昂纳多公司主导“台风”战斗机 ECRS Mk0 和 ECRS Mk2 雷达开发和交付，并提供新雷达天线、天线电源和控制及其处理器的核心部件。第一部 ECRS Mk1 雷达预计将于 2025 年生产。

DARPA 授出基于“任务集成网络控制”项目的组网管理软件合同。1 月，DARPA 与 Peraton 实验室签订了一份价值 1930 万美元的“任务集成网络控制”项目合同，旨在基于快速自修复的互联网络，将陆海空天网的传感器和武器连接起来并按需配置。Peraton 实验室将开发网络与通信系统算法以及软件，并将聚焦于 3 项关键功能：①安全控制覆盖，开发“始终在线”的虚拟网络覆盖，以接入可用的网络和通信资源以及控制相关参数；②分布式网络配置，使用跨网络方法对网络配置和信息流进行优化和管理；③任务集成，基于杀伤网服务创建最佳信息流驱动的方法。本项目可有效支撑马赛克战“传感器到射手”的作战概念，实现从封闭体系架构向动态、自主控制的模式转变。

美国空军将开展机载高频无线电现代化计划。1 月，美国空军生命周期管理中心表示将开展机载高频无线电现代化计划，对传统机载高频无线电系统进行改造，使其具备有保证的、可抗干扰的无线电通信能力，以适应近对等对抗环境。这种无线电能力的现代化将加强美国空军、海军、海军陆战队和海岸警卫队飞机的安全远程无线电通信能力，以提高其作战效能。新型无线电具备传统无线电的所有功能，并可前向、后向兼容，可为作战人员提供增强的有保证无线电通信能力。此次现代化升级将从 AN/ARC－190 机载高频无线电开始。

美太空发展局发布国防太空架构“1 期”地面运行与集成段信息征询。1 月，美太空发展局发布国防太空架构“1 期”地面运行与集成段的建议书征询。所征询的核心功能包括跨架构中所有段（地面、链路、空间和用户段）的企业管理、网络管理、任务管理、有效载荷数据管理及星座监控。“1 期”运行与集成工作范围包括开发、装备、管理和运行最先进的、类似于商业领域的运行中心，实现并运行地面入口点，并进行地面和空间段的集成。国防太空架构传输层“1 期”由“1 期”地面段提供支持，该地面段包括位于美国北卡罗来纳州大福克斯空军基地和阿拉巴马州亨茨维尔红石兵工厂的两个运行中心等。

美国陆军授予 TRX 系统公司单兵可信定位导航授时系统合同。1 月，美国陆军授予 TRX 系统公司下一代单兵可信 PNT 系统生产合同。该系统将取代国防高级 GPS 接收机，并与“奈特勇士”系统集成，在受到敌方电子攻击导致位置感知能力丢失而使用户位置不可靠时发出报警，并在 GPS 性能降级的作战环境中利用多个传感器和授时源为作战人员提供较为精确的位置信息。

美太空军加快研制 GPS ⅢF 卫星。1 月，美太空军与洛克希德·马丁公司签订了 22 颗 GPS Ⅲ后续卫星（GPS ⅢF）生产合同。GPS ⅢF 是美军新一代 GPS 卫星，其性能较之 GPS Ⅲ卫星更为先进，具备区域军事保护能力，可向某一特定区域发送可信 M 信号，具有高达 60 倍的抗干扰措施，确保作战人员在竞争环境中获取关键位置、导航和授时数据。

美军推动研发军用飞机与卫星间的激光通信技术。1 月，美国空军技术创新中心授予了美国 Space Micro 公司一份小企业技术转让第 1 阶段合同，用于开发一种部署在军用飞机或无人机上的空中对太空激光通信吊舱，可在军用飞机与地球同步轨道卫星之间进行高速数据通信，以将两者连接起来。合同项目所需的激光终端将以该公司现有激光终端为基础，并使用美国约翰霍普金斯大学为美国宇航局开发的自适应光学技术进行增强，能以 10Gb/s 的速度传输数据。Space Micro 公司还将与美国 Rhea Space Activity 公司合作设计一种吊舱，可安装在战斗机（如 F－35）的机翼下面，并能与卫星进行通信。

美国海军 EA－18G 与空军 F－22 开展协同训练。1 月，美国海军 VAQ－209 电子攻击中队的 EA－18G 与空军国民警卫队的 F－22 进行了空对空任务背景下的协同作战训练，旨在将 EA－18G 的电子攻击能力与 F－22 的隐身能力相结合，提升海军与空军的联合杀伤能力。

美国海军研发轻量型水面电子战系统。01 月,诺斯罗普·格鲁曼公司表示,小型舰艇无法为完整版“水面电子战改进项目”(SEWIP) Block 3 提供足够的冷却或电力供应,但小型舰艇也不需要很多射频能去实施干扰。目前公司正在积极推进轻量型 SEWIP Block 3 研发,对美国海军 SEWIP Block 3 电子战系统进行升级,以使其轻量型能够快速、有效地部署到小型水面舰艇上,为小型舰艇提供先进的射频威胁无源探测能力及同时对多目标的精确电子攻击能力,从而应对来自反舰导弹、无人驾驶飞行器、掠海飞行的飞机及其他船只的威胁。

美国海军成立高功率微波武器系统部门。1 月,美国海军水面战中心达尔格分部(NSWCDD)成立了高功率微波武器系统部门。此前,在 NSWCDD 中,高能激光领域和高功率微波领域隶属于同一部门。此次,将定向能技术拆分为高能激光系统和高功率微波系统,促使 NSWCDD 站在了高功率微波领域的前沿。NSWCDD 是美国第二个拥有独立高功率微波研究部门的机构,另一个是美国空军研究实验室。美国海军水面作战中心达尔格分部成立高功率微波武器系统专门机构,是美军进一步重视高功率微波武器发展的重要标志之一。

俄罗斯向哈萨克斯坦部署“里尔 -3”电子战系统。1 月,哈萨克斯坦请求集安组织帮助其应对“恐怖主义威胁”。根据俄国防部 1 月 6 日发布的视频和图片显示,俄空降部队和特种作战部队的人员和车辆搭载伊尔 -76 和安 -124 运输机出发前往哈萨克斯坦,其中至少可以看到 1 辆 6×6 式卡马兹卡车配置了 RB -341V“里尔 -3”电子战系统。该系统的主要目的是对机动通信进行侦察和干扰,这对于希望破坏大规模示威游行的哈萨克斯坦政府来说非常有用,将切断示威者之间的通信联系,以及阻止他们发送对政府不利的信息。

波音公司联合全域指挥控制实验室成功验证多域数据融合。1 月,波音公司宣布其联合全域指挥控制(JADC2)实验室已完成一项基于多个跨域平台融合多源数据构建通用作战图的虚拟演示。演示通过 JADC2 实验室的“数据编织”平台,将位于夏威夷和加利福尼亚州波音旗下液体机器人公司“波浪滑翔器”的实时传感器数据与美国国防部统一数据库的 AIS 船舶数据相融合,为所有用户提供通用作战图。演示过程中,“波浪滑翔器”的位置数据以及感知到的 AIS 轨迹与模拟的 E -7“楔尾”操作人员共享,而 E -7 数据与 JADC2 实验室共享,继而形成通用作战图。

诺斯罗普·格鲁曼公司获美太空军深空先进雷达合同。2 月,美太空军授予诺斯罗普·格鲁曼公司深空先进雷达能力(DARC)项目合同,设计、开发、测试和交付第一部 DARC 系统。该合同总价值3.41 亿美元,期限3 年,所研制系统将部署位于印太地区的1 号站点。在此基础上,美军计划未来两年在英国和美国德克萨斯州启动建造 DARC 2 号和 DARC 3 号站点。DARC 是由多个抛物面天线阵组成的雷达系统,多个阵列形成大功率孔径积，实现36000km的超远程探测能力。

美国陆军增程版MQ-1C“灰鹰”成功进行先进数据链路功能试验。2月，通用原子航空系统公司宣布成功测试了增程版MQ-1C“灰鹰”无人机的先进数据链路功能，作为美国陆军资助升级增程版MQ-1C“灰鹰”无人机系统开发工作的一部分。试验期间，美国陆军和通用原子航空系统公司联合演示了增程版MQ-1C“灰鹰”无人机与地球静止轨道Ku/Ka波段卫星和中地球轨道Ka波段卫星保持链路并支持高带宽数据速率的能力。此次试验标志着增程版MQ-1C“灰鹰”无人机能够在多个卫星星座上进行动态链路切换，确保作战人员及时有效获取数据，将有效协助地面部队执行通信中继和武器投送任务，并执行远程情报监视侦察任务。

欧洲开发下一代战术数据链。2月，德国亨索尔特公司获得了一份数百万欧元的合同，把其在战术数据链、敌我识别和传感器融合方面的经验用于开发独立的下一代战术数据链，作为欧洲ESSOR MIDS项目的一部分。据悉，该公司将努力开发新硬件和加密技术概念，为开发新数据分发系统奠定基础。ESSOR MIDS项目参与者包括法国、德国、意大利和西班牙，旨在联合军事行动中提供欧洲各国部队间的数据和话音通信技术。ESSOR MIDS是现有MIDS数据链的后续产物，将提供欧洲高性能数据链能力，包括新的欧洲加密、具有增强型Link 16能力的高性能波形和机间数据链波形，同时确保北约和盟国内部的互操作性。

俄罗斯A-100预警机完成雷达开机状态首飞。2月，俄罗斯国家技术集团宣布A-100完成雷达开机状态首飞，验证了机载系统在强电磁辐射情况下正常工作的能力。A-100预警雷达采用“P+S”双波段有源相控阵体制，天线“背靠背”安装，方位机相扫+俯仰电扫，360°全景探测，目标容量300个，典型空中目标探测距离600km，地面/水面目标探测距离400km。

美开发支持联合全域指挥控制的原型卫星通信系统。2月，诺斯罗普·格鲁曼公司获得美太空发展局（SDA）一份价值6.92亿美元的合同，为“传输层1期”（T1TL）网状卫星通信网络生产和部署一个由42颗扩散型低地球轨道（pLEO）卫星组成的新型卫星系统。T1TL原型系统由81颗铱星NEXT卫星组装集合而成，是世界上最复杂、最高性能的卫星系统之一，于2019年在低地球轨道部署。目前，SDA正在完善国防空间能力布局，拟基于独特的商业模式，开发实现pLEO架构，增强网络韧性，降低数据延迟，以高效传输/处理传感器到射手数据。

美国陆军进行综合战术网能力集测试与试点。2月，美国陆军先后进行了综合战术网（ITN）能力集23（CS 23）技术测试与能力集25（CS 25）试点。CS 21优先考虑步兵编队，目前已部署了约50%。完成的CS 23技术测试表明，该版本的ITN套件，包括无线电、安卓应用程序和任务指挥应用程序等，可增强美国陆军斯特瑞克部队的机动能力。

CS 25 在 2 月初结束了一项旨在提高卫星、无线电通信和数据能力的技术试点。CS 25 仍处于早期阶段，重点将是找到合适的平衡，为指挥官提供灵活性。

美国海军接收首架生产型多情报 MQ－4C 无人机。 2 月，诺斯罗普·格鲁曼公司向美国海军交付首架采用 B8 架构、多情报配置的生产型 MQ－4C“海神之子”无人机系统。该无人机采用了集成功能能力－4（IFC－4）标准，配备了多情报套件，使 MQ－4C 无人机能够取代 EP－3“白羊座Ⅱ”飞机用于大多数信号情报任务。美国海军计划在 2023 财年第四季度按照 IFC－4 标准实现 MQ－4C 的初始作战能力。

美国陆军计划扩大多功能电子战吊舱的部署范围。 2 月，为支撑多域作战和太平洋远距离作战，美国陆军对“空中大型多功能电子战”（MFEW－AL）项目提出新的要求，拟扩大该系统的部署范围。MFEW－AL 由洛克希德·马丁公司生产，最初计划安装于 MQ－1C“灰鹰”无人机，旨在为旅级战斗队提供进攻性电子战能力。目前，美国陆军正在将 MFEW－AL 搭载在其他载机平台上进行测试，以适用于其他部队和作战环境。

BAE 系统公司研究人工智能技术提升自动化频谱态势感知的能力。 2 月，BAE 系统公司宣布将为 IARPA 研究人工智能/机器学习技术，以及确保信息安全的智能无线电系统（SCISRS）计划中的射频频谱信号识别技术，以增强态势感知能力，锁定威胁，确保通信过程免受恶意攻击。SCISRS 计划旨在开发智能无线电技术，增强频谱域态势感知能力，确保数据安全，实现异常射频信号（如隐藏/可变/虚假/异常信号）的探测与识别等。

美国空军使用“军团”吊舱首次完成多平台红外搜索和跟踪测试。 2 月，美国空军空中作战司令部宣布由洛克希德·马丁公司研制的“军团”红外搜索与跟踪（IRST）吊舱已形成初始作战能力，将率先配备 F－15C 战斗机，提升其在较远距离上和对抗环境中与威胁目标的探测、跟踪和交战能力，巩固其战场空中优势。4 月 7 日，佛罗里达州埃格林空军基地的整合测试团队进行了首次多平台操作测试，美国空军战斗机利用“军团”吊舱共享的 IRST 传感器数据，成功地对目标进行了三角定位。“军团”吊舱采用了可适配额外传感器的设计结构，对载机进行最低程度的改进即可集成全新能力。

美国伊庇鲁斯公司推出高功率微波吊舱。 2 月，美国伊庇鲁斯公司推出一款高功率微波反无人机吊舱——“列奥尼达斯”吊舱。该吊舱是一款模块化、固态、多脉冲高功率微波系统，可搭载于无人机等多种平台，旨在应对无人机蜂群威胁。该公司曾于 2020 年推出“列奥尼达斯”地基高功率微波反无人机系统，“列奥尼达斯”吊舱是该系列的第二款产品。作为一款高功率微波系统，“列奥尼达斯”吊舱拥有前所未有的小尺寸和便携性能。

“亮云”诱饵演示新的欺骗技术。 2 月，莱昂纳多公司同英国、意大利和丹麦空军合作，在英国靶场对“亮云”诱饵进行试验。试验过程中莱昂纳多公司将新的基于软件的机载射频欺骗技术插入到“亮云”有源投掷式对抗装置中，从而验证“亮云”诱饵对抗各类新威胁的能力。“亮云”是第二代可消耗性数字射频存储器干扰机，旨在为快速喷气式飞机提供有效的末端防护，以抵御先进的射频制导导弹威胁和/或雷达跟踪。

美国空军发布“高功率电磁”项目公告。2月，美国空军研究实验室定向能局发布了“高功率电磁建模和效应”项目的广泛机构公告，对电磁战在摧毁或拒止敌方电子设备、简易爆炸装置、无人机等系统方面的效果进行仿真模拟，通过开发工具和生成易损性数据来证明高功率电磁武器的有效性。4月，美国空军研究实验室定向能局发布“高功率电磁经验效应”项目广泛机构公告，对电子系统进行易损性测试，以确定高功率电磁武器的有效性。这项工作包括获取电磁武器的效果及波形数据、确定潜在的新目标、开发用于测试的电子系统、采购具有代表性的电子子系统、构建电子子系统的效用概率曲线，并计划进行外场测试以确定电磁武器的有效性。

日本强化电子战部队力量。2月，日本陆上自卫队重组了电子战部队。日本自卫队陆上总队管辖电子战部队，分为电子战作战总部及附属部队、第101电子战大队以及重组的第301电子战中队。自卫队计划取消北部方面军的第1电子战部队并改编为第302电子战中队。第101电子战大队负责朝霞、留萌、相浦、知念、高田和米子驻地，第301电子战中队管辖健军、奄美、那霸和川内几处驻地。3月，自卫队在位于东京的朝霞营成立了地面电子战作战部队总部，指挥日本国内其他电子战部队。日本陆上自卫队本年度在高田、米子和川内营建立了3支电子战部队，并强化健军和相浦两地的电子战人员、装备与设施。

美国海军将EA-18G部署到俄乌战场边沿。3月，随着俄乌冲突的不断升级，美国海军将VAQ-134电子攻击中队的6架EA-18G和240名人员部署到了德国斯潘达勒姆空军基地。这6架EA-18G参加了在波兰上空的联合训练，以加强北约的军事存在。VAQ-134中队飞行员科林中校称，此次部署EA-18G是以一种透明的方式展现防御性态势，向俄罗斯发出美国联合部队已部署至北约东翼的信号。

美国空军升级全数字AN/ALR-69A(V)雷达告警接收机。美国空军授予雷声公司情报与太空分部合同，为其F-16战斗机升级全数字AN/ALR-69A(V)雷达告警接收机并提供相应备件。ALR-69A是世界首款全数字雷达告警接收机，升级后的ALR-69A(V)可提供更优的态势感知，从而更快地做出决策。ALR-69A(V)具有传统雷达告警接收机无法实现的能力，包括对敌防空压制，易于跨平台集成，具备增强的频谱与空间覆盖能力，能在密集信号环境中进行高灵敏度探测以及单站地理定位等。在F-16上进行集成测试后，雷声公司将在开展ALR-69A(V)升级工作。

美国空军F-16将接收下一代电子战套件。3月10日，美国空军战斗机与先进飞机管理局授予诺斯罗普·格鲁曼公司一份修订版未定价变更单，用于采办F-16战机的一体化“蝰蛇”电子战套件。在获得这份未定价变更单之前，诺斯罗普·格鲁曼公司已于

2021 年 6 月获得了一份价值 4000 万美元的其他交易协议修订合同,用于开发一体化"蝰蛇"电子战套件的应用环境和飞行安全认证原型机。诺斯罗普·格鲁曼公司将完成 AN/ALQ-257 一体化"蝰蛇"电子战套件的研发,并将其安装在几架 F-16 战斗机上开展飞行试验。

洛克希德·马丁公司与微软公司合作开发 5G 军用技术。3 月,洛克希德·马丁公司和微软公司正在合作开发 5G 技术,为美国军事通信提供支持。双方合作重点是洛克希德·马丁公司的混合基站,包括一种多网络网关和一种"箱式蜂窝塔(cell tower in a box)",以及微软公司的 Azure 云服务。双方合作的一些成果已于 2021 年 12 月在洛克希德·马丁公司位于科罗拉多州的 5G 测试场接受了测试。测试将 3 个混合基站连接到微软公司的 5G 核心和一系列军用数据链,例如北约 Link 16 和其他先进战术链。测试使用了微软 Azure Arc——一种用于云环境的管理工具,可以将应用程序从企业级移动到战术级,供地面步兵使用。

美军开始建造最新宽带全球通信卫星 WGS-11+。3 月,波音公司正在使用先进技术建造最新的美军宽带全球卫星通信系统 WGS-11+。波音公司称目前正在利用 3D 打印技术为 WGS-11+生产 1000 多个零件,既提升了系统性能,也无需大量集成时间或定制工具即可实现定制化。WGS-11+还展示了相控阵技术的发展。基于波音公司商用 702X 软件定义卫星有效载荷的进步,该天线可同时生成数百个电子控制波束,任务效能是现有 WGS 卫星的两倍多。据悉,新卫星计划 2024 年交付。

美国海军升级 E-2D Link 16 数据链。3 月,美国马里兰州帕图森特河海军航空站的海军航空系统司令部官员宣布了一份价值 1790 万美元的合同,该合同将交给诺斯罗普·格鲁曼公司航空系统分部,为 15 架舰载 E-2D"先进鹰眼"监视和海上巡逻机的 Link 16 战术数据链增加安全通信能力。诺斯罗普·格鲁曼公司将为 E-2D 飞机建造和安装设备,改进 Link 16 加密现代化和混合超视距能力。该公司还将为 E-2D 提供验收测试和成套技术文件,提供技术信息以支持改造,并安装 AN/ALQ-217 电子支援措施 Ethernet 线缆。预计该合同在 2023 年 5 月完成。

美受保护战术卫星通信原型通过关键设计评审。3 月,美太空军太空系统司令部和波音公司完成了受保护战术卫星通信样机(PTS-P)的关键设计评审,验证了该公司在快速原型项目上的技术成熟度。PTS-P 快速原型项目将为美国及其盟国卫星通信提供高水平保护。PTS-P 将是美军应用抗干扰波形——受保护战术波形的第一个天基 Hub。PTS-P 为美军抗干扰受保护战术波形的星上处理器,可为用户提供战区抗干扰和网络路由能力。PTS-P 有效载荷计划在 2024 年发射后进行在轨演示。

俄罗斯发射"子午线-M"军事通信卫星。3 月,俄罗斯发射了一颗"子午线-M"军事通信卫星。"子午线"系列卫星为俄罗斯"北海航线"区域内的海船和侦察机提供与海岸和地面站之间的通信。此外，这些设备扩展了西伯利亚和远东北部地区卫星通信站的能力。该卫星所在轨道使卫星每次可在一个地方上空停留大约8h，其通信可以覆盖地球静止轨道卫星难以到达的区域。

美军F-35战斗机使用“星链”卫星传输数据。3月，驻美国北部犹他州希尔空军基地的第388战斗机联队正在探索高速通信项目，以支持F-35A“闪电”Ⅱ隐形战斗机在前线的敏捷作战部署，而其中的关键就是“星链”卫星。这次测试项目的细节包括F-35在“前线”基地进行降落和备战，数据从“星链”卫星传输到终端，再从终端传输到空军数据转接器，最后传输给F-35进行作战数据和信息更新。试验结果证明，通过“星链”卫星和ACE结构传输数据，比传统的ALIS及单独的NIPR和SIPR连接方式快得多，速度大概是之前的30倍。更重要的是，利用“星链”传输数据的操作还非常简单，几乎所有飞行员可在10min内完成设置。

美国空军探索F-35A敏捷通信方案。3月，美国犹他州希尔空军基地第388战斗机联队作战支援中队飞行员目前正在探索高速通信方案，以支持F-35A“闪电Ⅱ”战机的敏捷战斗运用——支持在偏远或艰苦地点作战。在美空战司令部、敏捷作战实验室和ACC战斗通信部门的网络团队帮助下，第388战斗机联队第一次使用卫星和蜂窝互联网功能连接了F-35可部署报告设施（包含一个自主后勤信息系统服务器堆栈），并“环回”到空军网络的F-35供应链和后勤“中心入口点”。

法国推出基于纳米卫星的全球导航卫星系统备份服务项目。3月，法国启动“同步立方体”项目，旨在通过一颗LEO纳米卫星在GNSS导航信号不可用时提供同步功能。该项目隶属法国太空行业复兴计划的一部分，卫星设计尺寸为20cm×10cm×34.05cm。Syrlinks公司负责卫星平台的开发，将提供位置和授时服务所需的有效载荷和地面接收机。

英国海军首次在航空母舰上安装原子钟。3月，英国海军在“威尔士亲王号”航空母舰上首次安装了原子钟设备。该设备由约一台普通笔记本大小的量子套件组成，可提供高精度的时间测量服务，允许航空母舰作战系统在GPS不可用时保持时间同步。相较于其他授时设备，该设备尺寸小，且引入量子技术，可在GPS拒止环境下为平台提供可靠的时间备份。

DARPA寻求利用合成孔径雷达图像进行物体的自动识别。3月，DARPA举办“小提琴手”项目提案者日活动，旨在提高合成孔径雷达图像的自动物体识别能力。研究团队将开发从合成孔径雷达图像实例中创建物体参考模型的方法，再利用模型在新的成像几何配置下生成/渲染物体的人造合成孔径雷达图像；演示如何从少数实例中生成多样化训练数据，快速训练稳健的合成孔径雷达图像物体识别算法。美军将于2023年启动该项目。

美国太空司令部拟扩增太空监视网络的传感器。3月,美国太空司令部表示希望增加太空监视网络(SSN)的传感器数量,进一步提升美军对太空域的监视、跟踪和编目能力。太空军计划首先将现役的陆军AN/TPY-2雷达和海军AN/SPY-1雷达融入到SSN中,作为兼用型太空监视雷达;其次推进"综合传感器支撑计划",将商业公司、盟友和情报界的传感器数据融合到SSN中,提供更广泛的数据来源。

美国空军开展E-3G空中电子战重编程试验。4月,美国空军"机载预警与控制系统"联合测试团队在一架E-3G"哨兵"预警机上通过试验展示了其在飞行中更新"电子支援措施"数据库的能力。试验期间,该机在使用其现有的电子支援措施系统收集电子战信息后,通过超视距卫星通信系统将飞行记录数据传输到位于佛罗里达州埃格林空军基地的第36电子战中队。第36电子战中队在1h内对E-3G的数据进行处理和分析,纠正数据中存在的问题,并将更新后的文件回传给在空中执行任务的E-3G预警机。这是E-3G预警机首次完成空中电子战重编程。

美国陆军在"利刃2022"演习中验证无人机"狼群"概念。4月25日至5月13日,美国陆军在犹他州杜格威试验场举行"利刃2022"演习,投入了史上最大规模的交互式"空射效应"无人机群,并加大了电子战的测试力度。演习中使用的无人机为Area-I公司的ALTIUS-600和雷声公司的"郊狼"无人机。这些无人机在演习中展示了各种能力,如自主探测和识别运动中的目标、拒止环境下通信、目标杀伤和战斗损伤评估。

俄罗斯成功发射2颗"莲花-S1"电子侦察卫星。4月、12月,俄罗斯使用"联盟-2.1b"火箭成功发射了2颗"莲花-S1"电子侦察卫星。这是俄罗斯电子情报侦察系统"藤蔓"星座的第6和第7颗卫星。俄罗斯于2006年开始研制"莲花-S"卫星,以取代苏联时期研制的"处女地-2"卫星。首颗"莲花-S"卫星于2009年发射。"莲花"卫星采用无源被动式电子侦察手段搜索和定位电磁辐射目标。

美国国防部与业界合作推进建立5G赋能的"数字化作战网络"。4月,诺斯罗普·格鲁曼公司和美国电话电报公司(AT&T)公布了一项联合计划,协助美国国防部建立并完善5G赋能的"数字化作战网络",为联合全域指挥控制铺平道路。根据最新协议,两家公司将"提供一种高成本效益的可扩展开放式架构解决方案,帮助美国国防部连接来自所有域、地形和部队的分布式传感器、射手及数据——类似于智能设备在日常生活中连接和共享数据的方式"。美国电话电报公司证实,此份战略合作协议将建立一个通用研发框架,以原型化、演示和评估与诺斯罗普·格鲁曼公司高科技系统相集成的AT&T公司5G组网资产。

洛克希德·马丁公司与英特尔公司合作整合军用5G解决方案。4月,洛克希德·马丁公司和英特尔公司利用其在技术和通信领域的专业知识,整合5G解决方案,为美国国防部提供更快、更强的连接。英特尔公司的5G解决方案集成到洛克希德·马丁公司的5G. MIL混合基站中,5G. MIL可充当军事人员与当前和新兴平台(如卫星、飞机、船只和地面车辆)之间泛在通信的多网网关。此外,洛克希德·马丁公司利用英特尔公司先进的处理器技术以及网络和边缘方面的创新,将云能力引入战术需求领域,实现跨空、海、陆、天和网络域的数据驱动型决策,支持美国国家安全工作。

雷声公司为美国空军安装首个全球"机组战略网络终端"系统。4月,雷声公司为美国空军安装了首个全球"机组战略网络终端"(ASNT)系统。该终端系统使现有受保护通信系统具备现代化能力,同时增加了核、非核指挥控制新能力。该系统通过军事星系统和先进超高频卫星提供指挥控制,将核力量与国家指挥机构建立联系,为美国轰炸机、导弹等核力量提供受保护通信,并为复杂环境中的机组人员提供通信支持。其扩展能力将提供战术边缘所需的关键数据,实现近实时智能决策制定,有效支持国防部联合全域指挥控制计划。预计2023年底完成包括固定地点终端和可移动终端在内的90个终端的安装部署。

欧洲两颗Galileo卫星投入使用。4月,2021年12月发射的第27和28颗Galileo卫星成功完成了系统/运行在轨测试审查,并于8月投入使用。该卫星将为公开服务用户带来三项关键能力改进:更快的导航数据采集;挑战环境下的鲁棒性;对于只能粗略估计1~2s授时的用户可以直接从导航电文信息中获取。

霍尼韦尔公司成功演示验证军用级可替代导航技术。4月,霍尼韦尔公司在军用飞机上对视觉导航、天文导航和磁异常导航三种可替代导航技术进行了演示,验证了军用飞机在GPS信号被阻塞、中断或不可用的环境下的无缝导航能力。霍尼韦尔公司推出的可替代导航解决方案是专为军事用户而设计的,在没有GPS信号的情况下,也能提供军事行动所需的冗余导航手段。可替代导航系统原型样机预计2023年开始交付。

美国太空军"统一数据库"实现直接从"太空篱笆"雷达获取数据。4月,美国太空军宣布其"统一数据库"(UDL)实现直接从"太空篱笆"雷达获取观测信息,"太空篱笆"成为首个集成至UDL的军方太空监视网络传感器,展示了UDL与太空监视网络传感器节点的连接能力。此外,包括"地球同步空间态势感知计划"在内的其他美国太空军传感器以及盟国系统也将直接连接到UDL。UDL是美国太空军领导的一项数字编目计划,旨在将不同来源不同密级级别的空间感知数据集成到一个公共平台中,可供政府和军事组织访问由卫星和地面传感器收集的空间数据。

雷声公司获得SPY-6雷达全速生产合同。4月,雷声公司获得一份为期5年、价值6.51亿美元合同,将为美国海军下一代战舰全速生产AN/SPY-6(V)系列雷达。合同涉及为31艘海军战舰提供SPY-6(V)雷达,总价值将达32亿美元。雷声公司将在未来40年内为7型海军战舰生产固定型和旋转型固态SPY-6(V)雷达。

美国太空军基地发射两颗"海军海洋监视系统"卫星。4月,太空探索公司的"猎鹰"

火箭在范登堡太空军基地发射了美国国家侦察办公室代号为 NROL－85 的保密载荷，可能是“海军海洋监视系统”(NOSS)计划下的两颗卫星，即 NOSS－3－9A 和 9B。NOSS－3 是 NOSS 系列的第三代卫星，也是美国正在建设的第五代电子侦察卫星，该型卫星集成通信情报和电子情报载荷，具有极强的机动变轨和情报收集能力。NOSS－3 每组只设两颗卫星，共重 6500kg，飞行轨道 1100km，倾角 63°，目前共有 18 颗在轨。

卡佩拉公司将开发具备自主任务能力的合成孔径雷达星座。4 月，美国卡佩拉公司推出了船只探测、变化探测和全球变化探测三款具备自主任务能力的合成孔径雷达产品星座。该系列产品采用数据融合、人工智能和机器学习技术实现重复监测任务的自主化，可使图像分辨率达 50cm，能在每个周期的固定时间内采集特定卫星图像信息。

美国空军对“军刀”进行飞行测试。美国空军“罗盘呼叫”测试小组与 BAE 系统公司合作，对“军刀”技术进行了飞行测试。“军刀”是“罗盘呼叫”电子战系统的核心，此次飞行测试验证了其为“罗盘呼叫”系统提供先进电磁作战能力方面的灵活性。“军刀”基于开放式系统架构，通过软件更新而不是硬件重构来实现新技术的快速集成，以应对新兴威胁。此次飞行测试的成功还将推动在 EC－130H 平台上部署“军刀”能力。

美国空军研究实验室发布“怪兽”广泛机构公告。5 月初，美国空军研究实验室传感器分部发布了“怪兽”电子战项目广泛机构公告。公告称，“怪兽”项目旨在研究、开发先进电子战技术，并实现技术转化，确保美国及其盟国未来在电磁频谱所有领域中占据主导地位。项目涵盖以下技术领域：数据采集、人工智能与机器学习、建模与仿真、算法设计与开发、硬件开发、实验室试验与外场试验以及分析等。该项目的 5 年总预算预计达 3 亿美元，将分 8 次征集提案，每次资金在 100～9500 万美元之间。

美国海军发布背负式电子干扰装备征询书。5 月，美国海军海上系统司令部发布建议征询书，要求生产和交付多达 1150 套用于反无线电控制简易爆炸装置(RCIED)和反无人机系统的电子干扰系统。其中包括“联合反无线电控制简易爆炸装置电子战”(JCREW)增量 1 型 RCIED 系统和“公鸭”反无人机系统。JCREW 是美军当前最主要的 RCIED 对抗设备，已经发展到了第三代，能添加新的干扰频率，并对其他军用通信和传感器的干扰更小；“公鸭”系统将以单兵背负式配置制造。

澳大利亚空军首次曝光 MC－55A“游隼”电子战飞机。5 月，澳大利亚皇家空军首次发布了最新型电子战飞机 MC－55A“游隼”的照片。该机是在“湾流”G550 喷气式公务机的基础上改装而来，机上配备情报监视侦察与电子战任务系统，机身布满天线，腹部有一个大的“船形”天线罩。尽管该机的具体功能尚不明确，但从这些天线的分布和飞机的命名可以推测该飞机将用于执行电子战、信号情报和情报监视侦察任务，将成为一个网络中继和数据融合平台，连接起澳大利亚皇家空军的其他飞机和舰船。首架“游隼”电子战飞机预计将于 2024 年初进行交付。

美国太空军延长移动用户目标系统窄带通信卫星系统寿命。5月，美国太空军推进一项计划，延长移动用户目标系统（MUOS）星座的寿命，并申请在2023财年投入资金建造和发射另外两颗UHF通信卫星。购买更多卫星的计划最初是由美国海军提出的，目的是将该星座的在轨寿命至少延长到2034年，并将其支持地面段延长到2039年。根据预算文件，新卫星将不会携带传统UHF有效载荷。美军表示，新卫星可能会具备增强能力，但没有提供更多细节。美国太空军表示，美国太空军一方面将延长MUOS寿命，另一方面将通过美国太空作战分析中心在今年夏天开始的备选方案分析，探索更长期的窄带通信方案。

DARPA“曼德拉2号”卫星演示近地轨道卫星间激光通信。5月，CACI国际公司宣布DARPA“曼德拉2号”（一对小型卫星）于4月14日近40min的试验中成功建立光学链路，在100km距离内传输、接收了超过200Gb的数据。该演示的成功意义重大，验证了利用商业可用卫星总线和激光终端建立网状网络的可行性。美太空发展局局长图尔内尔表示，将于2024年发射具备光学激光通信能力的传输层1期卫星，可在卫星与卫星之间、卫星与地面间、卫星与机载平台间通信。

美国陆军将换装新的单通道战斗网无线电。5月，根据战斗网无线电（CNR）计划，泰雷兹公司将为美国陆军提供AN/PRC－148C战术无线电，以取代单信道地面和机载无线电系统（SINCGARS）。这种灵活、安全的软件定义CNR将使美国陆军能够无缝替换传统的R/T1523无线电设备。它将继续兼容现有SINCGARS波形，但允许美国陆军添加新波形和增强功能，以满足不断发展的需求。泰雷兹公司将交付基于AN/PRC－148联合战术无线电系统增强型多频段队内/队间无线电的CNR，这是一系列经过作战考验的战术话音和数据无线电的最新发展成果。

美国正在开发首个基于无人机的移动量子网络。5月，佛罗里达大西洋大学在与Qubitekk公司和L3哈里斯公司受美国国防部长办公室委托，联合研发美国首个基于无人机的移动量子网络，该网络可在建筑物周围、恶劣天气和地形环境下无缝机动，并快速适应战场等不断变化的环境。该网络包括一个地面站、无人机、激光器和光纤，可共享量子安全信息。该研发团队正在与美国空军合作，未来有可能通过更大的空中平台以及其他地面和海上平台扩大该项目的规模。

美国国土安全部发布《弹性定位导航与授时合规性框架》（2.0版）。5月，美国国土安全部科技局发布《弹性定位导航与授时合规性框架》（2.0版）。该框架侧重于输出PNT解的相关设备的弹性能力建设，包括PNT系统体系架构、集成PNT接收机和GNSS芯片组等PNT源组件。框架以结果为基础，包含基于预防、响应和恢复三大核心功能的4个弹性等级，最终用户可以选择适合其需求的弹性等级。《弹性PNT合规框架》为定义弹性PNT设备的预期行为提供了指导，目标是通过一个通用框架促进预期行为的发展和应用,是对《通过负责任地使用PNT服务以加强国家弹性能力》13905号行政令的响应。

美国海军订购Link 16数据通信终端。5月,美国海军(以下简称美国海军)信息战系统司令部宣布授予EUROMIDS一份价值3.222亿美元的合同,为美国、法国、德国、意大利和西班牙提供多功能信息分发系统小体积终端(MIDS-LVT)。MIDS-LVT是一种软件定义无线电战术数据链路和组网系统,用于飞机、固定站、地面车辆和水面舰艇。它是一个四信道通信系统,可提供现有Link 16战术组网和态势感知,同时具有多网-4和战术空中导航功能。根据合同,EUROMIDS将在法国、德国、意大利和西班牙开展工作,并将于2027年6月完成。

DARPA寻求GPS拒止条件下保持精确授时的战术级时钟。5月,DARPA微系统技术办公室发布H6项目广泛机构公告,寻求开发GPS拒止条件下的超小型、低功耗、可部署应用的战术级时钟。该时钟在-40℃~85℃工作条件下可保持一周时间的微秒授时精度,解决GPS在地下或水下或是因信号干扰而使GPS性能降级或不可用的问题,同时确保信号的可靠性、安全性和高带宽通信能力。

美国微芯科技公司推出不依赖GNSS的精密时标系统。5月,美国微芯科技公司宣布推出精密时标系统(PTSS),在不依赖GNSS的情况下,通过溯源协调世界时,使国家、机构、关键基础设施和科学实验室完全控制其依赖的时间源。PTSS是一个全集成系统,由SyncSystem 4380A时标版、时标编排器以及5071A铯原子钟主频标和MHM 2020主动型氢原子钟组成。该系统具备独立、高效地系统运行能力,并与国际计量局提供的协调世界时保持一致;通过网络时间协议和精密时间协议为关键基础设施提供可信时间;可以提供备份或替代GNSS的高质量时间源,并通过eLORAN、IEEE 1588光纤、双向时间传输技术等方法进行分配。目前,PTSS已经通过了严格的出厂验收测试。

美第五颗GPS Ⅲ卫星具备初始运行能力。5月,第五颗GPS Ⅲ卫星(SVN-78/PRN-11)已设置为健康状态,具备了初始运行能力。该颗卫星取代了D轨道SVN-61/PRN-28卫星(编号D1),SVN-61正在重新调整相位,以优化其在D轨道的位置。编号SVN-44/PRN-28卫星被移至GLAN 31.64,以优化其在B轨道的位置。

MQ-25展示侦察海上目标轨迹的能力。5月,波音公司在虚拟演习中验证了MQ-25“黄貂鱼”无人加油机的侦察能力,此次演习验证了F/A-18“超级大黄蜂”Block Ⅲ战斗机、P-8A“海神之子”海上巡逻机,以及E-2D“先进鹰眼”指挥控制飞机能在演习中和地面站以及无人机进行协同行动。MQ-25和P-8协同行动顺利,相距300mile进行飞行和操作,可以覆盖大片海域,MQ-25能侦察海上目标轨迹,并将关注目标发送给P-8进行深入研究。

美国国家侦察局通过电光商业层项目扩大商业卫星图像的使用。5月,美国国家侦察局宣布通过电光商业层(EOCL)项目向BlackSky、Maxar、Planet三家卫星图像公司授予了为期10年的合同,以满足美国情报界、国防界和民事机构不断增长的卫星图像需求,此次合同是NRO有史以来金额最大的商业图像采购合同。根据EOCL计划,NRO将购买各种影像产品,包括基础数据和传统影像,以及短波红外、夜间和非地球成像,并直接下行连接至美军远程地面终端,太空物体的非地球成像是NRO正在购买的新能力,利用了商业卫星的太空态势感知传感器。根据该合同,NRO还可以购买"点收集"服务,在特定地点收集图像。

雷声公司正在开发跨语种信息提取和检索系统。5月,雷声情报与太空分部牵头IARPA的"更好的文本提取以增强检索"项目,旨在提升基于文本的增强检索能力,以便从大量外语文本中检索并提取与任务相关的信息。情报与太空分部利用机器学习和语言模型的专业知识,正在开发面向多功能和有效检索的跨语言端到端系统(CLEVER),旨在改善信息的发现周期,根据需求和语义上下文提供用户自定义的英语搜索结果。CLEVER系统还能学习用户的活动,实现个性化的数据提取和搜索,能够提供以英语为母语的情报分析师们所需的语义信息和搜索结果。

洛克希德·马丁公司完成首部TPY-4雷达生产。5月,洛克希德·马丁公司宣布完成首套AN/TPY-4雷达的生产,计划面向全球市场销售。该型雷达被称为世界上最先进、功能最强大的远程防空雷达,已被美国空军选中用于三坐标远程雷达项目,总计划采购35部。AN/TPY-4雷达集成了全数字阵技术、软件化架构、氮化镓放大器、高密度天线电子器件、基于图形处理单元的数据处理等多项关键技术,代表了洛克希德·马丁公司防空雷达研制能力的最高水平。

雷声公司向美国陆军交付首部低层防空反导雷达。5月,雷声公司开发的首部低层防空反导传感器(LTAMDS)雷达被转运至白沙导弹靶场,以开展一系列测试,验证作战环境中的探测能力。LTAMDS是三阵面有源相控阵雷达,前部1个主阵列,后部2个副阵列,角度覆盖360°,探测范围是爱国者MPQ-65雷达的2.5倍;采用氮化镓技术,具有更强的发射功率、效率和灵敏度;专为美国陆军低层防空反导任务设计,是雷声"幽灵眼"雷达系列的首型传感器,探测对象包括吸气式目标、弹道导弹和高超音速武器;还可与美国陆军综合防空和导弹防御作战指挥系统兼容。美国陆军计划采购约80部LTAMDS雷达,目前已有12个国家表示采购意向。

印度"卓越"机载有源相控阵火控雷达完成研制试验。5月,印度国防研究与发展组织宣布,其"卓越"机载有源相控阵火控雷达已完成了最后一轮测试。该雷达是印度研制的首型机载有源相控阵雷达,已累计完成250h的飞行试验。"卓越"AESA雷达国产化率高达95%,100km距离内空中目标同时跟踪数量50个,同时火控制导目标4个。"卓越"将发展Mk1/2/3三个型号,Mk1型T/R组件780个,计划装备"光辉"Mk1战斗机;升级型"卓越"Mk2雷达T/R组件992个,将配装"光辉"Mk2战斗机;"卓越"Mk3雷达将采用氮化镓宽禁带半导体器件,并强化对海作战能力,计划配装 150 架苏-30MKI 战斗机。

美国国会要求空军采购更多 EC-37B 电子战飞机。6 月,美国国众议院军事委员会以 42 票对 17 票的投票结果,通过了对 2023 财年国防授权法案增加 370 亿美元的修正方案。方案增加了 8.837 亿美元的经费,用于采购 4 架 EC-37B“罗盘呼叫”电子战飞机,将规划的 EC-37B 飞机增加到 14 架,相当于对现有 EC-130H“罗盘呼叫”飞机进行一对一替换,从而提升美国空军未来空中电子战能力。修正案中与 EC-37B 相关的资金分为两部分,其中 5.537 亿美元用于购买 4 架改装的“湾流 G550”公务机,另外的 3.3 亿美元用于支付飞机套件、备件和安装费用。为节约成本,将把现有 EC-130H 上的电子战系统移植到 EC-37B 上。

美国“高功率联合电磁非动能攻击武器”项目即将完成最终测试。6 月,美国空军研究实验室和美国海军研究办公室透露,即将完成为期 5 年的 HiJENKS 项目。HiJENKS 系统正在加利福尼亚州中国湖海军航空站进行为期两个月的最终测试。HiJENKS 项目以“反电子高功率微波先进导弹项目”为基础,运用了新技术,系统尺寸更小,可以集成到多型平台上,能够更好地适应作战环境。

美国空军第 412 电子战大队重启第 445 测试中队。6 月 29 日,美国空军第 412 测试联队下属的第 412 电子战大队重新启动第 445 测试中队,詹姆斯·彼得森中校担任第 445 测试中队的新任指挥官。作为第 412 电子战大队的下属部队,第 445 测试中队的主要任务是构建联合仿真环境,为作战人员执行第五代和下一代研发测试、作战测试、高级训练和战术开发提供最先进的建模和仿真环境。该中队位于爱德华兹空军基地的联合仿真环境占地约 6689m^2,旨在模拟无法通过露天测试场完全实现的密集威胁环境。

德国空军为电子战飞机寻求解决方案。6 月,多家欧洲厂商在柏林国际航空航天展上展示了可用于德国电子战飞机的解决方案。德国空军正在开展“狂风 ECR”电子战飞机替代机型的详细需求研究,之后会启动电子战飞机项目。德国空军的“电磁频谱机载应用”电子战项目分为三部分,分别是发展防区外干扰平台、随队干扰平台、空射诱饵形式的防区内干扰系统。欧洲战斗机联合体在此次航展上展出了代号“欧洲战斗机 EK”的欧洲战斗机电子战飞机的全尺寸实体模型。

印度巴拉特公司将为印度空军提供电子战套件。6 月,印度国防部授予巴拉特电子有限公司一份价值 2.627 亿美元的合同,为印度空军提供电子战套件。该套件由印度国防研究与发展组织下设的国防航空电子研究组织设计和开发,能为印度空军的战斗机提供自卫能力。另外,印度国防部还授予巴拉特公司一份价值 1.456 亿美元的合同,用于建设电子战测试场,对机载电子战装备进行真实电磁环境中的测试和评估。

以色列 IAI 公司展示“天蝎座-G”地面电子战系统。6 月,在巴黎举办的欧洲国际防务展上,以色列 IAI 公司展出了包括“天蝎座-G”地面电子战系统在内的新型“天蝎座”系列产品。“天蝎座”是全球首个能够同时瞄准多个威胁、跨频率并在不同方向上工作的系统，实现了电子战性能上的突破。系统利用 AESA 多波束能力扫描周边整个空域，然后发射窄波束对多个频谱威胁实施干扰，目标包括无人机、舰船、导弹、通信链路和低截获概率雷达等，能有效扰乱雷达、电子传感器、导航和数据通信系统的运行。

印度引进“天蝎座 – SP”电子战吊舱。6 月，印度向以色列航空航天公司购买了“天蝎座 – SP”机载自卫吊舱（ELL – 8222SB）。“天蝎座 – SP”吊舱基于先进的有源电扫阵列多波束技术，能同时探测和压制飞机周围不同方向上的多个威胁。该吊舱具有极高的灵敏度和发射功率，能够实现对先进威胁目标（如低截获概率雷达）的高灵敏度探测及有效干扰。该吊舱采用数字射频存储器和一系列复杂的电子对抗措施技术，能够应对所有类型的空对空和地对空威胁，在密集的雷达制导武器环境中为平台提供保护。印度是以色列 ELL – 8222 系列吊舱的主要用户，在包括苏 – 30MKI、米格 – 29 和“光辉”等 400 余架作战飞机平台均安装了 8222 系列吊舱。

美国国防部创新计划将集成商用 5G 与战术网络。6 月，美国国防部发布“创新 B5G（IB5G）”计划方案请求，旨在探索潜在技术，支持美军将那些通过空中中继节点连接的商业 5G 网络集成到战术网络中。IB5G 计划将关注两个主要技术领域：①B5G 移动分布式 MIMO 网络，主要关注多输入多输出（MIMO）天线系统的适应性与自组织移动网络的运行架构，以及支持端到端韧性网络性能的协议设计；②B5G 集成战术通信网络，主要关注使用商业和军事 5G 应用中固有的设备到设备（D2D）或直通链路能力，为未来战术网络系统提供更多新架构选项和系统设计能力，如点对点模式下 5G 网络中的 Direct D2D 或直通链路、集成接入和回传，以及软件化和模块化 5G RAN 的实现。

美国国防部演示 5G 智能仓库技术方案。6 月，美电话电报公司（AT&T）宣布，已参与美国海军与国防部最新的 5G 技术解决方案演示，将支持建立 5G“智能仓库”。演示在圣地亚哥的科罗纳多海军基地进行，侧重 5G 无线接入网络及其通过增加数据吞吐量、物联网支持和低延迟对仓库运营的优化。展示的原型包括：启用 5G 增强/虚拟现实功能支持军事训练与行动；5G 高清视频监控；在 5G 云环境中使用人工智能与机器学习；支持通过免提移动设备操作的先进投放/拣选技术；零信任架构网络安全支持。AT&T 的 5G 网络为国防部提供了扩展 5G 智能仓库解决方案的能力，未来还将为智能仓库基础设施提供高速、低延迟的 5G 服务，支持国防部利用 5G 实现智能操作、大幅提高资产可见度的目标。

美军演示关键受保护战术企业服务地基抗干扰卫星通信能力。6 月，休斯公司宣布近期与波音公司和美太空军团队成员合作演示了受保护战术企业服务（PTES）项目的抗干扰卫星通信能力，包括：PTES 软件与用户终端的成功集成；具备 PTW 能力的地面终端和波音公司管理系统之间的接口；用于动态自动化配置的虚拟化任务规划组件。休斯公司的软件单元和子系统相结合,实现了与地面终端的安全通信。在演示过程中,波音公司在虚拟环境中演示了 PTES 的加密能力。通过此类增量系统演示,休斯公司和波音公司从美太空军获得了有价值反馈,加速了更改进程,并确保系统发展能够应对军事威胁和要求的不断变化。

美国陆军"能力集 23"综合战术网在德国完成通信演习。6 月,美国陆军第 2 骑兵团第 3 中队近期在德国格拉芬沃尔训练场的实弹训练中完成了"能力集 23"(CS23)综合战术网络(ITN)通信能力验证。训练期间,美国陆军战术指挥、控制、通信项目执行办公室、作战能力发展司令部 C5ISR 中心和陆军测试与评估司令部的项目开发人员和评估人员评估和测试了 ITN 的作战效能、适用性和生存能力,为 2023 年 1 月组织的第二阶段"运行演示"提供支持。参与演示的 CS23 ITN 套件包括单兵携带的 PRC - 163 Leader 电台、兼具单兵携带和车载应用的 PRC - 162 背负式电台,以及提供总体态势感知的 Android 战术突击套件终端用户设备等。新增功能包括车载蜂窝热点功能,车载人员可通过安全的 VPN 实现与云资源的连接;新的 WiFi 和更新的 GPS 车载路由功能,以及多输入和多输出电台,实现与移动和固定指挥所的高速指挥所数据交换。

B - 52 轰炸机将配备新的超视距通信能力。6 月,美国巴克斯代尔空军基地第 49 测试和评估中队在 B - 52 轰炸机上,使用超视距通信能力(IRIS)系统与铱星系统进行首次空中演示。IRIS 系统具有语音数据传输能力(包括实时图像和视频形式),能为空军作战中心提供指挥控制。IRIS 系统将放弃使用铱星系统过时的 2.4kb/s 带宽容量,以大幅提高其 L 波段速度,达 704kb/s,并通过低地球轨道铱星"下一代"卫星星座实现全球覆盖。此外,美国空军全球打击司令部将通过通信系统把 B - 52 机队整合至更大的联合全域指挥控制系统中。

法国泰勒斯公司和 SYRLINKS 公司开发基于量子技术的新一代原子钟。6 月,法国国防采购局授予法国泰勒斯公司和 SYRLINKS 公司基于量子技术的小体积、高性能的 CHRONOS 新一代原子钟研发合同,以满足军民应用需求。泰勒斯公司负责该型产品的原子和光学核心的设计和制造工作,SYRLINKS 公司负责开发时钟的电子控制系统,并确保其具备高精度的授时功能。该产品将具备数万年内误差小于 1s 的超高稳定性,确保国防导航设备在 GNSS 信号不可用时正常工作,以及 5G 网络同步、交通、能源等方面的应用。

以色列阿思欧公司推出"导航卫士"战术级无人机载先进导航系统。6 月,以色列阿思欧公司推出"导航卫士"无人机载先进导航系统。该系统采用无漂移核心技术,运用机载光学摄像机拍摄地形图像,通过先进机器视觉算法处理实时的光学图像视频信息,并将其像素与机载地图数据库存储的地图网格进行比较、关联、和匹配,实现低延迟、精确定位。系统分为完全版、核心版与迷你版三种型号,可满足大中型固定翼无人机与中小型无人机对体积、工作时间以及性能的不同需求;可独立产生导航信息,在GNSS信号被欺骗、干扰或不可用情况下,为无人机载平台提供安全导航能力。

美国陆军研发新型量子传感器可探测跨波段电磁辐射。6月,美国陆军C5ISR中心正在开发"里德堡"量子传感器,能够探测长波段、短波段和传统波段间的信号,为士兵的战场通信、频谱感知和电子战能力释放新的潜力。研究人员首先使用激光束在微波电路的正上方产生里德堡原子,利用里德堡原子暴露于不同电磁场时的不同反应,确定原子周围的电场,进而灵敏探测~20GHz的射频频谱的广泛信号。该型传感器已在试验中证实能够在宽频率范围内连续工作,有望突破传统电子器件在灵敏度、带宽和频率范围方面的限制,为陆军频谱感知、电子战、传感带来突破创新,实现陆军现代化战略目标。

美太空军组建第18太空联队及国家太空情报中心。6月,美太空军宣布组建其最新的第18太空联队,同时成立与之相配套的国家太空情报中心,这两个新单位将强化美太空军交付基础性太空情报的能力,成为向美情报界提供太空领域相关情报的中枢。

英国成立人工智能研究机构。6月,英国国防科技实验室(DSTL)宣布成立国防数据研究中心,这是英国首个致力于国防领域数据研究与试验的中心,聚焦解决人工智能应用数据准备与使用相关问题,寻求识别和更好应对国防部门在目标跟踪等方面所面临的数据挑战。同月,其成立国防人工智能研究中心。DSTL与英国家数据科学和人工智能研究院艾伦·图灵研究所联合成立国防人工智能研究中心,所关注的领域包括:"低短时"学习能力,实现无需大量数据即可训练机器学习的能力;人工智能在兵棋推演中的应用;人工智能模型的局限性;管理多个传感器的能力;以人为本的人工智能;负责任的人工智能等。

德国发射新型"萨拉"-1军用雷达侦察卫星。6月,德国最新型军用雷达侦察卫星"萨拉"-1成功发射,配置有源相控阵雷达天线,具备天线波束的快速指向优势,可以在极短的时间内传输图像,采用"分辨率最高的雷达技术",可以为德军收集全球各地的全天候昼夜图像。

美国披露Horus全极化全数字相控阵雷达系统集成和性能特征。6月,美国俄克拉荷马大学在IEEE/MTT-S国际微波研讨会上,报告了"S波段双极化全数字相控阵雷达初步系统集成和性能特征",介绍了Horus雷达最新进展、雷达特征、性能指标和发展趋势。Horus系统由美国海军研究局资助,S波段,采用单元级波束形成,全极化设计。天线阵面一共1344个单元,分成21个小面板,每个小面板包含8×8个单元,每个单元采用全极化发射和接收。Horus采用COTS部件,是全球首个使用大规模市场部件的大型极化全数字相控阵雷达,能够实现雷达、通信等功能,可实施实时校准。系统灵活性强,可通过软件升级而不需要更改硬件就可实现新模式整合,有利于创新型雷达设计,研究非线性均衡、可调前端、数字预失真、互耦校准、先进自适应处理等。

诺斯罗普·格鲁曼公司 AN/TPY-5 雷达获美军认证。6月,美军正式宣布将诺斯罗普·格鲁曼公司的新型S波段雷达命名为AN/TPY-5(V)1,虽然该雷达曾在3DELRR二期竞标中惜败于洛克希德·马丁公司的AN/TPY-4,但美军认可了其优异的技术性能和作战能力:①数字阵、软件化。美军称AN/TPY-5是数字阵雷达的先驱,采用软件定义架构和先进氮化镓组件,可在几小时甚至几分钟内快速更新或添置新功能,以应对未来潜在威胁。②全覆盖、多模式。AN/TPY-5可360°监视多种空中目标,除了常规威胁外,已在多场试验中验证了对高超声速导弹、无人机和隐身战机的高精度探跟能力。③复杂环境下远征作战。AN/TPY-5具备先进电子防护能力和高机动性,能够在几分钟内完成配置、就位或转场,可在严酷战场环境下远征作战。

美国空军披露"分布式射频感知"项目工作计划。6月,美国空军在2023年总统预算申请报告中,批露2022年和2023年"分布式射频感知"项目的工作计划。"分布式射频感知"项目目标是为分布式多通道射频系统开发创新性目标检测、跟踪和描述(即成像/识别)算法。2022年将开发用于GMTI的多基地发射波形和接收处理链路,为分布式系统开发杂波抑制技术以检测拒止环境中的慢速目标,开发多基地SAR算法,评估多基地SAR算法以支持战术级自动作战识别。2023年将开发分布式3D成像算法,探索多域或跨域应用。

美国空军为F-15E战斗机集成无源/有源告警与生存系统。7月,波音公司宣布开始为美国空军的两架F-15E战斗机集成"鹰爪"无源/有源告警与生存系统。据悉,美国空军将为43架F-15E配装"鹰爪",同时"鹰爪"也将装备F-15EX战斗机。由于F-15C将逐步被F-15EX所取代,因此F-15C不再进行该项升级。"鹰爪"将替换目前F-15上现役的战术电子战系统,包括AN/ALR-56C雷达告警接收机、AN/ALQ-135雷达干扰机和AN/ALE-45箔条/曳光弹投放器。"鹰爪"可以扫描射频环境,对潜在威胁信号进行识别和定位,以实现雷达告警功能,必要时还可以对威胁雷达或导弹施加对抗措施。

美国陆军开始"旅战斗队地面层系统"样机研制。7月,美国陆军授予洛克希德·马丁公司价值5890万美元的合同,将在2023年10月前提供3套"旅战斗队地面层系统"(TLS-BCT)概念验证阶段样机,将装载在"斯瑞克"战车上的样机用于作战评估,并部署首支部队。TLS是美国陆军首个地基信号情报、电子战与网络能力综合系统,具有态势感知、信号情报、电子攻击能力,能生成可操作的情报,从而为部队提供防护。TLS-BCT样机还将采用人工智能技术处理信号情报,降低作战人员在使用电子战装备时的认知负担。

莱昂纳多公司为"暴风雨"战斗机开发机载综合传感器套件。7月,莱昂纳多公司英国防务电子分部通过英国的"未来空战系统技术倡议",主导开发"综合感知和非动能效应"(Isanke)系统。Isanke系统通过先进的数据融合手段,对机载雷达、防御辅助套件、红外搜索和跟踪器、电子支援措施进行全面综合,使它们能够协同工作。与“暴风雨”战斗机的其他部分一样,Isanke 系统可以根据不同用户需求进行调整。Isanke 系统可能会采用“金字塔”开放式系统架构,该架构将用于“暴风雨”战斗机及其忠诚僚机。

蓝熊系统公司与 Arqit 量子公司成功演示用于军用无人机的量子安全通信信道。 7月,蓝熊系统研究公司与量子加密技术开发商 Arqit 量子公司成功演示了一种用于安全数据传输的量子安全通信信道。该解决方案基于 Arqit 的量子云技术,并托管在蓝熊公司的智能连接设备上,这是一个“群间”自治大脑,可以让多个无人系统协作执行多域任务。这是首次使用用于小型无人机、启用旋转对称密钥 C4ISR 量子安全通信的轻量级软件协议。

美国空军推进 NTS -3 导航试验星的集成和测试工作。 7 月,美国空军研究实验室主导的 NTS -3 试验星完成了相关的集成和测试活动。空间段上,完成了主要的软硬件组件的关键测试,包括天线阵列以及卫星平台和有效载荷的指挥与控制系统;地面段上,完成了最终的任务操作中心的硬件采购,建成后将进行出厂兼容性测试,用于演示地面系统和卫星间的功能;用户段上,已完成了 4 部接收机的生产(计划为 6 部),并在新墨西哥州白沙导弹靶场海军举行的 NAVFEST 演习完成了接收机性能的验证,为 2023 年的发射任务奠定了基础。

雷声公司为“福特”级航空母舰交付首部企业空中监视雷达阵列。 7 月,雷声公司向美国海军“肯尼迪”号航空母舰交付了首部企业对空监视雷达(EASR)阵列,标志着雷达进入安装部署阶段。EASR 的官方代号 SPY -6(V)3,采用 3 个固定阵面,每个阵面包含 9 个雷达模块组件,可提供连续 360°态势感知;采用 AMDR 通用的硬件、信号处理软件和数据处理算法,以提升通用性和经济性。EASR 雷达专为“福特”级航空母舰和 FFG(X)导弹护卫舰设计,相比于 SPY -6(V)1,该雷达舍弃了反导功能,保留了反巡、防空、反舰和电子防护等能力,并增加了空管和天气测绘等专有功能。

美国导弹防御局启动“宙斯盾关岛”系统研制工作。 7 月,美国导弹防御局授予洛克希德·马丁公司合同,要求其启动“宙斯盾关岛”武器系统的研制工作,计划 2024 年交付。相比于波兰、罗马尼亚的陆基“宙斯盾”系统,“宙斯盾关岛”将采用最新的基线 10 版本软件和 AN/SPY -7 数字阵雷达,并配装 42 套 SM -3 和 SM -6 机动式导弹发射器,可使关岛获得相当于 2.5 艘“宙斯盾”驱逐舰的防御能力,覆盖范围更广,作战能力更强。“宙斯盾关岛”还将与关岛现有的 THAAD 系统和舰载“宙斯盾”系统进行深度交联,与低层防空反导传感器雷达等系统进行整合,能有效拦截近中远程弹道导弹以及部分洲际导弹,提供 360°广域持续防空反导能力。

欧洲六代机雷达将采用大数据处理技术。 7 月,欧洲六代机“暴风”将采用雷昂纳多公司研发的综合雷达/传感器系统,具备“与一座大型城市相当”的计算处理能力,处理速度是“台风”战斗机的 47 万倍。“暴风”战斗机由英国牵头,意大利、瑞典等国参与,2018 年首次公开,2021 年开始进行概念设计,计划 2035 年形成初始作战能力,2040 年服役,替代“阵风”战斗机。“暴风”战斗机采用数字化设计技术,基于 MBSE、MBD 等模型,将设计图纸、整机原型、机载系统甚至制造工厂等实体全部进行 3D 建模,对不同布局和配置进行反复试验,加快研发进度、降低研发成本。

美国国家侦察局寻求商业天基信号情报。8 月,美国国家侦察局发布一份建议征询书,寻求天基信号情报供应商。征询书要求供应商使用商业卫星搜集射频数据,以跟踪舰船、车辆或其他装置的射频辐射信号,旨在使用商业卫星搜集 SIGINT 来减轻专用 SIGINT 卫星的负担,让专用卫星重点完成特定任务,而常规 SIGINT 搜集任务则由商业卫星来完成。9 月,美国国家侦察局在其“战略商业提高广泛机构公告”框架内向 Aurora Insight 公司、鹰眼 360 公司、Kleos Space 公司、PredaSAR 公司、Spire Global 公司和 Umbra Lab 共 6 家公司授予了相关研究合同。

美国空军“愤怒小猫”电子战吊舱通过作战评估测试。8 月,由空军研究实验室开发的全新“愤怒小猫”电子战吊舱已通过一系列作战评估测试,该战斗吊舱有望重塑美军电子战未来。“愤怒小猫”技术在 2012 年由乔治亚理工学院提出,旨在开发一种能够通过机器学习和软件升级而快速适应新威胁的电子战系统。美国空军在 4 月对新型“愤怒小猫”战斗吊舱进行了为期两周的作战评估,飞行总架次 30 次。此次作战评估旨在确定“愤怒小猫”的效能和适用性。作战评估期间,“愤怒小猫”电子战吊舱的任务数据文件软件每晚根据当日飞行中遇到的威胁进行更新,以提高对威胁的对抗效能。

美国陆军测试新型情报监视侦察飞机样机。8 月,美国陆军情报、电子战与传感器项目执行办公室空中传感器情报项目主管介绍了“高精度探测与利用”(HADES)项目的最新进展。美国陆军已选择利用“阿尔忒弥斯”和“阿瑞斯”两款飞机作为试验样机,将 HADES 系统集成在飞机上进行测试。10 月,美国陆军部长克里斯蒂娜·沃穆特在美国陆军协会年会上表示,美国陆军计划在 2023 年发布下一代空中情报监视侦察飞机的方案征询书。新的飞机将是一架搭载 HADES 系统的商务级喷气式飞机。系统将配备多种传感器载荷,可以通过电子信号和通信信号检测目标,进而用合成孔径雷达识别目标,并用地面移动目标指示器来跟踪目标。新的飞机将利用“阿尔忒弥斯”和“阿瑞斯”试验样机上获得的经验。

美国海军计划拓展 NGJ - MB 吊舱的频率覆盖范围。8 月,美国海军航空系统司令部发布预招标通告,表示将关于 NGJ - MB 吊舱工程制造开发的费用修订合同授予雷声公司情报与空间分部。海军航空系统司令部表示,此份独家合同将权衡研究各种实现方法,重点是可能对 NGJ - MB 吊舱中波段 - 2(MB2)的频率覆盖范围进行拓展。研究包括与拓展频率覆盖范围相关的各种实现方法和风险化解分析,包括必要的研究和影响评估,以支持与 NGJ – MB 项目相关的关键设计决策。

美国海军接收首套“高能激光与一体化光学致盲与监视”激光武器。8 月,美国海军接收了洛克希德·马丁公司交付的首套 60kW 级“高能激光与一体化光学致盲与监视”(HELIOS)武器系统。HELIOS 是一种多用途武器系统,具备破坏或摧毁小型目标的能力,该系统的高能激光能够使敌舰和飞机上的光学传感器以及来袭导弹或其他弹药上的光学导引头“失明”,达到对抗飞机、舰艇及导弹的目的。HELIOS 系统同时具备光学传感器,能够提供远程情报监视侦察能力。HELIOS 系统的特点是攻击成本低、传输速度快和打击精度高,能够为舰艇提供额外的保护层。此外,HELIOS 系统还可以提供与战术相关的作战能力,是分层防御架构的关键组成部分。

印度军队采购量子密钥分发系统。8 月,印度国防部决定从班加罗尔的 QNu 实验室采购 Armos 量子密钥分发系统,以增强印军的安全通信能力。Armos 是一种通过利用量子力学为对称加密技术创建和传输安全加密密钥来保护敏感数据的设备。Armos QKD 系统可在地面光纤基础设施相隔一定距离(超过 150km)的两端间创建量子安全对称密钥对,有助于创建一个不可破解的量子通道,用于创建不可破解的加密密钥,这些密钥用于加密端点之间的关键数据、话音以及视频。印度军队正在积极探索此项技术,将其作为融合大密度数据和决策支持能力的使能器,以安全地向各级部队领导提供通信。

DARPA 启动“天基自适应通信节点”项目第一阶段研发工作。8 月,DARPA 选择 11 家团队研究“天基自适应通信节点”项目,推进其彻底改革低轨道卫星网络通信的计划。该项目旨在创建低成本、可重配置的光通信终端,以适应大多数星间光链路标准,在不同的卫星星座之间转换。该项目第一阶段需要 14 个月完成,研发团队的目标是创建一种灵活、小尺寸、低重量、低功耗和低成本光学孔径的初步设计,该光学孔径耦合到单模光纤和可重配置光调制解调器,在单波长上可支持高达 100Gb/s 的数据率,系统组件间具备完全定义的接口。

美国海军授予 Inmarsat 公司宽带卫星通信合同。8 月,Inmarsat Government 公司宣布,从美国国防信息系统局获得了美国海军军事海运司令部下一代宽带的后续合同,用于“全球端到端商业卫星通信服务”。该合同为期 10 年,最高价值为 5.78 亿美元。合同规定 Inmarsat Government 将维护和运营商业通信基础设施,包括卫星系统,电信服务和地面服务。根据合同,Inmarsat 还将把 Ku 波段主要水上网络升级到 Global Xpress(GX)Ka 波段系统,并使用该公司的 ELERA L 波段机载情报、监视和侦察(LAISR)服务作为备用网络。该合同目标是为海运司令部提供安全的全球通信,同时做到更小的尺寸和重量。

DARPA“黑杰克”项目成功完成星间光链路天基激光通信演示。8 月,DARPA“黑杰克”项目下的两颗“曼德拉 2”试验卫星成功完成了星间光链路天基激光通信演示,在 114km 范围内传输约 280Gb 数据、工作总时长超过 40min,未来还将进行天地间的激光通信演示。这两颗名为“艾伯号”和“贝克号”试验卫星于2021年6月30日发射入轨,特点是成本低,其激光通信终端重约10kg、功率50W,成本则下降一个数量级,约数十万美元,可确保美国国防部能够大规模广泛使用。

美全球导航卫星系统欺骗检测原型平台参加多个军事演习的能力测试。8月,由美国及其伙伴国以应对海上危机和非法活动为目标的“东南亚合作与训练”演习,利用商业公司提供的天基地理位置报告和海上分析服务,并将相关数据集成到美国海军和运输部的Seavision共享可视化平台;9月由美国陆军第1装甲师在加利福尼亚州欧文堡国家训练中心举行的以大规模作战行动(LSCO)为重点的兵棋推演军事演习,以及在国家训练中心举行的外部验证演习,在战术层面通过商业地理空间和导航战态势感知能力为情报、信息战以及指挥控制各要素提供支持。

美大学开发“PNT链”可替代导航技术方案。8月,美国佐治亚理工学院的研究人员正在研发一种名为“PNT链”的协同和分布式导航系统。该技术方案旨在实现无人机集群在GPS拒止环境下自主实时的PNT数据共享,以完成航路规划和自动导航功能。该方案集成了惯性测量单元、罗盘、高度计、光学摄像设备等导航源,并完成了模拟试验和相关飞行试验的性能评估,包括模拟在美国大陆和太平洋的场景中,由16架无人机组成的集群在GPS拒止环境下的性能评估。

英国国防部高空间谍气球成功完成第一阶段飞行试验。8月,英国国防部与内华达山脉公司(SNC)合作,开发了一种可快速部署的高空气球,执行通信中继和情报监视侦察任务,该项工作是英国国防部“以太”项目的一部分。9月15日至25日,SNC公司演示了可用于通信和情报监视侦察任务的可快速部署的高空气球的发射、任务执行与回收,该“持久性高空气球”系统可在高空提供全天候情报监视侦察任务。此次试验标志着“以太”项目第一阶段结束,下一阶段将要求高空气球系统能够飞行60天,并能覆盖更广范围,使“持久性高空气球”的技术成熟度达到9级。

以色列推出新型舰载多任务雷达STAR-X。8月,以色列宇航工业推出ELM-2238X舰载多任务雷达SATR-X,可装备近海巡逻舰等小型舰艇,也可作为海军大型水面舰的敌我识别雷达。STAR-X工作在X波段,采用有源相控阵体制和氮化稼收发器件,探测距离150km,可同时跟踪1000个空海目标。具有感知能力强、精度高、抗干扰能力突出、重量轻等特点。

美太空军成功发射最后一颗SBIRS卫星形成完全能力。8月,美太空军成功发射第6颗天基红外系统地球同步轨道卫星SBIRS GEO-6,标志着SBIRS卫星全部进入轨道。美国“天基红外系统”共10颗在轨,其中HEO卫星4颗,GEO卫星6颗。美太空军已启动下一代天基反导预警系统OPIR的开发,计划2025年发射。

BAE系统公司开发下一代雷达和通信突破性射频技术。8月,BAE系统公司正依托

DARPA“基于光子振荡器生成低噪声射频”(GRYPHON)项目,研发集成光子学和数字电子的突破性技术,为新一代机载雷达和通信提供低噪声、小尺寸射频器件,可将器件体积缩小到原来的1/4。GRYPHON项目开发具有极低噪声的紧凑微波和毫米波信号源,如晶体振荡器,用于机载、弹载等尺寸受限的雷达系统。2022年开发光学综合理论模型、完成芯片级功能的初步验证,制造芯片级光部件。2023年计划进行部件集成,在固定频率进行微波生成。

美国桑迪亚国家实验室开发数字多功能雷达。8月,美国桑迪亚国家实验室启动“多任务射频架构”项目,开发采用数字技术的软件定义系统,可根据任务需要,通过加载特定固件和软件的功能可定义系统,灵活选择探测通信导航电子战等任何单一功能,从而能够在对抗复杂对手时获得更高的敏捷性。在该项目下,桑迪亚国家实验室开发出数字多功能软件定义雷达系统,其原型相当于一个工具箱大小。该系统可根据任务需要,加载固件和软件,实现雷达通信电子战等某一具体功能,满足用户每次执行任务的需求。

以色列推出“太空卫士”太空监视与跟踪雷达。8月,以色列埃尔塔公司推出名为EL/M-2097“太空卫士”的太空监视与跟踪雷达,主要用于探测、跟踪和识别各类近地轨道目标,执行卫星/碎片编目、轨道异动监视和碰撞预警等任务。“太空卫士”以远程反导预警雷达为基础,工作在S波段,采用有源相控阵体制和氮化镓组件,结合数字波束形成技术和先进信号/数据处理算法。雷达拥有大屏粗测和小屏精测两种模式,其中:大屏可广域监视±60°的所有低轨目标;小屏可精密跟踪超过1000个目标。

美国海军撤销“下一代干扰机—低波段”合同。9月,美国海军撤销了之前授予L3哈里斯公司价值4.955亿美元的“下一代干扰机—低波段”(NGJ-LB)合同。L3哈里斯公司与诺斯罗普·格鲁曼公司之间在NGJ-LB上的竞争始于2017年。2020年12月,美国海军航空系统司令部(NAVAIR)将NGJ-LB工程制造开发合同授予了L3哈里斯公司,但随后诺斯罗普·格鲁曼公司向政府问责局提出抗议。最终,在2022年7月达成协议,NAVAIR将对投标进行再评估并于2023年初重新授出合同。

美国海军研发兼容多种平台的集装箱式电子战套件。9月,美国国防部披露了关于“电磁机动战模块化套件”(EMWMS)的信息。EMWMS是美国海军正在研发的一种适合部署在标准集装箱内的电子战和电子情报套件。这种集装箱式外形的电子战装备可安装在能够容纳它的不同平台上,如有人舰艇、无人舰艇、飞机和地面车辆。美国海军表示,研发适应多种平台的标准化电子战装备,可以降低许多定制化研发工作任务量,仅需更改少量的组件如天线,即可将集装箱式电子战装备安装到不同军种的作战平台上,快速为各军兵种提供电子情报搜集或电子对抗能力。

美太空军举行首次“黑色天空”电子战演习。9月,美太空训练与战备司令部举行了首次“黑色天空2022”电子战实战演习,对太空军租用的一颗商业卫星成功进行了干扰演练。这是美太空军第一次全面而创新的演习,旨在训练作战人员的专业技能,包括进行真正的卫星干扰。“黑色天空”演习的参与者包括专门从事太空工作的作战人员(特别是太空作战司令部的下属部队)和空军国民警卫队。此次演习是美太空军“彩色天空”系列演习的第一次,另外还包括“红色天空”“蓝色天空”系列演习,其中“黑色天空”演习着眼电子战。

俄罗斯首颗“芍药 – NKS”电子侦察卫星进入战备状态。9 月,俄罗斯首颗“芍药 – NKS”电子侦察卫星进入战备状态。这意味着俄罗斯具备了从太空探测敌舰的能力。这颗卫星于 2021 年 6 月 25 日发射入轨,测试工作进行了一年多。首颗“芍药 – NKS”除装备电子情报传感器外,还增加了合成孔径雷达。在运行过程中,通过电子情报传感器搜集敌方舰船的雷达和通信等辐射源发射的电子信号,大致确定舰船的位置,再通过合成孔径雷达进一步定位目标。首颗“芍药 – NKS”卫星是俄罗斯“藤蔓”电子侦察卫星综合系统的第一颗雷达侦察卫星。“芍药”是一种低轨综合侦察型卫星,采用主被动复合型方式,为俄罗斯海军提供电子情报和目标制导。

土耳其研制全球首艘电子战无人艇。9 月,土耳其宣布成功开发了世界上首艘具有电子战功能的无人艇。该无人艇称为“枪鱼斯达”,以“枪鱼”无人艇为平台,由阿塞尔桑公司和赛芬船厂联合研制。“枪鱼”长约 15m,具有与水面战、水下战、电子战和非对称作战相关的重要载荷和能力。“枪鱼斯达”通过无人水面平台实施电子战,是一种改变游戏规则的创新方法,将对未来海战产生深远影响。

欧洲将开发 Eagle – 1 量子加密卫星系统。9 月,在欧洲空间局和欧盟委员会的支持下,由 SES 公司领导的 20 家欧洲公司组成的联盟将设计、开发、发射和运行基于 Eagle – 1 卫星的端到端安全量子密钥分发系统,实现欧洲下一代网络安全的在轨验证和演示。据悉,SES 将与欧洲合作伙伴一起建立欧洲首个主权端到端天基量子密钥分发系统,开发和运行一个专用 LEO 卫星,并在卢森堡建立一个最先进的量子密钥分发运行中心。利用 Eagle – 1 系统,欧洲空间局和欧盟成员国将实现演示和验证从近地轨道到地面量子密钥分发技术的第一步。Eagle – 1 项目将为下一代量子通信基础设施提供有价值的任务数据,有助于欧盟部署一个主权、自主的跨境量子安全通信网络。Eagle – 1 卫星将于 2024 年发射。

美国陆军授予柯林斯航空航天公司第二代“车载可信定位导航授时系统”生产合同。9 月,美国陆军授予柯林斯航空航天公司最高价值 5.83 亿美元的第二代“车载可信定位导航授时系统”(MAPS Ⅱ)生产合同。第二代 MAPS 由该公司的 NavHub – 100 导航系统和多传感器天线系统组成,并使用该公司“导航融合”技术融合处理多个传感器数据和 GPS M 码,提供高可信度、高完好性、精确的导航解决方案。系统采用模块化开放系统架构支持新传感器和能力的即插即用,包括外部惯性测量单元、方位线、可替代射频源、视频传送和单兵的指挥控制，并可与 PRC－162 便携式电台互操作。第二代 MAPS 是最新一代有人/无人地面车载 PNT 系统，具备恶劣和不断发展的 PNT 威胁源的最高级别防护能力，支持联合全域指挥和控制作战。

美国空军推进“弹性嵌入式 GPS/INS”（R－EGI）下一代机载原型导航系统的研制。9 月，美国空军推进“弹性嵌入式 GPS/INS”（R－EGI）下一代机载原型导航系统的研制工作，并计划于 2024 年进入飞行测试阶段。该系统通过融合使用其他 GNSS 系统和天文导航等非传统导航源，将大幅提升导航性能。R－EGI 作为美军航空机队弹性 PNT 能力解决方案，将确保美军及其联盟伙伴国在全球的自由飞行，为 F－15 EX、F－16 和 MC－130J 等提供 GPS 不可用时的精确导航和授时能力。

美国陆军部署关键网络工具“网络态势理解”。9 月，美国陆军宣布已向第三装甲军团提供了网络态势理解（Cyber SU）能力的初始版本。作为首个配备 Cyber SU 工具的部队，第三装甲军团具备了对其作战区域内的网络和电磁活动进行可视化、分析与理解，以及在战术层面探测和缓解网络威胁的建制内能力。Cyber SU 可从电子战计划管理工具、陆军分布式通用地面系统等系统获取数据，同步和集成敌友以及商业/私营部门的数据，并在战术边缘实现协作。这些数据经分析、可视化和关联，能够以可视化的形式帮助战术级指挥官了解多域行动中的网络和电磁活动。

美国陆军组建第 103 情报与电子战营。9 月，美国陆军第 3 步兵师成立第 103 情报与电子战营，该营旨在为第 3 步兵师提供多域作战情报收集工作，并增强该师的情报相关的能力。第 103 情报与电子战营前身为第 103 军事情报营，重组第 103 情报与电子战营是陆军现代化工作的一部分，旨在确保第 3 步兵师能够在现代战场上与均势对手作战。第 103 情报与电子战营将为作战人员提供全新的情报收集与分析能力，能更好地了解对手全貌，同时能够利用在击败对手后获取的情报资源发挥作用。

美太空军完成天基“地面动目标指示”方案可能性分析。9 月，美太空军已完成了未来天基“地面动目标指示”（GMTI）的可能性分析。天基 GMTI 旨在取代美国空军依靠大型的联合监视目标攻击雷达系统飞机装配的雷达传感器，在其成功部署之后，必将大幅提升美军的实时情报监视侦察能力，进而为美军全球精确火力打击提供有力保障。美太空军计划于 2024 财年为天基 GMTI 雷达卫星项目申请经费。

美军计划将导弹预警卫星部署轨道从高轨转向中轨。9 月，美国太空发展局宣布，根据 2021 年底太空军兵力设计研究结果，今后的导弹预警/跟踪任务将不会依靠大型昂贵的高轨卫星，而会选择中低轨道卫星，OPIR 将成为最后发展的高轨预警卫星。下一代过顶持续红外系统共 5 颗卫星，计划于 2029 年之前完成部署。根据美国军方计划，未来导弹预警和跟踪任务，将依靠太空发展局正在开发的由数百颗低轨导弹预警/跟踪卫星组成的大型星座，以及目前正在规划的四颗中轨导弹预警/跟踪卫星。

英国 Celestia 公司获得欧洲空间局低轨卫星机会信号导航项目原型研制合同。 9 月,英国 Celestia 公司获得了欧洲空间局一份基于低轨卫星机会信号导航项目合同。该项目旨在使用低轨卫星机会信号为 5G 网络提供弹性位置和时间基准,并提高 GNSS 信号的鲁棒性和 5G 网络的弹性。该项目是在开发低轨卫星星座信号时将低轨卫星机会信号接收服务与 PNT 接收机进行集成,并应用卫星通信和数字信号处理技术进行信息处理,开发的原型系统将在苏格兰 5G 中心提供的 5G 网络中进行测试,最终支撑欧洲空间局的导航创新与支持计划。

美国空军国民警卫队计划部署“亮云”诱饵。 10 月,美国空军国民警卫队计划部署意大利莱昂纳多公司研制的“亮云 -218”诱饵。“亮云”诱饵由意大利莱昂纳多公司在英国设计和制造。该诱饵将最新一代数字射频存储干扰技术封装成一种可从标准对抗投放器发射的小型消耗性诱饵,目前已在英国皇家空军服役。“亮云”诱饵技术体制先进,目前正在接受美国国防部的外国比较试验,以对其装备美军的潜力进行评估。美国空军国民警卫队目前已申请在完成试验后部署该诱饵。

俄罗斯启用“季拉达 -2S”干扰卫星通信。 10 月,俄罗斯已经启用最新的电子战系统“季拉达 -2S”。早在 2020 年,“季拉达 -2”电子战系统就出现在俄罗斯中央军区电子战部队在斯维尔德洛夫斯克地区举行的演习中。当时,“季拉达 -2”对一颗卫星进行了通信压制,并实施了受控干扰,阻止信号传输。该演习表明,“季拉达 -2”电子战系统能够从地球表面直接压制卫星通信并使其完全瘫痪。

英国“龙焰”激光定向能武器进行首次高功率试验。 10 月,在英国国防部国防科学技术实验室的 Battery Hill 靶场进行了 50kW 级“龙焰”能力演示样机的首次高功率静态点火。由欧洲导弹集团公司率领的工业联合体进行的“龙焰”演示项目旨在提高英国国防部对于高能激光及其相关技术如何在不同作战距离和作战环境中战胜典型空中、地面目标的认识。该项目由英国国防部和工业界共同投资,投资总额约为 1 亿英镑。

意大利空军计划购买 EC -37B 电子战飞机。 10 月,意大利空军表示计划购买 EC -37B“罗盘呼叫”电子战飞机。该机以“湾流”G550 商务机为平台,加装了干扰机和其他电子战设备改造而来,目前正在美国进行飞行测试。意大利空军需要经过美国的授权才能购买新的“罗盘呼叫”电子战飞机。

美国陆军投资改进印太地区空中层网络。 10 月,美国陆军想要使用空中资产来扩展印度—太平洋区域的通信线路,该区域大片水域、丛林以及技术先进的对手可能会削弱美军连通能力。所谓的空中层正在“会聚工程”中进行试验,美国陆军正在进行大规模技术测试,旨在推进美国国防部的联合全域指挥控制设想。空中层组网通过使用无人机之类的机载系统提高连通能力,实现长距离连接或避开阻碍信号的障碍物。与部署缓慢且会被干扰或摧毁的卫星不同,空中层设备可以在士兵需要的时间和地点快速部署,为友军提供关键链路。

美太空军准备2023年初进行窄带卫星通信招标。10月，美太空军预计2023年年初发布两颗移动用户目标系统（MUOS）卫星招标书，这是一项价值数十亿美元的工作，旨在确保军事用户能够获得安全通信。美太空军尚未设定合同授予的时间表。这些卫星将与其他在轨系统有通用用户接口，并可能具备新能力，但美太空军没有提供细节。该批卫星将达到或超过目前的系统性能要求，并具有兼容接口，确保与MUOS地面系统的无缝集成和运行连续性。

美国通用原子航空系统公司完成空对空激光通信演示验证。10月，美国通用原子航空系统公司成功完成了激光机载通信终端之间的空对空激光通信链路演示验证，该终端集成在两架公司拥有的“空中国王”飞机上。激光通信具有低拦截概率/低检测概率和抗干扰能力。测试团队以1.0Gb/s的速度保持链路畅通并交换数据，包括实时导航、视频和语音数据等。该公司预计，这种激光通信技术将使该公司生产的无人机能够为陆基、海基和空基用户提供超视距通信能力，也可用于未来的空对天通信领域。此外，通用原子航空公司的所有无人机均可通过吊舱方式来增加这种激光通信能力，包括MQ-9B、MQ-9A和MQ-1C等。

俄罗斯发射三颗GLONASS导航卫星。10月，俄罗斯成功发射第五颗GLONASS-K卫星。GLONASS-K卫星是俄罗斯第三代导航卫星，未来将逐步取代GLONASS-M系列卫星。相较上一代GLONASS-M卫星，GLONASS-K卫星搭载有星间无线电链路设备，可用于测距、轨道和时钟修正的即时传播，从而提高了空间信号精度。

美国陆军接收下一代单兵可信定位导航授时系统。10月，TRX系统公司向陆军交付下一代单兵可信PNT系统（DAPS）。DAPS是一种小型轻量PNT装备，使作战人员可以使用和分发受保护的可信PNT信息，实现在GPS拒止或是能力降级作战环境下的目标瞄准、机动和通信。DAPS可与“奈特勇士”集成并取代其国防先进GPS接收机，将M码GPS接收机输入信息与非GPS传感器增强功能相融合提供定位导航完好性，并通过单兵电源数据集成系统总线将PNT信息分发给“奈特勇士”终端用户设备。DAPS可提高陆军快速反应能力，增强作战人员在GPS受到干扰或欺骗环境下的态势感知能力。

通用原子为美国陆军提供新升级的“灰鹰”25M无人机。10月，通用原子航空系统公司推出“灰鹰”无人机系列的最新型号“灰鹰”25M。“灰鹰”25M将携带鹰眼雷达，用于监视陆地或水上移动目标，还可以通过其开放式系统架构配置其他传感器。“灰鹰”25M允许携带支持人工智能和机器学习的新一代先进有效载荷。随着这些能力的发展，士兵将可以通过机载“边缘处理”能力在飞机上完成情报的收集、评估和行动。这将极大的增强其执行探测、识别、定位和报告的能力，同时缩短传感器到射手的时间。“灰鹰”25M计划于2023年3月开始飞行试验。

美国陆军发布《数据计划》。10 月，美国陆军发布了一份综合数据计划(ADP)，概述了工作的组织并提供了总体战略目标，通过陆军数据计划实现决策优势将是陆军的关键目标。ADP 为期 3 年，将改善整个陆军的数据管理、数据治理和数据分析。目前，陆军已经开始对数据管理能力、工具和模型进行原型设计，来确保作战人员的数据得到正确管理和使用，为作战人员提供优势。

洛克希德·马丁公司与红帽公司共同为美国国防部开发人工智能和数据共享技术。10 月，洛克希德·马丁公司和 IBM 子公司红帽公司宣布，将共同为美国国防部开发人工智能和数据共享技术。洛克希德·马丁公司正在开展演示，用红帽公司的“设备边缘”解决方案对飞行中的“跟踪者”无人机软件实施更新，使“跟踪者”无人机可模拟执行情报监视侦察任务，并能通过自动识别功能来更准确地识别目标。该“设备边缘”将使洛克希德·马丁公司彻底改变人工智能处理方式，小型军事平台处理大量人工智能问题将提升其作战能力，确保军队能够应对不断变化的威胁。

DARPA 启动变革雷达信号处理方式的“超线性处理”项目。10 月，DARPA 发布“超线性处理”(BLiP)项目公告，旨在变革雷达线性信号处理方式，寻求新的非线性、可迭代、端到端雷达信号解决方案，可以在相同的性能下将雷达尺寸缩小 50%，实现“小平台、大预警”能力。BliP 项目聚焦 4 大领域：非线性信号处理技术、非重复性波形和处理技术、检测前多假设跟踪技术以及主瓣干扰缓解技术。

美国陆军“战术情报目标接入节点”进入系统整合阶段。10 月，雷声公司宣称“战术情报目标接入节点”(TITAN)项目已完成概念开发和系统设计工作，进入第二阶段。在该阶段，雷声公司将深度整合陆海空天电等多域传感器，逐步取代美国陆军现有的通用地面站和其他情报地面站，构建智能化和融合式的指挥、控制、情报、监视、电子战和太空战能力。根据计划，TITAN 成果将率先部署到印太战区的多域特遣部队，以加速其 OODA 作战链条，抵消中国的 A2/AD 优势。

美国国防部正在开发“人工智能中心”通用基础设施以共享数据和先进模型。11 月，美国国防部正在开发新的基于云的“人工智能中心”通用基础设施，使军队实验室和研发机构在共享的建模与仿真环境中无缝共享数据以及协同工作，避免工作重叠，增强人工智能研究复用，加速新兴技术的研究。项目团队计划于 2022 财年末开始先开发 3 个领域的“人工智能中心”，包括：①图像处理中心，重点关注光电/红外、激光雷达类型的图像；②信号处理中心，重点是结合声纳、射频及相关技术，实现跨军种通用数据生成、利用通用数据网络进行测试与评估、通用数据处理与标记等能力；③建模与推理中心，重点是汇集图像处理和信号处理等特定数据领域的信息汇集到一起，生成行动方案，然后将其集成到统一的建模与仿真环境中，鼓励通用测试与评估，支持“联合全域指挥控制”作战概念互操作性。

英国加速提升海基侦察能力。11 月,英国 MARSS 公司推出了一款名为 NiDAR 的紧凑型舰载反无人机监视系统,该系统是一种能够探测并分类无人机威胁的舰载对空监视系统,可从雷达、红外相机和射频监测中获取数据,利用 MARSS 公司的 NiDAR 核心混合情报系统对威胁目标进行分类确认,确定最佳应对措施,并回溯追踪威胁的控制源,提供半径 2km 范围内的 360°监视。同月,英国正在加速多用途海洋监视船计划并采购一型远程遥控无人潜航器。此前,英国防部宣布将加速多用途海洋监视船计划,争取在 2023 年向海军交付首船,以保护水下管道和电缆免受俄罗斯的破坏。

美日成立“共同情报分析机构”。11 月,美日双方在横田空军基地举行“共同情报分析机构”(BIAC)启动仪式,这是首个专门用于共享、共同分析和处理两国舰船、MQ-9 等无人机系列资产收集信息的机构。BIAC 约有 30 名成员,其中:美方主要从空军派出人员;日方由日本防卫省情报总部的统合情报部长负责,陆海空自卫队和情报总部派出人员。BIAC 的成立标志着美日两国首次真正实现实时信息共享能力,该组织机构将进一步加强对日本周边地区异常行动的持续监控态势。

美国向澳大利亚出售 C-130J 及其电子战系统。11 月,美国国务院批准向澳大利亚政府出售 24 架 C-130J 飞机及相关电子战设备,其中包括 ALQ-251 射频对抗系统、AAQ-24(V)大型飞机红外对抗系统、AAR-47 导弹告警系统和 ALR-56 雷达告警接收机。ALQ-251 射频对抗系统可在争夺激烈和拥挤的电磁频谱环境中提供态势感知和防护,对抗电子战系统和雷达制导的武器。AAQ-24(V)大型飞机红外对抗系统结合了导弹预警系统和激光干扰系统,可以保护飞机免受红外制导导弹的威胁。AAR-47 导弹告警系统是美国对外军售的主要特色产品。

美国特种作战司令部开发新型地面电子战系统。11 月,美国特种作战司令部预告将发布下一代多任务电磁对抗措施(NG-MM-ECM)项目招标书。NG-MM-ECM 项目分为 4 个阶段,其中:第 1 阶段拟制设计白皮书;第 2 阶段选出 10 家承包商进行实地考察;第 3 阶段于 2023 年第三季度开始,选定的承包商进行概念开发,包括初始设计审查和关键设计审查;第 4 阶段于 2024 年第二季度开始,进行为期 6 个月的作战样机演示,随后在 2024 年底前进行后续生产。从 2025 年开始,将装备穿戴式、车载式、固定式配置 NG-MM-ECM 装备。

北约在动态警卫 22-2 演习期间展示电子战能力。11 月,北约联合海上司令部常备第二海军部队参加了在意大利南部海岸塔兰托湾举行的半年度北约动态警卫 22-2 演习。动态警卫 22-2 是一项电子战演习,为北约反应部队和盟军国家部队提供战术训练。动态警卫演习每年举行两次,一次在北大西洋地区举行,一次在地中海举行。在此次动态警卫演习中,参训部队相关人员表示,该演习提升了作战人员电子战实战技能,北约部队可以在被拒止的电子战环境中进行作战。

以色列航空航天工业公司推出新型电子情报系统。11月,以色列航空航天工业公司推出一款名为"战术感知"的新型战术电子情报系统。该系统采用紧凑化设计,将尺寸、重量和功耗降到最低,可广泛适用于战术地面车辆和小型无人机等各种平台。此外,该系统便携版可通过单兵携带。

莱昂纳多公司推出战术多任务雷达。11月,意大利莱昂纳多公司宣布近期推出战术多任务雷达 TMMR。该型雷达工作于 C 波段(4~8GHz),采用全数字有源相控阵体制、高效氮化镓收发器件和片上信号处理技术,可按需配置 1~4 面天线,实现 360°全覆盖。TMMR 雷达采用"一体化"轻量设计,紧凑轻便,仅需两人即可携带。其采用可靠性设计,即使在恶劣的环境下,如大风、强沙尘和大雨情况下,也具有极高的可靠性,可用于探测、识别和跟踪小型高机动性目标,对微型无人机的探测距离 7km,对战斗机的探测距离 25km,对车辆的探测距离 20km。

诺斯罗普·格鲁曼公司为英国皇家空军 E-7 预警机安装首个"多任务电扫描阵列"雷达。11月,诺斯罗普·格鲁曼公司宣布首个"多任务电扫描阵列"(MESA)雷达已成功安装到英国皇家空军的一架 E-7"楔尾"Mk1 预警机上。诺斯罗普·格鲁曼公司表示,这种经过实战验证的 MESA 雷达系统具有先进的空中动目标指示功能,可加强 E-7 预警机全天候、远距离探测、跟踪和识别空中和海上目标的能力,使英国空军能更好地承担预警、监视和空中战斗管任务。此前,英国国防部曾宣布,英国皇家空军将装备三架 E-7 预警机。此外,澳大利亚、土耳其和韩国也已采购并部署了该型预警机。

美国完成一体化防空反导作战指挥系统防空反导协同试验。11月,美国陆军在新墨西哥州白沙靶场,完成两次一体化防空反导作战指挥系统(IBCS)协同作战试验,成功拦截三个威胁目标。首次试验中,IBCS 系统通过联合战术地面站传递的天基传感器数据,在地基传感器探测到目标前,对该目标进行跟踪拦截,展示了多传感器协同探测能力。第二次试验中,IBCS 验证了在电子干扰环境下对两个巡航导弹目标的拦截能力。在传感器和拦截器都因受到电子攻击而能力降级的情况下,IBCS 系统通过融合多元化传感器数据,保证了"对目标的持续跟踪监视",发射防空导弹拦截威胁目标。

美太空发展局寻求发展基于低轨星座的 PNT 服务体系架构。11月,美太空发展局发布国防太空体系架构"传输层"2 期 PNT 服务有效载荷信息申请,寻求将低成本 L 频段 PNT 有效载荷应用于数百颗 LEO 卫星。该 PNT 有效载荷包括在轨可重编程 PNT 信号发生器、中型高功率放大器和固定宽波束天线。美国国防部和作战司令部已确认将这种 LEO 星座作为传输 PNT 服务的潜在来源,可补充增强 GPS,并在极端情况下作为 GPS 的备份,为导航战弹性规划和行动提供先进能力。

美国陆军车载可信定位导航授时系统达到重要里程碑。11月,美国陆军车载可信 PNT 系统(MAPS)达到了两个重要里程碑。一是第 1 代系统向第 3 步兵师第 2 装甲旅战斗队交付,完成了最后一支部队的部署;二是第2代系统完成了不确定交付/不确定数量生产合同的授予。第1代MAPS采用选择可用性防欺骗模块GPS接收机,具备抗干扰防护和时间保持功能,2019年9月首装于美军驻德国的斯特瑞克轻型装甲车。第2代MAPS将使用M码GPS接收机和其他可替代PNT源,具备增强型抗干扰和防欺骗能力,在GPS被限制使用或是拒止条件下,通过网络向多个系统分发PNT数据。该装备将通过小批量试生产,试装于部分部队。未来将与美国陆军多个车载平台集成,为陆军多域作战和建设2030年的陆军提供关键能力。

欧盟将建立新型主权卫星星座。11月,欧盟正在推进为欧洲建立一个新的主权卫星星座的计划,最近宣布将向该项目投入24亿欧元。这将是继伽利略和哥白尼之后欧洲的第三个太空旗舰计划。新的卫星星座名为$IRIS^2$,是一种卫星韧性、互联和安全基础设施。该星座的目标是为政府用户提供安全的卫星连接,支持对经济、环境、安全和国防至关重要的应用,并进一步开发包括通信盲区在内的全球高速宽带服务。它将是一个拥有严格认证标准和安全要求的主权星座,为欧洲和非洲连通能力提供支持。它包括来自欧洲传统航天公司和初创公司的贡献,以量子通信等领先技术为特色,并将成为一个多轨道星座。欧盟委员会正在为该项目准备招标规范,目标是在2024年提供初步服务,到2027年实现全面运营能力。

美国太空探索技术公司公司正式发布“星盾”卫星互联网星座项目。12月,美国太空探索技术公司(SpaceX)正式发布了名为“星盾”的卫星互联网星座项目。“星盾”可看做是SpaceX公司“星链”星座的军用版本。“星盾”将利用近地轨道上的“星链”卫星星座,满足美国国防和情报机构日益增长的需求。“星盾”设计用于政府服务,初步重点是三个领域:地球观测、安全通信和有效载荷托管。地球观测是指升级后的“星链”卫星携带各种遥感载荷,并将处理后的数据直接发送给用户;安全通信是指通过“星盾”用户终端,为政府用户提供可靠的全球通信;载荷托管是指利用“星链”通用卫星平台,模块化托管各种军用载荷。

美国陆军启动卫星通信即服务试点。12月,美国陆军发布公告,寻求推进卫星通信“托管服务”试点计划,以与个人订阅电话套餐相同的方式采购卫星通信。公告显示,供应商须在12月16日前对卫星通信“托管服务”试点的性能工作声明草案做出回应。美国陆军计划通过由国防信息系统局和国防信息技术承包组织管理的现有商业卫星通信订阅服务合同,并于2023年1月发布正式的征求建议书。

诺斯罗普·格鲁曼公司成功展示新型多功能融合传感能力。12月,诺斯罗普·格鲁曼公司成功地为美国政府展示了一种新的多功能融合传感能力。新的“一体化”传感器集成了4种关键任务能力:感知、影响/干扰、注入和通信,可快速完成“观察、判断、决策和行动”环。诺斯罗普·格鲁曼公司5月称正在使用商用时间尺度阵列集成和验证的通用数字构件开发全射频频谱的产品线,支持陆地、海洋和空中的各种平台。ACT－IV 项目通过控制大量独立的数字发射/接收信道同时执行雷达、电子战与通信能力,旨在使未来的作战人员快速适应新的威胁、控制电磁频谱并连接到战术网络。

美国空军将开发"混乱"高超声速武器和传感器平台。12 月,美国国防部宣布授予莱多斯公司价值约 3.34 亿美元的"混乱"项目合同。内容包括:①开发一种比 AGM－183A 高超声速导弹更有效的吸气式高超声速系统,能够携带多种有效载荷,用于打击和情报监视侦察任务;②建立 DARPA 高超声速吸气式武器概念;③提供更大级别的高超声速吸气式系统,通过标准化的有效载荷接口执行多种任务。

美国地理空间情报局开发"联合区域边缘节点"以扩展处理海量数据的能力。12 月,美国地理空间情报局(NGA)正在开发"联合区域边缘节点"(JREN),JREN 将提升弹性,降低传输延迟,并实现快速地移动关键情报以及数据共享。NGA 需要更多的容量来处理海量数据,近年来已将带宽容量提高了 10 个数量级,而 JREN 将进一步推动这一增长,JREN 将通过拓宽分发交付管道,与处理数据的"Odyssey 地理空间情报边缘节点"协作,提供更高水平的访问,并提高系统弹性。

网络信息体系卷

网络信息体系卷年度发展报告编写组

主　　编： 方　芳　王晓璇

副 主 编： 李晓文　朱　虹

撰稿人员：（按姓氏笔画排序）

方　芳　冯　芒　朱早红　李晓文　李祯静

李皓昱　吴　技　陈祖香　陈爱林　赵　锋

钱　宁　戴钰超

审稿人员： 李　瑛　赵　静　方　勇　席　欢　肖晓军

张　帆　王晓璇　陈鼎鼎

综合分析

2022 年网络信息系统发展综述

2022 年,以美国为首的世界军事强国从软件、数据、云、智能等基础能力方面着力,持续推进网络信息系统装备现代化转型,以联合全域指挥控制为牵引,推动各军种、各作战域的指挥控制系统、通信网络等作战要素深度融合,构建跨域联合、智能协同的信息作战体系。

一、聚焦重点基础能力加强顶层布局

(一)出台重点领域战略,推进数字现代化转型

2 月,美国国防部发布《软件现代化战略》,提出了"以相应速度实现软件韧性交付"的愿景;确定了实现软件交付现代化所必须的技术赋能因素,包括量子、5G、区块链、物联网传感器、数字工程等;提出了 3 个远期目标,包括云环境建设、软件工厂生态系统构建、通过流程转型提高韧性和效率。该战略为美国国防部软件能力发展绘制了清晰的指导蓝图、构建了统一的开发工作框架,为美军迈向软件现代化指明了方向。

6 月,美国国防部发布《负责任人工智能战略和实施路径》,指导国防部制定实施人工智能基本原则的战略以及如何利用人工智能的框架,从人工智能产品全生命周期出发,从人工智能治理、产品生命周期管理、生态系统建设等方面提出了构建负责任人工智能的具体路径。

8 月,美国国防信息系统局制定《数据战略实施计划》,根据《国防部数据战略》提出的基本愿景、指导原则和目标,细化提出了数据体系化管理、关注数据可用性价值、减少或消除端点冗余等 11 项数据管理指导原则,利用关于企业数据管理(EDM)的成熟行业框架定义了能力成熟度目标,确定了数据架构和治理、高级分析流程、数据驱动文化、知识管理等四大工作重点,建立了数据驱动的 KPI 管理框架。

10 月,美国陆军发布《数据计划》《云计划 2022》,前者提出了改进数据管理以确保陆军成为数据中心型组织的方法,后者提出云建设 7 大战略目标,并首次纳入零信任网络安全架构。

（二）发布系列战略文件，强调多域指挥控制能力建设

美国国防部3月公开《联合全域指挥控制战略》摘要并签署其实施计划，明确了建设数据体系、构建人员体系、建立技术体系、与核指挥控制通信系统一体化运行以及与任务合作伙伴进行高效信息共享5项工作重点，提出信息共享、安全可靠、标准驱动、韧性抗毁、统一行动、快速交付6项指导原则，详细描述了联合全域指挥控制的目标状态、关键任务、资源需求和责任机构等。该战略及实施计划为国防部和各军种联合全域指挥控制建设提供了明确指导，将加速推进概念落地与能力生成。

美军各军种以及北约等国家和地区也围绕多域作战、一体化指挥控制出台了相关指导文件。美国海军9月发布《信息优势拱顶石设计概念》，提出"将信息安全传递至任何地方"的总目标，强调改进使用者体验、提升作战弹性、优化云环境、提供体系服务、实现零信任架构等。美国陆军10月发布《野战手册3-0》，正式将"多域作战"确立为陆军作战概念，将其定义为"综合运用陆军以及其他作战域能力，创造和利用相对优势击败对手，实现目标并巩固成果"。北约6月发布《2022年北约战略概念》，强调确保鲁棒且韧性的一体化指挥架构，以实现迅速增援任何盟友、遏制和防御威胁等核心目标。英国防部7月发布《国防能力框架》，将发展多域集成能力作为发展指导原则之一，并提出优先发展情报监视侦察、多域指挥控制、通信与计算技术等领域。

二、联合全域指挥控制向作战运用转化

（一）美国空军明确"先进作战管理系统"建设原则并寻求开发功能模型

2022年，美国空军部长肯德尔多次公开提及空军7大作战要务，其中之一就是实现作战优化的"先进作战管理系统"，这也是美军联合全域指挥控制的核心技术架构。3月，美国空军明确了采用分布式作战管理、指挥与控制分离、指挥控制与作战管理程序集成等3项建设原则，并确定了数字基础设施、空中边缘节点和基于云的指挥控制等3项采办计划；9月，美国空军联合诺斯罗普·格鲁曼、雷声等5家公司成立"先进作战管理系统数字基础设施联盟"，共同致力于解决安全处理、弹性通信、开放式架构设计等方面的挑战；10月，美国空军启动"转换模型—作战管理"项目，寻求应用基于模型的系统工程方法，开发联合全域指挥控制功能模型。美国空军从组织实施、采办计划、技术引入等多方面发力，加快"先进作战管理系统"开发部署。

（二）美国陆军通过"会聚工程"演习试验评估多项跨域协同技术

美国陆军"会聚工程2022"演习于10月至11月间举行，涉及美军全部军种并首次吸

纳了美国盟友与伙伴国家,主要模拟在太平洋战区和欧洲战区的作战场景,重点是建立统一网络,以整合美国、英国和澳大利亚的人员与系统,实现数据共享和协同作战能力,结合商业和军事网络技术,改进战术数据结构、空中层级网络和弹性卫星通信技术,最大限度地提高网络可用性和性能。此次演习期间,美军演示了下一代传感器和通信网关、智能目标配对、数据编织等近300项新技术,验证了多域融合、跨域协同的新能力。美国陆军"战术目标瞄准访问节点"也在演习中开展了原型系统试验,成功利用商业和军事资产提升传感能力,缩短传感器将数据传送至平台的时间,提高远程精确打击能力的有效性。

(三)美国海军推进"对位压制工程"为联合全域作战赋能

"对位压制工程"是美国海军响应联合全域指挥控制建设而开展的主要工作,于2020年秋季启动,是海军目前第二优先事项。2022年4月,美国海军发布2023财年预算申请,为"对位压制工程"申请1.95亿美元的预算,比2022财年增加167%,围绕网络、分析工具、基础设施、数据架构4个重点领域,支持"先进作战系统技术""数字战争""建模与仿真保障""自动测试和再测试""情报任务数据"5个项目包。美国海军计划2023年将"对位压制工程"开发的新型作战架构部署到首个航空母舰打击群,并开展名为"发号枪"的演示活动。

(四)美英联合推进"任务伙伴环境"建设

11月,美国国防部与英国国防部签署了"全联网指挥控制通信"(FNC3)合作意向声明,旨在创建美英"任务伙伴环境"(MPE),实现双方指挥控制系统的无缝协同。美英将在计划成功后将MPE扩展至其他国家,参与的国家将遵循相同的标准和规范来确保互操作性,以建立联盟信息共享能力。MPE是美国国防部提升与非国防部任务伙伴互操作性的能力框架,通过一体化的能力、流程与管理,使指挥官能够在适当的安全领域,跨美国与任务伙伴基础设施来规划并实现指挥、控制、计算、情报、监视与侦察(C^3ISR)通信。美英此次签署该意向声明,通过整合美军联合全域指挥控制和英军多域一体化变革计划,提高两军的指挥控制能力,以迅速分享信息和做出决策。

三、新一代作战指挥系统加速形成战斗力

(一)美国陆军"一体化作战指挥系统"完成初始作战试验鉴定

11月,美国陆军宣布该系统完成初始作战试验鉴定,将从低速初始生产状态转向

全速生产状态,具备了全球部署的先决条件。在近10个月的作战测试与评估中,该系统完成了一系列的作战飞行测试,包括在电子对抗环境中探测、跟踪和拦截一枚高速高性能战术弹道导弹和两枚巡航导弹,展示在真实作战对抗环境中提供准确快速辅助决策的能力,以及多兵种传感器与武器解耦和数据协同的能力。该系统具备模块化、开放和可扩展的体系结构,可有效集成未来作战系统,一旦大规模部署,将扩展战场作用范围,使系统内传感器和武器协同,支持作战人员快速掌握战场态势和数据并采取行动。

(二)美国陆军“指挥所计算环境”进入工程和制造开发阶段

6月,美国陆军“指挥所计算环境”(CPCE)软件增量2项目里程碑B获得批准,开始进入工程和制造开发阶段,标志着美国陆军将作战功能融合到CPCE的工作取得突破性进展,同时为后期运行测试和评估以及最终的全面部署奠定了基础。增量2项目将火力和情报应用程序也整合到CPCE软件框架中,同时还集成了任务规划和空域管制工具,以及初始战术数据结构(TDF)能力。7月,美军第101空中突击师第3旅战斗队的士兵在指挥所演习中使用了CPCE软件,把美国陆军“烟囱”式的任务指挥应用集成到“单一面板”,提供通用态势图,从而加快陆军指挥官的决策速度。

(三)美国空军“凯赛尔航线”全域作战套件达到关键里程碑

8月,美国空军基于云的下一代空战指挥控制系统——“凯赛尔航线”全域作战套件,完成首个最小可行能力版本开发,为全面替代现有的“战区作战管理核心系统”奠定了重要基础。全域作战套件用于美国空军欧洲司令部第603空战中心每日空中攻击主计划的制定,可为该空战中心制定更多的防空反导计划、巡飞具有核攻击能力的飞机以威慑俄罗斯等行动提供有效支持。在俄乌冲突中,该套件集成到美国空军欧洲司令部空战中心,为美军对北约盟国的支援行动提供了保障。

四、多源异构数据融合能力进一步提升

(一)美国空军演示“缝纫针”跨域平台数据交互能力

DARPA“缝纫针”(STITCHES)项目研发的跨平台链接与数据交互技术,对联合全域作战打通各军兵种的信息交互和共享至关重要,被美国空军认为是实现联合全域指挥控制的有力工具。6—8月,美国空军共举行了3次不同规模的飞行试验来验证其能力。6月第一次飞行试验中,验证了STITCHES和现役平台战术应用程序的实时集成

能力,实现了现役平台上实时软件安装和集成;7 月中旬第二次飞行试验中,主要验证了利用 STITCHES 进行传感器链接和传送电子战作战指令的能力;8 月第三次飞行试验中,作战人员通过 STITCHES 获取应用程序的访问权限,然后通过基于云的 Web 应用程序分发任务文件,演示了跨体系架构移动应用程序基于具体场景快速重构的可行性。

(二)美国陆军运用“数据编织”技术融合多源战术数据

美国陆军正在通过“造雨者”项目开发“战术数据编织”能力,即通过“数据编织”通用分析工具和网关技术对不同来源的数据进行解释、汇集和分析,形成全局作战图像。该能力在连续 3 年的“会聚工程”演习中进行了演示试验,成功将陆、海、空、天、网的多域多类传感器数据与陆军杀伤网进行了连接,特别是在 2022 年演习中还纳入了英国、澳大利亚等盟友的传感器数据。这种多源异构数据融合能力将帮助美军有效应对战场数据洪流,支持联合部队信息共享,加速杀伤链闭合。

(三)美太空军“统一数据库”首次接入太空监视传感器数据

4 月,美太空军宣布其“统一数据库”可直接从“太空篱笆”雷达获取观测信息,标志着该数据库首次接入军用太空监视网络传感器数据。“统一数据库”是一个基于云的多密级可扩展数据环境,可存储陆、海、空、天、网全域数据,实现跨系统、跨作战域和跨供应商的数据共享。数据库采用先进的数据架构与管理工具,可集成来自政府机构、学术界、商业航天公司以及盟友伙伴国家的不同密级的太空域感知数据。包括“地球同步空间态势感知计划”在内的其他美军传感器也将直接连接到该数据库。此外,美军还在努力通过该数据库与国际伙伴和盟友共享数据,并将其作为联合全域作战的基础设施,实现联合部队的信息共享。

五、信息基础设施加速向云迁移

12 月,美国国防部授予亚马逊、谷歌、微软和甲骨文共 4 家公司“联合作战云能力”(JWCC)合同,正式开启多供应商、多云架构的云建设工作,这种模式将使国防部充分吸收各家优势,优化云服务质量,支持实现所有作战域的传感器和信息连接与共享,提升联合全域作战效能。JWCC 是“联合全域防御基础设施”(JEDI)的后续项目,通过使用多云整合的基础架构取代 JEDI 的单一架构,以响应用户不断变化的云需求,按需灵活定制云,提供与涉密等级相对应的能力和服务,同时采用一体化的跨域方案以及增强的网络安全控制措施,实现全球可用(包括战术边缘)。美国国防部对 JWCC 有以下要求:①需具备可用且耐用的韧性服务;②需具备全球访问条件;③需满足美国国防部对云服务集中管理和分布式控制的需求;④需具备弹性可扩展能力,满足未来的升级需求;⑤确保安全性,增强云的网络防御能力;⑥需具备易用性,支持数据和应用的便携性;⑦需具备数据分析工具与能力,支持数据驱动的决策实施。

(中电科发展规划研究院　方　芳)

重要专题分析

美国国防部持续推进联合全域指挥控制能力建设

自 2019 年联合全域指挥控制(JADC2)概念提出以来,美国国防部、各军种全力推进联合全域指挥控制能力建设,在管理、采办、系统、技术、试验等多个方面取得重要进展。2022 年,美军各方继续联合发力,进一步推进联合全域指挥控制概念落地,加速作战系统与关键技术开发,推动研发成果向作战能力的持续转化。

一、2022 年进展

2022 年,美国国防部公开战略规划,明确具体实施计划,自上而下推动联合全域指挥控制概念落地,指导各军种联合全域指挥控制工作开展;各军种采取系统项目研发、开展作战试验、成立组织机构等举措,自下而上加速作战能力生成。此外,英国、澳大利亚等美盟国家开始深度参与联合全域指挥控制相关工作,积极推进联盟联合互操作性能力生成。

(一)美国国防部加强统筹各军种联合全域指挥控制工作

1. 公开顶层战略及签署实施计划,统筹指导联合全域指挥控制工作

2022 年 3 月,美国国防部公开《联合全域指挥控制战略摘要》,明确了联合全域指挥控制 3 项关键能力(感知、理解、行动)及实施方法;聚焦数据、人才、技术、核指挥控制、信息共享 5 个方面,提出联合全域指挥控制的发展路线和指导原则。同月,美国国防部副部长凯瑟琳·希克斯签署《联合全域指挥控制战略实施计划》(未公开),阐述了联合全域指挥控制的具体实施计划及资源需求,明确了联合全域指挥控制能力的责任单位,推动美国国防部加大对联合全域指挥控制的投资,为常规/核指挥控制的流程和程序的优化整合提供资金保障,增强与联合部队及其盟国伙伴间的互操作性和信息共享,这标志着美军联合全域指挥控制战略迈入全新的阶段。

2. 设立新的职能部门,统筹各军种联合全域指挥控制工作

2022 年 6 月,美国国防部首席数字与人工智能办公室(CDAO)完成了国防部先进数据分析平台办公室、首席数据官办公室、国防数字服务局以及联合人工智能中心等机构的功能整合,并已具备全面运行能力。首任首席数字与人工智能官由原网约车初创企业 Lyft 公司机器学习部门负责人克雷格·马泰尔担任,负责整合各军种联合全域指挥控制数据相关工作,以提升各军种之间的互操作水平。10 月,美国国防部宣布在国防部长办公室下成立"采办、集成和互操作办公室",由负责采办和保障的国防部副部长办公室电子战部门主任戴夫·特伦珀领导,负责从采办层面统筹各军种联合全域指挥控制相关的工作。

3. 授出"联合作战云能力"合同,推进全球可用云能力建设

"联合作战云能力"(JWCC)是美国国防部"联合企业防御基础设施"(JEDI)项目的替代版本,旨在以"多云"环境取代此前规划的"单一云"环境,提供跨安全等级、跨功能、跨作战域的集成解决方案,为作战行动提供全球可用的战术边缘云能力以及增强的网络安全能力。2022 年 12 月,美国国防部将"联合作战云能力"合同授予亚马逊、谷歌、微软和甲骨文等 4 家公司,为国防部开发跨所有安全等级(绝密、机密、非机密)、覆盖战略层面到战术边缘、全球可用的全军级云服务。该服务将作为联合全域指挥控制的基本支柱,为作战人员提供以下能力:全球可用性;弹性服务;集中管理与分散控制;易用性;弹性计算、存储和网络基础设施;先进的数据分析;增强的网络安全;战术边缘设备等。

(二)美国陆军以"会聚工程"为主要抓手,推进联合全域指挥控制能力建设

1. "会聚工程 2022"作战试验加速推动联盟联合部队能力发展

"会聚工程"是美国陆军响应国防部联合全域指挥控制开展的主要工作,也是美国陆军的"2022 年度最高优先事项",至今已连续开展 3 届。2022 年 9—11 月,在"会聚工程 2022"外场综合作战试验中,在美国陆军、海军、空军、海军陆战队以及英国、澳大利亚等盟友部队共同参与下,以印太、欧洲地区高端战争作战场景下的联盟联合作战为核心,重点验证了建立一体化防空反导网络、击败对手"反介入/区域拒止"系统、构建弹性敏捷的联盟通信网络等 7 大作战问题;同时,以吸纳美盟国家新兴技术为重点,运用"技术门户"(国防承包商进入"会聚工程"作战试验的重要通道)对传感器、杀伤、指挥控制、防护、通信、可信定位导航与授时、机器人、人工智能/机器学习、医疗、保障、自主系统、云计算和任务规划等 13 个技术领域 300 余项技术进行评估,筛选出战场空间可视化与交互工具、多域系统集成器、作战零信任架构、弹性信息共享等 28 项能在未来形成关键作战能力的技术。

2.“一体化防空反导作战指挥系统”完成初始作战试验与鉴定,将进入全速生产阶段

2022 年 3 月和 11 月,美国陆军完成了 3 次“一体化防空反导作战指挥系统”(IBCS)初始作战试验,验证了该系统多传感器协同探测、跨军种传感器数据融合、跨域防空反导等能力,预示着该系统即将从低速初始生产阶段转向全速生产阶段。IBCS 系统具备弹性、开放、模块化、可扩展的架构,可连接全域所有传感器与射手,尤其是能够经济高效地集成第四代和第五代战斗机、天基传感器等当前和未来系统,被视为美国陆军一体化防空反导系统的“大脑”,以及陆军推动联合全域指挥控制发展的关键推手。

3.“战术情报目标接入点”项目进入原型设计阶段

2022 年 6 月,美国陆军授予雷声公司、帕兰蒂尔公司各一份为期 14 个月、价值 3600 万美元的合同,用于开发和集成“战术情报目标接入点”(TITAN)原型系统。美国陆军计划于 2023 财年第四季度选定其中一家供应商进入第三阶段,完善原型系统。目前,诺斯罗普·格鲁曼公司正在与美国国防部国防创新部门和陆军国家能力战术开发办公室合作,设计用于 TITAN 系统的太空套件,将于第二阶段结束时与 TITAN 系统进行集成,实现其从天基传感器获取数据的能力。11 月,诺斯罗普·格鲁曼公司表示,其为美国陆军开发的 TITAN 系统原型已在“会聚工程 2022”中进行了演示验证。

(三)美国空军多举措加速“先进战斗管理系统”形成作战能力

“先进战斗管理系统”(ABMS)自 2019 年转型为美国空军支持联合全域指挥控制的主要工作后,经历了产品构成、组织管理、发展模式等多次变革。2021 年 12 月,美国空军将优化作战的 ABMS 系统定为 7 大优先事项之一,并再次对 ABMS 系统采办管理进行调整。

1. 成立指挥、控制、通信和战斗管理综合项目办公室,负责 ABMS 采办工作

2022 年 9 月,美国空军宣布成立指挥、控制、通信和战斗管理(C^3BM)综合项目办公室,负责 ABMS 采办工作。该办公室将由卢克·克罗普西准将领导,并向空军采购主管安德鲁·亨特直接汇报,以解决跨空军内部和外部 C^3BM 相关的复杂系统工程和集成挑战。这是空军继 2019 年任命首位首席架构师、2020 年利用快速能力办公室管理 ABMS 采办工作之后,第三次调整 ABMS 采办管理。该办公室的成立标志着 ABMS 系统的监管将分为 3 个领域,分别为卢克·克罗普西准将负责新技术的采办,杰弗里·瓦伦西亚将军和约翰·奥尔森将军负责监督空军和太空部队的需求开发,即将任命的一名工程主管负责 C^3BM 所需的架构和系统工程工作。

2. 开发新的战斗管理模型

2022 年年初以来,ABMS 系统跨职能团队与美国空军部的建模和仿真专家合作,应用“基于模型的系统工程”最佳实践，使用系统建模语言开发指挥控制概念的功能模型，帮助用户和工业界了解 ABMS 的能力要求。“转换模型—战斗管理”（TM – BM）作为第一个此类模型，针对当前技术方案基于有缺陷或过时的战斗管理概念的主要问题，提供基于战斗管理共同理解的解决方案。10 月，美国空军发布了 TM – BM 信息征询书，首次披露了该模型的地位作用、发展目标和战斗管理的子功能要求，描述了空军对战斗管理模型的初步设想。TM – BM 模型确定了战斗管理的 13 个子功能，包括解析指南和计划、促进协调和协作、搜索域、应用优先级等。

3. 成立 ABMS 系统数字基础设施联盟

2022 年 9 月，为美国空军和太空军设计、开发和部署以数据为中心的先进能力，美国空军成立“先进战斗管理 ABMS 系统数字基础设施联盟”，并选择 SAIC、L3 哈里斯、莱多斯、雷声和诺斯罗普 · 格鲁曼 5 家公司作为联盟成员。该联盟的核心任务是制定技术和业务路线图，加快为作战人员部署数字基础设施，重点关注 4 个领域：①安全处理，提供通用平台软硬件进行多级安全处理和存储；②连通性，为战斗管理数据提供弹性、安全和管理良好的通信支持；③数据管理，为作战人员和战斗管理应用程序的开发人员提供工具，以便在安全边界和恶化环境中更轻松地访问关键数据；④开放式架构，运用开放式标准和商业最佳实践来推动技术更新，并提升灵活性以及对损失和中断的恢复能力。

（四）美国海军加大“对位压制工程”资金投入，并秘密推进项目研发

“对位压制工程”是美国海军响应国防部联合全域指挥控制的主要内容，于 2020 年秋季启动，是海军的第二优先事项。2022 年 4 月，美国海军发布 2023 财年预算申请，为“对位压制工程”申请 1.95 亿美元的预算，比 2022 财年增加了 167%，围绕网络、分析工具、基础设施、数据架构等 4 个重点领域，支持“先进作战系统技术”“数字战争”“建模与仿真保障”“自动测试和再测试”“情报任务数据”5 个项目包。其中，以网络领域为主的“数字战争”项目包经费占比最大，达总经费的 65%。经过 2 年的发展，“对位压制工程”核心团队规模已达 50 人，完成了模拟当前数据路径、编写软件代码解决各项问题、在实验室和海上进行测试以及向编码人员提供反馈以改进更新等多项研发工作。美国海军将于 2023 年将“对位压制工程”首批增量部署到首个航空母舰打击群，并开展名为“发号枪”的演示活动。

（五）美太空发展局推进“下一代太空体系架构”1 期星座建设

2022 年，美太空军先后授出“下一代太空体系架构”传输层、跟踪层 1 期卫星研制合同，向实现联合全域指挥控制“从任意域的任意传感器收集信息”所需的天基能力迈出重要一步。2022 年 2 月，美太空发展局分别向诺斯罗普 · 格鲁曼公司战略太空系统分部、

洛克希德·马丁公司和约克太空系统公司授出价值6.92亿、7亿和3.82亿美元的合同,为"下一代太空体系架构"传输层1期建造126颗卫星(3个公司各负责42颗),并计划于2024年9月开始发射。5月,美太空发展局授予通用动力任务系统公司一份为期7年、价值3.25亿美元的合同,为"下一代太空体系架构"1期星座建造综合地面系统,以提供跨地面、空间以及用户段的星座监控和网络管理功能。7月,太空发展局授予L3哈里斯公司和诺斯罗普·格鲁曼公司总价值超过13亿美元的原型协议,为"下一代太空体系架构"跟踪层1期建造28颗卫星,旨在提供弹道导弹或高超声速导弹预警/跟踪作战能力。

(六)英国、澳大利亚等盟友参与联合全域指挥控制建设工作

2022年9—11月,英国、澳大利亚首次参与美国陆军"会聚工程2022"作战试验,验证了"联盟联合全域指挥控制"($CJADC^2$)能力。英国方面,试验验证了其远程火力、无人驾驶航空系统、自动战车和先进传感器等17项先进技术,重点包括:英国"长颈鹿"敏捷多波束雷达首次连接到美国火控网络;英国人工智能决策辅助系统"黄道带"(ZODIAC)首次连接到美国的传感器;美国F-35战斗机首次在无人参与情况下,为英国"制导多管火箭炮发射系统"(GMLRS)提供火力引导,将杀伤时间从几分钟缩短至几秒钟;英国第20装甲战斗旅利用"任务伙伴环境"(MPE)、ZODIAC决策辅助系统、HoloLens增强现实镜头辅助指挥官决策制定等。澳大利亚方面,试验验证了其"集群Ⅱ协作无人蜂群"利用人工智能自主侦察和识别目标的能力,以及利用"集成者"无人机实现与美军远程通信的能力。11月,"会聚工程2022"作战试验结束后,美国和英国签署了全网络化指挥、控制与通信(FNC^3)的合作意向声明,意在整合美国国防部联合全域指挥控制和英国国防部多域一体化变革计划的能力,创建美英MPE并将成功实践扩展至其他国家,以增强联盟信息共享能力。

二、几点认识

(一)在国防部层面,美军重点推动各军种联合全域指挥控制工作的整合

目前,美国国防部、各军兵种等都在紧锣密鼓地推进各自的联合全域指挥控制相关项目,如美国陆军"会聚工程"、美国空军"先进战斗管理系统"、美国海军"对位压制工程"等,如何确保各军种分别开发的系统能够协同、数据能够共享,一直是国防部关注的焦点。联合全域指挥控制概念提出伊始,美国国防部并未制定明确的发展目标与实施计划予以统筹,使得各机构各自为政。2022年,美国国防部通过发布《联合全域指挥控制战

略》及实施计划、设立首席数字与人工智能官、成立“采办、集成和互操作办公室”等多项举措，自上而下指导联合全域指挥控制工作落地，推动各军种联合全域指挥控制工作的整合。

（二）在军种层面，美军聚焦形成作战能力，加速装备技术发展

美陆、海、空三军以“会聚工程”“对位压制工程”“先进战斗管理系统”为核心，加速推进武器系统、关键技术发展，自下而上推动联合全域指挥控制从作战概念向实战能力转化。美国陆军在“会聚工程2022”中大量运用人工智能、自主系统等先进装备技术，验证作战能力，并对满足未来需求的装备技术，通过“增量”的形式，快速向可用程序转化。美国空军2021年便明确从数字基础设施和“能力集”2个方面进行投资，通过数字基础设施为作战人员提供互联互通能力，通过“能力集”交付缩短杀伤链的能力和作战人员急需的作战能力。虽然美国海军“对位压制工程”严格保密，但海军高官在多次发言中提到，该项目已完成大量研发工作，将于2023年完成首批增量部署。

（三）联盟层面，美军通过“任务伙伴环境”增强联盟信息共享能力

美军认为，未来的美军不仅是作为联合部队参战，而且是与盟友和伙伴国并肩作战，为了实现未来大规模作战行动中的决策优势，美军必须能够与盟友和伙伴彼此通信、共同作战。“任务伙伴环境”（MPE）是联合全域指挥控制7个“最小可行产品”之一，也是实现美军与盟友信息共享的主要途径，其以数据为中心，使伙伴国能够链接并无缝共享信息，从而更快地做出决策。美军及其盟友已围绕MPE开展了多项工作，例如：2021年11月，美军联合英国、澳大利亚、加拿大、瑞典、德国等合作伙伴国军队，演示验证了国防部MPE效能；英国和澳大利亚在“会聚工程2022”中验证了连接到MPE的能力；美军与英军签署合作协议，通过创建美英MPE，为美军与其他国家军队合作树立榜样。

三、结语

美国国防部认为，跨域、跨军种的联合全域指挥控制是一种能在竞争环境中以及时的速度进行感知、理解和行动的能力，这对美军及其盟友掌握未来战场主动权具有重要意义。随着《联合全域指挥控制战略》及其实施计划的颁布实施、各军种重点项目的稳步推进以及盟友的深度参与，美军联合全域指挥控制已迈入从作战概念向作战能力转化的关键阶段。

（中电科发展规划研究院　李祯静）

美国空军推进"能力发布"和数字基础设施研发

先进作战管理系统(ABMS)是支持美国国防部联合全域指挥控制(JADC2)的关键系统,美国空军将其列为一项最高优先级研发项目。ABMS将构建一个由传感器、融合能力和数据传输网络组成的生态系统,在基于云的处理能力和人工智能辅助下,有效支持指挥人员的指挥决策,缩短"观察、判断、决策、行动(OODA)"周期和杀伤链。

2022年,美国空军基于前期演示试验与技术开发阶段的成果,开展"能力发布1号"(机载边缘节点,AEN)、基于云的指挥控制系统(CBC2)以及数字基础设施的建设,并建立了ABMS数字基础设施联盟。此外,为ABMS制定了指挥与控制分离、作战管理功能分散以及指挥控制与作战管理过程一体化3项基本原则,为确定ABMS的后续"能力发布"提供指导;开发了作战管理模型,帮助形成作战管理的通用理解与能力需求。

一、开展机载边缘节点和基于云的指挥控制系统的研发

ABMS项目通过"能力发布"分阶段交付和部署作战人员急需的作战能力。"能力发布1号"和基于云的指挥控制系统是目前美国空军正在实施的第一批"能力发布"采办项目。

(一)"能力发布1号"

"能力发布1号"将为作战人员提供第一个安全战术边缘节点,将特定战术空中作战资源和指挥控制功能节点连接到战术边缘云,增强从战术级到战略级的态势感知能力和决策能力。

"能力发布1号"的最初功能设计包括:①在战术级,实现F-22和F-35战斗机之间的安全、弹性的通信及信息共享;②在战役级,实现5代机与战役级指挥控制节点之间的连通,近实时地实现态势感知共享,支持实现决策优势;③在战略级,快速提供可用于战略制定的信息,使决策者获得决定性信息优势,从而制定出最佳行动方案。目前"能力

发布1号"不再包括F－22战斗机的连通需求，而是优先实现F－35战斗机与指挥控制中心的数据传输，部分原因是美国空军认为F－22战斗机在未来部队结构中的作用将减弱。"能力发布1号"将实现KC－46加油机、F－35战斗机与地面指挥控制系统之间的数据传输。KC－46加油机与F－35战斗机之间的数据传输如图1所示。

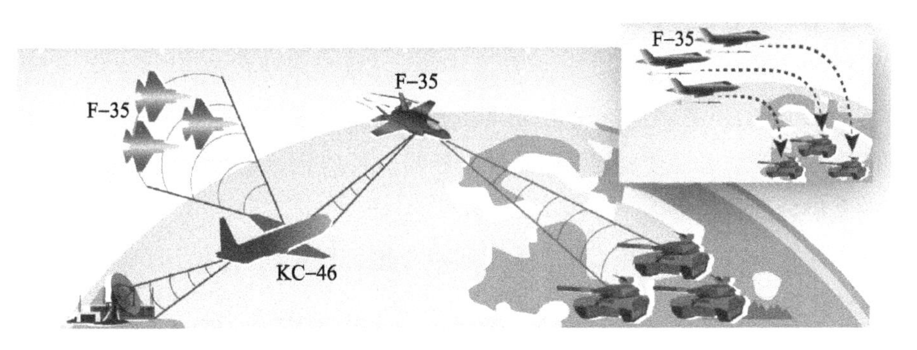

图1　F－35战斗机对目标进行识别并将信息传输给KC－46加油机，用于进一步分发和目标选择与打击

"能力发布1号"将在KC－46加油机上加装通信吊舱。通信吊舱包括一个态势感知工具，该工具托管的任务应用将提供传感器集成能力和效果集成能力。

根据美国空军2022财年的计划，"能力发布1号"的开发任务主要包括：交付采用开放架构的通信子系统，并继续开展试飞等活动；完成系统设计并开展将通信子系统集成到吊舱的工作；开发托管在边缘计算节点上的相关应用，用于演示KC－46加油机的战术边缘处理能力以及增强的态势感知能力。

美国空军计划在2024财年完成通信吊舱在2架KC－46加油机上的安装。

(二)基于云的指挥控制系统

基于云的指挥控制系统(CBC2)旨在增强作战司令部的指挥决策能力、提高指挥决策速度。目前该系统的开发主要面向北美防空防天司令部/北方司令部(NORAD/NORTHCOM)以增强国土防御能力，最终将扩展到全部作战司令部。

CBC2系统将取代现役的战术级国土防空指挥控制装备——固定式作战控制系统(BCS－F)。BCS－F系统承担空中监视、目标识别、作战管理、武器控制及数据链运行等任务，目前部署在NORAD/NORTHCOM的美国本土防空区的区域空战中心及东部和西部2个防空分区的作战控制中心、阿拉斯加防空区的区域空战中心，以及隶属于太平洋司令部的夏威夷区域空战中心。

CBC2是一套基于软件开发平台的DevSecOps工具和全球安全云(Cloud One)计算环境的微服务应用集。该系统将可由机器生成行动方案，以帮助缩短战术指挥控制杀伤链,并通过机器对机器连接向武器平台发送指令。CBC2 系统将通过利用人工智能/机器学习赋能的先进应用,实现战术级作战管理/指挥控制(BM/C2)功能质的提升;同时,有助于改变联合部队数据共享的方式,加速从传感器到决策者的信息流动,帮助高级指挥官进行态势评估,并提高快速行动能力。

根据美国空军 2022 财年的计划,CBC2 系统的开发工作主要包括:开发一个规模可调整和可扩展的数据云架构,以支持人工智能、机器学习赋能应用并生成通用作战图(COP);开发共享的多源信息可视化;获取、融合和分析多源数据,并存入不受计算与存储限制的多级安全的云环境;开发基于微服务的软件应用;设计和建立支持基于云的指挥控制的基础设施构件等。

美国空军计划按季度发布 CBC2 系统的最小可行性产品,迭代开发应用/软件基线,在 2023 年 11 月实现了初始作战能力。

二、推进数字基础设施建设,建立 ABMS 数字基础设施联盟

ABMS 体系架构由一系列平台、传感器、网络和数据链组成,它们通过安全云互连,以在联合全域环境下执行感知、判断和行动。其中,数字基础设施是实现 ABMS 功能的基础,支持构建军事数字网络环境。ABMS 的体系架构及其数字基础设施见图 2。

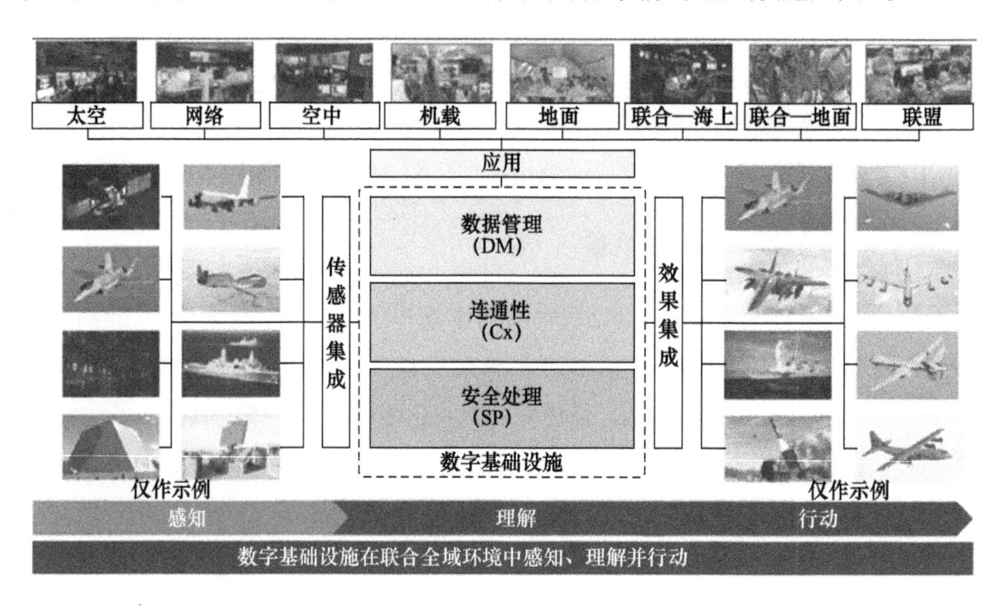

图 2　ABMS 的体系架构及其数字基础设施

数字基础设施的目标是构建一个适应性强的网络和安全通信,提供安全处理、连通性和数据管理能力,并向授权用户提供数据。其中,在安全处理方面,提供混合商用全球

云与边缘云构成的多云环境以及边缘设备,用于在所有安全级别上的安全处理、数据管理和应用;在连通性方面,在传感器、指挥控制节点和武器间提供敏捷通信、连接和 Mesh 组网,以支持包括在降级条件下的任务执行;在数据管理方面,为全域各类传感器及不同安全级别的数据提供跨网络的数据架构,提高联合部队发现数据和共享信息的能力。

根据美国空军 2022 财年的计划,主要开展以下工作:继续完善美国本土及本土外的云系统,包括增加更多的数据类型、跨密级的数据传输、建立数据和网络管理的标准和工具,并开发和托管本地云应用;改进美国本土及本土外的云与现有云之间的连接;开展数据架构、数据标记和数据编排设计解决方案的开发和原型设计,使可用数据能够在 ABMS 的多级安全云环境中公开、处理和传输。

此外,美国空军在 9 月建立了由诺斯罗普·格鲁曼公司、雷声技术公司、科学应用国际公司(SAIC)、L3 哈里斯技术公司、莱多斯公司 5 家公司组成的"ABMS 数字基础设施联盟"。该联盟受空军快速能力办公室领导,负责 ABMS 数字基础设施的运营分析、任务分析、系统工程和集成,具体包括:定义开放架构的设计标准、数据管理、安全处理和弹性通信;确定数字基础设施的标准与需求;设计、开发及部署数字基础设施等。

数字基础设施联盟的建立是 ABMS 项目研发的一个里程碑事件,该联盟将充分发挥 5 个公司在领域的技术优势,有效推进数字基础设施的建设进程,为空军和太空军及联合部队设计、开发和部署以数据为中心的先进能力。

三、制定 ABMS 基本原则,构建作战管理模型

在前期演示试验与技术开发阶段,美国空军对 ABMS 能力开展了大规模探索,面向从传感器到射手的全要素进行技术演示和原型测试。转入能力交付与部署阶段后,除了关注实现联合部队互连的能力,项目更聚焦于指挥控制与作战管理。在 2022 年,美国空军开展了以下 2 项重要工作。

(一)制定基本原则,为确定后续"能力发布"提供指导

美国空军利用工具分析了当前指挥控制与作战管理系统的不足以及所需做的改进,在 3 月提出了 ABMS 开发所要遵循的基本原则:①在指挥控制设计上,要支持特殊情况下指挥与控制的分离,即在时间敏感的情况下(如巡航导弹来袭),能在没有指挥官直接参与的情况下立即做出决策并执行;②实现作战管理功能的分散化,即改变过去对 E-3 这种集中式平台的依赖,转向利用跨域、多源的传感器数据;③实现指挥控制与作战管理过程的一体化,包括地面、空中、海上分部、作战司令部的横向一体化,以及海陆空等各作战域不同执行梯队的纵向一体化,从而增强系统的生存能力。ABMS 将通过分布式作战

管理、实现敏捷作战运用以及使任务伙伴环境可操作化,提升指挥控制与作战管理的效率效能。

这些原则将帮助美国空军评估和调整现有的 ABMS 采办计划,以适应并实现分布式作战管理这一首要任务,使未来的“能力发布”弥补空军现有计划的不足和空白。

(二)构建作战管理模型,形成作战管理的通用理解与能力需求

美军认为,为实现跨国家、部门和军种有效、同步地开发 JADC2 能力,需要建立“作战管理”等复杂概念的通用理解。目前在国防部体系结构框架(DoDAF)中,缺乏对作战管理功能结构的明确定义。为此,ABMS 跨职能团队(CFT)在 2022 年开发了一个 ABMS“转换模型—作战管理”(TM - BM,简称“作战管理模型”)。

作战管理模型是借鉴基于模型的系统工程(MBSE)的最佳实践并使用系统建模语言(SysML)开发的指挥控制概念的第一个功能模型。该模型围绕作战管理建立精确的边界,区分作战管理与其他相关和相邻的决策概念,并通过子功能分解来定义作战管理。

作战管理模型将“作战管理”分解为解析指南和计划、促进协调与协作、增强态势理解、配置和维护资产、搜索域、识别特征、感知可行动实体、应用优先级、匹配效应器、生成作战行动方案(COA)、COA 排序、实施 COA、评估 COA 的影响 13 个子功能,覆盖作战管理的必要组件,同时排除了不属于作战管理的部分(如支持作战管理的 ABMS 基础设施)。该模型将涵盖所有作战域,并将盟友等纳入任务伙伴环境。

作战管理模型的目标主要包括:①提供明确、定量和可靠的作战管理定义和概念描述;②提供一种根据所执行的特定作战管理功能对系统(装备和非装备)及系统组成部分进行分类和评估的方法;③提供有关作战管理的功能架构与支持架构的鲁棒、可追溯的定量要求,以及通用场景中作战管理功能的量化性能指标,即该模型要提供一种定量方法来比较不同的架构及其在该场景中作战管理功能的性能。

美国空军在 10 月发布了信息征询书(RFI),由业界对作战管理模型进行评估,并将由美国印太司令部对该模型进行测试。

作战管理模型将帮助进一步了解 ABMS 的能力需求,形成对作战管理的共识,并引导业界提出技术解决方案。

四、结语

ABMS 项目经过近两年的开发和演示试验,在集成各作战域的传感器,提供安全的连接和处理,实现多域信息共享,以及基于人工智能的指挥控制等方面取得了重要进展。该项目已进入能力的交付与部署阶段,目前正在研发“能力发布 1 号”和 CBC2 系统,提

供第一个安全战术边缘节点,增强作战司令部的指挥控制能力,并构建 ABMS 数字基础设施,以实现联合部队互连、支持实现各级决策优势。此外,ABMS 聚焦指挥控制与作战管理,制定了新的基本原则,开发了作战管理模型,为交付新的能力奠定基础。

作为一个处于发展初期、不断演进的系统,ABMS 的技术设计、体系架构及其支持要素仍在动态变化中,同时由于 ABMS 是一个复杂的大型“系统之系统”,还面临着项目管理、技术开发、系统集成等方面的诸多挑战。

(中国电子科技集团公司第二十八研究所　冯　芒)

美国国防部《软件现代化战略》解读

2022 年 2 月，美国国防部副部长凯瑟琳·希克斯签署批准《软件现代化战略》，明确了"以相应速度交付韧性软件能力"的现代化愿景，提出了软件现代化框架，制定了长期目标与近期目标，并说明了如何统一实施这些目标。该战略强调，技术与软件交付是国防部竞争优势的关键所在，而云服务和数据是软件现代化的基础。为实现软件现代化的战略愿景，国防部将加快企业云环境建设、建立软件工厂生态系统，并改革流程以提高软件开发的韧性和速度。

一、发布背景

作为美国国防部《数字现代化战略》（2019 年 7 月）的子战略，《软件现代化战略》在美国国防部《云战略》（2018 年 12 月）的基础上制定并将取代云战略。《软件现代化战略》的发布主要基于如下需求：

一是增强软件开发的适应性和敏捷性的需要。美国国防部认为，未来作战依靠的是"敏捷性"，能否安全、快速地提供有韧性的软件将决定未来战争的成败。因此，增强软件开发的适应性和敏捷性是国防部投入的重点。为了将软件交付时间从数年缩短到数分钟，国防部认为需要对现有流程、政策、人员和技术等进行重大改革。

二是提升软件开发安全性的需要。美国国防部目前采用的软件合规性监控方式无法保证软件开发过程持续和实时的合规性，需要通过相应战略和政策推动自动化的合规性检测和安全测试，以及近实时的风险监控，协助促进更有效的防御性网络安全作战。

三是构建统一的软件开发工作框架的需要。美国国防部近几年来一直在积极研究并推动软件创新，持续发布相关政策和文件，包括：开源软件备忘录、DevSecOps 指南（DevSecOps 由开发、安全和运行三个英文单词缩写组成，是一个注重安全的全寿命软件开发方法）、战术手册和参考设计、持续运行权（cATO）备忘录等。上述文件以及本次发布的《软件现代化战略》为国防部软件开发的前景绘制了一幅指导蓝图，构建了国防部范围内一个统一的软件开发工作框架。《软件现代化战略》是美军迈向软件现代化的第一步,试图以明确的愿景及目标指引美军通过韧性软件来支撑作战人员实现作战目标。

二、主要内容

(一)提出软件现代化愿景,力争保持竞争优势并赢得未来战争胜利

《软件现代化战略》认为,美军能够在未来战场上赢得胜利取决于美国国防部快速和安全交付韧性软件的能力,为了支撑未来战场上的美军,就必须通过技术和软件为作战人员赋能。因此,该战略提出了一个简单但强有力的愿景:“以相应速度交付韧性软件能力”。韧性意味着软件是高质量和安全的,能够抵御风险并快速恢复。软件稳定性、质量和可靠的网络生存能力是韧性软件应具备的首要属性。相应速度意味着要加快现有交付速度,以保持竞争优势。

(二)明确软件现代化框架,通过技术、组织与流程的平衡发展提供更强大的作战能力

软件现代化框架确定了实现软件现代化所需要的基本要素,通过发展并平衡技术使能因素、技术力量倍增器、流程转型、劳动力以及效果等要素来实现软件现代化的目标。如图 1 所示,劳动力是实现目标的组织基础,流程转型能够消除实现目标过程中的政策性障碍,技术使能因素与技术力量倍增器的应用是达成目标的核心。所有这些要素的合力将加速向作战人员交付韧性软件,实现更好的作战效果。

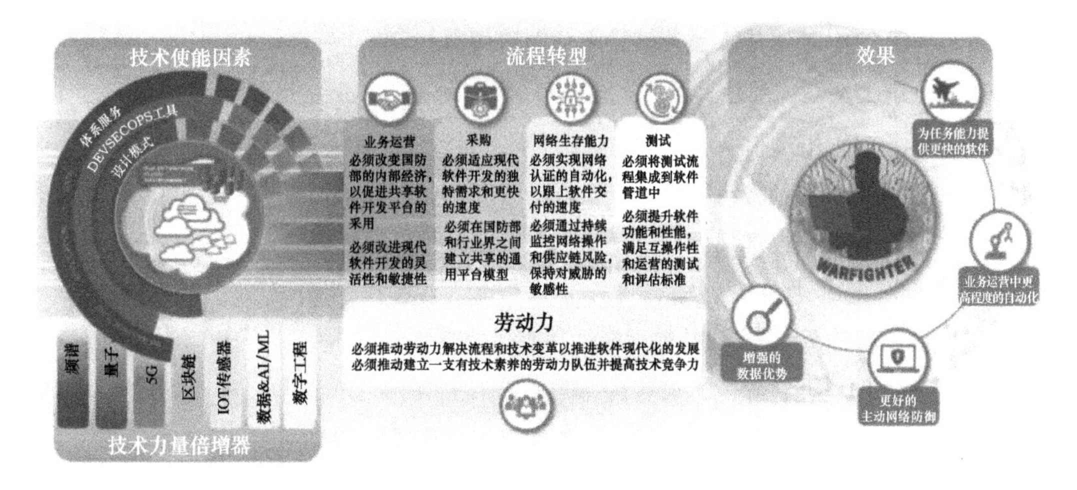

图 1　软件现代化框架

1. 发展多种技术使能因素,构建可互操作、安全的软件环境

美国国防部将通过发展云环境和软件工程等基础设施,推动对新技术的应用:①由多个供应商构建多云环境;②利用常见问题的可重用解决方案,即设计模式来快速、安全地使用云服务并进行软件开发;③通过 DevSecOps 方法在软件生命周期的所有阶段实现自动化、监控和应用安全性;④推进企业级服务,提供即用型的可组合功能,包括安全服务、身份管理、应用程序编程接口和数据分析等。

2. 大力发展人工智能等新兴技术并改革软件流程,有效增强作战效果

新兴技术是实现整个国防部软件现代化目标的核心,美国国防部在引入5G、区块链、人工智能、机器学习等新兴技术的同时必须考虑这些技术对企业云环境、设计模式、DevSecOps 与企业服务的影响。为了利用新技术,必须改革软件流程。国防部在流程改革方面将重点关注业务运营、采办、网络生存能力、测试和人员等领域。

(三)发展目标聚焦云环境、软件工厂和流程改革,三管齐下分阶段支撑现代化愿景

《软件现代化战略》提出了 3 个长期目标及其下分的若干近期目标。

1. 加快国防部企业云环境建设,夯实软件现代化基础

云环境是美国国防部软件现代化基础的关键所在,包括在战略核心和战术前沿跨越多个云服务提供商和密级的环境。该长期目标包含 4 个近期目标:①完善云合同的创新性组合,要利用好现有的采购成果,避免重复采办;②保护云中数据的安全,改进授权流程并在云中采取防御性网络空间行动(DCO)措施;③通过自动化设计模式,如"基础设施即代码"(Infrastructure as Code,IaC)和加固的软件容器等来加速云服务;④在美国本土以外构建云基础设施,使作战人员能够持续访问数据源。

2. 建立整个国防部的软件工厂生态系统,加速向作战人员交付软件成果

为继续在美国国防部内部促进软件工厂生态系统的发展,该长期目标包括 5 个近期目标:①通过企业供应商推进 DevSecOps 方法应用,有效扩大软件工厂规模;②通过自动化简化持续运行权流程,加速软件部署;③通过国防部企业级存储库推动相关工具的互用;④简化控制点,实现无缝的端到端软件交付;⑤加速创新成果向作战人员的交付。

3. 开展流程转型工作,提升软件韧性和交付速度

美国国防部认为,目前的软件开发流程已无法跟上技术的不断变化,为了保持作战优势,国防部必须转变业务运作方式。该长期目标分为 7 个近期目标:①优化政策、法规和标准;②使采办更加敏捷;③将软件视为数据;④提高技术能力、吸引技术人才;⑤让为国防部服务的非软件开发人员的各类人才成为技术贡献者;⑥加强商用现货软件的管理

以提高效率和效能;⑦鼓励使用企业级服务。

三、几点认识

《软件现代化战略》将对美国国防部云环境、软件工厂、软件流程等方面产生重要牵引作用,提升美军软件战备就绪度,推进美国国防部组织文化变革,指引国防部从"硬件中心"组织向"软件中心"组织转型。

(一)高度重视云环境建设,推进云服务模式逐步向平台即服务、软件即服务转变

《软件现代化战略》反复强调,云环境是国防部软件现代化基础的关键,多供应商、多云环境是发展趋势。但是在云服务模式方面,美国国防部的很多云项目还仅仅将云视为数据中心。为实现软件现代化,需要采用更高水平的云服务模式,例如平台即服务(PaaS)和软件即服务(SaaS)。采用平台即服务和软件即服务,有助于促进持续运营权备忘录中所提出的许多关键标准的实施。鉴于这些模式具有巨大优势,美国国防部未来或将大力推进采用这类云服务模式。

(二)进一步整合各军种软件工厂,实现跨军种共享代码

《软件现代化战略》中所述软件工厂对美国国防部来说并不是一个新概念,各军种早已开始实践,国防部"算法战"跨职能团队、空军"凯塞尔航线"都是软件工厂的典型代表。根据2022年年初的数据显示,美国国防部软件工厂已达29家,但所有软件工厂还处在各军种分散建设的阶段,未实现跨军种、跨项目的软件代码共享。《软件现代化战略》明确指出,国防部开发人员需要减少服务提供商和软件存储库的数量。可以推断,国防部未来将把这些相对较小的创新中心整合成为一个连贯的"生态系统",该"生态系统"能够跨军种共享代码,使用一套通用的商业开发工具,简化端到端软件交付的控制点,同时大幅加快软件模块的安全审批流程,从而快速将软件交付至作战人员手中。

(三)推动美国国防部从"硬件中心"组织向"软件中心"组织的转型

美国国防部和其他联邦机构从根本上说是以硬件为中心的组织,这是造成美军装备的软件水平落后于行业的一个主要原因。随着美军的战略目标向大国竞争的转变,加之新技术对战场的重新定义,美国国防部越来越依赖软件来实现自动化、制定决策并开展行动。因此,美国国防部认识到必须从重视硬件尺寸与规模的"硬件中心"组织,向风险承受能力更高的"软件中心"组织转型。《软件现代化战略》中提出的软件现代化框架及

发展目标将构建一种灵活且低成本、具备规模性和适应性的软件服务提供架构,将虚拟化、自动化、实时监控等理念运用到软件架构中,同时聚焦人工智能等新技术的应用,重构软件流程以消除以硬件为中心的瓶颈,最终推动美军向软件定义的下一代作战体系转型。

(四)提升美军软件战备就绪度,进而提高部队战备能力

当前几乎所有的美国国防部软件都在软件平台上运行,过时且脆弱的软件、无序且缓慢的软件开发及升级流程使美军面临日益严重的作战风险。软件现代化将有效提升美军的软件战备就绪度:①使美军能够更快地部署、升级和维护比对手更智能、更强大的软件能力;②能够有效提升美军对高超音速武器等新型物理和动能武器的防御能力;③能够极大地增强软件赛博安全性,抵御新出现的物理和数字化威胁,提升作战人员的可生存性。软件战备就绪度的提升将直接提高部队战备能力,最终确保任务成功并实现作战目标。

美国国防部在软件现代化过程中也将面临巨大的挑战,政策和流程方面的挑战尤为显著。从 DevSecOps 工具包、开源软件(OSS)备忘录和持续运营权(cATO)备忘录的推进历程来看,政策和流程总是落后于技术的发展,并拖延相关工具的开发和推广。如果美国国防部的软件开发政策和流程一直没有随着技术创新而创新,那么软件现代化目标将难以在短期内显现成效。

(中国电子科技集团公司第二十八研究所　李晓文)

美军大力推进云环境建设部署

为满足联合全域作战的需要，美军积极推进云环境建设，云环境已经成为美军信息化基础建设的重要内容。2022 年 12 月，美国国防部国防信息系统局（DISA）发布公告，向谷歌、甲骨文、微软、亚马逊 4 家公司授出约 90 亿美元的“联合作战云能力”（JWCC）合同，为美国国防部提供从战略层到战术层、从非密到机密的全球可用的云环境和云服务。在未来战场上，云环境及其所提供的各种云服务将是美军在指挥、控制、情报以及决策等领域获取优势的重要基础和支撑。

一、云战略规划

2022 年，美军发布了《软件现代化战略》《2022 年陆军云计划》等战略规划，指导美军通过加强云环境的安全性和可用性、提升云计算基础设施和能力、促进数据共享和互操作性以及加强人员培训和组织变革等措施，提高美军在网络安全、数据共享和战场决策方面的效率和速度，从而实现快速决策和实施全球一体化打击的能力。同时依照 2021 年的《美国本土外云计算战略》的规划，加强战术层面的云环境建设，强化在战术前沿提供云计算基础设施和能力。

（一）《软件现代化战略》将建设企业云环境列为长期目标

2022 年 2 月，美国国防部以 2018 年 12 月发布的《云战略》为基础制定了《软件现代化战略》，该战略是国防部《数字现代化战略》（2019 年 7 月发布）的子战略，并将取代云战略。《软件现代化战略》提出了软件现代化框架，描绘了实现快速、弹性软件交付的愿景，并制定了实现该愿景的长期与近期目标。该战略将建设企业云环境列为三大长期目标之首，强调云环境是国防部软件现代化的基础。云环境是一个多云、多供应商的生态系统，包括在企业和战术前沿跨越多个云服务提供商和多个安全等级（绝密、机密、秘密和非密）的环境，提供跨部门的云服务。建设企业云环境这一长期目标，包含以下 4 个近期目标:①创新的云合同组合,即面向多云的“联合作战云能力(JWCC)”等组合计划;②保护云中的数据,包括适当的授权流程以及防御性网络安全作战(DCO)计划;③通过自动化设计模式加速云采用;④构建美国本土外的云计算基础设施。

(二)《美国本土外云计算战略》加强战术层面的云环境建设,强化在战术前沿提供云计算基础设施和能力

2021 年 4 月,美国国防部发布了《美国本土外云计算战略》,该战略称其“通过在战术前沿进行云创新,确立了实现主导全域优势的愿景和目标”。该文件提出了三大目标:为战术层级提供强大且有弹性的连接;为战术层提供云计算基础设施和能力;在美国本土外培养云科技人才,并将其部署到需要的地方。针对本土外实施云计算的特殊性,该战略特别强调需要重点考虑与所在国的协商、空间及电力条件的限制、断网等受限环境及状况、与他国合作中的数据主权 4 个问题。

在该战略的指导下,美国国防信息系统局(DISA)积极开展云计算环境建设,并计划在 2023 年上半年开发一款本土以外的云原型平台,并将其部署至太平洋地区,以支撑其联合作战云能力(JWCC)概念。本土以外云将主要依靠 JWCC 和 DISA 的私有云产品 Stratus 来提供服务。这种支持多个安全等级的混合云环境,将有助于缓解美军在印度—太平洋地区将要面对的各种挑战。

(三)《2022 年陆军云计划》强调开发和利用云环境是陆军现代化工作的立足之本

2022 年 10 月 11 日,美国陆军公布了《2022 年陆军云计划》,取代了《2020 年陆军云计划》,新战略强调开发和利用云环境是陆军现代化工作的立足之本,需将关键服务整合到整个企业云环境。为此整个陆军都必须用好云计算技术来保持信息优势,并提供数字优势,使部队能够以最快的速度响应数字战场上的各种情况,以开辟一条足以实现“陆军 2030 年愿景”的可持续性战略之路。《2022 年陆军云计划》还提出实施零信任架构,并确定了“零信任传输”“云原生零信任能力”“零信任控制”3 条工作路线。

二、美军开展的云环境项目

(一)联合作战云能力

2021 年 7 月,美国国防部宣布用联合作战云能力(JWCC)计划取代“联合企业防御基础设施”(JEDI)项目。主要原因包括:合同深陷法律纠纷而导致进度拖延;单一云平台

无法在秘密、机密和绝密 3 个涉密等级实现到战术边缘的全域覆盖，无法满足 JADC2 对多云环境的需求；单一来源存在深度依赖的风险，有悖于零信任的安全原则。

2022 年 12 月，美国国防部最终确定向谷歌、甲骨文、微软、亚马逊 4 家公司授出为期 5 年共 90 亿美元的 JWCC 合同。JWCC 云计划将继续整合国防部所有通用类型的云计划，把庞杂的各类线下计算系统迁移到云端，成为一个全球可用、快速响应的公共数据和基础设施平台，最终让所有军事分支机构可以在一个系统中共享信息，从而大大提高数据处理效率。

JWCC 是联合全域指挥控制的基础，能够有效地处理信息，并将信息传递给陆、海、空、天和赛博部队，实现联合全域指挥控制。按照《联合作战云能力手册》介绍，JWCC 具有 5 项功能：①为作战人员提供战术边缘服务；②多供应商云方案；③JADC2 架构服务；④人工智能和数据加速计划；⑤数字集成和连接。

JWCC 采用“多云”、多供应商战略，它保留了 JEDI 90% 的原有建设内容，但在 JEDI 基础架构上，用多个云整合的方式取代了过去单一架构的建设方案，使得国防部可按需灵活定制云，提供与涉密等级相对应的能力和服务，快速地响应不断变化的需求，同时采用一体化的跨域方案以及增强的网络安全控制措施，实现全球可用（包括战术边缘）。多供应商的竞标模式使国防部可以始终牢牢把握主动权和话语权，从众多的竞争者中有针对性地选择最有实力和最有优势的单位来加以建设和实施。

（二）美国陆军 cArmy 混合云

2022 年，美国陆军企业云管理署（ECMA）大力推进企业云建设和云计算环境在战术边缘的应用。在《国防部数字现代化战略》《陆军数字化转型战略》《2022 年陆军云计划》指导下，开展 cArmy 云基础设施建设。

cArmy 云是美国陆军的企业云，为美国陆军构建分布式任务指挥系统提供共享信息环境，它采用混合云架构，既包括秘密云，也包括由亚马逊、微软和谷歌等公司提供的商业云服务，承担美国陆军诸多应用系统和数据的运行和存储，实时和近实时地发现、处理、和利用数据，以支持 JADC2。cArmy 云基础设施可以提供通信、工具和传感器数据，能够以数字图像的方式向指挥官呈现作战空间，从而使指挥官快速制定决策。

美国陆军于 2020 年年初步完成了 cArmy 基础设施的建设工作，2021 年将业务系统迁移到 cArmy 并调整相关的流程。2022 年，美国陆军将 cArmy 向全球部署，并扩展陆军云计算产品的应用。2022 年 5 月，美国陆军将 45 个应用程序从国防信息系统局（DISA）的“军事云 2.0”迁移到 cArmy 上，此次迁移标志着美国陆军数字转型战略又向前推进了一步。目前在 cArmy 云中，已经有 90 多个关键任务应用程序，包括 3 个企业资源管理系统。

(三)空军“统一云”和“边缘云”

美国空军正在开发先进作战管理系统(ABMS),利用云计算技术为分布式作战提供共享信息环境。ABMS 构建了“统一云”(Cloud One)和“边缘云”(Edge ONE)。“统一云”是战略云,采用美国空军已建成并投入运行的一个用于多域作战的云架构,它被美国空军视为“多域作战专用互联网”,为实现全域态势感知的数据共享能力提供关键基础。目前美军各军种都接入了“统一云”,美国空军及陆军计划将 800 个任务应用迁移到“统一云”中,亚马逊和微软两家公司负责提供“统一云”云计算服务。“边缘云”是边缘战术云,用于本地数据处理和应用,为边缘战术作战人员提供服务。当与全球“统一云”的连接中断时,“边缘云”会将数据保存到用户端;一旦重新建立连接,本地数据将自动更新至“统一云”。

2022 年 12 月,美国空军业务和企业系统产品创新(BESPIN)敏捷开发实验室宣布在“统一云”上推出了“数据即服务”(DaaS)运营能力。DaaS 具有身份认证、应用程序编程接口(API)管理和安全控制的特点,可以作为与数据源连接的中间层,并将数据转发给应用程序团队,以满足其任务需求。

三、几点认识

(一)以联合作战云能力为代表的混合多云环境是实现联合全域指挥控制的基石

在以大国竞争为背景的联合全域作战环境中,战场趋于数字化,作战人员需要能随时随地处理战场数据,以确保任务成功。云环境对于塑造联合作战决策周期的“感知”“理解”“行动”三大环节优势具有支撑性作用,同时可加速以数据驱动为核心的指挥控制流程。云环境可利用联合数据架构的情报传感器与信息共享网络,感知并集成来自全时全域的战场数据,支持指挥官和任务部队获取态势感知与决策优势。云环境还可利用人工智能与机器学习技术从数字基础设施中直接提取、合并、处理海量全源数据。在联合作战具体行动环节,云环境可保证实现安全可靠、有弹性、去中心化的指挥控制与通信系统,保证决策部署的快速、准确传达,也可使来自战场边缘的关键数据回传至云端。

(二)云环境向战术边缘延伸,提升在无连接、时断时续、低带宽环境中持续作战的能力

在未来的联合全域作战环境中,依赖视频、传感器数据以及人工智能/机器学习的计

算型和带宽消耗型应用程序数量在不断激增。在复杂、恶劣的电磁环境中，通信会被降级。以本地方式生成处理关键态势数据，并能在时断时续的通信状态下实现数据同步，是部署在作战前沿的战术单元任务规划和保持态势实时响应能力的基础。美军正在积极推进将云环境拓展到战术边缘。战术边缘云环境可大幅提高战场战术边缘组网和计算的性能、运行速度和机动性，通过数据复制与同步等解决方案确保即使在数据和服务与主要数据源断开连接的情况下，各个指挥所节点的指挥官和作战人员仍然可以通过冗余和弹性的数据复制与同步功能使用数据和服务，及时获得最新的相关信息，从而可以先敌一步制定决策，更好地实现任务式指挥、分布式作战。

（三）实施零信任架构确保云环境的安全性

随着美军向数字化转型，在建设云环境的过程中不断引入商业技术、产品和服务。商业云的出现正在改变美国国防部开发、交付、部署并最终应用的程序、系统和服务方式。但由于云计算环境的开放性和共享性，其面临着数据丢失泄露、服务窃取等安全问题。因此，美军强调依托零信任架构建设弹性、安全的云环境，将安全重点从边界防御转向保护数据和服务，并持续发布、更新云安全战略及指南，以项目建设推动云安全发展，旨在推动云计算在国防部的安全应用。

美军云环境实施零信任原则。零信任是网络安全的一种新范式，假设网络始终处于危险之中，需要对用户和设备进行持续验证。这种做法被称为“从不信任，总是核实”。利用零信任原则，将确保数据访问在使用点得到安全保证，从而提高整个云环境的安全性。

（中国电子科技集团公司第二十八研究所　赵　锋）

美国陆军“造雨者”项目数据编织技术发展动向及启示

2022年9月，美国陆军在“会聚工程”演习中验证了“造雨者”项目中的数据编织技术。“造雨者”项目旨在针对美国陆军各信息系统的数据体量巨大且格式不统一的问题，通过数据编织来解释、汇集和分析不同来源的数据，建立全局图像，从而能在正确的时间向指挥官交付正确的数据，进而简化和加速从传感器到射手的杀伤链。

一、“造雨者”项目概述

(一)发展背景

目前，大多数互联军事系统通常只能发送摘要和部分元数据，内容不够详细。对于美国陆军而言，其雷达、红外、光电、射频等多种传感器的数据消息格式和数据结构不同，尤其是众多老旧系统无法与新系统兼容，不同系统只能勉强共享数据，系统之间进行互操作依靠于标准消息(可变消息格式和美国消息文本格式)。如何将来自不同军种的传感器和武器系统连接到一个安全的网络中，并将数据转换为通用消息格式和数据结构，这已成为陆军实现多域战需要解决的核心问题。为此，美国陆军启动了“造雨者”(Rainmaker)项目，通过开发通用技术标准和应用程序编程接口(API)，使原本不兼容的作战系统实现共享，共享范围涵盖从瞄准智能武器到训练人工智能所需的所有数据。

(二)研究内容

“造雨者”是探索战术数据编织(Tactical Data Fabric，TDF)的一项科研项目(图1)，启动于2020年10月,计划持续3年,由陆军未来司令部作战能力发展司令部下的指挥、控制、通信、计算机、网络、情报、监视与侦察(C^5ISR)中心牵头。

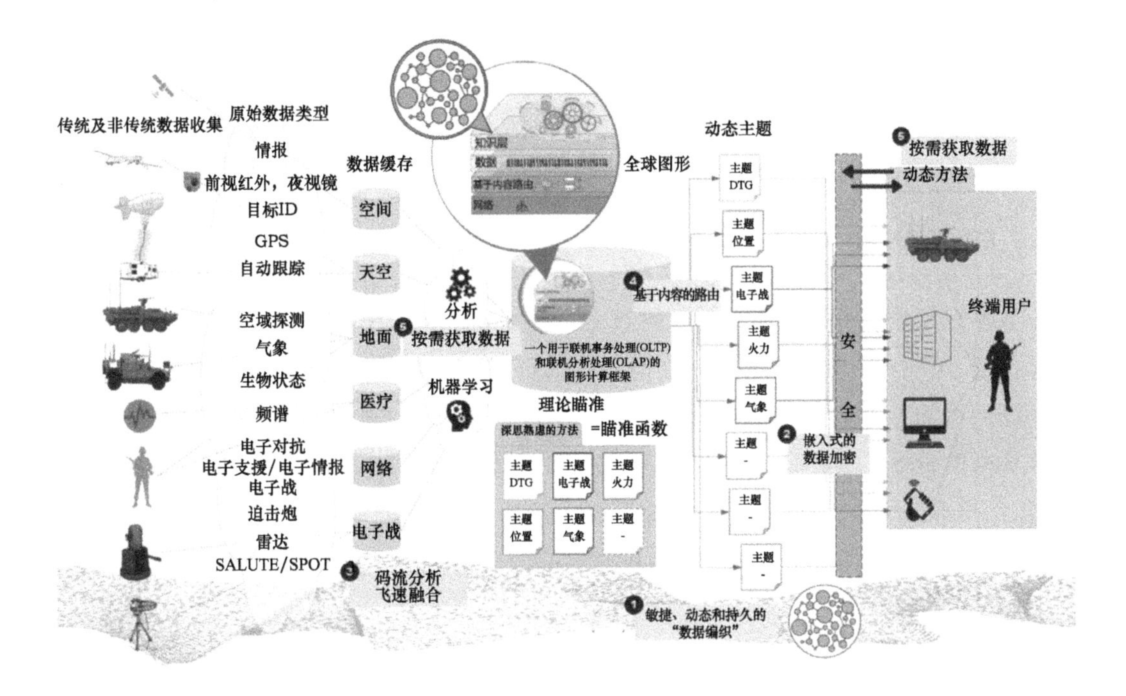

图1　美国陆军未来概念:敏捷数据服务“造雨者”

SALUTE—兵力、活动、位置、单位、时间及装备;SPOT—同步的预部署与作战跟踪器;DTG—日期、时间。

1. 研究目标

“造雨者”项目旨在通过数据编织提升陆军的战术优势,优先考虑列档项目(POR)系统、各作战职能和作战梯队之间协调数据的需求。“造雨者”的目标是解决战术边缘的指挥官与士兵经常面临的问题,即很难在通信无连接、断续、低带宽(DIL)的战术边缘环境中保持数据同步。同时,“造雨者”还寻求利用人工智能和机器学习工具来更好地访问和处理数据,支持指挥官决策。

2. 研究重点

“造雨者”项目有3个重点关注领域。

(1)数据的访问,即:移动数据以及综合数据湖/池中的数据;在DIL战术边缘环境实现数据同步访问。

(2)本地数据分发,即快速移动关键数据以实现时敏场景中的增强感知。

(3)人工智能/决策工具运用,即促进各层级军事决策的定制分析工具。

通过API、开放标准和数据编织,“造雨者”可部署在全军网、战术网和边缘网。

“造雨者”将利用广泛的陆军网络硬件,包括军级、师级的固定站点数据中心和服务器,旅、营、连指挥所的战术服务器等基础设施和笔记本,以及士兵设备上的软件。“造雨者”将通过增加一个“数据层”(数据编织),聚合不同信息源,纳入所有武器系统的详细数据,进一步丰富用于人工智能和机器学习的数据,这不仅有助于解决较低层级和战术边缘数据吞吐量不断减少的问题,还有利于对综合集成数据进行阐释和分析。

(三)数据编织

数据编织是“造雨者”项目的关键技术。数据编织是一个位于信息系统和网络之间的数据层,可使美国陆军拥有定义如何交换信息和交换何种信息的能力,从而提升信息的可访问性和可互操作性,最终实现在有限带宽和不稳定连接的情况下迅速向前沿的指挥所和部队传输所需数据,提升决策效率。目前,数据编织作为一种新兴概念,被科技、金融、军事等领域争先探索,基于自身的既往经验、产品类型及未来发展方向,各方对其有不同的理解与应用。下面基于美军披露的开源资料,主要对军事视域下的数据编织进行探讨。

1. 概念内涵

根据美军联合全域指挥控制(JADC2)跨职能团队(CFT)以及美国陆军网络跨职能团队(N－CFT)的定义,数据编织是通过接口和服务实现信息共享的联合数据环境,促进数据的发现、理解以及与所有领域、层级和安全级别的合作伙伴交换数据(图2)。它不是单一的数据解决方案、可视化工具或分析引擎,而是一种联合数据环境(图3)。

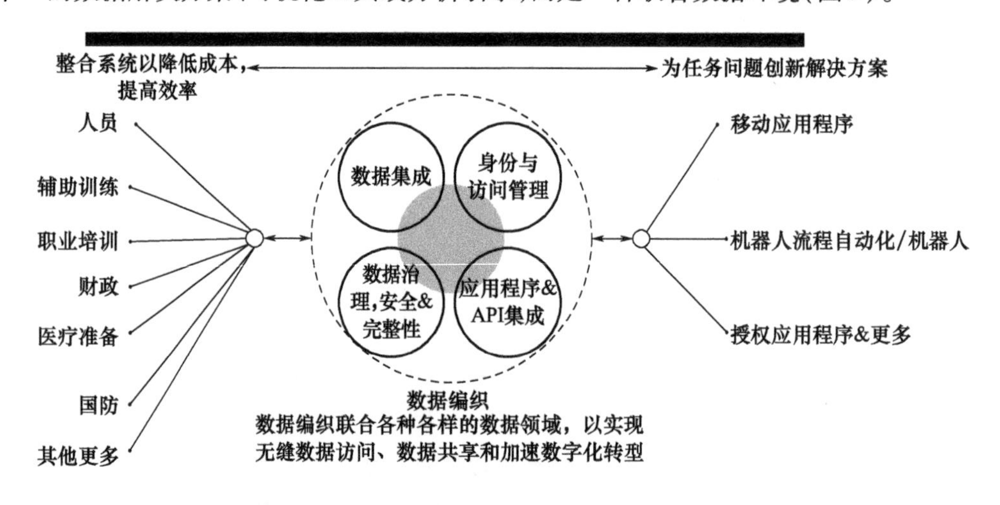

图2　数据编织联合各种数据领域促进数据共享

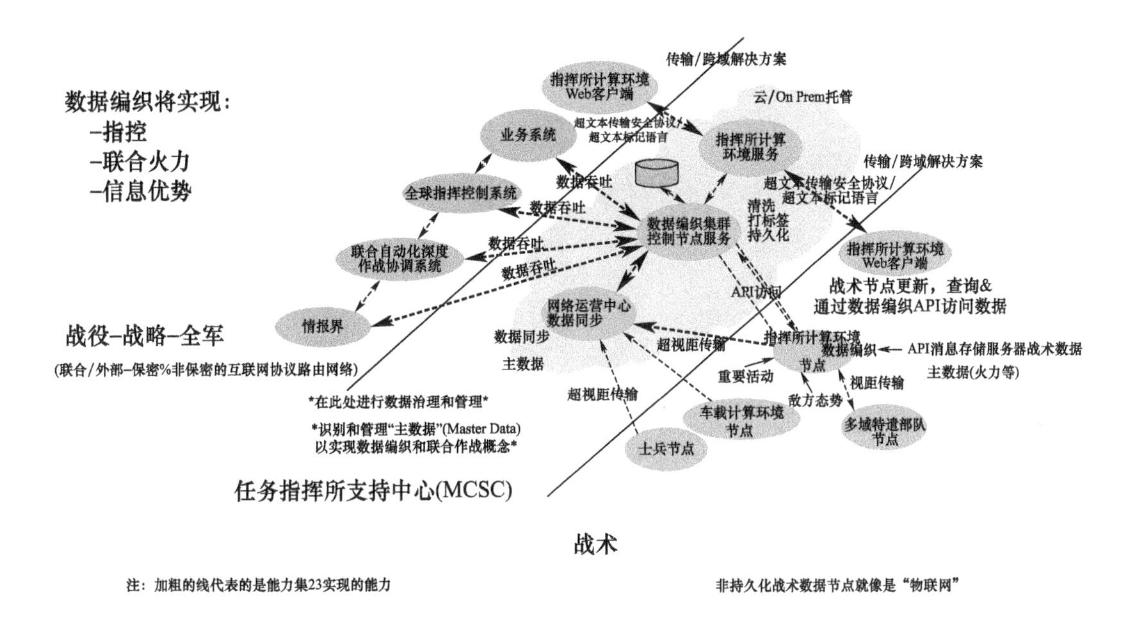

图 3　数据编织体系架构概念

2. 能力目标:从“人找数据”到“数据找人”

数据编织不只是点到点的数据翻译器,而是旨在打破军种、武器系统之间的数据壁垒和障碍,集成来自传感器、各类功能系统等不同信息源的格式各异的数据,生成通用数据层,以提高互操作性,并将正确的数据引导推送给需要该数据的作战人员,实现由“人找数据”到“数据找人”的转变。

数据编织可利用通用接口和标准,转换来自不同武器系统的数据,因此数据编织可以处理不同的文件类型,生成全新的消息流,实现系统间的通信并生成更好的通用作战图,同时可提供对指定目标的详细分析。数据编织还创建了一个内容更丰富、同步性和透明度更高的数据池,对人工智能和机器学习能力的提升提供支撑(图 4)。

数据已上升为战略资产,而数据编织将成为实现 JADC2 的关键。在对数据编织的探索中,美国陆军成就显著。美国陆军现代化优先事项的关键是访问、管理和保护数据,侧重于解决 4 个数据挑战:知道哪些数据可用;能够访问的可用数据;拥有正确的工具执行分析;将结果可视化。目前美国陆军正通过“能力集”(Capability Set,CS)的增量方式推进数据编织技术的发展(图 5),不断提高其成熟度,并于 2023 年开始部署数据编织技术。

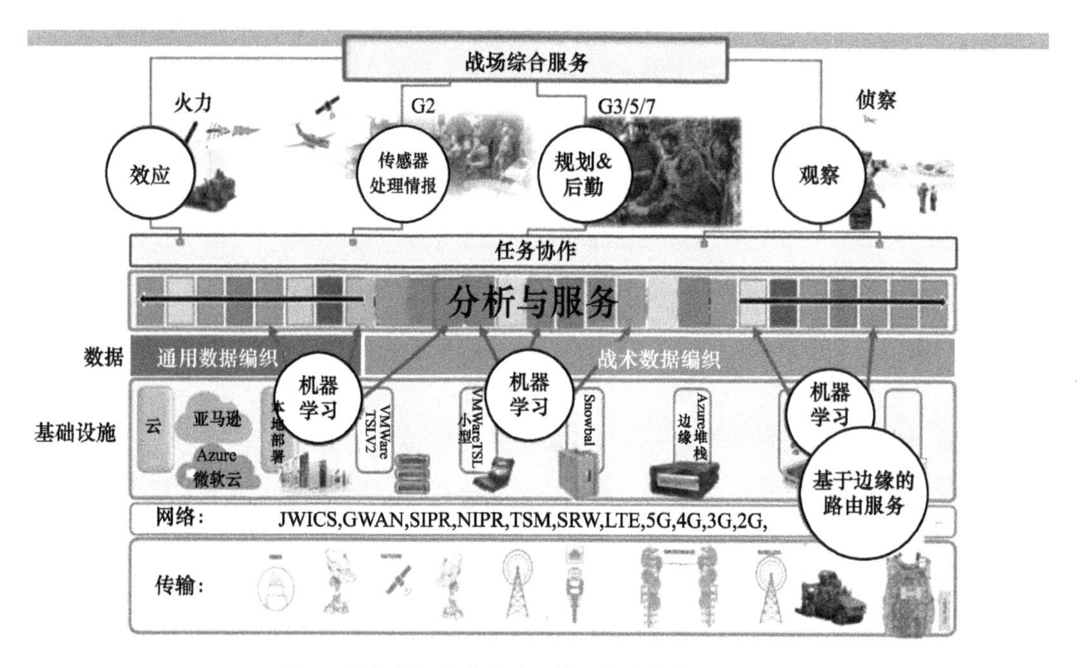

图 4　数据编织是美国陆军战场综合服务的中间层

JWICS—全球联合情报通信系统；GWAN—政府广域网；SIPR—保密互联网协议路由网络；NIPR—非保密的互联网协议路由网络；TSM—战术可扩展移动 Adhoc 网络波形；SRW—士兵无线电波形；LTE—4G 移动通信标准；5G—第五代移动通信技术；4G—第四代移动通信技术；3G—第三代移动通信技术；2G—第二代移动通信技术；VMWare—全球部署最广泛、最受信任的云计算基础架构；TSL—传输层安全协议；Snowball—亚马逊公司的一种物理传输设备，可将离线数据或远程存储加速移动到云端；Azure—微软公司推出的的公用云端服务平台。

数据编织增量方法

· 数据已被视作战略资产，美国陆军利用数据编织来支持统一网络上的数据交换
· 数据编织具有增量成熟、可定制、模块化、可扩展特点，能够支持通信无连接、时断时续、低带宽的战术边缘环境的数据同步需求

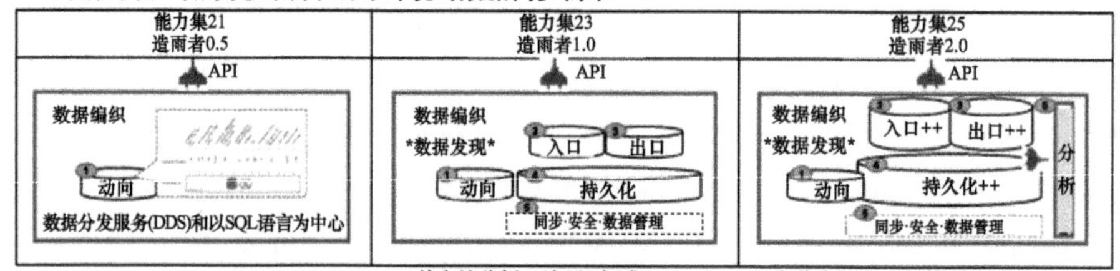

· 当前在指挥所计算环境中的数据管理
· 主要是对结构化/半结构化数据进行持久化

· 基本的分析、治理&标准
· 初始的企业到战术数据联合(初始作战能力)
· 结构化、半结构化及非结构化数据
· 利用表征状态转移(REST)/应用程序接口

· 先进分析(人工智能/机器学习)
· 完全的企业到战术数据联合(安全作战能力)
· 显著提升数据入口网关、出口网关及持久化

数据编织是数据管理解决方案和接口的集成，旨在应用与传输无关的数据，满足作战需求

图 5　数据编织通过“能力集”增量方式不断成熟

3. 技术挑战

美国陆军指出数据编织的主要技术挑战包括元数据标记、通用数据接口以及安全和访问控制。以上技术挑战较为宏观,并未涉及具体技术,主要原因在于数据编织作为一种更高层级的数据体系架构,与之密切相关的技术包括但不限于语义知识图谱、主动元数据管理、人工智能/机器学习等(图6),且美国陆军探索过程中其具体使用的技术可能会不断变化。

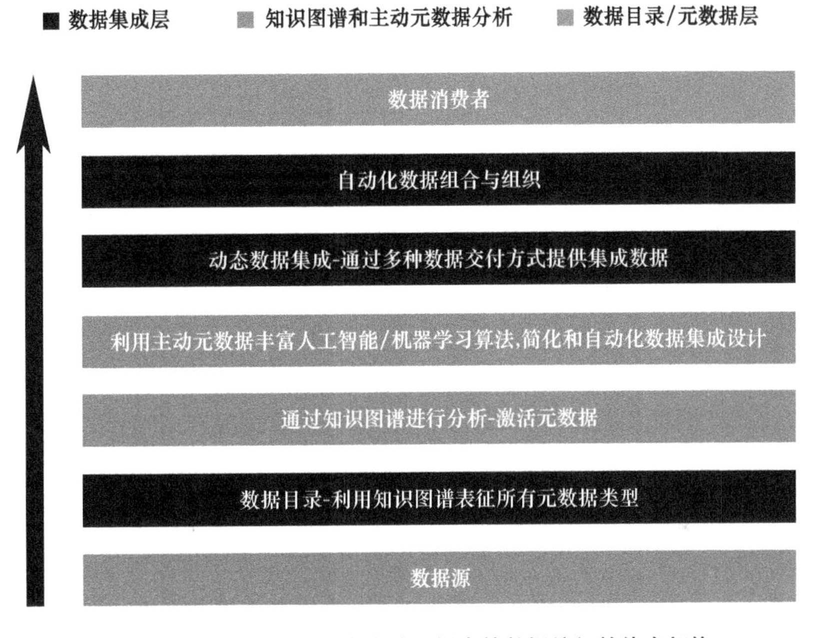

图6　高德纳(Gartner)咨询公司提出的数据编织的能力架构

(1)元数据标记,描述了数据的安全性和来源等特征,并支持自动化处理。通过数据编织通用设计模式和可发现的基础设施,对元数据进行标记,将使数据可见、可访问、可理解、可信任、可互操作和安全。

(2)通用数据接口,是确保数据能够跨越不同系统交互而不损失意义的标准。这些接口对于数据生产者和使用者之间的数据交换至关重要,尤其是机器对机器的可访问性。在数据编织的军事和商业实例中,该框架主要通过API实现,API是允许不同应用程序交互的软件中介。数据编织的API是开放的且基于标准的,这使陆军能够更快地采用来自其他军种及行业伙伴的现有能力和新能力。

(3)访问控制,决定不同用户或人工智能算法是否被允许搜索、检索、读取、创建或操作数据。数据安全是指无论数据托管在何种环境,都可保护静态和传输过程中的数据本身免受未经授权的发现、修改或破坏。安全和访问控制共同支持在不损害数据完整性的前提下对各种数据源的高效访问与共享。

二、“造雨者”项目主要进展

目前,美国陆军在“能力集 21”(CS21)实现了“造雨者 0.5”,计划在 CS23 发展到“造雨者 1.0”。“造雨者 1.0”将包括基础的分析、治理和标准,以及初始的总部到战术端的数据系统联合,并逐步向战斗旅部署,进而与其他军种和国外盟友共享。在 CS25 中实现“造雨者 2.0”,包含高级分析(人工智能/机器学习等)、总部到战术端的全面的数据联合,显著提升数据的持久吞吐能力。

“造雨者”项目的里程碑事件主要如下。

(一)连续 3 年在“会聚工程”演习中展示数据互操作性和在不同层级移动数据的潜力

“会聚工程 2020”(PC20)演习期间,帕兰蒂尔(Palantir)公司和通用动力公司合作开发的“造雨者”参与试验。“造雨者”将详细目标数据(来自情报界的卫星和海军陆战队的 F-35)从华盛顿州路易斯堡的一个模拟旅战术作战中心传递到亚利桑那州尤马试验场的一个营级战术作战中心,供美国陆军飞机、炮兵部队及地面车辆使用。

“会聚工程 2021”(PC21)演习期间,“造雨者”连接了 15 个传感器、19 种武器、路易斯—麦科德联合基地的作战云服务器、军事和商业卫星、白沙导弹靶场的部队、尤马试验场的地面士兵、范登堡太空部队基地的工作人员、陆军空中和导弹防御系统、一些地面作战车辆、情报监视侦察无人机、战斗机、直升机、火炮和其他军事基地,将不同平台的多源异构数据标准化处理并传输至作战云服务器。同时,“造雨者”使用“主要、备用、应急和紧急”(PACE)模型找到开放通信通道,在几秒钟内自主计算出新的传输路径。

“会聚工程 2022”(PC22)演习期间,美国陆军纳入了英国、澳大利亚等盟友的传感器数据,展示了战术数据编织的最小可行性产品(Minimum Viable Product,MVP),其与基层部队分析平台(LEAP)相结合,将处理后的数据从一个节点移动到另一个节点,再传递给效应器。

(二)将商业创新纳入研发进程

2019 年年末,美国陆军向行业发布关于数据编织的信息征询书,旨在将商业创新嵌入能力集中,并通过广泛利用供应商设计的数据编织来补充原型开发工作。

2020 年 11 月,美国陆军授予帕兰蒂尔公司和通用动力公司合同,要求两家公司提供多级安全数据编织软件,为 CS23 提供设计决策。两家公司交付的原型在陆军实验室测试,保障指挥所计算环境与广泛战术数据环境之间的安全性,同时评估通用数据编织与数据安全方案实现身份和访问管理、数据隔离以及数据标记的能力。

2021 年 4 月，博思艾伦公司宣布被陆军选中开发“造雨者”，该公司将创建一个基于开放系统架构和通用标准的数据编织方案，提供分布式云架构、跨功能数据（包括结构化、非结构化、半结构化和二进制数据）存储、高级分析框架、API 等先进服务，促进数据的发现、访问、同步与安全。

三、主要影响

（一）“造雨者”将改善跨层级、跨域互操作性，为获取决策优势提供支撑

“造雨者”项目连续 3 年被纳入“会聚工程”演习，成功地展示了数据互操作性和在不同层级移动数据的能力。在 PC20 中，“造雨者”仅聚焦于将陆军的传感器和武器平台在网络上连接；而在 PC21 演习中，“造雨者”显著扩大了范围，将陆、海、空、天、网络域的多种传感器和武器平台与陆军杀伤网连接。“造雨者”数据编织快速地将来自不同系统的大量数据源和数据格式整合并标准化，为人工智能算法或精确瞄准提供了数据支撑。“造雨者”的数据共享方法为数据的融合与分析、通用作战图的生成提供了有力支撑。

“造雨者”项目并不局限于专门为陆军开发定制系统，而是广泛地使用商业技术，吸纳行业在开发数据编织上的创新，这将有利于与其他军种和美盟国家军队保持通用技术基础，能够很好地缩小各军种和美盟国家军队之间的数据共享障碍。总的来说，数据编织能够更高效地利用传感器，从而提升跨域、跨军种、跨系统的联合数据共享的能力，推动 JADC2 愿景的实现，支撑夺取决策优势。

（二）“造雨者”将成为新旧系统连接和对话的关键使能器

对美国陆军而言，新技术取代现有所有电子设备需要几十年的时间，因此放弃这些传统系统显然不太现实。在陆军部署下一代新系统时，“造雨者”能够充当“桥梁”建立起与传统系统的连接，能够使不兼容的系统无缝共享和同步，为复杂作战行动提供所需数据，尤其是为人工智能/机器学习等技术提供大量高质量、灵活的数据。此外，“造雨者”也将成为各军种构建、训练各种人工智能算法和应用程序并高速处理数据的基础。

（三）数据编织将使不同安全级别用户共享数据，并确保数据的安全

与以往文件层级的安全授权方式相比，数据编织具备更为灵活的安全和访问控制功能。当前，如果用户未被授权查看文件的所有内容，那么系统通常不允许用户访问该文件。由于数据编织采取了“基于片段的安全性”技术，从而使得“造雨者”能够智能编辑

文件报告,使用户无法查看未被授权的特定数据片段,因此,不需要完全地将用户隔离在文件之外。此外,“造雨者”可能会变革数据服务的加密方法。相较于让不同的部队通过无线电共享点对点加密,“造雨者”将使数据本身在存储时被加密,通过静态数据加密手段,使数据即使在不安全的通道传输时也能够保证安全性。

四、结束语

在数据驱动竞争的时代,数据已然成为一种战略资产,美军期望通过数据编织这种新的数据管理和分析方法来提升数据的共享和互操作,推动 JADC2 愿景的实现。目前“造雨者”项目在多次演习中验证了数据编织的潜力,且在演习中成效显著,但这并不意味着数据编织已能在真正的战场上展示同等卓越的能力,至少目前还未达到如此的成熟度。数据编织并不是一个万能的解决方案,美军要完全实现 JADC2 愿景,还需要克服组织、文化、培训、采办和政策等方面存在的障碍。但鉴于数据编织的潜力巨大,我军应密切跟踪“造雨者”项目以及美军数据编织动向,掌握其具体技术的应用思路,为相关能力建设提供储备和参考。

(中国电子科技集团第十研究所　陈爱林)

美太空军“统一数据库”发展动向与影响分析

2022 年 4 月，美太空军宣布统一数据库（UDL）实现直接从“太空篱笆”雷达获取监测信息，标志着军用太空监视网络传感器数据首次接入该数据库，具有重要里程碑意义。未来，美太空军“地球同步轨道太空态势感知计划”（GSSAP）等传感器及盟国系统均可接入统一数据库。

一、概述

（一）发展背景

1. 解决军种数字转型对军/商用太空态势感知数据获取的需要

美军认为，决策和行动均需基于对数据和信息的分析，数据的准确性和传输效率直接影响行动的有效性。2018 年 9 月，原美国空军航天司令部（AFSPC）成立首席数据办公室，并制定《数据战略》，指导美国空军从信息利用和信息支援的角度支援太空作战。随后，该办公室开始在 AFSPC 内部调研作战任务所需的数据类型、数据使用方式以及面临的挑战。通过调研 19 个驻地 82 个单位的 200 多人后，该办公室得出结论：军方和工业界通常采用“烟囱”式专有系统来存储数据，这些系统彼此隔离，只能用于支持特定功能或单一任务领域，并不适用于大型体系架构。

2. 满足开放式系统对统一数据接口的新需求

随着开放式体系架构技术的推进，AFSPC 在设计非专用/非特定任务的开放系统时面临多重挑战，尤其是“操作权限”（ATO）相关认证问题。由于传统端到端认证模式不利于查找不同系统中的同类型数据，在体系解决方案中亟需设计一种新的认证方式。为此，AFSPC 与空军研究实验室、太空与导弹系统中心合作开发统一数据库，以推动与多域伙伴快速、精确合作，无缝接入、集成和共享受保护的数据。

（二）主要研究内容

统一数据库是一个基于云和网络认证的多密级可扩展数据环境，可存储涵盖陆、海、空、天和网络空间全域的数据，实现跨系统、域和供应商的数据共享。该项目旨在收集和集成各种军/商用传感器获取的从军事卫星到太空碎片等太空物体的跟踪数据，为太空军指挥控制系统提供支持；其目标是开发一种通用、弹性和敏捷的数据架构，实现跨多个安全等级的数据访问、处理与分发，允许不同安全级别的用户访问具有不同权限（不涉密、秘密、绝密及以上）的数据。项目通过创建一个数字化的“虚拟店面”，为美太空军提供连接太空态势感知数据供应商和用户的中心枢纽，实现近实时数据共享。该项目研究内容涉及交互式应用程序编程接口（API）、分级数据访问、数据融合等。该项目首先聚焦美太空军的太空态势感知需求，集成军用和商用太空域传感器数据，并扩展到其他军种，集成美军网络空间、陆基、海基和空基传感器数据，实现跨域数据流动，最终接入盟国传感器数据，实现多国数据共享。

（三）技术特点

1. 数据访问接口统一

统一数据库每日获取、处理和分发数十个商业、学术和政府机构的数百万种数据产品，面向25个国家的不同用户群体提供服务。数据库的服务界面能提供强大的交互式在线应用程序编程接口（API），帮助用户发现可用数据流、服务、结构和格式；数据库系统支持不同安全等级用户的访问，用户只需获得数据所有者许可、授权并符合密级要求，即可获得相应数据；用户只需通过统一数据库进行一次认证，即可直接提取数据，而无需重复认证。

2. 数据类型涵盖全面

统一数据库不仅涵盖太空域态势感知中常见数据（光电、雷达、射频）的元数据集、状态向量和星历表数据，还包含美联邦航空管理局的航迹数据，甚至包含通过推特输入的数据、系统内置图像及流媒体视频数据。目前，统一数据库已有4000多种不同类型数据，涵盖结构化、非结构化，以及介于两者之间的所有数据类型，同时具备与美国商务部国家海洋与大气管理局（NOAA）太空商业办公室共享数据的能力。

3. 数据传输近实时

当前，统一数据库已有4000多名用户。为确保用户对海量数据的近实时获取，统一数据库基于低延迟的设计原则，利用多种应用程序编程接口为用户按需提供数据存储、检索、访问和拷贝等服务，使接入数据库和获取数据时延均不超过1s，跨密级拷贝数据时延不超过20s，大幅提升数据提取速度。

二、主要动向

统一数据库作为美太空军“先进指挥控制整体系统和软件”项目(ACCESS)的核心技术,与空军“先进战斗管理系统”相连,并用作“联合全域指挥控制”系统的数据层。

(一)系统建设持续推进

2018年,AFSPC授予蓝斯塔克(Bluestaq)公司一份小企业创新研究计划合同,用于开发统一数据库,管理商业太空域感知数据,简化数据权限管理。2019年10月,新成立的美太空司令部授予该公司价值3750万美元的“先进指挥控制整体系统和软件”项目合同,用于集成商业界、国防部和情报界数据,建立安全、现代化的数据管理平台,以推进统一数据库实际建造工作,支持太空、空中及多域作战,相关工作持续到2022年。2021年,在美太空司令部决定将统一数据库作为太空军作战数据层后,太空军再次授予该公司一份价值2.8亿美元的2年期补充合同,用于扩大统一数据库集成范围,连接“先进战斗管理系统”,相关工作将延续到2024年。美国国防部预算文件显示,统一数据库2022财年预算为1712万美元。

(二)数据规模不断扩大

统一数据库建设的初期目标是集成太空监视传感器数据,形成统一数据环境。为支撑多域作战,2020年美太空军开始向该数据库集成美军网络传感器数据,目前通过统一数据库可以获得大量军事和商业太空资产的数据,也可访问大量陆基传感器、机载传感器和海上传感器数据。2022年3月,统一数据库获得为期3年的运行授权,不断集成更多的指挥控制平台。美军已开始开发联合交换环境,并计划在12~18个月内利用统一数据库的网络认证方式与国际盟友和伙伴共享数据。

(三)试验验证持续开展

1. 支持“盟友避难行动”

2020年10月,由美国空军空中机动司令部通信局和全球决策支持系统运营团队牵头,与太空军太空系统司令部及蓝斯塔克公司合作,计划利用统一数据库与多家机构共享空中机动司令部的地理位置、任务信息等实时作战数据。2021年7月“盟友避难行动”启动后,阿富汗局势急剧恶化,美国空军加快推进与联合部队共享数据,8月,美空中机动司令部首次成功将跟踪数据实时接入统一数据库,通过该平台与多个任务伙伴共享数据。北方司令部根据及时获得的美国本土航班信息,在疏散人员抵达美国之前妥善做好安置准备,显著提升了避难行动效果。

2. 支撑2021"会聚工程"演习

2021 年 10—11 月,美国陆军举办"会聚工程"演习,美太空军太空系统司令部跨任务地面与通信企业数据处利用统一数据库,为多个演习场景提供支持,包括"传感器到射手"杀伤链和联合全域指挥控制。在防空反导场景中,太空军利用该数据库快速连接传感器以获取并共享数据,支持陆军武器系统进行实弹演习。演习期间,两架 F-35A"闪电"Ⅱ战斗机获取的敌方机动导弹发射系统目标识别信息,首先通过 Link16 数据链发送到地面指挥控制节点,然后以 JavaScript 对象简谱(JSON)轻量级数据交换格式传输给统一数据库。在该场景中,统一数据库作为中央数据层,提供多域感知并集成数据,支持陆军远程精确打击系统增强杀伤力。具体过程为:①统一数据库获取数据后,美国陆军"造雨者"数据编织系统直接连接到统一数据库提取信息,并将数据发送给"火力风暴"辅助打击系统;②"火力风暴"采用机器学习算法,筛选最优打击目标,并构建出规避敌方障碍和武器系统的三维"射击区";③通过机器对机器接口,"火力风暴"将"射击区"传回"造雨者",进而通过"造雨者"发布到统一数据库供其他系统使用;④陆军将目标信息传输到先进野战炮兵战术数据系统,再由该系统调用多管火箭发射系统进行攻击。

3. 参加虚拟演示验证

2022 年 1 月,波音公司利用统一数据库接入能力,成功融合作战域中多个平台的数据,模拟演示了跨系统、跨作战域和跨供应商共享数据的能力。演示中,通过联合全域指挥与控制实验室"数据编织"平台,将"波浪滑翔器"无人艇上传感器的实时数据与从统一数据库中存储的船舶自动识别系统数据融合,然后共享给模拟 E-7"楔尾"预警机的操作员,生成通用作战图。

三、影响分析

统一数据库自启动建设以来受到美太空军的大力支持,已取得阶段性建设成效,打破了美太空军太空态势感知系统的壁垒,为该军种融入联合全域作战铺平道路,其应用和影响已扩展到海军、陆军和空军。但受到体制机制和传统文化的约束,统一数据库在其他军种的应用和推广仍存在一定挑战,离最终实现美盟国家传感器数据集成的目标还有差距。当前统一数据库建设对美太空军能力建设的影响主要体现在以下几个方面。

(一)打通多安全级别壁垒,提升跨机构数据共享能力

太空域感知不仅是实现太空威慑的重要手段,也是实施太空攻防对抗的前提和基础。当前,美军太空域感知能力已无法满足其利用太空和控制太空的战略需求,亟须利用商业

能力作为补充。数据分类分级管理是实现数据安全有序共享的基础保障，统一数据库采用轴辐式模型将数据供应方和使用方直接连接在一起，能够在多个安全层级上为应用程序和终端用户持续安全地提供数据，同时减少封闭接口，降低传输延迟，并提高信息获取、存储和分发效率。该数据库通过在多个安全级别为合作用户提供可调用的统一数据接口，可有效解决不同安全级别机构之间的数据共享问题，有力保障军/商用数据的安全使用和流动共享。统一数据库突破了传统权限认证技术的限制，打通了多安全级别跨机构数据共享的壁垒，构建了跨任务域的云数据平台，将成为美太空军数字化愿景的关键赋能器。

（二）构建军商混合数据生态，增强太空军态势感知能力

美太空军将数据视为宝贵的战略资产，在太空系统司令部跨任务地面与通信企业数据处下设专门的数据小组，负责数据的管理与分析，为利用统一数据库开展太空域感知数据集成提供保障。商业航天发展为太空域感知提供了大量可用数据，统一数据库在“跃迁核心”数据管理工具以及“先进跟踪与发射分析系统”的加持下，利用强大的数据接入能力，为构建太空域感知体系奠定了技术基础，并为军事用户使用商业太空数据开辟了全新的技术路径。目前，美国国防部已建立由30多个地面雷达站、光学望远镜及在轨卫星组成的太空监视网络，将“太空篱笆”雷达数据接入统一数据库，标志着美军商混合太空域感知体系已初具雏形，为强化美太空威慑、维持太空环境可持续性以及增强美太空领域全球影响力奠定了基础。

（三）实现跨域数据共享，提高太空军联合全域作战能力

数据是战场态势感知的基础，是建立全面、动态、近实时通用作战图和指挥官指挥决策的重要依据。随着联合全域作战概念的推进，美太空军不仅将统一数据库作为太空行动的中央数据平台，更是将其作为空军大数据统一处理平台的核心组件，纳入陆军“会聚工程”演习，并在演习中接入船舶自动识别系统数据，验证其跨域数据共享能力。从已开展的作战试验和应用来看，统一数据库涵盖网络空间、太空、空中、海上和陆地传感器的多种类型数据，具备跨系统、跨作战域和跨供应商的数据共享能力，这种新型“数据编织”技术能显著缩短“传感器到射手”的时间，为指挥官提供决策优势。同时，太空军还着眼于多国数据共享，开发联合交换环境，利用统一数据库的网络认证方式联接他国系统，以实现更广泛的信息共享。目前，统一数据库已获得国防部认可，正在从太空军内部系统转变成跨军种、跨机构和跨国家的数据共享平台，未来有望打通数据跨域流动，大幅提升美军跨域态势感知能力，满足联合全域指挥控制的高效要求。

（中国电子科技集团第十研究所　陈祖香　吴　技）

美军无人系统指挥控制能力取得新突破

联合全域作战的核心要义，体现在整合多域作战力量和融合多域作战效果两个方面。只有实现作战要素的无人化、智能化，才能具有不同的机动速度、行动节奏、作战样式、兵力编组的各领域作战力量协同起来。为此，美军不仅推进无人系统的智能化、自主性技术发展，而且注重发展无人系统集群的指挥控制效能，并通过各类演习和试验探索未来全域作战环境下各型无人系统装备融入整个联合作战体系的可能性。

2022 年，“天空博格”（Skyborg）项目正式纳入采办序列，“试验演示网关演习 22”（EDGE 22）与“环太平洋 2022”军演的成功举行，展现了美军无人系统智能化水平及有限自主能力的显著提升，标志着美军联合全域无人作战体系朝着实战化迈出了坚实的一步。

一、美国空军泛自主驾驶能力已具备采办成熟度

2022 年 11 月 10 日，美国《空军及太空军杂志》（原《空军杂志》）网站报道称，美国空军部负责科学、技术和工程的副助理部长克尔斯滕·鲍德温表示，该军种“先锋”计划下的“天空博格”（Skyborg）项目已于 2021 年成功完成多轮试验及软件的“最终演示验证”，并于 2023 财年转为在册项目（POR），正式纳入采办序列，成为未来作战系统的核心。

“天空博格”项目由美国空军研究实验室（AFRL）主导，旨在探索低成本自主无人机的多任务能力，包括与有人机的协同作战等。该项目包含 3 个内容，分别是开发低成本无人机、自主核心系统（ACS）软件以及开展长期性的“自主可消耗飞行试验（AAAx）”活动。“天空博格”项目是 AFRL 推动新技术交付速度的首要项目，其核心在于基于卷积神经网络等类型的算法，计划开发一种集成在无人机上的试验平台，以实现 2 种应用模式：①作为虚拟副驾驶集成到有人战斗机中，处理人类飞行员无法负荷的大量信息，辅助飞行员做出最佳决策，减轻人类飞行员的负担；②作为集成在无人平台上的人工智能系统自主驾驶飞机。

美国空军已针对“天空博格”软件开展了涵盖从简单的算法到自主飞行控制，以及可

以完成所定义的任务或子任务的功能的研究,并建立人机信任。2021 年的一系列试验表明,该项目所开发和演示的泛自主驾驶能力能够在不同厂商、不同级别、不同型号的无人机(XQ-58A“女武神”和 UTAP-22“灰鲭鲨”等)上达到功能的一致性。2023 年 7 月 25 日,美国空军研究实验室(AFRL)成功展示了人工智能/机器学习智能体驾驶 XQ-58A“女武神”(Valkyrie)无人喷气式飞机的首次飞行。此次飞行建立在“天空博格”项目和“自主飞机试验”(AAx)项目四年合作伙伴关系的基础之上,验证了人工智能/机器学习无人驾驶飞机上的多层安全框架,展示了人工智能/机器学习智能体在空战期间解决战术相关“挑战问题”的能力。这些智能体将执行现代空对空和空对地技能,这些技能可以立即转移到其他自主项目。此次智能体成功驾驶 XQ-58A 无人机,表明“天空博格”项目的核心人工智能系统已通过建模仿真、模拟测试及实机飞行,完成了从实验室到实际作战环境的完全不同的战机适配性验证,证明了自主核心系统(ACS)的模块化、便携性和可扩展性。“天空博格”及自主飞机试验(AAx)等项目人工智能和自主技术的成熟,将加快美国空军“协同作战飞机”(CCA)部署时间,显著提高空战能力,成为其空中力量倍增器。

二、美国陆军完成迄今为止最大规模的无人机集群指挥控制能力演示

2022 年 4 月 25 日—5 月 13 日,美国陆军在犹他州杜威试验场举行 2022 年“试验演示网关演习”(EDGE)期间,成功完成 30 架规模的无人机集群作战试验,这是美国陆军迄今为止规模最大的无人机集群作战试验。“试验演示网关演习”目前已发展为美国陆军的年度演习项目,旨在评估美国陆军的新战术、新技术和互连架构,这既是美国陆军“会聚工程”的重要组成部分,也是美国陆军加速向以数据为中心转型的重要抓手。

2022 年“试验演示网关演习”期间,交互式无人机集群主要依托美国陆军“空射效应”(ALE)项目实施,是本次演习的重点内容。无人机集群试验由美国陆军第 82 航空兵组织实施,从空中和地面作战平台分 4 个批次发射了共 30 架交互式无人机,无人机集群中规模最大的为 7 架,每个批次的无人机集群仅需一名地面人员操控。分批次发射的无人机集群,可为指挥官提供实时决策支持,使士兵在遂行必要地面行动前远离威胁。其中,第 1 批次无人机集群,主要负责遂行侦察任务,并将发现的潜在威胁信息及时传回到地面部队;第 2 批次无人机集群,主要负责遂行防空压制任务;第 3 批次无人机集群,主要负责遂行打击任务,将自身作为小型巡飞弹进行打击;第 4 批次无人机集群,主要负责遂行毁伤评估任务。

美国陆军将参加此次试验的无人机集群由过去的“无人机蜂群”重新定义为“无人机狼群”,反映出美国陆军在面对低成本无人机性能不足时,对低成本无人机集群作战理念

的转变。蜂群与狼群最大的区别在于,当蜂王不在时,蜂群会变得"群龙无首",丧失组织性和执行力;而狼王不在时,狼群依然具备组织性和强大的战斗力。由于美国陆军无人机所搭载的空中分层网络(ATN)缺乏集群内通信所需的覆盖范围和带宽,且无人机所搭载的自主算法难以同时承担多个作战任务,致使单个无人机集群难以执行整个"杀伤链"任务;而将作战任务进行细分,分批次运用执行不同作战任务的无人机,则有效缓解了低成本无人机自身性能不足的问题。从蜂群到狼群的蜕变反映出,美国陆军在面对低成本无人机性能不足时作战理念的转变,即通过强大的组网能力,将性能不同、分批部署的武器装备进行整合,从而实现作战效能的最大化。

三、美国海军进一步提升未来多域作战环境下有人—无人编队的作战效能

2022 年,美国海军开展了多次演示活动和实战演习,不仅首次在航空母舰环境下实现了对空中无人系统的指挥控制,而且在多国海上联合作战环境下实现了大规模异构无人系统集群与有人平台之间的深度融合。

(一)首次在航空母舰环境中实现对无人机的指挥控制

2022 年 6 月 28—30 日,美国海军航空母舰载无人航空兵项目办公室(PMA - 268)开展了首次实验室集成演示活动,验证了 MQ - 25 地面控制站(GCS)如何在航空母舰环境中指挥无人机。洛克希德·马丁公司的 MD - 5 地面控制站首次控制了波音公司的"硬件在回路中"(HITL)空中载具。PMA - 268 项目经理表示,该项目已达到初始作战能力(IOC),MQ - 25 将成为全球首个投入运行的航空母舰载无人机,为整个舰队提供空中加油能力。

MD - 5 地面控制站是舰载无人机航空任务控制系统(UMCS)的一部分,UMCS 是 MQ - 25A 指挥控制所需的系统之系统。本次演示期间,波音和洛克希德·马丁公司通过各自开发的功能软件实现了地面控制站、HITL 和网络组件之间的连接,提前完成了地面控制站与 HITL 之间发送基本指令的初始目标,并在剩余时间内演练了更多功能,如发送滑行指令。项目团队还模拟了链路丢失情况下,地面控制站显示指示器作为关键功能,能确保开发环境网络连接。项目团队后续计划使用 HITL 空中载具进行完整飞行仿真,同时验证如何切换与飞机的"链路"连接,以及加入其他飞机硬件和软件。

(二)在"环太平洋 2022"军演中验证大规模有人及无人作战平台的协同作战能力

美军于 2022 年 6 月 29 日—8 月 4 日在南加州和夏威夷举行了"环太平洋 2022"军

演，主要亮点是多型空中、水面及水下无人系统与有人舰船指挥控制网络全面集成，完全融入整个军演，进一步验证了美军未来多域作战环境下的有人—无人编队作战能力。

此次军演测试和展示了无人舰艇平台功能，不仅可以被动接受命令完成巡逻等任务，还可以搭载不同的任务模块自主执行任务。虽然在演习期间指挥和控制通常由同一个终端处理，但来自无人舰艇的传感器数据可以由战术网络上的任何人共享，而不是一直由某一个特定的单位指挥。它们可以像有人驾驶的平台一样，为另一个有人驾驶的平台提供远距离目标的定位数据。此外在演习期间，无人舰艇的指挥和控制均按预期进行，但其中一艘有人驾驶的船只发生了事故，无人舰艇的控制权成功地从指挥舰转移到岸上操作中心。

环太平洋军事演习的另一项演练重点是美盟国家指挥系统的合作。演习期间，不仅无人舰艇经常被分派给不同国家的舰艇或军官，而且更重要的是，参与演习的盟国均处于同一个指挥系统中。此次军事演习中的无人平台和指挥节点之间的网络和数据传输表现良好，无人作战平台不仅融入了美国的作战系统，而且成功实现了与多国特遣部队的信息共享。美军相关部门正在对环太平洋军事演习期间无人驾驶的空中平台和水面平台成功传回的海量数据和高度可信的信息进行整理分析，并为下一阶段的试验和技术发展方向提供参考。

四、结语

未来很长的一段时间内，在大多数作战任务中，无人系统还不能完全摆脱“人在回路”这一现状。因此，为了提高作战任务的成功率，有人—无人协同作战模式仍将成为当下及未来研究的重点，通过有人系统和无人系统两者间的相互支援、能力互补，形成一个有机的战斗体系。

实现高效有人—无人协同作战体系的核心问题是，如何将智能化无人装备与人类以最佳的方式整编起来。美军目前正在从控制无人装备向指挥无人装备发展，目标是使无人系统成为人类的得力助手，增强有人—无人编队的整体作战效能。2022 年开展的一系列贴近实战的试验与演习表明，美军已经能够通过一名操作人员控制多达 7 个无人系统组成的集群，同时无人系统也展现出了任务执行过程中的自主决策能力。随着无人系统关键自主技术项目的成功转化，美军正向着有人—无人编队实战化应用这一目标大步前进。

（中国电子科技集团公司第二十八研究所　李皓昱　戴钰超）

美军大力发展“任务伙伴环境”构建无缝指挥控制网络

2022年11月,美国国防部与英国国防部签署了“全联网指挥控制通信”(FNC3)合作意向声明(SOI),旨在创建美英“任务伙伴环境”(MPE)并将成功实践扩展至其他国家,参与国家将遵循相同的标准和规范来确保互操作性,以建立联盟信息共享能力。实施该意向声明的关键是通过整合美军联合全域指挥控制(JADC2)和英军多域一体化变革计划(MDI CP)来提高两国的协同指挥控制能力,以迅速分享信息和做出决策。FNC3项目预计将在“大胆探索(Bold Quest)2024”多国演习中演示跨国网络的初始作战能力。

随着多国联盟作战成为现代战争的主流,构建一个能够为联盟国家提供无缝数据共享平台的MPE,已成为美军近年来聚焦的核心能力之一,同时也是美军JADC2概念的5条工作路线(LOE)之一。通过MPE这个云平台,盟友能够采用共同身份和通用安全标准,通过实时在线交谈、电子邮件、文件共享、协作式情报共享等手段在秘密及以下涉密等级上无缝地共享数据。

一、概念内涵

根据美国国防部2022年3月拟制的《任务伙伴环境架构、工程与集成》文件,MPE是美国国防部提升与非国防部任务伙伴互操作性的能力框架,通过一体化的能力、流程与管理,使指挥官能够在适当的安全领域,跨美国与任务伙伴基础设施来规划并实现指挥、控制、计算机、情报、监视与侦察(C^3ISR)通信。MPE中的任务伙伴(MP)包括但不限于:美国国防部以外的其他联邦部门及机构;州、本地及部落政府与机构;非政府组织;私营组织;联盟和联合成员国、东道主国家与其他国家;依照联邦法律、政策和协定建立的多国协议组织。

作为联合信息环境(JIE)的一部分,MPE 概念特点可归纳如下。

一是通过一个任务网络来支持联盟作战。在该任务网络中,所有伙伴使用一种通用的语言、在一个统一的保密等级上开展行动的规划、准备和执行,为指挥官提供有效共享作战意图、传输任务指令和分布式执行任务的能力。通过 MPE,指挥官能够将战场空间可视化,实时指挥行动,并与任务伙伴之间建立信任。

二是使联盟作战能够脱离保密路由网(SIPRNET)。MPE 将联盟作战行动从各国保密网络迁移到一个所有联盟成员都能共享和操作的定制任务网络,所有参与国均可在 MPE 任务网络上使用自己的装备和资源,并通过所有任务伙伴的一致行动来降低成本,提高多国部队的互操作性,实现最佳的指挥控制环境,如图 1 所示。脱离保密 IP 路由网,能够减小需要防御的面积,提高作战指挥官和组成部队的作战效能。

图 1 MPE 作战视图

三是主要聚焦 6 种核心服务。MPE 能力的核心是多个任务伙伴之间的信息共享,因此,MPE 主要提供 6 种信息共享服务:电子邮件、聊天业务(如即时消息)、Web 浏览、视频会议、IP 话音、全球地址列表共享。

二、组成架构

MPE 是一个建立在作战司令部、军种与机构通用的标准、政策、治理原则、技术以及战术、技术与规程(TTP)之上的全球信息共享环境,包括在行动规划、准备、执行和评估过程中提升互操作性的条令、组织、训练、装备、领导、教育、人员、设施和政策(DOTMLPF – P)能力。具体而言,MPE 由支撑美军与任务伙伴交换信息的网络、综合系统和服务组成。硬件方面由相关工作站、交换机、服务器、通信基础设施、视频电信会议套件、网络设备、存储及备份设备、加密设备等构成,软件方面由虚拟数据中心、信息数据加密服务、安全检验及认证、网络连接、跨域解决方案等组成。

多国信息共享(MNIS)项目是 MPE 的最重要组成部分,支持 5 个作战司令部与 89 个国家、150 个地点超过 8 万用户之间的信息共享。此外,MNIS 还将评估新技术,开发战术、技术与规程(TTP),以加速新兴技术和能力与 MNIS 集成。MNIS 目前主要由虚拟数据中心(VDC)、联合企业区域信息交换系统(CENTRIXS)、联军联邦作战实验室网络(CFBLNet)、共用任务网络传输系统(CMNT)、“飞马”(Pegasus)系统和非密信息共享—所有伙伴接入网(UISS – APAN)组成,以上系统原称为“任务合作伙伴环境—信息系统”(MPE – IS)。

1. 虚拟数据中心

虚拟数据中心(VDC)利用先进的数据中心虚拟化技术,将一个硬件平台划分为多个虚拟分区,提供与物理数据中心相同的功能。在采用虚拟数据中心之前,不同的利益共同体(COI)[①]或任务飞地[②]需要建立在不同的硬件平台上,在采用虚拟数据中心之后,能够在 MPE 内快速建立虚拟的 COI 或任务飞地,有效节省硬件资源。

2. 联合企业区域信息交换系统

联合企业地区信息交换系统(CENTRIXS)由大约 70 余个独立的多边和双边多国网络组成,提供多种情报应用、标准办公软件和网页浏览能力,以及近实时的数据访问工具和网络电话的安全语音通信等服务,使美国和任务伙伴国及其部队能够安全共享与任务相关的信息。CENTRIXS 支持美军和联盟国家及其部队在任务飞地内安全共享作战及情报信息,能够全天候不间断地连接 200 余个组织,提供聊天、电子邮件和其他商用现货服务。

---

① 利益共同体(COI),是指一个任务飞地内的一组协作用户,为了共同的目标、利益、任务或业务而交换信息。同一个任务飞地中的所有 COI 在同一安全域中运行。

② 任务飞地,包括一组系统资源和一组系统实体的环境,这些系统具有相同的访问权限,能够访问通用安全政策、安全模型或安全架构定义的资源。

CENTRIXS 与国家地理空间情报局和国防情报局等美国国家情报生产机构互通，能够直接访问情报产品和数据库。CENTRIXS 已链接到全球指挥控制系统（GCCS - J）通用作战视图服务器，能使用多级数据库促进可发布的情报信息共享，帮助盟军在无需人工干预情况下快速访问美军数据库。CENTRIXS 支持本地的、区域的和全球的联合作战行动，在“持久自由行动”“自由伊拉克行动”、全球反恐战争和禁毒行动中均有应用。

3. 联军联邦作战实验室网络

联军联邦作战实验室网络（CFBLNet）是研究和测试联盟国家自动化指挥系统兼容性和互操作性的试验台及实验室网络，用于美军和联军在模拟作战环境下评估涉密指挥控制技术。CFBLNet 的主架构是一个分布式集成广域网（WAN），由任务伙伴的各种作战实验室和试验站点组成，包括联军、美联合部队、美军种部队网络、数据库、应用服务器、客户端工作站以及伙伴成员提供的应用程序、分析工具、安全和通信设备等。

4. 共用任务网络传输系统

共用任务网络传输（CMNT）系统是企业级骨干基础设施，目标在于为多国流量提供保密路由网（SIPRNet）之外的专用传输通道。CMNT 提供一种三层虚拟专用网络（VPN）服务，使任务伙伴能够与 MPE 中的因特网协议传输 - 供应端（IPT - PE）路由器或非密供应端（UPE）路由器相连接。CMNT 任务伙伴能够通过国防部多协议标记交换（MPLS）三层 VPN 来访问任务飞地。

5. 非密信息共享—所有伙伴接入网络

所有伙伴接入网络（APAN）建设启动于 2000 年 3 月，是美国国防部与无法访问传统的美国国防部通信系统的国际伙伴、组织、机构或个人之间交换非密信息的网络协作平台，主要用于虚拟演习规划、会议和培训。APAN 提供一系列由美国防信息系统局管理的共享企业 Web 2.0 服务，能够将非结构化协作应用（如维基百科、博客、论坛）和结构化协作应用（如文件共享、日程表与社交网络个性化的需求）有效结合起来。

根据美国空军任务伙伴能力办公室发布的数据，截至 2022 年 4 月，APAN 注册用户共 37.5 万人，共有 7932 个线上交流社区（Community）和 3072 个聊天室。2020 年以来，Adobe Connect（一种 Web 会议服务）、聊天、翻译、文档图书馆等 APAN 在线服务，有效支撑了盟军将线下演习和训练转移至线上，使美国及任务伙伴在新冠疫情的影响下也没有中断演习和训练。2020 年美军与任务伙伴共开展了 58 次联合演习计划（JEP）演练，其中 62%（36 次）使用了 APAN 来规划演习，并在美军与任务伙伴之间开展协作和共享信息。

6. “飞马”系统

“飞马”（Pegasus）系统的前身是“格里芬”系统（GRIFFIN），用于通过国家网关代理服务器连接国家秘密级网络，以提升“五眼联盟”国家之间的秘密信息共享能力，实现了

5个国家之间的电子邮件、双向 Web 浏览、安全因特网协议话音(VoIP)、聊天、部分指挥控制/任务应用、IP 电视会议(VTC)等服务。

三、最新发展

美国国防部认为,相对目前的网络中心型 MPE,MPE 的未来愿景是建立一个对任务需求适应性和响应性俱佳的数据中心型架构,有效、高效并安全地优化数据发现和数据共享过程,保证数据的完整性。美国国防部目前正在 JADC2 框架下发展 MPE,建立全局性 MPE 能力,主要探索包括机密级及以下网络可发布环境(SABRE)和协同伙伴环境(CPE)。

1. 机密级及以下网络可发布环境

SABRE 能够连接联盟伙伴和美国国防部内部的不同军事网络,并在它们之间无缝共享信息,以支持更快的决策。除了在单一的、以数据为中心的信息领域内促进双边和多边数据交换之外,SABRE 还将托管国防部指挥控制应用程序和通信服务。SABRE 预计将在 2023 年部署到第一个作战司令部。

2. 协同伙伴环境

美国中央司令部开发的 CPE 是美国国防部首个以作战数据为中心的能力建设工作,将使作战司令部及其联合和联盟伙伴之间高效、安全的信息共享成为可能。CPE 采用一个单一而灵活的数据中心信息域取代多个具有网络中心安全限制的联盟网络,该信息域能够与 SABRE 进行集成。

四、趋势分析

(一)MPE 将重点构建以数据为中心的能力

以网络为中心的 MPE 通常基于网络用户的角色及其许可级别来控制用户可以访问的网络。但是,数据文件可能同时包含非密信息和机密信息,导致部分有价值的数据无法共享。而以数据为中心的系统将数据从特定的应用程序和网络元素中解耦出来并独立存储,然后对数据进行安全保护,所有用户访问的都是同一个网络,但是每个用户只能访问自己权限许可范围内的数据。这种以数据为中心的方式通过支持数据的逻辑分离,使信息能够在任务伙伴之间轻松共享,使指挥官能够将关键数据文件快速共享给来自不同国家的其他指挥官和战术作战人员。这种指令数据的分发能力是实现 JADC2 概念的关键能力之一,也是 MPE 愿景要构建的重要能力。

（二）“零信任”将成为 MPE 的首要安全准则

MPE 以往采用以网络为中心的方法来实现安全性，这种方法主要加强防御攻击的外围边界。然而，联盟的形成、演变和解散使外围边界始终处在动态变化中，不可能要求所有的网络都是兼容的，也不可能要求所有连接的设备都是安全的。因此，以网络为中心的方法无法完全满足 MPE 的安全性要求，MPE 需要一个以数据为中心的网络安全模型。只要数据本身是牢不可破的，即使敌人窃取了设备或入侵了网络，信息资产也不会受到威胁。数据级安全是美国国防部“零信任参考架构”（ZTA）的核心，基于“从不信任，总是验证”的原则构建 MPE，能够在确保 MPE 数据安全的同时提供开放性和灵活性，将成为 MPE 采用的首要安全准则。

（三）MPE 将成为美军联合军演中日益重要的演练内容

早在 2015 年，美军就在“大胆探索”多国联合互操作性演习中开展 MPE 相关演练，并在每年一次的“大胆探索”演习中持续、深入地演练 MPE 能力，不断总结经验教训。2022 年 3 月发布的《联合全域指挥控制战略》将 MPE 确定为重要工作路线后，美国空军将 MPE 可操作化确定为先进作战管理系统（ABMS）三大发展原则之一；美国陆军未来司令部也将 MPE 引入“会聚工程”演习，并在 2022 年 9 月为期 3 个月的“会聚工程 2022”（PC22）演习中以美军联合部队和多国部队在未来作战环境中的互操作性为重点，验证了美盟国家部队之间在数据共享方面面临的重大挑战，验证了如何通过与盟军建立通信联系来获取信息优势。可以预见，MPE 将成为美军未来联合军事演习的重要演练内容，“边研制、边试验、边部署、边改进”的发展模式将推动提升 MPE 的可用性和实战部署的有效性。

（中国电子科技集团公司第二十八研究所　李晓文）

DARPA“联合全域作战软件”项目研发进入第二阶段

2022 年 7 月，DARPA 授予雷声情报与太空公司一份价值 1858 万美元的合同，用于联合全域作战软件（Joint All - Domain Warfighting Software，JAWS）项目第二阶段工作，计划于 2023 年 10 月前完成。JAWS 项目于 2020 年 4 月启动，旨在开发面向联合部队指挥官的战区级 JAWS 套件，编配作战资源，最大限度提高杀伤网的效用与弹性。

一、发展背景

随着美国国防战略转向大国竞争，未来将与高端对手展开对抗。美军认为，面对高端对手时其难以继续拥有绝对的军事优势，现有指挥控制模式、指挥控制架构都要面临新的挑战。

（1）现有指挥控制模式难以适应战场动态变化。目前美军采用集中规划、分布执行的指挥控制模式，将规划周期和执行周期分离，形成一种高层规划高度集中、低层执行依靠战术通信支持的状态。虽然这种职责的静态分离为低层级部队提供了大量的自主性和灵活性，但是随着目标数量的增长，美军认为这种严格的分层方法将难以适应战场态势的变化。

（2）面对高端对手时集中式指挥控制架构过于脆弱。在高度集中的高层规划中，从战区和全局的角度开展资源管理，对有限资源进行高效分配，包括传感器覆盖范围、通信能力、目标分配等，是美军战胜高端对手的关键。但是，美军认为对手可能会打击其通信和指挥控制基础设施，这将使得高度集中的指挥控制架构非常脆弱。

为此，美军提出发展创新的解决方案，实现战区级的资源管理，同时保持相当的弹性。JAWS 项目的重点是支持战区级的作战管理、动态指挥控制及战术协调，实现目标的监视和武器/目标配对，与对手展开交战。JAWS 项目寻求开发新的方法，提供全面的战场空间感知，在竞争环境中确保任务成功；同时提供相应的工具，支持以更快的速度开展从目标搜索到战场威胁评估的行动。

二、项目研究目标

2020 年 4 月 3 日，DARPA 发布 JAWS 项目跨部门公告，旨在开发战区级联合全域作战软件套件，通过采用自动化和预测性分析方法进行战区级的作战管理、指挥控制，编配作战资源，最大限度提高杀伤网的效用与弹性。JAWS 项目的目标是为作战人员开发使能软件，能够自适应构建并同步跨陆、海、空、天、电磁等作战域的杀伤网。JAWS 的目标用户是联合部队指挥官等。

在任务执行期间，全域杀伤网需要按照不同时间尺度和延迟要求进行协调。例如，水面态势的变化可以小时度量，而空中态势则会在数分钟发生剧烈变化。JAWS 考虑了采用单一架构控制所有作战域的需求。例如，如果高带宽、低延迟的通信普遍可用，那么采用集中方式能够做出全局最优的战术决策；如果通信呈现高延迟，那么某些决策和战术活动需要推到战术边缘，使得时间敏感的决策更加靠近战斗区域。为了保持弹性，也可能需要进行分散。

JAWS 针对整个战斗空间中杀伤网的动态构建，开发软件工具，采用动态组合和机器对机器接口创建分布式指挥控制架构，实现集中/分布式规划与执行组合，使决策者能够优化任务，建立同步的杀伤网。

JAWS 将提供的能力包括：

(1)提供可扩展架构，抽象基本资源和任务数据之间的依赖关系，以快速集成新传感器、通信概念和武器系统。

(2)抽象和解决事件序列的方法。

(3)在任何节点之间的信息流间歇性或永久性丢失的情况下，保护作战能力的方法。

三、研发领域

指挥控制需要解决的基础问题包括感知、信息传输和武器运用。对于 JAWS 项目，感知是指探测、定位、识别潜在目标的能力，这些目标的类型和所在领域差异显著；信息传输是指以可接受的时延传输适当数据量的能力，用于连接各作战域资产；武器运用是指分配武器并确定交战目标，重点关注各作战域武器之间的协同。感知、信息传输和武器运用的优化问题是 JAWS 项目需解决的关键挑战。

JAWS 项目关注三大技术领域：编配服务、预测分析服务和操作者界面，如图 1 所示。

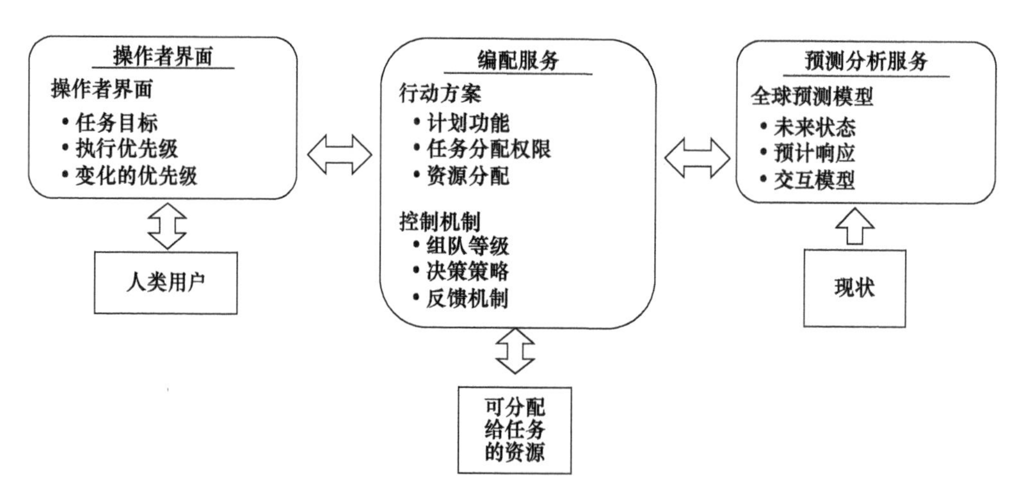

图1　JAWS 项目的技术领域

(1)编配服务。DARPA 寻求对可遂行任务的各域资源进行动态规划和控制的方法,同时考虑当前联合部队规划、太空去军事化准则及交战规则等,构成动态编组。编配服务在职能上包括分发任务方案,以及基于下级资源响应、新威胁信息或指挥意图更改等持续进行更新。DARPA 重点关注:能够快速集成新传感器、通信技术和武器系统的可扩展架构;能够在交战前和交战中提升任务成功概率的概念与技术;实现协同打击等的方法;根据指挥控制层级组建新编组的能力;在杀伤网任何节点间的信息流间歇或永久中断的情况下,恢复作战能力的弹性。

(2)预测分析服务。对兵力分配进行规划,依赖于预测对手、盟友、中立方及自身兵力如何行动的能力。预测分析服务的目标是预测各方的未来行动,为编配服务提供预测能力,包括相关人员的行为、物理平台的运动、整体兵力部署的策略以及系统之系统的相互作用。DARPA 寻求相关技术解决方案,要求预测结论具有可解释性。

(3)操作者界面。操作者界面是作战人员分析任务状态、评审推荐行动方案的主要手段,并允许作战人员基于指挥官意图输入或修改任务目标。操作者界面应包括战略与战术决策辅助工具,并及时为作战人员提供关于未来规划和当前作战状态的相关信息。

四、项目进展

按照计划,JAWS 项目分为两个阶段。

(1)第一阶段,为期 18 个月(其中,基础 15 个月,可选 3 个月),至少开发以下能力:在识别并跟踪到目标时,优化全域资源的分配;在时延、带宽等静态通信限制的情况下,选择杀伤链;有效应对资源分配的时变特性,如武器丢失、消耗或移动。

2020 年 12 月，DARPA 授予系统和技术研究公司一份价值 1518 万美元的项目合同，计划于 2022 年 3 月完成。

2021 年 1 月，DARPA 授予雷声情报与太空公司一份价值 1045 万美元的项目合同，计划于 2022 年 4 月完成。

2022 年 3 月，DARPA 授予系统和技术研究公司一份价值 1504 万美元的项目合同，继续开展 JAWS 计划的第一阶段和第二阶段工作。

(2)第二阶段，为期 15 个月，在第一阶段结束后启动，开展关于系统集成的工作。DARPA 要求第二阶段承包商具备承担绝密级任务的资质。

2022 年 7 月，DARPA 宣布再次授予雷声公司一份价值 1858 万美元的合同修订，执行 JAWS 项目的第二阶段选项，将于 2023 年 10 月完成。

DARPA 将在 LVC 环境中演示解决方案，考虑各种场景并评估指挥和控制的能力。

五、结语

JAWS 项目采用分布式指挥控制结构，根据决策者或任务的需要，确定作战规划集中的程度，使用动态编组和机器到机器的接口，支持不同程度的集中式与分布式的规划和执行的组合。当所涉及的目标和资源很少时，只需在战术前沿开展规划，无需大量的协调；当在广阔区域中存在大量目标时，需要进行战区级的协调，实现有效地资源分配。JAWS 通过人机编组协作，实现大规模、大区域的实时资源管理和规划，支持对各种规模的杀伤网进行同步。

（中国电子科技集团公司第二十八研究所　钱　宁）

美国空军研发基于云的新一代空战指挥控制系统

空战中心是美军实施联合空战的指挥控制中心，是美军在战区作战中取得和保持空中优势的关键设施。美国空军正在研发基于云的新一代空战指挥控制系统——“凯塞尔航线”全域作战套件(KRADOS)，以提升空战中心的指挥控制能力，该系统将支持分布式指挥控制以及联合全域指挥控制(JADC2)战略。

2022 年 8 月，全域作战套件研发达到了关键里程碑——完成首个最小可行能力版本(MVCR 1)，即能快速部署到作战环境并为作战人员提供初始能力，这为全面替代现有的战区作战管理核心系统(TBMCS)奠定了重要基础。在俄乌冲突中，集成到美国空军欧洲司令部空战中心的全域作战套件为美军及北约盟国的援乌行动提供了支持。

一、研发背景及简况

(一)现有空战指挥控制系统及其不足

美国空军空战中心承担情报监视与侦察(ISR)、作战计划制定、作战行动、战略和空中机动等职能，包括情报处理、战区目标确定、制定空战计划、空域计划和控制、任务分配和分发、任务执行监控、作战评估等。目前空战中心通过核心任务系统——TBMCS 遂行其使命任务。

TBMCS 于 2000 年开始部署并在 2001 年首次成功地应用于阿富汗战争，此后 20 年间在美军各种军事行动的空战任务中发挥了关键作用。该系统实现了空战态势感知共享，为美国空军及其他军种、多国联合部队提供了空战计划制定与执行管理的通用手段，大幅提高了空战中心的指挥控制能力及联合空战效能，故而当时被美军誉为空战中心的“发动机”。

自 TBMCS 部署以来，美国空军以增量的方式对该系统进行了多次升级，包括软硬件升级和安全升级、部署网络中心系统以实现 WEB 服务、功能与服务扩展等，但 TBMCS 的系统架构、功能水平未得到显著改进。随着商用信息技术的快速发展以及空战中心作战需求的变化，TBMCS 的不足日益凸显：①尚未实现空战中心的加油机规划等业务的自动化，部分业务自动化程度低，制约了作战效能的发挥；②TBMCS 的应用和数据运行在本地计算机及网络上，其他用户无法访问和共享，难以适应分布式指挥控制的需求；③TBMCS 是一个紧密耦合的系统之系统，给现代化升级带来困难。

（二）研发新应用，弥补现有功能不足

美国空军从 2017 年开始，采用敏捷软件开发方式，为空战中心开发和部署新的应用，以弥补现有 TBMCS 系统的能力缺陷，提升指挥控制能力。最初的研发重点是解决驻卡塔尔乌代德空军基地的美国空军中央司令部（AFCENT）第 609 空战中心的现实作战需求。2017 年年初，在美国国防部国防创新试验小组（DIUx）组织下，硅谷数据公司 Pivotal 公司和空军产品团队协作开发加油机规划工具 Jigsaw 以取代原有的人工规划方式。随后，美国空军、国防创新试验小组、国防数字服务小组、Pivotal 公司和雷声公司合作研发为期一年的空战中心“探路者”项目，开发并部署了动态目标选择与打击工具、任务报告工具等应用，提升了第 609 空战中心在中东地区的空战能力特别是目标打击能力。

（三）应用集成——实现基于云的高度自动化指挥控制系统

2018 年空战中心“探路者”项目结束后，美国空军装备司令部空军生命周期管理中心下属的第 12 分队（AFLCMC - Detachment 12）——“凯塞尔航线”软件开发与管理部①，继续以优化空战中心的特定业务为目的，陆续开发了包括空中攻击主计划 MAAP 应用 Slapshot、空域管理工具 Spacer 等一系列基于云的独立应用（也称为“凯塞尔航线”应用），其中部分应用已部署到美国空军的各空战中心。“凯塞尔航线”应用改进了空中任务指令（ATO）过程，使空战中心能更有效地处理具体业务。

随后，“凯塞尔航线”软件开发与管理部着手对包括加油机规划工具 Jigsaw 在内的主要应用进行集成，该集成系统即为“全域作战套件”。全域作战套件将提供空战计划制定、空域管理、加油机规划等空战中心联合空中任务周期的主要功能。2021 年 4 月全域作战套件的最小可行产品（MVP，早期测试软件版本）被安装到美国空军中央司令部第 609 空战中心，5 月第 609 空战中心利用该测试版套件在云端生成了 ATO。

---

① “凯塞尔航线”软件开发与管理部，也被称为“凯塞尔航线”软件工厂。

二、系统组成及功能特点

(一)系统组成及典型应用

全域作战套件是一个不断演进的系统,其集成的应用也在不断增加,目前包括空中攻击主计划应用、加油机规划工具、己方战斗序列管理工具、ATO 生成应用、空域管理工具、综合事件流工具、飞机实时数据应用、任务监控工具、地图工具、身份验证工具 10 种应用,它们建立在一个混合云的基础设施上并通过共用数据层集成在一起。

1. 空中攻击主计划应用

空中攻击主计划应用提供制定空中攻击主计划(兵力运用计划)的任务规划工具,它将可用的空中作战力量(如战斗机和轰炸机)与具体的打击行动关联起来。空中攻击主计划应用取代了空战中心过去所使用的 Excel 文档和类似于甘特图的可视化工具,实现数据提取、数据输入和质量检查等手工作业的自动化以及飞机与空战任务选配的可视化。可视化使高级作战值班军官能够更好地理解工作站屏幕上复杂的架次流量信息。此外,任务规划人员可以协作对空中攻击主计划进行更改。

空中攻击主计划应用已部署到美国空军的各空战中心以及美国盟军。该应用在 2021 年阿富汗撤离行动的协调、计划和战术决策中发挥了重要作用。

2. 加油机规划工具

加油机规划工具取代了过去在白板上的人工规划方式(图 1),实现空中加油请求的可视化,并对任务进行自动计算,优化了加油机规划。该应用为规划人员提供直观便捷的触屏界面(图 2)。

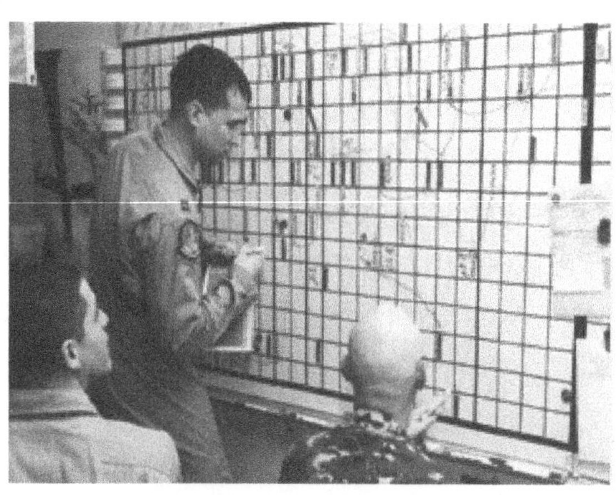

图 1　早期美国空军在白板上规划空中加油任务

图 2　加油机规划工具的触屏界面

加油机规划工具使过去需要 48 人·时的加油机规划，改进为只需 3 人·时，提高了加油机规划的效率；较人工方式每周节省大约 $4 \times 10^5 \sim 5 \times 10^5$lb 燃料，为美国空军每周节省 75～100 万美元，提高了空中加油的效益。2021 年北约购买了该规划工具，以取代人工加油机规划手段。

3. 己方战斗序列管理工具

己方战斗序列管理工具是管理己方战斗序列数据和战术信息的中央数据库，它实现了各种“凯塞尔航线”应用的数据标准化及数据共享。指挥人员能够以安全的方式查看可用的作战资源。该工具为任务规划和执行提供作战资源数据，是制定计划并生成准确 ATO 的基础。

4. ATO 生成应用

ATO 是每天作战计划的具体安排，包括主要打击目标和备用打击目标、攻击目标的具体时间、加油机和侦察机支援、预警机的覆盖范围等作战任务内容。

ATO 生成应用是利用其他“凯塞尔航线”应用提供的信息动态生成 ATO。该应用极大地改进了过去的人工密集型过程，它通过灵活的工作流，及时精准地生成 ATO，并使空战中心的作战人员更好理解使命任务。

5. 空域管理工具

空域管理工具用于构建和管理 4D 空域，协调和消除职责区内空域的冲突。该工具改进了空战中心的人工密集型作战空域管理业务，使联合空域请求以及空域的分配和利用更为直观、有效；提供更为安全、高效和灵活的空域利用，从而提高作战效率。

6. 综合事件流工具

综合事件流工具负责处理全域作战套件内部的事件，提供应用之间数据通信、数据审计等，是实现整个空战中心相关应用的数据共享以及全域作战套件应用集成的关键。

（二）功能特点

全域作战套件通过对空战应用的集成，覆盖空战中心整个计划和执行过程及功能，并利用自动化、可视化、基于云的数据来协同战役计划的制定和执行，在各梯队实现共享感知。它具有以下特点：

（1）完善了空战应用的功能，优化了空战中心业务流程，提升了任务自动化程度，提高了 ATO 生成速度。

（2）系统建立在混合云上，并且作战规划、空中加油、空域规划等各种应用通过共用数据层集成在一起，实现作战资源及作战计划等的关联，只需少量人员就可以在不同地方快速协同规划作战行动并生成 ATO，提升了指挥控制的敏捷性。

（3）基于云的系统支持，将战役级指挥控制职能分散到敌方威胁范围之外的多个设施，使指挥控制更具弹性。

（4）采用微服务架构，改变了过去紧耦合的系统之系统架构，使系统更易以较低的成本持续进行现代化升级。

此外，全域作战套件实现了应用之间机对机的连接，这将为后续空战中心与空军的联队级和战术级应用连接，以及与太空部队和其他军种的战术级应用连接奠定基础，这也是 JADC2 作战概念的设计模式的初步实现。

三、演示试验及部署应用

在全域作战套件的开发过程中，进行了多次演示试验，以不断提升该系统的功能。

2020 年 3 月，位于美国密苏里州的第 157 空战中队的规划员与部署在夏威夷的太平洋空军司令部第 613 空战中心的人员，利用早期测试版全域作战套件系统，首次成功地协作制定了一个空战计划。

2020 年 9 月，美国空军对全域作战套件的更多功能进行了测试，来自 5 个机构的人员分别在美国的不同地点协作完成了完整的 ATO 和 ACO 的构建。此次更大规模的演示试验证明了全域作战套件的分布式功能。

2020 年 12 月，全域作战套件开始在中央司令部第 609 空战中心的测试环境中进行测试使用。

2021 年 4 月，空军宣布全域作战套件成为最小可行产品（MVP），即向用户提供基本功能的早期软件版本；5 月中央司令部第 609 空战中心首次使用该系统在云端生成了 ATO。

2022 年 8 月，全域作战套件达到了首个最小可行能力版本（MVCR1）重要里程碑，表明该系统已可以快速部署到作战环境,并为作战人员提供初始能力。目前MVCR1已交付测试部门测试,将确定未来是否正式部署使用该系统。

在2022年的俄乌冲突中,美国空军驻欧洲部队的主要任务是防止俄罗斯攻击北约盟国,并为北约盟国和乌克兰提供援助。全域作战套件用于美国空军欧洲司令部第603空战中心每天空中攻击主计划的制定,为该空战中心制定更多的防空反导计划、巡飞具有核攻击能力的飞机以威慑俄罗斯等行动提供了有效支持。

四、结语

为推进空战中心现代化建设,美国空军通过敏捷软件开发方式,加快新一代空战指挥控制系统(全域作战套件)的研发测试与部署。未来这一基于云的高度自动化系统将全面替代TBMS系统并部署到全部空战中心,大幅提高空战中心的计划与执行能力,支持实现分布式指挥控制和分布式作战,增强作战部队的作战能力及生存能力。

(中国电子科技集团公司第二十八研究所　冯　芒)

美国空军启动变革空战规划的“今夜就战”项目

2021年年底，美国空军研究实验室宣布启动“今夜就战”(Fight Tonight)项目，探索在游戏环境中利用人类指导下的人工智能生成大量潜在行动方案，允许操作人员在游戏中探索、精选并评估战斗计划。通过将人工智能驱动的规划与交互式游戏相结合，“今夜就战”项目将显著减少空中任务指令(ATO)的规划周期。项目成果将在重要的空军评估活动中进行演示，包括规划数千个联合部队的目标，项目成果原型最终将与外部系统铰链，支撑全尺寸场景下的作战决策。

一、项目基本情况

(一)项目目标：加速空战规划流程并提供探索潜在行动方案的能力

根据“今夜就战”项目广泛机构公告，美军现有空战规划流程基本上是线性的，欠缺对各种方案进行充分分析的能力，计划调整十分耗时，无法满足未来冲突所需的规模与速度。同时，人类的认知能力对潜在趋势的推理能力也是有限的。“今夜就战”项目将从以上问题着手，加速规划流程，并为空战中心(AOC)战略处和作战计划处提供探索潜在行动方案的能力。

该项目将通过人工智能变革空战规划，采用交互式游戏引擎来构建、演练和评估作战计划，使规划人员能够快速对可选计划和未来的可能性进行推理，增强规划人员的信心，在与均势对手高动态冲突的各种限制下制定出最佳作战方案。

(二)两大支撑：人类与人工智能协作规划系统+交互式游戏引擎

仅仅依靠人工智能无法完成项目目标，需要人类见解来指导并理解自动规划与分析，使规划人员能够在有把握和有信心的情况下输出行动方案。交互式游戏引擎是计划开发、演练和评估的基础，也是用户与整个“今夜就战”系统交互的主要手段。游戏引擎将为用户提供虚拟接口和环境，让用户能够探索并选择兵力配置，演练、暂停、重新演练攻击计划，以便找准关键决策节点，实时运行计划并评估潜在的计划变更，针对可能的作战条件来探索各种假设。

通过“今夜就战”系统（图1），规划人员能够快速对可选计划和未来的可能性进行推理，在与均势对手高动态冲突的各种限制下制定出最佳作战方案。项目开发的工具让人类用户能够与人工智能协作，在4h内开展空战规划，并以分钟为单位进行重新规划，同时在多个选项及它们的预期结果之间进行权衡。此外，项目还将开发工具来优化人类与机器的角色：人类提供深层见解和创新性，机器在各种限制下进行推理并生成对可用选项的详细分析。

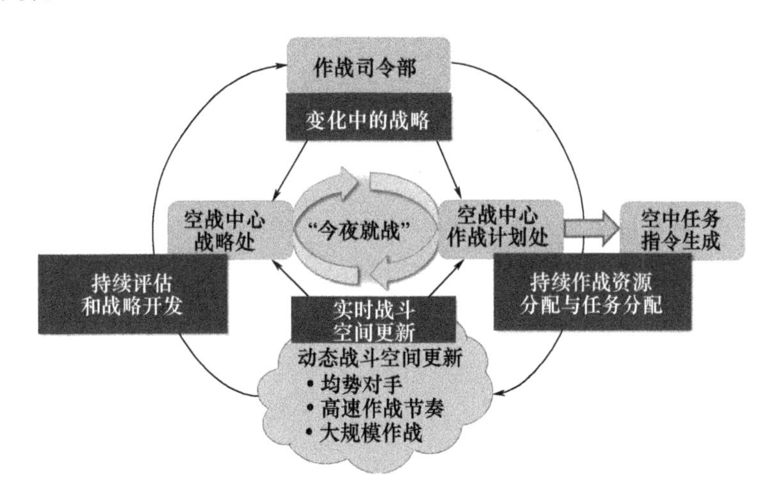

图1 “今夜就战”能够快速响应战场和作战司令部战略的变化

二、项目架构

“今夜就战”项目致力于集成现有技术以便在以下两个关键领域中快速部署可测试、可用的解决方案原型，如图2所示。

（一）技术领域1：交互式规划改进

此项能力是通过用户主导的、探索式资源分配和任务优先设定流程来生成可执行的计划，帮助用户设计兵力分配方案，理解哪些方案是可用的，评估优先级调整带来的影响。

该系统首先根据用户提供的指导原则输出粗粒度的计划雏形，然后由用户通过自动分析功能，快速评估该计划的其他备选方案，最后由系统继续优化候选方案，并利用可用计算资源提高计划的精确度。在这一迭代过程的早期，对自动规划技术的速度要求高于

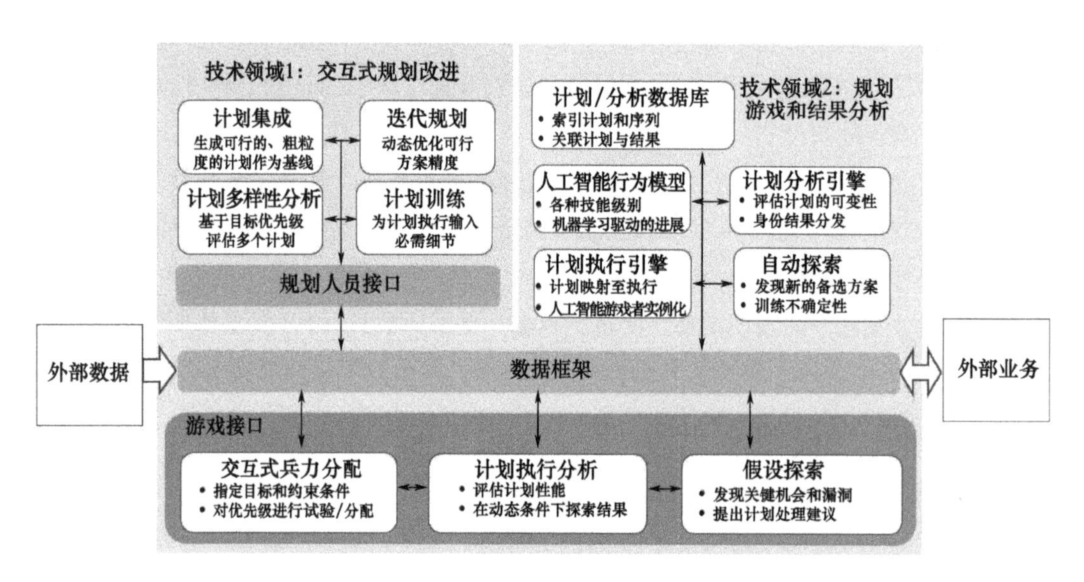

图2 “今夜就战”项目概念性功能组成图

对精确性的要求,再根据规划者的持续指导来优化计划元素,直到达到能够模拟执行的精度要求。自动化分析功能将在规划的所有阶段(从统计分析、计划执行到友军和敌方决策制定)提供见解。

该技术领域的解决方案必须考虑的关键因素包括:可接受的风险等级、交战规则、友军战斗序列、敌军战斗序列和联合综合目标优先次序清单(JIPTL)等。

(二)技术领域2:规划游戏和结果分析

该技术领域的关键创新点是采用商业游戏技术来构建直观、交互式界面,使人类对复杂作战环境的理解最大化。游戏平台将为战斗计划提供深层见解和经验,使规划者能够分析预期表现并根据模拟的结果来更新计划,提供的能力包括比实时更快(Faster - Than - Real - Time)的计划执行、关键时空事件的可视化展示、根据事件来描述计划的结果将在何处产生偏差或达成预期。

该技术领域的解决方案将支持敌我双方计划元素、作战条件和能力的修改,以便确定这些变化如何影响计划的有效性和风险。

三、几点认识

(一)项目将提升美军空战中心动态规划能力

美国空军的空战中心是空军实施战役级指挥控制的核心节点。然而,空战中心 72h

的空中任务分配周期与当前及未来战争的数字化环境已严重不匹配。根据兰德公司2021年的研究,“沙漠风暴行动”及“伊拉克自由行动”等军事行动中,大多数任务都是在空中任务分配周期之外规划的,在资源严重受限且无法保证空中优势的情况下,大量人工重新规划并不可行。同时,动态目标规划的比例将逐步上升,而空战中心的规划流程绝大部分是针对有明确预定目标的规划,对动态目标工作较少涉及、支撑能力不足。“今夜就战”项目的人工智能驱动的任务规划能够显著缩短空中任务分配周期的持续时间,在规划阶段就可以考虑和演示更多突发事件,以实现更为动态的规划,有助于空战中心实现向分布式控制的转变。

(二)项目体现了美军运用人工智能的核心理念

美军对运用人工智能的核心理念是,人工智能和机器人永远无法取代人类军队,但它们能够以人机组队的形式与人类一起工作,而人机组队的作用远远超过其各部分的作用之和。使用人工智能理解和协助人类,其最终目的是减少战场管理的认知负荷,人工智能作为战斗助手的作用越大,指挥官花在细节上的时间就越少,能够真正聚焦于他们最擅长的事情。因此,在人机组队运作的过程中,人类处于主导地位,但同时必须信任人工智能。“今夜就战”项目强调用户主导和探索式任务规划,前者确保人类见解始终发挥决定性作用,后者通过不断设置、调整、优化探索式的规划过程,逐渐使人类建立对人工智能所作推理和选项分析的信心,最终让人类与人工智能的协作规划达到相对完善的状态。

(三)基于游戏的对抗试验环境将促进指挥控制智能化发展

基于游戏的对抗试验环境具有可定制、经济、高效等优点。在游戏环境中,用户能够设计任意对抗场景,根据双方状态变化来动态调整对抗难度,充分发挥指挥官的能动性,增强指挥官规划与应变能力,更重要的是能够增强指挥官对生成方案的信心。因此,利用游戏来开展作战方案推演、态势演化预测、战法战术研究、指挥模拟训练等方面具有很好的应用前景。美军在这方面也曾有过诸多探索,例如:美国海军陆战队2018年6月启动研制的“雅典娜”项目,专门用于训练以及测试未来人工智能应用;DARPA在2020年开展的自适应分布式概率任务分配(ADAPT)项目,利用“我的世界”(Minecraft)游戏来训练人工智能与人类的互动能力。

(中国电子科技集团公司第二十八研究所　李晓文)

大事记

美国海军发布水面战战略文件。2022 年 1 月 11 日，美国海军发布《水面战：竞争优势》战略文件，提出了未来作战所需的新兴水面部队架构，明确了 5 条行动路线，以使水面部队和“水面战企业”(SWE)保持一致。该文件旨在加强水面部队建设，提升水面作战能力，在全球范围内增强应对大国对手的竞争优势。

英国国防部发布多域集成指南。2022 年 1 月 17 日，英国防部发布《多域集成指南》文件，旨在确保英国防部各机构无缝协作，并与政府其他部门、英国盟友合作，以实现预期结果。该文件指出，实现多域集成需要构建或增强信息技术网络，在采办或设计装备、培训、监测情报及制定作战计划等方面进行整合，通过与政府合作伙伴、盟友的综合演习来训练人员协同工作。

美国海军宣布将在航空母舰上部署“超越计划”能力。2022 年 1 月 21 日，美国海军宣布将在 4 艘航空母舰上部署与“超越计划”相关的升级，但未透露航空母舰的具体型号或打击群。美国海军官员表示，尽管正在升级的内容不少，但不需要对舰艇的船体、机械部分或电子部分进行改造。预计 2022 年年底美国海军将部署“超越计划”首个版本。

美国国防部发布软件现代化战略，提高软件韧性和交付速度。2022 年 2 月 2 日，美国国防部副部长凯瑟琳·希克斯签署批准了《软件现代化战略》，明确了“以相应速度交付韧性软件能力”的现代化愿景，提出了软件现代化框架，制定了长期目标与近期目标，最后说明了如何统一实施。《软件现代化战略》强调，技术与软件交付是国防部竞争优势的关键所在，而云服务和数据是软件现代化的基础。为实现软件现代化的战略愿景，国防部将加快企业云环境建设、建立软件工厂生态系统，并改革流程以提高软件开发的韧性和速度。

美国国防部发布联合全域指挥控制战略摘要及实施计划。2022 年 3 月 15 日，美国国防部发布《联合全域指挥控制战略摘要》非密版本，并签署《联合全域指挥控制战略实施计划》。《联合全域指挥控制战略摘要》阐明了联合全域指挥控制(JADC2)在决策周期三大环节——“感知”“理解”和“行动”中的实现方法，提出了组织和指导交付 JADC2 能力的5条工作路线,说明了实施JADC2遵循的总体原则。《联合全域指挥控制战略实施计划》为涉密文件,未对外公布内容。从美防务媒体的介绍来看,实施计划聚焦JADC2如何实现数据管理和数据共享,明确了国防部在JADC2方面首先要交付的成果,概述了交付JADC2的里程碑和资金计划。

美国空军确定先进作战管理系统(ABMS)的开发原则。2022年3月,美国空军分析了当前指挥控制与作战管理系统的不足以及所需的改进,确定了ABMS开发所要遵循的基本原则:①在指挥控制设计上,要支持特殊情况下指挥与控制的分离,即在时间敏感的情况下(如巡航导弹来袭),能在没有指挥官直接参与的情况下立即做出决策并执行;②实现作战管理功能的分散化,即改变过去对E-3这种集中式平台的依赖,转向利用跨域、多源的传感器数据;③实现指挥控制与作战管理过程的一体化,包括地面、空中、海上分部、作战司令部的横向一体化,以及海陆空等各作战域的不同执行梯队的纵向一体化,从而增强系统的生存能力。

美国陆军指挥所计算环境(CPCE)进入工程和制造开发阶段。2022年6月,美国陆军指挥所计算环境(CPCE)软件增量2里程碑B获得批准,标志着CPCE开始进入工程和制造开发阶段,为作战测试和评估以及最终的全面部署决策奠定了条件。CPCE旨在解决传统"烟囱"式系统互操作性不足等问题,将美国陆军的任务指挥应用集成到单一窗口面板上,提供一张"通用态势图",从而加快陆军指挥官的决策速度。

英国防部发布国防能力框架文件。2022年7月,英国防部发布《国防能力框架》,提出了9项国防能力发展指导原则,并针对所面临的挑战确定了2021—2031年5大优先发展事项,要求集政府和工业界之力攻克关键领域,使得英国能够适应当前威胁并应对不断出现的新威胁。

美国防信息系统局发布数据战略实施计划。2022年8月30日,美国防信息系统局首席数据官办公室(DISA OCDO)发布《数据战略实施计划》,旨在建立将数据视为战略资产的文化理念,通过开发、利用、提升数据价值,赋能军队的数字化转型,掌控信息域,打赢数字化战争。该实施计划细化了11项数据管理指导原则,建立了数据成熟度路线图,确定了四大工作路线,即数据架构和治理、高级分析流程、数据驱动文化、知识管理;建立了数据驱动的关键性能指标(KPI)管理框架。

美国空军全球机组战略网络终端系统(Global ASNT)形成初始作战能力。2022年8月,雷声公司情报与太空公司向美国空军交付了全球机组战略网络终端系统(Global ASNT)的初始作战能力。Global ASNT带来的现代化超视距通信能力能够保障恶劣环境下与核轰炸机、导弹和支援机组人员的可靠通信,将支持核指挥、控制和通信以及联合全域指挥控制(JADC2)任务。

美国空军下一代空战指挥控制系统研发达到关键里程碑。2022年8月,美国空军基于云的下一代空战指挥控制系统——“凯赛尔航线”全域作战套件完成首个最小可行能力版本,为全面替代现有的“战区作战管理核心系统”奠定了重要基础。全域作战套件是一个不断演进的系统,其集成的应用也在不断增加,目前包括空中攻击主计划应用、加油机规划工具、己方战斗序列管理工具、ATO 生成应用、空域管理工具等 10 种应用,它们建立在一个混合云的基础设施上并通过共用数据层集成在一起。

美国空军演示验证“缝纫针”跨域平台数据交互能力。2022 年 6—8 月,美国空军举行了 3 次不同规模的飞行试验,以验证 DARPA“缝纫针”(STITCHES)项目研发的跨平台链接与数据交互技术。6 月第一次飞行试验,验证了 STITCHES 和现役平台战术应用程序的实时集成能力,实现了现役平台上实时软件安装和集成;7 月中旬第二次飞行试验中,验证了利用 STITCHES 进行传感器链接和传送电子战作战指令的能力;8 月第三次飞行试验中,作战人员通过 STITCHES 获取应用程序的访问权限,然后通过基于云的 Web 应用程序分发任务文件,演示了跨体系架构移动应用程序基于具体场景快速重构的可行性。

DARPA 推进“联合全域作战软件”研发。2022 年 8 月,DARPA 授予雷声情报与太空公司一份价值 1860 万美元的合同,用于“联合全域作战软件”(JAWS)项目第二阶段工作,计划于 2023 年 10 月前完成。该项目于 2020 年启动,旨在开发战区级联合全域作战软件套件,通过自动化和预测性分析工具进行战区级的作战管理、指挥控制,编配作战资源,最大限度提高杀伤网的效用与弹性。

美国海军发布信息优势拱顶石设计概念。2022 年 9 月 6 日,美国海军部首席信息官(DON CIO)签署了《信息优势的拱顶石设计概念》,指导首席信息官、技术主管、首席架构师、总工程师等技术决策者采用现代设计理念来实现信息优势。该文件将信息环境建设发展愿景凝练为“实现任意信息在任意两点间的安全传递”,并确立了 3 个阶段性目标:①优化海军部云信息环境;②采用企业化信息技术服务;③实施零信任网络架构。

北约开展首次战役级演习。2022 年 9 月 25 日,北约“动态水手 - 22”海军演习拉开帷幕,这是北约首次真正意义上的战役演习,旨在考察无人系统在海洋环境中的作战能力,以及无人系统一体化概念的效果。北约 16 个国家的 18 艘舰艇、48 架无人机以及 1500 名军事人员参演,主要演练科目包括反水雷战、打击常规潜艇、反恐行动以及保护港口。

美国空军建立先进作战管理系统(ABMS)数字基础设施联盟。2022 年 9 月,美国空军建立了由诺斯罗普·格鲁曼公司、雷声技术公司和科学应用国际公司(SAIC)、L3 哈里斯技术公司、莱多斯公司共 5 家公司组成的“先进作战管理系统(ABMS)数字基础设施联盟”。ABMS 数字基础设施联盟受空军快速能力办公室领导,将负责 ABMS 数字基础设施的运营分析、任务分析、系统工程和集成。具体包括定义开放架构的设计标准、数据管理、安全处理和弹性通信;确定数字基础设施的标准与需求;设计、开发及部署数字基础设施。

美国空军成立指挥、控制、通信和战斗管理(C^3BM)综合项目办公室负责先进作战管理系统(ABMS)采办。2022年9月,美国空军在空军协会ASC2022会议上,宣布成立一个新的指挥、控制、通信和战斗管理(C^3BM)综合项目办公室,负责监督ABMS项目的采办。C^3BM办公室的成立是ABMS项目采办领导层的又一次变化。2020年11月,美国空军指定快速能力办公室来管理ABMS采办并制定采办战略,目前还未明确快速能力办公室是否将向C^3BM办公室移交ABMS的采办职责。

美国空军发布首份首席信息官战略。2022年9月30日,美国空军发布首份《首席信息官战略》,指导空军2023—2028财年的投资领域和重点。该战略的主要目标是创建一个安全的战略环境,增加系统、专业人员和技术之间的协调,为创建安全、数字化和以数据为中心的空天力量奠定基础。战略明确了6大工作路线:加速云应用;创建并持续增强安全且具有弹性的数字环境;建立人才管理战略;加强信息技术投资组合管理;提供卓越的核心信息技术和任务支持服务;增强数据与人工智能。

美国陆军发布数据计划。2022年10月11日,美国陆军首席信息官办公室发布《陆军数据计划》,强调以数据与数据分析推动数字化陆军发展,在正确的时间、正确的地点获得正确的数据,促进各梯队迅速做出决策,获得超越对手的优势。该计划支持"2030年陆军"建设的11项长期战略目标,并为实现战略目标制定2022—2023财年的工作方向。

美国陆军发布新版陆军云计划。2022年10月11日,美国陆军发布《2022年陆军云计划》。该计划取代了《2020年陆军云计划》,旨在促进陆军推进其数字化现代化目标,加快将关键服务整合到整个企业的云环境。新版云计划列出了7个战略目标:扩展云;实施零信任架构;实现安全、快速的软件开发;加速数据驱动的决策;加强云操作;发展云劳动力;实现成本透明度和问责制。

美网络司令部举行"全球网络防御行动"。2022年10月3日至14日,美国网络司令部举行了一项在国防部各网络和全球范围内的防御性网络行动,旨在提高其与联合行动伙伴的互操作性,加强国防部信息网络与其他支持系统的弹性,确保在网络领域保持持久优势。行动重点是:搜索、识别和缓解可能影响网络安全的已知恶意软件和相关变体;改进流程,共享威胁信息,提高打击恶意网络活动的能力。

美国陆军正式将"多域战"确立为陆军作战概念。2022年10月11日,美国陆军发布《野战手册3-0》,正式将"多域战"确立为陆军作战概念,并将多域战定义为"综合运用陆军以及其他作战域能力,创造和利用相对优势击败对手,实现目标并巩固成果"。

美国海军发布网络空间优势愿景。2022年10月31日,美国海军发布《网络空间优势愿景》,旨在加强海军和海军陆战队的协同合作,以在日益激烈的网络竞争环境中顺利推进行动;加强网络安全,保护敏感信息,同时为指挥官提供虚拟接触和锁定目标所需的工具。

美国陆军开展"会聚工程2022"演示试验。2022年10月,美国陆军启动"会聚工程

2022”演示试验,聚焦太平洋战区和欧洲战区作战场景,确立了6个目标:①建立综合防空反导网络;②使用联合武器火力穿透,并击溃敌军控制区的敌军资产;③进行联合作战,以取得“相对优势”的阵地;④建立一个现实的“任务伙伴环境”(MPE)网络;⑤以分布式方式和在对抗环境中实现联合部队自给自足;⑥消除阻止美国武装部队共同行动的障碍。试验对300余项技术进行了评估,包括远程火力、无人机、自主战车、下一代传感器和技术网关,参演军种包括美军6大军种和英澳联盟部队。

美国国防部发布零信任战略和路线图。2022年11月22日,美国国防部发布《零信任战略》和路线图,提出“全面实施零信任网络安全框架以保障国防部信息体系”的战略愿景,旨在减少网络攻击面,实现风险管理和伙伴关系环境中的有效数据共享,并迅速遏制对手活动。该战略概述了4个高层次目标:“零信任”文化的采纳;国防部信息系统的安全与防御;技术加速;“零信任”的实现。

美英联合推进“任务伙伴环境”(MPE)建设。2022年11月,美国国防部与英国防部签署了“全联网指挥控制通信”(FNC3)合作意向声明(SOI),旨在创建美英“任务伙伴环境”(MPE)并将成功实践扩展至其他国家,参与的国家将遵循相同的标准和规范来确保互操作性,以建立联盟信息共享能力。实施该意向声明的关键是通过整合美军联合全域指挥控制(JADC2)和英军多域一体化变革计划(MDI CP)来提高两国的指挥控制能力,以迅速分享信息和作出决策。FNC3项目预计将在“大胆探索(Bold Quest)2024”多国演习中演示跨国网络的初始作战能力。

美国陆军“一体化作战指挥系统”完成初始作战试验鉴定。2022年11月,美国陆军宣布“一体化作战指挥系统”(IBCS)完成初始作战试验鉴定,将从低速初始生产状态转向全速生产状态,具备了全球部署的先决条件。该系统在新墨西哥州白沙导弹靶场完成了两次初始作战试验,成功拦截3个目标。首次试验中,诺斯罗普·格鲁曼公司的联合战术地面站在地基传感器探测到目标前,就将天基传感器数据提供给IBCS系统,实现了对1枚高性能高速战术弹道导弹的预警;随后IBCS系统对目标进行跟踪,并指挥反导系统操作人员对弹道导弹进行拦截。第二次试验中,IBCS系统在传感器和效应器因电子干扰而性能降级的情况下,通过融合多源传感器数据保证了对目标的持续跟踪监视,并指挥防空系统操作人员拦截了2枚巡航导弹。

美国防信息系统局授出“联合作战云能力”(JWCC)合同。2022年12月7日,美国防信息系统局(DISA)发布公告,决定向谷歌、甲骨文、微软、AWS这4家公司授出约90亿美元的“联合作战云能力”(JWCC)合同,为美国国防部提供从战略层到战术层、从非密到机密的全球可用的云环境和云服务。JWCC旨在实现更有效的信息处理,将美军最偏远的战场边缘与最远的总部连接起来,并将信息传递给陆、空、海、太空和网络空间各作战域的部队,同时消除保密等级和其他敏感问题。